D-PLUS

더플러스+

더 쉽게 더 빠르게 합격 플러스

위험물기능사

필기

공학박사 현성호 지음

BM (주)도서출판 성안당

■ 도서 A/S 안내

성안당에서 발행하는 모든 도서는 저자와 출판사, 그리고 독자가 함께 만들어 나갑니다.

좋은 책을 펴내기 위해 많은 노력을 기울이고 있습니다. 혹시라도 내용상의 오류나 오탈자 등이 발견되면 "좋은 책은 나라의 보배"로서 우리 모두가 함께 만들어 간다는 마음으로 연락주시기 바랍니다. 수정 보완하여 더 나은 책이 되도록 최선을 다하겠습니다.

성안당은 늘 독자 여러분들의 소중한 의견을 기다리고 있습니다. 좋은 의견을 보내주시는 분께는 성안당 쇼핑몰의 포인트(3,000포인트)를 적립해 드립니다.

잘못 만들어진 책이나 부록 등이 파손된 경우에는 교환해 드립니다.

저자 문의 : shhyun063@hanmail.net(현성호)

본서 기획자 e-mail : coh@cyber.co.kr(최옥현)

홈페이지 : http://www.cyber.co.kr 전화 : 031) 950-6300

머리말

고도의 산업화와 과학기술의 발전으로 현대사회는 화학물질 및 위험물의 종류가 다양해졌고, 사용량의 증가로 인한 안전사고도 증가되어 많은 인명 및 재산상의 손실이 발생하고 있다. 위험물은 제대로 이해하여 바로 알고 사용하면 매우 유용하게 사용될 수 있으나, 사용자의 잘못된 상식 및 부주의로 인하여 큰 사고로 이어질 수 있는 양면성을 지니고 있다. 이에 저자는 위험물 안전관리 · 취급자에 대한 수요가 급증하는 현 시점에서 위험물의 전반적인 이해 및 올바른 위험물 취급에 유용코자 본 교재를 집필하게 되었다.

저자는 대학 및 소방학교 강단에서 위험물 분야에 대해 오랜 시간 학생들을 상대로 강의한 경험을 통하여 보다 이해하기 쉽게 체계적으로 집필하고자 하였으며, 다소 기초실력이 부족한 학생도 본 교재만으로 위험물 학문에 대한 이론을 정립하고 관련 자격시험에 만전을 기할 수 있도록 하였다.

특히, 본 교재는 기초화학을 보다 쉽고 간결하게 정리하였고, 최근 5년간 출제경향 및 출제기준을 분석 · 연구하여 구성하였다. 1차 필기시험의 경우 각 장별 연습문제를 과년도 기출문제로 구성하여 실전에 바로 적응 가능하도록 편집함으로써 학습자가 장별로 본인의 학습정도가 어느 정도인지 측정 가능하도록 하였으며, 2차 실기시험의 경우 과거에는 유별로 시험이 시행되었으나 2012년부터 통합형 문제로 바뀌어 실기시험대비 요약집을 준비하였다. 더불어 위험물성상과 위험물시설에 대한 이해를 돕기 위해 동영상을 직접 제작하여 무료 탑재함으로써 보다 실질적인 수험준비가 되도록 하였다.

2020년부터 위험물기능사 실기시험에서 작업형 동영상시험이 폐지되면서 위험물 성상에 관련된 문제들이 더욱 비중 있게 출제되고 있다. 따라서 수험생들은 기존 작업형 동영상문제를 소홀히 하지 말고 반드시 필독하기 바라며, 제공되는 무료 동영상을 활용하면 이론을 보다 쉽게 이해할 수 있을 것이다.

정성을 다하여 만들었지만 오류가 많을까 걱정된다. 본 교재 내용의 오류 부분에 대해서는 여러분의 지적을 바라며, shhyun063@hanmail.net로 알려주시면 다음 개정판 때 반영하여 보다 정확한 교재로 거듭날 것을 약속드린다.

본 교재의 **특징**을 소개하고자 한다.

1. 새롭게 바뀐 한국산업인력공단의 **출제기준에 맞게 교재 구성**
2. 최근 출제된 문제들에 대한 분석 및 NCS(**국가직무능력표준) 위험물 분야에 대한 학습모듈의 필요지식을 반영**하여 이론정리 및 **출제빈도 높은 부분은 별표 표시**
3. 1권 필기+2권 실기(분권)로 구성하였으며, **실기시험대비 요약본 수록**
4. **요약본(핵심요점) 무료 동영상강의 제공**

마지막으로 본서가 좀더 정확한 지식을 전달할 수 있도록 도움을 주신 백중현 님(전 고용노동부 조사관)과 출간되기까지 많은 지원을 해 주신 성안당 임직원 여러분께 감사의 말씀을 드린다.

저자 **현성호**

시험 안내

✦ **자격명** : 위험물기능사(Craftsman Hazardous material)
✦ **관련부처** : 소방청
✦ **시행기관** : 한국산업인력공단(q-net.or.kr)

1 기본 정보

(1) 개요

위험물 취급은 위험물안전관리법 규정에 의거 위험물의 제조 및 저장하는 취급소에서 각 유별 위험물 규모에 따라 위험물과 시설물을 점검하고, 일반 작업자를 지시 · 감독하며 재해 발생 시 응급조치와 안전관리 업무를 수행하는 것이다.

(2) 수행 직무

위험물제조소 등에서 위험물을 저장 · 취급하고, 각 설비에 대한 점검과 재해 발생 시 응급조치 등의 안전관리 업무를 수행한다.

(3) 진로 및 전망

① 위험물 제조 · 저장 · 취급 전문업체, 도료 제조, 고무 제조, 금속 제련, 유기합성물 제조, 염료 제조, 화장품 제조, 인쇄잉크 제조 등 지정수량 이상의 위험물 취급업체 및 위험물 안전관리 대행기관에 종사할 수 있다.
② 상위직으로 승진하기 위해서는 관련분야의 상위 자격을 취득하거나 기능을 인정받을 수 있는 경험이 있어야 한다.
③ 유사 직종의 자격을 취득하여 독극물 취급, 소방설비, 열관리, 보일러 환경 분야로 전직할 수 있다.
※ 관련학과 : 전문계고 고등학교 화공과, 화학공업과 등 관련학과

(4) 연도별 검정현황

연도	필기			실기		
	응시	합격	합격률	응시	합격	합격률
2023	16,542명	6,068명	40.3%	8,735명	3,249명	37.2%
2022	14,100명	5,932명	42.1%	8,238명	3,415명	41.5%
2021	16,322명	7,150명	43.8%	9,188명	4,070명	44.3%
2020	13,464명	6,156명	45.7%	9,140명	3,482명	38.1%
2019	19,498명	8,433명	43.3%	12,342명	4,656명	37.7%
2018	17,658명	7,432명	42.1%	11,065명	4,226명	38.2%
2017	17,426명	7,133명	40.9%	9,266명	3,723명	40.2%
2016	17,615명	5,472명	31.1%	7,380명	3,109명	42.1%

2 시험 정보

(1) 시험 일정

회별	필기 원서접수	필기시험	필기 합격 (예정자) 발표	실기 원서접수	실기시험	합격자 발표
제1회	1월	1월	시험 종료 (답안 제출) 즉시 합격 여부 확인	2월	3월	4월
제2회	3월	4월		4월	5월	6월
제3회	6월	6월		7월	8월	9월
제4회	8월	9월		10월	11월	12월

[비고] 최종 합격자 발표시간 : 해당 발표일 09:00

※ 해마다 시험 일정이 조금씩 상이하니 정확한 시험 일정은 Q-net 홈페이지(q-net.or.kr)를 참고하시기 바랍니다.

(2) 원서접수

① 원서접수방법 : 시행처인 한국산업인력공단이 운영하는 홈페이지(q-net.or.kr)에서 온라인 원서접수

② 원서접수시간 : 원서접수 첫날 10:00부터 마지막 날 18:00까지

(3) 직무 분야

① 직무 : 화학

② 중직무 : 위험물

(4) 시험 과목

① 필기 : 위험물의 성질 및 안전관리

② 실기 : 위험물 취급 실무

(5) 검정방법

① 필기 : CBT 형식 - 객관식(사지선다), 60문제(1시간)

② 실기 : 필답형(1시간 30분)

(6) 합격기준

① 필기 : 100점 만점으로 하여 60점 이상

② 실기 : 100점 만점으로 하여 60점 이상

CBT 안내

<CBT(컴퓨터 기반 시험) 관련 안내>

1 CBT란?

CBT란 Computer Based Test의 약자로, 컴퓨터 기반 시험을 의미한다. 컴퓨터로 시험을 보는 만큼 수험자가 답안을 제출함과 동시에 합격 여부를 확인할 수 있다.

※ 위험물기능사 필기시험은 2016년 5회 시험부터 CBT 방식으로 시행되었다.

2 CBT 시험과정

한국산업인력공단에서 운영하는 홈페이지 큐넷(Q-net)에서는 누구나 쉽게 CBT 시험을 볼 수 있도록 실제 자격시험 환경과 동일하게 구성한 가상 웹 체험 서비스를 제공하고 있으며, 그 과정을 요약한 내용은 아래와 같다.

(1) 시험시작 전 신분 확인절차

수험자가 자신에게 배정된 좌석에 앉아 있으면 신분 확인절차가 진행되며, 시험장 감독위원이 컴퓨터에 나온 수험자 정보와 신분증이 일치하는지를 확인한다.

(2) CBT 시험안내 진행

신분 확인이 끝난 후 시험시작 전 CBT 시험안내가 진행된다.

안내사항 > 유의사항 > 메뉴 설명 > 문제풀이 연습 > 시험준비 완료

① 시험 [**안내사항**]을 확인한다.
- 응시하는 시험의 문제 수와 진행시간이 안내된다.
- 시험 도중 수험자 PC 장애 발생 시 손을 들어 시험감독관에게 알리면 긴급장애조치 또는 자리이동을 할 수 있다.
- 시험이 끝나면 합격 여부를 바로 확인할 수 있다.

② 시험 [**유의사항**]을 확인한다.
시험 중 금지되는 행위 및 저작권 보호에 관한 유의사항이 제시된다.

③ 문제풀이 [**메뉴 설명**]을 확인한다.
문제풀이 기능 설명을 유의해서 읽고 기능을 숙지해야 한다.

④ 자격검정 CBT [**문제풀이 연습**]을 진행한다.
실제 시험과 동일한 방식의 문제풀이 연습을 통해 CBT 시험을 준비한다.
- CBT 시험 문제 화면의 글자가 크거나 작을 경우 크기를 변경할 수 있다.
- 화면배치는 1단 배치가 기본 설정이며, 2단 배치와 한 문제씩 보기 설정이 가능하다.
- 답안은 문제의 보기번호를 클릭하거나 답안표기 칸의 번호를 클릭하여 입력할 수 있다.
- 입력된 답안은 문제화면 또는 답안표기 칸의 보기번호를 클릭하여 변경할 수 있다.

- 페이지 이동은 아래의 페이지 이동 버튼 또는 답안표기 칸의 문제번호를 클릭하여 할 수 있다.
- 응시종목에 계산문제가 있을 경우 좌측 하단의 계산기 기능을 이용할 수 있다.

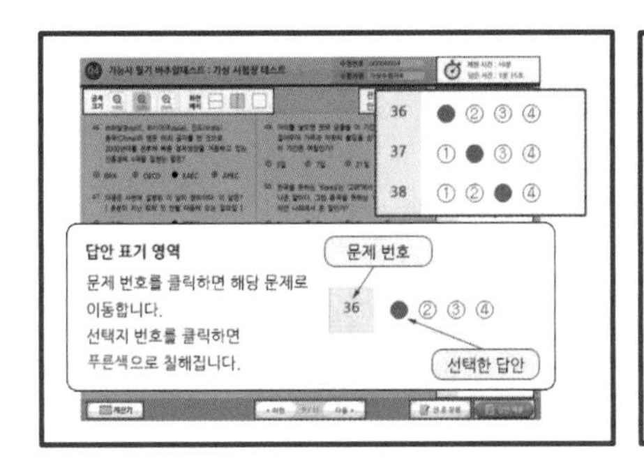

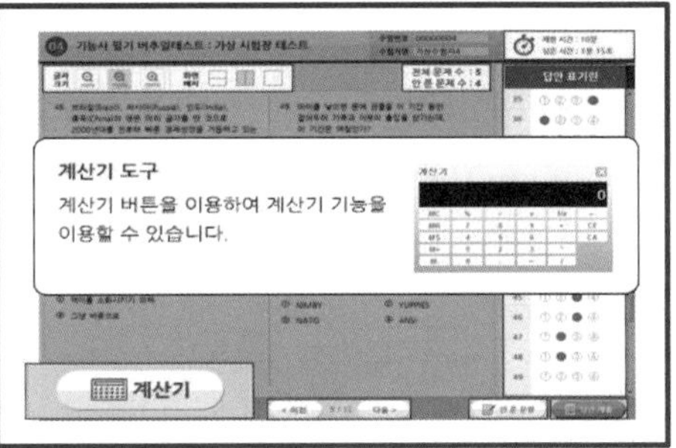

- 안 푼 문제 확인은 답안 표기란 좌측에 안 푼 문제 수를 확인하거나 답안표기 칸 하단 [안 푼 문제] 버튼을 클릭하여 확인할 수 있다. 안 푼 문제 번호 보기 팝업창에 안 푼 문제 번호가 표시된다. 번호를 클릭하면 해당 문제로 이동한다.
- 시험문제를 다 푼 후 답안 제출을 하거나 시험시간이 모두 경과되었을 경우 시험이 종료되며 시험결과를 바로 확인할 수 있다.
- [답안 제출] 버튼을 클릭하면 답안 제출 승인 알림창이 나온다. 시험을 마치려면 [예] 버튼을 클릭하고 시험을 계속 진행하려면 [아니오] 버튼을 클릭하면 된다. 답안 제출은 실수 방지를 위해 두 번의 확인 과정을 거친다.

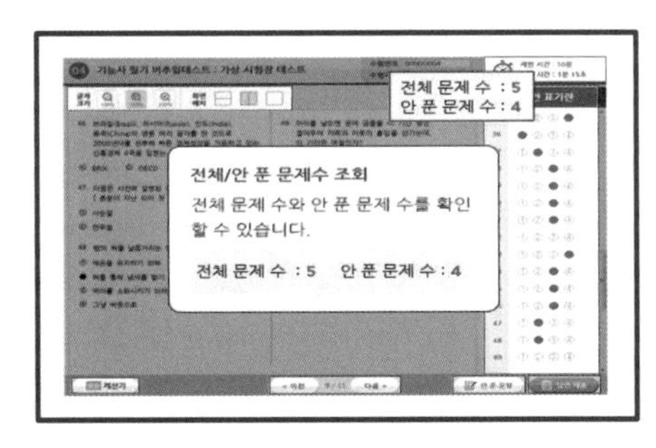

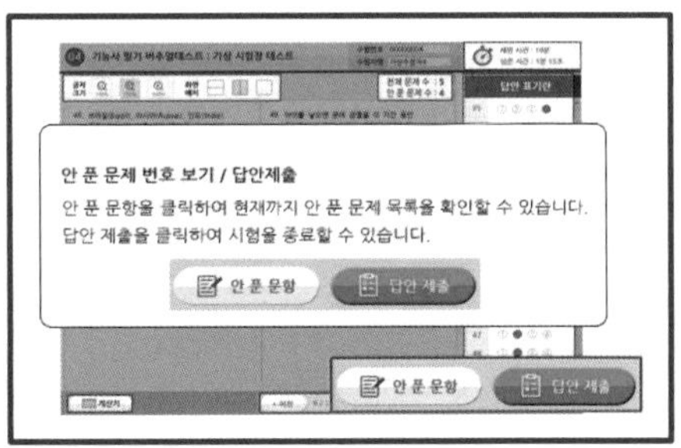

⑤ [**시험준비 완료**]를 한다.
시험 안내사항 및 문제풀이 연습까지 모두 마친 수험자는 [시험준비 완료] 버튼을 클릭한 후 잠시 대기한다.

(3) CBT 시험 시행

(4) 답안 제출 및 합격 여부 확인

★ 좀 더 자세한 내용에 대해서는 Q-Net 홈페이지(q-net.or.kr)를 참고해 주시기 바랍니다. ★

NCS 안내

1 국가직무능력표준(NCS)이란?

국가직무능력표준(NCS, National Competency Standards)은 산업현장에서 직무를 행하기 위해 요구되는 지식 · 기술 · 태도 등의 내용을 국가가 체계화한 것이다.

(1) 국가직무능력표준(NCS) 개념도

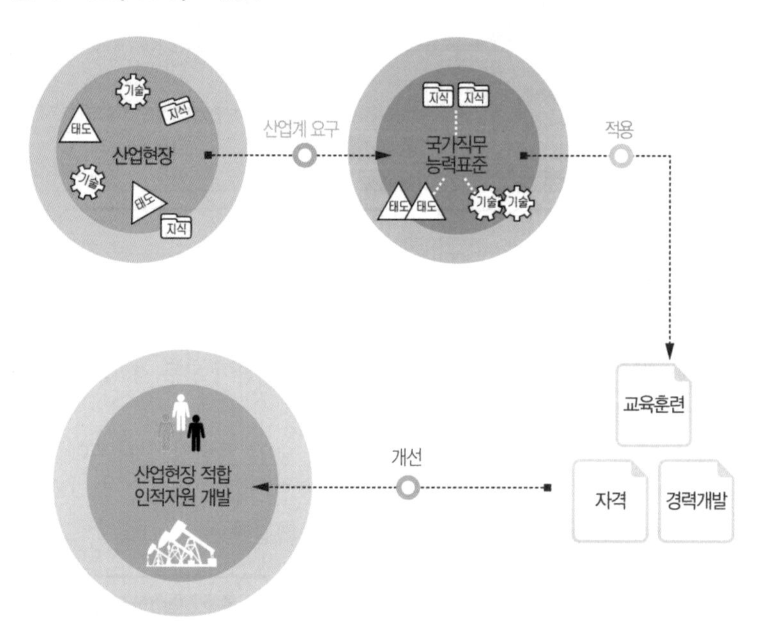

〈직무능력〉

능력=직업기초능력+직무수행능력

① **직업기초능력** : 직업인으로서 기본적으로 갖추어야 할 공통능력

② **직무수행능력** : 해당 직무를 수행하는 데 필요한 역량(지식, 기술, 태도)

〈보다 효율적이고 현실적인 대안 마련〉

① 실무 중심의 교육 · 훈련 과정 개편

② 국가자격의 종목 신설 및 재설계

③ 산업현장 직무에 맞게 자격시험 전면 개편

④ NCS 채용을 통한 기업의 능력중심 인사관리 및 근로자의 평생경력 개발 · 관리 · 지원

(2) 국가직무능력표준(NCS) 학습모듈

국가직무능력표준(NCS)이 현장의 **'직무 요구서'**라고 한다면, NCS **학습모듈**은 NCS **능력단위를 교육훈련에서 학습할 수 있도록 구성한 '교수 · 학습 자료'**이다. NCS 학습모듈은 구체적 직무를 학습할 수 있도록 이론 및 실습과 관련된 내용을 상세하게 제시하고 있다.

2 국가직무능력표준(NCS)이 왜 필요한가?

능력 있는 인재를 개발해 핵심 인프라를 구축하고, 나아가 국가경쟁력을 향상시키기 위해 국가직무능력표준이 필요하다.

(1) 국가직무능력표준(NCS) 적용 전/후

지금은,

- 직업 교육 · 훈련 및 자격제도가 산업현장과 불일치
- 인적자원의 비효율적 관리 운용

국가직무능력표준 →

이렇게 바뀝니다.

- 각각 따로 운영되었던 교육 · 훈련, 국가직무능력표준 중심 시스템으로 전환(일 – 교육 · 훈련 – 자격 연계)
- 산업현장 직무 중심의 인적자원 개발
- 능력중심사회 구현을 위한 핵심 인프라 구축
- 고용과 평생 직업능력개발 연계를 통한 국가경쟁력 향상

(2) 국가직무능력표준(NCS) 활용범위

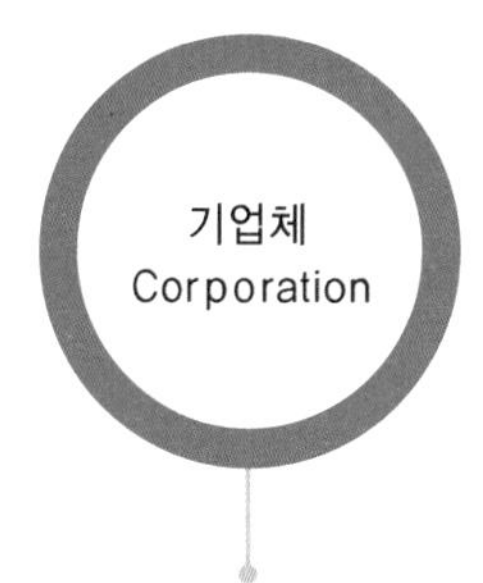

- 현장 수요 기반의 인력 채용 및 인사관리 기준
- 근로자 경력개발
- 직무기술서

교육훈련기관
Education and training

- 직업교육 훈련과정 개발
- 교수계획 및 매체, 교재 개발
- 훈련기준 개발

- 자격종목의 신설 · 통합 · 폐지
- 출제기준 개발 및 개정
- 시험문항 및 평가방법

★ 좀 더 자세한 내용에 대해서는 NCS 국가직무능력표준 National Competency Standards 홈페이지(ncs.go.kr)를 참고해 주시기 바랍니다. ★

출제기준

1 위험물기능사 필기 출제기준

[필기 과목명] 위험물의 성질 및 안전관리

주요 항목	세부 항목	세세 항목
1. 화재 및 소화	(1) 물질의 화학적 성질	① 물질의 상태 및 성질 ② 화학의 기초법칙 ③ 유·무기 화합물의 특성
	(2) 화재 및 소화 이론의 이해	① 연소이론의 이해 ② 화재 분류 및 특성 ③ 폭발 종류 및 특성 ④ 소화이론의 이해
	(3) 소화약제 및 소방 시설의 기초	① 화재 예방의 기초 ② 화재 발생 시 조치방법 ③ 소화약제의 종류 ④ 소화약제별 소화원리 ⑤ 소화기 원리 및 사용법 ⑥ 소화·경보·피난 설비의 종류 ⑦ 소화설비의 적응 및 사용
2. 제1류 위험물 취급	(1) 성상 및 특성	① 제1류 위험물의 종류 ② 제1류 위험물의 성상 ③ 제1류 위험물의 위험성·유해성
	(2) 저장 및 취급 방법의 이해	① 제1류 위험물의 저장방법 ② 제1류 위험물의 취급방법
	(3) 소화방법	① 제1류 위험물의 소화원리 ② 제1류 위험물의 화재 예방 및 진압대책
3. 제2류 위험물	(1) 성상 및 특성	① 제2류 위험물의 종류 ② 제2류 위험물의 성상 ③ 제2류 위험물의 위험성·유해성
	(2) 저장 및 취급 방법의 이해	① 제2류 위험물의 저장방법 ② 제2류 위험물의 취급방법
	(3) 소화방법	① 제2류 위험물의 소화원리 ② 제2류 위험물의 화재 예방 및 진압대책
4. 제3류 위험물 취급	(1) 성상 및 특성	① 제3류 위험물의 종류 ② 제3류 위험물의 성상 ③ 제3류 위험물의 위험성·유해성
	(2) 저장 및 취급 방법의 이해	① 제3류 위험물의 저장방법 ② 제3류 위험물의 취급방법
	(3) 소화방법	① 제3류 위험물의 소화원리 ② 제3류 위험물의 화재 예방 및 진압대책
5. 제4류 위험물 취급	(1) 성상 및 특성	① 제4류 위험물의 종류 ② 제4류 위험물의 성상 ③ 제4류 위험물의 위험성·유해성
	(2) 저장 및 취급 방법의 이해	① 제4류 위험물의 저장방법 ② 제4류 위험물의 취급방법
	(3) 소화방법	① 제4류 위험물의 소화원리 ② 제4류 위험물의 화재 예방 및 진압대책

주요 항목	세부 항목	세세 항목
6. 제5류 위험물 취급	(1) 성상 및 특성	① 제5류 위험물의 종류 ② 제5류 위험물의 성상 ③ 제5류 위험물의 위험성 · 유해성
	(2) 저장 및 취급 방법의 이해	① 제5류 위험물의 저장방법 ② 제5류 위험물의 취급방법
	(3) 소화방법	① 제5류 위험물의 소화원리 ② 제5류 위험물의 화재 예방 및 진압대책
7. 제6류 위험물 취급	(1) 성상 및 특성	① 제6류 위험물의 종류 ② 제6류 위험물의 성상 ③ 제6류 위험물의 위험성 · 유해성
	(2) 저장 및 취급 방법의 이해	① 제6류 위험물의 저장방법 ② 제6류 위험물의 취급방법
	(3) 소화방법	① 제6류 위험물의 소화원리 ② 제6류 위험물의 화재 예방 및 진압대책
8. 위험물 운송 · 운반	(1) 위험물 운송기준	① 위험물 운송자의 자격 및 업무 ② 위험물 운송방법 ③ 위험물 운송 안전조치 및 준수사항 ④ 위험물 운송차량 위험성 경고표지
	(2) 위험물 운반기준	① 위험물 운반자의 자격 및 업무 ② 위험물 용기기준, 적재방법 ③ 위험물 운반방법 ④ 위험물 운반 안전조치 및 준수사항 ⑤ 위험물 운반차량 위험성 경고표지
9. 위험물제조소등의 유지관리	(1) 위험물제조소	① 제조소의 위치기준 ② 제조소의 구조기준 ③ 제조소의 설비기준 ④ 제조소의 특례기준
	(2) 위험물저장소	① 옥내저장소의 위치 · 구조 · 설비 기준 ② 옥외탱크저장소의 위치 · 구조 · 설비 기준 ③ 옥내탱크저장소의 위치 · 구조 · 설비 기준 ④ 지하탱크저장소의 위치 · 구조 · 설비 기준 ⑤ 간이탱크저장소의 위치 · 구조 · 설비 기준 ⑥ 이동탱크저장소의 위치 · 구조 · 설비 기준 ⑦ 옥외저장소의 위치 · 구조 · 설비 기준 ⑧ 암반탱크저장소의 위치 · 구조 · 설비 기준
	(3) 위험물취급소	① 주유취급소의 위치 · 구조 · 설비 기준 ② 판매취급소의 위치 · 구조 · 설비 기준 ③ 이송취급소의 위치 · 구조 · 설비 기준 ④ 일반취급소의 위치 · 구조 · 설비 기준

주요 항목	세부 항목	세세 항목
	(4) 제조소등의 소방시설 점검	① 소화난이도등급 ② 소화설비 적응성 ③ 소요단위 및 능력단위 산정 ④ 옥내소화전설비 점검 ⑤ 옥외소화전설비 점검 ⑥ 스프링클러설비 점검 ⑦ 물분무소화설비 점검 ⑧ 포소화설비 점검 ⑨ 불활성가스 소화설비 점검 ⑩ 할로젠화물 소화설비 점검 ⑪ 분말소화설비 점검 ⑫ 수동식 소화기설비 점검 ⑬ 경보설비 점검 ⑭ 피난설비 점검
10. 위험물 저장 · 취급	(1) 위험물 저장기준	① 위험물 저장의 공통기준 ② 위험물 유별 저장의 공통기준 ③ 제조소등에서의 저장기준
	(2) 위험물 취급기준	① 위험물 취급의 공통기준 ② 위험물 유별 취급의 공통기준 ③ 제조소등에서의 취급기준
11. 위험물안전관리 감독 및 행정처리	(1) 위험물시설 유지관리 감독	① 위험물시설 유지관리 감독 ② 예방규정 작성 및 운영 ③ 정기검사 및 정기점검 ④ 자체소방대 운영 및 관리
	(2) 위험물안전관리법상 행정사항	① 제조소등의 허가 및 완공검사 ② 탱크안전 성능검사 ③ 제조소등의 지위승계 및 용도폐지 ④ 제조소등의 사용정지, 허가취소 ⑤ 과징금, 벌금, 과태료, 행정명령

2 위험물기능사 실기 출제기준

수행준거

1. 위험물을 안전하게 관리하기 위하여 성상 · 위험성 · 유해성 조사, 운송 · 운반 방법, 저장 · 취급 방법, 소화방법을 수립할 수 있다.
2. 사고 예방을 위하여 운송 · 운반 기준과 시설을 파악할 수 있다.
3. 위험물 저장기준을 파악하고 위험물저장소 내에서 위험물을 안전하게 저장할 수 있다.
4. 허가받은 위험물취급소와 이동탱크저장소에서 위험물을 안전하게 취급할 수 있다.
5. 위험물제조소의 안전성을 유지하기 위하여 위치 · 구조 · 설비 기준을 파악하고 시설을 점검할 수 있다.
6. 위험물저장소의 안전성을 유지하기 위하여 위치 · 구조 · 설비 기준을 파악하고 시설을 점검할 수 있다.
7. 위험물취급소의 안전성을 유지하기 위하여 위치 · 구조 · 설비 기준을 파악하고 시설을 점검할 수 있다.

[실기 과목명] 위험물 취급 실무

주요 항목	세부 항목	세세 항목
1. 제4류 위험물 취급	(1) 성상 및 특성	① 제4류 위험물의 품목을 구별하여 성상을 조사할 수 있다. ② 제4류 위험물의 일반적인 물리 · 화학적 성질을 검토하여 성상을 조사할 수 있다. ③ 제4류 위험물의 관련 기준을 검토하여 환경 유해성을 조사할 수 있다. ④ 제4류 위험물의 관련 기준을 검토하여 인체 유해성을 조사할 수 있다.
	(2) 저장방법 확인하기	① 제4류 위험물 기준을 확인하여 안전하게 저장할 수 있다. ② 제4류 위험물 품목별 수납방법을 확인하여 안전하게 저장할 수 있다. ③ 제4류 위험물 품목별 저장 장소를 확인하여 안전하게 저장할 수 있다. ④ 제4류 위험물을 보관기준을 확인하여 안전하게 저장할 수 있다.
	(3) 취급방법 파악하기	① 제4류 위험물을 기준을 검토하여 안전하게 취급할 수 있다. ② 제4류 위험물의 물리 · 화학적 성질을 검토하여 위험물을 안전하게 취급할 수 있다. ③ 환경조건을 검토하여 제4류 위험물을 안전하게 취급할 수 있다. ④ 제4류 위험물 운송 · 운반 관련 하역 절차 · 설비를 파악하여 안전하게 취급할 수 있다.
	(4) 소화방법 수립하기	① 제4류 위험물 기준을 검토하여 안전하게 소화할 수있다. ② 제4류 위험물 소화원리를 검토하여 안전하게 소화할 수 있다. ③ 제4류 위험물 소화설비 설치기준을 검토하여 안전하게 소화할 수 있다. ④ 제4류 위험물의 소화기구 적응성을 검토하여 안전하게 소화할 수 있다.
2. 제1류 · 제6류 위험물 취급	(1) 성상 및 특성	① 제1류 · 제6류 위험물의 품목을 구별하여 성상을 조사할 수 있다. ② 제1류 · 제6류 위험물의 일반적인 물리 · 화학적 성질을 검토하여 성상을 조사할 수 있다. ③ 제1류 · 제6류 위험물의 관련 기준을 검토하여 환경 유해성을 조사할 수 있다. ④ 제1류 · 제6류 위험물의 관련 기준을 검토하여 인체 유해성을 조사할 수 있다.
	(2) 저장방법 확인하기	① 제1류 · 제6류 위험물 기준을 검토하여 안전하게 저장할 수 있다. ② 제1류 · 제6류 위험물의 품목별 수납방법을 확인하여 안전하게 저장할 수 있다. ③ 제1류 · 제6류 위험물의 품목별 저장 장소를 확인하여 안전하게 저장할 수 있다. ④ 제1류 · 제6류 위험물을 유별 위험물 보관기준을 확인하여 안전하게 저장할 수 있다.
	(3) 취급방법 파악하기	① 제1류 · 제6류 위험물을 기준을 검토하여 안전하게 취급할 수 있다. ② 제1류 · 제6류 위험물의 물리 · 화학적 성질을 검토하여 위험물을 안전하게 취급할 수 있다.

주요 항목	세부 항목	세세 항목
		③ 제1류 · 제6류 위험물의 환경조건을 검토하여 안전하게 취급할 수 있다. ④ 제1류 · 제6류 위험물의 운송 · 운반 관련 하역 절차 · 설비를 파악하여 안전하게 취급할 수 있다.
	(4) 소화방법 수립하기	① 제1류 · 제6류 위험물 기준을 검토하여 안전하게 소화할 수 있다. ② 제1류 · 제6류 위험물 소화원리를 검토하여 안전하게 소화할 수 있다. ③ 제1류 · 제6류 위험물 소화설비 설치기준을 검토하여 안전하게 소화할 수 있다. ④ 제1류 · 제6류 위험물 소화기구 적응성을 검토하여 안전하게 소화할 수 있다.
3. 제2류 · 제5류 위험물 취급	(1) 성상 및 특성	① 제2류 · 제5류 위험물의 품목을 구별하여 성상을 조사할 수 있다. ② 제2류 · 제5류 위험물의 일반적인 물리 · 화학적 성질을 검토하여 성상을 조사할 수 있다. ③ 제2류 · 제5류 위험물의 관련 기준을 검토하여 환경 유해성을 조사할 수 있다. ④ 제2류 · 제5류 위험물의 관련 기준을 검토하여 인체 유해성을 조사할 수 있다.
	(2) 저장방법 확인하기	① 제2류 · 제5류 위험물 기준을 검토하여 안전하게 저장할 수 있다. ② 제2류 · 제5류 위험물의 품목별 수납방법을 확인하여 안전하게 저장할 수 있다. ③ 제2류 · 제5류 위험물의 품목별 저장 장소를 확인하여 안전하게 저장할 수 있다. ④ 제2류 · 제5류 위험물을 유별 위험물 보관기준을 확인하여 안전하게 저장할 수 있다.
	(3) 취급방법 파악하기	① 제2류 · 제5류 위험물을 기준을 검토하여 안전하게 취급할 수 있다. ② 제2류 · 제5류 위험물의 물리 · 화학적 성질을 검토하여 위험물을 안전하게 취급할 수 있다. ③ 제2류 · 제5류 위험물의 환경조건을 검토하여 안전하게 취급할 수 있다. ④ 제2류 · 제5류 위험물의 운송 · 운반 관련 하역 절차 · 설비를 파악하여 안전하게 취급할 수 있다.
	(4) 소화방법 수립하기	① 제2류 · 제5류 위험물 기준을 검토하여 안전하게 소화할 수 있다. ② 제2류 · 제5류 위험물 소화원리를 검토하여 안전하게 소화할 수 있다. ③ 제2류 · 제5류 위험물 소화설비 설치기준을 검토하여 안전하게 소화할 수 있다. ④ 제2류 · 제5류 위험물 소화기구 적응성을 검토하여 안전하게 소화할 수 있다.
4. 제3류 위험물 취급	(1) 성상 및 특성	① 제3류 위험물의 품목을 구별하여 성상을 조사할 수 있다. ② 제3류 위험물의 일반적인 물리 · 화학적 성질을 검토하여 성상을 조사할 수 있다. ③ 제3류 위험물의 관련 기준을 검토하여 환경 유해성을 조사할 수 있다.

주요 항목	세부 항목	세세 항목
		④ 제3류 위험물의 관련 기준을 검토하여 인체 유해성을 조사할 수 있다.
	(2) 저장방법 확인하기	① 제3류 위험물 기준을 확인하여 안전하게 저장할 수 있다. ② 제3류 위험물 품목별 수납방법을 확인하여 안전하게 저장할 수 있다. ③ 제3류 위험물 품목별 저장 장소를 확인하여 안전하게 저장할 수 있다. ④ 제3류 위험물을 보관기준을 확인하여 안전하게 저장할 수 있다.
	(3) 취급방법 파악하기	① 제3류 위험물을 기준을 검토하여 안전하게 취급할 수 있다. ② 제3류 위험물의 물리 · 화학적 성질을 검토하여 위험물을 안전하게 취급할 수 있다. ③ 제3류 위험물의 환경조건을 검토하여 안전하게 취급할 수 있다. ④ 제3류 위험물의 운송 · 운반 관련 하역 절차 · 설비를 파악하여 안전하게 취급할 수 있다.
	(4) 소화방법 수립하기	① 제3류 위험물 기준을 검토하여 안전하게 소화할 수 있다. ② 제3류 위험물 소화원리를 검토하여 안전하게 소화할 수 있다. ③ 제3류 위험물 소화설비 설치기준을 검토하여 안전하게 소화할 수 있다. ④ 제3류 위험물의 소화기구 적응성을 검토하여 안전하게 소화할 수 있다.
5. 위험물 운송 · 운반시설 기준 파악	(1) 운송기준 파악하기	① 위험물의 안전한 운송을 위하여 이동탱크저장소의 위치기준을 파악할 수 있다. ② 위험물의 안전한 운송을 위하여 이동탱크저장소의 구조기준을 파악할 수 있다. ③ 위험물의 안전한 운송을 위하여 이동탱크저장소의 설비기준을 파악할 수 있다. ④ 위험물의 안전한 운송을 위하여 이동탱크저장소의 특례기준을 파악할 수 있다.
	(2) 운송시설 파악하기	① 위험물 운송시설의 종류별 특징에 따라 안전한 운송을 할 수 있다. ② 위험물 이동탱크저장소 구조를 파악하여 안전한 운송을 할 수 있다. ③ 위험물 컨테이너식 이동탱크저장소 구조를 파악하여 안전한 운송을 할 수 있다. ④ 위험물 주유탱크차 구조를 파악하여 안전한 운송을 할 수 있다.
	(3) 운반기준 파악하기	① 운반기준에 따라 적합한 운반용기를 선정할 수 있다. ② 운반기준에 따라 적합한 적재방법을 선정할 수 있다. ③ 운반기준에 따라 적합한 운반방법을 선정할 수 있다.
6. 위험물 저장	(1) 저장기준 조사하기	① 저장의 공통기준을 조사할 수 있다. ② 위험물의 유별 저장의 공통기준을 조사할 수 있다. ③ 탱크저장소에서의 저장의 기준을 조사할 수 있다. ④ 옥내저장소에서의 저장의 기준을 조사할 수 있다. ⑤ 옥외저장소에서의 저장의 기준을 조사할 수 있다.

주요 항목	세부 항목	세세 항목
	(2) 탱크저장소에 저장하기	① 위험물의 저장기준에 따라 옥외탱크저장소에서 위험물을 안전하게 저장할 수 있다. ② 위험물의 저장기준에 따라 옥내탱크저장소에서 위험물을 안전하게 저장할 수 있다. ③ 위험물의 저장기준에 따라 지하탱크저장소에서 위험물을 안전하게 저장할 수 있다. ④ 위험물의 저장기준에 따라 이동탱크저장소에서 위험물을 안전하게 저장할 수 있다.
	(3) 옥내저장소에 저장하기	① 위험물의 저장기준에 따라 옥내저장소에서 위험물이 아닌 물품을 위험물과 함께 저장할 수 있다. ② 위험물의 저장기준에 따라 옥내저장소에서 유별을 달리하는 위험물을 함께 저장할 수 있다. ③ 위험물의 저장기준에 따라 옥내저장소에서 위험물을 용기에 수납하여 저장할 수 있다. ④ 위험물의 저장기준에 따라 옥내저장소에서 자연발화할 우려가 있는 위험물을 다량 저장할 수 있다. ⑤ 위험물의 저장기준에 따라 옥내저장소에서 위험물 용기를 겹쳐 쌓아 저장할 수 있다.
	(4) 옥외저장소에 저장하기	① 위험물의 저장기준에 따라 옥외저장소에서 위험물이 아닌 물품을 위험물과 함께 저장할 수 있다. ② 위험물의 저장기준에 따라 옥외저장소에서 유별을 달리하는 위험물을 함께 저장할 수 있다. ③ 위험물의 저장기준에 따라 옥외저장소에서 위험물을 용기에 수납하여 저장할 수 있다. ④ 위험물의 저장기준에 따라 옥외저장소에서 위험물 용기를 겹쳐 쌓아 저장할 수 있다. ⑤ 위험물의 저장기준에 따라 옥외저장소에서 황을 저장할 수 있다.
7. 위험물 취급	(1) 취급기준 조사하기	① 취급의 공통기준을 조사할 수 있다. ② 위험물의 유별 취급의 공통기준을 조사할 수 있다. ③ 위험물의 취급 중 제조에 관한 기준을 조사할 수 있다. ④ 위험물의 취급 중 용기에 옮겨 담는 기준을 조사할 수 있다. ⑤ 위험물의 취급 중 소비에 관한 기준을 조사할 수 있다. ⑥ 취급소에서의 취급의 기준을 조사할 수 있다. ⑦ 이동탱크저장소에서의 취급기준을 조사할 수 있다. ⑧ 알킬알루미늄등 및 아세트알데하이드등의 취급기준을 조사할 수 있다.
	(2) 제조소에서 취급하기	① 제조소에서 취급하는 위험물의 위험성을 조사할 수 있다. ② 제조소에서 위험물 취급작업을 준비할 수 있다. ③ 제조소에서 취급기준에 따라 위험물을 취급할 수 있다. ④ 제조소에서 위험물 취급작업 후 안전조치할 수 있다.
	(3) 저장소에서 취급하기	① 저장소에서 취급하는 위험물의 위험성을 조사할 수 있다. ② 저장소에서 위험물 취급작업을 준비할 수 있다. ③ 저장소에서 취급기준에 따라 위험물을 취급할 수 있다. ④ 저장소에서 위험물 취급작업 후 안전조치할 수 있다.

주요 항목	세부 항목	세세 항목
	(4) 취급소에서 취급하기	① 취급소에서 취급하는 위험물의 위험성을 조사할 수 있다. ② 취급소에서 위험물 취급작업을 준비할 수 있다. ③ 취급소에서 취급기준에 따라 위험물을 취급할 수 있다. ④ 취급소에서 위험물 취급작업 후 안전조치할 수 있다.
8. 위험물제조소 유지관리	(1) 제조소의 시설기술 기준 조사하기	① 사업장에 설치된 제조소의 위치기준을 조사할 수 있다. ② 사업장에 설치된 제조소의 구조기준을 조사할 수 있다. ③ 사업장에 설치된 제조소의 설비기준을 조사할 수 있다. ④ 사업장에 설치된 제조소의 특례기준을 조사할 수 있다.
	(2) 제조소의 위치 점검하기	① 위치와 관련된 최종 허가도면을 찾아 위치에 관한 사항을 확인할 수 있다. ② 위치와 관련된 최종 허가도면에 존재하지 않는 건축물, 공작물의 존부를 확인할 수 있다. ③ 설치허가 당시의 안전거리 및 보유공지에 관한 기술기준을 파악하고, 이에 저촉되는 건축물, 공작물의 존부를 확인할 수 있다. ④ 현행의 안전거리 및 보유공지의 기술기준에 저촉되는 새로이 설치된 건물, 공작물의 존부를 확인할 수 있다. ⑤ 위치에 관한 기술기준 또는 허가도면에 저촉되는 건축물 또는 공작물의 제거 또는 법적 · 안전상 해결방안을 강구할 수 있다. ⑥ 제조소의 일반점검표에 위치 점검결과를 기록할 수 있다.
	(3) 제조소의 구조 점검하기	① 제조소의 일반점검표에 정해진 점검항목 중 사업장에 해당하는 것을 확인하고, 점검 취지와 방법을 조사할 수 있다. ② 제조소의 구조 점검대상물 및 점검기기를 작동하고 그 결과를 판정할 수 있다. ③ 기술기준과 상이한 것은 허가도면을 색인하여 허가 시 적용된 기준을 확인할 수 있다. ④ 구조에 관한 기술기준 또는 허가도면에 저촉되는 사항의 법적 · 안전상 해결방안을 강구할 수 있다. ⑤ 제조소의 일반점검표에 구조 점검결과를 기록할 수 있다.
	(4) 제조소의 설비 점검하기	① 제조소의 일반점검표에 정해진 점검항목 중 사업장에 해당하는 것을 확인하고, 점검 취지와 방법을 조사할 수 있다. ② 제조소의 설비 점검대상물 및 점검기기를 작동하고 그 결과를 판정할 수 있다. ③ 기술기준과 상이한 것은 허가도면을 색인하여 허가 시 적용된 기준을 확인할 수 있다. ④ 설비에 관한 기술기준 또는 허가도면에 저촉되는 사항의 법적 · 안전상 해결방안을 강구할 수 있다. ⑤ 제조소의 일반점검표에 설비 점검결과를 기록할 수 있다.
	(5) 제조소의 소방시설 점검하기	① 제조소의 일반점검표에 정해진 점검항목 중 사업장에 해당하는 것을 확인하고, 점검 취지와 방법을 조사할 수 있다. ② 제조소의 소화설비 · 경보설비 · 피난설비 점검대상물 및 점검기기를 작동하고 그 결과를 판정할 수 있다. ③ 기술기준과 상이한 것은 허가도면을 찾아서 허가 시 적용된 기준을 확인할 수 있다. ④ 소화설비 · 경보설비 · 피난설비에 관한 기술기준 또는 허가도면에 저촉되는 사항의 법적 · 안전상 해결방안을 강구할 수 있다.

주요 항목	세부 항목	세세 항목
		⑤ 제조소의 일반점검표에 제조소의 소화설비 · 경보설비 · 피난설비 점검결과를 기록할 수 있다.
9. 위험물저장소 유지관리	(1) 저장소의 시설기술 기준 조사하기	① 사업장에 설치된 저장소의 위치기준을 조사할 수 있다. ② 사업장에 설치된 저장소의 구조기준을 조사할 수 있다. ③ 사업장에 설치된 저장소의 설비기준을 조사할 수 있다. ④ 사업장에 설치된 저장소의 특례기준을 조사할 수 있다.
	(2) 저장소의 위치 점검하기	① 위치와 관련된 최종 허가도면을 찾아 위치에 관한 사항을 확인할 수 있다. ② 위치와 관련된 최종 허가도면에 존재하지 않는 건축물, 공작물의 존부를 확인할 수 있다. ③ 설치허가 당시의 안전거리 및 보유공지에 관한 기술기준을 파악하고, 이에 저촉되는 건축물, 공작물의 존부를 확인할 수 있다. ④ 현행의 안전거리 및 보유공지의 기술기준에 저촉되는 새로이 설치된 건물, 공작물의 존부를 확인할 수 있다. ⑤ 위치에 관한 기술기준 또는 허가도면에 저촉되는 건축물 또는 공작물의 제거 또는 법적 · 안전상 해결방안을 강구할 수 있다. ⑥ 저장소의 일반점검표에 위치 점검결과를 기록할 수 있다.
	(3) 저장소의 구조 점검하기	① 저장소의 일반점검표에 정해진 점검항목 중 사업장에 해당하는 것을 확인하고, 점검 취지와 방법을 조사할 수 있다. ② 저장소의 구조 점검대상물 및 점검기기를 작동하고 그 결과를 판정할 수 있다. ③ 기술기준과 상이한 것은 허가도면을 색인하여 허가 시 적용된 기준을 확인할 수 있다. ④ 구조에 관한 기술기준 또는 허가도면에 저촉되는 사항의 법적 · 안전상 해결방안을 강구할 수 있다. ⑤ 저장소의 일반점검표에 구조 점검결과를 기록할 수 있다.
	(4) 저장소의 설비 점검하기	① 저장소의 일반점검표에 정해진 점검항목 중 사업장에 해당하는 것을 확인하고, 점검 취지와 방법을 조사할 수 있다. ② 저장소의 설비 점검대상물 및 점검기기를 작동하고 그 결과를 판정할 수 있다. ③ 기술기준과 상이한 것은 허가도면을 색인하여 허가 시 적용된 기준을 확인할 수 있다. ④ 설비에 관한 기술기준 또는 허가도면에 저촉되는 사항의 법적 · 안전상 해결방안을 강구할 수 있다. ⑤ 저장소의 일반점검표에 설비 점검결과를 기록할 수 있다.
	(5) 저장소의 소방시설 점검하기	① 저장소의 일반점검표에 정해진 점검항목 중 사업장에 해당하는 것을 확인하고, 점검 취지와 방법을 조사할 수 있다. ② 저장소의 소화설비 · 경보설비 · 피난설비 점검대상물 및 점검기기를 작동하고 그 결과를 판정할 수 있다. ③ 기술기준과 상이한 것은 허가도면을 찾아서 허가 시 적용된 기준을 확인할 수 있다. ④ 소화설비 · 경보설비 · 피난설비에 관한 기술기준 또는 허가도면에 저촉되는 사항의 법적 · 안전상 해결방안을 강구할 수 있다. ⑤ 저장소의 일반점검표에 저장소의 소화설비 · 경보설비 · 피난설비 점검결과를 기록할 수 있다.

주요 항목	세부 항목	세세 항목
10. 위험물취급소 유지관리	(1) 취급소의 시설기술 기준 조사하기	① 사업장에 설치된 취급소의 위치기준을 조사할 수 있다. ② 사업장에 설치된 취급소의 구조기준을 조사할 수 있다. ③ 사업장에 설치된 취급소의 설비기준을 조사할 수 있다. ④ 사업장에 설치된 취급소의 특례기준을 조사할 수 있다.
	(2) 취급소의 위치 점검하기	① 위치와 관련된 최종 허가도면을 찾아 위치에 관한 사항을 확인할 수 있다. ② 위치와 관련된 최종 허가도면에 존재하지 않는 건축물, 공작물의 존부를 확인할 수 있다. ③ 설치허가 당시의 안전거리 및 보유공지에 관한 기술기준을 파악하고, 이에 저촉되는 건축물, 공작물의 존부를 확인할 수 있다. ④ 현행의 안전거리 및 보유공지의 기술기준에 저촉되는 새로이 설치된 건물, 공작물의 존부를 확인할 수 있다 ⑤ 위치에 관한 기술기준 또는 허가도면에 저촉되는 건축물 또는 공작물의 제거 또는 법적 · 안전상 해결방안을 강구할 수 있다. ⑥ 취급소의 일반점검표에 위치 점검결과를 기록할 수 있다.
	(3) 취급소의 구조 점검하기	① 취급소의 일반점검표에 정해진 점검항목 중 사업장에 해당하는 것을 확인하고, 점검 취지와 방법을 조사할 수 있다. ② 취급소의 구조 점검대상물 및 점검기기를 작동하고 그 결과를 판정할 수 있다. ③ 기술기준과 상이한 것은 허가도면을 색인하여 허가 시 적용된 기준을 확인할 수 있다. ④ 구조에 관한 기술기준 또는 허가도면에 저촉되는 사항의 법적 · 안전상 해결방안을 강구할 수 있다. ⑤ 취급소의 일반점검표에 구조 점검결과를 기록할 수 있다.
	(4) 취급소의 설비 점검하기	① 취급소의 일반점검표에 정해진 점검항목 중 사업장에 해당하는 것을 확인하고, 점검 취지와 방법을 조사할 수 있다. ② 취급소의 설비 점검대상물 및 점검기기를 작동하고 그 결과를 판정할 수 있다. ③ 기술기준과 상이한 것은 허가도면을 색인하여 허가 시 적용된 기준을 확인할 수 있다. ④ 설비에 관한 기술기준 또는 허가도면에 저촉되는 사항의 법적 · 안전상 해결방안을 강구할 수 있다. ⑤ 취급소의 일반점검표에 설비 점검결과를 기록할 수 있다.
	(5) 취급소의 소방시설 점검하기	① 취급소의 일반점검표에 정해진 점검항목 중 사업장에 해당하는 것을 확인하고, 점검 취지와 방법을 조사할 수 있다. ② 취급소의 소화설비 · 경보설비 · 피난설비 점검대상물 및 점검기기를 작동하고 그 결과를 판정할 수 있다. ③ 기술기준과 상이한 것은 허가도면을 찾아서 허가 시 적용된 기준을 확인할 수 있다. ④ 소화설비 · 경보설비 · 피난설비에 관한 기술기준 또는 허가도면에 저촉되는 사항의 법적 · 안전상 해결방안을 강구할 수 있다. ⑤ 취급소의 일반점검표에 저장소의 소화설비 · 경보설비 · 피난설비 점검결과를 기록할 수 있다.

차 례

〈1권 – 필기〉

Part 1 위험물의 기초화학

Part 2 화재예방

Part 3 소화방법

Part 4 소방시설의 설치 및 운영

Part 5 위험물의 종류 및 성질

Part 6 위험물안전관리법

〈2권 – 실기〉

Part 1 실기시험대비 요약본

Part 2 실기 과년도 출제문제

원소와 화합물 명명법 안내

이 책에 수록된 원소와 화합물의 이름은 대한화학회에서 규정한 명명법에 따라 표기하였습니다. 자격시험에서는 새 이름과 옛 이름을 혼용하여 출제하고 있으므로 모두 숙지해 두는 것이 좋습니다.

다음은 대한화학회(new.kcsnet.or.kr)에서 발표한 원소와 화합물 명명의 원칙과 변화의 주요 내용 및 위험물기능장을 공부하는 데 필요한 주요 원소의 변경사항을 정리한 것입니다. 학습에 참고하시기 바랍니다.

〈주요 접두사와 변경내용〉

접두사	새 이름	옛 이름
di –	다이 –	디 –
tri –	트라이 –	트리 –
bi –	바이 –	비 –
iso –	아이소 –	이소 –
cyclo –	사이클로 –	시클로 –

■ alkane, alkene, alkyne은 각각 "알케인", "알켄", "알카인"으로 표기한다.

예 methane 메테인
ethane 에테인
ethene 에텐
ethyne 에타인

■ "–ane"과 "–an"은 각각 "–에인"과 "–안"으로 구별하여 표기한다.

예 heptane 헵테인
furan 퓨란

■ 모음과 자음 사이의 r은 표기하지 않거나 앞의 모음에 ㄹ 받침으로 붙여 표기한다.

예 carboxylic acid 카복실산
formic acid 폼산(또는 개미산)
chloroform 클로로폼

■ "–er"은 "–ㅓ"로 표기한다.

예 ester 에스터
ether 에터

■ "–ide"는 "–아이드"로 표기한다.

예 amide 아마이
carbazide 카바자이드

■ g 다음에 모음이 오는 경우에는 "ㅈ"으로 표기할 수 있다.

예 halogen 할로젠

■ hy-, cy-, xy-, ty- 는 각각 "하이-", "사이-", "자이-", "타이-"로 표기한다.

예 hydride 하이드라이드
cyanide 사이아나이드
xylene 자일렌
styrene 스타이렌
aldehyde 알데하이드

■ u는 일반적으로 "ㅜ"로 표기하지만, "ㅓ", 또는 "ㅠ"로 표기하는 경우도 있다.

예 toluen 톨루엔
sulfide 설파이드
butane 뷰테인

■ i는 일반적으로 "ㅣ"로 표기하지만, "ㅏ이"로 표기하는 경우도 있다.

예 iso 아이소
vinyl 바이닐

〈기타 주요 원소와 화합물〉

새 이름	옛 이름
나이트로 화합물	니트로 화합물
다이아조 화합물	디아조 화합물
다이크로뮴	중크롬산
망가니즈	망간
브로민	브롬
셀룰로스	셀룰로오스
아이오딘	요오드
옥테인	옥탄
저마늄	게르마늄
크레오소트	클레오소트
크로뮴	크롬
펜테인	펜탄
프로페인	프로판
플루오린	불소
황	유황

※ 나트륨은 소듐으로, 칼륨은 포타슘으로 개정되었지만, 「위험물안전관리법」에서 옛 이름을 그대로 표기하고 있으므로, 나트륨과 칼륨은 변경 이름을 적용하지 않았습니다.

PART 1

위험물의 기초화학

위험물기능사 필기
www.cyber.co.kr

Part 1 위험물의 기초화학

1-1 물질의 분류와 특성

① 물질의 분류

물질 (질량과 부피를 갖는다.)
- 순물질 (고정된 성질)
  - 단체 – (홑원소 물질, element) : O_2, N_2, Cl_2, Ar, O_3 등
  - 화합물 (2개 이상의 원소)
    - 유기화합물(=탄소화합물) : CH_3Al (3류 일부), CH_3OH (4류), $C_6H_2(NO_2)_3CH_3$ (5류) 등
    - 무기화합물 : $KClO_3$ (1류), P_4S_3 (2류), NaH (3류 일부), $HClO_4$ (6류) 등
- 혼합물 (변할 수 있는 성질)

위험물이란 대통령령이 정하는 인화성 또는 발화성 등의 물품을 말한다.

분류	대표 성질	품명 또는 품목	소화방법
제1류 산화성 고체	• 비중>1, 수용성, 반응성 풍부(열, 충격, 마찰, 타격 등) • 불연성 • 조연성(산소 다량 함유) • 대부분 무기화합물, 무색 결정 또는 백색 분말, 조해성	아염소산염류, 염소산염류, 과염소산염류, 무기과산화물, 브로민산염류, 아이오딘산염류, 질산염류, 과망가니즈산염류, 다이크로뮴산염류	가연물의 성질에 따라 냉각주수소화(단, 무기과산화물류의 경우 모래 또는 소다재)
제2류 가연성 고체	• 이연성, 속연성 • 연소열과 연소온도 높음 • 강환원성	황화인, 적린, 황, 철분, 금속분, 마그네슘, 인화성 고체	냉각주수소화(단, 황화인, 철분, Mg, 금속분류의 경우 모래 또는 소다재)
제3류 자연발화성 물질 및 금수성 물질	• 고체와 액체이며, 공기 중에서 발열 · 발화 • 공기와 접촉 시 자연발화	칼륨, 나트륨, 알킬알루미늄, 알킬리튬, 황린, 알칼리금속, 유기금속화합물, 금속의 수소화물, 금속의 인화물, 칼슘 또는 알루미늄의 탄화물	팽창질석 또는 팽창진주암으로 질식소화(물, CO_2, 할론 소화 일체 금지)
제4류 인화성 액체	• 인화 용이 • 비중<1 • 증기가 공기와 약간만 혼합하여도 연소 • 주수소화 금지	특수인화물류, 제1, 2, 3, 4석유류, 알코올류, 동 · 식물유류	CO_2, 할론, 분말, 물분무 등으로 질식소화

분류	대표 성질	품명 또는 품목	소화방법
제5류 자기반응성 물질	• 내부연소 및 연소속도 빠름 • 장시간 저장 시 산화반응으로 자연발화	유기과산화물류, 질산에스터류, 나이트로화합물, 나이트로소화합물, 아조화합물, 다이아조화합물, 하이드라진유도체, 하이드록실아민, 하이드록실아민염류	다량의 주수에 의한 냉각소화
제6류 산화성 액체	• 불연성, 조연성, 부식성 • 강산화제 • 비중>1 • 발열반응 • 물에 잘 녹음	과염소산, 과산화수소, 질산	가연물의 성질에 따라 건조사 및 분말소화약제

참고

1. 제1류, 제6류 위험물이 탈 수 없는 이유
   이미 물질 자체로 산화반응을 끝냈기 때문에 산화반응을 하지 않는다. ∴ 불연성
2. 조연성 물질
   물질 자체에 산소 포함, 스스로 타지 않는다.
3. 질산(HNO_3)
   제6류 위험물은 다른 가연물에 대해 발화원인으로 작용한다.
   ㉠ 질산+대팻밥 → 자연발화
   ㉡ 질산+금속 → NO_2 발생

2 물질의 특성

(1) 밀도

물질의 질량을 부피로 나눈 값으로, 물질마다 고유한 값을 지닌다.
단위는 g/mL, g/cm^3 등을 주로 사용한다.

$$\text{밀도} = \frac{\text{질량}}{\text{부피}} \quad \text{또는} \quad \rho = \frac{M}{V}$$

(암기법) $\frac{M}{V}$
(사랑하는 감정이 생기면 큐피트의 화살을 쏴라!)

(2) 비중

어떤 물질의 밀도와 그것과 같은 체적의 4℃ 물의 밀도비이다.

$$\text{비중} = \frac{\text{물질의 밀도}}{\text{4℃ 물의 밀도}} = \frac{\text{물질의 중량}}{\text{동일 체적의 물의 중량}}$$

비중은 무차원량이고, 20℃ 물의 비중은 1이다.

① 액체의 비중

예 **벤젠과 이황화탄소의 소화**

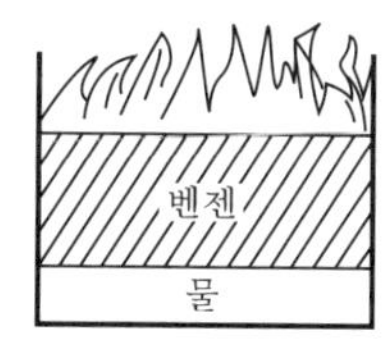

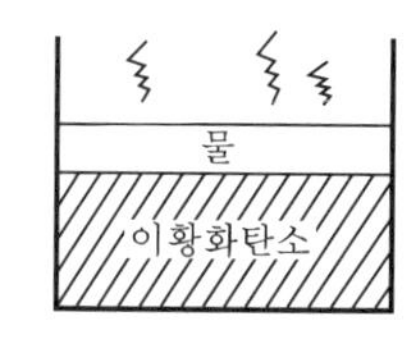

벤젠과 이황화탄소는 근본적으로 화학결합 차이로 인해 섞이지 않으며, 벤젠의 비중은 0.879로 물로 소화할 경우 물보다 비중이 작기 때문에 물로 소화가 되지 않는다. 반면에 이황화탄소는 비중이 1.274이므로 물로 소화할 경우 이황화탄소의 표면을 덮어 질식소화가 가능하다.

② 증기비중

㉮ **증기의 비중** $= \dfrac{\text{증기의 분자량}}{\text{공기의 평균 분자량}} = \dfrac{\text{증기의 분자량}}{28.84}$

㉯ **기체의 밀도** $= \dfrac{\text{분자량}}{22.4}$ (g/L) (단, 0℃, 1기압)

참고 1. 공기의 구성 성분(부피 %)
질소 : 78%, 산소 : 21%, 아르곤, 이산화탄소 등 : 1%
2. 공기의 평균 분자량 구하기
$28 \times \dfrac{78}{100} + 32 \times \dfrac{21}{100} + \cdots \fallingdotseq 28.84$

(3) 비열

물체 1 g의 온도를 1℃ 높이는 데 필요한 열량이다.

참고 물의 비열은 4.2 J/g · ℃

(4) 온도 표시

① **화씨(°F)** : 화씨 온도계는 32도와 212도 사이를 180등분으로 나누어 놓았다. 각 부분은 화씨 1도가 된다.

$$T(°\mathrm{F}) = 1.8\,t(℃) + 32$$

② **절대온도(K)** : 과학적 이론 또는 실험은 도달할 수 있는 최저의 온도 한계가 있는 것으로 정의하는데, 그 최저 온도 −273.15℃를 0K이라 한다.(절대온도는 '°(도)' 표시를 하지 않는다.)

$$T(\mathrm{K}) = t(℃) + 273.15$$

(5) 압력

어떤 면적에 대해 수직방향으로 가해지는 힘이다.

$$1\text{기압}=76cmHg=760mmHg=14.7psi=14.7lb_f/in.^2$$
$$=101.325kPa=29.92inchHg$$

(6) 열량

$$Q=mc\Delta T+\gamma\times m$$

여기서, Q : 열량, m : 질량, c : 비열, T : 온도, γ : 기화열(539cal/g)

(7) 동소체

같은 원소로 되어 있으나 성질이 다른 단체이다.

동소체의 구성 원소	동소체의 종류	연소생성물
산소(O)	산소(O_2), 오존(O_3)	–
탄소(C)	다이아몬드(금강석), 흑연, 숯, 활성탄	이산화탄소(CO_2)
인(P)	황린(P_4), 적린(P)	오산화인(P_2O_5)
황(S)	사방황, 단사황, 고무상황(S_8)	이산화황(SO_2)

※ 동소체의 구별 방법
연소생성물이 같은가를 확인하여 동소체임을 구별한다.

1-2 원자의 구조 및 주기율표

① 원자의 구조

구성 입자		전하량(C)	질량(g)	기호	발견자
원자핵	양성자	$+1.602\times10^{-19}$	1.6726×10^{-24}	P	골트슈타인
	중성자	0	1.6749×10^{-24}	n	채드윅
전자		-1.602×10^{-19}	9.1095×10^{-28}	e^-	톰슨

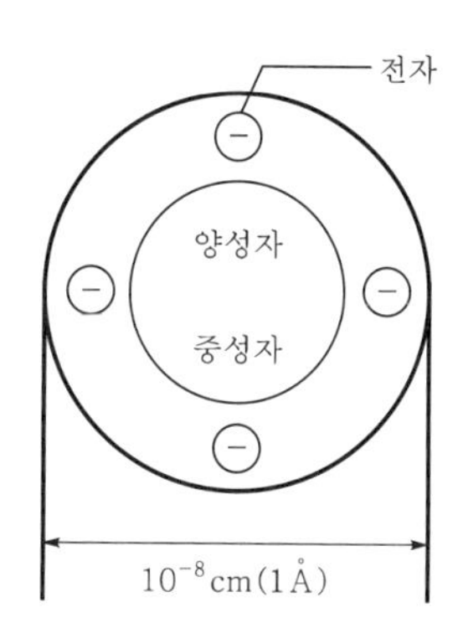

〈 원자의 구조 〉

(1) 원자번호와 질량수

① 원자번호

원자핵의 핵 속에 있는 양성자의 수와 같다.

원자번호(Z)=양성자수=전자수

② 질량수

무시 가능

질량수=양성자수+중성자수+~~전자수~~

(∵ 전자의 무게는 양성자 무게의 $\frac{1}{1,837}$ 이기 때문에 무시할 수 있다.)

(2) 동위원소

양성자수는 같지만 중성자수가 달라 질량수가 다른 원소들. 화학적 성질은 같지만 질량이 다르므로 물리적 성질도 다르다.

예 **수소(H)의 동위원소**

$^{1}_{1}H$(경수소), $^{2}_{1}H$(중수소), $^{3}_{1}H$(삼중수소)

참고 평균 원자량

동위원소가 존재하는 경우의 원자량은 각 원소의 존재 비율을 고려한 평균 원자량으로 나타낸다. 염소의 경우 $^{35}_{17}Cl$이 75.77%, $^{37}_{17}Cl$ 24.23%로 존재한다.

예 Cl의 평균 원자량$=35\times\frac{75.77}{100}+37\times\frac{24.23}{100}\fallingdotseq 35.5$

② 주기율표

(1) 멘델레예프의 주기율표(1869)

멘델레예프는 당시에 알려진 63종의 원소들을 원자량이 증가하는 순으로 배열하면 비슷한 성질을 가지는 원소들이 주기적으로 나타나는 것을 발견하였다. 이러한 발견을 토대로 가로줄을 몇 개의 주기로 나누고, 세로줄을 8개의 족으로 분류했다.

(2) 모즐리의 주기율표(1913)

음극선관에서의 X선 산란 연구를 토대로 금속원자의 양성자수가 증가함에 따라 X선의 파장이 짧아지는 것을 발견하였다. 원소들의 원자번호를 결정하고 원소들의 주기적 성질은 원자번호가 증가함에 따라 규칙적으로 변한다는 것을 알아냈다(오늘날의 주기율표).

1 ← 원자번호
H ← 원소기호

준금속원소
비금속원소
금속원소
3족~12족 전이원소

주기＼족	1	2	3	4	5	6	7	8	9	10	11	12	13	14	15	16	17	18
1	1 H																	2 He
2	3 Li	4 Be											5 B	6 C	7 N	8 O	9 F	10 Ne
3	11 Na	12 Mg											13 Al	14 Si	15 P	16 S	17 Cl	18 Ar
4	19 K	20 Ca	21 Sc	22 Ti	23 V	24 Cr	25 Mn	26 Fe	27 Co	28 Ni	29 Cu	30 Zn	31 Ga	32 Ge	33 As	34 Se	35 Br	36 Kr
5	37 Rb	38 Sr	39 Y	40 Zr	41 Nb	42 Mo	43 Tc	44 Ru	45 Rh	46 Pd	47 Ag	48 Cd	49 In	50 Sn	51 Sb	52 Te	53 I	54 Xe
6	55 Cs	56 Ba	56 La*	72 Hf	73 Ta	74 W	75 Re	76 Os	77 Ir	78 Pt	79 Au	80 Hg	81 Tl	82 Pb	83 Bi	84 Po	85 At	86 Rn
7	87 Fr	88 Ra	89 Ac**															

* 란탄계	57 La	58 Ce	59 Pr	60 Nd	61 Pm	62 Sm	63 Eu	64 Gd	65 Tb	66 Dy	67 Ho	68 Er	69 Tm	70 Yb	71 Lu
** 악티늄계	89 Ac	90 Th	91 Pa	92 U	93 Np	94 Pu	95 Am	96 Cm	97 Bk	98 Cf	99 Es	100 FM	101 Md	102 No	103 Lr

(3) 주기와 족

① 주기 : 주기율표의 가로줄을 의미하며 1주기에서 7주기까지 존재한다. 주기는 한 원소에서 전자가 배치되어 있는 전자껍질수와 같다.

② 족 : 주기율표의 세로줄을 의미하며 18족까지 존재한다. 동족원소는 화학적 성질이 비슷하다. 다음은 전형원소에 대한 도표이다.

족	1	2	13	14	15	16	17	18
이름	알칼리금속	알칼리토금속	붕소족	탄소족	질소족	산소족	할로젠족	비활성 기체

㉮ **1족 알칼리금속**

㉠ 원자가 전자가 1개이어서 +1가 양이온이 되기 쉽다. ⇒ 금속성이 크다.

㉡ 공기 중에서 쉽게 산화된다.

㉢ 물과 폭발적으로 반응한다. ⇒ 수소 발생

예 $2Na+2H_2O \rightarrow 2NaOH+H_2$
나트륨은 제3류 위험물로 금수성 물질이다. 석유나 벤젠에 보관하며, 요즘은 고체 파라핀으로 피복시켜 유통되는 경우도 있다.

㉣ 알칼리금속염의 수용액은 특유의 불꽃 색깔을 낸다.

Li(붉은색), Na(노란색), K(연보라색), Rb(붉은색), Cs(파랑색)

알칼리금속	녹는점(℃)	끓는점(℃)	밀도	불꽃반응
Li	180.5	1,342	0.53	빨강
Na	97.8	883	0.97	노랑
K	62.3	760	0.86	보라
Rb	38.9	686	1.53	진한 빨강
Cs	28.5	676	1.87	파랑(불꽃놀이에 사용한다.)

㉤ 물과의 반응성 크기 비교

Li < Na < K < Rb < Cs

㉯ **17족 할로젠 원소**

㉠ 최외각 전자수가 7개여서 전자를 한 개 얻어 −1가 음이온이 되기 쉽다.

㉡ 반응성의 크기 : $F_2 \gg Cl_2 > Br_2 > I_2$

㉢ 모두 비금속이다.

㉣ 할로젠 원소의 성질은 다음 표와 같다.

할로젠 원소	색깔	녹는점(℃)	끓는점(℃)	상태(상온)	특징
F_2	담황색	−220	−188	기체	살균효과
Cl_2	황록색	−101	−35	기체	표백작용
Br_2	적갈색	−7.2	58.8	액체	비금속 중 상온에서 유일한 액체
I_2	흑자색	114	184	고체	단체일 때는 무색
At_2	흑색	302	337	자연계에 존재하지 않음	방사성 원소이며, 인체에 매우 유독

㉰ **18족(0족) 비활성 기체**(=불활성 기체)

㉠ 원소 자체로 안정하기 때문에 다른 물질과 반응하지 않는 기체이다.

㉡ He : 안정성이 높기 때문에 폭발의 위험성이 없다. 애드벌룬 등에 많이 쓰인다.

㉢ 비활성 기체를 불꽃 속에 넣으면 산소 농도가 엷어지므로 소화된다. ⇒ 희석소화

㉣ 연소반응이 없다.

(4) 전자배치

① 1족(+1가 지향)

K L M

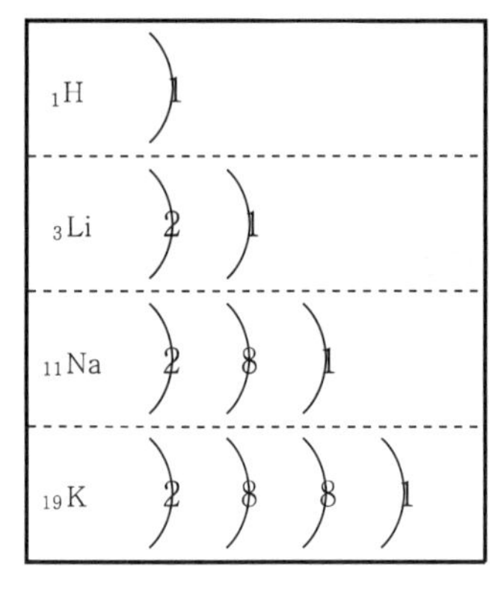

→ 최외각 전자수 1개

∴ 1족 원소가 된다.

② 2족(+2가 지향)

K L M

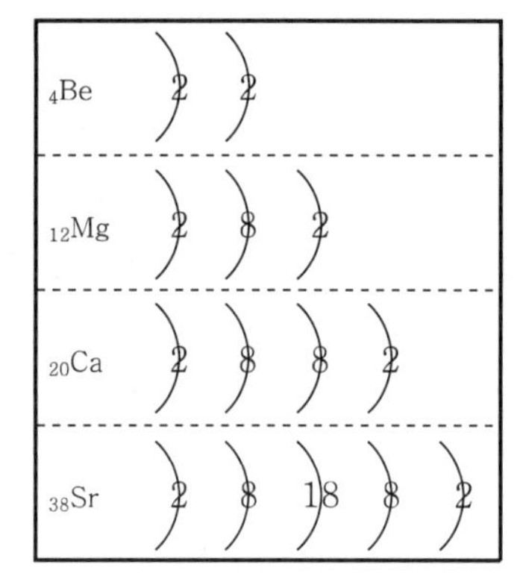

→ 최외각 전자수 2개

∴ 2족 원소가 된다.

③ 13족(+3가 지향)

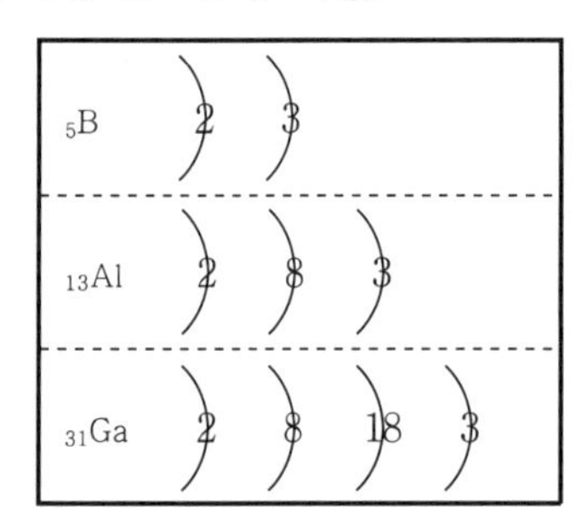

→ 최외각 전자수 3개

∴ 13족 원소가 된다.

④ 14족(±4가 지향)

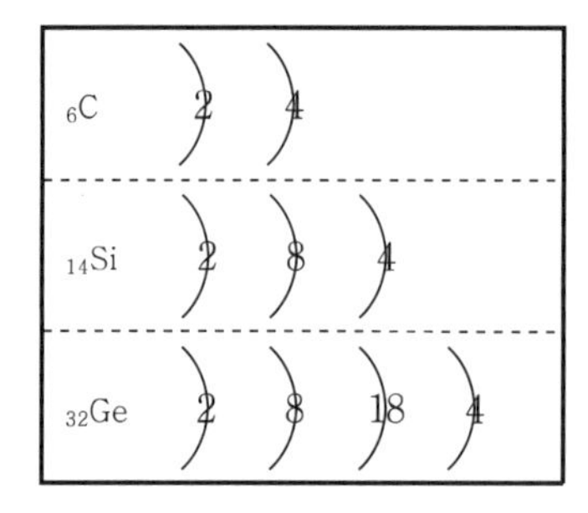

→ 최외각 전자수 4개

∴ 14족 원소가 된다.

4족 원소(C, Si, Ge, Sn, Pb)는 전자 4개를 받거나 버리면 안정해진다. ⇒ ±4가 지향

⑤ 15족(−3가 또는 +5가 지향)

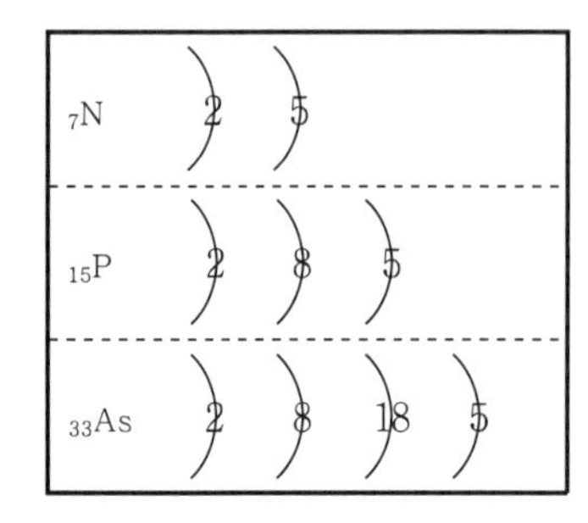

→ 최외각 전자수 5개

∴ 15족 원소가 된다.

⑥ 16족(−2가 또는 +6가 지향)

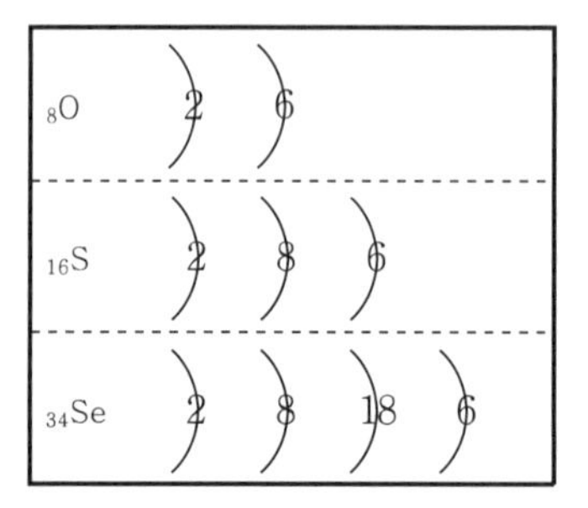

→ 최외각 전자수 6개

∴ 16족 원소가 된다.

⑦ 17족(−1가 지향)

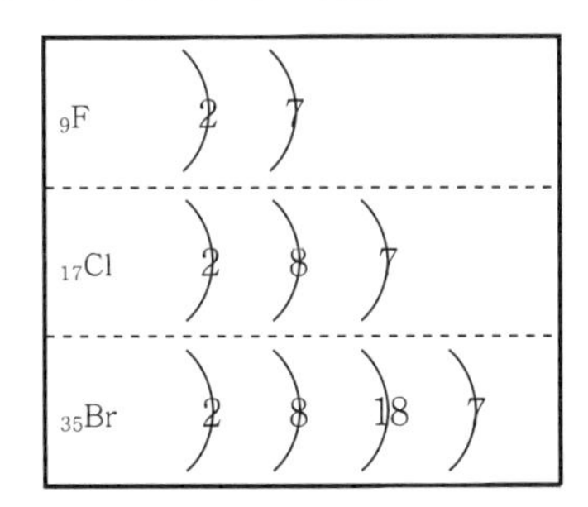

→ 최외각 전자수 7개

∴ 17족 원소가 된다.

⑧ 18족(0족)

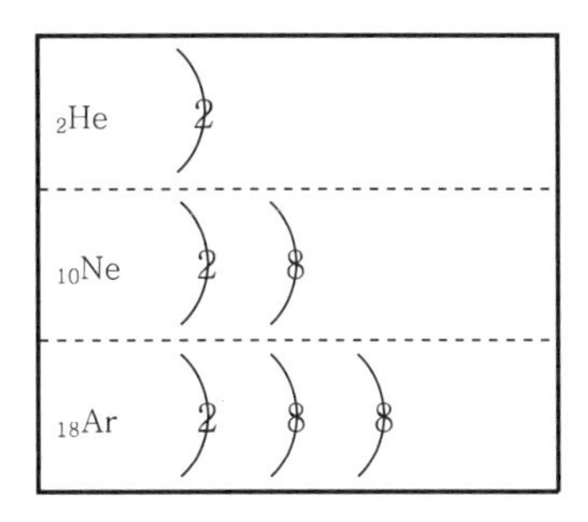

→ 최외각 전자수 8개

∴ 18족(0족) 원소가 된다.

(5) 화학식 만들기와 명명

① 분자식과 화합물의 명명법

$$\overset{|+m|}{M} \times \overset{|-n|}{N} = M_n N_m \qquad \overset{|+3|}{Al} \times \overset{|-2|}{O} = Al_2O_3$$

② 라디칼(radical = 원자단)

화학변화 시 분해되지 않고, 한 분자에서 다른 분자로 이동하는 원자의 집단

$$Zn + H_2\underline{SO_4} \longrightarrow Zn\underline{SO_4} + H_2$$

㉮ 암모늄기…… NH_4^+
㉯ 수산기…… OH^-
㉰ 질산기…… NO_3^-
㉱ 염소산기…… ClO_3^-
㉲ 과망가니즈산기…… MnO_4^-
㉳ 황산기…… SO_4^{2-}
㉴ 탄산기…… CO_3^{2-}
㉵ 크로뮴산기…… CrO_4^{2-}
㉶ 다이크로뮴산기…… $Cr_2O_7^{2-}$
㉷ 인산기…… PO_4^{3-}
㉸ 사이안산기…… CN^-
㉹ 붕산기…… BO_3^{3-}
㉺ 아세트산기(초산기)…… CH_3COO^-

1-3 화학식과 화학반응식

① 화학식

(1) 분자식

한 개의 분자를 구성하는 원소의 종류와 그 수를 원소기호로서 표시한 화학식을 분자식이라 한다.

예 물(H_2O), 염산(HCl), 포도당($C_6H_{12}O_6$)

(2) 실험식(조성식)

어떤 물질을 구성한 원자(또는 이온)의 종류와 수를 간단한 비로 표시한 것을 실험식이라 한다.

예 아세틸렌 : C_2H_2, 벤젠 : C_6H_6 ⇒ 실험식은 CH

참고 실험식과 분자식의 관계
(실험식)$\times n$=분자식

예제 01 실험식이 CH인 벤젠의 분자량이 78이라고 한다. 분자식은?

풀이 CH의 실험식량 : 13
$13\times n=78$ $\therefore\ n=6$
따라서, $(CH)_{\times 6}$하면 벤젠의 분자식은 C_6H_6

정답 C_6H_6

예제 02 식초의 주성분인 아세트산은 탄소, 수소 및 산소로 되어 있다. 이 세 원소의 % 조성이 40.0% C, 6.73% H, 53.3% O이었다면, 아세트산의 실험식은?

풀이 1단계 : 100 g 중 각 원소의 양은 40.0 g C, 6.73 g H, 53.3 g O
2단계 : 이를 몰수로 환산하면

$$\text{C의 몰수}=40.0\,\text{g C}\times\frac{1\,\text{mol C}}{12.01\,\text{g C}}=3.33\,\text{mol C}$$

$$\text{H의 몰수}=6.73\,\text{g H}\times\frac{1\,\text{mol H}}{1.011\,\text{g H}}=6.73\,\text{mol H}$$

$$\text{O의 몰수}=53.3\,\text{g O}\times\frac{1\,\text{mol O}}{16.00\,\text{g O}}=3.33\,\text{mol O}$$

3단계 : 각 원자 몰수의 비를 가장 간단한 정수로 나타내면,
C : H : O=3.33 : 6.66 : 3.33=1 : 2 : 1
따라서, 실험식은 CH_2O

정답 CH_2O

(3) 시성식

분자 속에 들어 있는 원자단(관능기)의 결합상태를 나타낸 화학식으로 유기화합물에서 많이 사용되며 분자식은 같으나 전혀 다른 성질을 갖는 물질을 구분할 수 있다.

예 에탄올 : C_2H_6O(분자식), C_2H_5OH(시성식)
초산 : $C_2H_4O_2$(분자식), CH_3COOH(시성식)

(4) 구조식

분자를 구성하는 원자와 이들 원자의 결합모양을 나타낸 식이다.

예

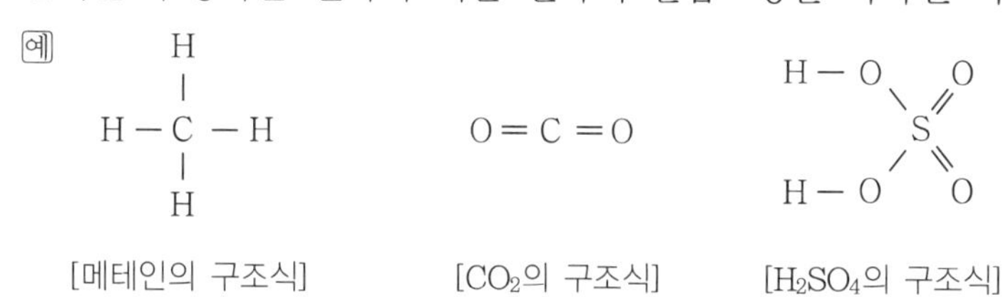

[메테인의 구조식] [CO_2의 구조식] [H_2SO_4의 구조식]

(5) 전자점식

화합물의 결합상태를 전자점으로 표시한 화학식이다.

예

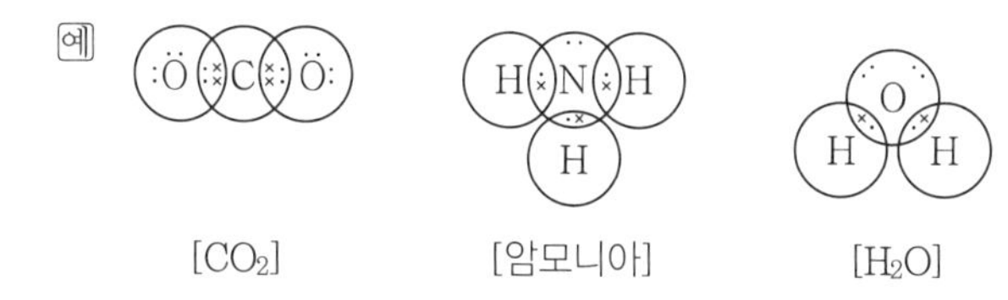

[CO_2] [암모니아] [H_2O]

참고 아세트산의 화학식

실험식	분자식	시성식	구조식
CH_2O	$C_2H_4O_2$	CH_3COOH	H—C(H)(H)—C(=O)—O—H

2 화학반응식

원소기호나 화학식을 사용하며 물질의 화학변화를 나타낸 식을 화학반응식 또는 화학방정식이라 한다.

(1) 반응식 만드는 법

① 반응물과 생성물을 알아야 한다.

② 물질은 분자식으로 나타낸다.

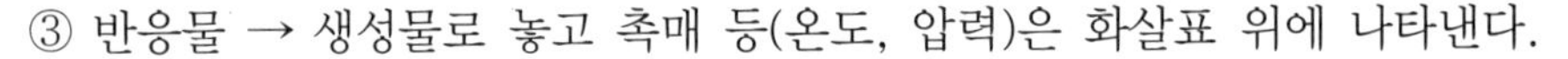

③ 반응물 → 생성물로 놓고 촉매 등(온도, 압력)은 화살표 위에 나타낸다.

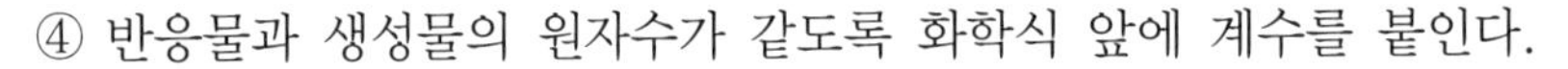

④ 반응물과 생성물의 원자수가 같도록 화학식 앞에 계수를 붙인다.

(2) 반응식이 나타내는 뜻

화학반응식은 다음과 같은 여러 가지 뜻을 내포하고 있다.

① 반응물과 생성물이 무엇인가를 나타낸다.(정성적 의미)

② 물질 간의 몰비 또는 분자수의 비를 나타낸다.(몰비)

③ 질량비를 나타낸다.(일정성분비, 질량불변의 법칙)

④ 기체물질의 경우 부피의 비를 나타낸다.(기체반응의 법칙)

예 **프로페인가스(C_3H_8)가 순수한 산소 속에서 연소했을 때의 화학반응식**

프로페인 연소생성물 : 물(H_2O), 이산화탄소(CO_2)

$aC_3H_8 + bO_2 \rightarrow cCO_2 + dH_2O$

① 단계 a가 1이면 C의 개수가 좌측에 3개이므로 우측 탄소 개수를 맞추기 위해 $c=3$이 된다.

② 단계 H의 개수가 좌측에 8개이므로 우측 수소 개수를 맞추기 위해 $d=4$가 된다.

③ 단계 O의 개수가 ①, ② 단계로부터 우측에 10개이므로 좌측 O_2의 개수를 맞추기 위해 $b=5$가 된다.

$\therefore C_3H_8(g) + 5O_2(g) \rightarrow 3CO_2(g) + 4H_2O(g)$

(3) 화학방정식으로부터 이론공기량 구하기

연소란 열과 빛을 동반한 산화반응이라고 정의되는 것처럼 연소와 산화라는 단어는 화재화학 영역에서는 어느 정도 동의어적 의미로 사용되고 있다. 일반적으로 메테인의 연소상태를 설명할 때 공기 중의 산소와 결합하여 생성물로서 이산화탄소와 물이 생성되는 화학방정식은 다음과 같이 나타낼 수 있다.

$CH_4 + 2O_2 \rightarrow CO_2 + 2H_2O$

이와 같은 화학방정식에서 1몰의 메테인이 2몰의 산소와 반응하여 1몰의 이산화탄소와 2몰의 물이 생성된다는 것을 알 수 있다. 즉, 이론적으로 요구되는 산소량과 공기량을 구할 수 있는 것이다.

만약 16g의 메테인이 연소하는 데 필요한 이론적 공기량을 구하고자 한다면 다음과 같다.

$$\frac{16g-CH_4}{} \Big| \frac{1mol-CH_4}{16g-CH_4} \Big| \frac{2mol-O_2}{1mol-CH_4} \Big| \frac{100mol-Air}{21mol-O_2} \Big| \frac{28.84g-Air}{1mol-Air} = 274.67g-Air$$

이와 유사한 방법으로 아보가드로의 법칙에 의해 각각의 생성되는 CO_2 및 H_2O의 양도 g, L, 분자의 개수 등의 단위로 얼마든지 환산해낼 수 있다.

$$\frac{16g-CH_4}{} \Big| \frac{1mol-CH_4}{16g-CH_4} \Big| \frac{2mol-O_2}{1mol-CH_4} \Big| \frac{22.4L-O_2}{1mol-O_2} = 44.8L-O_2$$

$$\frac{16g-CH_4}{} \Big| \frac{1mol-CH_4}{16g-CH_4} \Big| \frac{2mol-O_2}{1mol-CH_4} \Big| \frac{6.02\times10^{23}\text{개의 } O_2}{1mol-O_2} = 12.04\times10^{23}\text{개의 } O_2$$

$$\frac{16g-CH_4}{} \Big| \frac{1mol-CH_4}{16g-CH_4} \Big| \frac{1mol-CO_2}{1mol-CH_4} \Big| \frac{44g-CO_2}{1mol-CO_2} = 44g-CO_2$$

$$\frac{16g-CH_4}{} \Big| \frac{1mol-CH_4}{16g-CH_4} \Big| \frac{1mol-CO_2}{1mol-CH_4} \Big| \frac{22.4L-CO_2}{1mol-CO_2} = 22.4L-CO_2$$

$$\frac{16g-CH_4}{} \Big| \frac{1mol-CH_4}{16g-CH_4} \Big| \frac{1mol-CO_2}{1mol-CH_4} \Big| \frac{6.02\times10^{23}\text{개의 } CO_2\text{ 분자}}{1mol-CO_2} = 6.02\times10^{23}\text{개의 } CO_2\text{ 분자}$$

$$\frac{16g-CH_4}{} \Big| \frac{1mol-CH_4}{16g-CH_4} \Big| \frac{2mol-H_2O}{1mol-CH_4} \Big| \frac{18g-H_2O}{1mol-H_2O} = 36g-H_2O$$

$$\frac{16g-CH_4}{} \Big| \frac{1mol-CH_4}{16g-CH_4} \Big| \frac{2mol-H_2O}{1mol-CH_4} \Big| \frac{22.4L-H_2O}{1mol-H_2O} = 44.8L-H_2O$$

$$\frac{16g-CH_4}{} \Big| \frac{1mol-CH_4}{16g-CH_4} \Big| \frac{2mol-H_2O}{1mol-CH_4} \Big| \frac{6.02\times10^{23}\text{개의 } H_2O}{1mol-H_2O} = 12.04\times10^{23}\text{개의 } H_2O$$

1-4 기체의 법칙

① 보일의 법칙

일정한 온도에서 일정량의 기체의 부피는 압력에 반비례한다.

$$\underset{(압력)}{P}\ \underset{(부피)}{V} = \underset{(상수)}{k},\quad P_1V_1 = P_2V_2 \text{ (기체의 몰수와 온도는 일정)}$$

예

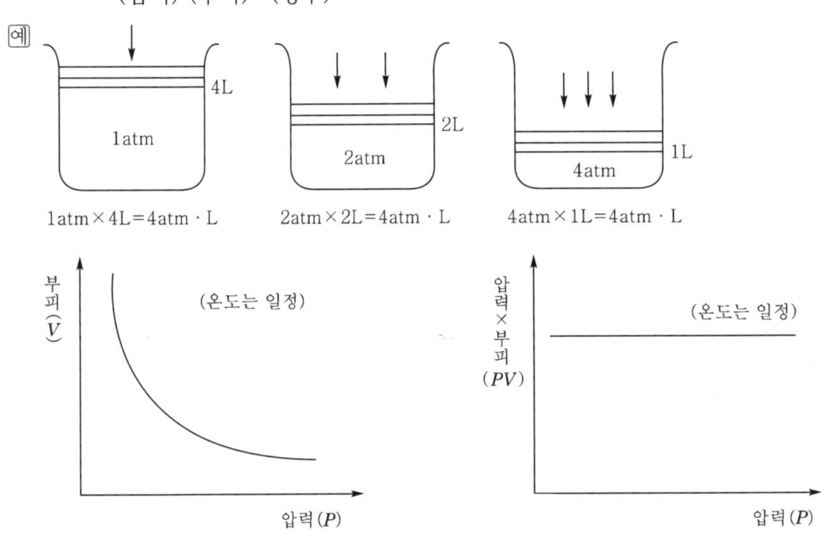

예제 01 1atm에서 1,000L를 차지하는 기체가 등온의 조건 10atm에서는 몇 L를 차지하겠는가?

풀이 $P_1V_1 = P_2V_2$

$P_1 = 1\,\text{atm},\ V_1 = 1{,}000\text{L},\ P_2 = 10\,\text{atm}$

$V_2 = \dfrac{P_1V_1}{P_2} = \dfrac{1\,\text{atm} \cdot 1{,}000\text{L}}{10\,\text{atm}} = 100\text{L}$

정답 100L

예제 02 760 mmHg에서 10 L를 차지하는 기체를 주어진 온도에서 압력 700 mmHg로 감소시켰을 때 이 기체가 차지하는 부피는?

풀이 $P_1V_1 = P_2V_2$

$V_1 = 10\text{L},\ P_1 = 760\text{mmHg},\ P_2 = 700\text{mmHg}$

$V_2 = \dfrac{V_1P_1}{P_2} = 10\text{L} \times \dfrac{760\,\text{mmHg}}{700\,\text{mmHg}} \fallingdotseq 10.86\text{L}$

정답 10.86L

② 샤를의 법칙

일정한 압력에서 일정량의 기체의 부피는 절대온도에 비례한다.

$$V = kT,\ \frac{V_1}{T_1} = \frac{V_2}{T_2} \quad (T(\mathrm{K}) = t(℃) + 273.15)$$

※ 기체의 온도와 부피

일정한 압력에서 일정량의 기체의 부피는 온도가 1℃ 높아질 때마다 0℃때 부피의 $\frac{1}{273.15}$만큼씩 증가한다.

$$V = V_0 + \frac{t}{273.15}V_0 = V_0\left(1 + \frac{t}{273.15}\right)$$

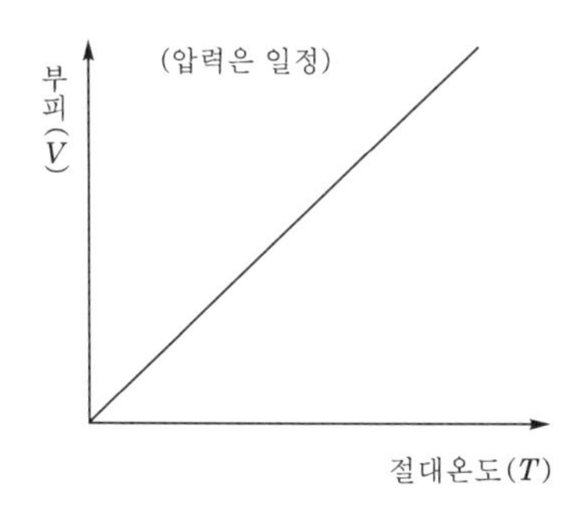

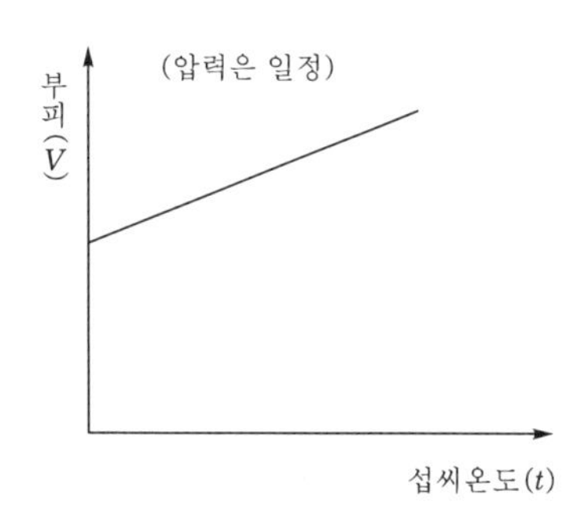

예제 01 15℃에서 3.5L를 차지하는 기체가 있다. 같은 압력 38℃에서는 몇 L를 차지하는가?

풀이 $\frac{V_1}{T_1} = \frac{V_2}{T_2}$

$T_1 = 15℃ + 273.15\mathrm{K} = 288.15\mathrm{K},\ T_2 = 38℃ + 273.15\mathrm{K} = 311.15\mathrm{K}$

$V_1 = 3.5\mathrm{L},\ V_2 = \frac{V_1 T_2}{T_1} = \frac{3.5\mathrm{L} \cdot 311.15\mathrm{K}}{288.15\mathrm{K}} = 3.78\mathrm{L}$

정답 3.78L

예제 02 20℃에서 10mL의 부피를 차지하는 어떤 기체를 일정한 압력하에서 0℃ 냉각시켰을 때 부피는 얼마나 되는가?

풀이 $\frac{V_1}{T_1} = \frac{V_2}{T_2}$

$V_1 = 10\mathrm{mL},\ T_1 = (20 + 273.15)\mathrm{K},\ T_2 = (0 + 273.15)\mathrm{K}$

$V_2 = \frac{V_1 T_2}{T_1} = \frac{10\mathrm{mL} \cdot 273.15\mathrm{K}}{(20 + 273.15)\mathrm{K}} ≒ 9.32\mathrm{mL}$

정답 9.32mL

3 보일-샤를의 법칙

일정량의 기체의 부피는 절대온도에 비례하고 압력에 반비례한다.

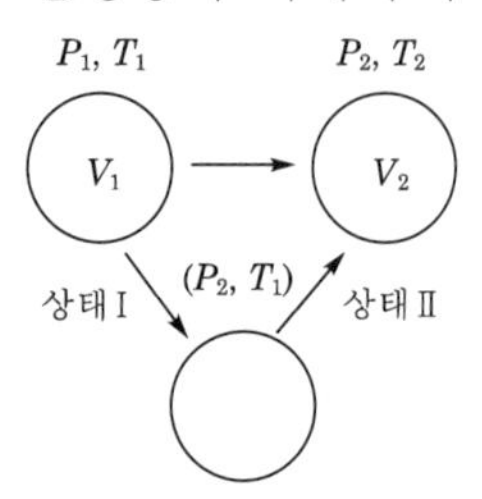

$$\frac{P_1 V_1}{T_1} = \frac{P_2 V_2}{T_2} = \frac{PV}{T} = k$$

예제 01 273℃, 2atm에 있는 수소 1L를 819℃, 압력 4atm으로 하면 부피(L)는 얼마나 되겠는가?

풀이

$$\frac{P_1 V_1}{T_1} = \frac{P_2 V_2}{T_2}$$

$P_1 = 2\,\text{atm}$, $P_2 = 4\,\text{atm}$, $V_1 = 1\text{L}$

$T_1 = (273 + 273.15)\text{K}$

$T_2 = (819 + 273.15)\text{K}$

$$\frac{2\,\text{atm} \cdot 1\text{L}}{(273+273.15)\text{K}} = \frac{4\,\text{atm} \cdot V_2}{(819+273.15)\text{K}}$$

$$V_2 = \frac{2\,\text{atm} \cdot 1\text{L} \cdot (819+273.15)\text{K}}{4\,\text{atm} \cdot (273+273.15)\text{K}} \fallingdotseq 0.99\text{L}$$

정답 0.99L

4 이상기체와 실제기체

(1) 이상기체

분자의 부피는 없고 질량만 가지며 평균운동에너지는 분자량과 무관하고 절대온도에만 비례한다. 실제 기체 중 He, H_2는 이상기체에 가깝게 행동한다.

(2) 기체상태방정식

보일-샤를의 법칙과 아보가드로의 법칙으로 유도한다.

P	V	$=$	n	R	T
(압력)	(부피)		(몰수)	(기체상수)	(절대온도)

여기서, 기체상수 $R=\dfrac{PV}{nT}=\dfrac{1\text{atm}\times 22.4\text{L}}{1\,\text{mol}\times(0℃+273.15)\text{K}}$ (아보가드로의 법칙에 의해)

$=0.082\text{L}\cdot\text{atm/K}\cdot\text{mol}$

※ 기체의 부피 구하는 식

$PV=nRT$에서 몰수$(n)=\dfrac{\text{질량}(w)}{\text{분자량}(M)}$이므로

$$PV=\frac{w}{M}RT$$

$$\therefore\ V=\frac{wRT}{PM}$$

〈 몰 기체상수값 〉

R값	단위
0.082057	L・atm/(K・mol)
8.31441	J/(K・mol)
8.31441	$kg\cdot m^2(s^2\cdot K\cdot mol)$
8.31441	$dm^3\cdot kPa/(K\cdot mol)$
1.98719	cal/(K・mol)

예제 01 27℃, 2atm에서 20g의 CO_2 기체가 차지하는 부피는 약 몇 L인가?

풀이 $V=\dfrac{nRT}{P}=\dfrac{20\times0.082\times(27+273.15)}{2\times44}\fallingdotseq 5.59\text{L}$

정답 5.59L

(3) 실제기체

분자 자신의 부피가 있으며 분자 간의 인력이나 반발력이 있다.

참고 실제기체는 온도가 높고, 압력이 낮을수록 이상기체의 성질에 가까워진다. 왜? 온도가 높아지거나 분자의 크기가 작아지면 분자 사이의 인력이 작아지기 때문이고 압력이 낮으면 분자 자신이 차지하는 부피가 작기 때문에 이상기체에 가깝다.

⑤ 그레이엄의 확산법칙

같은 온도와 압력에서 두 기체의 분출속도는 그들 기체의 분자량의 제곱근에 반비례한다.

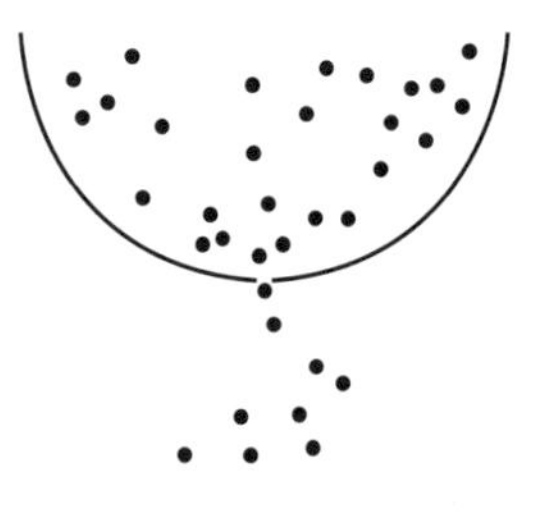

〈 기체의 분출 〉

$$\frac{V_A}{V_B}=\sqrt{\frac{M_B}{M_A}}=\sqrt{\frac{d_B}{d_A}}$$

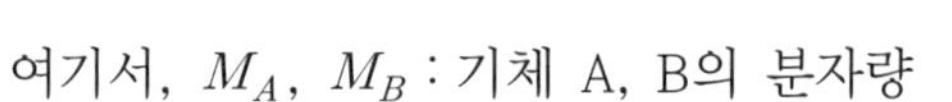

여기서, M_A, M_B : 기체 A, B의 분자량

d_A, d_B : 기체 A, B의 밀도

※ 확산 : 어떤 기체가 다른 기체 속을 퍼져나가는 현상으로 그레이엄의 법칙을 적용한다.

예제 01 수소의 분출속도는 산소의 분출속도의 몇 배인가?

풀이 $M_{H_2}=2$, $M_{O_2}=32$

$$\frac{V_{H_2}}{V_{O_2}}=\sqrt{\frac{M_{O_2}}{M_{H_2}}}=\sqrt{\frac{32}{2}}=4$$

∴ 수소의 분출속도는 산소의 분출속도의 4배이다.

정답 4배

1-5 화학결합

① 이온결합

(1) 개요

금속 양이온(+)과 비금속 음이온(−)의 결합이다.

이온결합

(양성 원소) + (음성 원소) → (양이온) n^+ · (음이온) n^-

ne^- (양성 원소 → 음성 원소)

최외각 전자 2 또는 8

- 양성 원소 Li, Na, K, Ca, Mg, ……
- 음성 원소 F, Cl, Br, O, S, ……

(2) 이온결합 물질의 성질

① 금속원소와 비금속원소 사이의 결합형태이다.
② 이온간의 인력이 강하여 융점이나 비등점이 높은 고체이며, 휘발성이 없다.
③ 물과 같은 극성 용매에 잘 녹는다.
④ 고체상태에서는 전기전도성이 없으나 수용액상태 또는 용융상태에서는 전기전도성이 있다.
⑤ 외부에서 힘을 가하면 쉽게 부스러진다.

2 공유결합

(1) 공유결합의 형성

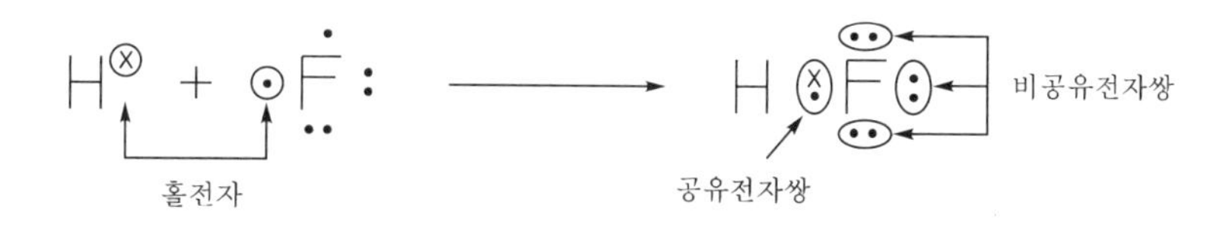

① **홀전자** : 원자가 전자 중에서 짝을 이루지 않은 전자
② **공유전자쌍** : 결합에 참여하고 있는 공유된 전자쌍
③ **비공유전자쌍** : 결합에 참여하고 있지 않은 전자쌍

(2) 종류

① **극성 공유결합**(비금속+비금속) : 서로 다른 종류의 원자 사이의 공유결합으로, 전자쌍이 한쪽으로 치우쳐 부분적으로 (−)전하와 (+)전하를 띠게 된다. 주로 비대칭구조로 이루어진 분자

예 HCl, HF 등

② **비극성 공유결합**(비금속 단체) : 전기음성도가 같거나 비슷한 원자들 사이의 결합으로 극성을 지니지 않아 전기적으로 중성인 결합으로 단체 및 대칭구조로 이루어진 분자

예 Cl_2, O_2, F_2, CO_2, H_2 등

③ **탄소화합물**

예 가솔린(C_5~C_9의 포화·불포화 탄화수소)과 물이 섞이지 않는 이유는 물은 극성 공유결합을 하고, 가솔린은 비극성 공유결합을 하기 때문이다.

(3) 공유결합 물질의 성질

① 녹는점과 끓는점이 낮다(단, 공유 결정은 결합력이 강하여 녹는점과 끓는점이 높다).

② 전기전도성이 없다. 즉, 모두 전기의 부도체이다.

③ 극성 공유결합 물질은 극성 용매(H_2O 등)에 잘 녹고, 비극성 공유결합 물질은 비극성 용매(C_6H_6, CCl_4, CS_2 등)에 잘 녹는다.

④ 반응속도가 느리다.

3 금속결합

(1) 개요

자유전자와 금속 양이온 사이의 정전기적 인력에 의한 결합이다.

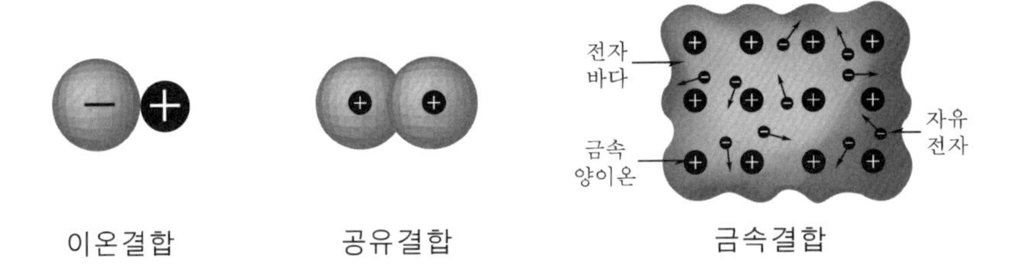

〈 이온결합, 공유결합, 금속결합의 비교 〉

(2) 금속결합의 특징

① 전기전도도와 열전도도가 크다.
금속에 전압을 걸어 주면 자유전자들이 쉽게 (+)극 쪽으로 이동할 수 있으므로 금속은 높은 전기전도도를 나타낸다. 비금속 결정에서는 결합에 참여한 전자들이 구속되어 있기 때문에 전기전도성을 가지지 않으며, 열전도도가 매우 낮다.

② 연성과 전성이 크다.

㉮ **연성** : 가늘고 길게 뽑아낼 수 있는 성질(뽑힘성)

㉯ **전성** : 두드려서 얇게 펼 수 있는 성질(펴짐성)

㉰ **금속결정** : 자유 전자가 금속의 양이온 사이로 쉽게 이동하여 금속의 양이온들을 결합시켜 주므로 금속 결합이 쉽게 파괴되지 않기 때문에 쉽게 부서지지 않는다.

③ 금속의 광택 : 금속 표면이 일단 가시광선을 모두 흡수하였다가 거의 대부분 진동수의 빛을 반사한다.

④ 기타 화학결합

(1) 배위결합

공유결합 물질에서 한 원자가 일방적으로 전자쌍을 다른 원자에게 제공하여 결합된다.

예 $H^+ + :\ddot{N}:H$ (NH₃) ⟶ $[H(:)N:H]^+$ ⟶ $[H\leftarrow N-H]^+$

배위결합

전자쌍을 일방적으로 제공한 경우 →로 표시

(2) 수소결합

전기음성도가 큰 원소인 F, O, N에 직접 결합된 수소원자와 근처에 있는 다른 F, O, N 원자에 있는 비공유 전자쌍 사이에 작용하는 분자 간의 인력이다.

예 H_2O, HF, NH_3

1-6 산과 염기

① 여러 가지 개념

(1) 아레니우스(Arrhenius) 개념

산은 수용액에서 수소이온(H^+)을 내고, 염기는 수산화이온(OH)을 낸다.

산 $HCl \rightleftarrows H^+ + Cl^-$

염기 $NaOH \rightleftarrows Na^+ + OH$

중화 $H^+ + Cl + Na^+ + OH \rightleftarrows Na^+ + Cl^- + HOH$

$$H^+ + OH^- \rightleftarrows HOH$$

〈 산, 염기의 분류 〉

산	염기
1가의 산(일염기산) HCl, HNO_3, CH_3COOH 등 2가의 산(이염기산) H_2SO_4, H_2CO_3, H_2S 등 3가의 산(삼염기산) H_3PO_4, H_3BO_3 등	1가의 염기(일산염기) $NaOH$, KOH, NH_4OH 등 2가의 염기(이산염기) $Ca(OH)_2$, $Ba(OH)_2$, $Mg(OH)_2$ 등 3가의 염기(삼산염기) $Fe(OH)_3$, $Al(OH)_3$ 등

〈 산, 염기의 강약 분류 〉

강산 HCl, HNO_3, H_2SO_4, $HClO_4$ 약산 H_3PO_4(중간), CH_3COOH, H_2CO_3, H_2S	강염기 KOH, $NaOH$, $Ca(OH)_2$, $Ba(OH)_2$ 약염기 NH_4OH, $Hg(OH)_2$, $Al(OH)_3$

금속의 수산화물은 대부분이 염기이다. 염기 중에는 $Fe(OH)_3$, $Cu(OH)_2$ 등 물에 녹기 어려운 것이 많으며, 염기 중에 잘 녹는 것을 알칼리라고 한다.

(2) 브뢴스테드－로우리(Brönsted－Lowry) 개념

산이란 양성자(H^+)를 내어 놓을 수 있는 물질(분자 또는 이온)이며, 염기는 양성자(H^+)를 받아들일 수 있는 물질(분자 또는 이온)이다.

$$\underset{\text{산 (H}^+\text{를 줄 수 있음)}}{HCl(aq)} + \underset{\text{염기 (H}^+\text{를 받을 수 있음)}}{H_2O} \longrightarrow \underset{\text{산 (H}^+\text{를 줄 수 있음)}}{H_3O^+(aq)} + \underset{\text{염기 (H}^+\text{를 받을 수 있음)}}{Cl^-(aq)}$$

(3) 루이스(Lewis) 개념

비공유전자쌍을 받아들일 수 있는 것을 산이라 하고, 비공유전자쌍을 내어줄 수 있는 물질을 염기라 한다. 배위공유결합을 형성하는 반응은 어떤 것이나 산－염기 반응이다.

② 염의 생성과 종류

(1) 염의 생성 및 가수분해

염이란 산의 음이온과 염기의 양이온이 만나서 이루어진 이온성 물질로 산과 염기가 반응할 때 물과 함께 생기는 물질을 염(salt)이라고 한다.

산＋염기 → 염＋물

산의 수소이온(H^+)이 금속이온이나 암모늄이온(NH_4^+)으로 치환된 화합물, 또는 염기의 OH가 산의 음이온(산기)으로 치환된 화합물을 염이라고 한다.

위험물안전관리법에 따른 제1류 산화성 고체의 경우 품명 중 염의 종류가 상당히 많은데, 바로 여기서 말하는 염의 정의에 해당한다. 예를 들어, 제1류 위험물(산화성 고체) 중 염소산염류의 경우 산의 염소산기(ClO_3^-)와 염기의 금속성 원자(M)가 만나서 이루어진 이온성 화합물($MClO_3$)인 것이다. 또 다른 예로서 질산염류의 경우 산의 질산기(NO_3^-)와 염기의 금속성 원자(M)가 만나서 이루어진 이온성 화합물(MNO_3)인 것이다.

(2) 염의 종류

① 산성염

산의 수소원자 일부가 금속으로 치환되고 H가 아직 남아 있는 염

예 $NaHSO_4$, $NaHCO_3$, NaH_2PO_2(인산이수소나트륨), $NaHPO_4$(인산일수소나트륨), $Ca(HCO_3)_2$

② 염기성염

염기의 수산기(OH) 일부가 산기로 치환되거나 OH가 아직 남아 있는 염

예 $Ca(OH)Cl$, $Mg(OH)Cl$, $Cu(OH)Cl$

③ 정염(중성염)

산의 H가 전부 금속으로 치환된 염, 또는 염기의 OH가 전부 산기로 치환된 염(분자 속에 H나 OH가 없는 염)

예 $NaCl$, Na_3PO_4, Na_2SO_4, $(NH_4)_2SO_4$, $CaSO_4$, $Al_2(SO_4)_3$, NH_4Cl, $NaCl$, $CaCl_2$, $AlCl_3$

④ 복염

두 가지 염이 결합할 때 생기는 염으로, 물에 녹아 이온화할 때 본래의 염과 같은 이온을 내는 염(성분염의 전리=생성염의 전리)

예 $KAl(SO_4)_2 \cdot 12H_2O$, $KCr(SO_4)_2 \cdot 12H_2O$ 등

성분염의 전리=생성염의 전리

$$K_2SO_4 + Al_2(SO_4)_3 + 24H_2O \rightleftarrows 2KAl(SO_4)_2 \cdot 12H_2O$$

$$\upharpoonleft\downharpoonright \qquad \upharpoonleft\downharpoonright \qquad\qquad \upharpoonleft\downharpoonright$$

$$2K^+ \ SO_4^{2-} + 2Al^{3+} \ 3SO_4^{2-} \rightleftarrows 2K^+ \ 2Al^{3+} \ 4SO_4^{2-}$$

(성분염의 이온화) (생성염의 이온화)

⑤ 착염

두 가지 염이 결합할 때 생기는 염으로, 물에 녹아 이온화할 때 본래의 염과 전혀 다른 이온을 내는 염(성분염의 전리≠생성염의 전리)

예 **성분염의 전리≠생성염의 전리**

$$KCN + AgCN \rightarrow KAg(CN)_2$$

$$K^+ \ CN^- + Ag^+ \ CN^- \rightarrow K^+ + Ag(CN)_2$$

(성분염의 이온화) (착염의 이온화)

1-7 산화 · 환원

① 산화 · 환원의 정의

(1) 산소와의 관계

물질이 산소와 결합하는 것이 산화이며, 화합물이 산소를 잃는 것이 환원이다.

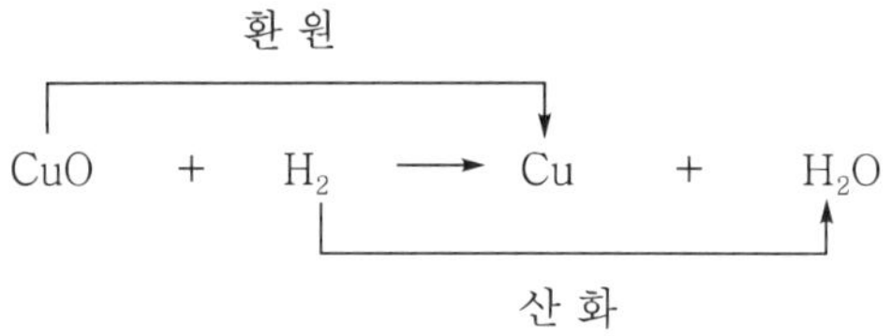

환 원

$$CuO + H_2 \rightarrow Cu + H_2O$$

산 화

참고 $CuO \rightarrow Cu$로 환원되면 $H_2 \rightarrow H_2O$로 산화되므로 산화 · 환원 반응은 반드시 동시에 일어난다.

(2) 수소와의 관계

어떤 물질이 수소를 잃는 것이 산화이며, 수소와 결합하는 것이 환원이다.

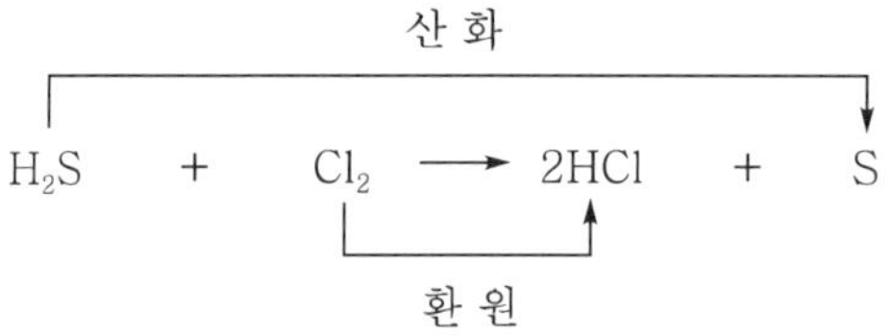

산 화

$$H_2S + Cl_2 \rightarrow 2HCl + S$$

환 원

(3) 전자와의 관계

원자가 전자를 잃는 것이 산화이며, 전자를 얻는 것이 환원이다.

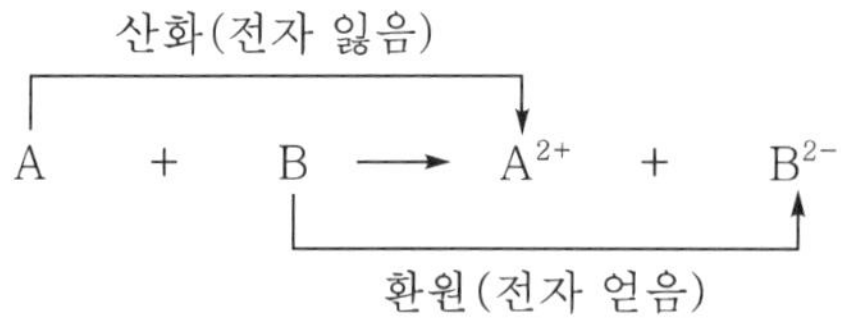

산화(전자 잃음)

$$A + B \rightarrow A^{2+} + B^{2-}$$

환원(전자 얻음)

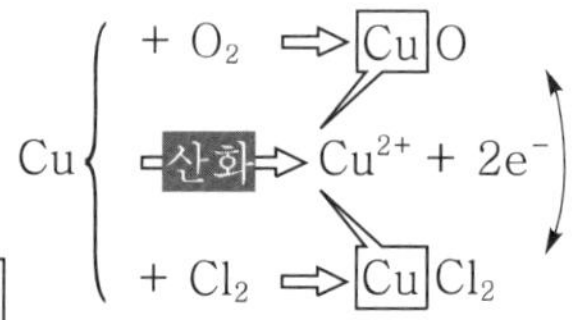

Cu { $+ O_2 \Rightarrow CuO$ / 산화 $\Rightarrow Cu^{2+} + 2e^-$ / $+ Cl_2 \Rightarrow CuCl_2$ }

화학변화에서 전자를 { 잃는 변화 ⇨ 산화 / 얻는 변화 ⇨ 환원 }

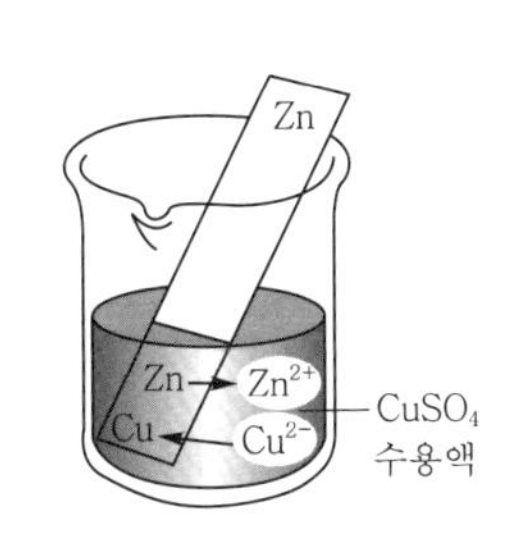

$$
\begin{array}{rll}
 & Zn \longrightarrow Zn^{2+} + 2e^- & \text{(산화 반쪽 반응)} \\
+) & Cu^{2+} + 2e^- \longrightarrow Cu & \text{(환원 반쪽 반응)} \\
\hline
 & Zn + Cu^{2+} \rightarrow Zn^{2+} + Cu & \text{(전체 반응)}
\end{array}
$$

환원

$\Rightarrow$ $Zn + Cu^{2+} \longrightarrow Zn^{2+} + Cu$

산화

〈 황산구리와 아연의 반응 〉

참고 산화 · 환원 반응은 항상 동시에 일어나며, 잃은 전자수=얻은 전자수의 관계가 성립한다.

② 산화수

(1) 산화수란

물질을 구성하는 원소의 산화상태를 나타낸 수(=물질의 산화성 정도를 나타낸 수)

(2) 산화수(oxidation number)를 정하는 규칙

① 자유상태에 있는 원자, 분자의 산화수는 0이다.

예 H_2, Cl_2, O_2, N_2 등

② 단원자 이온의 산화수는 이온의 전하와 같다.

예 Cu^{2+} : 산화수 +2, Cl^- : 산화수 −1

③ 화합물 안의 모든 원자의 산화수 합은 0이다.

예 H_2SO_4 : $(+1\times2)+(+6)+(-2\times4)=0$

④ 다원자 이온에서 산화수 합은 그 이온의 전하와 같다.

예 MnO_4^- : $(+7)+(-2\times4)=-1$

⑤ 알칼리금속, 알칼리토금속, ⅢA족 금속의 산화수는 +1, +2, +3이다.

⑥ 플루오린화합물에서 플루오린의 산화수는 −1, 다른 할로젠은 −1이 아닌 경우도 있다.

⑦ 수소의 산화수는 금속과 결합하지 않으면 +1, 금속의 수소화물에서는 −1이다.

예 • HCl, NH_3, H_2O
• NaH, MgH_2, CaH_2, BeH_2

⑧ 산소의 산화수$=-2$, 과산화물$=-1$, 초과산화물$=-\frac{1}{2}$, 불산화물$=+2$

예 Na_2O, Na_2O_2, NaO_2, OF_2

⑨ 주족원소 대부분은 [ⅠA족 +1], [ⅡA족 +2], [ⅢA족 +3], [ⅣA족 ±4], [ⅤA족 −3, +5], [ⅥA족 −2, +6], [ⅦA족 −1, +7]

- $H\underline{O}_2$ $(+1)+2x=0$ $\therefore x=-\frac{1}{2}$
- $\underline{N}O$ $x+(-2)=0$ $\therefore x=+2$
- $\underline{Cr}^{3+}$ $x=+3$ $\therefore x=+3$
- $\underline{Mn}O_2$ $x+(-2)\times 2=0$ $\therefore x=+4$
- $\underline{Pb}(OH)_3^-$ $x+(-1)\times 3=-1$ $\therefore x=+2$
- $\underline{Fe}(OH)_3$ $x+(-1)\times 3=0$ $\therefore x=+3$
- $\underline{Cl}O^-$ $x+(-2)=-1$ $\therefore x=+1$
- $K_4\underline{Fe}(CN)_6$ $4+x+(-1)\times 6=0$ $\therefore x=+2$
- $\underline{Cl}O_2$ $x+(-2)\times 2=0$ $\therefore x=+4$
- $\underline{Cl}O_2^-$ $x+(-2)\times 2=-1$ $\therefore x=+3$
- $\underline{Mn}(CN)_6^{4-}$ $x+(-1)\times 6=-4$ $\therefore x=+2$
- $\underline{N}_2$ $x=0$
- $\underline{N}H_4^+$ $x+(+1)\times 4=+1$ $\therefore x=-3$
- $\underline{N}_2H_5^+$ $2x+(+1)\times 5=+1$
  $2x=-4$ $\therefore x=-2$
- $H\underline{As}O_3^{2-}$ $(+1)+x+(-2)\times 3=-2$ $\therefore x=+3$
- $(\underline{C}H_3)_4Li_4$ $4x+(+1)\times 3\times 4+(+1)\times 4=0$
  $4x=-16$ $\therefore x=-4$
- $\underline{P}_4O_{10}$ $4x+(-2)\times 10=0$ $\therefore x=+5$
- $\underline{C}_2H_6O$ (에탄올 CH_3CH_2OH) $2x+(+1)\times 6+(-2)=0$ $\therefore x=-2$
- $\underline{V}O(SO_4)$ $x+(-2)+(-2)=0$ $\therefore x=+4$
- $\underline{Fe}_3O_4$ $3x+(-2)\times 4=0$ $\therefore x=+\frac{8}{3}$
- $\underline{C}_3H_3^+$ $3x+(+1)\times 3=+1$ $\therefore x=-\frac{2}{3}$

예제 01 다음 화합물의 산화수를 구하여라.

$H\underline{O}_2$, $\underline{N}O_2$, $\underline{Cr}^{3+}$, $\underline{Mn}O_2$, $\underline{Pb}(OH)_3^-$, $\underline{Fe}(OH)_3$, $\underline{Cl}O^-$, $K_4\underline{Fe}(CN)_6$, $\underline{Cl}O_2$, $\underline{Cl}O_2^-$, $\underline{Mn}(CN)_6^{4-}$, $\underline{N}_2$, $\underline{N}H_4^+$, $\underline{N}_2H_5^+$, $H\underline{As}O_3^{2-}$, $(\underline{C}H_3)_4Li_4$, $\underline{P}_4O_{10}$, $\underline{C}_2H_6O$ (에탄올 CH_3CH_2OH), $\underline{V}O(SO_4)$, $\underline{Fe}_3O_4$, $\underline{C}_3H_3^+$

정답

1. $H\underline{O}_2 : (+1)+2x=0 \quad \therefore x=-\frac{1}{2}$
2. $\underline{N}O_2 : x+(-2)\times 2=0 \quad \therefore x=+4$
3. $\underline{Cr}^{3+} : x=+3 \quad \therefore x=+3$
4. $\underline{Mn}O_2 : x+(-2)\times 2=0 \quad \therefore x=+4$
5. $\underline{Pb}(OH)_3^- : x+(-1)\times 3=-1 \quad \therefore x=+2$
6. $\underline{Fe}(OH)_3 : x+(-1)\times 3=0 \quad \therefore x=+3$
7. $\underline{Cl}O^- : x+(-2)=-1 \quad \therefore x=+1$
8. $K_4\underline{Fe}(CN)_6 : 4+x+(-1)\times 6=0 \quad \therefore x=+2$
9. $\underline{Cl}O_2 : x+(-2)\times 2=0 \quad \therefore x=+4$
10. $\underline{Cl}O_2^- : x+(-2)\times 2=-1 \quad \therefore x=+3$
11. $\underline{Mn}(CN)_6^{4-} : x+(-1)\times 6=-4 \quad \therefore x=+2$
12. $\underline{N}_2 : x=0$
13. $\underline{N}H_4^+ : x+(+1)\times 4=+1 \quad \therefore x=-3$
14. $\underline{N}_2H_5^+ : 2x+(+1)\times 5=+1,\ 2x=-4 \quad \therefore x=-2$
15. $H\underline{As}O_3^{2-} : (+1)+x+(-2)\times 3=-2 \quad \therefore x=+3$
16. $(\underline{C}H_3)_4Li_4 : 4x+(+1)\times 3\times 4+(+1)\times 4=0,\ 4x=-16 \quad \therefore x=-4$
17. $\underline{P}_4O_{10} : 4x+(-2)\times 10=0 \quad \therefore x=+5$
18. $\underline{C}_2H_6O$(에탄올 CH_3CH_2OH) $: 2x+(+1)\times 6+(-2)=0 \quad \therefore x=-2$
19. $\underline{V}O(SO_4) : x+(-2)+(-2)=0 \quad \therefore x=+4$
20. $\underline{Fe}_3O_4 : 3x+(-2)\times 4=0 \quad \therefore x=+\frac{8}{3}$
21. $\underline{C}_3H_3^+ : 3x+(+1)\times 3=+1 \quad \therefore x=-\frac{2}{3}$

3 산화제와 환원제

(1) 정의

① **산화제** : 자신은 환원되면서 다른 물질을 산화시키는 물질

② **환원제** : 자신은 산화되면서 다른 물질을 환원시키는 물질

(2) 조건

① 산화제의 조건

자신은 환원되고 남을 산화시킴

㉮ **전자를 얻기 쉬울 것** : 17족(F_2, Cl_2, Br_2, I_2)

㉯ **산화수가 큰 원자를 가질 것** : MnO_2, $KMnO_4$, $K_2Cr_2O_7$

② 환원제의 조건

자신은 산화되고 남은 환원시킴

㉮ **전자를 내기 쉬운 것** : 금속(K, Na, Ca)

㉯ **산화수가 작은 물질** : C, SCl_2, H_2S

[예]

환원

$$2K\underset{-1}{\underline{I}} + \underset{0}{\underline{O}_3} + H_2O \longrightarrow 2K\underset{-2}{\underline{O}}H + \underset{0}{\underline{I}_2} + O_2$$

산화

산소(O)에 대하여 $\underset{0}{\underline{O}_3} \rightarrow K\underset{-2}{\underline{O}}H$ ∴ 산소는 산화수가 0에서 −2로 감소하였으므로 환원되었다.

아이오딘(I)에 대하여 $K\underset{-1}{\underline{I}} \rightarrow \underset{0}{\underline{I}_2}$ ∴ 아이오딘은 산화수가 −1에서 0으로 증가하였으므로 산화되었다.

⇒ 산화제 : O_3, 환원제 : KI

(3) 산화력, 환원력의 세기

① 산화(산화수 증가)되는 물질 ⇒ 환원제이고 환원력이 세다.

② 환원(산화수 감소)되는 물질 ⇒ 산화제이고 산화력이 세다.

주기율표로 간단히 나타내면 다음과 같다.

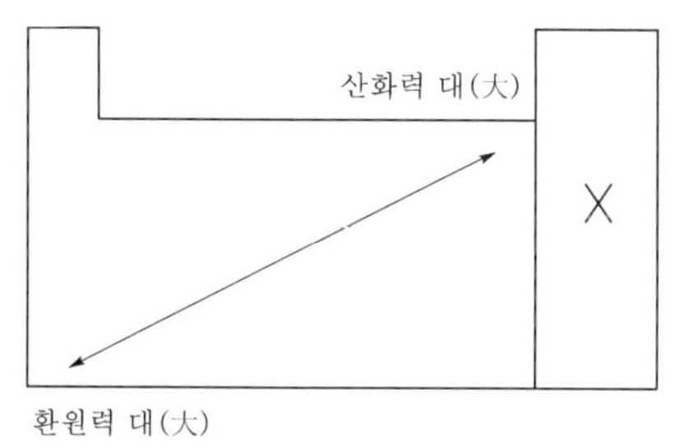

예

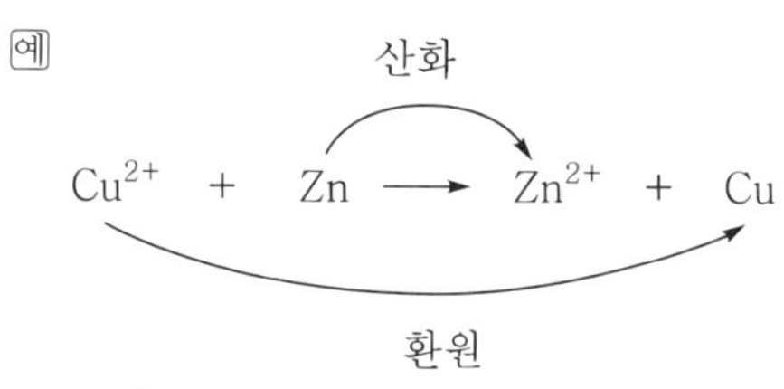

∴ 환원력 : Zn > CuC

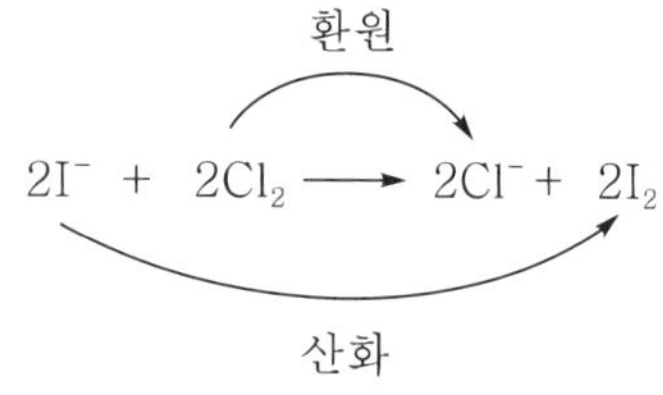

∴ 산화력 : $Cl_2 > I_2$

(4) 산화제와 환원제의 상대성

산화 · 환원은 상대적인 것이므로, 반응물질에 따라 산화제가 될 수도 있고 환원제로 작용할 수도 있다.

예 $SO_2+2H_2S \rightarrow 3S+2H_2O$: SO_2는 산화제

산화

$$\underset{+4}{SO_2} + 2H_2O + \underset{0}{Cl_2} \longrightarrow H_2\underset{+6}{SO_4} + 2H\underset{-1}{Cl}$$: SO_2는 환원제

환원

∴ 산화력의 세기 : $Cl_2 > SO_2 > H_2S$

(5) 산화수와 산화, 환원

① **산화** : 산화수가 증가하는 반응(전자를 잃음)

② **환원** : 산화수가 감소하는 반응(전자를 얻음)

예

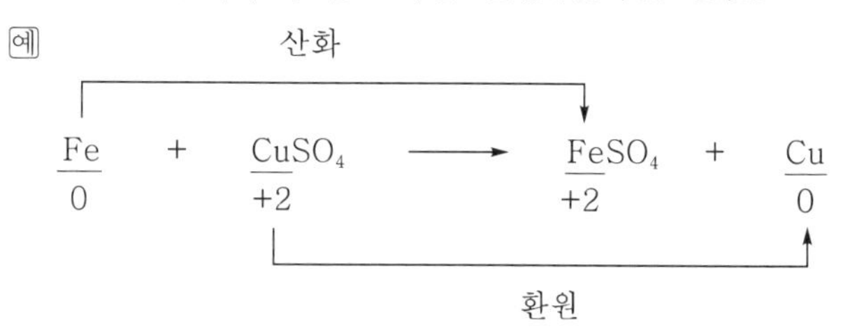

1-8 유기화합물

① 유기화합물의 분류

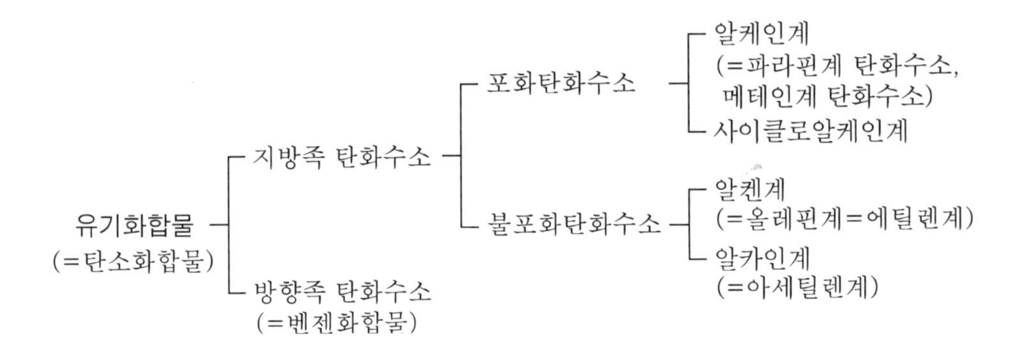

② 유기화합물의 특성

① 탄소화합물은 2만종 이상으로 매우 많다.

② 탄소를 주축으로 한 공유결합 물질이다. 따라서 분자성 물질을 형성하므로 그 성질은 반데르 발스 힘, 수소결합 등에 의해 달라진다.

③ 대부분 무극성 분자들이므로 분자 사이의 인력이 약해 녹는점, 끓는점이 낮고 유기용매(알코올, 벤젠, 에터 등)에 잘 녹는다.

④ 대부분 용해되어도 이온화가 잘 일어나지 않으므로 비전해질이다.

⑤ 화학적으로 안정하여 반응성이 약하고 반응속도가 느리다.

⑥ 연소되면 CO_2, H_2O가 발생한다.

③ 유기화합물의 구조식 그리기

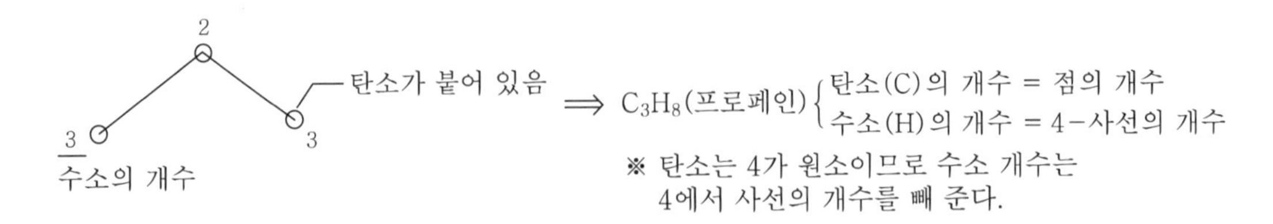

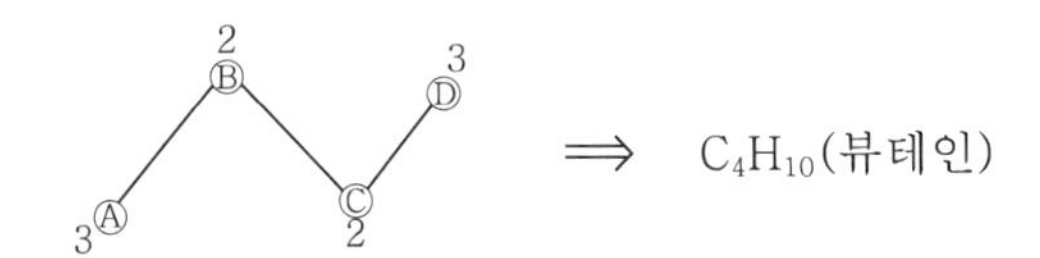

⟹ C_4H_{10}(뷰테인)

그림에서 점이 8개이므로 C_8이고, 점을 중심으로 Ⓐ점과 Ⓓ점은 사선이 각각 하나이므로 4-1은 수소가 3개씩 붙고, Ⓑ점과 Ⓒ점은 점을 중심으로 사선이 각각 4씩이므로 4-4하면 Ⓑ점과 Ⓒ점에서는 수소가 각각 0개 붙는다(즉, 수소가 붙지 않는다). 그 외 다른 점에서도 같은 방식으로 수소수를 계산하면 전체적으로 3×6=18개가 붙으므로 C_8H_{18}이 된다.

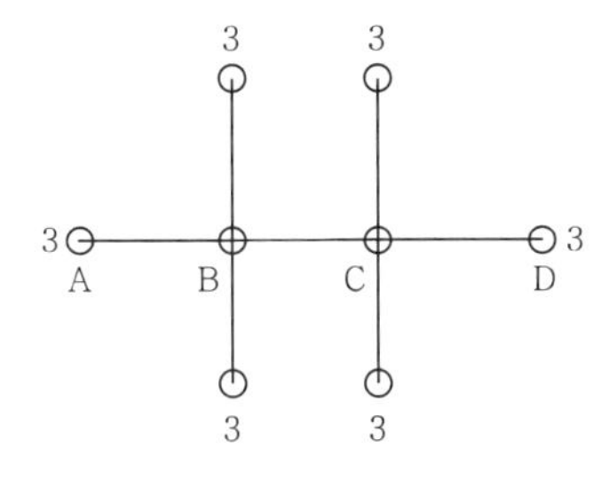

⟹ C_8H_{18} (옥테인)

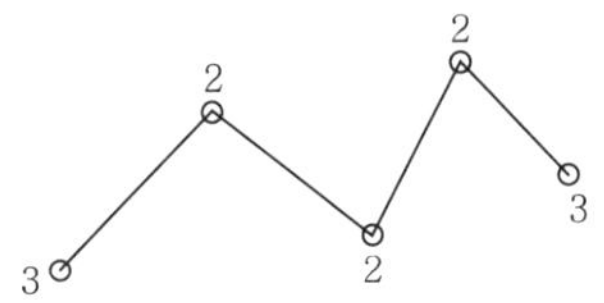

C_5H_{12} (펜테인) ⟹ $CH_3-CH_2-CH_2-CH_2-CH_3$

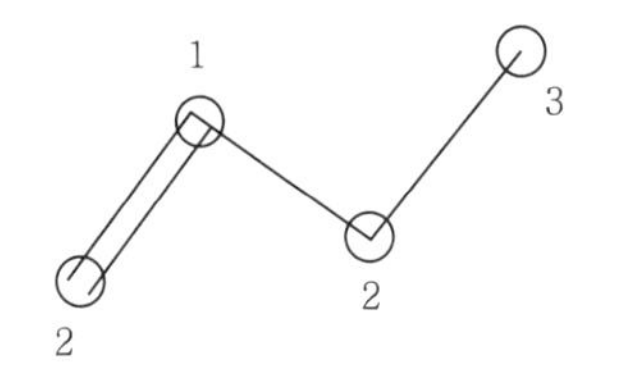

C_4H_8 (뷰테인) ⟹ $CH_2=CH-CH_2-CH_3$

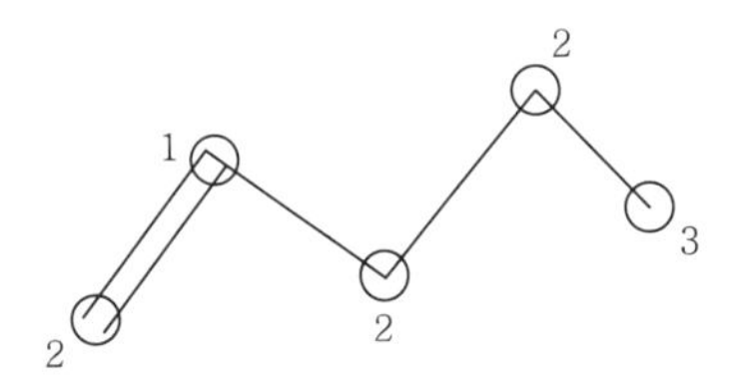

C_5H_{10} (펜테인) ⟹ $CH_2=CH-CH_2-CH_2-CH_3$

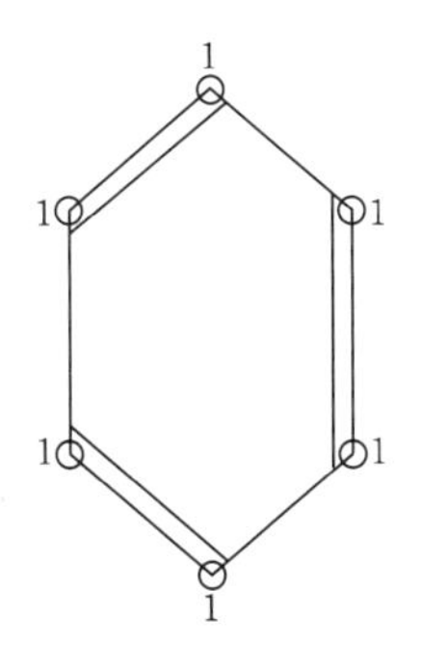

C_6H_6 (벤젠) ⟹

CH
CH CH
CH CH
CH

4 구조 이성질체

화학식은 같으나 구조식이 다른 물질을 말한다.

```
C — C — C — C    =    C — C — C    ≠    C — C — C
                              |                |
                              C                C
      Butane                                 이성질체
```

```
                                                  C
                                                  |
C — C — C — C — C   ⇒   C — C — C — C      C — C — C
                                |                 |
                                C                 C
      Pentane
```

```
                                                                    C
                                                                    |
C — C — C — C — C — C   ⇒   C — C — C — C — C       C — C — C — C
                                  |                       |
      Hexane                      C                       C

                                                      C       C
                                                      |       |
                            C — C — C — C             C — C — C
                                  |   |                   |
                                  C   C                   C
```

5 탄소화합물 명명법

① 가장 긴 탄소사슬(모체)을 찾는다.

② 그 탄소사슬에 해당하는 알케인계 이름을 붙인다.

③ 치환체의 이름을 찾는다.

④ 치환체의 번호를 붙인다.(가장 빠른 순으로 …)

```
              [3] 2  1
C-C-C-C-C-C-C
              |
             CH3
```

• 가장 긴 탄소사슬 : 탄소수 7개
⇒ heptane

• 치환체 이름 : methyl

• 치환체 번호 : (가장 숫자가 작은 순=3)
∴ 3-methyl heptane

```
C-C-C-C-C
  |  |
  CH3CH3
```

• 이름 : 2,3-dimethyl pentane
(di : 두 개)

참고 1. 수를 나타내는 접두어

수	1	2	3	4	5	6	7	8	9	10
수 표시	mono	di	tri	tetra	penta	hexa	hepta	octa	nona	deca

```
      CH3
      |
  C - C - C - C - C
      |
      CH3
```

2,2-dimethyl pentane

```
      CH3 CH3
      |   |
  C - C - C - C - C
      |
      CH3
```

2,2,3-trimethyl pentane

```
  C - C - C - C - C
              |
              Br
```

2-bromo-pentane

```
        F   F
        |   |
   Br - C - C - Br
        |   |
        F   F
```

1,2-dibromo- 1,1,2,2-tetra fluoro ethane(halon 2402)

2. 할로젠 원소가 치환기로 될 때

기호	F	Cl	Br	I	At
원소명	플루오린	염소	브로민	아이오딘	아스타틴
치환기	Fluoro	Chloro	Bromo	Iodo	Astato

6 알케인(alkane)(또는 파라핀계 탄화수소)과 알킬(alkyl, R)

① 일반식 : C_nH_{2n+2}

② 이름 : -에인(-ane)으로 끝난다.

〈 알케인계 탄소화합물 〉

구분	Alkane (C_nH_{2n+2})	이름	녹는점	끓는점	물질의 상태(상온)	Alkyl (C_nH_{2n+1}, R)	이름
$n=1$	CH_4	Methane	-183℃	-162℃	↑	CH_3	Methyl
$n=2$	C_2H_6	Ethane	-183℃	-89℃		C_2H_5	Ethyl
$n=3$	C_3H_8	Propane	-187℃	-42℃		C_3H_7	Propyl
$n=4$	C_4H_{10}	Butane	-138.9℃	-0.5℃	Gas	C_4H_9	Butyl
$n=5$	C_5H_{12}	Pentane	-129.7℃	36.1℃	Liquid	C_5H_{11}	Pentyl
$n=6$	C_6H_{14}	Hexane	-95℃	68℃		C_6H_{13}	Hexyl
$n=7$	C_7H_{16}	Heptane	-91℃	98℃		C_7H_{15}	Heptyl
$n=8$	C_8H_{18}	Octane	-57℃	126℃		C_8H_{17}	Octyl
$n=9$	C_9H_{20}	Nonane	-54℃	151℃		C_9H_{19}	Nonyl
$n=10$	$C_{10}H_{22}$	Decane	-30℃	174℃	↓	$C_{10}H_{21}$	Decyl

③ **녹는점, 끓는점** : 탄소수가 많을수록(분자량이 커질수록) 분자 간의 인력이 커서 녹는점, 끓는점이 높아진다.

④ 모든 원자 간 결합은 단일결합으로 이루어져 있으며, 결합각은 109.5°이다.

⑤ 화학적으로 안정하여 반응하기 어려우나 할로젠원소와 치환반응을 한다.

⑥ **상온에서의 상태** : C_1~C_4(기체), C_5~C_{17}(액체), C_{18} 이상(고체)

※ 알킬(C_nH_{2n+1})에 하이드록시 작용기 붙이기

구분	화학식	명칭
제4류 위험물 알코올류 (탄소 3개까지의 포화1가 알코올)	− CH_3<u>OH</u>	methyl alcohol=methanol
	− C_2H_5<u>OH</u>	ethyl alcohol=ethanol
	− C_3H_7<u>OH</u>	propyl alcohol=propanol
제2석유류	− C_4H_9<u>OH</u>	butyl alcohol=butanol

※ C_4H_9OH는 화학적으로는 알코올류에 해당하지만, 위험물안전관리법에서는 탄소원자수 1개~3개까지 포화1가 알코올로 한정하므로 위험물안전관리법상 알코올류에는 해당되지 않는다. 다만, 인화점이 35℃로서 제2석유류(인화점 21℃ 이상 70℃ 미만)에 해당한다.

〈 작용기 〉

기능 원자단		화합물		
이름	구조	일반명	보기	
하이드록실기	−O−H	알코올	C_2H_5OH	에탄올
포밀기	$-C(=O)H$	알데하이드	CH_3CHO	아세트알데하이드
카보닐기	$>C=O$	케톤	CH_3COCH_3	아세톤
카복실기	$-C(=O)-O-H$	카복실산	CH_3COOH	아세트산
아미노기	$-N(H)H$	아민	CH_3NH_2	메틸아민

7 사이클로알케인

① **일반식** : C_nH_{2n}

② **이름** : 사이클로−에인(cyclo−ane) 형식

③ **구조** : 탄소원자 사이는 단일결합, 고리모양 구조

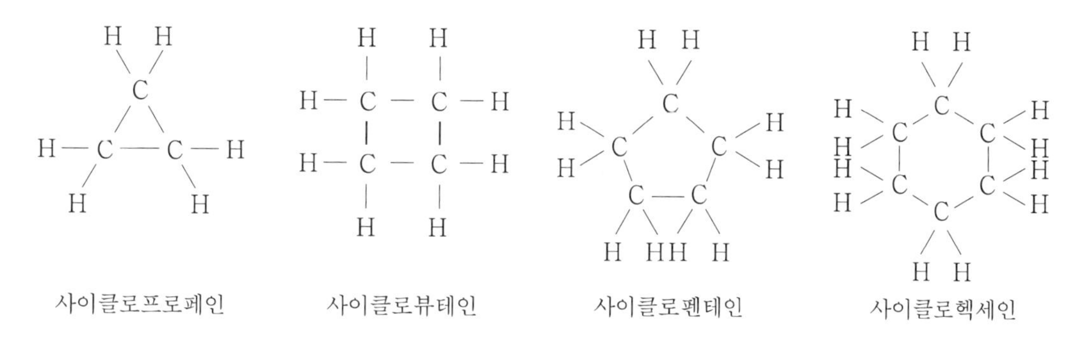

〈 사이클로알케인의 구조식 〉

8 알켄(alkene) 또는 에틸렌계 탄화수소

→ 탄소 간 이중결합 1개 이상 포함

① **일반식** : C_nH_{2n}, 에틸렌계 탄화수소라고도 함

② **이름** : 어미가 −엔(−ene)으로 끝남

n	분자식($n \geq 2$)	시성식	이름	녹는점(℃)	끓는점(℃)
2	C_2H_4	$CH_2=CH_2$	에텐(에틸렌)	−169	−14.0
3	C_3H_6	$CH_2=CHCH_3$	프로펜(프로필렌)	−185.2	−47.0
4	C_4H_8	$CH_2=CHCH_2CH_3$	1−뷰텐(뷰틸렌)	−	−6.3
5	C_5H_{10}	$CH_2=CHCH_2CH_2CH_3$	1−펜텐(펜틸렌)	−	30

③ **결합** : 탄소원자 사이에 이중결합 1개 이상

④ **구조** : 이중결합을 하는 탄소원자 주위의 모든 원자들이 동일 평면상에 존재

C_2H_4(에틸렌)

(1−Butene)

C_3H_6(프로펜)

(2−Butene)

9 알카인(alkyne) 또는 아세틸렌계 탄화수소

(yne → 탄소 간 삼중결합 1개 이상 포함)

① 일반식 : C_nH_{2n-2}

② 이름 : 어미가 −아인(−yne)으로 끝남

예 C_2H_2(에타인), C_3H_4(프로파인)

n	분자식($n \geq 2$)	시성식	이름	녹는점(℃)	끓는점(℃)
2	C_2H_2	CH≡CH	에타인(아세틸렌)	−81.8	−83.6
3	C_3H_4	$CH{\equiv}C-CH_3$	프로파인(메틸아세틸렌)	−	−23
4	C_4H_6	$CH{\equiv}C-CH_2CH_3$	1−뷰타인(에틸아세틸렌)	−	−18

③ 결합 : 탄소원자 사이에 삼중결합 1개 존재

④ 반응성 : 반응성이 큼 → 첨가반응함

H − C ≡ C − H

C_2H_2(에타인)

H − C ≡ C − CH_3 (구조식)

C_3H_4 (프로파인)

H − C ≡ C − CH_2 − CH_2 − CH_3 (구조식)

1−pentyne

10 방향족 탄화수소

분자 내에 벤젠고리를 포함한, 냄새가 나는(방향성이 있는) 화합물

(1) 벤젠

C_6H_6

* 치환체의 위치에 따른 표기방법

1,2 또는 1,6 : 오르토(ortho)
1,3 또는 1,5 : 메타(meta)
1,4 : 파라(para)

(2) 방향족 탄화수소의 종류

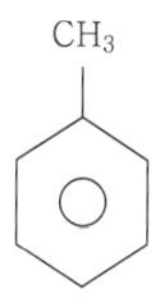

톨루엔
$C_6H_5CH_3$

페놀
(=페닐알코올)
C_6H_5OH

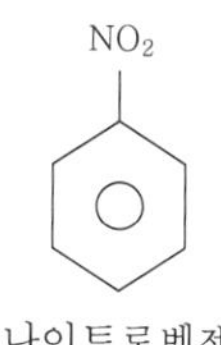

나이트로벤젠
$C_6H_5NO_2$

나프탈렌

(3) 방향족 탄화수소의 명명법

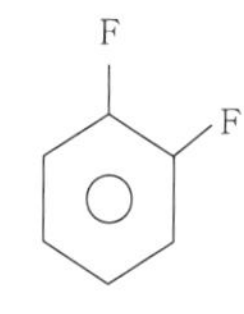

1,2−difluoro benzene
또는
o−difluoro benzene

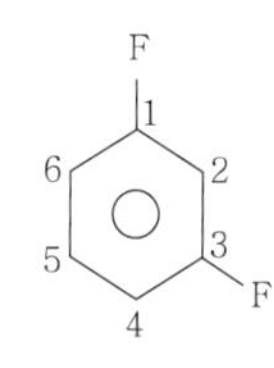

1,3−difluoro benzene
또는
m−difluoro benzene

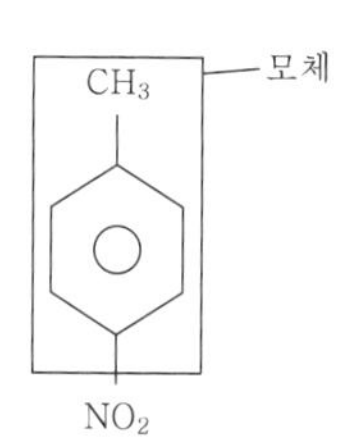

4−nitro toluene
또는
p−nitro toluene

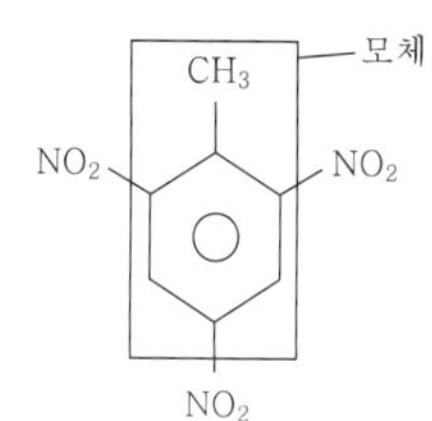

2,4,6−trinitro toluene
⇒ TNT : 폭약으로 쓰임(5류 위험물)

연 / 습 / 문 / 제

01 다음 위험물 중 증기비중이 가장 큰 것은?

㉮ 벤젠(C_6H_6)
㉯ 이황화탄소(CS_2)
㉰ 아세톤(CH_3COCH_3)
㉱ 메틸알코올(CH_3OH)

해설
㉮ $\frac{78}{28.84} \fallingdotseq 2.70$ ㉯ $\frac{76}{28.84} \fallingdotseq 2.63$
㉰ $\frac{58}{28.84} \fallingdotseq 2.01$ ㉱ $\frac{32}{28.84} \fallingdotseq 1.11$

답 ㉮

02 인화점이 −40℃, 착화점이 185℃, 연소범위가 4.1~57%인 아세트알데하이드(CH_3CHO)의 증기밀도, 증기비중, 위험도를 구하면?

	증기밀도	증기비중	위험도
㉮	1.96g/L	1.52	12.9
㉯	1.52g/L	1.96	12.9
㉰	2.96g/L	2.52	13.9
㉱	2.52g/L	2.96	13.9

해설
① 증기밀도$=\frac{44}{22.4}=1.96g/L$
② 증기비중$=\frac{44}{28.84}=1.52$
③ 위험도$=\frac{(57-4.1)}{4.1}=12.9$

답 ㉮

03 다음 각 물질의 위험도를 1기압 상온 기준으로 계산하면?

㉠ 수소(H_2) ㉡ 프로페인(C_3H_8)

	㉠ 수소(H_2)	㉡ 프로페인(C_3H_8)
㉮	17.75	3.52
㉯	3.52	17.75
㉰	18.75	4.75
㉱	4.75	18.75

해설
① $\frac{(75-4)}{4}=17.75$
② $\frac{(9.5-2.1)}{2.1}=3.52$

답 ㉮

04 물 1g이 0℃ 상태에서 100℃의 수증기가 되려면 몇 cal가 필요한가?

㉮ 539cal ㉯ 639cal
㉰ 719cal ㉱ 819cal

해설
물의 증발잠열=539cal/g
용융열=79.9cal/g
표면장력=72dyn/cm

답 ㉮

05 Ca의 최외각 전자수는 몇 개인가?

㉮ 2 ㉯ 6
㉰ 8 ㉱ 10

해설
$_{20}Ca$ 2) 8) 8) 2)

답 ㉮

06 F^-의 전자수, 양성자수, 중성자수는?

㉮ 9, 9, 10
㉯ 9, 9, 19
㉰ 10, 9, 10
㉱ 10, 10, 10

해설
F는 원자번호가 9이므로 전자수 9개이나 전자 1개를 받아서 10개가 된다.

답 ㉰

07 CH_3COOH로 표시된 화학식은?

㉮ 실험식　　㉯ 분자식
㉰ 시성식　　㉱ 구조식

해설 $CH_3COOH \rightarrow H^+ + CH_3COO^-$

답 ㉰

08 이온결합성 물질은?

㉮ NaCl　　㉯ HCl
㉰ Cl_2　　㉱ CH_4

해설 ㉮는 금속+비금속, ㉯, ㉰, ㉱는 공유결합성 물질이다.

답 ㉮

09 프로페인 1몰이 연소하는 데 필요한 산소의 몰수는?

㉮ 1몰　　㉯ 3몰
㉰ 5몰　　㉱ 7몰

해설 $C_3H_8 + 5O_2 \rightarrow 3CO_2 + 4H_2O$

답 ㉰

10 (　)에 들어갈 말은?

> 보일의 법칙에서 부피는 (　　)에 대해 반비례 관계에 있다.

㉮ 압력　　㉯ 온도
㉰ 분자량　　㉱ 기체상수

해설 $V \propto \frac{1}{P}$ (T=const.)

답 ㉮

11 1기압, 20℃에서 CO_2가스 2kg이 방출된 이산화탄소의 체적은 몇 L가 되겠는가?

㉮ 952L　　㉯ 1,018L
㉰ 1,092L　　㉱ 1,210L

해설

$$V = \frac{wRT}{PM}$$
$$= \frac{2 \times 10^3 \times 0.082 \times (20 + 273.15)}{1 \times 44}$$
$$= 1{,}092\text{L}$$

답 ㉰

12 0℃에서 4L를 차지하는 기체가 있다. 같은 압력 40℃에서는 몇 L를 차지하는가?

㉮ 0.23L　　㉯ 1.23L
㉰ 4.59L　　㉱ 5.27L

해설

$$\frac{V_1}{T_1} = \frac{V_2}{T_2}$$
$$V_2 = 4 \times \frac{(40+273)}{(0+273)} = 4.59\text{L}$$

답 ㉰

13 0℃, 5기압에서 어떤 기체의 부피가 75.0L이다. 기체의 부피가 0℃에서 30L가 되었을 때 압력은?

㉮ 10기압　　㉯ 12.5기압
㉰ 15기압　　㉱ 17.5기압

해설 $P_1V_1 = P_2V_2$에서 $5\text{atm} \times 75\text{L} = P_2 \times 30\text{L}$

$$\therefore P_2 = 5\text{atm} \times \frac{75}{30} = 12.5\text{atm}$$

답 ㉯

14 20℃, 10기압에서 어떤 기체의 부피가 5L이다. 이 기체는 몇 몰이겠는가?

㉮ 1.08　　㉯ 2.08
㉰ 3.08　　㉱ 4.08

해설 $PV = nRT$에서

$$n = \frac{PV}{RT} = \frac{10 \times 5}{0.082 \times (20 + 273.15)} \fallingdotseq 2.08\text{mol}$$

답 ㉯

15 물과 가솔린은 섞이지 않는다. 그 이유는 무엇 때문인가?

㉮ 비중 차이 때문
㉯ 밀도 차이 때문
㉰ 화학결합의 차이 때문
㉱ 분자량의 차이 때문

해설 물은 극성 공유결합, 가솔린(C_5~C_9)은 비극성 공유결합이라 섞이지 않는다.

답 ㉰

16 물분자 안의 전기적 양성의 수소원자와 물분자 안의 음성의 산소원자의 사이에 하나의 전기적 인력이 작용하여 특수한 결합을 하는데, 이와 같은 결합은 무슨 결합인가?

㉮ 이온결합 ㉯ 공유결합
㉰ 수소결합 ㉱ 배위결합

해설 수소결합 : 전기음성도가 큰 원소인 F, O, N에 직접 연결된 수소원자와 근처에 있는 다른 F, O, N 원자에 있는 비공유전자쌍 사이에 작용하는 분자 간의 인력에 의한 결합이다.

답 ㉰

17 금속이 전기의 양도체인 이유는 무엇 때문인가?

㉮ 질량수가 크기 때문
㉯ 자유전자수가 많기 때문
㉰ 양성자수가 많기 때문
㉱ 중성자수가 많기 때문

답 ㉯

18 전기적으로 도체인 것은?

㉮ 가솔린 ㉯ 메틸알코올
㉰ 염화나트륨 수용액 ㉱ 순수한 물

해설 ㉮, ㉯, ㉱는 공유결합성 물질로 전기적으로 부도체이다.

답 ㉰

19 다음에 열거한 유기화합물 중 잘못 명명된 것은 어느 것인가?

㉮ 2, 3−다이메틸뷰테인
㉯ 2−에틸뷰테인
㉰ 3, 3−다이메틸−4−에틸헥세인
㉱ 2−브로모프로페인

해설 ㉯는 3−메틸펜테인이다.

답 ㉯

20 C_5H_{12}의 구조 이성질체의 수는 몇 개인가?

㉮ 1개 ㉯ 3개
㉰ 5개 ㉱ 7개

해설

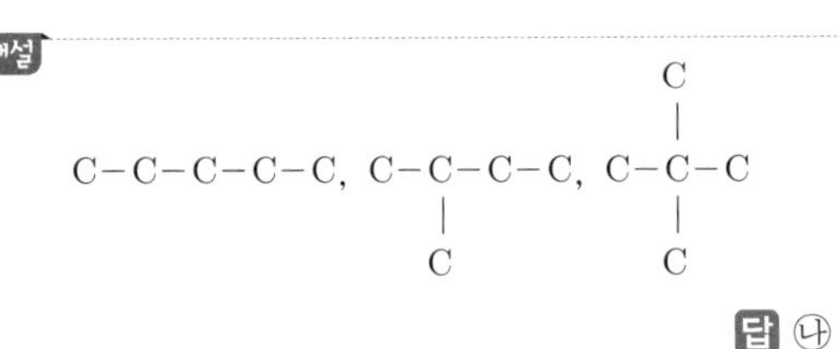

답 ㉯

21 다음 유기화합물의 이름이 틀린 것은?

㉮ 3−메틸펜테인
㉯ 2, 3−다이메틸뷰테인
㉰ 2−에틸뷰테인
㉱ 2−클로로−3−메틸펜테인

해설 ㉰는 C−C−C−C으로 3−메틸펜테인이다.
　　　　　|
　　　　　C
　　　　　|
　　　　　C

답 ㉰

22 유기화합물 중 이중결합을 포함하고 있는 탄화수소는?

㉮ 알케인계
㉯ 사이클로알케인계
㉰ 알켄계
㉱ 알카인계

해설
① 알켄계(=에틸렌계) 탄화수소는 이중결합을 포함한다.
② 알카인계(=아세틸렌계) 탄화수소는 삼중결합을 포함한다.

답 ㉰

23 가솔린의 경우 인화점은 −20~−45℃이다. 이의 화학적 조성으로 맞는 것은?

㉮ $C_1 \sim C_4$ ㉯ $C_5 \sim C_9$
㉰ $C_{10} \sim C_{14}$ ㉱ $C_{15} \sim C_{19}$

해설 가솔린 : $C_5 \sim C_9$, 등유 : $C_9 \sim C_{18}$, 경유 : $C_{10} \sim C_{20}$

답 ㉯

24 위험물안전관리법상 알코올류에 해당되지 않는 것은?

㉮ CH_4OH(메틸알코올)
㉯ C_2H_5OH(에틸알코올)
㉰ C_3H_7OH(프로필알코올)
㉱ C_4H_9OH(뷰틸알코올)

해설 위험물안전관리법상 알코올류의 경우 탄소수가 3개 이하인 포화탄화수소를 의미한다. 뷰틸알코올은 인화점 35℃로 제2석유류이다.

답 ㉱

25 가솔린의 구성 성분이 아닌 것은?

㉮ C_5H_{12} ㉯ C_7H_{16}
㉰ C_9H_{20} ㉱ $C_{11}H_{24}$

해설 가솔린 : $C_5 \sim C_9$의 포화 · 불포화탄화수소

답 ㉱

26 타고 있는 드럼통에 물을 더해 효과적으로 끌 수 있는 물질은? (괄호 안은 물질의 비중)

㉮ 벤젠(0.879)
㉯ 아세톤(0.792)
㉰ 이황화탄소(1.274)
㉱ 에틸알코올(0.730)

해설 이황화탄소는 화학결합이 다르면서 비중이 큰 경우 물보다 가라앉기 때문에 공기 중의 산소 공급을 차단하여 질식소화가 가능하다. 반면 다른 물질들은 물보다 가벼워 물을 더하면 물이 밑으로 가라앉아 불이 꺼지지 않는다.

답 ㉰

27 방향족 탄화수소에 해당하는 것은?

㉮ 톨루엔
㉯ 아세트알데하이드
㉰ 아세톤
㉱ 다이에틸에터

해설 방향족 탄화수소 : 분자 내에 벤젠고리를 포함한 냄새가 나는(방향성이 있는) 화합물로서 톨루엔($C_6H_5CH_3$)이 해당되며 아세트알데하이드, 아세톤, 다이에틸에터는 지방족 탄화수소에 해당된다.

28 다음 반응식과 같이 벤젠 1kg이 연소할 때 발생되는 CO_2의 양은 약 몇 m^3인가? (단, 27℃, 750mmHg 기준이다.)

$$C_6H_6 + 7.5O_2 \rightarrow 6CO_2 + 3H_2O$$

㉮ 0.72
㉯ 1.22
㉰ 1.92
㉱ 2.42

해설
$C_6H_6 + 7.5O_2 \rightarrow 6CO_2 + 3H_2O$

$$\frac{1kg-C_6H_6}{} \left| \frac{10^3 g-C_6H_6}{1kg-C_6H_6} \right| \frac{1mol-C_6H_6}{78g-C_6H_6} \left| \frac{6mol-CO_2}{1mol-C_6H_6} \right. = 76.923mol-CO_2$$

$$PV = nRT, \quad V = \frac{nRT}{P}$$

$$V = \frac{76.923 \times 0.082 \times (27+273)}{750/760}$$

$$= 1917.54L \fallingdotseq 1.92m^3$$

29 **벤젠 증기의 비중에 가장 가까운 값은?**

㉮ 0.7　　㉯ 0.9
㉰ 2.7　　㉱ 3.9

해설

$$\text{증기비중} = \frac{\text{기체의 분자량}}{\text{공기의 분자량}}$$

벤젠(C_6H_6)의 증기비중$= \frac{78}{28.84} \fallingdotseq 2.7$

답 ㉰

30 **비중이 0.8인 메틸알코올의 지정수량을 kg으로 환산하면 얼마인가?**

㉮ 200　　㉯ 320
㉰ 460　　㉱ 500

해설

$S = \frac{W_1}{W_2}$

$W_1 = S \times W_2$

여기서, S(비중) : 0.8
W_1(메틸알코올의 질량) : X
W_2(물 1L의 질량) : 1kg

$W_1 = 0.8 \times 1 = 0.8\text{kg}$

메틸알코올(CH_3OH)의 지정수량 : 400L

$\therefore W_1 = 0.8 \times 400 = 320\text{kg}$

답 ㉯

31 **2몰의 브로민산칼륨이 모두 열분해되어 생긴 산소의 양은 2기압 27℃에서 약 몇 L인가?**

㉮ 32.42
㉯ 36.92
㉰ 41.34
㉱ 45.64

해설

$2KBrO_3 \rightarrow 2KBr + 3O_2$

$PV = nRT$

$V = \frac{nRT}{P}$

$\frac{3 \times 0.082 \times (27+273)}{2} = 36.9\text{L}$

답 ㉯

32 **액화이산화탄소 1kg이 25℃, 2atm의 공기 중으로 방출되었을 때 방출된 기체상의 이산화탄소의 부피는 약 몇 L가 되는가?**

㉮ 278　　㉯ 556
㉰ 1,111　　㉱ 1,985

해설

이상기체상태방정식

$PV = nRT \rightarrow PV = \frac{wRT}{M}$

$V = \frac{wBT}{PM}$

$= \frac{1 \cdot 10^3\text{g} \cdot 0.082\text{atm} \cdot \text{L/K} \cdot \text{mol}\,(25+273.15)\text{K}}{2\text{atm} \cdot 44\text{g/mol}}$

$\fallingdotseq 278\text{L}$

여기서, P : 압력(atm)
V : 부피(L)
n : 몰수(mol)
M : 분자량(g/mol)
w : 질량(g)
R : 기체상수(0.082atm · L/K · mol)
T : 절대온도(K)

답 ㉮

33 **다음 위험물 중 물에 대한 용해도가 가장 낮은 것은?**

㉮ 아크릴산
㉯ 아세트알데하이드
㉰ 벤젠
㉱ 글리세린

해설

벤젠(C_6H_6)은 비극성 공유결합으로 극성 공유결합인 물(H_2O)과는 섞이지 않는다.

답 ㉰

34 **질산에틸의 분자량은 얼마인가?**

㉮ 76　　㉯ 82
㉰ 91　　㉱ 105

해설

질산에틸($C_2H_5ONO_2$)의 분자량
: 12×2+6+16×3+14=91
※ C : 12, H : 1, O : 16, N : 14

답 ㉰

35 다음 중 증기비중이 가장 큰 것은?

㉮ 벤젠
㉯ 등유
㉰ 메틸알코올
㉱ 에터

해설
㉮ 등유(C_9~C_{18}) : 4~5
㉯ 벤젠(C_6H_6) : 2.67
㉰ 메틸알코올(CH_3OH) : 1.1
㉱ 에터($C_2H_5OC_2H_5$) : 2.57

$$\text{증기비중}=\frac{\text{기체의 분자량(g/mol)}}{\text{공기의 분자량(28.84g/mol)}}$$

분자량이 클수록 증기비중이 크다.

답 ㉯

36 수소화나트륨 240g과 충분한 물이 완전반응하였을 때 발생하는 수소의 부피는? (단, 표준상태를 가정하며 나트륨의 원자량은 23이다.)

㉮ 22.4L
㉯ 224L
㉰ $22.4m^3$
㉱ $224m^3$

해설
물과의 반응식
$NaH+H_2O \rightarrow NaOH+H_2$

$$\frac{240g-NaH}{} \bigg| \frac{1mol-NaH}{24g-NaH} \bigg| \frac{1mol-H_2}{1mol-NaH} \bigg| \frac{22.4L-H_2}{1mol-H_2}$$

$= 224L-H_2$

답 ㉯

37 다음 아세톤의 완전연소반응식에서 ( )에 알맞은 계수를 차례대로 옳게 나타낸 것은?

$CH_3COCH_3+(\quad)O_2 \rightarrow (\quad)CO_2+3H_2O$

㉮ 3, 4 ㉯ 4, 3
㉰ 6, 3 ㉱ 3, 6

해설
아세톤(CH_3COCH_3)의 연소반응식
$CH_3COCH_3+4O_2 \rightarrow 3CO_2+3H_2O$

답 ㉯

38 이황화탄소기체는 수소기체보다 20℃, 1기압에서 몇 배 더 무거운가?

㉮ 11 ㉯ 22
㉰ 32 ㉱ 38

해설

$$\frac{\text{이황화탄소기체의 분자량}}{\text{수소기체의 분자량}}=\frac{76g/mol}{2g/mol}=38\text{배}$$

답 ㉱

39 20℃의 물 100kg이 100℃ 수증기로 증발하면 최대 몇 kcal의 열량을 흡수할 수 있는가?

㉮ 540
㉯ 7,800
㉰ 62,000
㉱ 108,000

해설

$$Q=mC\Delta T+\gamma\times m$$
$$=100kg\times1kcal/kg\cdot℃\times(100-20)℃ +539kcal/kg\times100kg$$
$$=61,900kcal$$

(여기서, Q : 열량, m : 질량, C : 비열, T : 온도, γ : 기화열)

답 ㉰

40 소화기 속에 압축되어 있는 이산화탄소 1.1kg을 표준상태에서 분사하였다. 이산화탄소의 부피는 몇 m^3가 되는가?

㉮ 0.56 ㉯ 5.6
㉰ 11.2 ㉱ 24.6

해설

$PV=\frac{w}{M}RT$ 에서

$$V=\frac{wRT}{PM}$$
$$=\frac{1.1\times10^3g\times0.082L\cdot atm/kmol\times273.15K}{1atm\times44g/mol}$$
$$=\frac{559.95L}{} \bigg| \frac{1m^3}{10^3L}$$
$$=0.559m^3$$
$$≒0.56m^3$$

답 ㉮

41 탄소 80%, 수소 14%, 황 6%인 물질 1kg이 완전연소하기 위해 필요한 이론공기량은 약 몇 kg인가? (단, 공기 중 산소= 23wt%)

㉮ 3.31 ㉯ 7.05
㉰ 11.62 ㉱ 14.41

- 탄소(C)의 1g 원자량 : 12g
  수소(H)의 1g 원자량 : 1g
  황(S)의 1g 원자량 : 32g
- 물질 1kg 중 탄소의 질량 : 0.8kg
  물질 1kg 중 수소의 질량 : 0.14kg
  물질 1kg 중 황의 질량 : 0.06kg

① 탄소의 연소반응식 : $C+O_2 \rightarrow CO_2$
 ∴ 탄소(C) 12g 연소 시 산소(O_2) 32g 필요

② 수소의 연소반응식 : $H_2+\frac{1}{2}O_2 \rightarrow H_2O$
 ∴ 수소(H) 2g 연소 시 산소(O_2) 16g 필요

③ 황의 연소반응식 : $S+O_2 \rightarrow SO_2$
 ∴ 황(S) 32g 연소 시 산소(O_2) 32g 필요

⇒ 필요한 총 산소량에 $\frac{1}{0.23}$ 를 곱한 양이 이론공기량

$$\left(\frac{0.8\times32}{12}+\frac{0.14\times16}{2}+\frac{0.06\times32}{32}\right)\times\frac{1}{0.23}$$

=14.405kg

∴ 14.41kg

42 에터(ether)의 일반식으로 옳은 것은?

㉮ ROR ㉯ RCHO
㉰ RCOR ㉱ RCOOH

해설

에터(Ether) 일반식
R - O - R′
R - CHO : 알데하이드
R - CO - R′ : 케톤
R - COOH : 카복실산

43 0.99atm, 55℃에서 이산화탄소의 밀도는 약 몇 g/L인가?

㉮ 0.62 ㉯ 1.62
㉰ 9.65 ㉱ 12.65

$PV=\frac{wRT}{M}$ 에서 $P=\frac{wRT}{VM}$

$\frac{w}{V}=\frac{PM}{RT}$ 에서 $\frac{w}{V}$ 는 밀도(ρ)이므로 $\rho=\frac{PM}{RT}$

- ρ(CO_2의 밀도) : ?g/L
- P(압력) : 0.99atm
- M(CO_2 1g 분자량) : 12+16 · 2=44g/mol
- R(기체상수) : 0.082atm · L/mol · K
- T(절대온도) : (55℃+273)K

$$\rho=\frac{0.99\times44}{0.082\times(55+273)}=1.619$$

∴ 1.62g/L

PART

2 화재예방

위험물기능사 필기

위험물기능사 필기

www.cyber.co.kr

Part 2 화재예방

2-1 연소 이론

(1) 연소의 정의

연소(combustion)는 열과 빛을 동반하는 급격한 산화반응으로서 F_2, Cl_2, CO_2, NO_2, 그리고 산소의 존재가 없는 몇몇 다른 가스(기체) 중에서 일어날 수도 있다(예를 들면, 금속분 등은 CO_2 중에서도 점화될 수 있다).

① 완전연소

더 이상 연소할 수 없는 연소생성물이 생성되는 연소

$$C+O_2(g) \rightarrow CO_2(g)+94.45kcal$$

② 불완전연소

부분적인 연소, 재연소가 가능한 생성물을 생성하는 연소

$$C+\frac{1}{2}O_2 \rightarrow CO+24.5kcal,\ CO+\frac{1}{2}O_2 \rightarrow CO_2$$

③ 산화반응이지만 연소반응이라 할 수 없는 경우

㉮ **산화반응이나 발열이 아니거나 아주 미약한 발열반응인 경우**

$$4Fe+3O_2 \rightarrow 2Fe_2O_3$$

㉯ **산화반응이나 흡열반응인 경우**

$N_2+O_2 \rightarrow 2NO-43.2kcal$(산화반응이지만 흡열반응임)

④ 유기화합물이 대기 중 연소 시 완전연소의 경우에는 CO_2와 H_2O가 생성되며, 불완전연소의 경우에는 C, CO, CO_2, H_2O, H_2 등이 생성된다.

(2) 연소의 구비조건

① 연소의 필수요소

연소는 타는 물질인 가연성 물질, 가연성 물질을 산화시키는 데 필요한 조연성 물질(산소공급원), 가연성 물질과 조연성 물질을 활성화시키는 데 필요한 에너지인 점화원이 필요하며, 이러한 3가지 요소를 **연소의 3요소**라 한다. 그러나 일반적으로 연소가 계속적으로 진행되기 위해서는 연소의 3요소 이외에 연속적인 연쇄반응이 수반되어야 한다. 이와 같이 가연성 물질, 산소공급원, 점화원 및 연쇄반응을 **연소의 4요소**라 한다.

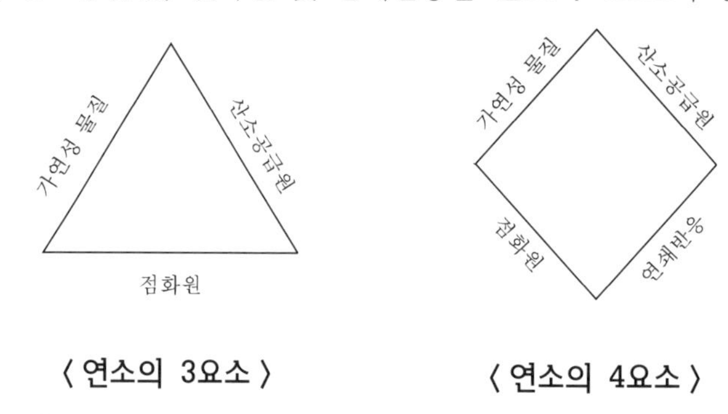

〈 연소의 3요소 〉 〈 연소의 4요소 〉

② 연소의 4요소 특징

㉮ **가연성 물질★★**

연소가 일어나는 물질로 발열을 일으키며 산화반응을 하는 모든 물질로 환원제이며 다음과 같은 조건이 필요하다.

㉠ 산소와의 친화력이 클 것
㉡ 열전도율이 작을 것(단, 기체분자의 경우 단순할수록 가볍기 때문에 확산속도가 빠르고 분해가 쉽다. 따라서, 열전도율이 클수록 연소폭발의 위험이 있다.)
㉢ 활성화에너지가 작을 것
㉣ 연소열이 클 것
㉤ 크기가 작아 접촉면적이 클 것

㉯ **산소공급원(조연성 물질)** : 가연성 물질의 산화반응을 도와주는 물질로 산화제이다. 공기, 산화제(제1류 위험물, 제6류 위험물 등), 자기반응성 물질(제5류 위험물), 할로젠원소 등이 대표적인 조연성 물질이다.

㉰ **점화원(열원, heat energy sources)** : 어떤 물질의 발화에 필요한 최소 에너지를 제공할 수 있는 것으로 정의할 수 있으며, 일반적인 불꽃과 같은 점화원 외에 다음과 같은 것들이 있다.

㉠ 화학적 에너지원 : 반응열 등으로 산화열, 연소열, 분해열, 융해열 등
㉡ 전기적 에너지원 : 저항열, 유도열, 유전열, 정전기열(정전기 불꽃), 낙뢰에 의한 열, 아크방전(전기불꽃에너지) 등
㉢ 기계적 에너지원 : 마찰열, 마찰스파크열(충격열), 단열압축열 등

㉣ **연쇄반응** : 가연성 물질이 유기화합물인 경우 불꽃연소가 개시되어 열을 발생하는 경우 발생된 열은 가연성 물질의 형태를 연소가 용이한 중간체(화학에서 자유 라디칼이라 함)를 형성하여 연소를 촉진시킨다. 이와 같이 에너지에 의해 연소가 용이한 라디칼의 형성은 연쇄적으로 이루어지며, 점화원이 제거되어도 생성된 라디칼이 완전하게 소실되는 시점까지 연소를 지속시킬 수 있다. 이러한 현상을 연쇄반응이라고 말하며, 이것을 연소의 3 요소에 추가하여 연소의 4요소라고도 한다.

(3) 온도에 따른 불꽃의 색상

불꽃의 온도	불꽃의 색깔	불꽃의 온도	불꽃의 색깔
500℃	적열	1,100℃	황적색
700℃	암적색	1,300℃	백적색
850℃	적색	1,500℃	휘백색
950℃	휘적색		

(4) 연소의 분류

① **정상연소** : 가연성 물질이 서서히 연소하는 현상으로 연소로 인한 열의 발생속도와 열의 확산속도가 평형을 유지하면서 연소하는 형태이다. 가연물의 성질에 따라서 그 연소속도는 일정하지 않으며 난연성(難燃性), 이연성(易燃性), 속연성(涑燃性) 등의 말로 표현되나 어떠한 경우에 있어서도 연소의 경우는 열의 전도이다.

② **접염연소** : 불꽃이 물체와 접촉함으로써 착화되어 연소되는 현상이다.

③ **대류연소** : 열기가 흘러 그 기류가 가연성 물질을 가열함으로써 끝내는 그 물질을 착화하여 연소로 유도하는 현상을 말한다.

④ **복사연소** : 연소체로부터 발산하는 열에 의하여 주위의 가연성 물질에 인화하여 연소를 전개하는 현상이다.

⑤ **비화연소** : 불티가 바람에 날리거나 혹은 튀어서 발화점에서 떨어진 곳에 있는 대상물에 착화하여 연소되는 현상이다.

(5) 연소의 형태(물질의 상태에 따른 분류)

① 기체의 연소

㉮ **확산연소(불균일연소)** : '가연성 가스'와 공기를 미리 혼합하지 않고 산소의 공급을 '가스'의 확산에 의하여 주위에 있는 공기와 혼합하여 연소시키는 것

㉯ **예혼합연소(균일연소)** : '가연성 가스'와 공기를 혼합하여 연소시키는 것

② 액체의 연소

㉮ **증발연소** : 가연성 액체를 외부에서 가열하거나 연소열이 미치면 그 액표면에 가연 가스(증기)가 증발하여 연소되는 현상을 말한다.

휘발유의 유증기 연소실험

예 알코올, 휘발유(가솔린) 등유, 경유 등

㉯ **분해연소** : 비휘발성이거나 끓는점이 높은 가연성 액체가 연소할 때는 먼저 열분해하여 탄소가 석출되면서 연소되는데, 이와 같은 연소를 말한다.

예 중유, 타르 등의 연소

㉰ **분무연소(액적연소)** : 점도가 높고, 비휘발성인 액체를 안개 상으로 분사하여 액체의 표면적을 넓혀 연소시키는 형태이다.

③ 고체의 연소★★★

㉮ **표면연소(직접연소)** : 열분해에 의하여 가연성 가스를 발생치 않고 그 자체가 연소하는 형태로서 연소반응이 고체의 표면에서 이루어지는 형태이다.

예 목탄, 코크스, 금속분 등

㉯ **분해연소** : '가연성 가스'가 공기 중에서 산소와 혼합되어 타는 현상이다.

예 목재, 석탄, 종이 등

㉰ **증발연소** : 가연성 고체에 열을 가하면 융해되어 여기서 생긴 액체가 기화되고 이로 인한 연소가 이루어지는 형태이다.

예 황, 나프탈렌, 양초, 장뇌 등

㉱ **내부연소(자기연소)** : 물질 자체의 분자 안에 산소를 함유하고 있는 물질이 연소 시 외부에서의 산소 공급을 필요로 하지 않고 물질 자체가 갖고 있는 산소를 소비하면서 연소하는 형태이다.

예 질산에스터류, 나이트로화합물류 등

(6) 연소에 관한 물성

① 인화점(flash point)

가연성 액체를 가열하면서 액체의 표면에 점화원을 주었을 때 증기가 인화하는 액체의 최저온도를 인화점 혹은 인화온도라 하며 인화가 일어나는 액체의 최저의 온도이다.

〈 인화성 액체의 인화점 〉

액체	화학식	인화점
아세톤(Acetone)	$CH_3-CO-CH_3$	−18.5℃
메틸알코올(Methyl alcohol)	CH_3-OH	11℃
에틸알코올(Ethyl alcohol)	C_2H_5-OH	13℃
벤젠(Benzene)	C_6H_6	−11℃
가솔린(Gasoline)	$C_5\sim C_9$	−43℃
등유(Kerosene)	$C_9\sim C_{18}$	39℃ 이상

② 연소점(fire point)

상온에서 액체상태로 존재하는 가연성 물질의 연소상태를 5초 이상 유지시키기 위한 온도를 의미하며, 일반적으로 인화점보다 약 10℃ 정도 높은 온도이다.

③ 발화점(발화온도, 착화점, 착화온도, ignition point)

점화원을 부여하지 않고 가연성 물질을 조연성 물질과 공존하는 상태에서 가열하여 발화하는 최저의 온도이다.

◀ 가열에 의한 등유의 발화

〈 가연성 물질의 발화온도(착화온도) 〉

물질	발화온도(℃)	물질	발화온도(℃)	물질	발화온도(℃)
메테인	615~682	가솔린	약 300	코크스	450~550
프로페인	460~520	목탄	250~320	건조한 목재	280~300
뷰테인	430~510	석탄	330~450	등유	약 210

참고 인화점이 낮다고 발화점도 낮은 것은 아니다. 예를 들어, 가솔린의 경우 인화점은 −43℃로 등유보다 낮지만, 발화점은 300℃로 등유보다 높다.

④ 최소착화에너지(최소점화에너지)

㉮ 가연성 혼합가스에 전기불꽃으로 점화 시 착화하기 위해 필요한 최소에너지를 말한다.

㉯ **최소착화에너지(E)를 구하는 공식★★★**

$$E=\frac{1}{2}Q\cdot V=\frac{1}{2}C\cdot V^2$$

여기서, E : 착화에너지(J)

C : 전기(콘덴서) 용량(F)

V : 방전전압(V)

Q : 전기량(C)

⑤ **연소범위(연소한계, 가연범위, 가연한계, 폭발범위, 폭발한계)**

연소가 일어나는 데 필요한 조연성 가스(일반적으로 공기) 중의 가연성 가스의 농도(vol%)

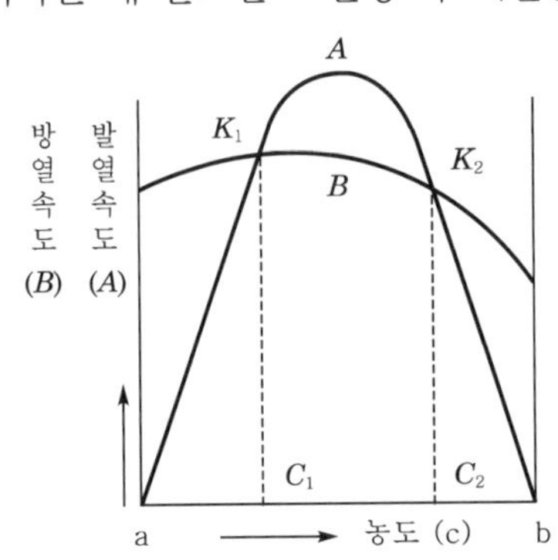

여기서, C_1 : 연소하한

C_2 : 연소상한

㉮ **연소하한(LEL)** : 공기 또는 조연성 가스 중에서 연소를 발생할 수 있는 가연성 가스의 최소의 농도

㉯ **연소상한(UEL)** : 공기 또는 조연성 가스 중에서 연소를 발생할 수 있는 가연성 가스의 최고의 농도

㉰ **연소범위** : 혼합가스의 연소가 발생하는 상한값과 하한값 사이

㉠ 온도의 영향 : 온도가 증가하면 하한은 낮아지고 연소상한은 높아지는 경향에 의해 연소범위는 넓어진다.

㉡ 압력의 영향 : 압력이 증가할수록 연소하한값은 변화하지 않지만, 연소상한값이 증가하여 연소범위는 넓어진다.

㉢ 농도의 영향 : 조연성 가스의 농도가 증가할수록 연소상한이 증가하므로 연소범위는 넓어진다.

2-2 발화

가연성 물질에 불이 붙는 현상을 발화, 착화 등으로 표현한다.

(1) 발화의 조건

발화되기 위한 첫째 조건은 화학반응이 발열반응이어야 하며, 이와 같은 충분한 온도에 도달하기 위해서는 화학반응이 비교적 활발하게 일어나야 하므로 외부에서 어떤 '에너지'가 가해지거나 그렇지 않으면 자체 내부에서 점차 산화나 분해 반응이 일어나서 자연히 온도가 상승되어야 한다.

(2) 자연발화

외부에서 점화에너지를 부여하지 않았는데도 상온에서 물질이 공기 중 화학변화를 일으켜 오랜 시간에 걸쳐 열의 축적이 발생하여 발화하는 현상이다.

① 자연발화의 조건

㉮ **열의 발생**

㉠ 온도 : 온도가 높으면 반응속도가 증가하여 열 발생을 촉진

㉡ 발열량 : 발열량이 클수록 열의 축적이 큼(단, 반응속도가 낮으면 열의 축적 감소)

㉢ 수분 : 고온다습한 경우 자연발화 촉진(적당한 수분은 촉매 역할)

㉣ 표면적 : 표면적이 클수록 자연발화가 용이

㉤ 촉매 : 발열반응 시 정촉매에 의해 반응이 빨라짐

㉯ **열의 축적**

㉠ 열전도도 : 분말상, 섬유상의 물질이 열전도율이 적은 공기를 다량 함유하므로 열의 축적이 쉽다.

㉡ 저장방법 : 여러 겹의 중첩이나 분말상과 대량 집적물의 중심부가 표면보다 단열성이 높아 자연발화가 용이하다.

㉢ 공기의 흐름 : 통풍이 잘 되는 장소가 열의 축적이 곤란하여 자연발화가 곤란하다.

② 자연발화의 분류★★★

자연발화 원인	자연발화 형태
산화열	건성유(정어리기름, 아마인유, 들기름 등), 반건성유(면실유, 대두유 등)가 적셔진 다공성 가연물, 원면, 석탄, 금속분, 고무조각 등
분해열	나이트로셀룰로스, 셀룰로이드류, 나이트로글리세린 등의 질산에스터류
흡착열	탄소분말(유연탄, 목탄 등), 가연성 물질+촉매
중합열	아크릴로나이트릴, 스타이렌, 바이닐아세테이트 등의 중합반응
미생물 발열	퇴비, 먼지, 퇴적물, 곡물 등

③ 영향을 주는 인자 : 열의 축적, 열의 전도율, 퇴적방법, 공기의 유동, 발열량, 수분(습도), 촉매물질 등은 자연발화에 직접적인 영향을 끼치는 요소들이다.

④ 자연발화 방지대책★★★

㉮ 자연발화성 물질의 보관장소의 **통풍**이 잘 되게 한다.

㉯ 저장실의 온도를 **저온으로 유지**한다.

㉰ **습도를 낮게** 유지한다(일반적으로 여름날 해만 뜨겁게 내리쪼이는 날보다 비가 오는 날 더 땀이 잘 배출되며, 더위를 느끼는 원리와 같다. 즉 습한 경우 그만큼 축적된 열은 잘 방산되지 않기 때문이다).

(3) 혼촉발화

2가지 이상의 물질을 혼합, 접촉시키는 경우 위험한 상태가 생기는 것을 말하며, 혼촉발화가 모두 발화를 일으키는 것은 아니며 유해 위험도 포함된다. 이러한 혼촉발화현상은 다음과 같이 분류할 수 있다.

① 혼촉 즉시 반응이 일어나 발열, 발화하거나 폭발을 일으키는 것
② 혼촉 후 일정시간이 경과하여 급격히 반응이 일어나거나 발열, 발화하거나 폭발에 일으키는 것
③ 혼촉에 의해 폭발성 혼합물을 형성하는 것
④ 혼촉에 의해 발열, 발화하지는 않지만 원래의 물질보다 발화하기 쉬운 상태로 되는 것

2-3 폭발(explosion)

(1) 폭발의 종류

① 기상폭발

가스폭발, 분무폭발, 분진폭발, 가스의 분해폭발 등으로 가연성 가스나 가연성 액체의 증기와 지연성 가스의 혼합물이 일정한 에너지에 의해 폭발하는 경우를 말한다. 기상폭발은 화학적으로 연소의 특별한 형태로 착화에너지가 필요하며, 화염의 발생을 수반한다.

㉮ **가스폭발**

㉠ 조성 조건 : 연소범위 또는 폭발범위
㉡ 발화원의 존재 : 에너지 조건
ⓐ 발화온도
ⓑ 발화원 : 정전기불꽃, 전기불꽃, 화염, 고온물질, 자연발화, 열복사, 충격, 마찰, 단열압축

㉯ **증기운폭발** : 다량의 가연성 가스 또는 기화하기 쉬운 가연성 액체가 지표면에 유출되어 다량의 가연성 혼합기체를 형성되어 폭발이 일어나는 경우의 가스폭발

㉰ **분무폭발** : 고압의 유압설비의 일부가 파손되어 내부의 가연성 액체가 공기 중에 분출되어 이것이 미세한 액적이 되어 무상(霧狀)으로 공기 중에 현탁하여 존재할 때 착화에너지에 의해 폭발이 일어나는 현상

㉣ **박막폭굉** : 고압의 공기 또는 산소 배관에 윤활유가 박막 상으로 존재할 때 박막의 온도가 배관에 부착된 윤활유의 인화점보다 낮을지라도 배관이 높은 에너지를 갖는 충격파에 노출되면 관벽의 윤활유가 안개화되어 폭굉으로 되는 현상

㉤ **분진폭발** : 가연성 고체의 미분이 공기 중에 부유하고 있을 때 어떤 착화원에 의해 에너지가 주어지면 폭발하는 현상 ⇒ 부유분진, 퇴적분진(층상분진)★★
(분진폭발의 조건 : 밀폐된 공간, 가연성 분진, 점화원, 산소)

㉥ **분해폭발** : 아세틸렌, 에틸렌, 하이드라진, 메틸아세틸렌 등과 같은 유기화합물은 다량의 열을 발생하며 분해(분해열)한다. 이때, 이 분해열은 분해가스를 열팽창시켜 용기의 압력상승으로 폭발이 발생한다.

② 응상폭발

㉮ **수증기폭발(증기폭발)** : 고온의 물질이 갖는 열이 저온의 물로 순간적으로 열을 전달하면 일시적으로 물은 과열상태가 되고 급격하게 비등하여 상변화에 따른 폭발현상이 발생한다.
(액상 → 기상 간 전이폭발)

㉯ **전선폭발** : 알루미늄제 전선에 한도 이상의 과도한 전류가 흘러 순식간에 전선이 과열되고 용융과 기화가 급속하게 진행되어 일어나는 폭발현상이다.
(고상 → 액상 → 기상 간 전이폭발)

㉰ **혼촉폭발** : 단독으로는 안전하나 두 가지 이상의 화합물이 혼합되어 있을 때 미소한 충격 등에 의해 발열분해를 일으켜 폭발하는 현상이다.

㉱ **기타** : 감압상태의 용기의 일부가 파괴되어 고압용기의 파열과 달리 외기가 급속히 유입되고, 이때 큰 폭음과 함께 파편이 주위로 비산하며 발생하는 폭발이다.

(2) 폭발의 성립 조건

① 가연성 가스, 증기 및 분진 등이 조연성 가스인 공기 또는 산소 등과 접촉, 혼합되어 있을 때

② 혼합되어 있는 가스, 증기 및 분진 등이 어떤 구획되어 있는 방이나 용기 같은 밀폐공간에 존재하고 있을 때

③ 그 혼합된 물질(가연성 가스, 증기 및 분진+공기)의 일부에 점화원이 존재하고 그것이 매개가 되어 어떤 한도 이상의 에너지(활성화에너지)를 줄 때

(3) 폭발의 영향인자

① **온도** : 발화온도가 낮을수록 폭발하기 쉽다.

② **조성(폭발범위)** : 폭발범위가 넓을수록 폭발의 위험이 크다.

아세틸렌, 산화에틸렌, 하이드라진, 오존 등은 조성에 관계없이 단독으로도 조건이 형성되면 폭발할 수도 있으며, 일반적으로 가연성 가스의 폭발범위는 공기 중에서 보다 산소 중에서 더 넓어진다.

〈 주요 물질의 공기 중의 폭발범위(1atm, 상온 기준) 〉

물질명	하한계	상한계	위험도	물질명	하한계	상한계	위험도
수소	4.0	75.0	17.75	**벤젠**	1.4	8.0	4.71
일산화탄소	12.5	74.0	4.92	**톨루엔**	1.27	7.0	4.51
사이안화수소	5.6	40.0	6.14	메틸알코올	6.0	36.0	5.0
메테인	5.0	15.0	2.00	에틸알코올	4.3	19.0	3.42
에테인	3.0	12.4	3.13	**아세트알데하이드**	4.1	57.0	12.90
프로페인	2.1	9.5	3.31	**에터**	1.9	48.0	24.26
뷰테인	1.8	8.4	3.67	아세톤	2.5	12.8	4.12
아세틸렌	2.5	81.0	31.4	이황화탄소	1.0	50.0	49.0
황화수소	4.0	44.0	10	**가솔린**	1.2	7.6	5.33

※ 굵은 글씨의 물질은 시험에 자주 출제되니 반드시 암기가 필요함.

㉮ **폭굉범위(폭굉한계)** : 폭발범위 내에서도 특히 격렬한 폭굉을 생성하는 조성범위

㉯ **르 샤틀리에(Le Chatelier)의 혼합가스 폭발범위를 구하는 식★★★**

$$\frac{100}{L} = \frac{V_1}{L_1} + \frac{V_2}{L_2} + \frac{V_3}{L_3} + \cdots$$

$$\therefore L = \frac{100}{\left(\frac{V_1}{L_1} + \frac{V_2}{L_2} + \frac{V_3}{L_3} + \cdots\right)}$$

여기서, L : 혼합가스의 폭발한계치

L_1, L_2, L_3 : 각 성분의 단독폭발한계치(vol%)

V_1, V_2, V_3 : 각 성분의 체적(vol%)

㉰ **위험도(H)**

가연성 혼합가스의 연소범위에 의해 결정되는 값이다.

$$H = \frac{U - L}{L}$$

여기서, H : 위험도

U : 연소상한치(UEL)

L : 연소하한치(LEL)

③ **압력** : 가스압력이 높아질수록 발화온도는 낮아지고 폭발범위는 넓어지는 경향이 있다. 따라서, 가스압력이 높아질수록 폭발의 위험이 크다.

④ **용기의 크기와 형태** : 온도, 조성, 압력 등의 조건이 갖추어져 있어도 용기가 적으면 발화하지 않거나, 발화해도 화염이 전파되지 않고 도중에 꺼져 버린다.

㉮ **소염(Quenching, 화염일주)현상** : 발화된 화염이 전파되지 않고 도중에 꺼져 버리는 현상이다.

㉯ **안전간극(MESG, 최대안전틈새, 화염일주한계, 소염거리)** : 안전간극이 적은 물질일수록 폭발하기 쉽다.

㉠ 정의 : 폭발성 혼합가스의 용기를 금속제의 좁은 간극에 의해 두 부분으로 격리한 경우 한쪽에 착화한 경우 화염이 간극을 통과하여 다른 쪽의 혼합가스에 인화가 가능한지 여부를 측정할 때 화염이 전파하지 않는 간극의 최대허용치를 말하며 내용적이 8L, 틈새길이가 25mm인 표준용기를 사용하며 내압방폭구조에 있어서 대상가스의 폭발등급을 구분하는데 사용하며, 역화방지기 설계의 중요한 기초자료로 활용된다.

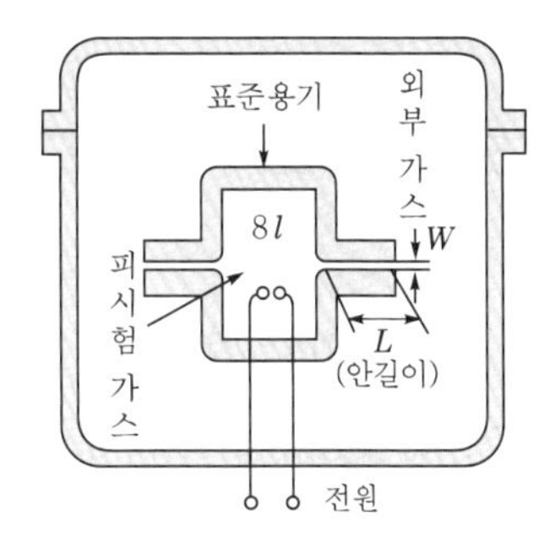

㉡ 안전간극에 따른 폭발등급 구분

ⓐ **폭발 1등급**(안전간극 : 0.6mm 초과) : LPG, 일산화탄소, 아세톤, 에틸에터, 암모니아 등

ⓑ **폭발 2등급**(안전간극 : 0.4mm 초과 0.6mm 이하) : 에틸렌, 석탄 가스 등

ⓒ **폭발 3등급**(안전간극 : 0.4mm 이하) : 아세틸렌, 수소, 이황화탄소, 수성가스($CO+H_2$) 등

(4) 연소파와 폭굉파

① 연소파

가연성 가스와 공기를 혼합할 때 그 농도가 연소범위에 이르면 확산의 과정은 생략하고 전파속도가 매우 빠르게 되어 그 진행속도가 대체로 0.1~10m/s 정도의 속도로 연소가 진행하게 되는데, 이 영역을 연소파라 한다.

② 폭굉파

폭굉이란 연소속도 1,000~3,500m/s 이상의 극렬한 폭발을 의미하며, 가연성 가스와 공기의 혼합가스가 밀폐계 내에서 연소하여 폭발하는 경우 발생한다. 그때 발생하는 전파속도를 폭굉파라 한다.

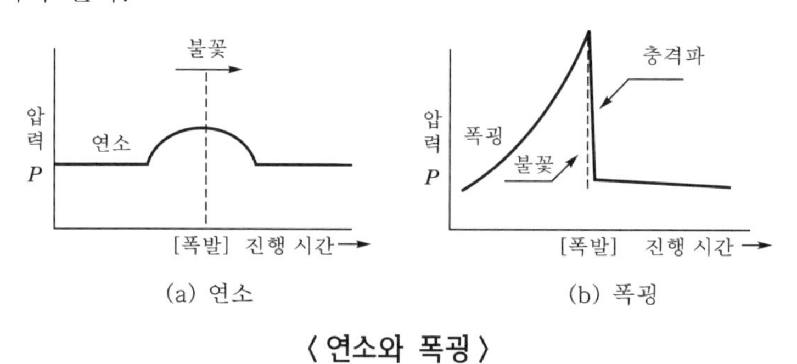

〈 연소와 폭굉 〉

(5) 폭굉유도거리(*DID*)★★★

관 내에 폭굉성 가스가 존재할 경우 최초의 완만한 연소가 격렬한 폭굉으로 발전할 때까지의 거리이다. 일반적으로 짧아지는 경우는 다음과 같다.

① 정상연소속도가 큰 혼합가스일수록

② 관 속에 방해물이 있거나 관 지름이 가늘수록

③ 압력이 높을수록

④ 점화원의 에너지가 강할수록

(6) 방폭구조(폭발을 방지하는 구조)

① **압력방폭구조** : 용기 내부에 질소 등의 보호용 가스를 충전하여 외부에서 폭발성 가스가 침입하지 못하도록 한 구조

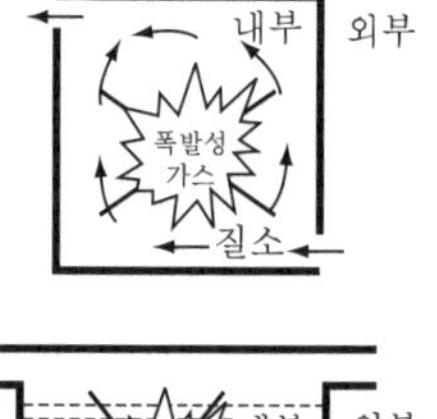

② **유입방폭구조** : 전기불꽃, 아크 또는 고온이 발생하는 부분을 기름 속에 넣어 폭발성 가스에 의해 인화가 되지 않도록 한 구조

③ **안전증방폭구조** : 기기의 정상운전 중에 폭발성 가스에 의해 점화원이 될 수 있는 전기불꽃 또는 고온이 되어서는 안 될 부분에 기계적, 전기적으로 특히 안전도를 증가시킨 구조

④ **본질안전방폭구조** : 폭발성 가스가 단선, 단락, 지락 등에 의해 발생하는 전기불꽃, 아크 또는 고온에 의하여 점화되지 않는 것이 확인된 구조

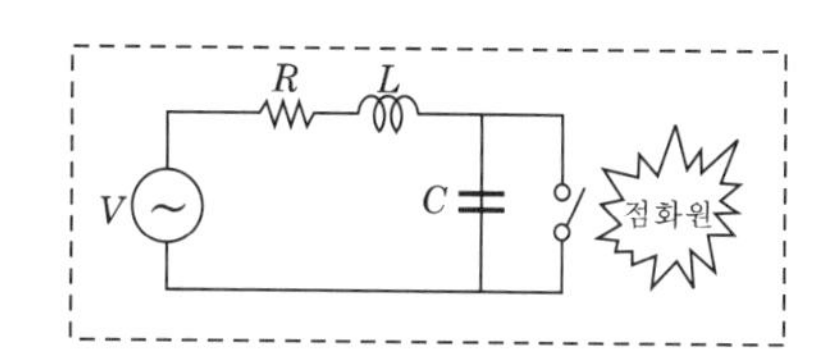

⑤ **내압방폭구조** : 대상 폭발성 가스에 대해서 점화능력을 가진 전기불꽃 또는 고온부위에 있어서도 기기 내부에서 폭발성 가스의 폭발이 발생하여도 기기가 그 폭발압력에 견디고 또한 기기 주위의 폭발성 가스에 인화 · 파급하지 않도록 되어 있는 구조

(7) 정전기

두 물체를 마찰시키면 그 물체는 전기를 띠게 되는데 이것을 마찰전기라고도 하며, 이때 발생하는 전기를 정전기(靜電氣 : static electricity)라 한다.

① 정전기의 예방대책★★★

㉮ **접지를 한다.**

㉯ **공기 중의 상대습도를 70% 이상으로 한다.**

㉰ **공기를 이온화시킨다.**

㉱ **유속을 1m/s 이하로 유지한다.**

㉲ **제전기를 설치한다.**

② 정전기 방전에 의해 가연성 증기나 기체 또는 분진을 점화시킬 수 있다.

$$E = \frac{1}{2}CV^2 = \frac{1}{2}QV$$

여기서, E : 정전기에너지(J), C : 정전용량(F)

V : 전압(V), Q : 전기량(C)

$$Q = CV$$

2-4 화재의 분류 및 특성

(1) 화재의 정의

① 실화 또는 방화 등 사람의 의도와는 반대로 발생한 연소현상
② 사회 공익 · 인명 및 물적 피해를 수반하기 때문에 소화해야 할 연소현상
③ 소화시설이나 그 정도의 효과가 있는 것을 사용해야 할 연소현상

(2) 화재의 분류★★★

화재 분류	명칭	비고	소화
A급 화재	일반화재	연소 후 재를 남기는 화재	냉각소화
B급 화재	유류화재	연소 후 재를 남기지 않는 화재	질식소화
C급 화재	전기화재	전기에 의한 발열체가 발화원이 되는 화재	질식소화
D급 화재	금속화재	금속 및 금속의 분, 박, 리본 등에 의해서 발생되는 화재	피복소화
E급 화재	가스화재	국내에서는 B급(유류화재)에 포함시킴	-
F급 화재 (또는 K급 화재)	주방화재	가연성 튀김기름을 포함한 조리로 인한 화재	냉각 · 질식소화

※ 주방화재는 유면상의 화염을 제거하여도 유온이 발화점 이상이기 때문에 곧 다시 발화한다. 따라서, 유온을 20~50℃ 이상 기름의 온도를 낮추어서 발화점 이하로 냉각해야 소화할 수 있다.
※ 국내 화재안전기준에 따르면 D급(금속화재)과 E급(가스화재)에 대한 분류기준은 없으며, 또한 각 화재에 대한 색상기준도 없다.

(3) 건축물의 화재성상

건축물 내에서의 화재는 발화원의 불씨가 가연물에 착화하여 서서히 진행되다 세워져 있는 가연물에 착화가 되면서 천장으로 옮겨 붙어 본격적인 화재가 진행된다.

㉮ 목조건축물
㉠ 화재성상 : 고온단기형
㉡ 최고온도 : 약 1,300℃

㉯ 내화건축물
㉠ 화재성상 : 저온장기형
㉡ 최고온도 : 약 900~1,000℃

① 성장기(초기~성장기)

내부공간 화재에서의 성장기는 제1성장기(초기 단계)와 제2성장기(성장기 단계)로 나눌 수 있다. 초기 단계에서는 가연물이 열분해하여 가연성 가스를 발생하는 시기이며 실내온도가 아직 크게 상승되지 않은 발화단계로서 화원이나 착화물의 종류들에 따라 달라지기 때문에 조건에 따라 일정하지 않은 단계이고, 제2성장기(성장기 단계)는 실내에 있는 내장재에 착화하여 flash over에 이르는 단계이다.

② 최성기

flash over 현상 이후 실내에 있는 가연물 또는 내장재가 격렬하게 연소되는 단계로서 화염이 개구부를 통하여 출화하고 실내온도가 화재 중 최고온도에 이르는 시기이다.

③ 감쇠기

쇠퇴기, 종기, 말기라고도 하며 실내에 있는 내장재가 대부분 소실되어 화재가 약해지는 시기이며 완전히 타지 않은 연소물들이 실내에 남아 있을 경우 실내온도 200~300℃ 정도를 나타내기도 한다.

(4) 건축물의 화재

① 플래시오버(flash over)

화재로 인하여 실내의 온도가 급격히 상승하여 가연물이 일시에 폭발적으로 착화현상을 일으켜 화재가 순간적으로 실내 전체에 확산되는 현상(=순발연소, 순간연소), 최성기 직전에 발생

※ 실내온도 : 약 400~500℃

② 백드래프트(back draft)

밀폐된 공간에서 화재가 발생하여 산소농도 저하로 불꽃을 내지 못하고 가연성 물질의 열분해로 인하여 발생한 가연성 가스가 축적되게 된다. 이때 진화를 위해 출입문 등이 개방되어 개구부가 생겨 신선한 공기의 유입으로 폭발적인 연소가 다시 시작되는 현상

참고 1. 플래시백 : 환기가 잘 되지 않는 곳
2. 백드래프트 : 밀폐된 공간

③ 롤오버(roll over)

연소의 과정 중 천장 부근에서 산발적으로 연소가 확대되는 것을 말하며, 불덩이가 천장을 굴러다니는 것처럼 뿜어져 나오는 현상

④ 프레임오버(frame over)

벽체, 천장 또는 마루의 표면이 과열하여 발생하는 가연성 증기에 점화원이 급속히 착화하여 그 물체의 표면 상에 불꽃을 전파하는 현상

(5) 유류탱크 및 가스탱크에서 발생하는 폭발현상

① 보일오버(boil-over)

㉮ 중질유의 탱크에서 장시간 조용히 연소하다가 탱크 내의 잔존 기름이 갑자기 분출하는 현상

㉯ 유류탱크에서 탱크 바닥에 물과 기름의 에멀션이 섞여 있을 때 이로 인하여 화재가 발생하는 현상

㉰ 연소유면으로부터 100℃ 이상의 열파가 탱크 저부에 고여 있는 물을 비등하게 하면서 연소유를 탱크 밖으로 비산시키며 연소하는 현상

② 슬롭오버(slop-over)

㉮ 물이 연소유의 뜨거운 표면에 들어갈 때, 기름 표면에서 화재가 발생하는 현상

㉯ 유화제로 소화하기 위한 물이 수분의 급격한 증발에 의하여 액면이 거품을 일으키면서 열유층 밑의 냉유가 급히 열팽창하여 기름의 일부가 불이 붙은 채 탱크 벽을 넘어서 일출하는 현상

③ 블레비(Boiling Liquid Expanding Vapor Explosion, BLEVE)현상

액화가스탱크 주위에서 화재 등이 발생하여 기상부의 탱크 강판이 국부적으로 가열되면 그 부분의 강도가 약해져 그로 인해 탱크가 파열된다. 이때 내부에서 가열된 액화가스가 급격히 유출 팽창되어 화구(fire ball)를 형성하며 폭발하는 형태

④ 증기운폭발(Unconfined Vapor Cloud Explosion, UVCE)

개방된 대기 중에서 발생하기 때문에 자유공간 중의 증기운폭발(Unconfined Vapor Cloud Explosion)이라고 부르며 UVCE라 한다. 대기 중에 대량의 가연성 가스나 인화성 액체가 유출되어 그것으로부터 발생되는 증기가 대기 중의 공기와 혼합하여 폭발성인 증기운(vapor cloud)을 형성하고 이때 착화원에 의해 화구(fire ball)형태로 착화 폭발하는 형태

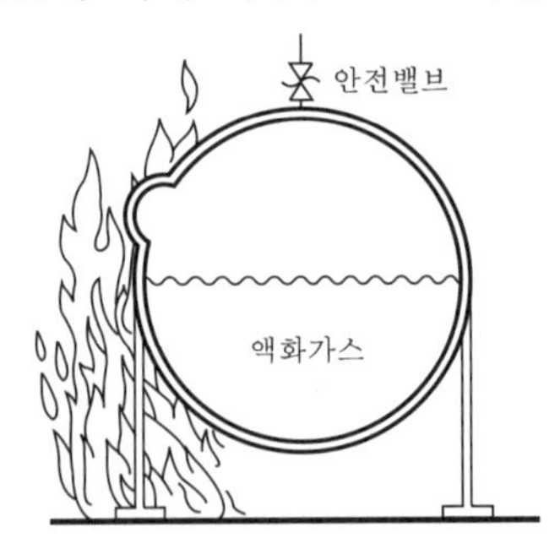

⑤ 프로스오버(froth-over)

탱크 속의 물이 점성을 가진 뜨거운 기름의 표면 아래에서 끓을 때 기름이 넘쳐 흐르는 현상. 이는 화재 이외의 경우에도 물이 고점도 유류 아래에서 비등할 때 탱크 밖으로 물과 기름이 거품과 같은 상태로 넘치는 현상

2-5 위험장소의 분류

(1) 0종 장소

정상상태에서 폭발성 분위기가 연속적으로 또는 장시간 생성되는 장소

(2) 1종 장소

정상상태에서 폭발성 분위기가 주기적 또는 간헐적으로 생성될 우려가 있는 장소

(3) 2종 장소

이상상태에서 폭발성 분위기가 생성될 우려가 있는 장소

Part 2 연 / 습 / 문 / 제

01 **위험물의 화재위험에 관한 사항을 옳게 설명한 것은?**

㉮ 비점이 높을수록 위험하다.
㉯ 폭발한계가 좁을수록 위험하다.
㉰ 착화에너지가 작을수록 위험하다.
㉱ 인화점이 높을수록 위험하다.

해설 위험물은 비점, 인화점이 낮을수록, 폭발한계가 넓을수록 위험하다.

답 ㉰

02 **착화온도가 낮아지는 요인이 아닌 것은 어느 것인가?**

㉮ 압력이 높다.
㉯ 습도가 높다.
㉰ 발열량이 크다.
㉱ 분자구조가 복잡하다.

해설 습도와 증기압이 낮을수록 착화온도는 낮아진다.

답 ㉯

03 **촛불의 연소 형태는?**

㉮ 분해연소
㉯ 표면연소
㉰ 내부연소
㉱ 증발연소

해설 분해연소는 분자량이 큰 물질이 분해하여 연소, 표면 연소는 목탄과 같은 물질의 연소, 내부 연소는 분자 내에 산소를 포함하는 물질의 연소이다.

답 ㉱

04 **가연성 물질을 공기 중에서 연소시키고 공기 중 산소의 농도를 증가시켰을 때 나타나는 현상은?**

㉮ 발화온도가 높아진다.
㉯ 연소범위가 좁아진다.
㉰ 화염온도가 낮아진다.
㉱ 점화에너지가 감소한다.

해설 공기 중 산소농도가 증가하면 발화온도가 감소하고, 연소범위가 확대되며, 화염온도가 증가한다.

답 ㉱

05 **탄화수소에서 탄소의 수가 증가할수록 나타나는 현상들로 옳게 짝지어 놓은 것은?**

㉠ 연소속도가 늦어진다.
㉡ 발화온도가 낮아진다.
㉢ 발열량이 커진다.
㉣ 연소범위가 넓어진다.

㉮ ㉠　　㉯ ㉠, ㉡
㉰ ㉠, ㉡, ㉢　　㉱ ㉠, ㉡, ㉢, ㉣

해설 탄소수가 증가할수록 연소범위는 좁아진다.

답 ㉰

06 **자연발화의 형태 중 산화열에 의하여 발화될 가능성이 가장 큰 것은?**

㉮ 건성유, 석탄　　㉯ 퇴비, 먼지
㉰ 목탄, 활성탄　　㉱ 코크스, 셀룰로스

해설 ㉯는 미생물에 의한 발효, ㉰는 흡착열, ㉱는 분해열에 의해 자연발화한다.

답 ㉮

07 다음 물질의 성질상 분진폭발 또는 연소의 위험이 없는 것은?

㉮ 황　　㉯ 알루미늄
㉰ 수산화칼슘　　㉱ 마그네슘

답 ㉰

08 분진폭발의 위험이 없는 것은?

㉮ 마그네슘가루
㉯ 아연가루
㉰ 밀가루
㉱ 시멘트가루

답 ㉱

09 고체의 연소형태에 해당하지 않는 것은?

㉮ 증발연소　　㉯ 확산연소
㉰ 분해연소　　㉱ 표면연소

해설 기체의 연소 : 확산연소

답 ㉯

10 B급 화재에 속하는 것은?

㉮ 일반화재　　㉯ 유류화재
㉰ 전기화재　　㉱ 금속화재

해설 유류화재(B급 화재, 황색화재)

답 ㉯

11 화염의 전파속도가 음속보다 빠르며, 연소 시 충격파가 발생하여 파괴효과가 증대되는 현상은?

㉮ 폭연　　㉯ 폭압
㉰ 폭굉　　㉱ 폭명

해설 폭굉에 대한 설명이다.

답 ㉰

12 정전기 발생의 예방방법이 아닌 것은 어느 것인가?

㉮ 접지에 의한 방법
㉯ 공기를 이온화시키는 방법
㉰ 전기의 도체를 사용하는 방법
㉱ 공기 중의 상대습도를 낮추는 방법

해설 정전기 발생을 예방하는 방법으로는 공기 중의 상대습도를 70% 이상으로 높이는 방법이 있다.

답 ㉱

13 화재가 발생한 후 실내온도는 급격히 상승하고 축적된 가연성 가스가 착화하면 실내 전체가 화염에 휩싸이는 화재현상은 어느 것인가?

㉮ 보일오버
㉯ 슬롭오버
㉰ 플래시오버
㉱ 파이어볼

해설 플래시오버에 대한 설명이다.

답 ㉰

14 연소의 3요소를 모두 갖춘 것은?

㉮ 휘발유+공기+수소
㉯ 적린+수소+성냥불
㉰ 성냥불+황+산소
㉱ 알코올+수소+산소

해설
① 휘발유 : 가연물
② 공기 : 산소공급원
③ 수소 : 가연물
④ 적린 : 가연물
⑤ 성냥불 : 점화원
⑥ 황 : 가연물
⑦ 산소 : 산소공급원
⑧ 알코올 : 가연물

답 ㉰

15 **다음 ( ) 안에 알맞은 용어는?**

( )이란 불을 끌어당기는 온도라는 뜻으로 액체 표면의 근처에서 불이 붙는 데 충분한 농도의 증기를 발생하는 최저온도를 말한다.

㉮ 연소점 ㉯ 발화점
㉰ 인화점 ㉱ 착화점

해설
인화점에 대한 설명이다.

답 ㉰

16 **전기화재의 표시색상은?**

㉮ 백색 ㉯ 황색
㉰ 무색 ㉱ 청색

해설
① A급 : 일반화재 – 백색
② B급 : 유류화재 – 황색
③ C급 : 전기화재 – 청색
④ D급 : 금속화재 – 무색

답 ㉱

17 **폭발 시 연소파의 전파 속도 범위에 가장 가까운 것은?**

㉮ 0.1~10m/s
㉯ 100~1,000m/s
㉰ 2,000~3,500m/s
㉱ 5,000~10,000m/s

해설
① 폭굉파(폭굉 시 전하는 전파속도)
: 1,000~3,500m/sec
② 연소파(정상연소 시 전하는 전파속도)
: 0.1~10m/sec

답 ㉮

18 **정전기의 제거방법으로 가장 거리가 먼 것은?**

㉮ 제전기를 설치한다.
㉯ 공기를 이온화한다.
㉰ 습도를 낮춘다.
㉱ 접지를 한다.

해설
정전기의 제거방법
① 공기 중의 상대습도를 70% 이상으로 한다.
② 공기를 이온화한다.
③ 접지를 한다.

답 ㉰

19 **가연물이 될 수 있는 조건이 아닌 것은?**

㉮ 열전달이 잘 되는 물질이어야 한다.
㉯ 반응에 필요한 에너지가 작아야 한다.
㉰ 산화반응 시 발열량이 커야 한다.
㉱ 산소와 친화력이 좋아야 한다.

해설
열축적이 용이해야 한다.

답 ㉮

20 **황가루가 공기 중에 떠 있을 때의 주된 위험성에 해당하는 것은?**

㉮ 수증기 발생
㉯ 감전
㉰ 분진폭발
㉱ 흡열반응

해설
황(S)은 제2류 위험물(가연성 고체)로서 황가루가 공기 중에 부유할 때 분진폭발의 위험성이 있으므로 취급 시 유의하여야 한다.

답 ㉰

21 **B급 화재로 볼 수 있는 것은?**

㉮ 목재, 종이 등의 화재
㉯ 휘발유, 알코올 등의 화재
㉰ 누전, 과부화 등의 화재
㉱ 마그네슘, 알루미늄 등의 화재

해설
㉮ A급 화재 : 일반화재
㉯ B급 화재 : 유류화재
㉰ C급 화재 : 전기화재
㉱ D급 화재 : 금속화재

답 ㉯

22 **보일오버(boil over)현상과 가장 거리가 먼 것은?**

㉮ 기름이 열의 공급을 받지 아니하고 온도가 상승하는 현상
㉯ 기름의 표면부에서 조용히 연소하다 탱크 내의 기름이 갑자기 분출하는 현상
㉰ 탱크 바닥에 물 또는 물과 기름의 에멀션 층이 있는 경우 발생하는 현상
㉱ 열유층이 탱크 아래로 이동하여 발생하는 현상

해설
보일오버(boil over)현상 : 원유나 중질유와 같은 성분을 가진 유류탱크 화재 시 탱크 바닥에 물 등이 뜨거운 열유층(heat layer)의 온도에 의해 물이 수증기로 변하면서 부피팽창으로 유류가 갑작스럽게 탱크 외부로 넘쳐 흐르는 현상을 말한다.

답 ㉮

23 **질소가 가연물이 될 수 없는 이유를 가장 옳게 설명한 것은?**

㉮ 산소와 산화반응을 하지 않기 때문이다.
㉯ 산소와 산화반응을 하지만 흡열반응을 하기 때문이다.
㉰ 산소와 환원반응을 하지 않기 때문이다.
㉱ 산소와 환원반응을 하지만 발열반응을 하기 때문이다.

해설
$N_2+O_2 \rightarrow 2NO-43.2kcal$
질소는 산화반응을 하지만 흡열반응을 한다.

답 ㉯

24 **주된 연소형태가 분해연소인 것은?**

㉮ 목탄 ㉯ 나트륨
㉰ 석탄 ㉱ 에터

해설
㉮ 목탄 : 표면연소
㉯ 나트륨 : 표면연소
㉰ 석탄 : 분해연소
㉱ 에터 : 증발연소

답 ㉰

25 **화재예방 시 자연발화를 방지하기 위한 일반적인 방법으로 옳지 않은 것은?**

㉮ 통풍을 막는다.
㉯ 저장실의 온도를 낮춘다.
㉰ 습도가 높은 장소를 피한다.
㉱ 열의 축적을 막는다.

해설
자연발화의 방지방법
① 습도가 높은 것을 피할 것
② 통풍이 잘 되게 할 것
③ 저장실의 온도를 낮출 것
④ 퇴적 및 수납 시 열이 축적되지 않게 할 것

답 ㉮

26 **다음 [보기]에서 올바른 정전기 방지방법을 모두 나열한 것은?**

[보기]
㉠ 접지를 할 것
㉡ 공기를 이온화할 것
㉢ 공기 중의 상대습도를 70% 이하로 할 것

㉮ ㉠, ㉡
㉯ ㉠, ㉢
㉰ ㉡, ㉢
㉱ ㉠, ㉡, ㉢

해설
정전기 방지방법 중 공기 중의 상대습도는 70% 이상으로 한다.

답 ㉮

27 **전기불꽃에 의한 에너지식을 옳게 나타낸 것은? (단, E는 전기불꽃에너지, C는 전기용량, Q는 전기량, V는 방전전압이다.)**

㉮ $E=\frac{1}{2}QV$ ㉯ $E=\frac{1}{2}QV^2$
㉰ $E=\frac{1}{2}CV$ ㉱ $E=\frac{1}{2}VQ^2$

해설 전기불꽃에너지

$$E=\frac{1}{2}CV^2$$
$$=\frac{1}{2}QV$$

여기서, E : 전기불꽃에너지
C : 전기용량
Q : 전기량
V : 방전전압

답 ㉮

28 다음 중 주된 연소형태가 표면연소인 것은?

㉮ 숯 ㉯ 목재
㉰ 플라스틱 ㉱ 나프탈렌

해설 표면연소(직접연소) : 열분해에 의하여 가연성 가스를 발생치 않고 그 자체가 연소하는 형태로서 연소반응이 고체의 표면에서 이루어지는 형태(예 : 목탄, 코크스, 금속분 등)

답 ㉮

29 착화온도가 낮아지는 경우가 아닌 것은?

㉮ 압력이 높을 때
㉯ 습도가 높을 때
㉰ 발열량이 클 때
㉱ 산소와 친화력이 좋을 때

해설 착화온도가 낮아지는 경우
① 압력이 클 때
② 발열량이 클 때
③ 화학적 활성도가 클 때
④ 산소와 친화력이 좋을 때

답 ㉯

30 위험물을 취급함에 있어서 정전기를 유효하게 제거하기 위한 설비를 설치하고자 한다. 공기 중의 상대습도를 몇 % 이상 되게 하여야 하는가?

㉮ 50 ㉯ 60
㉰ 70 ㉱ 80

해설 정전기 제거방법
① 접지할 것
② 공기 중의 상대습도를 70% 이상으로 할 것
③ 공기를 이온화할 것

답 ㉰

31 다음 중 B급 화재에 해당하는 것은?

㉮ 유류화재 ㉯ 목재화재
㉰ 금속분화재 ㉱ 전기화재

해설 B급 화재는 유류화재에 속함

분류	등급	소화방법
일반화재	A급	냉각소화
유류화재(가스화재)	B급	질식소화
전기화재	C급	질식소화
금속화재	D급	피복소화

답 ㉮

32 금속분, 나트륨, 코크스 같은 물질이 공기 중에서 점화원을 제공받아 연소할 때의 주된 연소 형태는?

㉮ 표면연소 ㉯ 확산연소
㉰ 분해연소 ㉱ 증발연소

해설 표면연소 : 금속분, 나트륨, 코크스 등이 열분해에 의하여 가연성 가스를 발생하지 않고 그 물질 자체가 연소하는 형태로서 연소반응이 고체의 표면에서 이루어지는 형태

답 ㉮

33 다음 중 연소에 필요한 산소의 공급원을 단절하는 것은?

㉮ 제거작용 ㉯ 질식작용
㉰ 희석작용 ㉱ 억제작용

해설 질식작용 : 산소농도를 21%에서 15% 이하로 낮추어 소화하는 방법(산소공급원 차단)

답 ㉯

34 다음 물질 중 분진폭발의 위험성이 가장 낮은 것은?

㉮ 밀가루 ㉯ 알루미늄분말
㉰ 모래 ㉱ 석탄

해설
모래는 소화약제로 이용되며, 가연성 분진에 해당되지 않는다.
분진폭발 : 가연성 고체의 미분이 공기 중에 부유하고 있을 때 어떤 착화원에 의해 에너지가 주어지면 폭발하는 현상

답 ㉰

35 폭굉유도거리(DID)가 짧아지는 경우는?

㉮ 정상연소속도가 작은 혼합가스일수록 짧아진다.
㉯ 압력이 높을수록 짧아진다.
㉰ 관 속에 방해물이 있거나 관 지름이 넓을수록 짧아진다.
㉱ 점화원에너지가 약할수록 짧아진다.

해설
폭굉유도거리(DID)가 짧아지는 경우
① 정상연소속도가 큰 혼합가스일수록
② 압력이 높을수록
③ 관 속에 방해물이 있거나 관 지름이 가늘수록
④ 점화원에너지가 강할수록

답 ㉯

36 화재별 급수에 따른 화재의 종류 및 소화방법을 모두 옳게 나타낸 것은?

㉮ A급 : 유류화재 - 질식소화
㉯ B급 : 유류화재 - 질식소화
㉰ A급 : 유류화재 - 냉각소화
㉱ B급 : 유류화재 - 냉각소화

해설

분류	등급	소화방법
일반화재	A급	냉각소화
유류화재(가스화재)	B급	질식소화
전기화재	C급	질식소화
금속화재	D급	피복소화

답 ㉯

37 촛불의 화염을 입김으로 불어 끄는 소화방법은?

㉮ 냉각소화
㉯ 촉매소화
㉰ 제거소화
㉱ 억제소화

해설
제거소화 : 화재현장에서 가연물을 제거하여 소화하는 방법
예 : 촛불의 화염을 입김으로 불어 끄는 소화방법이다.

답 ㉰

38 일반적으로 폭굉파의 전파속도는 어느 정도인가?

㉮ 0.1~10m/s
㉯ 100~350m/s
㉰ 1,000~3,500m/s
㉱ 10,000~35,000m/s

해설
① 폭굉파(폭굉 시 전하는 전파속도)
: 1,000~3,500m/sec
② 연소파(정상연소 시 전하는 전파속도)
: 0.1~10m/sec

답 ㉰

39 산화열에 의해 자연발화가 발생할 위험이 높은 것은?

㉮ 건성유
㉯ 나이트로셀룰로스
㉰ 퇴비
㉱ 목탄

해설
자연발화의 형태
① 산화열에 의한 발화 : 석탄, 고무분말, 건성유
② 분해열에 의한 발화 : 셀룰로이드, 나이트로셀룰로스
③ 흡착열에 의한 발화 : 목탄, 활성탄
④ 미생물에 의한 발화 : 퇴비, 먼지

답 ㉮

40 **위험장소 중 0종 장소에 대한 설명으로 올바른 것은?**

㉮ 정상상태에서 위험분위기가 장시간 지속적으로 존재하는 장소
㉯ 정상상태에서 위험분위기가 주기적 또는 간헐적으로 생성될 우려가 있는 장소
㉰ 이상상태하에서 위험분위기가 단시간 동안 생성될 우려가 있는 장소
㉱ 이상상태하에서 위험분위기가 장시간 동안 생성될 우려가 있는 장소

해설
위험장소의 분류
① 0종 장소 : 위험분위기가 정상상태에서 장시간 지속되는 장소
② 1종 장소 : 정상상태에서 위험분위기를 생성할 우려가 있는 장소
③ 2종 장소 : 이상상태에서 위험분위기를 생성할 우려가 있는 장소
④ 준위험장소 : 예상사고로 폭발성 가스가 대량유출되어 위험분위기가 되는 장소

답 ㉮

41 **일반 건축물 화재에서 내장재로 사용한 폴리스타이렌폼(polystyrene foam)이 화재 중 연소를 했다면 이 플라스틱의 연소형태는?**

㉮ 증발연소 ㉯ 자기연소
㉰ 분해연소 ㉱ 표면연소

해설
폴리스타이렌폼(스티로폴) : 분해연소

답 ㉰

42 **가연물이 되기 쉬운 조건이 아닌 것은?**

㉮ 산화반응의 활성이 크다.
㉯ 표면적이 넓다.
㉰ 활성화에너지가 크다.
㉱ 열전도율이 낮다.

해설
가연물의 조건
① 산소와의 친화력이 클 것
② 열전도율이 적을 것
③ 활성화에너지가 적을 것
④ 연소열이 클 것
⑤ 크기가 작아 접촉면적이 클 것

답 ㉰

43 **연소범위에 대한 설명으로 옳지 않은 것은?**

㉮ 연소범위는 연소하한값부터 연소상한값까지이다.
㉯ 연소범위의 단위는 공기 또는 산소에 대한 가스의 %농도이다.
㉰ 연소하한이 낮을수록 위험이 크다.
㉱ 온도가 높아지면 연소범위가 좁아진다.

해설
온도나 압력이 높으면 연소범위가 넓어진다.

답 ㉱

PART 3

위험물기능사 필기

소화방법

위험물기능사 필기

www.cyber.co.kr

Part 3 소화방법

3-1 소화이론과 소화방법

① 소화이론

(1) 화학적 소화방법을 이용한 소화이론

소화약제(화학적으로 제조된 소화약제)를 사용하여 소화하는 방법을 화학적 소화방법이라고 한다.

(2) 물리적 소화방법을 이용한 소화이론

① 화재를 강풍으로 불어 소화한다.
② 화재의 온도를 점화원 이하로 냉각시켜 소화한다.
③ 혼합기의 조성을 변화시켜 소화한다.
④ 그 밖의 물리적 방법을 이용하여 화재를 소화한다.

② 소화방법

화재를 소화하기 위해서는 화재의 초기단계인 가연물질의 연소현상을 유지하기 위한 연소의 3요소 또는 연소의 4요소에 관계되는 소화의 원리를 응용한 소화방법이 요구되고 있다.

(1) 제거소화

연소에 필요한 **가연성 물질을 없게** 하여 소화시키는 방법이다.

(2) 질식소화

공기 중의 **산소의 양을 15% 이하**가 되게 하여 산소공급원의 양을 변화시켜 소화하는 방법이다.

(3) 냉각소화

연소 중인 가연성 물질의 온도를 **인화점 이하로 냉각시켜** 소화하는 방법이다.

(4) 부촉매(화학)소화

가연성 물질의 연소 시 **연속적인 연쇄반응을 억제 · 방해** 또는 **차단**시켜 소화하는 방법이다.

(5) 희석소화

수용성 가연성 물질 화재 시 다량의 물을 일시에 방사하여 연소범위의 하한계 이하로 희석하여 화재를 소화시키는 방법이다.

3-2 소화약제 및 소화기

① 소화약제

(1) 소화약제의 구비조건

① 가격이 저렴하고 구하기 쉬워야 하며 연소의 4요소 중 하나 이상을 제거하는 능력이 있어야 한다.
② 인체 독성이 낮고 환경 오염성이 없어야 한다.
③ 장기 안정성이 있어야 한다.

(2) 소화약제의 종류

① 액체상의 소화약제

㉮ **물소화약제**

㉠ 인체에 무해하며 다른 약제와 혼합 사용이 가능하고 가격이 저렴하며 장기 보존이 가능하다.
㉡ 모든 소화약제 중에서 가장 많이 사용되고 있으며 냉각의 효과가 우수하며, 무상주수일 때는 질식, 유화효과가 있다.
㉢ 0℃ 이하의 온도에서는 동절기에 동파 및 응고현상이 있고 물소화약제 방사 후 물에 의한 2차 피해의 우려가 있다. 전기화재나 금속화재에는 적응성이 없다.

㉯ **강화액소화약제★★★**

㉠ 강화액소화약제는 물소화약제의 성능을 강화시킨 소화약제로서 물에 탄산칼륨(K_2CO_3)을 용해시킨 소화약제이다.

㉡ **강화액은 −30℃에서도 동결되지 않으므로 한랭지에서도 보온의 필요가 없다.**

㉢ 탈수·탄화작용으로 목재, 종이 등을 불연화하고 재연방지의 효과도 있어서 A급 화재에 대한 소화능력이 증가된다.

㉰ **포소화약제** : 포소화약제는 주제인 화학물질에 포 안정제 및 기타 약제를 첨가한 혼합 화학물질로 물과 일정한 비율 및 농도를 유지하여 화학반응에 일어나는 기체나 공기와 불활성 기체(N_2, CO_2 등)를 기계적으로 혼입시켜 소화에 사용하는 약제이다.

〈 성분상 포소화약제의 분류 〉

화학포	화학물질을 반응시켜 이로 인해 나오는 기체가 포 형성
기계포(=공기포)	기계적 방법으로 공기를 유입시켜 공기로 포 형성

〈 팽창률에 따른 포소화약제의 분류 〉

팽창 형식	팽창률	약제
저팽창	20 미만	• 단백포소화약제 • 수성막포소화약제 • 화학포소화약제
고팽창	• 제1종 : 80~250 • 제2종 : 250~500 • 제3종 : 500~1,000	합성계면활성제포소화약제

㉠ 포소화약제의 구비조건

ⓐ 포의 안정성이 좋아야 한다.

ⓑ 독성이 적어야 한다.

ⓒ 유류와의 접착성이 좋아야 한다.

ⓓ 포의 유동성이 좋아야 한다.

ⓔ 유류의 표면에 잘 분산되어야 한다.

㉡ 화학포소화약제

A제(탄산수소나트륨, $NaHCO_3$)와 B제[황산알루미늄, $Al_2(SO_4)_3 \cdot 18H_2O$]의 화학반응에 의해 생성되는 이산화탄소를 이용하여 포를 발생시키는 것으로서 포의 안정제로서 카제인, 젤라틴, 사포닌, 계면활성제, 수용성 단백질 등을 사용한다. 화학포의 방정식은 다음과 같다.

$$6NaHCO_3 + Al_2(SO_4)_3 \cdot 18H_2O \rightarrow 3Na_2SO_4 + 2Al(OH)_3 + 6CO_2 + 18H_2O$$

화학포소화약제는 사용 시 물에 혼입하여 용해시키는 방식(건식)과 미리 수용액으로 용해시키는 방식(습식)이 있다. 건식에 의한 소화약제를 화학포소화약제라고 하고, 습식의 경우를 화학포 소화액이라고 한다.

〈 화학포소화약제 구성 〉

구분	품명
A제	탄산수소나트륨
B제	황산알루미늄
첨가제	수용성 단백질, 사포닌, 안식향산나트륨

㉢ 기계포(공기포)소화약제 : 소량의 포소화약제 원액을 다량의 물에 녹인 포 수용액을 발포기에 의하여 기계적인 수단으로 공기와 혼합 교반하여 거품을 발생시키는 포소화약제

ⓐ **단백포소화약제** : 소의 뿔, 발톱, 동물의 피 등 단백질의 가수분해 생성물을 기제로 하고 여기에 포 안정제로 황산제1철($FeSO_4$)염이나 염화철($FeCl_2$) 등의 철염을 물에 혼입시켜 규정농도(3%형과 6%형)의 수용액에 방부제를 첨가하고, 동결방지제로서 에틸렌글리콜, 모노뷰틸에테르를 첨가 처리한 것이다. 색상은 흙갈색으로 특이한 냄새가 나며 끈끈한 액체로서 pH 6~7.5, 비중은 1.10 이상 1.20 이하이다.

ⓑ **플루오린계 계면활성제포(수성막포)소화약제** : AFFF(Aqueous Film Forming Foam)라고도 하며, 저장탱크나 그 밖의 시설물을 부식하지 않는다. 또한 피 연소물질에 피해를 최소화할 수 있는 장점이 있으며, 방사 후의 처리도 용이하다. **유류화재에 탁월한 소화성능**이 있으며, 3%형과 6%형이 있고 **라이트워터(가벼운 물)**라고도 불린다. 분말소화약제와 병행사용 시 소화효과가 배가된다(twin agent system).

ⓒ **합성계면활성제포소화약제** : 계면활성제를 기제로 하고 여기에 안정제 등을 첨가한 것이다. 역시 단백포와 마찬가지로 물과 혼합하여 사용한다. 이 약제는 3%, 6%형은 저발포용으로, 1%, 1.5%, 2%의 것은 고발포용으로 사용된다.
합성계면활성제포소화약제는 유류 표면을 가벼운 거품(포말)으로 덮어 질식소화하는 동시에 포말과 유류 표면 사이에 유화층인 유화막을 형성하여 화염의 재연을 방지하는 포소화약제로서 소화성능은 수성막포에 비하여 낮은 편이다.

ⓓ **수용성 가연성 액체용 포소화약제(알코올형 포소화약제)** : 알코올류, 케톤류, 에스터류, 아민류, 초산글리콜류 등과 같이 물에 용해되면서 불이 잘 붙는 물질 즉 수용성 가연성 액체의 소화용 소화약제를 말하며, 이러한 물질의 화재에 포소화약제의 거품이 닿으면 거품이 순식간에 소멸되므로 이런 화재에는 특별히 제조된 포소화약제가 사용되는데 이것을 알코올포(alcohol foam)라고도 한다.

ⓔ **산 · 알칼리소화약제** : 산 · 알칼리소화약제는 산으로 진한 황산을 사용하며, 알칼리로는 탄산수소나트륨($NaHCO_3$)을 사용하는 소화약제로서 진한 황산과 탄산수소나트륨의 혼합하여 발생되는 포로 화재를 소화한다.

$$H_2SO_4 + 2NaHCO_3 \rightarrow Na_2SO_4 + 2CO_2 + 2H_2O$$

② 기체상의 소화약제

㉮ 할론소화약제

할론소화약제는 탄소수 1~2개의 포화탄화수소의 수소 일부 또는 전부를 할로젠원소로 치환하여 제조한 소화약제로서 할론의 번호는 탄소수, 플루오린수, 염소수, 브로민수 순으로 한다. 할로젠화합물의 소화성능효과는 F(플루오린) < Cl(염소) < Br(브로민) < I(아이오딘)의 순서이며, 할로젠화합물의 안정성은 소화성능과 반대로 F(플루오린) > Cl(염소) > Br(브로민) > I(아이오딘) 순이다. 대표적인 할론소화약제를 다음의 표에 나타내었다.

	Halon No.	분자식	이름	비고	
메테인의 유도체	할론 104	CCl_4	Carbon Tetrachloride (사염화탄소)	법적 사용 금지 (∵ 유독가스 $COCl_2$ 방출)	
메테인의 유도체	할론 1011	$CClBrH_2$	Bromo Chloro Methane (브로모클로로메테인)	-	
메테인의 유도체	할론 1211	CF_2ClBr	Bromo Chloro Difluoro Methane (브로모클로로다이플루오로메테인)	• 상온에서 기체 • 증기비중 : 5.7, 액비중 : 1.83 • 방사거리 : 4~5m, 소화기용	법적 고시
메테인의 유도체	할론 1301	CF_3Br	Bromo Trifluoro Methane (브로모트라이플루오로메테인)	• 상온에서 기체 • 증기비중 : 5.1, 액비중 : 1.57 • 인체에 가장 무해함 • 방사거리 : 3~4m, 소화설비용	법적 고시
에테인의 유도체	할론 2402	$C_2F_4Br_2$	Dibromo Tetrafluoro Ethane (다이브로모테트라플루오로에테인)	상온에서 액체 (단, 독성으로 인해 국내외 생산되는 곳이 없으므로 사용 불가)	법적 고시

※ 할론 소화약제 명명법 : 할론 XABC

- X → C원자의 개수
- A → F원자의 개수
- B → Cl원자의 개수
- C → Br원자의 개수

그러나 할론의 경우 지하층, 무창층, 거실 또는 사무실로서 바닥 면적이 $20m^2$ 미만인 곳에는 설치를 금지한다(할론 1301 또는 할로젠화합물 및 불활성가스 소화약제는 제외). 할론 104는 공기 중 산소 및 수분과 접촉하여 유독한 포스겐가스를 발생시킨다.

$$2CCl_4 + O_2 \rightarrow 2COCl_2 + 2Cl_2 \text{ (공기 중)}$$
$$CCl_4 + H_2O \rightarrow COCl_2 + 2HCl \text{ (습기 중)}$$

㉯ 이산화탄소소화약제

㉠ 무색, 무미, 무취이나 고체상태의 이산화탄소인 드라이아이스의 경우 반투명 백색으로 약간 자극성 냄새를 나타낸다.

㉡ 지구온난화를 유발하는 대표적인 물질이며, 기체, 액체, 고체의 3가지 상태의 존재가 가능한 유일한 물질로 **삼중점**을 가지고 있다 (**−56.5℃ 및 5.11kg/cm²**).

㉢ 불연성인 동시에 화학적으로 안정되어 있어서 방호대상물에 화학적 변화를 일으킬 우려가 거의 없다.

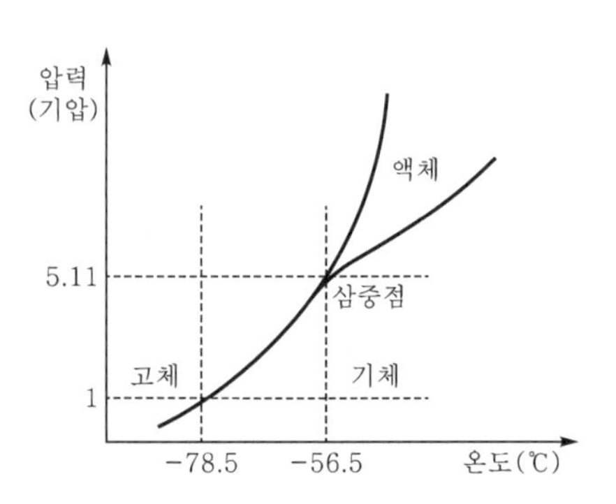

〈 이산화탄소 상태도 〉

㉣ 소화 후 오염과 잔유물이 남지 않는 점이 편리하다.

㉤ 소화기 또는 소화설비에 충전 시 고압을 필요로 하며, **질식 및 동상의 우려**가 있으므로 저장, 취급 및 사용 시 많은 주위가 필요하다.

㉥ 소화원리는 공기 중의 산소를 15% 이하로 저하시켜 소화하는 **질식작용**과 CO_2가스 방출 시 **Joule-Thomson 효과**[기체 또는 액체가 가는 관을 통과하여 방출될 때 온도가 급강하(약 −78℃)하여 고체로 되는 현상]에 의해 기화열의 흡수로 인하여 소화하는 냉각작용이다.

㉦ 소화기로 사용하는 경우 이산화탄소는 할론 소화약제와 마찬가지로 지하층, 무창층, 거실 또는 사무실로서 바닥 면적이 $20m^2$ 미만인 곳에는 설치를 금지한다.

이산화탄소의 농도 산출공식

$$CO_2\text{의 최소소화농도(\%)} = \frac{21 - \text{한계산소농도}}{21} \times 100$$

이러한 이산화탄소 소화약제의 장 · 단점을 다음 표에 정리하였다.

장점	1. 진화 후 소화약제의 잔존물이 없다. 2. 심부화재에 효과적이다. 3. 약제의 수명이 반영구적이며 가격이 저렴하다. 4. 전기의 부도체로서 C급 화재에 매우 효과적이다. 5. 기화잠열이 크므로 열흡수에 의한 냉각작용이 크다.
단점	1. 밀폐공간에서 질식과 같은 인명피해를 입을 수 있다. 2. 기화 시 온도가 급냉하여 동결위험이 있으며 정밀기기에 손상을 줄 수 있다. 3. 방사 시 소음이 매우 크며 시야를 가리게 된다.

㉰ 할로젠화합물 및 불활성가스 소화약제

㉠ 할로젠화합물 소화약제의 종류

소화약제	화학식
펜타플루오로에테인(HFC−125)	CHF_2CF_3
헵타플루오로프로페인(HFC−227ea)	CF_3CHFCF_3
트라이플루오로메테인(HFC−23)	CHF_3
도데카플루오로−2−메틸펜테인−3−원(FK−5−1−12)	$CF_3CF_2C(O)CF(CF_3)_2$

※ HFC X Y Z 명명법(첫째 자리 반올림)
- Z → 분자 내 플루오린수
- Y → 분자 내 수소수+1
- X → 분자 내 탄소수−1 (메테인계는 0이지만 표기 안 함)

㉡ 불활성가스(inert gases and mixtures) 소화약제의 종류

소화약제	화학식
불연성 · 불활성 기체 혼합가스(IG−01)	Ar
불연성 · 불활성 기체 혼합가스(IG−100)	N_2
불연성 · 불활성 기체 혼합가스(IG−541)	N_2 : 52%, Ar : 40%, CO_2 : 8%
불연성 · 불활성 기체 혼합가스(IG−55)	N_2 : 50%, Ar : 50%

※ IG−A B C 명명법(첫째 자리 반올림)
- C → CO_2의 농도
- B → Ar의 농도
- A → N_2의 농도

㉢ 용어 정리

ⓐ **NOAEL**(No Observed Adverse Effect Level) : 농도를 증가시킬 때 아무런 악영향도 감지할 수 없는 최대허용농도 → 최대허용설계농도

ⓑ **LOAEL**(Lowest Observed Adverse Effect Level) : 농도를 감소시킬 때 아무런 악영향도 감지할 수 있는 최소허용농도

ⓒ **ODP**(Ozone Depletion Potential) : 오존층파괴지수

$$ODP = \frac{\text{물질 1kg에 의해 파괴되는 오존량}}{\text{CFC-11}(CFCl_3)\text{ 1kg에 의해 파괴되는 오존량}}$$

할론 1301 : 14.1, NAFS−Ⅲ : 0.044

ⓓ **GWP**(Global Warming Potential) : 지구온난화지수

$$GWP = \frac{\text{물질 1kg이 영향을 주는 지구온난화 정도}}{CO_2 \text{ 1kg이 영향을 주는 지구온난화 정도}}$$

ⓔ **ALT**(Atmospheric Life Time) : 대기권 잔존수명

물질이 방사된 후 대기권 내에서 분해되지 않고 체류하는 잔류기간(단위 : 년)

ⓕ **LC_{50}** : 4시간 동안 쥐에게 노출했을 때 그 중 50%가 사망하는 농도

ⓖ **ALC**(Approximate Lethal Concentration) : 사망에 이르게 할 수 있는 최소농도

㉣ 할로젠화합물 및 불활성가스 소화약제

비전도성이고 휘발성이 있거나 증발 후 잔유물을 남기지 않고 환경적인 또는 인체에 대한 유해성이 없는 소화약제

③ 고체상의 소화약제

소화기구, 소화설비에 분말상태로 사용하는 소화약제이며 간이소화약제로 건조사(마른모래), 팽창질석, 팽창진주암 등이 있다.

◀ 팽창질석

〈 팽창질석 〉

〈 분말소화약제의 종류 〉★★★

종류	주성분	화학식	착색	적응화재
제1종	탄산수소나트륨 (중탄산나트륨)	$NaHCO_3$	–	B, C급 화재
제2종	탄산수소칼륨 (중탄산칼륨)	$KHCO_3$	담회색	B, C급 화재
제3종	제1인산암모늄	$NH_4H_2PO_4$	담홍색 또는 황색	A, B, C급 화재
제4종	탄산수소칼륨+요소	$KHCO_3+CO(NH_2)_2$	–	B, C급 화재

※ 제1종과 제4종 약제의 착색에 대한 법적 근거 없음.

㉮ **1종 분말소화약제**

㉠ 소화효과

ⓐ 주성분인 탄산수소나트륨이 열분해될 때 발생하는 이산화탄소에 의한 **질식효과**

ⓑ 열분해 시의 물과 흡열반응에 의한 **냉각효과**

ⓒ 분말운무에 의한 **열방사의 차단효과**

ⓓ 연소 시 생성된 활성기가 분말 표면에 흡착되거나, 탄산수소나트륨의 Na이온에 의한 안정화되어 연쇄반응이 차단되는 효과**(부촉매효과)**

ⓔ 일반 요리용 기름화재 시 기름과 중탄산나트륨이 반응하면 금속비누가 만들어져 거품을 생성하여 기름의 표면을 덮어서 질식소화효과 및 재발화 억제방지효과를 나타내는 **비누화현상**

㉡ 열분해 : 탄산수소나트륨은 약 60℃ 부근에서 분해되기 시작하여 270℃와 850℃ 이상에서 다음과 같이 열분해한다.

$$2NaHCO_3 \rightarrow Na_2CO_3 + H_2O + CO_2 - Q\text{kcal} \quad \text{흡열반응(at 270℃)}$$
(중탄산나트륨) (탄산나트륨) (수증기) (탄산가스)

$$2NaHCO_3 \rightarrow Na_2O + H_2O + 2CO_2 - Q\text{kcal} \quad \text{흡열반응(at 850℃)}$$
(산화나트륨)

㉯ **제2종 분말소화약제**

㉠ 소화효과 : 소화약제에 포함된 칼륨(K)이 나트륨(Na)보다 반응성이 더 크기 때문에 소화능력은 **제1종 분말소화약제보다 약 2배 우수**하다. 기타 질식, 냉각 부촉매 작용은 1종 분말소화약제와 동일한 효과를 나타낸다.

㉡ 열분해 : 탄산수소칼륨의 열분해 반응식은 다음과 같다.

$$2KHCO_3 \rightarrow K_2CO_3 + H_2O + CO_2 - Q\text{kcal} \quad \text{흡열반응(at 190℃)}$$
(탄산수소칼륨) (탄산칼륨) (수증기) (탄산가스)

$$2KHCO_3 \rightarrow K_2O + 2CO_2 + H_2O - Q\text{kcal} \quad \text{흡열반응(at 590℃)}$$
(산화칼륨)

㉰ **제3종 분말소화약제**

㉠ 소화효과

ⓐ 열분해 시 흡열반응에 의한 **냉각효과**

ⓑ 열분해 시 발생되는 불연성 가스(NH_3, H_2O 등)에 의한 **질식효과**

ⓒ 반응 과정에서 생성된 메타인산(HPO_3)의 **방진효과**

ⓓ 열분해 시 유리된 NH_4^+와 분말 표면의 흡착에 의한 **부촉매효과**

ⓔ 분말운무에 의한 방사의 **차단효과**

ⓕ ortho인산에 의한 섬유소의 탈수탄화작용 등이다.

㉡ 열분해 : 제1인산암모늄의 **열분해반응식**은 다음과 같다.

$$NH_4H_2PO_4 \rightarrow NH_3 + H_2O + HPO_3$$

㉱ **제4종 분말소화약제**

㉠ 소화효과

ⓐ 열분해 시 흡열반응에 의한 **냉각효과**

ⓑ 열분해 시 발생되는 CO_2에 의한 **질식효과**

ⓒ 열분해 시 유리된 NH_3에 의한 **부촉매효과**

㉡ 열분해 : 열분해반응식은 다음과 같다.

$$2KHCO_3 + CO(NH_2)_2 \rightarrow K_2CO_3 + NH_3 + CO_2$$

㉲ CDC(Compatible Dry Chemical) **분말소화약제**

분말소화약제와 포소화약제의 장점을 이용하여 소포성이 거의 없는 소화약제를 CDC 분말소화약제라 하며 ABC 소화약제와 수성막포소화약제를 혼합하여 제조한다.

(3) 소화약제의 소화성능

〈 소화약제의 소화성능비(%) 〉

소화약제의 명칭	소화성능	소화력 크기
할론 1301	100	3
분말소화약제	66	2
할론 2402	57	1.7
할론 1211	46	1.4
이산화탄소	33	1

② 소화기

(1) 소화기의 정의

물이나 가스, 분말 및 그 밖의 소화약제를 일정한 용기에 압력과 함께 저장하였다가 화재 시에 방출시켜 소화하는 초기소화용구를 말한다. 소화기의 분류는 소화능력단위, 가압방식, 소화약제의 종류에 따라 구분한다.

(2) 소화기의 종류

① 소화능력단위에 의한 분류

〈 능력단위 : 소방기구의 소화능력 〉★★★

소화설비	용량	능력단위
마른모래	50L (삽 1개 포함)	0.5
팽창질석, 팽창진주암	160L (삽 1개 포함)	1
소화전용 물통	8L	0.3
수조	190L (소화전용 물통 6개 포함)	2.5
	80L (소화전용 물통 3개 포함)	1.5

〈 소요단위 : 소화설비의 설치대상이 되는 건축물의 규모 또는 위험물 양에 대한 기준단위 〉★★★

1단위	제조소 또는 취급소용 건축물의 경우	내화구조 외벽을 갖춘 연면적 $100m^2$
		내화구조 외벽이 아닌 연면적 $50m^2$
	저장소 건축물의 경우	내화구조 외벽을 갖춘 연면적 $150m^2$
		내화구조 외벽이 아닌 연면적 $75m^2$
	위험물의 경우	지정수량의 10배

㈜ 소화기 종류별 규정 충전량 기준 : 분말소화기(20kg), 포말소화기(20L), 할론소화기(30kg), 이산화탄소소화기(50kg), 강화액소화기(60L)

㉮ **소형 소화기** : 능력단위 1단위 이상이면서 대형 소화기의 능력단위 미만인 소화기

㉯ **대형 소화기** : 능력단위가 A급 소화기는 10단위 이상, B급 소화기는 20단위 이상인 것

② 가압방식에 의한 분류

㉮ **축압식** : 소화기의 내부에 소화약제와 압축공기 또는 불연성 가스인 **이산화탄소, 질소를 충전시켜** 기체의 압력에 의해 약제가 방출되도록 한 것으로 압력지시계가 부착되어 내부의 압력을 표시하고 있으며, 압력계의 지시침이 황색이나 적색부분을 지시하면 비정상 압력이며 녹색부분을 지시하면 정상압력상태이다. 일반적으로 0.7~0.98MPa 정도 충전시킨다. 다만, **강화액소화기의 경우 압력지시계가 없으며** 안전밸브와 액면표시가 되어 있다.

㉯ **가압식** : 수동펌프식, 화학반응식, 가스가압식으로 분류되며 수동펌프식은 피스톤식 수동펌프에 의한 가압으로 소화약제를 방출시키고, 화학반응식은 소화약제의 화학반응에 의해서 생성된 가스의 압력에 의해 소화약제가 방출되며, 가스가압식은 소화약제의 방출을 위한 가압용 가스용기가 소화기의 내부나 외부에 따로 부설되어 가압가스의 압력에 의해서 소화약제가 방출되도록 한 것이다.

※ **설치상의 주의** : 직사광선이나 고온을 받는 장소에는 축압식 소화기를 설치해서는 아니 되며, 가스가압식의 경우 안전핀이 이탈되지 않도록 하고 가스가압식의 경우 한번 작동시키면 내부의 약제가 모두 방사되므로 필히 분말약제와 가압용 가스를 재충전하여야 한다.

㉰ **간이소화기**

㉠ 건조사 : 모래는 반드시 건조하여야 하며, 가연물이 함유되어 있지 않은 것으로 반절된 드럼통 또는 벽돌담 안에 저장하며, 양동이, 삽 등의 부속기구를 항상 비치한 것

㉡ 팽창질석, 팽창진주암 : 질석을 1,000℃ 이상의 고온으로 처리해서 팽창시킨 것으로 비중이 아주 낮고, 발화점이 낮은 알킬알루미늄 등의 화재에 적합

㉢ 중조톱밥 : 중조($NaHCO_3$)에 마른 톱밥을 혼합한 것으로 인화성 액체의 소화에 적합

㉣ 수증기 : 보조소화약제의 역할을 하는 데 사용

㉤ 소화탄 : $NaHCO_3$, Na_3PO_4 등의 수용액을 유리용기에 넣은 것으로 연소면에 투척하면 유리가 깨지면서 소화액이 분출하여 분해되면서 불연성 이산화탄소가 발생하여 소화

③ 전기설비의 소화설비

제조소 등에 전기설비(전기배선, 조명기구 등은 제외한다)가 설치된 경우에는 해당 장소의 면적 $100m^2$마다 소형 수동식 소화기를 1개 이상 설치할 것

(3) 소화기의 유지관리

① 각 소화기의 공통사항

㉮ 소화기는 바닥으로부터 **1.5m 이하의 높이**에 설치할 것

㉯ 소화기가 설치된 주위의 잘 보이는 곳에 '소화기'라는 표시를 할 것

㉰ 각 소화약제가 동결, 변질 또는 분출하지 않는 장소에 비치할 것

㉱ 통행이나 피난 등에 지장이 없고 사용할 때에는 쉽게 반출할 수 있는 위치에 설치할 것

② 소화기의 사용방법

㉮ 각 소화기는 **적응화재**에만 사용할 것

㉯ 성능에 따라 **화점 가까이 접근**하여 사용할 것

㉰ 소화 시는 **바람을 등지고** 소화할 것

㉱ 소화작업은 **좌우로 골고루** 소화약제를 방사할 것

③ 소화기 관리상 주의사항

㉮ 겨울철에는 소화약제가 동결되지 않도록 보온에 주의할 것

㉯ 전도되지 않도록 안전한 장소에 설치할 것

㉰ 사용 후에도 반드시 내·외부를 깨끗하게 세척한 후 허가받은 제조업자에게 규정된 검정약품을 재충전할 것

㉱ 소화기 상부에는 어떠한 물품도 올려놓지 말 것

㉲ 비상시를 대비하여 정해진 기간마다 소화약제의 변질상태 및 작동이상유무를 확인할 것

㉳ 직사광선을 피하고 건조하며 서늘한 곳에 둘 것

④ 소화기 외부표시사항

㉮ 소화기의 명칭

㉯ 적응화재 표시

㉰ 용기 합격 및 중량 표시

㉱ 사용방법

㉲ 능력단위

㉳ 취급상 주의사항

㉴ 제조년월일

〈 소화약제 총정리 〉

소화약제	소화효과	종류	성상	주요내용
물	• 냉각 • 질식(수증기) • 유화(에멀션) • 희석 • 타격	동결방지제 (에틸렌글리콜, 염화칼슘, 염화나트륨, 프로필렌글리콜)	• 값이 싸고, 구하기 쉬움 • 표면장력=72.7dyne/cm, 용융열=79.7cal/g • 증발잠열=539.63cal/g • 증발 시 체적 : 1,700배 • 밀폐장소 : 분무희석소화효과	• 극성분자 • 수소결합 • 비압축성 유체
강화액	• 냉각 • 부촉매	• 축압식 • 가스가압식	• 물의 소화능력 개선 • 알칼리금속염의 탄산칼륨, 인산암모늄 첨가 • $K_2CO_3+H_2O \rightarrow K_2O+CO_2+H_2O$	• 침투제, 방염제 첨가로 소화능력 향상 • −30℃ 사용 가능
산−알칼리	질식+냉각	−	$2NaHCO_3+H_2SO_4 \rightarrow Na_2SO_4+2CO_2+2H_2O$	방사압력원 : CO_2
포소화	질식+냉각	기계포 – 단백포 (3%, 6%)	• 동식물성 단백질의 가수분해생성물 • 철분(안정제)으로 인해 포의 유동성이 나쁘며, 소화속도 느림 • 재연방지효과 우수(5년 보관)	Ring fire 방지
	질식+냉각	기계포 – 합성계면활성제포 (1%, 1.5%, 2%, 3%, 6%)	• 유동성 우수, 내유성은 약하고 소포 빠름 • 유동성이 좋아 소화속도 빠름 (유출유화재에 적합)	• 고팽창, 저팽창 가능 • Ring fire 발생
	질식+냉각	기계포 – 수성막포(AFFF) (3%, 6%)	• **유류화재에 가장 탁월**(일명 라이트워터) • 단백포에 비해 1.5 내지 4배 소화효과 • Twin agent system(with 분말약제) • 유출유화재에 적합	Ring fire 발생으로 탱크화재에 부적합
	희석	기계포 – 내알코올포 (3%, 6%)	• 내화성 우수 • 거품이 파포된 불용성 겔(gel) 형성	• 내화성 좋음 • 경년기간 짧고, 고가
	희석	기계포	* **성능 비교** : 수성막포>계면활성제포>단백포	
	질식+냉각	화학포	• A제 : $NaHCO_3$, B제 : $Al_2(SO)_4$ • $6NaHCO_3+Al_2SO_4 \cdot 18H_2O$ $\rightarrow 3Na_2SO_4+2Al(OH)_3+6CO_2+18H_2O$	• Ring fire 방지 • 소화속도 느림
CO_2	질식+냉각	−	• 표준설계농도 : 34%(산소농도 15% 이하) • 삼중점 : 5.1kg/cm^2, −56.5℃	• ODP=0 • 동상 우려, 피난 불편 • 줄−톰슨 효과
할론	• 부촉매작용 • 냉각효과 • 질식작용 • 희석효과	할론 104 (CCl_4)	• 최초 개발 약제 • 포스겐 발생으로 사용 금지 • 불꽃연소에 강한 소화력	법적으로 사용 금지
		할론 1011 ($CClBrH_2$)	• 2차대전 후 출현 • 불연성, 증발성 및 부식성 액체	−
		할론 1211(ODP=2.4) (CF_2ClBr)	• 소화농도 : 3.8% • 밀폐공간 사용 곤란	• 증기비중 5.7 • 방사거리 4~5m, 소화기용
	* **소화력** F<Cl<Br<I	할론 1301(ODP=14) (CF_3Br)	• 5%의 농도에서 소화(증기비중=5.11) • 인체에 가장 무해한 할론 약제	• 증기비중 5.1 • 방사거리 3~4m, 소화설비용
	* **화학안정성** F>Cl>Br>I	할론 2402(ODP=6.6) ($C_2F_4Br_2$)	• 할론 약제 중 유일한 에테인의 유도체 • 상온에서 액체	독성으로 인해 국내외 생산 무

※ **할론 소화약제 명명법** : 할론 XABC

- X → C원자의 개수
- A → F원자의 개수
- B → Cl원자의 개수
- C → Br원자의 개수

소화약제	소화효과	종류	성상	주요내용
분말	• 냉각효과 (흡열반응) • 질식작용 (CO_2 발생) • 희석효과 • 부촉매작용	1종 ($NaHCO_3$)	• (B · C급) • **비누화효과(식용유화재 적응)** • 방습가공제 : 스테아린산 Zn, Mg • 열분해반응식 $2NaHCO_3 \rightarrow Na_2CO_3+CO_2+H_2O$	• 가압원 : N_2, CO_2 • 소화입도 : 10~75μm • 최적입도 : 20~25μm • Knock down 효과 : 10~20초 이내 소화
		2종 ($KHCO_3$)	• 담회색(B · C급) • 1종보다 2배 소화효과 • 1종 개량형 • 열분해반응식 $2KHCO_3 \rightarrow K_2CO_3+CO_2+H_2O$	
		3종 ($NH_4H_2PO_4$)	• 담홍색 또는 황색(A · B · C급) • 방습가공제 : 실리콘 오일 • 열분해반응식 $NH_4H_2PO_4 \rightarrow HPO_3+NH_3+H_2O$	
		4종 [$CO(NH_2)_2$ $+KHCO_3$]	• (B · C급) • 2종 개량 • 국내생산 무 • 열분해반응식 $2KHCO_3+CO(NH_2)_2 \rightarrow K_2CO_3+2NH_3+2CO_2$	

※ **소화능력** : 할론 1301=3 > 분말=2 > 할론 2402=1.7 > 할론 1211=1.4 > 할론 104=1.1 > CO_2=1

할로젠 화합물

소화약제	화학식
펜타플루오로에테인(HFC−125)	CHF_2CF_3
헵타플루오로프로페인(HFC−227ea)	CF_3CHFCF_3
트라이플루오로메테인(HFC−23)	CHF_3
도데카플루오로−2−메틸펜테인−3−원(FK−5−1−12)	$CF_3CF_2C(O)CF(CF_3)_2$

※ **명명법**(첫째 자리 반올림)

HFC X Y Z
- Z → 분자 내 플루오린수
- Y → 분자 내 수소수+1
- X → 분자 내 탄소수−1 (메테인계는 0이지만 표기안함)

불활성가스

소화약제	화학식
불연성 · 불활성 기체 혼합가스(IG−01)	Ar
불연성 · 불활성 기체 혼합가스(IG−100)	N_2
불연성 · 불활성 기체 혼합가스(IG−541)	N_2 : 52%, Ar : 40%, CO_2 : 8%
불연성 · 불활성 기체 혼합가스(IG−55)	N_2 : 50%, Ar : 50%

※ **명명법**(첫째 자리 반올림)

IG−A B C
- C → CO_2의 농도
- B → Ar의 농도
- A → N_2의 농도

연/습/문/제

01 화학포를 만들 때 사용되는 기포안정제가 아닌 것은?

㉮ 사포닌 ㉯ 암분
㉰ 가수분해단백질 ㉱ 계면활성제

해설 기포안정제는 가수분해단백질, 젤라틴, 카제인, 사포닌, 계면활성제 등이 있다.

답 ㉯

02 건조사와 같은 고체로 가연물을 덮는 것은 어떤 소화에 해당하는가?

㉮ 제거소화 ㉯ 질식소화
㉰ 냉각소화 ㉱ 억제소화

해설 공기 중의 산소의 양을 15% 이하가 되게 하여 산소공급원의 양을 변화시켜 소화하는 방법으로 질식소화에 해당된다.

답 ㉯

03 소화기에 대한 설명 중 틀린 것은?

㉮ 화학포, 기계포 소화기는 포소화기에 속한다.
㉯ 탄산가스소화기는 질식 및 냉각 소화작용이 있다.
㉰ 분말소화기는 가압가스가 필요없다.
㉱ 화학포소화기에는 탄산수소나트륨과 황산알루미늄이 사용된다.

해설 분말소화기는 용기 본체에 충전된 분말에 이산화탄소가스 또는 질소가스를 혼입하고 유동화시켜 동작하게 하는 것으로 분말을 방출시키기 위한 가압용 가스를 내장 또는 외장하는 가스가압식과 항상 용기 본체에 가스압력이 축압되어 있는 축압식이 있다.

답 ㉰

04 분말소화약제의 분류가 옳게 연결된 것은?

㉮ 제1종 분말약제 : $KHCO_3$
㉯ 제2종 분말약제 : $KHCO_3+(NH_2)_2CO$
㉰ 제3종 분말약제 : $NH_4H_2PO_4$
㉱ 제4종 분말약제 : $NaHCO_3$

해설 분말소화약제

종류	주성분	분자식	착색	적응화재
제1종	탄산수소나트륨 (중탄산나트륨)	$NaHCO_3$	–	B, C급
제2종	탄산수소칼륨 (중탄산칼륨)	$KHCO_3$	담회색	B, C급
제3종	제1인산암모늄	$NH_4H_2PO_4$	담홍색 또는 황색	A, B, C급
제4종	탄산수소칼륨+요소	$KHCO_3+CO(NH_2)_2$	–	B, C급

답 ㉰

05 마른모래(삽 1개 포함) 50L의 소화능력단위는 어느 것인가?

㉮ 0.1 ㉯ 0.5
㉰ 1 ㉱ 1.5

해설 소화설비의 능력단위

소화설비	용량	능력단위
소화전용 물통	8L	0.3
수조 (소화전용 물통 3개 포함)	80L	1.5
수조 (소화전용 물통 6개 포함)	190L	2.5
마른모래 (삽 1개 포함)	50L	0.5
팽창질석 또는 팽창진주암 (삽 1개 포함)	160L	1.0

답 ㉯

06 **소화약제에 대한 설명으로 틀린 것은?**

㉮ 물은 기화잠열이 크고 구하기 쉽다.
㉯ 화학포소화약제는 물에 탄산칼슘을 보강시킨 소화약제를 말한다.
㉰ 산·알칼리소화약제는 황산이 사용된다.
㉱ 탄산가스는 전기화재에 효과적이다.

해설 ㉯ 강화액소화기에 대한 설명이다.

답 ㉯

07 **물의 증발잠열은 약 몇 cal/g인가?**

㉮ 329
㉯ 439
㉰ 539
㉱ 639

해설 물은 증발잠열이 크기 때문에 물 1g당 539cal 정도의 열을 주위에서 흡수하여 냉각작용에 의한 소화효과가 가장 크다. 고온에서 증발하면 원래 물의 체적의 약 1,700배 이상 수증기로 변화되므로 질식작용과 가연성 혼합기체의 경우 희석작용도 하게 된다.

답 ㉰

08 **메틸알코올 8,000L에 대한 소화능력으로 삽을 포함한 마른모래를 몇 L 설치하여야 하는가?**

㉮ 100 ㉯ 200
㉰ 300 ㉱ 400

해설 소요단위에 맞춰 능력단위를 계산한다.
① 위험물 지정수량의 10배 : 1소요단위
② 메틸알코올(CH_3OH)의 지정수량 : 400L
③ 마른모래는 삽 포함 50L가 0.5능력단위
④ 메틸알코올(CH_3OH)의 소요단위 $= \dfrac{8,000\text{L}}{400\text{L} \times 10} = 2$소요단위
⑤ 마른모래 2능력단위 $= 50\text{L} \times \dfrac{2}{0.5} = 200\text{L}$

답 ㉯

09 **화재 시 이산화탄소를 방출하여 산소의 농도를 12.5%로 낮추어 소화하려면 공기 중의 이산화탄소의 농도는 약 몇 vol%로 해야 하는가?**

㉮ 30.7 ㉯ 32.8
㉰ 40.5 ㉱ 68.0

해설

$$CO_2\text{의 농도(\%)} = \frac{21 - O_2\%}{21} \times 100 = \frac{21 - 12.5}{21} \times 100 \fallingdotseq 40.5\%$$

답 ㉰

10 **할론 1301의 증기비중은? (단, 플루오린의 원자량은 19, 브로민의 원자량은 80, 염소의 원자량은 35.5이고, 공기의 분자량은 29이다.)**

㉮ 2.14
㉯ 4.15
㉰ 5.14
㉱ 6.15

해설 할론 1301의 화학식 : CF_3Br

$$\text{증기비중} = \frac{\text{기체의 분자량}}{\text{공기의 분자량}} = \frac{12 + 19 \times 3 + 80}{28.84} \fallingdotseq 5.17$$

답 ㉰

11 **알코올류 20,000L에 대한 소화설비 설치 시 소요단위는?**

㉮ 5 ㉯ 10
㉰ 15 ㉱ 20

해설 위험물 1소요단위 : 지정수량의 10배
알코올의 지정수량 : 400L

$$\text{소요단위} = \frac{20,000\text{L}}{400\text{L} \times 10} = 5\text{소요단위}$$

답 ㉮

12 **탄산수소나트륨 분말소화약제에서 분말에 습기가 침투하는 것을 방지하기 위해서 사용하는 물질은?**

㉮ 스테아린산아연 ㉯ 수산화나트륨
㉰ 황산마그네슘 ㉱ 인산

해설 분말소화약제가 습기와 접촉하면 응고되기 때문에 습기 방지제인 실리콘수지 및 금속비누를 사용하며 금속비누에는 스테아린산알루미늄과 스테아린산아연이 있다.

답 ㉮

13 **화재 시 사용하면 독성의 $COCl_2$가스를 발생시킬 위험이 가장 높은 소화약제는?**

㉮ 공기포 ㉯ 제1종 분말
㉰ 사염화탄소 ㉱ 액화이산화탄소

해설 할로젠화합물소화약제 중 사염화탄소(CCl_4)는 독성의 포스겐($COCl_2$)을 발생하므로 법적으로 사용을 금지하고 있다.

답 ㉰

14 **포소화약제의 주된 소화효과에 해당하는 것은 어느 것인가?**

㉮ 부촉매효과 ㉯ 질식효과
㉰ 억제효과 ㉱ 제거효과

해설 포소화약제의 주된 소화효과는 질식소화이다.

답 ㉯

15 **인화성 액체위험물의 소화방법에 대한 설명으로 틀린 것은?**

㉮ 탄산수소염류 소화기는 적응성이 있다.
㉯ 포소화기는 적응성이 있다.
㉰ 이산화탄소소화기에 의한 질식소화가 효과적이다.
㉱ 물통 또는 수조를 이용한 냉각소화가 효과적이다.

해설 인화성 액체위험물에 대한 소화방법에서 물통 또는 수조를 이용하면 비중이 1보다 작기 때문에 물 위에 뜨면서 화재면이 확대되어 위험성이 커진다.

답 ㉱

16 **다음 소화약제 중 수용성 액체의 화재 시 가장 적합한 것은?**

㉮ 단백포소화약제
㉯ 내알코올포소화약제
㉰ 합성계면활성제포소화약제
㉱ 수성막포소화약제

해설 내알코올용 포소화약제는 제4류 위험물(인화성 액체) 중 수용성 위험물에 적합하다.
수용성 위험물 : 아세톤, 알코올류, 케톤류 등

답 ㉯

17 **소화기의 사용방법으로 잘못된 것은?**

㉮ 적응화재에 따라 사용할 것
㉯ 성능에 따라 방출거리 내에서 사용할 것
㉰ 바람을 마주보며 소화할 것
㉱ 양옆으로 비로 쓸듯이 방사할 것

해설 소화기의 사용방법
① 적응화재에만 사용할 것
② 성능에 따라 화점 가까이 접근하여 사용할 것
③ 바람을 등지고 풍상에서 풍하의 방향으로 사용할 것
④ 양옆으로 비로 쓸 듯이 골고루 사용할 것

답 ㉰

18 **다음 소화약제 중 오존파괴지수(ODP)가 가장 큰 것은?**

㉮ IG－541
㉯ Halon 2402
㉰ Halon 1211
㉱ Halon 1301

해설

물질	CFC−11	Halon 1301	Halon 1211	Halon 2402	IG−541
ODP 수치	1	14.1	2.4	6.6	0

오존파괴지수(ODP)

$$= \frac{\text{물질 1kg이 파괴하는 오존량}}{\text{CFC − 11 1kg이 파괴하는 오존량}}$$

답 ㉱

19 화학포소화기에서 탄산수소나트륨과 황산알루미늄이 반응하여 생성되는 기체의 주성분은?

㉮ CO　㉯ CO_2
㉰ N_2　㉱ Ar

해설
화학포약제 반응식
$6NaHCO_3 + Al_2(SO_4)_3 \cdot 18H_2O$
$\rightarrow 3Na_2SO_4 + 2Al(OH)_3 + 6CO_2 + 18H_2O$

답 ㉯

20 산 · 알칼리소화기에서 소화약을 방출하는 데 방사압력원으로 이용되는 것은?

㉮ 공기　㉯ 질소
㉰ 아르곤　㉱ 탄산 가스

해설
산 · 알칼리소화기
소화기의 내부에 탄산수소나트륨($NaHCO_3$) 수용액과 진한 황산(H_2SO_4)이 분리 저장된 상태에서 사용 시 탄산수소나트륨 수용액과 황산이 혼합되어 발생되는 이산화탄소를 압력원으로 하여 약제를 방사하며 전도식과 파병식이 있으나 주로 전도식을 사용한다.

답 ㉱

21 BCF소화기의 약제를 화학식으로 옳게 나타낸 것은?

㉮ CCl_4　㉯ CH_2ClBr
㉰ CF_3Br　㉱ CF_2ClBr

해설
할로젠화합물소화기인 Halon 1211(CF_2ClBr) 소화기의 명칭을 BCF소화기라고 하는 이유는 약제를 구성하는 할로젠원소의 명칭의 철자를 역순으로 조합한 것이다.

답 ㉱

22 소화설비의 설치기준으로 틀린 것은?

㉮ 능력단위는 소요단위에 대응하는 소화설비의 소화능력의 기준단위이다.
㉯ 소요단위는 소화설비의 설치대상이 되는 건축물, 그 밖의 공작물의 규모 또는 위험물의 양의 기준단위이다.
㉰ 취급소의 외벽이 내화구조인 건축물의 연면적 $50m^2$를 1소요단위로 한다.
㉱ 저장소의 외벽이 내화구조인 건축물의 연면적 $150m^2$를 1소요단위로 한다.

해설
소요단위 : 소화설비의 설치대상이 되는 건축물의 규모 또는 위험물 양에 대한 기준단위이다.

1단위	제조소 또는 취급소용 건축물의 경우	내화구조 외벽을 갖춘 연면적 $100m^2$
		내화구조 외벽이 아닌 연면적 $50m^2$
	저장소 건축물의 경우	내화구조 외벽을 갖춘 연면적 $150m^2$
		내화구조 외벽이 아닌 연면적 $75m^2$
	위험물의 경우	지정수량의 10배

답 ㉰

23 8L 용량의 소화전용 물통의 능력단위는 어느 것인가?

㉮ 0.3
㉯ 0.5
㉰ 1.0
㉱ 1.5

해설
능력단위

소화전용 물통	8L	0.3단위
수조	190L (소화전용 물통 6개 포함)	2.5단위
	80L (소화전용 물통 3개 포함)	1.5단위

답 ㉮

24 **화재 시 이산화탄소를 사용하여 공기 중 산소의 농도를 21vol%에서 13vol%로 낮추려면 공기 중 이산화탄소의 농도는 약 몇 vol%가 되어야 하는가?**

㉮ 34.3 ㉯ 38.1
㉰ 42.5 ㉱ 45.8

해설

$$CO_2\text{의 농도}(\%) = \frac{21 - O_2\%}{21} \times 100 = \frac{21-13}{21} \times 100 \fallingdotseq 38.1\%$$

답 ㉯

25 **제3종 분말소화약제의 소화효과로 가장 거리가 먼 것은?**

㉮ 질식효과 ㉯ 냉각효과
㉰ 제거효과 ㉱ 부촉매효과

해설

제3종 분말소화약제(제1인산암모늄)는 오르토(ortho)인산에 의한 섬유소의 탈수탄화작용이 있으며 기타 질식, 냉각, 부촉매 작용은 1종 분말소화약제와 동일한 효과를 나타낸다.

답 ㉰

26 **소화설비의 소요단위 산정방법에 대한 설명 중 옳은 것은?**

㉮ 위험물은 지정수량의 100배를 1소요단위로 함
㉯ 저장소용 건축물로 외벽이 내화구조인 것은 연면적 $100m^2$를 1소요단위로 함
㉰ 제조소용 건축물로 외벽이 내화구조가 아닌 것은 연면적 $50m^2$를 1소요단위로 함
㉱ 저장소용 건축물로 외벽이 내화구조가 아닌 것은 연면적 $25m^2$를 1소요단위로 함

해설

소요단위 : 소화설비의 설치대상이 되는 건축물의 규모 또는 위험물 양에 대한 기준단위이다.

1단위	제조소 또는 취급소용 건축물의 경우	내화구조 외벽을 갖춘 연면적 $100m^2$
		내화구조 외벽이 아닌 연면적 $50m^2$
	저장소 건축물의 경우	내화구조 외벽을 갖춘 연면적 $150m^2$
		내화구조 외벽이 아닌 연면적 $75m^2$
	위험물의 경우	지정수량의 10배

답 ㉰

27 **화학포소화약제에 사용되는 약제가 아닌 것은?**

㉮ 황산알루미늄
㉯ 과산화수소수
㉰ 사포닌
㉱ 탄산수소나트륨

해설

㉮ 황산알루미늄 : 황산반토
㉰ 사포닌 : 기포 안정제
㉱ 탄산수소나트륨 : 중탄산나트륨
※ 기포 안정제 : 단백질 분해물, 사포닌, 계면활성제

답 ㉯

28 **연소 중인 가연물의 온도를 떨어뜨려 연소반응을 정지시키는 소화의 방법은?**

㉮ 냉각소화 ㉯ 질식소화
㉰ 제거소화 ㉱ 억제소화

답 ㉮

29 **화학포소화약제로 사용하여 만들어진 소화기를 사용할 때 다음 중 가장 주된 소화효과에 해당하는 것은?**

㉮ 제거소화와 질식소화
㉯ 냉각소화와 제거소화
㉰ 제거소화와 억제소화
㉱ 냉각소화와 질식소화

해설

화학포의 소화효과 : 질식소화, 냉각소화

답 ㉱

30 분말약제의 식별 색을 옳게 나타낸 것은?

㉮ $KHCO_3$: 백색
㉯ $NH_4H_2PO_4$: 담홍색
㉰ $NaHCO_3$: 보라색
㉱ $KHCO_3+(NH_2)_2CO$: 초록색

해설

종류	주성분	착색	적응화재
제1종 (중탄산나트륨)	$NaHCO_3$	–	B, C급 화재
제2종 (중탄산칼륨)	$KHCO_3$	담회색	B, C급 화재
제3종 (제1인산암모늄)	$NH_4H_2PO_4$	담홍색 또는 황색	A, B, C급 화재
제4종 (중탄산칼륨+요소)	$KHCO_3$+ $CO(NH_2)_2$	–	B, C급 화재

답 ㉯

31 소화전용 물통 3개를 포함한 수조 80L의 능력 단위는?

㉮ 0.3 ㉯ 0.5
㉰ 1.0 ㉱ 1.5

해설

소화전용 물통	8L	0.3단위
수조	190L (소화전용 물통 6개 포함)	2.5단위
	80L (소화전용 물통 3개 포함)	1.5단위

답 ㉱

32 소화기에 'A−2'로 표시되어 있었다면 숫자 '2'가 의미하는 것은?

㉮ 소화기의 제조번호
㉯ 소화기의 소요단위
㉰ 소화기의 능력단위
㉱ 소화기의 사용순위

해설 'A−2' : A급 화재인 일반화재의 경우 2단위
∴ 소화기의 능력단위

답 ㉰

33 Halon 1211에 해당하는 물질의 분자식은?

㉮ CBr_2FCl ㉯ CF_2ClBr
㉰ CCl_2FBr ㉱ FC_2BrCl

해설 Halon 1211 : CF_2ClBr
※ Halon NO. C(탄소), F(플루오린), Cl(염소), Br(브로민)

답 ㉯

34 물이 소화약제로 이용되는 주된 이유로 가장 적합한 것은?

㉮ 물의 기화열로 가연물을 냉각하기 때문이다.
㉯ 물이 산소를 공급하기 때문이다.
㉰ 물은 환원성이 있기 때문이다.
㉱ 물이 가연물을 제거하기 때문이다.

해설 물은 가격이 싸고 완전연소생성물로 불연성이며 기화열이 539kcal로 크기 때문에 냉각소화약제로 사용된다.

답 ㉮

35 줄−톰슨효과에 의하여 드라이아이스를 방출하는 소화기로 질식 및 냉각 효과가 있는 것은?

㉮ 산 · 알칼리소화기
㉯ 강화액소화기
㉰ 이산화탄소소화기
㉱ 할로젠화합물소화기

해설 이산화탄소소화기에 대한 설명이다.

답 ㉰

36 다음 중 소화약제가 아닌 것은?

㉮ CF_3Br ㉯ $NaHCO_3$
㉰ $Al_2(SO_4)_3$ ㉱ $KClO_4$

해설 물질의 명칭 및 용도
㉮ CF_3Br : 할로젠화합물소화약제(Halon 1301)
㉯ $NaHCO_3$: 제1종 분말소화약제
㉰ $Al_2(SO_4)_3$: 화학포소화기의 내약제
㉱ $KClO_4$: 제1류 위험물 중 과염소산염류

답 ㉱

37 **소화작용에 대한 설명으로 옳지 않은 것은?**

㉮ 냉각소화 : 물을 뿌려서 온도를 저하시키는 방법

㉯ 질식소화 : 불연성 포말로 연소물을 덮어씌우는 방법

㉰ 제거소화 : 가연물을 제거하여 소화시키는 방법

㉱ 희석소화 : 산 · 알칼리를 중화시켜 연쇄 반응을 억제시키는 방법

해설 ㉱ 희석소화 : 기체, 액체, 고체에서 나오는 분해가스의 농도를 엷게 하여 연소를 중지시키는 것

답 ㉱

38 **산 · 알칼리소화기에 있어서 탄산수소나트륨과 황산의 반응 시 생성되는 물질을 모두 옳게 나타낸 것은?**

㉮ 황산나트륨, 탄산가스, 질소

㉯ 염화나트륨, 탄산가스, 질소

㉰ 황산나트륨, 탄산가스, 물

㉱ 염화나트륨, 탄산가스, 물

해설 $2NaHCO_3 + H_2SO_4 \rightarrow Na_2SO_4 + 2CO_2 + 2H_2O$

답 ㉰

39 **위험물시설에 설치하는 소화설비와 관련한 소요단위의 산출방법에 관한 설명 중 옳은 것은 어느 것인가?**

㉮ 제조소 등의 옥외에 설치된 인공구조물은 외벽이 내화구조인 것으로 간주한다.

㉯ 위험물은 지정수량의 20배를 1소요단위로 한다.

㉰ 취급소의 건축물은 외벽이 내화구조인 것은 연면적 $75m^2$를 1소요단위로 한다.

㉱ 제조소의 건축물은 외벽이 내화구조인 것은 연면적 $150m^2$를 1소요단위로 한다.

해설

소요단위 : 소화설비의 설치대상이 되는 건축물의 규모 또는 위험물 양에 대한 기준단위		
1 단위	제조소 또는 취급소용 건축물의 경우	내화구조 외벽을 갖춘 연면적 $100m^2$
		내화구조 외벽이 아닌 연면적 $50m^2$
	저장소 건축물의 경우	내화구조 외벽을 갖춘 연면적 $150m^2$
		내화구조 외벽이 아닌 연면적 $75m^2$
	위험물의 경우	지정수량의 10배

답 ㉮

40 **화학포의 소화약제인 탄산수소나트륨 6몰이 반응하여 생성되는 이산화탄소는 표준상태에서 최대 몇 L인가?**

㉮ 22.4 ㉯ 44.8

㉰ 89.6 ㉱ 134.4

해설 화학포의 화학반응식

$6NaHCO_3 + Al_2(SO_4)_3 + 18H_2O$

$\rightarrow 3Na_2SO_4 + 2Al(OH)_3 + 6CO_2 + 18H_2O$

$$\frac{6mol-NaHCO_3}{} \left| \frac{6mol-CO_2}{6mol-NaHCO_3} \right| \frac{22.4L-CO_2}{1mol-CO_2}$$

$= 134.4L - CO_2$

답 ㉱

41 **포소화제의 조건에 해당되지 않는 것은?**

㉮ 부착성이 있을 것

㉯ 쉽게 분해하여 증발될 것

㉰ 바람에 견디는 응집성을 가질 것

㉱ 유동성이 있을 것

해설 쉽게 분해되지 않고 접착성이 좋아야 한다.

① 포의 안정성이 좋아야 한다.
② 독성이 적어야 한다.
③ 유류와의 접착성이 좋아야 한다.
④ 포의 유동성이 좋아야 한다.
⑤ 유류의 표면에 잘 분산되어야 한다.

답 ㉯

42 **아염소산염류 500kg과 질산염류 3,000kg을 저장하는 경우 위험물의 소요단위는 얼마인가?**

㉮ 2　　㉯ 4
㉰ 6　　㉱ 8

해설

$$\text{소요단위} = \frac{\text{저장량}}{\text{지정수량} \times 10\text{배}}$$
$$= \frac{500\text{kg}}{50\text{kg} \times 10\text{배}} + \frac{3{,}000\text{kg}}{300\text{kg} \times 10\text{배}}$$
$$= 2\text{소요단위}$$

지정수량 : 아염소산염류(50kg), 질산염류(300kg)
※ 위험물의 1소요단위는 지정수량 10배이다.

답 ㉮

43 **다음의 위험물 중에서 화재가 발생하였을 때, 내알코올포소화약제를 사용하는 것이 효과가 가장 높은 것은?**

㉮ C_6H_6　　㉯ $C_6H_5CH_3$
㉰ $C_6H_4(CH_3)_2$　　㉱ CH_3COOH

해설

CH_3COOH(초산)은 수용성으로 내알코올포소화약제 효과가 높다.
내알코올성 포소화약제는 수용성인 액체의 위험물 화재에 적응성이 있다.
㉮ C_6H_6(벤젠) : 비수용성
㉯ $C_6H_5CH_3$(톨루엔) : 비수용성
㉰ $C_6H_4(CH_3)_2$(자일렌) : 비수용성
㉱ CH_3COOH(초산) : 수용성

답 ㉱

44 **물은 냉각소화가 주된 대표적인 소화약제이다. 물의 소화효과를 높이기 위하여 무상주수를 함으로써 부가적으로 작용하는 소화효과로 이루어진 것은?**

㉮ 질식소화작용, 제거소화작용
㉯ 질식소화작용, 유화소화작용
㉰ 타격소화작용, 유화소화작용
㉱ 타격소화작용, 피복소화작용

해설

물의 주수형태
① 봉상주수 : 냉각효과
② 적상주수 : 냉각효과
③ 무상주수 : 질식효과, 냉각효과, 유화효과

답 ㉯

45 **화학포소화약제의 반응에서 황산알루미늄과 탄산수소나트륨의 반응 몰비는? (단, 황산알루미늄 : 탄산수소나트륨의 비이다.)**

㉮ 1 : 4　　㉯ 1 : 6
㉰ 4 : 1　　㉱ 6 : 1

해설

화학포소화약제의 반응식
$6NaHCO_3 + Al_2(SO_4)_3 \cdot 18H_2O$
$\rightarrow 3Na_2SO_4 + 2Al(OH)_3 + 6CO_2 + 18H_2O$
※ 황산알루미늄[$Al_2(SO_4)_3 \cdot 18H_2O$]
　: 탄산수소나트륨($NaHCO_3$)=1 : 6

답 ㉯

46 **분말소화약제 중 인산염류를 주성분으로 하는 것은 제 몇 종 분말인가?**

㉮ 제1종 분말　　㉯ 제2종 분말
㉰ 제3종 분말　　㉱ 제4종 분말

해설

분말소화약제

종류	주성분	분자식	착색	적응화재
제1종	탄산수소나트륨(중탄산나트륨)	$NaHCO_3$	–	B, C급
제2종	탄산수소칼륨(중탄산칼륨)	$KHCO_3$	담회색	B, C급
제3종	제1인산암모늄	$NH_4H_2PO_4$	담홍색 또는 황색	A, B, C급
제4종	탄산수소칼륨+요소	$KHCO_3$+$CO(NH_2)_2$	–	B, C급

답 ㉰

47 **다음 중 가연물이 연소할 때 공기 중의 산소 농도를 떨어뜨려 연소를 중단시키는 소화방법은 어느 것인가?**

㉮ 제거소화　　㉯ 질식소화
㉰ 냉각소화　　㉱ 억제소화

해설

질식소화의 경우 공기 중의 산소농도를 21%에서 15% 이하로 낮추어 소화하는 방법이다.

답 ㉯

48 **물에 탄산칼륨을 보강시킨 강화액소화약제에 대한 설명으로 틀린 것은?**

㉮ 물보다 점성이 있는 수용액이다.

㉯ 일반적으로 약산성을 나타낸다.

㉰ 응고점은 약 −30~−26℃이다.

㉱ 비중은 약 1.3~1.4 정도이다.

해설
㉯ 강화액소화약제는 약알칼리성이다.(수소이온농도 : pH 11~12)
강화액소화기 : 동절기 물소화약제의 어는 단점을 보완하기 위해 물에 탄산칼륨(K_2CO_3)을 첨가하여 액체이면서도 겨울철에 얼지 않도록 소화약제의 어는점을 −30℃ 정도로 낮춘 소화약제

49 **공기 중의 산소농도를 한계산소량 이하로 낮추어 연소를 중지시키는 소화방법은?**

㉮ 냉각소화

㉯ 제거소화

㉰ 억제소화

㉱ 질식소화

해설
질식소화방법은 공기 중에 존재하고 있는 산소의 농도 21%를 15% 이하로 낮추어 소화하는 방법이다.

답 ㉱

소방시설의 설치 및 운영

위험물기능사 필기

www.cyber.co.kr

Part 4 소방시설의 설치 및 운영

소방시설의 종류에는 소화설비, 경보설비, 피난설비, 소화용수설비 및 소화활동상 필요한 설비로 구분한다.

4-1 소화설비

① 소화설비의 개요

소화설비란 물 또는 기타 소화약제를 사용하여 자동 또는 수동적인 방법으로 방호대상물에 설치하여 화재의 확산을 억제 또는 차단하는 설비를 말한다.

② 소화설비의 종류 및 설치기준

① 소화기구(소화기, 자동소화장치, 간이소화용구)
② 옥내소화전설비
③ 옥외소화전설비
④ 스프링클러소화설비
⑤ **물분무 등 소화설비**(물분무소화설비, 포소화설비, 불활성가스소화설비, 할로젠화합물소화설비, 분말소화설비)

✿ 소화기구

(1) 개요

소화기구란 화재가 일어난 초기에 화재를 발견한 자 또는 그 현장에 있던 자가 조작하여 소화작업을 할 수 있게 만든 기구로서, 소화기 및, 자동소화장치 및 간이소화용구를 말한다.

(2) 설치대상

① 수동식 소화기 또는 간이소화용구의 경우

㉮ 연면적이 $33m^2$ 이상인 소방대상물

㉯ 지정문화재 또는 가스시설

㉰ 터널

㉱ 노유자시설의 경우에는 투척용 소화용구 등을 법에 따라 국민안전처 장관이 정하여 고시하는 화재안전기준에 따라 산정된 소화기 수량

② 주방용 자동소화장치를 설치하여야 하는 경우 : 아파트 및 30층 이상 오피스텔의 전 층

(3) 소화기구의 종류

① 소화기 : 소화약제를 압력에 따라 방사하는 기구로서 사람이 수동으로 조작하여 소화

㉮ **소형 소화기** : 능력단위가 1단위 이상이고 대형 소화기의 능력단위 미만인 소화기를 말한다.

㉯ **대형 소화기** : 화재 시 사람이 운반할 수 있도록 운반대와 바퀴가 설치되어 있고 능력단위가 A급 10단위 이상, B급 20단위 이상인 소화기

② 자동소화장치 : 소화약제를 자동으로 방사하는 고정된 소화장치

③ 간이소화용구 : 에어로졸식 소화용구, 투척용 소화용구 및 소화약제 외의 것을 이용한 소화용구를 말한다.

(4) 소화기구 설치기준

① 소화기

㉮ 각층마다 설치하되, 특정소방대상물의 각 부분으로부터 1개의 소화기까지의 보행거리가 **소형 소화기의 경우에는 20m 이내, 대형 소화기의 경우에는 30m 이내**가 되도록 배치할 것

㉯ 특정소방대상물의 각층이 2 이상의 거실로 구획된 경우에는 위의 규정에 따라 각 층마다 설치하는 것 외에 바닥면적이 $33m^2$ 이상으로 구획된 각 거실(아파트의 경우에는 각 세대를 말한다)에도 배치할 것

② 능력단위가 2단위 이상이 되도록 소화기를 설치하여야 할 특정소방대상물 또는 그 부분에 있어서는 간이소화용구의 능력단위가 전체 능력단위의 2분의 1을 초과하지 아니하게 할 것. 다만, 노유자시설의 경우에는 그렇지 않다.

③ 소화기구(자동소화장치를 제외한다)는 거주자 등이 손쉽게 사용할 수 있는 장소에 바닥으로부터 높이 1.5m 이하의 곳에 비치하고, 소화기에 있어서는 "소화기", 투척용 소화용구에 있어서는 "투척용 소화용구", 마른모래에 있어서는 "소화용 모래", 팽창질석 및 팽창진주암에 있어서는 "소화질석"이라고 표시한 표지를 보기 쉬운 곳에 부착할 것

✿ 옥내소화전설비

(1) 개요

옥내소화전설비는 건축물 내의 초기화재를 진화할 수 있는 설비로서 소화전함에 비치되어 있는 호스 및 노즐을 사용하여 소화작업을 한다.

(2) 설치기준

① 옥내소화전은 제조소 등의 건축물의 층마다 해당 층의 각 부분에서 하나의 호스접속구까지의 수평거리가 25m 이하가 되도록 설치할 것. 이 경우 옥내소화전은 각층의 출입구 부근에 1개 이상 설치하여야 한다.

② 옥내소화전의 개폐밸브 및 호스접속구는 **바닥면으로부터 1.5m 이하의 높이에 설치**할 것

③ 옥내소화전설비의 설치 표시

㉮ 옥내소화전함에는 그 표면에 "소화전"이라고 표시할 것

㉯ 옥내소화전함의 상부의 벽면에 적색의 표시등을 설치하되, 해당 표시등의 부착면과 15° 이상의 각도가 되는 방향으로 10m 떨어진 곳에서 용이하게 식별이 가능하도록 할 것

④ 축전지 설치기준

㉮ 옥내소화전설비의 비상전원은 자가발전설비 또는 축전지설비에 의한다. 용량은 옥내소화전설비를 유효하게 **45분 이상 작동시키는 것**이 가능할 것

㉯ 축전지설비는 설치된 실의 벽으로부터 0.1m 이상 이격할 것

⑤ 가압송수장치의 설치기준

㉮ **고가수조를 이용한 가압송수장치**

$$H = h_1 + h_2 + 35\text{m}$$

여기서, H : 필요낙차(m)

h_1 : 방수용 호수의 마찰손실수두(m)

h_2 : 배관의 마찰손실수두(m)

㉯ **압력수조를 이용한 가압송수장치**

$$P = p_1 + p_2 + p_3 + 0.35\text{MPa}$$

여기서, P : 필요한 압력(MPa)

p_1 : 소방용 호스의 마찰손실수두압(MPa)

p_2 : 배관의 마찰손실수두압(MPa)

p_3 : 낙차의 환산수두압(MPa)

㉰ **펌프를 이용한 가압송수장치**

㉠ 펌프의 토출량은 옥내소화전의 설치개수가 가장 많은 층에 대해 해당 설치개수(설치개수가 5개 이상인 경우에는 5개로 한다)에 260L/min을 곱한 양 이상이 되도록 할 것

㉡ 펌프의 전양정은 다음 식에 의하여 구한 수치 이상으로 할 것

$$H = h_1 + h_2 + h_3 + 35\text{m}$$

여기서, H : 펌프의 전양정(m)

h_1 : 소방용 호스의 마찰손실수두(m)

h_2 : 배관의 마찰손실수두(m)

h_3 : 낙차(m)

㉱ 가압송수장치에는 해당 옥내소화전의 노즐선단에서 방수압력이 0.7MPa을 초과하지 아니하도록 할 것

⑥ **수원의 수량은 옥내소화전이 가장 많이 설치된 층의 옥내소화전 설치개수(설치개수가 5개 이상인 경우는 5개)에 7.8m³를 곱한 양 이상이 되도록 설치할 것★★★**

수원의 양(Q) : $Q(\text{m}^3) = N \times 7.8\text{m}^3$($N$, 5개 이상인 경우 5개)

즉, 7.8 m³란 법정 방수량 260L/min으로 30min 이상 기동할 수 있는 양

⑦ 옥내소화전설비는 각층을 기준으로 하여 해당 층의 모든 옥내소화전(설치개수가 5개 이상인 경우는 5개의 옥내소화전)을 동시에 사용할 경우에 각 노즐선단의 방수압력이 0.35MPa 이상이고 방수량이 1분당 260L 이상의 성능이 되도록 할 것

옥내소화전설비와 옥외소화전설비의 설치기준에서 '수원의 양'을 구하는 공식은 「위험물안전관리법」 시행규칙 [별표 17]의 내용으로, 화재안전기준(NFSC)에서의 공식과는 별개의 내용입니다.

✿ 옥외소화전설비

(1) 개요

건물의 저층인 1, 2층의 초기화재 진압뿐만 아니라 본격화재에도 적합하며 인접건물로의 연소방지를 위하여 건축물 외부로부터의 소화작업을 실시하기 위한 설비로 자위소방대 및 소방서의 소방대도 사용 가능한 설비이다.

(2) 설치기준

① 옥외소화전은 방호대상물(해당 소화설비에 의하여 소화하여야 할 제조소 등의 건축물, 그 밖의 공작물 및 위험물을 말한다. 이하 같다)의 각 부분(건축물의 경우에는 해당 건축물의 1층 및 2층의 부분에 한한다)에서 하나의 호스접속구까지의 수평거리가 40m 이하가 되도록 설치할 것. 이 경우 그 설치개수가 1개일 때는 2개로 하여야 한다.

② 옥외소화전의 개폐밸브 및 호스접속구는 지반면으로부터 1.5m 이하의 높이에 설치할 것

③ **수원의 수량은 옥외소화전의 설치개수(설치개수가 4개 이상인 경우는 4개의 옥외소화전)에 13.5m³를 곱한 양 이상이 되도록 설치할 것★★★**

수원의 양(Q) : $Q(\mathrm{m}^3) = N \times 13.5\mathrm{m}^3$($N$, 4개 이상인 경우 4개)

즉, 13.5m³란 법정 방수량 450L/min으로 30min 이상 기동할 수 있는 양

④ 옥외소화전설비는 모든 옥외소화전(설치개수가 4개 이상인 경우는 4개의 옥외소화전)을 동시에 사용할 경우에 각 노즐선단의 방수압력이 0.35MPa 이상이고, 방수량이 1분당 450L 이상의 성능이 되도록 할 것

✿ 스프링클러설비

(1) 개요

스프링클러설비는 초기화재를 진압할 목적으로 설치된 고정식 소화설비로서 화재가 발생한 경우 천장이나 반자에 설치된 헤드가 감열작동하여 자동적으로 화재를 발견함과 동시에 주변에 분무식으로 뿌려주므로 효과적으로 화재를 진압할 수 있는 소화설비이다.

(2) 스프링클러설비의 장 · 단점

장점	단점
① 초기진화에 특히 절대적인 효과가 있다. ② 약제가 물이라서 값이 싸고 복구가 쉽다. ③ 오동작, 오보가 없다. (감지부가 기계적) ④ 조작이 간편하고 안전하다. ⑤ 야간이라도 자동으로 화재감지경보, 소화할 수 있다.	① 초기시설비가 많이 든다. ② 시공이 다른 설비와 비교했을 때 복잡하다. ③ 물로 인한 피해가 크다.

(3) 설치기준

① 스프링클러헤드는 방호대상물의 천장 또는 건축물의 최상부 부근(천장이 설치되지 아니한 경우)에 설치하되, 방호대상물의 각 부분에서 하나의 스프링클러헤드까지의 수평거리가 1.7m(살수밀도의 기준을 충족하는 경우에는 2.6m) 이하가 되도록 설치할 것

② 개방형 스프링클러헤드를 이용한 스프링클러설비의 방사구역(하나의 일제개방밸브에 의하여 동시에 방사되는 구역을 말한다. 이하 같다)은 150m^2 이상(방호대상물의 바닥면적이 150m^2 미만인 경우에는 해당 바닥면적)으로 할 것

③ 수원의 수량은 폐쇄형 스프링클러헤드를 사용하는 것은 30(헤드의 설치개수가 30 미만인 방호대상물인 경우에는 해당 설치개수), 개방형 스프링클러헤드를 사용하는 것은 스프링클러헤드가 가장 많이 설치된 방사구역의 스프링클러헤드 설치개수에 2.4m^{3}를 곱한 양 이상이 되도록 설치할 것

④ 스프링클러설비는 각 선단의 방사압력이 100kPa(제4호 비고 제1호의 표에 정한 살수밀도의 기준을 충족하는 경우에는 50kPa) 이상이고, 방수량이 1분당 80L(살수밀도의 기준을 충족하는 경우에는 56L) 이상의 성능이 되도록 할 것

⑤ 개방형 스프링클러헤드의 유효사정거리

㉮ 헤드의 반사판으로부터 **하방으로 0.45m**, **수평방향으로 0.3m**의 공간을 보유할 것

㉯ 헤드는 헤드의 축심이 해당 헤드의 부착면에 대하여 직각이 되도록 설치

⑥ 폐쇄형 스프링클러헤드는 방호대상물의 모든 표면이 헤드의 유효사정 내에 있도록 설치할 것

㉮ 스프링클러헤드의 반사판과 해당 헤드의 부착면과의 거리는 0.3m 이하

㉯ 스프링클러헤드는 해당 헤드의 부착면으로부터 0.4m 이상 돌출한 보 등에 의하여 구획된 부분마다 설치할 것

㉰ 급배기용 덕트 등의 긴 변의 길이가 1.2m를 초과하는 것이 있는 경우에는 해당 덕트 등의 아랫면에도 스프링클러헤드를 설치

㉱ 스프링클러헤드의 부착위치

㉠ 가연성 물질을 수납하는 부분에 스프링클러헤드를 설치하는 경우에는 해당 헤드의 반사판으로부터 하방으로 0.9m, 수평방향으로 0.4m의 공간을 보유할 것

㉡ 개구부에 설치하는 스프링클러헤드는 해당 개구부의 상단으로부터 높이 0.15m 이내의 벽면에 설치할 것

㉲ 건식 또는 준비작동식의 유수검지장치의 2차측에 설치하는 스프링클러헤드는 상향식 스프링클러헤드로 할 것. 다만, 동결할 우려가 없는 장소에 설치하는 경우는 그러하지 아니하다.

㉳ **폐쇄형 스프링클러헤드는 그 부착장소의 평상시의 최고주위온도에 따라** 다음 표에 정한 **표시온도**를 갖는 것을 설치할 것

부착장소의 최고주위온도(℃)	표시온도(℃)
28 미만	58 미만
28 이상 39 미만	58 이상 79 미만
39 이상 64 미만	79 이상 121 미만
64 이상 106 미만	121 이상 162 미만
106 이상	162 이상

⑦ 제어밸브의 설치기준

㉮ 제어밸브는 개방형 스프링클러헤드를 이용하는 스프링클러설비에 있어서는 방수구역마다, 폐쇄형 스프링클러헤드를 사용하는 스프링클러설비에 있어서는 해당 방화대상물의 층마다, **바닥면으로부터 0.8m 이상 1.5m 이하의 높이**에 설치

㉯ 제어밸브에는 함부로 닫히지 아니하는 조치를 강구

㉰ 제어밸브에는 직근의 보기 쉬운 장소에 "스프링클러설비의 제어밸브"라고 표시

3 물분무소화설비

(1) 개요

화재발생 시 분무노즐에서 물을 미립자로 방사하여 소화하고, 화재의 억제 및 연소를 방지하는 소화설비이다. 즉, 미세한 물의 냉각작용, 질식작용, 유화작용, 희석작용을 이용한 소화설비이다.

(2) 설치기준

① 물분무소화설비에 2 이상의 방사구역을 두는 경우에는 화재를 유효하게 소화할 수 있도록 인접하는 방사구역이 상호 중복되도록 할 것

② **물분무소화설비의 방사구역은 150m^2 이상**(방호대상물의 표면적이 150m^2 미만인 경우에는 해당 표면적)으로 할 것

③ **수원의 수량**은 분무헤드가 가장 많이 설치된 방사구역의 모든 분무헤드를 동시에 사용할 경우에 해당 **방사구역의 표면적 1m^{2}당 1분당 20L의 비율로 계산한 양**으로 **30분간 방사**할 수 있는 양 이상이 되도록 설치할 것

④ 물분무소화설비는 분무헤드를 동시에 사용할 경우에 각 선단의 방사압력이 350kPa 이상으로 표준방사량을 방사할 수 있는 성능이 되도록 할 것

4 포소화설비

(1) 개요

포소화약제를 사용하여 포수용액을 만들고 이것을 화학적 또는 기계적으로 발포시켜 연소부분을 피복, 질식효과에 의해 소화목적을 달성하는 소화설비이다.

(2) 설치기준

① 고정식의 포소화설비의 포방출구 설치기준

고정식 포방출구방식은 탱크에서 저장 또는 취급하는 위험물의 화재를 유효하게 소화할 수 있도록 포방출구, 해당 소화설비에 부속하는 보조포소화전 및 연결송액구를 다음에 정한 것에 의하여 설치

㉮ **포방출구**

㉠ 포방출구의 구분

ⓐ Ⅰ형 : 고정지붕구조의 탱크에 **상부포주입법**(고정포방출구를 탱크옆판의 상부에 설치하여 액표면상에 포를 방출하는 방법을 말한다. 이하 같다)을 이용하는 것

ⓑ Ⅱ형 : 고정지붕구조 또는 부상덮개부착 고정지붕구조(옥외저장탱크의 액상에 금속제의 플로팅, 팬 등의 덮개를 부착한 고정지붕구조의 것을 말한다. 이하 같다)의 탱크에 **상부포주입법**을 이용하는 것

ⓒ 특형 : 부상지붕구조의 탱크에 **상부포주입법**을 이용하는 것

ⓓ Ⅲ형 : 고정지붕구조의 탱크에 **저부포주입법**(탱크의 액면하에 설치된 포방출구로부터 포를 탱크 내에 주입하는 방법을 말한다)을 이용하는 것

※ 포를 방출하는 **포방출구(Ⅲ형의 포방출구를 설치하기 위한 위험물의 조건 ① 비수용성, ② 저장온도가 50℃ 이하, ③ 동점도(動粘度)가 100cSt 이하)**

ⓔ Ⅳ형 : 고정지붕구조의 탱크에 **저부포주입법**을 이용하는 것

㉡ 탱크의 직경, 구조 및 포방출구의 종류에 따른 수 이상의 개수를 탱크 옆판의 외주에 균등한 간격으로 설치할 것. 이때 탱크의 직경에 따른 탱크의 구조(고정지붕구조, 부상덮개부착 고정지붕구조, 부상지붕구조)와 포방출구의 종류에 따른 위험물안전관리 세부기준의 규정의 개수로 정한다.

㉢ 포방출구는 위험물의 구분 및 포방출구의 종류에 따라 정한 액표면적 $1m^2$당 필요한 포수용액 양에 해당 탱크의 액표면적을 곱하여 얻은 양을 정한 방출률 이상으로 유효하게 방출할 수 있도록 설치할 것

위험물의 구분 \ 포방출구의 종류	Ⅰ형		Ⅱ형		특형		Ⅲ형		Ⅳ형	
	포수용액량 (L/m²)	방출률 (L/m²·min)	포수용액량 (L/m²)	방출률 (L/m²·min)	포수용액량 (L/m²)	방출률 (L/m²·min)	포수용액량 (L/m²)	방출률 (L/m²·min)	포수용액량 (L/m²)	방출률 (L/m²·min)
제4류 위험물 중 인화점이 21℃ 미만인 것	120	4	220	4	240	8	220	4	220	4
제4류 위험물 중 인화점이 21℃ 이상 70℃ 미만인 것	80	4	120	4	160	8	120	4	120	4
제4류 위험물 중 인화점이 70℃ 이상인 것	60	4	100	4	120	8	100	4	100	4

㈏ **보조포소화전**

㉠ 방유제 외측의 소화활동상 유효한 위치에 설치하되 각각의 보조포소화전 상호간의 보행거리가 75m 이하가 되도록 설치할 것

㉡ 보조포소화전은 3개(호스접속구가 3개 미만인 경우에는 그 개수)의 노즐을 동시에 사용할 경우에 각각의 노즐선단의 방사압력이 0.35MPa 이상이고 방사량이 400L/min 이상의 성능이 되도록 설치할 것

㉢ 보조포소화전은 옥외소화전설비의 옥외소화전기준의 예에 준하여 설치할 것

② 포헤드방식의 포헤드 설치기준

㉮ 포헤드는 방호대상물의 모든 표면이 포헤드의 유효사정 내에 있도록 설치

㉯ 방호대상물의 표면적(건축물의 경우에는 바닥면적. 이하 같다) $9m^2$당 1개 이상의 헤드를, 방호대상물의 표면적 $1m^2$당의 방사량이 6.5L/min 이상의 비율로 계산한 양의 포수용액을 표준방사량으로 방사할 수 있도록 설치

㉰ 방사구역은 $100m^2$ 이상(방호대상물의 표면적이 $100m^2$ 미만인 경우에는 해당 표면적)으로 할 것

③ 포모니터노즐(위치가 고정된 노즐의 방사각도를 수동 또는 자동으로 조준하여 포를 방사하는 설비를 말한다. 이하 같다)방식의 포모니터노즐 설치기준

㉮ 포모니터노즐은 옥외저장탱크 또는 이송취급소의 펌프설비 등이 안벽, 부두, 해상구조물, 그 밖의 이와 유사한 장소에 설치되어 있는 경우에 해당 장소의 끝선(해면과 접하는 선)으로부터 수평거리 15m 이내의 해면 및 주입구 등 위험물취급설비의 모든 부분이 수평방사거리 내에 있도록 설치할 것. 이 경우에 그 설치개수가 1개인 경우에는 2개로 할 것

㉯ 포모니터노즐은 소화활동상 지장이 없는 위치에서 기동 및 조작이 가능하도록 고정하여 설치할 것

㉰ 포모니터노즐은 모든 노즐을 동시에 사용할 경우에 각 노즐선단의 방사량이 1,900L/min 이상이고 수평방사거리가 30m 이상이 되도록 설치할 것

④ 수원의 수량

㉮ **포방출구방식** : ㉠ + ㉡

㉠ 고정식 포방출구는 위험물의 구분 및 포방출구의 종류에 따라 정한 포수용액량에 해당 탱크의 액표면적을 곱한 양

㉡ 보조포소화전은 20분간 방사할 수 있는 양

㉯ **포헤드방식** : 방사구역의 모든 헤드를 동시에 사용할 경우에 10분간 방사할 수 있는 양

㉰ **포모니터노즐방식** : 30분간 방사할 수 있는 양

㉱ **이동식 포소화설비** : 4개(호스접속구가 4개 미만인 경우에는 그 개수)의 노즐을 동시에 사용할 경우에 각 노즐선단의 방사압력은 0.35MPa 이상이고 방사량은 옥내에 설치한 것은 200L/min 이상, 옥외에 설치 한 것은 400L/min 이상으로 30분간 방사할 수 있는 양

⑤ 가압송수장치의 설치기준

㉮ **고가수조를 이용하는 가압송수장치**

$$H = h_1 + h_2 + h_3$$

여기서, H : 필요한 낙차(m)

h_1 : 고정식 포방출구의 설계압력 환산수두 또는 이동식 포소화설비 노즐방사압력 환산수두(m)

h_2 : 배관의 마찰손실수두(m)

h_3 : 이동식 포소화설비의 소방용 호스의 마찰손실수두(m)

㉯ **압력수조를 이용하는 가압송수장치**

$$P = p_1 + p_2 + p_3 + p_4$$

여기서, P : 필요한 압력(MPa)

p_1 : 고정식 포방출구의 설계압력 또는 이동식 포소화설비 노즐방사압력(MPa)

p_2 : 배관의 마찰손실수두압(MPa)

p_3 : 낙차의 환산수두압(MPa)

p_4 : 이동식 포소화설비의 소방용 호스의 마찰손실수두압(MPa)

㉰ **펌프를 이용하는 가압송수장치**

$$H = h_1 + h_2 + h_3 + h_4$$

여기서, H : 펌프의 전양정(m)

h_1 : 고정식 포방출구의 설계압력환산수두 또는 이동식 포소화설비 노즐선단의 방사압력환산수두(m)

h_2 : 배관의 마찰손실수두(m)

h_3 : 낙차(m)

h_4 : 이동식 포소화설비의 소방용 호스의 마찰손실수두(m)

(3) 포소화약제의 혼합장치★★★

① 펌프혼합방식(펌프프로포셔너방식)

펌프의 토출관과 흡입관 사이의 배관 도중에 설치한 흡입기에 펌프에서 토출된 물의 일부를 보내고 농도조절밸브에서 조정된 포소화약제의 필요량을 포소화약제 탱크에서 펌프 흡입 측으로 보내어 이를 혼합하는 방식

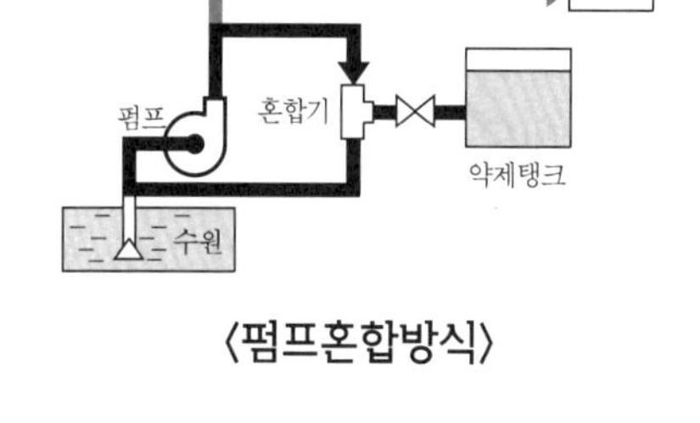

〈펌프혼합방식〉

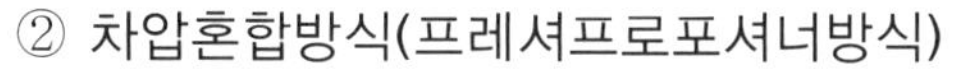

② 차압혼합방식(프레셔프로포셔너방식)

펌프와 발포기 중간에 설치된 벤투리관의 벤투리작용과 펌프 가압수의 포소화약제 저장탱크에 대한 압력에 의하여 포소화약제를 흡입·혼합하는 방식

〈차압혼합방식〉

③ 관로혼합방식(라인프로포셔너방식)

펌프와 발포기 중간에 설치된 벤투리관의 벤투리작용에 의해 포소화약제를 흡입·혼합하는 방식

④ 압입혼합방식(프레셔사이드프로포셔너방식)

펌프의 토출관에 압입기를 설치하여 포소화약제 압입용 펌프로 포소화약제를 압입시켜 혼합하는 방식

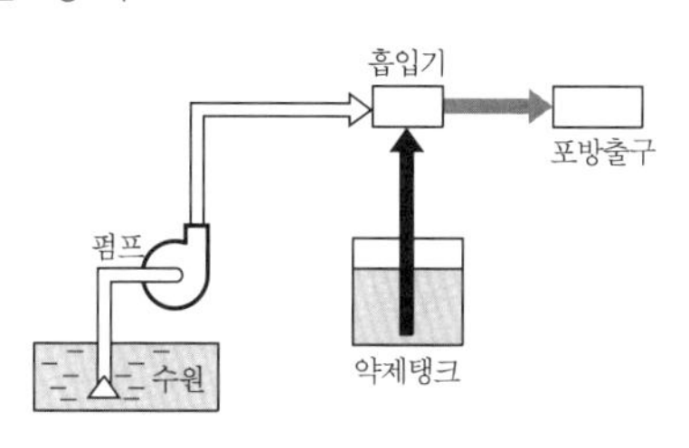

〈관로혼합방식〉

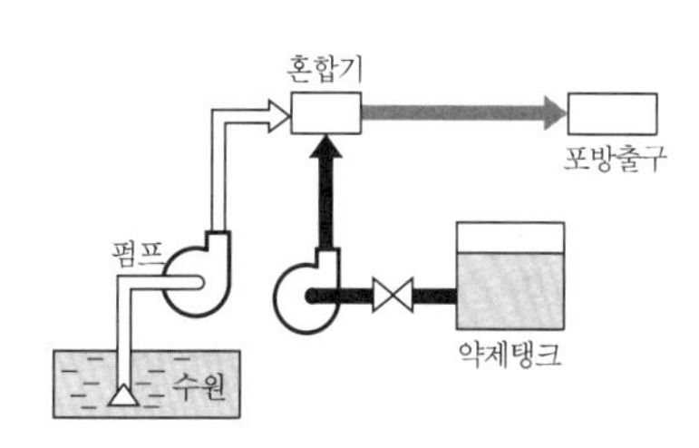

〈압입혼합방식〉

(4) 팽창비율에 따른 포방출구의 종류

팽창비율에 의한 포의 종류	포방출구의 종류
팽창비가 20 이하인 것(저발포)	포헤드
팽창비가 80 이상 1,000 미만인 것(고발포)	고발포용 고정포방출구

① **저발포** : 단백포소화약제, 플루오린화단백포액, 수성막포액, 수용성 액체용 포소화약제(알코올형), 모든 화학포소화약제 등

② **고발포** : 합성계면활성제포소화약제 등

③ **팽창비** $= \dfrac{\text{포방출구에 의해 방사되어 발생한 포의 체적(L)}}{\text{포수용액(원액+물)(L)}}$

5 불활성가스소화설비

(1) 개요

불연성 가스인 **CO_2가스 및 질소가스**를 고압가스용기에 저장하여 두었다가 화재가 발생할 경우 미리 설치된 소화설비에 의하여 화재발생 지역에 불활성가스를 방출, 분사시켜 질식 및 냉각 작용에 의하여 소화를 목적으로 설치한 고정소화설비이다.

(2) 설치기준

① 전역방출방식의 불활성가스소화설비의 분사헤드

방사압력		약제 방사시간
이산화탄소	고압식 : 2.1MPa 이상	60초 이내
	저압식(−18℃ 이하 용기) : 1.05MPa 이상	
불활성가스	1.9MPa 이상	소화약제의 95% 이상이 60초 이내

※ 불활성가스 : IG−100(N_2 : 100%), IG−55(N_2 : 50%, Ar : 50%), IG−541(N_2 : 52%, Ar : 40%, CO_2 : 8%)

② 국소방출방식의 불활성가스소화설비의 분사헤드

㉮ 분사헤드는 방호대상물의 모든 표면이 분사헤드의 유효사정 내에 있도록 설치

㉯ 소화약제의 방사에 의해서 위험물이 비산되지 않는 장소에 설치

㉰ 소화약제의 양을 30초 이내에 균일하게 방사

③ 전역방출방식 또는 국소방출방식의 불활성가스소화설비 기준

㉮ 방호구역의 환기설비 또는 배출설비는 소화약제 방사 전에 정지할 수 있는 구조

㉯ 전역방출방식의 불활성가스소화설비를 설치한 방화대상물 또는 그 부분의 개구부는 다음에 정한 것에 의할 것

㉠ 이산화탄소를 방사하는 것

ⓐ 층고의 2/3 이하의 높이에 있는 개구부로서 방사한 소화약제의 유실의 우려가 있는 것에는 소화약제 방사 전에 폐쇄할 수 있는 자동폐쇄장치를 설치할 것

ⓑ 자동폐쇄장치를 설치하지 아니한 개구부 면적의 합계수치는 방호대상물의 전체 둘레의 면적(방호구역의 벽, 바닥 및 천장 또는 지붕 면적의 합계를 말한다. 이하 같다)의 수치의 1% 이하일 것

㉡ IG-100, IG-55 또는 IG-541을 방사하는 것은 모든 개구부에 소화약제 방사 전에 폐쇄할 수 있는 자동폐쇄장치를 설치할 것

㉰ **저장용기 충전**

㉠ 이산화탄소를 소화약제로 하는 경우에 저장용기의 충전비(용기 내용적의 수치와 소화약제 중량의 수치와의 비율을 말한다. 이하 같다)는 **고압식인 경우에는 1.5 이상 1.9 이하**이고, **저압식인 경우에는 1.1 이상 1.4 이하**일 것

㉡ IG-100, IG-55 또는 IG-541을 소화약제로 하는 경우에는 저장용기의 충전압력을 21℃의 온도에서 32MPa 이하로 할 것

㉱ **저장용기 설치기준★★★**

㉠ **방호구역 외의 장소**에 설치할 것

㉡ **온도가 40℃ 이하**이고 **온도변화가 적은 장소**에 설치할 것

㉢ 직사일광 및 빗물이 침투할 우려가 적은 장소에 설치할 것

㉣ 저장용기에는 안전장치를 설치할 것

㉤ 저장용기의 외면에 **소화약제의 종류와 양, 제조연도 및 제조자를 표시**할 것

㉲ **이산화탄소를 저장하는 저압식 저장용기 기준★★★**

㉠ 이산화탄소를 저장하는 저압식 저장용기에는 액면계 및 압력계를 설치할 것

㉡ **이산화탄소를 저장하는 저압식 저장용기에는 2.3MPa 이상의 압력 및 1.9MPa 이하의 압력에서 작동하는 압력경보장치를 설치할 것**

㉢ 이산화탄소를 저장하는 저압식 저장용기에는 **용기 내부의 온도를 영하 20℃ 이상 영하 18℃ 이하로 유지**할 수 있는 **자동냉동기**를 설치할 것

㉣ 이산화탄소를 저장하는 저압식 저장용기에는 파괴판을 설치할 것

㉤ 이산화탄소를 저장하는 저압식 저장용기에는 방출밸브를 설치할 것

⑥ 할로젠화합물소화설비

(1) 개요

할로젠화합물소화약제를 사용하여 화재의 연소반응을 억제함으로써 소화 가능하도록 하는 것을 목적으로 설치된 고정소화설비이다.

(2) 설치기준

① 전역방출방식 분사헤드

㉮ 방사된 소화약제가 방호구역의 전역에 균일하고 신속하게 확산할 수 있도록 설치할 것

㉯ "할론 2402"을 방사하는 분사헤드는 해당 소화약제를 무상(霧狀)으로 방사하는 것일 것

㉰ **방사압력★★**

㉠ 할론 2402를 방사하는 것은 0.1MPa 이상

㉡ 할론 1211을 방사하는 것은 0.2MPa 이상

㉢ 할론 1301을 방사하는 것은 0.9MPa 이상

㉣ HFC-125을 방사하는 것은 0.9MPa 이상

㉤ HFC-227ea을 방사하는 것은 0.3MPa 이상일 것

㉱ 소화약제의 양을 30초 이내에 균일하게 방사

② 국소방출방식 분사헤드

㉮ 방호대상물의 모든 표면이 분사헤드의 유효사정 내에 있도록 설치

㉯ 소화약제의 방사에 의하여 위험물이 비산되지 않는 장소에 설치

㉰ 소화약제의 양을 30초 이내에 균일하게 방사

③ 전역방출방식 또는 국소방출방식의 할로젠화물소화설비 기준

㉮ 할로젠화물소화설비에 사용하는 소화약제는 할론 2402, 할론 1211, 할론 1301, HFC-23, HFC-125 또는 HFC-227ea로 할 것

㉯ 저장용기 등의 충전비

약제별 저장용기	충전비	
할론 2402	가압식	0.51~0.67
	축압식	0.67~2.75
할론 1211	0.7~1.4	
할론 1301 및 HFC-227ea	0.9~1.6	
HFC-23 및 HFC-125	1.2~1.5	

㉰ **저장용기 설치기준**

㉠ 가압식 저장용기 등에는 방출밸브를 설치할 것

㉡ 보기 쉬운 장소에 충전소화약제량, 소화약제의 종류, 최고사용압력(가압식의 것에 한한다), 제조연도 및 제조자명을 표시할 것

㉣ 축압식 저장용기 등은 온도 21℃에서 할론 1211을 저장하는 것은 1.1MPa 또는 2.5MPa, 할론 1301 또는 HFC-227ea를 저장하는 것은 2.5MPa 또는 4.2MPa이 되도록 질소가스로 가압할 것

㉤ 가압용 가스용기는 질소가스가 충전되어 있는 것일 것

㉥ 가압용 가스용기에는 안전장치 및 용기밸브를 설치할 것

7 분말소화설비

(1) 개요

분말소화약제 저장탱크에 저장된 소화분말을 **질소나 탄산가스**의 압력에 의해 미리 설계된 배관 및 설비에 따라 화재발생 시 분말과 함께 방호대상물에 방사하여 소화하는 설비로서, 표면화재 및 연소면이 급격히 확대되는 인화성 액체의 화재에 적합한 방식이다.

(2) 소화설비의 종류

① "전역방출방식"이라 함은 고정식 분말소화약제 공급장치에 배관 및 분사헤드를 고정설치하여 밀폐 방호구역 내에 분말소화약제를 방출하는 설비를 말한다.

② "국소방출방식"이라 함은 고정식 분말소화약제 공급장치에 배관 및 분사헤드를 설치하여 직접 화점에 분말소화약제를 방출하는 설비로 화재발생 부분에만 집중적으로 소화약제를 방출하도록 설치하는 방식을 말한다.

③ "호스릴방식"이라 함은 분사헤드가 배관에 고정되어 있지 않고 소화약제 저장용기에 호스를 연결하여 사람이 직접 화점에 소화약제를 방출하는 이동식 소화설비를 말한다.

(3) 분사헤드

① 전역방출방식

㉮ 방사된 소화약제가 방호구역의 전역에 균일하고 신속하게 확산할 수 있도록 설치할 것

㉯ 분사헤드의 방사압력은 0.1MPa 이상일 것

㉰ 소화약제의 양을 30초 이내에 균일하게 방사할 것

② 국소방출방식

㉮ 분사헤드는 방호대상물의 모든 표면이 분사헤드의 유효사정 내에 있도록 설치할 것

㉯ 소화약제의 방사에 의하여 위험물이 비산되지 않는 장소에 설치할 것

㉰ 소화약제의 양을 30초 이내에 균일하게 방사할 것

(4) 분말소화약제의 소화약제 저장량

① 전역방출방식의 분말소화설비는 다음에 정하는 것에 의하여 산출된 양 이상으로 할 것

㉮ 다음 표에 정한 소약제의 종별에 따른 양의 비율로 계산한 양

소화약제의 종별	방호구역의 체적 $1m^3$당 소화약제의 양(kg)
탄산수소나트륨을 주성분으로 한 것(이하 "제1종 분말"이라 한다.)	0.60
탄산수소칼륨을 주성분으로 한 것(이하 "제2종 분말"이라 한다.) 또는 인산염류 등을 주성분으로 한 것(인산암모늄을 90% 이상 함유한 것에 한한다. 이하 "제3종 분말"이라 한다.)	0.36
탄산수소칼륨과 요소의 반응생성물(이하 "제4종 분말"이라 한다.)	0.24
특정의 위험물에 적응성이 있는 것으로 인정되는 것(이하 "제5종 분말"이라 한다.)	소화약제에 따라 필요한 양

㉯ 방호구역의 개구부에 자동폐쇄장치를 설치하지 않은 경우에는 ㉮에 의하여 산출된 양에 다음 표에 정한 소화약제의 종별에 따른 양의 비율로 계산한 양을 가산한 양

소화약제의 종별	개구부의 면적 $1m^2$당 소화약제의 양(kg)
제1종 분말	4.5
제2종 분말 또는 제3종 분말	2.7
제4종 분말	1.8
제5종 분말	소화약제에 따라 필요한 양

㉰ 방호구역 내에서 저장 또는 취급하는 위험물에 따라 별표 2에 정한 소화약제에 따른 계수를 ㉮ 및 ㉯에 의하여 산출된 양에 곱해서 얻은 양

② 국소방출방식의 분말소화설비는 ㉮ 또는 ㉯에 의하여 산출된 양에 저장 또는 취급하는 위험물에 따라 별표 2에 정한 소화약제에 따른 계수를 곱하고 다시 1.1을 곱한 양 이상으로 할 것

㉮ **면적식의 국소방출방식**

액체위험물을 상부를 개방한 용기에 저장하는 경우 등 화재 시 연소면이 한 면에 한정되고 위험물이 비산할 우려가 없는 경우에는 다음 표에 정한 비율로 계산한 양

소화약제의 종별	방호대상물의 표면적 $1m^2$당 소화약제의 양(kg)
제1종 분말	8.8
제2종 분말 또는 제3종 분말	5.2
제4종 분말	3.6
제5종 분말	소화약제에 따라 필요한 양

㈏ **용적식의 국소방출방식**

㉮의 경우 외의 경우에는 다음 식에 의하여 구해진 양에 방호공간의 체적을 곱한 양

$$Q = X - Y\frac{a}{A}$$

여기서, Q : 단위체적당 소화약제의 양(kg/m^3)

a : 방호대상물 주위에 실제로 설치된 고정벽의 면적의 합계(m^2)

A : 방호공간 전체 둘레의 면적(m^2)

X 및 Y : 다음 표에 정한 소화약제의 종류에 따른 수치

소화약제의 종별	X의 수치	Y의 수치
제1종 분말	5.2	3.9
제2종 분말 또는 제3종 분말	3.2	2.1
제4종 분말	2.0	1.51
제5종 분말	소화약제에 따라 필요한 양	

4-2 경보설비

화재발생 초기단계에서 가능한 한 빠른 시간에 정확하게 화재를 감지하는 기능은 물론 불특정 다수인에게 화재의 발생을 통보하는 기계, 기구 또는 설비를 말한다.

① 자동화재탐지설비

② 자동화재속보설비

③ 비상경보설비 – 비상벨, 자동식 사이렌, 단독형 화재경보기, 확성장치

④ 비상방송설비

⑤ 누전경보설비

⑥ 가스누설경보설비

(1) 자동화재탐지설비

건축물 내에서 발생한 화재의 초기단계에서 발생하는 열, 연기 및 불꽃 등을 자동으로 감지하여 건물 내의 관계자에게 벨, 사이렌 등의 음향으로 화재발생을 자동으로 알리는 설비로서 수신기, 감지기, 발신기, 화재발생을 관계자에게 알리는 벨, 사이렌 및 중계기, 전원, 배선 등으로 구성된 설비를 말한다.

(2) 자동화재속보설비

소방대상물에 화재가 발생하면 자동으로 소방관서에 통보해 주는 설비

(3) 비상경보설비 및 비상방송설비

화재의 발생 또는 상황을 소방대상물 내의 관계자에게 경보음 또는 음성으로 통보하여 주는 설비로서, 초기 소화활동 및 피난유도 등을 원활하게 수행하기 위한 목적으로 설치한 경보설비

① 비상벨 또는 자동식 사이렌

② 비상방송설비(확성기 등)

※ 확성기의 음성입력은 3W(실내 설치의 경우 1W) 이상일 것

(4) 누전경보설비

건축물의 천장, 바닥, 벽 등의 보강제로 사용하고 있는 금속류 등이 누전의 경로가 되어 화재를 발생시키므로 이를 방지하기 위하여 누설전류가 흐르면 자동으로 경보를 발할 수 있도록 설치된 경보설비

① 1급 누전경보기 : 경계전류의 정격전류가 60A를 초과하는 경우에 설치

② 1급 또는 2급 누전경보기 : 경계전류의 정격전류가 60A 이하의 경우에 설치

(5) 가스누설경보설비(가스화재경보기)

가연성 가스나 독성 가스의 누출을 검지하여 그 농도를 지시함과 동시에 경보를 발하는 설비

4-3 피난설비

화재발생 시 화재구역 내에 있는 불특정 다수인을 안전한 장소로 피난 및 대피시키기 위해 사용하는 설비를 말한다.

① 피난기구

② 인명구조기구 : 방열복, 공기호흡기, 인공소생기 등

③ 유도등 및 유도표시

④ 비상조명설비

4-4 소화용수설비

화재진압 시 소방대상물에 설치되어 있는 소화설비전용 수원만으로 원활하게 소화하기가 어려울 때나 부족할 때 즉시 사용할 수 있도록 소화에 필요한 수원을 별도의 안전한 장소에 저장하여 유사 시 사용할 수 있도록 한 설비를 말한다.

① 상수도용수설비

② 소화수조 및 저수조설비

4-5 소화활동상 필요한 설비

전문소방대원 또는 소방요원이 화재발생 시 초기진압활동을 원활하게 할 수 있도록 지원해 주는 설비를 말한다.

(1) 제연설비

화재 시 발생한 연기가 피난경로가 되는 복도, 계단전실 및 거실 등에 침입하는 것을 방지하고 거주자를 유해한 연기로부터 보호하여 안전하게 피난시킴과 동시에 소화활동을 원활하게 하기 위한 설비

(2) 연결송수관설비

고층빌딩의 화재는 소방차로부터 주수소화가 불가능한 경우가 많기 때문에 소방차와 접속이 가능한 도로변에 송수구를 설치하고 건물 내에 방수구를 설치하여 소방차의 송수구로부터 전용배관에 의해 가압송수할 수 있도록 한 설비를 말한다.

(3) 연결살수설비

지하층 화재의 경우 개구부가 작아 연기가 충만하기 쉽고 소방대의 진입이 용이하지 못하므로 이에 대한 대책으로 일정규모 이상의 지하층 천장면에 스프링클러헤드를 설치하고 지상의 송수구로부터 소방차를 이용하여 송수하는 소화설비

(4) 비상콘센트설비

지상 11층 미만의 건물에 화재가 발생한 경우에는 소방차에 적재된 비상발전설비 등의 소화활동상 필요한 설비로서 화재진압활동이 가능하지만 지상 11층 이상의 층 및 지하 3층 이상에서 화재가 발생한 경우에는 소방차에 의한 전원공급이 원활하지 않아 내화배선으로 비상전원이 공급될 수 있도록 한 고정전원설비를 말한다.

(5) 무선통신보조설비

지하에서 화재가 발생한 경우 효과적인 소화활동을 위해 무선통신을 사용하고 있는데, 지하의 특성상 무선연락이 잘 이루어지지 않아 방재센터 또는 지상에서 소화활동을 지휘하는 소방대원과 지하에서 소화활동을 하는 소방대원 간의 원활한 무선통신을 위한 보조설비를 말한다.

(6) 연소방지설비

지하구 화재 시 특성상 연소속도가 빠르고 개구부가 적기 때문에 연기가 충만되어지기 쉽고 소방대의 진입이 용이하지 못한 관계로 지하구에 방수헤드 또는 스프링클러헤드를 설치하고 지상의 송수구로부터 소방차를 이용하여 송수 소화하는 설비를 말한다.

연 / 습 / 문 / 제

01 옥내소화전설비에서 펌프를 이용한 가압송수장치의 수원은 옥내소화전의 설치개수가 가장 많은 층의 설치개수(5 이상인 경우에는 5개)에 얼마를 곱한 양 이상으로 확보하여야 하는가?

㉮ 260L/min ㉯ 360L/min
㉰ 460L/min ㉱ 560L/min

해설 옥내소화전설비 수원의 양(Q)
$Q(\text{m}^3) = N \times 7.8\text{m}^3$ (N, 5개 이상인 경우 5개)
즉, 7.8m^3란 법정방수량 260L/min으로 30min 이상 기동할 수 있는 양

답 ㉮

02 위험물안전관리법상 스프링클러헤드는 부착장소의 평상시 최고주위온도가 28℃ 미만인 경우 표시온도(℃)를 얼마의 것을 설치하여야 하는가?

㉮ 57 미만 ㉯ 57 이상 79 미만
㉰ 79 이상 121 미만 ㉱ 121 이상 162 미만

해설

부착장소의 평상시 최고주위온도(℃)	표시온도(℃)
28 미만	57 미만
28 이상 39 미만	57 이상 79 미만
39 이상 64 미만	79 이상 121 미만
64 이상 106 미만	121 이상 162 미만
106 이상	162 이상

답 ㉮

03 스프링클러헤드의 설치방법에 대한 설명으로 옳지 않은 것은?

㉮ 개방형 헤드는 원칙적으로 반사판으로부터 하방으로 0.45m, 수평방향으로 0.3m 공간을 보유할 것
㉯ 폐쇄형 헤드는 가연성 물질 수납부분에 설치 시 반사판으로부터 하방으로 0.9m, 수평방향으로 0.4m의 공간을 확보할 것
㉰ 폐쇄형 헤드 중 개구부에 설치하는 것은 해당 개구부의 상단으로부터 높이 0.15m 이내의 벽면에 설치할 것
㉱ 폐쇄형 헤드 설치 시 급배기용 덕트의 긴 변의 길이가 1.2m를 초과하는 것이 있는 경우에는 해당 덕트의 윗부분에도 헤드를 설치할 것

해설 스프링클러헤드는 소방대상물의 천장, 반자, 천장과 반자 사이, 덕트, 선반, 기타 이와 유사한 부분(폭이 1.2m를 초과하는 것에 한함)에 설치한다. 단, 폭이 9m 이하인 실내에 있어서는 측벽에 설치할 수 있다.

답 ㉱

04 옥내소화전설비의 수원은 그 저수량이 옥내소화전의 설치개수가 가장 많은 층의 설치개수에 몇 m^3를 곱한 양 이상이 되도록 하여야 하는가?

㉮ 2.6m^3 ㉯ 4.2m^3
㉰ 5.4m^3 ㉱ 7.8m^3

해설 옥내소화전설비의 수원의 수량은 옥내소화전이 가장 많이 설치된 층의 옥내소화전 설치개수(설치개수가 5개 이상인 경우는 5개)에 7.8m^3를 곱한 양 이상이 되도록 설치한다.

답 ㉱

05 압력수조를 이용한 옥내소화전설비의 가압송수장치에서 압력수조의 최소압력(MPa)은? (단, 소방용 호스의 마찰손실수두압 : 3MPa, 배관의 마찰손실수두압 : 1MPa, 낙차의 환산수두압 : 1.35MPa)

㉮ 5.35 ㉯ 5.70
㉰ 6.00 ㉱ 6.35

해설

$P = P_1 + P_2 + P_3 + 0.35\text{MPa}$
$= 3 + 1 + 1.35 + 0.35 = 5.7\text{MPa}$

※ 옥내소화전의 경우

$P = P_1 + P_2 + P_3 + 0.35\text{MPa}$

여기서, P_1 : 소방용 호스의 마찰손실수두압(MPa)
P_2 : 배관의 마찰손실수두압(MPa)
P_3 : 낙차의 환산수두압(MPa)

답 ㉯

06 이산화탄소소화설비의 기준에서 전역방출방식 이산화탄소소화설비 저장용기의 충전비는 저압식일 경우 얼마인가?

㉮ 0.9 이상 1.4 이하
㉯ 0.9 이상 2.0 이하
㉰ 1.1 이상 1.4 이하
㉱ 1.1 이상 2.0 이하

해설

고압식 충전비의 경우 : 1.5 이상 1.9 이하, 기동용기 : 1.5 이상

답 ㉰

07 스프링클러설비의 장점이 아닌 것은?

㉮ 화재의 초기진압에 효율적이다.
㉯ 사용약제를 쉽게 구할 수 있다.
㉰ 자동으로 화재를 감지하고 소화할 수 있다.
㉱ 다른 소화설비보다 구조가 간단하고 시설비가 적다.

해설

스프링클러 설비의 장 · 단점

장점	단점
① 초기진화에 특히 절대적인 효과가 있다. ② 약제가 물이라서 값이 싸고 복구가 쉽다. ③ 오동작, 오보가 없다. (감지부가 기계적) ④ 조작이 간편하고 안전하다. ⑤ 야간이라도 자동으로 화재감지경보, 소화할 수 있다.	① 초기시설비가 많이 든다. ② 시공이 다른 설비와 비교했을 때 복잡하다. ③ 물로 인한 피해가 크다.

답 ㉱

08 옥외소화전설비의 기준에서 옥외소화전함은 옥외소화전으로부터 보행거리 몇 m 이하의 장소에 설치하여야 하는가?

㉮ 1.5　　㉯ 5
㉰ 7.5　　㉱ 10

해설

보행거리 5m 이하의 장소에 설치한다.

답 ㉯

09 위험물안전관리법령에 의하면 옥외소화전이 6개 있을 경우 수원의 수량은 몇 m^3 이상이어야 하는가?

㉮ 48　　㉯ 54
㉰ 60　　㉱ 81

해설

옥외소화전의 수원량 : $13.5m^3 \times N$(최대 개수 4개)

∴ $13.5m^3 \times 4$개$=54m^3$ 이상

답 ㉯

10 위험물제조소 등별로 설치하여야 하는 경보설비의 종류에 해당하지 않는 것은?

㉮ 비상방송설비
㉯ 비상조명등설비
㉰ 자동화재탐지설비
㉱ 비상경보설비

해설

비상조명등설비는 피난설비에 해당된다.

답 ㉯

11 위험물제조소 등에 전기배선, 조명기구 등을 제외한 전기설비가 설치되어 있는 경우에는 해당 장소의 면적 몇 m^2마다 소형 수동식 소화기를 1개 이상 설치하여야 하는가?

㉮ 100　　㉯ 150
㉰ 200　　㉱ 300

답 ㉮

12 이산화탄소소화설비의 기준에서 전역방출방식의 분사헤드의 방사압력은 저압식의 것에 있어서는 1.05MPa 이상이어야 한다고 규정하고 있다. 이때 저압식의 것은 소화약제가 몇 ℃ 이하의 온도로 용기에 저장되어 있는 것을 말하는가?

㉮ −18℃ ㉯ 0℃
㉰ 10℃ ㉱ 25℃

해설
① 저압식 이산화탄소소화설비의 분사헤드 방사압력 : 1.05MPa 이상(소화약제가 −18℃ 이하의 온도로 용기에 저장되어 있어야 한다.)
② 고압식 이산화탄소소화설비의 분사헤드 방사압력 : 2.1MPa 이상

답 ㉮

13 고정식의 포소화설비의 기준에서 포헤드방식의 포헤드는 방호대상물의 표면적 몇 m^2당 1개 이상의 헤드를 설치하여야 하는가?

㉮ 3 ㉯ 9
㉰ 15 ㉱ 30

해설
포헤드의 설치기준
표면적(건축물일 경우 바닥 면적) $9m^2$당 1개 이상의 헤드를 설치하여야 한다.

답 ㉯

14 분말소화설비의 약제방출 후 클리닝장치로 배관 내를 청소하지 않을 때 발생하는 주된 문제점은?

㉮ 배관 내에서 약제가 굳어져 차후에 사용 시 약제 방출에 장애를 초래한다.
㉯ 배관 내 남아 있는 약제를 재사용할 수 없다.
㉰ 가압용 가스가 외부로 누출된다.
㉱ 선택밸브의 작동이 불능이 된다.

해설
분말소화설비의 약제방출 후 배관을 청소하지 않으면 차후 사용 시 배관 내에서 약제가 굳어져 약제 방출에 지장을 준다.

답 ㉮

15 이산화탄소소화설비의 기준에서 저장용기 설치기준에 관한 내용으로 틀린 것은?

㉮ 방호구역 외의 장소에 설치할 것
㉯ 온도가 50℃ 이하이고 온도변화가 적은 장소에 설치할 것
㉰ 직사일광 및 빗물이 침투할 우려가 적은 장소에 설치할 것
㉱ 저장용기에는 안전 장치를 설치할 것

해설
이산화탄소소화설비의 저장용기는 주위의 온도가 40℃ 이하이고 온도변화가 적은 장소에 설치해야 한다.

답 ㉯

16 옥내소화전설비의 설치기준에서 옥내소화전은 제조소 등의 건축물의 층마다 해당 층의 각 부분에서 하나의 호스접속구까지의 수평거리가 몇 m 이하가 되도록 설치하여야 하는가?

㉮ 5
㉯ 10
㉰ 15
㉱ 25

해설
수평거리 : 25m

답 ㉱

17 옥내소화전설비의 기준에서 "시동표시등"을 옥내소화전함의 내부에 설치할 경우 그 색상으로 옳은 것은?

㉮ 적색
㉯ 황색
㉰ 백색
㉱ 녹색

해설
옥내소화전설비의 시동표시등이나 위치표시등의 색상 : 적색

답 ㉮

18 **위험물안전관리법령상 피난설비에 해당하는 것은?**

㉮ 자동화재탐지설비
㉯ 비상방송설비
㉰ 자동식 사이렌설비
㉱ 유도등

해설
- 피난설비 : 피난기구, 인명구조기구(방열복, 공기호흡기, 인공소생기등), 유도등 및 유도표지, 비상조명설비
- 경보설비 : 자동화재탐지설비, 자동화재속보설비, 비상경보설비, 비상방송설비, 누전경보설비, 가스누설경보설비

답 ㉱

19 **이산화탄소소화약제의 주된 소화효과 2가지에 가장 가까운 것은?**

㉮ 부촉매효과, 제거효과
㉯ 질식효과, 냉각효과
㉰ 억제효과, 부촉매효과
㉱ 제거효과, 억제효과

해설
이산화탄소의 주된 소화효과는 질식소화이며, 소화약제 방출 시 기화작용에 의해 냉각소화효과도 발휘하게 된다.

답 ㉯

20 **공기포소화약제의 혼합방식 중 펌프의 토출관과 흡입관 사이의 배관 도중에 설치된 흡입기에 펌프에서 토출된 물의 일부를 보내고 농도조절밸브에서 조정된 포소화약제의 필요량을 포소화약제 탱크에서 펌프흡입 측으로 보내어 이를 혼합하는 방식은 어느 것인가?**

㉮ 프레셔프로포셔너방식
㉯ 펌프프로포셔너방식
㉰ 프레셔사이드프로포셔너방식
㉱ 라인프로포셔너방식

해설
㉮ 차압혼합방식(프레셔프로포셔너방식)
펌프와 발포기 중간에 설치된 벤투리관의 벤투리작용과 펌프 가압수의 포소화약제 저장탱크에 대한 압력에 의하여 포소화약제를 흡입 · 혼합하는 방식
㉯ 펌프혼합방식(펌프프로포셔너방식)
펌프의 토출관과 흡입관 사이의 배관 도중에 설치한 흡입기에 펌프에서 토출된 물의 일부를 보내고 농도조절밸브에서 조정된 포소화약제의 필요량을 포소화약제 탱크에서 펌프흡입 측으로 보내어 이를 혼합하는 방식
㉰ 압입혼합방식(프레셔사이드프로포셔너방식)
펌프의 토출관에 압입기를 설치하여 포소화약제 압입용 펌프로 포소화약제를 압입시켜 혼합하는 방식
㉱ 관로혼합방식(라인프로포셔너방식)
펌프와 발포기 중간에 설치된 벤투리관의 벤투리작용에 의해 포소화약제를 흡입하여 혼합하는 방식

답 ㉯

21 **옥내소화전설비를 설치하였을 때 그 대상으로 옳지 않은 것은?**

㉮ 제2류 위험물 중 인화성 고체
㉯ 제3류 위험물 중 금수성 물품
㉰ 제5류 위험물
㉱ 제6류 위험물

해설
옥내소화전설비는 수계 소화설비로 제3류 위험물 중 금수성 물품에 사용하면 급격히 발열하며 가연성 가스를 발생하므로 위험성이 커진다.

답 ㉯

22 **다음 중 위험물안전관리법에 따른 소화설비의 구분에서 "물분무 등 소화설비"에 속하지 않는 것은?**

㉮ 이산화탄소소화설비
㉯ 포소화설비
㉰ 스프링클러설비
㉱ 분말소화설비

해설
스프링클러설비는 수계 소화설비이다.
물분무 등 소화설비 종류
① 물분무소화설비
② 포소화설비
③ 할로젠소화설비
④ CO_2소화설비
⑤ 분말소화설비, 할로젠화합물 및 불활성가스 소화약제설비

답 ㉰

23 **건축물의 1층 및 2층 부분만을 방사능력범위로 하고 지하층 및 3층 이상의 층에 대하여 다른 소화설비를 설치해야 하는 소화설비는?**

㉮ 스프링클러설비
㉯ 포소화설비
㉰ 옥외소화전설비
㉱ 물분무소화설비

해설
건축물의 1층 및 2층 부분만을 방사능력범위로 하고 지하층 및 3층 이상의 층에 대하여 옥외소화전설비를 설치하여야 한다.

답 ㉰

24 **옥내소화전의 개폐밸브 및 호스접속구는 바닥면으로부터 몇 미터 이하의 높이에 설치하여야 하는가?**

㉮ 0.5　　㉯ 1
㉰ 1.5　　㉱ 1.8

해설
옥내소화전설비의 개폐밸브 : 바닥으로부터 1.5m 이하

답 ㉰

25 **다음 중 화재 시 발생하는 열, 연기, 불꽃 또는 연소생성물을 자동적으로 감지하여 수신기에 발신하는 장치는?**

㉮ 중계기　　㉯ 감지기
㉰ 송신기　　㉱ 발신기

해설
감지기 : 화재 시 발생하는 열, 연기, 불꽃 등을 감지하여 수신기에 전달

답 ㉯

26 **방호대상물의 바닥면적이 $150m^2$ 이상인 경우에 개방형 스프링클러헤드를 이용한 스프링클러설비의 방사구역은 얼마 이상으로 하여야 하는가?**

㉮ $100m^2$
㉯ $150m^2$
㉰ $200m^2$
㉱ $400m^2$

해설
스프링클러설비의 방사구역(개방형 헤드)
$150m^2$ 이상(방호대상물의 바닥면적이 $150m^2$ 미만인 경우에는 해당 바닥면적)으로 할 것

답 ㉯

27 **다음 중 위험물제조소 등에 설치하는 경보설비에 해당하는 것은?**

㉮ 피난사다리
㉯ 확성 장치
㉰ 완강기
㉱ 구조대

해설
피난사다리, 완강기, 구조대는 피난설비이다.
경보설비의 종류
자동화재탐지설비, 비상경보설비(확성장치, 비상벨 등), 비상방송설비, 누전경보설비, 가스누설경보설비

답 ㉯

28 **고정식 포소화설비에 관한 기준에서 방유제 외측에 설치하는 보조포소화전의 상호간의 거리는?**

㉮ 보행거리 40m 이하
㉯ 수평거리 40m 이하
㉰ 보행거리 75m 이하
㉱ 수평거리 75m 이하

해설
고정식 포소화설비에 관한 기준에서 방유제 외측에 설치하는 보조포소화전의 상호간 거리는 보행거리 75m 이하로 해야 한다.

답 ㉰

29 **바르게 나열한 것은? (단, 제4류 위험물에 적응성을 갖기 위한 살수밀도 기준을 적용하는 경우를 제외한다.)**

위험물제조소 등에 설치하는 폐쇄형 헤드의 스프링클러설비는 30개의 헤드(헤드 설치수가 30 미만의 경우는 해당 설치개수)를 동시에 사용할 경우 각 선단의 방사압력이 ( )kPa 이상이고 방수량이 1분당 ( )L 이상이어야 한다.

㉮ 100, 80
㉯ 120, 80
㉰ 100, 100
㉱ 120, 100

해설

위험물안전관리법 시행규칙 별표 17(스프링클러설비의 설치기준)

① 스프링클러헤드는 방호대상물의 천장 또는 건축물의 최상부 부근(천장이 설치되지 아니한 경우)에 설치하되, 방호대상물의 각 부분에서 하나의 스프링클러헤드까지의 수평거리가 1.7m(제4호 비고 제1호의 표에 정한 살수밀도의 기준을 충족하는 경우에는 2.6m) 이하가 되도록 설치할 것
② 개방형 스프링클러헤드를 이용한 스프링클러설비의 방사구역(하나의 일제개방밸브에 의하여 동시에 방사되는 구역을 말한다. 이하 같다)은 150m^2 이상(방호대상물의 바닥면적이 150m^2 미만인 경우에는 해당 바닥면적)으로 할 것
③ 수원의 수량은 폐쇄형 스프링클러헤드를 사용하는 것은 30(헤드의 설치개수가 30 미만인 방호대상물인 경우에는 해당 설치개수), 개방형 스프링클러헤드를 사용하는 것은 스프링클러헤드가 가장 많이 설치된 방사구역의 스프링클러헤드 설치개수에 2.4m^{3}를 곱한 양 이상이 되도록 설치할 것
④ 스프링클러설비는 ③의 규정에 의한 개수의 스프링클러헤드를 동시에 사용할 경우에 각 선단의 방사압력이 100kPa 이상이고, 방수량이 1분당 80L 이상의 성능이 되도록 할 것

답 ㉮

30 **그림은 포소화설비의 소화약제 혼합장치이다. 이 혼합방식의 명칭은?**

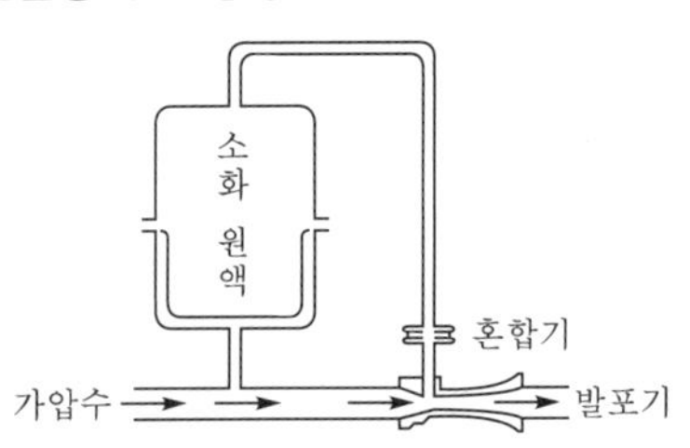

㉮ 라인프로포셔너
㉯ 펌프프로포셔너
㉰ 프레셔프로포셔너
㉱ 프레셔사이드프로포셔너

해설

프레셔프로포셔너방식(pressure proportioner, 차압혼합방식)
펌프와 발포기의 중간에 설치된 벤투리관의 벤투리 작용과 펌프 가압수의 포소화약제 저장탱크에 대한 압력에 따라 약제를 흡입 · 혼합하는 방식

답 ㉰

31 **압력수조를 이용한 옥내소화전설비의 가압송수장치에서 압력수조의 최소압력(MPa)은 어느 것인가? (단, 소방용 호스의 마찰손실수두압은 3MPa, 배관의 마찰손실수두압은 1MPa, 낙차의 환산수두압은 1.35MPa이다.)**

㉮ 5.35
㉯ 5.70
㉰ 6.00
㉱ 6.35

해설

압력수조의 최소압력

$P = P_1 + P_2 + P_3 + 0.35\text{MPa}$

여기서, P : 필요한 압력(MPa)
P_1 : 소방용 호스의 마찰손실수두압(3MPa)
P_2 : 배관의 마찰손실수두압(1MPa)
P_3 : 낙차의 환산수두압(1.35MPa)

$\therefore P = 3 + 1 + 1.35 + 0.35$
$= 5.7\text{MPa}$

답 ㉯

32 **위험물안전관리법령에서 규정하고 있는 옥내소화전설비의 설치기준에 관한 내용 중 옳은 것은?**

㉮ 제조소 등 건축물의 층마다 해당 층의 각 부분에서 하나의 호스접속구까지의 수평거리가 25m 이하가 되도록 설치한다.
㉯ 수원의 수량은 옥내소화전이 가장 많이 설치된 층의 옥내소화전 설치개수(설치개수가 5개 이상인 경우는 5개)에 18.6m^{3}를 곱한 양 이상이 되도록 설치한다.
㉰ 옥내소화전 설비는 각 층을 기준으로 하여 해당 층의 모든 옥내소화전(설치개수가 5개 이상인 경우는 5개의 옥내소화전)을 동시에 사용할 경우에 각 노즐선단의 방수 압력이 170kPa 이상의 성능이 되도록 한다.
㉱ 옥내소화전 설비는 각 층을 기준으로 하여 해당 층의 모든 옥내소화전(설치개수가 5개 이상인 경우는 5개의 옥내소화전)을 동시에 사용할 경우에 각 노즐선단의 방수량이 1분당 130L 이상의 성능이 되도록 한다.

해설
옥내소화전 설비의 설치기준
방수구의 경우 해당 소방대상물의 각 부분으로부터 하나의 옥내소화전 방수구까지의 수평거리가 25m 이하가 되도록 할 것
- 수원의 양 $Q = N \times 7.8\text{m}^3$($N$, 5개 이상인 경우 5개)
- 소화전의 노즐선단의 성능기준
  : 방수압은 0.35MPa 이상
- 노즐선단의 분당 방사량 : 260L/min

답 ㉮

33 **고정식의 포소화설비의 기준에서 포헤드방식의 포헤드는 방호대상물의 표면적 몇 m^{2}당 1개 이상의 헤드를 설치하여야 하는가?**

㉮ 3 ㉯ 9
㉰ 15 ㉱ 30

해설
포헤드는 방호대상물의 모든 표면이 포헤드의 유효사정 내에 있도록 설치하며, 방호대상물 표면적 9m^{2}당 1개 이상의 헤드를 설치해야 한다. (참고 : 홈워터 스프링클러헤드 : 8m^2)

답 ㉯

34 **대형 수동식 소화기의 설치기준은 방호대상물의 각 부분으로부터 하나의 대형 수동식 소화기까지의 보행거리가 몇 m 이하가 되도록 설치하여야 하는가?**

㉮ 10 ㉯ 20
㉰ 30 ㉱ 40

해설
소화기 설치기준
① 대형 수동식 소화기 : 보행거리가 30m 이하
② 소형 수동식 소화기 : 보행거리가 20m 이하

답 ㉰

35 **위험물제조소 등에 설치하는 옥내소화전설비의 설치기준으로 옳은 것은?**

㉮ 옥내소화전은 건축물의 층마다 해당 층의 각 부분에서 하나의 호스접속구까지의 수평거리가 25m 이하가 되도록 설치하여야 한다.
㉯ 해당 층의 모든 옥내소화전(5개 이상인 경우는 5개)을 동시에 사용할 경우 각 노즐선단에서의 방수량은 130L/min 이상이어야 한다.
㉰ 해당 층의 모든 옥내소화전(5개 이상인 경우는 5개)을 동시에 사용할 경우 각 노즐선단에서의 방수압력은 250kPa 이상이어야 한다.
㉱ 수원의 수량은 옥내소화전이 가장 많이 설치된 층의 옥내소화전 설치개수(5개 이상인 경우는 5개)에 2.6m^{3}를 곱한 양 이상이 되도록 설치하여야 한다.

해설
옥내소화전의 설치기준
① 호스길이 : 수평거리 25m 이하
② 방수량 : 260L/min 이상
③ 방수압력 : 350kPa 이상
④ 수원의 양 : 설치개수에 7.8m^3 곱한 양 이상

답 ㉮

MEMO

위험물의 종류 및 성질

5-1. **제1류 위험물**-산화성 고체

5-2. **제2류 위험물**-가연성 고체

5-3. **제3류 위험물**-자연발화성 물질 및 금수성 물질

5-4. **제4류 위험물**-인화성 액체

5-5. **제5류 위험물**-자기반응성 물질

5-6. **제6류 위험물**-산화성 액체

위험물기능사 필기

www.cyber.co.kr

Part 5 위험물의 종류 및 성질

〈 위험물 및 지정수량 〉

* 위험물안전관리법 시행령 제2조 및 제3조 관련 [별표 1]

위험물			지정수량
유별	성질	품명	
제1류	산화성 고체	1. 아염소산염류	50킬로그램
		2. 염소산염류	50킬로그램
		3. 과염소산염류	50킬로그램
		4. 무기과산화물	50킬로그램
		5. 브로민산염류	300킬로그램
		6. 질산염류	300킬로그램
		7. 아이오딘산염류	300킬로그램
		8. 과망가니즈산염류	1,000킬로그램
		9. 다이크로뮴산염류	1,000킬로그램
		10. 그 밖에 행정안전부령으로 정하는 것 11. 제1호 내지 제10호의 1에 해당하는 어느 하나 이상을 함유한 것	50킬로그램, 300킬로그램 또는 1,000킬로그램
제2류	가연성 고체	1. 황화인	100킬로그램
		2. 적린	100킬로그램
		3. 황	100킬로그램
		4. 철분	500킬로그램
		5. 금속분	500킬로그램
		6. 마그네슘	500킬로그램
		7. 그 밖에 행정안전부령으로 정하는 것 8. 제1호 내지 제7호의 1에 해당하는 어느 하나 이상을 함유한 것	100킬로그램 또는 500킬로그램
		9. 인화성 고체	1,000킬로그램
제3류	자연발화성 물질 및 금수성 물질	1. 칼륨	10킬로그램
		2. 나트륨	10킬로그램
		3. 알킬알루미늄	10킬로그램
		4. 알킬리튬	10킬로그램
		5. 황린	20킬로그램
		6. 알칼리금속(칼륨 및 나트륨을 제외한다) 및 알칼리토금속	50킬로그램

위험물				지정수량
유별	성질	품명		
제3류	자연발화성 물질 및 금수성 물질	7. 유기금속화합물(알킬알루미늄 및 알킬리튬을 제외한다)		50킬로그램
		8. 금속의 수소화물		300킬로그램
		9. 금속의 인화물		300킬로그램
		10. 칼슘 또는 알루미늄의 탄화물		300킬로그램
		11. 그 밖에 행정안전부령으로 정하는 것 12. 제1호 내지 제11호의 1에 해당하는 어느 하나 이상을 함유한 것		10킬로그램, 20킬로그램, 50킬로그램 또는 300킬로그램
제4류	인화성 액체	1. 특수인화물		50리터
		2. 제1석유류	비수용성 액체	200리터
			수용성 액체	400리터
		3. 알코올류		400리터
		4. 제2석유류	비수용성 액체	1,000리터
			수용성 액체	2,000리터
		5. 제3석유류	비수용성 액체	2,000리터
			수용성 액체	4,000리터
		6. 제4석유류		6,000리터
		7. 동식물유류		10,000리터
제5류	자기반응성 물질	1. 유기과산화물		• 제1종 : 10킬로그램 • 제2종 : 100킬로그램
		2. 질산에스터류		
		3. 나이트로화합물		
		4. 나이트로소화합물		
		5. 아조화합물		
		6. 다이아조화합물		
		7. 하이드라진 유도체		
		8. 하이드록실아민		
		9. 하이드록실아민염류		
		10. 그 밖에 행정안전부령으로 정하는 것 11. 제1호 내지 제10호의 1에 해당하는 어느 하나 이상을 함유한 것		
제6류	산화성 액체	1. 과염소산		300킬로그램
		2. 과산화수소		300킬로그램
		3. 질산		300킬로그램
		4. 그 밖에 행정안전부령으로 정하는 것		300킬로그램
		5. 제1호 내지 제4호의 1에 해당하는 어느 하나 이상을 함유한 것		300킬로그램

비고

1. "산화성 고체"라 함은 고체[액체(1기압 및 섭씨 20도에서 액상인 것 또는 섭씨 20도 초과 섭씨 40도 이하에서 액상인 것을 말한다. 이하 같다) 또는 기체(1기압 및 섭씨 20도에서 기상인 것을 말한다) 외의 것을 말한다. 이하 같다]로서 산화력의 잠재적인 위험성 또는 충격에 대한 민감성을 판단하기 위하여 소방청장이 정하여 고시(이하 "고시"라 한다)하는 시험에서 고시로 정하는 성질과 상태를 나타내는 것을 말한다. 이 경우 "액상"이라 함은 수직으로 된 시험관(안지름 30밀리미터, 높이 120밀리미터의 원통형 유리관을 말한다)에 시료를 55밀리미터까지 채운 다음 해당 시험관을 수평으로 하였을 때 시료액면의 선단이 30밀리미터를 이동하는 데 걸리는 시간이 90초 이내에 있는 것을 말한다.
2. "가연성 고체"라 함은 고체로서 화염에 의한 발화의 위험성 또는 인화의 위험성을 판단하기 위하여 고시로 정하는 시험에서 고시로 정하는 성질과 상태를 나타내는 것을 말한다.
3. 황은 순도가 60중량퍼센트 이상인 것을 말한다. 이 경우 순도측정에 있어서 불순물은 활석 등 불연성물질과 수분에 한한다.
4. "철분"이라 함은 철의 분말로서 53마이크로미터의 표준체를 통과하는 것이 50중량퍼센트 미만인 것은 제외한다.
5. "금속분"이라 함은 알칼리금속 · 알칼리토류금속 · 철 및 마그네슘외의 금속의 분말을 말하고, 구리분 · 니켈분 및 150마이크로미터의 체를 통과하는 것이 50중량퍼센트 미만인 것은 제외한다.
6. 마그네슘 및 제2류 제8호의 물품 중 마그네슘을 함유한 것에 있어서는 다음의 어느 하나에 해당하는 것은 제외한다.
   가. 2밀리미터의 체를 통과하지 아니하는 덩어리상태의 것
   나. 직경 2밀리미터 이상의 막대모양의 것
7. 황화인 · 적린 · 황 및 철분은 제2호의 규정에 의한 성상이 있는 것으로 본다.
8. "인화성 고체"라 함은 고형알코올, 그 밖에 1기압에서 인화점이 섭씨 40도 미만인 고체를 말한다.
9. "자연발화성 물질 및 금수성 물질"이라 함은 고체 또는 액체로서 공기 중에서 발화의 위험성이 있거나 물과 접촉하여 발화하거나 가연성 가스를 발생하는 위험성이 있는 것을 말한다.
10. 칼륨 · 나트륨 · 알킬알루미늄 · 알킬리튬 및 황린은 제9호의 규정에 의한 성상이 있는 것으로 본다.
11. "인화성 액체"라 함은 액체(제3석유류, 제4석유류 및 동식물유류의 경우 1기압과 섭씨 20도에서 액체인 것만 해당한다)로서 인화의 위험성이 있는 것을 말한다. 다만, 다음의 어느 하나에 해당하는 것을 법 제20조 제1항의 중요기준과 세부기준에 따른 운반용기를 사용하여 운반하거나 저장(진열 및 판매를 포함한다)하는 경우는 제외한다.
    가. 「화장품법」 제2조 제1호에 따른 화장품 중 인화성 액체를 포함하고 있는 것
    나. 「약사법」 제2조 제4호에 따른 의약품 중 인화성 액체를 포함하고 있는 것
    다. 「약사법」 제2조 제7호에 따른 의약외품(알코올류에 해당하는 것은 제외한다) 중 수용성인 인화성 액체를 50부피퍼센트 이하로 포함하고 있는 것
    라. 「의료기기법」에 따른 체외진단용 의료기기 중 인화성 액체를 포함하고 있는 것
    마. 「생활화학제품 및 살생물제의 안전관리에 관한 법률」 제3조 제4호에 따른 안전확인대상생활화학제품(알코올류에 해당하는 것은 제외한다) 중 수용성인 인화성 액체를 50부피퍼센트 이하로 포함하고 있는 것
12. "특수인화물"이라 함은 이황화탄소, 다이에틸에터, 그 밖에 1기압에서 발화점이 섭씨 100도 이하인 것 또는 인화점이 섭씨 영하 20도 이하이고 비점이 섭씨 40도 이하인 것을 말한다.
13. "제1석유류"라 함은 아세톤, 휘발유, 그 밖에 1기압에서 인화점이 섭씨 21도 미만인 것을 말한다.
14. "알코올류"라 함은 1분자를 구성하는 탄소원자의 수가 1개부터 3개까지인 포화1가 알코올(변성알코올을 포함한다)을 말한다. 다만, 다음의 어느 하나에 해당하는 것은 제외한다.
    가. 1분자를 구성하는 탄소원자의 수가 1개 내지 3개의 포화1가 알코올의 함유량이 60중량퍼센트 미만인 수용액
    나. 가연성 액체량이 60중량퍼센트 미만이고 인화점 및 연소점(태그개방식 인화점측정기에 의한 연소점을 말한다. 이하 같다)이 에틸알코올 60중량퍼센트 수용액의 인화점 및 연소점을 초과하는 것

15. "제2석유류"라 함은 등유, 경유, 그 밖에 1기압에서 인화점이 섭씨 21도 이상 70도 미만인 것을 말한다. 다만, 도료류, 그 밖의 물품에 있어서 가연성 액체량이 40중량퍼센트 이하이면서 인화점이 섭씨 40도 이상인 동시에 연소점이 섭씨 60도 이상인 것은 제외한다.
16. "제3석유류"라 함은 중유, 크레오소트유, 그 밖에 1기압에서 인화점이 섭씨 70도 이상 섭씨 200도 미만인 것을 말한다. 다만, 도료류, 그 밖의 물품은 가연성 액체량이 40중량퍼센트 이하인 것은 제외한다.
17. "제4석유류"라 함은 기어유, 실린더유, 그 밖에 1기압에서 인화점이 섭씨 200도 이상 섭씨 250도 미만의 것을 말한다. 다만 도료류, 그 밖의 물품은 가연성 액체량이 40중량퍼센트 이하인 것은 제외한다.
18. "동식물유류"라 함은 동물의 지육 등 또는 식물의 종자나 과육으로부터 추출한 것으로서 1기압에서 인화점이 섭씨 250도 미만인 것을 말한다. 다만, 법 제20조 제1항의 규정에 의하여 행정안전부령으로 정하는 용기기준과 수납 · 저장기준에 따라 수납되어 저장 · 보관되고 용기의 외부에 물품의 통칭명, 수량 및 화기엄금(화기엄금과 동일한 의미를 갖는 표시를 포함한다)의 표시가 있는 경우를 제외한다.
19. "자기반응성 물질"이란 고체 또는 액체로서 폭발의 위험성 또는 가열분해의 격렬함을 판단하기 위하여 고시로 정하는 시험에서 고시로 정하는 성질과 상태를 나타내는 것을 말한다. 이 경우 해당 시험결과에 따라 위험성 유무와 등급을 결정하여 제1종 또는 제2종으로 분류한다.
20. 제5류 제11호의 물품에 있어서는 유기과산화물을 함유하는 것 중에서 불활성 고체를 함유하는 것으로서 다음의 1에 해당하는 것은 제외한다.
    가. 과산화벤조일의 함유량이 35.5중량퍼센트 미만인 것으로서 전분가루, 황산칼슘2수화물 또는 인산수소칼슘2수화물과의 혼합물
    나. 비스(4-클로로벤조일)퍼옥사이드의 함유량이 30중량퍼센트 미만인 것으로서 불활성 고체와의 혼합물
    다. 과산화다이쿠밀의 함유량이 40중량퍼센트 미만인 것으로서 불활성 고체와의 혼합물
    라. 1 · 4비스(2-터셔리뷰틸퍼옥시아이소프로필)벤젠의 함유량이 40중량퍼센트 미만인 것으로서 불활성 고체와의 혼합물
    마. 사이클로헥사논퍼옥사이드의 함유량이 30중량퍼센트 미만인 것으로서 불활성 고체와의 혼합물
21. "산화성 액체"라 함은 액체로서 산화력의 잠재적인 위험성을 판단하기 위하여 고시로 정하는 시험에서 고시로 정하는 성질과 상태를 나타내는 것을 말한다.
22. 과산화수소는 그 농도가 36중량퍼센트 이상인 것에 한하며, 제21호의 성상이 있는 것으로 본다.
23. 질산은 그 비중이 1.49 이상인 것에 한하며, 제21호의 성상이 있는 것으로 본다.
24. 위 표의 성질란에 규정된 성상을 2가지 이상 포함하는 물품(이하 이 호에서 "복수성상물품"이라 한다)이 속하는 품명은 다음의 1에 의한다.
    가. 복수성상물품이 산화성 고체의 성상 및 가연성 고체의 성상을 가지는 경우 : 제2류 제8호의 규정에 의한 품명
    나. 복수성상물품이 산화성 고체의 성상 및 자기반응성 물질의 성상을 가지는 경우 : 제5류 제11호의 규정에 의한 품명
    다. 복수성상물품이 가연성 고체의 성상과 자연발화성 물질의 성상 및 금수성 물질의 성상을 가지는 경우 : 제3류 제12호의 규정에 의한 품명
    라. 복수성상물품이 자연발화성 물질의 성상, 금수성 물질의 성상 및 인화성 액체의 성상을 가지는 경우 : 제3류 제12호의 규정에 의한 품명
    마. 복수성상물품이 인화성 액체의 성상 및 자기반응성 물질의 성상을 가지는 경우 : 제5류 제11호의 규정에 의한 품명
25. 위 표의 지정수량란에 정하는 수량이 복수로 있는 품명에 있어서는 해당 품명이 속하는 유(類)의 품명 가운데 위험성의 정도가 가장 유사한 품명의 지정수량란에 정하는 수량과 같은 수량을 해당 품명의 지정수량으로 한다. 이 경우 위험물의 위험성을 실험 · 비교하기 위한 기준은 고시로 정할 수 있다.
26. 동 표에 의한 위험물의 판정 또는 지정수량의 결정에 필요한 실험은 「국가표준기본법」에 의한 공인시험기관, 한국소방산업기술원, 중앙소방학교 또는 소방청장이 지정하는 기관에서 실시할 수 있다.

5-1 제1류 위험물 - 산화성 고체

① 제1류 위험물의 종류와 지정수량

성질	위험등급	품명	대표품목	지정수량
산화성 고체	I	1. 아염소산염류 2. 염소산염류 3. 과염소산염류 4. 무기과산화물류	$NaClO_2$, $KClO_2$ $NaClO_3$, $KClO_3$, NH_4ClO_3 $NaClO_4$, $KClO_4$, NH_4ClO_4 K_2O_2, Na_2O_2, MgO_2	50kg
	II	5. 브로민산염류 6. 질산염류 7. 아이오딘산염류	$KBrO_3$ KNO_3, $NaNO_3$, NH_4NO_3 KIO_3	300kg
	III	8. 과망가니즈산염류 9. 다이크로뮴산염류	$KMnO_4$ $K_2Cr_2O_7$	1,000kg
	I ~ III	10. 그 밖에 행정안전부령이 정하는 것 ① 과아이오딘산염류 ② 과아이오딘산 ③ 크로뮴, 납 또는 아이오딘의 산화물 ④ 아질산염류	 KIO_4 HIO_4 CrO_3 $NaNO_2$	300kg
		⑤ 차아염소산염류	$LiClO$	50kg
		⑥ 염소화아이소사이아누르산 ⑦ 퍼옥소이황산염류 ⑧ 퍼옥소붕산염류	OCNClONClCONCl $K_2S_2O_8$ $NaBO_3$	300kg
		11. 1~10호의 하나 이상을 함유한 것		50kg, 300kg 또는 1,000kg

② 공통성질, 저장 및 취급 시 유의사항, 예방대책 및 소화방법

(1) 일반성질 및 위험성

① 대부분 무색 결정 또는 **백색 분말**로서 **비중이 1보다 크다.**

② **대부분 물에 잘 녹으며**, 분해하여 산소를 방출한다.

③ 일반적으로 다른 가연물의 연소를 돕는 지연성 물질(자체는 **불연성**)이며 **강산화제**이다.

④ **조연성 물질로 반응성이 풍부하여 열, 충격, 마찰 또는 분해를 촉진하는 약품과의 접촉으로 인해 폭발할 위험이 있다.**

⑤ 착화온도(발화점)가 낮으며 폭발위험성이 있다.

⑥ 대부분 무기화합물이다. (단, 염소화아이소사이아누르산은 유기화합물에 해당함.)

⑦ 유독성과 부식성이 있다.

(2) 저장 및 취급 시 유의사항

① **대부분 조해성을 가지므로 습기 등에 주의하며 밀폐하여 저장할 것**
② 취급 시 용기 등의 파손에 의한 위험물의 누설에 주의할 것
③ 가열, 충격, 마찰 등을 피하고 분해를 촉진하는 약품류 및 가연물과의 접촉을 피할 것
④ 열원과 산화되기 쉬운 물질 및 화재위험이 있는 곳을 멀리할 것
⑤ 통풍이 잘 되는 차가운 곳에 저장할 것
⑥ 환원제 또는 다른 류의 위험물(제2, 3, 4, 5류)과 접촉 등을 엄금한다.
⑦ 알칼리금속의 과산화물을 저장 시에는 다른 1류 위험물과 분리된 장소에 저장하며, 가연물 및 유기물 등과 같이 있을 경우에 충격 또는 마찰 시 폭발할 위험이 있기 때문에 주의한다.

(3) 예방대책

① 가열금지, 화기엄금, 직사광선을 차단한다.
② 충격, 타격, 마찰 등을 피하여야 한다.
③ 용기의 가열, 누출, 파손, 전도를 방지한다.
④ 분해촉매, 이물질과의 접촉을 금지한다.
⑤ 강산류와는 어떠한 경우에도 접촉을 방지한다.
⑥ 조해성 물질은 방습하며, 용기는 밀전한다.

(4) 소화방법

① **원칙적으로 제1류 위험물은 산화성 고체로서 불연성 물질이므로 소화방법이 있을 수 없다. 다만, 가연물의 성질에 따라 아래와 같은 소화방법이 있을 수 있다.**
② 산화제의 분해온도를 낮추기 위하여 물을 주수하는 냉각소화가 효과적이다.
③ **무기과산화물 중 알칼리금속의 과산화물은 물과 급격히 발열반응을 하므로 건조사에 의한 피복소화를 실시한다.**
④ 소화작업 시 공기호흡기, 보안경, 방호의 등 보호장구를 착용한다.
⑤ 소화약제는 무기과산화물류를 제외하고는 냉각소화가 유효하다.(다량의 주수)
⑥ 연소 시 방출되는 산소로 인하여 가연성이 커지고 격렬한 연소현상이 발생하므로 충분한 안전거리 확보 후 소화작업을 실시한다.

③ 각론

(1) 아염소산염류 – 지정수량 50kg

아염소산($HClO_2$)의 수소(H)가 금속 또는 다른 양이온으로 치환된 화합물을 아염소산염이라 하고, 이들 염을 총칭하여 아염소산염류라 한다.

① $NaClO_2$(아염소산나트륨)

㉮ 분자량(90.5), 분해온도(수화물 : 120~130℃, 무수물 : 350℃)

㉯ 무색 또는 백색의 결정성 분말로 조해성이 있고, 무수염은 안정하며, 물에 잘 녹는다.

㉰ 비교적 안정하나 130~140℃ 이상의 온도에서 발열 분해하여 폭발한다.

㉱ **산과 접촉 시 이산화염소(ClO_2)가스를 발생한다.★**

$$3NaClO_2 + 2HCl \rightarrow 3NaCl + 2ClO_2 + H_2O_2$$

② $KClO_2$(아염소산칼륨)

㉮ 분자량(106.5), 분해온도(160℃)

㉯ 백색의 침상결정 또는 결정성 분말로 조해성이 있다.

㉰ 가열하면 160℃에서 산소를 발생하며 열, 일광 및 충격으로 폭발의 위험이 있다.

㉱ 황린, 황, 황화합물, 목탄분과 혼합한 것은 발화폭발의 위험이 있다.

(2) 염소산염류 – 지정수량 50kg

염소산($HClO_3$)의 수소(H)가 금속 또는 다른 양이온으로 치환된 화합물을 염소산염이라 하고, 이러한 염을 총칭하여 염소산염류라 한다.

① $KClO_3$(염소산칼륨)

㉮ 분자량 122.5, 비중 2.32, 분해온도 400℃, 융점 368.4℃, 용해도(20℃) 7.3

㉯ 무색의 결정 또는 백색 분말로서 인체에 독성이 있고 찬물, 알코올에는 잘 녹지 않고, 온수, 글리세린 등에는 잘 녹는다.

㉰ **약 400℃ 부근에서 열분해되기 시작하여 540~560℃에서 과염소산칼륨($KClO_4$)을 생성하고 다시 분해하여 염화칼륨(KCl)과 산소(O_2)를 방출한다.**

열분해반응식 : $2KClO_3 \rightarrow 2KCl + 3O_2$ ★★★

◀ 염소산칼륨의 열분해

$$2KClO_3 \rightarrow KCl + KClO_4 + O_2, \quad KClO_4 \rightarrow KCl + 2O_2 \text{ (at 540~560℃)}$$

㉱ 황산 등의 강산과 접촉으로 격렬하게 반응하여 폭발성의 이산화염소를 발생하고 발열 폭발한다.

◀ 염소산칼륨과 황산의 반응

$$4KClO_3 + 4H_2SO_4 \rightarrow 4KHSO_4 + 4ClO_2 + O_2 + 2H_2O + \text{열}$$

② $NaClO_3$(염소산나트륨)

㉮ 분자량 106.5, 비중(20℃) 2.5, 분해온도 300℃, 융점 240℃

㉯ 무색무취의 입방정계 주상결정이며, 조해성, 흡습성이 있고 물, 알코올, 글리세린, 에터 등에 잘 녹는다.

㉰ 흡습성이 좋으며 강한 산화제로서 **철제용기를 부식시킨다.**

㉱ **산과 반응이나 분해 반응으로 독성이 있으며 폭발성이 강한 이산화염소(ClO_2)를 발생한다.**

$$2NaClO_3 + 2HCl \rightarrow 2NaCl + 2ClO_2 + H_2O_2$$

㉲ 분진이 있는 대기 중에 오래 있으면 피부, 점막 및 시력을 잃기 쉬우며, 다량 섭취할 경우에는 위험하다.

㉳ 300℃에서 가열분해하여 염화나트륨과 산소가 발생한다.

$$2NaClO_3 \rightarrow 2NaCl + 3O_2$$

③ NH_4ClO_3(염소산암모늄)

㉮ 분자량 101.5, 비중(20℃) 1.8, 분해온도 100℃

㉯ 조해성과 금속의 부식성, 폭발성이 크며, 수용액은 산성이다.

㉰ 폭발기(NH_4^+)와 산화기(ClO_3^-)가 결합되었기 때문에 폭발성이 크다.

(3) 과염소산염류 – 지정수량 50kg

과염소산($HClO_4$)의 수소(H)가 금속 또는 다른 양이온으로 치환된 화합물을 과염소산염이라 하고, 이들 염을 총칭하여 과염소산염류라 한다.

① $KClO_4$(과염소산칼륨)

㉮ 분자량 138.5, 비중 2.52, 분해온도 400℃, 융점 610℃

㉯ 무색무취의 결정 또는 백색 분말로 불연성이지만 강한 산화제이다.

㉰ 물에 약간 녹으며, 알코올이나 에터 등에는 녹지 않는다.

㉱ 염소산칼륨보다는 안정하나 가열, 충격, 마찰 등에 의해 분해된다.

㉲ **약 400℃에서 열분해하기 시작하여 약 610℃에서 완전분해되어 염화칼륨과 산소를 방출하며 이산화망가니즈 존재 시 분해온도가 낮아진다.**★★★

$$KClO_4 \rightarrow KCl + 2O_2$$

② $NaClO_4$(과염소산나트륨)

㉮ 분자량 122.5, 비중 2.50, 분해온도 400℃, 융점 482℃

㉯ 무색무취의 결정 또는 백색 분말로 조해성이 있는 불연성인 산화제이다.

㉰ 물, 알코올, 아세톤에 잘 녹으나 에터에는 녹지 않는다.

㉱ 가연물과 유기물 등이 혼합되어 있을 때 가열, 충격, 마찰 등에 의해 폭발한다.

㉲ 130℃ 이상에서 분해하여 산소를 발생하고 촉매(MnO_2)의 존재 하에서 분해가 촉진된다.

③ **NH_4ClO_4(과염소산암모늄)**

㉮ 분자량 117.5, 비중(20℃) 1.87, 분해온도 130℃

㉯ 무색무취의 결정 또는 백색 분말로 조해성이 있는 불연성인 산화제이다.

㉰ 물, 알코올, 아세톤에는 잘 녹으나 에터에는 녹지 않는다.

㉱ 강산과 접촉하거나 가연물 또는 산화성 물질 등과 혼합 시 폭발의 위험이 있다.

$$NH_4ClO_4 + H_2SO_4 \rightarrow NH_4HSO_4 + HClO_4$$

㉲ 상온에서는 비교적 안정하나 약 130℃에서 분해하기 시작하여 약 300℃ 부근에서 급격히 분해하여 폭발한다.

$$2NH_4ClO_4 \rightarrow N_2 + Cl_2 + 2O_2 + 4H_2O$$

(4) 무기과산화물 - 지정수량 50kg

무기과산화물이란 분자 내에 −O−O− 결합을 갖는 산화물의 총칭으로, 과산화수소의 수소 분자가 금속으로 치환된 것이 무기과산화물이다. 또한 단독으로 존재하는 무기과산화물 외에 어떤 물질에 과산화수소가 부가된 형태로 존재하는 과산화수소 부가물도 무기과산화물에 속한다.

① **K_2O_2(과산화칼륨)**

㉮ 분자량 110, 비중은 20℃에서 2.9, 융점 490℃

㉯ 순수한 것은 백색이나 보통은 황색의 분말 또는 과립상으로 흡습성, 조해성이 강하다.

㉰ 불연성이나 물과 접촉하면 발열하며, 대량일 경우에는 폭발한다.

㉱ 가열하면 위험하며 가연물의 혼입, 마찰 또는 습기 등의 접촉은 매우 위험하다.

㉲ **가열하면 열분해하여 산화칼륨(K_2O)과 산소(O_2)를 발생한다.**

$$2K_2O_2 \rightarrow 2K_2O + O_2$$

㉳ **흡습성이 있으므로 물과 접촉하면 발열하며 수산화칼륨(KOH)과 산소(O_2)를 발생한다.**★★

$$2K_2O_2 + 2H_2O \rightarrow 4KOH + O_2$$

㉴ **공기 중의 탄산가스를 흡수하여 탄산염이 생성된다.**★★

$$2K_2O_2 + 2CO_2 \rightarrow 2K_2CO_3 + O_2$$

㉬ **에틸알코올에는 용해하며, 묽은 산과 반응하여 과산화수소(H_2O_2)를 생성한다.**

$$K_2O_2 + 2CH_3COOH \rightarrow 2CH_3COOK + H_2O_2$$

㉭ 황산과 반응하여 황산칼륨과 과산화수소를 생성한다.

$$K_2O_2 + H_2SO_4 \rightarrow K_2SO_4 + H_2O_2$$

② **Na_2O_2(과산화나트륨)**

㉮ 분자량 78, 비중은 20℃에서 2.805, 융점 및 분해온도 460℃

㉯ 순수한 것은 백색이지만 보통은 담홍색을 띠고 있는 정방정계 분말이다.

㉰ **가열하면 열분해하여 산화나트륨(Na_2O)과 산소(O_2)를 발생한다.**

$$2Na_2O_2 \rightarrow 2Na_2O + O_2$$

㉱ 상온에서 물과 급격히 반응하며, 가열하면 분해되어 산소(O_2)를 발생한다.

㉲ **흡습성이 있으므로 물과 접촉하면 발열 및 수산화나트륨(NaOH)과 산소(O_2)를 발생한다.★★**

$$2Na_2O_2 + 2H_2O \rightarrow 4NaOH + O_2$$

㉳ 공기 중의 탄산 가스(CO_2)를 흡수하여 탄산염이 생성된다.★★

$$2Na_2O_2 + 2CO_2 \rightarrow 2Na_2CO_3 + O_2$$

㉴ 피부의 점막을 부식시킨다.

㉵ 에틸알코올에는 녹지 않으나 묽은 산과 반응하여 과산화수소(H_2O_2)를 생성한다.

$$Na_2O_2 + 2CH_3COOH \rightarrow 2CH_3COONa + H_2O_2$$

㉶ 산과 반응하여 과산화수소를 발생한다.

$$Na_2O_2 + 2HCl \rightarrow 2NaCl + H_2O_2$$

③ **MgO_2(과산화마그네슘)**

㉮ 백색 분말로, 시판품은 MgO_2의 함량이 15~25% 정도

㉯ 물에 녹지 않으며, 산(HCl)에 녹아 과산화수소(H_2O_2)를 발생한다.

$$MgO_2 + 2HCl \rightarrow MgCl_2 + H_2O_2$$

㉰ 습기 또는 물과 반응하여 발열하며, 수산화마그네슘과 산소(O)를 발생한다.

$$MgO_2 + H_2O \rightarrow Mg(OH)_2 + [O]$$

④ CaO_2(과산화칼슘)

㉮ 분자량 72, 비중 1.7, 분해온도 275℃

㉯ 무정형의 백색 분말이며, 물에 녹기 어렵고 알코올이나 에터 등에는 녹지 않는다.

㉰ 수화물($CaO_2 \cdot 8H_2O$)은 백색 결정이며, 물에는 조금 녹고 온수에서는 분해된다.

㉱ 가열하면 275℃에서 분해하여 폭발적으로 산소를 방출한다.

$$2CaO_2 \rightarrow 2CaO + O_2$$

㉲ 산(HCl)과 반응하여 과산화수소를 생성한다.

$$CaO_2 + 2HCl \rightarrow CaCl_2 + H_2O_2$$

⑤ BaO_2(과산화바륨)

㉮ 분자량 169, 비중 4.96, 분해온도 840℃, 융점 450℃

㉯ 정방형의 백색 분말로 냉수에는 약간 녹으나, 묽은 산에는 잘 녹는다.

㉰ 알칼리토금속의 과산화물중 매우 안정적인 물질이다.

㉱ 무기과산화물 중 분해온도가 가장 높다.

㉲ 수분과의 접촉으로 수산화바륨과 산소를 발생한다.

$$2BaO_2 + 2H_2O \rightarrow 2Ba(OH)_2 + O_2 + \text{발열}$$

㉳ 묽은 산류에 녹아서 과산화수소가 생성된다.

$$BaO_2 + 2HCl \rightarrow BaCl_2 + H_2O_2$$
$$BaO_2 + 2H_2SO_4 \rightarrow BaSO_4 + H_2O_2$$

(5) 브로민산염류 – 지정수량 300kg

브로민산($HBrO_3$)의 수소(H)가 금속 또는 다른 양이온과 치환된 화합물을 브로민산염이라 하고, 이들 염의 총칭을 브로민산염류라 한다.

① $KBrO_3$(브로민산칼륨)

㉮ 분자량 167, 비중 3.27, 융점(379℃) 이상으로 무취, 백색의 결정 또는 결정성 분말

㉯ 물에는 잘 녹으나 알코올에는 잘 안 녹으며, 가열하면 산소를 방출한다.

$$2KBrO_3 \rightarrow 2KBr + 3O_2$$

㉰ 황화합물, 나트륨, 다이에틸에터, 이황화탄소, 아세톤, 헥세인, 에탄올, 등유 등과 혼촉발화한다.

㉱ 분진을 흡입하면 구토나 위 장애가 발생할 수 있으며, 메타헤모글로빈증을 일으킨다.

② $NaBrO_3$(브로민산나트륨)

㉮ 분자량 151, 비중 3.3, 융점 381℃, 무취, 백색의 결정 또는 결정성 분말 물에 잘 녹는다.

㉯ 강한 산화력이 있고 고온에서 분해하여 산소를 방출한다.

(6) 질산염류 – 지정수량 300kg

질산 HNO_3의 수소가 금속 또는 다른 양이온으로 치환된 화합물을 질산염이라 하고, 이들 염의 총칭을 질산염류라 한다.

① KNO_3(질산칼륨, 질산카리, 초석)

㉮ 분자량 101, 비중 2.1, 융점 339℃, 분해온도 400℃, 용해도 26

㉯ 무색의 결정 또는 백색 분말로 차가운 자극성의 짠맛이 난다.

㉰ 물이나 글리세린 등에는 잘 녹고, 알코올에는 녹지 않는다. 수용액은 중성이다.

㉱ **약 400℃로 가열하면 분해하여 아질산칼륨(KNO_2)과 산소(O_2)가 발생하는 강산화제이다.★★**

$$2KNO_3 \rightarrow 2KNO_2 + O_2$$

㉲ 강한 산화제이므로 가연성 분말이나 유기물과 접촉 시 폭발한다.

㉳ 강력한 산화제로 가연성 분말, 유기물, 환원성 물질과 혼합 시 가열, 충격으로 폭발하며 흑색화약(질산칼륨 75%+황 10%+목탄 15%)의 원료로 이용된다.

$$16KNO_3 + 3S + 21C \rightarrow 13CO_2 + 3CO + 8N_2 + 5K_2CO_3 + K_2SO_4 + 2K_2S$$

② $NaNO_3$(질산나트륨, 칠레초석, 질산소다)

㉮ 분자량 85, 비중 2.27, 융점 308℃, 분해온도 380℃, 무색의 결정 또는 백색 분말로 조해성 물질이다.

㉯ 물이나 글리세린 등에는 잘 녹고 알코올에는 녹지 않는다.

㉰ 약 380℃에서 분해되어 아질산나트륨($NaNO_2$)과 산소(O_2)를 생성한다.

$$2NaNO_3 \rightarrow 2NaNO_2 + O_2$$

③ NH_4NO_3(질산암모늄, 초안, 질안, 질산암몬)

㉮ 분자량 80, 비중 1.73, 융점 165℃, 분해온도 220℃, 무색, 백색 또는 연회색의 결정

㉯ 조해성과 흡습성이 있고, 물에 녹을 때 열을 대량 흡수하여 한제로 이용된다.(흡열반응)

㉰ **약 220℃에서 가열할 때 분해되어 아산화질소(N_2O)와 수증기(H_2O)를 발생시키고 계속 가열하면 폭발한다.**

$$2NH_4NO_3 \rightarrow 2N_2O + 4H_2O$$

㉣ 강력한 산화제로 화약의 재료이며 200℃에서 열분해하여 산화이질소와 물을 생성한다. 특히 AN-FO폭약은 NH_4NO_3와 경유를 94%와 6%로 혼합하여 기폭약으로 사용되며 단독으로도 폭발의 위험이 있다.

㉤ **급격한 가열이나 충격을 주면 단독으로 폭발한다.★**

$$2NH_4NO_3 \rightarrow 4H_2O + 2N_2 + O_2$$

④ **$AgNO_3$(질산은)**

㉮ 무색무취의 투명한 결정으로 물, 아세톤, 알코올, 글리세린에 잘 녹는다.

㉯ 분자량 170, 융점 212℃, 비중 4.35, 445℃로 가열하면 산소를 발생한다.

㉰ 아이오딘에틸사이안과 혼합하면 폭발성 물질이 형성되며, 햇빛에 의해 변질되므로 갈색병에 보관해야 한다. 사진감광제, 부식제, 은도금, 사진제판, 촉매 등으로 사용된다.

㉱ **분해반응식**

$$2AgNO_3 \rightarrow 2Ag + 2NO_2 + O_2$$

(7) 아이오딘산염류 - 지정수량 300kg

아이오딘산(HIO_3)의 수소(H)가 금속 또는 다른 양이온과 치환되어 있는 화합물을 아이오딘산염이라 하고, 이들 염의 총칭을 아이오딘산염류라 한다.

① **KIO_3(아이오딘산칼륨)**

㉮ 분자량 214, 비중 3.89, 융점 560℃

㉯ 무색 또는 광택 나는 무색의 결정성 분말로 수용액은 중성이다.

② **$NaIO_3$(아이오딘산나트륨)**

㉮ 융점 42℃로 백색 결정 또는 백색의 결정성 분말

㉯ 수용액은 중성이다.

③ **NH_4IO_3(아이오딘산암모늄)**

㉮ 무색의 결정, 비중 3.3

㉯ 금속과 접촉하면 심하게 분해하며, 150℃ 이상으로 가열하면 분해한다.

$$NH_4IO_3 \rightarrow NH_3 + I_2 + O_2$$

㉰ 황린, 인화성 액체류, 칼륨, 나트륨 등과 혼촉에 의해 폭발의 위험이 있다.

(8) 과망가니즈산염류 – 지정수량 1,000kg

과망가니즈산($HMnO_4$)의 수소(H)가 금속 또는 양이온과 치환된 화합물을 과망가니즈산염이라 하고, 이들 염을 총칭하여 과망가니즈산염류라 한다. 공기 중에서는 안정되어 있고, 일반적으로 질산염류보다 위험성은 적으나, 질산염류와 같이 강력한 산화제이다.

① $KMnO_4$(과망가니즈산칼륨)

㉮ 분자량 158, 비중 2.7, 분해온도 약 200~250℃, 흑자색 또는 적자색의 결정

㉯ 수용액은 산화력과 살균력(3%－피부 살균, 0.25%－점막 살균)을 나타낸다.

㉰ 240℃에서 가열하면 망가니즈산칼륨, 이산화망가니즈, 산소를 발생한다.

$$2KMnO_4 \rightarrow K_2MnO_4 + MnO_2 + O_2$$

㉱ **에테르, 알코올류, [진한 황산+(가연성 가스, 염화칼륨, 테레빈유, 유기물, 피크르산)]과 혼촉되는 경우 발화하고 폭발의 위험성을 갖는다.★★**

◀ 과망가니즈산칼륨과 글리세린의 혼촉발화

(묽은 황산과의 반응식)

$$4KMnO_4 + 6H_2SO_4 \rightarrow 2K_2SO_4 + 4MnSO_4 + 6H_2O + 5O_2$$

(진한 황산과의 반응식)

$$2KMnO_4 + H_2SO_4 \rightarrow K_2SO_4 + 2HMnO_4$$

㉲ 고농도의 과산화수소와 접촉 시 폭발하며 황화인과 접촉 시 자연발화의 위험이 있다.

㉳ 환원성 물질(목탄, 황 등)과 접촉 시 폭발할 위험이 있다.

㉴ 망가니즈산화물의 산화성의 크기 : $MnO < Mn_2O_3 < KMnO_2 < Mn_2O_7$

② $NaMnO_4$(과망가니즈산나트륨)

㉮ 분자량 142, 조해성의 적자색 결정으로 물에 매우 잘 녹는다.

㉯ 가열하면 융점(170℃) 부근에서 분해하여 산소를 발생한다.

㉰ 적린, 황, 금속분, 유기물과 혼합하면 가열, 충격에 의해 폭발한다.

㉱ 나트륨, 다이에틸에터, 이황화탄소, 아세톤, 톨루엔, 진한 황산, 질산, 삼산화크로뮴 등과 혼촉 발화한다.

(9) 다이크로뮴산염류 – 지정수량 1,000kg

다이크로뮴산($H_2Cr_2O_7$)의 수소(H)가 금속 또는 다른 양이온으로 치환된 화합물을 다이크로뮴산이라 하고, 이들 염을 총칭하여 다이크로뮴산염류라 한다.

① $K_2Cr_2O_7$(다이크로뮴산칼륨)

㉮ 분자량 294, 비중 2.69, 융점 398℃, 분해온도 500℃, 등적색의 결정 또는 결정성 분말

㉯ 쓴맛, 금속성 맛, 독성이 있다.

㉰ **흡습성이 있는 등적색의 결정, 물에는 녹으나 알코올에는 녹지 않는다.★**

㉣ 산성용액에서 강한 산화제이다.

$$K_2Cr_2O_7 + 4H_2SO_4 \rightarrow K_2SO_4 + Cr_2(SO_4)_3 + 4H_2O + 3[O]$$

㉤ 강산화제이며, 500℃에서 분해하여 산소를 발생하며, 가연물과 혼합된 것은 발열, 발화하거나 가열, 충격 등에 의해 폭발할 위험이 있다.

$$4K_2Cr_2O_7 \rightarrow 4K_2CrO_4 + 2Cr_2O_3 + 3O_2$$

㉥ 부식성이 강해 피부와 접촉 시 점막을 자극한다.

② **$Na_2Cr_2O_7$(다이크로뮴산나트륨)**

㉮ 분자량 262, 비중 2.52, 융점 356℃, 분해온도 400℃

㉯ 흡습성과 조해성이 있는 등황색 또는 등적색의 결정이다.

㉰ 물에는 녹으나 알코올에는 녹지 않는다.

③ **$(NH_4)_2Cr_2O_7$(다이크로뮴산암모늄)**

㉮ 분자량 252, 비중 2.15, 분해온도 185℃

㉯ 물, 알코올에는 녹지만, 아세톤에는 녹지 않는다.

㉰ 적색 또는 등적색의 침상결정으로 융점(185℃) 이상 가열하면 분해한다.

$$(NH_4)_2Cr_2O_7 \rightarrow N_2 + 4H_2O + Cr_2O_3$$

(10) 삼산화크로뮴(무수크로뮴산, CrO_3) - 지정수량 300kg

① 분자량 100, 비중 2.7, 융점 196℃, 분해온도 250℃

② 암적색의 침상결정으로 물, 에터, 알코올, 황산에 잘 녹는다.

③ 진한 다이크로뮴나트륨 용액에 황산을 가하여 만든다.

$$Na_2Cr_2O_7 + H_2SO_4 \rightarrow 2CrO_3 + Na_2SO_4 + H_2O$$

④ **융점 이상으로 가열하면 200~250℃에서 분해하여 산소를 방출하고 녹색의 삼산화이크로뮴으로 변한다.**

$$4CrO_3 \rightarrow 2Cr_2O_3 + 3O_2$$

⑤ 강력한 산화제이다. 크로뮴산화물의 산화성의 크기는 다음과 같다.

$$CrO < Cr_2O_3 < CrO_3$$

⑥ 물과 접촉하면 격렬하게 발열하고, 따라서 가연물과 혼합하고 있을 때 물이 침투되면 발화위험이 있다.

⑦ 인체에 대한 독성이 강하다.

Part 5 연/습/문/제 (제1류 위험물)

01 주수소화를 하면 위험성이 증가하는 것은?

㉮ 과산화칼륨 ㉯ 과망가니즈산칼륨
㉰ 과염소산칼륨 ㉱ 브로민산칼륨

해설 과산화칼륨(K_2O_2)은 제1류 위험물(산화성 고체) 중 무기과산화물에 속하며 무기과산화물은 물과 격렬하게 발열반응하여 분해하고, 다량의 산소를 발생한다. 따라서 소화작업 시에 주수소화는 위험하고, 탄산소다, 마른모래 등으로 덮어 질식소화가 효과적이다.

답 ㉮

02 제1류 위험물로서 물과 반응하여 발열하면서 산소를 발생하는 것은?

㉮ 염소산나트륨 ㉯ 탄화칼슘
㉰ 질산암모늄 ㉱ 과산화나트륨

해설 과산화나트륨(Na_2O_2)은 제1류 위험물(산화성 고체) 중 알칼리금속의 과산화물로서 물과 접촉하면 발열하며 산소가스(O_2)를 발생한다.

답 ㉱

03 제1류 위험물을 취급할 때의 주의 사항으로서 틀린 것은?

㉮ 환기가 잘 되는 서늘한 곳에 저장한다.
㉯ 가열, 충격, 마찰을 피한다.
㉰ 가연물과의 접촉을 피한다.
㉱ 밀폐용기는 위험하므로 개방용기를 사용해야 한다.

해설 제1류 위험물은 조해성이 있으므로 습기에 주의하며 용기는 밀폐하여 저장한다.
※ 조해성 : 공기 중에 노출되어 있는 고체가 수분을 흡수하여 녹는 현상

답 ㉱

04 과산화리튬의 화재현장에서 주수소화가 불가능한 이유는?

㉮ 수소가 발생하기 때문에
㉯ 산소가 발생하기 때문에
㉰ 이산화탄소가 발생하기 때문에
㉱ 일산화탄소가 발생하기 때문에

해설 과산화리튬(Li_2O_2)이 물과 반응하면 발열하면서 산소를 발생한다.
$2Li_2O_2 + 2H_2O \rightarrow 4LiOH + O_2$

답 ㉯

05 질산칼륨을 약 400℃에서 가열하여 열분해시킬 때 주로 생성되는 물질은?

㉮ 질산과 산소
㉯ 질산과 칼륨
㉰ 아질산칼륨과 산소
㉱ 아질산칼륨과 질소

해설 질산칼륨(KNO_3)은 제1류 위험물(산화성 고체로) 중 질산염류에 해당되며 약 400℃로 가열하면 분해하여 아질산칼륨(KNO_2)과 산소(O_2)가 발생하는 강산화제이다.

답 ㉰

06 제1류 위험물에 충분한 에너지를 가하면 공통적으로 발생하는 가스는?

㉮ 염소 ㉯ 질소
㉰ 수소 ㉱ 산소

해설 제1류 위험물(산화성 고체)은 산소를 다량 함유한 강산화제로서 가열, 충격 및 마찰 등에 의해 분해되어 산소가스(O_2)를 발생한다.

답 ㉱

07 **다음 품명 중 위험물의 유별 구분이 나머지 셋과 다른 것은?**

㉮ 질산에스터류 ㉯ 아염소산염류
㉰ 질산염류 ㉱ 무기과산화물

해설
㉮ 질산에스터류 : 제5류 위험물(자기 반응성 물질)
㉯ 아염소산염류 : 제1류 위험물(산화성 고체)
㉰ 질산염류 : 제1류 위험물(산화성 고체)
㉱ 무기과산화물류 : 제1류 위험물(산화성 고체)

답 ㉮

08 **분자량이 약 110인 무기과산화물로 물과 접촉하여 발열하는 것은?**

㉮ 과산화벤젠 ㉯ 과산화마그네슘
㉰ 과산화칼슘 ㉱ 과산화칼륨

해설
㉮ 과산화벤젠[$C_6H_5C(=O)OOH$] : 138
㉯ 과산화마그네슘(MgO_2) : 56
㉰ 과산화칼슘(CaO_2) : 72
㉱ 과산화칼륨(K_2O_2) : 110

답 ㉱

09 **모두 고체로만 이루어진 위험물은?**

㉮ 제1류 위험물, 제2류 위험물
㉯ 제2류 위험물, 제3류 위험물
㉰ 제3류 위험물, 제5류 위험물
㉱ 제1류 위험물, 제5류 위험물

해설
① 제1류 위험물(산화성 고체)
② 제2류 위험물(가연성 고체)
③ 제3류 위험물(자연발화성 물질 및 금수성 물질)
④ 제4류 위험물(인화성 액체)
⑤ 제5류 위험물(자기반응성 물질)
⑥ 제6류 위험물(산화성 액체)

답 ㉮

10 **과염소산칼륨에 황린이나 마그네슘분을 혼합하면 위험한 이유를 가장 옳게 설명한 것은?**

㉮ 외부의 충격에 의해 폭발할 수 있으므로
㉯ 전지가 형성되어 열이 발생하므로
㉰ 발화점이 높아지므로
㉱ 용융하므로

해설
과염소산칼륨($KClO_4$)은 제1류 위험물(산화성 고체)로서 신소를 다량 함유한 강산화제이므로 황린(P_4)이나 마그네슘분(Mg)의 혼합 시 외부의 충격에 의해 폭발의 위험성이 있다.

답 ㉮

11 **지정수량이 나머지 셋과 다른 것은?**

㉮ 염소산나트륨 ㉯ 과산화칼슘
㉰ 질산칼륨 ㉱ 아염소산나트륨

해설
㉮ 염소산나트륨 : 50kg
㉯ 과산화칼슘 : 50kg
㉰ 질산칼륨 : 300kg
㉱ 아염소산나트륨 : 50kg

답 ㉰

12 **염소산나트륨의 저장 및 취급에 관한 설명으로 틀린 것은?**

㉮ 건조하고 환기가 잘 되는 곳에 저장한다.
㉯ 방습에 유의하여 용기를 밀전시킨다.
㉰ 유리용기는 부식되므로 철제용기를 사용한다.
㉱ 금속분류의 혼입을 방지한다.

해설
$NaClO_2$(아염소산나트륨)은 제1류 위험물(산화성 고체) 중 염소산염류에 해당되며 강산화제로서 철제용기를 부식시키므로 유리 등의 용기에 저장한다.

답 ㉰

13 **제1류 위험물이 위험을 내포하고 있는 이유를 옳게 설명한 것은?**

㉮ 산소를 함유하고 있는 강산화제이기 때문에
㉯ 수소를 함유하고 있는 강환원제이기 때문에
㉰ 염소를 함유하고 있는 독성 물질이기 때문에
㉱ 이산화탄소를 함유하고 있는 질식제이기 때문에

해설 제1류 위험물(산화성 고체)은 산소를 다량 함유하고 있어 다른 가연물의 연소를 돕는 지연성 물질(자신은 불연성)이며 강산화제이다.

답 ㉮

14 염소산칼륨의 위험성에 관한 설명 중 옳은 것은?

㉮ 아이오딘, 알코올류와 접촉하면 심하게 반응한다.
㉯ 인화점이 낮은 가연성 물질이다.
㉰ 물에 접촉하면 가연성 가스를 발생한다.
㉱ 물을 가하면 발열하고 폭발한다.

해설 $KClO_3$(염소산칼륨)은 제1류 위험물(산화성 고체) 중 염소산염류에 해당하는 강산화제로 가연성 물질인 아이오딘, 알코올류와 접촉하면 심하게 반응한다.

답 ㉮

15 물과 접촉하면 발열하면서 산소를 방출하는 것은?

㉮ 과산화칼륨 ㉯ 염소산암모늄
㉰ 염소산칼륨 ㉱ 과망가니즈산칼륨

해설 과산화칼륨(K_2O_2)은 제1류 위험물(산화성 고체) 중 알칼리금속에 해당되며 물과 접촉하면 수산화칼륨(KOH)과 산소(O_2)를 발생한다.
$2K_2O_2+2H_2O \rightarrow 4KOH+O_2$

답 ㉮

16 염소산칼륨의 지정수량을 옳게 나타낸 것은?

㉮ 10kg ㉯ 50kg
㉰ 500kg ㉱ 1,000kg

답 ㉯

17 산화성 고체 위험물에 속하지 않는 것은?

㉮ $KClO_3$ ㉯ $NaClO_4$
㉰ KNO_3 ㉱ $HClO_4$

해설
㉮ $KClO_3$: 염소산칼륨, 제1류 위험물(산화성 고체) – 염소산염류
㉯ $NaClO_4$: 과염소산나트륨, 제1류 위험물(산화성 고체) – 과염소산염류
㉰ KNO_3 : 질산칼륨, 제1류 위험물(산화성 고체) – 질산염류
㉱ $HClO_4$: 과염소산, 제6류 위험물(산화성 액체)

답 ㉱

18 제1류 위험물의 일반적인 공통성질에 대한 설명 중 틀린 것은?

㉮ 대부분 유기물이며 무기물도 포함되어 있다.
㉯ 산화성 고체이다.
㉰ 가연물과 혼합하면 연소 또는 폭발의 위험이 크다.
㉱ 가열, 충격, 마찰 등에 의해 분해될 수 있다.

해설 제1류 위험물(산화성 고체)은 모두 무기물이다.

답 ㉮

19 질산나트륨의 성상에 대한 설명 중 틀린 것은?

㉮ 조해성이 있다.
㉯ 강력한 환원제이며 물보다 가볍다.
㉰ 열분해하여 산소를 방출한다.
㉱ 가연물과 혼합하면 충격에 의해 발화할 수 있다.

해설 $NaNO_3$(질산나트륨, 칠레초석, 질산소다)은 제1류 위험물(산화성 고체)로서 산소를 다량 함유하고 있는 강산화제이며 물보다 무겁다.

답 ㉯

20 질산칼륨에 대한 설명 중 틀린 것은?

㉮ 물에 녹는다.
㉯ 흑색화약의 원료로 사용된다.
㉰ 가열하면 분해하여 산소를 방출한다.
㉱ 단독폭발 방지를 위해 유기물 중에 보관한다.

해설 KNO_3(질산칼륨, 질산카리, 초석)은 제1류 위험물(산화성 고체)이며 강력한 산화제로 가연성 분말, 유기물, 환원성 물질과 혼합 시 가열, 충격으로 폭발하며 흑색화약(질산칼륨 75%+황 10%+목탄 15%)의 원료로 이용된다.
$16KNO_3+3S+21C$
$\rightarrow 13CO_2+3CO+8N_2+5K_2CO_3+K_2SO_4+K_2S$

답 ㉣

21 과망가니즈산칼륨의 설명으로 틀린 것은?

㉮ 분자식은 $KMnO_4$이며, 분자량은 약 158이다.
㉯ 수용액은 보라색이며 산화력이 강하다.
㉰ 가열하면 분해하여 산소를 방출한다.
㉱ 에탄올과 아세톤에는 불용이므로 보호액으로 사용한다.

해설 과망가니즈산칼륨($KMnO_4$)은 제1류 위험물(산화성 고체) 중 과망가니즈산염류로서 강산화제이므로 제4류 위험물(인화성 액체)인 에탄올(CH_3OH), 아세톤(CH_3COCH_3)과 혼촉 시 발화, 폭발의 위험성이 있으므로 이들을 보호액으로 사용할 수 없다.

답 ㉣

22 물과 접촉할 때 열과 산소를 발생하는 것은?

㉮ 과산화칼륨
㉯ 과망가니즈산칼륨
㉰ 과산화수소
㉱ 과염소산칼륨

해설 과산화칼륨(K_2O_2)은 제1류 위험물(산화성 고체) 중 알칼리금속의 과산화물로서 물과 격렬히 반응하여 발열하고 산소를 방출한다.
$2K_2O_2+2H_2O \rightarrow 4KOH+O_2$

답 ㉮

23 다음 중 물과 반응하여 산소를 발생하는 것은?

㉮ $KClO_3$　㉯ $NaNO_3$
㉰ Na_2O_2　㉱ $KMnO_4$

해설 과산화나트륨의 경우 흡습성이 있으므로 물과 접촉하면 수산화나트륨(NaOH)과 산소(O_2)를 발생한다.
$2Na_2O_2+2H_2O \rightarrow 4NaOH+O_2$

답 ㉰

24 다음 중 산을 가하면 이산화염소를 발생시키는 물질은?

㉮ 아염소산나트륨
㉯ 브로민산나트륨
㉰ 옥소산칼륨
㉱ 다이크로뮴산나트륨

해설 아염소산나트륨은 산과 접촉 시 이산화염소(ClO_2) 가스를 발생한다.
$2NaClO_2+2HCl \rightarrow 3NaCl+2ClO_2+H_2O_2$

답 ㉮

25 다음 중 염소산칼륨의 성질에 대한 설명으로 옳은 것은?

㉮ 가연성 액체이다.
㉯ 강력한 산화제이다.
㉰ 물보다 가볍다.
㉱ 열분해하면 수소를 발생한다.

해설 염소산칼륨은 제1류 위험물(산화성 고체) 중 염소산염류에 해당되며, 불연성 물질로서 비중이 1보다 크며, 산소를 다량 함유한 강산화제로서 분해하면 산소 가스를 발생한다.

답 ㉯

26 다음 중 질산암모늄에 대한 설명으로 틀린 것은?

㉮ 열분해하여 산화이질소가 발생한다.
㉯ 폭약제조 시 산소공급제로 사용된다.
㉰ 물에 녹을 때 많은 열을 발생한다.
㉱ 무취의 결정이다.

해설 조해성과 흡습성이 있고, 물에 녹을 때 열을 대량 흡수하여 한제로 이용된다.

답 ㉰

27 **과산화바륨에 대한 설명 중 틀린 것은?**

㉮ 약 840℃의 고온에서 분해하여 산소를 발생한다.
㉯ 알칼리금속의 과산화물에 해당된다.
㉰ 비중은 1보다 크다.
㉱ 유기물과의 접촉을 피한다.

해설 바륨은 알칼리토금속으로 과산화바륨은 제1류 위험물(산화성 고체) 무기과산화물 중 알칼리토금속의 과산화물에 해당된다.

답 ㉯

28 **과산화나트륨에 의해 화재가 발생하였다. 진화 작업 과정이 잘못된 것은?**

㉮ 공기호흡기를 착용한다.
㉯ 가능한 한 주수소화를 한다.
㉰ 건조사나 암분으로 피복소화한다.
㉱ 가능한 한 과산화나트륨과의 접촉을 피한다.

해설 과산화나트륨은 흡습성이 있으므로 물과 접촉하면 수산화나트륨(NaOH)과 산소(O_2)를 발생한다.

$$Na_2O_2 + H_2O \rightarrow 2NaOH + \frac{1}{2}O_2$$

답 ㉯

29 **염소산칼륨과 염소산나트륨의 공통성질에 대한 설명으로 적합한 것은?**

㉮ 물과 작용하여 발열 또는 발화한다.
㉯ 가연물과 혼합 시 가열, 충격에 의해 연소위험이 있다.
㉰ 독성은 없으나 연소생성물은 유독하다.
㉱ 상온에서 발화하기 쉽다.

해설 염소산칼륨과 염소산나트륨은 제1류 위험물(산화성 고체)로 가연물과 혼합 시 가열, 충격에 의해 연소 위험이 있다.

답 ㉯

30 **알칼리금속과산화물에 관한 일반적인 설명으로 옳은 것은?**

㉮ 안정한 물질이다.
㉯ 물을 가하면 발열한다.
㉰ 주로 환원제로 사용된다.
㉱ 더 이상 분해되지 않는다.

해설 알칼리금속과산화물은 제1류 위험물(산화성 고체) 중 무기과산화물로서 분자 내에 불안정한 과산화물(−O−O−)을 가지고 있기 때문에 물과 쉽게 반응하여 산소가스(O_2)를 방출하며 발열을 동반한다. (주수소화 불가)

답 ㉯

31 **질산칼륨에 대한 설명으로 옳은 것은?**

㉮ 조해성과 흡습성이 강하다.
㉯ 칠레초석이라고도 한다.
㉰ 물에 녹지 않는다.
㉱ 흑색 화약의 원료이다.

해설 질산칼륨은 조해성이 있으며 흡습성은 없다. 글리세린에 잘 녹으며, 황과 숯가루와 혼합하여 흑색화약을 제조한다.

답 ㉱

32 **다음 중 과산화칼륨에 대한 설명으로 틀린 것은?**

㉮ 융점은 약 490℃이다.
㉯ 무색 또는 오렌지색의 분말이다.
㉰ 물과 반응하여 주로 수소를 발생한다.
㉱ 물보다 무겁다.

해설 과산화바륨은 제1류 위험물(산화성 고체) 중 무기과산화물로서 분자 내에 불안정한 과산화물(−O−O−)을 가지고 있기 때문에 물과 쉽게 반응하여 산소가스(O_2)를 방출하며 발열을 동반한다. (주수소화 불가)

답 ㉰

33 **염소산나트륨을 가열하여 분해시킬 때 발생하는 기체는?**

㉮ 산소　　㉯ 질소
㉰ 나트륨　　㉱ 수소

해설
염소산나트륨($NaClO_3$)은 300℃에서 가열분해하여 염화나트륨과 산소가 발생한다.
$2NaClO_3 \rightarrow 2NaCl + 3O_2$

답 ㉮

34 **다음 중 물과 반응하여 조연성 가스를 발생하는 것은?**

㉮ 과염소산나트륨
㉯ 질산나트륨
㉰ 다이크로뮴산나트륨
㉱ 과산화나트륨

해설
과산화나트륨은 물과 접촉하면 수산화나트륨($NaOH$)과 산소(O_2)를 발생한다.

$Na_2O_2 + H_2O \rightarrow 2NaOH + \frac{1}{2}O_2$

제1류 위험물(산화성 고체)은 물(H_2O)과 반응하지 않기 때문에 주수에 의한 냉각소화를 실시한다. 하지만 예외적으로 무기과산화물은 분자 내에 불안정한 과산화물(−O−O−)을 가지고 있기 때문에 물과 쉽게 반응하여 산소가스(O_2)를 방출하며 발열을 동반한다.

답 ㉱

35 **다음 물질 중 과산화나트륨과 혼합하였을 때 수산화나트륨과 산소를 발생하는 것은?**

㉮ 온수　　㉯ 일산화탄소
㉰ 이산화탄소　　㉱ 초산

해설
과산화나트륨(Na_2O_2)은 물과 반응하면 산소가스를 발생하고 많은 열을 발생한다.

$Na_2O_2 + H_2O \rightarrow 2NaOH + \frac{1}{2}O_2$

제1류 위험물(산화성 고체) 중 무기과산화물은 분자 내에 불안정한 과산화물(−O−O−)을 가지고 있기 때문에 물과 쉽게 반응하여 산소가스(O_2)를 방출하며 발열을 동반한다. (주수소화 불가)

답 ㉮

36 **산화성 고체 위험물의 화재예방과 소화방법에 대한 설명 중 틀린 것은?**

㉮ 무기과산화물의 화재 시 물에 의한 냉각소화 원리를 이용하여 소화한다.
㉯ 통풍이 잘 되는 차가운 곳에 저장한다.
㉰ 분해 촉매, 이물질과의 접촉을 피한다.
㉱ 조해성 물질은 방습하고 용기는 밀전한다.

해설
무기과산화물은 물과 접촉 시 발열반응 및 산소가스를 방출한다.
제1류 위험물(산화성 고체) 중 무기과산화물은 분자 내에 불안정한 과산화물(−O−O−)을 가지고 있기 때문에 물과 쉽게 반응하여 산소가스(O_2)를 방출하며 발열을 동반한다. (주수소화 불가)

답 ㉮

37 **다음 물질 중 과염소산칼륨과 혼합했을 때 발화폭발의 위험이 가장 높은 것은?**

㉮ 석면　　㉯ 금
㉰ 유리　　㉱ 목탄

해설
과염소산칼륨($KClO_4$)은 제1류 위험물(산화성 고체)로서 탄소, 인, 황, 유기물이 섞여 있으며 가열, 충격, 마찰에 의해 폭발한다.

답 ㉱

38 **과산화나트륨의 저장 및 취급 시의 주의사항에 관한 설명 중 틀린 것은?**

㉮ 가열 · 충격을 피한다.
㉯ 유기 물질의 혼입을 막는다.
㉰ 가연물과의 접촉을 피한다.
㉱ 화재예방을 위해 물분무소화설비 또는 스프링클러설비가 설치된 곳에 보관한다.

해설
과산화나트륨(Na_2O_2)은 제1류 위험물(산화성 고체) 중 무기과산화물로 물과 반응하여 산소가스(O_2)를 발생하기 때문에 수계 소화설비 설치를 금지해야 한다.

답 ㉱

39 **과산화칼륨의 위험성에 대한 설명 중 틀린 것은?**

㉮ 가연물과 혼합 시 충격이 가해지면 발화할 위험이 있다.
㉯ 접촉 시 피부를 부식시킬 위험이 있다.
㉰ 물과 반응하여 산소를 방출한다.
㉱ 가연성 물질이므로 화기접촉에 주의하여야 한다.

해설 과산화칼륨은 제1류 위험물 무기과산화물류에 속하며 불연성 물질이다.
제1류 위험물(산화성 고체)과 제6류 위험물(산화성 액체)은 산화반응이 끝난 고체 및 액체(포화산화물)이기 때문에 더 이상 산화하지 않는다. (=불연성)

답 ㉱

40 **과산화바륨의 성질을 설명한 내용 중 틀린 것은?**

㉮ 고온에서 열분해하여 산소를 발생한다.
㉯ 황산과 반응하여 과산화수소를 만든다.
㉰ 비중은 약 4.96이다.
㉱ 온수와 접촉하면 수소가스를 발생한다.

해설 과산화바륨은 물과 반응하면 조연성 가스인 산소가스를 발생한다.
$2BaO_2 + 2H_2O \rightarrow 2Ba(OH)_2 + O_2 +$ 발열

답 ㉱

41 **과염소산암모늄이 300℃에서 분해되었을 때 주요 생성물이 아닌 것은?**

㉮ NO_3 ㉯ Cl_2
㉰ O_2 ㉱ N_2

해설 과염소산암모늄은 상온에서는 비교적 안정하나 약 130℃에서 분해하기 시작하여 약 300℃ 부근에서 급격히 분해하여 폭발한다.
$2NH_4ClO_4 \rightarrow N_2 + Cl_2 + 2O_2 + 4H_2O$

답 ㉮

5-2 제2류 위험물 - 가연성 고체

1 제2류 위험물의 종류와 지정수량

성질	위험등급	품명	대표품목	지정수량
가연성 고체	Ⅱ	1. 황화인 2. 적린(P) 3. 황(S)	P_4S_3, P_2S_5, P_4S_7	100kg
	Ⅲ	4. 철분(Fe) 5. 금속분 6. 마그네슘(Mg)	Al, Zn	500kg
		7. 인화성 고체	고형 알코올	1,000kg

2 공통성질, 저장 및 취급 시 유의사항, 예방대책 및 소화방법

(1) 공통성질

① 비교적 낮은 온도에서 착화하기 쉬운 가연성 고체로서 **이연성, 속연성 물질**이다.

② 연소속도가 매우 빠르고, **연소 시 유독가스를 발생**하며, 연소열이 크고, 연소온도가 높다.

③ **강환원제**로서 **비중이 1보다 크며**, 인화성 고체를 제외하고 무기화합물이다.

④ 산화제와 접촉, 마찰로 인하여 착화되면 급격히 연소한다.

⑤ **철분, 마그네슘, 금속분은 물과 산의 접촉 시 발열한다.**

⑥ 금속은 양성 원소이므로 산소와의 결합력이 일반적으로 크고, 이온화 경향이 큰 금속일수록 산화되기 쉽다.

(2) 저장 및 취급 시 유의사항

① 점화원을 멀리하고 가열을 피한다.

② 산화제의 접촉을 피한다.

③ 용기 등의 파손으로 위험물이 누출되지 않도록 한다.

④ 금속분(철분, 마그네슘, 금속분 등)은 물이나 산과의 접촉을 피한다.

⑤ 용기는 밀전, 밀봉하여 누설에 주의한다.

(3) 예방대책

① 화기엄금, 가열엄금, 고온체와의 접촉을 피한다.

② 산화제인 제1류 위험물, 제6류 위험물 같은 물질과 혼합, 혼촉을 방지한다.

③ 통풍이 잘 되는 냉암소에 보관, 저장하며, 폐기 시는 소량씩 소각 처리한다.

(4) 소화방법

① 다량의 주수에 의한 **냉각소화**

② 황화인, 철분, 금속분, 마그네슘의 화재에는 건조사에 의한 질식소화

3 고체의 인화위험성 시험방법에 의한 위험성 평가

인화의 위험성 시험은 인화점 측정에 의하며 그 방법은 다음에 의한다.

① 시험장소는 1기압의 무풍의 장소로 할 것

② 다음 그림의 신속평형법 시료컵을 설정온도까지 가열 또는 냉각하여 시험물품 2g을 시료컵에 넣고 뚜껑 및 개폐기를 닫을 것

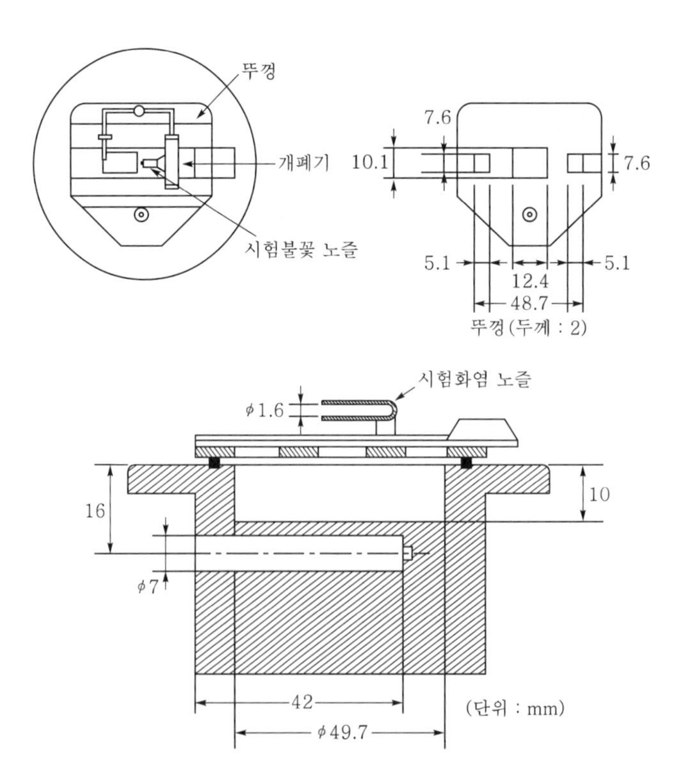

③ 시료컵의 온도를 5분간 설정온도로 유지할 것

④ 시험불꽃을 점화하고 화염의 크기를 직경 4mm가 되도록 조정할 것

⑤ 5분 경과 후 개폐기를 작동하여 시험불꽃을 시료컵에 2.5초간 노출시키고 닫을 것. 이 경우 시험불꽃을 급격히 상하로 움직이지 아니하여야 한다.

⑥ 인화한 경우에는 인화하지 않게 될 때까지 설정온도를 낮추고, 인화하지 않는 경우에는 인화할 때까지 높여 반복하여 인화점을 측정할 것

4 각론

(1) 황화인-지정수량 100kg

① 일반적 성질

구분	P_4S_3(삼황화인)	P_2S_5(오황화인)	P_4S_7(칠황화인)
분자량	220	222	348
색상	황색 결정	담황색 결정	담황색 결정 덩어리
물에 대한 용해성	불용성	조해성, 흡습성	조해성
비중	2.03	2.09	2.19
비점(℃)	407	514	523
융점	172.5	290	310
발생물질	P_2O_5, SO_2	H_2S, H_3PO_4	H_2S
착화점	약 100℃	142℃	-

㉮ **삼황화인**(P_4S_3) : 물, 황산, 염산 등에는 녹지 않고, **질**산이나 **이**황화탄소(CS_2), **알**칼리 등에 녹는다.

㉯ **오황화인**(P_2S_5) : **알**코올이나 **이**황화탄소(CS_2)에 녹으며, 물이나 알칼리와 반응하면 분해하여 황화수소(H_2S)와 인산(H_3PO_4)으로 된다.

$$P_2S_5 + 8H_2O \rightarrow 5H_2S + 2H_3PO_4$$

㉰ **칠황화인**(P_4S_7) : **이**황화탄소(CS_2), 물에는 약간 녹으며, 더운 물에서는 급격히 분해하여 황화수소(H_2S)와 인산(H_3PO_4)으로 된다.

② 위험성

㉮ 황화인이 미립자를 흡수하면 기관지 및 눈의 점막을 자극한다.

㉯ 가연성 고체 물질로서 약간의 열에 의해서도 대단히 연소하기 쉬우며, 조건에 따라 폭발한다.

㉰ 연소생성물은 매우 유독하다.

$$P_4S_3 + 8O_2 \rightarrow 2P_2O_5 + 3SO_2$$
$$2P_2S_5 + 15O_2 \rightarrow 2P_2O_5 + 10SO_2$$

㉱ 알코올, 알칼리, 아민류, 유기산, 강산 등과 접촉하면 심하게 반응한다.

㉲ 단독 또는 무기과산화물류, 과망가니즈산염류, 납 등의 금속분, 유기물 등과 혼합하는 경우 가열, 충격, 마찰에 의해 발화 또는 폭발한다.

③ 용도

㉮ **삼황화인** : 성냥, 유기합성 탈색 등

㉯ **오황화인** : 선광제, 윤활유 첨가제, 농약 제조 등

㉰ **칠황화인** : 유기합성 등

(2) 적린(P, 붉은인) – 지정수량 100kg

① 원자량 31, 비중 2.2, 융점은 600℃, **발화온도 260℃**, 승화온도 400℃

② 물, 이황화탄소, 에터, 암모니아 등에는 녹지 않는다.

③ **암적색의 분말**로 황린의 동소체이지만 자연발화의 위험이 없어 안전하며, 독성도 황린에 비하여 약하다.

④ 염소산염류, 과염소산염류 등 강산화제와 혼합하면 불안정한 폭발물과 같이 되어 약간의 가열, 충격, 마찰에 의해 폭발한다.

◀ 적린과 염소산칼륨의 혼촉발화

$$6P + 5KClO_3 \rightarrow 5KCl + 3P_2O_5$$

⑤ **연소하면 황린이나 황화인과 같이 유독성이 심한 백색의 오산화인을 발생하며, 일부 포스핀도 발생한다.★★**

$$4P + 5O_2 \rightarrow 2P_2O_5$$

참고 P(인)의 경우 +5가에 해당하며 −2가인 O(산소)와 결합하는 경우 $P^{|+5|} \times O^{|-2|}$ → P_2O_5(오산화인)이 생성된다.

(3) 황(S) – 지정수량 100kg

황은 순도가 60중량퍼센트 미만인 것을 제외한다. 이 경우 순도 측정에 있어서 불순물은 활석 등 불연성 물질과 수분에 한한다.

① 일반적 성질

구분	단사황(S_8)	사방황(S_8)	고무상황(S_8)
결정형	바늘모양(침상)	팔면체	무정형
비중	1.95	2.07	–
비등점	445℃	–	–
융점	119℃	113℃	–
착화점	–	–	360℃
물에 대한 용해도	녹지 않음	녹지 않음	녹지 않음

㉮ 황색의 결정 또는 미황색의 분말로서 단사황, 사방황 및 고무상황 등의 동소체가 있다.
※ 동소체 : 같은 원소로 되어 있으나 구조가 다른 단체

㉯ 물, 산에는 녹지 않으며 알코올에는 약간 녹고, 이황화탄소(CS_2)에는 잘 녹는다(단, 고무상황은 녹지 않는다).

② 위험성

㉮ 연소가 매우 쉬운 가연성 고체로 유독성의 이산화황가스를 발생하고 연소할 때 연소열에 의해 액화하고 증발한 증기가 연소한다.

㉯ **황가루가 공기 중에 부유할 때 분진폭발의 위험이 있다.**

㉰ **공기 중에서 연소하면 푸른 빛을 내고 아황산가스를 발생하며, 아황산가스는 독성이 있다.★**

$$S + O_2 \rightarrow SO_2$$

◀ 황의 연소

(4) 마그네슘(Mg) – 지정수량 500kg

마그네슘 또는 마그네슘을 함유한 것 중 2밀리미터의 체를 통과하지 아니하는 덩어리는 제외한다.

① 원자량 24, 비중 1.74, 융점 650℃, 비점 1,107℃, 착화온도 473℃

② 알칼리토금속에 속하는 대표적인 경금속으로 은백색의 광택이 있는 금속으로 공기 중에서 서서히 산화하여 광택을 잃는다.

◀ 마그네슘과 염산의 반응

③ 열전도율 및 전기전도도가 큰 금속이다.

④ **산 및 온수와 반응하여 많은 양의 열과 수소(H_2)를 발생한다.★★**

$$Mg + 2HCl \rightarrow MgCl_2 + H_2$$
$$Mg + 2H_2O \rightarrow Mg(OH)_2 + H_2$$

⑤ 가열하면 연소가 쉽고 양이 많은 경우 맹렬히 연소하며 강한 빛을 낸다. 특히 연소열이 매우 높기 때문에 온도가 높아지고 화세가 격렬하여 소화가 곤란하다.

$$2Mg + O_2 \rightarrow 2MgO$$

⑥ **CO_2 등 질식성 가스와 접촉 시에는 가연성 물질인 C와 유독성인 CO가스를 발생한다.**

$$2Mg + CO_2 \rightarrow 2MgO + C$$
$$Mg + CO_2 \rightarrow MgO + CO$$

⑦ 사염화탄소(CCl_4)나 C_2H_4ClBr 등과 고온에서 작용 시에는 맹독성인 포스겐($COCl_2$)가스가 발생한다.

⑧ 질소기체 속에서도 타고 있는 마그네슘을 넣으면 직접 반응하여 공기나 CO_2 속에서보다 활발하지는 않지만 연소한다.

$$3Mg + N_2 \rightarrow Mg_3N_2$$

(5) 철분(Fe) - 지정수량 500kg

철분이라 함은 철의 분말로서 53마이크로미터의 표준체를 통과하는 것이 50중량퍼센트 미만인 것을 제외한다.

① 비중 7.86, 융점 1,535℃, 비등점 2,750℃

② 회백색의 분말이며 강자성체이지만 766℃에서 강자성을 상실한다.

③ 공기 중에서 서서히 산화하여 산화철(Fe_2O_3)이 되어 은백색의 광택이 황갈색으로 변한다.

$$4Fe + 3O_2 \rightarrow 2Fe_2O_3$$

④ 가열되거나 금속의 온도가 높은 경우 더운물 또는 수증기와 반응하면 수소를 발생하고 경우에 따라 폭발한다. 또한 묽은 산과 반응하여 수소를 발생한다.

$$2Fe + 3H_2O \rightarrow Fe_2O_3 + 3H_2$$
$$Fe + 2HCl \rightarrow FeCl_2 + H_2$$
$$2Fe + 6HCl \rightarrow 2FeCl_3 + 3H_2$$

(6) 금속분 - 지정수량 500kg

금속분이라 함은 알칼리금속, 알칼리토금속, 철 및 마그네슘 이외의 금속분을 말하며, 구리, 니켈분과 150μm의 체를 통과하는 것이 50중량퍼센트 미만인 것을 제외한다.

① 알루미늄분(Al)

㉮ 녹는점 660℃, 비중 2.7, 연성(펴짐성), 전성(뽑힘성)이 좋으며 열전도율, 전기전도도가 큰 은백색의 무른 금속으로 진한 질산에서는 부동태가 되며 묽은 질산에는 잘 녹는다.

㉯ 공기 중에서는 표면에 산화피막(산화알루미늄)을 형성하여 내부를 부식으로부터 보호한다. 또한 알루미늄 분말이 발화하면 다량의 열을 발생하며, 불꽃 및 흰 연기를 내면서 연소하므로 소화가 곤란하다.

$$4Al + 3O_2 \rightarrow 2Al_2O_3$$

참고 Al(알루미늄)은 +3가 O(산소)는 −2가이므로 산화반응하는 경우 $Al^{|+3|}O^{|-2|}$ → Al_2O_3(산화알루미늄)이 생성된다.

㉰ 다른 금속산화물을 환원한다. 특히 Fe_3O_4와 강렬한 산화반응을 한다.

$$3Fe_3O_4 + 8Al \rightarrow 4Al_2O_3 + 9Fe$$ (테르밋반응)

㉱ 대부분의 산과 반응하여 수소를 발생한다(단, 진한 질산 제외).

$$2Al + 6HCl \rightarrow 2AlCl_3 + 3H_2$$

㉲ 알칼리 수용액과 반응하여 수소를 발생한다.

$$2Al + 2NaOH + 2H_2O \rightarrow 2NaAlO_2 + 3H_2$$

㉳ 물과 반응하면 수소가스를 발생한다.

$$2Al + 6H_2O \rightarrow 2Al(OH)_3 + 3H_2$$

② 아연분(Zn)

㉮ 비중 7.142, 융점 420℃, 비점 907℃

㉯ 흐릿한 회색의 분말로 양쪽성 원소이므로 산, 알칼리와 반응하여 수소를 발생한다.

㉰ 황아연광을 가열하여 산화아연을 만들어 1,000℃에서 코크스와 반응하여 환원시킨다.

$$2ZnS + 3O_2 \rightarrow 2ZnO + 2SO_2$$
$$ZnO + C \rightarrow Zn + Co$$

㉱ 아연이 산과 반응하면 수소가스를 발생한다.

$$Zn + 2HCl \rightarrow ZnCl_2 + H_2$$
$$Zn + H_2SO_4 \rightarrow ZnSO_4 + H_2$$

㉲ 공기 중에서 융점 이상 가열 시 용이하게 연소한다.

$$2Zn + O_2 \rightarrow 2ZnO$$

(7) 인화성 고체 – 지정수량 1,000kg

인화성 고체라 함은 고형 알코올과 그 밖에 1기압에서 인화점이 40℃ 미만인 고체를 말한다.

연 / 습 / 문 / 제 (제2류 위험물)

01 마그네슘분에 대한 설명으로 옳은 것은?

㉮ 물보다 가벼운 금속이다.
㉯ 분진폭발이 없는 물질이다.
㉰ 황산과 반응하면 수소가스를 발생한다.
㉱ 소화방법으로 직접적인 주수소화가 가장 좋다.

답 ㉰

02 아연분이 염산과 반응할 때 발생하는 가연성 기체는?

㉮ 아황산가스　㉯ 산소
㉰ 수소　㉱ 일산화탄소

해설 아연이 염산과 반응하면 수소가스를 발생한다.
$Zn+2HCl \rightarrow ZnCl_2+H_2$

03 적린은 다음 중 어떤 물질과 혼합 시 마찰, 충격, 가열에 의해 폭발할 위험이 가장 높은가?

㉮ 염소산칼륨　㉯ 이산화탄소
㉰ 공기　㉱ 물

해설 적린(P)은 염소산염류, 과염소산염류 등 강산화제(제1류 위험물)와 혼합하면 불안정한 폭발물과 같이 되어 약간의 가열, 충격, 마찰에 의해 폭발의 위험성이 있다.
$6P+5KClO_3 \rightarrow 5KCl+3P_2O_5$

답 ㉮

04 착화온도가 가장 낮은 것은?

㉮ 피크르산
㉯ 적린
㉰ 에틸알코올
㉱ 트라이나이트로톨루엔

해설 ㉮ 피크르산 : 약 300℃
㉯ 적린 : 약 260℃
㉰ 에틸알코올 : 약 423℃
㉱ 트라이나이트로톨루엔 : 약 300℃

답 ㉯

05 적린의 성질 및 취급방법에 대한 설명으로 틀린 것은?

㉮ 화재발생 시 냉각소화가 가능하다.
㉯ 공기 중에 방치하면 자연발화한다.
㉰ 산화제와 격리하여 저장한다.
㉱ 비금속 원소이다.

해설 적린(P)은 제2류 위험물(가연성 고체)로서 상온에서는 안정된 물질로 자연발화의 위험성은 없다.

답 ㉯

06 위험물의 유별(類別) 구분이 나머지 셋과 다른 하나는?

㉮ 황린　㉯ 금속분
㉰ 황화인　㉱ 마그네슘

해설
• 황린 : 제3류 위험물
• 금속분, 황화인, 마그네슘(Mg) : 제2류 위험물

답 ㉮

07 마그네슘은 제 몇 류 위험물인가?

㉮ 제1류 위험물　㉯ 제2류 위험물
㉰ 제3류 위험물　㉱ 제5류 위험물

해설 마그네슘(Mg)은 제2류 위험물(가연성 고체)에 해당된다.

답 ㉯

08 황(사방황)의 성질을 옳게 설명한 것은?

㉮ 황색고체로서 물에 녹는다.
㉯ 이황화탄소에 녹는다.
㉰ 전기 양도체이다.
㉱ 연소 시 붉은색 불꽃을 내며 탄다.

해설 황(S)은 제2류 위험물(가연성 고체)이며 제4류 위험물(인화성 액체) 중 특수인화물류에 해당되는 이황화탄소(CS_2)에 잘 녹는다.

답 ㉯

09 제2류 위험물의 화재예방 및 진압대책이 틀린 것은?

㉮ 산화제의 접촉을 금지한다.
㉯ 화기 및 고온체와의 접촉을 피한다.
㉰ 저장용기의 파손과 누출에 주의한다.
㉱ 금속분은 냉각소화하고 그 외는 마른모래를 이용하여 소화한다.

해설 제2류 위험물(가연성 고체) 중 금속분류는 주수소화 시 금속분과 물이 반응하여 수소가스(H_2)를 발생시키므로 마른모래, 건조분말에 의한 질식소화를 한다.

답 ㉱

10 물에 의한 냉각소화가 가능한 것은?

㉮ 황　㉯ 철분
㉰ 뷰틸리튬　㉱ 마그네슘

해설 황(S)은 제2류 위험물(가연성 고체)로서 주수에 의한 냉각소화가 효과적이다.

답 ㉮

11 위험물의 위험등급을 구분할 때 위험등급 II에 해당하는 것은?

㉮ 적린　㉯ 철분
㉰ 마그네슘　㉱ 인화성 고체

해설 제2류 위험물(가연성 고체) 중 위험등급 II에 해당되는 것은 황화인, 적린, 황 등 지정수량이 100kg인 것이다.

답 ㉮

12 알루미늄분의 성질에 대한 설명으로 옳은 것은?

㉮ 금속 중에서 연소 열량이 가장 작다.
㉯ 끓는물과 반응해서 수소를 발생한다.
㉰ 수산화나트륨 수용액과 반응해서 산소를 발생한다.
㉱ 안전한 저장을 위해 할로젠원소와 혼합한다.

해설 알루미늄분(Al)은 제2류 위험물(가연성 고체) 중 금속분류에 해당되며 뜨거운 물과 격렬히 반응하여 수소가스(H_2)를 발생한다.

답 ㉯

13 황분말과 혼합했을 때 가열 또는 충격에 의해서 폭발할 위험이 가장 높은 것은?

㉮ 질산암모늄
㉯ 물
㉰ 이산화탄소
㉱ 마른 모래

해설 황(S)분말은 제2류 위험물(가연성 고체)로서 제1류 위험물(산화성 고체)에 해당되는 질산암모늄(NH_4NO_3)과 혼합했을 때 가열 또는 충격에 의하여 폭발의 위험성이 있다.

답 ㉮

14 다음 중 알루미늄분의 성질에 대한 설명으로 틀린 것은?

㉮ 염산과 반응하여 수소를 발생한다.
㉯ 끓는물과 반응하면 수소화알루미늄이 생성된다.
㉰ 산화제와 혼합시키면 착화의 위험이 있다.
㉱ 은백색의 광택이 있고 물보다 무거운 금속이다.

해설 물과 반응 시 수산화알루미늄과 수소가스가 발생한다.
$2Al + 6H_2O \rightarrow 2Al(OH)_3 + 3H_2$

답 ㉯

15 **제2류 위험물의 화재예방 및 진압대책으로 적합하지 않은 것은?**

㉮ 강산화제와의 혼합을 피한다.
㉯ 적린과 황은 물에 의한 냉각소화가 가능하다.
㉰ 금속분은 산과의 접촉을 피한다.
㉱ 인화성 고체를 제외한 위험물제조소에는 "화기엄금" 주의사항 게시판을 설치한다.

해설 제2류 위험물 중 철분·금속분·마그네슘 또는 이들 중 어느 하나 이상을 함유한 것에 있어서는 "화기주의" 및 "물기엄금", 인화성 고체에 있어서는 "화기엄금", 그 밖의 것에 있어서는 "화기주의"

답 ㉱

16 **제2류 위험물에 대한 설명 중 틀린 것은?**

㉮ 아연분은 염산과 반응하여 수소를 발생한다.
㉯ 적린은 연소하여 P_2O_5를 생성한다.
㉰ P_2S_5은 물에 녹아 주로 이산화황을 발생한다.
㉱ 제2류 위험물은 가연성 고체이다.

해설 오황화인(P_2S_5) : 알코올이나 이황화탄소(CS_2)에 녹으며, 물이나 알칼리와 반응하면 분해하여 황화수소(H_2S)와 인산(H_3PO_4)으로 된다.
$P_2S_5 + 8H_2O \rightarrow 5H_2S + 2H_3PO_4$

답 ㉰

17 **위험등급 Ⅰ의 위험물이 아닌 것은?**

㉮ 무기과산화물
㉯ 적린
㉰ 나트륨
㉱ 과산화수소

해설 ① 위험등급 Ⅰ : 무기과산화물, 나트륨, 과산화수소
② 위험등급 Ⅱ : 적린

답 ㉯

18 **다음 위험물 중 지정수량이 나머지 셋과 다른 것은?**

㉮ 적린
㉯ 황
㉰ 황화인
㉱ 철분

해설 ㉮ 적린 : 100kg
㉯ 황 : 100kg
㉰ 황화인 : 100kg
㉱ 철분 : 500kg

답 ㉱

19 **다음 중 위험물의 성질에 대한 설명으로 틀린 것은?**

㉮ 황린은 공기 중에서 산화할 수 있다.
㉯ 적린은 $KClO_3$와 혼합하면 위험하다.
㉰ 황은 물에 매우 잘 녹는다.
㉱ 황은 가연성 고체이다.

해설 황(S)은 제2류 위험물(가연성 고체)로서 물, 산에는 녹지 않으며 알코올에는 약간 녹고, 이황화탄소(CS_2)에는 잘 녹는다.

답 ㉰

20 **오황화인에 물과 반응하여 발생하는 유독한 가스는?**

㉮ 황화수소
㉯ 이산화황
㉰ 이산화탄소
㉱ 이산화질소

해설 오황화인(P_2S_5) : 알코올이나 이황화탄소(CS_2)에 녹으며, 물이나 알칼리와 반응하면 분해하여 황화수소(H_2S)와 인산(H_3PO_4)으로 된다.
$P_2S_5 + 8H_2O \rightarrow 5H_2S + 2H_3PO_4$

답 ㉮

21 **마그네슘에 대한 설명으로 옳은 것은?**

㉮ 수소와 반응성이 매우 높아 접촉하면 폭발한다.
㉯ 브로민과 혼합하여 보관하면 안전하다.
㉰ 화재 시 CO_2 소화약제의 사용이 가장 효과적이다.
㉱ 무기과산화물과 혼합한 것은 마찰에 의해 발화할 수 있다.

해설 마그네슘(Mg)은 제2류 위험물(가연성 고체)로서 환원성이므로 무기과산화물과 같은 제1류 위험물(산화성 고체)과 혼합 시 마찰 및 충격에 의해 발화 또는 폭발의 위험성이 있다.

답 ㉱

22 **알루미늄의 성질에 대한 설명 중 틀린 것은?**

㉮ 묽은 질산보다는 진한 질산에 훨씬 잘 녹는다.
㉯ 열전도율, 전기전도도가 크다.
㉰ 할로젠원소와의 접촉은 위험하다.
㉱ 실온의 공기 중에서 표면에 치밀한 산화피막이 형성되어 내부를 보호하므로 부식성이 적다.

해설 알루미늄분(Al)은 제2류 위험물(가연성 고체)로서 황산, 묽은 질산, 묽은 염산, 알칼리와 반응하여 수소를 발생한다. 그러나 진한 질산에는 침식당하지 않는다.

답 ㉮

23 **적린의 성상 및 취급에 대한 설명 중 틀린 것은?**

㉮ 황린에 비하여 화학적으로 안정하다.
㉯ 연소 시 오산화인이 발생한다.
㉰ 화재 시 냉각소화가 가능하다.
㉱ 안전을 위해 산화제와 혼합하여 저장한다.

해설 적린(P)은 제2류 위험물(가연성 고체)로서 환원제이므로 산화제와의 혼합 시 불안정한 폭발물과 같이 되어 약간의 가열 · 충격 · 마찰에 의해 폭발한다.

답 ㉱

24 **가연성 고체에 대한 착화의 위험성 시험방법에 관한 설명으로 옳은 것은?**

㉮ 시험장소는 온도 20℃, 습도 50%, 1기압, 무풍장소로 한다.
㉯ 두께 5mm 이상의 무기질 단열판 위에 시험물품 $30cm^3$를 둔다.
㉰ 시험물품에 30초간 액화 석유 가스의 불꽃을 접촉시킨다.
㉱ 시험을 2번 반복하여 착화할 때까지의 평균시간을 측정한다.

해설
㉮ 시험장소는 온도 20±5℃, 습도 50±10%의 대기압하의 무풍에 가까운 상태인 장소에서 할 것
㉯ 두께 10mm 이상 한 변 12~15cm 네모진 무기질 단열판 위에 시험물품 $3cm^3$를 둘 것
㉰ 시험물품에 10초간 액화석유가스 불꽃을 접촉시킬 것
㉱ 시험을 10번 반복하여 착화할 때까지의 평균시간을 측정할 것

답 ㉮

25 **위험물 화재 시 주수소화가 오히려 위험한 것은?**

㉮ 과염소산칼륨 ㉯ 적린
㉰ 황 ㉱ 마그네슘분

해설 마그네슘(Mg)은 물과 반응하면 수소를 발생하므로 위험하다.

$Mg + 2H_2O \rightarrow Mg(OH)_2 + H_2$

답 ㉱

26 **마그네슘을 저장 및 취급하는 장소에 설치해야 할 소화기는?**

㉮ 포소화기
㉯ 이산화탄소소화기
㉰ 할로젠화합물소화기
㉱ 탄산수소염류분말소화기

해설 마그네슘(Mg)은 제2류 위험물(가연성 고체) 중 금속분에 속하며 가장 적당한 소화기는 분말인 탄산수소염류소화기이다.

답 ㉱

27 **황의 성상에 관한 설명으로 틀린 것은?**

㉮ 연소할 때 발생하는 가스는 냄새를 갖고 있으나 인체에 무해하다.
㉯ 미분이 공기 중에 떠 있을 때 분진폭발의 우려가 있다.
㉰ 용융된 황을 물에서 급랭하면 고무상황을 얻을 수 있다.
㉱ 연소할 때 아황산가스를 발생한다.

해설
공기 중에서 연소하면 푸른빛을 내며 SO_2(이산화황=아황산가스)를 발생한다.
이때 발생하는 아황산가스는 TLV=5ppm으로 이산화탄소(TLV=5,000ppm)대비 1,000배 유독하다.
$S+O_2 \rightarrow SO_2$

답 ㉮

28 **다음 중 위험물의 분류가 옳은 것은?**

㉮ 유기과산화물－제1류 위험물
㉯ 황화인－제2류 위험물
㉰ 금속분－제3류 위험물
㉱ 무기과산화물－제5류 위험물

해설
㉮ 유기과산화물 : 제5류 위험물(자기반응성 물질)
㉯ 황화인 : 제2류 위험물(가연성 고체)
㉰ 금속분 : 제2류 위험물(가연성 고체)
㉱ 무기과산화물 : 제1류 위험물(산화성 고체)

답 ㉯

29 **다음 중 일반적으로 알려진 황화인의 3종류에 속하지 않는 것은?**

㉮ P_4S_3　㉯ P_2S_5
㉰ P_4S_7　㉱ P_2S_9

해설
황화인 : 제2류 위험물(가연성 고체)

구분	화학식
삼황화인	P_4S_3
오황화인	P_2S_5
칠황화인	P_4S_7

답 ㉱

30 **황의 화재예방 및 소화방법에 대한 설명 중 틀린 것은?**

㉮ 산화제와 혼합하여 저장한다.
㉯ 정전기가 축적되는 것을 방지한다.
㉰ 화재 시 분무주수하여 소화할 수 있다.
㉱ 화재 시 유독가스가 발생하므로 보호장구를 착용하고 소화한다.

해설
㉮ 산화제와 격리하여 저장한다. (황은 제2류 위험물(가연성 고체)로 환원성 물질이기 때문에 산화제와 혼합 시 화재발생 위험이 크다.)

답 ㉮

31 **위험물의 지정수량을 틀리게 나타낸 것은?**

㉮ S : 100kg
㉯ Mg : 100kg
㉰ K : 10kg
㉱ Al : 500kg

해설
㉮ S(황) : 100kg
㉯ Mg(마그네슘) : 500kg
㉰ K(칼륨) : 10kg
㉱ Al(알루미늄) : 500kg

답 ㉯

32 **다음 중 제2류 위험물이 아닌 것은?**

㉮ 황화인　㉯ 황
㉰ 마그네슘　㉱ 칼륨

해설
칼륨(K) : 제3류 위험물(자연발화성 및 금수성 물질)

답 ㉱

33 **황은 순도가 몇 wt% 이상이어야 위험물에 해당하는가?**

㉮ 40　㉯ 50
㉰ 60　㉱ 70

해설
황(S) : 순도 60중량퍼센트 이상이 위험물에 해당된다.

답 ㉰

34 알루미늄분의 위험성에 대한 설명 중 틀린 것은?

㉮ 산화제와 혼합 시 가열, 충격, 마찰에 의하여 발화할 수 있다.
㉯ 할로젠원소와 접촉하면 발화하는 경우도 있다.
㉰ 분진폭발의 위험성이 있으므로 분진에 기름을 묻혀 보관한다.
㉱ 습기를 흡수하여 자연발화의 위험이 있다.

해설 알루미늄분(Al)은 제2류 위험물(가연성 고체)로서 분진폭발의 위험이 있으며 기름을 묻혀 보관하는 경우 폭발위험성은 더욱 커진다.

답 ㉰

35 다음 위험물 중 지정수량이 나머지 셋과 다른 하나는?

㉮ 마그네슘　　㉯ 금속분
㉰ 철분　　㉱ 황

해설
㉮ 마그네슘 : 500kg
㉯ 금속분 : 500kg
㉰ 철분 : 500kg
㉱ 황 : 100kg

답 ㉱

36 위험물의 화재 시 소화방법에 대한 다음 설명 중 옳은 것은?

㉮ 아연분은 주수소화가 적당하다.
㉯ 마그네슘은 봉상주수소화가 적당하다.
㉰ 알루미늄은 건조사로 피복하여 소화하는 것이 좋다.
㉱ 황화인은 산화제로 피복하여 소화하는 것이 좋다.

해설 아연, 마그네슘, 알루미늄은 건조사(마른모래)로 피복소화하며, 황화인은 건조사(마른모래), 분말 등으로 질식소화 한다.

답 ㉰

5-3 제3류 위험물 - 자연발화성 물질 및 금수성 물질

① 제3류 위험물의 종류와 지정수량

성질	위험등급	품명	대표품목	지정수량
자연 발화성 물질 및 금수성 물질	I	1. 칼륨(K)		10kg
		2. 나트륨(Na)		
		3. 알킬알루미늄(R · Al 또는 R · Al · X)	$(C_2H_5)_3Al$	
		4. 알킬리튬(R−Li)	C_4H_9Li	
		5. 황린(P_4)		20kg
	Ⅱ	6. 알칼리금속(칼륨 및 나트륨 제외) 및 알칼리토금속	Li, Ca	50kg
		7. 유기금속화합물(알킬알루미늄 및 알킬리튬 제외)	$Te(C_2H_5)_2$, $Zn(CH_3)_2$	
	Ⅲ	8. 금속의 수소화물	LiH, NaH	300kg
		9. 금속의 인화물	Ca_3P_2, AlP	
		10. 칼슘 또는 알루미늄의 탄화물	CaC_2, Al_4C_3	
		11. 그 밖에 행정안전부령이 정하는 것 염소화규소 화합물	$SiHCl_3$	300kg

② 공통성질, 저장 및 취급 시 유의사항, 예방대책 및 소화방법

(1) 공통성질

① 대부분 무기물의 고체이며, 알킬알루미늄과 같은 액체도 있다.

② 금수성 물질로서 물과 접촉하면 발열 또는 발화한다.

③ 자연발화성 물질로서 대기 중에서 공기와 접촉하여 자연발화하는 경우도 있다.

(2) 저장 및 취급 시 유의사항

① 물과 접촉하여 가연성 가스를 발생하는 금수성 물질이므로 용기의 파손이나 부식을 방지하고 수분과의 접촉을 피할 것

② 충격, 불티, 화기로부터 격리하고, 강산화제와도 분리하여 저장할 것

③ 보호액 속에 저장하는 경우에는 위험물이 보호액 표면에 노출되지 않도록 주의할 것

④ 다량으로 저장하지 말고 소분하여 저장할 것

(3) 예방대책

① 용기는 완전히 밀전하고 공기 또는 물과의 접촉을 방지할 것

② 강산화제, 강산류, 기타 약품 등과 접촉에 주의할 것

③ 용기가 가열되지 않도록 하며, 보호액이 들어 있는 것은 용기 밖으로 누출하지 않도록 주의할 것

④ 알킬알루미늄, 알킬리튬, 유기금속화합물류는 화기를 엄금하며, 용기 내 압력이 상승하지 않도록 주의할 것

(4) 소화방법

① 건조사, 팽창질석 및 팽창진주암 등을 사용한 질식소화

② 금속화재용 분말소화약제에 의한 질식소화를 실시한다.

③ 주수소화는 발화 또는 폭발을 일으키고, 이산화탄소와는 심하게 반응하므로 절대 엄금

3 각론

(1) 금속칼륨(K) – 지정수량 10kg

① 원자량 39, 비중 0.86, 융점 63.7℃, 비점 774℃

② 은백색의 광택이 있는 경금속으로 흡습성, 조해성이 있고, 석유 등 보호액에 장기 보존시 표면에 K_2O, KOH, K_2CO_3가 피복되어 가라앉는다.

③ 녹는점 이상으로 가열하면 보라색 불꽃을 내면서 연소한다.

$$4K + O_2 \rightarrow 2K_2O$$

④ 물 또는 알코올과 반응하지만, 에터와는 반응하지 않는다.

⑤ 물과 격렬히 반응하여 발열하고 수산화칼륨과 수소를 발생한다. 이때 발생된 열은 점화원의 역할을 한다.

$$2K + 2H_2O \rightarrow 2KOH + H_2$$

⑥ CO_2, CCl_4와 격렬히 반응하여 연소 · 폭발의 위험이 있으며, 연소 중에 모래를 뿌리면 규소(Si) 성분과 격렬히 반응한다.

$$4K + 3CO_2 \rightarrow 2K_2CO_3 + C \text{ (연소 · 폭발)}$$
$$4K + CCl_4 \rightarrow 4KCl + C \text{ (폭발)}$$

⑦ 알코올과 반응하여 칼륨에틸레이트를 만들며 수소를 발생한다.

$$2K + 2C_2H_5OH \rightarrow 2C_2H_5OK + H_2$$

⑧ 대량의 금속칼륨이 연소할 때 적당한 소화방법이 없으므로 매우 위험하다.

⑨ **습기나 물에 접촉하지 않도록 보호액(석유, 벤젠, 파라핀 등) 속에 저장한다.**

(2) 금속나트륨(Na) – 지정수량 10kg

① 원자량 23, 비중 0.97, 융점 97.7℃, 비점 880℃, 발화점 121℃

② **은백색의 무른 금속으로** 물보다 가볍고 노란색 불꽃을 내면서 연소한다.

③ **고온으로 공기 중에서 연소시키면 산화나트륨이 된다.★**

$$4Na + O_2 \rightarrow 2Na_2O \text{ (회백색)}$$

④ **물과 격렬히 반응하여 발열하고 수소를 발생하며, 산과는 폭발적으로 반응한다.** 수용액은 염기성으로 변하고, 페놀프탈레인과 반응 시 붉은색을 나타낸다.

나트륨과 물의 반응

$$2Na + 2H_2O \rightarrow 2NaOH + H_2$$

⑤ 알코올과 반응하여 나트륨알코올레이트와 수소가스를 발생한다.

$$2Na + 2C_2H_5OH \rightarrow 2C_2H_5ONa + H_2$$

⑥ 습기나 물에 접촉하지 않도록 보호액(석유, 벤젠, 파라핀 등) 속에 저장한다.

(3) 알킬알루미늄(RAl 또는 RAlX) – 지정수량 10kg

알킬알루미늄은 알킬기(Alkyl, R–)와 알루미늄이 결합한 화합물을 말한다. 대표적인 알킬알루미늄(RAl)의 종류는 다음과 같다. 여기서, 알킬기(R)란 C_nH_{2n+1}을 의미한다.

화학명	화학식	끓는점(b.p.)	녹는점(m.p.)	비중
트라이메틸알루미늄	$(CH_3)_3Al$	127.1℃	15.3℃	0.748
트라이에틸알루미늄	$(C_2H_5)_3Al$	186.6℃	–45.5℃	0.832
트라이프로필알루미늄	$(C_3H_7)_3Al$	196.0℃	–60℃	0.821
트라이아이소뷰틸알루미늄	iso-$(C_4H_9)_3Al$	분해	1.0℃	0.788
에틸알루미늄다이클로로라이드	$C_2H_5AlCl_2$	194.0℃	22℃	1.252
다이에틸알루미늄하이드라이드	$(C_2H_5)_2AlH$	227.4℃	–59℃	0.794
다이에틸알루미늄클로라이드	$(C_2H_5)_2AlCl$	214℃	–74℃	0.971

① 트라이에틸알루미늄[$(C_2H_5)_3Al$]

㉮ 무색투명한 액체로 외관은 등유와 유사한 가연성으로 C_1~C_4는 자연발화성이 강하다. 공기 중에 노출되어 공기와 접촉하여 백연을 발생하며 연소한다. 단, C_5 이상은 점화하지 않으면 연소하지 않는다.

$$2(C_2H_5)_3Al + 21O_2 \rightarrow 12CO_2 + Al_2O_3 + 15H_2O$$

㉯ 물, 산, 알코올과 접촉하면 폭발적으로 반응하여 에테인을 형성하고 이때 발열, 폭발에 이른다.

$$(C_2H_5)_3Al + 3H_2O \rightarrow Al(OH)_3 + 3C_2H_6$$
$$(C_2H_5)_3Al + HCl \rightarrow (C_2H_5)_2AlCl + C_2H_6$$
$$(C_2H_5)_3Al + 3CH_3OH \rightarrow Al(CH_3O)_3 + 3C_2H_6$$

㉰ 메탄올, 에탄올 등 알코올류, 할로젠과 폭발적으로 반응하여 가연성 가스를 발생한다.

㉱ 실제 사용 시는 희석제(벤젠, 톨루엔, 헥세인 등 탄화수소 용제)로 20~30%로 희석하여 사용한다.

(4) 알킬리튬(RLi) – 지정수량 10kg

알킬리튬은 알킬기에 리튬이 결합된 것을 말하고 일반적으로 RLi로 표기된다.

① 뷰틸리튬(C_4H_9Li)

② 에틸리튬(C_2H_5Li), 메틸리튬(CH_3Li)

(5) 황린(P_4, 백린) – 지정수량 20kg

① 비중 1.82, 융점 44℃, 비점 280℃, 발화점 34℃, 백색 또는 담황색의 왁스상 가연성, 자연발화성 고체이다. 증기는 공기보다 무거우며, 매우 자극적이며 맹독성 물질이다.

② 물에는 녹지 않으나 벤젠, 알코올에는 약간 녹고, 이황화탄소 등에는 잘 녹는다.

③ 물속에 저장하고, 상온에서 서서히 산화하여 어두운 곳에서 청백색의 인광을 낸다.

④ 공기를 차단하고 약 260℃로 가열하면 적린이 된다.

⑤ **공기 중에서 연소하여 격렬하게 오산화인의 백색 연기를 내며 연소하고 일부 유독성의 포스핀(PH_3)도 발생하며 환원력이 강하여 산소 농도가 낮은 분위기에서도 연소한다.**

$$P_4 + 5O_2 \rightarrow 2P_2O_5$$

⑥ 증기는 매우 자극적이며 맹독성이다(치사량은 0.05g).

⑦ NaOH 등 강알칼리용액과 반응하여 맹독성의 포스핀가스(PH_3)를 발생한다.

$$P_4 + 3KOH + 3H_2O \rightarrow 3KH_2PO_2 + PH_3$$

⑦ **자연발화성이 있어 물속에 저장하며**, 온도상승 시 물의 산성화가 빨라져서 용기를 부식시키므로 직사광선을 피하여 저장한다.

⑧ **인화수소(PH_3)의 생성을 방지하기 위해 보호액은 약알칼리성 pH 9로 유지하기 위하여 알칼리제(석회 또는 소다회 등)로 pH를 조절한다.**★★★

(6) 알칼리금속(K, Na은 제외) 및 알칼리토금속(Mg은 제외) – 지정수량 50kg

- 알칼리금속 : Li(리튬), Rb(루비늄), Cs(세슘), Fr(프랑슘)
- 알칼리토금속 : Ca(칼슘), Be(베릴륨), Sr(스트론튬), Ba(바륨), Ra(라듐)

① 리튬(Li)

㉮ 은백색의 금속으로 금속 중 가장 가볍고 금속 중 비열이 가장 크다. 비중 0.53, 융점 180℃, 비점 1,350℃

㉯ 알칼리금속이지만 K, Na보다는 화학반응성이 크지 않다.

㉰ 물과는 상온에서 천천히, 고온에서 격렬하게 반응하여 수소를 발생한다. 알칼리금속 중에서는 반응성이 가장 적은 편으로 적은 양은 반응열로 연소를 못하지만 다량의 경우 발화한다.

$$2Li + 2H_2O \rightarrow 2LiOH + H_2$$

② Ca(칼슘)

㉮ 비중 1.55, 융점 851℃, 비점 약 1,200℃

㉯ 은백색의 금속이며, 고온에서 수소 또는 질소와 반응하여 수소화합물과 질화물을 형성하며 할로젠과 할로젠화합물을 생성한다.

㉰ 물과 반응하여 상온에서는 서서히, 고온에서는 격렬히 수소를 발생하며 Mg에 비해 더 무르며 물과의 반응성은 빠르다.

칼슘과 물의 반응성실험

$$Ca + 2H_2O \rightarrow Ca(OH)_2 + H_2$$

(7) 유기금속화합물류(알킬알루미늄과 알킬리튬은 제외) – 지정수량 50kg

알킬기 또는 알릴기 등 탄화수소기에 금속원자가 결합된 화합물이다.

① 다이에틸텔루륨[$Te(C_2H_5)_2$]

② 다이메틸아연[$Zn(CH_3)_2$]

③ 다이메틸카드뮴[$(CH_3)_2Cd$]

④ 다이메틸텔루륨[$Te(CH_3)_2$]

⑤ 사에틸납[$(C_2H_5)_4Pb$] : 자동차, 항공기 연료의 안티녹킹제로서 다른 유기금속화합물과 상이한 점은 자연발화성도 아니고 물과 반응하지도 않으며, 인화점 93℃로 제3석유류(비수용성)에 해당한다.

⑥ 나트륨아마이드($NaNH_2$)

(8) 금속수소화합물 – 지정수량 300kg

알칼리금속이나 알칼리토금속이 수소와 결합하여 만드는 화합물로서 MH 또는 MH_2 형태의 화합물이다.

① 수소화리튬(LiH)

㉮ 비중은 0.82이며, 융점은 680℃의 무색무취 또는 회색의 유리모양의 불안정한 가연성 고체로 빛에 노출되면 빠르게 흑색으로 변한다.

㉯ **물과 실온에서 격렬하게 반응하며 수소를 발생하며 공기 또는 습기, 물과 접촉하여 자연발화의 위험이 있으며, 400℃에서 리튬과 수소로 분해한다.**

$$LiH + H_2O \rightarrow LiOH + H_2$$
$$2LiH \rightarrow 2Li + H_2$$

② 수소화나트륨(NaH)

㉮ 비중은 0.93이고, 분해온도는 약 800℃로 회백색의 결정 또는 분말이다.

㉯ 불안정한 가연성 고체로 물과 격렬하게 반응하여 수소를 발생하고 발열하며, 이때 발생한 반응열에 의해 자연발화한다.

$$NaH + H_2O \rightarrow NaOH + H_2$$

㉰ 습기 중에 노출되어도 자연발화의 위험이 있으며, 425℃ 이상 가열하면 수소를 분해한다.

③ 수소화칼슘(CaH_2)

㉮ 비중은 1.7, 융점은 841℃이고, 분해온도는 675℃로 물에는 용해되지만 에터에는 녹지 않는다.

㉯ 백색 또는 회백색의 결정 또는 분말이며, 건조공기 중에 안정하며 환원성이 강하다. 물과 격렬하게 반응하여 수소를 발생하고 발열한다.

$$CaH_2 + 2H_2O \rightarrow Ca(OH)_2 + 2H_2$$

㉰ 습기 중에 노출되어도 자연발화의 위험이 있으며, 600℃ 이상 가열하면 수소를 분해한다.

④ 수소화알루미늄리튬[$Li(AlH_4)$]

㉮ 흰색의 결정성 분말이며, 가연성 고체로 125℃에서 리튬, 알루미늄, 수소로 분해하고, 물과 접촉 시 수소를 발생하고 발화한다.

㉯ 입도가 감소하면 인화성이 증가하며 분쇄 중 발화가능성이 있다.

㉰ 약 125℃로 가열하면 Li, Al과 H_2로 분해된다.

(9) 금속인화합물 - 지정수량 300kg

① 인화석회(Ca_3P_2, 인화칼슘)

㉮ 적갈색의 고체이며, 비중 2.51, 융점 1,600℃

㉯ **물 또는 약산과 반응하여 가연성이며 독성이 강한 인화수소(PH_3, 포스핀)가스를 발생한다.★★★**

$$Ca_3P_2 + 6H_2O \rightarrow 3Ca(OH)_2 + 2PH_3$$
$$Ca_3P_2 + 6HCl \rightarrow 3CaCl_2 + 2PH_3$$

② 인화알루미늄(AlP)

㉮ 분자량 58, 융점 1,000℃ 이하, 암회색 또는 황색의 결정 또는 분말이다.

㉯ 가연성이며 공기 중에서 안정하나 습기 찬 공기, 물, 스팀과 접촉 시 가연성, 유독성의 포스핀가스를 발생한다.

$$AlP + 3H_2O \rightarrow Al(OH)_3 + PH_3$$

(10) 칼슘 또는 알루미늄의 탄화물 - 지정수량 300kg

칼슘 또는 알루미늄과 탄소와의 화합물로서 CaC_2(탄화칼슘), 탄화알루미늄(Al_4C_3) 등이 있다.

① 탄화칼슘(CaC_2, 카바이드, 탄화석회, 칼슘아세틸레이트)

㉮ 분자량 64, 비중 2.22, 융점 2,300℃로 순수한 것은 무색투명하나 보통은 흑회색이며 불규칙한 덩어리로 존재한다. 건조한 공기 중에서는 안정하나 350℃ 이상으로 가열 시 열을 가하면 산화한다.

$$CaC_2 + 5O_2 \rightarrow 2CaO + 4CO_2$$

㉯ 건조한 공기 중에서는 안정하나 350℃ 이상에서는 산화되며, 고온에서 강한 환원성을 가지므로 산화물을 환원시킨다.

㉰ 질소와는 약 700℃ 이상에서 질화되어 칼슘사이안아마이드($CaCN_2$, 석회질소)가 생성된다.

$$CaC_2 + N_2 \rightarrow CaCN_2 + C$$

㉣ **물과 심하게 반응하여 수산화칼슘과 아세틸렌을 만들며 공기 중 수분과 반응하여도 아세틸렌을 발생한다.★★★**

탄화칼슘과 물의 반응성

$CaC_2 + 2H_2O \rightarrow Ca(OH)_2 + C_2H_2$

㉤ 물 또는 습기와 작용하여 폭발성 혼합가스인 아세틸렌(C_2H_2)가스를 발생하며, 생성되는 수산화칼슘[$Ca(OH)_2$]은 독성이 있기 때문에 인체에 부식작용(피부점막염증, 시력장애 등)이 있다.

㉥ 아세틸렌은 연소범위 2.5~81%로 대단히 넓고 인화가 쉬우며 때로는 폭발하기도 하며 단독으로 가압 시 분해폭발을 일으키는 물질이다.

$2C_2H_2 + 5O_2 \rightarrow 2H_2O + 4CO_2$

$C_2H_2 \rightarrow H_2 + 2C$

② 탄화알루미늄(Al_4C_3)

㉮ 순수한 것은 백색이나 보통은 황색의 결정이며 건조한 공기 중에서는 안정하나 가열하면 표면에 산화피막을 만들어 반응이 지속되지 않는다.

㉯ 비중은 2.36이고, 분해온도는 1,400℃ 이상이다.

㉰ **물과 반응하여 가연성, 폭발성의 메테인가스를 만들며 밀폐된 실내에서 메테인이 축적되는 경우 인화성 혼합기를 형성하여 2차 폭발의 위험이 있다.★★★**

$Al_4C_3 + 12H_2O \rightarrow 4Al(OH)_3 + 3CH_4$

③ 기타

㉮ 물과 반응 시 아세틸렌가스를 발생시키는 물질 : LiC_2, Na_2C_2, K_2C_2, MgC_2

$LiC_2 + 2H_2O \rightarrow 2LiOH + C_2H_2$

$Na_2C_2 + 2H_2O \rightarrow 2NaOH + C_2H_2$

$K_2C_2 + 2H_2O \rightarrow 2KOH + C_2H_2$

$MgC_2 + 2H_2O \rightarrow Mg(OH)_2 + C_2H_2$

㉯ 물과 반응 시 메테인가스를 발생시키는 물질

$BeC_2 + 4H_2O \rightarrow 2Be(OH)_2 + CH_4$

㉰ 물과 반응 시 메테인과 수소가스를 발생시키는 물질

$Mn_3C + 6H_2O \rightarrow 3Mn(OH)_2 + CH_4 + H_2$

연 / 습 / 문 / 제 (제3류 위험물)

01 탄화알루미늄이 물과 반응하면 폭발의 위험이 있는 것은 어떤 가스가 발생하기 때문인가?

㉮ 수소 ㉯ 메테인
㉰ 아세틸렌 ㉱ 암모니아

해설 물과 반응하여 가연성, 폭발성의 메테인가스를 만들며 밀폐된 실내에서 메테인이 축적되는 경우 인화성 혼합기를 형성하여 2차 폭발의 위험이 있다.
$Al_4C_3+12H_2O \rightarrow 4Al(OH)_3+3CH_4+360kcal$

답 ㉯

02 제3류 위험물에 대한 설명으로 옳은 것은?

㉮ 대부분 물과 접촉하면 안정하게 된다.
㉯ 일반적으로 불연성 물질이고 강산화제이다.
㉰ 대부분 산과 접촉하면 흡열반응을 한다.
㉱ 물에 저장하는 위험물도 있다.

해설 제3류 위험물(자연발화성 물질 및 금수성 물질) 중 황린(P_4)은 보호액으로 물을 사용한다.

답 ㉱

03 다음 품명에 따른 지정수량이 틀린 것은?

㉮ 유기과산화물 : 10kg
㉯ 황린 : 50kg
㉰ 알칼리금속 : 50kg
㉱ 알킬리튬 : 10kg

해설 황린(P_4) 지정수량 : 20kg

답 ㉯

04 탄화칼슘의 성질에 대한 설명 중 틀린 것은?

㉮ 질소 중에서 고온으로 가열하면 석회질소가 된다.
㉯ 융점은 약 300℃이다.
㉰ 비중은 약 2.2이다.
㉱ 물질의 상태는 고체이다.

해설 탄화칼슘(CaC_2)은 제3류 위험물(자연발화성 물질 및 금수성 물질)로서 융점이 2,300℃이다.

답 ㉯

05 탄화칼슘을 대량으로 저장하는 용기에 봉입하는 가스로 가장 적합한 것은?

㉮ 포스겐
㉯ 인화수소
㉰ 질소가스
㉱ 아황산가스

해설 탄화칼슘(CaC_2)은 제3류 위험물(자연발화성 물질 및 금수성 물질)로서 용기 내에 C_2H_2가 생성 시 고압으로 인해 용기의 변형 또는 용기 과열이 있을 수 있으므로 대량 저장 시는 불연성 가스인 질소가스(N_2)로 봉입하여 C_2H_2의 연소확대를 방지해야 한다.

답 ㉰

06 $(C_2H_5)_3Al$이 공기 중에 노출되어 연소할 때 발생하는 물질은?

㉮ Al_2O_3 ㉯ CH_4
㉰ $Al(OH)_3$ ㉱ C_2H_6

해설 트라이에틸알루미늄[$(C_2H_5)_3Al$]은 제3류 위험물(자연발화성 물질 및 금수성 물질)로서 공기 중에서 자연발화하여 산화알루미늄(Al_2O_3), 이산화탄소(CO_2), 물(H_2O)을 생성한다.
$2(C_2H_5)_3Al+21O_2$
$\rightarrow 12CO_2+Al_2O_3+15H_2O+2\times735.4kcal$

답 ㉮

07 자연발화성 물질 및 금수성 물질에 해당되지 않는 것은?

㉮ 칼륨 ㉯ 황화인
㉰ 탄화칼슘 ㉱ 수소화나트륨

해설 자연발화성 물질 및 금수성 물질은 제3류 위험물로서 칼륨, 탄화칼슘, 수소화나트륨이 해당되며 황화인은 제2류 위험물(가연성 고체)에 해당된다.

답 ㉯

08 위험물의 성질에 대한 설명으로 틀린 것은?

㉮ 인화칼슘은 물과 반응하여 유독한 가스를 발생한다.
㉯ 금속나트륨은 물과 반응하여 산소를 발생시키고 발열한다.
㉰ 칼륨은 물과 반응하여 수소가스를 발생한다.
㉱ 탄화칼슘은 물과 작용하여 발열하고 아세틸렌가스를 발생한다.

해설 금속나트륨(Na)은 제3류 위험물(자연발화성 물질 및 금수성 물질)로서 물과 급격히 반응하여 수소가스(H_2)를 발생시킨다.

답 ㉯

09 금속칼륨과 금속나트륨의 공통성질이 아닌 것은?

㉮ 비중이 1보다 작다.
㉯ 용융점이 100℃보다 낮다.
㉰ 열전도도가 크다.
㉱ 강하고 단단한 금속이다.

해설 금속칼륨(K)과 금속나트륨(Na)은 무른 경금속이다.

답 ㉱

10 칼륨의 저장 시 사용하는 보호물질로 가장 적당한 것은?

㉮ 에탄올 ㉯ 이황화탄소
㉰ 석유 ㉱ 이산화탄소

해설 Na, K : 공기 중의 수분으로부터 보호하기 위하여 보호액(석유, 등유) 속에 보관한다.

답 ㉰

11 금속칼륨의 보호액으로 가장 적당한 것은?

㉮ 물
㉯ 아세트산
㉰ 등유
㉱ 에틸알코올

해설 Na, K : 공기 중의 수분으로부터 보호하기 위하여 보호액(석유, 등유) 속에 보관한다.

답 ㉰

12 다음 중 물과 반응하여 포스핀가스를 발생하는 것은?

㉮ Ca_3P_2 ㉯ CaC_2
㉰ LiH ㉱ P_4

해설 인화석회(Ca_3P_2, 인화칼슘)는 제3류 위험물(자연발화성 물질 및 금수성 물질)로서 물 또는 약산과 반응하여 가연성이며 독성이 강한 인화수소(PH_3, 포스핀)가스를 발생한다.
$Ca_3P_2+6H_2O \rightarrow 3Ca(OH)_2+2PH_3$

답 ㉮

13 위험물안전관리법령상 자연발화성 물질 및 금수성 물질은 제 몇 류 위험물로 지정되어 있는가?

㉮ 제1류 ㉯ 제2류
㉰ 제3류 ㉱ 제4류

해설
① 제1류 위험물(산화성 고체)
② 제2류 위험물(가연성 고체)
③ 제3류 위험물(자연발화성 물질 및 금수성 물질)
④ 제4류 위험물(인화성 액체)
⑤ 제5류 위험물(자기반응성 물질)
⑥ 제6류 위험물(산화성 액체)

답 ㉰

14 **물과 작용하여 분자량이 26인 가연성 가스를 발생시키고 발생한 가스가 구리와 작용하면 폭발성 물질을 생성하는 것은?**

㉮ 칼슘 ㉯ 인화석회
㉰ 탄화칼슘 ㉱ 금속나트륨

해설
㉮ 칼슘 : $Ca+2H_2O \rightarrow Ca(OH)_2+H_2$(분자량=2)
㉯ 인화석회 : $Ca_3P_2+6H_2O \rightarrow 3Ca(OH)_2+2PH_3$ (분자량=34)
㉰ 탄화칼슘 : $CaC_2+2H_2O \rightarrow Ca(OH)_2+C_2H_2$ (분자량=26)
㉱ 금속나트륨 : $2Na+2H_2O \rightarrow 2NaOH+H_2$ (분자량=2)
※ 아세틸렌가스는 많은 금속(Cu, Ag, Hg 등)과 직접 반응하여 수소를 발생하고 폭발성인 금속아세틸레이트를 생성한다.

답 ㉰

15 **황린에 대한 설명 중 옳은 것은?**

㉮ 공기 중에서 안정한 물질이다.
㉯ 물, 이황화탄소, 벤젠에 잘 녹는다.
㉰ KOH 수용액과 반응하여 유독한 포스핀가스가 발생한다.
㉱ 담황색 또는 백색의 액체로 일광에 노출하면 색이 짙어지면서 적린으로 변한다.

해설
황린(P_4, 백린)은 제3류 위험물(자연발화성 물질 및 금수성 물질)로서 수산화칼륨(KOH) 용액 등 강한 알칼리 용액과 반응하여 가연성, 유독성의 포스핀가스를 발생한다.
$P_4+3KOH+H_2O \rightarrow PH_3+3KH_2PO_2$

답 ㉰

16 **탄화칼슘의 성질에 대한 설명으로 틀린 것은?**

㉮ 물보다 무겁다.
㉯ 시판품은 회색 또는 회흑색의 고체이다.
㉰ 물과 반응해서 수산화칼슘과 아세틸렌이 생성된다.
㉱ 질소와 저온에서 작용하며 흡열반응을 한다.

해설
탄화칼슘(CaC_2, 카바이드)은 제3류 위험물(자연발화성 물질 및 금수성 물질)로서 질소와는 약 700℃ 이상에서 질화되어 칼슘사이안나이드($CaCN_2$, 석회질소)가 생성된다.
$CaC_2+N_2 \rightarrow CaCN_2+C+74.6kcal$

답 ㉱

17 **제3류 위험물의 위험성에 대한 설명으로 틀린 것은?**

㉮ 칼륨은 피부에 접촉하면 화상을 입을 위험이 있다.
㉯ 수소화나트륨은 물과 반응하여 수소를 발생한다.
㉰ 트라이에틸알루미늄은 자연발화하므로 물속에 넣어 밀봉 저장한다.
㉱ 황린은 독성 물질이고 증기는 공기보다 무겁다.

해설
트라이에틸알루미늄[$(C_2H_5)_3Al$]은 제3류 위험물(자연발화성 물질 및 금수성 물질)로서 물, 산과 접촉하면 폭발적으로 반응하여 에테인을 형성하고 이때 발열, 폭발에 이른다.
$2(C_2H_5)_3Al+3H_2O \rightarrow Al(OH)_3+3C_2H_6+$발열

답 ㉰

18 **나트륨 또는 칼륨을 석유 속에 보관하는 이유로 가장 적합한 것은?**

㉮ 석유에서 질소를 발생하므로
㉯ 기화를 방지하기 위하여
㉰ 공기 중 질소와 반응하여 폭발하므로
㉱ 공기 중 수분 또는 산소와의 접촉을 막기 위하여

해설
Na, K : 공기 중의 수분 또는 산소와의 접촉으로부터 보호하기 위하여 보호액(석유, 등유) 속에 보관한다.

답 ㉱

19 위험물의 유별 구분이 나머지 셋과 다른 하나는?

㉮ 황린 ㉯ 뷰틸리튬
㉰ 칼슘 ㉱ 황

해설
㉮ 황린 : 제3류 위험물(자연발화성 물질 및 금수성 물질)
㉯ 뷰틸리튬 : 제3류 위험물(자연발화성 물질 및 금수성 물질)
㉰ 칼슘 : 제3류 위험물(자연발화성 물질 및 금수성 물질)
㉱ 황 : 제2류 위험물(가연성 고체)

답 ㉱

20 물과 반응하여 메테인을 발생시키는 것은?

㉮ 탄화알루미늄 ㉯ 금속칼슘
㉰ 금속리튬 ㉱ 수소화나트륨

해설
물과 반응하여 가연성, 폭발성의 메테인가스를 만들며 밀폐된 실내에서 메테인이 축적되는 경우 인화성 혼합기를 형성하여 2차 폭발의 위험이 있다.
$Al_4C_3 + 12H_2O \rightarrow 4Al(OH)_3 + 3CH_4 + 360kcal$

답 ㉮

21 다음 위험물 중 지정수량이 나머지 셋과 다른 것은?

㉮ C_4H_9Li ㉯ K
㉰ Na ㉱ LiH

해설
㉮ C_4H_9Li(뷰틸리튬) : 10kg
㉯ K(칼륨) : 10kg
㉰ Na(나트륨) : 10kg
㉱ LiH(수소화리튬) : 300kg

답 ㉱

22 시약(고체)의 명칭이 불분명한 시약병의 내용물을 확인하려고 뚜껑을 열어 시계접시에 소량을 담아놓고 공기 중에서 햇빛을 받는 곳에 방치하던 중 시계접시에서 갑자기 연소현상이 일어났다. 다음 물질 중 이 시약의 명칭으로 예상할 수 있는 것은?

㉮ 황 ㉯ 황린
㉰ 적린 ㉱ 질산암모늄

해설
제3류 위험물 중 자연발화성 물질인 황린(P_4)에 대한 설명이다.

답 ㉯

23 적갈색 고체로 융점이 1,600℃이며, 물 또는 산과 반응하여 유독한 포스핀가스를 발생하는 제3류 위험물의 지정수량은 몇 kg인가?

㉮ 10 ㉯ 20
㉰ 50 ㉱ 300

해설
제3류 위험물(자연발화성 물질 및 금수성 물질) 중 금속인 화합물에 해당되는 인화석회(Ca_3P_2, 인화칼슘)에 대한 설명으로 지정수량은 300kg이다.

답 ㉱

24 탄화알루미늄이 물과 반응하여 생기는 현상이 아닌 것은?

㉮ 산소가 발생한다.
㉯ 수산화알루미늄이 생성된다.
㉰ 열이 발생한다.
㉱ 메테인가스가 발생한다.

해설
물과 반응하여 가연성, 폭발성의 메테인가스를 만들며 밀폐된 실내에서 메테인이 축적되는 경우 인화성 혼합기를 형성하여 2차 폭발의 위험이 있다.
$Al_4C_3 + 12H_2O \rightarrow 4Al(OH)_3 + 3CH_4 + 360kcal$

답 ㉮

25 인화칼슘이 물과 반응하였을 때 발생하는 가스는?

㉮ PH_3 ㉯ H_2
㉰ CO_2 ㉱ N_2

해설
물 또는 약산과 반응하여 가연성이며 독성이 강한 인화수소(PH_3, 포스핀)가스를 발생한다.
$Ca_3P_2 + 6H_2O \rightarrow 3Ca(OH)_2 + 2PH_3$
$Ca_3P_2 + 6HCl \rightarrow 3CaCl_2 + 2PH_3$

답 ㉮

26 다음 위험물 중 발화점이 가장 낮은 것은?

㉮ 황 ㉯ 삼황화인
㉰ 황린 ㉱ 아세톤

해설
㉮ 황 : 360℃ ㉯ 삼황화인 : 100℃
㉰ 황린 : 34℃ ㉱ 아세톤 : 465℃

답 ㉰

27 트라이에틸알루미늄의 안전관리에 관한 설명 중 틀린 것은?

㉮ 물과의 접촉을 피한다.
㉯ 냉암소에 저장한다.
㉰ 화재발생 시 팽창질석을 사용한다.
㉱ I_2 또는 Cl_2 가스의 분위기에서 저장한다.

해설
트라이에틸알루미늄(T.E.A)은 알킬기(C_nH_{2n+1})와 알루미늄의 화합물로서 할론이나 CO_2와 반응하여 발열하므로 소화약제로 적당치 않다. 알코올류, 할로젠과 반응하여 가연성 가스를 발생한다.

답 ㉱

28 금속나트륨의 저장방법으로 옳은 것은?

㉮ 에탄올 속에 넣어 저장한다.
㉯ 물속에 넣어 저장한다.
㉰ 젖은 모래 속에 넣어 저장한다.
㉱ 경유 속에 넣어 저장한다.

해설
나트륨(Na)과 칼륨(K)은 제3류 위험물(자연발화성 및 금수성 물질)로 자연발화 및 공기 중의 수분과의 접촉을 막기 위해 산소원자(O)가 없는 석유류(보호액)에 보관한다.

답 ㉱

29 황린의 취급에 관한 설명으로 옳은 것은?

㉮ 보호액의 pH를 측정한다.
㉯ 1기압, 25℃의 공기 중에 보관한다.
㉰ 주수에 의한 소화는 절대 금한다.
㉱ 취급 시 보호구는 착용하지 않는다.

해설
황린(P_4)은 제3류 위험물 중 자연발화성 물질로서 공기 중에서 연소하므로 물속에 넣어 저장하며, 인화수소(PH_3)의 생성을 방지하기 위해 보호액(물)은 pH 9의 약알칼리성으로 유지한다.

답 ㉮

30 트라이에틸알루미늄이 물과 반응하였을 때 발생하는 가스는?

㉮ 메테인 ㉯ 에테인
㉰ 프로페인 ㉱ 뷰테인

해설
물과 접촉 시 접촉하면 폭발적으로 반응하여 에테인을 형성하고 이때 발열, 폭발에 이른다.
$(C_2H_5)_3Al + 3H_2O \rightarrow Al(OH)_3 + 3C_2H_6$ + 발열

답 ㉯

31 탄화칼슘 취급 시 주의해야 할 사항으로 옳은 것은?

㉮ 산화성 물질과 혼합하여 저장할 것
㉯ 물의 접촉을 피할 것
㉰ 은, 구리 등의 금속용기에 저장할 것
㉱ 화재발생 시 이산화탄소소화약제를 사용할 것

해설
탄화칼슘은 물과 심하게 반응하여 수산화칼슘과 아세틸렌가스를 발생시킨다. 공기 중 수분과 반응하여도 아세틸렌을 발생시키므로 수분과 습기에 주의하여 밀폐용기에 저장하며 장기간 보관할 경우에는 질소가스(N_2) 등의 불연성 가스를 봉입시켜 저장한다.
$CaC_2 + 2H_2O \rightarrow Ca(OH)_2 + C_2H_2$

답 ㉯

32 다음 위험물의 화재 시 소화방법으로 물을 사용하는 것이 적합하지 않은 것은?

㉮ $NaClO_3$ ㉯ P_4
㉰ Ca_3P_2 ㉱ S

해설
인화칼슘(Ca_3P_2)은 물과 반응하여 가연성이며 독성이 강한 인화수소(PH_3, 포스핀)가스를 발생한다.
$Ca_3P_2 + 6H_2O \rightarrow 3Ca(OH)_2 + 2PH_3$

답 ㉰

33 **다음 중 수소화나트륨의 소화약제로 적당하지 않은 것은?**

㉮ 물
㉯ 건조사
㉰ 팽창질석
㉱ 탄산수소염류

해설 수소화나트륨은 물과 격렬하게 반응하여 수소를 발생하고 발열하며, 이때 발생한 반응열에 의해 자연발화된다.
$NaH + H_2O \rightarrow NaOH + H_2$

답 ㉮

34 **트라이에틸알루미늄이 물과 접촉하면 폭발적으로 반응한다. 이때 발생되는 기체는?**

㉮ 메테인
㉯ 에테인
㉰ 아세틸렌
㉱ 수소

해설 물과 접촉하면 폭발적으로 반응하여 에테인을 형성하고 이때 발열, 폭발에 이른다.
$(C_2H_5)_3Al + 3H_2O \rightarrow Al(OH)_3 + 3C_2H_6$ + 발열

답 ㉯

35 **다음 황린의 성질에 대한 설명으로 옳은 것은 어느 것인가?**

㉮ 분자량은 약 108이다.
㉯ 융점은 약 120℃이다.
㉰ 비점은 약 120℃이다.
㉱ 비중은 약 1.8이다.

해설 황린(P_4)의 성질
㉮ 분자량 : 123.9
㉯ 융점 : 44℃
㉰ 비점 : 280℃
㉱ 비중 : 1.82

답 ㉱

36 **인화칼슘이 물과 반응할 경우에 대한 설명 중 틀린 것은?**

㉮ PH_3가 발생한다.
㉯ 발생가스는 불연성이다.
㉰ $Ca(OH)_2$가 생성된다.
㉱ 발생가스는 독성이 강하다.

해설 인화칼슘은 물과 반응하여 가연성이며 독성이 강한 인화수소(PH_3, 포스핀)가스를 발생한다.
$Ca_3P_2 + 6H_2O \rightarrow 3Ca(OH)_2 + 2PH_3$

답 ㉯

37 **탄화칼슘 저장소에 수분이 침투하여 반응하였을 때 발생하는 가연성 가스는?**

㉮ 메테인
㉯ 아세틸렌
㉰ 에테인
㉱ 프로페인

해설 탄화칼슘은 물과 심하게 반응하여 수산화칼슘과 아세틸렌을 만들며 공기 중 수분과 반응하여도 아세틸렌을 발생시키므로 수분과 습기에 주의하여 밀폐용기에 저장하며 장기간 보관할 경우에는 질소가스(N_2) 등의 불연성 가스를 봉입시켜 저장한다.
$CaC_2 + 2H_2O \rightarrow Ca(OH)_2 + C_2H_2$

답 ㉯

38 **칼륨의 취급상 주의해야 할 내용을 옳게 설명한 것은?**

㉮ 석유와 접촉을 피해야 한다.
㉯ 수분과 접촉을 피해야 한다.
㉰ 화재발생 시 마른모래와 접촉을 피해야 한다.
㉱ 이산화탄소 분위기에서 보관하여야 한다.

해설 칼륨(K)은 제3류 위험물(자연발화성 및 금수성 물질)로서 물과 반응하여 수산화칼륨과 수소가스를 발생한다.
$2K + 2H_2O \rightarrow 2KOH + H_2$

답 ㉯

39 **금속리튬이 물과 반응하였을 때 생성되는 물질은?**

㉮ 수산화리튬과 수소
㉯ 수산화리튬과 산소
㉰ 수소화리튬과 물
㉱ 산화리튬과 물

해설 리튬(Li)은 물과 만나면 심하게 발열하고 수소를 발생하여 위험하다.
$Li + H_2O \rightarrow LiOH + 0.5H_2$

답 ㉮

40 **다음 2가지 물질이 반응하였을 때 포스핀을 발생시키는 것은?**

㉮ 사염화탄소+물　㉯ 황산+물
㉰ 오황화인+물　㉱ 인화칼슘+물

해설 물과 반응하여 가연성이며 독성이 강한 인화수소(PH_3, 포스핀)가스를 발생한다.
$Ca_3P_2 + 6H_2O \rightarrow 3Ca(OH)_2 + 2PH_3$

답 ㉱

5-4 제4류 위험물 – 인화성 액체

① 제4류 위험물의 종류와 지정수량

성질	위험등급	품명		품목	지정수량
인화성 액체	Ⅰ	특수인화물	비수용성	다이에틸에터, 이황화탄소	50L
			수용성	아세트알데하이드, 산화프로필렌	
	Ⅱ	제1석유류	비수용성	가솔린, 벤젠, 톨루엔, 사이클로헥세인, 콜로디온, 메틸에틸케톤, 초산메틸, 초산에틸, 의산에틸, 헥세인, 에틸벤젠 등	200L
			수용성	아세톤, 피리딘, 아크롤레인, 의산메틸, 사이안화수소 등	400L
		알코올류		메틸알코올, 에틸알코올, 프로필알코올, 아이소프로필알코올	400L
	Ⅲ	제2석유류	비수용성	등유, 경유, 테레빈유, 스타이렌, 자일렌(o−, m−, p−), 클로로벤젠, 장뇌유, 뷰틸알코올, 알릴알코올 등	1,000L
			수용성	폼산, 초산, 하이드라진, 아크릴산, 아밀알코올 등	2,000L
		제3석유류	비수용성	중유, 크레오소트유, 아닐린, 나이트로벤젠, 나이트로톨루엔 등	2,000L
			수용성	에틸렌글리콜, 글리세린 등	4,000L
		제4석유류		기어유, 실린더유, 윤활유, 가소제	6,000L
		동·식물유류		• 건성유 : 아마인유, 들기름, 동유, 정어리기름, 해바라기유 등 • 반건성유 : 참기름, 옥수수기름, 청어기름, 채종유, 면실유(목화씨유), 콩기름, 쌀겨유 등 • 불건성유 : 올리브유, 피마자유, 야자유, 땅콩기름, 동백유 등	10,000L

※ 「위험물안전관리법」에서는 특수인화물의 비수용성/수용성 구분이 명시되어 있지 않지만, 시험에서는 이를 구분하는 문제가 종종 출제되기 때문에, 특수인화물의 비수용성/수용성 구분을 알아두는 것이 좋다.

※ 석유류 분류기준 : 인화점의 차이

② 공통성질, 저장 및 취급 시 유의사항 등

(1) 공통성질

① 액체는 물보다 가볍고, 대부분 물에 잘 녹지 않는다.

② 상온에서 액체이며 인화하기 쉽다.

③ 대부분의 증기는 공기보다 무겁다.

④ 착화온도(착화점, 발화온도, 발화점)가 낮을수록 위험하다.

⑤ 연소하한이 낮아 증기와 공기가 약간 혼합되어 있어도 연소한다.

(2) 저장 및 취급 시 유의사항

① 화기 및 점화원으로부터 멀리 저장할 것
② 인화점 이상으로 가열하지 말 것
③ 증기 및 액체의 누설에 주의하여 저장할 것
④ 용기는 밀전하고 통풍이 잘 되는 찬 곳에 저장할 것
⑤ 부도체이므로 정전기 발생에 주의하여 저장, 취급할 것

(3) 예방대책

① 점화원을 제거한다.
② 폭발성 혼합기의 형성을 방지한다.
③ 누출을 방지한다.
④ 보관 시 탱크 등의 관리를 철저히 한다.

(4) 소화방법

이산화탄소, 할로젠화물, 분말, 물분무 등으로 질식소화

(5) 화재의 특성

① 유동성 액체이므로 연소속도와 화재의 확대가 빠르다.
② 증발연소하므로 불티가 나지 않는다.
③ 인화점이 낮은 것은 겨울철에도 쉽게 인화한다.
④ 소화 후에도 발화점 이상으로 가열된 물체 등에 의해 재연소 또는 폭발한다.

3 위험물의 시험방법

(1) 인화성 액체의 인화점 시험방법(위험물안전관리에 관한 세부기준 제13조)

① 인화성 액체의 인화점 측정은 **태그밀폐식 인화점측정기**에 의한 인화점을 측정한 방법으로 측정한 결과에 따라 정한다.
㉮ 측정결과가 0℃ 미만인 경우에는 해당 측정결과를 인화점으로 할 것
㉯ 측정결과가 0℃ 이상 80℃ 이하인 경우에는 동점도 측정을 하여 동점도가 $10mm^2/s$ 미만인 경우에는 해당 측정결과를 인화점으로 하고, 동점도가 $10mm^2/s$ 이상인 경우에는 **신속평형법 인화점측정기**에 의한 인화점 측정시험으로 다시 측정할 것

㉰ 측정결과가 80℃를 초과하는 경우에는 **클리브랜드개방컵 인화점측정기**에 의한 인화점 측정시험에 따른 방법으로 다시 측정할 것

② **인화성 액체 중 수용성 액체란 온도 20℃, 기압 1기압에서 동일한 양의 증류수와 완만하게 혼합하여 혼합액의 유동이 멈춘 후 혼합액이 균일한 외관을 유지하는 것을 말한다.**

(2) 인화점 측정시험 종류

① 태그(Tag)밀폐식 인화점측정기에 의한 인화점 측정시험

② 신속평형법 인화점측정기에 의한 인화점 측정시험

③ 클리브랜드(Cleaveland)개방컵 인화점측정기에 의한 인화점 측정시험

④ 각론

(1) 특수인화물 – 지정수량 50L

"특수인화물"이라 함은 이황화탄소, 다이에틸에터, 그 밖의 1기압에서 발화점이 100℃ 이하인 것 또는 인화점이 영하 20℃ 이하이고 비점이 40℃ 이하인 것을 말한다.

① 다이에틸에터($C_2H_5OC_2H_5$, 산화에틸, 에터, 에틸에터) – 비수용성 액체

분자량	비중	증기비중	비점	인화점	발화점	연소범위
74.12	0.72	2.6	34℃	−40℃	180℃	1.9~48%

```
  H H    H H
  | |    | |
H-C-C-O-C-C-H
  | |    | |
  H H    H H
```

㉮ 무색투명한 유동성 액체로 휘발성이 크며, 에탄올과 나트륨이 반응하면 수소를 발생하지만 에터는 나트륨과 반응하여 수소를 발생하지 않으므로 구별할 수 있다.

㉯ 물에는 약간 녹고 알코올 등에는 잘 녹고, **증기는 마취성**이 있다.

㉰ 전기의 부도체로서 정전기가 발생하기 쉽다.

㉱ 인화점이 낮고 휘발성이 강하다.

㉲ 증기누출이 용이하며 장기간 저장 시 공기 중에서 산화되어 구조불명의 불안정하고 폭발성의 과산화물을 만드는데 이는 유기과산화물과 같은 위험성을 가지기 때문에 100℃로 가열하거나 충격, 압축으로 폭발한다.

㉳ 직사광선에 분해되어 과산화물을 생성하므로 갈색병을 사용하여 밀전하고 냉암소 등에 보관하며 용기의 공간용적은 2% 이상으로 해야 한다.

㉳ 대량저장 시에는 불활성 가스를 봉입하고, 운반용기의 공간용적으로 10% 이상 여유를 둔다. 또한, 옥외저장탱크 중 압력탱크에 저장하는 경우 40℃ 이하를 유지해야 한다.

㉴ 점화원을 피해야 하며 특히 정전기를 방지하기 위해 약간의 $CaCl_2$를 넣어 두고, 또한 폭발성의 **과산화물 생성방지를 위해 40mesh의 구리망**을 넣어둔다.★

㉵ **과산화물의 검출은 10% 아이오딘화칼륨(KI) 용액과의 황색반응으로 확인**한다.★

② 이황화탄소(CS_2) - 비수용성 액체

분자량	비중	비점	녹는점	인화점	발화점	연소범위
76	1.26	46℃	-111℃	-30℃	90℃	1.0~50%

㉮ 순수한 것은 무색투명하고 클로로폼과 같은 약한 향기가 있는 액체지만 통상 불순물이 있기 때문에 황색을 띠며 불쾌한 냄새가 난다.

㉯ 물보다 무겁고 물에 녹지 않으나, 알코올, 에터, 벤젠 등에는 잘 녹으며, 유지, 수지 등의 용제로 사용된다.

㉰ 독성이 있어 피부에 장시간 접촉하거나 증기흡입 시 인체에 유해하다.

㉱ **휘발하기 쉽고 발화점이 낮아 백열등, 난방기구 등의 열에 의해 발화하며, 점화하면 청색을 내고 연소하는데 연소생성물 중 SO_2는 유독성이 강하다.**★★

◀ 이황화탄소와 벤젠의 연소 및 소화

$$CS_2 + 3O_2 \rightarrow CO_2 + 2SO_2$$

㉲ 고온의 물과 반응하면 이산화탄소와 황화수소를 발생한다.

$$CS_2 + 2H_2O \rightarrow CO_2 + 2H_2S$$

㉳ 물보다 무겁고 물에 녹기 어렵기 때문에 **가연성 증기의 발생을 억제하기 위하여 물(수조) 속에 저장**한다.★

③ 아세트알데하이드(CH_3CHO, 알데하이드, 초산알데하이드) - 수용성 액체

분자량	비중	녹는점	비점	인화점	발화점	연소범위
44	0.78	-121℃	21℃	-40℃	175℃	4.1~57%

```
    H   H
    |  /
H — C — C
    |   \\
    H    O
```

㉮ 무색이며 고농도는 자극성 냄새가 나며 저농도의 것은 과일향이 나는 휘발성이 강한 액체로서 물, 에탄올, 에터에 잘 녹고, 고무를 녹인다.

㉯ **환원성이 커서 은거울반응을 하며,** I_2와 NaOH를 넣고 가열하는 경우 황색의 아이오딘폼(CH_3I) 침전이 생기는 **아이오딘폼반응**을 한다.★

$$CH_3CHO + I_2 + 2NaOH \rightarrow HCOONa + NaI + CH_3I + H_2O$$

㉰ 산화 시 초산, 환원 시 에탄올이 생성된다.

$2CH_3CHO + O_2 \rightarrow 2CH_3COOH$ (산화작용)
$CH_3CHO + H_2 \rightarrow C_2H_5OH$ (환원작용)

㉱ 제조방법

㉠ 에틸렌의 직접 산화법 : 에틸렌을 염화구리 또는 염화팔라듐의 촉매하에서 산화반응시켜 제조한다.

$2C_2H_4 + O_2 \rightarrow 2CH_3CHO$

㉡ 에틸알코올의 직접 산화법 : 에틸알코올을 이산화망가니즈 촉매하에서 산화시켜 제조한다.

$2C_2H_5OH + O_2 \rightarrow 2CH_3CHO + 2H_2O$

㉢ 아세틸렌의 수화법 : 아세틸렌과 물을 수은 촉매하에서 수화시켜 제조한다.

$C_2H_2 + H_2O \rightarrow CH_3CHO$

㉲ 구리, 수은, 마그네슘, 은 및 그 합금으로 된 취급설비는 아세트알데하이드와 반응에 의해 이들 간에 중합반응을 일으켜 구조불명의 폭발성 물질을 생성한다.

④ 산화프로필렌(CH_3CHOCH_2, 프로필렌옥사이드) - 수용성 액체

분자량	비중	증기비중	비점	인화점	발화점	연소범위
58	0.82	2.0	35℃	−37℃	449℃	2.8~37%

```
   H  H  H
   |  |  |
H－C－C－C－H
    \/   |
    O    H
```

㉮ 에터 냄새를 가진 무색의 휘발성이 강한 액체이다.

㉯ 반응성이 풍부하며 물 또는 유기용제(벤젠, 에터, 알코올 등)에 잘 녹는다.

㉰ 반응성이 풍부하여 구리, 마그네슘, 수은, 은 및 그 합금 또는 산, 염기, 염화제이철 등과 접촉에 의해 폭발성 혼합물인 아세틸라이트를 생성한다.

㉱ 증기압이 매우 높으므로(20℃에서 45.5mmHg) 상온에서 쉽게 위험농도에 도달된다.

㉲ 저장 시 불활성 기체를 봉입해야 한다.

⑤ 기타

㉮ **아이소프렌** : 인화점 −54℃, 착화점 220℃, 연소범위 2~9%

㉯ **아이소펜테인** : 인화점 −51℃

(2) 제1석유류

"제1석유류"라 함은 아세톤, 휘발유, 그 밖의 1기압에서 인화점이 21℃ 미만인 것을 말한다.

-지정수량 : 비수용성 액체 200L

① 가솔린(C_5~C_9, 휘발유)

액비중	증기비중	비점	인화점	발화점	연소범위
0.65~0.8	3~4	32~220℃	-43℃	300℃	1.2~7.6%

㉮ 무색투명한 액상유분으로 주성분은 C_5~C_9의 포화 · 불포화 탄화수소이며, 비전도성으로 정전기를 발생 · 축적시키므로 대전하기 쉽다.

㉯ 물에는 녹지 않으나 유기용제에는 잘 녹으며 고무, 수지, 유지 등을 잘 용해시킨다.

㉰ 노킹현상 발생을 방지하기 위하여 첨가제 MTBE(Methyl tertiary butyl ether)를 넣어 옥테인가를 높이며 착색한다. 1992년 12월까지는 사에틸납[$(C_2H_5)_4Pb$]으로 첨가제를 사용했지만 1993년 1월부터는 현재의 MTBE[$(CH_3)_3COCH_3$]를 사용하여 무연휘발유를 제조한다.

$$\begin{array}{c} CH_3 \\ | \\ CH_3 - C - O - CH_3 \\ | \\ CH_3 \end{array}$$

㉠ 공업용(무색), 자동차용(오렌지색), 항공기용(청색 또는 붉은 오렌지색)

㉡ $\text{옥테인가} = \dfrac{\text{아이소옥테인(vol\%)}}{\text{아이소옥테인(vol\%)} + \text{노말헵테인(vol\%)}} \times 100$

ⓐ 옥테인가란 아이소옥테인을 100, 노말헵테인을 0으로 하여 가솔린의 성능을 측정하는 기준값을 의미한다.

ⓑ 일반적으로 옥테인가가 높으면 노킹현상이 억제되어 자동차 연료로서 연소효율이 높아진다.

㉱ 휘발, 인화하기 쉽고 증기는 공기보다 3~4배 정도 무거워 누설 시 낮은 곳에 체류되어 연소를 확대시킬 수 있으며, 비전도성이므로 정전기 발생에 의한 인화의 위험이 있다.

㉲ 사에틸납[$(C_2H_5)_4Pb$]의 첨가로 독성이 있으며, 혈액에 들어가 빈혈 또는 뇌에 손상을 준다.

② 벤젠(C_6H_6)

분자량	비중	녹는점	증기비중	비점	인화점	발화점	연소범위
78	0.9	7℃	2.8	79℃	-11℃	498℃	1.4~8.0%

㉮ 무색투명하며 독특한 냄새를 가진 휘발성이 강한 액체로 위험성이 강하며 인화가 쉽고 다량의 흑연을 발생하고 뜨거운 열을 내며 연소한다. 연소 시 이산화탄소와 물이 생성된다.

$$2C_6H_6 + 15O_2 \rightarrow 12CO_2 + 6H_2O$$

㉯ 물에는 녹지 않으나 알코올, 에터 등 유기용제에는 잘 녹으며 유지, 수지, 고무 등을 용해시킨다.

㉰ 80.1℃에서 끓고, 5.5℃에서 응고된다. 겨울철에는 응고된 상태에서도 연소가 가능하다.

㉱ 증기는 마취성이고 독성이 강하여 2% 이상 고농도의 증기를 5~10분간 흡입 시에는 치명적이고, 저농도(100ppm)의 증기도 장기간 흡입 시에는 만성 중독이 일어난다.

③ 톨루엔($C_6H_5CH_3$)

분자량	액비중	증기비중	녹는점	비점	인화점	발화점	연소범위
92	0.871	3.14	−93℃	110℃	4℃	480℃	1.27~7.0%

㉮ 무색투명하며 벤젠향과 같은 독특한 냄새를 가진 액체로 진한 질산과 진한 황산을 반응시키면 나이트로화하여 TNT의 제조에 이용된다.

㉯ 벤젠보다 독성이 약하며 휘발성이 강하여 인화가 용이하며 연소할 때 자극성, 유독성의 가스를 발생한다.

㉰ 1몰의 톨루엔과 3몰의 질산을 황산촉매하에 반응시키면 나이트로화에 의해 TNT가 만들어진다.

$$C_6H_5CH_3 + 3HNO_3 \xrightarrow[\text{나이트로화}]{c\text{-}H_2SO_4} C_6H_2CH_3(NO_2)_3 + 3H_2O$$

TNT

④ 사이클로헥세인(C_6H_{12})

분자량	증기비중	액비중	녹는점	비점	인화점	발화점	연소범위
84.2	2.9	0.77	6℃	82℃	−18℃	245℃	1.3~8.0%

㉮ 무색, 석유와 같은 자극성 냄새를 가진 휘발성이 강한 액체이다.

㉯ 물에 녹지 않지만 광범위하게 유기화합물을 녹인다.

⑤ 콜로디온

질소 함유율 11~12%의 낮은 질화도의 질화면을 에탄올과 에터 3 : 1 비율의 용제에 녹인 것

㉮ 무색 또는 끈기 있는 미황색 액체로 인화점은 −18℃, 질소의 양, 용해량, 용제, 혼합율에 따라 다소 성질이 달라진다.

㉯ 에탄올, 에터 용제는 휘발성이 매우 크고 가연성 증기를 쉽게 발생하기 때문에 콜로디온은 인화가 용이하다.

⑥ 메틸에틸케톤(MEK, $CH_3COC_2H_5$)

분자량	액비중	증기비중	녹는점	비점	인화점	발화점	연소범위
72	0.806	2.44	−80℃	80℃	−7℃	505℃	1.8~10%

```
   H     H  H
   |     |  |
H−C−C−C−C−H
   |  ‖  |  |
   H  O  H  H
```

㉮ 아세톤과 유사한 냄새를 가지는 무색의 휘발성 액체로 유기용제로 이용된다. 화학적으로 수용성이지만 위험물안전관리에 관한 세부기준 판정기준으로는 비수용성 위험물로 분류된다.

㉯ 열에 비교적 안정하나 500℃ 이상에서 열분해된다.

㉰ 공기 중에서 연소 시 물과 이산화탄소가 생성된다.

$$2CH_3COC_2H_5 + 11O_2 \rightarrow 8CO_2 + 8H_2O$$

⑦ 초산메틸(CH_3COOCH_3)

액비중	증기비중	비점	녹는점	인화점	발화점	연소범위
0.93	2.6	58℃	−98℃	−10℃	502℃	3.1~16%

㉮ 무색 액체로 휘발성, 마취성이 있다.

㉯ 물에 잘 녹으며 수지, 유지를 잘 녹인다.

㉰ 피부에 닿으면 탈지작용이 있다.

㉱ 수용액이지만 위험물안전관리 세부기준의 수용성 액체 판정기준에 의해 비수용성 위험물로 분류된다.

⑧ 초산에틸, 아세트산에틸($CH_3COOC_2H_5$)

분자량	액비중	증기비중	비점	발화점	인화점	연소범위
88	0.9	3.05	77.5℃	429℃	−3℃	2.2~11.5%

㉮ 과일향을 갖는 무색투명한 인화성 액체로 물에는 약간 녹고, 유기용제에 잘 녹는다.

㉯ 가수분해하여 초산과 에틸알코올로 된다.

$$CH_3COOC_2H_5 + H_2O \rightleftarrows CH_3COOH + C_2H_5OH$$

㉰ 유기물, 수지, 초산 섬유소 등을 잘 녹인다.

㉱ 기타 초산에스터 : 초산프로필($CH_3COOC_3H_7$) 등 초산메틸에 준한다.

⑨ 의산에틸($HCOOC_2H_5$)

분자량	증기비중	융점	비점	비중	인화점	발화점	연소범위
74.08	2.6	−80℃	54℃	0.9	−20℃	455℃	2.8~16.0%

㉮ 물, 글리세린, 유기용제에 잘 녹는다.

㉯ 에틸알코올과 의산을 진한 황산하에 가열하여 만든다.

- 지정수량 : 수용성 액체 400L

⑩ 아세톤(CH_3COCH_3, 다이메틸케톤, 2-프로파논)

분자량	비중	녹는점	비점	인화점	발화점	연소범위
58	0.79	-94℃	56℃	-18.5℃	465℃	2.5~12.8%

```
    H     H
    |     |
H - C - C - C - H
    |  ‖  |
    H  O  H
```

㉮ 무색, 자극성의 휘발성, 유동성, 가연성 액체로, 보관 중 황색으로 변질되며 백광을 쪼이면 분해한다.

㉯ 물과 유기용제에 잘 녹고, 아이오딘폼반응을 한다. I_2와 NaOH를 넣고 60~80℃로 가열하면, 황색의 아이오딘폼(CH_3I) 침전이 생긴다.

$$CH_3COCH_3 + 3I_2 + 4NaOH \rightarrow CH_3COONa + 3NaI + CH_3I + 3H_2O$$

㉰ 휘발이 쉽고 상온에서 인화성 증기를 발생하며 적은 점화원에도 쉽게 인화한다.

㉱ 10%의 수용액 상태에서도 인화의 위험이 있으며 햇빛 또는 공기와 접촉하면 폭발성의 과산화물을 만든다.

㉲ 독성은 없으나 피부에 닿으면 탈지작용을 하고 장시간 흡입 시 구토가 일어난다.

㉳ 증기의 누설 시 모든 점화원을 제거하고 물분무로 증기를 제거한다. 액체의 누출 시는 모래 또는 불연성 흡수제로 흡수하여 제거한다. 또한 취급소 내의 전기설비는 방폭 조치하고 정전기의 발생 및 축적을 방지해야 한다.

⑪ 피리딘(C_5H_5N)

분자량	액비중	증기비중	비점	인화점	발화점	연소범위
79	0.98	2.7	115.4℃	16℃	482℃	1.8~12.4%

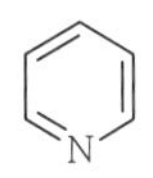

㉮ 순수한 것은 무색이나, 불순물을 포함하면 황색 또는 갈색을 띤 알칼리성 액체이다.

㉯ 증기는 공기와 혼합하여 인화 폭발의 위험이 있으며, 수용액 상태에서도 인화성이 있다.

⑫ 아크롤레인($CH_2=CHCHO$, 아크릴산, 아크릴알데하이드, 2-프로펜알)

분자량	액비중	증기비중	인화점	비점	발화점	연소범위
56	0.83	1.9	-29℃	53℃	220℃	2.8~31%

㉮ 무색투명하며 불쾌한 자극성의 인화성 액체이다.

㉯ 물, 에터, 알코올에 잘 용해한다.

㉰ 상온, 상압하에서 산소와 반응하여 쉽게 아크릴산이 된다.

㉱ 장기보존 시 암모니아와 반응하여 수지형의 고체가 된다.

⑬ 의산메틸(폼산메틸, $HCOOCH_3$)

분자량	비중	증기비중	녹는점	비점	발화점	인화점	연소범위
60	0.97	2.07	−100℃	32℃	449℃	−19℃	5~23%

㉮ 달콤한 향이 나는 무색의 휘발성 액체로 물 및 유기용제 등에 잘 녹는다.

㉯ 쉽게 가수분해하여 폼산과 맹독성의 메탄올이 생성된다.

$$HCOOCH_3 + H_2O \rightarrow HCOOH + CH_3OH$$

⑭ 사이안화수소(HCN, 청산)

분자량	비중	증기비중	비점	인화점	발화점	연소범위
27	0.69	0.94	26℃	−17℃	538℃	5.6~40%

㉮ 독특한 자극성의 냄새가 나는 무색의 액체(상온에서)이다. 물, 알코올에 잘 녹으며 수용액은 약산성이다.

㉯ 맹독성 물질이며, 휘발성이 높아 인화위험도 매우 높다. 증기는 공기보다 약간 가벼우며 연소하면 푸른 불꽃을 내면서 탄다.

⑮ 기타

㉮ 비수용성

㉠ 원유(Crude oil) : 인화점 20℃ 이하, 발화점 400℃ 이상, 연소범위 0.6~15vol%

㉡ 시너(thinner) : 인화점 21℃ 미만, 휘발성이 강하며 상온에서 증기를 다량 발생하므로 공기와 약간만 혼합하여도 연소폭발이 일어나기 쉽다.

㉯ 수용성

− 아세토나이트릴(CH_3CN) : 인화점 20℃, 발화점 524℃, 연소범위 3~16vol%

(3) 알코올류(R−OH)−지정수량 400L, 수용성 액체

"알코올류"라 함은 1분자를 구성하는 탄소원자의 수가 1개부터 3개까지인 포화 1가 알코올(변성알코올을 포함한다)을 말한다. 다만, 다음의 어느 하나에 해당하는 것은 제외한다.

- 1분자를 구성하는 탄소원자의 수가 1개 내지 3개의 포화 1가 알코올의 함유량이 60중량퍼센트 미만인 수용액
- 가연성 액체량이 60중량퍼센트 미만이고 인화점 및 연소점(태그개방식 인화점측정기에 의한 연소점을 말한다. 이하 같다)이 에틸알코올 60중량퍼센트 수용액의 인화점 및 연소점을 초과하는 것

① 메틸알코올(CH_3OH, 메탄올, 메틸알코올)

분자량	비중	증기비중	녹는점	비점	인화점	발화점	연소범위
32	0.79	1.1	−97.8℃	64℃	11℃	464℃	6~36%

㉮ 무색투명하며 인화가 쉬우며 연소는 완전연소를 하므로 불꽃이 잘 보이지 않는다.

$$2CH_3OH + 3O_2 \rightarrow 2CO_2 + 4H_2O$$

㉯ **백금(Pt), 산화구리(CuO) 존재하의 공기 속에서 산화되면 폼알데하이드(HCHO)가 되며, 최종적으로 폼산(HCOOH)이 된다.**★★

㉰ Na, K 등 알칼리금속과 반응하여 인화성이 강한 수소를 발생한다.

$$2Na + 2CH_3OH \rightarrow 2CH_3ONa + H_2$$

㉱ 독성이 강하여 먹으면 실명하거나 사망에 이른다. (30mL의 양으로도 치명적!)

② 에틸알코올(C_2H_5OH, 에탄올, 에틸알코올)

분자량	비중	증기비중	비점	인화점	발화점	연소범위
46	0.789	1.59	80℃	13℃	363℃	4.3~19%

```
   H  H
   |  |
H─C─C─OH
   |  |
   H  H
```

㉮ 당밀, 고구마, 감자 등을 원료로 하는 발효방법으로 제조한다.

㉯ 무색투명하며 인화가 쉬우며 공기 중에서 쉽게 산화한다. 또한 연소는 완전연소를 하므로 불꽃이 잘 보이지 않으며 그을음이 거의 없다.

$$C_2H_5OH + 3O_2 \rightarrow 2CO_2 + 3H_2O$$

㉰ 물에는 잘 녹고, 유기용매 등에는 농도에 따라 녹는 정도가 다르며, 수지 등을 잘 용해시킨다.

㉱ **산화되면 아세트알데하이드(CH_3CHO)가 되며, 최종적으로 초산(CH_3COOH)이 된다.**★★

㉲ 에틸렌을 물과 합성하여 제조한다.

$$C_2H_4 + H_2O \xrightarrow[300℃,\ 70kg/cm^2]{\text{인산}} C_2H_5OH$$

㉳ 에틸알코올은 아이오딘폼 반응을 한다. 수산화칼륨과 아이오딘을 가하여 아이오딘폼의 황색침전이 생성되는 반응을 한다.

$$C_2H_5OH + 6KOH + 4I_2 \rightarrow CHI_3 + 5KI + HCOOK + 5H_2O$$

㉳ 140℃에서 진한 황산과 반응해서 다이에틸에터를 생성한다.

$$2C_2H_5OH \xrightarrow{c-H_2SO_4} C_2H_5OC_2H_5 + H_2O$$

㉴ Na, K 등 알칼리금속과 반응하여 인화성이 강한 수소를 발생한다.

$$2Na + 2C_2H_5OH \rightarrow 2C_2H_5ONa + H_2$$

③ 프로필알코올[$CH_3(CH_2)_2OH$]

분자량	비중	증기비중	비점	인화점	발화점	연소범위
60	0.80	2.07	97℃	15℃	371℃	2.1~13.5%

```
  H  H  H
  |  |  |
H-C--C--C-OH
  |  |  |
  H  H  H
```

㉮ 무색투명하며 안정한 화합물이다.

㉯ 물, 에터, 아세톤 등 유기용매에 녹으며 유지, 수지 등을 녹인다.

④ 아이소프로필알코올[$(CH_3)_2CHOH$]

분자량	비중	증기비중	비점	인화점	발화점	연소범위
60	0.78	2.07	83℃	12℃	398.9℃	2.0~12%

```
  H  H  H
  |  |  |
H-C--C--C-CH
  |  |  |
  H  OH H
```

㉮ 무색투명하며 물, 에터, 아세톤에 녹으며 유지, 수지 등 많은 유기화합물을 녹인다.

㉯ 산화하면 알데하이드(C_2H_5CHO)를 거쳐 산(C_2H_5COOH)이 된다.

⑤ 변성알코올

에틸알코올에 메틸알코올, 가솔린, 피리딘을 소량 첨가하여 공업용으로 사용하고, 음료로는 사용하지 못하는 알코올을 말한다.

(4) 제2석유류

"제2석유류"라 함은 등유, 경유, 그 밖에 1기압에서 인화점이 섭씨 21℃ 이상 70℃ 미만인 것을 말한다. 다만, 도료류, 그 밖의 물품에 있어서 가연성 액체량이 40중량퍼센트 이하이면서 인화점이 40℃ 이상인 동시에 연소점이 60℃ 이상인 것은 제외한다.

- 지정수량 : 비수용성 액체 1,000L

① 등유(케로신)

비중	증기비중	비점	녹는점	인화점	발화점	연소범위
0.8	4~5	156~300℃	-46℃	39℃ 이상	210℃	0.7~5.0%

㉮ 탄소수가 C_9~C_{18}이 되는 포화, 불포화 탄화수소의 혼합물

㉯ 물에는 불용이며 여러 가지 유기용제와 잘 섞이고 유지, 수지 등을 잘 녹인다.

㉰ 무색 또는 담황색의 액체이며 형광성이 있다.

② 경유(디젤)

비중	증기비중	비점	인화점	발화점	연소범위
0.82~0.85	4~5	150~375℃	41℃ 이상	257℃	0.6~7.5%

㉮ 탄소수가 C_{10}~C_{20}인 포화, 불포화 탄화수소의 혼합물

㉯ 다갈색 또는 담황색 기름이며, 원유의 증류 시 등유와 중유 사이에서 유출되는 유분이다.

③ 스타이렌($C_6H_5CH=CH_2$, 바이닐벤젠, 페닐에틸렌)

분자량	비중	증기비중	비점	인화점	발화점	연소범위
104	0.91	3.6	146℃	31℃	490℃	1.1~6.1%

㉮ 독특한 냄새가 나는 무색투명한 액체로서 물에는 녹지 않으나 유기용제 등에 잘 녹는다.

㉯ 빛, 가열 또는 과산화물에 의해 중합되어 중합체인 폴리스타이렌수지를 만든다.

④ 자일렌[$C_6H_4(CH_3)_2$, 크실렌]

벤젠핵에 메틸기($-CH_3$) 2개가 결합한 물질로 3가지의 이성질체가 있다.

㉮ 무색투명하고, 단맛이 있으며, 방향성이 있다.

㉯ 3가지 이성질체가 있다.

명칭	ortho-자일렌	meta-자일렌	para-자일렌
비중	0.88	0.86	0.86
융점	-25℃	-48℃	13℃
비점	144.4℃	139.1℃	138.4℃
인화점	32℃	25℃	25℃
발화점	463.9℃	527.8℃	528.9℃
연소범위	1.0~6.0%	1.0~6.0%	1.1~7.0%
구조식	CH_3, CH_3	CH_3, CH_3	CH_3, CH_3

㉰ 염소산염류, 질산염류, 질산 등과 반응하여 혼촉발화 폭발의 위험이 높다.

⑤ 클로로벤젠(C_6H_5Cl, 염화페닐)

분자량	비중	증기비중	비점	인화점	발화점	연소범위
112.5	1.11	3.9	132℃	32℃	638℃	1.3~7.1%

㉮ 마취성이 있고 석유와 비슷한 냄새를 가진 무색의 액체이다.

㉯ 물에는 녹지 않으나 유기용제 등에는 잘 녹고 천연수지, 고무, 유지 등을 잘 녹인다.

㉰ 벤젠을 염화철 촉매하에서 염소와 반응하여 만든다.

⑥ 장뇌유($C_{10}H_{16}O$, 캠플유)

㉮ 주성분은 장뇌($C_{10}H_{16}O$)로서 엷은 황색의 액체이며 유출 온도에 따라 백색유, 적색유, 감색유로 분류한다.

㉯ 물에는 녹지 않으나 알코올, 에터, 벤젠 등 유기용제에 잘 녹는다.

⑦ 뷰틸알코올(C_4H_9OH, butyl alcohol)

분자량	비중	증기비중	융점	비점	인화점	발화점	연소범위
74.12	0.8	2.6	−90℃	117℃	35℃	343℃	1.4~11.2%

포도주와 비슷한 냄새가 나는 무색투명한 액체이다.

⑧ 알릴알코올($CH_2=CHCH_2OH$, allyl alcohol)

분자량	비중	증기비중	증기압	융점	비점	인화점	발화점	연소범위
58.1	0.85	2.0	17mmHg(20℃)	−129℃	97℃	22℃	378℃	2.5~18.0%

㉮ 자극성이 겨자 같은 냄새가 나는 무색의 액체이다.

㉯ 물보다 가볍고 물과 잘 혼합한다.

⑨ 아밀알코올($C_5H_{11}OH$, amyl alcohol)

분자량	비중	증기비중	비점	융점	인화점	발화점	연소범위
88.15	0.8	3.0	138℃	−78℃	33℃	300℃	1.2~10.0%

불쾌한 냄새가 나는 무색의 투명한 액체이다. 물, 알코올, 에터에 녹는다.

⑩ 큐멘[$(CH_3)_2CHC_6H_5$]

비중	비점	인화점	발화점	연소범위
0.86	152℃	36℃	425℃	0.9~6.5%

㉮ 방향성 냄새가 나는 무색의 액체이다.

㉯ 물에는 녹지 않으며, 알코올, 에터, 벤젠 등에 녹는다.

-지정수량 : 수용성 액체 2,000L

⑪ 폼산(HCOOH, 개미산, 의산)

분자량	비중	증기비중	비점	인화점	발화점	연소범위
46	1.22	2.6	101℃	55℃	540℃	18~57%

$$H-C\begin{matrix}{=O}\\{-O-H}\end{matrix}$$

㉮ 무색투명한 액체로 물, 에터, 알코올 등과 잘 혼합한다.

㉯ 강한 자극성 냄새가 있고 강한 산성, 신맛이 난다.

㉰ 진한 황산에 탈수하여 일산화탄소를 생성한다.

$$HCOOH \xrightarrow{c-H_2SO_4} H_2O + CO$$

⑫ 초산(CH_3COOH, 아세트산, 빙초산, 에테인산)

분자량	비중	증기비중	비점	융점	인화점	발화점	연소범위
60	1.05	2.07	118℃	16.7℃	40℃	485℃	5.4~16%

$$H-\overset{H}{\underset{H}{C}}-C\begin{matrix}{=O}\\{-O-H}\end{matrix}$$

㉮ 강한 자극성의 냄새와 신맛을 가진 무색투명한 액체이며, 겨울에는 고화한다.

㉯ 연소 시 파란 불꽃을 내면서 탄다.

$$CH_3COOH + 2O_2 \rightarrow 2CO_2 + 2H_2O$$

㉰ 많은 금속을 강하게 부식시키고, 금속과 반응하여 수소를 발생한다.

$$Zn + 2CH_3COOH \rightarrow (CH_3COO)_2Zn + H_2$$

⑬ 하이드라진(N_2H_4)

$$\begin{matrix}H\\H\end{matrix}>N-N<\begin{matrix}H\\H\end{matrix}$$

㉮ 연소범위는 4.7~100%, 인화점 38℃, 비점 113.5℃, 융점 1.4℃이며 외형은 물과 같으나 무색의 가연성 고체로 원래 불안정한 물질이나 상온에서는 분해가 완만하다. 이때 Cu, Fe은 분해촉매로 작용한다.

㉯ 열에 불안정하여 공기 중에서 가열하면 약 180℃에서 암모니아, 질소를 발생한다. 밀폐용기를 가열하면 심하게 파열한다.

$$2N_2H_4 \rightarrow 2NH_3 + N_2 + H_2$$

㉰ 강산, 강산화성 물질과 혼합 시 현저히 위험성이 증가하고 H_2O_2와 고농도의 하이드라진이 혼촉하면 심하게 발열반응을 일으키고 혼촉 발화한다.

$$2H_2O_2 + N_2H_4 \rightarrow 4H_2O + N_2$$

㉱ 하이드라진 증기와 공기가 혼합하면 폭발적으로 연소한다.

⑭ 아크릴산($CH_2=CHCOOH$)

비중	비점	인화점	발화점	연소범위
1.05	141℃	51℃	438℃	2~8%

```
H     O
|     ‖
C=C-C-OH
|  |
H  H
```

㉮ 무색, 초산과 같은 냄새가 나며, 겨울에는 고화한다.

㉯ 200℃ 이상 가열하면 CO, CO_2 및 증기를 발생하며, 강산, 강알칼리와 접촉 시 심하게 반응한다.

(5) 제3석유류

"제3석유류"라 함은 중유, 크레오소트유, 그 밖의 1기압에서 인화점이 70℃ 이상 200℃ 미만인 것을 말한다. 다만, 도료류, 그 밖의 물품은 가연성 액체량이 40중량퍼센트 이하인 것은 제외한다.

- 지정수량 : 비수용성 액체 2,000L

① 중유(heavy oil)

㉮ 원유의 성분 중 비점이 300~350℃ 이상인 갈색 또는 암갈색의 액체, 직류 중유와 분해 중유로 나눌 수 있다.

㉠ 직류중유(디젤기관의 연료용) : 원유를 300~350℃에서 추출한 유분 또는 이에 경유를 혼합한 것으로 포화탄화수소가 많으므로 점도가 낮고 분무성이 좋으며 착화가 잘 된다. 비중 0.85~0.93, 인화점 60~150℃, 발화점 254~405℃

㉡ 분해중유(보일러의 연료용) : 중유 또는 경유를 열분해하여 가솔린을 제조한 잔유에 이 계통의 분해경유를 혼합한 것으로 불포화탄화수소가 많아 분무성도 좋지 않아 탄화수소가 불안정하게 형성된다. 비중 0.95~1.00, 인화점 70~150℃, 착화점 380℃ 이하

㉯ 등급은 동점도(점도/밀도) 차에 따라 A중유, B중유, C중유로 구분하며, 벙커C유는 C중유에 속한다.

㉰ 석유 냄새가 나는 갈색 또는 암갈색의 끈적끈적한 액체로 상온에서는 인화위험성이 없으나 가열하면 제1석유류와 같은 위험성이 있으며 가열에 의해 용기가 폭발하며 연소할 때 CO 등의 유독성 가스와 다량의 흑연을 생성한다.

㉱ 분해중유는 불포화탄화수소이므로 산화중합하기 쉽고, 액체의 누설은 자연발화의 위험이 있다.

㉲ 강산화제와 혼합하면 발화위험이 생성된다. 또한 대형 탱크의 화재가 발생하면 보일오버(boil over) 또는 슬롭오버(slop over) 현상을 초래한다.

㉠ **슬롭오버(slop over)현상** : 포말 및 수분이 함유된 물질의 소화는 시간이 지연되면 수분이 비등증발하여 포가 파괴되어 화재면의 액체가 포말과 함께 혼합되어 넘쳐흐르는 현상

㉡ **보일오버(boil over)현상** : 원유나 중질유와 같은 성분을 가진 유류탱크화재 시 탱크 바닥에 물 등이 뜨거운 열유층(heat layer)의 온도에 의해서 물이 수증기로 변하면서 부피팽창에 의해서 유류가 갑작스런 탱크 외부로 넘어 흐르는 현상

② 크레오소트유(타르유, 액체피치유, 콜타르)

비중	비점	인화점	발화점
1.02~1.05	194~400℃	74℃	336℃

㉮ 콜타르를 증류할 때 혼합물로 얻으며 나프탈렌, 안트라센을 포함하며 자극성의 타르 냄새가 나는 황갈색의 액체로 목재 방부제로 사용한다.

㉯ 콜타르를 230~300℃에서 증류할 때 혼합물로 얻으며, 주성분으로 나프탈렌과 안트라센을 함유하고 있는 혼합물이다.

③ 아닐린($C_6H_5NH_2$, 페닐아민, 아미노벤젠, 아닐린오일)

비중	비점	융점	인화점	발화점
1.02	184℃	−6℃	70℃	615℃

㉮ 무색 또는 담황색의 기름상 액체로 공기 중에서 적갈색으로 변색한다.

㉯ 알칼리금속 또는 알칼리토금속과 반응하여 수소와 아닐라이드를 생성한다.

㉰ 인화점(70℃)이 높아 상온에서는 안정하나 가열 시 위험성이 증가하며 증기는 공기와 혼합할 때 인화, 폭발의 위험이 있다.

④ 나이트로벤젠($C_6H_5NO_2$, 나이트로벤졸)

비중	비점	융점	인화점	발화점
1.2	211℃	5℃	88℃	482℃

㉮ 물에 녹지 않으며 유기용제에 잘 녹는 특유한 냄새를 지닌 담황색 또는 갈색의 액체

㉯ 벤젠을 진한 황산과 진한 질산을 사용하여 나이트로화시켜 제조한다.

㉰ 산이나 알칼리에는 안정하나 금속촉매에 의해 염산과 반응하면 환원되어 아닐린이 생성된다.

⑤ 나이트로톨루엔[$NO_2(C_6H_4)CH_3$, nitro toluene]

㉮ 방향성 냄새가 나는 황색의 액체이다. 물에 잘 녹지 않는다.

㉯ 분자량=137.1, 증기비중=4.72, 비중=1.16

구분	융점(℃)	비점(℃)	인화점(℃)	발화점(℃)	연소범위(%)
o-nitro toluene	-9	222	106	305	2.2%~
m-nitro toluene	16	233	101		1.6%~
p-nitro toluene	54	238	106	390	1.6%~

p-nitro toluene은 20℃에서 고체상태이므로 제3석유류에서 제외된다.

㉰ 알코올, 에터, 벤젠 등 유기용제에 잘 녹는다.

⑥ 아세트사이안하이드린[$(CH_3)_2C(OH)CN$]

㉮ 무색 또는 미황색의 액체로 매우 유독하고 착화가 용이하며, 가열이나 강알칼리에 의해 아세톤과 사이안화수소를 발생한다.

㉯ 강산화제와 혼합하면 인화, 폭발의 위험이 있으며, 강산류, 환원성 물질과 접촉 시 반응을 일으킨다.

⑦ 염화벤조일($C_6H_5NHNH_2$)

비중	비점	융점	인화점	발화점
1.21	74℃	−1℃	72.2℃	197℃

㉮ 자극성 냄새가 나는 무색의 액체로 물에는 분해되고 에터에 녹는다.

㉯ 산화성 물질과 혼합 시 폭발할 위험이 있다.

- 지정수량 : 수용성 액체 4,000L

⑧ 에틸렌글리콜[$C_2H_4(OH)_2$, 글리콜, 1,2－에탄디올]

비중	비점	융점	인화점	발화점
1.1	197℃	－12.6℃	120℃	398℃

```
    H   H
    |   |
H－C －C－H
    |   |
   OH  OH
```

㉮ 무색무취의 단맛이 나고 흡습성이 있는 끈끈한 액체로서 **2가 알코올**이다.

㉯ 물, 알코올, 에터, 글리세린 등에는 잘 녹고, 사염화탄소, 이황화탄소, 클로로폼에는 녹지 않는다.

㉰ 독성이 있으며, 무기산 및 유기산과 반응하여 에스터를 생성한다.

⑨ 글리세린[$C_3H_5(OH)_3$]

분자량	비중	융점	인화점	발화점
92	1.26	17℃	160℃	370℃

```
    H   H   H
    |   |   |
H－C －C －C－H
    |   |   |
   OH  OH  OH
```

㉮ 물보다 무겁고 단맛이 나는 무색 액체로서, **3가 알코올**이다.

㉯ 물, 알코올, 에터에 잘 녹으며 벤젠, 클로로폼 등에는 녹지 않는다.

(6) 제4석유류－지정수량 6,000L

"제4석유류"라 함은 기어유, 실린더유, 그 밖에 1기압에서 인화점이 200℃ 이상 250℃ 미만인 것을 말한다. 다만, 도료류, 그 밖의 물품은 가연성 액체량이 40중량퍼센트 이하인 것은 제외한다.

① 기어유(gear oil)

㉮ 기계, 자동차 등에 이용한다.

㉯ 비중 0.90 인화점 220℃ 유동점 －12℃, 수분 0.2%

② 실린더유(cylinder oil)

㉮ 각종 증기기관의 실린더에 사용된다.

㉯ 비중 0.90, 인화점 250℃, 유동점 －10℃, 수분 0.5%

③ **윤활유** : 기계에서 마찰을 많이 받는 부분을 적게 하기 위해 사용하는 기름

종류	용도
기계유	윤활유 중 가장 많이 사용, 마찰부위에 쓰이는 외부 윤활용 오일이다. 인화점 200~300℃, 계절에 따라 적당한 점도, 인화점을 주어 여러 종류가 있다.
실린더유	각종 증기기관의 실린더에 사용, 인화점 230~370℃, 과열수증기를 사용하는 경우 인화점 280℃가 적당하다.
모빌유	항공 발전기, 자동차엔진, 디젤엔진, 가스엔진에 사용
엔진오일	기관차, 증기기관, 가스엔진 등의 외부 윤활유로 사용
컴프레서오일	에어컴프레서에 사용, 공기와의 접촉 시 산화중합 및 연소위험성이 적어야 한다.

(7) 동 · 식물유류 - 지정수량 10,000L

"동 · 식물유류"라 함은 동물의 지육 등 또는 식물의 종자나 과육으로부터 추출한 것으로서 1기압에서 인화점이 250℃ 미만인 것을 말한다.

① **종류** : 유지의 불포화도를 나타내는 아이오딘값에 따라 건성유, 반건성유, 불건성유로 구분한다.

※ **아이오딘값 : 유지 100g에 부가되는 아이오딘의 g수, 불포화도**가 증가할수록 **아이오딘값이 증가**하며, **자연발화의 위험이 있다.**★★★

㉮ **건성유 : 아이오딘값이 130 이상인 것**

이중결합이 많아 불포화도가 높기 때문에 공기 중에서 산화되어 액 표면에 피막을 만드는 기름

예 아마인유, 들기름, 동유, 정어리기름, 해바라기유 등

㉯ 반건성유 : 아이오딘값이 100~130인 것

공기 중에서 건성유보다 얇은 피막을 만드는 기름

예 참기름, 옥수수기름, 청어기름, 채종유, 면실유(목화씨유), 콩기름, 쌀겨유 등

㉰ 불건성유 : 아이오딘값이 100 이하인 것

공기 중에서 피막을 만들지 않는 안정된 기름

예 올리브유, 피마자유, 야자유, 땅콩기름, 동백기름 등

② 위험성

㉮ 인화점 이상에서는 가솔린과 같은 인화의 위험이 있다.

㉯ 화재 시 액온이 상승하여 대형 화재로 발전하기 때문에 소화가 곤란하다.

㉰ 건성유는 헝겊 또는 종이 등에 스며들어 있는 상태로 방치하면 분자 속의 불포화결합이 공기 중의 산소에 의해 산화중합반응을 일으켜 자연발화의 위험이 있다.

연/습/문/제 (제4류 위험물)

01 제4류 위험물에 대한 설명 중 틀린 것은?

㉮ 이황화탄소는 물보다 무겁다.
㉯ 아세톤은 물에 녹지 않는다.
㉰ 톨루엔 증기는 공기보다 무겁다.
㉱ 다이에틸에터의 연소범위 하한은 약 1.9%이다.

해설 제4류 위험물(인화성 액체) 중 아세톤(CH_3COCH_3)은 제1석유류 중 수용성으로 지정수량은 400L이다.

답 ㉯

02 다이에틸에터와 벤젠의 공통성질에 대한 설명으로 옳은 것은?

㉮ 증기비중은 1보다 크다.
㉯ 인화점은 −10℃보다 높다.
㉰ 착화온도는 200℃보다 낮다.
㉱ 연소범위의 상한이 60%보다 크다.

해설 다이에틸에터($C_2H_5OC_2H_5$)와 벤젠(C_6H_6)은 제4류 위험물(인화성 액체) 중 제1석유류에 속하며 증기는 공기보다 무겁다. (증기비중>1)

답 ㉮

03 아세트산의 일반적 성질에 대한 설명 중 틀린 것은?

㉮ 무색투명한 액체이다.
㉯ 수용성이다.
㉰ 증기비중은 등유보다 크다.
㉱ 겨울철에 고화될 수 있다.

해설 아세트산(CH_3COOH)의 증기비중$=\frac{60}{29}\fallingdotseq 2.07$

등유의 증기비중 : 4~5

답 ㉰

04 가솔린의 위험성에 대한 설명 중 틀린 것은?

㉮ 인화점이 낮아 인화하기 쉽다.
㉯ 증기는 공기보다 가벼우며 쉽게 착화한다.
㉰ 사에틸납이 혼합된 가솔린은 유독하다.
㉱ 정전기 발생에 주의하여야 한다.

해설 가솔린은 제4류 위험물(인화성 액체) 중 제1석유류에 해당되며 증기비중은 3~4로 공기보다 무겁다.

답 ㉯

05 다이에틸에터의 성질이 아닌 것은?

㉮ 유동성　　㉯ 마취성
㉰ 인화성　　㉱ 비휘발성

해설 다이에틸에터($C_2H_5OC_2H_5$)는 제4류 위험물(인화성 액체) 중 특수인화물류에 해당되며 인화점이 낮고 휘발성이 매우 강하다.

답 ㉱

06 증기압이 높고 액체가 피부에 닿으면 동상과 같은 증상을 나타내며 Cu, Ag, Hg 등과 반응하여 폭발성 화합물을 만드는 것은?

㉮ 메탄올　　㉯ 가솔린
㉰ 톨루엔　　㉱ 산화프로필렌

해설 제4류 위험물(인화성 액체) 중 특수인화물류에 해당되는 산화프로필렌(CH_3CHOCH_2)에 대한 설명이다.

답 ㉱

07 물에 녹지 않는 인화성 액체는?

㉮ 벤젠　　㉯ 아세톤
㉰ 메틸알코올　　㉱ 아세트알데하이드

해설 벤젠(C_6H_6)은 제4류 위험물(인화성 액체) 중 제1석유류에 해당되며 비수용성으로 지정수량은 200L이다.

답 ㉮

08 휘발유의 일반적인 성상에 대한 설명으로 틀린 것은?

㉮ 물에 녹지 않는다.
㉯ 전기전도성이 뛰어나다.
㉰ 물보다 가볍다.
㉱ 주성분은 알케인 또는 알켄계 탄화수소이다.

해설 휘발유(가솔린)는 제4류 위험물(인화성 액체) 중 제1석유류에 해당되며 전기의 불량도체로서 정전기를 발생·축적할 위험이 있고 점화원이 될 수 있기 때문에 정전기 발생에 주의하여야 한다.

답 ㉯

09 아이소프로필알코올에 대한 설명으로 옳지 않은 것은?

㉮ 탈수하면 프로필렌이 된다.
㉯ 탈수소하면 아세톤이 된다.
㉰ 물에 녹지 않는다.
㉱ 무색투명한 액체이다.

해설 아이소프로필알코올[$(CH_3)_2CHOH$]은 제4류 위험물(인화성 액체) 중 알코올류에 해당되며 무색투명하며 물, 에터, 아세톤에 잘 녹는다.

답 ㉰

10 증기비중이 가장 큰 것은?

㉮ 벤젠　　㉯ 등유
㉰ 메틸알코올　　㉱ 에터

해설 $증기비중=\frac{기체의\ 분자량}{공기의\ 분자량}$

㉮ 벤젠(C_6H_6)의 증기비중$=\frac{78}{29}\fallingdotseq 2.69$

㉯ 등유의 증기비중$=4.5$

㉰ 메틸알코올(CH_3OH)의 증기비중$=\frac{32}{29}\fallingdotseq 1.10$

㉱ 에터($C_2H_5OC_2H_5$)의 증기비중$=\frac{74}{29}\fallingdotseq 2.55$

답 ㉯

11 인화점이 낮은 것부터 높은 순서로 나열된 것은?

㉮ 톨루엔 – 아세톤 – 벤젠
㉯ 아세톤 – 톨루엔 – 벤젠
㉰ 톨루엔 – 벤젠 – 아세톤
㉱ 아세톤 – 벤젠 – 톨루엔

해설
① 톨루엔(C_6H_5CH) : 4℃
② 아세톤(CH_3COCH_3) : −18.5℃
③ 벤젠(C_6H_6) : −11℃

답 ㉱

12 발화점이 가장 낮은 물질은?

㉮ 메틸알코올　　㉯ 등유
㉰ 아세트산　　㉱ 아세톤

해설
㉮ 메틸알코올 : 464℃
㉯ 등유 : 약 220℃
㉰ 아세트산 : 485℃
㉱ 아세톤 : 465℃

답 ㉯

13 위험물을 저장할 때 필요한 보호물질을 옳게 연결한 것은?

㉮ 황린 – 석유
㉯ 금속칼륨 – 에탄올
㉰ 이황화탄소 – 물
㉱ 금속나트륨 – 산소

해설 황린, 이황화탄소 – 물
금속칼륨, 금속나트륨 – 석유류

답 ㉰

14 제3석유류로만 나열된 것은?

㉮ 아세트산, 테레빈유
㉯ 글리세린, 아세트산
㉰ 글리세린, 에틸렌글리콜
㉱ 아크릴산, 에틸렌글리콜

해설
① 아세트산(제2석유류)
② 테레빈유(제2석유류)
③ 글리세린(제3석유류)
④ 에틸렌글리콜(제3석유류)
⑤ 아크릴산(제2석유류)

답 ㉰

15 아세트알데하이드의 저장 · 취급 시 주의사항으로 틀린 것은?

㉮ 강산화제와의 접촉을 피한다.
㉯ 취급설비에는 구리합금의 사용을 피한다.
㉰ 수용성이기 때문에 화재 시 물로 희석소화가 가능하다.
㉱ 옥외저장탱크에 저장 시 조연성 가스를 주입한다.

해설
아세트알데하이드(CH_3CHO)는 제4류 위험물(인화성 액체) 중 특수인화물류에 해당되며 탱크 저장 시는 불활성 가스 또는 수증기를 봉입하고 냉각장치를 설치한다.

답 ㉱

16 벤젠의 위험성에 대한 설명으로 틀린 것은?

㉮ 휘발성이 있다.
㉯ 인화점이 0℃보다 낮다.
㉰ 증기는 유독하여 흡입하면 위험하다.
㉱ 이황화탄소보다 착화 온도가 낮다.

해설
착화온도
① 벤젠(C_6H_6) : 498℃
② 이황화탄소(CS_2) : 90℃

답 ㉱

17 제4류 위험물의 일반적인 화재예방 방법이나 진압대책과 관련한 설명 중 틀린 것은?

㉮ 인화점이 높은 석유류일수록 불연성 가스를 봉입하여 혼합 기체의 형성을 억제하여야 한다.
㉯ 메틸알코올의 화재에는 내알코올포를 사용하여 소화하는 것이 효과적이다.
㉰ 물에 의한 냉각소화보다는 이산화탄소, 분말, 포에 의한 질식소화를 시도하는 것이 좋다.
㉱ 중유탱크화재의 경우 boil over 현상이 일어나 위험한 상황이 발생할 수 있다.

해설
제4류 위험물(인화성 액체) 중 인화점이 낮은 아세트알데하이드(CH_3CHO)는 탱크 저장 시는 불활성 가스 또는 수증기를 봉입하고 냉각장치를 설치하여 혼합기체의 형성을 억제한다.

답 ㉮

18 제4류 위험물 중 특수인화물에 해당하지 않는 것은?

㉮ 황화다이메틸 ㉯ 아이소프로필아민
㉰ 메틸에틸케톤 ㉱ 아세트알데하이드

해설
메틸에틸케톤(MEK, $CH_3COC_2H_5$)은 제4류 위험물(인화성 액체) 중 제1석유류에 해당된다.

답 ㉰

19 아이오딘값에 관한 설명 중 틀린 것은?

㉮ 기름 100g에 흡수되는 아이오딘의 g 수를 말한다.
㉯ 아이오딘값은 유지에 함유된 지방산의 불포화 정도를 나타낸다.
㉰ 불포화결합이 많이 포함되어 있는 것이 건성유이다.
㉱ 불포화 정도가 클수록 반응성이 작다.

해설
아이오딘값이 클수록 불포화도가 크며 반응성 또한 크기 때문에 헝겊 등에 스며 베어 있을 시 자연발화의 위험이 있다.

답 ㉱

20 폼산에 대한 설명으로 옳은 것은?

㉮ 환원성이 있다.
㉯ 초산 또는 빙초산이라고도 한다.
㉰ 독성은 거의 없고 물에 녹지 않는다.
㉱ 비중은 약 0.6이다.

해설 폼산(HCOOH)은 제4류 위험물(인화성 액체) 중 제2석유류에 해당되며 강한 환원성을 갖는다.

답 ㉮

21 다음 위험물 중 인화점이 가장 낮은 것은?

㉮ 산화프로필렌 ㉯ 벤젠
㉰ 다이에틸에터 ㉱ 이황화탄소

해설
㉮ 산화프로필렌 : −37℃
㉯ 벤젠 : −11℃
㉰ 다이에틸에터 : −40℃
㉱ 이황화탄소 : −30℃

답 ㉰

22 특수인화물에 해당하는 것은?

㉮ 헥세인 ㉯ 아세톤
㉰ 가솔린 ㉱ 이황화탄소

해설
㉮ 헥세인 : 제1석유류
㉯ 아세톤 : 제1석유류
㉰ 가솔린 : 제1석유류
㉱ 이황화탄소 : 특수인화물류

답 ㉱

23 제1석유류에 속하지 않는 위험물은?

㉮ 아세톤 ㉯ 사이안화수소
㉰ 클로로벤젠 ㉱ 벤젠

해설
㉮ 아세톤 : 제1석유류
㉯ 사이안화수소 : 제1석유류
㉰ 클로로벤젠 : 제2석유류
㉱ 벤젠 : 제1석유류

답 ㉰

24 다음 위험물안전관리법령에서 정한 지정수량이 50kg이 아닌 위험물은?

㉮ 염소산나트륨 ㉯ 금속리튬
㉰ 과산화나트륨 ㉱ 다이에틸에터

해설
㉮ 염소산나트륨 : 50kg
㉯ 금속리튬 : 50kg
㉰ 과산화나트륨 : 50kg
㉱ 다이에틸에터 : 50L

답 ㉱

25 다음 위험물 중 착화온도가 가장 낮은 것은?

㉮ 이황화탄소 ㉯ 다이에틸에터
㉰ 아세톤 ㉱ 아세트알데하이드

해설
㉮ 이황화탄소 : 90℃
㉯ 다이에틸에터 : 180℃
㉰ 아세톤 : 465℃
㉱ 아세트알데하이드 : 175℃

답 ㉮

26 다음 위험물에 대한 설명 중 틀린 것은?

㉮ 아세트산은 약 16℃ 정도에서 응고한다.
㉯ 아세트산의 분자량은 약 60이다.
㉰ 피리딘은 물에 용해되지 않는다.
㉱ 자일렌은 3가지의 이성질체를 가진다.

해설 피리딘(C_5H_5N)은 제4류 위험물(인화성 액체) 중 제1석유류에 해당되며 약알칼리성을 띠며 물에 잘 녹고 흡습성이 있다.

답 ㉰

27 다음 물질 중 인화점이 가장 낮은 것은?

㉮ CH_3COCH_3
㉯ $C_2H_5OC_2H_5$
㉰ $CH_3(CH_2)_3OH$
㉱ CH_3OH

해설
㉮ CH_3COCH_3(아세톤) : −18.5℃
㉯ $C_2H_5OC_2H_5$(다이에틸에터) : −40℃
㉰ $CH_3(CH_2)_3OH$(뷰틸알코올) : 35℃
㉱ CH_3OH(메틸알코올) : 11℃

답 ㉯

28 **아세톤에 관한 설명 중 틀린 것은?**

㉮ 무색의 휘발성이 강한 액체이다.
㉯ 조해성이 있으며 물과 반응 시 발열한다.
㉰ 겨울철에도 인화의 위험성이 있다.
㉱ 증기는 공기보다 무거우며 액체는 물보다 가볍다.

해설
아세톤(CH_3COCH_3)은 제4류 위험물(인화성 액체) 중 제1석유류로서 조해성이 없고 물에 잘 녹는다. 증기는 공기보다 무겁고 휘발성이 강한 수용성 액체이며, 인화점이 −18℃로서 겨울철에도 인화위험이 있다.
※ 조해성이란 공기 중에 노출되어 있는 고체가 수분을 흡수하여 녹는 현상이다.

답 ㉯

29 **아세트알데하이드의 일반적 성질에 대한 설명 중 틀린 것은?**

㉮ 은거울반응을 한다.
㉯ 물에 잘 녹는다.
㉰ 구리, 마그네슘의 합금과 반응한다.
㉱ 무색 · 무취의 액체이다.

해설
아세트알데하이드(CH_3CHO)는 제4류 위험물(인화성액체) 중 특수인화물로서 무색투명한 액체로 과일 같은 자극성 냄새가 나며 휘발성이 강하다. 환원성이 강하여 은거울반응을 하며, 구리, 마그네슘, 은, 수은 또는 이들의 합금과는 반응에 의해 구조불명의 폭발성 물질을 만든다.

답 ㉱

30 **다음 중 분자량이 약 74, 비중이 약 0.71인 물질로서 에탄올 두 분자에서 물이 빠지면서 축합반응이 일어나 생성되는 물질은?**

㉮ $C_2H_5OC_2H_5$　　㉯ C_2H_5OH
㉰ C_6H_5Cl　　㉱ CS_2

해설
에탄올에 진한황산을 넣고 가열하면 축합반응에 의해 다이에틸에터가 생성된다.

$$C_2H_5OH + HOC_2H_5 \xrightarrow[130℃]{\text{진한 } H_2SO_4} H_2O + C_2H_5OC_2H_5$$

답 ㉮

31 **벤젠의 성질에 대한 설명 중 틀린 것은?**

㉮ 무색의 액체로서 휘발성이 있다.
㉯ 불을 붙이면 그을음을 내며 탄다.
㉰ 증기는 공기보다 무겁다.
㉱ 물에 잘 녹는다.

해설
벤젠(C_6H_6)은 비극성 공유결합으로 극성 공유결합인 물(H_2O)과는 섞이지 않는다.

답 ㉱

32 **아세톤의 물리 · 화학적 특성과 화재 예방 방법에 대한 설명으로 틀린 것은?**

㉮ 물에 잘 녹는다.
㉯ 증기가 공기보다 가벼우므로 확산에 주의한다.
㉰ 화재발생 시 물분무에 의한 소화가 가능하다.
㉱ 휘발성이 있는 가연성 액체이다.

해설
아세톤(CH_3COCH_3)의 증기비중

$$\text{증기비중} : \frac{CH_3COCH_3(58g/mol)}{\text{공기의 분자량}(29g/mol)} = 2$$

아세톤(CH_3COCH_3)은 제4류 위험물(인화성 액체) 중 제1석유류에 속하며 물에 잘 녹고 증기는 공기보다 2배 무겁다.

답 ㉯

33 다음 중 지정수량이 가장 작은 것은?

㉮ 아세톤　㉯ 다이에틸에터
㉰ 크레오소트유　㉱ 클로로벤젠

해설
㉮ 아세톤 : 400L
㉯ 다이에틸에터 : 50L
㉰ 크레오소트유 : 2,000L
㉱ 클로로벤젠 : 1,000L

답 ㉯

34 아세톤의 성질에 대한 설명 중 틀린 것은?

㉮ 무색의 액체로서 인화성이 있다.
㉯ 증기는 공기보다 무겁다.
㉰ 물에 잘 녹는다.
㉱ 무취이며 휘발성이 없다.

해설
아세톤(CH_3COCH_3)은 제4류 위험물(인화성 액체) 중 제1석유류로서 수용성이며 무색, 자극성의 휘발성 액체이다.

답 ㉱

35 ㉠~㉣에 분류된 위험물의 지정수량을 각각 합하였을 때 다음 중 그 값이 가장 큰 것은?

㉠ 이황화탄소+아닐린
㉡ 아세톤+피리딘+경유
㉢ 벤젠+클로로벤젠
㉣ 중유

㉮ ㉠ 위험물의 지정수량 합
㉯ ㉡ 위험물의 지정수량 합
㉰ ㉢ 위험물의 지정수량 합
㉱ ㉣ 위험물의 지정수량

해설
㉠ 이황화탄소(50L)+아닐린(2,000L)
㉡ 아세톤(400L)+피리딘(400L)+경유(1,000L)
㉢ 벤젠(200L)+클로로벤젠(1,000L)
㉣ 중유(2,000L)

답 ㉮

36 등유에 대한 설명으로 틀린 것은?

㉮ 휘발유보다 착화온도가 높다.
㉯ 증기는 공기보다 무겁다.
㉰ 인화점은 상온(25℃)보다 높다.
㉱ 물보다 가볍고 비수용성이다.

해설

구분	인화점	착화점
등유	39℃ 이상	210℃
휘발유	−43℃	300℃

답 ㉮

37 촉매 존재하에서 일산화탄소와 수소를 고온, 고압에서 합성시켜 제조하는 물질로 산화하면 폼알데하이드가 되는 것은?

㉮ 메탄올　㉯ 벤젠
㉰ 휘발유　㉱ 등유

해설
메탄올(CH_3OH)은 1차 알코올로 산화반응 시 폼알데하이드(HCHO)가 되며, 최종적으로 폼산(HCOOH)이 된다.

R-OH (알코올) ⟶ (1차)(−2H) R-CHO (알데하이드) ⟶ (2차)(+O) R-COOH (산)

답 ㉮

38 벤젠의 저장 및 취급 시 주의사항에 대한 설명으로 틀린 것은?

㉮ 정전기에 주의한다.
㉯ 피부에 닿지 않도록 주의한다.
㉰ 증기는 공기보다 가벼워 높은 곳에 체류하므로 환기에 주의한다.
㉱ 통풍이 잘 되는 차고 어두운 곳에 저장한다.

해설
벤젠의 증기는 공기보다 무거워 아래 쪽에 체류한다.

벤젠(C_6H_6)의 증기비중$=\frac{78}{29}\fallingdotseq 2.7$

답 ㉰

39 **다음 수용액 중 알코올의 함유량이 60중량퍼센트 이상일 때 위험물안전관리법상 제4류 알코올류에 해당하는 물질은?**

㉮ 에틸렌글리콜[$C_2H_4(OH)_2$]
㉯ 알릴알코올($CH_2=CHCH_2OH$)
㉰ 뷰틸알코올(C_4H_9OH)
㉱ 에틸알코올(CH_3CH_2OH)

해설 알코올류 : 탄소원자가 1개부터 3개까지인 포화1가 알코올로서 함유량이 60중량% 이상인 것
(메틸알코올, 에틸알코올, 프로필알코올, 변성알코올 포함)

답 ㉱

40 **위험물안전관리법상 제4류 인화성 액체의 판정을 위한 인화점 시험방법에 관한 설명으로 틀린 것은?**

㉮ 태그밀폐식 인화점측정기에 의한 시험을 실시하여 측정결과가 0℃ 미만인 경우에는 해당 측정결과를 인화점으로 한다.
㉯ 태그밀폐식 인화점측정기에 의한 시험을 실시하여 측정결과가 0℃ 이상 80℃ 이하인 경우에는 동점도를 측정하여 동점도가 $10mm^2/s$ 미만인 경우에는 해당 측정결과를 인화점으로 한다.
㉰ 태그밀폐식 인화점측정기에 의한 시험을 실시하여 측정결과가 0℃ 이상 80℃ 이하인 경우에는 동점도를 측정하여 동점도가 $10mm^2/s$ 이상인 경우에는 세타밀폐식 인화점측정기에 의한 시험을 한다.
㉱ 태그밀폐식 인화점측정기에 의한 시험을 실시하여 측정결과가 80℃를 초과하는 경우에는 클리브랜드밀폐식 인화점측정기에 의한 시험을 한다.

해설 태그밀폐식 인화점측정기에 의한 시험을 실시하여 측정결과 80℃를 초과하는 경우에는 클리브랜드개방형 인화점측정기에 의한 시험을 한다.

답 ㉱

41 **다음 중 인화점이 가장 높은 것은?**

㉮ 등유
㉯ 벤젠
㉰ 아세톤
㉱ 아세트알데하이드

해설
㉮ 등유 : 39℃ 이상
㉯ 벤젠(C_6H_6) : −11℃
㉰ 아세톤(CH_3COCH_3) : −18.5℃
㉱ 아세트알데하이드(CH_3CHO) : −40℃

답 ㉮

42 **다음 중 휘발유에 화재가 발생하였을 경우 소화방법으로 가장 적합한 것은?**

㉮ 물을 이용하여 제거소화한다.
㉯ 이산화탄소를 이용하여 질식소화한다.
㉰ 강산화제를 이용하여 촉매소화한다.
㉱ 산소를 이용하여 희석소화한다.

해설 휘발유는 제4류 위험물(인화성 액체)로서 이산화탄소, 포, 할로젠화합물, 분말 등을 이용한 질식소화가 효과적이다.

답 ㉯

43 **인화성 액체위험물의 저장 및 취급 시 화재예방상 주의사항에 대한 설명 중 틀린 것은?**

㉮ 증기가 대기 중에 누출된 경우 인화의 위험성이 크므로 증기의 누출을 예방할 것
㉯ 액체가 누출된 경우 확대되지 않도록 주의할 것
㉰ 전기전도성이 좋을수록 정전기 발생에 유의할 것
㉱ 다량을 저장·취급 시에는 배관을 통해 입·출고할 것

해설 인화성 액체위험물은 전기의 불량도체로서 정전기 축적이 용이하다. 즉, 전기전도성이 클수록 정전기 발생이 어렵다.

답 ㉰

44 **위험물안전관리법령상 특수인화물의 정의에 대해 다음 ( ) 안에 알맞은 수치를 차례대로 옳게 나열한 것은?**

> "특수인화물"이라 함은 이황화탄소, 다이에틸에터, 그 밖에 1기압에서 발화점이 섭씨 ( )도 이하인 것 또는 인화점이 섭씨 영하 ( )도 이하이고 비점이 섭씨 40도 이하인 것을 말한다.

㉮ 100, 20 ㉯ 25, 0
㉰ 100, 0 ㉱ 25, 20

해설
"특수인화물"이라 함은 이황화탄소, 다이에틸에터, 그 밖에 1기압에서 발화점이 100℃ 이하인 것 또는 인화점이 영하 20℃ 이하이고 비점이 40℃ 이하인 것

답 ㉮

45 **다음 위험물 중 끓는점이 가장 높은 것은?**

㉮ 벤젠 ㉯ 다이에틸에터
㉰ 메탄올 ㉱ 아세트알데하이드

해설
㉮ 벤젠(C_6H_6) : 79℃
㉯ 다이에틸에터($C_2H_5OC_2H_5$) : 34℃
㉰ 메탄올(CH_3OH) : 64℃
㉱ 아세트알데하이드(CH_3CHO) : 21℃

답 ㉮

46 **다음 제4류 위험물 중 품명이 나머지 셋과 다른 하나는?**

㉮ 아세트알데하이드
㉯ 다이에틸에터
㉰ 나이트로벤젠
㉱ 이황화탄소

해설
㉮ 아세트알데하이드 : 특수인화물류
㉯ 다이에틸에터 : 특수인화물류
㉰ 나이트로벤젠 : 제3석유류
㉱ 이황화탄소 : 특수인화물류

답 ㉰

47 **제4류 위험물의 품명 중 지정수량이 6,000L인 것은?**

㉮ 제3석유류 비수용성 액체
㉯ 제3석유류 수용성 액체
㉰ 제4석유류
㉱ 동 · 식물유류

해설
제4류 위험물의 지정수량
㉮ 제3석유류 비수용성 : 2,000L
㉯ 제3석유류 수용성 : 4,000L
㉰ 제4석유류 : 6,000L
㉱ 동 · 식물유류 : 10,000L

답 ㉰

48 **가솔린에 대한 설명으로 옳은 것은?**

㉮ 연소범위는 15~75vol%이다.
㉯ 용기는 따뜻한 곳에 환기가 잘 되게 보관한다.
㉰ 전도성이므로 감전에 주의한다.
㉱ 화재소화 시 포소화약제에 의한 소화를 한다.

해설
㉮ 연소범위 1.2~7.6이다.
㉯ 차고 서늘하며 환기가 잘되는 곳에 보관한다.
㉰ 비전도성이므로 정전기에 주의해야 한다.

답 ㉱

49 **알코올류의 일반 성질이 아닌 것은?**

㉮ 분자량이 증가하면 증기비중이 커진다.
㉯ 알코올은 탄화수소의 수소원자를 −OH기로 치환한 구조를 가진다.
㉰ 탄소수가 적은 알코올을 저급 알코올이라고 한다.
㉱ 3차 알코올에는 −OH기가 3개 있다.

해설
- 3차 알코올은 −OH기가 결합한 탄소가 다른 탄소 3개와 연결된 알코올을 말한다.(예 뷰틸알코올, C_4H_9OH)
- 3가 알코올은 −OH(수산기)기가 3개 있는 것을 말한다.(예 글리세린, $C_3H_5(OH)_3$)

답 ㉱

50 **다음 중 공기에서 산화되어 액 표면에 피막을 만드는 경향이 가장 큰 것은?**

㉮ 올리브유 ㉯ 낙화생유
㉰ 야자유 ㉱ 동유

해설 동유는 아이오딘값이 145~176의 건성유로서 가장 많은 산화피막을 만든다.
아이오딘값이 클수록 공기 중에서 산화되어 액 표면을 만드는 경향이 가장 크다.

답 ㉱

51 **이황화탄소를 화재예방상 물속에 저장하는 이유는?**

㉮ 불순물을 물에 용해시키기 위해
㉯ 가연성 증기의 발생을 억제하기 위해
㉰ 상온에서 수소가스를 발생시키기 때문에
㉱ 공기와 접촉하면 즉시 폭발하기 때문에

해설 가연성 증기의 발생을 억제하기 위하여 물속에 저장한다. (물에 녹지 않고 물보다 무겁기 때문에 물속에 저장이 가능하다.)

답 ㉯

52 **경유에 관한 설명으로 옳은 것은?**

㉮ 증기비중은 1 이하이다.
㉯ 제3석유류에 속한다.
㉰ 착화온도는 가솔린보다 낮다.
㉱ 무색의 액체로서, 원유 증류 시 가장 먼저 유출되는 유분이다.

해설 경유는 제2석유류로서 인화점은 50~70℃, 착화점 257℃, 연소범위 1.0~6.0%, 휘발유의 착화점은 300℃

답 ㉰

53 **위험물안전관리법령에서 정의하는 "특수인화물"에 대한 설명으로 올바른 것은?**

㉮ 1기압에서 발화점이 150℃ 이상인 것
㉯ 1기압에서 인화점이 40℃ 미만인 고체 물질인 것
㉰ 1기압에서 인화점이 −20℃ 이하이고, 비점이 40℃ 이하인 것
㉱ 1기압에서 인화점이 21℃ 이상 70℃ 미만의 가연성 물질인 것

해설 특수인화물이라 함은 이황화탄소, 다이에틸에테르, 그 밖에 1기압에서 발화점이 섭씨 100도 이하인 것 또는 인화점이 −20℃ 이하이고 비점이 40℃ 이하인 것

답 ㉰

54 **다음 중 톨루엔의 위험성에 대한 설명으로 틀린 것은?**

㉮ 증기비중은 약 0.87이므로 높은 곳에 체류하기 쉽다.
㉯ 독성이 있으나 벤젠보다는 약하다.
㉰ 약 4℃의 인화점을 갖는다.
㉱ 유체마찰 등으로 정전기가 생겨 인화하기도 한다.

해설 톨루엔($C_6H_5CH_3$)은 제4류 위험물(인화성 액체) 중 제1석유류에 속하며 증기비중은 다음과 같다.
톨루엔($C_6H_5CH_3$)의 증기비중

$$= \frac{\text{톨루엔의 분자량}}{\text{공기의 평균 분자량(약 29)}}$$

$$\therefore \frac{12 \times 7 + 8}{29} = 3.17$$

답 ㉮

55 **다이에틸에테르의 저장 시 소량의 염화칼슘을 넣어 주는 목적은?**

㉮ 정전기 발생 방지
㉯ 과산화물 생성 방지
㉰ 저장용기의 부식 방지
㉱ 동결 방지

해설 정전기를 방지하기 위해 약간의 $CaCl_2$를 넣어 두고, 또한 폭발성의 과산화물 생성 방지를 위해 40mesh의 구리망을 넣어 둔다.

답 ㉮

56 **제4류 위험물의 일반적 성질이 아닌 것은?**

㉮ 대부분 유기화합물이다.
㉯ 전기의 양도체로서 정전기 축적이 용이하다.
㉰ 발생증기는 가연성이며 증기비중은 공기보다 무거운 것이 대부분이다.
㉱ 모두 인화성 액체이다.

해설 제4류 위험물은 전기의 부도체로서 정전기 축적이 용이하다.

답 ㉯

57 **연소범위가 약 1.2 ~ 7.6%인 제4류 위험물은?**

㉮ 가솔린
㉯ 에터
㉰ 이황화탄소
㉱ 아세톤

해설
㉮ 가솔린 1.2~7.6%
㉯ 에터 1.9~48%
㉰ 이황화탄소 1~50%
㉱ 아세톤 2.5~12.8%

답 ㉮

58 **산화프로필렌에 대한 설명 중 틀린 것은?**

㉮ 연소범위는 가솔린보다 넓다.
㉯ 물에는 잘 녹지만 알코올, 벤젠에는 녹지 않는다.
㉰ 비중은 1보다 작고, 증기비중은 1보다 크다.
㉱ 증기압이 높으므로 상온에서 위험한 농도까지 도달할 수 있다.

해설 산화프로필렌은 제4류 위험물 특수인화물로서
① 에터 냄새를 가진 무색의 휘발성이 강한 액체이다.
② 반응성이 풍부하며 물 또는 유기용제(벤젠, 에터, 알코올 등)에 잘 녹는다.
③ 비점(34℃), 인화점(−37℃), 발화점(465℃)이 매우 낮고 연소범위(2.3~36%)가 넓어 증기는 공기와 혼합하여 작은 점화원에 의해 인화폭발의 위험이 있으며 연소속도가 빠르다.

답 ㉯

59 **글리세린은 제 몇 석유류에 해당하는가?**

㉮ 제1석유류 ㉯ 제2석유류
㉰ 제3석유류 ㉱ 제4석유류

해설 글리세린은 제4류 위험물 중 제3석유류에 속한다.

답 ㉰

60 **다음 중 인화점이 가장 낮은 것은?**

㉮ 산화프로필렌 ㉯ 벤젠
㉰ 다이에틸에터 ㉱ 이황화탄소

해설
㉮ 산화프로필렌 : −37℃
㉯ 벤젠 : −11℃
㉰ 다이에틸에터 : −40℃
㉱ 이황화탄소 : −30℃

답 ㉰

61 **다이에틸에터의 안전관리에 관한 설명 중 틀린 것은?**

㉮ 증기는 마취성이 있으므로 증기흡입에 주의하여야 한다.
㉯ 폭발성의 과산화물 생성을 아이오딘화칼륨 수용액으로 확인한다.
㉰ 물에 잘 녹으므로 대규모 화재 시 집중주수하여 소화한다.
㉱ 정전기불꽃에 의한 발화에 주의하여야 한다.

해설 다이에틸에터는 인화성 액체로서 물에 잘 녹지 않으며 주수소화를 하면 연소면이 확대되어 위험하고 질식소화로 화재를 진압하여야 한다.

답 ㉰

62 **벤젠, 톨루엔의 공통된 성상이 아닌 것은?**

㉮ 비수용성의 무색액체이다.
㉯ 인화점은 0℃ 이하이다.
㉰ 액체의 비중은 1보다 작다.
㉱ 증기의 비중은 1보다 크다.

해설 인화점
① 벤젠의 인화점 : −11℃
② 톨루엔의 인화점 : 4℃

답 ㉯

5-5 제5류 위험물 - 자기반응성 물질

① 제5류 위험물의 종류와 지정수량

성질	품명	대표품목
자기 반응성 물질	1. 유기과산화물	과산화벤조일, MEKPO, 아세틸퍼옥사이드
	2. 질산에스터류	나이트로셀룰로스, 나이트로글리세린, 질산메틸, 질산에틸, 나이트로글리콜
	3. 나이트로화합물	TNT, TNP, 테트릴, 다이나이트로벤젠, 다이나이트로톨루엔
	4. 나이트로소화합물	파라나이트로소벤젠
	5. 아조화합물	아조다이카본아마이드
	6. 다이아조화합물	다이아조다이나이트로벤젠
	7. 하이드라진유도체	다이메틸하이드라진
	8. 하이드록실아민(NH_2OH)	–
	9. 하이드록실아민염류	황산하이드록실아민
	10. 그 밖의 행정안전부령이 정하는 것 ① 금속의 아지드화합물 ② 질산구아니딘	–

※ "자기반응성 물질"이란 고체 또는 액체로서 폭발의 위험성 또는 가열분해의 격렬함을 판단하기 위하여 고시로 정하는 시험에서 고시로 정하는 성질과 상태를 나타내는 것을 말한다. 이 경우 해당 시험 결과에 따라 위험성 유무와 등급을 결정하여 제1종 10kg, 제2종 100kg으로 분류한다.

② 공통성질, 저장 및 취급 시 유의사항 및 소화방법

(1) 공통성질

① 가연성 물질로서 연소 또는 분해 속도가 매우 빠르다.

② 분자 내 조연성 물질을 함유하여 쉽게 연소를 한다(내부연소 가능).

③ 가열이나 충격, 마찰 등에 의해 폭발한다.

④ 장시간 공기 중에 방치하면 산화반응에 의해 열분해하여 자연발화를 일으키는 경우도 있다.

(2) 저장 및 취급 시 유의사항

① 가열이나 마찰 또는 충격에 주의한다.

② 화기 및 점화원과 격리하여 냉암소에 보관한다.

③ 저장실은 통풍이 잘 되도록 한다.

④ 관련 시설은 방폭구조로 하고, 정전기 축적에 의한 스파크가 발생하지 않도록 적절히 접지한다.

⑤ 용기는 밀전, 밀봉하고 운반용기 및 포장 외부에는 "화기엄금", "충격주의" 등의 주의사항을 게시한다.

(3) 소화방법

① 대량의 물을 주수하여 **냉각소화**를 한다.

② 화재발생 시 사실상 폭발을 일으키므로, 방어대책을 강구한다.

3 가열분해성 시험방법에 의한 위험성 평가

가열분해성으로 인한 위험성의 정도를 판단하기 위한 시험은 압력용기 시험으로 하며 그 방법은 다음과 같다.

① 압력용기 시험의 시험장치는 다음에 의할 것

㉮ 압력용기는 다음 그림과 같이 할 것

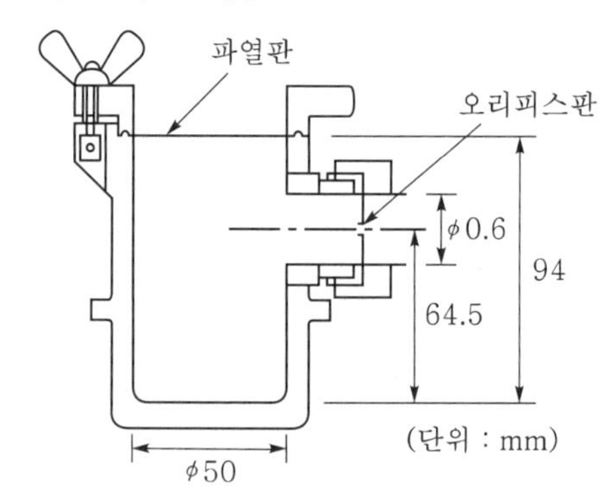

㉯ 압력용기는 그 측면 및 상부에 각각 플루오린고무제 등의 내열성의 개스킷을 넣어 구멍의 직경이 0.6mm, 1mm 또는 9mm인 오리피스판 및 파열판을 부착하고 그 내부에 시료용기를 넣을 수 있는 내용량 $200cm^3$의 스테인리스강재로 할 것

㉰ 시료용기는 내경 30mm, 높이 50mm, 두께 0.4mm의 것으로 바닥이 평면이고 상부가 개방된 알루미늄제의 원통형의 것으로 할 것

㉱ 오리피스판은 구멍의 직경이 0.6mm, 1mm 또는 9mm이고 두께가 2mm인 스테인리스강재로 할 것

㉲ 파열판은 알루미늄, 기타 금속제로서 파열압력이 0.6MPa인 것으로 할 것

㉳ 가열기는 출력 700W 이상의 전기로를 사용할 것

② 압력용기의 바닥에 실리콘유 5g을 넣은 시료용기를 놓고 해당 압력용기를 가열기로 가열하여 해당 실리콘유의 온도가 100℃에서 200℃의 사이에서 60초 간에 40℃의 비율로 상승하도록 가열기의 전압 및 전류를 설정할 것
③ 가열기를 30분 이상에 걸쳐 가열을 계속할 것
④ 파열판의 상부에 물을 바르고 압력용기를 가열기에 넣고 시료용기를 가열할 것
⑤ 제2호 내지 제4호에 의하여 10회 이상 반복하여 1/2 이상의 확률로 파열판이 파열되는지 여부를 관찰할 것

4 각론

"자기반응성 물질"이라 함은 고체 또는 액체로서 폭발의 위험성 또는 가열분해의 격렬함을 판단하기 위하여 고시로 정하는 시험에서 고시로 정하는 성질과 상태를 나타내는 것을 말한다.

(1) 유기과산화물

일반적으로 peroxi기(−O−O−)를 가진 산화물을 과산화물(peroxide)이라 하며 공유결합 형태의 유기화합물에서 이같은 구조를 가진 것을 유기과산화물이라 한다. −O−O− 그룹은 매우 반응성이 크고 불안정하다. 따라서 유기과산화물은 매우 불안정한 화합물로서 쉽게 분해하고 활성산소를 방출한다.

① 벤조일퍼옥사이드[$(C_6H_5CO)_2O_2$, 과산화벤조일]

```
⌬−C−O−O−C−⌬
   ‖       ‖
   O       O
```

㉮ 비중 1.33, 융점 103~105℃, 발화온도 125℃
㉯ 무미, 무취의 백색 분말 또는 무색의 결정성 고체로 물에는 잘 녹지 않으나 알코올 등에는 잘 녹는다.
㉰ **운반 시 30% 이상의 물을 포함시켜 풀 같은 상태로 수송된다.★★**
㉱ 상온에서는 안정하나 산화작용을 하며, 가열하면 약 100℃ 부근에서 분해한다.
㉲ 상온에서는 안정하나 열, 빛, 충격, 마찰 등에 의해 폭발의 위험이 있으며, 수분이 흡수되거나 비활성 희석제(프탈산다이메틸, 프탈산다이뷰틸 등)가 첨가되면 폭발성을 낮출 수 있다.
㉳ 고체인 경우 희석제로 물 30%, 페이스트인 경우 DMP 50%, 탄산칼슘, 황산칼슘을 첨가한다.

② 메틸에틸케톤퍼옥사이드[$(CH_3COC_2H_5)_2O_2$, MEKPO, 과산화메틸에틸케톤]

```
CH3       O—O       CH3
    \    /    \    /
      C          C
    /    \    /    \
C2H5      O—O       C2H5
```

㉮ 인화점 58℃, 융점 −20℃, 발화온도 205℃

㉯ 무색투명한 기름상의 액체로 촉매로 쓰이는 것은 대개 가소제로 희석되어 있다.

㉰ 강력한 산화제임과 동시에 가연성 물질로 화기에 쉽게 인화하고 격렬하게 연소한다. 순수한 것은 충격 등에 민감하며 직사광선, 수은, 철, 납, 구리 등과 접촉 시 분해가 촉진되고 폭발한다.

㉱ 물에는 약간 녹고 알코올, 에터, 케톤류 등에는 잘 녹는다.

㉲ 상온에서는 안정하며 80~100℃ 전후에서 격렬하게 분해하며, 100℃가 넘으면 심하게 백연을 발생하고 이때 분해가스에 이물질이 접촉하면 발화, 폭발한다.

㉳ 직사광선, 화기, 등 에너지원을 차단하고, 희석제(DMP, DBP를 40%) 첨가로 그 농도가 60% 이상 되지 않게 하며 저장온도는 30℃ 이하를 유지한다.

③ 아세틸퍼옥사이드[$(CH_3CO)_2O_2$]

```
        O              O
        ‖              ‖
H3C — C — O —— O — C — H3C
```

㉮ 인화점 45℃, 발화점 121℃인 가연성 고체로 가열 시 폭발하며 충격마찰에 의해서 분해된다.

㉯ 희석제 DMF를 75% 첨가시키고 저장온도는 0~5℃를 유지한다.

(2) 질산에스터류

알코올기를 가진 화합물을 질산과 반응시켜 알코올기를 질산기로 치환된 에스터화합물을 총칭. 질산메틸, 질산에틸, 나이트로셀룰로스, 나이트로글리세린, 나이트로글리콜 등이 있다.

$$R-OH + HNO_3 \rightarrow R-ONO_2(\text{질산에스터}) + H_2O$$

① 나이트로셀룰로스($[C_6H_7O_2(ONO_2)_3]_n$, 질화면, 질산섬유소)

㉮ 인화점 13℃, 발화점 160~170℃, 끓는점 83℃, 분해온도 130℃, 비중 1.7

㉯ 천연 셀룰로스를 진한 질산(3)과 진한 황산(1)의 혼합액에 작용시켜 제조한다.

㉰ 맛과 냄새가 없으며 물에는 녹지 않고 아세톤, 초산에틸 등에는 잘 녹는다.

㉱ 에터(2)와 알코올(1)의 혼합액에 녹는 것을 약면약(약질화면), 녹지 않는 것을 강면약(강질화면)이라 한다. 또한 질화도가 12.5~12.8% 범위인 것을 피로콜로디온이라 한다.

㉲ 130℃에서 서서히 분해하고 180℃에서 격렬하게 연소하며 다량의 CO_2, CO, H_2, N_2, H_2O 가스를 발생한다.

$$2C_{24}H_{29}O_9(ONO_2)_{11} \rightarrow 24CO_2 + 24CO + 12H_2O + 11N_2 + 17H_2$$

㉳ **물이 침윤될수록 위험성이 감소하므로** 운반 시 물(20%), 용제 또는 알코올(30%)을 첨가하여 습윤시킨다. 건조 시 위험성이 증대되므로 주의한다.

② 나이트로글리세린[$C_3H_5(ONO_2)_3$]

```
    H   H   H
    |   |   |
H - C - C - C - H
    |   |   |
    O   O   O
    |   |   |
   NO2 NO2 NO2
```

㉮ 분자량 227, 비중 1.6, 융점 2.8℃, 비점 160℃

㉯ **다이너마이트**, 로켓, 무연화약의 원료로 **순수한 것은 무색투명한 기름상의 액체(공업용 시판품은 담황색)**이며 점화하면 즉시 연소하고 폭발력이 강하다.

㉰ 물에는 거의 녹지 않으나 메탄올, 벤젠, 클로로폼, 아세톤 등에는 녹는다.

㉱ **다공질 물질 규조토에 흡수시켜 다이너마이트를 제조**한다.

㉲ **40℃에서 분해하기 시작하고 145℃에서 격렬히 분해하며 200℃ 정도에서 스스로 폭발한다.**★★

$$4C_3H_5(ONO_2)_3 \rightarrow 12CO_2 + 10H_2O + 6N_2 + O_2$$

㉳ 공기 중 수분과 작용하여 가수분해하여 질산을 생성하여 질산과 나이트로글리세린의 혼합물은 특이한 위험성을 가진다. 따라서 장기간 저장할 경우 자연발화의 위험이 있다.

③ 질산메틸(CH_3ONO_2)

㉮ 분자량 약 77, 비중은 1.2(증기비중 2.67), 비점은 66℃

㉯ 무색투명한 액체이며 향긋한 냄새가 있고 단맛이 난다.

④ 질산에틸($C_2H_5ONO_2$)

㉮ 비중 1.11, 융점 −112℃, 비점 88℃, 인화점 −10℃

㉯ 무색투명한 액체로 냄새가 나며 단맛이 난다.

㉰ 물에는 녹지 않으나 알코올, 에터 등에 녹는다.

㉱ 인화점(−10℃)이 낮아 인화하기 쉬워 비점 이상으로 가열하거나 아질산(HNO_2)과 접촉시키면 폭발한다. (겨울에도 인화하기 쉬움)

㉲ 휘발하기 쉽고 증기는 낮은 곳에 체류하고 인화점(−10℃)이 낮으며 비점(88℃) 이상 가열 시 격렬하게 폭발하며 기타의 위험성은 제1석유류와 유사하다.

⑤ 나이트로글리콜[$C_2H_4(ONO_2)_2$]

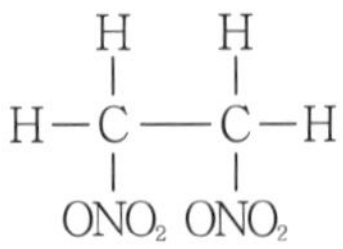

$$H-\underset{\underset{ONO_2}{|}}{\overset{\overset{H}{|}}{C}}-\underset{\underset{ONO_2}{|}}{\overset{\overset{H}{|}}{C}}-H$$

㉮ 액비중 1.5(증기비중은 5.2), 융점 −11.3℃, 비점 105.5℃, 응고점 −22℃, 발화점 215℃, 폭발속도 약 7,800m/s, 폭발열은 1,550kcal/kg이다. **순수한 것은 무색이나, 공업용은 담황색 또는 분홍색의 무거운 기름상 액체**로 유동성이 있다.

㉯ 알코올, 아세톤, 벤젠에 잘 녹는다.

㉰ 산의 존재하에 분해촉진되며, 폭발할 수 있다.

㉱ 다이너마이트 제조에 상요되며, 운송 시 부동제에 흡수시켜 운반한다.

⑥ 셀룰로이드

㉮ 발화온도 180℃, 비중 1.4, 물에 녹지 않지만, 알코올, 아세톤, 초산에스터에 녹는다.

㉯ 무색 또는 반투명 고체이나 열이나 햇빛에 의해 황색으로 변색된다.

㉰ 습도와 온도가 높을 경우 자연발화의 위험이 있다.

㉱ 나이트로셀룰로스와 장뇌의 균일한 콜로이드 분산액으로부터 개발한 최초의 합성플라스틱물질이다.

(3) 나이트로화합물

나이트로기(NO_2)가 2 이상인 유기화합물을 총칭하며 트라이나이트로톨루엔(TNT), 트라이나이트로페놀(피크르산) 등이 대표적인 물질이다.

① 트라이나이트로톨루엔[TNT, $C_6H_2CH_3(NO_2)_3$]

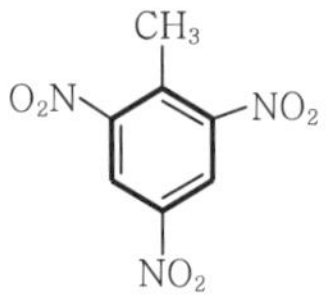

CH_3, O_2N, NO_2, NO_2

㉮ 비중 1.66, 융점 81℃, 비점 280℃, 분자량 227, 발화온도 약 300℃

㉯ **순수한 것은 무색 결정이나 담황색의 결정**, 직사광선에 의해 다갈색으로 변하며 중성으로 금속과는 반응이 없으며 장기 저장해도 자연발화의 위험 없이 안정하다.

㉰ 물에는 불용이며, 에터, 아세톤 등에는 잘 녹고 알코올에는 가열하면 약간 녹는다.

㉱ 몇 가지 이성질체가 있으며 2, 4, 6−트라이나이트로톨루엔이 폭발력이 가장 강하다.

㉲ **제법 : 1몰의 톨루엔과 3몰의 질산을 황산촉매하에 반응시키면 나이트로화에 의해 TNT가 만들어진다.★★★**

$$C_6H_5CH_3 + 3HNO_3 \xrightarrow[\text{나이트로화}]{c-H_2SO_4} C_6H_2CH_3(NO_2)_3 + 3H_2O$$

㉥ **분해하면 다량의 기체를 발생하고 불완전연소 시 유독성의 질소산화물과 CO를 생성한다.★★★**

$$2C_6H_2CH_3(NO_2)_3 \rightarrow 12CO + 2C + 3N_2 + 5H_2$$

㉦ NH_4NO_3와 TNT를 3 : 1wt%로 혼합하면 폭발력이 현저히 증가하여 폭파약으로 사용된다.

② 트라이나이트로페놀[TNP, $C_6H_2(NO_2)_3OH$, 피크르산]

(구조식: 벤젠고리에 OH, 2,4,6-NO_2)

㉮ 비중 1.8, 융점 122.5℃, 인화점 150℃, 비점 255℃, 발화온도 약 300℃, 폭발온도 3,320℃, 폭발속도 약 7,000m/s

㉯ **순수한 것은 무색이나 보통 공업용은 휘황색의 침전결정**이며 충격, 마찰에 둔감하고 자연분해하지 않으므로 **장기저장해도 자연발화의 위험 없이 안정하다.**

㉰ 찬물에는 거의 녹지 않으나 온수, 알코올, 에터, 벤젠 등에는 잘 녹는다.

㉱ 강한 쓴맛이 있고 유독하여 물에 전리하여 강한 산이 된다.

㉲ 페놀을 진한 황산에 녹여 질산으로 작용시켜 만든다.

$$C_6H_5OH + 3HNO_3 \xrightarrow{H_2SO_4} C_6H_2(OH)(NO_2)_3 + 3H_2O$$

㉥ 벤젠에 수은을 촉매로 하여 질산을 반응시켜 제조하는 물질로 DDNP(diazodinitro phenol)의 원료로 사용되는 물질이다.

㉦ 강력한 폭약으로 점화하면 서서히 연소하나 뇌관으로 폭발시키면 폭굉한다. 금속과 반응하여 수소를 발생하고 금속분(Fe, Cu, Pb 등)과 금속염을 생성하여 본래의 피크르산보다 폭발 강도가 예민하여 건조한 것은 폭발위험이 있다.

㉧ **산화되기 쉬운 유기물과 혼합된 것은 충격, 마찰에 의해 폭발한다. 300℃ 이상으로 급격히 가열하면 폭발한다.★★★**

$$2C_6H_2(NO_2)_3OH \rightarrow 4CO_2 + 6CO + 3N_2 + 2C + 3H_2$$

③ 트라이메틸렌트라이나이트로아민($C_3H_6N_6O_6$, 헥소겐)

㉮ 비중 1.8, 융점 202℃, 발화온도 약 230℃, 폭발속도 8,350m/s

㉯ 백색, 바늘모양의 결정
㉰ 물, 알코올에 녹지 않고, 뜨거운 벤젠에 극히 소량 녹는다.
㉱ 헥사메틸렌테트라민을 다량의 진한 질산에서 니트롤리시스하여 만든다.

$$(CH_2)_6N_4 + 6HNO_3 \rightarrow (CH_2)_3(N-NO_2)_3 + 3CO_2 + 6H_2O + 2N_2$$

이때 진한 질산 중에 아질산이 존재하면 분해가 촉진되기 때문에 과망가니즈산칼륨을 가한다.

④ 테트릴[$C_6H_2(NO_2)_4NCH_3$]
㉮ 비중 1.73, 융점 120~130℃, 발화온도는 약 190~195℃
㉯ 황백색의 침상결정으로 물에는 녹지 않고 벤젠에는 녹는다.
㉰ 피크르산이나 TNT보다 더 민감하고 폭발력이 높다.

(4) 나이트로소화합물

하나의 벤젠핵에 2 이상의 나이트로소기가 결합된 것으로 파라다이나이트로소벤젠, 다이나이트로소레조르신, 다이나이트로소펜타메틸렌테드라민(DPT) 등이 있다.

(5) 아조화합물

아조화합물이란 아조기(−N=N−)가 주성분으로 함유된 물질을 말하며 아조다이카본아마이드, 아조비스아이소뷰티로나이트릴, 아조벤젠, 하이드록시아조벤젠, 아미노아조벤젠, 하이드라조벤젠 등이 있다.

(6) 다이아조화합물

다이아조화합물이란 다이아조기(−N≡N)를 가진 화합물로서 다이아조나이트로페놀, 다이아조카복실산에스터 등이 대표적이다.

(7) 하이드라진유도체

하이드라진 및 그 유도체류의 수용액으로서 80용량% 미만은 제외한다. 다만, 40용량% 이상의 수용액은 석유류로 취급하며, 하이드라진, 하이드라조벤젠, 하이드라지드 등이 대표적이다.

(8) 하이드록실아민(NH_2OH)

(9) 하이드록실아민염류

Part 5 연 / 습 / 문 / 제 (제5류 위험물)

01 **제5류 위험물의 일반적인 화재예방 및 소화 방법에 대한 설명으로 옳지 않은 것은?**

㉮ 불꽃, 고온체의 접근을 피한다.
㉯ 할로젠화합물소화기는 소화에 적응성이 없으므로 사용해서는 안 된다.
㉰ 위험물제조소에는 '화기엄금' 주의사항 게시판을 설치한다.
㉱ 화재발생 시 팽창질석에 의한 질식소화를 한다.

해설 제5류 위험물(자기반응성 물질)은 분자 내 산소를 함유하고 있으므로 질식소화는 효과가 없고 다량의 주수에 의한 냉각소화가 유효하다.

답 ㉱

02 **자기반응성 물질의 화재예방에 대한 설명으로 옳지 않은 것은?**

㉮ 가열 및 충격을 피한다.
㉯ 할로젠화합물소화기를 구비한다.
㉰ 가급적 소분하여 저장한다.
㉱ 차고 어두운 곳에 저장하여야 한다.

해설 제5류 위험물(자기반응성 물질)은 분자 내 산소를 함유하고 있으므로 질식소화는 효과가 없고 다량의 주수에 의한 냉각소화가 유효하다.

답 ㉯

03 **다음 중 제5류 위험물에 해당되지 않는 것은?**

㉮ 무기과산화물
㉯ 하이드록실아민
㉰ 질산에스터류
㉱ 나이트로화합물

해설 ㉮ 무기과산화물 : 제1류 위험물

답 ㉮

04 **다음 중 위험물안전관리법상 나이트로화합물에 속하지 않는 것은?**

㉮ 나이트로글리세린
㉯ 트라이나이트로톨루엔
㉰ 트라이메틸렌트라이나이트로아민
㉱ 테트릴

해설 ㉮ 나이트로글리세린 : 질산에스터류

답 ㉮

05 **제5류 위험물에 관한 내용으로 틀린 것은?**

㉮ $C_2H_5ONO_2$: 상온에서 액체이다.
㉯ $C_6H_2OH(NO_2)_3$: 공기 중 자연분해가 매우 잘 된다.
㉰ $C_6H_3(NO_2)_2CH_3$: 담황색의 결정이다.
㉱ $C_3H_5(ONO_2)_3$: 혼산 중에 글리세린을 반응시켜 제조한다.

해설 ㉯ TNP(trinitrophenol) : 공기 중 자연분해가 어렵다. (발화점 300℃)

답 ㉯

06 **일반적 성질이 산소 공급원이 되는 위험물로 내부연소를 하는 것은?**

㉮ 제1류 위험물 ㉯ 제2류 위험물
㉰ 제5류 위험물 ㉱ 제6류 위험물

해설 제5류 위험물(자기반응성 물질) : 내부연소

답 ㉰

07 벤조일퍼옥사이드의 성질 및 저장에 관한 설명으로 틀린 것은?

㉮ 직사일광을 피하고 찬 곳에 저장한다.
㉯ 산화제이므로 유기물, 환원성 물질과 접촉을 피한다.
㉰ 발화점이 상온 이하이므로 냉장보관해야 한다.
㉱ 건조방지를 위해 물 등의 희석제를 사용해야 한다.

해설 벤조일퍼옥사이드[$(C_6H_5CO)_2O_2$, 과산화벤조일]는 제5류 위험물(자기반응성 물질)로서 발화점 125℃, 비중 1.33, 융점 103~105℃이다.

답 ㉰

08 질산에틸의 성질에 대한 설명 중 틀린 것은?

㉮ 비점은 약 88℃이다.
㉯ 무색의 액체이다.
㉰ 증기는 공기보다 무겁다.
㉱ 물에 잘 녹는다.

해설 질산에틸($C_2H_5ONO_2$) : 제5류 위험물(자기반응성 물질) 중 질산에스터류로 물에는 녹지 않고 알코올에는 잘 녹는다.

답 ㉱

09 TNT가 폭발했을 때 발생하는 유독 기체는?

㉮ N_2
㉯ CO_2
㉰ H_2
㉱ CO

해설 트라이나이트로톨루엔[TNT, $C_6H_2CH_3(NO_2)_3$] : 제5류 위험물(자기반응성 물질)
충격, 마찰에 민감하고 폭발 위험성이 있으며, 분해하면 다량의 기체를 발생하고 불완전연소 시 유독성의 질소산화물과 CO를 생성한다.
$2C_6H_2CH_3(NO_2)_3 \rightarrow 12CO + 2C + 3N_2 + 5H_2$

답 ㉱

10 다음 중 트라이나이트로톨루엔의 성상으로 틀린 것은?

㉮ 물에 잘 녹는다.
㉯ 담황색의 결정이다.
㉰ 폭약으로 사용된다.
㉱ 착화점은 약 300℃이다.

해설 트라이나이트로톨루엔[TNT, $C_6H_2CH_3(NO_2)_3$] : 제5류 위험물(자기반응성 물질)
물에는 불용이며, 에터, 아세톤 등에는 잘 녹고 알코올에는 가열하면 약간 녹는다.

답 ㉮

11 다음 중 피크린산의 성질에 대한 설명 중 틀린 것은?

㉮ 황색의 액체이다.
㉯ 쓴맛이 있으며 독성이 있다.
㉰ 납과 반응하여 예민하고 폭발위험이 있는 물질을 형성한다.
㉱ 에터, 알코올에 녹는다.

해설 피크르산[$C_6H_2(NO_2)_3OH$]은 제5류 위험물(자기반응성 물질)로서 황색의 고체이다.

답 ㉮

12 질산에스터류에 속하지 않는 것은?

㉮ 트라이나이트로톨루엔
㉯ 질산에틸
㉰ 나이트로글리세린
㉱ 나이트로셀룰로스

해설 트라이나이트로톨루엔[TNT, $C_6H_2CH_3(NO_2)_3$] : 제5류 위험물(자기반응성 물질) 중 나이트로화합물에 해당된다.

답 ㉮

13 **다음 중 나이트로셀룰로스에 대한 설명 중 틀린 것은?**

㉮ 약 130℃에서 서서히 분해된다.
㉯ 셀룰로스를 진한질산과 진한황산의 혼산으로 반응시켜 제조한다.
㉰ 수분과의 접촉을 피하기 위해 석유 속에 저장한다.
㉱ 발화점은 약 160~170℃이다.

해설 나이트로셀룰로스는 제5류 위험물(자기반응성 물질)로서 저장, 취급 시 자연발화의 위험이 있으므로 물과 알코올을 헝겊에 습면시켜서 저장한다.

답 ㉰

14 **유기과산화물에 대한 설명으로 옳은 것은?**

㉮ 제5류 위험물이다.
㉯ 화재발생 시 질식소화가 가장 효과적이다.
㉰ 산화제 또는 환원제와 같이 보관하여 화재에 대비한다.
㉱ 지정수량은 10kg이다.

해설 유기과산화물은 제5류 위험물에 해당하며, 내부연소가 가능하다.

답 ㉮

15 **일반적인 제5류 위험물 취급 시 주의사항으로 가장 거리가 먼 것은?**

㉮ 화기의 접근을 피한다.
㉯ 물과 격리하여 저장한다.
㉰ 마찰과 충격을 피한다.
㉱ 통풍이 잘 되는 냉암소에 저장한다.

해설 제5류 위험물(자기반응성 물질)은 물과는 반응하지 않으며 화재 시 소화약제로 물을 사용한다.

답 ㉯

16 **다량의 주수에 의한 냉각소화가 효과적인 위험물은?**

㉮ CH_3ONO_2
㉯ Al_4C_3
㉰ Na_2O_2
㉱ Mg

해설 질산메틸(CH_3ONO_2)은 제5류 위험물(자기반응성 물질) 중 질산에스터류에 해당되므로 다량의 주수에 의한 냉각소화가 효과적이다.
㉯ Al_4C_3(탄화알루미늄) : 주수소화 시 발열반응하며 메테인가스(CH_4)를 발생한다.
㉰ Na_2O_2(과산화나트륨) : 주수소화 시 발열반응하며 산소가스(O_2)를 발생한다.
㉱ Mg(마그네슘) : 주수소화 시 발열반응하며 수소가스(H_2)를 발생한다.

답 ㉮

17 **물에 녹지 않고 알코올에 녹으며 비점이 약 87℃, 분자량이 약 91인 무색투명한 액체로서, 제5류 위험물에 해당하는 물질의 품명은?**

㉮ 질산에스터류
㉯ 나이트로화합물류
㉰ 하이드록실아민염류
㉱ 아조화합물

해설 문제는 질산에스터류의 설명이다.

답 ㉮

18 **트라이나이트로페놀의 성상 및 위험성에 관한 설명 중 옳은 것은?**

㉮ 운반 시 에탄올을 첨가하면 안전하다.
㉯ 강한 쓴맛이 있고 공업용은 휘황색의 침상 결정이다.
㉰ 폭발성 물질이므로 철로 만든 용기에 저장한다.
㉱ 물, 아세톤, 벤젠 등에는 녹지 않는다.

해설 트라이나이트로페놀[$C_6H_2(NO_2)_3OH$, 피크르산]은 제5류 위험물(자기반응성 물질) 중 나이트로화합물에 해당되며 강한 쓴맛이 있고 공업용은 휘황색의 침상 결정이다.

답 ㉯

19 **나이트로셀룰로스에 대한 설명 중 틀린 것은?**

㉮ 천연 셀룰로스를 염기와 반응시켜 만든다.
㉯ 질화도가 클수록 위험성이 크다.
㉰ 질화도에 따라 크게 강면약과 약면약으로 구분할 수 있다.
㉱ 약 130℃에서 분해한다.

해설 나이트로셀룰로스($[C_6H_7O_2(ONO_2)_3]_n$, 질화면)는 제5류 위험물(자기반응성 물질) 중 질산에스터류에 해당되며 천연 셀룰로스는 진한질산(3)과 진한황산(1)의 혼합액에 작용시켜 제조한다.

답 ㉮

20 **위험물안전관리법상 위험물을 분류할 때 나이트로화합물에 해당하는 것은?**

㉮ 하이드라진
㉯ 나이트로셀룰로스
㉰ 질산메틸
㉱ 피크르산

해설 피크르산$[C_6H_2(NO_2)_3OH]$은 제5류 위험물(자기반응성 물질) 중 나이트로화합물에 해당된다.

답 ㉱

21 **과산화벤조일 취급 시 주의사항에 대한 설명 중 틀린 것은?**

㉮ 수분을 포함하고 있으면 폭발하기 쉽다.
㉯ 가열, 충격, 마찰을 피해야 한다.
㉰ 저장용기는 차고 어두운 곳에 보관한다.
㉱ 희석제를 첨가하여 폭발성을 낮출 수 있다.

해설 벤조일퍼옥사이드$[(C_6H_5CO)_2O_2$, 과산화벤조일$]$는 제5류 위험물(자기반응성 물질) 중 유기과산화물에 해당되며 분해폭발을 방지하기 위하여 수분을 포함시키거나 희석제를 첨가한다.

답 ㉮

22 **제5류 위험물의 위험성에 대한 설명으로 옳은 것은?**

㉮ 유기질소화합물에는 자연발화의 위험성을 갖는 것도 있다.
㉯ 연소 시 주로 열을 흡수하는 성질이 있다.
㉰ 나이트로화합물은 나이트로기가 적을수록 분해가 용이하고, 분해 발열량도 크다.
㉱ 연소 시 발생하는 연소가스가 없으나 폭발력이 매우 강하다.

해설 제5류 위험물(자기반응성 물질) 중 나이트로셀룰로스는 자연발화의 위험성이 있다.

답 ㉮

23 **질산기의 수에 따라서 강면약과 약면약으로 나눌 수 있는 위험물로서 함수 알코올로 습면하여 저장 및 취급하는 것은?**

㉮ 나이트로글리세린
㉯ 나이트로셀룰로스
㉰ 트라이나이트로톨루엔
㉱ 질산에틸

해설 나이트로셀룰로스($[C_6H_7O_2(ONO_2)_3]_n$, 질화면)에 대한 설명이다.

답 ㉯

24 **나이트로글리세린에 대한 설명으로 옳은 것은 어느 것인가?**

㉮ 물에 매우 잘 녹는다.
㉯ 공기 중에서 점화하면 연소하나 폭발의 위험은 없다.
㉰ 충격에 대하여 민감하여 폭발을 일으키기 쉽다.
㉱ 제5류 위험물의 나이트로화합물에 속한다.

해설 나이트로글리세린$[C_3H_5(ONO_2)_3]$은 제5류 위험물(자기반응성 물질) 중 질산에스터류에 해당되며 충격에 대하여 민감하여 폭발의 위험성을 갖는다.

답 ㉰

25 위험물안전관리법령상 제5류 자기반응성 물질로 분류함에 있어 폭발성에 의한 위험도를 판단하기 위한 시험 방법은?

㉮ 열분석시험 ㉯ 철관파열시험
㉰ 낙구시험 ㉱ 연소속도측정시험

답 ㉮

26 피크르산과 반응하여 피크르산염을 형성하는 것은?

㉮ 물 ㉯ 수소
㉰ 구리 ㉱ 산소

해설 피크르산[$C_6H_2(NO_2)_3OH$]은 제5류 위험물(자기반응성 물질) 중 나이트로화합물에 해당되며 금속과 반응하여 수소를 발생하고 금속분(Fe, Cu, Pb 등)과 금속염을 생성하여 본래의 피크르산보다 폭발강도가 예민하여 건조한 것은 폭발위험이 있다.

답 ㉰

27 자기반응성 물질이면서 산소공급원의 역할을 하는 것은?

㉮ 황화인
㉯ 탄화칼슘
㉰ 이황화탄소
㉱ 트라이나이트로톨루엔

해설
㉮ 황화인 : 제2류 위험물(가연성 고체)
㉯ 탄화칼슘 : 제3류 위험물(자연발화성 물질 및 금수성 물질)
㉰ 이황화탄소 : 제4류 위험물(인화성 액체)
㉱ 트라이나이트로톨루엔 : 제5류 위험물(자기반응성 물질)

답 ㉱

28 제5류 위험물이 아닌 것은?

㉮ 질산에틸 ㉯ 나이트로글리세린
㉰ 나이트로벤젠 ㉱ 나이트로글리콜

해설 나이트로벤젠($C_6H_5NO_2$) : 제4류 위험물(인화성 액체) 중 제3석유류

답 ㉰

29 벤조일퍼옥사이드에 대한 설명 중 틀린 것은?

㉮ 물과 반응하여 가연성 가스가 발생하므로 주수소화는 위험하다.
㉯ 상온에서 고체이다.
㉰ 진한황산과 접촉하면 분해폭발의 위험이 있다.
㉱ 발화점은 약 125℃이고 비중은 약 1.33이다.

해설 벤조일퍼옥사이드[$(C_6H_5CO)_2O_2$, 과산화벤조일]는 제5류 위험물(자기반응성 물질)로 주수소화가 효과적이다.

답 ㉮

30 제5류 위험물로서 화약류 제조에 사용되는 것은?

㉮ 다이크로뮴산나트륨
㉯ 클로로벤젠
㉰ 과산화수소
㉱ 나이트로셀룰로스

해설
㉮ 다이크로뮴산나트륨 : 제1류 위험물
㉯ 클로로벤젠 : 제4류 위험물 중 제2석유류
㉰ 과산화수소 : 제6류 위험물
㉱ 나이트로셀룰로스 : 제5류 위험물

답 ㉱

31 제5류 위험물에 대한 설명으로 옳지 않은 것은?

㉮ 대표적인 성질은 자기반응성 물질이다.
㉯ 피크르산은 나이트로화합물이다.
㉰ 모두 산소를 포함하고 있다.
㉱ 나이트로화합물은 나이트로기가 많을수록 폭발력이 커진다.

해설 제5류 위험물(자기반응성 물질) 중 아조화합물, 다이아조화합물, 하이드라진유도체 중에는 산소가 포함되지 않은 것이 있다.

답 ㉰

32 **제5류 위험물의 화재예방상 주의사항으로 가장 거리가 먼 것은?**

㉮ 점화원의 접근을 피한다.
㉯ 통풍이 양호한 찬 곳에 저장한다.
㉰ 소화설비는 질식효과가 있는 것을 위주로 준비한다.
㉱ 가급적 소분하여 저장한다.

해설
제5류 위험물(자기반응성 물질)
- 가연물인 동시에 분자 내에 산소공급원을 함유하기 때문에 스스로 연소한다.(자기연소 · 내부연소)
- 자기연소성 물질이기 때문에 질식소화는 효과가 없으며 다량의 주수로 냉각소화한다.

답 ㉰

33 **다음 중 제5류 위험물이 아닌 것은?**

㉮ 나이트로글리세린
㉯ 나이트로톨루엔
㉰ 나이트로글리콜
㉱ 트라이나이트로톨루엔

해설
나이트로톨루엔(nitro toluene, $NO_2(C_6H_4)CH_3$)은 인화점이 101~106℃로서 제4류 위험물(인화성 액체) 제3석유류에 해당된다. 방향성 냄새가 나는 황색의 액체이며, 물에 잘 녹지 않는다.

답 ㉯

34 **다이너마이트의 원료로 사용되며 건조한 상태에서는 타격, 마찰에 의하여 폭발의 위험이 있으므로 운반 시 물 또는 알코올을 첨가하여 습윤시키는 위험물은?**

㉮ 벤조일퍼옥사이드
㉯ 트라이나이트로톨루엔
㉰ 나이트로셀룰로스
㉱ 다이나이트로나프탈렌

해설
나이트로셀룰로스 : 제5류 위험물(자기반응성 물질)로서 건조되면 폭발할 수 있으므로 이를 방지하기 위해 운반, 저장 시 물(20%), 용제 또는 알코올(30%)을 첨가하여 습윤시킨다. 건조 시 위험성이 증대되므로 주의한다.

답 ㉰

35 **다음 위험물에 대한 설명 중 옳은 것은?**

㉮ 벤조일퍼옥사이드는 건조할수록 안전도가 높다.
㉯ 테트릴은 충격과 마찰에 민감하다.
㉰ 트라이나이트로페놀은 공기 중 분해하므로 장기간 저장이 불가능하다.
㉱ 다이나이트로톨루엔은 액체상의 물질이다.

해설
㉮ 벤조일퍼옥사이드는 건조하면 위험성이 높아진다.
㉯ 테트릴은 충격과 마찰에 민감하다.
㉰ 트라이나이트로페놀(피크르산)은 장기간 저장이 가능하다.
㉱ 다이나이트로톨루엔은 황색의 결정이다.

답 ㉯

36 **나이트로셀룰로스의 설명으로 옳은 것은?**

㉮ 용제에는 전혀 녹지 않는다.
㉯ 질화도가 클수록 위험성이 증가한다.
㉰ 물과 작용하여 수소를 발생한다.
㉱ 화재발생 시 질식소화가 가장 적합하다.

해설
나이트로셀룰로스$[C_6H_7O_2(ONO_2)_3]_n$는 건조한 상태에서는 폭발하기 쉬우나 물이 혼합될수록 위험성이 감소되기 때문에 저장 · 운반 시에는 물(20%), 알코올(30%)을 첨가하여 습면시킨다.

답 ㉯

37 **나이트로글리세린에 대한 설명으로 옳은 것은?**

㉮ 품명은 나이트로화합물이다.
㉯ 물, 알코올, 벤젠에 잘 녹는다.
㉰ 가열, 마찰, 충격에 민감하다.
㉱ 상온에서 청색의 결정성 고체이다.

해설
㉮ 제5류 위험물(자기반응성 물질)로 질산에스터류에 해당한다.
㉯ 물에는 거의 녹지 않는다.(메탄올, 에탄올, 벤젠, 클로로폼, 아세톤에 녹는다.)
㉱ 순수한 것은 무색투명한 기름형태의 액체이나, 공업용 시판품은 담황색이다.

답 ㉰

38 **다음 물질이 혼합되어 있을 때 위험성이 가장 낮은 것은?**

㉮ 삼산화크로뮴－아닐린
㉯ 염소산칼륨－목탄분
㉰ 나이트로셀룰로스－물
㉱ 과망가니즈산칼륨－글리세린

해설 나이트로셀룰로스$[C_6H_7O_2(ONO_2)_3]_n$는 건조한 상태에서는 폭발하기 쉬우나 물이 혼합될수록 위험성이 감소되기 때문에 저장 · 운반 시에는 물(20%), 알코올(30%)을 첨가하여 습면시킨다.

답 ㉰

39 **다음 중 트라이나이트로페놀에 대한 설명으로 옳은 것은?**

㉮ 폭발속도가 100m/s 미만이다.
㉯ 분해하여 다량의 가스를 발생한다.
㉰ 표면연소를 한다.
㉱ 상온에서 자연발화한다.

해설
㉮ 폭발속도는 약 7,000m/s이다.
㉯ 분해하여 다량의 가스를 발생한다. (일산화탄소, 이산화탄소, 탄소, 수소가스, 질소가스)
$2C_6H_2(NO_2)_3OH$
$\rightarrow 4CO_2+6CO+3N_2+2C+3H_2$
㉰ 제5류 위험물(자기반응성 물질)로 자기연소(=내부연소)한다.
㉱ 상온에서 자연발화의 위험성은 낮다.

답 ㉯

40 **과산화벤조일(benzoyl peroxide)에 대한 설명 중 옳지 않은 것은?**

㉮ 운반시 30% 이상의 물을 포함시켜 풀 같은 상태로 수송된다.
㉯ 저장 시 희석제로 폭발의 위험성을 낮출 수 있다.
㉰ 알코올에는 녹지 않으나 물에 잘 녹는다.
㉱ 건조상태에서는 마찰 · 충격으로 폭발의 위험이 있다.

해설 과산화벤조일은 유기과산화물을 제5류 위험물에 해당한다.

답 ㉰

41 **트라이나이트로톨루엔에 대한 설명으로 옳지 않은 것은?**

㉮ 제5류 위험물 중 나이트로화합물에 속한다.
㉯ 피크르산에 비해 충격 · 마찰에 둔감하다.
㉰ 금속과의 반응성이 매우 커서 폴리에틸렌수지에 저장한다.
㉱ 일광을 쪼이면 갈색으로 변한다.

해설 금속과는 반응하지 않기 때문에 금속제 용기를 사용할 수 있으며, 폴리에틸렌수지에 저장하지 않는다. 순수한 것은 무색결정이나 담황색의 결정, 직사광선에 의해 다갈색으로 변하며 중성으로 금속과는 반응이 없으며 장기 저장해도 자연발화의 위험 없이 안정하다.

답 ㉰

42 **다음 중 제5류 위험물에 해당하지 않는 것은?**

㉮ 하이드라진
㉯ 하이드록실아민
㉰ 하이드라진 유도체
㉱ 하이드록실아민염류

해설 하이드라진(N_2H_4)은 수용성 액체로서 제4류 위험물 중 제2석유류에 속한다. 연소범위 4.7~100%, 인화점 52.2℃, 비점 113.5℃, 융점 1.4℃이며, 외형은 물과 같으나 무색의 가연성 고체로 원래 불안정한 물질이나 상온에서는 분해가 완만하다.

답 ㉮

43 **다음 중 트라이나이트로톨루엔에 관한 설명으로 옳은 것은?**

㉮ 불연성이지만 조연성 물질이다.
㉯ 폭약류의 폭력을 비교할 때 기준폭약으로 활용된다.
㉰ 인화점이 30℃보다 높으므로 여름철에 주의해야 한다.
㉱ 분해연소하면서 다량의 고체를 발생한다.

해설
제5류 위험물(자기반응성 물질) 중 나이트로화합물에 해당되며 강력한 폭약으로 폭발력의 기준이 되기도 한다.
㉮ 가연성 물질이며 조연성 물질이다.
㉰ 인화점 2℃
㉱ 분해하면 다량의 기체를 발생한다.
트라이나이트로톨루엔[$C_6H_2CH_3(NO_2)_3$]
착화점 : 300℃
분해연소하면 다량의 기체를 발생한다.
$2C_6H_2(NO_2)_3CH_3 \rightarrow 12CO + 3N_2 + 5H_2 + 2C$
폭약류의 기준폭약으로 활용된다.

답 ㉯

44 **다음 중 나이트로셀룰로스에 관한 설명으로 옳은 것은?**

㉮ 섬유소를 진한염산과 석유의 혼합액으로 처리하여 제조한다.
㉯ 직사광선 및 산의 존재하에 자연발화의 위험이 있다.
㉰ 습윤상태로 보관하면 매우 위험하다.
㉱ 황갈색의 액체상태이다.

해설
제5류 위험물(자기반응성 물질) 중 질산에스터류에 해당하며 직사일광 및 산 · 알칼리의 존재 하에서 자연발화의 위험이 있다.

답 ㉯

5-6 제6류 위험물 - 산화성 액체

① 제6류 위험물의 종류와 지정수량

성질	위험등급	품명	지정수량
산화성 액체	I	1. 과염소산($HClO_4$)	300kg
		2. 과산화수소(H_2O_2)	
		3. 질산(HNO_3)	
		4. 그 밖의 행정안전부령이 정하는 것 – 할로젠간화합물(BrF_3, IF_5 등)	

② 공통성질, 저장 및 취급 시 유의사항 및 소화방법

(1) 공통성질

① 상온에서 액체이고 산화성이 강하다.
② 유독성 증기를 발생하기 쉽다.
③ 불연성이나 다른 가연성 물질을 착화시키기 쉽다.
④ 증기는 부식성이 강하다.

(2) 저장 및 취급 시 유의사항

① 피부에의 접촉 또는 유독성 증기를 흡입하지 않도록 한다.
② 과산화수소를 제외하고 물과 반응 시 발열하므로 주의한다.
③ 용기는 밀폐용기를 사용하고, 파손되지 않도록 적절히 보호한다.
④ 가연성 물질과 격리시킨다.
⑤ 소량 누출 시 마른모래나 흙으로 흡수하고 대량 누출 시 과산화수소는 물로, 나머지는 약알칼리 중화제(소다회, 소석회 등)로 중화한 후 다량의 물로 씻어 낸다.

(3) 소화방법

① 원칙적으로 제6류 위험물은 산화성 액체로서 불연성 물질이므로 소화방법이 있을 수 없다. 다만, 가연물의 성질에 따라 다음과 같은 소화방법이 있을 수 있다.
② 가연성 물질을 제거한다.

③ **소량인 경우 다량의 주수에 의한 희석소화**한다.

④ 대량의 경우 **과산화수소는 다량의 물로 소화**하며, 나머지는 마른모래 또는 **분말소화약제를 이용**한다.

3 각론

"산화성 액체"라 함은 액체로서 산화력의 잠재력인 위험성을 판단하기 위하여 고시로 정하는 시험에서 고시로 정하는 성질과 상태를 나타내는 것을 말한다.

(1) 과염소산($HClO_4$) – 지정수량 300kg

① 비중은 3.5, 융점은 −112℃이고, 비점은 130℃이다.

② 무색무취의 유동하기 쉬운 액체이며 흡습성이 대단히 강하고 대단히 불안정한 강산이다. 순수한 것은 분해가 용이하고 격렬한 폭발력을 가진다.

③ $HClO_4$는 염소산 중에서 가장 강한 산이다.

$$HClO < HClO_2 < HClO_3 < HClO_4$$

④ 가열하면 폭발하고 분해하여 유독성의 HCl을 발생한다.

$$HClO_4 \rightarrow HCl + 2O_2$$

⑤ 92℃ 이상에서는 폭발적으로 분해한다.

⑥ 물과 접촉하면 심하게 반응하여 발열한다.

(2) 과산화수소(H_2O_2) – 지정수량 300kg : 농도가 36wt% 이상인 것

① 비중 1.462, 융점 −0.89℃

② 순수한 것은 청색을 띠며 점성이 있고 무취, 투명하고 질산과 유사한 냄새가 난다.

③ 산화제뿐 아니라 환원제로도 사용된다.

산화제 : $2KI + H_2O_2 \rightarrow 2KOH + I_2$

환원제 : $2KMnO_4 + 3H_2SO_4 + 5H_2O_2 \rightarrow K_2SO_4 + 2MnSO_4 + 8H_2O + 5O_2$

④ 알칼리용액에서는 급격히 분해하나 약산성에서는 분해하기 어렵다. 3%인 수용액을 옥시풀이라 하며 소독약으로 사용하고, 고농도의 경우 피부에 닿으면 화상(수종)을 입는다.

⑤ 일반 시판품은 30~40%의 수용액으로 분해하기 쉬워 **인산(H_3PO_4), 요산($C_5H_4N_4O_3$) 등 안정제를 가하거나 약산성으로 만든다.**★★

⑥ 가열에 의해 산소가 발생한다.

$$2H_2O_2 \rightarrow 2H_2O + O_2$$

⑦ **농도 60% 이상인 것은 충격에 의해 단독폭발의 위험**이 있으며, 고농도의 것은 알칼리, 금속분, 암모니아, 유기물 등과 접촉 시 가열하거나 충격에 의해 폭발한다.

⑧ **용기는 밀봉하되 작은 구멍이 뚫린 마개를 사용**한다.

(3) 질산(HNO_3) - 지정수량 300kg : 비중이 1.49 이상의 것

① 비중은 1.49, 융점은 −50℃이며, 비점은 86℃이다.

② 3대 강산 중 하나로 흡습성이 강하고 자극성 부식성이 강하며 휘발성, 발연성이다. **직사광선에 의해 분해되어 이산화질소(NO_2)를 생성시킨다.**★★★

$$4HNO_3 \rightarrow 4NO_2 + 2H_2O + O_2$$

③ 피부에 닿으면 노란색의 변색이 되는 **크산토프로테인반응(단백질 검출)**을 한다.★★

④ 염산과 질산을 3부피와 1부피로 혼합한 용액을 왕수라 하며 이 용액은 금과 백금을 녹이는 유일한 물질로 대단히 강한 혼합산이다.

⑤ 직사광선으로 일부 분해하여 과산화질소를 만들기 때문에 황색을 나타내며 Ag, Cu, Hg 등은 다른 산과는 반응하지 않으나 질산과 반응하여 질산염과 산화질소를 형성한다.

$$3Cu + 8HNO_3 \rightarrow 3Cu(NO_3)_2 + 2NO + 4H_2O \text{ (묽은 질산)}$$
$$Cu + 4HNO_3 \rightarrow Cu(NO_3)_2 + 2NO_2 + 2H_2O \text{ (진한 질산)}$$

⑥ 반응성이 큰 금속과 산화물 피막을 형성 내부 보호 → **부동태(Fe, Ni, Al)**★★

⑦ 질산을 가열하면 적갈색의 유독한 갈색증기(NO_2)와 발생기 산소가 발생한다.

$$HNO_3 \rightarrow H_2O + 2NO_2 + [O]$$

⑧ 목탄분 등 유기가연물에 스며들어 서서히 갈색증기를 발생하며 자연발화한다.

⑨ 물과 접촉하면 심하게 발열하며, 가열 시 발생되는 증기(NO_2)는 유독성이다.

(4) 할로젠간화합물

두 할로젠 X와 Y로 이루어진 2원 화합물로서 보통 성분의 직접 작용으로 생긴다. X가 Y보다 무거운 할로젠으로 하여 XY_n(n=1, 3, 5, 7)으로 나타낸다. 모두 휘발성이고 최고 비점은 BrF_3에서 127℃로 나타난다. 대다수가 불안정하나 폭발하지는 않는다. IF는 얻어지지 않고 $IFCl_2$, IF_2Cl과 같은 3종의 할로젠을 포함하는 것도 소수 있다.

Part 5 연 / 습 / 문 / 제 (제6류 위험물)

01 질산의 성질에 대한 설명으로 틀린 것은?

㉮ 연소성이 있다.
㉯ 물과 혼합하면 발열한다.
㉰ 부식성이 있다.
㉱ 강한 산화제이다.

해설 질산(HNO_3)은 제6류 위험물(산화성 액체)로서 불연성이다.

답 ㉮

02 제6류 위험물에 해당하지 않는 것은?

㉮ 염산 ㉯ 질산
㉰ 과염소산 ㉱ 과산화수소

해설 염산(HCl)은 강산이지만 위험물안전관리법상 위험물에 해당되지 않는다.

답 ㉮

03 질산이 직사일광에 노출될 때 어떻게 되는가?

㉮ 분해되지는 않으나 붉은색으로 변한다.
㉯ 분해되지는 않으나 녹색으로 변한다.
㉰ 분해되어 질소를 발생한다.
㉱ 분해되어 이산화질소를 발생한다.

해설 질산(HNO_3)은 제6류 위험물(산화성 액체)로서 직사광선에 의해 분해되어 이산화질소(NO_2)를 생성시킨다.
$4HNO_3 \rightarrow 2H_2O + 4NO_2 + O_2$

답 ㉱

04 과염소산이 물과 접촉한 경우 일어나는 반응은?

㉮ 중합반응 ㉯ 연소반응
㉰ 흡열반응 ㉱ 발열반응

해설 과염소산($HClO_4$)은 제6류 위험물(산화성 고체)로서 물과 접촉하면 심하게 반응하여 발열한다.

답 ㉱

05 과염소산에 화재가 발생했을 때의 조치방법으로 적합하지 않은 것은?

㉮ 환원성 물질로 중화한다.
㉯ 물과 반응하여 발열하므로 주의한다.
㉰ 마른모래로 소화한다.
㉱ 인산염류분말로 소화한다.

해설 과염소산($HClO_4$) : 제6류 위험물(산화성 액체)로서 환원성 물질과 접촉 시 연소할 우려가 있다.

답 ㉮

06 과산화수소의 위험성의 설명 중 틀린 것은?

㉮ 오래 저장하면 자연발화의 위험이 있다.
㉯ 햇빛에 의해 분해되므로 햇빛을 차단하여 보관한다.
㉰ 고농도의 것은 분해위험이 있으므로 인산 등을 넣어 분해를 억제시킨다.
㉱ 농도가 진한 것은 피부와 접촉하면 수종을 일으킨다.

해설 과산화수소(H_2O_2)는 제6류 위험물(산화성 액체)로서 불연성으로 자연발화의 위험성은 없다.

답 ㉮

07 제6류 위험물의 공통적 성질이 아닌 것은?

㉮ 산화성 액체이다.
㉯ 지정수량이 300kg이다.
㉰ 무기화합물이다.
㉱ 물보다 가볍다.

해설 제6류 위험물(산화성 액체)은 모두 물보다 무겁고 물에 잘 녹는다.

답 ㉣

08 위험물안전관리법상 제6류 위험물에 해당하지 않는 것은?

㉮ HNO_3 ㉯ H_2SO_4
㉰ H_2O_2 ㉱ $HClO_4$

해설 제6류 위험물

성질	위험등급	품명	지정수량
산화성 액체	I	① 과염소산($HClO_4$) ② 과산화수소(H_2O_2) ③ 질산(HNO_3) ④ 그 밖의 행정안전부령이 정하는 것 – 할로젠간화합물(BrF_3, IF_5 등)	300kg

※ 황산(H_2SO_4)은 제외된다.

답 ㉯

09 질산의 위험성에 대한 설명으로 틀린 것은?

㉮ 햇빛에 의해 분해된다.
㉯ 금속을 부식시킨다.
㉰ 물을 가하면 발열한다.
㉱ 충격에 의해 쉽게 연소와 폭발을 한다.

해설 질산(HNO_3)은 제6류 위험물(산화성 액체)에 해당되며 불연성으로 충격에 의해 연소 또는 폭발의 위험성은 없다.

답 ㉱

10 과산화수소의 저장 및 취급 방법으로 옳지 않은 것은?

㉮ 갈색용기를 사용한다.
㉯ 직사광선을 피하고 냉암소에 보관한다.
㉰ 농도가 클수록 위험성이 높아지므로 분해방지안정제를 넣어 분해를 억제시킨다.
㉱ 장기간 보관 시 철분을 넣어 유리용기에 보관한다.

해설 과산화수소(H_2O_2)는 제6류 위험물(산화성 액체)로서 철분 등 금속분과 접촉하면 폭발의 위험성이 있다.

답 ㉱

11 제6류 위험물의 일반적 성질에 대한 설명 중 틀린 것은?

㉮ 산화제이다.
㉯ 물에 잘 녹는다.
㉰ 물보다 무겁다.
㉱ 쉽게 연소한다.

해설 제6류 위험물(산화성 액체)은 불연성이므로 연소하지 않는다.

답 ㉱

12 질산에 대한 설명으로 옳은 것은?

㉮ 산화력은 없고 강한 환원력이 있다.
㉯ 자체 연소성이 있다.
㉰ 구리와 반응을 한다.
㉱ 조연성과 부식성이 없다.

해설 질산(HNO_3)은 제6류 위험물(산화성 액체)로서 직사광선으로 일부 분해하여 과산화질소를 만들기 때문에 황색을 나타내며 Ag, Cu, Hg 등은 다른 산과는 반응하지 않으나 질산과 반응하여 질산염과 산화질소를 형성한다.

답 ㉰

13 제6류 위험물인 질산은 비중이 최소 얼마 이상되어야 위험물로 볼 수 있는가?

㉮ 1.29 ㉯ 1.39
㉰ 1.49 ㉱ 1.59

해설 위험물안전관리법상 질산(HNO_3)은 비중이 1.49 이상인 것을 위험물로 취급한다.

답 ㉰

14 **다음 물질을 과산화수소에 혼합했을 때 위험성이 가장 낮은 것은?**

㉮ 산화제이수은　㉯ 물
㉰ 이산화망가니즈　㉱ 탄소 분말

해설 과산화수소(H_2O_2)는 제6류 위험물(산화성 액체)로서 물에 잘 녹아 소화 시 다량의 주수소화가 효과적이다.

답 ㉯

15 **위험물에 관한 설명 중 틀린 것은?**

㉮ 할로젠간화합물은 제6류 위험물이다.
㉯ 할로젠간화합물의 지정수량은 200kg이다.
㉰ 과염소산은 불연성이나 산화성이 강하다.
㉱ 과염소산은 산소를 함유하고 있으며 물보다 무겁다.

해설 할로젠간화합물은 제6류 위험물(산화성 액체) 중 그 밖에 행정안전부령으로 정하는 위험물에 해당되며 제6류 위험물의 위험등급은 모두 I 등급으로 지정수량도 모두 300kg이다.

답 ㉯

16 **위험물안전관리법령에서 농도를 기준으로 위험물을 정의하고 있는 것은?**

㉮ 아세톤　㉯ 마그네슘
㉰ 질산　㉱ 과산화수소

해설 과산화수소(H_2O_2)는 농도가 36wt% 이상인 것이 제6류 위험물(산화성 고체)에 해당된다.

답 ㉱

17 **이산화탄소소화기가 제6류 위험물의 화재에 대하여 적응성이 인정되는 장소의 기준은?**

㉮ 습도의 정도　㉯ 밀폐성 유무
㉰ 폭발위험성의 유무　㉱ 건축물의 층수

해설 폭발위험성의 유무
제6류 위험물(산화성 액체)을 저장 또는 취급하는 장소로서 폭발의 위험성이 없는 장소에만 한하여 이산화탄소소화기를 설치할 수 있다.

답 ㉰

18 **과염소산의 성질에 대한 설명이 아닌 것은?**

㉮ 가연성 물질이다.
㉯ 산화성이 있다.
㉰ 물과 반응하여 발열한다.
㉱ Fe와 반응하여 산화물을 만든다.

해설 과염소산($HClO_4$)은 제6류 위험물(산화성 액체)로서 불연성이며 강산화제이다.(조연성, 지연성)

답 ㉮

19 **과산화수소의 성질에 대한 설명 중 틀린 것은?**

㉮ 알칼리성 용액에 의해 분해될 수 있다.
㉯ 산화제이다.
㉰ 농도가 높을수록 안정하다.
㉱ 열, 햇빛에 의해 분해될 수 있다.

해설 과산화수소(H_2O_2)는 농도가 36wt% 이상일 경우 제6류 위험물(산화성 액체)로서 취급하며 농도가 60% 이상인 것은 충격에 의해 단독폭발의 위험성이 있다.

답 ㉰

20 **과염소산 300kg, 과산화수소 450kg, 질산 900kg을 보관하는 경우 각각의 지정수량 배수의 합은?**

㉮ 1.5　㉯ 3
㉰ 5.5　㉱ 7

해설 지정수량 배수$=\frac{300}{300}+\frac{450}{300}+\frac{900}{300}=5.5$배

답 ㉰

21 **과염소산의 저장 및 취급 방법이 잘못된 것은?**

㉮ 가열 · 충격을 피한다.
㉯ 화기를 멀리한다.
㉰ 저온의 통풍이 잘 되는 곳에 저장한다.
㉱ 누설하면 종이, 톱밥으로 제거한다.

해설 과염소산($HClO_4$)은 제6류 위험물(산화성 액체)로서 강산화제이며 종이, 톱밥 등과 접촉하면 연소의 우려가 있다.

답 ㉱

22 **무색의 액체로 융점이 −112℃이고 물과 접촉하면 심하게 발열하는 제6류 위험물은?**

㉮ 과산화수소
㉯ 과염소산
㉰ 질산
㉱ 오플루오린화아이오딘

해설
과염소산($HClO_4$)은 융점이 −112℃이며, 물과 접촉하면 심하게 발열반응한다.

답 ㉯

23 **과산화수소에 대한 설명으로 옳은 것은?**

㉮ 강산화제이지만 환원제로도 사용한다.
㉯ 알코올, 에터에는 용해되지 않는다.
㉰ 20~30% 용액을 옥시돌(oxydol)이라고도 한다.
㉱ 알칼리성 용액에서는 분해가 안 된다.

해설
과산화수소는 산화제이면서 환원제로도 사용된다.
산화제 : $2KI + H_2O_2 \rightarrow 2KOH + I_2$
환원제 : $2KMnO_4 + 3H_2SO_4 + 5H_2O_2$
$\rightarrow K_2SO_4 + 2MnSO_4 + 8H_2O + 5O_2$

답 ㉮

24 **질산에 대한 설명 중 틀린 것은?**

㉮ 환원성 물질과 혼합하면 발화할 수 있다.
㉯ 분자량은 약 63이다.
㉰ 위험물안전관리법령상 비중이 1.82 이상이 되어야 위험물로 취급된다.
㉱ 분해하면 인체에 해로운 가스가 발생한다.

해설
위험물의 한계기준

유별	구분	기준
제2류 위험물 (가연성 고체)	황(S)	순도 60% 이상인 것
	철분(Fe)	53μm 통과하는 것이 50wt% 이상인 것
	마그네슘(Mg)	2mm의 체를 통과하지 아니하는 덩어리상태의 것과 직경 2mm 이상의 막대모양의 것은 제외
제6류 위험물 (산화성 액체)	과산화수소(H_2O_2)	농도가 36wt% 이상인 것
	질산(HNO_3)	비중이 1.49 이상인 것

위험물안전관리법령상 비중이 1.49 이상이 되어야 위험물로 취급한다.

답 ㉰

25 **다음 중 제6류 위험물에 해당하는 것은?**

㉮ 과산화수소　　㉯ 과산화나트륨
㉰ 과산화칼륨　　㉱ 과산화벤조일

해설
제6류 위험물 : 과산화수소, 과염소산, 질산

품목	과산화나트륨	과산화칼륨	과산화벤조일
구분	제1류 위험물 무기과산화물	제1류 위험물 무기과산화물	제5류 위험물 유기과산화물

답 ㉮

26 **다음 중 알루미늄을 침식시키지 못하고 부동태화하는 것은?**

㉮ 묽은염산　　㉯ 진한질산
㉰ 황산　　㉱ 묽은질산

해설
진한질산은 반응성이 큰 금속(Fe, Ni, Al)과 산화물피막을 형성하여 내부를 보호하는 부동태화한다.

답 ㉯

27 **질산이 분해하여 발생하는 갈색의 유독한 기체는?**

㉮ N_2O　　㉯ NO
㉰ NO_2　　㉱ N_2O_3

해설
직사광선에 의해 분해되어 이산화질소(NO_2)를 생성시킨다.
$4HNO_3 \rightarrow 2H_2O + 4NO_2 + O_2$

답 ㉰

28 **과산화수소가 이산화망가니즈 촉매하에서 분해가 촉진될 때 발생하는 가스는?**

㉮ 수소　　㉯ 산소
㉰ 아세틸렌　　㉱ 질소

해설
$2H_2O_2 \xrightarrow{MnO_2(촉매)} 2H_2O + O_2 + 발열$

답 ㉯

29 제6류 위험물인 과염소산의 분자식은?

㉮ $HClO_4$ ㉯ $KClO_4$
㉰ $KClO_2$ ㉱ $HClO_2$

해설
㉯ 과염소산칼륨($KClO_4$)
㉰ 아염소산칼륨($KClO_2$)
㉱ 아염소산($HClO_2$)

답 ㉮

30 제6류 위험물의 화재예방 및 진압대책으로 적합하지 않은 것은?

㉮ 가연물과의 접촉을 피한다.
㉯ 과산화수소를 장기 보존할 때는 유리용기를 사용하여 밀전한다.
㉰ 옥내소화전설비를 사용하여 소화할 수 있다.
㉱ 물분무소화설비를 사용하여 소화할 수 있다.

해설
과산화수소(H_2O_2)는 분자 내에 불안정한 과산화물 [-O-O-]을 함유하고 있으므로 용기 내부에서 스스로 분해되어 산소가스를 발생한다. 따라서 분해를 억제하기 위하여 안정제(인산, 요산)를 첨가하며 발생한 산소가스로 인한 내압의 증가를 막기 위해 구멍 뚫린 마개를 사용한다.

답 ㉯

31 과염소산에 대한 설명으로 틀린 것은?

㉮ 가열하면 쉽게 발화한다.
㉯ 강한 산화력을 갖고 있다.
㉰ 무색의 액체이다.
㉱ 물과 접촉하면 발열한다.

해설
과염소산은 제6류 위험물(산화성 액체)로 산화반응이 끝난 액체(포화산화물)이기 때문에 더 이상 산화하지 않는다. (=불연성)

답 ㉮

32 질산의 성상에 대한 설명으로 옳은 것은?

㉮ 흡습성이 강하고 부식성이 있는 무색의 액체이다.
㉯ 햇빛에 의해 분해하여 암모니아가 생성되어 흰색을 띤다.
㉰ Au, Pt와 잘 반응하여 질산염과 질소가 생성된다.
㉱ 비휘발성이고 정전기에 의한 발화에 주의해야 한다.

해설
질산(HNO_3) : 제6류 위험물(산화성 액체)로 발화의 위험이 없고, 흡습성과 부식성이 강하다. Au, Pt 등과는 반응성이 없으며 열분해 시 이산화질소가 발생된다.

답 ㉮

33 다음 중 과산화수소에 대한 설명이 틀린 것은?

㉮ 열에 의해 분해한다.
㉯ 농도가 높을수록 안정하다.
㉰ 인산, 요산과 같은 분해 방지 안정제를 사용한다.
㉱ 강력한 산화제이다.

해설
과산화수소는 농도 60% 이상은 단독으로 분해폭발 위험이 있다.

답 ㉯

PART 6

위험물안전관리법

위험물기능사 필기

6-1. 총칙 및 위험물시설의 안전관리

6-2. 위험물의 취급기준

6-3. 제조소 등의 소화설비, 경보설비 및 피난설비의 기준

6-4. 운반용기의 재질 및 최대용적

6-5. 위험물 시설의 구분

6-6. 위험물 취급소 구분

위험물기능사 필기
www.cyber.co.kr

Part 6 위험물안전관리법

6-1 총칙 및 위험물시설의 안전관리

(1) 목적

위험물의 저장 · 취급 및 운반과 이에 따른 안전관리에 관한 사항을 규정함으로써 위험물로 인한 위해를 방지하여 공공의 안전을 확보하기 위함

(2) 정의

① **"위험물"이라 함은 인화성 또는 발화성 등의 성질을 가지는 것으로서 대통령령이 정하는 물품을 말한다.**

② "지정수량"이라 함은 위험물의 종류별로 위험성을 고려하여 대통령령이 정하는 수량으로 제조소 등의 설치허가 등에 있어서 최저의 기준이 되는 수량을 말한다.

③ "제조소"라 함은 위험물을 제조할 목적으로 지정수량 이상의 위험물을 취급하기 위하여 규정에 따른 허가 받은 장소를 말한다.

④ "저장소"라 함은 지정수량 이상의 위험물을 저장하기 위한 대통령령이 정하는 장소로서 규정에 따른 허가를 받은 장소를 말한다.

⑤ "취급소"라 함은 지정수량 이상의 위험물을 제조 외의 목적으로 취급하기 위한 대통령령이 정하는 장소로서 규정에 따른 허가를 받은 장소를 말한다.

⑥ **"제조소 등"이라 함은 제조소 · 저장소 및 취급소를 말한다.**

(3) 지정수량 미만인 위험물의 저장 · 취급

지정수량 미만인 위험물의 저장 또는 취급에 관한 기술상의 기준은 특별시 · 광역시 · 특별자치시 · 도 및 특별자치도(이하 "시 · 도"라 한다.)의 조례로 정한다.

(4) 위험물의 저장 및 취급의 제한

① 지정수량 이상의 위험물을 저장소가 아닌 장소에서 저장하거나 제조소 등이 아닌 장소에서 취급하여서는 아니된다.

② **임시로 저장 또는 취급하는 장소에서의 저장 또는 취급의 기준**과 임시로 저장 또는 취급하는 장소의 위치 · 구조 및 설비의 기준은 시 · 도의 조례로 정한다.

㉮ 시 · 도의 조례가 정하는 바에 따라 관할소방서장의 승인을 받아 **지정수량 이상의 위험물을 90일 이내의 기간동안 임시로 저장 또는 취급하는 경우**

㉯ 군부대가 지정수량 이상의 위험물을 **군사목적으로 임시로 저장 또는 취급하는 경우**

③ 둘 이상의 위험물을 같은 장소에서 저장 또는 취급하는 경우에 있어서 해당 장소에서 저장 또는 취급하는 각 위험물의 수량을 그 위험물의 지정수량으로 각각 나누어 얻은 수의 합계가 1 이상인 경우 해당 위험물은 지정수량 이상의 위험물로 본다.

(5) 위험물시설의 설치 및 변경

① 제조소 등을 설치하고자 하는 자는 대통령령이 정하는 바에 따라 그 설치장소를 관할하는 특별시장 · 광역시장 · 특별자치시장 · 도지사 또는 특별자치도지사(이하 "시 · 도지사"라 한다)의 허가를 받아야 한다.

② 제조소 등의 위치 · 구조 또는 설비의 변경없이 해당 제조소 등에서 저장하거나 취급하는 위험물의 품명 · 수량 또는 지정수량의 배수를 변경하고자 하는 자는 **변경하고자 하는 날의 1일 전까지 행정안전부령이 정하는 바에 따라 시 · 도지사에게 신고**하여야 한다.

③ 제조소 등의 설치자의 지위를 승계한 자는 행정안전부령이 정하는 바에 따라 **승계한 날부터 30일 이내에 시 · 도지사에게 그 사실을 신고**하여야 한다.

④ 제조소 등의 관계인(소유자 · 점유자 또는 관리자를 말한다. 이하 같다)은 해당 제조소 등의 용도를 폐지(장래에 대하여 위험물시설로서의 기능을 완전히 상실시키는 것을 말한다)한 때에는 **행정안전부령이 정하는 바에 따라 제조소 등의 용도를 폐지한 날부터 14일 이내에 시 · 도지사에게 신고**하여야 한다.

⑤ 허가를 받지 아니하고 해당 제조소 등을 설치하거나 그 위치 · 구조 또는 설비를 변경할 수 있으며, 신고를 하지 아니하고 위험물의 품명 · 수량 또는 지정수량의 배수를 변경할 수 있는 경우

㉮ **주택의 난방시설(공동주택의 중앙난방시설을 제외한다)을 위한 저장소 또는 취급소**

㉯ **농예용 · 축산용** 또는 **수산용으로 필요한 난방시설 또는 건조시설을 위한 지정수량 20배 이하의 저장소**

⑥ 시 · 도지사는 제조소 등의 관계인이 다음의 어느 하나에 해당하는 때에는 행정안전부령이 정하는 바에 따라 허가를 취소하거나 6월 이내의 기간을 정하여 제조소 등의 전부 또는 일부의 사용정지를 명할 수 있다.

㉮ 규정에 따른 변경허가를 받지 아니하고 제조소 등의 위치 · 구조 또는 설비를 변경한 때

㉯ 완공검사를 받지 아니하고 제조소 등을 사용한 때

㉰ 규정에 따른 수리 · 개조 또는 이전의 명령을 위반한 때
㉱ 규정에 따른 위험물안전관리자를 선임하지 아니한 때
㉲ 대리자를 지정하지 아니한 때
㉳ 정기점검을 하지 아니한 때
㉴ 정기검사를 받지 아니한 때
㉵ 저장 · 취급기준 준수명령을 위반한 때

⑦ 시 · 도지사는 제조소 등에 대한 사용의 정지가 그 이용자에게 심한 불편을 주거나 그 밖에 공익을 해칠 우려가 있는 때에는 사용정지 처분에 갈음하여 2억원 이하의 과징금을 부과할 수 있다.

(6) 위험물안전관리자

① 제조소 등의 관계인은 제조소 등마다 대통령령이 정하는 위험물의 취급에 관한 자격이 있는 자를 위험물안전관리자로 선임한다.

② **안전관리자를 해임하거나 퇴직한 때에는 해임하거나 퇴직한 날부터 30일 이내에 다시 안전관리자를 선임한다.**

③ **안전관리자를 선임한 경우에는 선임한 날부터 14일 이내에 소방본부장 또는 소방서장에게 신고한다.**

④ 안전관리자를 해임하거나 안전관리자가 퇴직한 경우 관계인 또는 안전관리자는 소방본부장이나 소방서장에게 그 사실을 알려 해임되거나 퇴직한 사실을 확인받을 수 있다.

⑤ 안전관리자를 선임한 제조소 등의 관계인은 안전관리자가 여행 · 질병, 그 밖의 사유로 인하여 일시적으로 직무를 수행할 수 없거나 안전관리자의 해임 또는 퇴직과 동시에 다른 안전관리자를 선임하지 못하는 경우에는 국가기술자격법에 따른 위험물의 취급에 관한 자격취득자 또는 위험물안전에 관한 기본지식과 경험이 있는 자로서 행정안전부령이 정하는 자를 대리자(代理者)로 지정하여 그 직무를 대행하게 하여야 한다. 이 경우 **대리자가 안전관리자의 직무를 대행하는 기간은 30일을 초과할 수 없다.**

⑥ 위험물취급자격자의 자격

위험물취급자격자의 구분	취급할 수 있는 위험물
「국가기술자격법」에 따라 위험물기능장, 위험물산업기사, 위험물기능사의 자격을 취득한 사람	위험물안전관리법 시행령 별표 1의 모든 위험물
안전관리자교육이수자(법 28조 제1항에 따라 소방청장이 실시하는 안전관리자교육을 이수한 자)	제4류 위험물
소방공무원 경력자(소방공무원으로 근무한 경력이 3년 이상인 자)	

(7) 안전관리자의 책무

① 위험물의 취급작업에 참여하여 해당 작업이 저장 또는 취급에 관한 기술기준과 예방규정에 적합하도록 해당 작업자에 대하여 지시 및 감독하는 업무

② 화재 등의 재난이 발생한 경우 응급조치 및 소방관서 등에 대한 연락업무

③ 위험물시설의 안전을 담당하는 자를 따로 두는 제조소 등의 경우에는 그 담당자에게 다음의 규정에 의한 업무의 지시, 그 밖의 제조소 등의 경우에는 다음의 규정에 의한 업무

㉮ 제조소 등의 위치 · 구조 및 설비를 기술기준에 적합하도록 유지하기 위한 점검과 점검상황의 기록, 보존

㉯ 제조소 등의 구조 또는 설비의 이상을 발견한 경우 관계자에 대한 연락 및 응급조치

㉰ 화재가 발생하거나 화재발생의 위험성이 현저한 경우 소방관서 등에 대한 연락 및 응급조치

㉱ 제조소 등의 계측장치 · 제어장치 및 안전장치 등의 적정한 유지 · 관리

㉲ 제조소 등의 위치 · 구조 및 설비에 관한 설계도서 등의 정비 · 보존 및 제조소 등의 구조 및 설비의 안전에 관한 사무의 관리

④ 화재 등의 재해의 방지와 응급조치에 관하여 인접하는 제조소 등과 그 밖의 관련되는 시설의 관계자와 협조체제의 유지

⑤ 위험물의 취급에 관한 일지의 작성 · 기록

⑥ 그 밖에 위험물을 수납한 용기를 차량에 적재하는 작업, 위험물설비를 보수하는 작업 등 위험물의 취급과 관련된 작업의 안전에 관하여 필요한 감독의 수행

(8) 다수의 제조소 등을 설치한 자가 1인의 안전관리자를 중복하여 선임할 수 있는 경우

① 보일러 · 버너 또는 이와 비슷한 것으로서 위험물을 소비하는 장치로 이루어진 7개 이하의 일반취급소와 그 일반취급소에 공급하기 위한 위험물을 저장하는 저장소를 동일인이 설치한 경우

② 위험물을 차량에 고정된 탱크 또는 운반용기에 옮겨 담기 위한 5개 이하의 일반취급소 "일반취급소 간의 거리가 300m 이내인 경우에 한한다"와 그 일반취급소에 공급하기 위한 위험물을 저장하는 저장소를 동일인이 설치한 경우

③ 동일구내에 있거나 상호 100m 이내의 거리에 있는 저장소로서 저장소의 규모, 저장하는 위험물의 종류 등을 고려하여 행정안전부령이 정하는 저장소를 동일인이 설치한 경우

④ 다음의 기준에 모두 적합한 5개 이하의 제조소 등을 동일인이 설치한 경우

㉮ 각 제조소 등이 동일구내에 위치하거나 상호 100m 이내의 거리에 있을 것

㉯ 각 제조소 등에서 저장 또는 취급하는 위험물의 최대수량이 지정수량의 3,000배 미만일 것 (단, 저장소는 제외)

⑤ 10개 이하의 옥내저장소
⑥ 30개 이하의 옥외탱크저장소
⑦ 옥내탱크저장소
⑧ 지하탱크저장소
⑨ 간이탱크저장소
⑩ 10개 이하의 옥외저장소
⑪ 10개 이하의 암반탱크저장소

(9) 예방규정을 정하여야 하는 제조소 등

① 지정수량의 **10배 이상**의 위험물을 취급하는 **제조소**
② 지정수량의 **100배 이상**의 위험물을 저장하는 **옥외저장소**
③ 지정수량의 **150배 이상**의 위험물을 저장하는 **옥내저장소**
④ 지정수량의 **200배 이상**을 저장하는 **옥외탱크저장소**
⑤ **암반탱크저장소**
⑥ **이송취급소**
⑦ 지정수량의 **10배 이상**의 위험물 취급하는 **일반취급소**
(다만, 제4류 위험물(특수인화물을 제외한다)만을 지정수량의 50배 이하로 취급하는 일반취급소(제1석유류 · 알코올류의 취급량이 지정수량의 10배 이하인 경우에 한한다)로서 다음의 어느 하나에 해당하는 것을 제외)
㉮ 보일러 · 버너 또는 이와 비슷한 것으로서 위험물을 소비하는 장치로 이루어진 일반취급소
㉯ 위험물을 용기에 옮겨 담거나 차량에 고정된 탱크에 주입하는 일반취급소

(10) 예방규정의 작성내용

① 위험물의 안전관리업무를 담당하는 자의 직무 및 조직에 관한 사항
② 안전관리자가 여행 · 질병 등으로 인하여 그 직무를 수행할 수 없을 경우 그 직무의 대리자에 관한 사항
③ 자체소방대를 설치하여야 하는 경우에는 자체소방대의 편성과 화학소방자동차의 배치에 관한 사항
④ 위험물의 안전에 관계된 작업에 종사하는 자에 대한 안전교육 및 훈련에 관한 사항
⑤ 위험물시설 및 작업장에 대한 안전순찰에 관한 사항
⑥ 위험물시설 · 소방시설, 그 밖의 관련시설에 대한 점검 및 정비에 관한 사항
⑦ 위험물시설의 운전 또는 조작에 관한 사항
⑧ 위험물취급작업의 기준에 관한 사항

⑨ 이송취급소에 있어서는 배관공사 현장책임자의 조건 등 배관공사현장에 대한 감독체제에 관한 사항과 배관 주위에 있는 이송취급소시설 외의 공사를 하는 경우 배관의 안전확보에 관한 사항

⑩ 재난, 그 밖의 비상시의 경우에 취하여야 하는 조치에 관한 사항

⑪ 위험물의 안전에 관한 기록에 관한 사항

⑫ 제조소 등의 위치 · 구조 및 설비를 명시한 서류와 도면의 정비에 관한 사항

⑬ 그 밖에 위험물의 안전관리에 관하여 필요한 사항

⑭ 예방규정은 「산업안전보건법」 규정에 의한 안전보건관리규정과 통합하여 작성할 수 있다.

⑮ 예방규정을 제정하거나 변경한 경우에는 예방규정제출서에 제정 또는 변경한 예방규정 1부를 첨부하여 시 · 도지사 또는 소방서장에게 제출하여야 한다.

(11) 정기점검대상 제조소 등

① 예방규정을 정하여야 하는 제조소 등

② 지하탱크저장소

③ 이동탱크저장소

④ 제조소(지하 탱크) · 주유취급소 또는 일반취급소

(12) 정기점검의 횟수

제조소 등의 관계인은 해당 제조소 등에 대하여 연 1회 이상

(13) 정기검사의 대상인 제조소 등

액체위험물을 저장 또는 취급하는 50만L 이상의 옥외탱크저장소

(14) 탱크시험자가 갖추어야 할 기술장비

① 기술능력

㉮ **필수인력**

㉠ 위험물기능장 · 위험물산업기사 또는 위험물기능사 중 1명 이상

㉡ 비파괴검사기술사 1명 이상 또는 방사선비파괴검사 · 초음파비파괴검사 · 자기비파괴검사 및 침투비파괴검사별로 기사 또는 산업기사 각 1명 이상

㉯ **필요한 경우에 두는 인력**

㉠ 충 · 수압시험, 진공시험, 기밀시험 또는 내압시험의 경우 : 누설비파괴검사 기사, 산업기사 또는 기능사

㉡ 수직 · 수평도시험의 경우 : 측량 및 지형공간정보 기술사, 기사, 산업기사 또는 측량기능사

㉢ 필수 인력의 보조 : 방사선비파괴검사 · 초음파비파괴검사 · 자기비파괴검사 또는 침투비파괴검사 기능사

② 시설 : 전용사무실

③ 장비

㉮ **필수장비** : 자기탐상시험기, 초음파두께측정기 및 다음 ㉠ 또는 ㉡ 중 어느 하나

㉠ 영상초음파탐상시험기

㉡ 방사선투과시험기 및 초음파탐상시험기

㉯ **필요한 경우에 두는 장비**

㉠ 충 · 수압시험, 진공시험, 기밀시험 또는 내압시험의 경우

ⓐ 진공능력 53kPa 이상의 진공누설시험기

ⓑ 기밀시험장치(안전장치가 부착된 것으로서 가압능력 200kPa 이상, 감압의 경우에는 감압능력 10kPa 이상 · 감도 10Pa 이하의 것으로서 각각의 압력변화를 스스로 기록할 수 있는 것)

㉡ 수직 · 수평도시험의 경우 : 수직 · 수평도측정기

※ 둘 이상의 기능을 함께 가지고 있는 장비를 갖춘 경우에는 각각의 장비를 갖춘 것으로 본다.

④ 탱크시험자가 되고자 하는 자는 대통령령이 정하는 기술능력 · 시설 및 장비를 갖추어 시 · 도지사에게 등록하여야 한다.

⑤ 규정에 따라 등록한 사항 가운데 행정안전부령이 정하는 중요사항을 변경한 경우에는 그 날부터 30일 이내에 시 · 도지사에게 변경신고를 하여야 한다.

(15) 탱크안전성능검사의 대상이 되는 탱크 및 신청시기

구분	항목	내용
① 기초 · 지반검사	검사대상	옥외탱크저장소의 액체위험물 탱크 중 그 용량이 100만L 이상인 탱크
	신청시기	위험물탱크의 기초 및 지반에 관한 공사의 개시 전
② 충수 · 수압검사	검사대상	액체위험물을 저장 또는 취급하는 탱크
	신청시기	위험물을 저장 또는 취급하는 탱크에 배관, 그 밖에 부속설비를 부착하기 전
③ 용접부검사	검사대상	①의 규정에 의한 탱크
	신청시기	탱크 본체에 관한 공사의 개시 전
④ 암반탱크검사	검사대상	액체위험물을 저장 또는 취급하는 암반 내의 공간을 이용한 탱크
	신청시기	암반탱크의 본체에 관한 공사의 개시 전

(16) 위험물탱크 안전성능시험자 등록결격사유

① **피성년후견인** 또는 **피한정후견인**

② 「위험물안전관리법」, 「소방기본법」, 「소방시설 설치 · 유지 및 안전관리에 관한 법률」 또는 「소방시설공사업법」에 따른 **금고 이상의 실형의 선고를 받고 그 집행이 종료**(집행이 종료된 것으로 보는 경우를 포함한다)**되거나 집행이 면제된 날부터 2년이 지나지 아니한 자**

③ 「위험물안전관리법」, 「소방기본법」, 「소방시설 설치 · 유지 및 안전관리에 관한 법률」 또는 「소방시설공사업법」에 따른 **금고 이상의 형의 집행유예 선고를 받고 그 유예기간 중에 있는 자**

④ **탱크시험자의 등록이 취소된 날부터 2년이 지나지 아니한 자**

⑤ 법인으로서 그 대표자가 ① 내지 ②에 해당하는 경우

(17) 자체소방대 설치대상

다량의 위험물을 저장 · 취급하는 제조소 등에는 해당 사업소에 자체소방대를 설치

① 제4류 위험물을 지정수량의 3천배 이상 취급하는 제조소 또는 일반취급소와 50만배 이상 저장하는 옥외탱크저장소에 설치

자체소방대의 설치제외대상인 일반취급소

㉮ 보일러, 버너, 그 밖에 이와 유사한 장치로 위험물을 소비하는 일반취급소

㉯ 이동저장탱크, 그 밖에 이와 유사한 것에 위험물을 주입하는 일반취급소

㉰ 용기에 위험물을 옮겨 담는 일반취급소

㉱ 유압장치, 윤활유순환장치, 그 밖에 이와 유사한 장치로 위험물을 취급하는 일반취급소

㉲ 「광산보안법」의 적용을 받는 일반취급소

② 자체소방대에 두는 화학소방자동차 및 인원★★★

사업소의 구분	화학소방자동차의 수	자체소방대원의 수
제조소 또는 일반취급소에서 취급하는 제4류 위험물의 최대수량의 합이 지정수량의 3천배 이상 12만배 미만인 사업소	1대	5인
제조소 또는 일반취급소에서 취급하는 제4류 위험물의 최대수량의 합이 지정수량의 12만배 이상 24만배 미만인 사업소	2대	10인
제조소 또는 일반취급소에서 취급하는 제4류 위험물의 최대수량의 합이 지정수량의 24만배 이상 48만배 미만인 사업소	3대	15인
제조소 또는 일반취급소에서 취급하는 제4류 위험물의 최대수량의 합이 지정수량의 48만배 이상인 사업소	4대	20인
옥외탱크저장소에 저장하는 제4류 위험물의 최대수량이 지정수량의 50만배 이상인 사업소	2대	10인

〈 화학소방자동차에 갖추어야 하는 소화능력 및 설비의 기준 〉★★★

화학소방자동차의 구분	소화능력 및 설비의 기준
포수용액방사차	• 포수용액의 방사능력이 2,000L/분 이상일 것 • 소화약액탱크 및 소화약액혼합장치를 비치할 것 • 10만L 이상의 포수용액을 방사할 수 있는 양의 소화약제를 비치할 것
분말방사차	• 분말의 방사능력이 35kg/초 이상일 것 • 분말탱크 및 가압용 가스설비를 비치할 것 • 1,400kg 이상의 분말을 비치할 것
할로젠화합물방사차	• 할로젠화합물의 방사능력이 40kg/초 이상일 것 • 할로젠화합물탱크 및 가압용 가스설비를 비치할 것 • 1,000kg 이상의 할로젠화합물을 비치할 것
이산화탄소방사차	• 이산화탄소의 방사능력이 40kg/초 이상일 것 • 이산화탄소 저장용기를 비치할 것 • 3,000kg 이상의 이산화탄소를 비치할 것
제독차	가성소다 및 규조토를 각각 50kg 이상 비치할 것

※ 포수용액을 방사하는 화학소방자동차의 대수는 규정에 의한 화학소방자동차의 대수의 $\frac{2}{3}$ 이상으로 하여야 한다.

6-2 위험물의 취급기준

(1) 위험물의 취급기준

① 지정수량 이상의 위험물인 경우 : 제조소 등에서 취급

② 지정수량 미만의 위험물인 경우 : 특별시 · 광역시 및 도의 조례에 의해 취급

③ 지정수량 이상의 위험물을 **임시로 저장할 경우** : 관할 소방서장에게 승인 후 **90일 이내**

④ 제조소 등의 구분 : 제조소

(2) 위험물의 저장 및 취급에 관한 공통기준

① 제조소 등에서는 신고와 관련되는 품명 외의 위험물 또는 이러한 허가 및 신고와 관련되는 수량 또는 지정수량의 배수를 초과하는 위험물을 저장 또는 취급하지 아니하여야 한다.

② 위험물을 저장 또는 취급하는 건축물, 그 밖의 공작물 또는 설비는 해당 위험물의 성질에 따라 차광 또는 환기를 해야 한다.

③ 위험물은 **온도계, 습도계, 압력계**, 그 밖의 계기를 감시하여 해당 위험물의 성질에 맞는 적당한 온도, 습도 또는 압력을 유지하도록 저장 또는 취급하여야 한다.

④ 위험물을 보호액 중에 보존하는 경우에는 해당 위험물이 **보호액으로부터 노출하지 아니하도록 하여야 한다**.

(3) 위험물의 유별 저장 · 취급의 공통기준

① **제1류 위험물**은 가연물과의 접촉 · 혼합이나 분해를 촉진하는 물품과의 접근 또는 과열 · 충격 · 마찰 등을 피하는 한편, 알칼리금속의 과산화물 및 이를 함유한 것에 있어서는 물과의 접촉을 피하여야 한다.

② **제2류 위험물**은 산화제와의 접촉 · 혼합이나 불티 · 불꽃 · 고온체와의 접근 또는 과열을 피하는 한편, 철분 · 금속분 · 마그네슘 및 이를 함유한 것에 있어서는 물이나 산과의 접촉을 피하고 인화성 고체에 있어서는 함부로 **증기**를 발생시키지 아니하여야 한다.

③ **제3류 위험물** 중 자연발화성 물질에 있어서는 불티 · 불꽃 또는 고온체와의 접근 · 과열 또는 **공기**와의 접촉을 피하고, 금수성 물질에 있어서는 물과의 접촉을 피하여야 한다.

④ **제4류 위험물**은 불티 · 불꽃 · 고온체와의 접근 또는 과열을 피하고, 함부로 **증기**를 발생시키지 아니하여야 한다.

⑤ **제5류 위험물**은 불티 · 불꽃 · 고온체와의 접근이나 과열 · 충격 또는 마찰을 피하여야 한다.

⑥ **제6류 위험물**은 가연물과의 접촉 · 혼합이나 분해를 촉진하는 물품과의 접근 또는 **과열**을 피하여야 한다.

(4) 위험물의 저장기준

① 저장소에는 위험물 외의 물품을 저장하지 아니하여야 한다.

② 유별을 달리하는 위험물은 동일한 저장소(내화구조의 격벽으로 완전히 구획된 실이 2 이상 있는 저장소에 있어서는 동일한 실)에 저장하지 아니하여야 한다. 다만, 옥내저장소 또는 옥외저장소에 있어서 다음의 규정에 의한 위험물을 저장하는 경우로서 위험물을 유별로 정리하여 저장하는 한편, 서로 **1m 이상의 간격**을 두는 경우에는 그러하지 아니하다.

㉮ 제1류 위험물(알칼리금속의 과산화물 또는 이를 함유한 것을 제외한다)과 제5류 위험물을 저장하는 경우

㉯ 제1류 위험물과 제6류 위험물을 저장하는 경우

㉰ 제1류 위험물과 제3류 위험물 중 자연발화성 물질(황린 또는 이를 함유한 것에 한한다)을 저장하는 경우

㉱ 제2류 위험물 중 인화성 고체와 제4류 위험물을 저장하는 경우

㉤ 제3류 위험물 중 알킬알루미늄 등과 제4류 위험물(알킬알루미늄 또는 알킬리튬을 함유한 것에 한한다)을 저장하는 경우

㉥ 제4류 위험물과 제5류 위험물 중 유기과산화물 또는 이를 함유한 것을 저장하는 경우

③ 제3류 위험물 중 황린, 그 밖에 물속에 저장하는 물품과 금수성 물질은 동일한 저장소에서 저장하지 아니하여야 한다.

④ 옥내저장소에서 동일 품명의 위험물이더라도 자연발화할 우려가 있는 위험물 또는 재해가 현저하게 증대할 우려가 있는 위험물을 다량 저장하는 경우에는 지정수량의 10배 이하마다 구분하여 상호간 **0.3m 이상의 간격**을 두어 저장하여야 한다. 다만, 위험물 또는 기계에 의하여 하역하는 구조로 된 용기에 수납한 위험물에 있어서는 그러하지 아니하다.

⑤ **옥내저장소에서 위험물을 저장하는 경우에는 다음의 규정에 의한 높이를 초과하여 용기를 겹쳐 쌓지 아니하여야 한다(옥외저장소에서 위험물을 저장하는 경우에 있어서도 본 규정에 의한 높이를 초과하여 용기를 겹쳐 쌓지 아니하여야 한다).** ★★★

㉮ **기계에 의하여 하역하는 구조로 된 용기만을 겹쳐 쌓는 경우에 있어서는 6m**

㉯ **제4류 위험물 중 제3석유류, 제4석유류 및 동·식물유류를 수납하는 용기만을 겹쳐 쌓는 경우에 있어서는 4m**

㉰ **그 밖의 경우에 있어서는 3m**

⑥ 옥내저장소에서는 용기에 수납하여 저장하는 **위험물의 온도가 55℃를 넘지 아니하도록** 필요한 조치를 강구하여야 한다(중요기준).

⑦ **옥외저장소에서 위험물을 수납한 용기를 선반에 저장하는 경우에는 6m를 초과하여 저장하지 아니하여야 한다.**

⑧ 황을 용기에 수납하지 아니하고 저장하는 옥외저장소에서는 황을 경계표시의 높이 이하로 저장하고, 황이 넘치거나 비산하는 것을 방지할 수 있도록 경계표시 내부의 전체를 난연성 또는 불연성의 천막 등으로 덮고 해당 천막 등을 경계표시에 고정하여야 한다.

⑨ 옥외저장탱크·옥내저장탱크 또는 지하저장탱크 중 압력탱크 외의 탱크에 저장하는 다이에틸에터등 또는 아세트알데하이드등의 온도는 산화프로필렌과 이를 함유한 것 또는 다이에틸에터등에 있어서는 30℃ 이하로, 아세트알데하이드 또는 이를 함유한 것에 있어서는 15℃ 이하로 각각 유지할 것

⑩ 옥외저장탱크·옥내저장탱크 또는 지하저장탱크 중 압력탱크에 저장하는 아세트알데하이드등 또는 다이에틸에터등의 온도는 40℃ 이하로 유지할 것

⑪ 보냉장치가 있는 이동저장탱크에 저장하는 아세트알데하이드등 또는 다이에틸에터등의 온도는 해당 위험물의 비점 이하로 유지할 것

⑫ 보냉장치가 없는 이동저장탱크에 저장하는 아세트알데하이드등 또는 다이에틸에터등의 온도는 40℃ 이하로 유지할 것

(5) 위험물 제조과정에서의 취급기준

① **증류공정**에 있어서는 위험물을 취급하는 설비의 내부압력의 변동 등에 의하여 액체 또는 증기가 새지 아니하도록 할 것
② **추출공정**에 있어서는 추출관의 내부압력이 비정상으로 상승하지 아니하도록 할 것
③ **건조공정**에 있어서는 위험물의 온도가 국부적으로 상승하지 아니하는 방법으로 가열 또는 건조할 것
④ **분쇄공정**에 있어서는 위험물의 분말이 현저하게 부유하고 있거나 위험물의 분말이 현저하게 기계·기구 등에 부착하고 있는 상태로 그 기계·기구를 취급하지 아니할 것

(6) 위험물을 소비하는 작업에 있어서의 취급기준

① **분사도장작업**은 방화상 유효한 격벽 등으로 구획된 안전한 장소에서 실시할 것
② **담금질** 또는 **열처리작업**은 위험물이 위험한 온도에 이르지 아니하도록 하여 실시할 것
③ **버너를 사용하는 경우**에는 버너의 역화를 방지하고 위험물이 넘치지 아니하도록 할 것

(7) 주유취급소·판매취급소·이송취급소 또는 이동탱크저장소에서의 위험물의 취급기준

① 자동차 등에 주유할 때에는 고정주유설비를 사용하여 직접 주유할 것
② 자동차 등에 인화점 40℃ 미만의 위험물을 주유할 때에는 자동차 등의 원동기를 정지시킬 것. 다만, 연료탱크에 위험물을 주유하는 동안 방출되는 가연성 증기를 회수하는 설비가 부착된 고정주유설비에 의하여 주유하는 경우에는 그러하지 아니하다.
③ 이동저장탱크에 급유할 때에는 고정급유설비를 사용하여 직접 급유할 것

(8) 위험물의 운반에 관한 기준★★★

위험물은 규정에 의한 운반용기에 기준에 따라 수납하여 적재하여야 한다. 다만, 덩어리상태의 황을 운반하기 위하여 적재하는 경우 또는 위험물을 동일구내에 있는 제조소 등의 상호간에 운반하기 위하여 적재하는 경우에는 그러하지 아니하다(중요기준).

① **고체위험물**은 운반용기 내용적의 **95% 이하의 수납률**로 수납한다.
② **액체위험물**은 운반용기 내용적의 **98% 이하의 수납률**로 수납하되, 55도의 온도에서 누설되지 아니하도록 충분한 공간용적을 유지하도록 한다.
③ 제3류 위험물은 다음의 기준에 따라 운반용기에 수납할 것
㉮ 자연발화성 물질에 있어서는 불활성 기체를 봉입하여 밀봉하는 등 공기와 접하지 아니하도록 할 것

㉯ 자연발화성 물질 외의 물품에 있어서는 파라핀 · 경유 · 등유 등의 보호액으로 채워 밀봉하거나 불활성 기체를 봉입하여 밀봉하는 등 수분과 접하지 아니하도록 할 것

㉰ **자연발화성 물질 중 알킬알루미늄 등**은 운반용기의 내용적의 **90% 이하의 수납률**로 수납하되, **50℃의 온도에서 5% 이상의 공간용적**을 유지하도록 할 것

④ 위험물은 해당 위험물이 전락(轉落)하거나 위험물을 수납한 운반용기가 전도 · 낙하 또는 파손되지 아니하도록 적재하여야 한다.

⑤ 운반용기는 수납구를 위로 향하게 하여 적재하여야 한다.

(9) 위험물 적재방법★★★

위험물은 그 운반용기의 외부에 다음에서 정하는 바에 따라 위험물의 품명, 수량 등을 표시하여 적재하여야 한다. 다만, UN의 위험물 운송에 관한 권고(RTDG)에서 정한 기준 또는 소방청장이 정하여 고시하는 기준에 적합한 경우 제외

① 위험물의 품명 · 위험 등급 · 화학명 및 수용성
('수용성' 표시는 제4류 위험물로서 수용성인 것에 한한다.)

② 위험물의 수량

③ 수납하는 위험물에 따른 주의사항

유별	구분	주의사항
제1류 위험물 (산화성 고체)	알칼리금속의 무기과산화물	"화기 · 충격주의" "물기엄금" "가연물접촉주의"
	그 밖의 것	"화기 · 충격주의" "가연물접촉주의"
제2류 위험물 (가연성 고체)	철분 · 금속분 · 마그네슘	"화기주의" "물기엄금"
	인화성 고체	"화기엄금"
	그 밖의 것	"화기주의"
제3류 위험물 (자연발화성 및 금수성 물질)	자연발화성 물질	"화기엄금" "공기접촉엄금"
	금수성 물질	"물기엄금"
제4류 위험물 (인화성 액체)	-	"화기엄금"
제5류 위험물 (자기반응성 물질)	-	"화기엄금" 및 "충격주의"
제6류 위험물 (산화성 액체)	-	"가연물접촉주의"

④ 적재하는 위험물에 따른 조치사항

차광성이 있는 것으로 피복해야 하는 경우	방수성이 있는 것으로 피복해야 하는 경우
제1류 위험물 제3류 위험물 중 자연발화성 물질 제4류 위험물 중 특수인화물 제5류 위험물 제6류 위험물	제1류 위험물 중 알칼리금속의 과산화물 제2류 위험물 중 철분, 금속분, 마그네슘 제3류 위험물 중 금수성 물질

(10) 유별을 달리하는 위험물의 혼재기준

메탄올과 과산화수소의 혼촉발화

아세톤과 과산화수소의 혼촉발화

위험물의 구분	제1류	제2류	제3류	제4류	제5류	제6류
제1류		×	×	×	×	○
제2류	×		×	○	○	×
제3류	×	×		○	×	×
제4류	×	○	○		○	×
제5류	×	○	×	○		×
제6류	○	×	×	×	×	

※ 이 표는 지정수량의 $\frac{1}{10}$ 이하의 위험물에 대하여는 적용하지 아니한다.

과산화나트륨과 적린의 혼촉발화

(11) 위험물의 운송

① 이동탱크저장소에 의하여 위험물을 운송하는 자(운송책임자 및 이동탱크저장소 수료증 운전자)는 해당 위험물을 취급할 수 있는 국가기술자격자 또는 안전교육을 받은 자

② **알킬알루미늄, 알킬리튬은 운송책임자의 감독 · 지원을 받아 운송하여야 한다.** 운송책임자의 자격은 다음으로 정한다.

㉮ 해당 위험물의 취급에 관한 국가기술자격을 취득하고 관련 업무에 1년 이상 종사한 경력이 있는 자

㉯ 위험물의 운송에 관한 안전교육을 수료하고 관련 업무에 2년 이상 종사한 경력이 있는 자

③ 위험물운송자는 이동탱크저장소에 의하여 위험물을 운송하는 때에는 행정안전부령으로 정하는 기준을 준수하는 등 해당 위험물의 안전확보를 위하여 세심한 주의를 기울여야 한다.

④ 위험물 또는 위험물을 수납한 용기가 현저하게 마찰 또는 동요를 일으키지 않도록 운반해야 한다.

⑤ 위험물운송자는 운송의 개시 전에 이동저장탱크의 배출밸브 등의 밸브와 폐쇄장치, 맨홀 및 주입구의 뚜껑, 소화기 등의 점검을 충분히 실시할 것

⑥ **위험물운송자는 장거리**(고속국도에 있어서는 340km 이상, 그 밖의 도로에 있어서는 200km 이상을 말한다)**에 걸치는 운송을 하는 때에는 2명 이상의 운전자로 할 것**. 다만, 다음의 1에 해당하는 경우에는 그러하지 아니하다.

㉮ **운송책임자를 동승**시킨 경우

㉯ 운송하는 위험물이 **제2류 위험물 · 제3류 위험물**(칼슘 또는 알루미늄의 탄화물과 이것만을 함유한 것에 한한다)또는 **제4류 위험물(특수인화물을 제외한다)**인 경우

㉰ **운송도중에 2시간 이내마다 20분 이상씩 휴식**하는 경우

⑦ 위험물운송자는 이동탱크저장소를 휴식 · 고장 등으로 일시 정차시킬 때에는 안전한 장소를 택하고 해당 이동탱크저장소의 안전을 위한 감시를 할 수 있는 위치에 있는 등 운송하는 위험물의 안전확보에 주의할 것

⑧ 위험물운송자는 이동저장탱크로부터 위험물이 현저하게 새는 등 재해발생의 우려가 있는 경우에는 재난을 방지하기 위한 응급조치를 강구하는 동시에 소방관서, 그 밖의 관계기관에 통보할 것

⑨ **위험물(제4류 위험물에 있어서는 특수인화물 및 제1석유류에 한한다)**을 운송하게 하는 자는 위험물안전카드를 위험물운송자로 하여금 휴대하게 할 것

⑩ 위험물운송자는 위험물안전카드를 휴대하고 해당 카드에 기재된 내용에 따를 것. 다만, 재난, 그 밖의 불가피한 이유가 있는 경우에는 해당 기재된 내용에 따르지 아니할 수 있다.

(12) 위험물 저장탱크의 용량

① 위험물을 저장 또는 취급하는 탱크의 용량은 해당 탱크의 내용적에서 공간용적을 뺀 용적으로 한다. 단, 이동탱크저장소의 탱크인 경우에는 내용적에서 공간용적을 뺀 용적이 자동차관리관계법령에 의한 최대적재량 이하이어야 한다.

② 탱크의 **공간용적**

㉮ **일반탱크** : 탱크 내용적의 100분의 5 이상 100분의 10 이하로 한다.

㉯ **소화설비(소화약제 방출구를 탱크 안의 윗부분에 설치하는 것에 한한다)를 설치하는 탱크** : 해당 소화설비의 소화약제 방출구 아래의 0.3m 이상 1m 미만 사이의 면으로부터 윗부분의 용적으로 한다.

㉰ **암반탱크** : 해당 탱크 내에 용출하는 7일간의 지하수의 양에 상당하는 용적과 해당탱크의 내용적의 100분의 1의 용적 중에서 보다 큰 용적을 공간용적으로 한다.

③ 탱크의 내용적 계산법

㉮ **타원형 탱크의 내용적**

㉠ 양쪽이 볼록한 것 : $V = \frac{\pi ab}{4}\left(l + \frac{l_1 + l_2}{3}\right)$

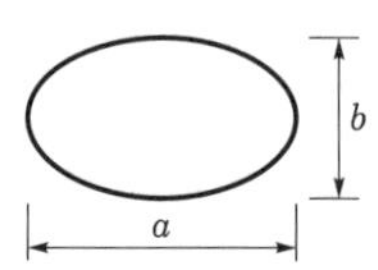

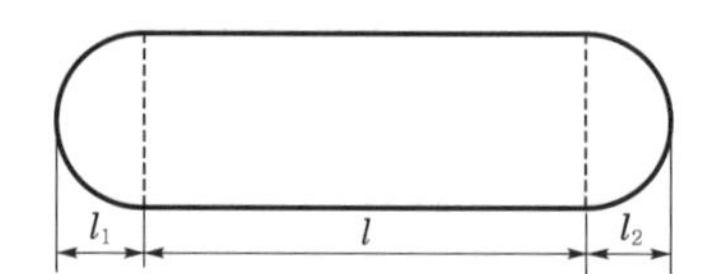

㉡ 한쪽이 볼록하고 다른 한쪽은 오목한 것 : $V = \frac{\pi ab}{4}\left(l + \frac{l_1 - l_2}{3}\right)$

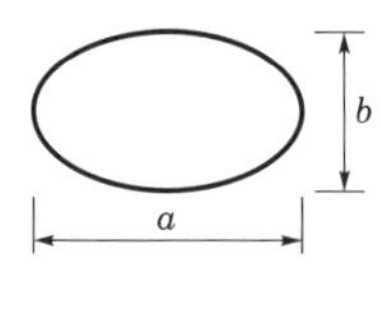

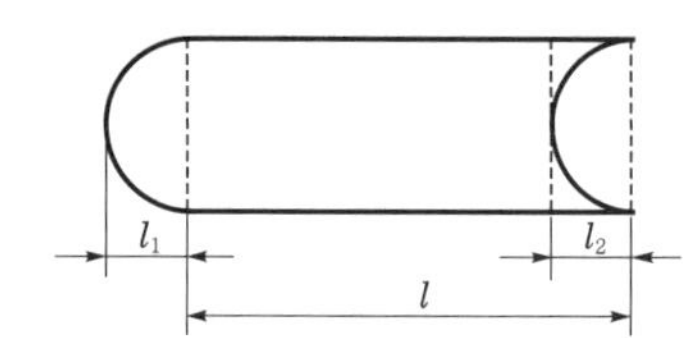

㉯ **원통형 탱크의 내용적**

㉠ 가로(수평)로 설치한 것 : $V = \pi r^2\left(l + \frac{l_1 + l_2}{3}\right)$

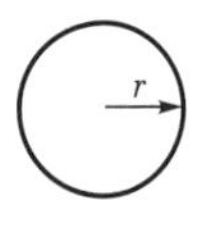

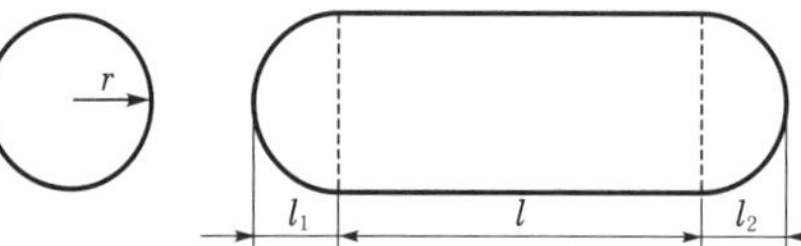

㉡ 세로(수직)로 설치한 것 : $V = \pi r^2 l$, 탱크의 지붕부분(l_2)은 제외

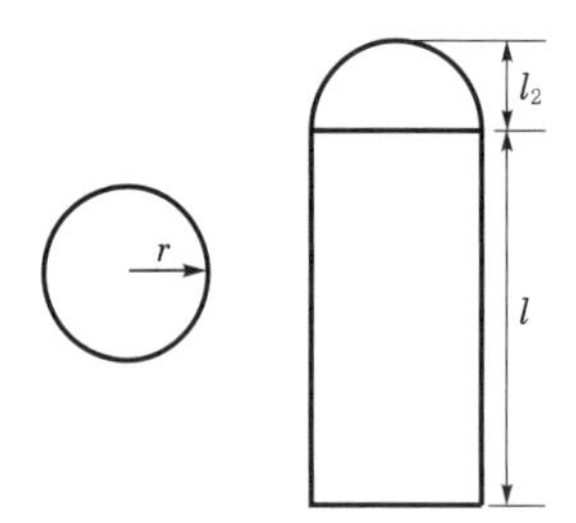

㉰ **그 밖의 탱크** : 탱크의 형태에 따른 수학적 계산방법에 의한 것

(13) 위험물 지정수량의 배수

$$\text{지정수량 배수의 합} = \frac{\text{A품목 저장수량}}{\text{A품목 지정수량}} + \frac{\text{B품목 저장수량}}{\text{B품목 지정수량}} + \frac{\text{C품목 저장수량}}{\text{C품목 지정수량}} + \cdots$$

6-3 제조소 등의 소화설비, 경보설비 및 피난설비의 기준

1 제조소 등의 소화설비

(1) 소화난이도등급 I의 제조소 등 및 소화설비

① 소화난이도등급 I에 해당하는 제조소 등

제조소 등의 구분	제조소 등의 규모, 저장 또는 취급하는 위험물의 품명 및 최대수량 등
제조소 및 일반취급소	• 연면적 1,000m² 이상인 것 • 지정수량의 100배 이상인 것 • 지반면으로부터 6m 이상의 높이에 위험물 취급설비가 있는 것
옥내저장소	• 지정수량의 150배 이상인 것 • 연면적 150m²를 초과하는 것 • 처마높이가 6m 이상인 단층건물의 것 • 옥내저장소로 사용되는 부분 외의 부분이 있는 건축물에 설치된 것
옥외탱크저장소	• 액표면적이 40m² 이상인 것 • 지반면으로부터 탱크 옆판의 상단까지 높이가 6m 이상인 것 • 지중탱크 또는 해상탱크로서 지정수량의 100배 이상인 것 • 고체위험물을 저장하는 것으로서 지정수량의 100배 이상인 것
옥내탱크저장소	• 액표면적이 40m² 이상인 것 • 바닥면으로부터 탱크 옆판의 상단까지 높이가 6m 이상인 것 • 탱크전용실이 단층건물 외의 건축물에 있는 것으로서 인화점 38℃ 이상 70℃ 미만의 위험물을 지정수량의 5배 이상 저장하는 것
옥외저장소	• 덩어리상태의 황을 저장하는 것으로서 경계표시 내부의 면적이 100m² 이상인 것 • 인화성 고체, 제1석유류 또는 알코올류의 위험물을 저장하는 것으로서 지정수량의 100배 이상인 것
암반탱크저장소	• 액표면적이 40m² 이상인 것 • 고체위험물만을 저장하는 것으로서 지정수량의 100배 이상인 것
이송취급소	모든 대상

② 소화난이도등급 Ⅰ의 제조소 등에 설치하여야 하는 소화설비

제조소 등의 구분			소화설비
제조소 및 일반취급소			옥내소화전설비, 옥외소화전설비, 스프링클러설비 또는 물분무 등 소화설비(화재발생 시 연기가 충만할 우려가 있는 장소에는 스프링클러설비 또는 이동식 외의 물분무 등 소화설비에 한한다)
옥내저장소	처마높이가 6m 이상인 단층건물 또는 다른 용도의 부분이 있는 건축물에 설치한 옥내저장소		스프링클러설비 또는 이동식 외의 물분무 등 소화설비
	그 밖의 것		옥외소화전설비, 스프링클러설비, 이동식 외의 물분무 등 소화설비 또는 이동식 포소화설비(포소화전을 옥외에 설치하는 것에 한한다)
옥외탱크저장소	**지중탱크** 또는 **해상탱크** 외의 것	**황만을 저장·취급하는 것**	**물분무소화설비**
		인화점 70℃ 이상의 제4류 위험물만을 저장·취급하는 것	**물분무소화설비 또는 고정식 포소화설비**
		그 밖의 것	고정식 포소화설비(포소화설비가 적응성이 없는 경우에는 분말소화설비)
	지중탱크		고정식 포소화설비, 이동식 이외의 불활성가스소화설비 또는 이동식 이외의 할로젠화합물소화설비
	해상탱크		고정식 포소화설비, 물분무포소화설비, 이동식 이외의 불활성가스소화설비 또는 이동식 이외의 할로젠화합물소화설비
옥내탱크저장소	황만을 저장·취급하는 것		물분무소화설비
	인화점 70℃ 이상의 제4류 위험물만을 저장·취급하는 것		물분무소화설비, 고정식 포소화설비, 이동식 이외의 불활성가스소화설비, 이동식 이외의 할로젠화합물소화설비 또는 이동식 이외의 분말소화설비
	그 밖의 것		고정식 포소화설비, 이동식 이외의 불활성가스소화설비, 이동식 이외의 할로젠화합물소화설비 또는 이동식 이외의 분말소화설비
옥외저장소 및 이송취급소			옥내소화전설비, 옥외소화전설비, 스프링클러설비 또는 물분무 등 소화설비(화재발생 시 연기가 충만할 우려가 있는 장소에는 스프링클러설비 또는 이동식 이외의 물분무 등 소화설비에 한한다)
암반탱크저장소	황만을 저장·취급하는 것		물분무소화설비
	인화점 70℃ 이상의 제4류 위험물만을 저장·취급하는 것		물분무소화설비 또는 고정식 포소화설비
	그 밖의 것		고정식 포소화설비(포소화설비가 적응성이 없는 경우에는 분말소화설비)

(2) 소화난이도등급 Ⅱ의 제조소 등 및 소화설비

① 소화난이도등급 Ⅱ에 해당하는 제조소 등

제조소 등의 구분	제조소 등의 규모, 저장 또는 취급하는 위험물의 품명 및 최대수량 등
제조소 및 일반취급소	• 연면적 600m^2 이상인 것 • 지정수량의 10배 이상인 것 • 일반취급소로서 소화난이도 등급 I의 제조소 등에 해당하지 아니하는 것
옥내저장소	• 단층건물 이외의 것 • 제2류 또는 제4류의 위험물(인화성 고체 및 인화점 70℃ 미만 제외)만을 저장 · 취급하는 다층건물 또는 지정수량의 50배 이하인 소규모 옥내저장소 • 지정수량의 10배 이상인 것 • 연면적 150m^2 초과인 것 • 지정수량 20배 이하의 옥내저장소로서 소화난이도 등급 I의 제조소 등에 해당하지 아니하는 것
옥외탱크저장소 옥내탱크저장소	소화난이도 등급 I의 제조소 등 외의 것
옥외저장소	• 덩어리상태의 황을 저장하는 것으로서 경계표시 내부의 면적(2 이상의 경계표시가 있는 경우에는 각 경계표시의 내부의 면적을 합한 면적)이 5m^2 이상 100m^2 미만인 것 • 인화성 고체, 제1석유류, 알코올류의 위험물을 저장하는 것으로서 지정수량의 10배 이상 100배 미만인 것 • 지정수량의 100배 이상인 것
주유취급소	옥내주유취급소로서 소화난이도 등급 I의 제조소 등에 해당하지 아니하는 것
판매취급소	제2종 판매취급소

② 소화난이도등급 Ⅱ의 제조소 등에 설치하여야 하는 소화설비

제조소 등의 구분	소화설비
제조소 옥내저장소 옥외저장소 주유취급소 판매취급소 일반취급소	방사능력범위 내에 해당 건축물, 그 밖의 공작물 및 위험물이 포함되도록 대형 수동식 소화기를 설치하고, 해당 위험물의 소요단위의 1/5 이상에 해당되는 능력단위의 소형 수동식 소화기 등을 설치할 것
옥외탱크저장소 옥내탱크저장소	대형 수동식 소화기 및 소형 수동식 소화기 등을 각각 1개 이상 설치할 것

(3) 소화난이도등급 Ⅲ의 제조소 등 및 소화설비

① 소화난이도등급 Ⅲ에 해당하는 제조소 등

제조소 등의 구분	제조소 등의 규모, 저장 또는 취급하는 위험물의 품명 및 최대수량 등
제조소 및 일반취급소	• 화약류에 해당하는 위험물을 취급하는 것 • 화약류에 해당하는 위험물 외의 것을 취급하는 것으로서 소화난이도등급 Ⅰ 또는 소화난이도등급 Ⅱ의 제조소 등에 해당하지 아니하는 것
옥내저장소	• 화약류에 해당하는 위험물을 취급하는 것 • 화약류에 해당하는 위험물 외의 것을 취급하는 것으로서 소화난이도등급 Ⅰ 또는 소화난이도등급 Ⅱ의 제조소 등에 해당하지 아니하는 것
지하탱크저장소 간이탱크저장소 이동탱크저장소	모든 대상
옥외저장소	• 덩어리상태의 황을 저장하는 것으로서 경계표시 내부의 면적(2 이상의 경계표시가 있는 경우에는 각 경계표시의 내부의 면적을 합한 면적)이 $5m^2$ 미만인 것 • 덩어리상태의 황 외의 것을 저장하는 것으로서 소화난이도등급 Ⅰ 또는 소화난이도등급 Ⅱ의 제조소 등에 해당하지 아니하는 것
주유취급소	옥내주유취급소 외의 것으로서 소화난이도등급 Ⅰ의 제조소 등에 해당하지 아니하는 것
제1종 판매취급소	모든 대상

② 소화난이도등급 Ⅲ의 제조소 등에 설치하여야 하는 소화설비

제조소 등의 구분	소화설비	설치기준	
지하탱크저장소	소형 수동식 소화기 등	능력단위의 수치가 3 이상	2개 이상 ★★
이동탱크저장소	**자동차용 소화기**	• **무상의 강화액 8L 이상** • **이산화탄소 3.2kg 이상** • 브로모클로로다이플루오로메테인(CF_2ClBr) 2L 이상 • 브로모트라이플루오로메테인(CF_3Br) 2L 이상 • 다이브로모테트라플루오로에테인($C_2F_4Br_2$) 1L 이상 • **소화분말 3.3kg 이상**	2개 이상
	마른모래 및 팽창질석 또는 팽창진주암	• 마른모래 150L 이상 • 팽창질석 또는 팽창진주암 640L 이상	
그 밖의 제조소 등	소형 수동식 소화기 등	능력단위의 수치가 건축물, 그 밖의 공작물 및 위험물의 소요단위의 수치에 이르도록 설치할 것. 다만, 옥내소화전설비, 옥외소화전설비, 스프링클러설비, 물분무 등 소화설비 또는 대형 수동식 소화기를 설치한 경우에는 해당 소화설비의 방사능력범위 내의 부분에 대하여는 수동식 소화기 등을 그 능력단위의 수치가 해당 소요단위의 수치의 1/5 이상이 되도록 하는 것으로 족하다.	

(4) 소화설비의 적응성★★★

소화설비의 구분 \ 대상물의 구분			건축물·그 밖의 공작물	전기설비	제1류 위험물		제2류 위험물			제3류 위험물		제4류 위험물	제5류 위험물	제6류 위험물
					알칼리금속과산화물 등	그 밖의 것	철분·금속분·마그네슘 등	인화성 고체	그 밖의 것	금수성 물품	그 밖의 것			
옥내소화전 또는 옥외소화전설비			○			○		○	○		○		○	○
스프링클러설비			○			○		○	○		○	△	○	○
물분무 등 소화설비	물분무소화설비		○	○		○		○	○		○	○	○	○
	포소화설비		○			○		○	○		○	○	○	○
	불활성가스소화설비			○				○				○		
	할로젠화합물소화설비			○				○				○		
	분말소화설비	인산염류 등	○	○		○		○	○			○		○
		탄산수소염류 등		○	○		○	○		○		○		
		그 밖의 것			○		○			○				
대형·소형 수동식 소화기	봉상수(棒狀水)소화기		○			○		○	○		○		○	○
	무상수(霧狀水)소화기		○	○		○		○	○		○		○	○
	봉상강화액소화기		○			○		○	○		○		○	○
	무상강화액소화기		○	○		○		○	○		○	○	○	○
	포소화기		○			○		○	○		○	○	○	○
	이산화탄소소화기			○				○				○		△
	할로젠화합물소화기			○				○				○		
	분말소화기	인산염류소화기	○	○		○		○	○			○		○
		탄산수소염류소화기		○	○		○	○		○		○		
		그 밖의 것			○		○			○				
기타	물통 또는 수조		○			○		○	○		○		○	○
	건조사				○	○	○	○	○	○	○	○	○	○
	팽창질석 또는 팽창진주암				○	○	○	○	○	○	○	○	○	○

※ "○" 표시는 해당 소방대상물 및 위험물에 대하여 소화설비가 적응성이 있음을 표시하고, "△" 표시는 제4류 위험물을 저장 또는 취급하는 장소의 살수 기준면적에 따라 스프링클러설비의 살수밀도가 기준 이상인 경우에는 해당 스프링클러설비가 제4류 위험물에 대하여 적응성이 있음을, 제6류 위험물을 저장 또는 취급하는 장소로서 폭발의 위험이 없는 장소에 한하여 이산화탄소소화기가 제6류 위험물에 대하여 적응성이 있음을 각각 표시한다.

② 경보설비

(1) 제조소 등별로 설치하여야 하는 경보설비의 종류

제조소 등의 구분	제조소 등의 규모, 저장 또는 취급하는 위험물의 종류 및 최대수량 등	경보설비
1. 제조소 및 일반취급소	• **연면적 $500m^2$ 이상인 것** • **옥내에서 지정수량의 100배 이상을 취급하는 것**(고인화점위험물만을 100℃ 미만의 온도에서 취급하는 것을 제외한다) • **일반취급소로 사용되는 부분 외의 부분이 있는 건축물에 설치된 일반취급소**(일반취급소와 일반취급소 외의 부분이 내화구조의 바닥 또는 벽으로 개구부 없이 구획된 것을 제외한다)	자동화재탐지설비
2. 옥내저장소	• **지정수량의 100배 이상을 저장 또는 취급하는 것**(고인화점위험물만을 저장 또는 취급하는 것을 제외한다) • **저장창고의 연면적이 $150m^2$를 초과하는 것**[해당 저장창고가 연면적 $150m^2$ 이내마다 불연재료의 격벽으로 개구부 없이 완전히 구획된 것과 제2류 또는 제4류의 위험물(인화성 고체 및 인화점이 70℃ 미만인 제4류 위험물을 제외한다)만을 저장 또는 취급하는 것에 있어서는 저장창고의 연면적이 $500m^2$ 이상의 것에 한한다] • **처마높이가 6m 이상인 단층건물의 것** • **옥내저장소로 사용되는 부분 외의 부분이 있는 건축물에 설치된 옥내저장소**[옥내저장소와 옥내저장소 외의 부분이 내화구조의 바닥 또는 벽으로 개구부 없이 구획된 것과 제2류 또는 제4류의 위험물(인화성 고체 및 인화점이 70℃ 미만인 제4류 위험물을 제외한다)만을 저장 또는 취급하는 것을 제외한다]	
3. 옥내탱크저장소	**단층건물 외의 건축물에 설치된 옥내탱크저장소로서 소화난이도 등급 I에 해당하는 것**	
4. 주유취급소	**옥내주유취급소**	
5. 제1호 내지 제4호의 자동화재탐지설비 설치 대상에 해당하지 아니하는 제조소 등	**지정수량의 10배 이상을 저장 또는 취급하는 것**	자동화재탐지설비, 비상경보설비, 확성장치 또는 비상방송설비 중 1종 이상

(2) 자동화재탐지설비의 설치기준★★★

① 자동화재탐지설비의 경계구역(화재가 발생한 구역을 다른 구역과 구분하여 식별할 수 있는 최소단위의 구역을 말한다. 이하 이 호 및 제2호에서 같다)은 건축물, 그 밖의 공작물의 2 이상의 층에 걸치지 아니하도록 할 것. 다만, 하나의 경계구역의 면적이 500m^2 이하이면서 해당 경계구역이 두 개의 층에 걸치는 경우이거나 계단 · 경사로 · 승강기의 승강로, 그 밖에 이와 유사한 장소에 연기감지기를 설치하는 경우에는 그러하지 아니하다.
② **하나의 경계구역의 면적은 600m^2 이하로 하고 그 한 변의 길이는 50m(광전식 분리형 감지기를 설치할 경우에는 100m) 이하로 할 것.** 다만, 해당 건축물, 그 밖의 공작물의 주요한 출입구에서 그 내부의 전체를 볼 수 있는 경우에 있어서는 그 면적을 1,000m^2 이하로 할 수 있다.
③ 자동화재탐지설비의 감지기는 지붕(상층이 있는 경우에는 상층의 바닥) 또는 벽의 옥내에 면한 부분(천장이 있는 경우에는 천장 또는 벽의 옥내에 면한 부분 및 천장의 뒷 부분)에 유효하게 화재의 발생을 감지할 수 있도록 설치할 것
④ 자동화재탐지설비에는 비상전원을 설치할 것

③ 피난설비

(1) 종류

① **피난기구 : 피난사다리, 완강기, 간이완강기, 공기안전매트, 다수인피난장비, 승강식 피난기, 하향식 피난구용 내림식사다리, 구조대, 미끄럼대, 피난교, 피난로프, 피난용 트랩 등**
② **인명구조기구, 유도등, 유도표지, 비상조명등**

(2) 설치기준

① 주유취급소 중 건축물의 2층 이상의 부분을 점포 · 휴게음식점 또는 전시장의 용도로 사용하는 것에 있어서는 해당 건축물의 2층 이상으로부터 직접 주유취급소의 부지 밖으로 통하는 출입구와 해당 출입구로 통하는 통로 · 계단 및 출입구에 **유도등을 설치**하여야 한다.
② 옥내주유취급소에 있어서는 해당 사무소 등의 출입구 및 피난구와 해당 피난구로 통하는 통로 · 계단 및 출입구에 **유도등을 설치**하여야 한다.
③ 유도등에는 비상전원을 설치하여야 한다.

6-4 운반용기의 재질 및 최대용적

① 운반용기의 재질

금속판, 강판, 삼, 합성섬유, 고무류, 양철판, 짚, 알루미늄판, 종이, 유리, 나무, 플라스틱, 섬유판

② 운반용기의 최대용적

(1) 고체위험물

① 유리 · 플라스틱용기 : 10L
② 금속제용기 : 30L

(2) 액체위험물

① 유리용기 : 5L, 10L
② 플라스틱용기 : 10L
③ 금속제용기 : 30L

6-5 위험물 시설의 구분

① 제조소

(1) 안전거리

제조소(제6류 위험물을 취급하는 제조소를 제외한다)는 건축물의 외벽 또는 이에 상당하는 공작물의 외측으로부터 해당 제조소의 외벽 또는 이에 상당하는 공작물의 외측까지의 사이에 규정에 의한 수평거리(이하 "안전거리"라 한다)를 두어야 한다.

건축물	안전거리
사용전압 7,000V 초과 35,000V 이하의 특고압가공전선	3m 이상
사용전압 35,000V 초과 특고압가공전선	5m 이상
주거용으로 사용되는 것(제조소가 설치된 부지 내에 있는 것 제외)	10m 이상
고압가스, 액화석유가스 또는 도시가스를 저장 또는 취급하는 시설	20m 이상
학교, 병원(종합병원, 치과병원, 한방 · 요양병원), 극장(공연장, 영화상영관, 수용인원 300명 이상 시설), 아동복지시설, 노인복지시설, 장애인복지시설, 모 · 부자복지시설, 보육시설, 성매매자를 위한 복지시설, 정신보건시설, 가정폭력피해자 보호시설, 수용인원 20명 이상의 다수인시설	30m 이상
유형문화재, 지정문화재	50m 이상

(2) 제조소 등의 안전거리의 단축기준

취급하는 위험물이 최대수량(지정수량 배수)의 10배 미만이고, 주거용 건축물, 문화재, 학교 등의 경우 불연재료로 된 방화상 유효한 담 또는 벽을 설치하는 경우에는 안전거리를 단축할 수 있다.

① $H \leq pD^2 + a$인 경우

$h = 2$

② $H > pD^2 + a$ 인 경우

$h = H - p(D^2 - d^2)$

③ D, H, a, d, h 및 p는 다음과 같다.

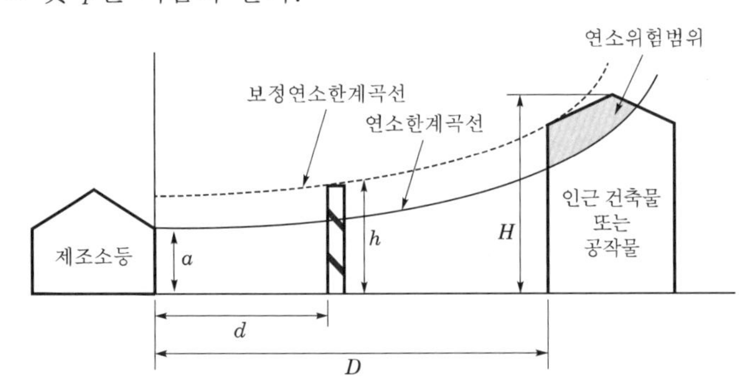

여기서, D : 제조소 등과 인근 건축물 또는 공작물과의 거리(m)

H : 인근 건축물 또는 공작물의 높이(m)

a : 제조소 등의 외벽의 높이(m)

d : 제조소 등과 방화상 유효한 담과의 거리(m)

h : 방화상 유효한 담의 높이(m)

p : 상수

인근 건축물 또는 공작물의 구분	p의 값
• 학교 · 주택 · 문화재 등의 건축물 또는 공작물이 목조인 경우 • 학교 · 주택 · 문화재 등의 건축물 또는 공작물이 방화구조 또는 내화구조이고, 제조소등에 면한 부분의 개구부에 방화문이 설치되지 아니한 경우	0.04
• 학교 · 주택 · 문화재 등의 건축물 또는 공작물이 방화구조인 경우 • 학교 · 주택 · 문화재 등의 건축물 또는 공작물이 방화구조 또는 내화구조이고, 제조소등에 면한 부분의 개구부에 30분방화문이 설치된 경우	0.15
학교 · 주택 · 문화재 등의 건축물 또는 공작물이 내화구조이고, 제조소 등에 면한 개구부에 60분+방화문 · 60분방화문이 설치된 경우	∞

④ 산출된 수치가 2 미만일 때에는 담의 높이를 2m로, 4 이상일 때에는 담의 높이를 4m로 하되, 규정에 의한 소화설비를 보강하여야 한다.

⑤ 방화상 유효한 담은 제조소 등으로부터 5m 미만의 거리에 설치하는 경우에는 내화구조로, 5m 이상의 거리에 설치하는 경우에는 불연재료로 하고, 제조소 등의 벽을 높게 하여 방화상 유효한 담을 갈음하는 경우에는 그 벽을 내화구조로 하고 개구부를 설치하여서는 아니된다.

(3) 보유공지

보유공지란 위험물을 취급하는 건축물 및 기타 시설의 주위에서 화재 등이 발생하는 경우 화재 시에 상호연소방지는 물론 초기소화 등 소화활동공간과 피난상 확보해야 할 절대공지를 말한다.

취급하는 위험물의 최대수량	공지의 너비
지정수량 10배 이하	3m 이상
지정수량 10배 초과	5m 이상

(4) 제조소의 표지 및 게시판

① 규격 : 한 변의 길이 0.3m 이상 다른 한 변의 길이 0.6m 이상

② 색깔 : 백색 바탕에 흑색 문자

③ 표지판 기재사항 : 제조소 등의 명칭

④ 게시판 기재사항

㉮ 취급하는 위험물의 유별 및 품명

㉯ 저장최대수량 및 취급최대수량, 지정수량의 배수

㉰ 안전관리자 성명 또는 직명

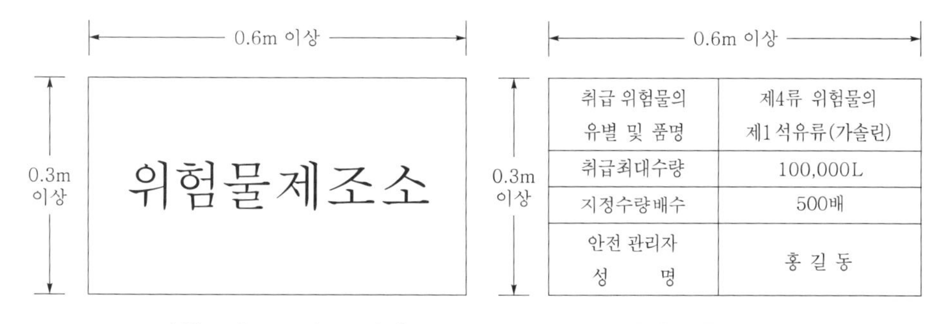

〈 위험물제조소의 표지판 〉 〈 위험물제조소의 게시판 〉

[주의사항 게시판]

① 규격 : 방화에 관하여 필요한 사항을 기재한 게시판 이외의 것이다. 한 변의 길이 0.3m 이상, 다른 한 변의 길이 0.6m 이상

② 색깔

㉮ **화기엄금**(적색 바탕 백색 문자) : 제2류 위험물 중 인화성 고체, 제3류 위험물 중 자연발화성 물품, 제4류 위험물, 제5류 위험물

㉯ **화기주의**(적색 바탕 백색 문자) : 제2류 위험물(인화성 고체 제외)

㉰ **물기엄금**(청색 바탕 백색 문자) : 제1류 위험물 중 무기과산화물, 제3류 위험물 중 금수성 물품

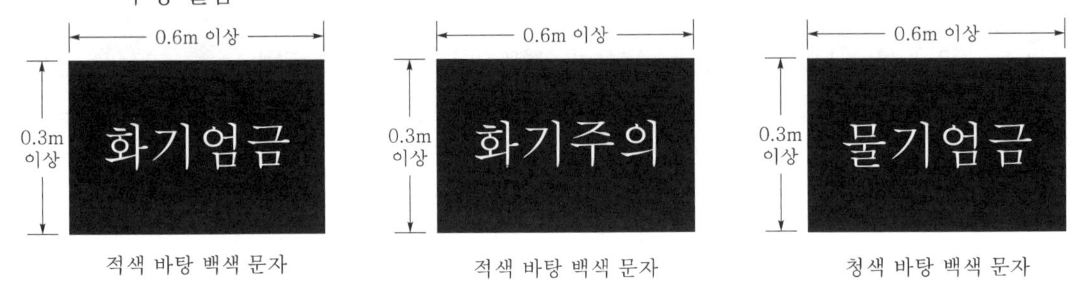

(5) 제조소의 건축물 구조기준

① **지하층이 없도록 한다.**

② **벽, 기둥, 바닥, 보, 서까래 및 계단은 불연재료**로 하고, 연소의 우려가 있는 외벽은 개구부가 없는 내화구조의 벽으로 하여야 한다.

③ **지붕은 폭발력이 위로 방출될 정도의 가벼운 불연재료**로 덮어야 한다.

④ **출입구와 비상구는 60분+방화문 · 60분방화문 또는 30분방화문을 설치**하며, 연소의 우려가 있는 외벽에 설치하는 출입구에는 수시로 열 수 있는 자동폐쇄식의 60분+방화문 · 60분방화문을 설치하여야 한다.

⑤ 위험물을 취급하는 건축물의 창 및 출입구에 유리를 이용하는 경우에는 **망입유리**로 하여야 한다.

⑥ 액체의 위험물을 취급하는 건축물의 **바닥은 위험물이 스며들지 못하는 재료**를 사용하고, 적당한 경사를 두어 그 최저부에 **집유설비**를 하여야 한다.

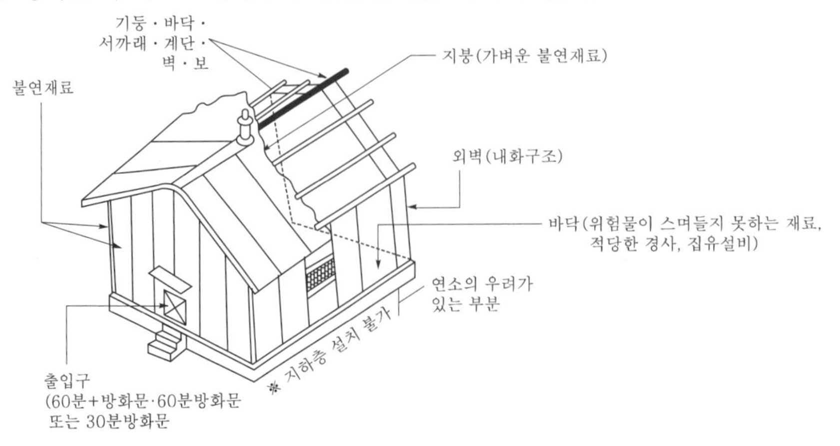

〈 제조소 건축물의 구조 〉

(6) 채광설비

불연재료로 하고, 연소의 우려가 없는 장소에 설치하되 채광면적을 최소로 한다.

(7) 조명설비

① 가연성 가스 등이 체류할 우려가 있는 장소의 조명등은 방폭등으로 한다.

② 전선은 내화 · 내열전선으로 한다.

③ 점멸스위치는 출입구 바깥부분에 설치한다. 다만, 스위치의 스파크로 인한 화재 · 폭발의 우려가 없는 경우에는 그러하지 아니하다.

(8) 환기설비

① 환기는 자연배기방식으로 한다.

② 급기구는 해당 급기구가 설치된 실의 바닥면적 $150m^2$마다 1개 이상으로 하되, 급기구의 크기는 $800cm^2$ 이상으로 한다. 다만, 바닥면적이 $150m^2$ 미만인 경우에는 다음의 크기로 하여야 한다.

바닥면적	급기구의 면적
$60m^2$ 미만	$150cm^2$ 이상
$60m^2$ 이상 $90m^2$ 미만	$300cm^2$ 이상
$90m^2$ 이상 $120m^2$ 미만	$450cm^2$ 이상
$120m^2$ 이상 $150m^2$ 미만	$600cm^2$ 이상

③ **급기구는 낮은 곳에 설치**하고, 가는 눈의 구리망 등으로 인화방지망을 설치한다.

④ **환기구는 지붕 위 또는 지상 2m 이상의 높이**에 회전식 고정벤틸레이터 또는 루프팬방식으로 설치한다.

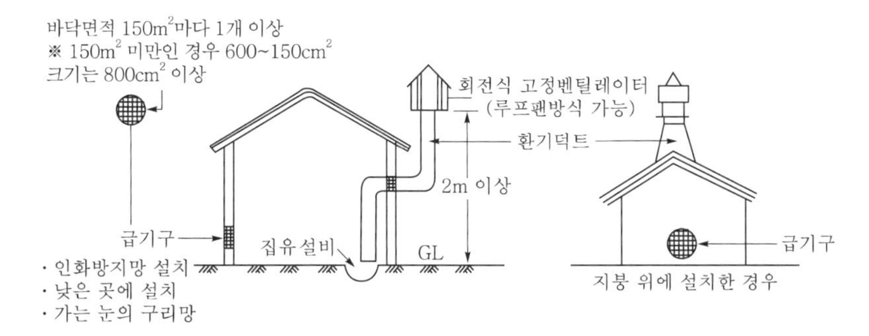

〈 자연배기식 환기장치 〉

(9) 배출설비

가연성의 증기 또는 미분이 체류할 우려가 있는 건축물에는 그 증기 또는 미분을 옥외의 높은 곳으로 배출할 수 있도록 배출설비를 설치하여야 한다.

① 배출설비는 **국소방식**으로 하여야 한다.

② 배출설비는 배풍기, 배출덕트 · 후드 등을 이용하여 **강제적으로 배출**하는 것으로 하여야 한다.

③ **배출능력은 1시간당 배출장소용적의 20배 이상**인 것으로 하여야 한다. 다만, 전역방식의 경우에는 바닥면적 $1m^2$당 $18m^3$ 이상으로 할 수 있다.

④ 배출설비의 급기구 및 배출구는 다음 각 목의 기준에 의하여야 한다.

㉮ **급기구는 높은 곳에 설치**하고, 가는 눈의 구리망 등으로 **인화방지망**을 설치할 것

㉯ **배출구는 지상 2m 이상**으로서 연소의 우려가 없는 장소에 설치하고, 배출덕트가 관통하는 벽 부분의 바로 가까이에 화재 시 자동으로 폐쇄되는 방화댐퍼를 설치할 것

⑤ **배풍기는 강제배기방식**으로 하고, 옥내덕트의 내압이 대기압 이상이 되지 아니하는 위치에 설치하여야 한다.

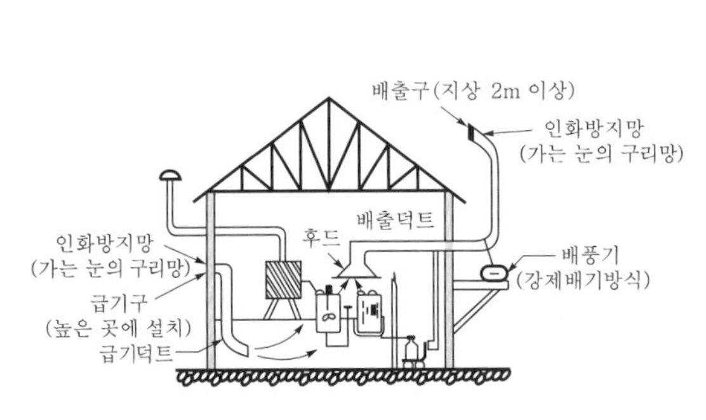

〈 국소방식 〉

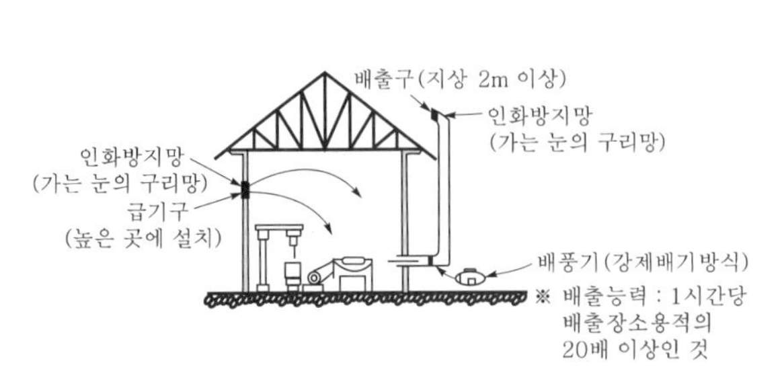

〈 전역방식 〉

(10) 정전기 제거방법

① 접지에 의한 방법(**접지방식**)
② 공기 중의 **상대습도를 70% 이상**으로 하는 방법(수증기분사방식)
③ **공기를 이온화**하는 방식(공기이온화방식)

(11) 방유제 설치

① 옥내설치
㉮ **탱크 1기** : 해당 탱크에 수납하는 위험물의 양을 전부 수용할 수 있는 양
㉯ **탱크 2기 이상** : 해당 탱크에 수납하는 위험물의 **최대탱크의 양**을 전부 수용할 수 있는 양
② 옥외설치
㉮ **하나의 취급탱크** : 해당 탱크 용량의 50% 이상
㉯ **둘 이상의 취급탱크** : 용량의 최대인 것의 50%에 나머지 탱크용량 합계의 10%를 가산한 양

(12) 기타 설비

① 압력계 및 안전장치★★★
위험물의 압력이 상승할 우려가 있는 설비에 설치하는 안전장치
㉮ **자동적으로 압력의 상승을 정지시키는 장치**
㉯ **감압측에 안전밸브를 부착한 감압밸브**
㉰ **안전밸브를 병용하는 경보장치**
㉱ **파괴판**(위험물의 성질에 따라 안전밸브의 작동이 곤란한 가압설비에 한한다.)
② 피뢰설비
지정수량의 10배 이상의 위험물을 취급하는 제조소(제6류 위험물을 취급하는 위험물제조소를 제외한다)에는 피뢰침을 설치하여야 한다. 다만, 제조소의 주위상황에 따라 안전상 지장이 없는 경우에는 피뢰침을 설치하지 아니할 수 있다.

(13) 위험물의 성질에 따른 제조소의 특례사항

① 아세트알데하이드 등을 취급하는 제조소
㉮ **은 · 수은 · 동 · 마그네슘 또는 이들을 성분으로 하는 합금으로 만들지 아니할 것**
㉯ 연소성 혼합기체의 생성에 의한 폭발을 방지하기 위한 **불활성 기체 또는 수증기를 봉입하는 장치**를 갖출 것

㉰ 아세트알데하이드 등을 취급하는 탱크에는 냉각장치 또는 저온을 유지하기 위한 장치(이하 "**보냉장치**"라 한다) 및 연소성 혼합기체의 생성에 의한 폭발을 방지하기 위한 불활성기체를 봉입하는 장치를 갖출 것

② 하이드록실아민 등을 취급하는 제조소

㉮ 지정수량 이상의 하이드록실아민 등을 취급하는 **제조소의 안전거리**

$$D=51.1\times\sqrt[3]{N}$$

여기서, D : 거리(m)

N : 해당 제조소에서 취급하는 하이드록실아민 등의 지정수량의 배수

㉯ 제조소의 주위에는 담 또는 토제(土堤)를 설치할 것

㉠ 담 또는 토제는 해당 제조소의 외벽 또는 이에 상당하는 공작물의 외측으로부터 2m 이상 떨어진 장소에 설치할 것

㉡ 담 또는 토제의 높이는 해당 제조소에 있어서 하이드록실아민 등을 취급하는 부분의 높이 이상으로 할 것

㉢ 담은 두께 15cm 이상의 철근콘크리트조 · 철골철근콘크리트조 또는 두께 20cm 이상의 보강콘크리트블록조로 할 것

㉣ **토제의 경사면의 경사도는 60° 미만으로 할 것**

㉰ 하이드록실아민 등을 취급하는 설비에는 하이드록실아민 등의 온도 및 농도의 상승에 의한 위험한 반응을 방지하기 위한 조치를 강구할 것

㉱ 하이드록실아민 등을 취급하는 설비에는 철이온 등의 혼입에 의한 위험한 반응을 방지하기 위한 조치를 강구할 것

(14) 고인화점위험물의 제조소

인화점이 100℃ 이상인 제4류 위험물(이하 "고인화점위험물"이라 한다)만을 100℃ 미만의 온도에서 취급하는 제조소

(15) 알킬알루미늄 등, 아세트알데하이드 등 및 다이에틸에터 등(다이에틸에터 또는 이를 함유한 것을 말한다. 이하 같다)의 저장기준(중요기준)

① 옥외저장탱크 · 옥내저장탱크 또는 이동저장탱크에 새롭게 알킬알루미늄 등을 주입하는 때에는 미리 해당 탱크 안의 공기를 불활성 기체와 치환하여 둘 것

② 이동저장탱크에 알킬알루미늄 등을 저장하는 경우에는 20kPa 이하의 압력으로 불활성의 기체를 봉입하여 둘 것

③ 옥외저장탱크 · 옥내저장탱크 또는 지하저장탱크 중 **압력탱크 외의 탱크에 저장하**는 다이에틸에터 등 또는 아세트알데하이드 등의 온도는 **산화프로필렌과 이를 함유한 것 또는 다이에틸에터 등에 있어서는 30℃ 이하로, 아세트알데하이드 또는 이를 함유한 것에 있어서는 15℃ 이하로 각각 유지할 것**

④ 옥외저장탱크 · 옥내저장탱크 또는 지하저장탱크 중 **압력탱크에 저장하는 아세트알데하이드 등 또는 다이에틸에터 등의 온도는 40℃ 이하로 유지할 것**

⑤ **보냉장치가 있는** 이동저장탱크에 저장하는 아세트알데하이드 등 또는 다이에틸에터 등의 온도는 해당 위험물의 **비점 이하**로 유지할 것

⑥ **보냉장치가 없는** 이동저장탱크에 저장하는 아세트알데하이드 등 또는 다이에틸에터 등의 온도는 **40℃ 이하**로 유지할 것

(16) 알킬알루미늄 등 및 아세트알데하이드 등의 취급기준(중요기준)

① 알킬알루미늄 등의 제조소 또는 일반취급소에 있어서 알킬알루미늄 등을 취급하는 설비에는 **불활성의 기체를 봉입**할 것

② 알킬알루미늄 등의 이동탱크저장소에 있어서 이동저장탱크로부터 알킬알루미늄 등을 꺼낼 때에는 동시에 200kPa 이하의 압력으로 **불활성의 기체를 봉입**할 것

③ 아세트알데하이드 등의 제조소 또는 일반취급소에 있어서 아세트알데하이드 등을 취급하는 설비에는 연소성 혼합기체의 생성에 의한 폭발의 위험이 생겼을 경우에 **불활성의 기체 또는 수증기**[아세트알데하이드 등을 취급하는 탱크(옥외에 있는 탱크 또는 옥내에 있는 탱크로서 그 용량이 지정수량의 5분의 1 미만의 것을 제외한다)에 있어서는 불활성의 기체]를 봉입할 것

④ 아세트알데하이드 등의 이동탱크저장소에 있어서 이동저장탱크로부터 아세트알데하이드 등을 꺼낼 때에는 동시에 100kPa 이하의 압력으로 **불활성의 기체를 봉입**할 것

2 옥내저장소

(1) 옥내저장소의 기준

① 옥내저장소의 안전거리 제외대상

㉮ 제4석유류 또는 동 · 식물유류의 위험물을 저장 또는 취급하는 옥내저장소로서 그 최대수량이 지정수량의 20배 미만인 것

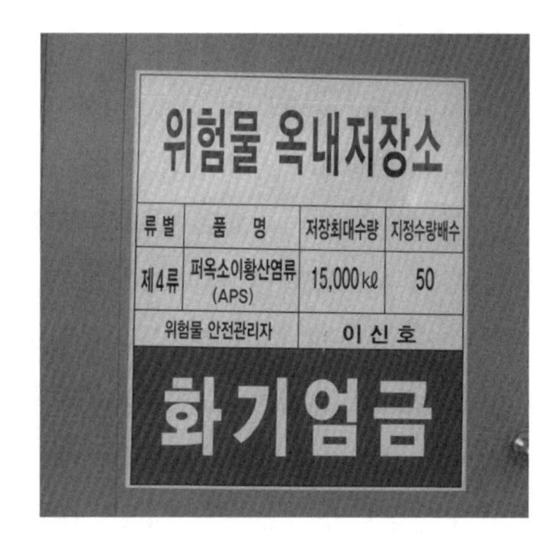

㉯ 제6류 위험물을 저장 또는 취급하는 옥내저장소

㉰ 지정수량의 20배(하나의 저장창고의 바닥면적이 150m^2 이하인 경우에는 50배) 이하의 위험물을 저장 또는 취급하는 옥내저장소로서 다음의 기준에 적합한 것

㉠ 저장창고의 벽 · 기둥 · 바닥 · 보 및 지붕이 내화구조인 것

㉡ 저장창고의 출입구에 수시로 열 수 있는 자동폐쇄방식의 60분+방화문 · 60분방화문이 설치되어 있을 것

㉢ 저장창고에 창을 설치하지 아니할 것

② 옥내저장소의 보유공지

저장 또는 취급하는 위험물의 최대수량	공지의 너비	
	벽 · 기둥 및 바닥이 내화구조로 된 건축물	그 밖의 건축물
지정수량의 5배 이하	–	0.5m 이상
지정수량의 5배 초과 10배 이하	1m 이상	1.5m 이상
지정수량의 10배 초과 20배 이하	2m 이상	3m 이상
지정수량의 20배 초과 50배 이하	3m 이상	5m 이상
지정수량의 50배 초과 200배 이하	5m 이상	10m 이상
지정수량의 200배 초과	10m 이상	15m 이상

단, 지정수량의 20배를 초과하는 옥내저장소와 동일한 부지 내에 있는 다른 옥내저장소와의 사이에는 공지너비의 $\frac{1}{3}$(해당 수치가 3m 미만인 경우는 3m)의 공지를 보유할 수 있다.

③ 옥내저장소의 저장창고

㉮ 저장창고는 위험물의 저장을 전용으로 하는 독립된 건축물로 하여야 한다.

㉯ 저장창고는 지면에서 처마까지의 높이(이하 "처마높이"라 한다)가 6m 미만인 단층건물로 하고 그 바닥을 지반면보다 높게 하여야 한다. 다만, 제2류 또는 제4류의 위험물만을 저장하는 창고로서 다음 각 목의 기준에 적합한 창고의 경우에는 20m 이하로 할 수 있다.

㉠ 벽 · 기둥 · 보 및 바닥을 내화구조로 할 것

㉡ 출입구에 60분+방화문 · 60분방화문을 설치할 것

㉢ 피뢰침을 설치할 것. 다만, 주위상황에 의하여 안전상 지장이 없는 경우에는 그러하지 아니하다.

㉰ **하나의 저장창고의 바닥면적★★★**

위험물을 저장하는 창고	바닥면적
가. ㉠ 제1류 위험물 중 아염소산염류, 염소산염류, 과염소산염류, 무기과산화물, 그 밖에 지정수량이 50kg인 위험물 ㉡ 제3류 위험물 중 칼륨, 나트륨, 알킬알루미늄, 알킬리튬, 그 밖에 지정수량이 10kg인 위험물 및 황린 ㉢ 제4류 위험물 중 특수인화물, 제1석유류 및 알코올류 ㉣ 제5류 위험물 중 유기과산화물, 질산에스터류, 그 밖에 지정수량이 10kg인 위험물 ㉤ 제6류 위험물	1,000m^2 이하
나. ㉠~㉤ 외의 위험물을 저장하는 창고	2,000m^2 이하
다. 내화구조의 격벽으로 완전히 구획된 실에 각각 저장하는 창고 (가목의 위험물을 저장하는 실의 면적은 500m^2를 초과할 수 없다.)	1,500m^2 이하

※ 유별 위험물 중 위험등급 I등급군의 경우 바닥면적 1,000m^3 이하로 한다(다만, 제4류 위험물 중 위험등급 II군에 속하는 제1석유류와 알코올류의 경우 인화점이 상온 이하이므로 1,000m^3 이하로 한다).

㉱ **저장창고의 벽 · 기둥 및 바닥은 내화구조**로 하고, **보와 서까래는 불연재료**로 하여야 한다.

㉲ **저장창고는 지붕을 폭발력이 위로 방출될 정도의 가벼운 불연재료**로 하고, 천장을 만들지 아니하여야 한다.

㉳ 저장창고의 **출입구에는 60분+방화문 · 60분방화문 또는 30분방화문**을 설치하되, 연소의 우려가 있는 외벽에 있는 출입구에는 수시로 열 수 있는 자동폐쇄식의 60분+방화문 · 60분방화문을 설치하여야 한다.

㉴ 저장창고의 창 또는 출입구에 유리를 이용하는 경우에는 **망입유리**로 하여야 한다.

㉵ **바닥은 물이 스며 나오거나 스며들지 아니하는 구조로 해야 하는 위험물**

㉠ 제1류 위험물 중 알칼리금속의 과산화물 또는 이를 함유하는 것

㉡ 제2류 위험물 중 철분 · 금속분 · 마그네슘 또는 이중 어느 하나 이상을 함유하는 것

㉢ 제3류 위험물 중 금수성 물질

㉣ 제4류 위험물

㉶ 액상의 위험물의 저장창고의 **바닥은 위험물이 스며들지 아니하는 구조**로 하고, 적당하게 경사지게 하여 그 최저부에 **집유설비**를 하여야 한다.

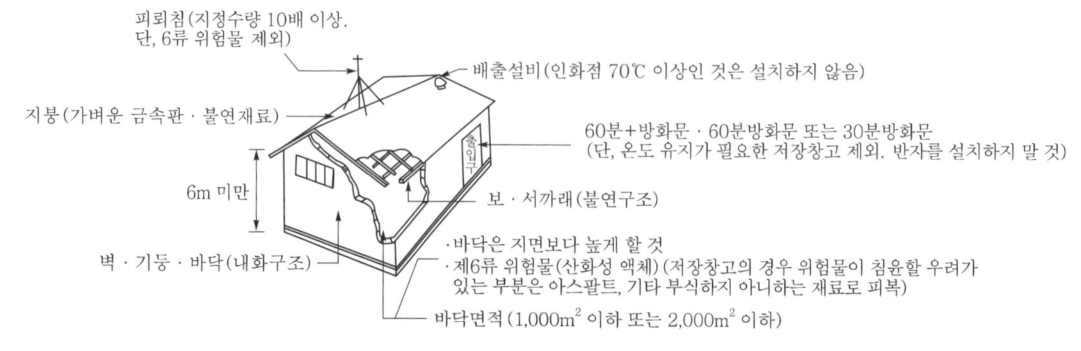

〈 옥내저장소의 구조 〉

㉳ **선반 등의 수납장 설치기준**

〈 옥내저장소 수납장 1 〉

〈 옥내저장소 수납장 2 〉

㉠ 수납장은 불연재료로 만들어 견고한 기초 위에 고정할 것

㉡ 수납장은 해당 수납장 및 그 부속설비의 자중, 저장하는 위험물의 중량 등의 하중에 의하여 생기는 응력에 대하여 안전한 것으로 할 것

㉢ 수납장에는 위험물을 수납한 용기가 쉽게 떨어지지 아니하게 하는 조치를 할 것

㉴ 저장창고에는 채광 · 조명 및 환기의 설비를 갖추어야 하고, 인화점이 70℃ 미만인 위험물의 저장창고에 있어서는 내부에 체류한 가연성의 증기를 지붕 위로 배출하는 설비를 갖추어야 한다.

㉵ 지정수량의 10배 이상의 저장창고(제6류 위험물의 저장창고를 제외한다)에는 피뢰침을 설치하여야 한다.

㉶ 제5류 위험물 중 셀룰로이드, 그 밖에 온도의 상승에 의하여 분해 · 발화할 우려가 있는 것의 저장창고는 해당 위험물이 발화하는 온도에 달하지 아니하는 온도를 유지하는 구조로 하거나 다음 각 목의 기준에 적합한 비상전원을 갖춘 통풍장치 또는 냉방장치 등의 설비를 2 이상 설치하여야 한다.

㉠ 상용전력원이 고장인 경우에 자동으로 비상전원으로 전환되어 가동되도록 할 것

㉡ 비상전원의 용량은 통풍장치 또는 냉방장치 등의 설비를 유효하게 작동할 수 있는 정도일 것

㉾ 담 또는 토제는 다음에 적합한 것으로 하여야 한다. 다만, 지정수량의 5배 이하인 지정과산화물의 옥내저장소에 대하여는 해당 옥내저장소의 저장창고의 외벽을 두께 30cm 이상의 철근콘크리트조 또는 철골철근콘크리트조로 만드는 것으로서 담 또는 토제에 대신할 수 있다.

㉠ 담 또는 토제는 저장창고의 외벽으로부터 2m 이상 떨어진 장소에 설치할 것. 다만, 담 또는 토제와 해당 저장창고와의 간격은 해당 옥내저장소의 공지의 너비의 5분의 1을 초과할 수 없다.

㉡ 담 또는 토제의 높이는 저장창고의 처마높이 이상으로 할 것

㉢ 담은 두께 15cm 이상의 철근콘크리트조나 철골철근콘크리트조 또는 두께 20cm 이상의 보강콘크리트블록조로 할 것

㉣ **토제의 경사면의 경사도는 60° 미만**으로 할 것

㉤ 지정수량의 5배 이하인 지정과산화물의 옥내저장소에 해당 옥내저장소의 저장창고의 외벽을 상기 규정에 의한 구조로 하고 주위에 상기 규정에 의한 담 또는 토제를 설치하는 때에는 건축물 등까지의 사이의 거리를 10m 이상으로 할 수 있다.

(2) 다층건물의 옥내저장소의 기준[제2류(인화성 고체 제외) 또는 제4류 위험물(인화점 70℃ 미만 제외)]

① 저장창고는 각층의 바닥을 지면보다 높게 하고, 바닥면으로부터 상층의 바닥(상층이 없는 경우에는 처마)까지의 높이(이하 "층고"라 한다)를 **6m 미만**으로 하여야 한다.

② 하나의 저장창고의 바닥면적 합계는 **1,000m^2 이하**로 하여야 한다.

③ 저장창고의 벽 · 기둥 · 바닥 및 보를 내화구조로 하고, 계단을 불연재료로 하며, 연소의 우려가 있는 외벽은 출입구 외의 개구부를 갖지 아니하는 벽으로 하여야 한다.

④ 2층 이상의 층의 바닥에는 개구부를 두지 아니하여야 한다. 다만, 내화구조의 벽과 60분+방화문 · 60분방화문 또는 30분방화문으로 구획된 계단실에 있어서는 그러하지 아니하다.

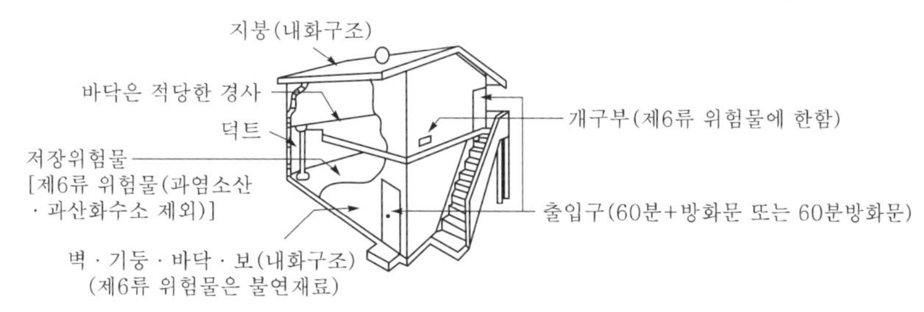

〈 다층건물 건축물의 구조 〉

(3) 복합용도 건축물의 옥내저장소의 기준(지정수량의 20배 이하의 것 제외)

① 옥내저장소는 벽 · 기둥 · 바닥 및 보가 내화구조인 건축물의 1층 또는 2층의 어느 하나의 층에 설치하여야 한다.

② 옥내저장소의 용도에 사용되는 부분의 바닥은 지면보다 높게 설치하고 그 층고를 6m 미만으로 하여야 한다.

③ 옥내저장소의 용도에 사용되는 부분의 **바닥면적은 75m^2 이하**로 하여야 한다.

④ 옥내저장소의 용도에 사용되는 부분은 벽 · 기둥 · 바닥 · 보 및 지붕(상층이 있는 경우에는 상층의 바닥)을 내화구조로 하고, 출입구외의 개구부가 없는 두께 70mm 이상의 철근콘크리트조 또는 이와 동등 이상의 강도가 있는 구조의 바닥 또는 벽으로 해당 건축물의 다른 부분과 구획되도록 하여야 한다.

⑤ 옥내저장소의 용도에 사용되는 부분의 출입구에는 수시로 열 수 있는 자동폐쇄방식의 60분+방화문 · 60분방화문을 설치하여야 한다.

⑥ 옥내저장소의 용도에 사용되는 부분에는 창을 설치하지 아니하여야 한다.

⑦ 옥내저장소의 용도에 사용되는 부분의 환기설비 및 배출설비에는 방화상 유효한 댐퍼 등을 설치하여야 한다.

(4) 소규모 옥내저장소의 특례

지정수량의 50배 이하인 소규모의 옥내저장소 중 저장창고의 처마높이가 6m 미만인 것으로서 저장창고가 다음 기준에 적합한 것에 대하여는 상기의 규정은 적용하지 아니한다.

① 저장창고의 주위에는 다음 표에 정하는 너비의 공지를 보유할 것

저장 또는 취급하는 위험물의 최대수량	공지의 너비
지정수량의 5배 이하	–
지정수량의 5배 초과 20배 이하	1m 이상
지정수량의 20배 초과 50배 이하	2m 이상

② 하나의 저장창고 바닥면적은 150m^2 이하로 할 것

③ 저장창고는 벽 · 기둥 · 바닥 · 보 및 지붕을 내화구조로 할 것

④ 저장창고의 출입구에는 수시로 개방할 수 있는 자동폐쇄방식의 60분+방화문 · 60분방화문을 설치할 것

⑤ 저장창고에는 창을 설치하지 아니할 것

(5) 위험물의 성질에 따른 옥내저장소의 특례

① 다음에 해당하는 위험물을 저장 또는 취급하는 옥내저장소에 있어서는 해당 위험물의 성질에 따라 강화되는 기준은 아래 제②호 내지 제⑤호에 의하여야 한다.

㉮ 제5류 위험물 중 유기과산화물 또는 이를 함유하는 것으로서 지정수량이 10kg인 것 (이하 "**지정과산화물**"이라 한다)

㉯ 알킬알루미늄 등

㉰ 하이드록실아민 등

② **지정과산화물**을 저장 또는 취급하는 옥내저장소에 대하여 강화되는 기준

㉮ 옥내저장소는 해당 옥내저장소의 외벽으로부터 규정에 의한 건축물의 외벽 또는 이에 상당하는 공작물의 외측까지의 사이에 안전거리를 두어야 한다.

㉯ 옥내저장소의 저장창고 주위에는 규정에서 정하는 너비의 공지를 보유하여야 한다. 다만, 2 이상의 옥내저장소를 동일한 부지 내에 인접하여 설치하는 때에는 해당 옥내저장소의 상호간 공지의 너비를 동표에 정하는 공지 너비의 3분의 2로 할 수 있다.

㉰ **옥내저장소의 저장창고의 기준**

㉠ **저장창고는 150m^2 이내마다 격벽으로 완전하게 구획**할 것. 이 경우 해당 **격벽은 두께 30cm 이상의 철근콘크리트조 또는 철골철근콘크리트조**로 하거나 **두께 40cm 이상의 보강콘크리트블록조**로 하고, 해당 저장창고의 양측의 외벽으로부터 1m 이상, **상부의 지붕으로부터 50cm 이상 돌출**하게 하여야 한다.

㉡ **저장창고의 외벽은 두께 20cm 이상의 철근콘크리트조나 철골철근콘크리트조 또는 두께 30cm 이상의 보강콘크리트블록조로 할 것**

㉢ 저장창고의 지붕

ⓐ 중도리 또는 서까래의 간격은 30cm 이하로 할 것

ⓑ 지붕의 아래쪽 면에는 한 변의 길이가 45cm 이하의 환강(丸鋼)·경량형강(輕量形鋼) 등으로 된 강제(鋼製)의 격자를 설치할 것

ⓒ 지붕의 아래쪽 면에 철망을 쳐서 불연재료의 도리·보 또는 서까래에 단단히 결합할 것

ⓓ 두께 5cm 이상, 너비 30cm 이상의 목재로 만든 받침대를 설치할 것

㉣ 저장창고의 출입구에는 60분+방화문·60분방화문을 설치할 것

㉤ **저장창고의 창은 바닥면으로부터 2m 이상의 높이에 두되**, 하나의 벽면에 두는 창의 면적의 합계를 **해당 벽면의 면적의 80분의 1 이내**로 하고, **하나의 창의 면적을 0.4m^2 이내로 할 것**

③ **알킬알루미늄** 등을 저장 또는 취급하는 옥내저장소에 대하여 누설범위를 국한하기 위한 설비 및 누설한 알킬알루미늄 등을 안전한 장소에 설치된 조(槽)로 끌어들일 수 있는 설비를 설치하여야 한다.

④ **하이드록실아민** 등을 저장 또는 취급하는 옥내저장소에 대하여 강화되는 기준은 하이드록실아민 등의 온도의 상승에 의한 위험한 반응을 방지하기 위한조치를 강구하는 것으로 한다.

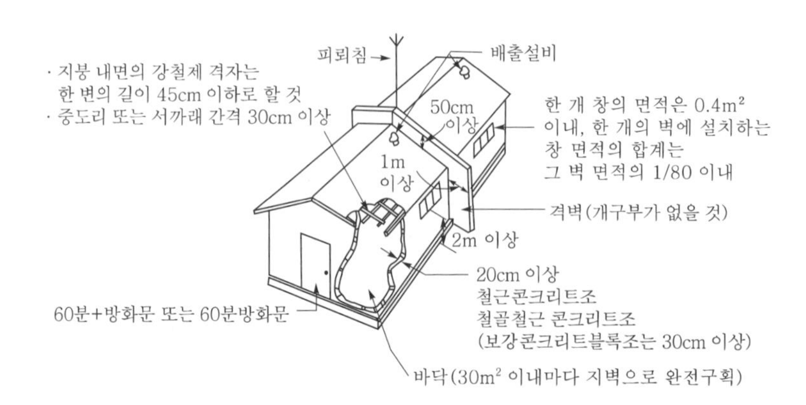

〈 지정과산화물의 저장창고 〉

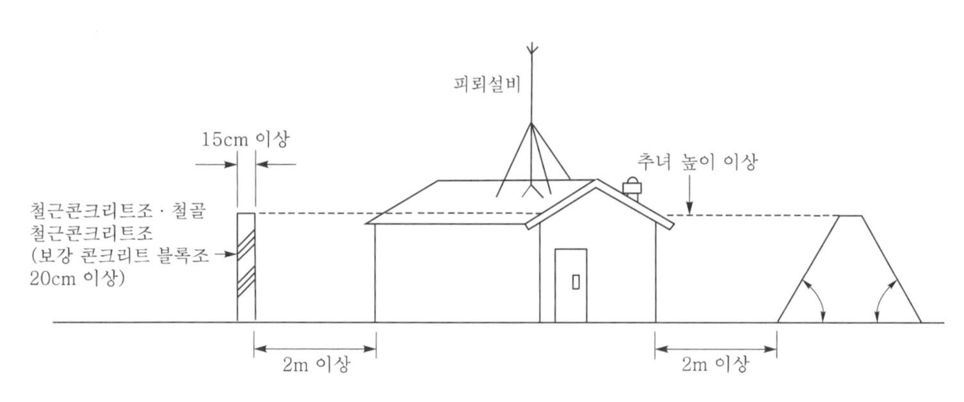

〈 지정과산화물의 전체 구조 〉

3 옥외저장소

(1) 옥외저장소의 기준

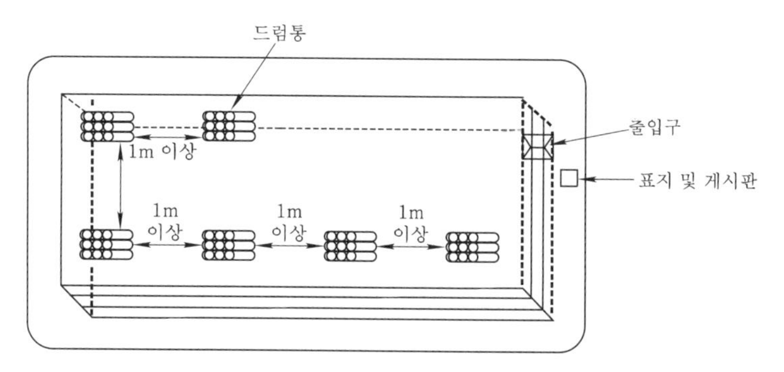

① 안전거리를 둘 것

② 습기가 없고 배수가 잘 되는 장소에 설치할 것

③ 위험물을 저장 또는 취급하는 장소의 주위에는 **경계표시(울타리의 기능이 있는 것**에 한함)를 하여 명확하게 구분한다.

(2) 보유공지

저장 또는 취급하는 위험물의 최대수량	공지의 너비
지정수량의 10배 이하	3m 이상
지정수량의 10배 초과 20배 이하	5m 이상
지정수량의 20배 초과 50배 이하	9m 이상
지정수량의 50배 초과 200배 이하	12m 이상
지정수량의 200배 초과	15m 이상

제4류 위험물 중 제4석유류와 제6류 위험물을 저장 또는 취급하는 보유공지는 공지너비의 $\frac{1}{3}$ 이상으로 할 수 있다.

(3) 옥외저장소의 선반 설치기준

① 선반은 불연재료로 만들고 견고한 지반면에 고정할 것

② 선반은 해당 선반 및 그 부속설비의 자중 · 저장하는 위험물의 중량 · 풍하중 · 지진의 영향 등에 의하여 생기는 응력에 대하여 안전할 것

③ 선반의 높이는 6m를 초과하지 아니할 것

④ 선반에는 위험물을 수납한 용기가 쉽게 낙하하지 아니하는 조치를 강구할 것

(4) 과산화수소 또는 과염소산을 저장하는 옥외저장소의 기준

과산화수소 또는 과염소산을 저장하는 옥외저장소에는 불연성 또는 난연성의 천막 등을 설치하여 햇빛을 가릴 것

(5) 눈 · 비 등을 피하거나 차광 등을 위하여 옥외저장소에 캐노피 또는 지붕을 설치하는 경우의 기준

〈 캐노피 설치 옥외저장소 〉

눈 · 비 등을 피하거나 차광 등을 위하여 옥외저장소에 캐노피 또는 지붕을 설치하는 경우에는 환기 및 소화활동에 지장을 주지 아니하는 구조로 할 것. 이 경우 기둥은 내화구조로 하고, 캐노피 또는 지붕을 불연재료로 하며, 벽을 설치하지 아니하여야 한다.

(6) 옥외저장소 중 덩어리상태의 황만을 지반면에 설치한 경계표시의 안쪽에서 저장 또는 취급하는 것에 대한 기준

① **하나의 경계표시의 내부의 면적은 100m² 이하일 것**

② 2 이상의 경계표시를 설치하는 경우에 있어서는 각각의 경계표시 내부의 면적을 합산한 면적은 1,000m² 이하로 하고, 인접하는 경계표시와 경계표시와의 간격은 공지의 너비의 2분의 1 이상으로 할 것. 다만, 저장 또는 취급하는 위험물의 최대수량이 지정수량의 200배 이상인 경우에는 10m 이상으로 하여야 한다.

③ 경계표시는 불연재료로 만드는 동시에 황이 새지 아니하는 구조로 할 것

④ **경계표시의 높이는 1.5m 이하**로 할 것

⑤ 경계표시에는 황이 넘치거나 비산하는 것을 방지하기 위한 천막 등을 고정하는 장치를 설치하되, 천막 등을 고정하는 장치는 경계표시의 길이 2m마다 한 개 이상 설치할 것

⑥ 황을 저장 또는 취급하는 장소의 주위에는 **배수구와 분리장치를 설치할 것**

(7) 옥외저장소에 저장할 수 있는 위험물

① 제2류 위험물 중 황, 인화성 고체(인화점이 0℃ 이상인 것에 한함)

② 제4류 위험물 중 제1석유류(인화점이 0℃ 이상인 것에 한함), 제2석유류, 제3석유류, 제4석유류, 알코올류, 동 · 식물유류

③ 제6류 위험물

(8) 인화성 고체, 제1석유류 또는 알코올류의 옥외저장소의 특례

① 인화성 고체, 제1석유류 또는 알코올류를 저장 또는 취급하는 장소에는 해당 위험물을 적당한 온도로 유지하기 위한 살수설비 등을 설치하여야 한다.

② 제1석유류 또는 알코올류를 저장 또는 취급하는 장소의 주위에는 배수구 및 집유설비를 설치하여야 한다. 이 경우 제1석유류(온도 20℃의 물 100g에 용해되는 양이 1g 미만인 것에 한한다)를 저장 또는 취급하는 장소에 있어서는 집유설비에 유분리장치를 설치하여야 한다.

4 옥외탱크저장소

(1) 안전거리 : 제조소의 안전거리에 준용한다.

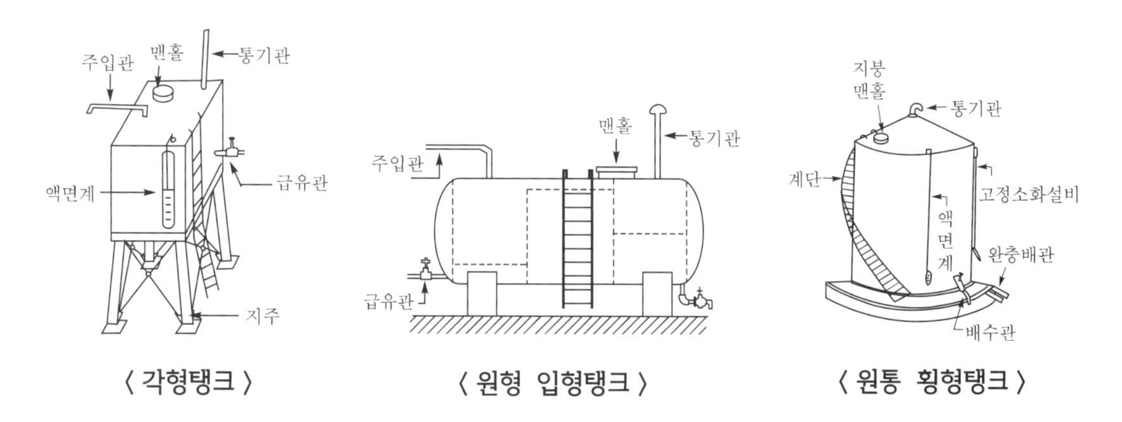

〈 각형탱크 〉 〈 원형 입형탱크 〉 〈 원통 횡형탱크 〉

(2) 보유공지

저장 또는 취급하는 위험물의 최대수량	공지의 너비
지정수량의 500배 이하	3m 이상
지정수량의 500배 초과, 1,000배 이하	5m 이상
지정수량의 1,000배 초과, 2,000배 이하	9m 이상
지정수량의 2,000배 초과, 3,000배 이하	12m 이상
지정수량의 3,000배 초과, 4,000배 이하	15m 이상
지정수량의 4,000배 초과	해당 탱크의 수평단면의 최대지름(횡형인 경우에는 긴 변)과 높이 중 큰 것과 같은 거리 이상, 다만, 30m 초과의 경우에는 30m 이상으로 할 수 있고, 15m 미만의 경우에는 15m 이상으로 하여야 한다.

▣ **특례** : 제6류 위험물을 저장, 취급하는 옥외탱크저장소의 경우

- 해당 보유공지의 $\frac{1}{3}$ 이상의 너비로 할 수 있다(단, 1.5m 이상일 것).
- 동일대지 내에 2기 이상의 탱크를 인접하여 설치하는 경우에는 해당 보유공지 너비의 $\frac{1}{3}$ 이상에 다시 $\frac{1}{3}$ 이상의 너비로 할 수 있다(단, 1.5m 이상일 것).

(3) 탱크 구조기준

① 재질 및 두께 : **두께 3.2mm 이상의 강철판**

② 시험기준

㉮ 압력 탱크의 경우 : **최대상용압력의 1.5배의 압력으로 10분간 실시하는 수압시험**에 각각 새거나 변형되지 아니하여야 한다.

㉯ 압력탱크 외의 탱크일 경우 : 충수시험

③ 부식 방지조치

㉮ 탱크의 밑판 아래에 밑판의 부식을 유효하게 방지할 수 있도록 아스팔트샌드 등의 방식재료를 댄다.

㉯ 탱크의 밑판에 전기방식의 조치를 강구한다.

④ **탱크의 내진풍압구조** : 지진 및 풍압에 견딜 수 있는 구조로 하고, 그 지주는 철근콘크리트조, 철골콘크리트조로 한다.

⑤ 탱크 통기장치의 기준

㉮ 밸브 없는 통기관

㉠ **통기관의 직경 : 30mm 이상**

㉡ **통기관의 선단은 수평으로부터 45° 이상 구부려 빗물 등의 침투를 막는 구조**일 것

㉢ 인화점이 38℃ 미만인 위험물만을 저장 · 취급하는 탱크의 통기관에는 화염방지장치를 설치하고, 인화점이 38℃ 이상 70℃ 미만인 위험물을 저장 · 취급하는 탱크의 통기관에는 40mesh 이상의 구리망으로 된 인화방지장치를 설치할 것

㉣ 가연성의 증기를 회수하기 위한 밸브를 통기관에 설치하는 경우에 있어서는 해당 통기관의 밸브는 저장탱크에 위험물을 주입하는 경우를 제외하고는 항상 개방되어 있는 구조로 하는 한편, 폐쇄하였을 경우에 있어서는 10kPa 이하의 압력에서 개방되는 구조로 할 것. 이 경우 개방된 부분의 유효단면적은 777.15mm^2 이상이어야 함.

㉯ 대기밸브부착 통기관

㉠ **5kPa 이하의 압력 차이로 작동**할 수 있을 것

㉡ 가는 눈의 구리망 등으로 **인화방지장치**를 설치할 것

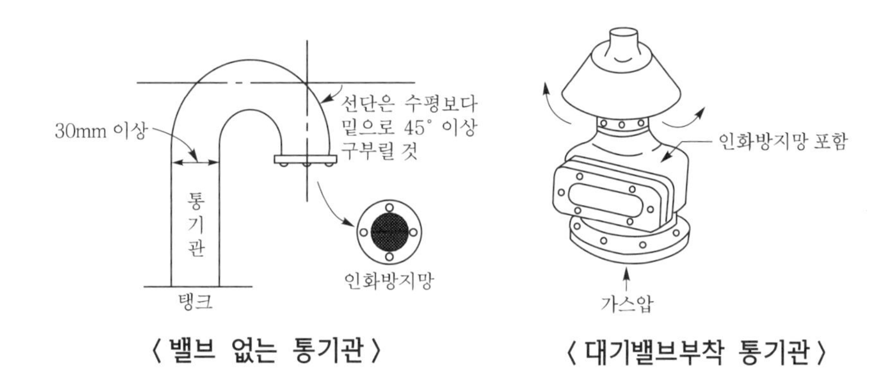

〈 밸브 없는 통기관 〉 **〈 대기밸브부착 통기관 〉**

⑥ 자동계량장치 설치기준

㉮ 위험물의 양을 자동적으로 표시할 수 있도록 한다.

㉯ 종류

㉠ 기밀부유식 계량장치

㉡ 부유식 계량장치(증기가 비산하지 않는 구조)

㉢ 전기압력자동방식 또는 방사성 동위원소를 이용한 자동계량장치

㉣ 유리게이지(금속관으로 보호된 경질유리 등으로 되어 있고, 게이지가 파손되었을 때 위험물의 유출을 자동으로 정지할 수 있는 장치가 되어 있는 것에 한한다.)

⑦ 탱크 주입구 설치기준

㉮ 화재예방상 지장이 없는 장소에 설치할 것

㉯ 주입호스 또는 주유관과 결합할 수 있도록 하고 위험물이 새지 않는 구조일 것

㉰ 주입구에는 밸브 또는 뚜껑을 설치할 것

㉱ 휘발유, 벤젠, 그 밖의 정전기에 의한 재해가 발생할 우려가 있는 액체위험물의 옥외저장탱크 주입구 부근에는 정전기를 유효하게 제거하기 위한 접지전극을 설치한다.

〈 옥외탱크 접지설비 〉

㉮ 인화점이 21℃ 미만의 위험물 탱크 주입구에는 보기 쉬운 곳에 게시판을 설치한다.

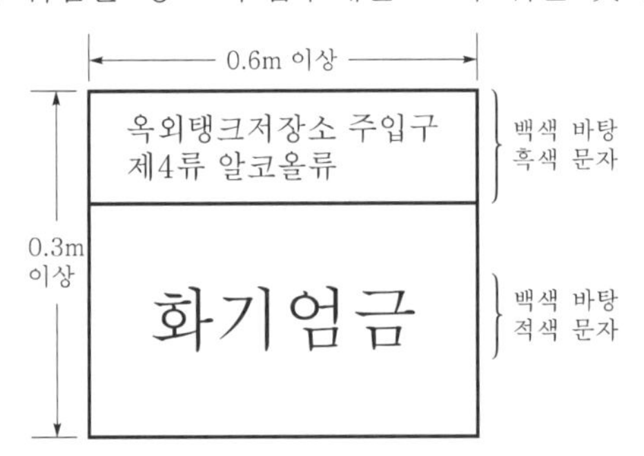

㉠ 기재사항 : 옥외저장탱크 주입구, 위험물의 유별과 품명, 주의사항

㉡ 크기 : 한 변의 길이 0.3m 이상, 다른 한 변의 길이 0.6m 이상인 직사각형

㉢ 색깔 : 백색 바탕에 흑색 문자, 주의사항은 백색 바탕에 적색 문자

참고 옥외저장탱크 주입구의 게시판 설치기준에서 주의사항은 일반게시판의 기준과 다르게, 주의사항은 적색 문자임을 유의한다. (시행규칙 [별표 6]의 '9. 옥외저장탱크 주입구 설치기준' 참고)

⑧ 옥외탱크저장소의 금속 사용제한 및 위험물 저장기준

㉮ 금속 사용제한 조치기준 : 아세트알데하이드 또는 산화프로필렌의 옥외탱크저장소에는 은, 수은, 동, 마그네슘 또는 이들 합금과는 사용하지 말 것

㉯ **아세트알데하이드, 산화프로필렌 등의 저장기준**

㉠ 옥외저장탱크에 아세트알데하이드 또는 산화프로필렌을 저장하는 경우에는 그 탱크 안에 불연성 가스를 봉입해야 한다.

㉡ 옥외저장탱크 중 **압력탱크 외의 탱크에 저장하는 경우**

ⓐ **에틸에터 또는 산화프로필렌 : 섭씨 30도 이하**

ⓑ **아세트알데하이드 : 섭씨 15도 이하**

㉢ 옥외저장탱크 중 **압력탱크에 저장하는 경우 : 아세트알데하이드 또는 산화프로필렌의 온도 : 섭씨 40도 이하**

⑨ 탱크의 높이가 15m를 초과하는 경우의 물분무소화설비의 가압송수장치 기준

㉮ 토출량 : 탱크의 높이 15m마다 원주둘레길이 1m당 37L를 곱한 양 이상일 것

㉯ 수원의 양 : 토출량을 20분 이상 방수할 수 있는 양 이상일 것

㉰ 물분무헤드의 설치기준 : 탱크의 높이를 고려하여 적절하게 설치할 것

⑩ 옥외저장탱크의 배수관은 탱크의 옆판에 설치하여야 한다. 다만, 탱크와 배수관과의 결합부분이 지진 등에 의하여 손상을 받을 우려가 없는 방법으로 배수관을 설치하는 경우에는 탱크의 밑판에 설치할 수 있다.

⑪ 옥외저장탱크에 부착되는 부속설비(교반기, 밸브, 폼챔버, 화염방지장치, 통기관대기밸브, 비상압력배출장치를 말한다)는 기술원 또는 소방청장이 정하여 고시하는 국내 · 외 공인시험기관에서 시험 또는 인증 받은 제품을 사용하여야 한다.

(4) 옥외탱크저장소의 펌프설비 설치기준

① 펌프설비 보유공지

㉮ 설비 주위에 너비 3m 이상의 공지를 보유한다.

㉯ 펌프설비와 탱크 사이의 거리는 해당 탱크의 보유공지 너비의 $\frac{1}{3}$ 이상의 거리를 유지한다.

㉰ **보유공지 제외기준**

㉠ 방화상 유효한 격벽으로 설치된 경우

㉡ 제6류 위험물을 저장, 취급하는 경우

㉢ 지정수량 10배 이하의 위험물을 저장, 취급하는 경우

② 옥내펌프실의 설치기준

㉮ **바닥의 기준**

㉠ 재질은 콘크리트, 기타 불침윤 재료로 한다.

㉡ **턱 높이는 0.2m 이상**으로 한다.

㉢ 적당히 경사지게 하고 집유설비를 설치한다.

㉯ 출입구는 60분+방화문 · 60분방화문 또는 30분방화문을 설치한다.

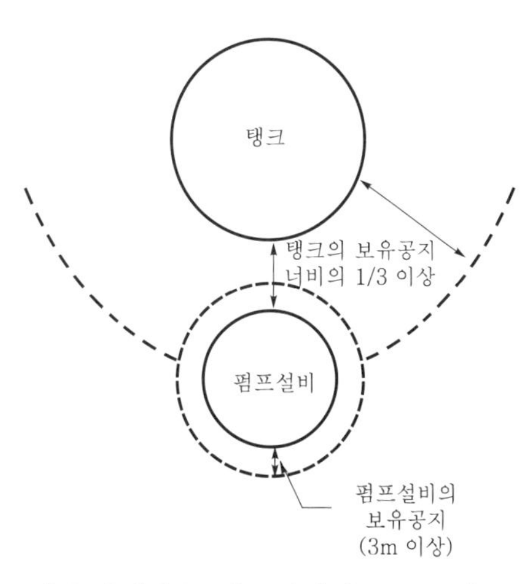

〈 옥외저장소 펌프설비의 보유공지 〉

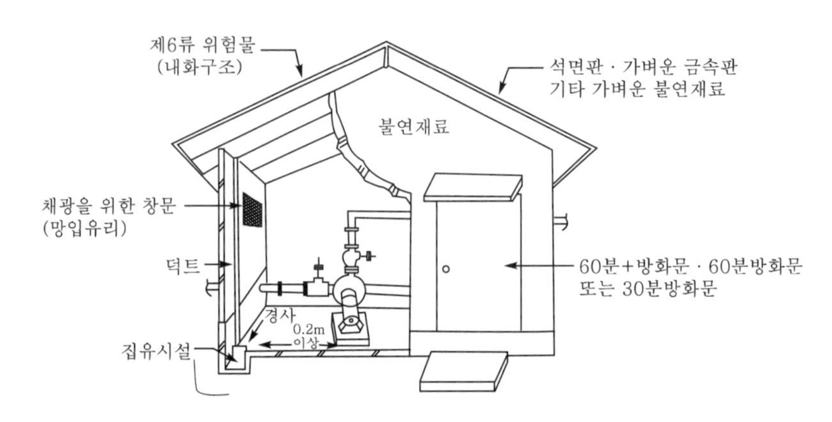

〈 옥내펌프 설치모습 〉

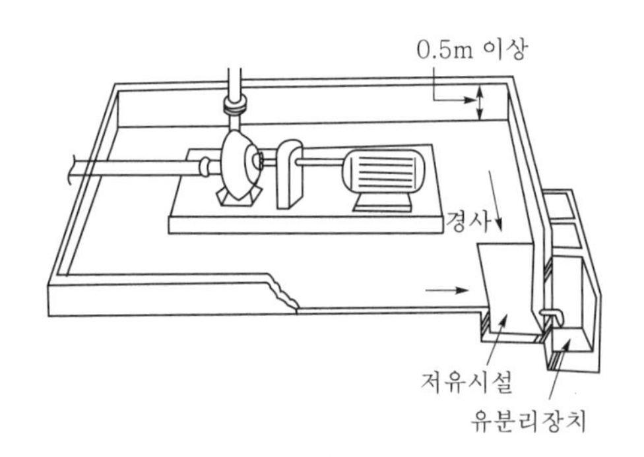

〈 옥내펌프설비 〉

③ 펌프실 외에 설치하는 펌프설비의 바닥기준

㉮ 재질은 콘크리트, 기타 불침윤 재료로 한다.

㉯ **턱 높이는 0.15m 이상**이다.

㉰ 해당 지반면은 위험물이 스며들지 아니하는 재료로 적당히 경사지게 하고 최저부에 집유설비를 설치한다.

㉱ 이 경우 제4류 위험물(온도 20℃의 물 100g에 용해되는 양이 1g 미만인 것에 한한다)을 취급하는 곳은 집유설비, 유분리장치를 설치한다.

(5) 옥외탱크저장소의 방유제 설치기준★★★

① **설치목적** : 저장 중인 액체위험물이 주위로 누설 시 그 주위에 피해확산을 방지하기 위하여 설치한 담

② **용량** : 방유제 안에 설치된 탱크가 하나인 때에는 그 **탱크용량의 110%** 이상, 2기 이상인 때에는 그 탱크 중 용량이 **최대인 것의 용량의 110% 이상**으로 할 것. 다만, 인화성이 없는 액체위험물의 옥외저장탱크의 주위에 설치하는 방유제는 "110%"를 "100%"로 본다.

③ **높이는 0.5m 이상 3.0m 이하, 면적은 80,000m^2 이하, 두께 0.2m 이상, 지하매설깊이 1m 이상으로 할 것.** 다만, 방유제와 옥외저장탱크 사이의 지반면 아래에 불침윤성 구조물을 설치하는 경우에는 지하매설깊이를 해당 불침윤성 구조물까지로 할 수 있다.

④ 방유제 외면의 2분의 1 이상은 자동차 등이 통행할 수 있는 3m 이상의 노면폭을 확보한 구내도로에 직접 접하도록 할 것

⑤ **하나의 방유제 안에 설치되는 탱크의 수 10기 이하**(단, 방유제 내 전 탱크의 용량이 20만L 이하이고, 인화점이 70℃ 이상 200℃ 미만인 경우에는 20기 이하)

⑥ 방유제와 탱크 측면과의 이격거리★★★

㉮ **탱크 지름이 15m 미만인 경우 : 탱크 높이의 $\frac{1}{3}$ 이상**

㉯ **탱크 지름이 15m 이상인 경우 : 탱크 높이의 $\frac{1}{2}$ 이상**

⑦ 방유제의 구조

㉮ 방유제는 철근콘크리트로 하고, 방유제와 옥외저장탱크 사이의 지표면은 불연성과 불침윤성이 있는 구조(철근콘크리트 등)로 할 것

㉯ 방유제 내에는 해당 방유제 내에 설치하는 옥외저장탱크를 위한 배관(해당 옥외저장탱크의 소화설비를 위한 배관을 포함한다). 조명설비 및 계기시스템과 이들에 부속하는 설비, 그 밖의 안전 확보에 지장이 없는 부속설비 외에는 다른 설비를 설치하지 아니한다.

㉰ 방유제 또는 간막이 둑에는 해당 방유제를 관통하는 배관을 설치하지 아니한다.

㉱ 방유제에는 그 내부에 고인 물을 외부로 배출하기 위한 배수구를 설치하고 이를 개폐하는 밸브 등을 방유제의 외부에 설치한다.

㉲ 용량이 100만L 이상인 위험물을 저장하는 옥외저장탱크에 있어서는 밸브 등에 그 개폐상황을 쉽게 확인할 수 있는 장치를 설치한다.

㉳ **높이가 1m를 넘는 방유제 및 간막이 둑의 안팎에는 방유제 내에 출입하기 위한 계단 또는 경사로를 약 50m마다 설치한다.**

㉴ 용량이 1,000만L 이상인 옥외저장탱크의 주위에 설치하는 방유제에는 다음의 규정에 따라 해당 탱크마다 간막이 둑을 설치할 것

㉠ 간막이 둑의 높이는 0.3m(방유제 내에 설치되는 옥외저장탱크의 용량의 합계가 2억L를 넘는 방유제에 있어서는 1m) 이상으로 하되, 방유제의 높이보다 0.2m 이상 낮게 할 것

㉡ 간막이 둑은 흙 또는 철근콘크리트로 할 것

㉢ 간막이 둑의 용량은 간막이 둑 안에 설치된 탱크 용량의 10% 이상일 것

㉵ 용량이 50만L 이상인 옥외탱크저장소가 해안 또는 강변에 설치되어 방유제 외부로 누출된 위험물이 바다 또는 강으로 유입될 우려가 있는 경우에는 해당 옥외탱크저장소가 설치된 부지 내에 전용유조(專用油槽) 등 누출위험물 수용설비를 설치할 것

㉶ 그 밖에 방유제의 기술기준에 관하여 필요한 사항은 소방청장이 정하여 고시한다.

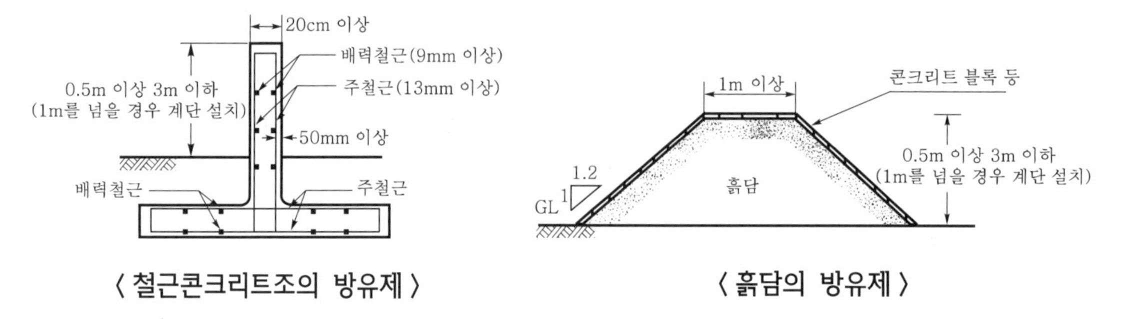

〈 철근콘크리트조의 방유제 〉 〈 흙담의 방유제 〉

- 금수성 위험물의 옥외탱크저장소 설치기준 : 탱크에는 방수성의 불연재료로 피복할 것
- 이황화탄소의 옥외저장탱크는 **벽 및 바닥의 두께가 0.2m 이상**이고 누수가 되지 아니하는 **철근콘크리트의 수조에 넣어 보관**하여야 한다. **이 경우 보유공지 · 통기관 및 자동계량장치는 생략할 수 있다.**

(6) 특정옥외저장탱크의 기초 및 지반

① 옥외탱크저장소 중 그 저장 또는 취급하는 액체위험물의 최대수량이 100만L 이상의 것(이하 "특정옥외탱크저장소"라 한다)의 옥외저장탱크(이하 "특정옥외저장탱크"라 한다)의 기초 및 지반은 해당 기초 및 지반상에 설치하는 특정옥외저장탱크 및 그 부속설비의 자중, 저장하는 위험물의 중량 등의 하중(이하 "탱크하중"이라 한다)에 의하여 발생하는 응력에 대하여 안전한 것으로 하여야 한다.

② 기초 및 지반기준

㉮ 지반은 암반의 단층, 절토 및 성토에 걸쳐 있는 등 활동(滑動)을 일으킬 우려가 있는 경우가 아닐 것

㉯ 지반이 바다, 하천, 호수와 늪 등에 접하고 있는 경우에는 활동에 관하여 소방청장이 정하여 고시하는 안전율이 있을 것

③ 특정옥외저장탱크에 관계된 풍하중의 계산방법(1m^{2}당 풍하중)

$$q = 0.588k\sqrt{h}$$

여기서, q : 풍하중(kN/m^2)

k : 풍력계수(원통형 탱크의 경우는 0.7, 그 외의 탱크는 1.0)

h : 지반면으로부터의 높이(m)

(7) 준특정옥외저장탱크의 기초 및 지반

옥외탱크저장소 중 그 저장 또는 취급하는 액체위험물의 최대수량이 50만L 이상 100만L 미만의 것(이하 "준특정옥외탱크저장소"라 한다)의 옥외저장탱크(이하 "준특정옥외저장탱크"라 한다)의 기초 및 지반은 탱크하중에 의하여 발생하는 응력에 대하여 안전한 것으로 하여야 한다.

5 옥내탱크저장소

안전거리와 보유공지에 대한 기준이 없으며, 규제내용 역시 없다.

(1) 옥내탱크저장소의 구조

① 단층 건축물에 설치된 탱크전용실에 설치할 것

② 옥내저장탱크와 탱크전용실의 벽과의 사이 및 옥내저장탱크의 상호간에는 **0.5m 이상**의 간격을 유지할 것

③ 옥내탱크저장소에는 기준에 따라 보기 쉬운 곳에 "위험물옥내탱크저장소"라는 표시를 한 표지와 방화에 관하여 필요한 사항을 게시한 게시판을 설치하여야 한다.

④ **옥내저장탱크의 용량(동일한 탱크전용실에 옥내저장탱크를 2 이상 설치하는 경우에는 각 탱크의 용량의 합계를 말한다)은 지정수량의 40배(제4석유류 및 동·식물유류 외의 제4류 위험물에 있어서 해당 수량이 20,000L를 초과할 때에는 20,000L) 이하일 것**

⑤ 압력탱크(최대상용압력이 부압 또는 정압 5kPa을 초과하는 탱크를 말한다) 외의 탱크에 있어서는 밸브 없는 통기관을 다음에 따라 설치하고, 압력탱크에 있어서는 안전장치를 설치할 것

⑥ 통기관 설치기준

㉮ 통기관의 선단은 건축물의 창 · 출입구 등의 개구부로부터 1m 이상 떨어진 옥외의 장소에 지면으로부터 4m 이상의 높이로 설치하되, 인화점이 40℃ 미만인 위험물의 탱크에 설치하는 통기관에 있어서는 부지경계선으로부터 1.5m 이상 이격할 것. 다만, 고인화점위험물만을 100℃ 미만의 온도로 저장 또는 취급하는 탱크에 설치하는 통기관은 그 선단을 탱크전용실 내에 설치할 수 있다.

㉯ 통기관은 가스 등이 체류할 우려가 있는 굴곡이 없도록 할 것

⑦ 액체위험물의 옥내저장탱크에는 위험물의 양을 자동적으로 표시하는 장치를 설치할 것

(2) 탱크전용실의 구조

① 탱크전용실은 벽 · 기둥 및 바닥을 내화구조로 하고, 보를 불연재료로 하며, 연소의 우려가 있는 외벽은 출입구 외에는 개구부가 없도록 할 것. 다만, 인화점이 70℃ 이상인 제4류 위험물만의 옥내저장탱크를 설치하는 탱크전용실에 있어서는 연소의 우려가 없는 외벽 · 기둥 및 바닥을 불연재료로 할 수 있다.

② 탱크전용실은 지붕을 불연재료로 하고, 천장을 설치하지 아니할 것

③ 탱크전용실의 창 및 출입구에는 60분+방화문 · 60분방화문 또는 30분방화문을 설치하는 동시에, 연소의 우려가 있는 외벽에 두는 출입구에는 수시로 열 수 있는 자동폐쇄식의 60분+방화문 · 60분방화문을 설치할 것

④ 탱크전용실의 창 또는 출입구에 유리를 이용하는 경우에는 망입유리로 할 것

⑤ 액상의 위험물의 옥내저장탱크를 설치하는 탱크전용실의 바닥은 위험물이 침투하지 아니하는 구조로 하고, 적당한 경사를 두는 한편, 집유설비를 설치할 것

⑥ 탱크전용실의 출입구의 턱의 높이를 해당 탱크전용실 내의 옥내저장탱크(옥내저장탱크가 2 이상인 경우에는 최대용량의 탱크)의 용량을 수용할 수 있는 높이 이상으로 하거나 옥내저장탱크로부터 누설된 위험물이 탱크전용실 외의 부분으로 유출하지 아니하는 구조로 할 것

⑦ 탱크전용실의 채광 · 조명 · 환기 및 배출의 설비는 규정에 의한 옥내저장소의 채광 · 조명 · 환기 및 배출의 설비의 기준을 준용할 것

(3) 탱크전용실을 단층건물 외의 건축물에 설치하는 것

① 옥내저장탱크는 탱크전용실에 설치할 것. 이 경우 제2류 위험물 중 황화인 · 적린 및 덩어리 황, 제3류 위험물 중 황린, 제6류 위험물 중 질산의 탱크전용실은 건축물의 1층 또는 지하층에 설치하여야 한다.

② 옥내저장탱크의 주입구 부근에는 해당 옥내저장탱크의 위험물의 양을 표시하는 장치를 설치할 것

③ 탱크전용실이 있는 건축물에 설치하는 옥내저장탱크의 펌프설비

㉮ **탱크전용실 외의 장소에 설치하는 경우**

㉠ 이 펌프실은 벽 · 기둥 · 바닥 및 보를 내화구조로 할 것

㉡ 펌프실은 상층이 있는 경우에 있어서는 상층의 바닥을 내화구조로 하고, 상층이 없는 경우에 있어서는 지붕을 불연재료로 하며. 천장을 설치하지 아니할 것

㉢ 펌프실에는 창을 설치하지 아니할 것. 다만, 제6류 위험물의 탱크전용실에 있어서는 60분+방화문 · 60분방화문 또는 30분방화문이 있는 창을 설치할 수 있다.

㉣ 펌프실의 출입구에는 60분+방화문 · 60분방화문을 설치할 것. 다만, 제6류 위험물의 탱크전용실에 있어서는 30분방화문을 설치할 수 있다.

㉤ 펌프실의 환기 및 배출의 설비에는 방화상 유효한 댐퍼 등을 설치할 것

㉯ 탱크전용실에 펌프설비를 설치하는 경우에는 견고한 기초 위에 고정한 다음 그 주위에는 **불연재료로 된 턱을 0.2m 이상의 높이로 설치**하는 등 누설된 위험물이 유출되거나 유입되지 아니하도록 하는 조치를 할 것

④ 탱크전용실은 **벽 · 기둥 · 바닥 및 보**를 **내화구조**로 할 것

⑤ 탱크전용실은 상층이 있는 경우에 있어서는 상층의 바닥을 내화구조로 하고, 상층이 없는 경우에 있어서는 **지붕을 불연재료**로 하며, **천장을 설치하지 아니할 것**

⑥ 탱크전용실에는 **창을 설치하지 아니할 것**

⑦ 탱크전용실의 출입구에는 수시로 열 수 있는 **자동폐쇄식의 60분+방화문 · 60분방화문을 설치**할 것

⑧ 탱크전용실의 환기 및 배출의 설비에는 **방화상 유효한 댐퍼 등**을 설치할 것

⑨ 탱크전용실의 출입구의 턱의 높이를 해당 탱크전용실 내의 옥내저장탱크(옥내저장탱크가 2 이상인 경우에는 모든 탱크)의 용량을 수용할 수 있는 높이 이상으로 하거나 옥내저장탱크로부터 누설된 위험물이 탱크전용실 외의 부분으로 유출하지 아니하는 구조로 할 것

6 지하탱크저장소

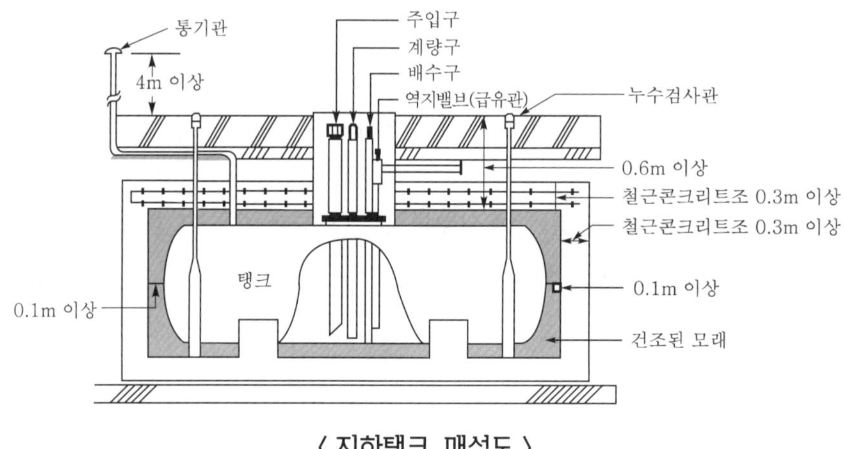

〈 지하탱크 매설도 〉

(1) 지하탱크저장소의 구조

① 지하저장탱크의 **윗부분은 지면으로부터 0.6m 이상 아래**에 있어야 한다.

② 지하저장탱크를 2 이상 인접해 설치하는 경우에는 그 **상호간에 1m**(해당 2 이상의 지하저장탱크의 용량의 합계가 **지정수량의 100배 이하인 때에는 0.5m**) 이상의 간격을 유지하여야 한다. 다만, 그 사이에 탱크전용실의 벽이나 두께 20cm 이상의 콘크리트 구조물이 있는 경우에는 그러하지 아니하다.

③ 액체위험물의 지하저장탱크에는 위험물의 양을 자동적으로 표시하는 장치 및 계량구를 설치하고, 계량구 직하에 있는 탱크의 밑판에 그 손상을 방지하기 위한 조치를 하여야 한다.

④ 지하저장탱크는 용량에 따라 압력탱크(최대상용압력이 46.7kPa 이상인 탱크를 말한다) 외의 탱크에 있어서는 70kPa의 압력으로, 압력탱크에 있어서는 최대상용압력의 1.5배의 압력으로 각각 10분간 수압시험을 실시하여 새거나 변형되지 아니하여야 한다. 이 경우 수압시험은 소방청장이 정하여 고시하는 기밀시험과 비파괴시험을 동시에 실시하는 방법으로 대신할 수 있다.

⑤ 지하저장탱크의 배관은 해당 탱크의 윗부분에 설치하여야 한다.

⑥ **액체위험물의 누설을 검사하기 위한 관을 다음의 기준에 따라 4개소 이상 적당한 위치에 설치하여야 한다.**★★★

㉮ **이중관**으로 할 것. 다만, 소공이 없는 상부는 단관으로 할 수 있다.

㉯ 재료는 **금속관 또는 경질합성수지관**으로 할 것

㉰ 관은 탱크전용실의 바닥 또는 **탱크의 기초까지 닿게 할 것**

㉣ 관의 밑부분으로부터 탱크의 중심 높이까지의 부분에는 **소공이 뚫려 있을 것**. 다만, 지하수위가 높은 장소에 있어서는 지하수위 높이까지의 부분에 소공이 뚫려 있어야 한다.

㉤ 상부는 **물이 침투하지 아니하는 구조**로 하고, **뚜껑은 검사 시에 쉽게 열수 있도록** 할 것

⑦ 과충전방지장치

㉮ 탱크용량을 초과하는 위험물이 주입될 때 자동으로 그 주입구를 폐쇄하거나 위험물의 공급을 자동으로 차단하는 방법

㉯ **탱크용량의 90%가 찰 때 경보음을 울리는 방법**

⑧ 통기관 설치기준(4류 위험물탱크 해당)

㉮ **밸브 없는 통기관**

㉠ 통기관은 지하저장탱크의 윗부분에 연결할 것

㉡ 통기관 중 지하의 부분은 그 상부의 지면에 걸리는 중량이 직접 해당 부분에 미치지 아니하도록 보호하고, 해당 통기관의 접합부분에 대하여는 해당 접합부분의 손상유무를 점검할 수 있는 조치를 할 것

㉯ **대기밸브부착 통기관**

제4류 제1석유류를 저장하는 탱크는 다음의 압력 차이에서 작동하여야 한다.

㉠ 정압 : 0.6kPa 이상 1.5kPa 이하

㉡ 부압 : 1.5kPa 이상 3kPa 이하

(2) 탱크전용실의 구조

① **탱크전용실은 지하의 가장 가까운 벽 · 피트 · 가스관 등의 시설물 및 대지경계선으로부터 0.1m 이상 떨어진 곳에 설치**하고, **지하저장탱크와 탱크 전용실의 안쪽과의 사이는 0.1m 이상의 간격을 유지하도록** 하며, 해당 탱크의 주위에 **마른모래** 또는 습기 등에 의하여 응고되지 아니하는 **입자지름 5mm 이하의 마른 자갈분**을 채워야 한다.

② 탱크전용실은 벽 · 바닥 및 뚜껑을 다음 기준에 적합한 철근콘크리트구조 또는 이와 동등 이상의 강도가 있는 구조로 설치하여야 한다.

㉮ 벽 · 바닥 및 뚜껑의 **두께는 0.3m 이상일 것**

㉯ 벽 · 바닥 및 뚜껑의 내부에는 직경 9mm부터 13mm까지의 철근을 가로 및 세로로 5cm부터 20cm까지의 간격으로 배치할 것

㉰ 벽 · 바닥 및 뚜껑의 재료에 수밀콘크리트를 혼입하거나 벽 · 바닥 및 뚜껑의 중간에 아스팔트층을 만드는 방법으로 적정한 방수조치를 할 것

(3) 맨홀 설치기준

① 맨홀은 지면까지 올라오지 아니하도록 하되, 가급적 낮게 할 것

② 보호틀 설치

㉮ 보호틀을 탱크에 완전히 용접하는 등 보호틀과 탱크를 기밀하게 접합할 것

㉯ 보호틀의 뚜껑에 걸리는 하중이 직접 보호틀에 미치지 아니하도록 설치하고, 빗물 등이 침투하지 아니하도록 할 것

㉰ 배관이 보호틀을 관통하는 경우에는 해당 부분을 용접하는 등 침수를 방지하는 조치를 할 것

7 이동탱크저장소

차량(견인되는 차를 포함)에 고정탱크에 위험물을 저장하는 저장시설

(1) 상치장소

① 옥외에 있는 상치장소는 화기를 취급하는 장소 또는 인근이 건축물로부터 5m 이상(인근의 건축물이 1층인 경우에는 3m 이상)의 거리를 확보하여야 한다.

② 옥내에 있는 상치장소는 벽 · 바닥 · 보 · 서까래 및 지붕의 내화구조 또는 불연재료로 된 건축물의 1층에 설치하여야 한다.

(2) 탱크 구조기준

① 압력탱크(최대상용압력이 46.7kPa 이상인 탱크) 외의 탱크는 70kPa의 압력으로, 압력탱크는 최대상용압력의 1.5배의 압력으로 각각 10분간 수압시험을 실시하여 새거나 변형되지 아니할 것

② 탱크 강철판의 두께

㉮ 본체 : 3.2mm 이상

㉯ 측면틀 : 3.2mm 이상

㉰ 안전칸막이 : 3.2mm 이상

㉱ 방호틀 : 2.3mm 이상

㉲ 방파판 : 1.6mm 이상

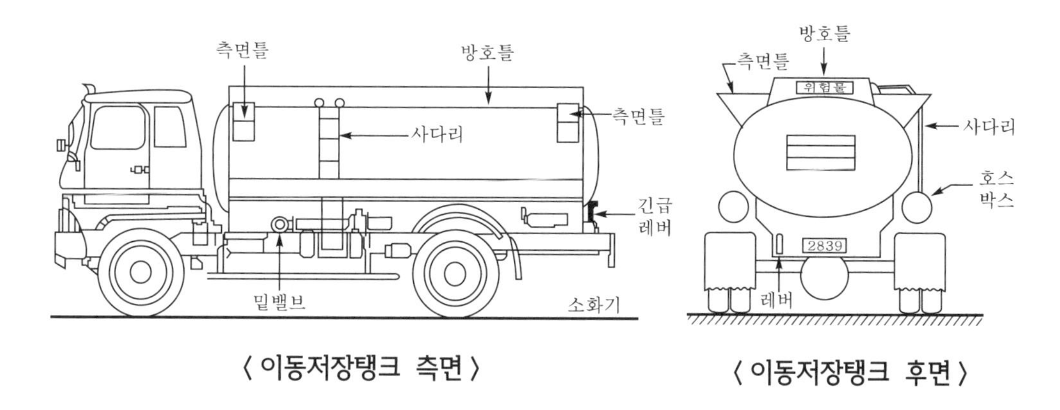

〈 이동저장탱크 측면 〉　　〈 이동저장탱크 후면 〉

(3) 안전장치 작동압력

① 설치목적 : 이동탱크의 내부압력이 상승한 경우 안전장치를 통하여 압력을 방출하여 탱크를 보호하기 위함

② 상용 압력이 20kPa 이하 : 20kPa 이상 24kPa 이하의 압력

③ 상용 압력이 20kPa 초과 : 상용 압력의 1.1배 이하의 압력

(4) 측면틀 설치기준

① 설치목적 : 탱크가 전도될 때 탱크 측면이 지면과 접촉하여 파손되는 것을 방지하기 위해 설치한다(단, 피견인차에 고정된 탱크에는 측면틀을 설치하지 않을 수 있다).

② 외부로부터 하중에 견딜 수 있는 구조로 할 것

③ 측면틀의 설치위치

㉮ 탱크 상부 네 모퉁이에 설치

㉯ 탱크의 전단 또는 후단으로부터 1m 이내의 위치에 설치

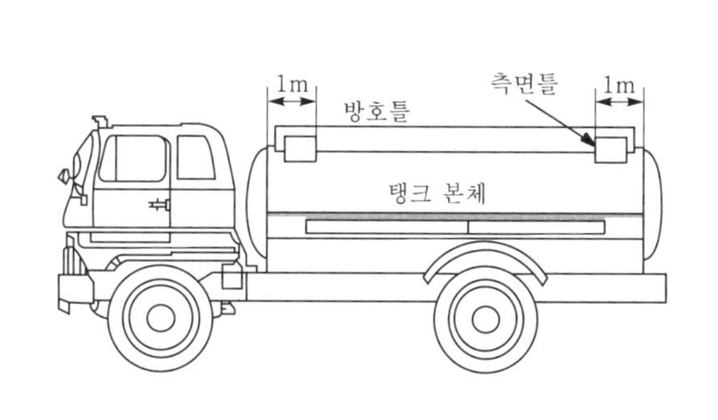

〈 이동저장탱크 측면틀의 위치 〉

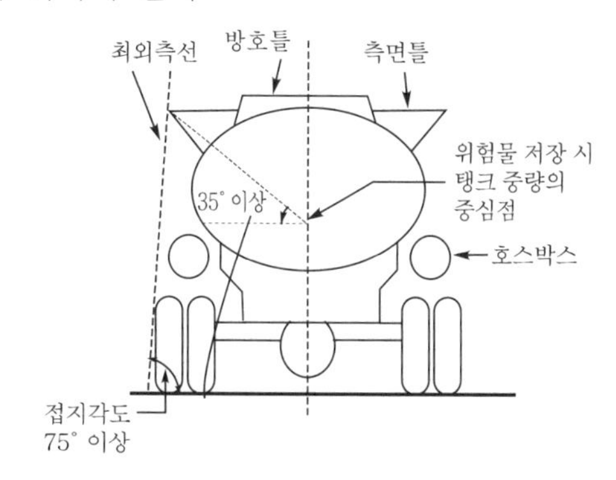

〈 탱크 후면의 입면도 〉

④ 측면틀 부착기준

㉮ 최외측선(측면틀의 최외측과 탱크의 최외측을 연결하는 직선)의 수평면에 대하여 내각이 75° 이상일 것

㉯ 최대수량의 위험물을 저장한 상태에 있을 때의 해당 탱크 중량의 중심선과 측면틀의 최외측을 연결하는 직선과 그 중심선을 지나는 직선 중 최외측선과 직각을 이루는 직선과의 내각이 35° 이상이 되도록 할 것

⑤ **측면틀의 받침판 설치기준** : 측면틀에 걸리는 하중에 의해 탱크가 손상되지 않도록 측면틀의 부착부분에 설치할 것

(5) 방호틀 설치기준

① **설치목적** : 탱크의 운행 또는 전도 시 탱크 상부에 설치된 각종 부속장치의 파손을 방지하기 위해 설치한다.

② 재질은 두께 2.3mm 이상의 강철판으로 제작할 것

③ 산모양의 형상으로 하거나 이와 동등 이상의 강도가 있는 형상으로 할 것

④ 정상부분은 부속장치보다 50mm 이상 높게 하거나 동등 이상의 성능이 있는 것으로 할 것

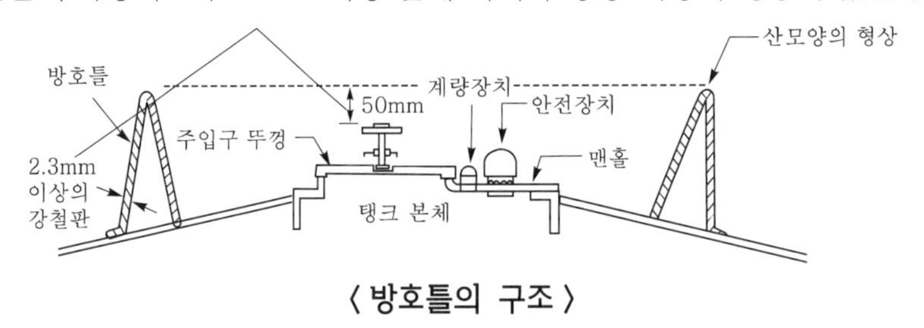

〈 방호틀의 구조 〉

(6) 안전칸막이 및 방파판의 설치기준

① 안전칸막이 설치기준

㉮ **재질은 두께 3.2mm 이상의 강철판으로 제작**

㉯ **4,000L 이하마다 구분하여 설치**

② 방파판 설치기준

㉮ **재질은 두께 1.6mm 이상의 강철판으로 제작**

㉯ 출렁임 방지를 위해 하나의 구획부분에 2개 이상의 방파판을 이동탱크저장소의 진행방향과 평형으로 설치하되, 그 높이와 칸막이로부터의 거리를 다르게 할 것

㉰ 하나의 구획부분에 설치하는 각 방파판의 면적 합계는 해당 구획부분의 최대수직단면적의 50% 이상으로 할 것. 다만, 수직단면이 원형이거나 짧은 지름이 1m 이하의 타원형인 경우에는 40% 이상으로 할 것 수 있다.

(7) 표지판

① **설치위치** : 차량의 전면 또는 후면에 보기 쉬운 곳

② **규격** : 한 변의 길이 0.6m 이상, 다른 한 변의 길이 0.3m 이상

③ **색깔** : 흑색 바탕 황색 문자로 "위험물" 표시

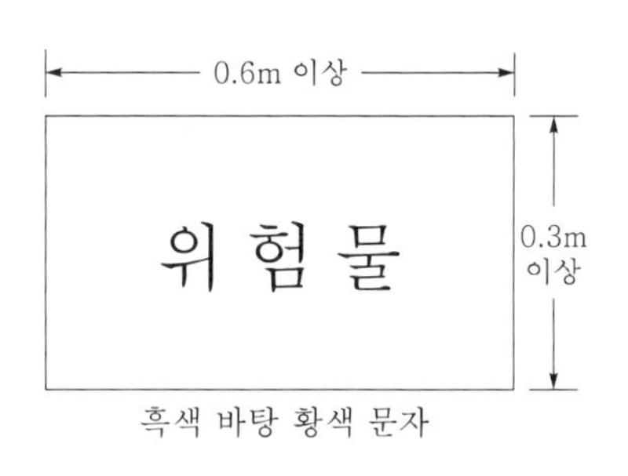

(8) 이동탱크저장소의 위험성 경고 표시

① 위험물의 분류

분류	구분	정의
1. 폭발성 물질 및 제품	1.1	순간적인 전량폭발이 주위험성인 폭발성 물질 및 제품
	1.2	발사나 추진현상이 주위험성인 폭발성 물질 및 제품
	1.3	심한 복사열 또는 화재가 주위험성인 폭발성 물질 및 제품
	1.4	중대한 위험성이 없는 폭발성 물질 및 제품
	1.5	순간적인 전량폭발이 주위험성이지만, 폭발가능성은 거의 없는 물질
	1.6	순간적인 전량폭발 위험성을 제외한 그 이외의 위험성이 주위험성이지만, 폭발가능성은 거의 없는 제품
2. 가스	2.1	인화성 가스
	2.2	비인화성 가스, 비독성 가스
	2.3	독성 가스
3. 인화성 액체		
4. 인화성 고체, 자연발화성 물질 및 물과 접촉 시 인화성 가스를 생성하는 물질	4.1	인화성 고체, 자기반응성 물질 및 둔감화된 고체화약
	4.2	자연발화성 물질
	4.3	물과 접촉 시 인화성 가스를 생성하는 물질
5. 산화성 물질과 유기과산화물	5.1	산화성 물질
	5.2	유기과산화물
6. 독성 및 전염성 물질	6.1	독성 물질
	6.2	전염성 물질
7. 방사성 물질		
8. 부식성 물질		
9. 분류 1 내지 분류 8에 속하지 않으나, 운송 위험성이 있는 것으로 UN의 TDG(ECOSOC Sub-Committee of Experts on the Transport of Dangerous Goods, 유엔경제사회이사회에 설치된 위험물운송전문가위원회, 이하 "TDG"라 한다)가 지정한 물질이나 제품		

② 표지 · 그림 문자 및 UN 번호의 세부기준

㉮ **표지**

㉠ 부착위치 : 이동탱크저장소의 전면 상단 및 후면 상단

㉡ 규격 및 형상 : 60cm 이상×30cm 이상의 가로형 사각형

㉢ 색상 및 문자 : 흑색 바탕에 황색의 반사도료로 "위험물"이라 표기할 것

㉣ 위험물이면서 유해화학물질에 해당하는 품목의 경우에는 「화학물질관리법」에 따른 유해화학물질 표지를 위험물 표지와 상하 또는 좌우로 인접하여 부착할 것

㉯ **UN 번호**

㉠ 그림문자의 외부에 표기하는 경우

ⓐ 부착 위치 : 이동탱크저장소의 후면 및 양 측면(그림문자와 인접한 위치)

ⓑ 규격 및 형상 : 30cm 이상×12cm 이상의 가로형 사각형

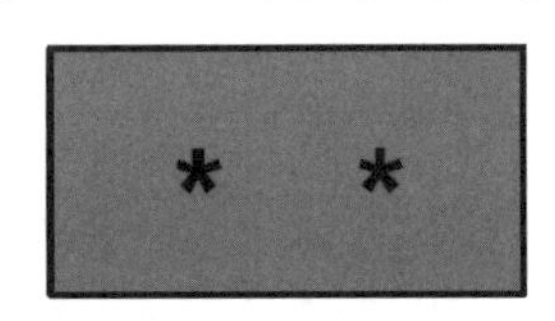

ⓒ 색상 및 문자 : 흑색 테두리선(굵기 1cm)과 오렌지색으로 이루어진 바탕에 UN 번호(글자의 높이 6.5cm 이상)를 흑색으로 표기할 것

㉡ 그림문자의 내부에 표기하는 경우

ⓐ 부착위치 : 이동탱크저장소의 후면 및 양 측면

ⓑ 규격 및 형상 : 심벌 및 분류 · 구분의 번호를 가리지 않는 크기의 가로형 사각형

ⓒ 색상 및 문자 : 흰색 바탕에 흑색으로 UN 번호(글자의 높이 6.5cm 이상)를 표기할 것

㉰ **그림문자**

㉠ 부착위치 : 이동탱크저장소의 후면 및 양 측면

㉡ 규격 및 형상 : 25cm 이상×25cm 이상의 마름모꼴

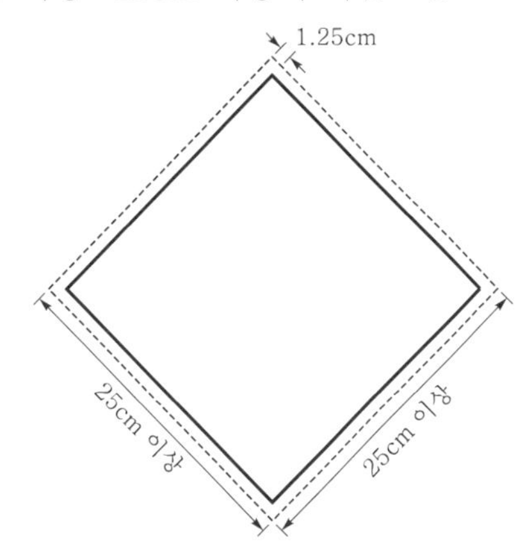

㉢ 색상 및 문자 : 위험물의 품목별로 해당하는 심벌을 표기하고 그림문자의 하단에 분류 · 구분의 번호(글자의 높이 2.5cm 이상)를 표기할 것

㉣ 위험물의 분류 · 구분별 그림문자의 세부기준 : 다음의 분류 · 구분에 따라 주위험성 및 부위험성에 해당되는 그림문자를 모두 표시할 것

ⓐ 분류 1 : 폭발성 물질

구분 1.1 구분 1.2 구분 1.3	구분 1.4 구분 1.5 구분 1.6

가. 명칭	폭발성 물질 (구분 1.1 내지 구분 1.6)
나. 최소크기	25cm×25cm
다. 구조	상부 절반에는 심벌 또는 구분의 번호, 하부의 모서리부분에 분류번호 1 기입
라. 심벌의 명칭	폭탄의 폭발(1.1/1.2/1.3)과 구분번호(1.4/1.5/1.6)
마. 심벌의 색깔	검정
바. 분류번호의 색깔	검정
사. 배경	오렌지(Pantone Color No, 151U)
아. 기타	명칭("폭발성 물질")을 하부의 절반에 표시할 수 있음

ⓑ 분류 2 : 가스(해당 없음)

ⓒ 분류 3 : 인화성 액체의 표지

가. 명칭	인화성 액체
나. 최소크기	25cm×25cm
다. 구조	상부 절반에는 심벌 하부의 모서리부분에 분류번호 3 기입
라. 심벌의 명칭	화염
마. 심벌의 색깔	검정 혹은 흰색
바. 분류번호의 색깔	검정 혹은 흰색
사. 배경	빨강(Pantone Color No. 186U)
아. 기타	1. 명칭("인화성 액체")을 하부의 절반에 표시할 수 있음 2. 심벌과 분류번호의 색깔은 동일하게 사용

ⓓ 분류 4 : 인화성 고체 등

구분 4.1 인화성 고체	구분 4.2 자연발화성 물질		구분 4.3 금수성 물질
항목	구분 4.1	구분 4.2	구분 4.3
가. 명칭	인화성 고체	자연발화성	금수성
나. 최소크기	25cm×25cm		
다. 구조	상부 절반에는 심벌 하부의 모서리부분에 분류번호 4 기입		
라. 심벌의 명칭	화염		
마. 심벌의 색깔	검정	검정	검정 혹은 흰색
바. 분류번호의 색깔	검정	검정	검정 혹은 흰색
사. 배경	흰색바탕에 7개의 빨강 수직 막대 (No. 186U)	상부 절반 흰색 하부 절반 빨강 (No. 186U)	파랑 (No. 285U)
아. 기타	1. 각각의 명칭을 하부의 절반에 표시할 수 있음 2. 구분 4.3의 경우 심벌과 분류번호의 색깔은 동일하게 사용		

ⓔ 분류 5 : 산화성 물질과 유기과산화물

구분 5.1 산화(제)성 물질	구분 5.2 유기과산화물
5.1	5.2 5.2

항목	구분 5.1	구분 5.2
가. 명칭	산화제	유기과산화물
나. 최소크기	25cm×25cm	
다. 구조	상부 절반에는 심벌 하부의 모서리부분에 각각의 구분번호 5.1, 5.2 기입	
라. 심벌의 명칭	원 위의 화염	화염
마. 심벌의 색깔	검정	검정 혹은 흰색
바. 분류번호의 색깔	검정	검정
사. 배경	노랑(No. 109U)	상부 절반 빨강(No. 186U) 하부 절반 노랑(No. 109U)
아. 기타	1. 각각의 명칭을 하부의 절반에 표시할 수 있음 2. 구분 5.2의 경우 구분번호는 검정색깔임	

ⓕ 분류 6 : 독성 물질과 전염성 물질

구분 6.1	구분 6.2
6	6

항목	구분 6.1	구분 6.2
가. 명칭	독성	감염성 물질
나. 최소크기	25cm×25cm	
다. 구조	상부 절반에는 심벌 하부의 모서리부분에 분류 번호 6 기입	
라. 심벌의 명칭	해골과 교차 대퇴골	원으로 묶은 3개의 반달
마. 심벌의 색깔	검정	검정
바. 분류번호의 색깔	검정	검정
사. 배경	흰색	흰색
아. 기타	각각의 명칭을 하부 절반에 표시할 수 있음	

ⓖ 분류 7 : 방사성 물질(해당 없음)

ⓗ 분류 8 : 부식성 물질

가. 명칭	부식성
나. 최소크기	25cm×25cm
다. 구조	상부 절반에는 심벌 하부의 모서리부분에 분류번호 8 기입
라. 심벌의 명칭	2개의 용기에서 손과 금속에 떨어지는 액체
마. 심벌의 색깔	검정
바. 분류번호의 색깔	흰색
사. 배경	상부 절반 흰색, 하부 절반 검정
아. 기타	명칭을 하부 절반에 표시할 수 있음

ⓘ 분류 9 : 기타 위험물(해당 없음)

(9) 이동탱크저장소의 위험물 취급기준

① 액체위험물을 다른 탱크에 주입할 경우 취급기준

㉮ 해당 탱크의 주입구에 이동탱크의 급유호스를 견고하게 결합할 것

㉯ 펌프 등 기계장치로 위험물을 주입하는 경우 : 토출압력을 해당 설비의 기준압력 범위 내로 유지할 것

㉰ 이동탱크저장소의 원동기를 정지시켜야 하는 경우 : 인화점이 40℃ 미만의 위험물을 주입 시

② 정전기에 의한 재해발생의 우려가 있는 액체위험물(휘발유, 벤젠 등)을 이동탱크저장소에 주입하는 경우의 취급기준

㉮ 주입관의 선단을 이동저장탱크 안의 밑바닥에 밀착시킬 것

㉯ 정전기 등으로 인한 재해발생 방지조치 사항

㉠ 탱크의 위쪽 주입관에 의해 **위험물을 주입할 경우의 주입 속도 1m/s 이하로 한다.**

㉡ 탱크의 밑바닥에 설치된 고정주입배관에 의해 **위험물을 주입할 경우 주입속도 1m/s 이하로 한다.**

㉢ 기타의 방법으로 위험물을 주입하는 경우 : 위험물을 주입하기 전에 탱크에 가연성 증기가 없도록 조치하고 안전한 상태를 확인한 후 주입할 것

㉰ **이동저장탱크는 완전히 빈 탱크상태로 차고에 주차할 것**

(10) 컨테이너방식의 이동탱크저장소의 기준

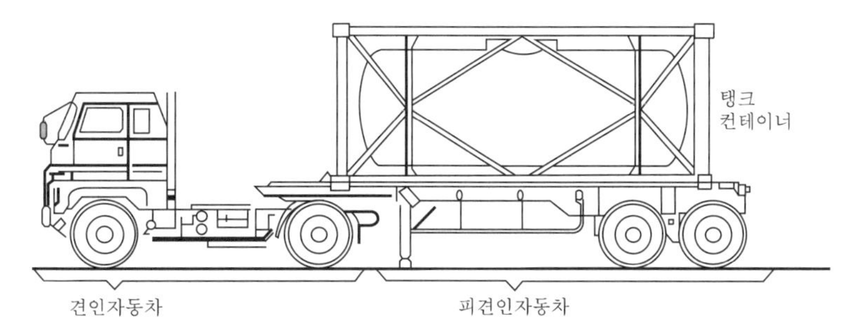

① 이동저장탱크는 옮겨 싣는 때에 이동저장탱크 하중에 의하여 생기는 응력 및 변형에 대하여 안전한 구조로 한다.

② 컨테이너식 이동탱크저장소에는 이동저장탱크 하중의 4배의 전단하중에 견디는 걸고리 체결금속구 및 모서리 체결금속구를 설치할 것. 다만, 용량이 6,000L 이하인 이동저장탱크를 싣는 이동탱크저장소의 경우에는 이동저장탱크를 차량의 섀시프레임에 체결하도록 만든 구조의 유(U)자볼트를 설치할 수 있다.

③ 다음의 기준에 적합한 이동저장탱크로 된 컨테이너식 이동탱크저장소에 대하여는 안전칸막이 내지 방호틀규정을 적용하지 아니한다.

㉮ 이동저장탱크 및 부속장치(맨홀 · 주입구 및 안전장치 등을 말한다)는 강재로 된 상자형태의 틀(이하 "상자틀"이라 한다)에 수납할 것

㉯ 상자틀의 구조물 중 이동저장탱크의 이동방향과 평행한 것과 수직인 것은 해당 이동저장탱크 · 부속장치 및 상자틀의 자중과 저장하는 위험물의 무게를 합한 하중(이하 "이동저장탱크하중"이라 한다)의 2배 이상의 하중에, 그 외 이동저장탱크의 이동방향과 직각인 것은 이동저장탱크하중 이상의 하중에 각각 견딜 수 있는 강도가 있는 구조로 할 것

㉰ 이동저장탱크 · 맨홀 및 주입구의 뚜껑은 두께 6mm(해당 탱크의 직경 또는 장경이 1.8m 이하인 것은 5mm) 이상의 강판 또는 이와 동등 이상의 기계적 성질이 있는 재료로 할 것

㉱ 이동저장탱크에 칸막이를 설치하는 경우에는 해당 탱크의 내부를 완전히 구획하는 구조로 하고, 두께 3.2mm 이상의 강판 또는 이와 동등 이상의 기계적 성질이 있는 재료로 할 것

㉲ 이동저장탱크에는 맨홀 및 안전장치를 할 것

㉳ 부속장치는 상자틀의 최외측과 50mm 이상의 간격을 유지할 것

④ 컨테이너식 이동탱크저장소에 대하여는 이동저장탱크의 보기 쉬운 곳에 가로 0.4m 이상, 세로 0.15m 이상의 백색 바탕에 흑색 문자로 허가청의 명칭 및 완공검사번호를 표시하여야 한다.

(11) 위험물의 성질에 따른 이동탱크저장소의 특례

① 알킬알루미늄 등을 저장 또는 취급하는 이동탱크저장소는 해당 위험물의 성질에 따라 강화되는 기준은 다음에 의하여야 한다.

㉮ 이동저장탱크는 두께 10mm 이상의 강판 또는 이와 동등 이상의 기계적 성질이 있는 재료로 기밀하게 제작되고 1MPa 이상의 압력으로 10분간 실시하는 수압시험에서 새거나 변형하지 아니하는 것일 것

㉯ 이동저장탱크의 **용량은 1,900L 미만**일 것

㉰ 안전장치는 이동저장탱크의 수압시험의 압력의 3분의 2를 초과하고 5분의 4를 넘지 아니하는 범위의 압력으로 작동할 것

㉱ 이동저장탱크의 맨홀 및 주입구의 뚜껑은 두께 10mm 이상의 강판 또는 이와 동등 이상의 기계적 성질이 있는 재료로 할 것

㉲ 이동저장탱크의 배관 및 밸브 등은 해당 탱크의 윗부분에 설치할 것

㉳ 이동탱크저장소에는 이동저장탱크하중의 4배의 전단하중에 견딜 수 있는 걸고리체결금속구 및 모서리체결금속구를 설치할 것

㉴ 이동저장탱크는 **불활성의 기체를 봉입할 수 있는 구조**로 할 것

㉵ 이동저장탱크는 그 **외면을 적색으로 도장**하는 한편, 백색 문자로서 동판(胴板)의 양측면 및 경판(鏡板)에 주의사항을 표시할 것

② 아세트알데하이드 등을 저장 또는 취급하는 이동탱크저장소는 해당 위험물의 성질에 따라 강화되는 기준은 다음 각 목에 의하여야 한다.

㉮ 이동저장탱크는 불활성의 기체를 봉입할 수 있는 구조로 할 것

㉯ **이동저장탱크 및 그 설비는 은 · 수은 · 동 · 마그네슘 또는 이들을 성분으로 하는 합금으로 만들지 아니할 것**

③ 하이드록실아민 등을 저장 또는 취급하는 이동탱크저장소는 하이드록실아민 등을 저장 또는 취급하는 옥외탱크저장소의 규정을 준용하여야 한다.

④ 휘발유를 저장하던 이동저장탱크에 등유나 경유를 주입할 때 또는 등유나 경유를 저장하던 이동저장탱크에 휘발유를 주입할 때 에는 다음의 기준에 따라 정전기 등에 의한 재해를 방지하기 위한 조치를 할 것

㉮ 이동저장탱크의 상부로부터 위험물을 주입할 때에는 위험물의 액표면이 주입관의 선단을 넘는 높이가 될 때까지 그 주입관 내의 **유속을 초당 1m 이하**로 할 것

㉯ 이동저장탱크의 밑부분으로부터 위험물을 주입할 때에는 위험물의 액표면이 주입관의 정상부분을 넘는 높이가 될 때까지 그 주입배관 내의 **유속을 초당 1m 이하**로 할 것

(12) 이동저장탱크의 외부도장

유별	도장의 색상	비고
제1류	회색	1. 탱크의 앞면과 뒷면을 제외한 면적의 40% 이내의 면적은 다른 유별의 색상 외의 색상으로 도장하는 것이 가능하다. 2. **제4류에 대해서는** 도장의 색상 제한이 없으나 **적색을 권장**한다.
제2류	적색	
제3류	청색	
제5류	황색	
제6류	청색	

8 간이탱크저장소

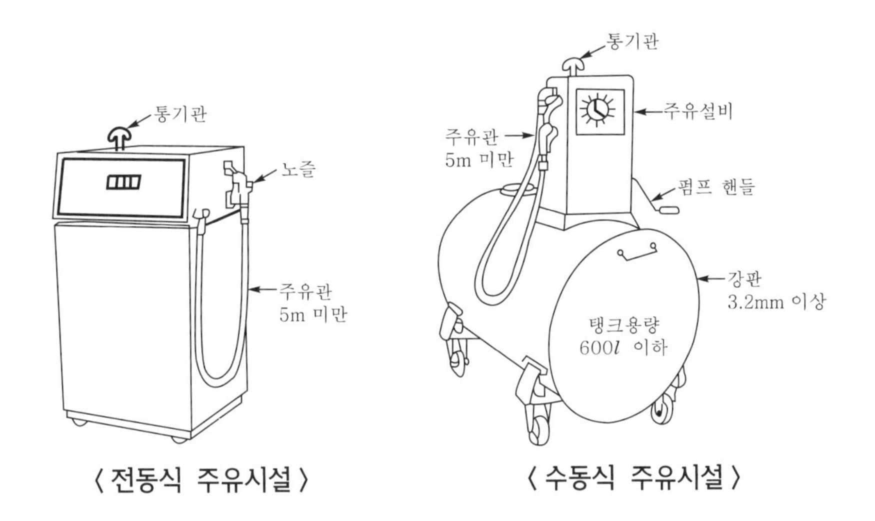

〈전동식 주유시설〉 〈수동식 주유시설〉

(1) 간이탱크저장소의 설비기준

① 옥외에 설치한다.

② 전용실 안에 설치하는 경우 채광, 조명, 환기 및 배출의 설비를 한다.

③ 탱크의 구조기준

㉮ **두께 3.2mm 이상의 강판**으로 흠이 없도록 제작할 것

㉯ 시험방법 : 70kPa 압력으로 10분간 수압시험을 실시하여 새거나 변형되지 아니할 것

㉰ **하나의 탱크 용량은 600L 이하**로 할 것

㉱ 탱크의 외면에는 녹을 방지하기 위한 도장을 할 것

④ 탱크의 설치방법

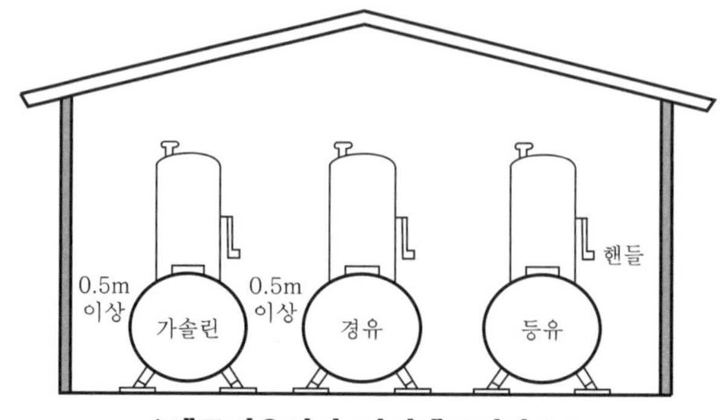

〈 **탱크전용실의 간이탱크저장소** 〉

㉮ 하나의 간이탱크저장소에 설치하는 **탱크의 수는 3기 이하**로 할 것(단, 동일한 품질의 위험물의 탱크를 2기 이상 설치하지 말 것)

㉯ 탱크는 움직이거나 넘어지지 않도록 지면 또는 가설대에 고정시킬 것

㉰ 옥외에 설치하는 경우에는 그 탱크 주위에 너비 1m 이상의 공지를 보유할 것

㉱ 탱크를 전용실 안에 설치하는 경우에는 탱크와 전용실 벽과의 사이에 0.5m 이상의 간격을 유지할 것

⑤ 간이탱크저장소의 통기장치(밸브 없는 통기관) 기준

㉮ **통기관의 지름** : 25mm 이상

㉯ **옥외에 설치하는 통기관**

㉠ 선단높이 : 지상 1.5m 이상

㉡ 선단구조 : 수평면에 대하여 **45° 이상 구부려 빗물 등이 침투하지 아니하도록 한다.**

㉰ **가는 눈의 구리망 등으로 인화방지장치**를 할 것

9 암반탱크저장소

암반을 굴착하여 형성한 지하 공동에 석유류 위험물을 저장하는 저장소

(1) 암반탱크 설치기준

① 암반탱크는 암반투수계수가 1초당 10만 분의 1m 이하인 천연암반 내에 설치한다.

② 암반탱크는 저장할 위험물의 증기압을 억제할 수 있는 지하 수면하에 설치한다.

③ 암반탱크의 내벽은 암반 균열에 의한 낙반을 방지할 수 있도록 볼트, 콘크리트 등으로 보강한다.

(2) 암반탱크의 수리조건기준

① 암반탱크 내로 유입되는 지하수의 양은 암반 내의 지하수 충전량보다 적을 것
② 암반탱크의 상부로 물을 주입하여 수압을 유지할 필요가 있는 경우에는 수벽공을 설치할 것
③ 암반탱크에 가해지는 지하수압은 저장소의 최대운영압보다 항상 크게 유지할 것

(3) 지하수위관측공

암반탱크저장소 주위에는 지하수위 및 지하수의 흐름 등을 확인·통제할 수 있는 관측공을 설치하여야 한다.

(4) 계량장치

암반탱크저장소에는 위험물의 양과 내부로 유입되는 지하수의 양을 측정할 수 있는 계량구와 자동측정이 가능한 계량장치를 설치하여야 한다.

(5) 배수시설

암반탱크저장소에는 주변 암반으로부터 유입되는 침출수를 자동으로 배출할 수 있는 시설을 설치하고 침출수에 섞인 위험물이 직접 배수구로 흘러 들어가지 아니하도록 유분리장치를 설치하여야 한다.

(6) 펌프설비

암반탱크저장소의 펌프설비는 점검 및 보수를 위하여 사람의 출입이 용이한 구조의 전용공동에 설치하여야 한다.

6-6 위험물 취급소 구분

① 주유취급소

차량, 항공기, 선박에 주유(등유, 경유 판매 시설 병설 가능)
고정된 주유설비에 의하여 위험물을 자동차 등의 연료탱크에 직접 주유하거나 실소비자에게 판매하는 위험물취급소

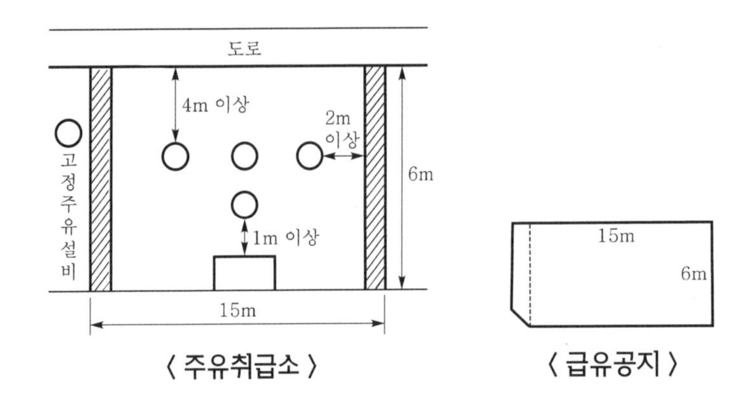

〈 주유취급소 〉 〈 급유공지 〉

(1) 주유공지 및 급유공지

① 자동차 등에 직접 주유하기 위한 설비로서(현수식 포함) **너비 15m 이상 길이 6m 이상의 콘크리트 등으로 포장한 공지**를 보유한다.

② 공지의 기준

㉮ 바닥은 주위 지면보다 높게 한다.

㉯ 그 표면을 적당하게 경사지게 하여 새어나온 기름, 그 밖의 액체가 공지의 외부로 유출되지 아니하도록 **배수구 · 집유설비** 및 **유분리장치**를 한다.

(2) 주유취급소의 표지판과 게시판 기준

① **화기엄금** 게시판 기준

㉮ **규격** : 한 변의 길이가 0.3m 이상 다른 한 변의 길이가 0.6m 이상

㉯ **색깔 : 적색 바탕에 백색 문자**

② **주유 중 엔진정지** 표지판 기준

㉮ **규격** : 한 변의 길이가 0.3m 이상 다른 한 변의 길이가 0.6m 이상

㉯ **색깔 : 황색 바탕에 흑색 문자**

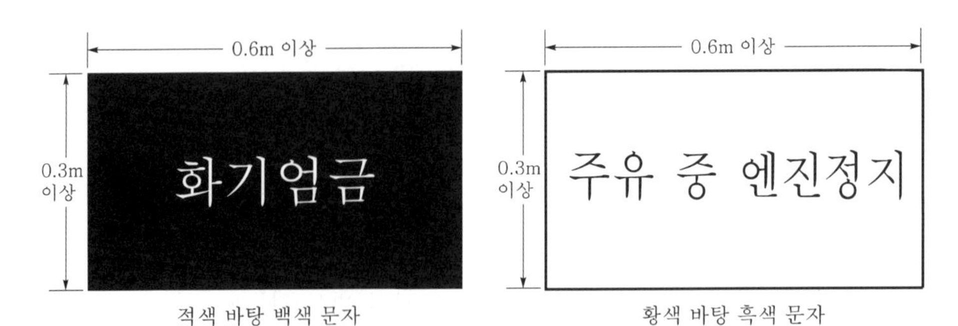

적색 바탕 백색 문자 황색 바탕 흑색 문자

(3) 탱크의 용량기준★★★

① **자동차 등에 주유하기 위한 고정주유설비**에 직접 접속하는 전용 탱크는 **50,000L 이하**

② **고정급유설비**에 직접 접속하는 전용탱크는 **50,000L 이하**

③ **보일러 등에 직접 접속하는 전용탱크**는 **10,000L 이하**

④ **자동차 등을 점검 · 정비하는 작업장** 등에서 사용하는 폐유 · 윤활유 등의 위험물을 저장하는 탱크로서 용량이 **2,000L 이하인 탱크**

⑤ **고속국도 도로변에 설치된 주유취급소**는 **탱크 용량은 60,000L**

(4) 고정주유설비 등

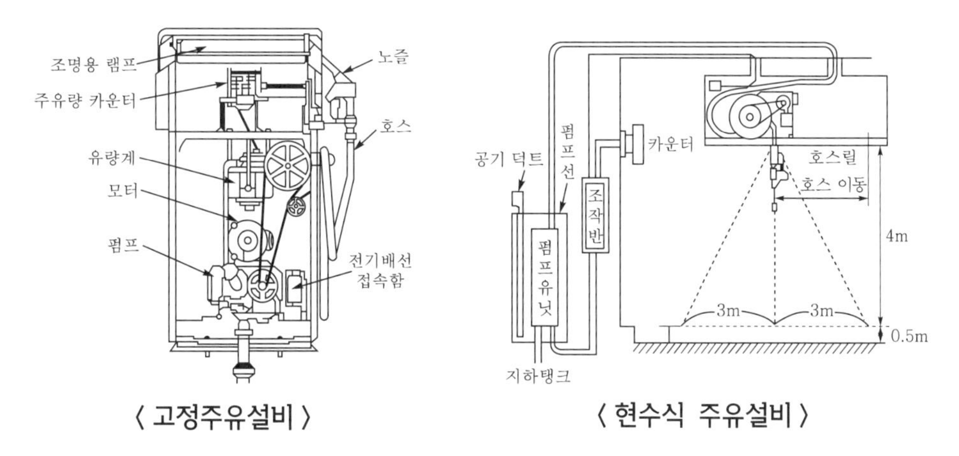

〈 고정주유설비 〉 〈 현수식 주유설비 〉

① 펌프기기의 주유관 선단에서 최대토출량

㉮ **제1석유류** : 50L/min 이하

㉯ **경유** : 180L/min 이하

㉰ **등유** : 80L/min 이하

㉱ 이동저장탱크에 주입하기 위한 고정급유설비 : 300L/min 이하

㉲ 분당 토출량이 200L 이상인 것의 경우에는 주유설비에 관계된 모든 배관의 안지름을 40mm 이상으로 한다.

② 고정주유설비 또는 고정급유설비의 중심선을 기점으로

㉮ 도로경계면까지 : 4m 이상

㉯ 부지경계선 · 담 및 건축물의 벽까지 : 2m 이상

㉰ 개구부가 없는 벽까지 : 1m 이상

㉱ 고정주유설비와 고정급유설비 사이 : 4m 이상

③ 주유관의 기준

㉮ 고정주유설비 또는 고정급유설비의 주유관의 길이 : 5m 이내

㉯ 현수식 주유설비 길이 : 지면 위 0.5m, 반경 3m 이내

㉰ 노즐선단에서는 정전기 제거장치를 한다.

④ 고정주유설비 또는 고정급유설비의 본체 또는 노즐 손잡이에 주유 작업자의 인체에 축적되는 정전기를 유효하게 제거할 수 있는 장치를 설치할 것

(5) 주유취급소에 설치할 수 있는 건축물

① 주유 또는 등유 · 경유를 옮겨 담기 위한 **작업장**

② 주유취급소의 업무를 행하기 위한 **사무소**

③ 자동차 등의 점검 및 간이**정비를 위한 작업장**

④ 자동차 등의 **세정을 위한 작업장**

⑤ 주유취급소에 출입하는 사람을 대상으로 한 **점포 · 휴게음식점 또는 전시장**

⑥ 주유취급소의 관계자가 거주하는 **주거시설**

⑦ **전기자동차용 충전설비**(전기를 동력원으로 하는 자동차에 직접 전기를 공급하는 설비를 말한다. 이하 같다)

⑧ 그 밖의 소방청장이 정하여 고시하는 건축물 또는 시설

⑨ **상기 ②, ③ 및 ⑤의 용도에 제공하는 부분의 면적의 합은 1,000m^2를 초과할 수 없다.**

(6) 건축물 등의 구조

① 벽 · 기둥 · 바닥 · 보 및 지붕을 **내화구조 또는 불연재료**로 하고, 창 및 출입구에는 방화문 또는 불연재료로 된 문을 설치할 것

② 사무실 등의 창 및 출입구에 유리를 사용하는 경우에는 **망입유리 또는 강화유리**로 할 것

③ 건축물 중 사무실, 그 밖의 화기를 사용하는 곳의 구조

㉮ 출입구는 건축물의 안에서 밖으로 수시로 개방할 수 있는 자동폐쇄식의 것으로 할 것

㉯ 출입구 또는 사이통로의 문턱의 높이를 15cm 이상으로 할 것

㉰ 높이 1m 이하의 부분에 있는 창 등은 밀폐시킬 것

④ 자동차 등의 점검 · 정비를 행하는 설비

㉮ 고정주유설비로부터 4m 이상, 도로경계선으로부터 2m 이상 떨어지게 할 것

㉯ 위험물을 취급하는 설비는 위험물의 누설 · 넘침 또는 비산을 방지할 수 있는 구조로 할 것

⑤ 자동차 등의 세정을 행하는 설비

㉮ 증기세차기를 설치하는 경우에는 그 주위의 불연재료로 된 높이 1m 이상의 담을 설치하고 출입구가 고정주유설비에 면하지 아니하도록 할 것. 이 경우 담은 고정주유설비로부터 4m 이상 떨어지게 하여야 한다.

㉯ 증기세차기 외의 세차기를 설치하는 경우에는 고정주유설비로부터 4m 이상, 도로경계선으로부터 2m 이상 떨어지게 할 것

⑥ 주유원 간이대기실

㉮ **불연재료**로 할 것

㉯ 바퀴가 부착되지 아니한 **고정식**일 것

㉰ 차량의 출입 및 주유작업에 장애를 주지 아니하는 위치에 설치할 것

㉱ **바닥면적이 2.5m^2 이하**일 것. 다만, 주유공지 및 급유공지 외의 장소에 설치하는 것은 그러하지 아니하다.

(7) 담 또는 벽

① 주유취급소의 주위에는 자동차 등이 출입하는 쪽 외의 부분에 높이 2m 이상의 내화구조 또는 불연재료의 담 또는 벽을 설치하되, 주유취급소의 인근에 연소의 우려가 있는 건축물이 있는 경우에는 소방청장이 정하여 고시하는 바에 따라 방화상 유효한 높이로 하여야 한다.

② 상기 내용에도 불구하고 다음 기준에 모두 적합한 경우에는 담 또는 벽의 일부분에 방화상 유효한 구조의 유리를 부착할 수 있다.

㉮ 유리를 부착하는 위치는 주입구, 고정주유설비 및 고정급유설비로부터 4m 이상 이격될 것

㉯ 유리를 부착하는 방법은 다음의 기준에 모두 적합할 것

㉠ 주유취급소 내의 지반면으로부터 70cm를 초과하는 부분에 한하여 유리를 부착할 것

㉡ 하나의 유리판의 가로의 길이는 2m 이내일 것

㉢ 유리판의 테두리를 금속제의 구조물에 견고하게 고정하고 해당 구조물을 담 또는 벽에 견고하게 부착할 것

㉣ 유리의 구조는 접합유리(두장의 유리를 두께 0.76mm 이상의 폴리바이닐뷰티랄 필름으로 접합한 구조를 말한다)로 하되, 「유리구획부분의 내화시험방법(KS F 2845)」에 따라 시험하여 비차열 30분 이상의 방화성능이 인정될 것

㉰ **유리를 부착하는 범위는 전체의 담 또는 벽의 길이의 10분의 2를 초과하지 아니할 것**

(8) 캐노피

① 배관이 캐노피 내부를 통과할 경우에는 1개 이상의 점검구를 설치할 것
② 캐노피 외부의 점검이 곤란한 장소에 배관을 설치하는 경우에는 용접이음으로 할 것
③ 캐노피 외부의 배관이 일광열의 영향을 받을 우려가 있는 경우에는 단열재로 피복할 것

(9) 고속국도 주유취급소의 특례

고속국도의 도로변에 설치된 주유취급소에 있어서는 탱크의 용량을 60,000L까지 할 수 있다.

(10) 고객이 직접 주유하는 주유취급소의 특례

① 셀프용 고정주유설비의 기준
㉮ 주유호스의 선단부에 수동개폐장치를 부착한 주유노즐을 설치할 것. 다만, 수동개폐장치를 개방한 상태로 고정시키는 장치가 부착된 경우에는 다음의 기준에 적합하여야 한다.
㉠ 주유작업을 개시함에 있어서 주유노즐의 수동개폐장치가 개방상태에 있는 때에는 해당 수동개폐장치를 일단 폐쇄시켜야만 다시 주유를 개시할 수 있는 구조로 할 것
㉡ 주유노즐이 자동차 등의 주유구로부터 이탈된 경우 주유를 자동적으로 정지시키는 구조일 것
㉯ 주유노즐은 자동차 등의 연료탱크가 가득 찬 경우 자동적으로 정지시키는 구조일 것
㉰ 주유호스는 200kg 중 이하의 하중에 의하여 파단(破斷) 또는 이탈되어야 하고, 파단 또는 이탈된 부분으로부터의 위험물 누출을 방지할 수 있는 구조일 것
㉱ 휘발유와 경유 상호간의 오인에 의한 주유를 방지할 수 있는 구조일 것
㉲ 1회의 연속주유량 및 주유시간의 상한을 미리 설정할 수 있는 구조일 것. 이 경우 연속주유량 및 주유시간의 상한은 다음과 같다.
㉠ 휘발유는 100L 이하, 4분 이하로 할 것
㉡ 경유는 600L 이하, 12분 이하로 할 것

② 셀프용 고정급유설비의 기준
㉮ 급유호스의 선단부에 수동개폐장치를 부착한 급유노즐을 설치할 것
㉯ 급유노즐은 용기가 가득찬 경우에 자동적으로 정지시키는 구조일 것
㉰ 1회의 연속급유량 및 급유시간의 상한을 미리 설정할 수 있는 구조일 것, 이 경우 **급유량의 상한은 100L 이하, 급유시간의 상한은 6분 이하로 한다.**

② 판매취급소

용기에 수납하여 위험물을 판매하는 취급소

(1) 제1종 판매취급소

저장 또는 취급하는 위험물의 수량이 지정수량의 20배 이하인 판매취급소

① 건축물의 1층에 설치한다.

② 배합실은 다음과 같다.

㉮ **바닥면적은 6m^2 이상 15m^2 이하**이다.

㉯ **내화구조 또는 불연재료로 된 벽으로 구획**한다.

㉰ 바닥은 위험물이 침투하지 아니하는 구조로 하여 적당한 경사를 두고 **집유설비**를 한다.

㉱ 출입구에는 수시로 열 수 있는 자동 폐쇄식의 **60분+방화문 · 60분방화문을 설치**한다.

㉲ 출입구 문턱의 높이는 **바닥면으로 0.1m 이상**으로 한다.

㉳ 내부에 체류한 가연성 증기 또는 가연성의 미분을 지붕 위로 방출하는 설치를 한다.

(2) 제2종 판매취급소

저장 또는 취급하는 위험물의 수량이 지정수량의 40배 이하인 판매취급소

① 벽, 기둥, 바닥 및 보를 내화구조로 하고, 천장이 있는 경우에는 이를 불연재료로 하며, 판매취급소로 사용하는 부분과 다른 부분과의 격벽을 내화 구조로 한다.

② 상층이 있는 경우에는 상층의 바닥을 내화구조로 하는 동시에 상층으로의 연소를 방지하기 위한 조치를 강구하고, 상층이 없는 경우에는 지붕을 내화구조로 한다.

③ 연소의 우려가 없는 부분에 한하여 창을 두되, 해당 창에는 60분+방화문 · 60분방화문 또는 30분방화문을 설치한다.

④ 출입구에는 60분+방화문 · 60분방화문 또는 30분방화문을 설치한다. 단, 해당 부분 중 연소의 우려가 있는 벽 또는 창의 부분에 설치하는 출입구에는 수시로 열 수 있는 자동폐쇄식의 60분+방화문 · 60분방화문을 설치한다.

(3) 제2종 판매취급소 작업실에서 배합할 수 있는 위험물의 종류

① 황

② 도료류

③ 제1류 위험물 중 염소산염류 및 염소산염류만을 함유한 것

3 이송취급소

(1) 설치하지 못하는 장소

① 철도 및 도로의 터널 안
② 고속 국도 및 자동차 전용도로의 차도, 길어깨 및 중앙분리대
③ 호수, 저수지 등으로서 수리의 수원이 되는 곳
④ 급경사지역으로서 붕괴의 위험이 있는 지역

(2) 지상설치에 대한 배관 설치기준

① 배관이 지표면에 접하지 아니하도록 할 것
② 배관[이송기지(펌프에 의하여 위험물을 보내거나 받는 작업을 행하는 장소를 말한다. 이하 같다)의 구내에 설치되어진 것을 제외한다]은 다음의 기준에 의한 안전거리를 둘 것
㉮ 철도(화물수송용으로만 쓰이는 것을 제외한다) 또는 도로의 경계선으로부터 25m 이상
㉯ 종합병원, 병원, 치과병원, 한방병원, 요양병원, 공연장, 영화상영관, 복지시설로부터 45m 이상
㉰ 유형문화재, 지정문화재 시설로부터 65m 이상
㉱ 고압가스, 액화석유가스, 도시가스 시설로부터 35m 이상
㉲ 공공공지 또는 도시공원으로부터 45m 이상
㉳ 판매시설 · 숙박시설 · 위락시설 등 불특정다중을 수용하는 시설 중 연면적 1,000m^2 이상인 것으로부터 45m 이상
㉴ 1일 평균 20,000명 이상 이용하는 기차역 또는 버스터미널로부터 45m 이상

㉮ 수도시설 중 위험물이 유입될 가능성이 있는 것으로부터 300m 이상
㉯ 주택 또는 ㉮ 내지 ㉮과 유사한 시설 중 다수의 사람이 출입하거나 근무하는 것으로부터 25m 이상

(3) 지하매설에 대한 배관 설치기준

① 안전거리 기준
㉮ 건축물(지하가 내의 건축물을 제외한다) : 1.5m 이상
㉯ 지하가 및 터널 : 10m 이상
㉰ 수도시설(위험물의 유입우려가 있는 것에 한한다) : 300m 이상
② 배관은 그 외면으로부터 다른 공작물에 대하여 0.3m 이상의 거리를 보유할 것
③ 배관의 외면과 지표면과의 거리는 산이나 들에 있어서는 0.9m 이상, 그 밖의 지역에 있어서는 1.2m 이상으로 할 것
④ 배관은 지반의 동결로 인한 손상을 받지 아니하는 적절한 깊이로 매설할 것

(4) 기타 설비 등

① 누설확산방지조치 : 배관을 시가지 · 하천 · 수로 · 터널 · 도로 · 철도 또는 투수성(透水性) 지반에 설치하는 경우에는 누설된 위험물의 확산을 방지할 수 있는 강철제의 관 · 철근콘크리트조의 방호구조물 등 견고하고 내구성이 있는 구조물의 안에 설치하여야 한다.
② 안전제어장치
㉮ 압력안전장치 · 누설검지장치 · 긴급차단밸브, 그 밖의 안전설비의 제어회로가 정상으로 있지 아니하면 펌프가 작동하지 아니하도록 하는 제어기능
㉯ 안전상 이상상태가 발생한 경우에 펌프 · 긴급차단밸브 등이 자동 또는 수동으로 연동하여 신속히 정지 또는 폐쇄되도록 하는 제어기능
③ 압력안전장치 : 배관계에는 배관 내의 압력이 최대상용압력을 초과하거나 유격작용 등에 의하여 생긴 압력이 최대상용압력의 1.1배를 초과하지 아니하도록 제어하는 장치(이하 "압력안전장치"라 한다)를 설치할 것
④ 경보설비
㉮ 이송기지에는 비상벨장치 및 확성장치를 설치할 것
㉯ 가연성 증기를 발생하는 위험물을 취급하는 펌프실 등에는 가연성 증기 경보설비를 설치할 것

4 일반취급소

주유취급소, 판매취급소 및 이송취급소에 해당하지 않는 모든 취급소로서, 위험물을 사용하여 일반제품을 생산, 가공 또는 세척하거나 버너 등에 소비하기 위하여 1일에 지정수량 이상의 위험물을 취급하는 시설을 말한다.

(1) 분무도장작업 등의 일반취급소

도장, 인쇄, 또는 도포를 위하여 제2류 위험물 또는 제4류 위험물(특수인화물 제외)을 취급하는 일반취급소로서 **지정수량의 30배 미만의 것**

(2) 세정작업의 일반취급소

세정을 위하여 위험물(인화점이 40℃ 이상인 제4류 위험물에 한한다)을 취급하는 일반취급소로서 **지정수량의 30배 미만의 것**

(3) 열처리작업 등의 일반취급소

열처리작업 또는 방전가공을 위하여 위험물(인화점이 70℃ 이상인 제4류 위험물에 한한다)을 취급하는 일반취급소로서 **지정수량의 30배 미만의 것**

(4) 보일러 등으로 위험물을 소비하는 일반취급소

보일러, 버너 그 밖의 이와 유사한 장치로 위험물(인화점이 38℃ 이상인 제4류 위험물에 한한다)을 소비하는 일반취급소로서 **지정수량의 30배 미만의 것**

(5) 충전하는 일반취급소

이동저장탱크에 액체위험물(알킬알루미늄 등, 아세트알데하이드 등 및 하이드록실아민 등을 제외한다)을 주입하는 일반취급소

(6) 옮겨 담는 일반취급소

고정급유설비에 의하여 위험물(인화점이 38℃ 이상인 제4류 위험물에 한한다)을 용기에 옮겨 담거나 4,000L 이하의 이동저장탱크(용량이 2,000L를 넘는 탱크에 있어서는 그 내부를 2,000L마다 구획한 것에 한한다)에 주입하는 일반취급소로서 **지정수량의 40배 미만인 것**

(7) 유압장치 등을 설치하는 일반취급소

위험물을 이용한 유압장치 또는 윤활유 순환장치를 설치하는 일반취급소(고인화점위험물만을 100℃ 미만의 온도로 취급하는 것에 한한다)로서 **지정수량의 50배 미만의 것**

(8) 절삭장치 등을 설치하는 일반취급소

절삭유의 위험물을 이용한 절삭장치, 연삭장치, 그 밖의 이와 유사한 장치를 설치하는 일반취급소(고인화점위험물만을 100℃ 미만의 온도로 취급하는 것에 한한다)로서 **지정수량의 30배 미만의 것**

(9) 열매체유순환장치를 설치하는 일반취급소

위험물 외의 물건을 가열하기 위하여 위험물(고인화점위험물에 한한다)을 이용한 열매체유순환장치를 설치하는 일반취급소로서 **지정수량의 30배 미만의 것**

(10) 화학실험의 일반취급소

화학실험을 위하여 위험물을 취급하는 일반취급소로서 **지정수량의 30배 미만의 것**(위험물을 취급하는 설비를 건축물에 설치한 것만 해당)

(11) 반도체 제조공정의 일반취급소

반도체 제조공정의 일반취급소 외의 용도로 사용하는 부분이 있는 건축물에 설치하는 반도체 제조공정의 일반취급소

(12) 이차전지 제조공정의 일반취급소

이차전지 제조공정의 일반취급소 외의 용도로 사용하는 부분이 있는 건축물에 설치하는 이차전지 제조공정의 일반취급소로서 지정수량의 30배 미만의 것

연 / 습 / 문 / 제

01 피난설비를 설치하여야 하는 위험물제조소 등에 해당하는 것은?

㉮ 건축물의 2층 부분을 자동차정비소로 사용하는 주유취급소
㉯ 건축물의 2층 부분을 전시장으로 사용하는 주유취급소
㉰ 건축물의 2층 부분을 주유사무소로 사용하는 주유취급소
㉱ 건축물의 2층 부분을 관계자의 주거시설로 사용하는 주유취급소

해설 피난설비 설치대상 위험물제조소 등에는 건축물의 2층 부분을 다수인이 출입하는 전시장이 있는 주유취급소에 설치한다.

답 ㉯

02 위험물의 이동탱크저장소 차량에 '위험물'이라고 표시한 표지를 설치할 때 표지의 바탕색은?

㉮ 흰색 ㉯ 적색
㉰ 흑색 ㉱ 황색

해설 이동탱크저장소의 '위험물' 표지판의 바탕색은 흑색, 글자색은 황색의 반사도료를 사용한다.

답 ㉰

03 지정수량 이상의 위험물을 소방서장의 승인을 받아 제조소 등이 아닌 장소에서 임시로 저장 또는 취급할 수 있는 기간은 얼마 이내인가? (단, 군부대가 군사목적으로 임시로 저장 또는 취급하는 경우는 제외한다.)

㉮ 30일 ㉯ 60일
㉰ 90일 ㉱ 180일

해설 임시저장기간 : 90일

답 ㉰

04 그림과 같은 타원형 위험물탱크의 내용적을 구하는 식을 옳게 나타낸 것은?

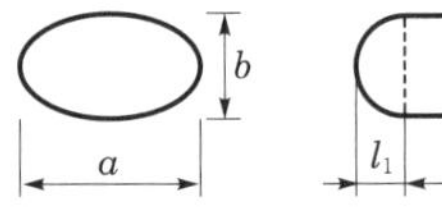

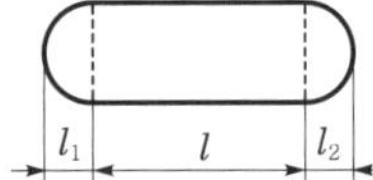

㉮ $\frac{\pi ab}{4}\left(l+\frac{l_1+l_2}{3}\right)$ ㉯ $\frac{\pi ab}{4}\left(l+\frac{l_1-l_2}{3}\right)$

㉰ $\pi ab\left(l+\frac{l_1+l_2}{3}\right)$ ㉱ πabl^2

해설 타원형 탱크 중 양쪽이 볼록한 것

$$V=\frac{\pi ab}{4}\left(l+\frac{l_1+l_2}{3}\right)$$

답 ㉮

05 지정수량의 $\frac{1}{10}$을 초과하는 위험물을 혼재할 수 없는 경우는?

㉮ 제1류 위험물과 제6류 위험물
㉯ 제2류 위험물과 제4류 위험물
㉰ 제4류 위험물과 제5류 위험물
㉱ 제5류 위험물과 제3류 위험물

해설 유별을 달리하는 위험물의 혼재기준

구분	제1류	제2류	제3류	제4류	제5류	제6류
제1류		×	×	×	×	○
제2류	×		×	○	○	×
제3류	×	×		○	×	×
제4류	×	○	○		○	×
제5류	×	○	×	○		×
제6류	○	×	×	×	×	

답 ㉱

06 **옥내주유취급소에 있어서는 해당 사무소 등의 출입구 및 피난구와 해당 피난구로 통하는 통로 · 계단 및 출입구에 무엇을 설치해야 하는가?**

㉮ 화재감지기
㉯ 스프링클러
㉰ 자동화재탐지설비
㉱ 유도등

해설 화재발생 시 피난을 위하여 소방대상물의 출입구에는 피난구유도등과 통로 및 계단 등에는 통로유도등을 설치하여야 한다.

답 ㉱

07 **제3류 위험물 중 금수성 물질을 제외한 위험물에 적응성이 있는 소화설비가 아닌 것은?**

㉮ 분말소화설비 ㉯ 스프링클러설비
㉰ 팽창질석 ㉱ 포소화설비

해설 제3류 위험물(자연발화성 물질 및 금수성 물질) 중 금수성 물질을 제외한 위험물이란 자연발화성 물질로서 적응성이 없는 소화설비는 이산화탄소소화설비, 분말소화설비, 할로젠화합물소화설비가 이에 해당된다.

답 ㉮

08 **위험물의 운반에 관한 기준에 따라 다음 (㉠)과 (㉡)에 적합한 것은?**

> 액체위험물은 운반용기 내용적의 (㉠) 이하의 수납률로 수납하되 (㉡)의 온도에서 누설되지 않도록 충분한 공간용적을 두어야 한다.

㉮ ㉠ 98% ㉡ 40℃ ㉯ ㉠ 98% ㉡ 55℃
㉰ ㉠ 95% ㉡ 40℃ ㉱ ㉠ 95% ㉡ 55℃

해설 액체위험물은 운반용기 내용적의 98% 이하의 수납률로 수납하되 55%의 온도에서 누설되지 않도록 충분한 공간용적을 두어야 한다.

답 ㉯

09 **위험물의 운반에 관한 기준에서 규정한 운반 용기의 재질에 해당하지 않는 것은?**

㉮ 금속판 ㉯ 양철판
㉰ 짚 ㉱ 도자기

해설 위험물의 운반용기 재질 : 강판, 금속판, 삼, 합성수지, 양철판, 고무류, 짚, 종이, 유리, 나무, 플라스틱, 알루미늄판, 섬유판

답 ㉱

10 **벤조일퍼옥사이드 10kg, 나이트로글리세린 50kg, TNT 400kg을 저장하려 할 때 각 위험물의 지정수량 배수의 총합은?**

㉮ 5 ㉯ 7
㉰ 8 ㉱ 10

해설 지정수량
① 벤조일퍼옥사이드 : 10kg
② 나이트로글리세린 : 10kg
TNT : 200kg

지정수량의 배수$=\dfrac{10}{10}+\dfrac{50}{10}+\dfrac{400}{200}=8$배

답 ㉰

11 **지하저장탱크에 경보음을 울리는 방법으로 과충전방지장치를 설치하고자 한다. 탱크 용량의 최소 몇 %가 찰 때 경보음이 울리도록 하여야 하는가?**

㉮ 80 ㉯ 85
㉰ 90 ㉱ 95

해설 경보음 작동 시 탱크 용량 : 90%

답 ㉰

12 **위험물의 지하저장탱크 중 압력탱크 외의 탱크에 대해 수압시험을 실시할 때 몇 kPa의 압력으로 하여야 하는가? (단, 소방청장이 정하여 고시하는 기밀시험과 비파괴시험을 동시에 실시하는 방법으로 대신하는 경우는 제외한다.)**

㉮ 40 ㉯ 50
㉰ 60 ㉱ 70

해설 수압시험압력 : 70kPa의 압력으로 10분간 실시하여 새거나 변형되지 말아야 한다.

답 ㉱

13 운송책임자의 감독 · 지원을 받아 운송하여야 하는 것으로 대통령령이 정하는 위험물에 해당하는 것은?

㉮ 알킬리튬
㉯ 다이에틸에터
㉰ 과산화나트륨
㉱ 과염소산

해설 알킬알루미늄, 알킬리튬

답 ㉮

14 위험물안전관리법에서 정의하는 '제조소 등'에 해당되지 않는 것은?

㉮ 제조소　　㉯ 저장소
㉰ 판매소　　㉱ 취급소

해설 제조소 등 : 제조소, 저장소, 취급소

답 ㉰

15 위험물의 저장 · 취급에 관한 법적 규제를 설명하는 것으로 옳은 것은?

㉮ 지정수량 이상 위험물의 저장은 제조소, 저장소 또는 취급소에서 해야 한다.
㉯ 지정수량 이상 위험물의 취급은 제조소, 저장소 또는 취급소에서 해야 한다.
㉰ 제조소 또는 취급소에는 지정수량 미만의 위험물은 저장할 수 없다.
㉱ 지정수량 이상 위험물의 저장 · 취급 기준은 모두 중요 기준이므로 위반 시에는 벌칙이 따른다.

해설 지정수량 이상의 위험물은 제조소, 취급소에서 취급하여야 한다.

답 ㉯

16 제조소 등의 용도를 폐지한 경우 제조소 등의 관계인은 용도를 폐지한 날로부터 며칠 이내에 용도폐지 신고를 하여야 하는가?

㉮ 3일　　㉯ 7일
㉰ 14일　　㉱ 30일

답 ㉰

17 제4류 위험물을 취급하는 제조소가 있는 사업소에서 지정수량 몇 배 이상의 위험물을 취급하는 경우 자체소방대를 설치해야 하는가?

㉮ 2,000　　㉯ 2,500
㉰ 3,000　　㉱ 3,500

해설 제4류 위험물을 지정수량의 3천배 이상 취급하는 제조소 또는 일반취급소와 50만배 이상 저장하는 옥외탱크저장소에 자체소방대를 설치한다.

답 ㉰

18 제조소의 건축물 구조기준 중 연소의 우려가 있는 외벽은 개구부가 없는 내화구조의 벽으로 하여야 한다. 이때 연소의 우려가 있는 외벽은 제조소가 설치된 부지의 경계선에서 몇 m 이내에 있는 외벽을 말하는가? (단, 단층건물일 경우이다.)

㉮ 3　　㉯ 4
㉰ 5　　㉱ 6

해설 3m 이내

답 ㉮

19 지정수량 20배 이상의 제1류 위험물을 저장하는 옥내저장소에서 내화구조로 하지 않아도 되는 것은? (단, 원칙적인 경우에 한한다.)

㉮ 바닥　　㉯ 보
㉰ 기둥　　㉱ 벽

해설 저장창고의 벽 · 기둥 및 바닥은 내화구조로 하고 보와 서까래는 불연재료로 하여야 한다.

답 ㉯

20 **위험물이 2가지 이상의 성상을 나타내는 복수성상물품일 경우 유별(類別) 분류기준으로 틀린 것은?**

㉮ 산화성 고체의 성상 및 가연성 고체의 성상을 가지는 경우 : 제1류 위험물
㉯ 산화성 고체의 성상 및 자기반응성 물질의 성상을 가지는 경우 : 제5류 위험물
㉰ 자연발화성 물질의 성상, 금수성 물질의 성상 및 인화성 액체의 성상을 가지는 경우 : 제3류 위험물
㉱ 가연성 고체의 성상과 자연발화성 물질의 성상 및 금수성 물질의 성상을 가지는 경우 : 제3류 위험물

해설 제1류 위험물(산화성 고체)의 성질과 제2류 위험물(가연성 고체)의 성질을 포함하는 위험물은 제5류 위험물(자기반응성 물질)에 준하는 성질을 갖는다.

답 ㉮

21 **지하탱크저장소 탱크전용실의 안쪽과 지하저장탱크와의 사이는 몇 m 이상의 간격을 유지하여야 하는가?**

㉮ 0.1
㉯ 0.2
㉰ 0.3
㉱ 0.5

답 ㉮

22 **자동화재탐지설비의 설치기준으로 옳지 않은 것은?**

㉮ 경계구역은 건축물의 최소 2개 이상의 층에 걸치도록 할 것
㉯ 하나의 경계구역의 면적은 $600m^2$ 이하로 할 것
㉰ 감지기는 지붕 또는 벽의 옥내에 면한 부분에 유효하게 화재의 발생을 감지할 수 있도록 설치할 것
㉱ 비상전원을 설치할 것

해설 자동화재탐지설비의 경계 구역
① 하나의 경계구역이 2개 이상의 건축물에 미치지 아니하도록 할 것
② 하나의 경계구역이 2개 이상의 층에 미치지 아니하도록 할 것

답 ㉮

23 **옥내주유취급소는 소화난이도 등급 얼마에 해당하는가?**

㉮ 소화난이도 등급 Ⅰ
㉯ 소화난이도 등급 Ⅱ
㉰ 소화난이도 등급 Ⅲ
㉱ 소화난이도 등급 Ⅳ

해설 옥내주유취급소 : 소화난이도 등급 Ⅱ

답 ㉯

24 **위험물안전관리법령에서 다음의 위험물 시설 중 안전거리에 관한 기준이 없는 것은?**

㉮ 옥내저장소
㉯ 옥내탱크저장소
㉰ 충전하는 일반취급소
㉱ 지하에 매설된 이송취급소 배관

해설 위험물안전관리법상 옥내탱크저장소는 위험물시설 중 안전거리 유지 규정이 없다.

답 ㉯

25 **높이 15m, 지름 20m인 옥외저장탱크에 보유공지의 단축을 위해서 물분무설비로 방호조치를 하는 경우 수원의 양은 약 몇 L 이상으로 하여야 하는가?**

㉮ 46,496　　㉯ 58,090
㉰ 70,259　　㉱ 95,880

해설 물분무설비의 수원량(V)
V = 원주둘레 $\times 37 \times 20$
$= \pi \times 20 \times 37 \times 20 \fallingdotseq 46,496$

답 ㉮

26 **자동화재탐지설비 설치기준에 따르면 하나의 경계구역 면적은 몇 m^2 이하로 하여야 하는가? (단, 원칙적인 경우에 한한다.)**

㉮ 150　　㉯ 450
㉰ 600　　㉱ 1,000

해설 자동화재탐지설비 설치기준에 의한 하나의 경계구역 면적 : $600m^2$ 이하

답 ㉰

27 **이송취급소의 교체밸브, 제어밸브 등의 설치기준으로 틀린 것은?**

㉮ 밸브는 원칙적으로 이송기지 또는 전용부지 내에 설치할 것
㉯ 밸브는 그 개폐상태가 해당 밸브의 설치장소에서 쉽게 확인할 수 있도록 할 것
㉰ 밸브를 지하에 설치하는 경우에는 점검상자 안에 설치할 것
㉱ 밸브는 해당 밸브의 관리에 관계하는 자가 아니면 수동으로만 개폐할 수 있도록 할 것

해설 이송취급소의 긴급차단밸브는 해당 긴급밸브의 관리에 관계하는 자가 아니면 자동으로만 개폐할 수 있도록 해야 한다.

답 ㉱

28 **위험물운송책임자의 감독 또는 지원의 방법으로 운송의 감독 또는 지원을 위하여 마련한 별도의 사무실에 운송책임자가 대기하면서 이행하는 사항에 해당하지 않는 것은?**

㉮ 운송 후에 운송경로를 파악하여 관할 경찰관서에 신고하는 것
㉯ 이동탱크저장소의 운전자에 대하여 수시로 안전확보 상황을 확인하는 것
㉰ 비상시의 응급처치에 관하여 조언을 하는 것
㉱ 위험물의 운송 중 안전확보에 관하여 필요한 정보를 제공하고 감독 또는 지원하는 것

해설 운송경로를 미리 파악하고 관할 소방관서 또는 관련 업체(비상대응에 관한 협력을 얻을 수 있는 업체)에 대한 연락체제를 갖추어야 한다.

답 ㉮

29 **다음 ( ) 안에 알맞은 수치를 차례대로 옳게 나열한 것은?**

> 위험물 암반탱크의 공간용적은 해당 탱크 내에 용출하는 ( )일간의 지하수 양에 상당하는 용적과 해당 탱크 내용적의 100분의 ( )의 용적 중에서 보다 큰 용적을 공간 용적으로 한다.

㉮ 1, 7　　㉯ 3, 5
㉰ 5, 3　　㉱ 7, 1

답 ㉱

30 **위험물제조소를 설치하고자 하는 경우, 제조소와 초등학교 사이에는 몇 m 이상의 안전거리를 두어야 하는가?**

㉮ 50
㉯ 40
㉰ 30
㉱ 20

해설 학교 · 병원 · 극장 : 안전거리 30m 이상

구분	안전거리
사용전압이 7,000V 초과 35,000V 이하의 특고압가공전선	3m 이상
사용전압이 35,000 V를 초과하는 특고압가공전선	5m 이상
주거용으로 사용되는 것	10m 이상
고압가스, 액화석유가스, 도시가스 저장 · 취급 시설	20m 이상
학교 · 병원 · 극장	30m 이상
유형문화재, 지정문화재	50m 이상

답 ㉰

31 **제조소의 옥외에 모두 3기의 휘발유 취급탱크를 설치하고 그 주위에 방유제를 설치하고자 한다. 방유제 안에 설치하는 각 취급탱크의 용량이 60,000L, 20,000L, 10,000L일 때 필요한 방유제의 용량은 몇 L 이상인가?**

㉮ 66,000 ㉯ 60,000
㉰ 33,000 ㉱ 30,000

해설
방유제의 용량
- 하나의 취급탱크 방유제 : 해당 탱크용량의 50% 이상
- 위험물제조소의 옥외에 있는 위험물 취급탱크의 방유제의 용량
  - 1기일 때 : 탱크용량 × 0.5(50%)
  - 2기 이상일 때 : 최대탱크용량 × 0.5(50%) +(나머지 탱크 용량합계 × 0.1(10%))

취급하는 탱크가 2기 이상이므로
∴ 방유제 용량 = (60,000L × 0.5) + (20,000L × 0.1) + (10,000L × 0.1) = 33,000L

※ 옥외탱크저장소의 경우 2기 이상인 때에는 그 탱크용량 중 용량이 최대인 것의 110% 이상으로 한다.

 ㉰

32 **다음 중 이송취급소에 설치하는 경보설비의 기준에 따라 이송기지에 설치하여야 하는 경보설비로만 이루어진 것은 어느 것인가?**

㉮ 확성장치, 비상벨장치
㉯ 비상방송설비, 비상경보설비
㉰ 확성장치, 비상방송설비
㉱ 비상방송설비, 자동화재탐지설비

해설
이송취급소의 이송기지 경보설비 설치기준 : 확성장치, 비상벨장치

답 ㉮

33 **한국소방산업기술원이 시·도지사로부터 위탁받아 수행하는 탱크안전성능검사 업무와 관계없는 액체위험물탱크는?**

㉮ 암반탱크
㉯ 지하탱크저장소의 이중벽탱크
㉰ 100만L 용량의 지하저장탱크
㉱ 옥외에 있는 50만L 용량의 취급탱크

해설
시·도지사로부터 위탁받은 탱크안전성능검사의 탱크
① 용량이 100만L 이상인 액체위험물을 저장하는 탱크
② 암반탱크
③ 지하탱크저장소의 위험물탱크 중 행정안전부령이 정하는 액체위험물탱크

 ㉱

34 **위험물제조소에서 국소방식의 배출설비 배출능력은 1시간당 배출장소 용적의 몇 배 이상인 것으로 하여야 하는가?**

㉮ 5
㉯ 10
㉰ 15
㉱ 20

해설
- 배출능력(국소방식) : 1시간당 배출장소 용적의 20배 이상일 것
- 배출능력(전역방식) : 바닥면적 $1m^2$당 $18m^2$ 이상

 ㉱

35 **위험물안전관리자의 선임 등에 대한 설명으로 옳은 것은?**

㉮ 안전관리자는 국가기술자격 취득자 중에서만 선임하여야 한다.
㉯ 안전관리자를 해임한 때에는 14일 이내에 다시 선임하여야 한다.
㉰ 제조소 등의 관계인은 안전관리자가 일시적으로 직무를 수행할 수 없는 경우에는 14일 이내의 범위에서 안전관리자의 대리자를 지정하여 직무를 대행하게 하여야 한다.
㉱ 안전관리자를 선임 또는 해임한 때에는 14일 이내에 신고하여야 한다.

해설

위험물안전관리법 제15조(위험물안전관리자)

① 제조소 등의 관계인은 위험물의 안전관리에 관한 직무를 수행하게 하기 위하여 제조소 등마다 대통령령이 정하는 위험물의 취급에 관한 자격이 있는 자(이하 "위험물취급자격자"라 한다)를 위험물안전관리자(이하 "안전관리자"라 한다)로 선임하여야 한다.

② 제1항의 규정에 따라 안전관리자를 선임한 제조소 등의 관계인은 그 안전관리자를 해임하거나 안전관리자가 퇴직한 때에는 해임하거나 퇴직한 날부터 30일 이내에 다시 안전관리자를 선임하여야 한다.

③ 제1항 및 제2항의 규정에 따라 안전관리자를 선임 또는 해임하거나 안전관리자가 퇴직한 때에는 14일 이내에 행정안전부령이 정하는 바에 의하여 소방본부장 또는 소방서장에게 신고하여야 한다.

답 ㉱

36 **옥외저장소에 덩어리상태의 황만을 지반면에 설치한 경계표시의 안쪽에서 저장할 경우 하나의 경계표시의 내부 면적은 몇 m^2 이하이어야 하는가?**

㉮ 75　　㉯ 100
㉰ 300　　㉱ 500

덩어리상태의 황만을 지반면에 설치한 경계표시의 저장 · 취급할 경우 기준

① 하나의 경계표시의 내부면적 : $100m^2$ 이하

② 2 이상의 경계표시를 설치하는 경우에는 각각의 경계표시 내부의 면적을 합산한 면적 : $1{,}000m^2$ 이하

③ 경계표시 높이 : 1.5m 이하

답 ㉯

37 **그림과 같이 가로로 설치한 원통형의 위험물 탱크에 대하여 탱크용적을 구하면 약 몇 m^3 인가? (단, 공간용적은 탱크내용적의 100분의 5로 한다.)**

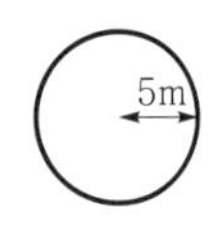

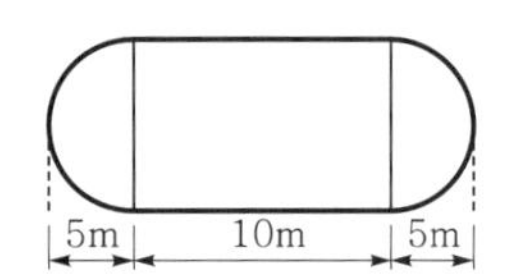

㉮ 196.25　　㉯ 261.60
㉰ 785.00　　㉱ 994.84

해설

$$V = \pi r^2\left(l + \frac{l_1 + l_2}{3}\right)$$

$$= 3.14 \times 5^2\left(10m + \frac{5m + 5m}{3}\right)$$

$$= 1047.19m^3$$

그러므로, 내용적은 $1047.19m^3 \times 0.95 ≒ 994.84m^3$

답 ㉱

38 **주유취급소 중 건축물의 2층에 휴게 음식점의 용도로 사용하는 것에 있어 해당 건축물의 2층으로부터 직접 주유 취급소의 부지 밖으로 통하는 출입구와 해당 출입구로 통하는 통로 · 계단에 설치하여야 하는 것은?**

㉮ 비상경보설비
㉯ 유도등
㉰ 비상조명등
㉱ 확성장치

해설

주유취급소의 피난설비

① 주유취급소 중 건축물의 2층 부분을 점포, 휴게음식점 또는 전시장의 용도로 사용하는 것에 있어서는 해당 건축물의 2층으로부터 직접 주유취급소의 부지 밖으로 통하는 출입구와 해당 출입구로 통하는 통로, 계단 및 출입구에 유도등을 설치하여야 한다.

② 옥내주유취급소에 있어서는 해당 사무소 등의 출입구 및 피난구와 해당 피난구로 통하는 통로, 계단 및 출입구에 유도등을 설치하여야 한다.

③ 유도등에는 비상전원을 설치하여야 한다.

답 ㉯

39 **이동저장탱크에 알킬알루미늄을 저장하는 경우에 불활성 기체를 봉입하는데, 이때의 압력은 몇 kPa 이하이어야 하는가?**

㉮ 10　　㉯ 20
㉰ 30　　㉱ 40

해설

이동저장탱크에 알킬알루미늄 등을 저장하는 경우에는 20kPa 이하의 압력으로 불활성의 기체를 봉입하여야 한다.

40 **위험물안전관리법령상 제4류 위험물과 제6류 위험물에 모두 적응성이 있는 소화설비는?**

㉮ 이산화탄소소화설비
㉯ 할로젠화합물소화설비
㉰ 탄산수소염류분말소화설비
㉱ 인산염류분말소화설비

해설 인산염류분말소화설비의 경우 4류 위험물과 6류 위험물 모두에 적응성이 있는 소화설비이다.

답 ㉱

41 **옥외탱크저장소의 제4류 위험물의 저장탱크에 설치하는 통기관에 관한 설명으로 틀린 것은?**

㉮ 제4류 위험물을 저장하는 압력탱크 외의 탱크에는 밸브 없는 통기관 또는 대기밸브 부착 통기관을 설치하여야 한다.
㉯ 밸브 없는 통기관은 직경을 30mm 미만으로 하고, 선단은 수평면보다 45도 이상 구부려 빗물 등의 침투를 막는 구조로 한다.
㉰ 인화점 70℃ 이상의 위험물만을 해당 위험물의 인화점 미만의 온도로 저장 또는 취급하는 탱크에 설치하는 통기관에는 인화방지장치를 설치하지 않아도 된다.
㉱ 옥외저장탱크 중 압력 탱크란 탱크의 최대상용압력이 부압 또는 정압 5kPa을 초과하는 탱크를 말한다.

해설 밸브 없는 통기관의 직경은 30mm 이상이어야 한다.

답 ㉯

42 **위험물제조소 등에 설치하여야 하는 자동 화재탐지설비의 설치기준에 대한 설명 중 틀린 것은?**

㉮ 자동화재탐지설비의 경계구역은 건축물, 그 밖에 인공구조물의 2 이상의 층에 걸치도록 할 것
㉯ 하나의 경계구역에서 그 한 변의 길이는 50m(광전식 분리형 감지기를 설치할 경우에는 100m) 이하로 할 것
㉰ 자동화재탐지설비의 감지기는 지붕 또는 벽의 옥내에 면한 부분에 유효하게 화재의 발생을 감지할 수 있도록 설치할 것
㉱ 자동화재탐지설비에는 비상전원을 설치할 것

해설 자동화재탐지설비의 경계구역은 건축물, 그 밖의 공작물의 2 이상의 층에 걸치지 아니하도록 할 것

답 ㉮

43 **제조소의 게시판 사항 중 위험물의 종류에 따른 주의사항이 옳게 연결된 것은?**

㉮ 제2류 위험물(인화성 고체 제외)－화기엄금
㉯ 제3류 위험물 중 금수성 물질－물기엄금
㉰ 제4류 위험물－화기주의
㉱ 제5류 위험물－물기엄금

해설

유별	구분	표시사항
제1류 위험물 (산화성 고체)	알칼리금속의 과산화물	화기·충격주의, 물기엄금 및 가연물접촉주의
	그 밖의 것	화기·충격주의 및 가연물접촉주의
제2류 위험물 (가연성 고체)	철분·금속분·마그네슘	화기주의 및 물기엄금
	인화성 고체	화기엄금
	그 밖의 것	화기주의
제3류 위험물 (자연발화성 및 금수성 물질)	자연발화성 물질	화기엄금 및 공기접촉엄금
	금수성 물질	물기엄금
제4류 위험물 (인화성 액체)	인화성 액체	화기엄금
제5류 위험물 (자기반응성 물질)	자기반응성 물질	화기엄금 및 충격주의
제6류 위험물 (산화성 액체)	산화성 액체	가연물접촉주의

답 ㉯

44 **아염소산염류의 운반용기 중 적응성 있는 내장용기의 종류와 최대용적이나 중량을 옳게 나타낸 것은? (단, 외장용기의 종류는 나무상자 또는 플라스틱상자이고, 외장용기의 최대중량은 125kg으로 한다.)**

㉮ 금속제용기 : 20L

㉯ 종이포대 : 55kg

㉰ 플라스틱필름포대 : 60kg

㉱ 유리용기 : 10L

해설 고체위험물(아염소산염류) 운반용기의 내장용기의 최대용적
① 금속제용기 : 30L
② 종이포대 : 5kg, 50kg, 125kg
③ 플라스틱필름포대 : 5kg, 50kg, 125kg
④ 유리용기 : 10L

답 ㉱

45 **제조소 등에서 위험물을 유출·방출 또는 확산시켜 사람을 상해에 이르게 한 경우의 벌칙에 관한 기준에 해당하는 것은?**

㉮ 3년 이상 10년 이하의 징역

㉯ 무기 또는 10년 이하의 징역

㉰ 무기 또는 3년 이상의 징역

㉱ 무기 또는 5년 이상의 징역

해설 제조소 등에서 위험물을 유출·방출 또는 확산시켜 사람을 상해에 이르게 한 때에는 무기 또는 3년 이상의 징역에 처하며, 사망에 이르게 한 때에는 무기 또는 5년 이상의 징역에 처한다.

답 ㉰

46 **위험물안전관리법상 설치허가 및 완공검사 절차에 관한 설명으로 틀린 것은?**

㉮ 지정수량의 1천배 이상의 위험물을 취급하는 제조소는 한국소방산업기술원으로부터 해당 제조소의 구조·설비에 관한 기술검토를 받아야 한다.

㉯ 50만L 이상인 옥외탱크저장소는 한국소방안전기술원으로부터 해당 탱크의 기초·지반 및 탱크 본체에 관한 기술검토를 받아야 한다.

㉰ 지정수량의 1천배 이상의 제4류 위험물을 취급하는 일반취급소의 완공검사는 한국소방산업기술원이 실시한다.

㉱ 50만L 이상인 옥외탱크저장소의 완공검사는 한국소방산업기술원이 실시한다.

해설 완공검사는 시·도지사에게 받아야 한다.
위험물안전관리법 시행령 제10조(완공검사의 신청 등)
① 제조소 등에 대한 완공검사를 받고자 하는 자는 이를 시·도지사에게 신청하여야 한다.
② 신청을 받은 시·도지사는 제조소 등에 대하여 완공검사를 실시하고, 완공검사를 실시한 결과 해당 제조소 등이 기술기준(탱크안전성능검사에 관련된 것을 제외한다)에 적합하다고 인정하는 때에는 완공검사필증을 교부하여야 한다.
③ 완공검사필증을 교부받은 자는 완공검사필증을 잃어버리거나 멸실·훼손 또는 파손한 경우에는 이를 교부한 시·도지사에게 재교부를 신청할 수 있다.
④ 완공검사필증을 훼손 또는 파손하여 신청을 하는 경우에는 신청서에 해당 완공검사필증을 첨부하여 제출하여야 한다.
⑤ 완공검사필증을 잃어버려 재교부를 받은 자는 잃어버린 완공검사필증을 발견하는 경우에는 이를 10일 이내에 완공검사필증을 재교부한 시·도지사에게 제출하여야 한다.

답 ㉰

47 **이동탱크저장소에 의한 위험물의 운송시 준수하여야 하는 기준에서 다음 중 어떤 위험물을 운송할 때 위험물 운송자는 위험물 안전 카드를 휴대하여야 하는가?**

㉮ 특수인화물 및 제1석유류

㉯ 알코올류 및 제2석유류

㉰ 제3석유류 및 동·식물유류

㉱ 제4석유류

해설 위험물(제4류 위험물에 있어서는 특수인화물 및 제1석유류에 한한다)을 운송하게 하는 자는 위험물안전카드를 위험물운송자로 하여금 휴대하게 할 것

답 ㉮

48 **위험물저장소에 다음과 같이 2가지 위험물을 저장하고 있다. 지정수량 이상에 해당하는 것은?**

㉮ 브로민산칼륨 80kg, 염소산칼륨 40kg
㉯ 질산 100kg, 과산화수소 150kg
㉰ 질산칼륨 120kg, 다이크로뮴산나트륨 500kg
㉱ 휘발유 20L, 윤활유 2,000L

해설 위험물의 지정수량

종류	지정수량	구분
브로민산칼륨	300kg	제1류 위험물 (브로민산염류)
염소산칼륨	50kg	제1류 위험물 (염소산염류)
질산	300kg	제6류 위험물
과산화수소	300kg	제6류 위험물
질산칼륨	300kg	제1류 위험물 (질산염류)
다이크로뮴산나트륨	1,000kg	제1류 위험물 (다이크로뮴산염류)
휘발유	200L	제4류 위험물 (제1석유류)
윤활유	6000L	제4류 위험물 (제4석유류)

지정수량의 배수를 구하면

㉮ 지정수량의 배수$=\dfrac{80\text{kg}}{300\text{kg}}+\dfrac{40\text{kg}}{50\text{kg}}$
$=1.067$

㉯ 지정수량의 배수$=\dfrac{100\text{kg}}{300\text{kg}}+\dfrac{150\text{kg}}{300\text{kg}}$
$=0.833$

㉰ 지정수량의 배수$=\dfrac{120\text{kg}}{300\text{kg}}+\dfrac{500\text{kg}}{1{,}000\text{kg}}$
$=0.90$

㉱ 지정수량의 배수$=\dfrac{20\text{L}}{200\text{L}}+\dfrac{2{,}000\text{L}}{6{,}000\text{L}}$
$=0.433$

답 ㉮

49 **위험물저장탱크의 내용적이 300L일 때 탱크에 저장하는 위험물의 용량의 범위로 적합한 것은? (단, 원칙적인 경우에 한한다.)**

㉮ 240~270L
㉯ 270~285L
㉰ 290~295L
㉱ 295~298L

해설 공간용적이 5~10%이므로 이 공간을 제외한 것이 위험물탱크의 용량이다.
5%이면 300L×0.95=285L
10%이면 300L×0.90=270L

답 ㉯

50 **다음 중 에틸렌글리콜과 혼재할 수 없는 위험물은? (단, 지정수량의 10배일 경우이다.)**

㉮ 황
㉯ 과망가니즈산나트륨
㉰ 알루미늄분
㉱ 트라이나이트로톨루엔

해설 에틸렌글리콜은 제4류 위험물(인화성 액체) 제3석유류에 해당하며 제1류 위험물(산화성 고체)인 과망가니즈산나트륨과는 혼재가 불가능하다.

구분	제1류	제2류	제3류	제4류	제5류	제6류
제1류		×	×	×	×	○
제2류	×		×	○	○	×
제3류	×	×		○	×	×
제4류	×	○	○		○	×
제5류	×	○	×	○		×
제6류	○	×	×	×	×	

답 ㉯

51 **위험물제조소의 연면적이 몇 m^2 이상이 되면 경보설비 중 자동화재탐지설비를 설치하여야 하는가?**

㉮ 400　　㉯ 500
㉰ 600　　㉱ 800

해설 제조소 및 일반취급소의 자동화재탐지설비 설치기준
① 연면적 $500m^2$ 이상인 것
② 옥내에서 지정수량의 100배 이상을 취급하는 것 (고인화점위험물을 100℃ 미만의 온도에서 취급하는 것은 제외)

답 ㉯

52 **위험물제조소 등의 지위승계에 관한 법으로 옳은 것은?**

㉮ 양도는 승계 사유이지만 상속이나 법인의 합병은 승계 사유에 해당하지 않는다.

㉯ 지위승계의 사유가 있는 날로부터 14일 이내에 승계 신고를 하여야 한다.

㉰ 시 · 도지사에게 신고하여야 하는 경우와 소방서장에게 신고하여야 하는 경우가 있다.

㉱ 민사집행법에 의한 경매절차에 따라 제조소 등을 인수한 경우에는 지위승계 신고를 한 것으로 간주한다.

해설 위험물안전관리법 제10조(제조소 등 설치자의 지위승계)
① 제조소 등의 설치자가 사망하거나 그 제조소 등을 양도 · 인도한 때 또는 법인인 제조소 등의 설치자의 합병이 있는 때에는 그 상속인, 제조소 등을 양수 · 인수한 자 또는 합병 후 존속하는 법인이나 합병에 의하여 설립되는 법인은 그 설치자의 지위를 승계한다.
② 민사집행법에 의한 경매, 「채무자 회생 및 파산에 관한 법률」에 의한 환가, 국세징수법 · 관세법 또는 「지방세기본법」에 따른 압류재산의 매각과 그 밖에 이에 준하는 절차에 따라 제조소 등의 시설의 전부를 인수한 자는 그 설치자의 지위를 승계한다.
③ 제조소 등의 설치자의 지위를 승계한 자는 행정안전부령이 정하는 바에 따라 승계한 날부터 30일 이내에 시 · 도지사에게 그 사실을 신고하여야 한다.

답 ㉰

53 **가로로 설치한 원통형 위험물저장탱크의 내용적이 500L일 때 공간용적은 최소 몇 L이어야 하는가? (단, 원칙적인 경우에 한한다.)**

㉮ 15 ㉯ 25
㉰ 35 ㉱ 50

해설 공간용적은 내용적의 5~10%이므로 5%를 적용하면 500L×0.05=25L

답 ㉯

54 **위험물제조소와 환기설비의 기준에서 급기구가 설치된 실의 바닥면적 $150m^2$마다 1개 이상 설치하는 급기구의 크기는 몇 cm^2 이상이어야 하는가? (단, 바닥 면적이 $150m^2$ 미만인 경우는 제외한다.)**

㉮ 200 ㉯ 400
㉰ 600 ㉱ 800

해설 자연배기방식의 환기설비는 바닥면적 $150m^2$마다 1개 이상 설치한다.
급기구의 크기 : $800cm^2$ 이상

답 ㉱

55 **위험물제조소에서 다음과 같이 위험물을 취급하고 있는 경우 각각의 지정수량 배수의 총합은 얼마인가?**

- 브로민산나트륨 : 300kg
- 과산화나트륨 : 150kg
- 다이크로뮴산나트륨 : 500kg

㉮ 3.5 ㉯ 4.0
㉰ 4.5 ㉱ 5.0

해설 지정수량의 배수

$$= \frac{\text{A품목의 저장수량}}{\text{A품목의 지정수량}} + \frac{\text{B품목의 저장수량}}{\text{B품목의 지정수량}} + \cdots$$

$$= \frac{300\text{kg}}{300\text{kg}} + \frac{150\text{kg}}{50\text{kg}} + \frac{500\text{kg}}{1,000\text{kg}} = 4.5\text{배}$$

답 ㉰

56 **제4류 위험물 운반용기의 외부에 표시해야 하는 사항이 아닌 것은?**

㉮ 규정에 의한 주의사항

㉯ 위험물의 품명 및 위험등급

㉰ 위험물의 관리자 및 지정수량

㉱ 위험물의 화학명

해설 위험물의 포장외부에 표시해야 할 사항
① 위험물의 품명
② 화학명 및 수용성
③ 위험물의 수량
④ 수납위험물의 주의사항
⑤ 위험등급

답 ㉰

57 **위험물의 운반에 관한 기준에서 다음 ( ) 안에 알맞은 온도는 몇 ℃인가?**

> 적재하는 제5류 위험물 중 ( )℃ 이하의 온도에서 분해될 우려가 있는 것은 보냉컨테이너에 수납하는 등 적정한 온도관리를 유지하여야 한다.

㉮ 40　　㉯ 50
㉰ 55　　㉱ 60

해설 적재하는 제5류 위험물 중 55℃ 이하의 온도에서 분해될 우려가 있는 것은 보냉컨테이너에 수납하는 등 적정한 온도관리를 유지하여야 한다.

답 ㉰

58 **위험물 적재방법 중 위험물을 수납한 운반용기를 겹쳐 쌓는 경우 높이는 몇 m 이하로 하여야 하는가?**

㉮ 2　　㉯ 3
㉰ 4　　㉱ 6

해설 위험물을 수납한 운반용기를 겹쳐 쌓는 경우의 높이 : 3m 이하

답 ㉯

59 **위험물안전관리법령에서 규정하고 있는 사항으로 틀린 것은?**

㉮ 법정의 안전교육을 받아야 하는 사람은 안전관리자로 선임된 자, 탱크시험자의 기술인력으로 종사하는 자, 위험물운송자로 종사하는 자이다.
㉯ 지정수량의 150배 이상의 위험물을 저장하는 옥내저장소는 관계인이 예방규정을 정하여야 하는 제조소 등에 해당한다.
㉰ 정기검사의 대상이 되는 것은 액체위험물을 저장 또는 취급하는 10만L 이상의 옥외탱크저장소, 암반탱크저장소, 이송취급소이다.
㉱ 법정의 안전관리자 교육이수자와 소방공무원으로 근무한 경력이 3년 이상인 자는 제4류 위험물에 대한 위험물취급자격자가 될 수 있다.

해설 위험물안전관리법 시행령 제17조(정기검사의 대상인 제조소 등)
정기점검의 대상이 되는 제조소 등의 관계인 가운데 대통령령이 정하는 제조소 등(액체위험물을 저장 또는 취급하는 100만리터 이상의 옥외탱크저장소)의 관계인은 행정안전부령이 정하는 바에 따라 소방본부장 또는 소방서장으로부터 해당 제조소 등이 규정에 따른 기술기준에 적합하게 유지되고 있는지의 여부에 대하여 정기적으로 검사를 받아야 한다.

답 ㉰

60 **다음 중 위험물안전관리법령에 따른 위험물의 운송에 관한 설명 중 틀린 것은 어느 것인가?**

㉮ 알킬리튬과 알킬알루미늄 또는 이 중 어느 하나 이상을 함유한 것은 운송책임자의 감독 · 지원을 받아야 한다.
㉯ 이동탱크저장소에 의하여 위험물을 운송할 때의 운송책임자에는 법정의 교육이수자도 포함된다.
㉰ 서울에서 부산까지 금속의 인화물 300kg을 1명의 운전자가 휴식 없이 운송해도 규정 위반이 아니다.
㉱ 운송책임자의 감독 또는 지원의 방법에는 동승하는 방법과 별도의 사무실에서 대기하면서 규정된 사항을 이행하는 방법이 있다.

해설 위험물운송자는 장거리(고속국도에 있어서는 340km 이상, 그 밖의 도로에 있어서는 200km 이상)에 걸치는 운송을 하는 때에는 2명 이상의 운전자로 할 것
※ 서울에서 부산까지의 거리 : 약 400km

답 ㉰

61 **옥외저장탱크 중 압력탱크 외의 탱크에 통기관을 설치하여야 할 때 밸브 없는 통기관인 경우 통기관의 직경은 몇 mm 이상으로 하여야 하는가?**

㉮ 10 ㉯ 15
㉰ 20 ㉱ 30

해설
- 옥외저장탱크의 통기관의 직경 : 30mm 이상
- 간이탱크저장소의 통기관의 직경 : 25mm 이상

답 ㉱

62 **철분, 금속분, 마그네슘에 적응성이 있는 소화설비는?**

㉮ 이산화탄소소화설비
㉯ 할로젠화합물소화설비
㉰ 포소화설비
㉱ 탄산수소염류소화설비

해설
금속분은 제2류 위험물(가연성 고체)로서 가연성, 폭발성이 있는 금속으로 화재 시 주수소화는 금지한다. 물(H_2O)과 반응하여 가연성 가스인 수소가스(H_2)를 발생한다.

답 ㉱

63 **옥외저장소에서 지정수량 200배 초과의 위험물을 저장할 경우 보유공지의 너비는 몇 m 이상으로 하여야 하는가? (단, 제4류 위험물과 제6류 위험물은 제외한다.)**

㉮ 0.5 ㉯ 2.5
㉰ 10 ㉱ 15

해설
옥외저장소의 기준

저장 또는 취급하는 위험물의 최대수량	공지의 너비
지정수량의 10배 이하	3m 이상
지정수량의 10배 초과 20배 이하	5m 이상
지정수량의 20배 초과 50배 이하	9m 이상
지정수량의 50배 초과 200배 이하	12m 이상
지정수량의 200배 초과	15m 이상

답 ㉱

64 **이동탱크저장소에 있어서 구조물 등의 시설을 변경하는 경우 변경허가를 취득하여야 하는 경우는?**

㉮ 펌프설비를 보수하는 경우
㉯ 동일사업장 내에서 상치장소의 위치를 이전하는 경우
㉰ 직경이 200mm인 이동 저장탱크의 맨홀을 신설하는 경우
㉱ 탱크 본체를 절개하여 탱크를 보수하는 경우

해설
위험물안전관리법 시행규칙 제8조(제조소 등의 변경허가를 받아야 하는 경우)

제조소 등의 구분	변경허가를 받아야 하는 경우
이동탱크 저장소	• 상치장소의 위치를 이전하는 경우(같은 사업장 또는 같은 울 안에서 이전하는 경우는 제외한다.) • 이동저장탱크를 보수(탱크 본체를 절개하는 경우에 한한다)하는 경우 • 이동저장탱크의 노즐 또는 맨홀을 신설하는 경우(노즐 또는 맨홀의 직경이 250mm를 초과하는 경우에 한한다) • 이동저장탱크의 구조를 변경하는 경우 • 주입설비를 설치·교체 또는 철거하는 경우 • 펌프설비를 신설 또는 철거하는 경우

답 ㉱

65 **옥내에서 지정수량 100배 이상을 취급하는 일반취급소에 설치하여야 하는 경보설비는? (단, 고인화점위험물만을 취급하는 경우는 제외한다.)**

㉮ 비상경보설비
㉯ 자동화재탐지설비
㉰ 비상방송설비
㉱ 비상벨설비 및 확성장치

해설 옥내저장소에 자동화재탐지설비를 설치하여야 하는 대상물
① 지정수량의 100배 이상을 저장 또는 취급하는 것
② 저장창고의 연면적이 $150m^2$를 초과하는 것
③ 처마높이가 6m 이상인 단층건물의 것
④ 옥내저장소로 사용되는 부분외의 부분이 있는 건축물에 설치된 옥내저장소

답 ㉯

66 인화성 액체위험물을 저장 또는 취급하는 옥외탱크저장소 방유제 내의 용량이 10만L와 5만L인 옥외저장탱크 2기를 설치하는 경우에 확보하여야 하는 방유제의 용량은?

㉮ 50,000L 이상 ㉯ 80,000L 이상
㉰ 100,000L 이상 ㉱ 110,000L 이상

해설 탱크가 1기인 : 그 탱크용량의 110% 이상
탱크가 2기 이상 : 그 탱크 중 용량이 최대인 것의 용량의 110% 이상으로 할 것
2기에 해당되므로 100,000×1.1=110,000L 이상

답 ㉱

67 내용적이 20,000L인 옥내저장탱크에 대하여 저장 또는 취급의 허가를 받을 수 있는 최대 용량은? (단, 원칙적인 경우에 한한다.)

㉮ 18,000L ㉯ 19,000L
㉰ 19,400L ㉱ 20,000L

해설 안전공간용적이 5~10%이므로
20,000L×0.95=19,000L

답 ㉯

68 소화설비의 설치기준으로 옳은 것은 어느 것인가?

㉮ 제4류 위험물을 저장 또는 취급하는 소화난이도 등급 Ⅰ인 옥외탱크저장소에는 대형 수동식 소화기 및 소형 수동식 소화기 등을 각각 1개 이상 설치할 것
㉯ 소화난이도 등급 Ⅱ인 옥내탱크저장소는 소형 수동식 소화기 등을 2개 이상 설치할 것
㉰ 소화난이도 등급 Ⅲ인 지하탱크저장소는 능력단위의 수치가 2 이상인 소형 수동식 소화기 등을 2개 이상 설치할 것
㉱ 제조소 등에 전기설비(전기배선, 조명기구 등은 제외)가 설치된 경우에는 해당 장소의 면적 $100m^2$마다 소형 수동식 소화기를 1개 이상 설치할 것

해설 ㉮ 소화난이도 등급 Ⅰ : 물분무소화설비, 고정식 포소화설비
㉯ 소화난이도 등급 Ⅱ : 대형 및 소형 수동식 소화기 등을 각 1개 이상 설치할 것
㉰ 소화난이도 등급 Ⅲ : 소형 수동식 소화기 능력단위 3 이상의 것 2개 이상 설치할 것

답 ㉱

69 종류(유별)가 다른 위험물을 동일한 옥내저장소의 동일한 실에 같이 저장하는 경우에 대한 설명으로 틀린 것은?

㉮ 제1류 위험물과 황린은 동일한 옥내저장소에 저장할 수 있다.
㉯ 제1류 위험물과 제6류 위험물은 동일한 옥내저장소에 저장할 수 있다.
㉰ 제1류 위험물 중 알칼리금속의 과산화물과 제5류 위험물은 동일한 옥내저장소에 저장할 수 있다.
㉱ 유별을 달리하는 위험물을 유별로 모아서 저장하는 한편 상호간에 1미터 이상의 간격을 두어야 한다.

해설 옥내저장소 또는 옥외저장소에는 있어서 유별을 달리하는 위험물을 동일한 저장소에 저장할 수 없는데 1m 이상 간격을 두고 아래 유별을 저장할 수 있다.
① 제1류 위험물(알칼리금속의 과산화물은 제외)과 제5류 위험물을 저장하는 경우
② 제1류 위험물과 제6류 위험물을 저장하는 경우
③ 제1류 위험물과 자연발화성 물품(황린 포함)을 저장하는 경우

답 ㉰

70 **위험물을 운반용기에 수납하여 적재할 때 차광성이 있는 피복으로 가려야 하는 위험물이 아닌 것은?**

㉮ 제1류 위험물
㉯ 제2류 위험물
㉰ 제5류 위험물
㉱ 제6류 위험물

해설 차광성 덮개를 사용해야 하는 위험물
① 제1류 위험물
② 제3류 위험물 중 자연발화성 물품
③ 제4류 위험물 중 특수인화물
④ 제5류 위험물
⑤ 제6류 위험물

답 ㉯

71 **위험물 운송에 관한 규정으로 틀린 것은?**

㉮ 이동탱크저장소에 의하여 위험물을 운송하는 자는 해당 위험물을 취급할 수 있는 국가기술자격자 또는 안전교육을 받은 자이어야 한다.
㉯ 안전관리자 · 탱크시험자 · 위험물운송자 등 위험물의 안전관리와 관련된 업무를 수행하는 자는 시 · 도지사가 실시하는 안전교육을 받아야 한다.
㉰ 운송책임자의 범위, 감독 또는 지원의 방법 등에 관한 구체적인 기준은 행정안전부령으로 정한다.
㉱ 위험물운송자는 행정안전부령이 정하는 기준을 준수하는 등 해당 위험물의 안전확보를 위해 세심한 주의를 기울여야 한다.

해설 위험물안전관리법 제28조(안전교육)
안전관리자 · 탱크시험자 · 위험물운송자 등 위험물의 안전관리와 관련된 업무를 수행하는 자로서 대통령령이 정하는 자는 해당 업무에 관한 능력의 습득 또는 향상을 위하여 소방청장이 실시하는 교육을 받아야 한다.

답 ㉯

72 **제4류 위험물의 옥외저장탱크에 설치하는 밸브 없는 통기관은 직경이 얼마 이상인 것으로 설치해야 되는가? (단, 압력탱크는 제외한다.)**

㉮ 10mm
㉯ 20mm
㉰ 30mm
㉱ 40mm

해설 밸브 없는 통기관의 지름은 30mm 이상이다.

답 ㉰

73 **제조소 등의 관계인은 위험물제조소 등에 대하여 기술기준에 적합한 지의 여부를 정기적으로 점검을 하여야 하는 바, 법적 최소 점검주기에 해당하는 것은?**

㉮ 주 1회 이상
㉯ 월 1회 이상
㉰ 6개월 1회 이상
㉱ 연 1회 이상

해설 제조소 등의 관계인은 위험물제조소 등에 대하여 기술기준에 적합한지의 여부를 정기적으로 점검하여야 하는바, 법적 최소점검주기는 연 1회 이상이다.

답 ㉱

74 **위험물탱크의 용량은 탱크의 내용적에서 공간용적을 뺀 용적으로 한다. 이 경우 소화약제 방출구를 탱크 안의 윗부분에 설치하는 탱크의 공간용적은 해당 소화설비의 소화약제 방출구 아래의 어느 범위의 면으로부터 윗부분의 용적으로 하는가?**

㉮ 0.1m 이상 0.5m 미만 사이의 면
㉯ 0.3m 이상 1m 미만 사이의 면
㉰ 0.5m 이상 1m 미만 사이의 면
㉱ 0.5m 이상 1.5m 미만 사이의 면

해설 위험물안전관리에 관한 세부기준 제25조(탱크의 내용적 및 공간용적)

① 탱크의 공간용적은 탱크의 내용적의 100분의 5 이상 100분의 10 이하의 용적으로 한다. 다만, 소화설비를 설치하는 탱크의 공간용적은 해당 소화설비의 소화약제방출구 아래의 0.3미터 이상 1미터 사이의 면으로부터 윗부분의 용적으로 한다.

② ①의 규정에 불구하고 암반탱크에 있어서는 해당 탱크 내에 용출하는 7일간의 지하수의 양에 상당하는 용적과 해당 탱크의 내용적의 100분의 1의 용적 중에서 보다 큰 용적을 공간용적으로 한다.

답 ㈏

75 **고정지붕구조를 가진 높이 15m의 원통 세로형 옥외저장탱크 안의 탱크 상부로부터 아래로 1m 지점에 포방출구가 설치되어 있다. 이 조건의 탱크를 신설하는 경우 최대허가량은 얼마인가? (단, 탱크의 단면적은 $100m^2$이고, 탱크 내부에는 별다른 구조물이 없으며, 공간용적 기준은 만족하는 것으로 가정한다.)**

㉮ $1,400m^3$

㉯ $1,370m^3$

㉰ $1,350m^3$

㉱ $1,300m^3$

해설 위험물안전관리에 관한 세부기준 제25조(탱크의 내용적 및 공간용적)

① 탱크의 공간용적은 탱크의 내용적의 100분의 5 이상 100분의 10 이하의 용적으로 한다. 다만, 소화설비를 설치하는 탱크의 공간용적은 해당 소화설비의 소화약제방출구 아래의 0.3미터 이상 1미터 사이의 면으로부터 윗부분의 용적으로 한다.

② ①의 규정에 불구하고 암반탱크에 있어서는 해당 탱크 내에 용출하는 7일간의 지하수의 양에 상당하는 용적과 해당탱크의 내용적의 100분의 1의 용적 중에서 보다 큰 용적을 공간용적으로 한다.

탱크의 높이 $15m-(1+0.3m)=13.7m$ 이므로

허가량은 $13.7m \cdot 100m^2=1,370m^3$

답 ㈏

76 **소화난이도 등급 I의 옥내탱크저장소(인화점 70℃ 이상의 제4류 위험물만을 저장 · 취급하는 것)에 설치하여야 하는 소화설비가 아닌 것은?**

㉮ 고정식 포소화설비

㉯ 이동식 외의 할로젠화합물소화설비

㉰ 스프링클러설비

㉱ 물분무소화설비

해설 소화난이도 등급 I 의 옥내탱크저장소의 소화설비 : 고정식 포소화설비, 이동식 외의 이산화탄소소화설비, 물분무소화설비, 이동식 외의 할로젠화합물소화설비 또는 이동식 외의 분말소화설비이다.

답 ㈐

77 **다음 그림은 옥외저장탱크와 흙방유제를 나타낸 것이다. 탱크의 지름이 10m이고 높이가 15m라고 할 때 방유제는 탱크의 옆판으로부터 몇 m 이상의 거리를 유지하여야 하는가? (단, 인화점 200℃ 미만의 위험물을 저장한다.)**

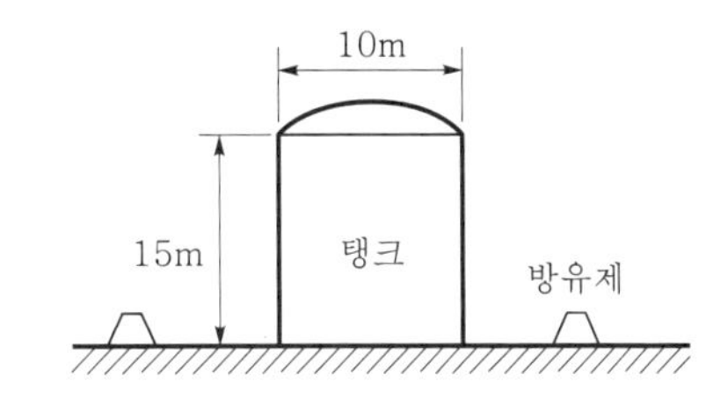

㉮ 2 ㉯ 3

㉰ 4 ㉱ 5

해설 방유제는 탱크의 옆판으로부터 일정거리를 유지할 것(단, 인화점이 200℃ 이상인 위험물은 제외)

㉮ 탱크 지름이 15m 미만인 경우 : 탱크 높이의 $\frac{1}{3}$ 이상

㉯ 탱크 지름이 15m 이상인 경우 : 탱크 높이의 $\frac{1}{2}$ 이상

거리$=15m \times \frac{1}{3}=5m$

답 ㈑

78 **지정과산화물을 저장하는 옥내저장소의 저장창고를 일정 면적마다 구획하는 격벽의 설치기준에 해당하지 않는 것은?**

㉮ 저장창고 상부의 지붕으로부터 50cm 이상 돌출하게 하여야 한다.

㉯ 저장창고 양측의 외벽으로부터 1m 이상 돌출하게 하여야 한다.

㉰ 철근콘크리트조의 경우 두께가 30cm 이상이어야 한다.

㉱ 바닥면적 $250m^2$ 이내마다 완전하게 구획하여야 한다.

해설 옥내저장소의 특례 중 지정과산화물을 저장하는 옥내저장소의 경우 저장창고는 바닥면적 $150m^2$ 이내마다 격벽으로 완전하게 구획하여야 한다.

답 ㉱

79 **위험물 제1종 판매취급소의 위치, 구조 및 설비의 기준으로 틀린 것은?**

㉮ 천장을 설치하는 경우에는 천장을 불연재료로 할 것

㉯ 창 및 출입구에는 60분+방화문 · 60분방화문 또는 30분방화문을 설치할 것

㉰ 건축물의 지하 또는 1층에 설치할 것

㉱ 위험물을 배합하는 실의 바닥면적은 $6m^2$ 이상 $15m^2$ 이하로 할 것

해설
① 건축물의 1층에 설치한다.
② 배합실은 다음과 같다.
㉠ 바닥면적은 $6m^2$ 이상 $15m^2$ 이하이다.
㉡ 내화구조로 된 벽으로 구획한다.
㉢ 바닥은 위험물이 침투하지 아니하는 구조로 하여 적당한 경사를 두고 집유설비를 한다.
㉣ 출입구에는 수시로 열 수 있는 자동폐쇄식의 60분+방화문 · 60분방화문을 설치한다.
㉤ 출입구 문턱의 높이는 바닥면으로 0.1m 이상으로 한다.
㉥ 내부에 체류한 가연성 증기 또는 가연성의 미분을 지붕 위로 방출하는 설치를 한다.

답 ㉰

80 **그림의 원통형 세로로 설치된 탱크에서 공간 용적을 내용적의 10%라고 하면 탱크 용량(허가 용량)은 약 몇 m^3인가?**

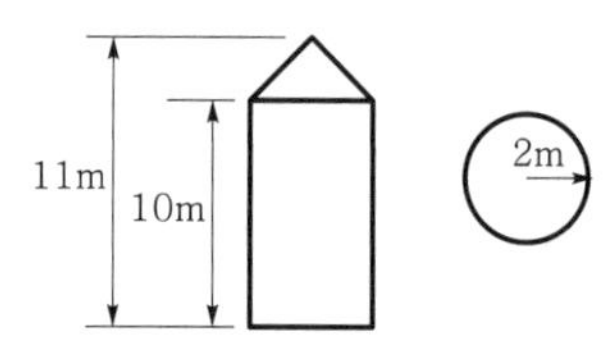

㉮ 113.04　　㉯ 124.34

㉰ 129.06　　㉱ 138.16

해설 탱크의 용량 $= 3.14 \times r^2 \times 10$
$= 3.14 \times (2m)^2 \times 10m = 125.6m^3$
공간용적이 10%이므로 $125.6 \times 0.1 = 12.56m^3$
탱크 용량 $= 125.6 - 12.56 = 113.04m^3$

답 ㉮

PART 7

위험물기능사 필기

필기 과년도 출제문제

CBT 대비 기출문제 10회분 수록

위험물기능사 필기

www.cyber.co.kr

제1회 과년도 출제문제

01 화재 원인에 대한 설명으로 틀린 것은?

① 연소대상물의 열전도율이 좋을수록 연소가 잘 된다.
② 온도가 높을수록 연소위험이 높아진다.
③ 화학적 친화력이 클수록 연소가 잘 된다.
④ 산소와 접촉이 잘 될수록 연소가 잘 된다.

가연성 물질의 조건
㉠ 산소와의 친화력이 클 것
㉡ 열전도율이 작을 것
㉢ 활성화에너지가 작을 것
㉣ 연소열이 클 것
㉤ 크기가 작아 접촉면적이 클 것

답 ①

02 다음 고온체의 색깔을 낮은 온도부터 옳게 나열한 것은?

① 암적색 < 황적색 < 백적색 < 휘적색
② 휘적색 < 백적색 < 황적색 < 암적색
③ 휘적색 < 암적색 < 황적색 < 백적색
④ 암적색 < 휘적색 < 황적색 < 백적색

온도에 따른 불꽃의 색상

불꽃의 온도	불꽃의 색깔	불꽃의 온도	불꽃의 색깔
500℃	적열	1,100℃	황적색
700℃	암적색	1,300℃	백적색
850℃	적색	1,500℃	휘백색
950℃	휘적색		

답 ④

03 화재 시 이산화탄소를 사용하여 공기 중 산소의 농도를 21vol%에서 13vol%로 낮추려면 공기 중 이산화탄소의 농도는 약 몇 vol%가 되어야 하는가?

① 34.3 ② 38.1
③ 42.5 ④ 45.8

해설
CO_2의 최소소화농도(vol%)

$$= \frac{21 - \text{한계산소농도}}{21} \times 100$$

$$= \frac{21-13}{21} \times 100 ≒ 38.09$$

답 ②

04 [보기]에서 소화기의 사용방법을 옳게 설명한 것을 모두 나열한 것은?

[보기]
㉠ 적응화재에만 사용할 것
㉡ 불과 최대한 멀리 떨어져서 사용할 것
㉢ 바람을 마주보고 풍하에서 풍상 방향으로 사용할 것
㉣ 양옆으로 비로 쓸 듯이 골고루 사용할 것

① ㉠, ㉡ ② ㉠, ㉢
③ ㉠, ㉣ ④ ㉠, ㉢, ㉣

소화기의 사용방법
㉠ 각 소화기는 적응화재에만 사용할 것
㉡ 성능에 따라 화점 가까이 접근하여 사용할 것
㉢ 소화 시는 바람을 등지고 소화할 것
㉣ 소화작업은 좌우로 골고루 소화약제를 방사할 것

답 ③

05 폭발 시 연소파의 전파속도 범위에 가장 가까운 것은?

① 0.1~10m/s
② 100~1,000m/s
③ 2,000~3,500m/s
④ 5,000~10,000m/s

연소파의 전파속도는 0.1~10m/s,
폭굉파의 전파속도는 1,000~3,500m/s

답 ①

06 **위험물제조소의 안전거리 기준으로 틀린 것은 어느 것인가?**

① 초중등교육법 및 고등교육법에 의한 학교 −20m 이상
② 의료법에 의한 병원급 의료기관−30m 이상
③ 문화재보호법 규정에 의한 지정문화재−50m 이상
④ 사용전압이 35,000V를 초과하는 특고압 가공전선−5m 이상

제조소의 안전거리 기준

건축물	안전거리
사용전압 7,000V 초과 35,000V 이하의 특고압가공전선	3m 이상
사용전압 35,000V 초과 특고압가공전선	5m 이상
주거용으로 사용되는 것(제조소가 설치된 부지 내에 있는 것 제외)	10m 이상
고압가스, 액화석유가스 또는 도시가스를 저장 또는 취급하는 시설	20m 이상
학교, 병원(종합병원, 치과병원, 한방·요양병원), 극장(공연장, 영화상영관, 수용인원 300명 이상 시설), 아동복지시설, 노인복지시설, 장애인복지시설, 모·부자복지시설, 보육시설, 성매매자를 위한 복지시설, 정신보건시설, 가정폭력피해자 보호시설, 수용인원 20명 이상의 다수인시설	30m 이상
유형문화재, 지정문화재	50m 이상

답 ①

07 **위험물안전관리법상 위험물제조소 등에서 전기설비가 있는 곳에 적응하는 소화설비는?**

① 옥내소화전설비
② 스프링클러설비
③ 포소화설비
④ 할로젠화합물소화설비

전기설비의 경우 기계장치 등을 손상시킬 수 있으므로 물로 인한 소화설비 즉, 옥내소화전설비, 스프링클러설비, 포소화설비는 사용할 수 없다.

답 ④

08 **제5류 위험물의 화재 시 소화방법에 대한 설명으로 옳은 것은?**

① 가연성 물질로서 연소속도가 빠르므로 질식소화가 효과적이다.
② 할로젠화합물소화기가 적응성이 있다.
③ CO_2 및 분말소화기가 적응성이 있다.
④ 다량의 주수에 의한 냉각소화가 효과적이다.

제5류 위험물은 자기반응성 물질로서 산소를 함유하고 있으므로 질식소화는 효과가 없고, 다량의 주수에 의한 냉각소화가 효과적이다.

답 ④

09 Halon 1301 **소화약제에 대한 설명으로 틀린 것은?**

① 저장용기에 액체상으로 충전한다.
② 화학식은 CF_3Br이다.
③ 비점이 낮아서 기화가 용이하다.
④ 공기보다 가볍다.

할론 1301은 화학식이 CF_3Br으로서 증기비중이 5.17로 공기보다 무겁다.

답 ④

10 **스프링클러설비의 장점이 아닌 것은?**

① 화재의 초기진압에 효율적이다.
② 사용약제를 쉽게 구할 수 있다.
③ 자동으로 화재를 감지하고 소화할 수 있다.
④ 다른 소화설비보다 구조가 간단하고 시설비가 적다.

해설 스프링클러설비의 장·단점

장점	단점
㉠ 초기진화에 특히 절대적인 효과가 있다. ㉡ 약제가 물이라서 값이 싸고 복구가 쉽다. ㉢ 오동작, 오보가 없다.(감지부가 기계적) ㉣ 조작이 간편하고 안전하다. ㉤ 야간이라도 자동으로 화재 감지 경보, 소화할 수 있다.	㉠ 초기시설비가 많이 든다. ㉡ 시공이 다른 설비와 비교했을 때 복잡하다. ㉢ 물로 인한 피해가 크다.

답 ④

11 다음의 위험물 중에서 이동탱크저장소에 의하여 위험물을 운송할 때 운송책임자의 감독, 지원을 받아야 하는 위험물은?

① 알킬리튬 ② 아세트알데하이드
③ 금속의 수소화물 ④ 마그네슘

해설 알킬알루미늄과 알킬리튬은 운송책임자의 감독, 지원을 받아야 하는 위험물이다.

답 ①

12 산화제와 환원제를 연소의 4요소와 연관지어 연결한 것으로 옳은 것은?

① 산화제－산소공급원, 환원제－가연물
② 산화제－가연물, 환원제－산소공급원
③ 산화제－연쇄반응, 환원제－점화원
④ 산화제－점화원, 환원제－가연물

해설 산화제는 산소를 함유하고 있으므로 산소공급원에 해당되며, 환원제는 산소와의 결합력이 매우 좋은 가연물에 해당된다.

답 ①

13 포소화약제에 의한 소화방법으로 다음 중 가장 주된 소화효과는?

① 희석소화 ② 질식소화
③ 제거소화 ④ 자기소화

해설 공기 중의 산소공급을 차단하는 질식소화에 해당된다.

답 ②

14 다음 중 증발연소를 하는 물질이 아닌 것은?

① 황
② 석탄
③ 파라핀
④ 나프탈렌

해설 석탄은 분해연소를 하는 물질이다.

답 ②

15 위험물안전관리법상 옥내주유취급소의 소화난이도 등급은?

① I ② II
③ III ④ IV

옥내주유취급소와 제2종 판매취급소는 소화난이도 II등급에 해당된다.

답 ②

16 위험물안전관리법령의 소화설비 설치기준에 의하면 옥외소화전설비의 수원의 수량은 옥외소화전 설치개수(설치개수가 4 이상인 경우에는 4)에 몇 m^3를 곱한 양 이상이 되도록 하여야 하는가?

① $7.5m^3$ ② $13.5m^3$
③ $20.5m^3$ ④ $25.5m^3$

수원의 양(Q) : $Q(m^3) = N \times 13.5m^3$
(N, 4개 이상인 경우 4개)

답 ②

17 1몰의 이황화탄소와 고온의 물이 반응하여 생성되는 독성 기체물질의 부피는 표준상태에서 얼마인가?

① 22.4L ② 44.8L
③ 67.2L ④ 134.4L

해설 $CS_2+2H_2O \rightarrow CO_2+2H_2S$

$$\frac{1mol-CS_2}{} \bigg| \frac{2mol-H_2S}{1mol-CS_2} \bigg| \frac{22.4L-H_2S}{1mol-H_2S}$$

$=44.8L-H_2S$

답 ②

18 **알킬리튬에 대한 설명으로 틀린 것은?**

① 제3류 위험물이고 지정수량은 10kg이다.
② 가연성의 액체이다.
③ 이산화탄소와는 격렬하게 반응한다.
④ 소화방법으로는 물로 주수는 불가하며 할로젠화합물소화약제를 사용하여야 한다.

알킬리튬의 경우 할로젠화합물과 반응하여 위험성이 높아진다.

답 ④

19 **국소방출방식의 이산화탄소소화설비의 분사헤드에서 방출되는 소화약제의 방사기준으로 옳은 것은?**

① 10초 이내에 균일하게 방사할 수 있을 것
② 15초 이내에 균일하게 방사할 수 있을 것
③ 30초 이내에 균일하게 방사할 수 있을 것
④ 60초 이내에 균일하게 방사할 수 있을 것

해설 국소방출방식의 이산화탄소소화설비의 분사헤드
㉠ 분사헤드는 방호대상물의 모든 표면이 분사헤드의 유효사정 내에 있도록 설치할 것
㉡ 소화약제의 방사에 의해서 위험물이 비산되지 않는 장소에 설치할 것
㉢ 소화약제의 양을 30초 이내에 균일하게 방사할 것

답 ③

20 **다음 위험물의 화재 시 주수소화가 가능한 것은?**

① 철분　　② 마그네슘
③ 나트륨　　④ 황

황은 제2류 위험물(가연성 고체)로서 주수소화가 가능하다.

답 ④

21 **황화인에 대한 설명 중 옳지 않은 것은?**

① 삼황화인은 황색결정으로 공기 중 약 100℃에서 발화할 수 있다.
② 오황화인은 담황색 결정으로 조해성이 있다.
③ 오황화인은 물과 접촉하여 유독성 가스를 발생할 위험이 있다.
④ 삼황화인은 연소하여 황화수소가스를 발생할 위험이 있다.

삼황화인은 연소하여 아황산가스를 발생한다.
$P_4S_3+8O_2 \rightarrow 2P_2O_5+3SO_2$

답 ④

22 **위험물안전관리법령상 제조소 등의 정기점검대상에 해당하지 않는 것은?**

① 지정수량 15배의 제조소
② 지정수량 40배의 옥내탱크저장소
③ 지정수량 50배의 이동탱크저장소
④ 지정수량 20배의 지하탱크저장소

정기점검대상 제조소 등
㉠ 지정수량의 10배 이상의 위험물을 취급하는 제조소
㉡ 지정수량의 100배 이상의 위험물을 저장하는 옥외저장소
㉢ 지정수량의 150배 이상의 위험물을 저장하는 옥내저장소
㉣ 지정수량의 200배 이상을 저장하는 옥외탱크저장소
㉤ 암반탱크저장소
㉥ 이송취급소
㉦ 지정수량의 10배 이상의 위험물을 취급하는 일반취급소
㉧ 지하탱크저장소
㉨ 이동탱크저장소
㉩ 제조소(지하 탱크) · 주유 취급소 또는 일반취급소

답 ②

23 제조소 등의 소화설비 설치 시 소요단위 산정에 관한 내용으로 다음 ( ) 안에 알맞은 수치를 차례대로 나열한 것은?

> 제조소 또는 취급소의 건축물은 외벽이 내화구조인 것은 연면적 ( )m^2를 1소요단위로 하며, 외벽이 내화구조가 아닌 것은 연면적 ( )m^2를 1소요단위로 한다.

① 200, 100　② 150, 100
③ 150, 50　④ 100, 50

소요단위 : 소화설비의 설치대상이 되는 건축물의 규모 또는 위험물 양에 대한 기준단위

1 단위	제조소 또는 취급소용 건축물의 경우	내화구조 외벽을 갖춘 연면적 $100m^2$
		내화구조 외벽이 아닌 연면적 $50m^2$
	저장소 건축물의 경우	내화구조 외벽을 갖춘 연면적 $150m^2$
		내화구조 외벽이 아닌 연면적 $75m^2$
	위험물의 경우	지정수량의 10배

답 ④

24 탄화칼슘의 취급방법에 대한 설명으로 옳지 않은 것은?

① 물, 습기와의 접촉을 피한다.
② 건조한 장소에 밀봉, 밀전하여 보관한다.
③ 습기와 작용하여 다량의 메테인이 발생하므로 저장 중에 메테인가스의 발생유무를 조사한다.
④ 저장용기에 질소가스 등 불활성 가스를 충전하여 저장한다.

물과 접촉하여 아세틸렌가스를 발생한다.
$CaC_2 + 2H_2O \rightarrow Ca(OH)_2 + C_2H_2$

답 ③

25 등유의 지정수량에 해당하는 것은?

① 100L　② 200L
③ 1,000L　④ 2,000L

등유는 제2석유류이면서 비수용성 액체로서 지정수량은 1,000L이다.

답 ③

26 위험물저장소에 해당하지 않는 것은?

① 옥외저장소
② 지하탱크저장소
③ 이동탱크저장소
④ 판매저장소

판매저장소라는 말은 없으며, 판매취급소이다.

답 ④

27 벤젠 1몰을 충분한 산소가 공급되는 표준상태에서 완전연소시켰을 때 발생하는 이산화탄소의 양은 몇 L인가?

① 22.4　② 134.4
③ 168.8　④ 224.0

해설

$2C_6H_6 + 15O_2 \rightarrow 12CO_2 + 6H_2O$

$$\frac{1\text{mol}-C_6H_6}{} \left| \frac{12\text{mol}-CO_2}{2\text{mol}-C_6H_6} \right| \frac{22.4\text{L}-CO_2}{1\text{mol}-CO_2}$$

$= 134.4\text{L}-CO_2$

답 ②

28 지정과산화물을 저장 또는 취급하는 위험물 옥내저장소의 저장창고 기준에 대한 설명으로 틀린 것은?

① 서까래의 간격은 30cm 이하로 할 것
② 저장창고 출입구에는 60분+방화문 · 60분 방화문을 설치할 것
③ 저장창고의 외벽을 철근콘크리트조로 할 경우 두께를 10cm 이상으로 할 것
④ 저장창고의 창은 바닥면으로부터 2m 이상의 높이에 둘 것

저장창고의 외벽을 철근콘크리트조로 할 경우 두께를 20cm 이상으로 할 것

답 ③

29 물과 접촉 시 발열하면서 폭발 위험성이 증가하는 것은?

① 과산화칼륨
② 과망가니즈산나트륨
③ 아이오딘산칼륨
④ 과염소산칼륨

과산화칼륨은 불연성이나 물과 접촉하면 발열하며, 대량일 경우에는 폭발한다.

답 ①

30 다음 중 벤젠증기의 비중에 가장 가까운 값은?

① 0.7 ② 0.9
③ 2.7 ④ 3.9

해설 벤젠의 분자량은 78g/mol이므로 공기의 평균분자량(28.84g/mol)으로 나누면 2.70

답 ③

31 다음 중 나이트로글리세린을 다공질의 규조토에 흡수시켜 제조한 물질은?

① 흑색화약
② 나이트로셀룰로스
③ 다이너마이트
④ 면화약

나이트로글리세린을 다공질 물질 규조토에 흡수시켜서 다이너마이트를 제조한다.

답 ③

32 아염소산염류의 운반용기 중 적응성 있는 내장용기의 종류와 최대용적이나 중량을 옳게 나타낸 것은? (단, 외장용기의 종류는 나무상자 또는 플라스틱상자이고, 외장용기의 최대중량은 125kg으로 한다.)

① 금속제용기 : 20L
② 종이포대 : 55kg
③ 플라스틱필름포대 : 60kg
④ 유리용기 : 10L

아염소산염류의 고체위험물로서 나무상자 또는 플라스틱상자이고, 외장용기의 최대 중량은 125kg인 경우 유리용기로 또는 플라스틱용기로 최대 10L까지 운반용기를 사용할 수 있다.

답 ④

33 아세트알데하이드의 저장, 취급 시 주의사항으로 틀린 것은?

① 강산화제와의 접촉을 피한다.
② 취급설비에는 구리합금의 사용을 피한다.
③ 수용성이기 때문에 화재 시 물로 희석소화가 가능하다.
④ 옥외저장탱크에 저장 시 조연성 가스를 주입한다.

탱크저장 시는 불활성 가스 또는 수증기를 봉입하고 냉각장치 등을 이용하여 저장온도를 비점 이하로 유지시켜야 한다.

답 ④

34 위험물 분류에서 제1석유류에 대한 설명으로 옳은 것은?

① 아세톤, 휘발유, 그 밖에 1기압에서 인화점이 섭씨 21도 미만인 것
② 등유, 경유, 그 밖의 액체로서 인화점이 섭씨 21도 이상 70도 미만의 것
③ 중유, 도료류로서 인화점이 섭씨 70도 이상 200도 미만의 것
④ 기계유, 실린더유, 그 밖의 액체로서 인화점이 섭씨 200도 이상 250도 미만인 것

답 ①

35 제2류 위험물의 일반적 성질에 대한 설명으로 가장 거리가 먼 것은?

① 가연성 고체물질이다.
② 연소 시 연소열이 크고 연소속도가 빠르다.
③ 산소를 포함하여 조연성 가스의 공급이 없이 연소가 가능하다.
④ 비중이 1보다 크고 물에 녹지 않는다.

③은 제1류 위험물(산화성 고체)에 대한 설명이다.

답 ③

36 위험물안전관리법령상 동·식물유류의 경우 1기압에서 인화점은 섭씨 몇 도 미만으로 규정하고 있는가?

① 150℃ ② 250℃
③ 450℃ ④ 600℃

"동·식물유류"라 함은 동물의 지육 등 또는 식물의 종자나 과육으로부터 추출한 것으로서 1기압에서 인화점이 섭씨 250도 미만인 것을 말한다.

답 ②

37 과염소산칼륨과 아염소산나트륨의 공통성질이 아닌 것은?

① 지정수량이 50kg이다.
② 열분해 시 산소를 방출한다.
③ 강산화성 물질이며 가연성이다.
④ 상온에서 고체의 형태이다.

제1류 위험물(산화성 고체)로서 불연성 물질이다.

답 ③

38 제5류 위험물의 일반적 성질에 관한 설명으로 옳지 않은 것은?

① 화재발생 시 소화가 곤란하므로 적은 양으로 나누어 저장한다.
② 운반용기 외부에 충격주의, 화기엄금의 주의사항을 표시한다.
③ 자기연소를 일으키며 연소속도가 대단히 빠르다.
④ 가연성 물질이므로 질식소화하는 것이 가장 좋다.

제5류 위험물은 내부에 산소를 함유하고 있으므로 질식소화는 적절치 않으며, 다량의 주수에 의한 냉각소화가 효과적이다.

답 ④

39 다음 중 자연발화의 위험성이 가장 큰 물질은?

① 아마인유 ② 야자유
③ 올리브유 ④ 피마자유

아이오딘값이 클수록 자연발화의 위험이 커진다. 야자유, 피마자유, 올리브유는 불건성유로서 아이오딘값이 100 이하이며, 아마인유의 경우 건성유로 아이오딘값이 130 이상이다.

답 ①

40 운반을 위하여 위험물을 적재하는 경우에 차광성이 있는 피복으로 가려주어야 하는 것은?

① 특수인화물 ② 제1석유류
③ 알코올류 ④ 동·식물유류

적재하는 위험물에 따른 조치사항

차광성이 있는 것으로 피복해야 하는 경우	방수성이 있는 것으로 피복해야 하는 경우
제1류 위험물 제3류 위험물 중 자연발화성 물질 제4류 위험물 중 특수인화물 제5류 위험물 제6류 위험물	제1류 위험물 중 알칼리금속의 과산화물 제2류 위험물 중 철분, 금속분, 마그네슘 제3류 위험물 중 금수성 물질

답 ①

41 위험물제조소 등에 옥내소화전설비를 설치할 때 옥내소화전이 가장 많이 설치된 층의 소화전의 개수가 4개일 때 확보하여야 할 수원의 수량은?

① $10.4m^3$ ② $20.8m^3$
③ $31.2m^3$ ④ $41.6m^3$

수원의 수량은 옥내소화전이 가장 많이 설치된 층의 옥내소화전 설치개수(설치개수가 5개 이상인 경우는 5개)에 $7.8m^3$를 곱한 양 이상이 되도록 설치할 것

수원의 양(Q) : $Q(m^3) = N \times 7.8m^3$
(N, 5개 이상인 경우 5개)
$4 \times 7.8m^3 = 31.2m^3$

답 ③

42 **황린의 저장방법으로 옳은 것은?**

① 물속에 저장한다.
② 공기 중에 보관한다.
③ 벤젠 속에 저장한다.
④ 이황화탄소 속에 보관한다.

해설 자연발화성이 있어 물속에 저장하며, 온도상승 시 물의 산성화가 빨라져서 용기를 부식시키므로 직사광선을 피하여 저장한다. 인화수소(PH_3)의 생성을 방지하기 위해 보호액은 약알칼리성 pH 9로 유지하기 위하여 알칼리제(석회 또는 소다회 등)로 pH를 조절한다.

답 ①

43 **위험물안전관리법령상 지정수량이 다른 하나는?**

① 인화칼슘　　② 루비듐
③ 칼슘　　④ 아염소산칼륨

해설
① 인화칼슘 - 제3류 위험물, 금속인화합물 300kg
② 루비듐 - 제3류 위험물, 알카리금속류 50kg
③ 칼슘 - 제3류 위험물, 알카리토금속류 50kg
④ 아염소산칼륨 - 제1류 위험물, 아염소산칼륨 50kg

답 ①

44 **과염소산나트륨에 대한 설명으로 옳지 않은 것은?**

① 가열하면 분해하여 산소를 방출한다.
② 환원제이며 수용액은 강한 환원성이 있다.
③ 수용성이며 조해성이 있다.
④ 제1류 위험물이다.

해설 과염소산나트륨은 제1류 위험물로서 산화성 고체이다.

답 ②

45 **질산메틸의 성질에 대한 설명으로 틀린 것은?**

① 비점은 약 66℃이다.
② 증기는 공기보다 가볍다.
③ 무색투명한 액체이다.
④ 자기반응성 물질이다.

해설 질산메틸은 자기반응성 물질로서 증기비중은 2.65로 공기보다 무겁다.

답 ②

46 **옥외탱크저장소의 소화설비를 검토 및 적용할 때에 소화난이도 등급 I에 해당되는지를 검토하는 탱크높이의 측정기준으로서 적합한 것은?**

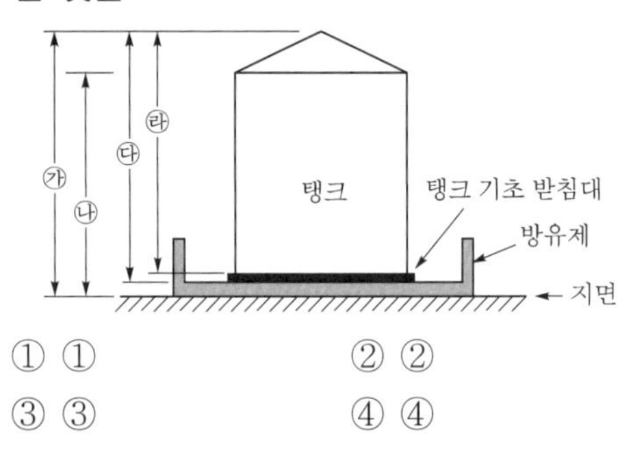

① ㉮　　② ㉯
③ ㉰　　④ ㉱

해설 옥외탱크높이는 지붕을 제외한 본체 높이를 의미한다.

답 ②

47 **다음에서 설명하는 위험물에 해당하는 것은?**

- 지정수량은 300kg이다.
- 산화성액체 위험물이다.
- 가열하면 분해하여 유독성 가스를 발생한다.
- 증기비중은 약 3.5이다.

① 브로민산칼륨　　② 클로로벤젠
③ 질산　　④ 과염소산

답 ④

48 **금속나트륨에 대한 설명으로 옳지 않은 것은?**

① 물과 격렬히 반응하여 발열하고 수소가스를 발생한다.
② 에틸알코올과 반응하여 나트륨에틸라이트와 수소가스를 발생한다.
③ 할로젠화합물소화약제는 사용할 수 없다.
④ 은백색의 광택이 있는 중금속이다.

해설 금속나트륨은 은백색의 광택이 있는 경금속이다.

답 ④

49 옥내저장소의 저장창고에 150m^2 이내마다 일정 규격의 격벽을 설치하여 저장하여야 하는 위험물은?

① 제5류 위험물 중 지정과산화물
② 알킬알루미늄 등
③ 아세트알데하이드 등
④ 하이드록실아민 등

답 ①

50 염소산나트륨의 저장 및 취급 방법으로 옳지 않은 것은?

① 철제용기에 저장한다.
② 습기가 없는 찬 장소에 보관한다.
③ 조해성이 크므로 용기는 밀전한다.
④ 가열, 충격, 마찰을 피하고 점화원의 접근을 금한다.

염소산나트륨은 흡습성이 좋아 강한 산화제로서 철제 용기를 부식시킴.

답 ①

51 위험물제조소 등의 허가에 관계된 설명으로 옳은 것은?

① 제조소 등을 변경하고자 하는 경우에는 언제나 허가를 받아야 한다.
② 위험물의 품명을 변경하고자 하는 경우에는 언제나 허가를 받아야 한다.
③ 농예용으로 필요한 난방시설을 위한 지정수량의 20배 이하의 저장소는 허가대상이 아니다.
④ 저장하는 위험물의 변경으로 지정수량의 배수가 달라지는 경우는 언제나 허가대상이 아니다.

허가를 받지 아니하고 해당 제조소 등을 설치하거나 그 위치 · 구조 또는 설비를 변경할 수 있으며, 신고를 하지 아니하고 위험물의 품명 · 수량 또는 지정수량의 배수를 변경할 수 있는 경우

㉠ 주택의 난방시설(공동주택의 중앙난방시설을 제외한다)을 위한 저장소 또는 취급소
㉡ 농예용 · 축산용 또는 수산용으로 필요한 난방시설 또는 건조시설을 위한 지정수량 20배 이하의 저장소

답 ③

52 황의 성질에 대한 설명 중 틀린 것은?

① 물에 녹지 않으나 이황화탄소에 녹는다.
② 공기 중에서 연소하여 아황산가스를 발생한다.
③ 전도성 물질이므로 정전기 발생에 유의하여야 한다.
④ 분진폭발의 위험성에 주의하여야 한다.

황은 절연성으로 인해 정전기에 의한 발화가 가능하므로 정전기의 축적을 방지하고, 가열, 충격, 마찰을 피해야 한다.

답 ③

53 다음 중 증기의 밀도가 가장 큰 것은?

① 다이에틸에터
② 벤젠
③ 가솔린(옥테인 100%)
④ 에틸알코올

밀도는 $\dfrac{\text{분자량}}{22.4\text{L}}$이므로

다이에틸에터$\left(\dfrac{74.12}{22.4}=3.308\right)$, 벤젠$\left(\dfrac{78}{22.4}=3.48\right)$,

옥테인 100%이므로 C_8H_{18}을 기준으로 분자량은 114g/mol이므로 증기밀도는 $\dfrac{114}{22.4}≒5.09$,

에틸알코올$\left(\dfrac{46}{22.4}=2.05\right)$

그러므로 증기밀도가 가장 큰 것은 가솔린이다.

답 ③

54 과산화수소의 위험성으로 옳지 않은 것은?

① 산화제로서 불연성 물질이지만 산소를 함유하고 있다.
② 이산화망가니즈 촉매하에서 분해가 촉진된다.
③ 분해를 막기 위해 하이드라진을 안정제로 사용할 수 있다.
④ 고농도의 것은 피부에 닿으면 화상의 위험이 있다.

일반 시판품은 30~40%의 수용액으로 분해하기 쉬워 인산(H_3PO_4), 요산($C_5H_4N_4O_3$) 등 안정제를 가하거나 약산성으로 만든다.

답 ③

55 위험물안전관리법령상 제조소 등에 대한 긴급사용정지명령 등을 할 수 있는 권한이 없는 자는?

① 시, 도지사　　② 소방본부장
③ 소방서장　　④ 소방청장

답 ④

56 위험물제조소 등에서 위험물안전관리법령상 안전거리 규제대상이 아닌 것은?

① 제6류 위험물을 취급하는 제조소를 제외한 모든 제조소
② 주유취급소
③ 옥외저장소
④ 옥외탱크저장소

답 ②

57 제5류 위험물의 나이트로화합물에 속하지 않는 것은?

① 나이트로벤젠
② 테트릴
③ 트라이나이트로톨루엔
④ 피크르산

나이트로벤젠은 제4류 위험물 제3석유류에 속한다.

답 ①

58 위험물안전관리법에서 규정하고 있는 사항으로 옳지 않은 것은?

① 위험물저장소를 경매에 의해 시설의 전부를 인수한 경우에는 30일 이내에, 저장소의 용도를 폐지한 경우에는 14일 이내에 시, 도지사에게 그 사실을 신고하여야 한다.
② 제조소 등의 위치, 구조 및 설비기준을 위반하여 사용한 때에는 시, 도지사는 허가취소, 전부 또는 일부의 사용정지를 명할 수 있다.
③ 20,000L를 수산용 건조시설에 사용하는 경우에는 위험물법의 허가는 받지 아니하고 저장소를 설치할 수 있다.
④ 위치, 구조 또는 설비의 변경 없이 저장소에서 저장하는 위험물 지정수량의 배수를 변경하고자 하는 경우에는 변경하고자 하는 날의 1일전까지 시, 도지사에게 신고하여야 한다.

답 ②

59 과산화나트륨 78g과 충분한 양의 물이 반응하여 생성되는 기체의 종류와 생성량을 옳게 나타낸 것은?

① 수소, 1g
② 산소, 16g
③ 수소, 2g
④ 산소, 32g

$2Na_2O_2 + 2H_2O \rightarrow 4NaOH + O_2$이므로

$$\frac{78g-Na_2O_2}{} \left| \frac{1mol-Na_2O_2}{78g-Na_2O_2} \right| \frac{1mol-O_2}{2mol-Na_2O_2} \left| \frac{32g-O_2}{1mol-O_2} \right. = 16g-O_2$$

답 ②

60 **옥내탱크저장소 중 탱크전용실을 단층건물 외의 건축물에 설치하는 경우 탱크전용실을 건축물 1층 또는 지하층에만 설치하여야 하는 위험물이 아닌 것은?**

① 제2류 위험물 중 덩어리 황

② 제3류 위험물 중 황린

③ 제4류 위험물 중 인화점이 38℃ 이상인 위험물

④ 제6류 위험물 중 질산

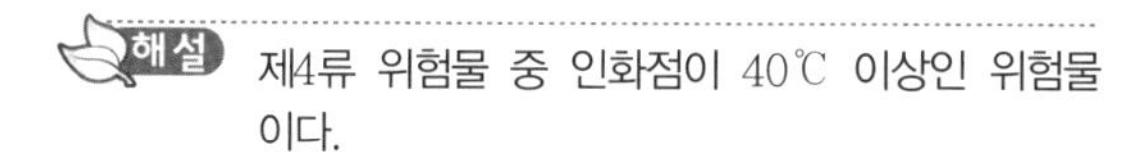

해설 제4류 위험물 중 인화점이 40℃ 이상인 위험물이다.

답 ③

CBT 대비

제2회 과년도 출제문제

01 다음 중 화재발생 시 물을 이용한 소화가 효과적인 물질은?

① 트라이메틸알루미늄 ② 황린
③ 나트륨 ④ 인화칼슘

 황린의 경우 물과 반응하지 않으며, 오히려 물속에 보관해야 안전하다. 그 외 트라이메틸알루미늄은 물과 반응시 메테인가스 발생, 나트륨은 물과 반응하여 수소가스, 인화칼슘은 물과 반응하여 포스핀 가스를 발생시킨다.

답 ②

02 위험물안전관리법령에 따른 대형 수동식 소화기의 설치기준에서 방호대상물의 각 부분으로부터 하나의 대형 수동식 소화기까지의 보행거리는 몇 m 이하가 되도록 설치하여야 하는가? (단, 옥내소화전설비, 옥외소화전설비, 스프링클러설비 또는 물분무소화설비와 함께 설치하는 경우는 제외한다.)

① 10 ② 15
③ 20 ④ 30

해설 소화기는 각층마다 설치하되, 특정소방대상물의 각 부분으로부터 1개의 소화기까지의 보행거리가 소형 소화기의 경우에는 20m 이내, 대형 소화기의 경우에는 30m 이내가 되도록 배치할 것

답 ④

03 위험물안전관리법령상 스프링클러설비가 제4류 위험물에 대하여 적응성을 갖는 경우는?

① 연기가 충만할 우려가 없는 경우
② 방사밀도(살수밀도)가 일정수치 이상인 경우
③ 지하층의 경우
④ 수용성 위험물인 경우

 제4류 위험물에 대해서 스프링클러설비는 유효하지 않지만, 방사밀도가 일정수치 이상인 경우 적응성을 갖는 것으로 판단한다.

답 ②

04 위험물안전관리법령상 위험물의 품명이 다른 하나는?

① CH_3COOH ② C_6H_5Cl
③ $C_6H_5CH_3$ ④ C_6H_5Br

 ① CH_3COOH은 초산(제2석유류)
② C_6H_5Cl는 클로로벤젠(제2석유류)
③ $C_6H_5CH_3$은 톨루엔(제1석유류)
④ C_6H_5Br은 브로모벤젠

답 ③

05 어떤 소화기에 "ABC"라고 표시되어 있다. 다음 중 사용할 수 없는 화재는?

① 금속화재 ② 유류화재
③ 전기화재 ④ 일반화재

 A급(일반화재), B급(유류화재), C급(전기화재)

답 ①

06 위험물안전관리법령에서 정한 소화설비의 소요단위 산정방법에 대한 설명 중 옳은 것은?

① 위험물은 지정수량의 100배를 1소요단위로 함
② 저장소용 건축물 외벽이 내화구조인 것은 연면적 $100m^2$를 1소요단위로 함
③ 제조소용 건축물 외벽이 내화구조가 아닌 것은 연면적 $50m^2$를 1소요단위로 함
④ 저장소용 건축물 외벽이 내화구조가 아닌 것은 연면적 $25m^2$를 1소요단위로 함

소요단위 : 소화설비의 설치대상이 되는 건축물의 규모 또는 위험물 양에 대한 기준단위

1단위	제조소 또는 취급소용 건축물의 경우	내화구조 외벽을 갖춘 연면적 $100m^2$
		내화구조 외벽이 아닌 연면적 $50m^2$
	저장소 건축물의 경우	내화구조 외벽을 갖춘 연면적 $150m^2$
		내화구조 외벽이 아닌 연면적 $75m^2$
	위험물의 경우	지정수량의 10배

답 ③

07 다음 중 기체연료가 완전 연소하기에 유리한 이유로 가장 거리가 먼 것은?

① 활성화에너지가 크다.
② 공기 중에서 확산되기 쉽다.
③ 산소를 충분히 공급받을 수 있다.
④ 분자의 운동이 활발하다.

활성화에너지가 크다는 것은 가연성 물질과 거리가 먼 사항이다.

답 ①

08 위험물의 소화방법으로 적합하지 않은 것은?

① 적린은 다량의 물로 소화한다.
② 황화인의 소규모 화재 시에는 모래로 질식소화한다.
③ 알루미늄은 다량의 물로 소화한다.
④ 황의 소규모 화재 시에는 모래로 질식소화한다.

알루미늄은 물과 반응 시 가연성의 수소가스를 발생한다.

$2Al+6H_2O \rightarrow 2Al(OH)_3+3H_2$

답 ③

09 위험물안전관리법령에서 정한 위험물의 유별 성질을 잘못 나타낸 것은?

① 제1류 : 산화성
② 제4류 : 인화성
③ 제5류 : 자기반응성
④ 제6류 : 가연성

제6류는 산화성 액체이다.

답 ④

10 주된 연소의 형태가 나머지 셋과 다른 하나는 어느 것인가?

① 아연분
② 양초
③ 코크스
④ 목탄

목탄, 코크스, 금속분 등은 표면연소(직접연소)로서 열분해에 의하여 가연성 가스를 발생치 않고 그 자체가 연소하는 형태로서 연소반응이 고체의 표면에서 이루어지는 형태이다. 반면 양초는 증발연소의 형태이다.

답 ②

11 금속은 덩어리상태보다 분말상태일 때 연소위험성이 증가하기 때문에 금속분을 제2류 위험물로 분류하고 있다. 연소위험성이 증가하는 이유로 잘못된 것은?

① 비표면적이 증가하여 반응면적이 증대되기 때문에
② 비열이 증가하여 열의 축적이 용이하기 때문에
③ 복사열의 흡수율이 증가하여 열의 축적이 용이하기 때문에
④ 대전성이 증가하여 정전기가 발생되기 쉽기 때문에

비열이란 어떤 물질 1g을 1℃ 올리는 데 필요한 열량을 의미한다. 덩어리상태에서 분말상태로 된다고 해서 비열이 증가하지는 않는다.

답 ②

12 영하 20℃ 이하의 겨울철이나 한랭지에서 사용하기에 적합한 소화기는?

① 분무주수소화기
② 봉상주수소화기
③ 물주수소화기
④ 강화액소화기

해설 강화액소화기는 탄산칼륨 등의 수용액을 주성분으로 하며 강한 알칼리성(pH 12 이상)으로 비중은 1.35(15℃) 이상의 것을 말한다. 강화액은 −30℃에서도 동결되지 않으므로 한랭지에서도 보온의 필요가 없을 뿐만 아니라 탈수·탄화작용으로 목재, 종이 등을 불연화하고 재연방지의 효과도 있어서 A급 화재에 대한 소화능력이 증가된다.

답 ④

13 다음 중 알칼리금속의 과산화물 저장창고에 화재가 발생하였을 때 가장 적합한 소화약제는?

① 마른모래
② 물
③ 이산화탄소
④ 할론 1211

해설 무기과산화물은 그 자체가 연소되는 것은 없으나, 유기물 등과 접촉하여 분해하여 산소를 방출하고, 특히 알칼리금속(리튬, 나트륨, 칼륨, 세슘, 루비듐)의 무기과산화물은 물과 격렬하게 발열반응하여 분해하고, 다량의 산소를 발생한다. 또한, 이산화탄소, 할론소화약제와도 반응하므로 화재를 확대시킬 수 있다. 소화방법으로는 탄산소다, 마른모래 등으로 덮어 행하나 소화는 대단히 곤란하다.

답 ①

14 위험물안전관리법령상 제5류 위험물에 적응성이 있는 소화설비는?

① 포소화설비
② 불활성가스소화설비
③ 할로젠화합물소화설비
④ 탄산수소염류소화설비

해설

소화설비의 구분 \ 대상물 구분			건축물·그 밖의 공작물	전기설비	제1류 위험물: 알칼리금속과산화물 등	제1류 위험물: 그 밖의 것	제2류 위험물: 철분·금속분·마그네슘 등	제2류 위험물: 인화성 고체	제2류 위험물: 그 밖의 것	제3류 위험물: 금수성 물품	제3류 위험물: 그 밖의 것	제4류 위험물	제5류 위험물	제6류 위험물
옥내소화전 또는 옥외소화전설비			○			○		○	○		○		○	○
스프링클러설비			○			○		○	○		○	△	○	○
물분무등소화설비	물분무소화설비		○	○		○		○	○		○	○	○	○
물분무등소화설비	포소화설비		○			○		○	○		○	○	○	○
물분무등소화설비	불활성가스소화설비			○				○				○		
물분무등소화설비	할로젠화합물소화설비			○				○				○		
물분무등소화설비	분말소화설비	인산염류 등	○	○		○		○	○			○		○
물분무등소화설비	분말소화설비	탄산수소염류 등		○	○		○	○		○		○		
물분무등소화설비	분말소화설비	그 밖의 것			○		○			○				
대형·소형수동식소화기	봉상수(棒狀水)소화기		○			○		○	○		○		○	○
대형·소형수동식소화기	무상수(霧狀水)소화기		○	○		○		○	○		○		○	○
대형·소형수동식소화기	봉상강화액소화기		○			○		○	○		○		○	○
대형·소형수동식소화기	무상강화액소화기		○	○		○		○	○		○	○	○	○
대형·소형수동식소화기	포소화기		○			○		○	○		○	○	○	○
대형·소형수동식소화기	이산화탄소소화기			○				○				○		△
대형·소형수동식소화기	할로젠화합물소화기			○				○				○		
대형·소형수동식소화기	분말소화기	인산염류소화기	○	○		○		○	○			○		○
대형·소형수동식소화기	분말소화기	탄산수소염류소화기		○	○		○	○		○		○		
대형·소형수동식소화기	분말소화기	그 밖의 것			○		○			○				
기타	물통 또는 수조		○			○		○	○		○		○	○
기타	건조사				○	○	○	○	○	○	○	○	○	○
기타	팽창질석 또는 팽창진주암				○	○	○	○	○	○	○	○	○	○

답 ①

15 화재 시 이산화탄소를 방출하여 산소의 농도를 13vol%로 낮추어 소화를 하려면 공기 중의 이산화탄소는 몇 vol%가 되어야 하는가?

① 28.1
② 38.1
③ 42.86
④ 48.36

해설 CO_2의 최소소화농도(vol%)

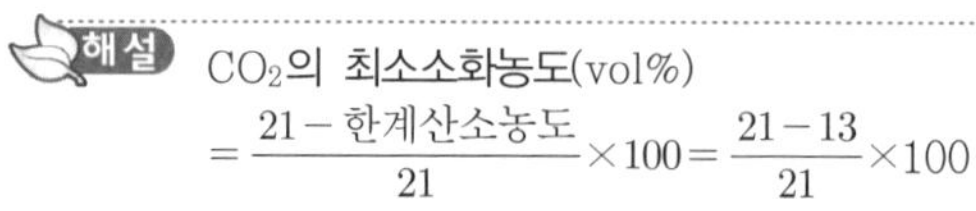

$$= \frac{21 - \text{한계산소농도}}{21} \times 100 = \frac{21-13}{21} \times 100$$

$$\fallingdotseq 38.09$$

 ②

16 소화전용 물통 3개를 포함한 수조 80L의 능력단위는?

① 0.3 ② 0.5
③ 1.0 ④ 1.5

소방기구의 소화능력

소화약제	약제 양	단위
마른모래	50L (삽 1개 포함)	0.5
팽창질석, 팽창진주암	160L (삽 1개 포함)	1
소화전용 물통	8L	0.3
수조	190L (소화전용 물통 6개 포함)	2.5
	80L (소화전용 물통 3개 포함)	1.5

답 ④

17 탄화칼슘과 물이 반응하였을 때 발생하는 가연성 가스의 연소범위에 가장 가까운 것은?

① 2.1~9.5vol%
② 2.5~81vol%
③ 4.1~74.2vol%
④ 15.0~28vol%

물과 심하게 반응하여 수산화칼슘과 아세틸렌을 만들며 공기 중 수분과 반응하여도 아세틸렌을 발생한다.
$CaC_2 + 2H_2O \rightarrow Ca(OH)_2 + C_2H_2$

답 ②

18 위험물제조소 등에 옥외소화전을 6개 설치할 경우 수원의 수량은 몇 m^3 이상이어야 하는가?

① $48m^3$ 이상 ② $54m^3$ 이상
③ $60m^3$ 이상 ④ $81m^3$ 이상

수원의 양(Q) : $Q(m^3) = N \times 13.5m^3$
(N, 4개 이상인 경우 4개)$= 4 \times 13.5m^3 = 54m^3$

답 ②

19 위험물안전관리법령상 제조소 등의 관계인은 제조소 등의 화재예방과 재해발생 시의 비상조치에 필요한 사항을 서명으로 작성하여 허가청에 제출하여야 한다. 이는 무엇에 관한 설명인가?

① 예방규정 ② 소방계획서
③ 비상계획서 ④ 화재영향평가서

위험물안전관리법 제17조
대통령령이 정하는 제조소 등의 관계인은 해당 제조소등의 화재예방과 화재 등 재해발생 시의 비상조치를 위하여 행정안전부령이 정하는 바에 따라 예방규정을 정하여 해당 제조소 등의 사용을 시작하기 전에 시 · 도지사에게 제출하여야 한다.

답 ①

20 위험물안전관리법령상 압력수조를 이용한 옥내소화전설비의 가압수송장치에 압력수조의 최소압력(MPa)은? (단 소방용 호스의 마찰손실수두압은 3MPa, 배관의 마찰손실수두압은 1MPa, 낙차의 환산수두압은 1.35MPa이다.)

① 5.35 ② 5.70
③ 6.00 ④ 6.35

압력수조를 이용한 가압송수장치
$P = p_1 + p_2 + p_3 + 0.35\text{MPa}$
여기서, P : 필요한 압력(MPa)
p_1 : 소방용호스의 마찰손실수두압(MPa)
p_2 : 배관의 마찰손실수두압(MPa)
p_3 : 낙차의 환산수두압(MPa)

답 ②

21 등유의 성질에 대한 설명 중 틀린 것은?

① 증기는 공기보다 가볍다.
② 인화점이 상온보다 높다.
③ 전기에 대해 불량도체이다.
④ 물보다 가볍다.

등유의 증기비중 4~5이므로 공기보다 무겁다.

답 ①

22 다음 위험물 중 지정수량이 가장 작은 것은?

① 나이트로글리세린
② 과산화수소
③ 트라이나이트로톨루엔
④ 피크르산

품목	지정수량
나이트로글리세린	10kg
과산화수소	300kg
트라이나이트로톨루엔	200kg
피크르산	200kg

답 ①

23 적린의 일반적인 성질에 대한 설명으로 틀린 것은?

① 비금속 원소이다.
② 암적색의 분말이다.
③ 승화온도가 약 260℃이다.
④ 이황화탄소에 녹지 않는다.

적린의 승화온도는 400℃이며, 조해성이 있고 물, 이황화탄소, 에터, 암모니아 등에는 녹지 않는다. 암적색의 분말로 황린의 동소체이지만 자연발화의 위험이 없어 안전하며, 독성도 황린에 비하여 약하다.

답 ③

24 이황화탄소기체는 수소기체보다 20℃, 1기압에서 몇 배 더 무거운가?

① 11 ② 22
③ 32 ④ 38

$$\frac{M_{CS_2}}{M_{H_2}} = \frac{76\text{g/mol}}{2\text{g/mol}} = 38$$

답 ④

25 다음 중 물과 반응하여 가연성 가스를 발생하지 않는 것은?

① 리튬 ② 나트륨
③ 황 ④ 칼슘

황은 제2류(가연성 고체) 위험물로서 물과 반응하지 않고 주수에 의해 냉각소화하는 물질이다.

답 ③

26 벤젠에 대한 설명으로 옳은 것은?

① 휘발성이 강한 액체이다.
② 물에 매우 잘 녹는다.
③ 증기의 비중은 1.5이다.
④ 순수한 것의 융점은 30℃이다.

벤젠은 제1석유류 비수용성 액체이다.

답 ①

27 위험물안전관리법에서 정의하는 다음 용어는 무엇인가?

> 인화성 또는 발화성 등의 성질을 가지는 것으로서 대통령이 정하는 물품을 말한다.

① 위험물 ② 인화성 물질
③ 자연발화성 물질 ④ 가연물

위험물안전관리법 제2조 "위험물"이라 함은 인화성 또는 발화성 등의 성질을 가지는 것으로서 대통령령이 정하는 물품을 말한다.

답 ①

28 다음 물질 중에서 위험물안전관리법상 위험물의 범위에 포함되는 것은?

① 농도가 40중량퍼센트인 과산화수소 350kg
② 비중이 1.40인 질산 350kg
③ 직경 2.5mm의 막대 모양인 마그네슘 500kg
④ 순도가 55중량퍼센트인 황 50kg

① 과산화수소는 그 농도가 36중량퍼센트 이상인 것
② 질산은 그 비중이 1.49 이상인 것
③ 직경 2mm 이상인 막대모양의 것은 위험물에서 제외사항임.
④ 황은 순도가 60중량퍼센트 이상인 것

답 ①

29 질화면을 강면약과 약면약으로 구분하는 기준은?

① 물질의 경화도 ② 수산기의 수
③ 질산기의 수 ④ 탄소 함유량

나이트로셀룰로스($[C_6H_7O_2(ONO_2)_3]_n$, 질화면)는 에터(2)와 알코올(1)의 혼합액에 녹는 것을 약면약(약질화면), 녹지 않는 것을 강면약(강질화면)이라 한다.

답 ③

30 위험물 운반에 관한 사항 중 위험물안전관리법령에서 정한 내용과 틀린 것은?

① 운반용기에 수납하는 위험물이 다이에틸에터라면 운반용기 중 최대용적이 1L 이하라 하더라도 규정에 따라 품명, 주의사항 등 표시사항을 부착하여야 한다.
② 운반용기에 담아 적재하는 물품이 황린이라면 파라핀, 경유 등 보호액으로 채워 밀봉한다.
③ 운반용기에 담아 적재하는 물품이 알킬알루미늄이라면 운반용기의 내용적의 90% 이하의 수납률을 유지하여야 한다.
④ 기계에 의하여 하역하는 구조로 된 경질플라스틱제 운반용기는 제조된 때로부터 5년 이내의 것이어야 한다.

황린의 경우 물속에 저장한다.

답 ②

31 비스코스레이온 원료로서, 비중이 약 1.3, 인화점이 약 −30℃이고, 연소 시 유독한 아황산가스를 발생시키는 위험물은?

① 황린 ② 이황화탄소
③ 테레빈유 ④ 장뇌유

휘발하기 쉽고 발화점이 낮아 백열등, 난방기구 등의 열에 의해 발화하며, 점화하면 청색을 내고 연소하는데 연소생성물 중 SO_2는 유독성이 강하다.
$CS_2 + 3O_2 \rightarrow CO_2 + 2SO_2$

답 ②

32 위험물안전관리법령상 위험물 운송 시 제1류 위험물과 혼재 가능한 위험물은? (단 지정수량의 10배를 초과하는 경우이다.)

① 제2류 위험물 ② 제3류 위험물
③ 제5류 위험물 ④ 제6류 위험물

유별을 달리하는 위험물의 혼재기준

위험물의 구분	제1류	제2류	제3류	제4류	제5류	제6류
제1류		×	×	×	×	○
제2류	×		×	○	○	×
제3류	×	×		○	×	×
제4류	×	○	○		○	×
제5류	×	○	×	○		×
제6류	○	×	×	×	×	

답 ④

33 위험물 옥외저장탱크 중 압력탱크에 저장하는 다이에틸에터 등의 저장온도는 몇 ℃ 이하이어야 하는가?

① 60 ② 40
③ 30 ④ 15

위험물안전관리법 시행규칙 별표 18(제조소 등에서의 위험물 저장 및 취급에 관한 기준)
옥외저장탱크·옥내저장탱크 또는 지하저장탱크 중 압력탱크에 저장하는 아세트알데하이드 등 또는 다이에틸에터 등의 온도는 40℃ 이하로 유지할 것

답 ②

34 주유취급소의 고정주유설비에서 펌프기기의 주유관 선단에서 최대토출량으로 틀린 것은?

① 휘발유는 분당 50리터 이하
② 경유는 분당 180리터 이하
③ 등유는 분당 50리터 이하
④ 제1석유류(휘발유 제외)는 분당 100리터 이하

㉠ 제1석유류 : 50L/min 이하
㉡ 경유 : 180L/min 이하
㉢ 등유 : 80L/min 이하

답 ④

35 에틸렌글리콜의 성질로 옳지 않은 것은?

① 갈색의 액체로 방향성이 있고 쓴맛이 난다.
② 물, 알코올 등에 잘 녹는다.
③ 분자량은 약 62이고 비중은 약 1.1이다.
④ 부동액의 원료로 사용된다.

해설 일반적 성질
㉠ 무색무취의 단맛이 나고 흡습성이 있는 끈끈한 액체로서 2가 알코올이다.
㉡ 물, 알코올, 에터, 글리세린 등에는 잘 녹고 사염화탄소, 이황화탄소, 클로로폼에는 녹지 않는다.
㉢ 독성이 있으며, 무기산 및 유기산과 반응하여 에스터를 생성한다.
㉣ 비중 1.1, 비점 197℃, 융점 −12.6℃, 인화점 111℃, 착화점 398℃

답 ①

36 제2류 위험물의 종류에 해당되지 않는 것은?

① 마그네슘 ② 고형알코올
③ 칼슘 ④ 안티모니분

칼슘은 알칼리토금속으로 제3류 위험물이다.

답 ③

37 위험물저장소에서 다음과 같이 제3류 위험물을 저장하고 있는 경우 지정수량의 몇 배가 보관되어 있는가?

• 칼륨 : 20kg
• 황린 : 40kg
• 칼슘의 탄화물 : 300kg

① 4 ② 5
③ 6 ④ 7

해설 위험물 지정수량의 배수
지정수량 배수의 합

$$=\frac{\text{A품목 저장수량}}{\text{A품목 지정수량}}+\frac{\text{B품목 저장수량}}{\text{B품목 지정수량}}+\frac{\text{C품목 저장수량}}{\text{C품목 지정수량}}+\cdots$$

$$=\frac{20\text{kg}}{10\text{kg}}+\frac{40\text{kg}}{20\text{kg}}+\frac{300\text{kg}}{300\text{kg}}=5$$

답 ②

38 다음 중 제5류 위험물이 아닌 것은?

① 나이트로글리세린
② 나이트로톨루엔
③ 나이트로글리콜
④ 트라이나이트로톨루엔

나이트로톨루엔은 방향성 냄새가 나는 황색의 액체로서 물에 잘 녹지 않는다. 인화점은 o−나이트로톨루엔이 106℃, m−나이트로톨루엔이 101℃, p−나이트로톨루엔이 106℃로 제4류 위험물로서 제3석유류에 속한다.

답 ②

39 위험물을 저장할 때 필요한 보호물질을 옳게 연결한 것은?

① 황린−석유
② 금속칼륨−에탄올
③ 이황화탄소−물
④ 금속나트륨−산소

해설 황린−물, 금속칼륨, 금속나트륨−석유

답 ③

40 다음 중 "인화점 50℃"의 의미를 가장 옳게 설명한 것은?

① 주변의 온도가 50℃ 이상이 되면 자발적으로 점화원 없이 발화한다.
② 액체의 온도가 50℃ 이상이 되면 가연성 증기를 발생하여 점화원에 의해 인화한다.
③ 액체를 50℃ 이상으로 가열하면 발화한다.
④ 주변의 온도가 50℃일 경우 액체가 발화한다.

인화점(flash point)이란 가연성 액체를 가열하면서 액체의 표면에 점화원을 주었을 때 증기가 인화하는 액체의 최저온도를 인화점 혹은 인화온도라 하며 인화가 일어나는 액체의 최저의 온도를 의미한다.

답 ②

41 제1류 위험물 중의 과산화칼륨을 다음과 같이 반응시켰을 때 공통적으로 발생되는 기체는?

㉠ 물과 반응을 시켰다.
㉡ 가열하였다.
㉢ 탄산가스와 반응시켰다.

① 수소 ② 이산화탄소
③ 산소 ④ 이산화황

㉠ 흡습성이 있으므로 물과 접촉하면 수산화칼륨(KOH)과 산소(O_2)를 발생
$2K_2O_2+2H_2O \rightarrow 4KOH+O_2$
㉡ 가열하면 열분해하여 산화칼륨(K_2O)과 산소(O_2)를 발생
$2K_2O_2 \rightarrow 2K_2O+O_2$
㉢ 공기 중의 탄산가스를 흡수하여 탄산염이 생성
$2K_2O_2+CO_2 \rightarrow 2K_2CO_3+O_2$
따라서 공통으로 발생하는 가스는 산소가스이다.

답 ③

42 위험물 이동저장탱크의 외부도장 색상으로 적합하지 않은 것은?

① 제2류 – 적색 ② 제3류 – 청색
③ 제5류 – 황색 ④ 제6류 – 회색

제1류-회색, 제2류-적색, 제3류-청색, 제5류-황색, 제6류-청색, 제4류는 적색을 권장한다.

답 ④

43 과망가니즈산칼륨의 위험성에 대한 설명 중 틀린 것은?

① 진한황산과 접촉하면 폭발적으로 반응한다.
② 알코올, 에테르, 글리세린 등 유기물과 접촉을 금한다.
③ 가열하면 약 60℃에서 분해하여 수소를 방출한다.
④ 목탄, 황과 접촉 시 충격에 의해 폭발할 위험성이 있다.

250℃에서 가열하면 과망가니즈산칼륨, 이산화망가니즈, 산소를 발생
$2KMnO_4 \rightarrow K_2MnO_4+MnO_2+O_2$

답 ③

44 다음 중 제1류 위험물에 속하지 않는 것은?

① 질산구아니딘
② 과아이오딘산
③ 납 또는 아이오딘의 산화물
④ 염소화아이소사이아누르산

질산구아니딘은 제5류 위험물이다.

답 ①

45 질산의 비중이 1.5일 때 1소요단위는 몇 L인가?

① 150 ② 200
③ 1,500 ④ 2,000

위험물의 1소요단위는 지정수량의 10배이므로 질산의 경우 300kg×10=3,000kg이다.
따라서 비중이 1.5이므로 질산의 부피는
3,000kg÷1.5kg/L=2,000L

답 ④

46 질산메틸에 대한 설명 중 틀린 것은?

① 액체형태이다.
② 물보다 무겁다.
③ 알코올에 녹는다.
④ 증기는 공기보다 가볍다.

질산메틸의 분자량은 약 77, 비중은 1.2(증기비중 2.65), 비점은 66℃이며, 무색투명한 액체로서 향긋한 냄새가 있고 단맛이 있다.

답 ④

47 삼황화인의 연소 시 발생하는 가스에 해당하는 것은?

① 이산화황
② 황화수소
③ 산소
④ 인산

$P_4S_3+8O_2 \rightarrow 2P_2O_5+3SO_2$

답 ①

48 다음 위험물 중 발화점이 가장 낮은 것은?

① 피크르산
② TNT
③ 과산화벤조일
④ 나이트로셀룰로스

해설

품목	피크르산	TNT	과산화벤조일	나이트로셀룰로스
발화점	약 300℃	약 300℃	125℃	160~170℃

답 ③

49 건축물 외벽이 내화구조이며 연면적 $300m^2$인 위험물 옥내저장소의 건축물에 대하여 소화설비의 소화능력 단위는 최소한 몇 단위 이상이 되어야 하는가?

① 1단위 ② 2단위
③ 3단위 ④ 4단위

해설

소요단위 : 소화설비의 설치대상이 되는 건축물의 규모 또는 위험물 양에 대한 기준단위		
1단위	제조소 또는 취급소용 건축물의 경우	내화구조 외벽을 갖춘 연면적 $100m^2$
		내화구조 외벽이 아닌 연면적 $50m^2$
	저장소 건축물의 경우	내화구조 외벽을 갖춘 연면적 $150m^2$
		내화구조 외벽이 아닌 연면적 $75m^2$
	위험물의 경우	지정수량의 10배

답 ②

50 위험물안전관리법령상 위험물의 운반에 관한 기준에 따르면 알코올류의 위험등급은 얼마인가?

① 위험등급 I
② 위험등급 II
③ 위험등급 III
④ 위험등급 IV

해설 제4류 위험물 중 특수인화물(I), 제1석유류, 알코올류(II), 제2석유류, 제3석유류, 제4석유류, 동·식물유(III)

답 ②

51 다음 ( ) 안에 알맞은 수치를 차례대로 옳게 나열한 것은?

위험물은 암반탱크의 공간용적은 해당 탱크 내에 용출하는 ( )일간의 지하수 양에 상당하는 용적과 해당 탱크 내용적의 100분의 ( )의 용적 중에서 보다 큰 용적을 공간용적으로 한다.

① 1, 1 ② 7, 1
③ 1, 5 ④ 7, 5

해설 탱크의 공간용적은 탱크용적의 100분의 5 이상 100분의 10 이하로 한다. 다만, 소화설비(소화약제 방출구를 탱크 안의 윗부분에 설치하는 것에 한한다.)를 설치하는 탱크의 공간용적은 해당 소화설비의 소화약제 방출구 아래의 0.3미터 이상 1미터 미만 사이의 면으로부터 윗부분의 용적으로 한다. 암반탱크에 있어서는 해당 탱크 내에 용출하는 7일간의 지하수의 양에 상당하는 용적과 해당 탱크의 내용적의 100분의 1의 용적 중에서 보다 큰 용적을 공간용적으로 한다.

답 ②

52 HNO_3에 대한 설명으로 틀린 것은?

① Al, Fe는 진한질산에서 부동태를 생성해 녹지 않는다.
② 질산과 염산을 3 : 1 비율로 제조한 것을 왕수라고 한다.
③ 부식성이 강하고 흡습성이 있다.
④ 직사광선에서 분해하여 NO_2를 발생한다.

해설 염산과 질산을 3부피와 1부피로 혼합한 용액을 왕수라 하며 이 용액은 금과 백금을 녹이는 유일한 물질로 대단히 강한 혼합산이다.

답 ②

53 지정수량 20배 이상의 1류 위험물을 저장하는 옥내저장소에서 내화구조로 하지 않아도 되는 것은? (단 원칙적인 경우에 한한다.)

① 바닥 ② 보
③ 기둥 ④ 벽

 저장창고의 벽 · 기둥 및 바닥은 내화구조로 하고, 보와 서까래는 불연재료로 하여야 한다.

답 ②

54 위험물안전관리법령상 다음 ( ) 안에 알맞은 수치는?

> 옥내저장소에서 위험물을 저장하는 경우 기계에 의하여 하역하는 구조로 된 용기만을 겹쳐 쌓는 경우에 있어서는 ( )미터 높이를 초과하여 용기를 겹쳐 쌓지 아니하여야 한다.

① 2 ② 4
③ 6 ④ 8

 옥내저장소에서 위험물을 저장하는 경우에는 다음의규정에 의한 높이를 초과하여 용기를 겹쳐 쌓지 아니하여야 한다.
㉠ 기계에 의하여 하역하는 구조로 된 용기만을 겹쳐 쌓는 경우에 있어서는 6m
㉡ 제4류 위험물 중 제3석유류, 제4석유류 및 동 · 식물유류를 수납하는 용기만을 겹쳐 쌓는 경우에 있어서는 4m
㉢ 그 밖의 경우에 있어서는 3m

 ③

55 칼륨의 화재 시 사용 가능한 소화제는?

① 물
② 마른모래
③ 이산화탄소
④ 사염화탄소

 칼륨의 금수성 물질로서 물, 할론소화약제 및 이산화탄소에 대해 적응성이 없다.

답 ②

56 위험물안전관리법령에 따른 제3류 위험물에 대한 화재예방 또는 소화의 대책으로 틀린 것은?

① 이산화탄소, 할로젠화합물, 분말소화약제를 사용하여 소화한다.
② 칼륨은 석유, 등유 등의 보호액 속에 저장한다.
③ 알킬알루미늄은 헥세인, 톨루엔 등 탄화수소용제를 희석제로 사용한다.
④ 알킬알루미늄, 알킬리튬을 저장하는 탱크에는 불활성 가스의 봉입장치를 설치한다.

 제3류 위험물은 자연발화성 및 금수성 물질로서 이산화탄소, 할로젠화합물, 분말소화약제에 대해 적응성이 없다.

답 ①

57 위험물안전관리법령에 따라 위험물 운반을 위해 적재하는 경우 제4류 위험물과 혼재가 가능한 액체석유가스 또는 압축천연가스의 용기 내용적은 몇 L 미만인가?

① 120
② 150
③ 180
④ 200

 위험물안전관리에 관한 세부기준 제149조(위험물과 혼재 가능한 고압가스)
내용적이 120L 미만의 용기에 충전한 액화석유가스 또는 압축천연가스는 4류 위험물과 혼재하는 경우로 한정한다.

답 ①

58 **위험물을 유별로 정리하여 상호 1m 이상의 간격을 유지하는 경우에도 동일한 옥내저장소에 저장할 수 없는 것은?**

① 제1류 위험물(알칼리금속의 과산화물 또는 이를 함유한 것을 제외한다)과 제5류 위험물
② 제1류 위험물과 제6류 위험물
③ 제1류 위험물과 제3류 위험물 중 황린
④ 인화성 고체를 제외한 제2류 위험물과 제4류 위험물

유별을 달리하는 위험물은 동일한 저장소(내화구조의 격벽으로 완전히 구획된 실이 2 이상 있는 저장소에 있어서는 동일한 실)에 저장하지 아니하여야 한다. 다만, 옥내저장소 또는 옥외저장소에 있어서 다음의 규정에 의한 위험물을 저장하는 경우로서 위험물을 유별로 정리하여 저장하는 한편, 서로 1m 이상의 간격을 두는 경우에는 그러하지 아니하다.

㉠ 제1류 위험물(알칼리금속의 과산화물 또는 이를 함유한 것을 제외한다)과 제5류 위험물을 저장하는 경우
㉡ 제1류 위험물과 제6류 위험물을 저장하는 경우
㉢ 제1류 위험물과 제3류 위험물 중 자연발화성 물질(황린 또는 이를 함유한 것에 한한다)을 저장하는 경우
㉣ 제2류 위험물 중 인화성 고체와 제4류 위험물을 저장하는 경우
㉤ 제3류 위험물 중 알킬알루미늄 등과 제4류 위험물(알킬알루미늄 또는 알킬리튬을 함유한 것에 한한다)을 저장하는 경우
㉥ 제4류 위험물 중 유기과산화물 또는 이를 함유하는 것과 제5류 위험물 중 유기과산화물 또는 이를 함유한 것을 저장하는 경우

 ④

59 **위험물의 지정수량이 틀린 것은?**

① 과산화칼륨 : 50kg
② 질산나트륨 : 50kg
③ 과망가니즈산나트륨 : 1,000kg
④ 다이크로뮴산암모늄 : 1,000kg

질산나트륨은 질산염류로서 300kg이다.

 ②

60 **공기 중에서 산소와 반응하여 과산화물을 생성하는 물질은?**

① 다이에틸에터
② 이황화탄소
③ 에틸알코올
④ 과산화나트륨

다이에틸에터는 증기 누출이 용이하며 장기간 저장 시 공기 중에서 산화되어 구조불명의 불안정하고 폭발성의 과산화물을 만드는데 이는 유기과산화물과 같은 위험성을 가지기 때문에 100℃로 가열하거나 충격, 압축으로 폭발한다.

 ①

제3회 과년도 출제문제

01 제조소 등의 소요단위 산정 시 위험물은 지정수량의 몇 배를 1소요단위로 하는가?

① 5배 ② 10배
③ 20배 ④ 50배

소요단위 : 소화설비의 설치대상이 되는 건축물의 규모 또는 위험물 양에 대한 기준단위

1단위	제조소 또는 취급소용 건축물의 경우	내화구조 외벽을 갖춘 연면적 $100m^2$
		내화구조 외벽이 아닌 연면적 $50m^2$
	저장소 건축물의 경우	내화구조 외벽을 갖춘 연면적 $150m^2$
		내화구조 외벽이 아닌 연면적 $75m^2$
	위험물의 경우	지정수량의 10배

답 ②

02 다음 중 알킬알루미늄의 소화방법으로 가장 적합한 것은?

① 팽창질석에 의한 소화
② 알코올포에 의한 소화
③ 주수에 의한 소화
④ 산 · 알칼리 소화약제에 의한 소화

알킬알루미늄은 자연발화성 및 금수성 물질이므로 수계약제에 의한 소화는 불가능하다.

답 ①

03 다음 물질 중 분진폭발의 위험이 가장 낮은 것은?

① 마그네슘 가루 ② 아연가루
③ 밀가루 ④ 시멘트가루

시멘트가루는 불연성 물질이므로 연소하지 않는다.

답 ④

04 위험물안전관리법령상 제5류 위험물의 화재 발생 시 적응성이 있는 소화설비는?

① 분말소화설비
② 물분무소화설비
③ 이산화탄소소화설비
④ 할로젠화합물소화설비

제5류 위험물은 자기반응성 물질로서 내부에 산소를 포함하고 있으므로 주수에 의한 냉각소화가 유효하며, 그 외 분말, 이산화탄소 및 할론에 의한 질식소화는 유효하지 않다.

답 ②

05 다음 중 제4류 위험물이 화재에 적응성이 없는 소화기는?

① 포소화기 ② 봉상수소화기
③ 인산염류소화기 ④ 이산화탄소소화기

제4류 위험물은 인화성 액체로서 주수에 의한 냉각소화는 유효하지 않으며, 질식소화가 가능하다.

답 ②

06 위험물안전관리법령상 자동화재탐지설비의 경계구역 하나의 면적은 몇 m^2 이하이어야 하는가? (단, 원칙적인 경우에 한한다.)

① 250 ② 300
③ 400 ④ 600

자동화재탐지설비의 하나의 경계구역의 면적은 $600m^2$ 이하로 하고 그 한 변의 길이는 50m(광전식 분리형 감지기를 설치할 경우에는 100m) 이하로 할 것. 다만, 해당 건축물, 그 밖의 공작물의 주요한 출입구에서 그 내부의 전체를 볼 수 있는 경우에 있어서는 그 면적을 $1,000m^2$ 이하로 할 수 있다.

답 ④

07 플래시오버(Flash Over)에 대한 설명으로 옳은 것은?

① 대부분 화재 초기(발화기)에 발생한다.
② 대부분 화재 중기(쇠퇴기)에 발생한다.
③ 내장재의 종류와 개구의 크기에 영향을 받는다.
④ 산소의 공급의 주요 요인이 되어 발생한다.

해설 플래시오버(flash over) : 화재로 인하여 실내의 온도가 급격히 상승하여 가연물이 일시에 폭발적으로 착화현상을 일으켜 화재가 순간적으로 실내 전체에 확산되는 현상(=순발연소, 순간연소)
※ 실내온도 : 약 400~500℃

답 ③

08 충격이나 마찰에 민감하고 가수분해반응을 일으키는 단점을 가지고 있어 이를 개선하여 다이너마이트를 발명하는데 주원료로 사용한 위험물은?

① 셀룰로이드
② 나이트로글리세린
③ 트라이나이트로톨루엔
④ 트라이나이트로페놀

나이트로글리세린은 다이너마이트, 로켓, 무연화약의 원료로 순수한 것은 무색투명하나 공업용 시판품은 담황색이며 점화하면 즉시 연소하고 폭발력이 강하다.

$4C_3H_5(ONO_2)_3 \rightarrow 12CO_2 + 10H_2O + 6N_2 + O_2$

답 ②

09 다음은 어떤 화합물의 구조식인가?

```
     Cl
     |
  H－C－H
     |
     Br
```

① 할론 1301
② 할론 1201
③ 할론 1011
④ 할론 2402

Halon No.	분자식	명명법	비고
할론 104	CCl_4	Carbon Tetrachloride (사염화탄소)	법적 사용 금지 (∵ 유독 가스 $COCl_2$ 방출)
할론 1011	$CBrClH_2$	Bromo Chloro Methane (브로모클로로메테인)	–
할론 1211	CF_2ClBr	Bromo Chloro Difluoro Methane (브로모클로로 다이플루오로메테인)	상온에서 기체, 증기비중 5.7 소화기용
할론 2402	$C_2F_4Br_2$	Dibromo Tetrafluoro Ethane (다이브로모 테트라플루오로에테인)	상온에서 액체 법적 고시 (단, 독성으로 인해 국내외 생산되는 곳이 없으므로 사용 불가)
할론 1301	CF_3Br	Bromo Trifluoro Methane (브로모 트라이플루오로메테인)	상온에서 기체, 증기비중 5.1 소화설비용 인체에 가장 무해함

답 ③

10 위험물안전관리법령상 제4류 위험물 지정수량의 3천배 초과 4천배 이하로 저장하는 옥외탱크저장소의 보유공지는 얼마인가?

① 6m 이상 ② 9m 이상
③ 12m 이상 ④ 15m 이상

해설 보유공지

저장 또는 취급하는 위험물의 최대수량	공지의 너비
지정수량의 500배 이하	3m 이상
지정수량의 500배 초과 1,000배 이하	5m 이상
지정수량의 1,000배 초과 2,000배 이하	9m 이상
지정수량의 2,000배 초과 3,000배 이하	12m 이상
지정수량의 3,000배 초과 4,000배 이하	15m 이상
지정수량의 4,000배 초과	해당 탱크의 수평단면의 최대지름(횡형인 경우에는 긴 변)과 높이 중 큰 것과 같은 거리 이상. 다만, 30m 초과의 경우에는 30m 이상으로 할 수 있고, 15m 미만의 경우에는 15m 이상으로 하여야 한다.

답 ④

11 다음 중 분말소화약제를 방출시키기 위해 주로 사용하는 가압용 가스는?

① 산소 ② 질소
③ 헬륨 ④ 아르곤

 분말소화약제의 추진용 가스로 질소 또는 이산화탄소 가스를 사용하고 있다.

답 ②

12 연소의 연쇄반응을 차단 및 억제하여 소화하는 방법은?

① 냉각소화 ② 부촉매소화
③ 질식소화 ④ 제거소화

 연소의 4요소 중 연쇄반응을 차단하여 소화하는 것은 부촉매소화이다.

답 ②

13 위험물안전관리법령상 위험등급 Ⅰ의 위험물로 옳은 것은?

① 무기과산화물
② 황화인, 적린, 황
③ 제1석유류
④ 알코올류

 ②, ③, ④는 위험등급 Ⅱ에 속한다.

답 ①

14 소화기 속에 압축되어 있는 이산화탄소 1.1kg을 표준상태에서 분사하였다. 이산화탄소의 부피는 몇 m^3가 되는가?

① 0.56 ② 5.6
③ 11.2 ④ 24.6

$$PV=\frac{w}{M}RT$$

$$\therefore\ V=\frac{w}{PM}RT$$

$$=\frac{1,100}{1\times 44}\times 0.082\times(0+273.15)$$

$=559$L이므로 $0.56m^3$

답 ①

15 위험물안전관리법령상 자동화재탐지설비를 설치하지 않고 비상경보설비로 대신할 수 있는 것은?

① 일반취급소로서 연면적 $600m^2$인 것
② 지정수량 20배를 저장하는 옥내저장소로서 처마높이가 8m인 단층건물
③ 단층건물외에 건축물에 설치된 지정수량 15배의 옥내탱크저장소로서 소화난이도 등급 Ⅱ에 속하는 것
④ 지정수량 20배를 저장 취급하는 옥내주유취급소

답 ③

16 양초, 고급알코올 등과 같은 연료의 가장 일반적인 연소형태는?

① 분무연소
② 증발연소
③ 표면연소
④ 분해연소

 증발연소 : 가연성 액체를 외부에서 가열하거나 연소열이 미치면 그 액표면에 가연가스(증기)가 증발하여 연소되는 현상을 말한다. 예를 들어, 등유에 점화하면 등유의 상층 액면과 화염 사이에는 어느 정도의 간격이 생기는데, 이 간격은 바로 등유에서 발생한 증기의 층이다.

답 ②

17 BCF(BromoChlorodifluoromehtane) 소화약제의 화학식으로 옳은 것은?

① CCl_4
② CH_2ClBr
③ CF_3Br
④ CF_2ClBr

답 ④

18 제2류 위험물인 마그네슘에 대한 설명으로 옳지 않은 것은?

① 2mm 체를 통과한 것만 위험물에 해당된다.
② 화재 시 이산화탄소소화약제로 소화가 가능하다.
③ 가연성 고체로 산소와 반응하며 산화반응을 한다.
④ 주수소화를 하면 가연성의 수소가스가 발생한다.

마그네슘은 금수성 물질로, 건조사에 의한 피복소화를 해야 한다.

답 ②

19 다음은 위험물안전관리법령에 따른 제2종 판매취급소에 대한 정의이다. ( )에 알맞은 말은?

제2종 판매취급소라 함은 점포에서 위험물을 용기에 담아 판매하기 위하여 지정수량의 (㉮)배 이하의 위험물을 (㉯)하는 정소

① ㉮ 20, ㉯ 취급
② ㉮ 40, ㉯ 취급
③ ㉮ 20, ㉯ 저장
④ ㉮ 40, ㉯ 저장

답 ②

20 취급하는 제4류 위험물의 수량이 지정수량의 30만배인 일반취급소가 있는 사업장에 자체소방대를 설치함에 있어서 화학소방차는 몇 대 이상 두어야 하는가?

① 필수적인 것은 아니다.
② 1
③ 2
④ 3

자체소방대에 두는 화학소방자동차 및 인원

사업소의 구분	화학소방 자동차의 수	자체소방 대원의 수
제조소 또는 일반취급소에서 취급하는 제4류 위험물의 최대수량의 합이 지정수량의 3천배 이상 12만배 미만인 사업소	1대	5인
제조소 또는 일반취급소에서 취급하는 제4류 위험물의 최대수량의 합이 지정수량의 12만배 이상 24만배 미만인 사업소	2대	10인
제조소 또는 일반취급소에서 취급하는 제4류 위험물의 최대수량의 합이 지정수량의 24만배 이상 48만배 미만인 사업소	3대	15인
제조소 또는 일반취급소에서 취급하는 제4류 위험물의 최대수량의 합이 지정수량의 48만배 이상인 사업소	4대	20인
옥외탱크저장소에 저장하는 제4류 위험물의 최대수량이 지정수량의 50만배 이상인 사업소	2대	10인

답 ④

21 다음 ( ) 안에 적합한 숫자를 차례대로 나열한 것은?

자연발화물질 중 알킬알루미늄 등은 운반용기의 내용적의 ( )% 이하의 수납률로 수납하되, 50℃의 온도에서 ( )% 이상의 공간용적을 유지하도록 할 것

① 90, 5 ② 90, 10
③ 95, 5 ④ 95, 10

제3류 위험물의 운반용기 수납기준

㉠ 자연발화성 물질에 있어서는 불활성 기체를 봉입하여 밀봉하는 등 공기와 접하지 아니하도록 할 것
㉡ 자연발화성 물질 외의 물품에 있어서는 파라핀 · 경유 · 등유 등의 보호액으로 채워 밀봉하거나 불활성 기체를 봉입하여 밀봉하는 등 수분과 접하지 아니하도록 할 것
㉢ 자연발화성 물질 중 알킬알루미늄 등은 운반용기의 내용적의 90% 이하의 수납률로 수납하되, 50℃의 온도에서 5% 이상의 공간용적을 유지하도록 할 것

답 ①

22 정전기로 인한 재해방지대책 중 틀린 것은?

① 접지를 한다.
② 실내를 건조하게 유지한다.
③ 공기 중 상대습도를 70% 이상으로 유지한다.
④ 공기를 이온화한다.

답 ②

23 삼황화인의 연소생성물을 옳게 나열한 것은?

① P_2O_5, SO_2
② P_2O_5, H_2S
③ H_3PO_4, SO_2
④ H_3PO_4, H_2S

해설 $P_4S_3 + 8O_2 \rightarrow 2P_2O_5 + 3SO_2$

답 ①

24 제3류 위험물에 해당하는 것은?

① 황　　② 적린
③ 황린　　④ 삼황화인

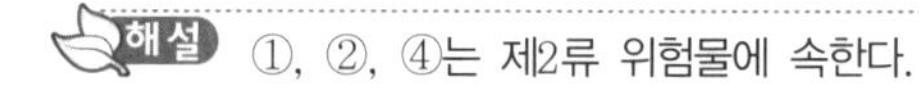
해설 ①, ②, ④는 제2류 위험물에 속한다.

답 ③

25 다음 중 제5류 위험물이 아닌 것은?

① 유기과산화물
② 나이트로벤젠
③ 나이트로화합물
④ 아조화합물

해설 ② 나이트로벤젠 : 제4류 화합물

답 ②

26 과염소산칼륨의 성질로 잘못된 것은?

① 무색, 무취의 결정으로 물에 잘 녹는다.
② 화학식은 $KClO_4$이다.
③ 에탄올, 에터에는 녹지 않는다.
④ 화약, 폭약, 섬광제 등에 쓰인다.

해설 과염소산칼륨은 물에 약간 녹으며, 알코올이나 에터 등에는 녹지 않는다.

답 ①

27 0.99atm, 55℃에서 이산화탄소의 밀도는 약 몇 g/L인가?

① 0.62　　② 1.62
③ 9.65　　④ 12.65

해설

$$PV = \frac{w}{M}RT$$

$$\therefore \frac{w}{V} = \frac{PM}{RT} = \frac{0.99 \times 44}{0.082 \times (55 + 273.15)} = 1.62$$

답 ②

28 위험물안전관리법령에서 정한 제5류 위험물 이동저장탱크의 외부도장 색상은?

① 황색　　② 회색
③ 적색　　④ 청색

해설 이동저장탱크의 외부도장

유별	도장의 색상	비 고
제1류	회색	1. 탱크의 앞면과 뒷면을 제외한 면적의 40% 이내의 면적은 다른 유별의 색상 외의 색상으로 도장하는 것이 가능하다. 2. 제4류에 대해서는 도장의 색상 제한이 없으나 적색을 권장한다.
제2류	적색	
제3류	청색	
제5류	황색	
제6류	청색	

답 ①

29 제조소 등의 관계인이 예방규정을 정하여야 하는 제조소 등이 아닌 것은?

① 지정수량 100배의 위험물을 저장하는 옥외탱크저장소
② 지정수량 150배의 위험물을 저장하는 옥내저장소
③ 지정수량 10배의 위험물을 취급하는 제조소
④ 지정수량 5배의 위험물을 취급하는 이송취급소

 예방규정을 정하여야 하는 제조소 등
- ㉮ 지정수량의 10배 이상의 위험물을 취급하는 제조소
- ㉯ 지정수량의 100배 이상의 위험물을 저장하는 옥외저장소
- ㉰ 지정수량의 150배 이상의 위험물을 저장하는 옥내저장소
- ㉱ 지정수량의 200배 이상을 저장하는 옥외탱크저장소
- ㉲ 암반탱크저장소
- ㉳ 이송취급소
- ㉴ 지정수량의 10배 이상의 위험물을 취급하는 일반취급소(다만, 제4류 위험물(특수인화물을 제외)만을 지정수량의 50배 이하로 취급하는 일반취급소(제1석유류 · 알코올류의 취급량이 지정수량의 10배 이하인 경우에 한함)로서 다음 각목의 어느 하나에 해당하는 것을 제외)
  - ㉠ 보일러 · 버너 또는 이와 비슷한 것으로서 위험물을 소비하는 장치로 이루어진 일반취급소
  - ㉡ 위험물을 용기에 옮겨 담거나 차량에 고정된 탱크에 주입하는 일반취급소

답 ①

30 위험물안전관리법령상 제5류 위험물의 공통된 취급방법으로 옳지 않은 것은?

① 용기의 파손 및 균열에 주의한다.
② 저장 시 과열, 충격, 마찰을 피한다.
③ 운반용기 외부에 주의사항으로 화기주의 및 "물기엄금"을 표기한다.
④ 불티, 불꽃, 고온체와의 접근을 피한다.

 운반용기 외부에 주의사항으로 화기엄금 및 "충격주의"를 표기한다.

답 ③

31 다음 중 황 분말과 혼합하였을 때 가열 또는 충격에 의해서 폭발할 위험이 가장 높은 것은?

① 질산암모늄 ② 물
③ 이산화탄소 ④ 마른모래

 황은 제2류 위험물, 질산암모늄은 제1류 위험물로서 혼재하면 연소 및 폭발위험이 커진다.

답 ①

32 다음은 위험물안전관리법령에서 정한 내용이다. (　　) 안에 알맞은 용어는?

> (　　)라 함은 고형알코올, 그 밖에 1기압에서 인화점이 섭씨 40도 미만인 고체를 말한다.

① 가연성 고체 ② 산화성 고체
③ 인화성 고체 ④ 자기반응성 고체

 제2류 위험물인 인화성 고체에 대한 설명이다.

답 ③

33 유별을 달리하는 위험물을 운반할 때 혼재할 수 있는 것은? (단, 지정수량의 1/10을 넘는 양을 운반하는 경우이다.)

① 제1류와 제3류 ② 제2류와 제4류
③ 제3류와 제5류 ④ 제4류와 제6류

 유별을 달리하는 위험물의 혼재기준

위험물의 구분	제1류	제2류	제3류	제4류	제5류	제6류
제1류		×	×	×	×	○
제2류	×		×	○	○	×
제3류	×	×		○	×	×
제4류	×	○	○		○	×
제5류	×	○	×	○		×
제6류	○	×	×	×	×	

답 ②

34 그림의 원통형 세로로 설치된 탱크에서 공간용적을 내용적의 10%라고 하면 탱크용량(허가용량)은 약 얼마인가?

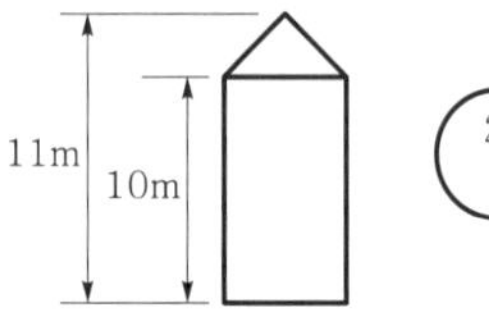

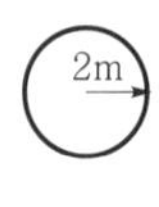

① 113.04 ② 124.34
③ 129.06 ④ 138.16

 세로(수직)로 설치한 것
$V=\pi r^2 l=\pi\times 2^2\times 10=125.66$이므로
$125.66\times 0.9=113.09$

답 ①

35 제4류 위험물에 속하지 않는 것은?

① 아세톤
② 실린더유
③ 트라이나이트로톨루엔
④ 나이트로벤젠

 ③은 제5류 위험물이다.

답 ③

36 자기반응성 물질인 제5류 위험물에 해당하는 것은?

① $CH_3(C_6H_4)NO_2$　② CH_3COCH_3
③ $C_6H_2(NO_3)_3OH$　④ $C_6H_5NO_5$

답 ③

37 경유 2,000L, 글리세린 2,000L를 같은 장소에 저장하려했다. 지정수량의 배수의 합은 얼마인가?

① 2.5　② 3.0
③ 3.5　④ 4.0

 지정수량 배수의 합

$$= \frac{\text{A품목 저장수량}}{\text{A품목 지정수량}} + \frac{\text{B품목 저장수량}}{\text{B품목 지정수량}} + \frac{\text{C품목 저장수량}}{\text{C품목 지정수량}} + \cdots$$

$$= \frac{2,000\text{L}}{1,000\text{L}} + \frac{2,000\text{L}}{4,000\text{L}} = 2.5$$

답 ①

38 제2석유류에 해당하는 물질로만 짝지어진 것은?

① 등유, 경유　② 등유, 중유
③ 글리세린, 기계유　④ 글리세린, 장뇌유

 "제2석유류"라 함은 등유, 경유, 그 밖에 1기압에서 인화점이 21℃ 이상 70℃ 미만인 것을 말한다. 다만, 도료류, 그 밖의 물품에 있어서 가연성 액체량이 40중량퍼센트 이하이면서 인화점이 40℃ 이상인 동시에 연소점이 60℃ 이상인 것은 제외한다.

답 ①

39 과망가니즈산칼륨의 위험성에 대한 설명으로 틀린 것은?

① 황산과 격렬하게 반응한다.
② 유기물과 혼합 시 위험성이 증가한다.
③ 고온으로 가열하면 분해하여 산소와 수소를 방출한다.
④ 목탄, 황 등 환원성 물질과 격리하여 저장해야 한다.

 과망가니즈산칼륨은 고온으로 가열하면 산소가스를 방출한다.

답 ③

40 다음 중 지정수량이 나머지 셋과 다른 물질은?

① 황화인　② 적린
③ 칼슘　④ 황

 황화인, 적린, 황은 100kg이며, 칼슘은 50kg이다.

답 ③

41 위험물의 품명이 질산염류에 속하지 않는 것은?

① 질산메틸　② 질산칼륨
③ 질산나트륨　④ 질산암모늄

 질산메틸은 제5류 위험물로서 질산에스터류에 속한다.

답 ①

42 위험물과 그 보호액 또는 안정제의 연결이 틀린 것은?

① 황린－물
② 인화석회－물
③ 금속칼륨－등유
④ 알킬알루미늄－헥세인

 인화석회는 물과 반응하여 가연성이며 독성이 강한 인화수소(PH_3, 포스핀)가스를 발생

$Ca_3P_2 + 6H_2O \rightarrow 3Ca(OH)_2 + 2PH_3$

답 ②

43 위험물안전관리법령상 염소화아이소사이아누르산은 제 몇 류 위험물인가?

① 제1류　② 제2류
③ 제3류　④ 제4류

해설 제1류 위험물(산화성 고체)의 종류와 지정수량

위험등급	품명	대표품목	지정수량
I	1. 아염소산염류 2. 염소산염류 3. 과염소산염류 4. 무기과산화물류	$NaClO_2$, $KClO_2$ $NaClO_3$, $KClO_3$, NH_4ClO_3 $NaClO_4$, $KClO_4$, NH_4ClO_4 K_2O_2, Na_2O_2, MgO_2	50kg
II	5. 브로민산염류 6. 질산염류 7. 아이오딘산염류	$KBrO_3$ KNO_3, $NaNO_3$, NH_4NO_3 KIO_3	300kg
III	8. 과망가니즈산염류 9. 다이크로뮴산염류	$KMnO_4$ $K_2Cr_2O_7$	1,000kg
I ~III	10. 그 밖에 행정안전부령이 정하는 것 ① 과아이오딘산염류 ② 과아이오딘산 ③ 크로뮴, 납 또는 아이오딘의 산화물 ④ 아질산염류	KIO_4 HIO_4 CrO_3 $NaNO_2$	300kg
	⑤ 차아염소산염류	LiClO	50kg
	⑥ 염소화아이소사이아누르산 ⑦ 퍼옥소이황산염류 ⑧ 퍼옥소붕산염류 11. 1~10호의 하나 이상을 함유한 것	OCNClONClCONCl $K_2S_2O_8$ $NaBO_3$	300kg

답 ①

44 경유에 대한 설명으로 틀린 것은?

① 물에 녹지 않는다.
② 비중은 1 이하이다.
③ 발화점이 인화점보다 높다.
④ 인화점은 상온 이하이다.

해설 경유의 인화점은 70℃ 이상이므로 상온보다 높다.

답 ④

45 다음은 위험물안전관리법령상 이동탱크저장소에 설치하는 게시판의 설치기준에 관한 내용이다. (　) 안에 해당하지 않는 것은?

> 이동저장탱크의 뒷면 중 보기 쉬운 곳에서는 해당 탱크에 저장 또는 취급하는 위험물의 (　)·(　)·(　) 및 적재중량을 게시한 게시판을 설치하여야 한다.

① 최대수량　② 품명
③ 유별　④ 관리자명

해설 게시판
㉠ 설치위치 : 탱크의 뒷면에 보기 쉬운 곳
㉡ 표시사항 : 유별, 품명, 최대수량 또는 적재중량

답 ④

46 다음 중 인화점이 0℃보다 작은 것은 모두 몇 개인가?

> $C_2H_5OC_2H_5$, CS_2, CH_3CHO

① 0개　② 1개
③ 2개　④ 3개

해설 ㉠ 이황화탄소(CS_2) : −30℃
㉡ 다이에틸에터($C_2H_5OC_2H_5$) : −40℃
㉢ 아세트알데하이드(CH_3CHO) : −40℃

답 ④

47 나이트로셀룰로스의 저장방법으로 올바른 것은?

① 물이나 알코올로 습윤시킨다.
② 에탄올과 에터 혼액에 침윤시킨다.
③ 수은염을 만들어 저장한다.
④ 산에 용해시켜 저장한다.

해설 폭발을 방지하기 위해 안전용제로 물(20%) 또는 알코올(30%)로 습윤시켜 저장한다.

답 ①

48 위험물안전관리법령상 옥내소화전설비의 설치기준에서 옥내소화전은 제조소 등의 건축물의 층마다 해당 층의 각 부분에서 하나의 호스접속구까지의 수평거리가 몇 m 이하가 되도록 설치하여야 하는가?

① 5　② 10
③ 15　④ 25

해설 옥내소화전은 제조소 등의 건축물의 층마다 해당 층의 각 부분에서 하나의 호스접속구까지의 수평거리가 25m 이하가 되도록 설치할 것. 이 경우 옥내소화전은 각층의 출입구 부근에 1개 이상 설치하여야 한다.

답 ④

49 유기과산화물의 저장 또는 운반 시 주의사항으로서 옳은 것은?

① 일광이 드는 건조한 곳에 저장한다.
② 가능한 한 대용량으로 저장한다.
③ 알코올류 등 제4류 위험물과 혼재하여 운반할 수 있다.
④ 산화제이므로 다른 강산화제와 같이 저장해도 좋다.

해설 유별을 달리하는 위험물의 혼재기준

위험물의 구분	제1류	제2류	제3류	제4류	제5류	제6류
제1류		×	×	×	×	○
제2류	×		×	○	○	×
제3류	×	×		○	×	×
제4류	×	○	○		○	×
제5류	×	○	×	○		×
제6류	○	×	×	×	×	

유기과산화물은 제5류 위험물로서 4류 위험물과 혼재하여 운반할 수 있다.

답 ③

50 지하탱크저장소에 대한 설명으로 옳지 않은 것은?

① 탱크전용실 벽의 두께는 0.3m 이상이어야 한다.
② 지하저장탱크의 윗부분은 지면으로부터 0.6m 이상 아래에 있어야 한다.
③ 지하저장탱크와 탱크전용실 안쪽과의 간격은 0.1m 이상의 간격을 유지한다.
④ 지하저장탱크에는 두께 0.1m 이상의 철근콘크리트조로 된 뚜껑을 설치한다.

해설 탱크전용실은 벽 · 바닥 및 뚜껑을 다음에 정한 기준에 적합한 철근콘크리트구조 또는 이와 동등 이상의 강도가 있는 구조로 설치하여야 한다.
㉠ 벽 · 바닥 및 뚜껑의 두께는 0.3m 이상일 것
㉡ 벽 · 바닥 및 뚜껑의 내부에는 직경 9mm부터 13mm까지의 철근을 가로 및 세로로 5cm부터 20cm까지의 간격으로 배치할 것
㉢ 벽 · 바닥 및 뚜껑의 재료에 수밀콘크리트를 혼입하거나 벽 · 바닥 및 뚜껑의 중간에 아스팔트층을 만드는 방법으로 적정한 방수조치를 할 것

답 ④

51 황린의 위험성에 대한 설명으로 틀린 것은?

① 공기 중에서 자연발화의 위험성이 있다.
② 연소 시 발생되는 증기는 유독하다.
③ 화학적 활성이 커서 CO_2, H_2O와 격렬히 반응한다.
④ 강알칼리 용액과 반응하여 독성 가스를 발생한다.

해설 황린은 자연발화성 물질로서 물과 반응하지 않는다.

답 ③

52 나이트로셀룰로스 5kg과 트라이나이트로페놀을 함께 저장하려고 한다. 이때 지정수량 1배로 저장하려면 트라이나이트로페놀을 몇 kg 저장하여야 하는가?

① 5
② 10
③ 50
④ 100

해설 지정수량 배수의 합

$$= \frac{\text{A품목 저장수량}}{\text{A품목 지정수량}} + \frac{\text{B품목 저장수량}}{\text{B품목 지정수량}} + \frac{\text{C품목 저장수량}}{\text{C품목 지정수량}} + \cdots$$

$= \frac{5\text{kg}}{10\text{kg}} + \frac{x}{200\text{kg}} = 1$이 되려면,

$x = 100\text{kg}$이어야 한다.

답 ④

53 위험물안전관리법령에서 정한 제3류 위험물 금수성 물질의 소화설비로 적응성이 있는 것은?

① 이산화탄소소화설비
② 할로젠화합물소화설비
③ 인산염류 등 분말소화설비
④ 탄산수소염류 등 분말소화설비

해설 소화설비의 적응성

소화설비의 구분 \ 대상물 구분			건축물·그 밖의 공작물	전기설비	제1류 위험물: 알칼리금속과산화물 등	제1류 위험물: 그 밖의 것	제2류 위험물: 철분·금속분·마그네슘 등	제2류 위험물: 인화성 고체	제2류 위험물: 그 밖의 것	제3류 위험물: 금수성 물품	제3류 위험물: 그 밖의 것	제4류 위험물	제5류 위험물	제6류 위험물
옥내소화전 또는 옥외소화전설비			○			○		○	○		○		○	○
스프링클러설비			○			○		○	○		○	△	○	○
물분무등소화설비	물분무소화설비		○	○		○		○	○		○	○	○	○
물분무등소화설비	포소화설비		○			○		○	○		○	○	○	○
물분무등소화설비	불활성가스소화설비			○				○				○		
물분무등소화설비	할로젠화합물소화설비			○				○				○		
물분무등소화설비	분말소화설비	인산염류 등	○	○		○		○	○			○		○
물분무등소화설비	분말소화설비	탄산수소염류 등		○	○		○	○		○		○		
물분무등소화설비	분말소화설비	그 밖의 것			○		○			○				
기타	물통 또는 수조		○			○		○	○		○		○	○
기타	건조사				○	○	○	○	○	○	○	○	○	○
기타	팽창질석 또는 팽창진주암				○	○	○	○	○	○	○	○	○	○

답 ④

54 다음 설명 중 제2석유류에 해당하는 것은? (단, 1기압상태이다.)

① 착화점이 21℃ 미만인 것
② 착화점이 30℃ 이상 50℃ 미만인 것
③ 인화점이 21℃ 이상 70℃ 미만인 것
④ 인화점이 21℃ 이상 90℃ 미만인 것

해설 "제2석유류"라 함은 등유, 경유, 그 밖에 1기압에서 인화점이 21℃ 이상 70℃ 미만인 것을 말한다. 다만, 도료류, 그 밖의 물품에 있어서 가연성 액체량이 40중량퍼센트 이하이면서 인화점이 40℃ 이상인 동시에 연소점이 60℃ 이상인 것은 제외한다.

답 ③

55 질산암모늄의 일반적 성질에 대한 설명 중 옳은 것은?

① 불안정한 물질이고 물에 녹을 때는 흡열반응을 나타낸다.
② 물에 대한 용해도 값이 매우 작아 물에 거의 불용이다.
③ 가열 시 분해하여 수소를 발생한다.
④ 과일향의 냄새가 나는 적갈색 비결정체이다.

질산암모늄은 제1류 위험물로서 조해성과 흡습성이 있고, 물에 녹을 때 열을 대량 흡수하여 한제로 이용된다.(흡열반응)

답 ①

56 아염소산염류 500kg과 질산염류 3,000kg을 함께 저장하는 경우 위험물의 소요단위는 얼마인가?

① 2
② 4
③ 6
④ 8

해설

소요단위 : 소화설비의 설치대상이 되는 건축물의 규모 또는 위험물 양에 대한 기준단위		
1 단위	제조소 또는 취급소용 건축물의 경우	내화구조 외벽을 갖춘 연면적 100 m^2
		내화구조 외벽이 아닌 연면적 50 m^2
	저장소 건축물의 경우	내화구조 외벽을 갖춘 연면적 150 m^2
		내화구조 외벽이 아닌 연면적 75 m^2
	위험물의 경우	지정수량의 10배

소요단위

$$= \frac{\text{저장수량}}{\text{A 위험물의 지정수량 10배}} + \frac{\text{저장수량}}{\text{B 위험물의 지정수량 10배}}$$

$$= \frac{500\text{kg}}{50\text{kg} \times 10} + \frac{3,000\text{kg}}{300\text{kg} \times 10}$$

$= 2$

답 ①

57 황에 대한 설명으로 옳지 않은 것은?

① 연소 시 황색불꽃에서 보이며 유독한 이황화탄소를 발생한다.
② 미세한 분말상태에서 부유하면 분진폭발의 위험이 있다.
③ 마찰에 의해 정전기가 발생할 우려가 있다.
④ 고온에서 용융된 황은 수소와 반응한다.

공기 중에서 연소하면 푸른 빛을 내며 아황산가스(SO_2)를 발생한다.

답 ①

58 위험물의 저장 및 취급 방법에 대한 설명으로 틀린 것은?

① 적린은 화기와 멀리하고 가열, 충격이 가해지지 않도록 한다.
② 이황화탄소는 발화점이 낮으므로 물속에 저장한다.
③ 마그네슘은 산화제와 혼합되지 않도록 취급한다.
④ 알루미늄분은 분진폭발의 위험이 있으므로 분무주수하여 저장한다.

알루미늄분말은 물과 반응하면 수소가스를 발생한다.
$2Al + 6H_2O \rightarrow 2Al(OH)_3 + 3H_2$

답 ④

59 과산화벤조일(벤조일퍼옥사이드)에 대한 설명 중 틀린 것은?

① 환원성 물질과 격리하여 저장한다.
② 물에 녹지 않으나 유기용제에 녹는다.
③ 희석제로 묽은질산을 사용한다.
④ 결정성의 분말형태이다.

상온에서는 안정하나 열, 빛, 충격, 마찰 등에 의해 폭발의 위험이 있으며, 수분이 흡수되거나 비활성 희석제(프탈산다이메틸, 프탈산다이뷰틸 등)가 첨가되면 폭발성을 낮출 수 있다.

답 ③

60 위험물안전관리법령에 따른 위험물의 운송에 관한 설명 중 틀린 것은?

① 알킬리튬과 알킬알루미늄 또는 이 중 어느 하나 이상을 함유한 것은 운송책임자의 감독 · 지원을 받아야 한다.
② 이동탱크저장소에 의하여 위험물을 운송할때의 운송책임자에는 법정의 교육을 이수하고 관련 업무에 2년 이상 경력이 있는 자도 포함된다.
③ 서울에서 부산까지 금속의 인화물 300kg을 1명의 운전자가 휴식없이 운송해도 규정위반이 아니다.
④ 운송책임자의 감독 또는 지원방법에는 동승하는 방법과 별도의 사무실에서 대기하면서 규정된 사항을 이행하는 방법이 있다.

위험물운송자는 장거리(고속국도에 있어서는 340km 이상, 그 밖의 도로에 있어서는 200km 이상을 말한다)에 걸치는 운송을 하는 때에는 2명 이상의 운전자로 할 것. 다만, 다음의 어느 하나에 해당하는 경우에는 그러하지 아니하다.
㉠ 운송책임자를 동승시킨 경우
㉡ 운송하는 위험물이 제2류 위험물 · 제3류 위험물(칼슘 또는 알루미늄의 탄화물과 이것만을 함유한 것에 한한다) 또는 제4류 위험물(특수인화물을 제외한다)인 경우
㉢ 운송도중에 2시간 이내마다 20분 이상씩 휴식하는 경우

답 ③

CBT 대비

제4회 과년도 출제문제

01 **제3종 분말소화약제의 열분해반응식을 옳게 나타낸 것은?**

① $NH_4H_2PO_4 \rightarrow HPO_3 + NH_3 + H_2O$
② $2KNO_3 \rightarrow 2KNO_2 + O_2$
③ $KClO_4 \rightarrow KCl + 2O_2$
④ $2CaHCO_3 \rightarrow 2CaO + H_2CO_3$

해설 제3종 분말소화약제의 주성분은 제1인산암모늄으로 열분해에 의해 메타인산(HPO_3)을 생성한다.

답 ①

02 **위험물안전관리법령상 제2류 위험물 중 지정수량이 500kg인 물질에 의한 화재는?**

① A급 화재 ② B급 화재
③ C급 화재 ④ D급 화재

해설 제2류 위험물의 종류와 지정수량

성질	위험등급	품명	지정수량
가연성 고체	Ⅱ	1. 황화인 2. 적린(P) 3. 황(S)	100kg
	Ⅲ	4. 철분(Fe) 5. 금속분 6. 마그네슘(Mg)	500kg
		7. 인화성 고체	1,000kg

철분, 금속분, 마그네슘으로 인한 화재는 금속화재에 속한다.

답 ④

03 **위험물제조소 등의 용도폐지 신고에 대한 설명으로 옳지 않은 것은?**

① 용도폐지 후 30일 이내에 신고하여야 한다.
② 완공검사필증을 첨부한 용도폐지 신고서를 제출하는 방법으로 신고한다.
③ 전자문서로 된 용도폐지 신고서를 제출하는 경우에도 완공검사필증을 제출하여야 한다.
④ 신고의무의 주체는 해당 제조소 등의 관계인이다.

해설 위험물안전관리법 제11조(제조소 등의 폐지)
제조소 등의 관계인(소유자 · 점유자 또는 관리자를 말한다. 이하 같다.)은 해당 제조소 등의 용도를 폐지(장래에 대하여 위험물시설로서의 기능을 완전히 상실시키는 것을 말한다.)한 때에는 행정안전부령이 정하는 바에 따라 제조소 등의 용도를 폐지한 날부터 14일 이내에 시 · 도지사에게 신고하여야 한다.

답 ①

04 **할로젠화합물의 소화약제 중 할론 2402의 화학식은?**

① $C_2Br_4F_2$ ② $C_2Cl_4F_2$
③ $C_2Cl_4Br_2$ ④ $C_2F_4Br_2$

해설 할론 2402에서 2는 탄소의 개수, 4는 플루오린의 개수, 2는 브로민의 개수이다.

답 ④

05 **다음 중 수소, 아세틸렌과 같은 가연성 가스가 공기 중 누출되어 연소하는 형식에 가장 가까운 것은?**

① 확산연소 ② 증발연소
③ 분해연소 ④ 표면연소

해설 확산연소(불균일연소) : '가연성 가스'와 공기를 미리 혼합하지 않고 산소의 공급을 '가스'의 확산에 의하여 주위에 있는 공기와 혼합 연소하는 것

답 ①

06 **위험물제조소 등에 설치하여야 하는 자동화재탐지설비의 설치기준에 대한 설명 중 틀린 것은?**

① 자동화재탐지설비의 경계구역은 건축물, 그 밖의 공작물의 2 이상의 층에 걸치도록 할 것
② 하나의 경계구역에서 그 한 변의 길이는 50m(광전식 분리형 감지기를 설치할 경우에는 100m) 이하로 할 것
③ 자동화재탐지설비의 감지기는 지붕 또는 벽의 옥내에 면한 부분에 유효하게 화재의 발생을 감지할 수 있도록 설치할 것
④ 자동화재탐지설비에는 비상전원을 설치할 것

자동화재탐지설비의 설치기준
자동화재탐지설비의 경계구역은 건축물, 그 밖에 공작물의 2 이상의 층에 걸치지 아니하도록 할 것. 다만, 하나의 경계구역의 면적이 $500m^2$ 이하이면서 해당 경계구역이 두 개의 층에 걸치는 경우이거나 계단 · 경사로 · 승강기의 승강로, 그 밖에 이와 유사한 장소에 연기감지기를 설치하는 경우에는 그러하지 아니하다.

답 ①

07 **알코올류 20,000L에 대한 소화설비 설치 시 소요단위는?**

① 5 ② 10
③ 15 ④ 20

$$위험물의\ 소요단위 = \frac{저장수량}{위험물의\ 지정수량 \times 10} = \frac{20,000}{400 \times 10} = 5$$

답 ①

08 **위험물안전관리법령상 분말소화설비의 기준에서 규정한 전역방출방식 또는 국소방출방식 분말소화설비의 가압용 또는 축압용 가스에 해당하는 것은?**

① 네온가스 ② 아르곤가스
③ 수소가스 ④ 이산화탄소가스

해설 질소가스 또는 이산화탄소가스를 사용한다.

답 ④

09 **과산화칼륨의 저장창고에서 화재가 발생하였다. 다음 중 가장 적합한 소화약제는?**

① 물 ② 이산화탄소
③ 마른모래 ④ 염산

과산화칼륨은 제1류 위험물 중 금수성 물질에 해당한다. 모래 또는 소다재를 소화약제로 사용할 수 있다.

답 ③

10 **위험물안전관리법령에 의해 옥외저장소에 저장을 허가받을 수 없는 위험물은?**

① 제2류 위험물 중 황(금속제 드럼에 수납)
② 제4류 위험물 중 가솔린(금속제 드럼에 수납)
③ 제6류 위험물
④ 국제해상위험물규칙(IMDG Code)에 적합한 용기에 수납된 위험물

옥외저장소에 저장할 수 있는 위험물
㉠ 제2류 위험물 중 황, 인화성 고체(인화점이 0℃ 이상인 것에 한함)
㉡ 제4류 위험물 중 제1석유류(인화점이 0℃ 이상인 것에 한함), 제2석유류, 제3석유류, 제4석유류, 알코올류, 동식물유류
㉢ 제6류 위험물
※ 가솔린은 인화점이 −43℃이므로 해당사항 없음

답 ②

11 **플래시오버에 대한 설명으로 틀린 것은?**

① 국소화재에서 실내의 가연물들이 연소하는 대화재로의 전이
② 환기지배형 화재에서 연료지배형 화재로의 전이
③ 실내의 천장쪽에 축적된 미연소 가연성 증기나 가스를 통한 화염의 급격한 전파
④ 내화건축물의 실내화재 온도상황으로 보아 성장기에서 최성기로의 진입

해설 최성기에는 열방출률이 최고가 되는 단계로서 여기서 연료지배형 화재와 환기지배형 화재로 나뉠 수 있다. 즉, 유리창이 깨지든지 하여 환기가 양호하여 연소에 필요한 산소가 충분히 공급되나, 연료가 충분치 못하여 연료량에 의해 지배당한다는 뜻이다. 환기지배형 화재란 연료지배형 화재로서 환기상태가 원활하지 못하여 공기의 유입상태에 의해 화재가 제어되는 경우를 말한다. 따라서 플래시오버의 경우 연료지배형에서 환기지배형으로 전이되는 상태로 봐야 한다.

답 ②

12 위험물안전관리법령상 제3류 위험물 중 금수성물질의 화재에 적응성이 있는 소화설비는?

① 탄산수소염류의 분말소화설비
② 이산화탄소소화설비
③ 할로젠화합물소화설비
④ 인산염류의 분말소화설비

해설 금수성 물질은 탄산수소염류의 분말소화설비에 대해 유효하다.

답 ①

13 제1종, 제2종, 제3종 분말소화약제의 주성분에 해당하지 않는 것은?

① 탄산수소나트륨 ② 황산마그네슘
③ 탄산수소칼륨 ④ 인산암모늄

해설

종류	주성분	분자식	착색	적응화재
제1종	탄산수소나트륨 (중탄산나트륨)	$NaHCO_3$	−	B, C급
제2종	탄산수소칼륨 (중탄산칼륨)	$KHCO_3$	담회색	B, C급
제3종	제1인산암모늄	$NH_4H_2PO_4$	담홍색 또는 황색	A, B, C급
제4종	탄산수소칼륨 +요소	$KHCO_3+CO(NH_2)_2$	−	B, C급

답 ②

14 가연성 액화가스의 탱크 주위에서 화재가 발생한 경우에 탱크의 가열로 인하여 그 부분의 강도가 약해져 탱크가 파열됨으로 내부의 가열된 액화가스가 급속히 팽창하면서 폭발하는 현상은?

① 블레비(BLEVE) 현상
② 보일오버(Boil Over) 현상
③ 플래시백(Flash Back) 현상
④ 백드래프트(Back Draft) 현상

답 ①

15 소화효과에 대한 설명으로 틀린 것은?

① 기화잠열이 큰 소화약제를 사용할 경우 냉각소화효과를 기대할 수 있다.
② 이산화탄소에 의한 소화는 주로 질식소화로 화재를 진압한다.
③ 할로젠화합물소화약제는 주로 냉각소화를 한다.
④ 분말소화약제는 질식효과와 부촉매효과 등으로 화재를 진압한다.

해설 할로젠화합물소화약제는 부촉매효과로 인한 소화이다.

답 ③

16 건조사와 같은 불연성 고체로 가연물을 덮는 것은 어떤 소화에 해당하는가?

① 제거소화 ② 질식소화
③ 냉각소화 ④ 억제소화

해설 불연성 고체로 가연물을 덮으면 공기 중의 산소 공급이 차단되어 질식소화를 하게 된다.

답 ②

17 금속칼륨과 금속나트륨은 다음 중 어떻게 보관하여야 하는가?

① 공기 중에 노출하여 보관
② 물속에 넣어서 밀봉하여 보관
③ 석유 속에 넣어서 밀봉하여 보관
④ 그늘지고 통풍이 잘 되는 곳에 산소 분위기에서 보관

해설 $2K+2H_2O \rightarrow 2KOH+H_2$
$2Na+2H_2O \rightarrow 2NaOH+H_2$
※ 금속칼륨과 금속나트륨은 석유 속에서 안정하다.

답 ③

18 위험물제조소 등에 설치하는 고정식의 포소화설비의 기준에서 포헤드방식의 포헤드는 방호대상물의 표면적 몇 m^2당 1개 이상의 헤드를 설치하여야 하는가?

① 3 ② 9
③ 15 ④ 30

해설 포헤드방식의 포헤드 설치기준
㉠ 포헤드는 방호대상물의 모든 표면이 포헤드의 유효사정 내에 있도록 설치할 것
㉡ 방호대상물의 표면적(건축물의 경우에는 바닥면적. 이하 같다.) $9m^2$당 1개 이상의 헤드를, 방호대상물의 표면적 $1m^2$당의 방사량이 6.5L/min 이상의 비율로 계산한 양의 포수용액을 표준방사량으로 방사할 수 있도록 설치할 것
㉢ 방사구역은 $100m^2$ 이상(방호대상물의 표면적이 $100m^2$ 미만인 경우에는 해당 표면적)으로 할 것

답 ②

19 위험물안전관리법령에 따른 스프링클러헤드의 설치방법에 대한 설명으로 옳지 않은 것은?

① 개방형 헤드는 반사판으로부터 하방으로 0.45m, 수평방향으로 0.3m 공간을 보유할 것
② 폐쇄형 헤드는 가연성 물질 수납부분에 설치시 반사판으로부터 하방으로 0.9m, 수평방향으로 0.4m의 공간을 확보할 것
③ 폐쇄형 헤드 중 개구부에 설치하는 것은 해당 개구부의 상단으로부터 높이 0.15m 이내의 벽면에 설치할 것
④ 폐쇄형 헤드 설치 시 급배기용 덕트의 긴 변의 길이가 1.2m를 초과하는 것이 있는 경우에는 해당 덕트의 윗부분에만 헤드를 설치할 것

해설 급배기용 덕트 등의 긴 변의 길이가 1.2m를 초과하는 것이 있는 경우에는 해당 덕트 등의 아랫면에도 스프링클러헤드를 설치할 것

답 ④

20 Mg, Na의 화재에 이산화탄소소화기를 사용하였다. 화재현장에서 발생되는 현상은?

① 이산화탄소가 부착면을 만들어 질식소화가 된다.
② 이산화탄소가 방출되어 냉각소화된다.
③ 이산화탄소가 Mg, Na과 반응하여 화재가 확대된다.
④ 부촉매효과에 의해 소화된다.

해설 $2Mg+CO_2 \rightarrow 2MgO+2C$
$4Na+3CO_2 \rightarrow 2Na_2CO_3+C$(연소 · 폭발)

답 ③

21 위험물안전관리법령상의 제3류 위험물 중 금수성 물질에 해당하는 것은?

① 황린 ② 적린
③ 마그네슘 ④ 칼륨

답 ④

22 다음 중 위험성이 더욱 증가하는 경우는?

① 황린을 수산화칼슘 수용액에 넣었다.
② 나트륨을 등유 속에 넣었다.
③ 트라이에틸알루미늄 보관용기 내에 아르곤가스를 봉입시켰다.
④ 나이트로셀룰로스를 알코올 수용액에 넣었다.

해설 황린은 수산화칼륨 용액 등 강한 알칼리 용액과 반응하여 가연성, 유독성의 포스핀가스를 발생한다.
$P_4+3KOH+3H_2O \rightarrow PH_3+3KH_2PO_2$

답 ①

23 적린의 성질에 대한 설명 중 옳지 않은 것은?

① 황린과 성분원소가 같다.
② 발화온도는 황린보다 낮다.
③ 물, 이황화탄소에 녹지 않는다.
④ 브로민화인에 녹는다.

해설 적린의 발화온도는 260℃, 황린의 발화온도는 34℃이다.

답 ②

24 과산화칼륨과 과산화마그네슘이 염산과 각각 반응했을 때 공통으로 나오는 물질의 지정수량은?

① 50L ② 100kg
③ 300kg ④ 1,000L

해설 $K_2O_2 + 2HCl \rightarrow 2KCl + H_2O_2$
$MgO_2 + 2HCl \rightarrow MgCl_2 + H_2O_2$
공통으로 생성되는 물질은 과산화수소로서 제6류 위험물에 속한다.

답 ③

25 트라이메틸알루미늄이 물과 반응 시 생성되는 물질은?

① 산화알루미늄 ② 메테인
③ 메틸알코올 ④ 에테인

해설 $(CH_3)_3Al + 3H_2O \rightarrow Al(OH)_3 + 3CH_4$

답 ②

26 소화설비의 기준에서 용량 160L 팽창질석의 능력단위는?

① 0.5 ② 1.0
③ 1.5 ④ 2.5

해설

소화약제	약제 양	단위
마른모래	50L (삽 1개 포함)	0.5
팽창질석, 팽창진주암	160L (삽 1개 포함)	1
소화전용 물통	8L	0.3
수조	190L (소화전용 물통 6개 포함)	2.5
	80L (소화전용 물통 3개 포함)	1.5

답 ②

27 위험물안전관리법령상 위험물 운반 시 차광성이 있는 피복으로 덮지 않아도 되는 것은?

① 제1류 위험물
② 제2류 위험물
③ 제3류 위험물 중 자연발화성 물질
④ 제5류 위험물

해설 적재하는 위험물에 따른 조치사항

차광성이 있는 것으로 피복해야 하는 경우	방수성이 있는 것으로 피복해야 하는 경우
제1류 위험물 제3류 위험물 중 자연발화성 물질 제4류 위험물 중 특수인화물 제5류 위험물 제6류 위험물	제1류 위험물 중 알칼리금속의 과산화물 제2류 위험물 중 철분, 금속분, 마그네슘 제3류 위험물 중 금수성 물질

답 ②

28 이동탱크저장소에 의한 위험물의 운송 시 준수하여야 하는 기준에서 다음 중 어떤 위험물을 운송할 때 위험물운송자는 위험물안전카드를 휴대하여야 하는가?

① 특수인화물 및 제1석유류
② 알코올류 및 제2석유류
③ 제3석유류 및 동식물류
④ 제4석유류

해설 위험물(제4류 위험물에 있어서는 특수인화물 및 제1석유류에 한한다)을 운송하게 하는 자는 위험물안전카드를 위험물운송자로 하여금 휴대하게 할 것

답 ①

29 다음 물질 중 제1류 위험물이 아닌 것은?

① Na_2O_2
② $NaClO_3$
③ NH_4ClO_4
④ $HClO_4$

$HClO_4$는 과염소산으로서 제6류 위험물에 속한다.

답 ④

30 흑색화약의 원료로 사용되는 위험물의 유별을 옳게 나타낸 것은?

① 제1류, 제2류
② 제1류, 제4류
③ 제2류, 제4류
④ 제4류, 제5류

흑색화약=질산칼륨 75%+황 10%+목탄 15%
질산칼륨-제1류
황-제2류

답 ①

31 위험물안전관리법령상 행정안전부령으로 정하는 제1류 위험물에 해당하지 않는 것은?

① 과아이오딘산
② 질산구아니딘
③ 차아염소산염류
④ 염소화아이소사이아누르산

해설 제1류 위험물(산화성 고체)의 종류와 지정수량

위험등급	품명	대표품목	지정수량
I	1. 아염소산염류 2. 염소산염류 3. 과염소산염류 4. 무기과산화물류	$NaClO_2$, $KClO_2$ $NaClO_3$, $KClO_3$, NH_4ClO_3 $NaClO_4$, $KClO_4$, NH_4ClO_4 K_2O_2, Na_2O_2, MgO_2	50kg
II	5. 브로민산염류 6. 질산염류 7. 아이오딘산염류	$KBrO_3$ KNO_3, $NaNO_3$, NH_4NO_3 KIO_3	300kg
III	8. 과망가니즈산염류 9. 다이크로뮴산염류	$KMnO_4$ $K_2Cr_2O_7$	1,000kg
I ~ III	10. 그 밖에 행정안전부령이 정하는 것 ① 과아이오딘산염류 ② 과아이오딘산 ③ 크로뮴, 납 또는 아이오딘의 산화물 ④ 아질산염류	KIO_4 HIO_4 CrO_3 $NaNO_2$	300kg
	⑤ 차아염소산염류	$LiClO$	50kg
	⑥ 염소화아이소사이아누르산 ⑦ 퍼옥소이황산염류 ⑧ 퍼옥소붕산염류 11. 1~10호의 하나 이상을 함유한 것	OCNClOCNClCONCl $K_2S_2O_8$ $NaBO_3$	300kg

※ 질산구아니딘은 제5류 위험물에 해당한다.

답 ②

32 소화난이도 등급 I 의 옥내저장소에 설치하여야 하는 소화설비에 해당하지 않는 것은?

① 옥외소화전설비
② 연결살수설비
③ 스프링클러설비
④ 물분무소화설비

	제조소 등의 구분	소화설비
옥내저장소	처마높이가 6m 이상인 단층건물 또는 다른 용도의 부분이 있는 건축물에 설치한 옥내저장소	스프링클러설비 또는 이동식 외의 물분무 등 소화설비
	그 밖의 것	옥외소화전설비, 스프링클러설비, 이동식 외의 물분무 등 소화설비 또는 이동식 포소화설비(포소화전을 옥외에 설치하는 것에 한한다.)

답 ②

33 적린의 위험성에 관한 설명 중 옳은 것은?

① 공기 중에 방치하면 폭발한다.
② 산소와 반응하여 포스핀가스를 발생한다.
③ 연소 시 적색의 오산화인이 발생한다.
④ 강산화제와 혼합하면 충격 · 마찰에 의해 발화할 수 있다.

해설 적린은 제2류 위험물로서 염소산염류, 과염소산염류 등 강산화제와 혼합하면 불안정한 폭발물과 같이 되어 약간의 가열, 충격, 마찰에 의해 폭발한다.

답 ④

34 다이에틸에터에 대한 설명으로 옳은 것은?

① 연소하면 아황산가스를 발생하고 마취제로 사용한다.
② 증기는 공기보다 무거우므로 물속에 보관한다.
③ 에탄올을 진한황산을 이용해 축합반응시켜 제조할 수 있다.
④ 제4류 위험물 중 연소범위가 좁은 편에 속한다.

해설 에탄올은 140℃에서 진한황산과 반응해서 다이에틸에터를 생성한다.

$$2C_2H_5OH \xrightarrow{c-H_2SO_4} C_2H_5OC_2H_5 + H_2O$$

답 ③

35 위험물제조소에 설치하는 안전장치 중 위험물의 성질에 따라 안전밸브의 작동이 곤란한 가압설비에 한하여 설치하는 것은?

① 파괴판
② 안전밸브를 병용하는 경보장치
③ 감압측에 안전밸브를 부착한 감압밸브
④ 연성계

답 ①

36 트라이나이트로톨루엔의 성질에 대한 설명 중 옳지 않은 것은?

① 담황색의 결정이다.
② 폭약으로 사용된다.
③ 자연분해의 위험성이 적어 장기간 저장이 가능하다.
④ 조해성과 흡습성이 매우 크다.

해설 물에는 불용이며, 에터, 아세톤 등에는 잘 녹고 알코올에는 가열하면 약간 녹는다.

답 ④

37 과산화나트륨이 물과 반응하면 어떤 물질과 산소를 발생하는가?

① 수산화나트륨
② 수산화칼륨
③ 질산나트륨
④ 아염소산나트륨

해설 흡습성이 있으므로 물과 접촉하면 발열 및 수산화나트륨(NaOH)과 산소(O_2)를 발생한다.

$2Na_2O_2 + 2H_2O \rightarrow 4NaOH + O_2$

답 ①

38 다음 중 물에 녹고 물보다 가벼운 물질로 인화점이 가장 낮은 것은?

① 아세톤 ② 이황화탄소
③ 벤젠 ④ 산화프로필렌

물질	아세톤	이황화탄소	벤젠	산화프로필렌
인화점	−18.5℃	−30℃	−11℃	−37℃

답 ④

39 과염소산칼륨과 가연성 고체 위험물이 혼합되는 것은 위험하다. 그 주된 이유는 무엇인가?

① 전기가 발생하고 자연 가열되기 때문이다.
② 중합반응을 하여 열이 발생되기 때문이다.
③ 혼합하면 과염소산칼륨이 연소하기 쉬운 액체로 변하기 때문이다.
④ 가열, 충격 및 마찰에 의하여 발화·폭발 위험이 높아지기 때문이다.

과염소산칼륨은 제1류 위험물로서 제2류 위험물인 가연성 고체와 혼재되는 경우 위험성이 증가한다.

답 ④

40 황의 성질을 설명한 것으로 옳은 것은?

① 전기의 양도체이다.
② 물에 잘 녹는다.
③ 연소하기 어려워 분진폭발의 위험성은 없다.
④ 높은 온도에서 탄소와 반응하여 이황화탄소가 생긴다.

황은 고온에서 탄소와 반응하여 이황화탄소(CS_2)를 생성하며, 금속이나 할로젠원소와 반응하여 황화합물을 만든다.

답 ④

41 위험물의 품명 분류가 잘못된 것은?

① 제1석유류 : 휘발유
② 제2석유류 : 경유
③ 제3석유류 : 폼산
④ 제4석유류 : 기어유

폼산은 제2석유류로서 수용성이다.

답 ③

42 다음 중 발화점이 가장 낮은 것은?

① 이황화탄소　② 산화프로필렌
③ 휘발유　④ 메탄올

물질	이황화탄소	산화프로필렌	휘발유	메탄올
인화점	90℃	465℃	300℃	464℃

답 ①

43 제5류 위험물의 위험성에 대한 설명으로 옳지 않은 것은?

① 가연성 물질이다.
② 대부분 외부의 산소 없이도 연소하며, 연소속도가 빠르다.
③ 물에 잘 녹지 않으며, 물과의 반응위험성이 크다.
④ 가열, 충격, 타격 등에 민감하며 강산화제 또는 강산류와 접촉 시 위험하다.

해설 제5류 위험물은 주수에 의한 냉각소화가 유효하다.

답 ③

44 질산칼륨에 대한 설명 중 옳은 것은?

① 유기물 및 강산에 보관할 때 매우 안정하다.
② 열에 안정하여 1,000℃를 넘는 고온에서도 분해되지 않는다.
③ 알코올에는 잘 녹으나 물, 글리세린에는 잘 녹지 않는다.
④ 무색, 무취의 결정 또는 분말로서 화약원료로 사용된다.

답 ④

45 [보기]에서 설명하는 물질은 무엇인가?

> **[보기]**
> • 살균제 및 소독제로도 사용된다.
> • 분해할 때 발생하는 발생기 산소[O]는 난분해성 유기물질을 산화시킬 수 있다.

① $HClO_4$　② CH_3OH
③ H_2O_2　④ H_2SO_4

답 ③

46 [보기]의 위험물 중 비중이 물보다 큰 것은 모두 몇 개인가?

> **[보기]**
> 과염소산, 과산화수소, 질산

① 0　② 1
③ 2　④ 3

과염소산=3.5
과산화수소=1.46
질산=1.49

답 ④

47 다음 중 위험물안전관리법령상 위험물제조소와의 안전거리가 가장 먼 것은?

① 고등교육법에서 정하는 학교
② 의료법에 따른 병원급 의료기관
③ 고압가스안전관리법에 의하여 허가를 받은 고압가스 제조시설
④ 문화재보호법에 의한 유형문화재와 기념물 중 지정문화재

건축물	안전거리
사용전압 7,000V 초과 35,000V 이하의 특고압 가공전선	3m 이상
사용전압 35,000V 초과 특고압 가공전선	5m 이상
주거용으로 사용되는 것(제조소가 설치된 부지 내에 있는 것 제외)	10m 이상
고압가스, 액화석유가스 또는 도시가스를 저장 또는 취급하는 시설	20m 이상
학교, 병원(종합병원, 치과병원, 한방 · 요양병원), 극장(공연장, 영화상영관, 수용인원 300명 이상 시설), 아동복지시설, 노인복지시설, 장애인복지시설, 모 · 부자복지시설, 보육시설, 성매매자를 위한 복지시설, 정신보건시설, 가정폭력피해자 보호시설, 수용인원 20명 이상의 다수인 시설	30m 이상
유형문화재, 지정문화재	50m 이상

답 ④

48 칼륨을 물에 반응시키면 격렬한 반응이 일어난다. 이때 발생하는 기체는 무엇인가?

① 산소 ② 수소
③ 질소 ④ 이산화탄소

해설 물과 격렬히 반응하여 발열하고 수산화칼륨과 수소를 발생한다.
$2K+2H_2O \rightarrow 2KOH+H_2$

답 ②

49 위험물안전관리법령상의 위험물 운반에 관한 기준에서 액체위험물은 운반용기 내용적의 몇 % 이하의 수납률로 수납하여야 하는가?

① 80 ② 85
③ 90 ④ 98

 고체 : 95%, 액체 : 98%

답 ④

50 메틸알코올의 위험성으로 옳지 않은 것은?

① 나트륨과 반응하여 수소기체를 발생한다.
② 휘발성이 강하다.
③ 연소범위가 알코올류 중 가장 좁다.
④ 인화점이 상온(25℃)보다 낮다.

 메틸알코올 : 6~36%, 에틸알코올 : 3.3~19%, 프로필알코올 : 2.1~13.5%

답 ③

51 위험물제조소의 건축물 구조기준 중 연소의 우려가 있는 외벽은 출입구 외의 개구부가 없는 내화구조의 벽으로 하여야 한다. 이때 연소의 우려가 있는 외벽은 제조소가 설치된 부지의 경계선에서 몇 m 이내에 있는 외벽을 말하는가? (단, 단층건물일 경우이다.)

① 3 ② 4
③ 5 ④ 6

답 ①

52 위험물안전관리법령상 제6류 위험물에 해당하는 것은?

① 황산 ② 염산
③ 질산염류 ④ 할로젠간화합물

성질	위험등급	품명	지정수량
산화성 액체	I	1. 과염소산($HClO_4$)	300kg
		2. 과산화수소(H_2O_2)	
		3. 질산(HNO_3)	
		4. 그 밖의 행정안전부령이 정하는 것 – 할로젠간화합물(BrF_3, IF_5 등)	

답 ④

53 질산이 직사일광에 노출될 때 어떻게 되는가?

① 분해되지는 않으나 붉은색으로 변한다.
② 분해되지는 않으나 녹색으로 변한다.
③ 분해되어 질소를 발생한다.
④ 분해되어 이산화질소를 발생한다.

직사광선에 의해 분해되어 이산화질소(NO_2)를 생성시킨다.
$4HNO_3 \rightarrow 2H_2O+4NO_2+O_2$

답 ④

54 위험물안전관리법령상 제2류 위험물의 위험등급에 대한 설명으로 옳은 것은?

① 제2류 위험물은 위험등급 Ⅰ에 해당되는 품명이 없다.
② 제2류 위험물 중 위험등급 Ⅲ에 해당되는 품명은 지정수량이 500kg인 품명만 해당된다.
③ 제2류 위험물 중 황화인, 적린, 황 등 지정수량이 100kg인 품명은 위험등급 Ⅰ에 해당한다.
④ 제2류 위험물 중 지정수량이 1,000kg인 인화성 고체는 위험등급 Ⅱ에 해당한다.

해설

성질	위험등급	품명	대표품목	지정수량
가연성 고체	Ⅱ	1. 황화인 2. 적린(P) 3. 황(S)	P_4S_3, P_2S_5, P_4S_7	100kg
	Ⅲ	4. 철분(Fe) 5. 금속분 6. 마그네슘(Mg)	Al, Zn	500kg
		7. 인화성 고체	고형 알코올	1,000kg

답 ①

55 위험물 저장탱크의 공간용적은 탱크 내용적의 얼마 이상, 얼마 이하로 하는가?

① $\frac{2}{100}$ 이상, $\frac{3}{100}$ 이하
② $\frac{2}{100}$ 이상, $\frac{5}{100}$ 이하
③ $\frac{5}{100}$ 이상, $\frac{10}{100}$ 이하
④ $\frac{10}{100}$ 이상, $\frac{20}{100}$ 이하

답 ③

56 칼륨이 에틸알코올과 반응할 때 나타나는 현상은?

① 산소가스를 생성한다.
② 칼륨에틸레이트를 생성한다.
③ 칼륨과 물이 반응할 때와 동일한 생성물이 나온다.
④ 에틸알코올이 산화되어 아세트알데하이드를 생성한다.

알코올과 반응하여 칼륨에틸레이트와 수소가스를 발생한다.
$2K+2C_2H_5OH \rightarrow 2C_2H_5OK+H_2$

답 ②

57 지정수량 20배의 알코올류를 저장하는 옥외탱크저장소의 경우 펌프실 외의 장소에 설치하는 펌프설비의 기준으로 옳지 않은 것은?

① 펌프설비 주위에는 3m 이상의 공지를 보유한다.
② 펌프설비 그 직하의 지반면 주위에 높이 0.15m 이상의 턱을 만든다.
③ 펌프설비 그 직하의 지반면의 최저부에는 집유설비를 만든다.
④ 집유설비에는 위험물이 배수구에 유입되지 않도록 유분리장치를 만든다.

펌프실 외에 설치하는 펌프설비의 바닥기준
㉠ 재질은 콘크리트, 기타 불침윤 재료로 한다.
㉡ 턱 높이는 0.15m 이상이다.
㉢ 해당 지반면은 위험물이 스며들지 아니하는 재료로 적당히 경사지게 하고 최저부에 집유설비를 설치한다.
㉣ 이 경우 제4류 위험물(온도 20℃의 물 100g에 용해되는 양이 1g 미만인 것에 한한다.)을 취급하는 곳은 집유설비에 유분리장치를 설치한다.
따라서 문제에서 알코올류는 수용성에 해당하므로 집유설비에 유분리장치를 설치할 필요는 없다.

답 ④

58 **제5류 위험물 중 유기과산화물 30kg과 하이드록실아민 500kg을 함께 보관하는 경우 지정수량의 몇 배인가?**

① 3배　　② 8배
③ 10배　　④ 18배

지정수량 배수의 합 $= \frac{30\text{kg}}{10\text{kg}} + \frac{500\text{kg}}{100\text{kg}} = 8$

 ②

59 **위험물안전관리법령상 품명이 금속분에 해당하는 것은? (단, 150μm의 체를 통과하는 것이 50wt% 이상인 경우이다.)**

① 니켈분　　② 마그네슘분
③ 알루미늄분　　④ 구리분

"금속분"이라 함은 알칼리금속 · 알칼리토류금속 · 철 및 마그네슘 외의 금속분말을 말하고, 구리분 · 니켈분 및 150μm의 체를 통과하는 것이 50중량퍼센트 미만인 것은 제외한다.

 ③

60 **아세톤의 성질에 대한 설명으로 옳은 것은?**

① 자연발화성 때문에 유기용제로서 사용할 수 없다.
② 무색, 무취이고, 겨울철에 쉽게 응고한다.
③ 증기비중은 약 0.79이고, 아이오딘폼반응을 한다.
④ 물에 잘 녹으며, 끓는점이 60℃보다 낮다.

아세톤의 끓는점 : 56℃

답 ④

제5회 과년도 출제문제

01 위험물안전관리법에서 정한 정전기를 유효하게 제거할 수 있는 방법에 해당하지 않는 것은?

① 위험물 이송 시 배관 내 유속을 빠르게 하는 방법
② 공기를 이온화하는 방법
③ 접지에 의한 방법
④ 공기 중의 상대습도를 70% 이상으로 하는 방법

답 ①

02 다음 중 물이 소화약제로 쓰이는 이유로 가장 거리가 먼 것은?

① 쉽게 구할 수 있다.
② 제거소화가 잘된다.
③ 취급이 간편하다.
④ 기화잠열이 크다.

물은 냉각소화에 해당한다.

답 ②

03 위험물안전관리법령상 전기설비에 적응성이 없는 소화설비는?

① 포소화설비
② 불활성가스소화설비
③ 할로젠화합물소화설비
④ 물분무소화설비

전기설비에 유효한 소화설비 : 물분무소화설비, 불활성가스소화설비, 할로젠화합물소화설비, 인산염류분말소화설비, 탄산수소염류분말소화설비

답 ①

04 다음 중 가연물이 고체덩어리보다 분말가루일 때 화재위험성이 더 큰 이유로 가장 옳은 것은 어느 것인가?

① 공기와의 접촉면적이 크기 때문이다.
② 열전도율이 크기 때문이다.
③ 흡열반응을 하기 때문이다.
④ 활성에너지가 크기 때문이다.

분말인 경우 공기와의 비표면적이 넓어짐으로 인해 연소가 더 쉽다.

답 ①

05 다음 중 B, C급 화재뿐만 아니라 A급 화재까지도 사용이 가능한 분말소화약제는 어느 것인가?

① 제1종 분말소화약제
② 제2종 분말소화약제
③ 제3종 분말소화약제
④ 제4종 분말소화약제

종류	주성분	분자식	착색	적응화재
제1종	탄산수소나트륨(중탄산나트륨)	$NaHCO_3$	–	B, C급
제2종	탄산수소칼륨(중탄산칼륨)	$KHCO_3$	담회색	B, C급
제3종	제1인산암모늄	$NH_4H_2PO_4$	담홍색 또는 황색	A, B, C급
제4종	탄산수소칼륨+요소	$KHCO_3+CO(NH_2)_2$	–	B, C급

답 ③

06 **위험물안전관리법령에서 정한 자동화재탐지설비에 대한 기준으로 틀린 것은? (단, 원칙적인 경우에 한한다.)**

① 경계구역은 건축물, 그 밖의 공작물의 2 이상의 층에 걸치지 아니하도록 할 것
② 하나의 경계구역의 면적은 $600m^2$ 이하로 할 것
③ 하나의 경계구역의 한 변의 길이는 30m 이하로 할 것
④ 자동화재탐지설비에는 비상전원을 설치할 것

해설 하나의 경계구역의 면적은 $600m^2$ 이하로 하고 그 한변의 길이는 50m(광전식 분리형 감지기를 설치할 경우에는 100m) 이하로 할 것

답 ③

07 **할론 1301의 증기비중은? (단, 플루오린의 원자량은 19, 브로민의 원자량은 80, 염소의 원자량은 35.5이고, 공기의 분자량은 29이다.)**

① 2.14 ② 4.15
③ 5.14 ④ 6.15

해설

$$증기비중 = \frac{기체의\ 분자량}{공기의\ 평균분자량} = \frac{12+19\times3\times80}{29} = 5.14$$

답 ③

08 **나이트로셀룰로스의 저장 · 취급방법으로 틀린 것은?**

① 직사광선을 피해 저장한다.
② 되도록 장기간 보관하여 안정화된 후에 사용한다.
③ 유기과산화물류, 강산화제와의 접촉을 피한다.
④ 건조상태에 이르면 위험하므로 습한상태를 유지한다.

해설 장시간 공기 중에 방치하면 산화반응에 의해 열분해하여 자연발화를 일으키는 경우도 있다.

답 ②

09 **위험물안전관리법령상 제3류 위험물의 금수성물질 화재 시 적응성이 있는 소화약제는?**

① 탄산수소염류분말
② 물
③ 이산화탄소
④ 할로젠화합물

해설 금수성 물질의 경우 탄산수소염류분말 또는 팽창질석, 팽창진주암으로 소화가 가능하다.

답 ①

10 **위험물안전관리법령에 따라 다음 (   ) 안에 알맞은 용어는?**

> 주유취급소 중 건축물의 2층 이상의 부분을 점포 · 휴게음식점 또는 전시장의 용도로 사용하는 것에 있어서는 해당 건축물의 2층 이상으로부터 직접 주유취급소의 부지 밖으로 통하는 출입구와 해당 출입구로 통하는 통로 · 계단 및 출입구에 (   )을 설치하여야 한다.

① 피난사다리 ② 경보기
③ 유도등 ④ CCTV

답 ③

11 **제5류 위험물의 화재 시 적응성이 있는 소화설비는?**

① 분말소화설비
② 할로젠화합물소화설비
③ 물분무소화설비
④ 이산화탄소소화설비

해설 제5류 위험물은 자기반응성 물질이므로 냉각소화가 유효하다.

답 ③

12 가연성 물질과 주된 연소형태의 연결이 틀린 것은?

① 종이, 섬유－분해연소
② 셀룰로이드, TNT－자기연소
③ 목재, 석탄－표면연소
④ 황, 알코올－증발연소

목재와 석탄은 분해연소에 해당한다.

답 ③

13 20℃의 물 100kg이 100℃ 수증기로 증발하면 최대 몇 kcal의 열량을 흡수할 수 있는가? (단, 물의 증발잠열은 540cal/g이다.)

① 540 ② 7,800
③ 62,000 ④ 108,000

$Q = mC\Delta T + \gamma \times m$
$= 100\text{kg} \times 1\text{kcal/kg}\cdot℃ \times (100-20)℃$
$+ 539\text{kcal/kg} \times 100\text{kg}$
$= 61{,}900\text{kcal}$
(여기서, Q : 열량, m : 질량, C : 비열, T : 온도, γ : 기화열)

답 ③

14 물과 접촉하면 열과 산소가 발생하는 것은?

① $NaClO_2$ ② $NaClO_3$
③ $KMnO_4$ ④ Na_2O_2

과산화나트륨의 경우 흡습성이 있으므로 물과 접촉하면 수산화나트륨(NaOH)과 산소(O_2)를 발생한다.
$2Na_2O_2 + 2H_2O \rightarrow 4NaOH + O_2$

답 ④

15 유류화재 시 발생하는 이상현상인 보일오버(boil over)의 방지대책으로 가장 거리가 먼 것은?

① 탱크하부에 배수관을 설치하여 탱크 저면의 수층을 방지한다.
② 적당한 시기에 모래나 팽창질석, 비등석을 넣어 물의 과열을 방지한다.
③ 냉각수를 대량 첨가하여 유류와 물의 과열을 방지한다.
④ 탱크 내용물의 기계적 교반을 통하여 에멀션상태로 하여 수층형성을 방지한다.

해설 보일오버 : 고온층(hot zone)이 형성된 유류화재의 탱크 밑면에 물이 고여 있는 경우, 화재의 진행에 따라 바닥의 물이 급격히 증발하여 불 붙은 기름을 분출시키는 위험현상이므로 냉각수를 대량 첨가하는 것은 오히려 위험성을 증대시키는 일이다.

답 ③

16 위험물제조소에서 국소방식의 배출설비 배출능력은 1시간당 배출장소 용적의 몇 배 이상인 것으로 하여야 하는가?

① 5 ② 10
③ 15 ④ 20

해설 제조소의 배출능력은 1시간당 배출장소 용적의 20배 이상인 것으로 하여야 한다.

답 ④

17 다음 중 산화성 물질이 아닌 것은?

① 무기과산화물
② 과염소산
③ 질산염류
④ 마그네슘

해설 마그네슘은 가연성 고체이며, 환원제에 해당한다.

답 ④

18 소화약제로 사용할 수 없는 물질은?

① 이산화탄소
② 제1인산암모늄
③ 탄산수소나트륨
④ 브로민산암모늄

브로민산암모늄은 제1류 위험물에 해당한다.

답 ④

19 **위험물안전관리법령상 간이탱크저장소에 대한 설명 중 틀린 것은?**

① 간이저장탱크의 용량은 600리터 이하여야 한다.
② 하나의 간이탱크저장소에 설치하는 간이저장탱크는 5개 이하여야 한다.
③ 간이저장탱크는 두께 3.2mm 이상의 강판으로 흠이 없도록 제작하여야 한다.
④ 간이저장탱크는 70kPa의 압력으로 10분간의 수압시험을 실시하여 새거나 변형되지 않아야 한다.

하나의 간이탱크저장소에 설치하는 탱크의 수는 3기 이하로 할 것(단, 동일한 품질의 위험물탱크를 2기 이상 설치하지 말 것)

답 ②

20 **주방화재 시 제1종 분말소화약제를 이용하여 화재의 제어가 가능하다. 이때의 소화원리에 가장 가까운 것은?**

① 촉매효과에 의한 질식소화
② 비누화반응에 의한 질식소화
③ 아이오딘화에 의한 냉각소화
④ 가수분해반응에 의한 냉각소화

일반요리용 기름화재 시 기름과 제1종 분말소화약제인 중탄산나트륨이 반응하면 금속비누가 만들어져 거품을 생성하여 기름의 표면을 덮어서 질식소화효과 및 재발화 억제방지효과를 나타내는 비누화현상

답 ②

21 **다음 위험물의 지정수량 배수의 총합은 얼마인가?**

질산 150kg, 과산화수소 420kg, 과염소산 300kg

① 2.5 ② 2.9
③ 3.4 ④ 3.9

지정수량의 배수 $= \frac{150}{300} + \frac{420}{300} + \frac{300}{300} = 2.9$배

답 ②

22 **위험물안전관리법령상 해당하는 품명이 나머지 셋과 다른 하나는?**

① 트라이나이트로페놀
② 트라이나이트로톨루엔
③ 나이트로셀룰로스
④ 테트릴

나이트로화합물류(지정수량 200kg)는 나이트로기가 2개 이상인 화합물로 피크르산, 트라이나이트로톨루엔, 트라이나이트로벤젠, 테트릴, 다이나이트로나프탈렌 등이 있다. 나이트로셀룰로스는 질산에스터류에 속한다.

답 ③

23 **위험물에 대한 설명으로 틀린 것은?**

① 적린은 연소하면 유독성 물질이 발생한다.
② 마그네슘은 연소하면 가연성의 수소가스가 발생한다.
③ 황은 분진폭발의 위험이 있다.
④ 황화인에는 P_4S_3, P_2S_5, P_4S_7 등이 있다.

마그네슘은 연소하면 산화마그네슘이 생성된다.
$2Mg + O_2 \rightarrow 2MgO$

답 ②

24 **위험물안전관리법령상 혼재할 수 없는 위험물은? (단, 위험물은 지정수량의 1/10을 초과하는 경우이다.)**

① 적린과 황린
② 질산염류와 질산
③ 칼륨과 특수인화물
④ 유기과산화물과 황

유별을 달리하는 위험물의 혼재기준

위험물의 구분	제1류	제2류	제3류	제4류	제5류	제6류
제1류		×	×	×	×	○
제2류	×		×	○	○	×
제3류	×	×		○	×	×
제4류	×	○	○		○	×
제5류	×	○	×	○		×
제6류	○	×	×	×	×	

적린은 제2류 위험물, 황린은 제3류 위험물로서 혼재할 수 없다.

답 ①

25 질산과 과염소산의 공통성질에 해당하지 않는 것은?

① 산소를 함유하고 있다.
② 불연성 물질이다.
③ 강산이다.
④ 비점이 상온보다 낮다.

질산의 비점 : 86℃, 과염소산의 비점 : 130℃

답 ④

26 위험물안전관리법령에서 정한 메틸알코올의 지정수량을 kg단위로 환산하면 얼마인가? (단, 메틸알코올의 비중은 0.8이다.)

① 200 ② 320
③ 400 ④ 460

메틸알코올의 지정수량은 400L이므로
400L×0.8kg/L=320kg

답 ②

27 다음 반응식과 같이 벤젠 1kg이 연소할 때 발생되는 CO_2의 양은 약 몇 m^3인가? (단, 27℃, 750mmHg 기준이다.)

$$C_6H_6+7.5O_2 \rightarrow 6CO_2+3H_2O$$

① 0.72 ② 1.22
③ 1.92 ④ 2.42

$C_6H_6+7.5O_2 \rightarrow 6CO_2+3H_2O$

1kg−C_6H_6	10^3g−C_6H_6	1mol−C_6H_6
	1kg−C_6H_6	78g−C_6H_6

$\frac{6mol-CO_2}{1mol-C_6H_6}=76.923mol-CO_2$

$PV=nRT,\ V=\frac{nRT}{P}$

$V=\frac{76.923\times0.082\times(27+273)}{750/760}=1917.54L$

$\fallingdotseq 1.92m^3$

답 ③

28 다이에틸에터의 성질에 대한 설명으로 옳은 것은?

① 발화온도는 400℃이다.
② 증기는 공기보다 가볍고, 액상은 물보다 무겁다.
③ 알코올에는 용해되지 않지만 물에는 잘 녹는다.
④ 연소범위는 1.9~48% 정도이다.

발화온도는 180℃이며, 증기는 공기보다 무겁고, 알코올에는 잘 용해되며 물에는 잘 녹지 않는다.

답 ④

29 과염소산암모늄에 대한 설명으로 옳은 것은?

① 물에 용해되지 않는다.
② 청록색의 침상결정이다.
③ 130℃에서 분해하기 시작하여 CO_2가스를 방출한다.
④ 아세톤, 알코올에 용해된다.

물, 알코올, 아세톤에는 잘 녹으며, 무색무취의 결정 또는 백색분말로 조해성이 있는 불연성인 산화제이다. 상온에서는 비교적 안정하나 약 130℃에서 분해하기 시작하여 약 300℃ 부근에서 급격히 분해하여 폭발한다.
$2NH_4ClO_4 \rightarrow N_2+Cl_2+2O_2+4H_2O$

답 ④

30 위험물의 품명과 지정수량이 잘못 짝지어진 것은?

① 황화인−50kg
② 마그네슘−500kg
③ 알킬알루미늄−10kg
④ 황린−20kg

황화인은 제2류 위험물로서 지정수량 100kg이다.

답 ①

31 위험물안전관리법령상 특수인화물의 정의에 관한 내용이다. ( )에 알맞은 수치를 차례대로 나타낸 것은?

> "특수인화물"이라 함은 이황화탄소, 다이에틸에터, 그 밖에 1기압에서 발화점이 섭씨 100도 이하인 것 또는 인화점이 섭씨 영하 ( )도 이하이고, 비점이 섭씨 ( )도 이하인 것을 말한다.

① 40, 20　② 20, 40
③ 20, 100　④ 40, 100

답 ②

32 '자동화재탐지설비 일반점검표'의 점검내용이 "변형 · 손상의 유무, 표시의 적부, 경계구역 일람도의 적부, 기능의 적부"인 점검항목은?

① 감지기　② 중계기
③ 수신기　④ 발신기

답 ③

33 제4류 위험물을 저장 및 취급하는 위험물제조소에 설치한 "화기엄금" 게시판의 색상으로 올바른 것은?

① 적색바탕에 흑색문자
② 흑색바탕에 적색문자
③ 백색바탕에 적색문자
④ 적색바탕에 백색문자

답 ④

34 위험물안전관리법령에서 정한 아세트알데하이드 등을 취급하는 제조소의 특례에 관한 내용이다. ( ) 안에 해당하는 물질이 아닌 것은?

> 아세트알데하이드 등을 취급하는 설비는 ( ) · ( ) · ( ) · ( ) 또는 이들을 성분으로 하는 합금으로 만들지 아니할 것

① 동　② 은
③ 금　④ 마그네슘

답 ③

35 1분자 내에 포함된 탄소의 수가 가장 많은 것은?

① 아세톤　② 톨루엔
③ 아세트산　④ 이황화탄소

아세톤(CH_3COCH_3), 톨루엔($C_6H_5CH_3$), 아세트산(CH_3COOH), 이황화탄소(CS_2)

답 ②

36 휘발유의 일반적인 성질에 관한 설명으로 틀린 것은?

① 인화점이 0℃보다 낮다.
② 위험물안전관리법령상 제1석유류에 해당한다.
③ 전기에 대해 비전도성 물질이다.
④ 순수한 것은 청색이나 안전을 위해 검은색으로 착색해서 사용해야 한다.

해설 무색투명한 액상유분으로 주성분은 C_5~C_9의 알케인 및 알켄이며, 비전도성으로 정전기를 발생 및 축적시키므로 대전하기 쉽다.

답 ④

37 페놀을 황산과 질산의 혼산으로 나이트로화하여 제조하는 제5류 위험물은?

① 아세트산　② 피크르산
③ 나이트로글리콜　④ 질산에틸

해설 페놀은 진한황산에 녹여 질산으로 작용시켜 피크르산을 제조한다.

$$C_6H_5OH + 3HNO_3 \xrightarrow{H_2SO_4} C_6H_2(OH)(NO_2)_3 + 3H_2O$$

답 ②

38 과산화수소의 성질에 대한 설명으로 옳지 않은 것은?

① 산화성이 강한 무색투명한 액체이다.
② 위험물안전관리법령상 일정비중 이상일 때 위험물로 취급한다.
③ 가열에 의해 분해하면 산소가 발생한다.
④ 소독약으로 사용할 수 있다.

과산화수소는 그 농도가 36중량퍼센트 이상인 것에 한한다.

답 ②

39 금속염을 불꽃반응실험을 한 결과 노란색의 불꽃이 나타났다. 이 금속염에 포함된 금속은 무엇인가?

① Cu　② K
③ Na　④ Li

나트륨은 은백색의 무른 금속으로 물보다 가볍고 노란색 불꽃을 내면서 연소한다.

답 ③

40 나이트로셀룰로스의 안전한 저장을 위해 사용하는 물질은?

① 페놀　② 황산
③ 에탄올　④ 아닐린

폭발을 방지하기 위해 안전용제로 물(20%) 또는 알코올(30%)로 습윤시켜 저장한다.

답 ③

41 등유에 관한 설명으로 틀린 것은?

① 물보다 가볍다.
② 녹는점은 상온보다 높다.
③ 발화점은 상온보다 높다.
④ 증기는 공기보다 무겁다.

비중 0.8(증기비중 4~5), 비점 140~320℃, 녹는점 −46℃, 인화점 39℃ 이상, 발화점 210℃, 연소범위 1.1~6.0%

답 ②

42 벤조일퍼옥사이드에 대한 설명으로 틀린 것은?

① 무색, 무취의 투명한 액체이다.
② 가급적 소분하여 저장한다.
③ 제5류 위험물에 해당한다.
④ 품명은 유기과산화물이다.

무미, 무취의 백색분말 또는 무색의 결정성 고체로 물에는 잘 녹지 않으나 알코올 등에는 잘 녹는다.

답 ①

43 위험물안전관리법령상 그림과 같이 가로로 설치한 원형탱크의 용량은 약 몇 m^3인가? (단, 공간용적은 내용적의 $\frac{10}{100}$이다.)

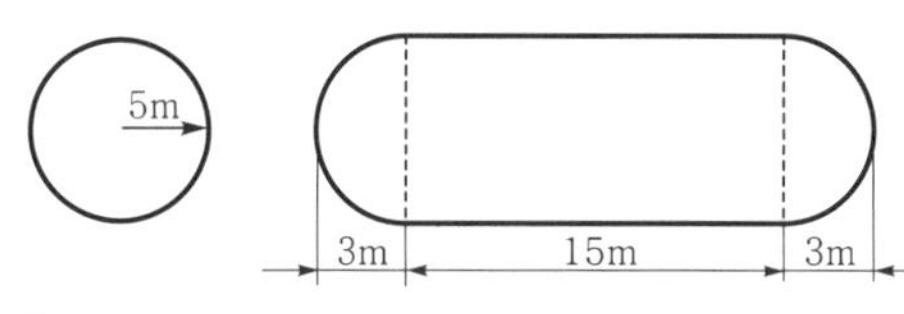

① 1690.9　② 1335.1
③ 1268.4　④ 1201.7

해설 가로(수평)로 설치한 원형탱크의 내용적

$$V=\pi r^2\left[l+\frac{l_1+l_2}{3}\right]$$

$$=\pi\times5^2\left[15+\frac{3+3}{3}\right]=1335.1$$

공간용적이 $\frac{10}{100}$ 이므로 실제 내용적은

$$1335.1\times\frac{90}{100}=1201.59$$

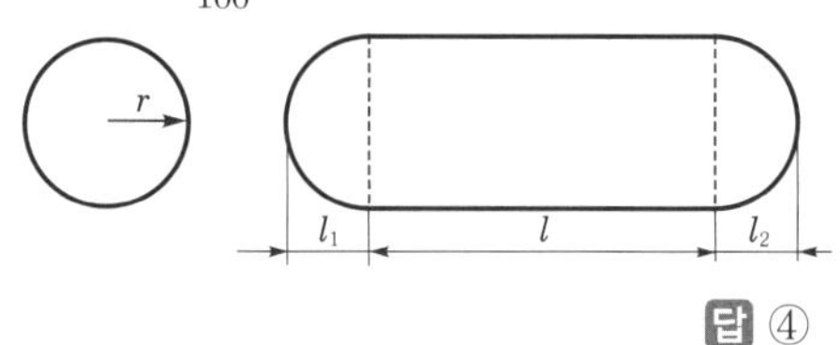

답 ④

44 다음 물질 중 위험물 유별에 따른 구분이 나머지 셋과 다른 하나는?

① 질산은
② 질산메틸
③ 무수크로뮴산
④ 질산암모늄

질산은, 무수크로뮴산, 질산암모늄은 제1류 위험물이며, 질산메틸은 제5류 위험물에 해당한다.

답 ②

45 [보기]에서 나열한 위험물의 공통성질을 옳게 설명한 것은?

[보기]
나트륨, 황린, 트라이에틸알루미늄

① 상온, 상압에서 고체의 형태를 나타낸다.
② 상온, 상압에서 액체의 형태를 나타낸다.
③ 금수성 물질이다.
④ 자연발화의 위험이 있다.

구분	나트륨	황린	트라이에틸알루미늄
상태	고체	고체	액체
금수성	○	×	○
자연발화성	○	○	○

답 ④

46 2가지 물질을 섞었을 때 수소가 발생하는 것은 어느 것인가?

① 칼륨과 에탄올
② 과산화마그네슘과 염화수소
③ 과산화칼륨과 탄산가스
④ 오황화인과 물

칼륨은 알코올과 반응하여 칼륨에틸레이트와 수소가스를 발생한다.
$2K+2C_2H_5OH \rightarrow 2C_2H_5OK+H_2$

답 ①

47 다음 물질 중 인화점이 가장 낮은 것은?

① CH_3COCH_3
② $C_2H_5OC_2H_5$
③ $CH_3(CH_2)_3OH$
④ CH_3OH

구분	①	②	③	④
화학식	CH_3COCH_3	$C_2H_5OC_2H_5$	$CH_3(CH_2)_3OH$	CH_3OH
물질명	아세톤	다이에틸에터	뷰틸알코올	메탄올
인화점	−18.5℃	−40℃	37℃	11℃

답 ②

48 위험물안전관리법령에 의한 위험물에 속하지 않는 것은?

① CaC_2 ② S
③ P_2O_5 ④ K

CaC_2는 탄화칼슘으로 제3류 위험물, S는 황으로 제2류 위험물, K는 칼륨으로 제3류 위험물이다.

답 ③

49 톨루엔에 대한 설명으로 틀린 것은?

① 휘발성이 있고, 가연성 액체이다.
② 증기는 마취성이 있다.
③ 알코올, 에터, 벤젠 등과 잘 섞인다.
④ 노란색 액체로 냄새가 없다.

무색투명하며, 벤젠향과 같은 독특한 냄새를 가진 액체로 진한질산과 진한황산을 반응시키면 나이트로화하여 TNT의 제조에 이용된다.

답 ④

50 위험물안전관리법령상 지정수량 10배 이상의 위험물을 저장하는 제조소에 설치하여야 하는 경보설비의 종류가 아닌 것은?

① 자동화재탐지설비 ② 자동화재속보설비
③ 휴대용 확성기 ④ 비상방송설비

지정수량 10배 이상의 위험물을 저장하는 제조소에 설치하여야 하는 경보설비의 종류는 자동화재탐지설비, 비상경보설비, 확성장치 또는 비상방송설비 중 1종 이상이다.

답 ②

51 위험물안전관리법령상 위험등급 I의 위험물에 해당하는 것은?

① 무기과산화물
② 황화인, 적린, 황
③ 제1석유류
④ 알코올류

위험등급 I의 위험물
㉠ 제1류 위험물 중 아염소산염류, 염소산염류, 과염소산염류, 무기과산화물, 그 밖에 지정수량이 50kg인 위험물
㉡ 제3류 위험물 중 칼륨, 나트륨, 알킬알루미늄, 알킬리튬, 황린, 그 밖에 지정수량이 10kg인 위험물
㉢ 제4류 위험물 중 특수인화물
㉣ 제5류 위험물 중 유기과산화물, 질산에스터류, 그 밖에 지정수량이 10kg인 위험물
㉤ 제6류 위험물

답 ①

52 위험물안전관리법령상 제3류 위험물에 해당하지 않는 것은?

① 적린 ② 나트륨
③ 칼륨 ④ 황린

적린은 제2류 위험물에 해당한다.

답 ①

53 위험물안전관리법령상 옥내저장탱크와 탱크전용실 벽의 사이 및 옥내저장탱크의 상호간에는 몇 m 이상의 간격을 유지해야 하는가? (단, 탱크의 점검 및 보수에 지장이 없는 경우는 제외한다.)

① 0.5 ② 1
③ 1.5 ④ 2

탱크와 탱크 전용실과의 이격거리
㉠ 탱크와 탱크 전용실 외벽(기둥 등 돌출한 부분은 제외) : 0.5m 이상
㉡ 탱크와 탱크 상호간 : 0.5m 이상(단, 탱크의 점검 및 보수에 지장이 없는 경우는 거리제한 없음)

답 ①

54 위험물안전관리법령상 제4류 위험물 운반용기의 외부에 표시해야 하는 사항이 아닌 것은?

① 규정에 의한 주의사항
② 위험물의 품명 및 위험등급
③ 위험물의 관리자 및 지정수량
④ 위험물의 화학명

제4류 위험물 운반용기 외부의 표시사항
㉠ 위험물의 품명 · 위험등급 · 화학명 및 수용성('수용성' 표시는 제4류 위험물로서 수용성인 것에 한한다.)
㉡ 위험물의 수량
㉢ 수납하는 위험물에 따라 규정에 의한 주의사항

답 ③

55 산화성 액체인 질산의 분자식으로 옳은 것은 어느 것인가?

① HNO_2 ② HNO_3
③ NO_2 ④ NO_3

답 ②

56 제4류 위험물의 옥외저장탱크에 설치하는 밸브 없는 통기관은 직경이 얼마 이상인 것으로 설치해야 하는가? (단, 압력탱크는 제외한다.)

① 10mm ② 20mm
③ 30mm ④ 40mm

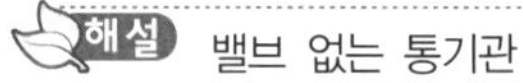
밸브 없는 통기관
㉠ 통기관의 직경 : 30mm 이상
㉡ 통기관의 선단은 수평으로부터 45° 이상 구부려 빗물 등의 침투를 막는 구조일 것
㉢ 인화점이 38℃ 미만인 위험물만을 저장 · 취급하는 탱크의 통기관에는 화염방지장치를 설치하고, 인화점이 38℃ 이상 70℃ 미만인 위험물을 저장 · 취급하는 탱크의 통기관에는 40mesh 이상의 구리망으로 된 인화방지장치를 설치할 것

답 ③

57 다음 중 위험물안전관리법령에 따라 정한 지정수량이 나머지 셋과 다른 것은?

① 황화인 ② 적린
③ 황 ④ 철분

황화인, 적린, 황의 지정수량은 100kg이며, 철분은 500kg이다.

답 ④

58 벤젠(C_6H_6)의 일반 성질로서 틀린 것은?

① 휘발성이 강한 액체이다.
② 인화점은 가솔린보다 낮다.
③ 물에 녹지 않는다.
④ 화학적으로 공명구조를 이루고 있다.

벤젠의 인화점은 −11℃, 가솔린은 −43℃이므로 인화점은 벤젠보다 가솔린이 더 낮다.

답 ②

59 위험물안전관리법령상 제1류 위험물의 질산염류가 아닌 것은?

① 질산은 ② 질산암모늄
③ 질산섬유소 ④ 질산나트륨

질산섬유소는 나이트로셀룰로스로서 제5류 위험물 질산에스터류에 속한다.

답 ③

60 위험물안전관리법령상 운송책임자의 감독 · 지원을 받아 운송하여야 하는 위험물은?

① 알킬리튬 ② 과산화수소
③ 가솔린 ④ 경유

알킬알루미늄, 알킬리튬은 운송책임자의 감독 · 지원을 받아 운송하여야 한다.

답 ①

CBT 대비

제6회 과년도 출제문제

01 과산화나트륨의 화재 시 물을 사용한 소화가 위험한 이유는?

① 수소와 열을 발생하므로
② 산소와 열을 발생하므로
③ 수소를 발생하고 이 가스가 폭발적으로 연소하므로
④ 산소를 발생하고 이 가스가 폭발적으로 연소하므로

해설 흡습성이 있으므로 물과 접촉하면 발열 및 수산화나트륨(NaOH)과 산소(O_2)를 발생
$2Na_2O_2 + 2H_2O \rightarrow 4NaOH + O_2$

답 ②

02 위험물안전관리법령상 경보설비로 자동화재탐지설비를 설치해야 할 위험물제조소의 규모의 기준에 대한 설명으로 옳은 것은?

① 연면적 $500m^2$ 이상인 것
② 연면적 $1,000m^2$ 이상인 것
③ 연면적 $1,500m^2$ 이상인 것
④ 연면적 $2,000m^2$ 이상인 것

해설 자동화재탐지설비를 설치해야 할 위험물제조소의 규모
㉠ 연면적 $500m^2$ 이상인 것
㉡ 옥내에서 지정수량의 100배 이상을 취급하는 것(고인화점위험물만을 100℃ 미만의 온도에서 자동화재 취급하는 것은 제외)
㉢ 일반취급소로 사용되는 부분 외의 부분이 있는 건축물에 설치된 일반취급소(일반취급소와 일반취급소 외의 부분이 내화구조의 바닥 또는 벽으로 개구부 없이 구획된 것은 제외)

답 ①

03 $NH_4H_2PO_4$이 열분해하여 생성되는 물질 중 암모니아와 수증기의 부피 비율은?

① 1 : 1
② 1 : 2
③ 2 : 1
④ 3 : 2

인산암모늄의 열분해반응식
$NH_4H_2PO_4 \rightarrow NH_3 + H_2O + HPO_3$

답 ①

04 위험물안전관리법령에서 정한 탱크안전성능검사의 구분에 해당하지 않는 것은?

① 기초 · 지반검사
② 충수 · 수압검사
③ 용접부검사
④ 배관검사

탱크안전성능검사의 대상이 되는 탱크
㉠ 기초 · 지반검사 : 옥외탱크저장소의 액체위험물탱크 중 그 용량이 100만리터 이상인 탱크
㉡ 충수 · 수압검사 : 액체위험물을 저장 또는 취급하는 탱크
㉢ 용접부검사 : ㉠의 규정에 의한 탱크
㉣ 암반탱크검사 : 액체위험물을 저장 또는 취급하는 암반 내의 공간을 이용한 탱크

답 ④

05 제3류 위험물 중 금수성 물질에 적응성이 있는 소화설비는?

① 할로젠화합물소화설비
② 포소화설비
③ 이산화탄소소화설비
④ 탄산수소염류 등 분말소화설비

해설 금수성 물질의 경우 물, 할론, 이산화탄소소화설비는 적응력이 없다.

답 ④

06 **제5류 위험물을 저장 또는 취급하는 장소에 적응성이 있는 소화설비는?**

① 포소화설비
② 분말소화설비
③ 이산화탄소소화설비
④ 할로젠화합물소화설비

해설 제5류 위험물은 자기반응성 물질이므로 질식소화는 효과가 없다.

답 ①

07 **화재의 종류와 가연물이 옳게 연결된 것은?**

① A급 - 플라스틱 ② B급 - 섬유
③ A급 - 페인트 ④ B급 - 나무

답 ①

08 **팽창진주암(삽 1개 포함)의 능력단위 1은 용량이 몇 L인가?**

① 70 ② 100
③ 130 ④ 160

해설 능력단위 : 소방기구의 소화능력

소화약제	약제 양	단위
마른모래	50L (삽 1개 포함)	0.5
팽창질석, 팽창진주암	160L (삽 1개 포함)	1
소화전용 물통	8L	0.3
수조	190L (소화전용 물통 6개 포함)	2.5
수조	80L (소화전용 물통 3개 포함)	1.5

답 ④

09 **위험물안전관리법령상 위험물을 유별로 정리하여 저장하면서 서로 1m 이상의 간격을 두면 동일한 옥내저장소에 저장할 수 있는 경우는?**

① 제1류 위험물과 제3류 위험물 중 금수성 물질을 저장하는 경우
② 제1류 위험물과 제4류 위험물을 저장하는 경우
③ 제1류 위험물과 제6류 위험물을 저장하는 경우
④ 제2류 위험물 중 금속분과 제4류 위험물 중 동·식물유류를 저장하는 경우

해설
㉠ 제1류 위험물(알칼리금속의 과산화물 또는 이를 함유한 것을 제외)과 제5류 위험물을 저장하는 경우
㉡ 제1류 위험물과 제6류 위험물을 저장하는 경우
㉢ 제1류 위험물과 제3류 위험물 중 자연발화성 물질(황린 또는 이를 함유한 것에 한함)을 저장하는 경우
㉣ 제2류 위험물 중 인화성 고체와 제4류 위험물을 저장하는 경우
㉤ 제3류 위험물 중 알킬알루미늄 등과 제4류 위험물(알킬알루미늄 또는 알킬리튬을 함유한 것에 한함)을 저장하는 경우
㉥ 제4류 위험물과 제5류 위험물 중 유기과산화물 또는 이를 함유한 것을 저장하는 경우

답 ③

10 **제6류 위험물을 저장하는 장소에 적응성이 있는 소화설비가 아닌 것은?**

① 물분무소화설비 ② 포소화설비
③ 이산화탄소소화설비 ④ 옥내소화전설비

답 ③

11 **피난설비를 설치하여야 하는 위험물제조소 등에 해당하는 것은?**

① 건축물의 2층 부분을 자동차정비소로 사용하는 주유취급소
② 건축물의 2층 부분을 전시장으로 사용하는 주유취급소
③ 건축물의 1층 부분을 주유사무소로 사용하는 주유취급소
④ 건축물의 1층 부분을 관계자의 주거시설로 사용하는 주유취급소

해설 피난설비 설치기준 : 주유취급소 중 건축물의 2층 이상의 부분을 점포 · 휴게음식점 또는 전시장의 용도로 사용하는 것에 있어서는 해당 건축물의 2층 이상으로부터 직접 주유취급소의 부지 밖으로 통하는 출입구와 해당 출입구로 통하는 통로 · 계단 및 출입구에 유도등을 설치하여야 한다.

답 ②

12 제1종 분말소화약제의 적응화재 종류는?

① A급
② BC급
③ AB급
④ ABC급

해설 제1종 : BC급
제2종 : BC급
제3종 : ABC급
제4종 : BC급

답 ②

13 연소의 3요소를 모두 포함하는 것은?

① 과염소산, 산소, 불꽃
② 마그네슘분말, 연소열, 수소
③ 아세톤, 수소, 산소
④ 불꽃, 아세톤, 질산암모늄

해설 연소의 3요소 : 가연물, 산소공급원, 점화원
① 과염소산이 불연성 물질이므로 가연성 물질 없음
② 산소공급원에 해당하는 것이 없음
③ 점화원이 없음

답 ④

14 액화이산화탄소 1kg이 25℃, 2atm에서 방출되어 모두 기체가 되었다. 방출된 기체상의 이산화탄소 부피는 약 몇 L인가?

① 238
② 278
③ 308
④ 340

해설 이상기체 상태방정식

$$PV = nRT \rightarrow PV = \frac{wRT}{M}$$

$$V = \frac{wRT}{PM}$$

$$= \frac{1 \cdot 10^3 g \cdot 0.082 atm \cdot L/K \cdot mol \cdot (25+273.15)K}{2atm \cdot 44g/mol}$$

$$\fallingdotseq 278L$$

여기서, P : 압력(atm)
V : 부피(L)
n : 몰수(mol)
M : 분자량(g/mol)
w : 질량(g)
R : 기체상수(0.082atm · L/K · mol)
T : 절대온도(K)

답 ②

15 소화약제에 따른 주된 소화효과로 틀린 것은 어느 것인가?

① 수성막포 소화약제 : 질식효과
② 제2종 분말소화약제 : 탈수탄화효과
③ 이산화탄소소화약제 : 질식효과
④ 할로젠화합물소화약제 : 화학억제효과

해설 제2종 분말소화약제는 질식 및 냉각 소화효과이다.

답 ②

16 위험물안전관리법령에서 정한 "물분무 등 소화설비"의 종류에 속하지 않는 것은?

① 스프링클러설비
② 포소화설비
③ 분말소화설비
④ 불활성가스소화설비

해설 물분무 등 소화설비 : 물분무소화설비, 포소화설비, 불활성가스소화설비, 할로젠화합물소화설비, 분말소화설비, 청정소화설비

답 ①

17 **혼합물인 위험물이 복수의 성상을 가지는 경우에 적용하는 품명에 관한 설명으로 틀린 것은?**

① 산화성 고체의 성상 및 가연성 고체의 성상을 가지는 경우 : 산화성 고체의 품명
② 산화성 고체의 성상 및 자기반응성 물질의 성상을 가지는 경우 : 자기반응성 물질의 품명
③ 가연성 고체의 성상과 자연발화성 물질의 성상 및 금수성 물질의 성상을 가지는 경우 : 자연발화성 물질 및 금수성 물질의 품명
④ 인화성 액체의 성상 및 자기반응성 물질의 성상을 가지는 경우 : 자기반응성 물질의 품명

 2가지 이상 포함하는 물품(이하 이 호에서 "복수성상 물품"이라 한다)이 속하는 품명

㉠ 1류(산화성 고체)+2류(가연성 고체)=2류(가연성 고체)
㉡ 1류(산화성 고체)+5류(자기반응성 물질)=5류(자기반응성 물질)
㉢ 2류(가연성 고체)+3류(자연발화성 및 금수성 물질)=3류(자연발화성 및 금수성 물질)
㉣ 3류(자연발화성 및 금수성 물질)+4류(인화성 액체)=3류(자연발화성 및 금수성 물질)
㉤ 4류(인화성 액체)+5류(자기반응성 물질)=5류(자기반응성 물질)

18 **위험물시설에 설치하는 자동화재탐지설비의 하나의 경계구역 면적과 그 한 변의 길이의 기준으로 옳은 것은? (단, 광전식 분리형 감지기를 설치하지 않은 경우이다.)**

① $300m^2$ 이하, 50m 이하
② $300m^2$ 이하, 100m 이하
③ $600m^2$ 이하, 50m 이하
④ $600m^2$ 이하, 100m 이하

 자동화재탐지설비의 설치기준

㉠ 자동화재탐지설비의 경계구역(화재가 발생한 구역을 다른 구역과 구분하여 식별할 수 있는 최소단위의 구역을 말한다. 이하 이 호 및 제2호에서 같다)은 건축물, 그 밖의 공작물의 2 이상의 층에 걸치지 아니하도록 할 것. 다만, 하나의 경계구역의 면적이 $500m^2$ 이하이면서 해당 경계구역이 두 개의 층에 걸치는 경우이거나 계단 · 경사로 · 승강기의 승강로, 그 밖에 이와 유사한 장소에 연기감지기를 설치하는 경우에는 그러하지 아니하다.
㉡ 하나의 경계구역의 면적은 $600m^2$ 이하로 하고 그 한 변의 길이는 50m(광전식 분리형 감지기를 설치할 경우에는 100m) 이하로 할 것. 다만, 해당 건축물, 그 밖의 공작물의 주요한 출입구에서 그 내부의 전체를 볼 수 있는 경우에 있어서는 그 면적을 $1,000m^2$ 이하로 할 수 있다.
㉢ 자동화재탐지설비의 감지기는 지붕(상층이 있는 경우에는 상층의 바닥) 또는 벽의 옥내에 면한 부분(천장이 있는 경우에는 천장 또는 벽의 옥내에 면한 부분 및 천장의 뒷부분)에 유효하게 화재의 발생을 감지할 수 있도록 설치할 것
㉣ 자동화재탐지설비에는 비상전원을 설치할 것

19 **다음 위험물의 저장창고에 화재가 발생하였을 때 주수(注水)에 의한 소화가 오히려 더 위험한 것은?**

① 염소산칼륨
② 과염소산나트륨
③ 질산암모늄
④ 탄화칼슘

 탄화칼슘은 물과 심하게 반응하여 수산화칼슘과 아세틸렌을 만들며 공기 중 수분과 반응하여도 아세틸렌을 발생한다.
$CaC_2+2H_2O \rightarrow Ca(OH)_2+C_2H_2$

답 ④

20 **옥외저장소에 덩어리상태의 황만을 지반면에 설치한 경계표시의 안쪽에서 저장할 경우 하나의 경계표시의 내부 면적은 몇 m^2 이하이어야 하는가?**

① 75 ② 100
③ 150 ④ 300

해설 옥외저장소 중 덩어리상태의 황만을 지반면에 설치한 경계표시의 안쪽에서 저장 또는 취급하는 것에 대한 기준

㉠ 하나의 경계표시의 내부의 면적은 $100m^2$ 이하일 것

㉡ 2 이상의 경계표시를 설치하는 경우에 있어서는 각각의 경계표시 내부의 면적을 합산한 면적은 $1,000m^2$ 이하로 하고, 인접하는 경계표시와 경계표시와의 간격은 공지 너비의 2분의 1 이상으로 할 것. 다만, 저장 또는 취급하는 위험물의 최대수량이 지정수량의 200배 이상인 경우에는 10m 이상으로 하여야 한다.

㉢ 경계표시는 불연재료로 만드는 동시에 황이 새지 아니하는 구조로 할 것

㉣ 경계표시의 높이는 1.5m 이하로 할 것

㉤ 경계표시에는 황이 넘치거나 비산하는 것을 방지하기 위한 천막 등을 고정하는 장치를 설치하되, 천막 등을 고정하는 장치는 경계표시의 길이 2m마다 한 개 이상 설치할 것

㉥ 황을 저장 또는 취급하는 장소의 주위에는 배수구와 분리장치를 설치할 것

답 ②

21 황의 성상에 관한 설명으로 틀린 것은?

① 연소할 때 발생하는 가스는 냄새를 가지고 있으나 인체에 무해하다.
② 미분이 공기 중에 떠 있을 때 분진폭발의 우려가 있다.
③ 용융된 황을 물에서 급랭하면 고무상황을 얻을 수 있다.
④ 연소할 때 아황산가스를 발생한다.

공기 중에서 연소하면 푸른 빛을 내며 아황산가스를 발생하는데 아황산가스는 독성이 있다.
$S+O_2 \rightarrow SO_2$

답 ①

22 과산화수소의 성질에 대한 설명 중 틀린 것은?

① 알칼리성 용액에 의해 분해될 수 있다.
② 산화제로 사용할 수 있다.
③ 농도가 높을수록 안정하다.
④ 열, 햇빛에 의해 분해될 수 있다.

해설 순수한 것은 농도가 높으면 모든 유기물과 폭발적으로 반응하고 알코올류와 혼합하면 심한 반응을 일으켜 발화 또는 폭발한다.

답 ③

23 위험물안전관리법령상 위험물의 운송에 있어서 운송책임자의 감독 또는 지원을 받아 운송하여야 하는 위험물에 속하지 않는 것은?

① $Al(CH_3)_3$　② CH_3Li
③ $Cd(CH_3)_2$　④ $Al(C_4H_9)_3$

알킬알루미늄, 알킬리튬은 운송책임자의 감독 · 지원을 받아 운송하여야 한다.

답 ③

24 무색의 액체로 융점이 −112℃이고 물과 접촉하면 심하게 발열하는 제6류 위험물은?

① 과산화수소
② 과염소산
③ 질산
④ 오플루오린화아이오딘

해설 과산화수소의 융점은 −0.89℃, 질산의 융점은 −50℃이다.

답 ②

25 위험물안전관리법령에서 정한 특수인화물의 발화점 기준으로 옳은 것은?

① 1기압에서 100℃ 이하
② 0기압에서 100℃ 이하
③ 1기압에서 25℃ 이하
④ 0기압에서 25℃ 이하

해설 "특수인화물"이라 함은 이황화탄소, 다이에틸에터, 그 밖에 1기압에서 발화점이 100℃ 이하인 것 또는 인화점이 −20℃ 이하이고 비점이 40℃ 이하인 것을 말한다.

답 ①

26 **알킬알루미늄 등 또는 아세트알데하이드 등을 취급하는 제조소의 특례기준으로 옳은 것은?**

① 알킬알루미늄 등을 취급하는 설비에는 불활성 기체 또는 수증기를 봉입하는 장치를 설치한다.

② 알킬알루미늄 등을 취급하는 설비는 은·수은·동·마그네슘을 성분으로 하는 것으로 만들지 않는다.

③ 아세트알데하이드 등을 취급하는 탱크에는 냉각장치 또는 보냉장치 및 불활성 기체 봉입장치를 설치한다.

④ 아세트알데하이드 등을 취급하는 설비의 주위에는 누설범위를 국한하기 위한 설비와 누설되었을 때 안전한 장소에 설치된 저장실에 유입시킬 수 있는 설비를 갖춘다.

답 ③

27 **그림의 시험장치는 제 몇 류 위험물의 위험성 판정을 위한 것인가? (단, 고체물질의 위험성 판정이다.)**

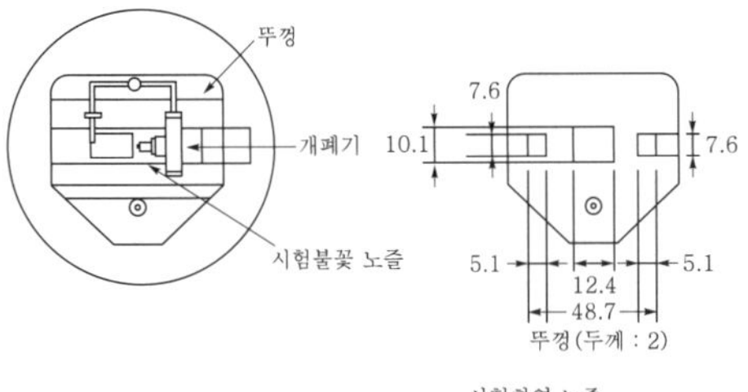

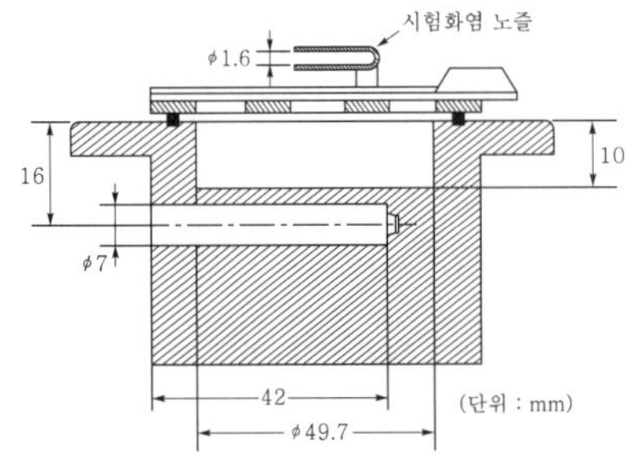

① 제1류　　② 제2류

③ 제3류　　④ 제5류

답 ②

28 **다이에틸에터의 보관·취급에 관한 설명으로 틀린 것은?**

① 용기는 밀봉하여 보관한다.

② 환기가 잘 되는 곳에 보관한다.

③ 정전기가 발생하지 않도록 취급한다.

④ 저장용기에 빈 공간이 없게 가득 채워 보관한다.

해설 직사광선에 의해 분해되어 과산화물을 생성하므로 갈색병을 사용하여 밀전하고 냉암소 등에 보관하며 용기의 공간용적은 2% 이상으로 해야 한다.

답 ④

29 **과산화나트륨에 대한 설명 중 틀린 것은?**

① 순수한 것은 백색이다.

② 상온에서 물과 반응하여 수소가스를 발생한다.

③ 화재발생 시 주수소화는 위험할 수 있다.

④ CO 및 CO_2 제거제를 제조할 때 사용한다.

해설 물과 접촉하면 발열 및 수산화나트륨(NaOH)과 산소(O_2)를 발생

$2Na_2O_2+2H_2O \rightarrow 4NaOH+O_2$

답 ②

30 **위험물안전관리법령상 품명이 "유기과산화물"인 것으로만 나열된 것은?**

① 과산화벤조일, 과산화메틸에틸케톤

② 과산화벤조일, 과산화마그네슘

③ 과산화마그네슘, 과산화메틸에틸케톤

④ 과산화초산, 과산화수소

해설 과산화마그네슘 : 제1류 위험물
과산화수소 : 제6류 위험물

답 ①

31 **염소산염류 250kg, 아이오딘산염류 600kg, 질산염류 900kg을 저장하고 있는 경우 지정수량의 몇 배가 보관되어 있는가?**

① 5배　　② 7배

③ 10배　　④ 12배

해설 지정수량 배수의 합

$$= \frac{\text{A품목 저장수량}}{\text{A품목 지정수량}} + \frac{\text{B품목 저장수량}}{\text{B품목 지정수량}} + \frac{\text{C품목 저장수량}}{\text{C품목 지정수량}} + \cdots$$

$$= \frac{250\text{kg}}{50\text{kg}} + \frac{600\text{kg}}{300\text{kg}} + \frac{900\text{kg}}{300\text{kg}}$$

$$= 10$$

답 ③

32 옥외저장소에서 저장 또는 취급할 수 있는 위험물이 아닌 것은? (단, 국제해상위험물규칙에 적합한 용기에 수납된 위험물의 경우는 제외한다.)

① 제2류 위험물 중 황

② 제1류 위험물 중 과염소산염류

③ 제6류 위험물

④ 제2류 위험물 중 인화점이 10℃인 인화성 고체

해설 옥외저장소에 저장할 수 있는 위험물

㉠ 제2류 위험물 중 황, 인화성 고체(인화점이 0℃ 이상인 것에 한함)

㉡ 제4류 위험물 중 제1석유류(인화점이 0℃ 이상인 것에 한함), 제2석유류, 제3석유류, 제4석유류, 알코올류, 동식물유류

㉢ 제6류 위험물

답 ②

33 하이드라진에 대한 설명으로 틀린 것은?

① 외관은 물과 같이 무색투명하다.

② 가열하면 분해하여 가스를 발생한다.

③ 위험물안전관리법령상 제4류 위험물에 해당한다.

④ 알코올, 물 등의 비극성 용매에 잘 녹는다.

해설 하이드라진

㉠ 연소범위 4.7~100%, 인화점 38℃, 비점 113.5℃, 융점 1.4℃이며, 외형은 물과 같으나 무색의 가연성 고체로 원래 불안정한 물질이나 상온에서는 분해가 완만하다. 이때 Cu, Fe은 분해촉매로 작용한다.

㉡ 열에 불안정하여 공기 중에서 가열하면 약 180℃에서 암모니아, 질소를 발생한다. 밀폐용기를 가열하면 심하게 파열한다.

$2N_2H_4 \rightarrow 2NH_3 + N_2 + H_2$

④ 알코올과 물은 극성 용매에 해당한다.

답 ④

34 다음 중 제2석유류만으로 짝지어진 것은?

① 사이클로헥세인 – 피리딘

② 염화아세틸 – 휘발유

③ 사이클로헥세인 – 중유

④ 아크릴산 – 폼산

해설 제4류 위험물의 종류와 지정수량

<table>
<tr><th>성질</th><th>위험등급</th><th colspan="2">품명</th><th>지정수량</th></tr>
<tr><td rowspan="10">인화성 액체</td><td>I</td><td colspan="2">특수인화물(다이에틸에터, 이황화탄소, 아세트알데하이드, 산화프로필렌)</td><td>50L</td></tr>
<tr><td rowspan="3">II</td><td rowspan="2">제1석유류</td><td>비수용성(가솔린, 벤젠, 톨루엔, 사이클로헥세인, 콜로디온, 메틸에틸케톤, 초산메틸, 초산에틸, 의산에틸, 헥세인 등)</td><td>200L</td></tr>
<tr><td>수용성(아세톤, 피리딘, 아크롤레인, 의산메틸, 사이안화수소 등)</td><td>400L</td></tr>
<tr><td colspan="2">알코올류(메틸알코올, 에틸알코올, 프로필알코올, 아이소프로필알코올)</td><td>400L</td></tr>
<tr><td rowspan="2">III</td><td rowspan="2">제2석유류</td><td>비수용성(등유, 경유, 스타이렌, 자일렌(o-, m-, p-), 클로로벤젠, 장뇌유, 뷰틸알코올, 알릴알코올, 아밀알코올 등)</td><td>1,000L</td></tr>
<tr><td>수용성(폼산, 초산, 하이드라진, 아크릴산 등)</td><td>2,000L</td></tr>
<tr><td rowspan="4">III</td><td rowspan="2">제3석유류</td><td>비수용성(중유, 크레오소트유, 아닐린, 나이트로벤젠, 나이트로톨루엔 등)</td><td>2,000L</td></tr>
<tr><td>수용성(에틸렌글리콜, 글리세린 등)</td><td>4,000L</td></tr>
<tr><td>제4석유류</td><td>기어유, 실린더유, 윤활유, 가소제</td><td>6,000L</td></tr>
<tr><td colspan="2">동·식물유류(아마인유, 들기름, 동유, 야자유, 올리브유 등)</td><td>10,000L</td></tr>
</table>

답 ④

35 시약(고체)의 명칭이 불분명한 시약병의 내용물을 확인하려고 뚜껑을 열어 시계접시에 소량을 담아놓고 공기 중에서 햇빛을 받는 곳에 방치하던 중 시계접시에서 갑자기 연소현상이 일어났다. 다음 물질 중 이 시약의 명칭으로 예상할 수 있는 것은?

① 황 ② 황린
③ 적린 ④ 질산암모늄

해설 황린은 자연발화성 물질로 발화점은 34℃이다.

답 ②

36 위험물제조소 및 일반취급소에 설치하는 자동화재탐지설비의 설치기준으로 틀린 것은?

① 하나의 경계구역은 600m^2 이하로 하고, 한 변의 길이는 50m 이하로 한다.
② 주요한 출입구에서 내부 전체를 볼 수 있는 경우 경계구역은 1,000m^2 이하로 할 수 있다.
③ 광전식 분리형 감지기를 설치할 경우에는 하나의 경계구역을 1,000m^2 이하로 할 수 있다.
④ 비상전원을 설치하여야 한다.

 18번 해설 참조

답 ③

37 무기과산화물의 일반적인 성질에 대한 설명으로 틀린 것은?

① 과산화수소의 수소가 금속으로 치환된 화합물이다.
② 친화력이 강해 스스로 쉽게 산화한다.
③ 가열하면 분해되어 산소를 발생한다.
④ 물과의 반응성이 크다.

해설 무기과산화물은 제1류 위험물(산화성 고체)로서 더 이상 산화할 수 없다.

답 ②

38 다음 중 물과의 반응성이 가장 낮은 것은?

① 인화알루미늄 ② 트라이에틸알루미늄
③ 오황화인 ④ 황린

① 인화알루미늄
$AlP + 3H_2O \rightarrow Al(OH)_3 + PH_3$
② 트라이에틸알루미늄
$(C_2H_5)_3Al + 3H_2O \rightarrow Al(OH)_3 + 3C_2H_6$ + 발열
③ 오황화인
$P_2S_5 + 8H_2O \rightarrow 5H_2S + 2H_3PO_4$
④ 황린은 자연발화성이 있어 물속에 저장하며, 온도 상승 시 물의 산성화가 빨라져서 용기를 부식시키므로 직사광선을 피하여 저장한다.

답 ④

39 다음 위험물 중 비중이 물보다 큰 것은?

① 다이에틸에터 ② 아세트알데하이드
③ 산화프로필렌 ④ 이황화탄소

 이황화탄소는 비중이 1.2로서 물보다 무겁다.

답 ④

40 위험물안전관리자를 해임할 때에는 해임한 날로부터 며칠 이내에 위험물안전관리자를 다시 선임하여야 하는가?

① 7일 ② 14일
③ 30일 ④ 60일

 안전관리자를 해임하거나 퇴직한 때에는 해임하거나 퇴직한 날부터 30일 이내에 다시 안전관리자를 선임한다.

답 ③

41 황린에 관한 설명 중 틀린 것은?

① 물에 잘 녹는다.
② 화재 시 물로 냉각소화할 수 있다.
③ 적린에 비해 불안정하다.
④ 적린과 동소체이다.

해설 황린은 물속에 저장한다.

답 ①

42 **위험물 옥내저장소에 과염소산 300kg, 과산화수소 300kg을 저장하고 있다. 저장창고에는 지정수량 몇 배의 위험물을 저장하고 있는가?**

① 4 ② 3
③ 2 ④ 1

지정수량 배수의 합

$$= \frac{\text{A품목 저장수량}}{\text{A품목 지정수량}} + \frac{\text{B품목 저장수량}}{\text{B품목 지정수량}} + \cdots$$

$$= \frac{300\text{kg}}{300\text{kg}} + \frac{300\text{kg}}{300\text{kg}} = 2$$

답 ③

43 **금속나트륨, 금속칼륨 등을 보호액 속에 저장하는 이유를 가장 옳게 설명한 것은?**

① 온도를 낮추기 위하여
② 승화하는 것을 막기 위하여
③ 공기와의 접촉을 막기 위하여
④ 운반 시 충격을 적게 하기 위하여

공기와 접촉 시 발열 및 발화하므로 보호액 속에 저장해야 한다.

답 ③

44 **위험물안전관리법령에서 정한 품명이 서로 다른 물질을 나열한 것은?**

① 이황화탄소, 다이에틸에터
② 에틸알코올, 고형알코올
③ 등유, 경유
④ 중유, 크레오소트유

34번 해설 참조. 에틸알코올은 제4류에 속하며, 고형알코올은 제2류 위험물 중 인화성 고체에 해당한다.

답 ②

45 **위험물안전관리법령에 의한 위험물 운송에 관한 규정으로 틀린 것은?**

① 이동탱크저장소에 의하여 위험물을 운송하는 자는 해당 위험물을 취급할 수 있는 국가기술자격자 또는 안전교육을 받은 자이어야 한다.
② 안전관리자 · 탱크시험자 · 위험물운송자 등 위험물의 안전관리와 관련된 업무를 수행하는 자는 시 · 도지사가 실시하는 안전교육을 받아야 한다.
③ 운송책임자의 범위, 감독 또는 지원의 방법 등에 관한 구체적인 기준은 행정안전부령으로 정한다.
④ 위험물운송자는 이동탱크저장소에 의하여 위험물을 운송하는 때에는 행정안전부령으로 정하는 기준을 준수하는 등 해당 위험물의 안전확보를 위하여 세심한 주의를 기울여야 한다.

위험물운송자는 이동탱크저장소에 의하여 위험물을 운송하는 때에는 해당 국가기술자격증을 지녀야 하며, 위험물의 안전확보에 유의한다.

답 ②

46 **다음 아세톤의 완전연소반응식에서 ( ) 안에 알맞은 계수를 차례대로 옳게 나타낸 것은 어느 것인가?**

$$CH_3COCH_3 + (\quad)O_2 \rightarrow (\quad)CO_2 + 3H_2O$$

① 3, 4 ② 4, 3
③ 6, 3 ④ 3, 6

답 ②

47 **위험물탱크의 용량은 탱크의 내용적에서 공간용적을 뺀 용적으로 한다. 이 경우 소화약제 방출구를 탱크 안의 윗부분에 설치하는 탱크의 공간용적은 해당 소화설비의 소화약제 방출구 아래의 어느 범위의 면으로부터 윗부분의 용적으로 하는가?**

① 0.1m 이상~0.5m 미만 사이의 면
② 0.3m 이상~1m 미만 사이의 면
③ 0.5m 이상~1m 미만 사이의 면
④ 0.5m 이상~1.5m 미만 사이의 면

해설 탱크의 공간용적은 탱크 용적의 100분의 5 이상~100분의 10 이하로 한다. 다만, 소화설비(소화약제 방출구를 탱크 안의 윗부분에 설치하는 것에 한함)를 설치하는 탱크의 공간용적은 해당 소화설비의 소화약제 방출구 아래의 0.3m 이상~1m 미만 사이의 면으로부터 윗부분의 용적으로 한다. 암반탱크에 있어서는 해당 탱크 내에 용출하는 7일간의 지하수의 양에 상당하는 용적과 해당 탱크의 내용적의 100분의 1의 용적 중에서 보다 큰 용적을 공간용적으로 한다.

답 ②

48 다음 중 위험물의 지정수량이 잘못된 것은 어느 것인가?

① $(C_2H_5)_3Al$: 10kg
② Ca : 50kg
③ LiH : 300kg
④ Al_4C_3 : 500kg

④는 탄화알루미늄으로 지정수량 300kg에 해당한다.

답 ④

49 위험물안전관리법령상 에틸렌글리콜과 혼재하여 운반할 수 없는 위험물은? (단, 지정수량이 10배일 경우이다.)

① 황
② 과망가니즈산나트륨
③ 알루미늄분
④ 트라이나이트로톨루엔

해설 유별을 달리하는 위험물의 혼재기준

구분	제1류	제2류	제3류	제4류	제5류	제6류
제1류		×	×	×	×	○
제2류	×		×	○	○	×
제3류	×	×		○	×	×
제4류	×	○	○		○	×
제5류	×	○	×	○		×
제6류	○	×	×	×	×	

에틸렌글리콜은 제4류 위험물이며, 과망가니즈산나트륨은 제1류 위험물이므로 서로 혼재할 수 없다.

답 ②

50 다음 중 위험등급 Ⅰ의 위험물이 아닌 것은?

① 무기과산화물 ② 적린
③ 나트륨 ④ 과산화수소

위험등급 Ⅰ의 위험물

㉠ 제1류 위험물 중 아염소산염류, 염소산염류, 과염소산염류, 무기과산화물, 그 밖에 지정수량이 50kg인 위험물
㉡ 제3류 위험물 중 칼륨, 나트륨, 알킬알루미늄, 알킬리튬, 황린, 그 밖에 지정수량이 10kg인 위험물
㉢ 제4류 위험물 중 특수인화물
㉣ 제5류 위험물 중 유기과산화물, 질산에스터류, 그 밖에 지정수량이 10kg인 위험물
㉤ 제6류 위험물

답 ②

51 탄소 80%, 수소 14%, 황 6%인 물질 1kg이 완전연소하기 위해 필요한 이론공기량은 약 몇 kg인가? (단, 공기 중 산소는 23wt%이다.)

① 3.31 ② 7.05
③ 11.62 ④ 14.41

탄소, 수소, 황 각각 1kg의 연소 시 필요한 이론 산소량의 질량비

$$\frac{\text{C}-1\text{mol 연소 시 필요한 산소량}(32\text{g})}{\text{탄소의 1g 원자량}(12\text{g})} \fallingdotseq 2.67$$

$$\frac{\text{H}-1\text{mol 연소 시 필요한 산소량}(16\text{g})}{\text{수소의 1g 분자량}(2\text{g})} \fallingdotseq 8$$

$$\frac{\text{S}-1\text{mol 연소 시 필요한 산소량}(32\text{g})}{\text{황의 1g 원자량}(32\text{g})} \fallingdotseq 1$$

$$\text{이론공기량}(A_o) = \frac{2.67\text{C}+8\text{H}+\text{S}}{0.23} = \frac{2.67\times0.8+8\times0.14+0.06}{0.23} \fallingdotseq 14.41$$

답 ④

52 다음 중 아이오딘값이 가장 낮은 것은?

① 해바라기유 ② 오동유
③ 아마인유 ④ 낙화생유

낙화생유는 불건성유에 속하므로 아이오딘값이 가장 낮다.

답 ④

53 사이클로헥세인에 관한 설명으로 가장 거리가 먼 것은?

① 고리형 분자구조를 가진 방향족 탄화수소 화합물이다.
② 화학식은 C_6H_{12}이다.
③ 비수용성 위험물이다.
④ 제4류 제1석유류에 속한다.

 사이클로헥세인은 지방족 탄화수소화합물에 속한다.

답 ①

54 제6류 위험물을 저장하는 옥내탱크저장소로서 단층건물에 설치된 것의 소화난이도 등급은?

① Ⅰ등급
② Ⅱ등급
③ Ⅲ등급
④ 해당 없음

 제6류 위험물을 저장하는 것 및 고인화점위험물만을 100℃ 미만의 온도에서 저장하는 것은 소화난이도 등급에 해당하지 않는다.

답 ④

55 이황화탄소를 화재예방상 물속에 저장하는 이유는?

① 불순물을 물에 용해시키기 위해
② 가연성 증기의 발생을 억제하기 위해
③ 상온에서 수소가스를 발생시키기 때문에
④ 공기와 접촉하면 즉시 폭발하기 때문에

해설 물보다 무겁고 물에 녹기 어렵기 때문에 가연성 증기의 발생을 억제하기 위하여 물(수조)속에 저장한다.

답 ②

56 위험물안전관리법령상 판매취급소에 관한 설명으로 옳지 않은 것은?

① 건축물의 1층에 설치하여야 한다.
② 위험물을 저장하는 탱크시설을 갖추어야 한다.
③ 건축물의 다른 부분과는 내화구조의 격벽으로 구획하여야 한다.
④ 제조소와 달리 안전거리 또는 보유공지에 관한 규제를 받지 않는다.

 탱크시설은 판매취급소에 설치하지 않는다.

답 ②

57 다음 중 $C_6H_2CH_3(NO_2)_3$을 녹이는 용제가 아닌 것은?

① 물
② 벤젠
③ 에터
④ 아세톤

 TNT로서 물에는 불용이며, 에터, 아세톤 등에는 잘 녹고 알코올에는 가열하면 약간 녹는다.

답 ①

58 다음 중 질산의 저장 및 취급 방법이 아닌 것은?

① 직사광선을 차단한다.
② 분해방지를 위해 요산, 인산 등을 가한다.
③ 유기물과의 접촉을 피한다.
④ 갈색병에 넣어 보관한다.

 제6류 위험물 중 과산화수소는 분해하기 쉬워 인산(H_3PO_4), 요산($C_5H_4N_4O_3$) 등 안정제를 가하거나 약산성으로 만든다.

답 ②

59 **다음 중 위험물 운반용기의 외부에 "제4류"와 "위험등급 Ⅱ"의 표시만 보이고 품명이 잘 보이지 않을 때 예상할 수 있는 수납 위험물의 품명은?**

① 제1석유류 ② 제2석유류
③ 제3석유류 ④ 제4석유류

해설 위험등급 Ⅱ의 위험물
㉠ 제1류 위험물 중 브로민산염류, 질산염류, 아이오딘산염류, 그 밖에 지정수량이 300kg인 위험물
㉡ 제2류 위험물 중 황화인, 적린, 황, 그 밖에 지정수량이 100kg인 위험물
㉢ 제3류 위험물 중 알칼리금속(칼륨 및 나트륨을 제외) 및 알칼리토금속, 유기금속화합물(알킬알루미늄 및 알킬리튬을 제외), 그 밖에 지정수량이 50kg인 위험물
㉣ 제4류 위험물 중 제1석유류 및 알코올류
㉤ 제5류 위험물 중 유기과산화물과 질산에스터류 외의 것

답 ①

60 **과염소산의 성질로 옳지 않은 것은?**

① 산화성 액체이다.
② 무기화합물이며 물보다 무겁다.
③ 불연성 물질이다.
④ 증기는 공기보다 가볍다.

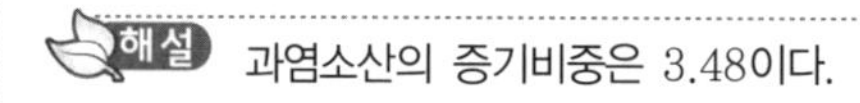
해설 과염소산의 증기비중은 3.48이다.

답 ④

CBT 대비

제7회 과년도 출제문제

01 제조소의 옥외에 모두 3기의 휘발유 취급탱크를 설치하고 그 주위에 방유제를 설치하고자 한다. 방유제 안에 설치하는 각 취급탱크의 용량이 5만L, 3만L, 2만L일 때 필요한 방유제의 용량은 몇 L 이상인가?

① 66,000 ② 60,000
③ 33,000 ④ 30,000

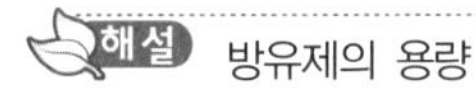

방유제의 용량

㉮ 하나의 취급탱크 방유제 : 해당 탱크용량의 50% 이상

㉯ 위험물제조소의 옥외에 있는 위험물 취급탱크의 방유제의 용량

㉠ 1기일 때 : 탱크용량×0.5(50%)

㉡ 2기 이상일 때 : 최대 탱크용량×0.5(50%) +(나머지 탱크용량 합계×0.1(10%))

취급하는 탱크가 2기 이상이므로

∴ 방유제 용량=(50,000L×0.5)+(30,000L×0.1) +(20,000L×0.1) =30,000L

※ 옥외탱크저장소의 경우 2기 이상인 때에는 그 탱크용량 중 용량이 최대인 것의 110% 이상으로 한다.

답 ④

02 위험물안전관리법령에 따라 위험물을 유별로 정리하여 서로 1m 이상의 간격을 두었을 때 옥내저장소에서 함께 저장하는 것이 가능한 경우가 아닌 것은?

① 제1류 위험물(알칼리금속의 과산화물 또는 이를 함유한 것을 제외한다)과 제5류 위험물을 저장하는 경우
② 제3류 위험물 중 알킬알루미늄과 제4류 위험물(알킬알루미늄 또는 알킬리튬을 함유한 것에 한한다)을 저장하는 경우
③ 제1류 위험물과 제3류 위험물 중 금수성 물질을 저장하는 경우
④ 제2류 위험물 중 인화성 고체와 제4류 위험물을 저장하는 경우

제1류 위험물과 제3류 위험물 중 자연발화성 물질(황린 또는 이를 함유한 것에 한한다)을 저장하는 경우이다.

답 ③

03 다음 중 스프링클러설비의 소화작용으로 가장 거리가 먼 것은?

① 질식작용 ② 희석작용
③ 냉각작용 ④ 억제작용

억제작용의 대표적인 소화설비는 할론소화설비이다.

답 ④

04 금속화재를 옳게 설명한 것은?

① C급 화재이고, 표시색상은 청색이다.
② C급 화재이고, 별도의 표시색상은 없다.
③ D급 화재이고, 표시색상은 청색이다.
④ D급 화재이고, 별도의 표시색상은 없다.

D급 화재(금속화재)는 무색화재에 해당한다.

답 ④

05 위험물안전관리법령상 개방형 스프링클러헤드를 이용하는 스프링클러설비에서 수동식 개방밸브를 개방 조작하는 데 필요한 힘은 얼마 이하가 되도록 설치하여야 하는가?

① 5kg ② 10kg
③ 15kg ④ 20kg

해설 수동식 개방밸브를 개방 조작하는 데 필요한 힘이 15kg 이하가 되도록 설치할 것

답 ③

06 **과산화바륨과 물이 반응하였을 때 발생하는 것은?**

① 수소　　② 산소
③ 탄산가스　　④ 수성가스

해설 수분과의 접촉으로 수산화바륨과 산소를 발생한다.
$2BaO_2+2H_2O \rightarrow 2Ba(OH)_2+O_2+$발열

답 ②

07 **트라이에틸알루미늄의 화재 시 사용할 수 있는 소화약제(설비)가 아닌 것은?**

① 마른모래　　② 팽창질석
③ 팽창진주암　　④ 이산화탄소

트라이에틸알루미늄의 경우 할론이나 CO_2와 반응하여 발열하므로 소화약제로 적당치 않으며, 저장용기가 가열되면 용기가 심하게 파열된다.

답 ④

08 **다음 중 할로젠화합물소화약제의 주된 소화효과는?**

① 부촉매효과　　② 희석효과
③ 파괴효과　　④ 냉각효과

할로젠화합물은 유리기의 생성을 억제하는 부촉매소화가 주된 소화효과이다.

답 ①

09 **가연물이 되기 쉬운 조건이 아닌 것은?**

① 산소와 친화력이 클 것
② 열전도율이 클 것
③ 발열량이 클 것
④ 활성화에너지가 작을 것

해설 가연물의 경우 열전도율이 작아야 한다.

답 ②

10 **위험물안전관리법령상 옥내주유취급소에 있어서 해당 사무소 등의 출입구 및 피난구와 해당 피난구로 통하는 통로·계단 및 출입구에 무엇을 설치해야 하는가?**

① 화재감지기
② 스프링클러설비
③ 자동화재탐지설비
④ 유도등

피난설비 설치기준
㉠ 주유취급소 중 건축물의 2층 이상의 부분을 점포·휴게음식점 또는 전시장의 용도로 사용하는 것에 있어서는 해당 건축물의 2층 이상으로부터 직접 주유취급소의 부지 밖으로 통하는 출입구와 해당 출입구로 통하는 통로·계단 및 출입구에 유도등을 설치하여야 한다.
㉡ 옥내주유취급소에 있어서는 해당 사무소 등의 출입구 및 피난구와 해당 피난구로 통하는 통로·계단 및 출입구에 유도등을 설치하여야 한다.
㉢ 유도등에는 비상전원을 설치하여야 한다.

답 ④

11 **철분, 금속분, 마그네슘의 화재에 적응성이 있는 소화약제는?**

① 탄산수소염류 분말
② 할로젠화합물
③ 물
④ 이산화탄소

철분, 금속분, 마그네슘 화재의 경우 탄산수소염류 분말소화약제, 팽창질석 또는 팽창진주암, 건조사 등으로 소화한다.

답 ①

12 **제1종 분말소화약제의 주성분으로 사용되는 것은?**

① $KHCO_3$　　② H_2SO_4
③ $NaHCO_3$　　④ $NH_4H_2PO_4$

해설

종류	주성분	분자식	착색	적응화재
제1종	탄산수소나트륨(중탄산나트륨)	$NaHCO_3$	–	B, C급
제2종	탄산수소칼륨(중탄산칼륨)	$KHCO_3$	담회색	B, C급
제3종	제1인산암모늄	$NH_4H_2PO_4$	담홍색 또는 황색	A, B, C급
제4종	탄산수소칼륨+요소	$KHCO_3+CO(NH_2)_2$	–	B, C급

답 ③

13 다음 소화설비의 설치기준에서 유기과산화물 1,000kg은 몇 소요단위에 해당하는가?

① 10　　② 20
③ 100　　④ 200

해설 소요단위

$$=\frac{\text{저장량}}{\text{지정수량}\times 10\text{배}}=\frac{1{,}000\text{kg}}{10\text{kg}\times 10\text{배}}=10$$

답 ①

14 위험물안전관리법령상 주유취급소에서의 위험물 취급기준으로 옳지 않은 것은?

① 자동차에 주유할 때에는 고정주유설비를 이용하여 직접 주유할 것
② 자동차에 경유 위험물을 주유할 때에는 자동차의 원동기를 반드시 정지시킬 것
③ 고정주유설비에는 해당 주유설비에 접속한 전용탱크 또는 간이탱크의 배관 외의 것을 통하여서는 위험물을 공급하지 아니할 것
④ 고정주유설비에 접속하는 탱크에 위험물을 주입할 때에는 해당 탱크에 접속된 고정주유설비의 사용을 중지할 것

해설 경유는 제2석유류로서 인화점이 50~70℃에 해당하므로 원동기를 반드시 정지할 필요는 없다. 다만, 인화점이 40℃ 미만인 위험물을 주유하는 경우 원동기를 정지시켜야 한다.

답 ②

15 위험물안전관리자에 대한 설명 중 옳지 않은 것은?

① 이동탱크저장소는 위험물안전관리자 선임대상에 해당하지 않는다.
② 위험물안전관리자가 퇴직한 경우 퇴직한 날부터 30일 이내에 다시 안전관리자를 선임하여야 한다.
③ 위험물안전관리자를 선임한 경우에는 선임한 날로부터 14일 이내에 소방본부장 또는 소방서장에게 신고하여야 한다.
④ 위험물안전관리자가 일시적으로 직무를 수행할 수 없는 경우에는 안전교육을 받고 6개월 이상 실무경력이 있는 사람을 대리자로 지정할 수 있다.

해설 안전관리자를 선임한 제조소 등의 관계인은 안전관리자가 여행·질병, 그 밖의 사유로 인하여 일시적으로 직무를 수행할 수 없거나 안전관리자의 해임 또는 퇴직과 동시에 다른 안전관리자를 선임하지 못하는 경우에는 국가기술자격법에 따른 위험물의 취급에 관한 자격취득자 또는 위험물안전에 관한 기본지식과 경험이 있는 자로서 행정안전부령이 정하는 자를 대리자(代理者)로 지정하여 그 직무를 대행하게 하여야 한다. 이 경우 대리자가 안전관리자의 직무를 대행하는 기간은 30일을 초과할 수 없다.

답 ④

16 주유취급소의 벽(담)에 유리를 부착할 수 있는 기준에 대한 설명으로 옳은 것은 어느 것인가?

① 유리 부착위치는 주입구, 고정주유설비로부터 2m 이상 이격되어야 한다.
② 지반면으로부터 50센티미터를 초과하는 부분에 한하여 설치하여야 한다.
③ 하나의 유리판 가로의 길이는 2m 이내로 한다.
④ 유리의 구조는 기준에 맞는 강화유리로 하여야 한다.

해설 유리를 부착하는 방법

㉠ 주유취급소 내의 지반면으로부터 70cm를 초과하는 부분에 한하여 유리를 부착할 것
㉡ 하나의 유리판의 가로의 길이는 2m 이내일 것
㉢ 유리판의 테두리를 금속제의 구조물에 견고하게 고정하고 해당 구조물을 담 또는 벽에 견고하게 부착할 것
㉣ 유리의 구조는 접합유리(두 장의 유리를 두께 0.76mm 이상의 폴리바이닐뷰티랄 필름으로 접합한 구조를 말한다)로 하되, 「유리 구획부분의 내화시험방법(KS F 2845)」에 따라 시험하여 비차열 30분 이상의 방화성능이 인정될 것

답 ③

17 Halon 1211에 해당하는 물질의 분자식은?

① CBr_2FCl ② CF_2ClBr
③ CCl_2FBr ④ FC_2BrCl

할론소화약제 명명법

할론 XABC

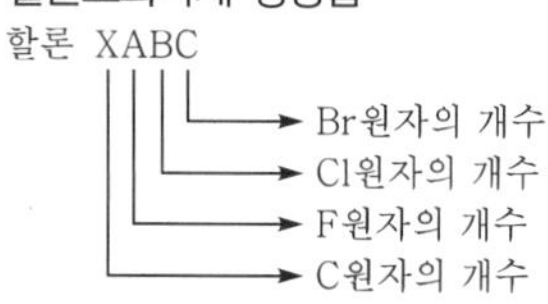

답 ②

18 다음 중 위험물안전관리법령에서 정한 지정수량이 나머지 셋과 다른 물질은?

① 아세트산 ② 하이드라진
③ 클로로벤젠 ④ 나이트로벤젠

해설

물질명	아세트산	하이드라진	클로로벤젠	나이트로벤젠
품명	제2석유류 (수용성)	제2석유류 (수용성)	제2석유류 (비수용성)	제3석유류 (비수용성)
지정수량	2,000L	2,000L	1,000L	2,000L

답 ③

19 제3류 위험물을 취급하는 제조소는 300명 이상을 수용할 수 있는 극장으로부터 몇 m 이상의 안전거리를 유지하여야 하는가?

① 5 ② 10
③ 30 ④ 70

해설

건축물	안전거리
사용전압 7,000V 초과 35,000V 이하의 특고압 가공전선	3m 이상
사용전압 35,000V 초과 특고압 가공전선	5m 이상
주거용으로 사용되는 것(제조소가 설치된 부지 내에 있는 것 제외)	10m 이상
고압가스, 액화석유가스 또는 도시가스를 저장 또는 취급하는 시설	20m 이상
학교, 병원(종합병원, 치과병원, 한방·요양병원), 극장(공연장, 영화상영관, 수용인원 300명 이상 시설), 아동복지시설, 노인복지시설, 장애인복지시설, 모·부자복지시설, 보육시설, 성매매자를 위한 복지시설, 정신보건시설, 가정폭력피해자 보호시설, 수용인원 20명 이상의 다수인시설	30m 이상
유형문화재, 지정문화재	50m 이상

답 ③

20 표준상태에서 탄소 1몰이 완전히 연소하면 몇 L의 이산화탄소가 생성되는가?

① 11.2 ② 22.4
③ 44.8 ④ 56.8

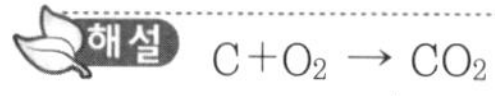
해설 $C+O_2 \rightarrow CO_2$

$$\frac{1mol-C}{} \left| \frac{1mol-CO_2}{1mol-C} \right| \frac{22.4L-CO_2}{1mol-CO_2}$$

$=22.4L-CO_2$

답 ②

21 위험물안전관리법령에서 정한 알킬알루미늄 등을 저장 또는 취급하는 이동탱크저장소에 비치해야 하는 물품이 아닌 것은?

① 방호복 ② 고무장갑
③ 비상조명등 ④ 휴대용 확성기

알킬알루미늄 등을 저장 또는 취급하는 이동탱크저장소에는 긴급 시의 연락처, 응급조치에 관하여 필요한 사항을 기재 서류, 방호복, 고무장갑, 밸브 등을 죄는 결합공구 및 휴대용 확성기를 비치하여야 한다.

답 ③

22 제4류 위험물에 대한 일반적인 설명으로 옳지 않은 것은?

① 대부분 연소 하한값이 낮다.
② 발생증기는 가연성이며 대부분 공기보다 무겁다.
③ 대부분 무기화합물이므로 정전기 발생에 주의한다.
④ 인화점이 낮을수록 화재 위험성이 높다.

제4류 위험물은 대부분 유기화합물이므로 정전기 발생에 주의한다.

답 ③

23 위험물안전관리법령에서 정한 아세트알데하이드 등을 취급하는 제조소의 특례에 따라 다음 ( )에 해당하지 않는 것은?

> "아세트알데하이드 등을 취급하는 설비는 ( )·( )·동·( ) 또는 이들을 성분으로 하는 합금으로 만들지 아니할 것"

① 금
② 은
③ 수은
④ 마그네슘

아세트알데하이드 등을 취급하는 제조소
㉠ 은·수은·동·마그네슘 또는 이들을 성분으로 하는 합금으로 만들지 아니할 것
㉡ 연소성 혼합기체의 생성에 의한 폭발을 방지하기 위한 불활성 기체 또는 수증기를 봉입하는 장치를 갖출 것
㉢ 아세트알데하이드 등을 취급하는 탱크에는 냉각장치 또는 저온을 유지하기 위한 장치(이하 "보냉장치"라 한다) 및 연소성 혼합기체의 생성에 의한 폭발을 방지하기 위한 불활성 기체를 봉입하는 장치를 갖출 것

답 ①

24 위험물안전관리법령상 이동탱크저장소에 의한 위험물의 운송 시 장거리에 걸친 운송을 하는 때에는 2명 이상의 운전자로 하는 것이 원칙이다. 다음 중 예외적으로 1명의 운전자가 운송하여도 되는 경우의 기준으로 옳은 것은?

① 운송도중에 2시간 이내마다 10분 이상씩 휴식하는 경우
② 운송도중에 2시간 이내마다 20분 이상씩 휴식하는 경우
③ 운송도중에 4시간 이내마다 10분 이상씩 휴식하는 경우
④ 운송도중에 4시간 이내마다 20분 이상씩 휴식하는 경우

위험물운송자는 장거리(고속국도에 있어서는 340km 이상, 그 밖의 도로에 있어서는 200km 이상을 말한다)에 걸치는 운송을 하는 때에는 2명 이상의 운전자로 할 것. 다만, 다음의 어느 하나에에 해당하는 경우에는 그러하지 아니하다.
㉠ 운송책임자를 동승시킨 경우
㉡ 운송하는 위험물이 제2류 위험물·제3류 위험물(칼슘 또는 알루미늄의 탄화물과 이것만을 함유한 것에 한한다) 또는 제4류 위험물(특수인화물을 제외한다)인 경우
㉢ 운송도중에 2시간 이내마다 20분 이상씩 휴식하는 경우

답 ②

25 나트륨에 관한 설명으로 옳은 것은?

① 물보다 무겁다.
② 융점이 100℃보다 높다.
③ 물과 격렬히 반응하여 산소를 발생시키고 발열한다.
④ 등유는 반응이 일어나지 않아 저장에 사용된다.

나트륨의 경우 습기나 물에 접촉하지 않도록 보호액(석유, 벤젠, 파라핀 등) 속에 저장해야 한다.

답 ④

26 다음은 위험물을 저장하는 탱크의 공간용적 산정기준이다. ( )에 알맞은 수치로 옳은 것은?

> 암반탱크에 있어서는 해당 탱크 내에 용출하는 ( )일간의 지하수의 양에 상당하는 용적과 해당 탱크의 내용적의 ( )의 용적 중에서 보다 큰 용적을 공간용적으로 한다.

① 7, 1/100　② 7, 5/100
③ 10, 1/100　④ 10, 5/100

해설 탱크의 공간용적은 탱크용적의 100분의 5 이상 100분의 10 이하로 한다. 다만, 소화설비(소화약제 방출구를 탱크 안의 윗부분에 설치하는 것에 한한다.)를 설치하는 탱크의 공간용적은 해당 소화설비의 소화약제 방출구 아래의 0.3미터 이상 1미터 미만 사이의 면으로부터 윗부분의 용적으로 한다. 암반탱크에 있어서는 해당 탱크 내에 용출하는 7일간의 지하수의 양에 상당하는 용적과 해당탱크의 내용적의 100분의 1의 용적 중에서 보다 큰 용적을 공간용적으로 한다.

답 ①

27 위험물안전관리법령상 예방규정을 정하여야 하는 제조소 등의 관계인은 위험물제조소 등에 대하여 기술기준에 적합한지의 여부를 정기적으로 점검을 하여야 한다. 법적 최소 점검주기에 해당하는 것은? (단, 100만리터 이상의 옥외탱크저장소는 제외한다.)

① 월 1회 이상　② 6개월 1회 이상
③ 연 1회 이상　④ 2년 1회 이상

해설 제조소 등의 관계인은 해당 제조소 등에 대하여 연 1회 이상

답 ③

28 $CH_3COC_2H_5$의 명칭 및 지정수량을 옳게 나타낸 것은?

① 메틸에틸케톤, 50L
② 메틸에틸케톤, 200L
③ 메틸에틸에터, 50L
④ 메틸에틸에터, 200L

해설 메틸에틸케톤으로 제1석유류 비수용성 액체에 해당하며, 지정수량은 200L이다.

답 ②

29 위험물안전관리법령상 제4석유류를 저장하는 옥내저장탱크의 용량은 지정수량의 몇 배 이하이어야 하는가?

① 20　② 40
③ 100　④ 150

해설 옥내저장탱크의 용량(동일한 탱크전용실에 옥내저장탱크를 2 이상 설치하는 경우에는 각 탱크의 용량의 합계를 말한다)은 지정수량의 40배(제4석유류 및 동·식물유류 외의 제4류 위험물에 있어서 해당 수량이 20,000L를 초과할 때에는 20,000L) 이하일 것

답 ②

30 위험물제조소의 환기설비 중 급기구는 급기구가 설치된 실의 바닥면적 몇 m^2마다 1개 이상으로 설치하여야 하는가?

① 100　② 150
③ 200　④ 800

해설 급기구는 해당 급기구가 설치된 실의 바닥면적 $150m^2$마다 1개 이상으로 하되, 급기구의 크기는 $800cm^2$ 이상으로 한다.

답 ②

31 위험물제조소 등의 종류가 아닌 것은?

① 간이탱크저장소　② 일반취급소
③ 이송취급소　④ 이동판매취급소

해설 판매취급소에는 1종 판매취급소와 2종 판매취급소가 있다.

답 ④

32 공기를 차단하고 황린을 약 몇 ℃로 가열하면 적린이 생성되는가?

① 60　② 100
③ 150　④ 260

해설 공기를 차단하고 약 260℃로 가열하면 적린이 된다.

답 ④

33 위험물안전관리법령상 정기점검대상인 제조소 등의 조건이 아닌 것은?

① 예방규정 작성대상인 제조소 등
② 지하탱크저장소
③ 이동탱크저장소
④ 지정수량 5배의 위험물을 취급하는 옥외탱크를 둔 제조소

정기점검대상 제조소 등
㉠ 예방규정을 정하여야 하는 제조소 등
㉡ 지하탱크저장소
㉢ 이동탱크저장소
㉣ 제조소(지하탱크) · 주유취급소 또는 일반취급소

답 ④

34 다음 중 지정수량이 가장 큰 것은?

① 과염소산칼륨
② 과염소산
③ 황린
④ 황

물질명	과염소산칼륨	과염소산	황린	황
유별	제1류	제6류	제3류	제2류
품명	과염소산염류	나이트로화합물	황린	황
지정수량	50kg	300kg	20kg	100kg

답 ②

35 제2류 위험물에 대한 설명으로 옳지 않은 것은?

① 대부분 물보다 가벼우므로 주수소화는 어려움이 있다.
② 점화원으로부터 멀리하고 가열을 피한다.
③ 금속분은 물과의 접촉을 피한다.
④ 용기 파손으로 인한 위험물의 누설에 주의한다.

해설 제2류 위험물은 가연성 고체로서 주수에 의해 냉각소화한다.

답 ①

36 다음 물질 중 물에 대한 용해도가 가장 낮은 것은?

① 아크릴산
② 아세트알데하이드
③ 벤젠
④ 글리세린

물질명	용해도
아크릴산	수용성 액체
아세트알데하이드	수용성 액체
벤젠	비수용성 액체
글리세린	수용성 액체

답 ③

37 분자량이 약 110인 무기과산화물로 물과 접촉하여 발열하는 것은?

① 과산화마그네슘 ② 과산화벤젠
③ 과산화칼슘 ④ 과산화칼륨

해설 과산화칼륨(K_2O_2)

답 ④

38 다음 중 1차 알코올에 대한 설명으로 가장 적절한 것은?

① OH기의 수가 하나이다.
② OH기가 결합된 탄소원자에 붙은 알킬기의 수가 하나이다.
③ 가장 간단한 알코올이다.
④ 탄소의 수가 하나인 알코올이다.

해설 ①은 1가 알코올을 의미한다.

답 ②

39 **위험물안전관리법령상 산화성 액체에 대한 설명으로 옳은 것은?**

① 과산화수소는 농도와 밀도가 비례한다.
② 과산화수소는 농도가 높을수록 끓는점이 낮아진다.
③ 질산은 상온에서 불연성이지만 고온으로 가열하면 스스로 발화한다.
④ 질산을 황산과 일정 비율로 혼합하여 왕수를 제조할 수 있다.

② 과산화수소는 농도가 높을수록 끓는점이 높아진다.
③ 질산은 제6류 위험물로서 불연성 물질이며 고온으로 가열한다고 발화하지 않는다.
④ 질산과 염산을 1 : 3의 부피비로 혼합하여 왕수를 제조할 수 있다.

답 ①

40 **위험물안전관리법령상 제4류 위험물 운반용기의 외부에 표시하여야 하는 주의사항을 모두 옳게 나타낸 것은?**

① 화기엄금 및 충격주의
② 가연물접촉주의
③ 화기엄금
④ 화기주의 및 충격주의

해설

유별	구분	주의사항
제1류 위험물 (산화성 고체)	알칼리금속의 무기과산화물	"화기·충격주의" "물기엄금" "가연물접촉주의"
	그 밖의 것	"화기·충격주의" "가연물접촉주의"
제2류 위험물 (가연성 고체)	철분·금속분·마그네슘	"화기주의" "물기엄금"
	인화성 고체	"화기엄금"
	그 밖의 것	"화기주의"
제3류 위험물 (자연발화성 및 금수성 물질)	자연발화성 물질	"화기엄금" "공기접촉엄금"
	금수성 물질	"물기엄금"
제4류 위험물 (인화성 액체)	-	"화기엄금"
제5류 위험물 (자기반응성 물질)	-	"화기엄금" 및 "충격주의"
제6류 위험물 (산화성 액체)	-	"가연물접촉주의"

답 ③

41 **알루미늄분이 염산과 반응하였을 경우 생성되는 가연성 가스는?**

① 산소　② 질소
③ 메테인　④ 수소

알루미늄은 대부분의 산과 반응하여 수소를 발생한다(단, 진한질산 제외).
$2Al + 6HCl \rightarrow 2AlCl_3 + 3H_2$

답 ④

42 **휘발유의 성질 및 취급 시의 주의사항에 관한 설명 중 틀린 것은?**

① 증기가 모여 있지 않도록 통풍을 잘 시킨다.
② 인화점이 상온이므로 상온 이상에서는 취급 시 각별한 주의가 필요하다.
③ 정전기 발생에 주의해야 한다.
④ 강산화제 등과 혼촉 시 발화할 위험이 있다.

휘발유의 인화점은 −43℃로서 상온 이하이다.

답 ②

43 **위험물안전관리법령에서 정한 주유취급소의 고정주유설비 주위에 보유하여야 하는 주유공지의 기준은?**

① 너비 10m 이상, 길이 6m 이상
② 너비 15m 이상, 길이 6m 이상
③ 너비 10m 이상, 길이 10m 이상
④ 너비 15m 이상, 길이 10m 이상

주유공지 및 급유공지
㉮ 자동차 등에 직접 주유하기 위한 설비로서(현수식 포함) 너비 15m 이상 길이 6m 이상의 콘크리트 등으로 포장한 공지를 보유한다.
㉯ 공지의 기준
㉠ 바닥은 주위 지면보다 높게 한다.
㉡ 그 표면을 적당하게 경사지게 하여 새어나온 기름, 그 밖의 액체가 공지의 외부로 유출되지 아니하도록 배수구·집유설비 및 유분리장치를 한다.

답 ②

44 위험물안전관리법령상 벌칙의 기준이 나머지 셋과 다른 하나는?

① 제조소 등에 대한 긴급 사용정지 · 제한명령을 위반한 자
② 탱크시험자로 등록하지 아니하고 탱크시험자의 업무를 한 자
③ 저장소 또는 제조소 등이 아닌 장소에서 지정수량 이상의 위험물을 저장 또는 취급한 자
④ 제조소 등의 완공검사를 받지 아니하고 위험물을 저장 · 취급한 자

1년 이하의 징역 또는 1천만원 이하의 벌금에 처하는 경우
㉠ 저장소 또는 제조소 등이 아닌 장소에서 지정수량 이상의 위험물을 저장 또는 취급한 자
㉡ 제조소 등의 설치허가를 받지 아니하고 제조소 등을 설치한 자
㉢ 탱크시험자로 등록하지 아니하고 탱크시험자의 업무를 한 자
㉣ 정기점검을 하지 아니하거나 점검기록을 허위로 작성한 관계인
㉤ 정기검사를 받지 아니한 관계인
㉥ 자체소방대를 두지 아니한 관계인
㉦ 운반용기에 대한 검사를 받지 아니하고 운반용기를 사용하거나 유통시킨 자
㉧ 명령을 위반하여 보고 또는 자료제출을 하지 아니하거나 허위의 보고 또는 자료제출을 한 자 또는 관계공무원의 출입 · 검사 또는 수거를 거부 · 방해 또는 기피한 자
㉨ 제조소 등에 대한 긴급 사용정지 · 제한명령을 위반한 자

④ 제조소 등의 완공검사를 받지 아니하고 위험물을 저장 · 취급한 자는 500만원 이하의 벌금에 해당한다.

답 ④

45 위험물안전관리법령에서 정하는 위험등급 II에 해당하지 않는 것은?

① 제1류 위험물 중 질산염류
② 제2류 위험물 중 적린
③ 제3류 위험물 중 유기금속화합물
④ 제4류 위험물 중 제2석유류

위험등급 II의 위험물
㉠ 제1류 위험물 중 브로민산염류, 질산염류, 아이오딘산염류, 그 밖에 지정수량이 300kg인 위험물
㉡ 제2류 위험물 중 황화인, 적린, 황, 그 밖에 지정수량이 100kg인 위험물
㉢ 제3류 위험물 중 알칼리금속(칼륨 및 나트륨을 제외한다) 및 알칼리토금속, 유기금속화합물(알킬알루미늄 및 알킬리튬을 제외한다), 그 밖에 지정수량이 50kg인 위험물
㉣ 제4류 위험물 중 제1석유류 및 알코올류
㉤ 제5류 위험물 중 유기과산화물과 질산에스터류 외의 것

답 ④

46 나이트로셀룰로스의 위험성에 대하여 옳게 설명한 것은?

① 물과 혼합하면 위험성이 감소된다.
② 공기 중에서 산화되지만 자연발화의 위험은 없다.
③ 건조할수록 발화의 위험성이 낮다.
④ 알코올과 반응하여 발화한다.

폭발을 방지하기 위해 안전용제로 물(20%) 또는 알코올(30%)로 습윤시켜 저장한다.

답 ①

47 $C_6H_2(NO_2)_3OH$와 CH_3NO_3의 공통성질에 해당하는 것은?

① 나이트로화합물이다.
② 인화성과 폭발성이 있는 액체이다.
③ 무색의 방향성 액체이다.
④ 에탄올에 녹는다.

피크르산과 질산메틸로서 둘 다 에탄올에 잘 녹는다.

답 ④

48 위험물안전관리법령에서 정한 소화설비의 설치기준에 따라 다음 (   )에 알맞은 숫자를 차례대로 나타낸 것은?

"제조소 등에 전기설비(전기배선, 조명기구 등은 제외한다)가 설치된 경우에는 해당 장소의 면적 (   )m^2마다 소형 수동식 소화기를 (   )개 이상 설치할 것"

① 50, 1　　② 50, 2
③ 100, 1　　④ 100, 2

답 ③

49 알루미늄 분말의 저장방법 중 옳은 것은?

① 에틸알코올 수용액에 넣어 보관한다.
② 밀폐용기에 넣어 건조한 곳에 보관한다.
③ 폴리에틸렌병에 넣어 수분이 많은 곳에 보관한다.
④ 염산 수용액에 넣어 보관한다.

알루미늄 분말은 가연성 고체로서 밀폐용기에 넣어 건조한 곳에 보관한다.

답 ②

50 다음 중 산을 가하면 이산화염소를 발생시키는 물질로 분자량이 약 90.5인 것은?

① 아염소산나트륨
② 브로민산나트륨
③ 옥소산칼륨(아이오딘산칼륨)
④ 다이크로뮴산나트륨

해설 아염소산나트륨은 산과 접촉 시 이산화염소(ClO_2) 가스 발생
$3NaClO_2 + 2HCl \rightarrow 3NaCl + 2ClO_2 + H_2O_2$

답 ①

51 나이트로글리세린의 설명으로 틀린 것은?

① 상온에서 액체상태이다.
② 물에는 잘 녹지만 유기용매에는 녹지 않는다.
③ 충격 및 마찰에 민감하므로 주의해야 한다.
④ 다이너마이트의 원료로 쓰인다.

물에는 거의 녹지 않으나 메탄올, 벤젠, 클로로폼, 아세톤 등에는 녹는다.

답 ②

52 아세트산에틸의 일반 성질 중 틀린 것은?

① 과일냄새를 가진 휘발성 액체이다.
② 증기는 공기보다 무거워 낮은 곳에 체류한다.
③ 강산화제와의 혼촉은 위험하다.
④ 인화점은 −20℃ 이하이다.

인화점은 −4℃이다.

답 ④

53 위험물안전관리법령상 운송책임자의 감독, 지원을 받아 운송하여야 하는 위험물에 해당하는 것은?

① 알킬알루미늄, 산화프로필렌, 알킬리튬
② 알킬알루미늄, 산화프로필렌
③ 알킬알루미늄, 알킬리튬
④ 산화프로필렌, 알킬리튬

해설 알킬알루미늄, 알킬리튬은 운송책임자의 감독 · 지원을 받아 운송하여야 한다.

답 ③

54 위험물안전관리법령상 다음 (   )에 알맞은 수치를 모두 합한 값은?

- 과염소산의 지정수량은 (   )kg이다.
- 과산화수소는 농도가 (   )wt% 미만인 것은 위험물에 해당하지 않는다.
- 질산은 비중이 (   ) 이상인 것만 위험물로 규정한다.

① 349.36　　② 549.36
③ 337.49　　④ 537.49

해설 지정수량은 300kg, 농도는 36wt%, 질산의 비중은 1.49 이상인 것이므로
300+36+1.49=337.49

답 ③

55 살충제 원료로 사용되기도 하는 암회색 물질로 물과 반응하여 포스핀가스를 발생할 위험이 있는 물질은?

① 인화아연　　② 수소화나트륨
③ 칼륨　　④ 나트륨

해설 금속인화합물(인화칼슘 또는 인화아연)은 물과 반응하여 포스핀가스를 발생한다.

답 ①

56 황의 특성 및 위험성에 대한 설명 중 틀린 것은?

① 산화성 물질이므로 환원성 물질과 접촉을 피해야 한다.
② 전기의 부도체이므로 전기절연체로 쓰인다.
③ 공기 중 연소 시 유해가스를 발생한다.
④ 분말상태인 경우 분진폭발의 위험성이 있다.

해설 황은 강환원제로서 산화제와 접촉, 마찰로 인하여 착화되면 급격히 연소한다.

답 ①

57 과산화벤조일 취급 시 주의사항에 대한 설명 중 틀린 것은?

① 수분을 포함하고 있으면 폭발하기 쉽다.
② 가열, 충격, 마찰을 피해야 한다.
③ 저장용기는 차고 어두운 곳에 보관한다.
④ 희석제를 첨가하여 폭발성을 낮출 수 있다.

해설 유기과산화물로서 벤조일퍼옥사이드라고도 한다. 운반 시 30% 이상의 물을 포함시켜 풀 같은 상태로 수송된다.

답 ①

58 과염소산칼륨의 성질에 관한 설명 중 틀린 것은?

① 무색, 무취의 결정이다.
② 알코올, 에터에 잘 녹는다.
③ 진한황산과 접촉하면 폭발할 위험이 있다.
④ 400℃ 이상으로 가열하면 분해하여 산소가 발생할 수 있다.

해설 물에 약간 녹으며, 알코올이나 에터 등에는 녹지 않는다.

답 ②

59 분말의 형태로서 150마이크로미터의 체를 통과하는 것이 50중량퍼센트 이상인 것만 위험물로 취급되는 것은?

① Zn　　② Fe
③ Ni　　④ Cu

해설 "금속분"이라 함은 알칼리금속 · 알칼리토류금속 · 철 및 마그네슘 외의 금속분말을 말하고, 구리분 · 니켈분 및 150마이크로미터의 체를 통과하는 것이 50중량퍼센트 미만인 것은 제외한다.

답 ①

60 다음 물질 중 인화점이 가장 높은 것은?

① 아세톤　　② 다이에틸에터
③ 메탄올　　④ 벤젠

물질명	아세톤	다이에틸에터	메탄올	벤젠
품명	제1석유류	특수인화물	알코올류	제1석유류
인화점	−18.5℃	−40℃	11℃	−11℃

답 ③

CBT 대비

제8회 과년도 출제문제

01 연소가 잘 이루어지는 조건으로 거리가 먼 것은?

① 가연물의 발열량이 클 것
② 가연물의 열전도율이 클 것
③ 가연물과 산소와의 접촉표면적이 클 것
④ 가연물의 활성화에너지가 작을 것

가연성 물질의 조건
㉠ 산소와의 친화력이 클 것
㉡ 열전도율이 적을 것
㉢ 활성화에너지가 작을 것
㉣ 연소열이 클 것
㉤ 크기가 작아 접촉면적이 클 것

답 ②

02 위험물안전관리법령상 위험등급 Ⅰ의 위험물에 해당하는 것은?

① 무기과산화물 ② 황화인
③ 제1석유류 ④ 황

위험등급 Ⅰ의 위험물
㉠ 제1류 위험물 중 아염소산염류, 염소산염류, 과염소산염류, 무기과산화물, 그 밖에 지정수량이 50kg인 위험물
㉡ 제3류 위험물 중 칼륨, 나트륨, 알킬알루미늄, 알킬리튬, 황린, 그 밖에 지정수량이 10kg인 위험물
㉢ 제4류 위험물 중 특수인화물
㉣ 제5류 위험물 중 유기과산화물, 질산에스터류, 그 밖에 지정수량이 10kg인 위험물
㉤ 제6류 위험물

답 ①

03 위험물안전관리법령상 제6류 위험물에 적응성이 없는 것은?

① 스프링클러설비 ② 포소화설비
③ 불활성가스소화설비 ④ 물분무소화설비

해설

소화설비의 구분 \ 대상물 구분		건축물·그 밖의 공작물	전기설비	제1류 위험물: 알칼리금속과산화물 등	제1류 위험물: 그 밖의 것	제2류 위험물: 철분·금속분·마그네슘 등	제2류 위험물: 인화성 고체	제2류 위험물: 그 밖의 것	제3류 위험물: 금수성 물품	제3류 위험물: 그 밖의 것	제4류 위험물	제5류 위험물	제6류 위험물
옥내소화전 또는 옥외소화전설비		○			○		○	○		○		○	○
스프링클러설비		○			○		○	○		○	△	○	○
물분무등소화설비	물분무소화설비	○	○		○		○	○		○	○	○	○
	포소화설비	○			○		○	○		○	○	○	○
	불활성가스소화설비		○				○				○		
	할로젠화합물소화설비		○				○				○		
	분말소화설비: 인산염류 등	○	○		○		○	○			○		○
	분말소화설비: 탄산수소염류 등		○	○		○	○		○		○		
	분말소화설비: 그 밖의 것			○		○			○				

답 ③

04 피크르산의 위험성과 소화방법에 대한 설명으로 틀린 것은?

① 금속과 화합하여 예민한 금속염이 만들어질 수 있다.
② 운반 시 건조한 것보다는 물에 젖게 하는 것이 안전하다.
③ 알코올과 혼합된 것은 충격에 의한 폭발위험이 있다.
④ 화재 시에는 질식소화가 효과적이다.

피크르산은 제5류 위험물(자기반응성 물질)로서 산소를 함유하고 있으므로 다량의 주수소화를 해야 한다. 질식소화는 효과가 없다.
운반 시 10~20%의 물로 습윤시킨다.

답 ④

05 석유류가 연소할 때 발생하는 가스로 강한 자극적인 냄새가 나며 취급하는 장치를 부식시키는 것은?

① H_2
② CH_4
③ NH_3
④ SO_2

황화합물은 장치를 부식시키는 역할을 한다.

답 ④

06 다음 중 연소의 3요소를 모두 갖춘 것은?

① 휘발유+공기+수소
② 적린+수소+성냥불
③ 성냥불+황+염소산암모늄
④ 알코올+수소+염소산암모늄

연소의 3요소 : 성냥불(점화원), 황(가연물), 염소산암모늄(산소공급원)

답 ③

07 위험물을 취급함에 있어서 정전기를 유효하게 제거하기 위한 설비를 설치하고자 한다. 위험물안전관리법령상 공기 중의 상대습도를 몇 % 이상 되게 하여야 하는가?

① 50　② 60
③ 70　④ 80

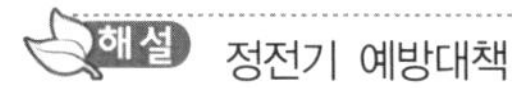

정전기 예방대책
㉠ 접지를 한다.
㉡ 공기 중의 상대습도를 70% 이상으로 한다.
㉢ 유속을 1m/s 이하로 유지한다.
㉣ 공기를 이온화시킨다.
㉤ 제진기를 설치한다.

답 ③

08 그림과 같이 가로로 설치한 원통형 위험물탱크에 대하여 탱크의 용량을 구하면 약 몇 m^3인가? (단, 공간 용적은 탱크 내용적의 100분의 5로 한다.)

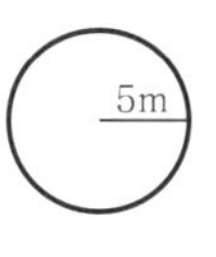

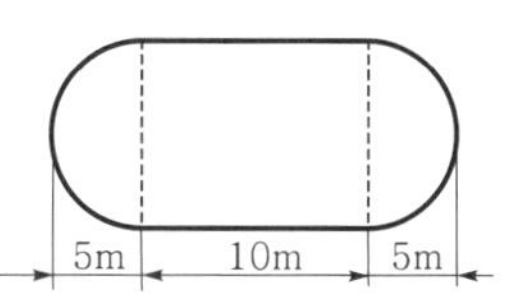

① 52.4　② 261.6
③ 994.8　④ 1047.5

$$V=\pi r^2\left[l+\frac{l_1+l_2}{3}\right]$$
$$=\pi\times5^2\left[10+\frac{5+5}{3}\right]$$
$$=1{,}041.19\times0.95$$
$$=994.83\text{m}^3$$

답 ③

09 위험물제조소의 경우 연면적이 최소 몇 m^2이면 자동화재탐지설비를 설치해야 하는가? (단, 원칙적인 경우에 한한다.)

① 100　② 300
③ 500　④ 1,000

제조소 및 일반취급소의 자동화재탐지설비 설치기준
㉠ 연면적 $500m^2$ 이상인 것
㉡ 옥내에서 지정수량의 100배 이상을 취급하는 것(고인화점위험물만을 100℃ 미만의 온도에서 자동화재 취급하는 것을 제외)
㉢ 일반취급소로 사용되는 부분 외의 부분이 있는 건축물에 설치된 일반취급소(일반취급소와 일반취급소 외의 부분이 내화구조의 바닥 또는 벽으로 개구부 없이 구획된 것을 제외)

답 ③

10 제3종 분말소화약제의 열분해 시 생성되는 메타인산의 화학식은?

① H_3PO_4　② HPO_3
③ $H_4P_2O_7$　④ $CO(NH_2)_2$

제3종 분말소화약제의 열분해반응식

$NH_4H_2PO_4 \rightarrow NH_3 + H_2O + HPO_3$
(제1인산암모늄)　(암모니아)　(물)　(메타인산)

답 ②

11 주된 연소형태가 증발연소인 것은?

① 나트륨
② 코크스
③ 양초
④ 나이트로셀룰로스

해설 증발연소 : 가연성 고체에 열을 가하면 융해되어 여기서 생긴 액체가 기화되고 이로 인한 연소가 이루어지는 형태이다.

답 ③

12 위험물안전관리법령상 제조소 등의 관계인은 예방규정을 정하여 누구에게 제출하여야 하는가?

① 소방청장 또는 행정자치부 장관
② 소방청장 또는 소방서장
③ 시 · 도지사 또는 소방서장
④ 한국소방안전협회장 또는 소방청장

해설 예방규정을 제정하거나 변경한 경우에는 예방규정 제출서에 제정 또는 변경한 예방규정 1부를 첨부하여 시 · 도지사 또는 소방서장에게 제출하여야 한다.

답 ③

13 금속화재에 마른모래를 피복하여 소화하는 방법은?

① 제거소화 ② 질식소화
③ 냉각소화 ④ 억제소화

답 ②

14 단층건물에 설치하는 옥내탱크저장소의 탱크 전용실에 비수용성의 제2석유류 위험물을 저장하는 탱크 1개를 설치할 경우, 설치할 수 있는 탱크의 최대용량은?

① 10,000L ② 20,000L
③ 40,000L ④ 80,000L

해설 옥내저장탱크의 용량(동일한 탱크 전용실에 옥내저장탱크를 2 이상 설치하는 경우에는 각 탱크의 용량의 합계를 말한다)은 지정수량의 40배(제4석유류 및 동 · 식물유류 외의 제4류 위험물에 있어서 해당 수량이 20,000L를 초과할 때에는 20,000L) 이하일 것

답 ②

15 메틸알코올 8,000리터에 대한 소화능력으로 삽을 포함한 마른모래를 몇 리터 설치하여야 하는가?

① 100 ② 200
③ 300 ④ 400

해설 능력단위 : 소방기구의 소화능력

소화약제	약제 양	단위
마른모래	50L (삽 1개 포함)	0.5
팽창질석, 팽창진주암	160L (삽 1개 포함)	1
소화전용 물통	8L	0.3
수조	190L (소화전용 물통 6개 포함)	2.5
	80L (소화전용 물통 3개 포함)	1.5

위험물의 경우 지정수량의 10배에 해당하므로 알코올류의 지정수량은 400L이다.

소요단위= $\frac{8,000}{400 \times 10}$ =2단위이며, 마른모래의 경우 0.5단위당 50L이므로 2단위는 200L에 해당한다.

답 ②

16 위험물안전관리법령상 옥내저장소에서 기계에 의하여 하역하는 구조로 된 용기만을 겹쳐 쌓아 위험물을 저장하는 경우 그 높이는 몇 미터를 초과하지 않아야 하는가?

① 2 ② 4
③ 6 ④ 8

옥내저장소에서 위험물을 저장하는 경우에는 다음의 규정에 의한 높이를 초과하여 용기를 겹쳐 쌓지 아니하여야 한다(옥외저장소에서 위험물을 저장하는 경우에 있어서도 본 규정에 의한 높이를 초과하여 용기를 겹쳐 쌓지 아니하여야 한다).

㉠ 기계에 의하여 하역하는 구조로 된 용기만을 겹쳐 쌓는 경우에 있어서는 6m
㉡ 제4류 위험물 중 제3석유류, 제4석유류 및 동 · 식물유류를 수납하는 용기만을 겹쳐 쌓는 경우에 있어서는 4m
㉢ 그 밖의 경우에 있어서는 3m

답 ③

17 **위험물안전관리법령상 위험물의 운반에 관한 기준에서 적재 시 혼재가 가능한 위험물을 옳게 나타낸 것은? (단, 각각 지정수량의 10배 이상인 경우이다.)**

① 제1류와 제4류 ② 제3류와 제6류
③ 제1류와 제5류 ④ 제2류와 제4류

해설 유별을 달리하는 위험물의 혼재기준

구분	제1류	제2류	제3류	제4류	제5류	제6류
제1류		×	×	×	×	○
제2류	×		×	○	○	×
제3류	×	×		○	×	×
제4류	×	○	○		○	×
제5류	×	○	×	○		×
제6류	○	×	×	×	×	

※ 이 표는 지정수량의 $\frac{1}{10}$ 이하의 위험물에 대하여는 적용하지 아니한다.

답 ④

18 **지정수량의 몇 배 이상의 위험물을 취급하는 제조소에는 화재발생 시 이를 알릴 수 있는 경보설비를 설치하여야 하는가?**

① 5 ② 10
③ 20 ④ 100

해설 지정수량의 10배 이상을 저장 또는 취급하는 것

답 ②

19 **위험물제조소 표지 및 게시판에 대한 설명이다. 위험물안전관리법령상 옳지 않은 것은?**

① 표지는 한 변의 길이를 0.3m, 다른 한 변의 길이를 0.6m 이상으로 하여야 한다.
② 표지의 바탕은 백색, 문자는 흑색으로 하여야 한다.
③ 취급하는 위험물에 따라 규정에 의한 주의사항을 표시한 게시판을 설치하여야 한다.
④ 제2류 위험물(인화성 고체 제외)은 "화기엄금" 주의사항 게시판을 설치하여야 한다.

해설 제2류 위험물은 인화성 고체의 경우 "화기엄금", 그 밖의 것은 "화기주의"이다.

답 ④

20 **위험물안전관리법령상 위험물 옥외탱크저장소에 방화에 관하여 필요한 사항을 게시한 게시판에 기재하여야 하는 내용이 아닌 것은?**

① 위험물의 지정수량의 배수
② 위험물의 저장 최대수량
③ 위험물의 품명
④ 위험물의 성질

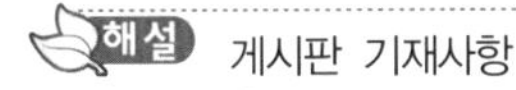

해설 게시판 기재사항
㉠ 취급하는 위험물의 유별 및 품명
㉡ 저장 최대수량 및 취급 최대수량, 지정수량의 배수
㉢ 안전관리자의 성명 및 직명

답 ④

21 **위험물안전관리법령상 자동화재탐지설비의 설치기준으로 옳지 않은 것은?**

① 경계구역은 건축물의 최소 2개 이상의 층에 걸치도록 할 것
② 하나의 경계구역의 면적은 $600m^2$ 이하로 할 것
③ 감지기는 지붕 또는 벽의 옥내에 면한 부분에 유효하게 화재의 발생을 감지할 수 있도록 설치할 것
④ 비상전원을 설치할 것

해설 자동화재탐지설비의 설치기준
㉠ 자동화재탐지설비의 경계구역(화재가 발생한 구역을 다른 구역과 구분하여 식별할 수 있는 최소단위의 구역을 말한다. 이하 이 호 및 제2호에서 같다)은 건축물, 그 밖의 공작물의 2 이상의 층에 걸치지 아니하도록 할 것. 다만, 하나의 경계구역의 면적이 $500m^2$ 이하이면서 해당 경계구역이 두 개의 층에 걸치는 경우이거나 계단 · 경사로 · 승강기의 승강로, 그 밖에 이와 유사한 장소에 연기감지기를 설치하는 경우에는 그러하지 아니하다.

㉡ 하나의 경계구역의 면적은 $600m^2$ 이하로 하고 그 한 변의 길이는 50m(광전식 분리형 감지기를 설치할 경우에는 100m) 이하로 할 것. 다만, 해당 건축물, 그 밖의 공작물의 주요한 출입구에서 그 내부의 전체를 볼 수 있는 경우에 있어서는 그 면적을 $1,000m^2$ 이하로 할 수 있다.
㉢ 자동화재탐지설비의 감지기는 지붕(상층이 있는 경우에는 상층의 바닥) 또는 벽의 옥내에 면한 부분(천장이 있는 경우에는 천장 또는 벽의 옥내에 면한 부분 및 천장의 뒷부분)에 유효하게 화재의 발생을 감지할 수 있도록 설치할 것
㉣ 자동화재탐지설비에는 비상전원을 설치할 것

답 ①

22 연소할 때 연기가 거의 나지 않아 밝은 곳에서 연소상태를 잘 느끼지 못하는 물질로 독성이 매우 강해 먹으면 실명 또는 사망에 이를 수 있는 것은?

① 메틸알코올 ② 에틸알코올
③ 등유 ④ 경유

메틸알코올은 독성이 강하여 먹으면 실명하거나 사망에 이른다. (30mL의 양으로도 치명적!)

답 ①

23 위험물안전관리법령상 옥내저장소 저장창고의 바닥은 물이 스며나오거나 스며들지 아니하는 구조로 하여야 한다. 다음 중 반드시 이 구조로 하지 않아도 되는 위험물은?

① 제1류 위험물 중 알칼리금속의 과산화물
② 제4류 위험물
③ 제5류 위험물
④ 제2류 위험물 중 철분

물이 스며나오거나 스며들지 아니하는 바닥구조로 해야 하는 위험물
㉠ 제1류 위험물 중 알칼리금속의 과산화물 또는 이를 함유하는 것
㉡ 제2류 위험물 중 철분 · 금속분 · 마그네슘 또는 이 중 어느 하나 이상을 함유하는 것
㉢ 제3류 위험물 중 금수성 물질
㉣ 제4류 위험물

답 ③

24 위험물안전관리법령상 제조소에서 취급하는 제4류 위험물의 최대수량의 합이 지정수량의 12만배 미만인 사업소에 두어야 하는 화학소방자동차 및 자체소방대원의 수의 기준으로 옳은 것은?

① 1대 – 5인
② 2대 – 10인
③ 3대 – 15인
④ 4대 – 20인

자체소방대에 두는 화학소방자동차 및 인원

사업소의 구분	화학소방 자동차의 수	자체소방 대원의 수
제조소 또는 일반취급소에서 취급하는 제4류 위험물의 최대수량의 합이 지정수량의 3천배 이상 12만배 미만인 사업소	1대	5인
제조소 또는 일반취급소에서 취급하는 제4류 위험물의 최대수량의 합이 지정수량의 12만배 이상 24만배 미만인 사업소	2대	10인
제조소 또는 일반취급소에서 취급하는 제4류 위험물의 최대수량의 합이 지정수량의 24만배 이상 48만배 미만인 사업소	3대	15인
제조소 또는 일반취급소에서 취급하는 제4류 위험물의 최대수량의 합이 지정수량의 48만배 이상인 사업소	4대	20인
옥외탱크저장소에 저장하는 제4류 위험물의 최대수량이 지정수량의 50만배 이상인 사업소	2대	10인

답 ①

25 다음 중 가솔린의 연소범위(vol%)에 가장 가까운 것은?

① 1.2 ~ 7.6 ② 8.3 ~ 11.4
③ 12.5 ~ 19.7 ④ 22.3 ~ 32.8

가솔린의 일반적 성질
액비중 0.65~0.8(증기비중 3~4), 비점 32~220℃, 인화점 −43℃, 발화점 300℃, 연소범위 1.2~7.6%로 다양한 연료로 이용되며 작은 점화원이나 정전기 스파크로 인화가 용이하다.

답 ①

26 위험물안전관리법령상 품명이 나머지 셋과 다른 하나는?

① 트라이나이트로톨루엔
② 나이트로글리세린
③ 나이트로글리콜
④ 셀룰로이드

트라이나이트로톨루엔은 나이트로화합물에 속하며, 나머지는 질산에스터류에 해당한다.

답 ①

27 다음 중 위험물안전관리법에서 정의한 "제조소"의 의미로 가장 옳은 것은?

① "제조소"라 함은 위험물을 제조할 목적으로 지정수량 이상의 위험물을 취급하기 위하여 허가를 받은 장소임.
② "제조소"라 함은 지정수량 이상의 위험물을 제조할 목적으로 위험물을 취급하기 위하여 허가를 받은 장소임.
③ "제조소"라 함은 지정수량 이상의 위험물을 제조할 목적으로 지정수량 이상의 위험물을 취급하기 위하여 허가를 받은 장소임.
④ "제조소"라 함은 위험물을 제조할 목적으로 위험물을 취급하기 위하여 허가를 받은 장소임.

용어 정의
㉠ "제조소"라 함은 위험물을 제조할 목적으로 지정수량 이상의 위험물을 취급하기 위하여 규정에 따른 허가 받은 장소를 말한다.
㉡ "저장소"라 함은 지정수량 이상의 위험물을 저장하기 위한 대통령령이 정하는 장소로서 규정에 따른 허가를 받은 장소를 말한다.
㉢ "취급소"라 함은 지정수량 이상의 위험물을 제조 외의 목적으로 취급하기 위한 대통령령이 정하는 장소로서 규정에 따른 허가를 받은 장소를 말한다.
㉣ "제조소 등"이라 함은 제조소 · 저장소 및 취급소를 말한다.

답 ①

28 위험물안전관리법령상 위험물 운반 시 방수성 덮개를 하지 않아도 되는 위험물은?

① 나트륨 ② 적린
③ 철분 ④ 과산화칼륨

해설 적재하는 위험물에 따른 조치사항

차광성이 있는 것으로 피복해야 하는 경우	방수성이 있는 것으로 피복해야 하는 경우
제1류 위험물 제3류 위험물 중 자연발화성 물질 제4류 위험물 중 특수인화물 제5류 위험물 제6류 위험물	제1류 위험물 중 알칼리금속의 과산화물 제2류 위험물 중 철분, 금속분, 마그네슘 제3류 위험물 중 금수성 물질

답 ②

29 위험물안전관리법령상 운반차량에 혼재해서 적재할 수 없는 것은? (단, 각각의 지정수량은 10배인 경우이다.)

① 염소화규소화합물 - 특수인화물
② 고형 알코올 - 나이트로화합물
③ 염소산염류 - 질산
④ 질산구아니딘 - 황린

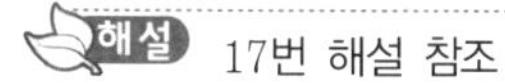
17번 해설 참조
질산구아니딘은 제5류 위험물, 황린은 제3류 위험물이다.

답 ④

30 제4류 위험물의 화재예방 및 취급방법으로 옳지 않은 것은?

① 이황화탄소는 물속에 저장한다.
② 아세톤은 일광에 의해 분해될 수 있으므로 갈색병에 보관한다.
③ 초산은 내산성 용기에 저장하여야 한다.
④ 건성유는 다공성 가연물과 함께 보관한다.

건성유는 헝겊 또는 종이 등에 스며들어 있는 상태로 방치하면 분자 속의 불포화 결합이 공기 중의 산소에 의해 산화중합반응을 일으켜 자연발화의 위험이 있다.

답 ④

31 위험물안전관리법령상 운송책임자의 감독 · 지원을 받아 운송하여야 하는 위험물에 해당하는 것은?

① 특수인화물 ② 알킬리튬
③ 질산구아니딘 ④ 하이드라진유도체

해설 알킬알루미늄, 알킬리튬은 운송책임자의 감독 · 지원을 받아 운송하여야 한다.

답 ②

32 다음 중 산화성 고체위험물에 속하지 않는 것은?

① Na_2O_2 ② $HClO_4$
③ NH_4ClO_4 ④ $KClO_3$

해설 $HClO_4$는 과염소산으로 제6류 위험물에 해당한다.

답 ②

33 질산암모늄에 대한 설명으로 옳은 것은?

① 물에 녹을 때 발열반응을 한다.
② 가열하면 폭발적으로 분해하여 산소와 암모니아를 생성한다.
③ 소화방법으로 질식소화가 좋다.
④ 단독으로도 급격한 가열, 충격으로 분해 · 폭발할 수 있다.

해설 질산암모늄은 급격한 가열이나 충격을 주면 단독으로도 폭발한다.
$2NH_4NO_3 \rightarrow 4H_2O + 2N_2 + O_2$

답 ④

34 상온에서 액체인 물질로만 조합된 것은?

① 질산메틸, 나이트로글리세린
② 피크르산, 질산메틸
③ 트라이나이트로톨루엔, 다이나이트로벤젠
④ 나이트로글리콜, 테트릴

해설 질산메틸과 나이트로글리세린은 제5류 위험물 중 질산에스터류에 속하며, 지정수량은 10kg에 해당한다.

답 ①

35 위험물안전관리법령상 위험물 운반용기의 외부에 표시하여야 하는 사항에 해당하지 않는 것은?

① 위험물에 따라 규정된 주의사항
② 위험물의 지정수량
③ 위험물의 수량
④ 위험물의 품명

해설 위험물 운반용기의 외부 표시사항
㉠ 위험물의 품명 · 위험등급 · 화학명 및 수용성 ('수용성' 표시는 제4류 위험물로서 수용성인 것에 한한다.)
㉡ 위험물의 수량
㉢ 수납하는 위험물에 따른 주의사항

답 ②

36 다음 위험물 중 착화온도가 가장 높은 것은?

① 이황화탄소
② 다이에틸에터
③ 아세트알데하이드
④ 산화프로필렌

해설

위험물	착화온도
이황화탄소	90℃
다이에틸에터	180℃
아세트알데하이드	175℃
산화프로필렌	465℃

답 ④

37 나이트로화합물, 나이트로소화합물, 질산에스터류, 하이드록실아민을 각각 50킬로그램씩 저장하고 있을 때 지정수량의 배수가 가장 큰 것은?

① 나이트로화합물
② 나이트로소화합물
③ 질산에스터류
④ 하이드록실아민

해설

지정수량 배수 = $\frac{\text{A품목 저장수량}}{\text{A품목 지정수량}}$

① 나이트로화합물 = $\frac{50kg}{200kg} = 0.25$

② 나이트로소화합물 = $\frac{50kg}{200kg} = 0.25$

③ 질산에스터류 = $\frac{50kg}{10kg} = 5$

④ 하이드록실아민 = $\frac{50kg}{100kg} = 0.5$

답 ③

38 저장 또는 취급하는 위험물의 최대수량이 지정수량의 500배 이하일 때 옥외저장탱크의 측면으로부터 몇 m 이상의 보유공지를 유지하여야 하는가? (단, 제6류 위험물은 제외한다.)

① 1　② 2
③ 3　④ 4

해설 옥외탱크저장소의 보유공지

저장 또는 취급하는 위험물의 최대수량	공지의 너비
지정수량의 500배 이하	3m 이상
지정수량의 500배 초과 1,000배 이하	5m 이상
지정수량의 1,000배 초과 2,000배 이하	9m 이상
지정수량의 2,000배 초과 3,000배 이하	12m 이상
지정수량의 3,000배 초과 4,000배 이하	15m 이상

답 ③

39 적린이 연소하였을 때 발생하는 물질은?

① 인화수소　② 포스겐
③ 오산화인　④ 이산화황

적린이 연소하면 황린이나 황화인과 같이 유독성이 심한 백색의 오산화인을 발생하며, 일부 포스핀도 발생한다.

$4P + 5O_2 \rightarrow 2P_2O_5$

답 ③

40 나이트로글리세린은 여름철(30℃)과 겨울철(0℃)에 어떤 상태인가?

① 여름 – 기체, 겨울 – 액체
② 여름 – 액체, 겨울 – 액체
③ 여름 – 액체, 겨울 – 고체
④ 여름 – 고체, 겨울 – 고체

답 ③

41 동 · 식물유류에 대한 설명 중 틀린 것은?

① 연소하면 열에 의해 액온이 상승하여 화재가 커질 위험이 있다.
② 아이오딘값이 낮을수록 자연발화의 위험이 높다.
③ 동유는 건성유이므로 자연발화의 위험이 있다.
④ 아이오딘값이 100~130인 것을 반건성유라고 한다.

아이오딘값 : 유지 100g에 부가되는 아이오딘의 g수, 불포화도가 증가할수록 아이오딘값이 증가하며 자연발화의 위험이 있다.

답 ②

42 위험물의 인화점에 대한 설명으로 옳은 것은?

① 톨루엔이 벤젠보다 낮다.
② 피리딘이 톨루엔보다 낮다.
③ 벤젠이 아세톤보다 낮다.
④ 아세톤이 피리딘보다 낮다.

위험물	톨루엔	벤젠	피리딘	아세톤
인화점	4℃	−11℃	20℃	−18.5℃

답 ④

43 위험물안전관리법령상 지정수량이 50kg인 것은?

① $KMnO_4$　② $KClO_2$
③ $NaIO_3$　④ NH_4NO_3

① 과망가니즈산칼륨 – 1,000kg
② 아염소산칼륨 – 50kg
③ 아이오딘산나트륨 – 300kg
④ 질산암모늄 – 300kg

답 ②

44 **특수인화물 200L와 제4석유류 12,000L를 저장할 때 각각의 지정수량 배수의 합은 얼마인가?**

① 3　　② 4
③ 5　　④ 6

지정수량 배수의 합

$$= \frac{\text{A품목 저장수량}}{\text{A품목 지정수량}} + \frac{\text{B품목 저장수량}}{\text{B품목 지정수량}}$$

$$= \frac{200L}{50L} + \frac{12,000L}{6000L} = 4+2=6$$

답 ④

45 **저장하는 위험물의 최대수량이 지정수량의 15배일 경우, 건축물의 벽 · 기둥 및 바닥이 내화구조로 된 위험물 옥내저장소의 보유공지는 몇 m 이상이어야 하는가?**

① 0.5　　② 1
③ 2　　④ 3

옥내저장소의 보유공지

저장 또는 취급하는 위험물의 최대수량	공지의 너비	
	벽 · 기둥 및 바닥이 내화구조로 된 건축물	그 밖의 건축물
지정수량의 5배 이하	-	0.5m 이상
지정수량의 5배 초과 10배 이하	1m 이상	1.5m 이상
지정수량의 10배 초과 20배 이하	2m 이상	3m 이상
지정수량의 20배 초과 50배 이하	3m 이상	5m 이상
지정수량의 50배 초과 200배 이하	5m 이상	10m 이상
지정수량의 200배 초과	10m 이상	15m 이상

답 ③

46 **제조소 등의 위치 · 구조 또는 설비의 변경 없이 해당 제조소 등에서 저장하거나 취급하는 위험물의 품명 · 수량 또는 지정수량의 배수를 변경하고자 하는 자는 변경하고자 하는 날의 며칠 전까지 행정안전부령이 정하는 바에 따라 시 · 도지사에게 신고하여야 하는가?**

① 1일　　② 14일
③ 21일　　④ 30일

제조소 등의 위치 · 구조 또는 설비의 변경 없이 해당 제조소 등에서 저장하거나 취급하는 위험물의 품명 · 수량 또는 지정수량의 배수를 변경하고자 하는 자는 변경하고자 하는 날의 1일 전까지 행정안전부령이 정하는 바에 따라 시 · 도지사에게 신고하여야 한다.

답 ①

47 **다음 중 위험물의 저장방법에 대한 설명으로 옳은 것은?**

① 황화인은 알코올 또는 과산화물 속에 저장하여 보관한다.
② 마그네슘은 건조하면 분진폭발의 위험성이 있으므로 물에 습윤하여 저장한다.
③ 적린은 화재예방을 위해 할로젠원소와 혼합하여 저장한다.
④ 수소화리튬은 저장용기에 아르곤과 같은 불활성 기체를 봉입한다.

① 황화인은 산화제, 과산화물류, 알코올, 알칼리, 아민류, 유기산, 강산 등과의 접촉을 피하고 용기는 차고 건조하며 통풍이 잘 되는 안전한 곳에 저장해야 한다.
② 마그네슘은 온수와 반응하여 많은 양의 열과 수소(H_2)를 발생한다.
$Mg+2H_2O \rightarrow Mg(OH)_2+H_2$
③ 적린은 강알칼리와 반응하여 포스핀을 생성하고 할로젠원소 중 Br_2, I_2와 격렬히 반응하면서 혼촉발화한다.

답 ④

48 **뷰틸리튬(n−Butyl lithium)에 대한 설명으로 옳은 것은?**

① 무색의 가연성 고체이며 자극성이 있다.
② 증기는 공기보다 가볍고 점화원에 의해 산화의 위험이 있다.
③ 화재발생 시 이산화탄소소화설비는 적응성이 없다.
④ 탄화수소나 다른 극성의 액체에 용해가 잘 되며 휘발성은 없다.

해설 뷰틸리튬은 제3류 위험물로서 알킬리튬에 해당하며 이산화탄소소화설비에 대한 적응성은 없고, 무색의 가연성 액체이며, 증기는 공기보다 무겁다. 또한 자연발화의 위험이 있으므로 저장용기에 펜테인, 헥세인, 헵테인 등의 안전희석용제를 넣고 불활성 가스를 봉입한다.

답 ③

49 과산화벤조일과 과염소산의 지정수량의 합은 몇 kg인가?

① 310　　② 350
③ 400　　④ 500

과산화벤조일은 10kg, 과염소산은 300kg이므로 합이 310kg이다.

답 ①

50 질산과 과산화수소의 공통적인 성질을 옳게 설명한 것은?

① 물보다 가볍다.
② 물에 녹는다.
③ 점성이 큰 액체로서 환원제이다.
④ 연소가 매우 잘 된다.

해설 둘 다 제6류 위험물로서 물에 잘 녹는다.

답 ②

51 제3류 위험물 중 금수성 물질을 제외한 위험물에 적응성이 있는 소화설비가 아닌 것은?

① 분말소화설비　　② 스프링클러설비
③ 옥내소화전설비　　④ 포소화설비

해설 3번 해설 참조

답 ①

52 위험물안전관리법령상 "연소의 우려가 있는 외벽"은 기산점이 되는 선으로부터 3m(2층 이상의 층에 대해서는 5m) 이내에 있는 제조소 등의 외벽을 말하는데 이 기산점이 되는 선에 해당하지 않는 것은?

① 동일부지 내의 다른 건축물과 제조소 부지 간의 중심선
② 제조소 등에 인접한 도로의 중심선
③ 제조소 등이 설치된 부지의 경계선
④ 제조소 등의 외벽과 동일부지 내의 다른 건축물의 외벽 간의 중심선

답 ①

53 위험물에 대한 설명으로 틀린 것은?

① 과산화나트륨은 산화성이 있다.
② 과산화나트륨은 인화점이 매우 낮다.
③ 과산화바륨과 염산을 반응시키면 과산화수소가 생긴다.
④ 과산화바륨의 비중은 물보다 크다.

과산화나트륨은 제1류 위험물로서 무기과산화물류에 해당하며, 산화성 고체에 해당한다.

답 ②

54 위험물안전관리법령에 명기된 위험물의 운반용기 재질에 포함되지 않는 것은?

① 고무류　　② 유리
③ 도자기　　④ 종이

운반용기 재질 : 금속판, 강판, 삼, 합성섬유, 고무류, 양철판, 짚, 알루미늄판, 종이, 유리, 나무, 플라스틱, 섬유판

답 ③

55 염소산칼륨의 성질에 대한 설명으로 옳은 것은?

① 가연성 고체이다.
② 강력한 산화제이다.
③ 물보다 가볍다.
④ 열분해하면 수소를 발생한다.

염소산칼륨은 제1류 위험물로서 산화성 고체에 해당한다.

답 ②

56 **황가루가 공기 중에 떠 있을 때의 주된 위험성에 해당하는 것은?**

① 수증기 발생
② 전기감전
③ 분진폭발
④ 인화성 가스 발생

황가루는 제2류 위험물로서 가연성 고체에 해당하며, 공기 중에 부유할 때 분진폭발의 위험이 있다.

답 ③

57 **다음 중 위험물의 저장방법에 대한 설명으로 틀린 것은?**

① 황린은 공기와의 접촉을 피해 물속에 저장한다.
② 황은 정전기의 축적을 방지하여 저장한다.
③ 알루미늄분말은 건조한 공기 중에서 분진폭발의 위험이 있으므로 정기적으로 분무상의 물을 뿌려야 한다.
④ 황화인은 산화제와의 혼합을 피해 격리해야 한다.

해설 알루미늄분말은 물과 반응하면 수소가스를 발생한다.
$2Al+6H_2O \rightarrow 2Al(OH)_3+3H_2$

답 ③

58 **다음은 P_2S_5와 물의 화학반응이다. ( )에 알맞은 숫자를 차례대로 나열한 것은?**

$P_2S_5+(\quad)H_2O \rightarrow (\quad)H_2S+(\quad)H_3PO_4$

① 2, 8, 5 ② 2, 5, 8
③ 8, 5, 2 ④ 8, 2, 5

해설 오황화인(P_2S_5) : 알코올이나 이황화탄소(CS_2)에 녹으며, 물이나 알칼리와 반응하면 분해하여 황화수소(H_2S)와 인산(H_3PO_4)으로 된다.
$P_2S_5+8H_2O \rightarrow 5H_2S+2H_3PO_4$

답 ③

59 **정기점검대상 제조소 등에 해당하지 않는 것은?**

① 이동탱크저장소
② 지정수량 120배의 위험물을 저장하는 옥외저장소
③ 지정수량 120배의 위험물을 저장하는 옥내저장소
④ 이송취급소

정기점검대상 제조소 등
㉮ 예방규정을 정하여야 하는 제조소 등
㉠ 지정수량의 10배 이상의 위험물을 취급하는 제조소
㉡ 지정수량의 100배 이상의 위험물을 저장하는 옥외저장소
㉢ 지정수량의 150배 이상의 위험물을 저장하는 옥내저장소
㉣ 지정수량의 200배 이상을 저장하는 옥외탱크저장소
㉤ 암반탱크저장소
㉥ 이송취급소
㉦ 지정수량의 10배 이상의 위험물을 취급하는 일반취급소
㉯ 지하탱크저장소
㉰ 이동탱크저장소
㉱ 제조소(지하탱크) · 주유취급소 또는 일반취급소

답 ③

60 **탄화칼슘의 성질에 대하여 옳게 설명한 것은?**

① 공기 중에서 아르곤과 반응하여 불연성 기체를 발생한다.
② 공기 중에서 질소와 반응하여 유독한 기체를 낸다.
③ 물과 반응하면 탄소가 생성된다.
④ 물과 반응하여 아세틸렌가스가 생성된다.

물과 심하게 반응하여 수산화칼슘과 아세틸렌을 만들며, 공기 중 수분과 반응하여도 아세틸렌을 발생한다.
$CaC_2+2H_2O \rightarrow Ca(OH)_2+C_2H_2$

답 ④

CBT 대비

제9회 과년도 출제문제

01 다음 중 제4류 위험물의 화재 시 물을 이용한 소화를 시도하기 전에 고려해야 하는 위험물의 성질로 가장 옳은 것은?

① 수용성, 비중
② 증기비중, 끓는점
③ 색상, 발화점
④ 분해온도, 녹는점

제4류 위험물은 인화성 액체로서 수용성과 비중에 따라 소화방법이 달라질 수 있다.

답 ①

02 다음 점화에너지 중 물리적 변화에서 얻어지는 것은?

① 압축열　② 산화열
③ 중합열　④ 분해열

압축열은 기계적 에너지원이며, 나머지 산화열, 중합열, 분해열은 화학적 에너지원에 해당한다.

답 ①

03 금속분의 연소 시 주수소화하면 위험한 원인으로 옳은 것은?

① 물에 녹아 산이 된다.
② 물과 작용하여 유독가스를 발생한다.
③ 물과 작용하여 수소가스를 발생한다.
④ 물과 작용하여 산소가스를 발생한다.

금속분의 경우 물과 접촉하면 가연성의 수소가스를 발생한다.
예를 들어, 알루미늄이 물과 반응하는 경우의 반응식은 다음과 같다.
$2Al+6H_2O \rightarrow 2Al(OH)_3+3H_2$

답 ③

04 다음 중 유류저장탱크화재에서 일어나는 현상으로 거리가 먼 것은?

① 보일오버　② 플래시오버
③ 슬롭오버　④ BLEVE

① 보일오버 : 연소유면으로부터 100℃ 이상의 열파가 탱크 저부에 고여 있는 물을 비등하게 하면서 연소유를 탱크 밖으로 비산시키며 연소하는 현상
② 플래시오버 : 화재로 인하여 실내의 온도가 급격히 상승하여 가연물이 일시에 폭발적으로 착화현상을 일으켜 화재가 순간적으로 실내 전체에 확산되는 현상(=순발연소, 순간연소)
③ 슬롭오버 : 물이 연소유의 뜨거운 표면에 들어갈 때 기름 표면에서 화재가 발생하는 현상
④ BLEVE : 액화가스탱크 주위에서 화재 등이 발생하여 기상부의 탱크 강판이 국부적으로 가열되면 그 부분의 강도가 약해져 그로 인해 탱크가 파열된다. 이때 내부에서 가열된 액화가스가 급격히 유출, 팽창되어 화구(fire ball)를 형성하며 폭발하는 형태

답 ②

05 정전기 방지대책으로 가장 거리가 먼 것은?

① 접지를 한다.
② 공기를 이온화한다.
③ 21% 이상의 산소농도를 유지하도록 한다.
④ 공기의 상대습도를 70% 이상으로 한다.

답 ③

06 폭발의 종류에 따른 물질이 잘못 짝지어진 것은?

① 분해폭발－아세틸렌, 산화에틸렌
② 분진폭발－금속분, 밀가루
③ 중합폭발－사이안화수소, 염화바이닐
④ 산화폭발－하이드라진, 과산화수소

해설 분해폭발 : 아세틸렌, 에틸렌, 하이드라진, 메틸아세틸렌 등과 같은 유기화합물은 다량의 열을 발생하며 분해(분해열)한다. 이때, 이 분해열은 분해가스를 열팽창시켜 용기의 압력상승으로 폭발이 발생한다.

답 ④

07 **착화온도가 낮아지는 원인과 가장 관계가 있는 것은?**

① 발열량이 적을 때
② 압력이 높을 때
③ 습도가 높을 때
④ 산소와의 결합력이 나쁠 때

답 ②

08 **제5류 위험물의 화재예방상 유의사항 및 화재 시 소화방법에 관한 설명으로 옳지 않은 것은?**

① 대량의 주수에 의한 소화가 좋다.
② 화재초기에는 질식소화가 효과적이다.
③ 일부 물질의 경우 운반 또는 저장 시 안정제를 사용해야 한다.
④ 가연물과 산소공급원이 같이 있는 상태이므로 점화원의 방지에 유의하여야 한다.

해설 제5류 위험물은 자기반응성 물질로서 자체 내에 산소를 함유하고 있으므로 질식소화는 효과가 없다.

답 ②

09 **15℃의 기름 100g에 8,000J의 열량을 주면 기름의 온도는 몇 ℃가 되겠는가? (단, 기름의 비열은 2J/g · ℃이다.)**

① 25　　② 45
③ 50　　④ 55

해설 $Q = mc\Delta T = mc(T_2 - T_1)$에서

$$T_2 = \frac{8{,}000\text{J}}{100\text{g}} \times \frac{\text{g} \cdot ℃}{2\text{J}} + 15℃ = 55℃$$

답 ④

10 **제6류 위험물의 화재에 적응성이 없는 소화설비는?**

① 옥내소화전설비
② 스프링클러설비
③ 포소화설비
④ 불활성가스소화설비

해설

소화설비의 구분 \ 대상물 구분		건축물·그 밖의 공작물	전기설비	제1류 위험물: 알칼리금속과산화물 등	제1류 위험물: 그 밖의 것	제2류 위험물: 철분·금속분·마그네슘 등	제2류 위험물: 인화성 고체	제2류 위험물: 그 밖의 것	제3류 위험물: 금수성 물품	제3류 위험물: 그 밖의 것	제4류 위험물	제5류 위험물	제6류 위험물
옥내소화전 또는 옥외소화전설비		○			○		○	○		○		○	○
스프링클러설비		○			○		○	○		○	△	○	○
물분무등소화설비	물분무소화설비	○	○		○		○	○		○	○	○	○
물분무등소화설비	포소화설비	○			○		○	○		○	○	○	○
물분무등소화설비	불활성가스소화설비		○				○				○		
물분무등소화설비	할로젠화합물소화설비		○				○				○		
물분무등소화설비	분말소화설비: 인산염류 등	○	○		○		○	○			○		○
물분무등소화설비	분말소화설비: 탄산수소염류 등		○	○		○	○		○		○		
물분무등소화설비	분말소화설비: 그 밖의 것			○		○			○				

답 ④

11 **과염소산의 화재 예방에 요구되는 주의사항에 대한 설명으로 옳은 것은?**

① 유기물과 접촉 시 발화의 위험이 있기 때문에 가연물과 접촉시키지 않는다.
② 자연발화의 위험이 높으므로 냉각시켜 보관한다.
③ 공기 중 발화하므로 공기와의 접촉을 피해야 한다.
④ 액체상태는 위험하므로 고체상태로 보관한다.

해설 과염소산은 제6류 위험물(산화성 액체)로서 순수한 것은 농도가 높으면 모든 유기물과 폭발적으로 반응하고 알코올류와 혼합하면 심한 반응을 일으켜 발화 또는 폭발한다.

답 ①

12 소화약제로서 물의 단점인 동결현상을 방지하기 위하여 주로 사용되는 물질은?

① 에틸알코올 ② 글리세린
③ 에틸렌글리콜 ④ 탄산칼슘

동결방지제 : 에틸렌글리콜, 염화칼슘, 염화나트륨, 프로필렌글리콜

답 ③

13 다음 중 D급 화재에 해당하는 것은?

① 플라스틱화재
② 나트륨화재
③ 휘발유화재
④ 전기화재

D급 화재는 금속화재를 의미하므로 나트륨화재가 해당된다.

답 ②

14 위험물안전관리법령상 철분, 금속분, 마그네슘에 적응성이 있는 소화설비는?

① 불활성가스소화설비
② 할로젠화합물소화설비
③ 포소화설비
④ 탄산수소염류소화설비

해설 10번 해설 참조

답 ④

15 위험물안전관리법령상 제4류 위험물에 적응성이 없는 소화설비는?

① 옥내소화전설비
② 포소화설비
③ 불활성가스소화설비
④ 할로젠화합물소화설비

해설 10번 해설 참조

답 ①

16 물은 냉각소화가 주된 대표적인 소화약제이다. 물의 소화효과를 높이기 위하여 무상주수를 함으로써 부가적으로 작용하는 소화효과로 이루어진 것은?

① 질식소화작용, 제거소화작용
② 질식소화작용, 유화소화작용
③ 타격소화작용, 유화소화작용
④ 타격소화작용, 피복소화작용

물소화약제 : 인체에 무해하며 다른 약제와 혼합 사용이 가능하고, 가격이 저렴하며, 장기 보존이 가능하다. 또한 모든 소화약제 중에서 가장 많이 사용되고 있으며, 냉각의 효과가 우수하고, 무상주수일 때는 질식, 유화효과가 있다.

답 ②

17 다음 중 소화약제 강화액의 주성분에 해당하는 것은?

① K_2CO_3
② K_2O_2
③ CaO_2
④ $KBrO_3$

강화액소화약제는 물소화약제의 성능을 강화시킨 소화약제로서 물에 탄산칼륨(K_2CO_3)을 용해시킨 소화약제이다.

답 ①

18 다음 중 공기포소화약제가 아닌 것은 어느 것인가?

① 단백포소화약제
② 합성계면활성제포소화약제
③ 화학포소화약제
④ 수성막포소화약제

㉠ 화학포소화약제 : 화학물질을 반응시켜 이로 인해 나오는 기체가 포 형성
㉡ 공기포(기계포)소화약제 : 기계적 방법으로 공기를 유입시켜 공기로 포 형성

답 ③

19 위험물안전관리법령상 소화설비의 적응성에 관한 내용이다. 옳은 것은?

① 마른모래는 대상물 중 제1류~제6류 위험물에 적응성이 있다.

② 팽창질석은 전기설비를 포함한 모든 대상물에 적응성이 있다.

③ 분말소화약제는 셀룰로이드류의 화재에 가장 적당하다.

④ 물분무소화설비는 전기설비에 사용할 수 없다.

해설

소화설비의 구분 \ 대상물 구분		건축물·그 밖의 공작물	전기설비	제1류 위험물: 알칼리금속과산화물 등	제1류 위험물: 그 밖의 것	제2류 위험물: 철분·금속분·마그네슘 등	제2류 위험물: 인화성 고체	제2류 위험물: 그 밖의 것	제3류 위험물: 금수성 물품	제3류 위험물: 그 밖의 것	제4류 위험물	제5류 위험물	제6류 위험물
옥내소화전 또는 옥외소화전설비		○			○		○	○		○		○	○
스프링클러설비		○			○		○	○		○	△	○	○
물분무등소화설비	물분무소화설비	○	○		○		○	○		○	○	○	○
물분무등소화설비	포소화설비	○			○		○	○		○	○	○	○
물분무등소화설비	불활성가스소화설비		○				○				○		
물분무등소화설비	할로젠화합물소화설비		○				○				○		
물분무등소화설비	분말소화설비: 인산염류 등	○	○		○		○	○			○		○
물분무등소화설비	분말소화설비: 탄산수소염류 등		○	○		○	○		○		○		
물분무등소화설비	분말소화설비: 그 밖의 것			○		○			○				
기타	물통 또는 수조	○			○		○	○		○		○	○
기타	건조사			○	○	○	○	○	○	○	○	○	○
기타	팽창질석 또는 팽창진주암			○	○	○	○	○	○	○	○	○	○

답 ①

20 분말소화약제 중 제1종과 제2종 분말이 각각 열분해될 때 공통적으로 생성되는 물질은?

① N_2, CO_2

② N_2, O_2

③ H_2O, CO_2

④ H_2O, N_2

㉠ 제1종 분말소화약제의 열분해반응식
$2NaHCO_3 \rightarrow Na_2CO_3 + H_2O + CO_2$

㉡ 제2종 분말소화약제의 열분해반응식
$2KHCO_3 \rightarrow K_2CO_3 + H_2O + CO_2$

답 ③

21 다음 중 폼산에 대한 설명으로 옳지 않은 것은 어느 것인가?

① 물, 알코올, 에터에 잘 녹는다.

② 개미산이라고도 한다.

③ 강한 산화제이다.

④ 녹는점이 상온보다 낮다.

폼산은 제4류 위험물로 인화성 액체이다.

답 ③

22 제3류 위험물에 해당하는 것은?

① NaH　　② Al

③ Mg　　④ P_4S_3

해설 ①은 수소화나트륨으로서 제3류 위험물에 해당한다.

답 ①

23 다음 중 지방족 탄화수소가 아닌 것은 어느 것인가?

① 톨루엔　　② 아세트알데하이드

③ 아세톤　　④ 다이에틸에터

해설 ① 톨루엔은 방향족 탄화수소에 해당한다.

답 ①

24 위험물안전관리법령상 위험물의 지정수량으로 옳지 않은 것은?

① 나이트로셀룰로스 : 10kg

② 하이드록실아민 : 100kg

③ 아조벤젠 : 50kg

④ 트라이나이트로페놀 : 200kg

아조화합물은 제5류 위험물로서 지정수량은 200kg에 해당하며, 아조기(−N=N−)가 주성분으로 함유된 물질을 말하고 아조다이이카본아마이드, 아조비스아이소뷰티로나이트릴, 아조벤젠, 하이드록시아조벤젠, 아미노아조벤젠, 하이드라조벤젠 등이 있다.

답 ③

25 셀룰로이드에 대한 설명으로 옳은 것은?

① 질소가 함유된 무기물이다.
② 질소가 함유된 유기물이다.
③ 유기의 염화물이다.
④ 무기의 염화물이다.

셀룰로이드는 질산에스터류에 속하며 나이트로셀룰로스와 장뇌의 균일한 콜로이드 분산액으로부터 개발한 최초의 합성플라스틱 물질이다.

답 ②

26 에틸알코올의 증기비중은 약 얼마인가?

① 0.72
② 0.91
③ 1.13
④ 1.59

에틸알코올(C_2H_5OH)의 분자량은 46이며, 증기비중은 46/28.84=1.595이다.

답 ④

27 과염소산나트륨의 성질이 아닌 것은?

① 물과 급격히 반응하여 산소를 발생한다.
② 가열하면 분해되어 조연성 가스를 방출한다.
③ 융점은 400℃보다 높다.
④ 비중은 물보다 무겁다.

과염소산나트륨은 물, 알코올, 아세톤에 잘 녹으나 에터에는 녹지 않는다. 또한 과염소산나트륨으로 인해 화재 시 주수에 의한 냉각소화가 유효하다.

답 ①

28 인화칼슘이 물과 반응할 경우에 대한 설명 중 틀린 것은?

① 발생가스는 가연성이다.
② 포스겐가스가 발생한다.
③ 발생가스는 독성이 강하다.
④ $Ca(OH)_2$가 생성된다.

물과 반응하여 가연성이며, 독성이 강한 인화수소(PH_3, 포스핀)가스가 발생한다.

$Ca_3P_2 + 6H_2O \rightarrow 3Ca(OH)_2 + 2PH_3$

답 ②

29 화학적으로 알코올을 분류할 때 3가 알코올에 해당하는 것은?

① 에탄올　　② 메탄올
③ 에틸렌글리콜　　④ 글리세린

3가 알코올은 −OH가 3개인 것을 말한다.

글리세린($C_3H_5(OH)_3$)

```
   H    H    H
   |    |    |
H—C —C—C—H
   |    |    |
  OH  OH  OH
```

답 ④

30 위험물안전관리법령상 품명이 다른 하나는?

① 나이트로글리콜　　② 나이트로글리세린
③ 셀룰로이드　　④ 테트릴

①, ②, ③은 질산에스터류에 해당하며, ④ 테트릴은 나이트로화합물에 해당한다.

답 ④

31 주수소화를 할 수 없는 위험물은?

① 금속분　　② 적린
③ 황　　④ 과망가니즈산칼륨

금속분은 물과 접촉 시 가연성의 수소가스가 발생한다.

답 ①

32 제1류 위험물 중 흑색화약의 원료로 사용되는 것은?

① KNO_3　② $NaNO_3$
③ BaO_2　④ NH_4NO_3

흑색화약=질산칼륨 75%+황 10%+목탄 15%

답 ①

33 다음 중 제6류 위험물에 해당하는 것은?

① IF_5　② $HClO_3$
③ NO_3　④ H_2O

성질	위험등급	품명	지정수량
산화성 액체	I	① 과염소산($HClO_4$)	300kg
		② 과산화수소(H_2O_2)	
		③ 질산(HNO_3)	
		④ 그 밖의 행정안전부령이 정하는 것 – 할로젠간화합물(BrF_3, IF_5 등)	

답 ①

34 다음 중 제4류 위험물에 해당하는 것은?

① $Pb(NO_3)_2$　② CH_3ONO_2
③ N_2H_4　④ NH_2OH

하이드라진(N_2H_4)은 제4류 위험물로서 제2석유류에 해당한다.

답 ③

35 다음의 분말은 모두 150마이크로미터의 체를 통과하는 것이 50중량퍼센트 이상이 된다. 이들 분말 중 위험물안전관리법령상 품명이 "금속분"으로 분류되는 것은?

① 철분　② 구리분
③ 알루미늄분　④ 니켈분

"금속분"이라 함은 알칼리금속 · 알칼리토류금속 · 철 및 마그네슘 외의 금속의 분말을 말하고, 구리분 · 니켈분 및 150마이크로미터의 체를 통과하는 것이 50중량퍼센트 미만인 것은 제외한다.

답 ③

36 다음 중 분자량이 가장 큰 위험물은?

① 과염소산　② 과산화수소
③ 질산　④ 하이드라진

① $HClO_4 : 1\times1+35.5\times1+16\times4=100.5$
② $H_2O_2 : 1\times2+16\times2=34$
③ $HNO_3 : 1\times1+14\times1+16\times3=63$
④ $N_2H_4 : 14\times2+1\times4=28+4=32$

답 ①

37 인화칼슘, 탄화알루미늄, 나트륨이 물과 반응하였을 때 발생하는 가스에 해당하지 않는 것은?

① 포스핀가스　② 수소
③ 이황화탄소　④ 메테인

㉠ 인화칼슘
$Ca_3P_2+6H_2O \rightarrow 3Ca(OH)_2+2PH_3$(포스핀)
㉡ 탄화알루미늄
$Al_4C_3+12H_2O \rightarrow 4Al(OH)_3+3CH_4$(메테인)
㉢ 나트륨
$2Na+2H_2O \rightarrow 2NaOH+H_2$(수소)

답 ③

38 연소 시 발생하는 가스를 옳게 나타낸 것은?

① 황린 – 황산가스
② 황 – 무수인산가스
③ 적린 – 아황산가스
④ 삼황화사인(삼황화인) – 아황산가스

① $P_4+5O_2 \rightarrow 2P_2O_5$
② $S+O_2 \rightarrow SO_2$
③ $4P+5O_2 \rightarrow 2P_2O_5$
④ $P_4S_3+8O_2 \rightarrow 2P_2O_5+3SO_2$

답 ④

39 염소산나트륨에 대한 설명으로 틀린 것은?

① 조해성이 크므로 보관용기는 밀봉하는 것이 좋다.
② 무색, 무취의 고체이다.
③ 산과 반응하여 유독성의 이산화나트륨가스가 발생한다.
④ 물, 알코올, 글리세린에 녹는다.

해설 산과 접촉 시 이산화염소(ClO_2)가스 발생
$2NaClO_3 + 2HCl \rightarrow 2NaCl + 2ClO_2 + H_2O_2$

답 ③

40 **질산칼륨을 약 400℃에서 가열하여 열분해시킬 때 주로 생성되는 물질은?**

① 질산과 산소
② 질산과 칼륨
③ 아질산칼륨과 산소
④ 아질산칼륨과 질소

해설 약 400℃로 가열하면 분해하여 아질산칼륨(KNO_2)과 산소(O_2)가 발생하는 강산화제
$2KNO_3 \rightarrow 2KNO_2 + O_2$

답 ③

41 **위험물안전관리법령에서 정한 피난설비에 관한 내용이다. ( )에 알맞은 것은?**

> 주유취급소 중 건축물의 2층 이상의 부분을 점포·휴게음식점 또는 전시장의 용도로 사용하는 것에 있어서는 해당 건축물의 2층 이상으로부터 주유취급소의 부지 밖으로 통하는 출입구와 해당 출입구로 통하는 통로·계단 및 출입구에 (   )을(를) 설치하여야 한다.

① 피난사다리 ② 유도등
③ 공기호흡기 ④ 시각경보기

답 ②

42 **옥내저장소에 제3류 위험물인 황린을 저장하면서 위험물안전관리법령에 의한 최소한의 보유공지로 3m를 옥내저장소 주위에 확보하였다. 이 옥내저장소에 저장하고 있는 황린의 수량은? (단, 옥내저장소의 구조는 벽·기둥 및 바닥이 내화구조로 되어 있고 그 외의 다른 사항은 고려하지 않는다.)**

① 100kg 초과 500kg 이하
② 400kg 초과 1,000kg 이하
③ 500kg 초과 5,000kg 이하
④ 1,000kg 초과 40,000kg 이하

해설

저장 또는 취급하는 위험물의 최대수량	공지의 너비	
	벽·기둥 및 바닥이 내화구조로 된 건축물	그 밖의 건축물
지정수량의 5배 이하	-	0.5m 이상
지정수량의 5배 초과 10배 이하	1m 이상	1.5m 이상
지정수량의 10배 초과 20배 이하	2m 이상	3m 이상
지정수량의 20배 초과 50배 이하	3m 이상	5m 이상
지정수량의 50배 초과 200배 이하	5m 이상	10m 이상
지정수량의 200배 초과	10m 이상	15m 이상

황린은 제3류 위험물로서 지정수량은 20kg이다. 따라서, 보유공지가 3m 이상인 경우는 20배 초과 50배 이하이므로
20kg×20배~20kg×50배=400kg 초과 1,000kg 이하에 해당한다.

답 ②

43 **위험물안전관리법령상 이동탱크저장소에 의한 위험물운송 시 위험물운송자는 장거리에 걸치는 운송을 하는 때에는 2명 이상의 운전자로 하여야 한다. 다음 중 그러하지 않아도 되는 경우가 아닌 것은 어느 것인가?**

① 적린을 운송하는 경우
② 알루미늄의 탄화물을 운송하는 경우
③ 이황화탄소를 운송하는 경우
④ 운송도중에 2시간 이내마다 20분 이상씩 휴식하는 경우

해설 위험물운송자는 장거리(고속국도에 있어서는 340km 이상, 그 밖의 도로에 있어서는 200km 이상을 말한다)에 걸치는 운송을 하는 때에는 2명 이상의 운전자로 할 것. 다만, 다음의 어느 하나에 해당하는 경우에는 그러하지 아니하다.

㉠ 운송책임자를 동승시킨 경우
㉡ 운송하는 위험물이 제2류 위험물·제3류 위험물(칼슘 또는 알루미늄의 탄화물과 이것만을 함유한 것에 한한다) 또는 제4류 위험물(특수인화물을 제외한다)인 경우
㉢ 운송도중에 2시간 이내마다 20분 이상씩 휴식하는 경우

답 ③

44 **각각 지정수량의 10배인 위험물을 운반할 경우 제5류 위험물과 혼재가능한 위험물에 해당하는 것은?**

① 제1류 위험물　　② 제2류 위험물
③ 제3류 위험물　　④ 제6류 위험물

해설 유별을 달리하는 위험물의 혼재기준

구분	제1류	제2류	제3류	제4류	제5류	제6류
제1류		×	×	×	×	○
제2류	×		×	○	○	×
제3류	×	×		○	×	×
제4류	×	○	○		○	×
제5류	×	○	×	○		×
제6류	○	×	×	×	×	

답 ②

45 **위험물안전관리법령상 옥외탱크저장소의 기준에 따라 다음의 인화성 액체위험물을 저장하는 옥외저장탱크 1~4호를 동일의 방유제 내에 설치하는 경우 방유제에 필요한 최소용량으로서 옳은 것은? (단, 암반탱크 또는 특수액체위험물탱크의 경우는 제외한다.)**

- 1호 탱크 – 등유 1,500kL
- 2호 탱크 – 가솔린 1,000kL
- 3호 탱크 – 경유 500kL
- 4호 탱크 – 중유 250kL

① 1,650kL　　② 1,500kL
③ 500kL　　④ 250kL

방유제의 용량 : 방유제 안에 설치된 탱크가 하나인 때에는 그 탱크용량의 110% 이상, 2기 이상인 때에는 그 탱크용량 중 용량이 최대인 것의 용량의 110% 이상으로 한다. 다만, 인화성이 없는 액체위험물의 옥외저장탱크의 주위에 설치하는 방유제는 “110%”를 “100%”로 본다.
따라서 본 문제에서는 최대용량이 1,500kL이므로 방유제에 필요한 최소용량은 1,500kL×1.1 =1,650kL이다.

답 ①

46 **위험물안전관리법령상 사업소의 관계인이 자체소방대를 설치하여야 할 제조소 등의 기준으로 옳은 것은?**

① 제4류 위험물을 지정수량의 3천배 이상 취급하는 제조소 또는 일반취급소
② 제4류 위험물을 지정수량의 5천배 이상 취급하는 제조소 또는 일반취급소
③ 제4류 위험물 중 특수인화물을 지정수량의 3천배 이상 취급하는 제조소 또는 일반취급소
④ 제4류 위험물 중 특수인화물을 지정수량의 5천배 이상 취급하는 제조소 또는 일반취급소

제4류 위험물을 지정수량의 3천배 이상 취급하는 제조소 또는 일반취급소와 50만배 이상 저장하는 옥외탱크저장소에 자체소방대를 설치한다.

답 ①

47 **소화난이도 등급 Ⅱ의 제조소에 소화설비를 설치할 때 대형 수동식 소화기와 함께 설치하여야 하는 소형 수동식 소화기 등의 능력단위에 관한 설명으로 옳은 것은?**

① 위험물의 소요단위에 해당하는 능력단위의 소형 수동식 소화기 등을 설치할 것
② 위험물의 소요단위의 1/2 이상에 해당하는 능력단위의 소형 수동식 소화기 등을 설치할 것
③ 위험물의 소요단위의 1/5 이상에 해당하는 능력단위의 소형 수동식 소화기 등을 설치할 것
④ 위험물의 소요단위의 10배 이상에 해당하는 능력단위의 소형 수동식 소화기 등을 설치할 것

소화난이도 등급 Ⅱ의 제조소 등에 설치하여야 하는 소화설비

제조소 등의 구분	소화설비
제조소, 옥내저장소, 옥외저장소, 주유취급소, 판매취급소, 일반취급소	방사능력범위 내에 해당 건축물, 그 밖의 공작물 및 위험물이 포함되도록 대형 수동식 소화기를 설치하고, 해당 위험물의 소요단위의 1/5 이상에 해당되는 능력단위의 소형 수동식 소화기 등을 설치할 것
옥외탱크저장소, 옥내탱크저장소	대형 수동식 소화기 및 소형 수동식 소화기 등을 각각 1개 이상 설치할 것

답 ③

48 다음 중 위험물안전관리법이 적용되는 영역은 어느 것인가?

① 항공기에 의한 대한민국 영공에서의 위험물의 저장, 취급 및 운반
② 궤도에 의한 위험물의 저장, 취급 및 운반
③ 철도에 의한 위험물의 저장, 취급 및 운반
④ 자가용 승용차에 의한 지정수량 이하의 위험물의 저장, 취급 및 운반

항공기, 선박, 철도, 궤도에 의한 위험물의 저장, 취급 및 운반은 위험물안전관리법의 적용을 받지 않는다.

답 ④

49 위험물안전관리법령상 위험물의 운반 시 운반용기는 다음의 기준에 따라 수납 적재하여야 한다. 다음 중 틀린 것은?

① 수납하는 위험물과 위험한 반응을 일으키지 않아야 한다.
② 고체위험물은 운반용기 내용적의 95% 이하로 수납하여야 한다.
③ 액체위험물은 운반용기 내용적의 95% 이하로 수납하여야 한다.
④ 하나의 외장용기에는 다른 종류의 위험물을 수납하지 않는다.

액체위험물은 운반용기 내용적의 98% 이하의 수납률로 수납하되, 55℃의 온도에서 누설되지 아니하도록 충분한 공간 용적을 유지하도록 한다.

답 ③

50 위험물안전관리법령상 위험물을 운반하기 위해 적재할 때 예를 들어 제6류 위험물은 한 가지 유별(제1류 위험물)하고만 혼재할 수 있다. 다음 중 가장 많은 유별과 혼재가 가능한 것은? (단, 지정수량의 $\frac{1}{10}$을 초과하는 위험물이다.)

① 제1류　② 제2류
③ 제3류　④ 제4류

해설 유별을 달리하는 위험물의 혼재기준

구분	제1류	제2류	제3류	제4류	제5류	제6류
제1류		×	×	×	×	○
제2류	×		×	○	○	×
제3류	×	×		○	×	×
제4류	×	○	○		○	×
제5류	×	○	×	○		×
제6류	○	×	×	×	×	

답 ④

51 다음 위험물 중에서 옥외저장소에서 저장·취급할 수 없는 것은? (단, 특별시·광역시 또는 도의 조례에서 정하는 위험물과 IMDG Code에 적합한 용기에 수납된 위험물의 경우는 제외한다.)

① 아세트산　② 에틸렌글리콜
③ 크레오소트유　④ 아세톤

옥외저장소에 저장할 수 있는 위험물
㉠ 제2류 위험물 중 황, 인화성 고체(인화점이 0℃ 이상인 것에 한함)
㉡ 제4류 위험물 중 제1석유류(인화점이 0℃ 이상인 것에 한함), 제2석유류, 제3석유류, 제4석유류, 알코올류, 동·식물유류
㉢ 제6류 위험물
㉣ 아세트산 : 제2석유류, 에틸렌글리콜 : 제3석유류, 크레오소트유 : 제3석유류
아세톤은 제1석유류에 해당하지만, 인화점이 −18℃에 해당하므로 옥외저장소에서 저장·취급할 수 없다.

답 ④

52 다이에틸에테르에 대한 설명으로 틀린 것은?

① 일반식은 R−CO−R′이다.
② 연소범위는 약 1.9~48%이다.
③ 증기비중 값이 비중 값보다 크다.
④ 휘발성이 높고 마취성을 가진다.

다이에틸에테르($C_2H_5OC_2H_5$)는 R−O−R′에 해당한다.

답 ①

53 위험물안전관리법령상 지하탱크저장소 탱크 전용실의 안쪽과 지하저장탱크와의 사이는 몇 m 이상의 간격을 유지하여야 하는가?

① 0.1　② 0.2
③ 0.3　④ 0.5

탱크 전용실은 지하의 가장 가까운 벽 · 피트 · 가스관 등의 시설물 및 대지경계선으로부터 0.1m 이상 떨어진 곳에 설치하고, 지하저장탱크와 탱크 전용실의 안쪽과의 사이는 0.1m 이상의 간격을 유지하도록 하며, 해당 탱크의 주위에 마른모래 또는 습기 등에 의하여 응고되지 아니하는 입자지름 5mm 이하의 마른자갈분을 채워야 한다.

답 ①

54 다음 ( ) 안에 들어갈 수치를 순서대로 올바르게 나열한 것은? (단, 제4류 위험물에 적응성을 갖기 위한 살수밀도기준을 적용하는 경우를 제외한다.)

> 위험물제조소 등에 설치하는 폐쇄형 헤드의 스프링클러설비는 30개의 헤드를 동시에 사용할 경우 각 선단의 방사압력이 ( )kPa 이상이고 방수량이 1분당 ( )L 이상이어야 한다.

① 100, 80　② 120, 80
③ 100, 100　④ 120, 100

위험물제조소 등에 설치하는 폐쇄형 헤드의 스프링클러설비는 30개의 헤드를 동시에 사용할 경우 각 선단의 방사압력이 100kPa 이상이고 방수량이 1분당 80L 이상이어야 한다.

답 ①

55 위험물안전관리법령상 제조소 등의 위치 · 구조 또는 설비 가운데 행정안전부령이 정하는 사항을 변경허가를 받지 아니하고 제조소 등의 위치 · 구조 또는 설비를 변경한 때 1차 행정처분기준으로 옳은 것은?

① 사용정지 15일
② 경고 또는 사용정지 15일
③ 사용정지 30일
④ 경고 또는 업무정지 30일

제조소 등에 대한 행정처분기준

위반사항	행정처분기준		
	1차	2차	3차
㉠ 제조소 등의 위치 · 구조 또는 설비를 변경한 때	경고 또는 사용정지 15일	사용정지 60일	허가 취소
㉡ 완공검사를 받지 아니하고 제조소 등을 사용한 때	사용정지 15일	사용정지 60일	허가 취소
㉢ 수리 · 개조 또는 이전의 명령에 위반한 때	사용정지 30일	사용정지 90일	허가 취소
㉣ 위험물안전관리자를 선임하지 아니한 때	사용정지 15일	사용정지 60일	허가 취소
㉤ 대리자를 지정하지 아니한 때	사용정지 10일	사용정지 30일	허가 취소
㉥ 정기점검을 하지 아니한 때	사용정지 10일	사용정지 30일	허가 취소
㉦ 정기검사를 받지 아니한 때	사용정지 10일	사용정지 30일	허가 취소
㉧ 저장 · 취급기준 준수명령을 위반한 때	사용정지 30일	사용정지 60일	허가 취소

답 ②

56 위험물안전관리법령상 제조소 등의 관계인이 정기적으로 점검하여야 할 대상이 아닌 것은 어느 것인가?

① 지정수량의 10배 이상의 위험물을 취급하는 제조소
② 지하탱크저장소
③ 이동탱크저장소
④ 지정수량의 100배 이상의 위험물을 취급하는 옥외탱크저장소

정기점검대상 제조소 등

㉮ 예방규정을 정하여야 하는 제조소 등
- ㉠ 지정수량의 10배 이상의 위험물을 취급하는 제조소
- ㉡ 지정수량의 100배 이상의 위험물을 저장하는 옥외저장소
- ㉢ 지정수량의 150배 이상의 위험물을 저장하는 옥내저장소
- ㉣ 지정수량의 200배 이상을 저장하는 옥외탱크저장소
- ㉤ 암반탱크저장소
- ㉥ 이송취급소

㉮ 지정수량의 10배 이상의 위험물 취급하는 일반취급소
㉯ 지하탱크저장소
㉰ 이동탱크저장소
㉱ 제조소(지하탱크)·주유취급소 또는 일반취급소

답 ④

57 위험물안전관리법령상 위험물제조소의 옥외에 있는 하나의 액체위험물 취급탱크 주위에 설치하는 방유제의 용량은 해당 탱크용량의 몇 % 이상으로 하여야 하는가?

① 50%
② 60%
③ 100%
④ 110%

하나의 취급탱크 주위에 설치하는 방유제의 용량은 해당 탱크용량의 50% 이상으로 하고, 2 이상의 취급탱크 주위에 하나의 방유제를 설치하는 경우 그 방유제의 용량은 해당 탱크 중 용량이 최대인 것의 50%에 나머지 탱크용량 합계의 10%를 가산한 양 이상이 되게 할 것

답 ①

58 위험물안전관리법령상 이송취급소에 설치하는 경보설비의 기준에 따라 이송기지에 설치하여야 하는 경보설비로만 이루어진 것은 어느 것인가?

① 확성장치, 비상벨장치
② 비상방송설비, 비상경보설비
③ 확성장치, 비상방송설비
④ 비상방송설비, 자동화재탐지설비

이송취급소에는 다음의 기준에 의하여 경보설비를 설치하여야 한다.
㉠ 이송기지에는 비상벨장치 및 확성장치를 설치할 것
㉡ 가연성 증기를 발생하는 위험물을 취급하는 펌프실 등에는 가연성 증기 경보설비를 설치할 것

답 ①

59 위험물안전관리법령상 위험물의 탱크 내용적 및 공간용적에 관한 기준으로 틀린 것은?

① 위험물을 저장 또는 취급하는 탱크의 용량은 해당 탱크의 내용적에서 공간용적을 뺀 용적으로 한다.
② 탱크의 공간용적은 탱크의 내용적의 100분의 5 이상 100분의 10 이하의 용적으로 한다.
③ 소화설비(소화약제 방출구를 탱크 안의 윗부분에 설치하는 것에 한한다)를 설치하는 탱크의 공간용적은 해당 소화설비의 소화약제 방출구 아래의 0.3m 이상 1m 미만 사이의 면으로부터 윗부분의 용적으로 한다.
④ 암반탱크에 있어서는 해당 탱크 내에 용출하는 30일간의 지하수의 양에 상당하는 용적과 해당 탱크의 내용적의 100분의 1의 용적 중에서 보다 큰 용적을 공간용적으로 한다.

탱크의 공간용적은 탱크용적의 100분의 5 이상 100분의 10 이하로 한다. 다만, 소화설비(소화약제 방출구를 탱크 안의 윗부분에 설치하는 것에 한한다)를 설치하는 탱크의 공간용적은 해당 소화설비의 소화약제 방출구 아래의 0.3m 이상 1m 미만 사이의 면으로부터 윗부분의 용적으로 한다. 암반탱크에 있어서는 해당 탱크 내에 용출하는 7일간의 지하수의 양에 상당하는 용적과 해당 탱크의 내용적의 100분의 1의 용적 중에서 보다 큰 용적을 공간용적으로 한다.

답 ④

60 위험물안전관리법령상 위험등급의 종류가 나머지 셋과 다른 하나는?

① 제1류 위험물 중 다이크로뮴산염류
② 제2류 위험물 중 인화성 고체
③ 제3류 위험물 중 금속의 인화물
④ 제4류 위험물 중 알코올류

① 제1류 위험물 중 다이크로뮴산염류 : Ⅲ
② 제2류 위험물 중 인화성 고체 : Ⅲ
③ 제3류 위험물 중 금속의 인화물 : Ⅲ
④ 제4류 위험물 중 알코올류 : Ⅱ

답 ④

CBT 대비

제10회 과년도 출제문제

01 다음과 같은 반응에서 $5m^3$의 탄산가스를 만들기 위해 필요한 탄산수소나트륨의 양은 약 몇 kg인가? (단, 표준상태이고, 나트륨의 원자량은 23이다.)

$$2NaHCO_3 \rightarrow Na_2CO_3 + CO_2 + H_2O$$

① 18.75　② 37.5
③ 56.25　④ 75

$$\frac{5m^3-CO_2}{} \times \frac{1mol-CO_2}{22.4m^3-CO_2} \times \frac{2mol-NaHCO_3}{1mol-CO_2} \times \frac{84kg-NaHCO_3}{1mol-NaHCO_3} = 37.5kg-NaHCO_3$$

답 ②

02 연소의 3요소인 산소의 공급원이 될 수 없는 것은?

① H_2O_2　② KNO_3
③ HNO_3　④ CO_2

① 과산화수소(산화성 액체)
② 질산칼륨(산화성 고체)
③ 질산(산화성 액체)

답 ④

03 탄화칼슘은 물과 반응 시 위험성이 증가하는 물질이다. 주수소화 시 물과 반응하면 어떤 가스가 발생하는가?

① 수소　② 메테인
③ 에테인　④ 아세틸렌

물과 심하게 반응하여 수산화칼슘과 아세틸렌을 만들며 공기 중 수분과 반응하여도 아세틸렌을 발생한다.
$CaC_2 + 2H_2O \rightarrow Ca(OH)_2 + C_2H_2$

답 ④

04 위험물의 자연발화를 방지하는 방법으로 가장 거리가 먼 것은?

① 통풍을 잘 시킬 것
② 저장실의 온도를 낮출 것
③ 습도가 높은 곳에 저장할 것
④ 정촉매작용을 하는 물질과의 접촉을 피할 것

습도가 높은 경우 열의 축적이 용이하다.

답 ③

05 다음 중 공기 중의 산소농도를 한계산소량 이하로 낮추어 연소를 중지시키는 소화방법은 어느 것인가?

① 냉각소화
② 제거소화
③ 억제소화
④ 질식소화

공기 중의 산소농도를 12~15% 이하로 낮추는 경우 질식소화 가능

답 ④

06 다음 중 제5류 위험물의 화재 시 가장 적당한 소화방법은?

① 물에 의한 냉각소화
② 질소에 의한 질식소화
③ 사염화탄소에 의한 부촉매소화
④ 이산화탄소에 의한 질식소화

제5류 위험물은 자기반응성 물질로서 주수에 의한 냉각소화가 유효하다.

답 ①

07 **인화칼슘이 물과 반응하였을 때 발생하는 가스는?**

① 수소　　② 포스겐
③ 포스핀　　④ 아세틸렌

물 또는 약산과 반응하여 가연성이며 독성이 강한 인화수소(PH_3, 포스핀)가스를 발생한다.
$Ca_3P_2 + 6H_2O \rightarrow 3Ca(OH)_2 + 2PH_3$

답 ③

08 **위험물안전관리법령상 제3류 위험물 중 금수성물질의 제조소에 설치하는 주의사항 게시판의 바탕색과 문자색을 옳게 나타낸 것은?**

① 청색바탕에 황색문자
② 황색바탕에 청색문자
③ 청색바탕에 백색문자
④ 백색바탕에 청색문자

해설 물기엄금에 해당하므로 청색바탕에 백색문자이다.

답 ③

09 **폭굉유도거리(DID)가 짧아지는 경우는?**

① 정상연소속도가 작은 혼합가스일수록 짧아진다.
② 압력이 높을수록 짧아진다.
③ 관 지름이 넓을수록 짧아진다.
④ 점화원 에너지가 약할수록 짧아진다.

해설 폭굉유도거리는 관 내에 폭굉성 가스가 존재할 경우 최초의 완만한 연소가 격렬한 폭굉으로 발전할 때까지의 거리이다. 일반적으로 짧아지는 경우는 다음과 같다.
㉠ 정상연소속도가 큰 혼합가스일수록
㉡ 관 속에 방해물이 있거나 관 지름이 가늘수록
㉢ 압력이 높을수록
㉣ 점화원 에너지가 강할수록

답 ②

10 **다음 중 연소에 대한 설명으로 옳지 않은 것은?**

① 산화되기 쉬운 것일수록 타기 쉽다.
② 산소와의 접촉면적이 큰 것일수록 타기 쉽다.
③ 충분한 산소가 있어야 타기 쉽다.
④ 열전도율이 큰 것일수록 타기 쉽다.

해설 열전도율이 큰 경우 열의 축적이 용이하지 않으므로 타기 어렵다.

답 ④

11 **위험물안전관리법령상 제4류 위험물에 적응성이 있는 소화기가 아닌 것은?**

① 이산화탄소소화기
② 봉상강화액소화기
③ 포소화기
④ 인산염류분말소화기

해설

소화설비의 구분 (대상물 구분)		건축물·그 밖의 공작물	전기설비	제1류 위험물		제2류 위험물			제3류 위험물		제4류 위험물	제5류 위험물	제6류 위험물
				알칼리금속과산화물 등	그 밖의 것	철분·금속분·마그네슘 등	인화성 고체	그 밖의 것	금수성 물품	그 밖의 것			
옥내소화전 또는 옥외소화전설비		○			○		○	○		○		○	○
스프링클러설비		○			○		○	○		○	△	○	○
물분무등소화설비	물분무소화설비	○	○		○		○	○		○	○	○	○
물분무등소화설비	포소화설비	○			○		○	○		○	○	○	○
물분무등소화설비	불활성가스소화설비		○				○				○		
물분무등소화설비	할로젠화합물소화설비		○				○				○		
물분무등소화설비	분말소화설비 - 인산염류 등	○	○		○		○	○			○		○
물분무등소화설비	분말소화설비 - 탄산수소염류 등		○	○		○	○		○		○		
물분무등소화설비	분말소화설비 - 그 밖의 것			○		○			○				
대형·소형수동식소화기	봉상수(棒狀水)소화기	○			○		○	○		○		○	○
대형·소형수동식소화기	무상수(霧狀水)소화기	○	○		○		○	○		○		○	○
대형·소형수동식소화기	봉상강화액소화기	○			○		○	○		○		○	○
대형·소형수동식소화기	무상강화액소화기	○	○		○		○	○		○	○	○	○
대형·소형수동식소화기	포소화기	○			○		○	○		○	○	○	○
대형·소형수동식소화기	이산화탄소소화기		○				○				○		△
대형·소형수동식소화기	할로젠화합물소화기		○				○				○		
대형·소형수동식소화기	분말소화기 - 인산염류소화기	○	○		○		○	○			○		○
대형·소형수동식소화기	분말소화기 - 탄산수소염류소화기		○	○		○	○		○		○		
대형·소형수동식소화기	분말소화기 - 그 밖의 것			○		○			○				
기타	물통 또는 수조	○			○		○	○		○		○	○
기타	건조사			○	○	○	○	○	○	○	○	○	○
기타	팽창질석 또는 팽창진주암			○	○	○	○	○	○	○	○	○	○

답 ②

12 위험물안전관리법령상 알칼리금속과산화물에 적응성이 있는 소화설비는?

① 할로젠화합물소화설비
② 탄산수소염류분말소화설비
③ 물분무소화설비
④ 스프링클러설비

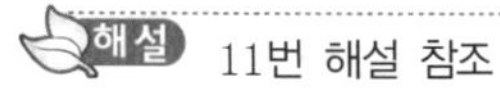

해설 11번 해설 참조

답 ②

13 수성막포소화약제에 사용되는 계면활성제는?

① 염화단백포 계면활성제
② 산소계 계면활성제
③ 황산계 계면활성제
④ 플루오린계 계면활성제

해설 플루오린계 계면활성제포(수성막포) 소화약제

㉠ AFFF(Aqueous Film Forming Foam)라고도 하며, 저장탱크나 그 밖의 시설물을 부식시키지 않는다.
㉡ 피연소물질의 피해를 최소화할 수 있는 장점이 있으며, 방사 후의 처리도 용이하다.
㉢ 유류화재에 탁월한 소화성능이 있으며, 3%형과 6%형이 있다.
㉣ 분말소화약제와 병행사용 시 소화효과가 배가 된다(twin agent system).

답 ④

14 다음 중 강화액소화약제의 주된 소화원리에 해당하는 것은?

① 냉각소화 ② 절연소화
③ 제거소화 ④ 발포소화

해설 강화액소화약제는 물소화약제의 성능을 강화시킨 소화약제로서 물에 탄산칼륨(K_2CO_3)을 용해시킨 소화약제이다.

답 ①

15 Halon 1001의 화학식에서 수소원자의 수는?

① 0 ② 1
③ 2 ④ 3

해설 화학식은 $CBrH_3$이므로, 수소원자는 3개이다.

답 ④

16 질소와 아르곤과 이산화탄소의 용량비가 52대 40대8인 혼합물 소화약제에 해당하는 것은?

① IG-541
② HCFC BLEND A
③ HFC-125
④ HFC-23

해설

소화약제	화학식
퍼플루오로뷰테인 (이하 "FC-3-1-10"이라 한다.)	C_4F_{10}
하이드로클로로플루오로카본혼화제 (이하 "HCFC BLEND A"라 한다.)	HCFC-123($CHCl_2CF_3$) : 4.75% HCFC-22($CHClF_2$) : 82% HCFC-124($CHClFCF_3$) : 9.5% ($C_{10}H_{16}$) : 3.75%
클로로테트라플루오로에테인 (이하 "HCFC-124"라 한다.)	$CHClFCF_3$
펜타플루오로에테인 (이하 "HFC-125"라 한다.)	CHF_2CF_3
헵타플루오로프로페인 (이하 "HFC-227ea"라 한다.)	CF_3CHFCF_3
트라이플루오로메테인 (이하 "HFC-23"이라 한다.)	CHF_3
헥사플루오로프로페인 (이하 "HFC-236fa"라 한다.)	$CF_3CH_2CF_3$
트라이플루오로이오다이드 (이하 "FIC-1311"라 한다.)	CF_3I
불연성·불활성 기체혼합가스 (이하 "IG-01"라 한다.)	Ar
불연성·불활성 기체혼합가스 (이하 "IG-100"라 한다.)	N_2
불연성·불활성 기체혼합가스 (이하 "IG-541"이라 한다.)	N_2 : 52%, Ar : 40%, CO_2 : 8%
불연성·불활성 기체혼합가스 (이하 "IG-55라 한다.)	N_2 : 50%, Ar : 50%
도데카플루오로-2-메틸펜테인-3-원 (이하 "FK-5-1-12"라 한다.)	$CF_3CF_2C(O)CF(CF_3)_2$

답 ①

17 다음 중 탄산칼륨을 물에 용해시킨 강화액소화약제의 pH에 가장 가까운 값은?

① 1　　② 4
③ 7　　④ 12

해설 탄산칼륨 수용액은 알칼리성이므로 pH는 7보다 커야 한다.

답 ④

18 이산화탄소소화약제에 관한 설명 중 틀린 것은?

① 소화약제에 의한 오손이 없다.
② 소화약제 중 증발잠열이 가장 크다.
③ 전기절연성이 있다.
④ 장기간 저장이 가능하다.

해설 소화약제 중 증발잠열이 가장 큰 것은 물로서 539cal/g이다.

답 ②

19 불활성가스소화약제의 기본 성분이 아닌 것은?

① 헬륨　　② 질소
③ 플루오린　　④ 아르곤

해설 16번 해설 참조
플루오린은 할로젠족 원소에 해당한다.

답 ③

20 물과 친화력이 있는 수용성 용매의 화재에 보통의 포소화약제를 사용하면 포가 파괴되기 때문에 소화효과를 잃게 된다. 이와 같은 단점을 보완한 소화약제로 가연성인 수용성 용매의 화재에 유효한 효과를 가지고 있는 것은?

① 알코올형포소화약제
② 단백포소화약제
③ 합성계면활성제포소화약제
④ 수성막포소화약제

해설 수용성 가연성 액체용 포소화약제(알코올형포소화약제) : 알코올류, 케톤류, 에스터류, 아민류, 초산글리콜류 등과 같이 물에 용해되면서 불이 잘 붙는 물질, 즉 수용성 가연성 액체의 소화용 소화약제를 말하며, 이러한 물질의 화재에 포소화약제의 거품이 닿으면 거품이 순식간에 소멸되므로 이런 화재에는 특별히 제조된 포소화약제가 사용되는데 이것을 알코올포(alcohol foam)라고도 한다.

답 ①

21 질산과 과염소산의 공통성질이 아닌 것은?

① 가연성이며 강산화제이다.
② 비중이 1보다 크다.
③ 가연물과의 혼합으로 발화위험이 있다.
④ 물과 접촉하면 발열한다.

해설 질산과 과염소산은 산화성 액체에 해당하며, 불연성 물질이다.

답 ①

22 물과 반응하여 가연성 가스를 발생하지 않는 것은?

① 칼륨　　② 과산화칼륨
③ 탄화알루미늄　　④ 트라이에틸알루미늄

해설 과산화칼륨은 흡습성이 있으므로 물과 접촉하면 발열하며 수산화칼륨(KOH)과 산소(O_2)를 발생한다.
$2K_2O_2 + 2H_2O \rightarrow 4KOH + O_2$

답 ②

23 위험물안전관리법령에서는 특수인화물을 1기압에서 발화점이 100℃ 이하인 것 또는 인화점은 얼마 이하이고 비점이 40℃ 이하인 것으로 정의하는가?

① −10℃　　② −20℃
③ −30℃　　④ −40℃

해설 "특수인화물"이라 함은 이황화탄소, 다이에틸에터, 그 밖에 1기압에서 발화점이 100℃ 이하인 것 또는 인화점이 −20℃ 이하이고 비점이 40℃ 이하인 것을 말한다.

답 ②

24 다음 중 제6류 위험물이 아닌 것은?

① 할로젠간화합물 ② 과염소산
③ 아염소산나트륨 ④ 과산화수소

해설 아염소산나트륨은 제1류 위험물로서 산화성 고체에 해당한다.

답 ③

25 다음 중 제1류 위험물에 해당되지 않는 것은 어느 것인가?

① 염소산칼륨 ② 과염소산암모늄
③ 과산화바륨 ④ 질산구아니딘

해설 질산구아니딘은 제5류 위험물에 해당한다.

답 ④

26 나이트로글리세린의 설명으로 옳은 것은?

① 물에 매우 잘 녹는다.
② 공기 중에서 점화하면 연소하나 폭발의 위험은 없다.
③ 충격에 대하여 민감하여 폭발을 일으키기 쉽다.
④ 제5류 위험물의 나이트로화합물에 속한다.

해설 나이트로글리세린은 점화, 가열, 충격, 마찰에 대단히 민감하고 타격 등에 의해 폭발하며, 강산류와 혼합 시 자연분해를 일으켜 폭발할 위험이 있고 겨울철에는 동결할 우려가 있다.

답 ③

27 과산화나트륨에 대한 설명으로 틀린 것은?

① 알코올에 잘 녹아서 산소와 수소를 발생시킨다.
② 상온에서 물과 격렬하게 반응한다.
③ 비중이 약 2.8이다.
④ 조해성 물질이다.

해설 과산화나트륨의 경우 알코올에는 잘 녹지 않는다.

답 ①

28 다음 위험물 중 지정수량이 나머지 셋과 다른 하나는?

① 마그네슘
② 금속분
③ 철분
④ 황

해설 제2류 위험물의 종류와 지정수량

성질	위험등급	품명	대표품목	지정수량
가연성 고체	II	1. 황화인 2. 적린(P) 3. 황(S)	P_4S_3, P_2S_5, P_4S_7	100kg
	III	4. 철분(Fe) 5. 금속분 6. 마그네슘(Mg)	Al, Zn	500kg
		7. 인화성 고체	고형 알코올	1,000kg

답 ④

29 제4류 위험물의 일반적인 성질에 대한 설명 중 틀린 것은?

① 대부분 유기화합물이다.
② 액체상태이다.
③ 대부분 물보다 가볍다.
④ 대부분 물에 녹기 쉽다.

해설 제4류 위험물의 경우 대부분 물에 녹기 어렵다.

답 ④

30 다음 물질 중 과염소산칼륨과 혼합했을 때 발화폭발의 위험이 가장 높은 것은?

① 석면 ② 금
③ 유리 ④ 목탄

과염소산칼륨은 금속분, 황, 강환원제, 에터, 목탄 등의 가연물과 혼합된 경우 착화에 의해 급격히 연소를 일으키며 충격, 마찰 등에 의해 폭발한다.

답 ④

31 피리딘의 일반적인 성질에 대한 설명 중 틀린 것은?

① 순수한 것은 무색액체이다.
② 약알칼리성을 나타낸다.
③ 물보다 가볍고, 증기는 공기보다 무겁다.
④ 흡습성이 없고, 비수용성이다.

피리딘은 수용성 액체에 해당한다.

답 ④

32 메틸리튬과 물의 반응 생성물로 옳은 것은?

① 메테인, 수소화리튬
② 메테인, 수산화리튬
③ 에테인, 수소화리튬
④ 에테인, 수산화리튬

메틸리튬은 알킬리튬으로서 물과 반응하면 메테인과 수산화리튬이 생성된다.
$CH_3Li + H_2O \rightarrow LiOH + CH_4$

답 ②

33 위험물의 성질에 대한 설명 중 틀린 것은?

① 황린은 공기 중에서 산화할 수 있다.
② 적린은 $KClO_3$와 혼합하면 위험하다.
③ 황은 물에 매우 잘 녹는다.
④ 황화인은 가연성 고체이다.

황은 물, 산에는 녹지 않으며, 알코올에는 약간 녹고, 이황화탄소(CS_2)에는 잘 녹는다(단, 고무상황은 녹지 않는다).

답 ③

34 다음 중 인화점이 가장 높은 것은?

① 등유 ② 벤젠
③ 아세톤 ④ 아세트알데하이드

해설
① 등유 : 39℃ 이상
② 벤젠 : −11℃
③ 아세톤 : −18.5℃
④ 아세트알데하이드 : −40℃

답 ①

35 다음 위험물 중 물보다 가벼운 것은?

① 메틸에틸케톤 ② 나이트로벤젠
③ 에틸렌글리콜 ④ 글리세린

메틸에틸케톤은 아세톤과 유사한 냄새를 가지는 무색의 휘발성 액체로 유기용제로 이용된다. 화학적으로 수용성이지만 위험물안전관리에 관한 세부기준 판정기준으로는 비수용성 위험물로 분류된다. 분자량 72, 액비중 0.806(증기비중 2.44), 비점 80℃, 인화점 −9℃, 발화점 516℃, 연소범위 1.4~11.4%이다.

답 ①

36 다음 중 트라이나이트로톨루엔의 작용기에 해당하는 것은?

① $-NO$ ② $-NO_2$
③ $-NO_3$ ④ $-NO_4$

해설
나이트로기가 수소 대신 치환되었다.

답 ②

37 다음 중 제5류 위험물로만 나열되지 않은 것은?

① 과산화벤조일, 질산메틸
② 과산화초산, 다이나이트로벤젠
③ 과산화요소, 나이트로글리콜
④ 아세토나이트릴, 트라이나이트로톨루엔

해설
아세토나이트릴(CH_3CN)은 제4류 위험물 중 제1석유류에 해당하며, 인화점 20℃, 발화점 524℃, 연소범위 3~16vol%이다.

답 ④

38 제4류 위험물인 클로로벤젠의 지정수량으로 옳은 것은?

① 200L ② 400L
③ 1,000L ④ 2,000L

클로로벤젠은 제2석유류에 해당하며, 비수용성 액체이다.

답 ③

39 **알루미늄분의 성질에 대한 설명으로 옳은 것은?**

① 금속 중에서 연소열량이 가장 작다.
② 끓는 물과 반응해서 수소를 발생한다.
③ 수산화나트륨 수용액과 반응해서 산소를 발생한다.
④ 안전한 저장을 위해 할로젠원소와 혼합한다.

 물과 반응하면 수소가스를 발생한다.
$2Al + 6H_2O \rightarrow 2Al(OH)_3 + 3H_2$

 ②

40 **아조화합물 800kg, 하이드록실아민 300kg, 유기과산화물 40kg의 총 양은 지정수량의 몇 배에 해당하는가?**

① 7배 ② 9배
③ 10배 ④ 11배

 지정수량 배수의 합

$$= \frac{\text{A품목 저장수량}}{\text{A품목 지정수량}} + \frac{\text{B품목 저장수량}}{\text{B품목 지정수량}} + \frac{\text{C품목 저장수량}}{\text{C품목 지정수량}} + \cdots$$

$$= \frac{800\text{kg}}{200\text{kg}} + \frac{300\text{kg}}{100\text{kg}} + \frac{40\text{kg}}{10\text{kg}} = 11$$

답 ④

41 **위험물안전관리법령상 위험물제조소에 설치하는 배출설비에 대한 내용으로 틀린 것은?**

① 배출설비는 예외적인 경우를 제외하고는 국소방식으로 하여야 한다.
② 배출설비는 강제배출방식으로 한다.
③ 급기구는 낮은 장소에 설치하고 인화방지망을 설치한다.
④ 배출구는 지상 2m 이상 높이에 연소의 우려가 없는 곳에 설치한다.

 급기구는 높은 곳에 설치하고, 가는 눈의 구리망 등으로 인화방지망을 설치할 것

답 ③

42 **위험물안전관리법령상 주유취급소 중 건축물의 2층을 휴게음식점의 용도로 사용하는 것에 있어 해당 건축물의 2층으로부터 직접 주유취급소의 부지 밖으로 통하는 출입구와 해당 출입구로 통하는 통로·계단에 설치하여야 하는 것은 어느 것인가?**

① 비상경보설비
② 유도등
③ 비상조명등
④ 확성장치

 주유취급소 중 건축물의 2층 이상의 부분을 점포 · 휴게음식점 또는 전시장의 용도로 사용하는 것에 있어서는 해당 건축물의 2층 이상으로부터 직접 주유취급소의 부지 밖으로 통하는 출입구와 해당 출입구로 통하는 통로 · 계단 및 출입구에 유도등을 설치하여야 한다.

답 ②

43 **아염소산나트륨의 저장 및 취급 시 주의사항으로 가장 거리가 먼 것은?**

① 물속에 넣어 냉암소에 저장한다.
② 강산류와의 접촉을 피한다.
③ 취급 시 충격, 마찰을 피한다.
④ 가연성 물질과 접촉을 피한다.

 아염소산나트륨은 건조한 냉암소에 저장, 습기에 주의하며 용기는 밀봉한다.

답 ①

44 **인화점이 21℃ 미만인 액체위험물의 옥외저장탱크 주입구에 설치하는 "옥외저장탱크 주입구"라고 표시한 게시판의 바탕 및 문자 색을 옳게 나타낸 것은?**

① 백색바탕－적색문자
② 적색바탕－백색문자
③ 백색바탕－흑색문자
④ 흑색바탕－백색문자

답 ③

45 위험물의 운반에 관한 기준에서 다음 (　　) 에 알맞은 온도는 몇 ℃인가?

> 적재하는 제5류 위험물 중 (　　)℃ 이하의 온도에서 분해될 우려가 있는 것은 보냉컨테이너에 수납하는 등 적정한 온도관리를 유지하여야 한다.

① 40　② 50
③ 55　④ 60

답 ③

46 위험물안전관리법령상 배출설비를 설치하여야 하는 옥내저장소의 기준에 해당하는 것은?

① 가연성 증기가 액화할 우려가 있는 장소
② 모든 장소의 옥내저장소
③ 가연성 미분이 체류할 우려가 있는 장소
④ 인화점이 70℃ 미만인 위험물의 옥내저장소

답 ④

47 위험물안전관리법령상 연면적이 $450m^2$인 저장소의 건축물 외벽이 내화구조가 아닌 경우 이 저장소의 소화기 소요단위는?

① 3
② 4.5
③ 6
④ 9

해설 $\frac{450}{75}=6$

소요단위 : 소화설비의 설치대상이 되는 건축물의 규모 또는 위험물 양에 대한 기준단위		
1단위	제조소 또는 취급소용 건축물의 경우	내화구조 외벽을 갖춘 연면적 $100m^2$
		내화구조 외벽이 아닌 연면적 $50m^2$
	저장소 건축물의 경우	내화구조 외벽을 갖춘 연면적 $150m^2$
		내화구조 외벽이 아닌 연면적 $75m^2$
	위험물의 경우	지정수량의 10배

답 ③

48 위험물안전관리법령상 위험물안전관리자의 책무에 해당하지 않는 것은?

① 화재 등의 재난이 발생할 경우 소방관서 등에 대한 연락업무
② 화재 등의 재난이 발생한 경우 응급조치
③ 위험물의 취급에 관한 일지의 작성 · 기록
④ 위험물안전관리자의 선임 · 신고

해설 ④는 제조소 등의 관계인이 해야 한다.

답 ④

49 위험물안전관리법령상 옥내소화전설비의 기준에 따르면 펌프를 이용한 가압송수장치에서 펌프의 토출량은 옥내소화전의 설치개수가 가장 많은 층에 대해 해당 설치개수(5개 이상인 경우에는 5개)에 얼마를 곱한 양 이상이 되도록 하여야 하는가?

① 260L/min　② 360L/min
③ 460L/min　④ 560L/min

해설 옥내소화전 수원의 수량은 옥내소화전이 가장 많이 설치된 층의 옥내소화전 설치개수(설치개수가 5개 이상인 경우는 5개)에 $7.8m^3$를 곱한 양 이상이 되도록 설치할 것

수원의 양(Q) : $Q(m^3)=N\times7.8m^3$ (N, 5개 이상인 경우 5개)

즉, $7.8m^3$란 법정 방수량 260L/min으로 30min 이상 기동할 수 있는 양

답 ①

50 위험물안전관리법령상 주유취급소에 설치 · 운영할 수 없는 건축물 또는 시설은?

① 주유취급소를 출입하는 사람을 대상으로 하는 그림전시장
② 주유취급소를 출입하는 사람을 대상으로 하는 일반음식점
③ 주유원 주거시설
④ 주유취급소를 출입하는 사람을 대상으로 하는 휴게음식점

해설 주유취급소에 설치할 수 있는 건축물
㉠ 주유 또는 등유 · 경유를 옮겨 담기 위한 작업장
㉡ 주유취급소의 업무를 행하기 위한 사무소
㉢ 자동차 등의 점검 및 간이정비를 위한 작업장
㉣ 자동차 등의 세정을 위한 작업장
㉤ 주유취급소에 출입하는 사람을 대상으로 한 점포 · 휴게음식점 또는 전시장
㉥ 주유취급소의 관계자가 거주하는 주거시설
㉦ 전기자동차용 충전설비(전기를 동력원으로 하는 자동차에 직접 전기를 공급하는 설비를 말한다. 이하 같다)
㉧ 그 밖의 소방청장이 정하여 고시하는 건축물 또는 시설
㉨ 위의 ㉡, ㉢ 및 ㉤의 용도에 제공하는 부분의 면적의 합은 1,000m^2를 초과할 수 없다.

 답 ②

51 제2류 위험물 중 인화성 고체의 제조소에 설치하는 주의사항 게시판에 표시할 내용을 옳게 나타낸 것은?

① 적색바탕에 백색문자로 "화기엄금" 표시
② 적색바탕에 백색문자로 "화기주의" 표시
③ 백색바탕에 적색문자로 "화기엄금" 표시
④ 백색바탕에 적색문자로 "화기주의" 표시

해설

유별	구분	표시사항
제1류 위험물 (산화성 고체)	알칼리금속의 과산화물	"화기 · 충격주의" "물기엄금" "가연물접촉주의"
	그 밖의 것	"화기 · 충격주의" "가연물접촉주의"
제2류 위험물 (가연성 고체)	철분 · 금속분 · 마그네슘	"화기주의" "물기엄금"
	인화성 고체	"화기엄금"
	그 밖의 것	"화기주의"
제3류 위험물 (자연발화성 및 금수성 물질)	자연발화성 물질	"화기엄금" "공기접촉엄금"
	금수성 물질	"물기엄금"
제4류 위험물 (인화성 액체)	–	"화기엄금"
제5류 위험물 (자기반응성 물질)	–	"화기엄금" 및 "충격주의"
제6류 위험물 (산화성 액체)	–	"가연물접촉주의"

답 ①

52 위험물안전관리법령상 옥내탱크저장소의 기준에서 옥내저장탱크 상호간에는 몇 m 이상의 간격을 유지하여야 하는가?

① 0.3　② 0.5
③ 0.7　④ 1.0

 해설 옥내저장탱크와 탱크 전용실의 벽과의 사이 및 옥내저장탱크의 상호간에는 0.5m 이상의 간격을 유지할 것

답 ②

53 위험물안전관리법령상 소화전용 물통 8L의 능력단위는?

① 0.3　② 0.5
③ 1.0　④ 1.5

 해설

소화약제	약제 양	단위
마른모래	50L (삽 1개 포함)	0.5
팽창질석, 팽창진주암	160L (삽 1개 포함)	1
소화전용 물통	8L	0.3
수조	190L (소화전용 물통 6개 포함)	2.5
	80L (소화전용 물통 3개 포함)	1.5

답 ①

54 위험물안전관리법령상 제4류 위험물의 품명에 따른 위험등급과 옥내저장소 하나의 저장창고 바닥면적 기준을 옳게 나열한 것은? (단, 전용의 독립된 단층건물에 설치하며, 구획된 실이 없는 하나의 저장창고인 경우에 한한다.)

① 제1석유류 : 위험등급 Ⅰ, 최대 바닥면적 1,000m^2
② 제2석유류 : 위험등급 Ⅰ, 최대 바닥면적 2,000m^2
③ 제3석유류 : 위험등급 Ⅱ, 최대 바닥면적 2,000m^2
④ 알코올류 : 위험등급 Ⅱ, 최대 바닥면적 1,000m^2

해설 하나의 저장창고의 바닥면적

위험물을 저장하는 창고	바닥면적
가. ㉠ 제1류 위험물 중 아염소산염류, 염소산염류, 과염소산염류, 무기과산화물, 그 밖에 지정수량이 50kg인 위험물 ㉡ 제3류 위험물 중 칼륨, 나트륨, 알킬알루미늄, 알킬리튬, 그 밖에 지정수량이 10kg인 위험물 및 황린 ㉢ 제4류 위험물 중 특수인화물, 제1석유류 및 알코올류 ㉣ 제5류 위험물 중 유기과산화물, 질산에스터류, 그 밖에 지정수량이 10kg인 위험물 ㉤ 제6류 위험물	1,000m^2 이하
나. ㉠~㉤ 외의 위험물을 저장하는 창고	2,000m^2 이하
다. 내화구조의 격벽으로 완전히 구획된 실에 각각 저장하는 창고 (가목의 위험물을 저장하는 실의 면적은 500m^2를 초과할 수 없다.)	1,500m^2 이하

답 ④

55 위험물옥외저장탱크의 통기관에 관한 사항으로 옳지 않는 것은?

① 밸브 없는 통기관의 직경은 30mm 이상으로 한다.

② 대기밸브부착 통기관은 항시 열려 있어야 한다.

③ 밸브 없는 통기관의 선단은 수평면보다 45도 이상 구부려 빗물 등의 침투를 막는 구조로 한다.

④ 대기밸브부착 통기관은 5kPa 이하의 압력차이로 작동할 수 있어야 한다.

해설 대기밸브부착 통기관은 5kPa 이하의 압력차이로 작동할 수 있어야 한다.

답 ②

56 다음 중 위험물안전관리법령상 지정수량의 1/10을 초과하는 위험물을 운반할 때 혼재할 수 없는 경우는?

① 제1류 위험물과 제6류 위험물

② 제2류 위험물과 제4류 위험물

③ 제4류 위험물과 제5류 위험물

④ 제5류 위험물과 제3류 위험물

해설 유별을 달리하는 위험물의 혼재기준

구분	제1류	제2류	제3류	제4류	제5류	제6류
제1류		×	×	×	×	○
제2류	×		×	○	○	×
제3류	×	×		○	×	×
제4류	×	○	○		○	×
제5류	×	○	×	○		×
제6류	○	×	×	×	×	

※ 이 표는 지정수량의 $\frac{1}{10}$ 이하의 위험물에 대하여는 적용하지 아니한다.

답 ④

57 이동저장탱크에 알킬알루미늄을 저장하는 경우에 불활성 기체를 봉입하는데 이때의 압력은 몇 kPa 이하이어야 하는가?

① 10 ② 20

③ 30 ④ 40

해설 상용압력은 20kPa 이하이어야 한다.

답 ②

58 위험물 옥외저장소에서 지정수량 200배 초과의 위험물을 저장할 경우 경계표시 주위의 보유공지 너비는 몇 m 이상으로 하여야 하는가? (단, 제4류 위험물과 제6류 위험물이 아닌 경우이다.)

① 0.5 ② 2.5

③ 10 ④ 15

해설 옥외저장소 보유공지

저장 또는 취급하는 위험물의 최대수량	공지의 너비
지정수량의 10배 이하	3m 이상
지정수량의 10배 초과 20배 이하	5m 이상
지정수량의 20배 초과 50배 이하	9m 이상
지정수량의 50배 초과 200배 이하	12m 이상
지정수량의 200배 초과	15m 이상

제4류 위험물 중 제4석유류와 제6류 위험물을 저장 또는 취급하는 보유공지는 공지너비의 $\frac{1}{3}$ 이상으로 할 수 있다.

답 ④

59 위험물안전관리법령상 옥외저장소 중 덩어리상태의 황만을 지반면에 설치한 경계표시의 안쪽에서 저장 또는 취급할 때 경계표시의 높이는 몇 m 이하로 하여야 하는가?

① 1　　② 1.5
③ 2　　④ 2.5

옥외저장소 중 덩어리상태의 황만을 지반면에 설치한 경계표시의 안쪽에서 저장 또는 취급하는 것에 대한 기준

㉠ 하나의 경계표시의 내부의 면적은 $100m^2$ 이하일 것
㉡ 2 이상의 경계표시를 설치하는 경우에 있어서는 각각의 경계표시 내부의 면적을 합산한 면적은 $1,000m^2$ 이하로 하고, 인접하는 경계표시와 경계표시와의 간격은 공지 너비의 2분의 1 이상으로 할 것. 다만, 저장 또는 취급하는 위험물의 최대수량이 지정수량의 200배 이상인 경우에는 10m 이상으로 하여야 한다.
㉢ 경계표시는 불연재료로 만드는 동시에 황이 새지 아니하는 구조로 할 것
㉣ 경계표시의 높이는 1.5m 이하로 할 것
㉤ 경계표시에는 황이 넘치거나 비산하는 것을 방지하기 위한 천막 등을 고정하는 장치를 설치하되, 천막 등을 고정하는 장치는 경계표시의 길이 2m마다 한 개 이상 설치할 것
㉥ 황을 저장 또는 취급하는 장소의 주위에는 배수구와 분리장치를 설치할 것

답 ②

60 그림과 같은 위험물 저장탱크의 내용적은 약 몇 m^3인가?

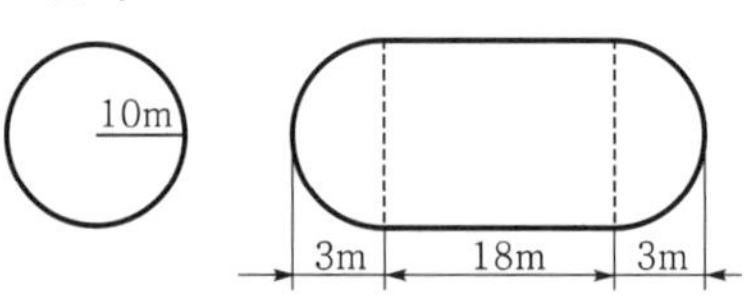

① 4,681　　② 5,482
③ 6,283　　④ 7,080

가로(수평)로 설치한 것

$$V=\pi r^2\left[l+\frac{l_1+l_2}{3}\right]$$

$$=\pi\times10^2\left[18+\frac{3+3}{3}\right]$$

$$=6,283m^3$$

답 ③

PART

8 최근 핵심기출 100선

위험물기능사 필기

위험물기능사 필기 최근 핵심기출 100선

Part 8에서는 CBT 시행(2016년 5회 시험) 이후 최근 회차까지 반복되어 자주 출제되는 중요 문제들을 선별하여 실었습니다.
완전히 똑같은 문제가 출제되지 않더라도 같은 내용과 유사한 유형의 문제들이 자주 출제되고 있으니 이 파트의 문제들은 꼼꼼히 학습하고 넘어가시길 바랍니다.

CBT 기출 최근 핵심기출 100선

01 A · B · C급에 모두 적용할 수 있는 분말소화약제는?

① 제1종 분말　② 제2종 분말
③ 제3종 분말　④ 제4종 분말

해설 분말소화약제

종류	주성분	분자식	착색	적응화재
제1종	탄산수소나트륨(중탄산나트륨)	$NaHCO_3$	−	B, C급
제2종	탄산수소칼륨(중탄산칼륨)	$KHCO_3$	담회색	B, C급
제3종	제1인산암모늄	$NH_4H_2PO_4$	담홍색 또는 황색	A, B, C급
제4종	탄산수소칼륨+요소	$KHCO_3+CO(NH_2)_2$	−	B, C급

답 ③

02 할로젠화합물의 소화약제 중 할론 2402의 화학식은?

① $C_2Br_4F_2$　② $C_2Cl_4F_2$
③ $C_2Cl_4Br_2$　④ $C_2F_4Br_2$

할론소화약제	화학식	화학명
할론 104	CCl_4	사염화탄소
할론 1301	CF_3Br	브로모트라이플루오로메테인
할론 1211	CF_2ClBr	브로모클로로다이플루오로메테인
할론 2402	$C_2F_4Br_2$	다이브로모테트라플루오로에테인

답 ④

03 제3종 분말소화약제의 열분해반응식을 옳게 나타낸 것은?

① $NH_4H_2PO_4 \rightarrow HPO_3+NH_3+H_2O$
② $2KNO_3 \rightarrow 2KNO_2+O_2$
③ $KClO_4 \rightarrow KCl+2O_2$
④ $2CaHCO_3 \rightarrow 2CaO+H_2CO_3$

- 제1종 분말소화약제
  $2NaHCO_3 \rightarrow Na_2CO_3+H_2O+CO_2$
- 제2종 분말소화약제
  $2KHCO_3 \rightarrow K_2CO_3+H_2O+CO_2$
- 제3종 분말소화약제
  $NH_4H_2PO_4 \rightarrow NH_3+H_2O+HPO_3$
- 제4종 분말소화약제
  $2KHCO_3+CO(NH_2)_2 \rightarrow K_2CO_3+NH_3+CO_2$

답 ①

04 위험물은 지정수량의 몇 배를 1소요단위로 하는가?

① 1　② 10
③ 50　④ 100

해설 소요단위 : 소화설비의 설치대상이 되는 건축물의 규모 또는 위험물 양에 대한 기준단위

1단위	제조소 또는 취급소용 건축물의 경우	내화구조 외벽을 갖춘 연면적 $100\,m^2$
		내화구조 외벽이 아닌 연면적 $50\,m^2$
	저장소 건축물의 경우	내화구조 외벽을 갖춘 연면적 $150\,m^2$
		내화구조 외벽이 아닌 연면적 $75\,m^2$
	위험물의 경우	지정수량의 10배

답 ②

05 운송책임자의 감독 · 지원을 받아 운송하여야 하는 위험물에 해당하는 것은?

① 칼륨, 나트륨

② 알킬알루미늄, 알킬리튬

③ 제1석유류, 제2석유류

④ 나이트로글리세린, 트라이나이트로톨루엔

해설 운송책임자의 감독 · 지원을 받아 운송하여야 하는 것으로 대통령령이 정하는 위험물

㉠ 알킬알루미늄

㉡ 알킬리튬

㉢ 알킬알루미늄, 알킬리튬을 함유하는 위험물

답 ②

06 위험물의 운반에 관한 기준에서 다음 위험물 중 혼재가능한 것끼리 연결된 것은? (단, 지정수량의 10배이다.)

① 제1류－제6류 ② 제2류－제3류

③ 제3류－제5류 ④ 제5류－제1류

해설 유별 위험물의 혼재기준

위험물의 구분	제1류	제2류	제3류	제4류	제5류	제6류
제1류		×	×	×	×	○
제2류	×		×	○	○	×
제3류	×	×		○	×	×
제4류	×	○	○		○	×
제5류	×	○	×	○		×
제6류	○	×	×	×	×	

답 ①

07 위험물저장소에서 다음과 같이 제4류 위험물을 저장하고 있는 경우 지정수량의 몇 배가 보관되어 있는가?

㉠ 다이에틸에터 : 50L
㉡ 이황화탄소 : 150L
㉢ 아세톤 : 800L

① 4배 ② 5배

③ 6배 ④ 8배

해설 지정수량 배수의 합

$$=\frac{\text{A품목의 저장수량}}{\text{A품목의 지정수량}}+\frac{\text{B품목의 저장수량}}{\text{B품목의 지정수량}}+\cdots$$

지정수량
- 다이에틸에터 : 50L
- 이황화탄소 : 50L
- 아세톤 : 400L

$$\therefore \text{ 지정수량의 배수}=\frac{50}{50}+\frac{150}{50}+\frac{800}{400}$$

$$=6\text{배}$$

답 ③

08 자연발화의 방지법이 아닌 것은?

① 습도를 높게 유지할 것

② 저장실의 온도를 낮출 것

③ 퇴적 및 수납 시 열축적이 없을 것

④ 통풍을 잘 시킬 것

자연발화의 방지방법

㉠ 습도를 낮게 유지한다.

㉡ 저장실의 온도를 저온으로 유지한다.

㉢ 통풍이 잘 되게 한다.

㉣ 불활성 가스를 주입하여 공기와의 접촉을 피한다.

답 ①

09 다음 중 분진폭발의 원인물질로 작용할 위험성이 가장 낮은 것은?

① 마그네슘 분말

② 밀가루

③ 담배 분말

④ 시멘트 분말

분진폭발은 가연성 분진이 공기 중에 부유하다 점화원을 만나면서 폭발하는 현상이다.

분진폭발의 위험성이 없는 물질

㉠ 생석회(CaO)(시멘트의 주성분)

㉡ 석회석 분말

㉢ 시멘트

㉣ 수산화칼슘(소석회 : $Ca(OH)_2$)

답 ④

10 **팽창질석(삽 1개 포함) 160L의 소화능력 단위는?**

① 0.5
② 1.0
③ 1.5
④ 2.0

해설 소화기구의 소화능력

소화설비	용량	능력단위
마른모래	50L (삽 1개 포함)	0.5
팽창질석, 팽창진주암	160L (삽 1개 포함)	1
소화전용 물통	8L	0.3
수조	190L (소화전용 물통 6개 포함)	2.5
	80L (소화전용 물통 3개 포함)	1.5

답 ②

11 **위험물제조소 등에 경보설비를 설치해야 하는 경우가 아닌 것은? (단, 지정수량의 10배 이상을 저장 또는 취급하는 경우이다.)**

① 이동탱크저장소
② 단층건물로 처마높이가 6m인 옥내저장소
③ 단층건물 외의 건축물에 설치된 옥내탱크저장소로서 소화난이도 등급 I에 해당하는 것
④ 옥내주유취급소

해설

제조소 등의 구분	제조소 등의 규모, 저장 또는 취급하는 위험물의 종류 및 최대수량 등	경보설비
제조소 및 일반취급소	• 연면적 500m^2 이상인 것 • 옥내에서 지정수량의 100배 이상을 취급하는 것 • 일반취급소로 사용되는 부분 외의 부분이 있는 건축물에 설치된 일반취급소	자동화재탐지설비
옥내저장소	• 지정수량의 100배 이상을 저장 또는 취급하는 것 • 저장창고의 연면적이 150m^{2}를 초과하는 것[해당 저장창고가 연면적 15m^2 이내마다 불연재료의 격벽으로 개구부 없이 완전히 구획된 것과 제2류 또는 제4류의 위험물(인화성 고체 및 인화점이 70℃ 미만인 제4류 위험물을 제외한다)만을 저장 또는 취급하는 것에 있어서는 저장창고의 연면적이 500m^2 이상의 것에 한한다.] • 처마높이가 6m 이상인 단층건물의 것 • 옥내저장소로 사용되는 부분 외의 부분이 있는 건축물에 설치된 옥내저장소[옥내저장소와 옥내저장소 외의 부분이 내화구조의 바닥 또는 벽으로 개구부 없이 구획된 것과 제2류 또는 제4류 위험물(인화성 고체 및 인화점이 70℃ 미만인 제4류 위험물을 제외한다)만을 저장 또는 취급하는 것을 제외한다.]	자동화재탐지설비
옥내탱크저장소	단층건물 외의 건축물에 설치된 옥내탱크저장소로서 소화난이도 등급 I에 해당하는 것	
주유취급소	옥내주유취급소	

답 ①

12 **다음은 위험물 탱크의 공간용적에 관한 내용이다. ( ) 안에 숫자를 차례대로 올바르게 나열한 것은? (단, 소화설비를 설치하는 경우와 암반탱크는 제외한다.)**

> 탱크의 공간용적은 탱크 내용적의 100분의 ( ) 이상 100분의 ( ) 이하의 용적으로 한다.

① 5, 10
② 5, 15
③ 10, 15
④ 10, 20

해설 위험물안전관리에 관한 세부기준 제25조(탱크의 내용적 및 공간용적)

㉠ 탱크의 공간용적은 탱크의 내용적의 100분의 5 이상 100분의 10 이하의 용적으로 한다. 다만, 소화설비를 설치하는 탱크의 공간용적은 해당 소화설비의 소화약제방출구 아래의 0.3미터 이상 1미터 사이의 면으로부터 윗부분의 용적으로 한다.

㉡ ㉠의 규정에 불구하고 암반탱크에 있어서는 해당 탱크 내에 용출하는 7일간의 지하수의 양에 상당하는 용적과 해당탱크의 내용적의 100분의 1의 용적 중에서 보다 큰 용적을 공간용적으로 한다.

답 ①

13 물과 접촉하면 위험성이 증가하므로 주수소화를 할 수 없는 물질은?

① $KClO_3$ ② $NaNO_3$

③ Na_2O_2 ④ $(C_6H_5CO)_2O_2$

해설 제1류 위험물(산화성 고체) 중 무기과산화물은 분자 내에 불안정한 과산화물(−O−O−)을 가지고 있기 때문에 물과 쉽게 반응하여 산소가스(O_2)를 방출하며 발열을 동반한다.(주수소화 불가)

답 ③

14 위험물제조소에 설치하는 안전장치 중 위험물의 성질에 따라 안전밸브의 작동이 곤란한 가압설비에 한하여 설치하는 것은?

① 파괴판

② 안전밸브를 병용하는 경보장치

③ 감압측에 안전밸브를 부착한 감압밸브

④ 연성계

해설 위험물안전관리법 시행규칙 제28조 별표 4(제조소의 위치 · 구조 및 설비의 기준)

㉠ 자동적으로 압력의 상승을 정지시키는 장치

㉡ 감압측에 안전밸브를 부착한 감압밸브

㉢ 안전밸브를 병용하는 경보장치

㉣ 파괴판(위험물의 성질에 따라 안전밸브의 작동이 곤란한 가압설비에 한한다.)

답 ①

15 위험물안전관리법령에 따라 다음 (   ) 안에 알맞은 용어는?

> 주유취급소 중 건축물의 2층 이상의 부분을 점포 · 휴게음식점 또는 전시장의 용도로 사용하는 것에 있어서는 해당 건축물의 2층 이상으로부터 직접 주유취급소의 부지 밖으로 통하는 출입구와 해당 출입구로 통하는 통로 · 계단 및 출입구에 (   )을(를) 설치하여야 한다.

① 피난사다리 ② 경보기

③ 유도등 ④ CCTV

해설 위험물안전관리법 시행규칙 별표 17(피난설비의 기준)

㉠ 주유취급소 중 건축물의 2층 이상의 부분을 점포 · 휴게음식점 또는 전시장의 용도로 사용하는 것에 있어서는 해당 건축물의 2층 이상으로부터 직접 주유취급소의 부지 밖으로 통하는 출입구와 해당 출입구로 통하는 통로 · 계단 및 출입구에 유도등을 설치하여야 한다.

㉡ 옥내주유취급소에 있어서는 해당 사무소 등의 출입구 및 피난구와 해당 피난구로 통하는 통로 · 계단 및 출입구에 유도등을 설치하여야 한다.

㉢ 유도등에는 비상전원을 설치하여야 한다.

답 ③

16 위험물의 운반에 관한 기준에서 적재방법 기준으로 틀린 것은?

① 고체위험물은 운반용기의 내용적 95% 이하의 수납률로 수납할 것

② 액체위험물은 운반용기의 내용적 98% 이하의 수납률로 수납할 것

③ 알킬알루미늄은 운반용기 내용적 95% 이하의 수납률로 수납하되, 50℃의 온도에서 5% 이상의 공간용적을 유지할 것

④ 제3류 위험물 중 자연발화성 물질에 있어서는 불활성 기체를 봉입하여 밀봉하는 등 공기와 접하지 아니하도록 할 것

해설 알킬알루미늄 등은 운반용기의 내용적 90% 이하의 수납률로 수납하되, 50℃의 온도에서 5% 이상의 공간용적을 유지하도록 할 것

답 ③

17 다음 중 서로 반응할 때 수소가 발생하지 않는 것은?

① 리튬+염산
② 탄화칼슘+물
③ 수소화칼슘+물
④ 루비듐+물

- 리튬 : $2Li+2HCl \rightarrow 2LiCl+H_2$
- 탄화칼슘 : $CaC_2+2H_2O \rightarrow Ca(OH)_2+C_2H_2$
- 수소화칼슘 : $CaH_2+2H_2O \rightarrow Ca(OH)_2+2H_2$
- 루비듐 : $2Rb+2H_2O \rightarrow 2RbOH+H_2$

 ②

18 메탄올과 비교한 에탄올의 성질에 대한 설명 중 틀린 것은?

① 인화점이 낮다.
② 발화점이 낮다.
③ 증기비중이 크다.
④ 비점이 높다.

메탄올과 에탄올의 비교

물질	분자량	증기비중	인화점
메탄올(CH_3OH)	32g/mol	1.10	11℃
에탄올(C_2H_5OH)	46g/mol	1.59	13℃

메탄올의 인화점이 더 낮다.

 ①

19 다음 중 위험물안전관리법상 위험물에 해당하는 것은?

① 아황산
② 비중이 1.41인 질산
③ 53μm의 표준체를 통과하는 것이 50wt% 이상인 철의 분말
④ 농도가 15wt%인 과산화수소

해설 위험물의 한계기준

유별	구분	기준
제2류 위험물 (가연성 고체)	황 (S)	순도 60% 이상인 것
	철분 (Fe)	53μm를 통과하는 것이 50wt% 이상인 것
	마그네슘 (Mg)	2mm의 체를 통과하지 아니하는 덩어리상태의 것과 직경 2mm 이상의 막대모양의 것은 제외
제6류 위험물 (산화성 액체)	과산화수소 (H_2O_2)	농도 36wt% 이상인 것
	질산 (HNO_3)	비중 1.49 이상인 것

답 ③

20 정기점검대상 제조소 등에 해당하지 않는 것은?

① 이동탱크저장소
② 지정수량 100배 이상의 위험물 옥외저장소
③ 지정수량 100배 이상의 위험물 옥내저장소
④ 이송취급소

정기점검대상 제조소 등

㉮ 예방규정대상 제조소 등
  ㉠ 지정수량의 10배 이상의 위험물을 취급하는 제조소, 일반취급소
  ㉡ 지정수량의 100배 이상의 위험물을 저장하는 옥외저장소
  ㉢ 지정수량의 150배 이상의 위험물을 저장하는 옥내저장소
  ㉣ 지정수량의 200배 이상의 위험물을 저장하는 옥외탱크저장소
  ㉤ 암반탱크저장소
  ㉥ 이송취급소
㉯ 지하탱크저장소
㉰ 이동탱크저장소
㉱ 위험물을 취급하는 탱크로서 지하에 매설된 탱크가 있는 제조소, 주유취급소 또는 일반취급소

 ③

21 **칼륨의 저장 시 사용하는 보호물질로 다음 중 가장 적합한 것은?**

① 에탄올 ② 사염화탄소
③ 등유 ④ 이산화탄소

칼륨(K)은 제3류 위험물(자연발화성 및 금수성 물질)로 보호액으로는 산소원자(O)가 없는 석유류(등유, 경유, 휘발유 등)에 보관한다.

답 ③

22 **액화이산화탄소 1kg이 25℃, 2atm에서 방출되어 모두 기체가 되었다. 방출된 기체상의 이산화탄소 부피는 약 몇 L인가?**

① 278 ② 556
③ 1,111 ④ 1,985

이상기체 상태방정식

$$PV=nRT \rightarrow PV=\frac{wRT}{M}$$

$$V=\frac{wBT}{PM}$$

$$=\frac{1\times10^3\text{g}\cdot0.082\text{atm}\cdot\text{L/K}\cdot\text{mol}(25+273.15)\text{K}}{2\text{atm}\cdot44\text{g/mol}}$$

$$≒278\text{L}$$

답 ①

23 **제조소의 옥외에 모두 3기의 휘발유 취급탱크를 설치하고 그 주위에 방유제를 설치하고자 한다. 방유제 안에 설치하는 각 취급탱크의 용량이 5만L, 3만L, 2만L일 때 필요한 방유제의 용량은 몇 L 이상인가?**

① 66,000 ② 60,000
③ 33,000 ④ 30,000

방유제의 용량
㉠ 하나의 취급탱크의 방유제 : 해당 탱크용량의 50% 이상
㉡ 위험물제조소의 옥외에 있는 위험물 취급탱크의 방유제
- 1기일 때 : 탱크용량×0.5(50%)
- 2기 이상일 때 : 최대탱크용량×0.5+(나머지 탱크용량 합계×0.1)

취급하는 탱크가 2기 이상이므로
∴ 방유제 용량
=(50,000L×0.5)+(30,000×0.1)
+(20,000L×0.1)
=30,000L

답 ④

24 **위험물을 취급함에 있어서 정전기가 발생할 우려가 있는 설비에 정전기를 유효하게 제거할 수 있는 방법에 해당하지 않는 것은 어느 것인가?**

① 위험물의 유속을 높이는 방법
② 공기를 이온화하는 방법
③ 공기 중의 상대습도를 70% 이상으로 하는 방법
④ 접지에 의한 방법

정전기를 유효하게 제거하는 방법
㉠ 공기를 이온화한다.
㉡ 접지한다.
㉢ 상대습도를 70% 이상 유지한다.

답 ①

25 **그림과 같은 위험물저장탱크의 내용적은 약 몇 m^3인가?**

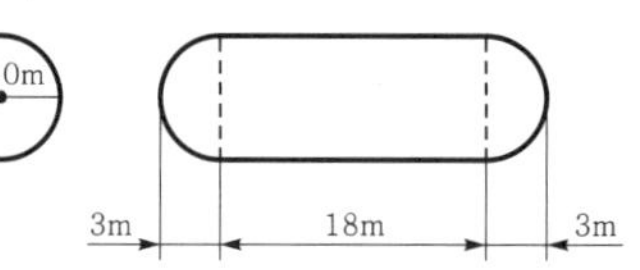

① 4,681
② 5,482
③ 6,283
④ 7,080

탱크의 내용적

$$Q=\pi r^2\left(l+\frac{l_1+l_2}{3}\right)$$

$$=\pi\times10^2\times\left(18+\frac{3+3}{3}\right)$$

$$≒6,283\text{m}^3$$

답 ③

26 이동탱크저장소에 의한 위험물의 운송 시 준수하여야 하는 기준에서 다음 중 어떤 위험물을 운송할 때 위험물운송자는 위험물안전카드를 휴대하여야 하는가?

① 특수인화물 및 제1석유류
② 알코올류 및 제2석유류
③ 제3석유류 및 동·식물유류
④ 제4석유류

위험물(제4류 위험물에 있어서는 특수인화물 및 제1석유류에 한한다)을 운송하게 하는 자는 별지 제48호 서식의 위험물안전카드를 위험물운송자로 하여금 휴대하게 할 것

답 ①

27 제조소의 게시판 사항 중 위험물의 종류에 따른 주의사항이 옳게 연결된 것은?

① 제2류 위험물(인화성 고체 제외)－화기엄금
② 제3류 위험물 중 금수성 물질－물기엄금
③ 제4류 위험물－화기주의
④ 제5류 위험물－물기엄금

취급하는 위험물의 종류에 따른 주의사항

유별	구분	표시사항
제1류 위험물 (산화성 고체)	알칼리금속의 과산화물	화기·충격주의 물기엄금 및 가연물접촉주의
	그 밖의 것	화기·충격주의 및 가연물접촉주의
제2류 위험물 (가연성 고체)	철분·금속분·마그네슘	화기주의 및 물기엄금
	인화성 고체	화기엄금
	그 밖의 것	화기주의
제3류 위험물 (자연발화성 및 금수성 물질)	자연발화성 물질	화기엄금 및 공기접촉엄금
	금수성 물질	물기엄금
제4류 위험물 (인화성 액체)	인화성 액체	화기엄금
제5류 위험물 (자기반응성 물질)	자기반응성 물질	화기엄금 및 충격주의
제6류 위험물 (산화성 액체)	산화성 액체	가연물접촉주의

답 ②

28 위험물의 유별에 따른 성질과 해당 품명의 예가 잘못 연결된 것은?

① 제1류 : 산화성 고체－무기과산화물
② 제2류 : 가연성 고체－금속분
③ 제3류 : 자연발화성 물질 및 금수성 물질－황화인
④ 제5류 : 자기반응성 물질－하이드록실아민염류

③ 황화인 : 제2류 위험물(가연성 고체)

답 ③

29 다음 중 황린에 대한 설명으로 옳지 않은 것은 어느 것인가?

① 연소하면 악취가 있는 검은색 연기를 낸다.
② 공기 중에서 자연발화할 수 있다.
③ 수중에 저장하여야 한다.
④ 자체 증기도 유독하다.

황린(P_4) : 제3류 위험물(자연발화성 및 금수성 물질)로서 백색 또는 담황색의 고체이다.

㉠ 공기 중 약 30~40℃에서 자연발화한다.
㉡ 제3류 위험물 중 유일하게 금수성이 없고 자연발화를 방지하기 위하여 물속에 저장한다.
㉢ 공기 중에서 연소하면 유독성이 강한 백색의 연기 오산화인(P_2O_5)이 발생한다.

$$4P + 5O_2 \rightarrow 2P_2O_5$$
(황린) (산소가스) (오산화인(백색))

답 ①

30 다음 중 이황화탄소의 성질에 대한 설명으로 틀린 것은?

① 연소할 때 주로 황화수소를 발생한다.
② 증기비중은 약 2.6이다.
③ 보호액으로 물을 사용한다.
④ 인화점은 약 －30℃이다.

해설
이황화탄소(CS_2)는 제4류 위험물(인화성 액체) 중 특수인화물류로서 인화점 －30℃, 착화점 100℃이다(제4류 위험물 중 착화점이 가장 낮다). 또한 가연성 증기의 발생을 억제하기 위하여 물속에 저장한다(물에 녹지 않고 물보다 무겁기 때문에 물속에 저장이 가능하다).

공기 중에서 연소할 때 푸른색 불꽃을 내며 자극성의 이산화황(SO_2)을 발생한다.

$$CS_2 + 3O_2 \rightarrow CO_2 + 2SO_2$$

이황화탄소　산소가스　이산화탄소　이산화황(아황산가스)

답 ①

31 위험물 옥외저장탱크의 통기관에 관한 사항으로 옳지 않은 것은?

① 밸브 없는 통기관의 직경은 30mm 이상으로 한다.
② 대기밸브부착 통기관은 항시 열려 있어야 한다.
③ 밸브 없는 통기관의 선단은 수평면보다 45° 이상 구부려 빗물 등의 침투를 막는 구조로 한다.
④ 대기밸브부착 통기관은 5kPa 이하의 압력 차이로 작동할 수 있어야 한다.

해설 대기밸브부착 통기관은 평상시에는 닫혀 있고 설정압력(5kPa)에서 자동으로 개방되는 구조로 할 것
위험물안전관리법 시행규칙 별표 6(옥외탱크저장소의 위치 · 구조 및 설비의 기준)
㉮ 밸브 없는 통기관
㉠ 직경은 30mm 이상일 것
㉡ 선단은 수평면보다 45도 이상 구부려 빗물 등의 침투를 막는 구조로 할 것
㉢ 가는 눈의 구리망 등으로 인화방지장치를 할 것. 다만, 인화점 70℃ 이상의 위험물만을 해당 위험물의 인화점 미만의 온도로 저장 또는 취급하는 탱크에 설치하는 통기관에 있어서는 그러하지 아니하다.
㉣ 가연성의 증기를 회수하기 위한 밸브를 통기관에 설치하는 경우에 있어서는 해당 통기관의 밸브는 저장탱크에 위험물을 주입하는 경우를 제외하고는 항상 개방되어 있는 구조로 하는 한편, 폐쇄하였을 경우에 있어서는 10kPa 이하의 압력에서 개방되는 구조로 할 것. 이 경우 개방된 부분의 유효단면적은 777.15mm^2 이상이어야 한다.
㉯ 대기밸브부착 통기관
㉠ 5kPa 이하의 압력차이로 작동할 수 있을 것
㉡ ㉮의 ㉢ 기준에 적합할 것

답 ②

32 다음 중 적린에 관한 설명으로 틀린 것은?

① 물에 잘 녹는다.
② 화재 시 물로 냉각소화할 수 있다.
③ 황린에 비해 안정하다.
④ 황린과 동소체이다.

적린은 조해성이 있으며, 물, 이황화탄소, 에테, 암모니아 등에는 녹지 않는다.

답 ①

33 산을 가하면 이산화염소를 발생시키는 물질은?

① 아염소산나트륨
② 브로민산나트륨
③ 옥소산칼륨(아이오딘산칼륨)
④ 다이크로뮴산나트륨

아염소산나트륨은 산과 접촉 시 이산화염소(ClO_2) 가스를 발생시킨다.

$$2NaClO_2 + 2HCl \rightarrow 2NaCl + 2ClO_2 + H_2O_2$$

답 ①

34 다음 중 유류화재의 급수로 옳은 것은?

① A급　② B급
③ C급　④ D급

분류	등급	소화방법
일반화재	A급	냉각소화
유류화재	B급	질식소화
전기화재	C급	질식소화
금속화재	D급	피복소화

답 ②

35 위험물안전관리법령에 따른 자동화재탐지설비의 설치기준에서 하나의 경계구역의 면적은 얼마 이하로 하여야 하는가? (단, 해당 건축물, 그 밖의 공작물의 주요한 출입구에서 그 내부의 전체를 볼 수 없는 경우이다.)

① 500m^2　② 600m^2
③ 800m^2　④ 1,000m^2

하나의 경계구역의 면적은 $600m^2$ 이하로 하여야 한다.

답 ②

36 물과 접촉하면 위험성이 증가하므로 주수소화를 할 수 없는 물질은?

① $C_6H_2CH_3(NO_2)_3$ ② $NaNO_3$
③ $(C_2H_5)_3Al$ ④ $(C_6H_5CO)_2O_2$

트라이에틸알루미늄($(C_2H_5)_3Al$)은 제3류 위험물(자연발화성 및 금수성 물질)로 물과 반응하여 가연성 가스인 에테인가스가 발생한다.
$(C_2H_5)_3Al + 3H_2O \rightarrow Al(OH)_3 + 3C_2H_6 +$ 발열

구분	물질명	유별	소화방법
$C_6H_2CH_3(NO_2)_3$	트라이나이트로톨루엔	제5류 위험물(자기반응성 물질)	주수에 의한 냉각소화
$NaNO_3$	질산나트륨	제1류 위험물(산화성 고체)	주수에 의한 냉각소화
$(C_2H_5)_3Al$	트라이에틸알루미늄	제3류 위험물(자연발화성 및 금수성 물질)	팽창질석, 팽창진주암 등으로 질식소화(주수소화 절대엄금)
$(C_6H_5CO)_2O_2$	과산화벤조일	제5류 위험물(자기반응성 물질)	주수에 의한 냉각소화

답 ③

37 연면적이 $1,000m^2$이고 지정수량의 100배의 위험물을 취급하며 지반면으로부터 6m 높이에 위험물 취급설비가 있는 제조소의 소화난이도 등급은?

① 소화난이도 등급 Ⅰ
② 소화난이도 등급 Ⅱ
③ 소화난이도 등급 Ⅲ
④ 제시된 조건으로 판단할 수 없음

소화난이도 등급 Ⅰ에 해당하는 제조소
㉠ 연면적 $1,000m^2$ 이상인 것
㉡ 지정수량의 100배 이상인 것(고인화점위험물만을 100℃ 미만의 온도에서 취급하는 것 및 화약류에 해당하는 위험물을 저장하는 것은 제외)
㉢ 지반면으로부터 6m 이상의 높이에 위험물 취급설비가 있는 것(고인화점위험물만을 100℃ 미만의 온도에서 취급하는 것은 제외)
㉣ 일반취급소로 사용되는 부분 외의 부분을 갖는 건축물에 설치된 것(내화구조로 개구부 없이 구획된 것 및 고인화점위험물만을 100℃ 미만의 온도에서 취급하는 것은 제외)

답 ①

38 위험물안전관리법령에서 제3류 위험물에 해당하지 않는 것은?

① 알칼리금속 ② 칼륨
③ 황화인 ④ 황린

성질	위험등급	품명	지정수량
자연발화성 물질 및 금수성 물질	Ⅰ	1. 칼륨(K) 2. 나트륨(Na) 3. 알킬알루미늄 4. 알킬리튬	10kg
		5. 황린(P_4)	20kg
	Ⅱ	6. 알칼리금속(칼륨 및 나트륨 제외) 및 알칼리토금속 7. 유기금속화합물(알킬알루미늄 및 알킬리튬 제외)	50kg
	Ⅲ	8. 금속의 수소화물 9. 금속의 인화물 10. 칼슘 또는 알루미늄의 탄화물	300kg
		11. 그 밖에 행정안전부령이 정하는 것 염소화규소 화합물	300kg

황화인은 제2류 위험물이다.

답 ③

39 벤젠의 저장 및 취급 시 주의사항에 대한 설명으로 틀린 것은?

① 정전기 발생에 주의한다.
② 피부에 닿지 않도록 주의한다.
③ 증기는 공기보다 가벼워 높은 곳에 체류하므로 환기에 주의한다.
④ 통풍이 잘되는 서늘하고 어두운 곳에 저장한다.

벤젠의 증기비중은 2.7로서 공기보다 무겁다.

답 ③

40 인화점이 낮은 것부터 높은 순서로 나열된 것은?

① 톨루엔 · 아세톤 · 벤젠
② 아세톤 · 톨루엔 · 벤젠
③ 톨루엔 · 벤젠 · 아세톤
④ 아세톤 · 벤젠 · 톨루엔

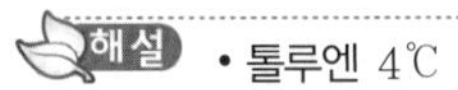

- 톨루엔 4℃
- 아세톤 −18.5℃
- 벤젠 −11℃

답 ④

41 위험물안전관리법령에 근거하여 자체소방대에 두어야 하는 제독차의 경우 가성소다 및 규조토를 각각 몇 kg 이상 비치하여야 하는가?

① 30
② 50
③ 60
④ 100

화학소방자동차에 갖추어야 하는 소화 능력 및 설비의 기준

화학소방자동차의 구분	소화 능력 및 설비의 기준
포수용액 방사차	포수용액의 방사능력이 2,000L/분 이상일 것
	소화약액탱크 및 소화약액혼합장치를 비치할 것
	10만L 이상의 포수용액을 방사할 수 있는 양의 소화약제를 비치할 것
분말 방사차	분말의 방사능력이 35kg/초 이상일 것
	분말탱크 및 가압용 가스설비를 비치할 것
	1,400kg 이상의 분말을 비치할 것
할로젠화합물 방사차	할로젠화합물의 방사능력이 40kg/초 이상일 것
	할로젠화합물 탱크 및 가압용 가스설비를 비치할 것
	1,000kg 이상의 할로젠화합물을 비치할 것
이산화탄소 방사차	이산화탄소의 방사능력이 40kg/초 이상일 것
	이산화탄소 저장용기를 비치할 것
	3,000kg 이상의 이산화탄소를 비치할 것
제독차	가성소다 및 규조토를 각각 50kg 이상 비치할 것

답 ②

42 화재 시 이산화탄소를 방출하여 산소의 농도를 12.5%로 낮추어 소화하려면 공기 중의 이산화탄소 농도는 약 몇 vol%로 해야 하는가?

① 30.7 ② 32.8
③ 40.5 ④ 68.0

이산화탄소 소화농도(vol%)

$$= \frac{21 - \text{한계산소농도}}{21} \times 100$$

$$= \frac{21 - 12.5}{21} \times 100$$

$$= 40.47$$

답 ③

43 위험물 옥외탱크저장소와 병원과는 안전거리를 얼마 이상 두어야 하는가?

① 10m ② 20m
③ 30m ④ 50m

구분	안전거리
사용전압 7,000V 초과 35,000V 이하의 특고압가공전선	3m 이상
사용전압 35,000V를 초과하는 특고압가공전선	5m 이상
주거용으로 사용되는 것	10m 이상
고압가스, 액화석유가스, 도시가스 저장 · 취급 시설	20m 이상
학교 · 병원 · 극장	30m 이상
유형문화재, 지정문화재	50m 이상

답 ③

44 위험물안전관리법령상 지하탱크저장소의 위치·구조 및 설비의 기준에 따라 다음 ( ) 안에 들어갈 수치로 옳은 것은?

> 탱크전용실은 지하의 가장 가까운 벽·피트·가스관 등의 시설물 및 대지경계선으로부터 (㉮)m 이상 떨어진 곳에 설치하고, 지하저장탱크와 탱크전용실의 안쪽과의 사이는 (㉯)m 이상의 간격을 유지하도록 하며, 해당 탱크의 주위에 마른모래 또는 습기 등에 의하여 응고되지 아니하는 입자지름 (㉰)mm 이하의 마른자갈분을 채워야 한다.

① ㉮ : 0.1, ㉯ : 0.1, ㉰ : 5
② ㉮ : 0.1, ㉯ : 0.3, ㉰ : 5
③ ㉮ : 0.1, ㉯ : 0.1, ㉰ : 10
④ ㉮ : 0.1, ㉯ : 0.3, ㉰ : 10

위험물안전관리법 시행규칙 별표 8(지하탱크저장소의 위치·구조 및 설비의 기준)
탱크전용실은 지하의 가장 가까운 벽·피트·가스관 등의 시설물 및 대지경계선으로부터 0.1m 이상 떨어진 곳에 설치하고, 지하저장탱크와 탱크전용실의 안쪽과의 사이는 0.1m 이상의 간격을 유지하도록 하며, 해당 탱크의 주위에 마른모래 또는 습기 등에 의하여 응고되지 아니하는 입자지름 5mm 이하의 마른자갈분을 채워야 한다.

답 ①

45 주유취급소에서 자동차 등에 위험물을 주유할 때에 자동차 등의 원동기를 정지시켜야 하는 위험물의 인화점 기준은? (단, 연료탱크에 위험물을 주유하는 동안 방출되는 가연성 증기를 회수하는 설비가 부착되지 않은 고정주유설비에 의하여 주유하는 경우이다.)

① 20℃ 미만 ② 30℃ 미만
③ 40℃ 미만 ④ 50℃ 미만

해설
자동차 등에 인화점 40℃ 미만의 위험물을 주유할 때에는 자동차 등의 원동기를 정지시킬 것. 다만, 연료탱크에 위험물을 주유하는 동안 방출되는 가연성 증기를 회수하는 설비가 부착된 고정주유설비에 의하여 주유하는 경우에는 그러하지 아니한다.

46 다음 중 위험물안전관리법령에 따른 위험물의 적재방법에 대한 설명으로 옳지 않은 것은 어느 것인가?

① 원칙적으로는 운반용기를 밀봉하여 수납할 것
② 고체위험물은 용기 내용적의 95% 이하의 수납률로 수납할 것
③ 액체위험물은 용기 내용적의 99% 이상의 수납률로 수납할 것
④ 하나의 외장용기에는 다른 종류의 위험물을 수납하지 않을 것

액체위험물은 용기 내용적의 98% 이하의 수납률로 수납하되, 55℃의 온도에서 누설되지 아니하도록 충분한 공간용적을 유지하도록 한다.

답 ③

47 위험물제조소에 옥외소화전이 5개가 설치되어 있다. 이 경우 확보하여야 하는 수원의 법정 최소량은 몇 m^3인가?

① 28
② 35
③ 54
④ 67.5

수원의 양 $Q = N \times 13.5m^3$(N : 설치개수가 4개 이상인 경우는 4개의 옥외소화전)이므로
$4 \times 13.5 = 54m^3$

답 ③

48 위험물안전관리법령상 예방규정을 정하여야 하는 제조소 등에 해당하지 않는 것은?

① 지정수량 10배 이상의 위험물을 취급하는 제조소
② 이송취급소
③ 암반탱크저장소
④ 지정수량의 200배 이상의 위험물을 저장하는 옥내탱크저장소

옥내탱크저장소의 경우 예방규정을 정해야 하는 장소가 아니다.
위험물안전관리법 시행령 제15조(관계인이 예방규정을 정하여야 하는 제조소 등)

㉮ 지정수량의 10배 이상의 위험물을 취급하는 제조소
㉯ 지정수량의 100배 이상의 위험물을 저장하는 옥외저장소
㉰ 지정수량의 150배 이상의 위험물을 저장하는 옥내저장소
㉱ 지정수량의 200배 이상의 위험물을 저장하는 옥외탱크저장소
㉲ 암반탱크저장소
㉳ 이송취급소
㉴ 지정수량의 10배 이상의 위험물을 취급하는 일반취급소. 다만, 제4류 위험물(특수인화물을 제외한다)만을 지정수량의 50배 이하로 취급하는 일반취급소(제1석유류 · 알코올류의 취급량이 지정수량의 10배 이하인 경우에 한한다)로서 다음의 어느 하나에 해당하는 것을 제외한다.
  ㉠ 보일러 · 버너 또는 이와 비슷한 것으로서 위험물을 소비하는 장치로 이루어진 일반취급소
  ㉡ 위험물을 용기에 옮겨 담거나 차량에 고정된 탱크에 주입하는 일반취급소

답 ④

49 주된 연소형태가 표면연소인 것을 옳게 나타낸 것은?

① 중유, 알코올　② 코크스, 숯
③ 목재, 종이　④ 석탄, 플라스틱

표면연소(직접연소) : 열분해에 의하여 가연성 가스를 발생치 않고 그 자체가 연소하는 형태로서 연소반응이 고체의 표면에서 이루어지는 형태 (예 목탄, 코크스, 금속분 등)

답 ②

50 위험물제조소에서 지정수량 이상의 위험물을 취급하는 건축물(시설)에는 원칙상 최소 몇 m 이상의 보유공지를 확보하여야 하는가? (단, 최대수량은 지정수량의 10배이다.)

① 1m 이상　② 3m 이상
③ 5m 이상　④ 7m 이상

위험물을 취급하는 건축물 및 기타 시설의 주위에서 화재 등이 발생하는 경우 화재 시에 상호연소 방지는 물론 초기소화 등 소화활동공간과 피난상 확보해야 할 절대공지를 말한다.

취급하는 위험물의 최대수량	공지의 너비
지정수량의 10배 이하	3m 이상
지정수량의 10배 초과	5m 이상

답 ③

51 다음은 위험물안전관리법령에 따른 이동저장탱크의 구조에 관한 기준이다. (　) 안에 알맞은 수치는?

이동저장탱크는 그 내부에 (㉮)L 이하마다 (㉯)mm 이상의 강철판 또는 이와 동등 이상의 강도, 내열성 및 내식성이 있는 금속성의 것으로 칸막이를 설치하여야 한다. 다만, 고체인 위험물을 저장하거나 고체인 위험물을 가열하여 액체 상태로 저장하는 경우에는 그러하지 아니하다.

① ㉮ : 2,000, ㉯ 1.6
② ㉮ : 2,000, ㉯ 3.2
③ ㉮ : 4,000, ㉯ 1.6
④ ㉮ : 4,000, ㉯ 3.2

이동저장탱크는 그 내부에 4,000L 이하마다 3.2mm 이상의 강철판 또는 이와 동등 이상의 강도 · 내열성 및 내식성이 있는 금속성의 것으로 칸막이를 설치하여야 한다. 다만, 고체인 위험물을 저장하거나 고체인 위험물을 가열하여 액체상태로 저장하는 경우에는 그러하지 아니하다.

답 ④

52 황린과 적린의 성질에 대한 설명으로 가장 거리가 먼 것은?

① 황린과 적린은 이황화탄소에 녹는다.
② 황린과 적린은 물에 불용이다.
③ 적린은 황린에 비하여 화학적으로 활성이 작다.
④ 황린과 적린을 각각 연소시키면 P_2O_5이 생성된다.

 적린은 물, 이황화탄소에 녹지 않는다.

답 ①

53 **위험물 관련 신고 및 선임에 관한 사항으로 옳지 않은 것은?**

① 제조소 위치·구조 변경 없이 위험물의 품명 변경 시는 변경한 날로부터 7일 이내에 신고하여야 한다.

② 제조소 설치자의 지위를 승계한 자는 승계한 날로부터 30일 이내에 신고하여야 한다.

③ 위험물안전관리자가 퇴직한 경우는 퇴직일로부터 14일 이내에 신고하여야 한다.

④ 위험물안전관리자가 퇴직한 경우는 퇴직일로부터 30일 이내에 선임하여야 한다.

 ① 1일 이내가 아니라 1일 전까지이다.
위험물안전관리법 제6조(위험물시설의 설치 및 변경 등)
㉠ 제조소 등을 설치하고자 하는 자는 대통령령이 정하는 바에 따라 그 설치장소를 관할하는 특별시장·광역시장 또는 도지사(이하 "시·도지사"라 한다)의 허가를 받아야 한다.
㉡ 제조소 등의 위치·구조 또는 설비의 변경없이 해당 제조소 등에서 저장하거나 취급하는 위험물의 품명·수량 또는 지정수량의 배수를 변경하고자 하는 자는 변경하고자 하는 날의 1일 전까지 행정안전부령이 정하는 바에 따라 시·도지사에게 신고하여야 한다.

답 ①

54 **다음 중 옥내저장소의 동일한 실에 서로 1m 이상의 간격을 두고 저장할 수 없는 것은?**

① 제1류 위험물과 제3류 위험물 중 자연발화성 물질(황린 또는 이를 함유한 것에 한한다.)

② 제4류 위험물과 제2류 위험물 중 인화성 고체

③ 제1류 위험물과 제4류 위험물

④ 제1류 위험물과 제6류 위험물

 유별을 달리하는 위험물은 동일한 저장소(내화구조의 격벽으로 완전히 구획된 실이 2 이상 있는 저장소에 있어서는 동일한 실)에 저장하지 아니하여야 한다. 다만, 옥내저장소 또는 옥외저장소에 있어서 다음의 규정에 의한 위험물을 저장하는 경우로서 위험물을 유별로 정리하여 저장하는 한편 서로 1m 이상의 간격을 두는 경우에는 그러하지 아니하다(중요기준).
㉠ 제1류 위험물(알칼리금속의 과산화물 또는 이를 함유한 것을 제외한다)과 제5류 위험물을 저장하는 경우
㉡ 제1류 위험물과 제6류 위험물을 저장하는 경우
㉢ 제1류 위험물과 제3류 위험물 중 자연발화성 물질(황린 또는 이를 함유한 것에 한한다)을 저장하는 경우
㉣ 제2류 위험물 중 인화성 고체와 제4류 위험물을 저장하는 경우
㉤ 제3류 위험물 중 알킬알루미늄 등과 제4류 위험물(알킬알루미늄 또는 알킬리튬을 함유한 것에 한한다)을 저장하는 경우
㉥ 제4류 위험물 중 유기과산화물 또는 이를 함유하는 것과 제5류 위험물 중 유기과산화물 또는 이를 함유한 것을 저장하는 경우

답 ③

55 **15℃의 기름 100g에 8,000J의 열량을 주면 기름의 온도는 몇 ℃가 되겠는가? (단, 기름의 비열은 2J/g·℃이다.)**

① 25 ② 45
③ 50 ④ 55

 $Q=mC(T_2-T_1)$
8,000J=100g×2J/g·℃×ΔT 에서
$8{,}000\times 200\Delta T$
ΔT=40℃
그러므로, 최종 기름의 온도는 15℃+40℃=55℃

답 ④

56 **다음 중 톨루엔에 대한 설명으로 틀린 것은?**

① 벤젠의 수소원자 하나가 메틸기로 치환된 것이다.

② 증기는 벤젠보다 가볍고 휘발성은 더 높다.

③ 독특한 향기를 가진 무색의 액체이다.

④ 물에 녹지 않는다.

해설 ② 톨루엔의 증기가 벤젠보다 무겁다.
벤젠(C_6H_6)의 증기비중=78/28.84=2.70
톨루엔($C_6H_5CH_3$)의 증기비중=92/28.84=3.19

 ②

57 위험물안전관리법령상 유별이 같은 것으로만 나열된 것은?

① 금속의 인화물, 칼슘의 탄화물, 할로젠간 화합물
② 아조벤젠, 염산하이드라진, 질산구아니딘
③ 황린, 적린, 무기과산화물
④ 유기과산화물, 질산에스터류, 알킬리튬

① 금속의 인화물(제3류), 칼슘의 탄화물(제3류), 할로젠간화합물(제6류)
② 아조벤젠, 염산하이드라진, 질산구아니딘(제5류)
③ 황린(제3류), 적린(제2류), 무기과산화물(제1류)
④ 유기과산화물(제5류), 질산에스터류(제5류), 알킬리튬(제3류)

답 ②

58 휘발유에 대한 설명으로 옳은 것은?

① 가연성 증기를 발생하기 쉬우므로 주의한다.
② 발생된 증기는 공기보다 가벼워서 주변으로 확산하기 쉽다.
③ 전기가 잘 통하는 도체이므로 정전기를 발생시키지 않도록 조치한다.
④ 인화점이 상온보다 높으므로 여름철에 각별한 주의가 필요하다.

휘발유는 증기비중이 3~4로서 공기보다 무거우며, 전기에 대한 부도체이고, 인화점은 −43~−20℃에 해당하는 인화점이 낮은 물질이다.

답 ①

59 다음 중 위험물안전관리법령에 의한 지정수량이 가장 작은 품명은?

① 질산염류
② 인화성 고체
③ 금속분
④ 질산에스터류

① 질산염류 : 300kg
② 인화성 고체 : 1,000kg
③ 금속분 : 500kg
④ 질산에스터류 : 10kg

답 ④

60 가솔린의 연소범위에 가장 가까운 것은?

① 1.2~7.6%
② 2.0~23.0%
③ 1.8~36.5%
④ 1.0~50.0%

해설 가솔린의 연소범위 : 1.2~7.6%

 ①

61 제조소에서 취급하는 제4류 위험물의 최대수량의 합이 지정수량의 24만배 이상 48만배 미만인 사업소의 자체소방대에 두는 화학소방자동차 수와 소방대원의 인원 기준으로 옳은 것은?

① 2대, 4인
② 2대, 12인
③ 3대, 15인
④ 3대, 24인

사업소의 구분	화학소방자동차의 수	자체소방대원의 수
제조소 또는 일반취급소에서 취급하는 제4류 위험물의 최대수량의 합이 지정수량의 3천배 이상 12만배 미만인 사업소	1대	5인
제조소 또는 일반취급소에서 취급하는 제4류 위험물의 최대수량의 합이 지정수량의 12만배 이상 24만배 미만인 사업소	2대	10인
제조소 또는 일반취급소에서 취급하는 제4류 위험물의 최대수량의 합이 지정수량의 24만배 이상 48만배 미만인 사업소	3대	15인
제조소 또는 일반취급소에서 취급하는 제4류 위험물의 최대수량의 합이 지정수량의 48만배 이상인 사업소	4대	20인
옥외탱크저장소에 저장하는 제4류 위험물의 최대수량이 지정수량의 50만배 이상인 사업소	2대	10인

답 ③

62 다음 중 제6류 위험물을 저장하는 제조소 등에 적응성이 없는 소화설비는 어느 것인가?

① 옥외소화전설비
② 탄산수소염류 분말소화설비
③ 스프링클러설비
④ 포소화설비

해설 제6류 위험물의 경우 탄산수소염류의 분말에 의한 소화효과는 없다.

소화설비의 구분 \ 대상물 구분			건축물·그 밖의 공작물	전기설비	제1류 위험물		제2류 위험물			제3류 위험물		제4류 위험물	제5류 위험물	제6류 위험물
					알칼리금속과산화물 등	그 밖의 것	철분·금속분·마그네슘 등	인화성 고체	그 밖의 것	금수성 물품	그 밖의 것			
옥내소화전 또는 옥외소화전설비			○			○		○	○		○		○	○
스프링클러설비			○			○		○	○		○	△	○	○
물분무 등 소화설비	물분무소화설비		○	○		○		○	○		○	○	○	○
	포소화설비		○			○		○	○		○	○	○	○
	불활성가스소화설비			○				○				○		
	할로젠화합물소화설비			○				○				○		
	분말소화설비	인산염류 등	○	○		○		○	○			○		○
		탄산수소염류 등		○	○		○	○		○		○		
		그 밖의 것			○		○			○				

답 ②

63 위험물제조소 등에 설치하는 이산화탄소소화설비의 소화약제 저장용기 설치장소로 적합하지 않은 곳은?

① 방호구역 외의 장소
② 온도가 40℃ 이하이고 온도변화가 적은 장소
③ 빗물이 침투할 우려가 적은 장소
④ 직사일광이 잘 들어오는 장소

해설 이산화탄소소화설비 저장용기의 설치기준
㉠ 방호구역 외의 장소에 설치할 것
㉡ 온도가 40℃ 이하이고 온도변화가 적은 장소에 설치할 것
㉢ 직사일광 및 빗물이 침투할 우려가 적은 장소에 설치할 것
㉣ 저장용기에는 안전장치를 설치할 것

답 ④

64 염소산나트륨의 저장 및 취급 시 주의할 사항으로 틀린 것은?

① 철제용기에 저장은 피해야 한다.
② 열분해 시 이산화탄소가 발생하므로 질식에 유의한다.
③ 조해성이 있으므로 방습에 유의한다.
④ 용기에 밀전(密栓)하여 보관한다.

해설 염소산나트륨은 300℃에서 가열분해하여 염화나트륨과 산소가 발생한다.
$2NaClO_3 \rightarrow 2NaCl + 3O_2$

답 ②

65 이황화탄소 저장 시 물속에 저장하는 이유로 가장 옳은 것은?

① 공기 중 수소와 접촉하여 산화되는 것을 방지하기 위하여
② 공기와 접촉 시 환원하기 때문에
③ 가연성 증기 발생을 억제하기 위해서
④ 불순물을 제거하기 위하여

해설 물보다 무겁고 물에 녹기 어렵기 때문에 가연성 증기의 발생을 억제하기 위하여 물(수조) 속에 저장한다.

답 ③

66 건성유에 해당되지 않는 것은?

① 들기름 ② 동유
③ 아마인유 ④ 피마자유

아이오딘값 : 유지 100g에 부가되는 아이오딘의 g수, 불포화도가 증가할수록 아이오딘값이 증가하며, 자연발화위험이 있다.
㉮ 건성유 : 아이오딘값이 130 이상인 것
이중결합이 많아 불포화도가 높기 때문에 공기 중에서 산화되어 액 표면에 피막을 만드는 기름
예 아마인유, 들기름, 동유, 정어리기름, 해바라기유 등
㉯ 반건성유 : 아이오딘값이 100~130인 것
공기 중에서 건성유보다 얇은 피막을 만드는 기름
예 청어기름, 콩기름, 옥수수기름, 참기름, 면실유(목화씨유), 채종유 등

㉢ 불건성유 : 아이오딘값이 100 이하인 것
공기 중에서 피막을 만들지 않는 안정된 기름
예 올리브유, 피마자유, 야자유, 땅콩기름, 동백유 등

답 ④

67 **오황화인과 칠황화인이 물과 반응했을 때 공통으로 나오는 물질은 다음 중 어느 것인가?**

① 이산화황
② 황화수소
③ 인화수소
④ 삼산화황

해설 $P_2S_5 + 8H_2O \rightarrow 5H_2S + 2H_3PO_4$
칠황화인은 더운 물에서 급격히 분해하여 황화수소(H_2S)를 발생한다.

답 ②

68 **다음 고온체의 색깔을 낮은 온도부터 옳게 나열한 것은?**

① 암적색 < 황적색 < 백적색 < 휘적색
② 휘적색 < 백적색 < 황적색 < 암적색
③ 휘적색 < 암적색 < 황적색 < 백적색
④ 암적색 < 휘적색 < 황적색 < 백적색

해설 온도에 따른 불꽃의 색상

불꽃의 온도	불꽃의 색깔	불꽃의 온도	불꽃의 색깔
700℃	암적색	1,100℃	황적색
850℃	적색	1,300℃	백적색
950℃	휘적색	1,500℃	휘백색

답 ④

69 **[보기]에서 소화기의 사용방법을 옳게 설명한 것을 모두 골라 나열한 것은?**

[보기]
㉠ 적응화재에만 사용할 것
㉡ 불과 최대한 멀리 떨어져서 사용할 것
㉢ 바람을 마주보고 풍하에서 풍상 방향으로 사용할 것
㉣ 양옆으로 비로 쓸 듯이 골고루 사용할 것

① ㉠, ㉡　　② ㉠, ㉢
③ ㉠, ㉣　　④ ㉠, ㉢, ㉣

소화기의 사용방법
㉠ 각 소화기는 적응화재에만 사용할 것
㉡ 성능에 따라 화점 가까이 접근하여 사용할 것
㉢ 소화 시는 바람을 등지고 소화할 것
㉣ 소화작업은 좌우로 골고루 소화약제를 방사할 것

답 ③

70 **Halon 1301 소화약제에 대한 설명으로 틀린 것은?**

① 저장용기에 액체상으로 충전한다.
② 화학식은 CF_3Br이다.
③ 비점이 낮아서 기화가 용이하다.
④ 공기보다 가볍다.

할론 1301은 화학식이 CF_3Br으로서 증기비중이 5.17로 공기보다 무겁다.

답 ④

71 **스프링클러설비의 장점이 아닌 것은 어느 것인가?**

① 화재의 초기진압에 효율적이다.
② 사용약제를 쉽게 구할 수 있다.
③ 자동으로 화재를 감지하고 소화할 수 있다.
④ 다른 소화설비보다 구조가 간단하고 시설비가 적다.

스프링클러설비의 장 · 단점

장점	단점
㉮ 초기진화에 특히 절대적인 효과가 있다. ㉯ 약제가 물이라서 값이 싸고 복구가 쉽다. ㉰ 오동작, 오보가 없다.(감지부가 기계적) ㉱ 조작이 간편하고 안전하다. ㉲ 야간이라도 자동으로 화재감지 경보, 소화할 수 있다.	㉮ 초기시설비가 많이 든다. ㉯ 시공이 다른 설비와 비교했을 때 복잡하다. ㉰ 물로 인한 피해가 크다.

답 ④

72 탄화칼슘의 취급방법에 대한 설명으로 옳지 않은 것은?

① 물, 습기와의 접촉을 피한다.
② 건조한 장소에 밀봉, 밀전하여 보관한다.
③ 습기와 작용하여 다량의 메테인이 발생하므로 저장 중에 메테인가스의 발생유무를 조사한다.
④ 저장용기에 질소가스 등 불활성 가스를 충전하여 저장한다.

해설 물과 접촉하여 아세틸렌가스를 발생한다.
$CaC_2 + 2H_2O \rightarrow Ca(OH)_2 + C_2H_2$

답 ③

73 벤젠 1몰을 충분한 산소가 공급되는 표준상태에서 완전연소시켰을 때 발생하는 이산화탄소의 양은 몇 L인가?

① 22.4　② 134.4
③ 168.8　④ 224.0

해설 $2C_6H_6 + 15O_2 \rightarrow 12CO_2 + 6H_2O$

$$\frac{1mol\text{-}C_6H_6}{} \left| \frac{12mol\text{-}CO_2}{2mol\text{-}C_6H_6} \right| \frac{22.4L\text{-}CO_2}{1mol\text{-}CO_2}$$

$= 134.4L\text{-}CO_2$

답 ②

74 지정과산화물을 저장 또는 취급하는 위험물 옥내저장소의 저장창고 기준에 대한 설명으로 틀린 것은?

① 서까래의 간격은 30cm 이하로 할 것
② 저장창고 출입구에는 60분+방화문·60분 방화문을 설치할 것
③ 저장창고의 외벽을 철근콘크리트조로 할 경우 두께를 10cm 이상으로 할 것
④ 저장창고의 창은 바닥면으로부터 2m 이상의 높이에 둘 것

해설 저장창고의 외벽을 철근콘크리트조로 할 경우 두께를 20cm 이상으로 할 것

답 ③

75 운반을 위하여 위험물을 적재하는 경우에 차광성이 있는 피복으로 가려주어야 하는 것은?

① 특수인화물
② 제1석유류
③ 알코올류
④ 동·식물유류

해설 적재하는 위험물에 따른 피복방법

차광성이 있는 것으로 피복해야 하는 경우	방수성이 있는 것으로 피복해야 하는 경우
제1류 위험물 제3류 위험물 중 자연발화성 물질 제4류 위험물 중 특수인화물 제5류 위험물 제6류 위험물	제1류 위험물 중 알칼리금속의 과산화물 제2류 위험물 중 철분, 금속분, 마그네슘 제3류 위험물 중 금수성 물질

답 ①

76 위험물안전관리법에서 정의하는 다음 용어는 무엇인가?

> 인화성 또는 발화성 등의 성질을 가지는 것으로서 대통령령이 정하는 물품을 말한다.

① 위험물
② 인화성 물질
③ 자연발화성 물질
④ 가연물

해설 위험물안전관리법 제2조 "위험물"이라 함은 인화성 또는 발화성 등의 성질을 가지는 것으로서 대통령령이 정하는 물품을 말한다.

답 ①

77 다음 물질 중에서 위험물안전관리법상 위험물의 범위에 포함되는 것은?

① 농도가 40중량퍼센트인 과산화수소 350kg
② 비중이 1.40인 질산 350kg
③ 직경 2.5mm의 막대모양인 마그네슘 500kg
④ 순도가 55중량퍼센트인 황 50kg

해설 ① 과산화수소는 그 농도가 36중량퍼센트 이상인 것
② 질산은 그 비중이 1.49 이상인 것
④ 황은 순도가 60중량퍼센트 이상인 것

답 ①

78 주유취급소의 고정주유설비에서 펌프기기의 주유관 선단에서 최대토출량으로 틀린 것은?

① 휘발유는 분당 50리터 이하
② 경유는 분당 180리터 이하
③ 등유는 분당 80리터 이하
④ 제1석유류(휘발유 제외)는 분당 100리터 이하

해설 ① 휘발유 : 50L/min 이하
② 경유 : 180L/min 이하
③ 등유 : 80L/min 이하

답 ④

79 위험물을 저장할 때 필요한 보호물질을 옳게 연결한 것은?

① 황린－석유
② 금속칼륨－에탄올
③ 이황화탄소－물
④ 금속나트륨－산소

해설 ① 황린－물
② 금속칼륨, ④ 금속나트륨－석유

답 ③

80 다음 (　) 안에 알맞은 수치를 차례대로 옳게 나열한 것은?

> 위험물은 암반탱크의 공간용적은 해당 탱크 내에 용출하는 (　)일간의 지하수 양에 상당하는 용적과 해당 탱크 내용적의 100분의 (　)의 용적 중에서 보다 큰 용적을 공간용적으로 한다.

① 1, 1　② 7, 1
③ 1, 5　④ 7, 5

해설 탱크의 공간용적은 탱크용적의 100분의 5 이상 100분의 10 이하로 한다. 다만, 소화설비(소화약제 방출구를 탱크 안의 윗부분에 설치하는 것에 한한다)를 설치하는 탱크의 공간용적은 해당 소화설비의 소화약제 방출구 아래의 0.3m 이상 1m 미만 사이의 면으로부터 윗부분의 용적으로 한다. 암반탱크에 있어서는 해당 탱크 내에 용출하는 7일간의 지하수의 양에 상당하는 용적과 해당 탱크의 내용적의 100분의 1의 용적 중에서 보다 큰 용적을 공간용적으로 한다.

답 ②

81 HNO_3에 대한 설명으로 틀린 것은?

① Al, Fe는 진한질산에서 부동태를 생성해 녹지 않는다.
② 질산과 염산을 3 : 1 비율로 제조한 것을 왕수라고 한다.
③ 부식성이 강하고 흡습성이 있다.
④ 직사광선에서 분해하여 NO_2를 발생한다.

해설 염산과 질산을 3부피와 1부피로 혼합한 용액을 왕수라 하며, 이 용액은 금과 백금을 녹이는 유일한 물질로 대단히 강한 혼합산이다.

답 ②

82 위험물안전관리법령에서 정한 제5류 위험물 이동저장탱크의 외부도장 색상은?

① 황색　② 회색
③ 적색　④ 청색

해설 이동저장탱크의 외부도장

유별	도장의 색상	비 고
제1류	회색	1. 탱크의 앞면과 뒷면을 제외한 면적의 40% 이내의 면적은 다른 유별의 색상 외의 색상으로 도장하는 것이 가능하다. 2. 제4류에 대해서는 도장의 색상 제한이 없으나 적색을 권장한다.
제2류	적색	
제3류	청색	
제5류	황색	
제6류	청색	

답 ①

83 자기반응성 물질인 제5류 위험물에 해당하는 것은?

① $CH_3(C_6H_4)NO_2$
② CH_3COCH_3
③ $C_6H_2(NO_3)_3OH$
④ $C_6H_5NO_5$

답 ③

84 다음 설명 중 제2석유류에 해당하는 것은? (단, 1기압상태이다.)

① 착화점이 21℃ 미만인 것
② 착화점이 30℃ 이상 50℃ 미만인 것
③ 인화점이 21℃ 이상 70℃ 미만인 것
④ 인화점이 21℃ 이상 90℃ 미만인 것

"제2석유류"라 함은 등유, 경유, 그 밖의 1기압에서 인화점이 21℃ 이상 70℃ 미만인 것을 말한다. 다만, 도료류, 그 밖의 물품에 있어서 가연성 액체량이 40중량퍼센트 이하이면서 인화점이 40℃ 이상인 동시에 연소점이 60℃ 이상인 것은 제외한다.

답 ③

85 위험물안전관리법령에 따른 위험물의 운송에 관한 설명 중 틀린 것은?

① 알킬리튬과 알킬알루미늄 또는 이 중 어느 하나 이상을 함유한 것은 운송책임자의 감독 · 지원을 받아야 한다.
② 이동탱크저장소에 의하여 위험물을 운송할 때의 운송책임자에는 법정의 교육을 이수하고 관련 업무에 2년 이상 경력이 있는 자도 포함된다.
③ 서울에서 부산까지 금속의 인화물 300kg을 1명의 운전자가 휴식 없이 운송해도 규정위반이 아니다.
④ 운송책임자의 감독 또는 지원방법에는 동승하는 방법과 별도의 사무실에서 대기하면서 규정된 사항을 이행하는 방법이 있다.

해설 위험물운송자는 장거리(고속국도에 있어서는 340km 이상, 그 밖의 도로에 있어서는 200km 이상을 말한다)에 걸치는 운송을 하는 때에는 2명 이상의 운전자로 할 것. 다만, 다음의 어느 하나에 해당하는 경우에는 그러하지 아니하다.
㉮ 운송책임자를 동승시킨 경우
㉯ 운송하는 위험물이 제2류 위험물 · 제3류 위험물(칼슘 또는 알루미늄의 탄화물과 이것만을 함유한 것에 한한다) 또는 제4류 위험물(특수인화물을 제외한다)인 경우
㉰ 운송도중에 2시간 이내마다 20분 이상씩 휴식하는 경우

답 ③

86 할로젠화합물의 소화약제 중 할론 2402의 화학식은?

① $C_2Br_4F_2$
② $C_2Cl_4F_2$
③ $C_2Cl_4Br_2$
④ $C_2F_4Br_2$

할론 2402에서 2는 탄소의 개수, 4는 플루오린의 개수, 2는 브로민의 개수이다.

답 ④

87 다이에틸에터에 대한 설명으로 옳은 것은 어느 것인가?

① 연소하면 아황산가스를 발생하고, 마취제로 사용한다.
② 증기는 공기보다 무거우므로 물속에 보관한다.
③ 에탄올을 진한황산을 이용해 축합반응시켜 제조할 수 있다.
④ 제4류 위험물 중 연소범위가 좁은 편에 속한다.

에탄올은 140℃에서 진한황산과 반응해서 다이에틸에터를 생성한다.

$$2C_2H_5OH \xrightarrow{c-H_2SO_4} C_2H_5OC_2H_5 + H_2O$$

답 ③

88 제5류 위험물의 위험성에 대한 설명으로 옳지 않은 것은?

① 가연성 물질이다.
② 대부분 외부의 산소 없이도 연소하며, 연소속도가 빠르다.
③ 물에 잘 녹지 않으며, 물과의 반응위험성이 크다.
④ 가열, 충격, 타격 등에 민감하며 강산화제 또는 강산류와 접촉 시 위험하다.

해설 제5류 위험물은 주수에 의한 냉각소화가 유효하다.

답 ③

89 할론 1301의 증기비중은? (단, 플루오린의 원자량은 19, 브로민의 원자량은 80, 염소의 원자량은 35.5이고, 공기의 분자량은 29이다.)

① 2.14
② 4.15
③ 5.14
④ 6.15

해설

$$\text{증기비중} = \frac{\text{기체의 분자량}}{\text{공기의 평균분자량}} = \frac{12+19\times3\times80}{29} = 5.14$$

답 ③

90 위험물제조소에서 국소방식의 배출설비 배출능력은 1시간당 배출장소 용적의 몇 배 이상인 것으로 하여야 하는가?

① 5
② 10
③ 15
④ 20

해설 제조소의 배출능력은 1시간당 배출장소 용적의 20배 이상인 것으로 하여야 한다.

답 ④

91 위험물안전관리법령상 특수인화물의 정의에 관한 내용이다. ( )에 알맞은 수치를 차례대로 나타낸 것은?

> "특수인화물"이라 함은 이황화탄소, 다이에틸에터, 그 밖에 1기압에서 발화점이 섭씨 100도 이하인 것 또는 인화점이 섭씨 영하 ( )도 이하이고, 비점이 섭씨 ( )도 이하인 것을 말한다.

① 40, 20
② 20, 40
③ 20, 100
④ 40, 100

답 ②

92 제4류 위험물을 저장 및 취급하는 위험물제조소에 설치한 "화기엄금" 게시판의 색상으로 올바른 것은?

① 적색바탕에 흑색문자
② 흑색바탕에 적색문자
③ 백색바탕에 적색문자
④ 적색바탕에 백색문자

답 ④

93 위험물안전관리법령에서 정한 아세트알데하이드 등을 취급하는 제조소의 특례에 관한 내용이다. ( ) 안에 해당하는 물질이 아닌 것은?

> 아세트알데하이드 등을 취급하는 설비는 ( ), ( ), ( ), ( ) 또는 이들을 성분으로 하는 합금으로 만들지 아니할 것

① 동
② 은
③ 금
④ 마그네슘

답 ③

94 위험물안전관리법령상 판매취급소에 관한 설명으로 옳지 않은 것은?

① 건축물의 1층에 설치하여야 한다.
② 위험물을 저장하는 탱크시설을 갖추어야 한다.
③ 건축물의 다른 부분과는 내화구조의 격벽으로 구획하여야 한다.
④ 제조소와 달리 안전거리 또는 보유공지에 관한 규제를 받지 않는다.

탱크시설은 판매취급소에 설치하지 않는다.

답 ②

95 과염소산의 성질로 옳지 않은 것은?

① 산화성 액체이다.
② 무기화합물이며 물보다 무겁다.
③ 불연성 물질이다.
④ 증기는 공기보다 가볍다.

과염소산의 증기비중은 3.48이다.

답 ④

96 Halon 1211에 해당하는 물질의 분자식은?

① CBr_2FCl　② CF_2ClBr
③ CCl_2FBr　④ FC_2BrCl

할론소화약제 명명법

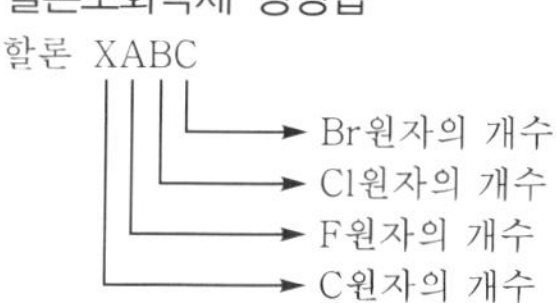

답 ②

97 위험물안전관리법령에서 정하는 위험 등급 II에 해당하지 않는 것은?

① 제1류 위험물 중 질산염류
② 제2류 위험물 중 적린
③ 제3류 위험물 중 유기금속화합물
④ 제4류 위험물 중 제2석유류

해설 위험 등급 II의 위험물
㉠ 제1류 위험물 중 브로민산염류, 질산염류, 아이오딘산염류, 그 밖에 지정수량이 300kg인 위험물
㉡ 제2류 위험물 중 황화인, 적린, 황, 그 밖에 지정수량이 100kg인 위험물
㉢ 제3류 위험물 중 알칼리금속(칼륨 및 나트륨을 제외한다) 및 알칼리토금속, 유기금속화합물(알킬알루미늄 및 알킬리튬을 제외한다), 그 밖에 지정수량이 50kg인 위험물
㉣ 제4류 위험물 중 제1석유류 및 알코올류
㉤ 제5류 위험물 중 제1호 라목에 정하는 위험물 외의 것

답 ④

98 다음 물질 중 인화점이 가장 높은 것은?

① 아세톤　② 다이에틸에터
③ 메탄올　④ 벤젠

물질명	아세톤	다이에틸에터	메탄올	벤젠
품명	제1석유류	특수인화물	알코올류	제1석유류

답 ③

99 위험물안전관리법령상 옥내저장소에서 기계에 의하여 하역하는 구조로 된 용기만을 겹쳐 쌓아 위험물을 저장하는 경우 그 높이는 몇 미터를 초과하지 않아야 하는가?

① 2　② 4
③ 6　④ 8

옥내저장소에서 위험물을 저장하는 경우에는 다음의 규정에 의한 높이를 초과하여 용기를 겹쳐 쌓지 아니하여야 한다(옥외저장소에서 위험물을 저장하는 경우에 있어서도 본 규정에 의한 높이를 초과하여 용기를 겹쳐 쌓지 아니하여야 한다).
㉠ 기계에 의하여 하역하는 구조로 된 용기만을 겹쳐 쌓는 경우에 있어서는 6m
㉡ 제4류 위험물 중 제3석유류, 제4석유류 및 동·식물유류를 수납하는 용기만을 겹쳐 쌓는 경우에 있어서는 4m
㉢ 그 밖의 경우에 있어서는 3m

답 ③

100 **위험물안전관리법령상 위험물 운반 시 방수성 덮개를 하지 않아도 되는 위험물은?**

① 나트륨
② 적린
③ 철분
④ 과산화칼륨

 적재하는 위험물에 따라

차광성이 있는 것으로 피복해야 하는 경우	방수성이 있는 것으로 피복해야 하는 경우
제1류 위험물 제3류 위험물 중 자연발화성 물질 제4류 위험물 중 특수인화물 제5류 위험물 제6류 위험물	제1류 위험물 중 알칼리금속의 과산화물 제2류 위험물 중 철분, 금속분, 마그네슘 제3류 위험물 중 금수성 물질

 ②

더플러스+

더 쉽게 더 빠르게 합격 플러스

위험물기능사

실기

공학박사 현성호 지음

BM (주)도서출판 성안당

도서 A/S 안내

성안당에서 발행하는 모든 도서는 저자와 출판사, 그리고 독자가 함께 만들어 나갑니다.

좋은 책을 펴내기 위해 많은 노력을 기울이고 있습니다. 혹시라도 내용상의 오류나 오탈자 등이 발견되면 **"좋은 책은 나라의 보배"**로서 우리 모두가 함께 만들어 간다는 마음으로 연락주시기 바랍니다. 수정 보완하여 더 나은 책이 되도록 최선을 다하겠습니다.

성안당은 늘 독자 여러분들의 소중한 의견을 기다리고 있습니다. 좋은 의견을 보내 주시는 분께는 성안당 쇼핑몰의 포인트(3,000포인트)를 적립해 드립니다.

잘못 만들어진 책이나 부록 등이 파손된 경우에는 교환해 드립니다.

저자 문의 : shhyun063@hanmail.net(현성호)

본서 기획자 e-mail : coh@cyber.co.kr(최옥현)

홈페이지 : http://www.cyber.co.kr 전화 : 031) 950-6300

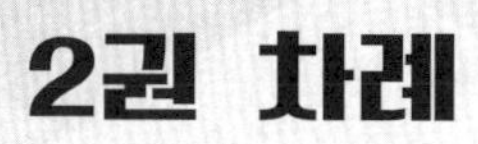

2권 차례

Part 1 실기시험대비 요약본

| 차 례 |

Part 2 실기 과년도 출제문제

PART 1

위험물기능사 실기

실기시험대비 요약본

실기시험에 자주 출제되는 중요이론 요약

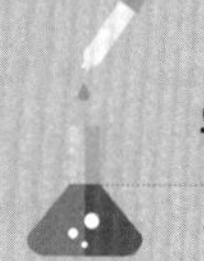

위험물기능사 실기

www.cyber.co.kr

실기시험대비 요약본

기초화학	◀ 무료강의
밀도	밀도 $= \frac{\text{질량}}{\text{부피}}$ 또는 $\rho = \frac{M}{V}$
증기비중	증기의 비중 $= \frac{\text{증기의 분자량}}{\text{공기의 평균 분자량}} = \frac{\text{증기의 분자량}}{28.84}$
기체밀도	기체의 밀도 $= \frac{\text{분자량}}{22.4}$ (g/L) (단, 0℃, 1기압)
열량	$Q = mc\Delta T$ 여기서, m : 질량, c : 비열, T : 온도
보일의 법칙	일정한 온도에서 기체의 부피는 압력에 반비례한다. $PV = k$, $P_1V_1 = P_2V_2$ (기체의 몰수와 온도는 일정)
샤를의 법칙	일정한 압력에서 기체의 부피는 절대온도에 비례한다. $V = kT$ $\frac{V_1}{T_1} = \frac{V_2}{T_2}$ $[T(\text{K}) = t(℃) + 273.15]$
보일-샤를의 법칙	일정량의 기체의 부피는 절대온도에 비례하고 압력에 반비례한다. $\frac{P_1V_1}{T_1} = \frac{P_2V_2}{T_2} = \frac{PV}{T} = k$
이상기체 상태방정식	P V $=$ n R T 압력 부피 몰수 기체상수 절대온도 여기서, 기체상수 $R = \frac{PV}{nT} = \frac{1\text{atm} \times 22.4\text{L}}{1\text{mol} \times (0℃ + 273.15)\text{K}}$ (아보가드로의 법칙에 의해) $= 0.082\text{L} \cdot \text{atm/K} \cdot \text{mol}$ **기체의 체적(부피) 결정** $PV = nRT$에서 몰수$(n) = \frac{\text{질량}(w)}{\text{분자량}(M)}$이므로, $PV = \frac{w}{M}RT$ $\therefore V = \frac{w}{PM}RT$

〈 기체상수값 〉

R값	단위
0.082057	L · atm/(K · mol)
8.31441	J/(K · mol)
8.31441	kg · m^2(s^2 · K · mol)
8.31441	dm^3 · kPa/(K · mol)
1.98719	cal/(K · mol)

화재예방	◀ 무료강의
기체의 연소	① 확산연소 : 산소의 공급을 '가스'의 확산에 의하여 주위에 있는 공기와 혼합연소하는 것 ② 예혼합연소 : '가연성 가스'와 공기를 미리 혼합하여 연소시키는 것
액체의 연소	① 분무연소(액적연소) : 점도가 높고, 비휘발성인 액체를 안개상으로 분사하여 연소하는 현상 ② 증발연소 : 가연성 액체를 외부에서 가열하여 액표면에 증기가 증발하여 연소되는 현상 예 알코올, 휘발유, 등유, 경유 등 ③ 분해연소 : 비휘발성이거나 끓는점이 높은 가연성 액체가 열분해하여 탄소가 석출되면서 연소하는 현상 예 중유, 크레오소트유 등
고체의 연소	① 표면연소(직접연소) : 열분해에 의하여 가연성 가스를 발생하지 않고 그 자체가 연소하는 형태로서 연소반응이 고체의 표면에서 이루어지는 형태 예 목탄, 코크스, 금속분 등 ② 분해연소 : '가연성 가스'가 공기 중에서 산소와 혼합되어 타는 형태 예 목재, 석탄, 종이 등 ③ 증발연소 : 가연성 고체에 열을 가하면 융해되어 여기서 생긴 액체가 기화되고 이로 인한 연소가 이루어지는 형태 예 황, 나프탈렌, 장뇌, 양초 등 ④ 내부연소(자기연소) : 물질 자체의 분자 안에 산소를 함유하고 있는 물질이 연소 시 외부에서의 산소 공급을 필요로 하지 않고 물질 자체가 갖고 있는 산소를 소비하면서 연소하는 형태 예 질산에스터류, 나이트로화합물류 등
정전기에너지 구하는 식	$E=\frac{1}{2}CV^2=\frac{1}{2}QV$ 여기서, E : 정전기에너지(J) C : 정전용량(F) V : 전압(V) Q : 전기량(C)
화재의 분류	(아래 표 참조)

화재 분류	명칭	비고	소화
A급 화재	일반화재	연소 후 재를 남기는 화재	냉각소화
B급 화재	유류화재	연소 후 재를 남기지 않는 화재	질식소화
C급 화재	전기화재	전기에 의한 발열체가 발화원이 되는 화재	질식소화
D급 화재	금속화재	금속 및 금속의 분, 박, 리본 등에 의해서 발생되는 화재	피복소화
F급 화재 (또는 K급 화재)	주방화재	가연성 튀김기름을 포함한 조리로 인한 화재	냉각 · 질식소화

※ 주방화재는 유면상의 화염을 제거하여도 유온이 발화점 이상이기 때문에 곧 다시 발화한다. 따라서 유온을 20~50℃ 이상 낮추어서 발화점 이하로 냉각해야 소화할 수 있다.

소화방법

◀ 무료강의

능력단위 (소방기구의 소화능력)

소화설비	용량	능력단위
마른모래	50L(삽 1개 포함)	0.5
팽창질석, 팽창진주암	160L(삽 1개 포함)	1
소화전용 물통	8L	0.3
수조	190L(소화전용 물통 6개 포함)	2.5
	80L(소화전용 물통 3개 포함)	1.5

소요단위

소요단위란 소화설비의 설치대상이 되는 건축물의 규모 또는 위험물의 양에 대한 기준단위이다.

소요단위	구분	내용
1단위	제조소 또는 취급소용 건축물의 경우	내화구조 외벽을 갖춘 연면적 100m^2
		내화구조 외벽이 아닌 연면적 50m^2
	저장소 건축물의 경우	내화구조 외벽을 갖춘 연면적 150m^2
		내화구조 외벽이 아닌 연면적 75m^2
	위험물의 경우	지정수량의 10배

할론소화약제의 종류

소화효과	종류	성상	주요 내용
• 부촉매작용 • 냉각효과 • 질식작용 • 희석효과	할론 104 (CCl_4)	• 최초 개발 약제 • **포스겐 발생으로 사용 금지** • 불꽃연소에 강한 소화력	법적으로 사용 금지
	할론 1011 ($CClBrH_2$)	• 2차대전 후 출현 • 불연성, 증발성 및 부식성 액체	
	할론 1211(ODP=2.4) (CF_2ClBr)	• 소화농도 : 3.8% • 밀폐공간 사용 곤란	• 증기비중 5.7 • 방사거리 4~5m, 소화기용
* 소화력 F<Cl<Br<I * 화학안정성 F>Cl>Br>I	할론 1301(ODP=14) (CF_3Br)	• 5%의 농도에서 소화(증기비중=5.11) • **인체에 가장 무해한 할론 약제**	• 증기비중 5.1 • 방사거리 3~4m, 소화설비용
	할론 2402(ODP=6.6) ($C_2F_4Br_2$)	• 할론 약제 중 유일한 에테인의 유도체 • 상온에서 액체	독성으로 인해 국내외 생산 무

※ **할론소화약제 명명법** : 할론 X A B C

- C → Br원자의 개수
- B → Cl원자의 개수
- A → F원자의 개수
- X → C원자의 개수

할로젠화합물 소화약제의 종류

소화약제	화학식
펜타플루오로에테인(HFC-125)	CHF_2CF_3
헵타플루오로프로페인(HFC-227ea)	CF_3CHFCF_3
트라이플루오로메테인(HFC-23)	CHF_3
도데카플루오로-2-메틸펜테인-3-원(FK-5-1-12)	$CF_3CF_2C(O)CF(CF_3)_2$

※ HFC X Y Z 명명법(첫째 자리 반올림)
- Z → 분자 내 플루오린수
- Y → 분자 내 수소수+1
- X → 분자 내 탄소수-1 (메테인계는 0이지만 표기 안 함)

불활성기체 소화약제의 종류

소화약제	화학식
불연성·불활성 기체혼합가스(IG-01)	Ar
불연성·불활성 기체혼합가스(IG-100)	N_2
불연성·불활성 기체혼합가스(IG-541)	N_2 : 52%, Ar : 40%, CO_2 : 8%
불연성·불활성 기체혼합가스(IG-55)	N_2 : 50%, Ar : 50%

※ IG-A B C 명명법(첫째 자리 반올림)
- C → CO_2의 농도
- B → Ar의 농도
- A → N_2의 농도

분말소화약제의 종류

종류	주성분	화학식	착색	적응화재
제1종	탄산수소나트륨(중탄산나트륨)	$NaHCO_3$	-	B·C급 화재
제2종	탄산수소칼륨(중탄산칼륨)	$KHCO_3$	담회색	B·C급 화재
제3종	제1인산암모늄	$NH_4H_2PO_4$	담홍색 또는 황색	A·B·C급 화재
제4종	탄산수소칼륨+요소	$KHCO_3+CO(NH_2)_2$	-	B·C급 화재

※ 제1종과 제4종에 해당하는 착색에 대한 법적 근거 없음.

종류	열분해반응식	공통사항
제1종	$2NaHCO_3 \rightarrow Na_2CO_3+CO_2+H_2O$	• 가압원 : N_2, CO_2 • 소화입도 : 10~75μm • 최적입도 : 20~25μm
제2종	$2KHCO_3 \rightarrow K_2CO_3+CO_2+H_2O$	
제3종	$NH_4H_2PO_4 \rightarrow HPO_3+NH_3+H_2O$ (메타인산)	

소화기의 사용방법

① 각 소화기는 적응화재에만 사용할 것
② 성능에 따라 화점 가까이 접근하여 사용할 것
③ 소화 시에는 바람을 등지고 소화할 것
④ 소화작업은 좌우로 골고루 소화약제를 방사할 것

소화기의 외부 표시사항

① 소화기의 명칭
② 적응화재 표시
③ 용기 합격 및 중량 표시
④ 사용방법
⑤ 능력단위
⑥ 취급상 주의사항
⑦ 제조연월일

소방시설

◀ 무료강의

소화설비의 종류

① 소화기구(소화기, 자동소화장치, 간이소화용구)
② 옥내소화전설비
③ 옥외소화전설비
④ 스프링클러소화설비
⑤ **물분무 등 소화설비**(물분무소화설비, 포소화설비, 불활성가스소화설비, 할로젠화합물소화설비, 분말소화설비)

옥내 · 옥외 소화전설비의 설치기준

구분	옥내소화전설비	옥외소화전설비
방호대상물에서 호스접속구까지의 거리	25m	40m
개폐밸브 및 호스접속구	지반면으로부터 1.5m 이하	지반면으로부터 1.5m 이하
수원의 양(Q, m^3)	$N\times7.8m^3$ (N은 5개 이상인 경우 5개)	$N\times13.5m^3$ (N은 4개 이상인 경우 4개)
노즐선단의 방수압력	0.35MPa	0.35MPa
분당 방수량	260L	450L

스프링클러설비의 장단점

장점	단점
• 초기진화에 특히 절대적인 효과가 있다. • 약제가 물이라서 값이 싸고 복구가 쉽다. • 오동작, 오보가 없다(감지부가 기계적). • 조작이 간편하고 안전하다. • 야간이라도 자동으로 화재 감지경보, 소화할 수 있다.	• 초기시설비가 많이 든다. • 시공이 다른 설비와 비교했을 때 복잡하다. • 물로 인한 피해가 크다.

포소화약제의 혼합장치

① **펌프프로포셔너방식**(펌프혼합방식)
농도조절밸브에서 조정된 포소화약제의 필요량을 포소화약제탱크에서 펌프흡입측으로 보내어 이를 혼합하는 방식
② **프레셔프로포셔너방식**(차압혼합방식)
벤투리관의 벤투리작용과 펌프 가압수의 포소화약제저장탱크에 대한 압력에 의하여 포소화약제를 흡입하여 혼합하는 방식
③ **라인프로포셔너방식**(관로혼합방식)
펌프와 발포기 중간에 설치된 벤투리관의 벤투리작용에 의해 포소화약제를 흡입하여 혼합하는 방식
④ **프레셔사이드프로포셔너방식**(압입혼합방식)
펌프의 토출관에 압입기를 설치하여 포소화약제 압입용 펌프로 포소화약제를 압입시켜 혼합하는 방식

전기설비의 소화설비

제조소 등에 전기설비(전기배선, 조명기구 등은 제외한다)가 설치된 경우에는 해당 장소의 면적 $100m^2$마다 소형 수동식 소화기를 1개 이상 설치할 것

위험물의 지정수량, 게시판

〈위험물의 분류〉

유별 지정수량	1류 산화성 고체	2류 가연성 고체	3류 자연발화성 및 금수성 물질	4류 인화성 액체	5류 자기반응성 물질	6류 산화성 액체
10kg		**Ⅰ 등급**	Ⅰ 칼륨 나트륨 알킬알루미늄 알킬리튬		• 제1종 : 10kg • 제2종 : 100kg 유기과산화물 질산에스터류 나이트로화합물 나이트로소화합물 아조화합물 다이아조화합물 하이드라진 유도체 하이드록실아민 하이드록실아민염류	
20kg			Ⅰ 황린			
50kg	Ⅰ 아염소산염류 염소산염류 과염소산염류 무기과산화물		Ⅱ 알칼리금속 및 알칼리토금속 유기금속화합물	Ⅰ 특수인화물 (50L)		
100kg		Ⅱ 황화인 적린 황				
200kg		**Ⅱ 등급**		Ⅱ 제1석유류 (200~400L) 알코올류 (400L)		
300kg	Ⅱ 브로민산염류 아이오딘산염류 질산염류		Ⅲ 금속의 수소화물 금속의 인화물 칼슘 또는 알루미늄의 탄화물			Ⅰ 과염소산 과산화수소 질산
500kg		Ⅲ 철분 금속분 마그네슘				
1,000kg	Ⅲ 과망가니즈산염류 다이크로뮴산염류	Ⅲ 인화성 고체		Ⅲ 제2석유류 (1,000~2,000L)		
		Ⅲ 등급		Ⅲ 제3석유류 (2,000~4,000L)		
				Ⅲ 제4석유류 (6,000L)		
				Ⅲ 동식물유류 (10,000L)		

〈위험물 게시판의 주의사항〉

유별 / 내용	1류 산화성 고체	2류 가연성 고체	3류 자연발화성 및 금수성 물질	4류 인화성 액체	5류 자기반응성 물질	6류 산화성 액체
공통 주의사항	화기 · 충격주의 가연물접촉주의	화기주의	(자연발화성) 화기엄금 및 공기접촉엄금	화기엄금	화기엄금 및 충격주의	가연물접촉주의
예외 주의사항	무기과산화물 : 물기엄금	• 철분, 금속분, 마그네슘분 : 물기엄금 • 인화성 고체 : 화기엄금	(금수성) 물기엄금	–	–	–
방수성 덮개	무기과산화물	철분, 금속분, 마그네슘	금수성 물질	×	×	×
차광성 덮개	○	×	자연발화성 물질	특수인화물	○	○
소화방법	주수에 의한 냉각소화 (단, 과산화물의 경우 모래 또는 소다재에 의한 질식소화)	주수에 의한 냉각소화 (단, 황화인, 철분, 금속분, 마그네슘의 경우 건조사에 의한 질식소화)	건조사, 팽창질석 및 팽창진주암으로 질식소화 (물, CO_2, 할론 소화 일체 금지)	질식소화(CO_2, 할론, 분말, 포) 및 안개상의 주수소화 (단, 수용성 알코올의 경우 내알코올포)	다량의 주수에 의한 냉각소화	건조사 또는 분말소화약제 (단, 소량의 경우 다량의 주수에 의한 희석소화)

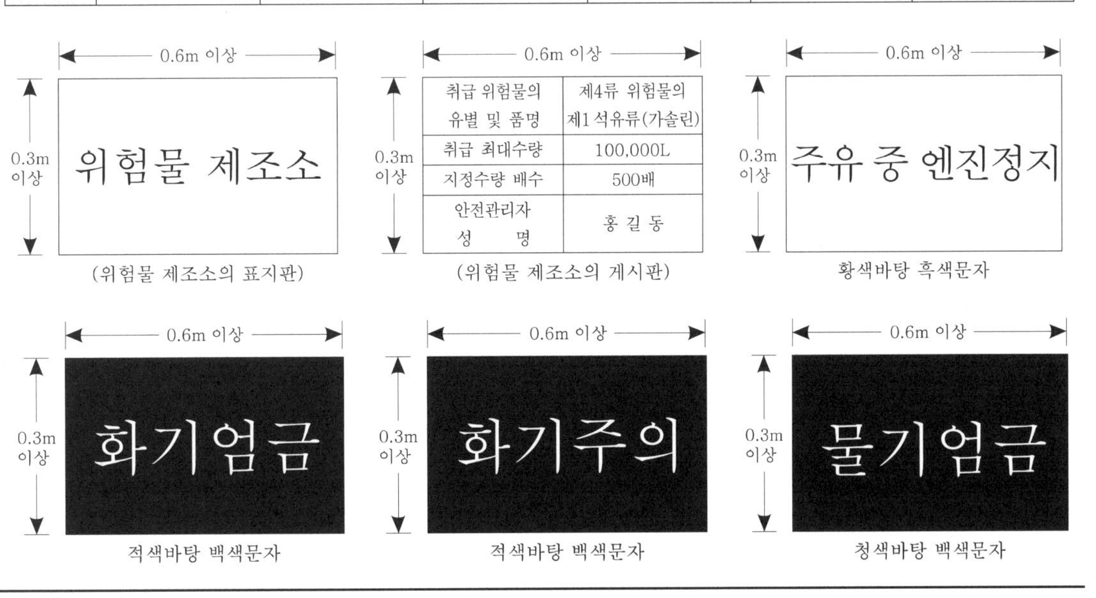

(위험물 제조소의 표지판)

(위험물 제조소의 게시판)

황색바탕 흑색문자

적색바탕 백색문자

적색바탕 백색문자

청색바탕 백색문자

1. 액상 : 수직으로 된 시험관(안지름 30밀리미터, 높이 120밀리미터의 원통형 유리관을 말한다)에 시료를 55밀리미터까지 채운 다음 해당 시험관을 수평으로 하였을 때 시료액면의 선단이 30밀리미터를 이동하는 데 걸리는 시간이 90초 이내에 있는 것을 말한다.
2. 황 : 순도가 **60중량퍼센트 이상**인 것을 말한다. 이 경우 순도측정에 있어서 불순물은 활석 등 불연성 물질과 수분에 한한다.
3. 철분 : 철의 분말로서 **53마이크로미터의 표준체를 통과하는 것이 50중량퍼센트 미만인 것은 제외**한다.
4. 금속분 : 알칼리금속 · 알칼리토류금속 · 철 및 마그네슘 외의 금속의 분말을 말하고, **구리분 · 니켈분** 및 **150마이크로미터의 체를 통과하는 것이 50중량퍼센트 미만인 것은 제외**한다.
5. 마그네슘 및 마그네슘을 함유한 것에 있어서 다음에 해당하는 것은 제외
   ① 2밀리미터의 체를 통과하지 아니하는 덩어리상태의 것
   ② 직경 2밀리미터 이상의 막대모양의 것
6. 인화성 고체 : **고형 알코올**, 그 밖에 1기압에서 **인화점이 섭씨 40도 미만인 고체**를 말한다.
7. 인화성 액체 : 액체(제3석유류, 제4석유류 및 동식물유류에 있어서는 1기압과 섭씨 20도에서 액상인 것에 한한다)로서 인화의 위험성이 있는 것을 말한다.
8. 특수인화물 : **이황화탄소**, **다이에틸에터**, 그 밖에 1기압에서 **발화점이 섭씨 100도 이하**인 것 또는 **인화점이 섭씨 영하 20도 이하**이고 **비점이 섭씨 40도 이하**인 것을 말한다.
9. 제1석유류 : **아세톤**, **휘발유**, 그 밖에 1기압에서 **인화점이 섭씨 21도 미만**인 것을 말한다.
10. 알코올류 : 1분자를 구성하는 **탄소원자의 수가 1개부터 3개까지인 포화1가 알코올**(변성 알코올을 포함한다)을 말한다.
11. 제2석유류 : **등유**, **경유**, 그 밖에 1기압에서 **인화점이 섭씨 21도 이상 70도 미만**인 것을 말한다.
12. 제3석유류 : **중유**, **크레오소트유**, 그 밖에 1기압에서 **인화점이 섭씨 70도 이상 섭씨 200도 미만**인 것을 말한다.
13. 제4석유류 : **기어유**, **실린더유**, 그 밖에 1기압에서 **인화점이 섭씨 200도 이상 섭씨 250도 미만**의 것을 말한다.
14. 동식물유류 : 동물의 지육 등 또는 식물의 종자나 과육으로부터 추출한 것으로서 1기압에서 인화점이 섭씨 250도 미만인 것을 말한다.
15. 과산화수소 : 그 농도가 **36중량퍼센트 이상**인 것
16. 질산 : 그 **비중이 1.49 이상**인 것
17. **복수성상물품(2가지 이상 포함하는 물품)의 판단기준**은 보다 **위험한 경우로 판단**한다.
   ① **제1류**(산화성 고체) 및 **제2류**(가연성 고체)의 경우 **제2류**
   ② **제1류**(산화성 고체) 및 **제5류**(자기반응성 물질)의 경우 **제5류**
   ③ **제2류**(가연성 고체) 및 **제3류**(자연발화성 및 금수성 물질)의 **제3류**
   ④ **제3류**(자연발화성 및 금수성 물질) 및 **제4류**(인화성 액체)의 경우 **제3류**
   ⑤ **제4류**(인화성 액체) 및 **제5류**(자기반응성 물질)의 경우 **제5류**

중요 화학반응식

◀ 무료강의

<table>
<tr><td rowspan="9">물과의
반응식</td><td>(물질 + H_2O → 금속의 수산화물 + 가스)
① 반응물질 중 금속(M)을 찾는다. 금속과 수산기(OH^-)와의 화합물을 생성물로 적는다.
$M^+ + OH^- \rightarrow MOH$
M이 1족 원소(Li, Na, K)인 경우 MOH, M이 2족 원소(Mg, Ca)인 경우 $M(OH)_2$, M이 3족 원소(Al)인 경우 $M(OH)_3$가 된다.
② 제1류 위험물은 수산화금속+산소(O_2), 제2류 위험물은 수산화금속+수소(H_2), 제3류 위험물은 품목에 따라 생성되는 가스는 H_2, C_2H_2, PH_3, CH_4, C_2H_6 등 다양하게 생성된다.</td></tr>
<tr><td>제1류</td></tr>
<tr><td>(과산화칼륨) $2K_2O_2 + 2H_2O \rightarrow 4KOH + O_2$
(과산화나트륨) $2Na_2O_2 + 2H_2O \rightarrow 4NaOH + O_2$
(과산화마그네슘) $2MgO_2 + 2H_2O \rightarrow 2Mg(OH)_2 + O_2$
(과산화바륨) $2BaO_2 + 2H_2O \rightarrow 2Ba(OH)_2 + O_2$</td></tr>
<tr><td>제2류</td></tr>
<tr><td>(오황화인) $P_2S_5 + 8H_2O \rightarrow 5H_2S + 2H_3PO_4$
(철분) $2Fe + 3H_2O \rightarrow Fe_2O_3 + 3H_2$
(마그네슘) $Mg + 2H_2O \rightarrow Mg(OH)_2 + H_2$
(알루미늄) $2Al + 6H_2O \rightarrow 2Al(OH)_3 + 3H_2$
(아연) $Zn + 2H_2O \rightarrow Zn(OH)_2 + H_2$</td></tr>
<tr><td>제3류</td></tr>
<tr><td>(칼륨) $2K + 2H_2O \rightarrow 2KOH + H_2$
(나트륨) $2Na + 2H_2O \rightarrow 2NaOH + H_2$
(트라이에틸알루미늄) $(C_2H_5)_3Al + 3H_2O \rightarrow Al(OH)_3 + 3C_2H_6$
(리튬) $2Li + 2H_2O \rightarrow 2LiOH + H_2$
(칼슘) $Ca + 2H_2O \rightarrow Ca(OH)_2 + H_2$
(수소화리튬) $LiH + H_2O \rightarrow LiOH + H_2$
(수소화나트륨) $NaH + H_2O \rightarrow NaOH + H_2$
(수소화칼슘) $CaH_2 + 2H_2O \rightarrow Ca(OH)_2 + 2H_2$
(탄화칼슘) $CaC_2 + 2H_2O \rightarrow Ca(OH)_2 + C_2H_2$
(인화칼슘) $Ca_3P_2 + 6H_2O \rightarrow 3Ca(OH)_2 + 2PH_3$
(인화알루미늄) $AlP + 3H_2O \rightarrow Al(OH)_3 + PH_3$
(탄화알루미늄) $Al_4C_3 + 12H_2O \rightarrow 4Al(OH)_3 + 3CH_4$</td></tr>
<tr><td>제4류</td></tr>
<tr><td>(이황화탄소) $CS_2 + 2H_2O \rightarrow CO_2 + 2H_2S$</td></tr>
</table>

연소반응식	① 반응물 중 산소와의 화합물을 생성물로 적는다. $C^{\mid+4\mid}$ ⇄ $O^{\mid-2\mid}$ → C_2O_4 → CO_2 $H^{\mid+1\mid}$ ⇄ $O^{\mid-2\mid}$ → H_2O $P^{\mid+5\mid}$ ⇄ $O^{\mid-2\mid}$ → P_2O_5 $Mg^{\mid+2\mid}$ ⇄ $O^{\mid-2\mid}$ → Mg_2O_2 → MgO $Al^{\mid+3\mid}$ ⇄ $O^{\mid-2\mid}$ → Al_2O_3 $S^{\mid+4\mid}$ ⇄ $O^{\mid-2\mid}$ → SO_2 ② 예상되는 생성물을 적고나면 화학반응식 개수를 맞춘다. **(삼황화인)** $P_4S_3+8O_2 \rightarrow 2P_2O_5+3SO_2$ **(오황화인)** $2P_2S_5+15O_2 \rightarrow 2P_2O_5+10SO_2$ **(적린)** $4P+5O_2 \rightarrow 2P_2O_5$ **(마그네슘)** $2Mg+O_2 \rightarrow 2MgO$ **(알루미늄)** $4Al+3O_2 \rightarrow 2Al_2O_3$ **(황)** $S+O_2 \rightarrow SO_2$ } 제2류 **(칼륨)** $4K+O_2 \rightarrow 2K_2O$ **(트라이에틸알루미늄)** $2(C_2H_5)_3Al+21O_2 \rightarrow 12CO_2+Al_2O_3+15H_2O$ **(황린)** $P_4+5O_2 \rightarrow 2P_2O_5$ } 제3류 **(에탄올)** $C_2H_5OH+3O_2 \rightarrow 2CO_2+3H_2O$ **(이황화탄소)** $CS_2+3O_2 \rightarrow CO_2+2SO_2$ **(벤젠)** $2C_6H_6+15O_2 \rightarrow 12CO_2+6H_2O$ **(톨루엔)** $C_6H_5CH_3+9O_2 \rightarrow 7CO_2+4H_2O$ **(아세트산)** $CH_3COOH+2O_2 \rightarrow 2CO_2+2H_2O$ **(아세톤)** $CH_3COCH_3+4O_2 \rightarrow 3CO_2+3H_2O$ **(다이에틸에터)** $C_2H_5OC_2H_5+6O_2 \rightarrow 4CO_2+5H_2O$ } 제4류
열분해반응식	**(염소산칼륨)** $2KClO_3 \rightarrow 2KCl+3O_2$ **(과산화칼륨)** $2K_2O_2 \rightarrow 2K_2O+O_2$ **(과산화나트륨)** $2Na_2O_2 \rightarrow 2Na_2O+O_2$ **(질산암모늄)** $2NH_4NO_3 \rightarrow 4H_2O+2N_2+O_2$ **(질산칼륨)** $2KNO_3 \rightarrow 2KNO_2+O_2$ **(과망가니즈산칼륨)** $2KMnO_4 \rightarrow K_2MnO_4+MnO_2+O_2$ } 제1류 **(삼산화크로뮴)** $4CrO_3 \rightarrow 2Cr_2O_3+3O_2$ **(나이트로글리세린)** $4C_3H_5(ONO_2)_3 \rightarrow 12CO_2+10H_2O+6N_2+O_2$ **(나이트로셀룰로스)** $2C_{24}H_{29}O_9(ONO_2)_{11} \rightarrow 24CO_2+24CO+12H_2O+11N_2+17H_2$ **(트라이나이트로톨루엔)** $2C_6H_2CH_3(NO_2)_3 \rightarrow 12CO+2C+3N_2+5H_2$ **(트라이나이트로페놀)** $2C_6H_2(NO_2)_3OH \rightarrow 4CO_2+6CO+3N_2+2C+3H_2$ } 제5류 **(과염소산)** $HClO_4 \rightarrow HCl+2O_2$ **(과산화수소)** $2H_2O_2 \rightarrow 2H_2O+O_2$ **(질산)** $4HNO_3 \rightarrow 4NO_2+2H_2O+O_2$ } 제6류 **(제1종 분말소화약제)** $2NaHCO_3 \rightarrow Na_2CO_3+H_2O+CO_2$ **(제2종 분말소화약제)** $2KHCO_3 \rightarrow K_2CO_3+H_2O+CO_2$ **(제3종 분말소화약제)** $NH_4H_2PO_4 \rightarrow NH_3+H_2O+HPO_3$

기타 반응식	**(과산화나트륨+염산)** $Na_2O_2 + 2HCl \rightarrow 2NaCl + H_2O_2$ **(과산화나트륨+초산)** $Na_2O_2 + 2CH_3COOH \rightarrow 2CH_3COONa + H_2O_2$ **(과산화나트륨+이산화탄소)** $2Na_2O_2 + 2CO_2 \rightarrow 2Na_2CO_3 + O_2$ **(철분+염산)** $2Fe + 6HCl \rightarrow 2FeCl_3 + 3H_2$, $Fe + 2HCl \rightarrow FeCl_2 + H_2$ **(마그네슘+염산)** $Mg + 2HCl \rightarrow MgCl_2 + H_2$ **(알루미늄+염산)** $2Al + 6HCl \rightarrow 2AlCl_3 + 3H_2$ **(아연+염산)** $Zn + 2HCl \rightarrow ZnCl_2 + H_2$ **(칼륨+이산화탄소)** $4K + 3CO_2 \rightarrow 2K_2CO_3 + C$ **(칼륨+에탄올)** $2K + 2C_2H_5OH \rightarrow 2C_2H_5OK + H_2$ **(인화칼슘+염산)** $Ca_3P_2 + 6HCl \rightarrow 3CaCl_2 + 2PH_3$ **(과산화수소+하이드라진)** $2H_2O_2 + N_2H_4 \rightarrow 4H_2O + N_2$

제1류 위험물(산화성 고체)

◀ 무료강의

위험등급	품명	품목별 성상	지정수량
Ⅰ	**아염소산염류** ($MClO_2$)	**아염소산나트륨($NaClO_2$)** : 산과 접촉 시 이산화염소(ClO_2)가스 발생 $3NaClO_2+2HCl \rightarrow 3NaCl+2ClO_2+H_2O_2$	50kg
	염소산염류 ($MClO_3$)	**염소산칼륨($KClO_3$)** : 분해온도 400℃, 찬물, 알코올에는 잘 녹지 않고, 온수, 글리세린 등에는 잘 녹는다. $2KClO_3 \rightarrow 2KCl+3O_2$ $4KClO_3+4H_2SO_4 \rightarrow 4KHSO_4+4ClO_2+O_2+2H_2O$ **염소산나트륨($NaClO_3$)** : 분해온도 300℃, $2NaClO_3 \rightarrow 2NaCl+3O_2$ 산과 반응이나 분해반응으로 독성이 있으며 폭발성이 강한 이산화염소(ClO_2)를 발생. $2NaClO_3+2HCl \rightarrow 2NaCl+2ClO_2+H_2O_2$	50kg
	과염소산염류 ($MClO_4$)	**과염소산칼륨($KClO_4$)** : 분해온도 400℃, 완전분해온도/융점 610℃ $KClO_4 \rightarrow KCl+2O_2$	50kg
	무기과산화물 (M_2O_2, MO_2)	**과산화나트륨(Na_2O_2)** : 물과 접촉 시 수산화나트륨(NaOH)과 산소(O_2)를 발생 $2Na_2O_2+2H_2O \rightarrow 4NaOH+O_2$ 산과 접촉 시 과산화수소 발생. $Na_2O_2+2HCl \rightarrow 2NaCl+H_2O_2$ **과산화칼륨(K_2O_2)** : 물과 접촉 시 수산화칼륨(KOH)과 산소(O_2)를 발생 $2K_2O_2+2H_2O \rightarrow 4KOH+O_2$ **과산화바륨(BaO_2)** : $BaO_2+2H_2O \rightarrow 2Ba(OH)_2+O_2$, $BaO_2+2HCl \rightarrow BaCl_2+H_2O_2$ **과산화칼슘(CaO_2)** : $2CaO_2 \rightarrow 2CaO+O_2$, $CaO_2+2HCl \rightarrow CaCl_2+H_2O_2$	50kg
Ⅱ	**브로민산염류** ($MBrO_3$)	–	300kg
	질산염류 (MNO_3)	**질산칼륨(KNO_3)** : 흑색화약(질산칼륨 75%+황 10%+목탄 15%)의 원료로 이용 $16KNO_3+3S+21C \rightarrow 13CO_2+3CO+8N_2+5K_2CO_3+K_2SO_4+2K_2S$ **질산나트륨($NaNO_3$)** : 분해온도 약 380℃ $2NaNO_3 \rightarrow 2NaNO_2$(아질산나트륨)$+O_2$ **질산암모늄(NH_4NO_3)** : 가열 또는 충격으로 폭발. $2NH_4NO_3 \rightarrow 4H_2O+2N_2+O_2$ **질산은($AgNO_3$)** : $2AgNO_3 \rightarrow 2Ag+2NO_2+O_2$	300kg
	아이오딘산염류 (MIO_3)	–	300kg
Ⅲ	**과망가니즈산염류** ($M'MnO_4$)	**과망가니즈산칼륨($KMnO_4$)** : 흑자색 결정 열분해반응식 : $2KMnO_4 \rightarrow K_2MnO_4+MnO_2+O_2$	1,000kg
	다이크로뮴산염류 (MCr_2O_7)	**다이크로뮴산칼륨($K_2Cr_2O_7$)** : 등적색	1,000kg
Ⅰ~Ⅲ	**그 밖에 행정안전부령이 정하는 것**	① **과아이오딘산염류(KIO_4)** ② **과아이오딘산(HIO_4)** ③ **크로뮴, 납 또는 아이오딘의 산화물(CrO_3)** ④ **아질산염류($NaNO_2$)**	300kg
		⑤ **차아염소산염류(MClO)**	50kg
		⑥ **염소화아이소사이아누르산(OCNClONClCONCl)** ⑦ **퍼옥소이황산염류($K_2S_2O_8$)** ⑧ **퍼옥소붕산염류($NaBO_3$)**	300kg

- **공통성질**
  ① 무색 결정 또는 백색 분말이며, 비중이 1보다 크고 **수용성**인 것이 많다.
  ② **불연성**이며, **산소 다량 함유**, **지연성 물질**, 대부분 무기화합물
  ③ 반응성이 풍부하여 열, 타격, 충격, 마찰 및 다른 약품과의 접촉으로 분해하여 많은 산소를 방출하며 다른 가연물의 연소를 돕는다.
- **저장 및 취급 방법**
  ① **조해성이 있으므로 습기에 주의**하며, 용기는 밀폐하고 환기가 잘 되는 찬곳에 저장할 것
  ② 열원이나 산화되기 쉬운 물질과 산 또는 화재 위험이 있는 곳으로부터 멀리할 것
  ③ 용기의 파손에 의한 위험물의 누설에 주의하고, 다른 약품류 및 가연물과의 접촉을 피할 것
- **소화방법** : 불연성 물질이므로 원칙적으로 소화방법은 없으나 가연성 물질의 성질에 따라 주수에 의한 냉각소화(단, 과산화물은 모래 또는 소다재)

제2류 위험물(가연성 고체)

◀ 무료강의

위험등급	품명	품목별 성상	지정수량
Ⅱ	**황화인**	**삼황화인(P_4S_3)** : 착화점 100℃, 물, 황산, 염산 등에는 녹지 않고, 질산이나 이황화탄소(CS_2), 알칼리 등에 녹는다. $P_4S_3 + 8O_2 \rightarrow 2P_2O_5 + 3SO_2$ **오황화인(P_2S_5)** : 알코올이나 이황화탄소(CS_2)에 녹으며, 물이나 알칼리와 반응하면 분해하여 황화수소(H_2S)와 인산(H_3PO_4)으로 된다. $P_2S_5 + 8H_2O \rightarrow 5H_2S + 2H_3PO_4$ **칠황화인(P_4S_7)** : 이황화탄소(CS_2), 물에는 약간 녹으며, 더운 물에서는 급격히 분해하여 황화수소(H_2S)와 인산(H_3PO_4)을 발생	100kg
	적린(P)	착화점 260℃, 조해성이 있으며, 물, 이황화탄소, 에터, 암모니아 등에는 녹지 않는다. 연소하면 황린이나 황화인과 같이 유독성이 심한 백색의 오산화인을 발생 $4P + 5O_2 \rightarrow 2P_2O_5$	100kg
	황(S)	물, 산에는 녹지 않으며 알코올에는 약간 녹고, 이황화탄소(CS_2)에는 잘 녹는다(단, 고무상황은 녹지 않는다). 연소 시 아황산가스를 발생. $S + O_2 \rightarrow SO_2$ 수소와 반응해서 황화수소(달걀 썩는 냄새) 발생. $S + H_2 \rightarrow H_2S$	100kg
Ⅲ	**철분**(Fe)	$Fe + 2HCl \rightarrow FeCl_2 + H_2$ $2Fe + 3H_2O \rightarrow Fe_2O_3 + 3H_2$	500kg
	금속분	**알루미늄분(Al)** : 물과 반응하면 수소가스를 발생 $2Al + 6H_2O \rightarrow 2Al(OH)_3 + 3H_2$ **아연분(Zn)** : 아연이 염산과 반응하면 수소가스를 발생 $Zn + 2HCl \rightarrow ZnCl_2 + H_2$	500kg
	마그네슘(Mg)	산 및 온수와 반응하여 수소(H_2)를 발생한다. $Mg + 2HCl \rightarrow MgCl_2 + H_2$, $Mg + 2H_2O \rightarrow Mg(OH)_2 + H_2$ 질소기체 속에서 연소 시 $3Mg + N_2 \rightarrow Mg_3N_2$	500kg
	인화성 고체	래커퍼티, 고무풀, 고형알코올, 메타알데하이드, 제삼뷰틸알코올	1,000kg

- **공통성질**
  ① **이연성, 속연성 물질**, 산소를 함유하고 있지 않기 때문에 **강력한 환원제**(산소결합 용이), 연소열 크고, 연소온도가 높다.
  ② 유독한 것 또는 연소 시 **유독가스를 발생**하는 것도 있다.
  ③ 철분, 마그네슘, 금속분류는 물과 산의 접촉으로 발열한다.
- **저장 및 취급 방법**
  ① 점화원으로부터 멀리하고 가열을 피할 것
  ② 용기의 파손으로 위험물의 누설에 주의할 것
  ③ 산화제와의 접촉을 피할 것
  ④ 철분, 마그네슘, 금속분류는 산 또는 물과의 접촉을 피할 것
- **소화방법** : 주수에 의한 냉각소화(단, 황화인, 철분, 금속분, 마그네슘의 경우 건조사에 의한 질식소화)
- 황 : 순도가 60중량퍼센트 이상인 것을 말한다. 이 경우 순도측정에 있어서 불순물은 **활석 등 불연성 물질과 수분**에 한한다.
- 철분 : **철의 분말**로서 53마이크로미터의 표준체를 통과하는 것이 50중량퍼센트 미만인 것은 제외한다.
- 금속분 : 알칼리금속 · 알칼리토류금속 · 철 및 마그네슘 외의 금속의 분말을 말하고, 구리분 · 니켈분 및 150마이크로미터의 체를 통과하는 것이 50중량퍼센트 미만인 것은 제외한다.
- 마그네슘 및 마그네슘을 함유한 것에 있어서는 다음 각 목의 1에 해당하는 것은 제외한다.
  ① 2밀리미터의 체를 통과하지 아니하는 덩어리상태의 것
  ② 직경 2밀리미터 이상의 막대모양의 것
- 인화성 고체 : **고형 알코올**, 그 밖에 1기압에서 인화점이 섭씨 40도 미만인 고체

제3류 위험물(자연발화성 물질 및 금수성 물질) ◀ 무료강의

위험등급	품명	품목별 성상	지정수량
I	**칼륨**(K) 석유 속 저장	$2K+2H_2O \rightarrow 2KOH$(수산화칼륨)$+H_2$ $4K+3CO_2 \rightarrow 2K_2CO_3+C$(연소·폭발), $4K+CCl_4 \rightarrow 4KCl+C$(폭발)	10kg
	나트륨(Na) 석유 속 저장	$2Na+2H_2O \rightarrow 2NaOH$(수산화나트륨)$+H_2$ $2Na+2C_2H_5OH \rightarrow 2C_2H_5ONa+H_2$	10kg
	알킬알루미늄(RAl 또는 RAlX : C_1~C_4) 희석액은 벤젠 또는 톨루엔	$(C_2H_5)_3Al+3H_2O \rightarrow Al(OH)_3$(수산화알루미늄)$+3C_2H_6$(에테인) $(C_2H_5)_3Al+HCl \rightarrow (C_2H_5)_2AlCl+C_2H_6$ $(C_2H_5)_3Al+3CH_3OH \rightarrow Al(CH_3O)_3+3C_2H_6$ $(C_2H_5)_3Al+3Cl_2 \rightarrow AlCl_3+3C_2H_5Cl$	10kg
	알킬리튬 (RLi)	−	10kg
	황린(P_4) 보호액은 물	황색 또는 담황색의 왁스상 가연성, 자연발화성 고체. 마늘냄새. 융점 44℃, 비중 1.82. 증기는 공기보다 무거우며, 자연발화성(발화점 34℃)이 있어 물속에 저장하며, 매우 자극적이고 맹독성 물질 $P_4+5O_2 \rightarrow 2P_2O_5$, 인화수소($PH_3$)의 생성을 방지하기 위해 보호액은 약알칼리성 pH 9로 유지하기 위하여 알칼리제(석회 또는 소다회 등)로 pH 조절	20kg
II	**알칼리금속** (K 및 Na 제외) **및** **알칼리토금속류**	$2Li+2H_2O \rightarrow 2LiOH+H_2$ $Ca+2H_2O \rightarrow Ca(OH)_2+H_2$	50kg
	유기금속화합물류 (알킬알루미늄 및 알킬리튬 제외)	대부분 자연발화성이 있으며, 물과 격렬하게 반응 (예외 : 사에틸납[$(C_2H_5)_4Pb$]은 인화점 93℃로 제3석유류(비수용성)에 해당하며 물로 소화 가능. 유연휘발유의 안티녹크제로 이용됨) ※ 무연휘발유 : 납 성분이 없는 휘발유로 연소성을 향상시켜 주기 위해 MTBE가 첨가됨.	50kg
III	**금속의 수소화물**	**수소화리튬(LiH)** : 수소화합물 중 안정성이 가장 큼. $LiH+H_2O \rightarrow LiOH+H_2$ **수소화나트륨(NaH)** : 회백색의 결정 또는 분말. $NaH+H_2O \rightarrow NaOH+H_2$ **수소화칼슘(CaH_2)** : 백색 또는 회백색의 결정 또는 분말 $CaH_2+2H_2O \rightarrow Ca(OH)_2+2H_2$	300kg
	금속의 인화물	**인화칼슘(Ca_3P_2)=인화석회** : 적갈색 고체, $Ca_3P_2+6H_2O \rightarrow 3Ca(OH)_2+2PH_3$	300kg
	칼슘 또는 알루미늄의 탄화물류	**탄화칼슘(CaC_2)=카바이드** : $CaC_2+2H_2O \rightarrow Ca(OH)_2+C_2H_2$(습기가 없는 밀폐용기에 저장하고, 용기에는 질소가스 등 불연성 가스를 봉입) 질소와는 약 700℃ 이상에서 질화되어 칼슘사이안나이드($CaCN_2$, 석회질소)가 생성된다. $CaC_2+N_2 \rightarrow CaCN_2+C$ **탄화알루미늄(Al_4C_3)** : 황색의 결정. $Al_4C_3+12H_2O \rightarrow 4Al(OH)_3+3CH_4$	300kg
	그 밖에 행정안전부령이 정하는 것	염소화규소화합물	300kg

- **공통성질**
  ① 공기와 접촉하여 **발열, 발화**한다.
  ② 물과 접촉하여 발열 또는 발화하는 물질, 물과 접촉하여 가연성 가스를 발생하는 물질이 있다.
  ③ 황린(자연발화 온도 : 34℃)을 제외한 모든 물질이 물에 대해 위험한 반응을 일으킨다.
- **저장 및 취급 방법**
  ① 용기의 파손 및 부식을 막으며 **공기 또는 수분의 접촉을 방지**할 것
  ② 보호액 속에 위험물을 저장할 경우 위험물이 **보호액 표면에 노출되지 않게 할 것**
  ③ 다량을 저장할 경우는 소분하여 저장하며 화재발생에 대비하여 희석제를 혼합하거나 수분의 침입이 없도록 할 것
  ④ 물과 접촉하여 가연성 가스를 발생하므로 화기로부터 멀리할 것
- **소화방법** : 건조사, 팽창진주암 및 질석으로 질식소화(물, CO_2, 할론소화 일체금지)

※ 불꽃 반응색 : K(보라색), Na(노란색), Li(빨간색), Ca(주황색)

제4류 위험물(인화성 액체)

◀ 무료강의

위험등급	품명		품목별 성상	지정수량
I	**특수인화물** (1atm에서 발화점이 100℃ 이하인 것 또는 인화점이 −20℃ 이하로서 비점이 40℃ 이하인 것)	비수용성 액체	**다이에틸에터($C_2H_5OC_2H_5$)** : (인)−40℃, (연)1.9~48%, 제4류 위험물 중 인화점이 가장 낮다. 직사광선에 분해되어 과산화물을 생성하므로 갈색병을 사용하여 밀전하고 냉암소 등에 보관하며 용기의 공간용적은 2% 이상으로 해야 한다. 정전기 방지를 위해 $CaCl_2$를 넣어 두고, 폭발성의 과산화물 생성 방지를 위해 40mesh의 구리망을 넣어 둔다. 과산화물의 검출은 10% 아이오딘화칼륨(KI) 용액과의 반응으로 확인 **이황화탄소(CS_2)** : (인)−30℃, (연)1~50%, 황색, 물보다 무겁고 물에 녹지 않으나, 알코올, 에터, 벤젠 등에는 잘 녹는다. 가연성 증기의 발생을 억제하기 위하여 물(수조)속에 저장 $CS_2+3O_2 \rightarrow CO_2+2SO_2$, $CS_2+2H_2O \rightarrow CO_2+2H_2S$	50L
	※ 「위험물안전관리법」에서는 특수인화물의 비수용성/수용성 구분이 명시되어 있지 않지만, 시험에서는 이를 구분하는 문제가 종종 출제되기 때문에, 특수인화물의 비수용성/수용성 구분을 알아두는 것이 좋다.	수용성 액체	**아세트알데하이드(CH_3CHO)** : (인)−40℃, (연)4.1~57%, 수용성, 은거울, 펠링반응, **구**리, **마**그네슘, **수**은, **은** 및 그 합금으로 된 취급설비는 중합반응을 일으켜 구조불명의 폭발성 물질 생성. 불활성 가스 또는 수증기를 봉입하고 냉각장치 등을 이용하여 저장온도를 비점 이하로 유지 **산화프로필렌(CH_3CHOCH_2)** : (인)−37℃, (연)2.8~37%, (비)35℃, 반응성이 풍부하여 구리, 철, 알루미늄, 마그네슘, 수은, 은 및 그 합금과 중합반응을 일으켜 발열하고 용기 내에서 폭발	
		암기법	**다이아산**	
II	**제1석유류** (인화점 21℃ 미만)	비수용성 액체	**가솔린(C_5~C_9)** : (인)−43℃, (발)300℃, (연)1.2~7.6% **벤젠(C_6H_6)** : (인)−11℃, (발)498℃, (연)1.4~8%, 연소반응식 $2C_6H_6+15O_2 \rightarrow 12CO_2+6H_2O$ **톨루엔($C_6H_5CH_3$)** : (인)4℃, (발)480℃, (연)1.27~7%, 진한 질산과 진한 황산을 반응시키면 나이트로화하여 TNT의 제조 **사이클로헥세인** : (인)−18℃, (발)245℃, (연)1.3~8% **콜로디온** : (인)−18℃, 질소 함유율 11~12%의 낮은 질화도의 질화면을 에탄올과 에터 3 : 1 비율의 용제에 녹인 것 **메틸에틸케톤($CH_3COC_2H_5$)** : (인)−7℃, (연)1.8~10% **초산메틸(CH_3COOCH_3)** : (인)−10℃, (연)3.1~16% **초산에틸($CH_3COOC_2H_5$)** : (인)−3℃, (연)2.2~11.5% **의산에틸($HCOOC_2H_5$)** : (인)−19℃, (연)2.7~16.5% 아크릴로나이트릴 : (인)−5℃, (연)3~17%, 헥세인 : (인)−22℃	200L
		수용성 액체	**아세톤(CH_3COCH_3)** : (인)−18.5℃, (연)2.5~12.8%, 무색투명, 과산화물 생성(황색), 탈지작용 **피리딘(C_5H_5N)** : (인)16℃, **아크롤레인($CH_2=CHCHO$)** : (인)−29℃, (연)2.8~31%, **의산메틸($HCOOCH_3$)** : (인)−19℃, **사이안화수소(HCN)** : (인)−17℃	400L
		암기법	**가벤톨사콜메초초의 / 아피아의시**	
	알코올류 (탄소원자 1~3개까지의 포화1가 알코올)		**메틸알코올(CH_3OH)** : (인)11℃, (발)464℃, (연)6~36%, 1차 산화 시 폼알데하이드(HCHO), 최종 폼산(HCOOH), 독성이 강하여 30mL의 양으로도 치명적! **에틸알코올(C_2H_5OH)** : (인)13℃, (발)363℃, (연)4.3~19%, 1차 산화 시 아세트알데하이드(CH_3CHO)가 되며, 최종적 초산(CH_3COOH) **프로필알코올(C_3H_7OH)** : (인)15℃, (발)371℃, (연)2.1~13.5% **아이소프로필알코올** : (인)12℃, (발)398.9℃, (연)2~12%	400L

※ (인)은 인화점, (발)은 발화점, (연)은 연소범위, (비)는 비점

위험등급	품명		품목별 성상	지정수량
III	**제2석유류** (인화점 21~70℃)	비수용성 액체	**등유(C_9~C_{18})** : (인)39℃ 이상, (발)210℃, (연)0.7~5% **경유(C_{10}~C_{20})** : (인)41℃ 이상, (발)257℃, (연)0.6~7.5% **스타이렌($C_6H_5CH=CH_2$)** : (인)32℃ **o-자일렌** : (인)32℃, **m-자일렌**, **p-자일렌** : (인)25℃ **클로로벤젠** : (인)27℃, **장뇌유** : (인)32℃ **뷰틸알코올(C_4H_9OH)** : (인)35℃, (발)343℃, (연)1.4~11.2% **알릴알코올($CH_2=CHCH_2OH$)** : (인)22℃, **아밀알코올($C_5H_{11}OH$)** : (인)33℃ 아니솔 : (인)52℃, 큐멘 : (인)31℃	1,000L
		수용성 액체	**폼산(HCOOH)** : (인)55℃ **초산(CH_3COOH)** : (인)40℃, $CH_3COOH+2O_2 \rightarrow 2CO_2+2H_2O$ **하이드라진(N_2H_4)** : (인)38℃, (연)4.7~100%, 무색의 가연성 고체, **아크릴산** : (인)46℃	2,000L
		암기법	**등경스자클장뷰알아 / 포초하아**	
	제3석유류 (인화점 70~200℃)	비수용성 액체	**중유** : (인)70℃ 이상 **크레오소트유** : (인)74℃, 자극성의 타르냄새가 나는 황갈색 액체, **아닐린($C_6H_5NH_2$)** : (인)70℃, (발)615℃, (연)1.3~11% **나이트로벤젠($C_6H_5NO_2$)** : (인)88℃, 담황색 또는 갈색의 액체, (발)482℃ **나이트로톨루엔[$NO_2(C_6H_4)CH_3$]** : (인)o-106℃, m-102℃, p-106℃, 다이클로로에틸렌 : (인)97~102℃	2,000L
		수용성 액체	**에틸렌글리콜[$C_2H_4(OH)_2$]** : (인)120℃, 무색무취의 단맛이 나고 흡습성이 있는 끈끈한 액체로서 2가 알코올, 물, 알코올, 에터, 글리세린 등에는 잘 녹고 사염화탄소, 이황화탄소, 클로로폼에는 녹지 않는다. **글리세린[$C_3H_5(OH)_3$]** : (인)160℃, (발)370℃, 물보다 무겁고 단맛이 나는 무색 액체, 3가의 알코올, 물, 알코올, 에터에 잘 녹으며 벤젠, 클로로폼 등에는 녹지 않는다. 아세트사이안하이드린 : (인)74℃, 아디포나이트릴 : (인)93℃ 염화벤조일 : (인)72℃	4,000L
		암기법	**중크아나나 / 에글**	
	제4석유류 (인화점 200℃ 이상 ~250℃ 미만)		**기어유** : (인)230℃ **실린더유** : (인)250℃	6,000L
	동식물유류 (1atm, 인화점이 250℃ 미만인 것)		**아이오딘값** : 유지 100g에 부가되는 아이오딘의 g수, 불포화도가 증가할수록 아이오딘값이 증가하며, 자연발화의 위험이 있다. ① 건성유 : 아이오딘값이 130 이상 이중결합이 많아 불포화도가 높기 때문에 공기 중에서 산화되어 액 표면에 피막을 만드는 기름 예 **아**마인유, **들**기름, **동**유, **정**어리기름, **해**바라기유 등 ② 반건성유 : 아이오딘값이 100~130인 것 공기 중에서 건성유보다 얇은 피막을 만드는 기름 예 **참**기름, **옥**수수기름, **청**어기름, **채**종유, **면**실유(목화씨유), **콩**기름, **쌀**겨유 등 ③ 불건성유 : 아이오딘값이 100 이하인 것 공기 중에서 피막을 만들지 않는 안정된 기름 예 **올**리브유, **피**마자유, **야**자유, **땅**콩기름, **동**백기름 등	10,000L

• **공통성질**

① 인화되기 매우 쉽다.
② 착화온도가 낮은 것은 위험하다.
③ 증기는 공기보다 무겁다.
④ 물보다 가볍고 물에 녹기 어렵다.
⑤ 증기는 공기와 약간 혼합되어도 연소의 우려가 있다.

• **4류 위험물 화재의 특성**

① 유동성 액체이므로 연소의 확대가 빠르다.
② 증발연소하므로 불티가 나지 않는다.
③ 인화성이므로 풍하의 화재에도 인화된다.

• **소화방법** : 질식소화 및 안개상의 주수소화 가능

• 인화성 액체 : 액체(제3석유류, 제4석유류 및 동식물유류에 있어서는 1기압과 섭씨 20도에서 액상인 것에 한한다)로서 인화의 위험성이 있는 것을 말한다.

• 특수인화물 : **이황화탄소**, **다이에틸에테**, 그 밖에 1기압에서 발화점이 섭씨 100도 이하인 것 또는 인화점이 섭씨 영하 20도 이하이고 비점이 섭씨 40도 이하인 것을 말한다.

• 제1석유류 : **아세톤**, **휘발유**, 그 밖에 1기압에서 **인화점이 섭씨 21도 미만**인 것을 말한다.

• 알코올류 : 1분자를 구성하는 탄소원자의 수가 1개부터 3개까지인 포화1가 알코올(변성 알코올을 포함한다)을 말한다. 다만, 다음 각 목의 1에 해당하는 것은 제외한다.

① 1분자를 구성하는 탄소원자의 수가 1개 내지 3개의 포화1가 알코올의 함유량이 60중량퍼센트 미만인 수용액
② 가연성 액체량이 60중량퍼센트 미만이고 인화점 및 연소점(태그개방식 인화점측정기에 의한 연소점을 말한다. 이하 같다.)이 에틸알코올 60중량퍼센트 수용액의 인화점 및 연소점을 초과하는 것

• 제2석유류 : **등유**, **경유**, 그 밖에 1기압에서 **인화점이 섭씨 21도 이상 70도 미만**인 것을 말한다. 다만, 도료류, 그 밖의 물품에 있어서 가연성 액체량이 40중량퍼센트 이하이면서 인화점이 섭씨 40도 이상인 동시에 연소점이 섭씨 60도 이상인 것은 제외한다.

• 제3석유류 : **중유**, **크레오소트유**, 그 밖에 1기압에서 **인화점이 섭씨 70도 이상 섭씨 200도 미만**인 것. 다만, 도료류, 그 밖의 물품은 가연성 액체량이 40중량퍼센트 이하인 것은 제외한다.

• 제4석유류 : **기어유**, **실린더유**, 그 밖에 1기압에서 **인화점이 섭씨 200도 이상 섭씨 250도 미만**의 것. 다만, 도료류, 그 밖의 물품은 가연성 액체량이 40중량퍼센트 이하인 것은 제외한다.

• 동식물유류 : 동물의 지육 등 또는 식물의 종자나 과육으로부터 추출한 것으로서 1기압에서 인화점이 섭씨 250도 미만인 것을 말한다.

※ 인화성 액체의 인화점 시험방법

① 인화성 액체의 인화점 측정기준
  ㉠ 측정결과가 0℃ 미만인 경우에는 해당 측정결과를 인화점으로 할 것
  ㉡ 측정결과가 0℃ 이상 80℃ 이하인 경우에는 동점도 측정을 하여 동점도가 $10mm^2/S$ 미만인 경우에는 해당 측정결과를 인화점으로 하고, 동점도가 $10mm^2/S$ 이상인 경우에는 다시 측정할 것
  ㉢ 측정결과가 80℃를 초과하는 경우에는 다시 측정할 것

② 인화성 액체 중 수용성 액체란 온도 20℃, 기압 1기압에서 동일한 양의 증류수와 완만하게 혼합하여, 혼합액의 유동이 멈춘 후 해당 혼합액이 균일한 외관을 유지하는 것을 말한다.

제5류 위험물(자기반응성 물질)

◀ 무료강의

품명	품목	지정수량
유기과산화물 (-O-O-)	**벤조일퍼옥사이드[$(C_6H_5CO)_2O_2$, 과산화벤조일]** : 무미, 무취의 백색분말. 비활성 희석제(프탈산다이메틸, 프탈산다이뷰틸 등)를 첨가하여 폭발성 낮춤. $C_6H_5-C(=O)-O-O-C(=O)-C_6H_5$ **메틸에틸케톤퍼옥사이드[$(CH_3COC_2H_5)_2O_2$, MEKPO, 과산화메틸에틸케톤]** : 인화점 58℃, 희석제(DMP, DBP를 40%) 첨가로 농도가 60% 이상 되지 않게 하며 저장온도는 30℃ 이하를 유지 **아세틸퍼옥사이드** : 인화점(45℃), 발화점(121℃), 희석제 DMF를 75% 첨가 $CH_3-C(=O)-O-O-C(=O)-CH_3$	시험결과에 따라 위험성 유무와 등급을 결정하여 제1종과 제2종으로 분류한다. • 제1종 : 10kg • 제2종 : 100kg
질산에스터류 ($R-ONO_2$)	**나이트로셀룰로스($[C_6H_7O_2(ONO_2)_3]_n$, 질화면)** : 인화점(13℃), 발화점(160~170℃), 분해온도(130℃), 비중(1.7) $2C_{24}H_{29}O_9(ONO_2)_{11} \rightarrow 24CO_2+24CO+12H_2O+11N_2+17H_2$ **나이트로글리세린[$C_3H_5(ONO_2)_3$]** : 다이너마이트, 로켓, 무연화약의 원료로 순수한 것은 무색투명하나 공업용 시판품은 담황색, 다공질 물질을 규조토에 흡수시켜 다이너마이트 제조 $4C_3H_5(ONO_2)_3 \rightarrow 12CO_2+10H_2O+6N_2+O_2$ **질산메틸(CH_3ONO_2)** : 분자량(약 77), 비중[1.2(증기비중 2.65)], 비점(66℃), 무색투명한 액체이며, 향긋한 냄새가 있고 단맛 **질산에틸($C_2H_5ONO_2$)** : 비중(1.11), 융점(-112℃), 비점(88℃), 인화점(-10℃), **나이트로글리콜[$C_2H_4(ONO_2)_2$]** : 순수한 것 무색, 공업용은 담황색, 폭발속도 7,800m/s	
나이트로화합물 ($R-NO_2$)	**트라이나이트로톨루엔[TNT, $C_6H_2CH_3(NO_2)_3$]** : 순수한 것은 무색 결정이나 담황색의 결정, 직사광선에 의해 다갈색으로 변하며 중성으로 금속과는 반응이 없으며 장기 저장해도 자연발화의 위험 없이 안정하다. 분자량(227), 발화온도(약 300℃), $2C_6H_2CH_3(NO_2)_3 \rightarrow 12CO+2C+3N_2+5H_2$ **트라이나이트로페놀(TNP, 피크르산)** : 순수한 것은 무색이나 보통 공업용은 휘황색의 침전 결정. 폭발온도(3,320℃), 폭발속도(약 7,000m/s) $2C_6H_2OH(NO_2)_3 \rightarrow 6CO+2C+3N_2+3H_2+4CO_2$	
나이트로소화합물	-	
아조화합물	-	
다이아조화합물	-	
하이드라진 유도체	-	
하이드록실아민	-	
하이드록실아민염류	-	
그 밖에 행정안전부령이 정하는 것	① 금속의 아지화합물[NaN_3, $Pb(N_3)_2$] ② 질산구아니딘[$C(NH_2)_3NO_3$]	

- **공통성질** : 다량의 주수냉각소화. 가연성 물질이며, 내부연소. 폭발적이며, 장시간 저장 시 산화반응이 일어나 열분해되어 자연발화한다.
  ① 자기연소를 일으키며 연소의 속도가 매우 빠르다.
  ② 모두 유기질화물이므로 가열, 충격, 마찰 등으로 인한 폭발의 위험이 있다.
  ③ 시간의 경과에 따라 자연발화의 위험성을 갖는다.
- **저장 및 취급 방법**
  ① 점화원 및 분해를 촉진시키는 물질로부터 멀리할 것
  ② 용기의 파손 및 균열에 주의하며 실온, 습기, 통풍에 주의할 것
  ③ 화재발생 시 소화가 곤란하므로 소분하여 저장할 것
  ④ 용기는 밀전, 밀봉하고 포장 외부에 화기엄금, 충격주의 등 주의사항 표시를 할 것
- **소화방법** : 다량의 냉각주수소화

제6류 위험물(산화성 액체)			◀ 무료강의
위험등급	품명	품목별 성상	지정수량
I	**과염소산** ($HClO_4$)	무색무취의 유동성 액체. 92℃ 이상에서는 폭발적으로 분해 $HClO_4 \rightarrow HCl + 2O_2$ $HClO < HClO_2 < HClO_3 < HClO_4$	300kg
	과산화수소 (H_2O_2)	순수한 것은 청색을 띠며 점성이 있고 무취, 투명하고 질산과 유사한 냄새, 농도 60% 이상인 것은 충격에 의해 단독폭발의 위험, **분해방지 안정제(인산, 요산 등)**를 넣어 발생기 산소의 발생을 억제한다. 용기는 밀봉하되 작은 구멍이 뚫린 마개를 사용 가열 또는 촉매(KI)에 의해 산소 발생 $2H_2O_2 \rightarrow 2H_2O + O_2$	300kg
	질산 (HNO_3)	직사광선에 의해 분해되어 이산화질소(NO_2)를 생성시킨다. $4HNO_3 \rightarrow 4NO_2 + 2H_2O + O_2$ **크산토프로테인 반응**(피부에 닿으면 노란색), **부동태 반응**(Fe, Ni, Al 등과 반응 시 산화물피막 형성)	300kg
	그 밖에 행정안전부령이 정하는 것	할로젠간화합물(ICl, IBr, BrF_3, BrF_5, IF_5 등)	300kg

- **공통성질** : 물보다 무겁고, 물에 녹기 쉬우며, 불연성 물질이다.
  ① 부식성 및 유독성이 강한 강산화제이다.
  ② 산소를 많이 포함하여 다른 가연물의 연소를 돕는다.
  ③ 비중이 1보다 크며 물에 잘 녹는다.
  ④ 물과 만나면 발열한다.
  ⑤ 가연물 및 분해를 촉진하는 약품과 분해 폭발한다.
- **저장 및 취급 방법**
  ① 저장용기는 내산성일 것
  ② 물, 가연물, 무기물 및 고체의 산화제와의 접촉을 피할 것
  ③ 용기는 밀전 밀봉하여 누설에 주의할 것
- **소화방법** : 불연성 물질이므로 원칙적으로 소화방법이 없으나 가연성 물질에 따라 마른모래나 분말소화약제
- 과산화수소 : 농도 36wt% 이상인 것. 질산의 비중 1.49 이상인 것

※ 황산(H_2SO_4) : 2003년까지는 비중 1.82 이상이면 위험물로 분류하였으나, 현재는 위험물안전관리법상 위험물에 해당하지 않는다.

<table>
<tr><th colspan="2">위험물시설의 안전관리 (1) ◀ 무료강의</th></tr>
<tr><td>설치 및 변경</td><td>① 위험물의 품명 · 수량 또는 지정수량의 배수를 변경 시 : 1일 전까지 행정안전부령이 정하는 바에 따라 시 · 도지사에게 신고
② 제조소 등의 설치자의 지위를 승계한 자는 30일 이내에 시 · 도지사에게 신고
③ 제조소 등의 용도를 폐지한 날부터 14일 이내에 시 · 도지사에게 신고
④ 허가 및 신고가 필요 없는 경우
㉠ 주택의 난방시설(공동주택의 중앙난방시설을 제외한다)을 위한 저장소 또는 취급소
㉡ 농예용 · 축산용 또는 수산용으로 필요한 난방시설 또는 건조시설을 위한 지정수량 20배 이하의 저장소
⑤ 허가취소 또는 6월 이내의 사용정지 경우
㉠ 규정에 따른 변경허가를 받지 아니하고 제조소 등의 위치 · 구조 또는 설비를 변경한 때
㉡ 완공검사를 받지 아니하고 제조소 등을 사용한 때
㉢ 규정에 따른 수리 · 개조 또는 이전의 명령을 위반한 때
㉣ 규정에 따른 위험물안전관리자를 선임하지 아니한 때
㉤ 대리자를 지정하지 아니한 때
㉥ 정기점검을 하지 아니한 때
㉦ 정기검사를 받지 아니한 때
㉧ 저장 · 취급기준 준수명령을 위반한 때</td></tr>
<tr><td>위험물안전관리자</td><td>① 해임하거나 퇴직한 때에는 해임하거나 퇴직한 날부터 30일 이내에 다시 안전관리자를 선임
② 선임한 경우에는 선임한 날부터 14일 이내에 소방본부장 또는 소방서장에게 신고
③ 대리자가 안전관리자의 직무를 대행하는 기간은 30일을 초과할 수 없다.</td></tr>
<tr><td>예방규정을 정하여야 하는 제조소 등</td><td>① 지정수량의 10배 이상의 위험물을 취급하는 제조소
② 지정수량의 100배 이상의 위험물을 저장하는 옥외저장소
③ 지정수량의 150배 이상의 위험물을 저장하는 옥내저장소
④ 지정수량의 200배 이상을 저장하는 옥외탱크저장소
⑤ 암반탱크저장소
⑥ 이송취급소
⑦ 지정수량의 10배 이상의 위험물 취급하는 일반취급소
다만, 제4류 위험물(특수인화물을 제외한다)만을 지정수량의 50배 이하로 취급하는 일반취급소(제1석유류 · 알코올류의 취급량이 지정수량의 10배 이하인 경우에 한한다)로서 다음의 어느 하나에 해당하는 것을 제외
㉠ 보일러 · 버너 또는 이와 비슷한 것으로서 위험물을 소비하는 장치로 이루어진 일반취급소
㉡ 위험물을 용기에 옮겨 담거나 차량에 고정된 탱크에 주입하는 일반취급소</td></tr>
<tr><td>정기점검대상 제조소 등</td><td>① 예방규정을 정하여야 하는 제조소 등
② 지하탱크저장소
③ 이동탱크저장소
④ 제조소(지하탱크) · 주유취급소 또는 일반취급소</td></tr>
<tr><td>정기검사대상 제조소 등</td><td>액체위험물을 저장 또는 취급하는 50만L 이상의 옥외탱크저장소</td></tr>
<tr><td>위험물저장소의 종류</td><td>① 옥내저장소 ② 옥외저장소 ③ 옥외탱크저장소 ④ 옥내탱크저장소
⑤ 지하탱크저장소 ⑥ 이동탱크저장소 ⑦ 간이탱크저장소 ⑧ 암반탱크저장소</td></tr>
</table>

위험물시설의 안전관리 (2)

◀ 무료강의

탱크시험자

① 필수장비 : 방사선투과시험기, 초음파탐상시험기, 자기탐상시험기, 초음파두께측정기
② 시설 : 전용사무실
③ 규정에 따라 등록한 사항 가운데 행정안전부령이 정하는 중요사항을 변경한 경우에는 그 날부터 30일 이내에 시·도지사에게 변경신고

압력계 및 안전장치

위험물의 압력이 상승할 우려가 있는 설비에 설치해야 하는 안전장치
① 자동적으로 압력의 상승을 정지시키는 장치
② 감압측에 안전밸브를 부착한 감압밸브
③ 안전밸브를 병용하는 경보장치
④ 파괴판(위험물의 성질에 따라 안전밸브의 작동이 곤란한 가압설비에 한한다.)

자체소방대

① 설치대상 : 제4류 위험물을 지정수량의 3천배 이상 취급하는 제조소 또는 일반취급소와 50만배 이상 저장하는 옥외탱크저장소에 설치
② 자체소방대에 두는 화학소방자동차 및 인원

사업소의 구분	화학소방자동차의 수	자체소방대원의 수
제조소 또는 일반취급소에서 취급하는 제4류 위험물의 최대수량의 합이 지정수량의 3천배 이상 12만배 미만인 사업소	1대	5인
제조소 또는 일반취급소에서 취급하는 제4류 위험물의 최대수량의 합이 지정수량의 12만배 이상 24만배 미만인 사업소	2대	10인
제조소 또는 일반취급소에서 취급하는 제4류 위험물의 최대수량의 합이 지정수량의 24만배 이상 48만배 미만인 사업소	3대	15인
제조소 또는 일반취급소에서 취급하는 제4류 위험물의 최대수량의 합이 지정수량의 48만배 이상인 사업소	4대	20인
옥외탱크저장소에 저장하는 제4류 위험물의 최대수량이 지정수량의 50만배 이상인 사업소	2대	10인

화학소방자동차에 갖추어야 하는 소화능력 및 소화설비의 기준

화학소방자동차의 구분	소화능력 및 소화설비의 기준
포수용액방사차	• 포수용액의 방사능력이 2,000L/분 이상일 것 • 소화약액탱크 및 소화약액혼합장치를 비치할 것 • 10만L 이상의 포수용액을 방사할 수 있는 양의 소화약제를 비치할 것
분말방사차	• 분말의 방사능력이 35kg/초 이상일 것 • 분말탱크 및 가압용 가스설비를 비치할 것 • 1,400kg 이상의 분말을 비치할 것
할로젠화합물방사차	• 할로젠화합물의 방사능력이 40kg/초 이상일 것 • 할로젠화합물 탱크 및 가압용 가스설비를 비치할 것 • 1,000kg 이상의 할로젠화합물을 비치할 것
이산화탄소방사차	• 이산화탄소의 방사능력이 40kg/초 이상일 것 • 이산화탄소 저장용기를 비치할 것 • 3,000kg 이상의 이산화탄소를 비치할 것
제독차	가성소다 및 규조토를 각각 50kg 이상 비치할 것

※ 포수용액을 방사하는 화학소방자동차의 대수는 규정에 의한 화학소방자동차 대수의 3분의 2 이상으로 하여야 한다.

위험물의 저장기준 ◀ 무료강의	
저장기준	① 옥내저장소에서 동일 품명의 위험물이더라도 자연발화할 우려가 있는 위험물 또는 재해가 현저하게 증대할 우려가 있는 위험물을 다량 저장하는 경우에는 지정수량의 10배 이하마다 구분하여 상호간 0.3m 이상의 간격을 두어 저장하여야 한다. 다만, 위험물 또는 기계에 의하여 하역하는 구조로 된 용기에 수납한 위험물에 있어서는 그러하지 아니하다. ② 옥내저장소에 저장하는 경우 규정높이 이상으로 용기를 겹쳐 쌓지 않아야 한다. ㉠ 기계에 의하여 하역하는 구조로 된 용기만을 겹쳐 쌓는 경우에 있어서는 6m ㉡ 제4류 위험물 중 제3석유류, 제4석유류 및 동식물유류를 수납하는 용기만을 겹쳐 쌓는 경우에 있어서는 4m ㉢ 그 밖의 경우에 있어서는 3m ③ 옥내저장소에서는 용기에 수납하여 저장하는 위험물의 온도가 55℃를 넘지 아니하도록 필요한 조치를 강구하여야 한다(중요기준). ④ 옥외저장소에서 위험물을 수납한 용기를 선반에 저장하는 경우에는 6m를 초과하여 저장하지 아니하여야 한다.
위험물 저장탱크의 용량	① 위험물을 저장 또는 취급하는 탱크의 용량은 해당 탱크의 내용적에서 공간용적을 뺀 용적으로 한다. 단, 이동탱크저장소의 탱크인 경우에는 내용적에서 공간용적을 뺀 용적이 자동차관리관계법령에 의한 최대적재량 이하이어야 한다. ② 탱크의 공간용적 ㉠ **일반탱크** : 탱크 내용적의 100분의 5 이상 100분의 10 이하로 한다. ㉡ **소화설비(소화약제 방출구를 탱크 안의 윗부분에 설치하는 것에 한한다)를 설치하는 탱크** : 해당 소화설비의 소화약제 방출구 아래의 0.3m 이상 1m 미만 사이의 면으로부터 윗부분의 용적으로 한다. ㉢ **암반탱크** : 해당 탱크 내에 용출하는 7일간의 지하수의 양에 상당하는 용적과 해당 탱크의 내용적의 100분의 1의 용적 중에서 보다 큰 용적을 공간용적으로 한다.
탱크의 내용적	① 타원형 탱크의 내용적 ㉠ 양쪽이 볼록한 것 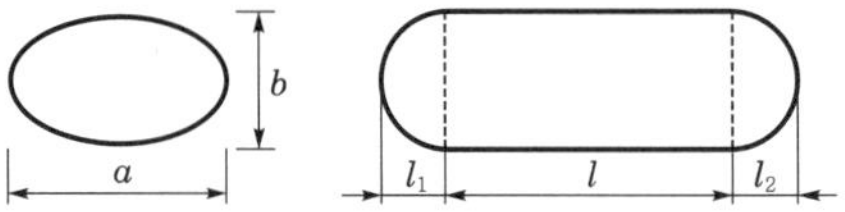 a, b, l_1, l, l_2 내용적 $=\dfrac{\pi ab}{4}\left(l+\dfrac{l_1+l_2}{3}\right)$ ㉡ 한쪽은 볼록하고 다른 한쪽은 오목한 것 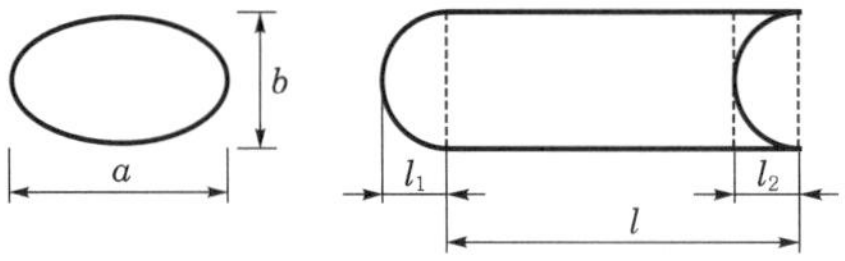 a, b, l_1, l_2, l 내용적 $=\dfrac{\pi ab}{4}\left(l+\dfrac{l_1-l_2}{3}\right)$ ② 원통형 탱크의 내용적 ㉠ 가로로 설치한 것 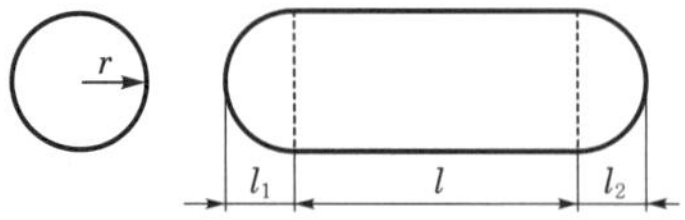 r, l_1, l, l_2 내용적 $=\pi r^2\left(l+\dfrac{l_1+l_2}{3}\right)$ ㉡ 세로로 설치한 것 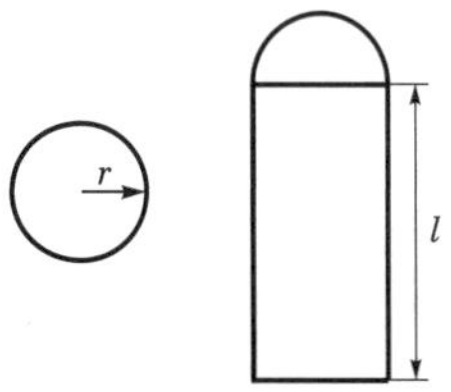 r, l 내용적 $=\pi r^2 l$

위험물의 취급기준

◀ 무료강의

적재방법

① 위험물의 품명 · 위험등급 · 화학명 및 수용성
('수용성' 표시는 제4류 위험물로서 수용성인 것에 한한다.)
② 위험물의 수량
③ 수납하는 위험물에 따른 주의사항

유별	구분	주의사항
제1류 위험물 (산화성 고체)	알칼리금속의 무기과산화물	"화기 · 충격주의", "물기엄금", "가연물접촉주의"
	그 밖의 것	"화기 · 충격주의", "가연물접촉주의"
제2류 위험물 (가연성 고체)	철분 · 금속분 · 마그네슘	"화기주의", "물기엄금"
	인화성 고체	"화기엄금"
	그 밖의 것	"화기주의"
제3류 위험물 (자연발화성 및 금수성 물질)	자연발화성 물질	"화기엄금", "공기접촉엄금"
	금수성 물질	"물기엄금"
제4류 위험물 (인화성 액체)	–	"화기엄금"
제5류 위험물 (자기반응성 물질)	–	"화기엄금" 및 "충격주의"
제6류 위험물 (산화성 액체)	–	"가연물접촉주의"

지정수량의 배수

$$\text{지정수량 배수의 합} = \frac{\text{A품목 저장수량}}{\text{A품목 지정수량}} + \frac{\text{B품목 저장수량}}{\text{B품목 지정수량}} + \frac{\text{C품목 저장수량}}{\text{C품목 지정수량}} + \cdots$$

제조과정 취급기준

① **증류공정** : 설비의 내부압력의 변동 등에 의하여 액체 또는 증기가 새지 아니하도록 할 것
② **추출공정** : 추출관의 내부압력이 비정상으로 상승하지 아니하도록 할 것
③ **건조공정** : 온도가 국부적으로 상승하지 아니하는 방법으로 가열 또는 건조할 것
④ **분쇄공정** : 분말이 현저하게 기계 · 기구 등에 부착하고 있는 상태로 그 기계 · 기구를 취급하지 아니할 것

소비하는 작업에서 취급기준

① **분사도장작업**은 방화상 유효한 격벽 등으로 구획된 안전한 장소에서 실시할 것
② **담금질** 또는 **열처리작업**은 위험물이 위험한 온도에 이르지 아니하도록 하여 실시할 것
③ **버너를 사용하는 경우**에는 버너의 역화를 방지하고 위험물이 넘치지 아니하도록 할 것

표지 및 게시판

① 표지는 한 변의 길이가 0.3m 이상, 다른 한 변의 길이가 0.6m 이상인 직사각형
② 게시판에는 저장 또는 취급하는 위험물의 유별 · 품명 및 저장최대수량 또는 취급최대수량, 지정수량의 배수 및 안전관리자의 성명 또는 직명을 기재

위험물의 운반기준

◀ 무료강의

<table>
<tr><td>운반기준</td><td>① 고체는 95% 이하의 수납률, 액체는 98% 이하의 수납률 유지 및 55℃의 온도에서 누설되지 않도록 유지할 것
② 제3류 위험물은 다음의 기준에 따라 운반용기에 수납할 것
㉠ 자연발화성 물질에 있어서는 불활성 기체를 봉입하여 밀봉하는 등 공기와 접하지 아니하도록 할 것
㉡ 자연발화성 물질 외의 물품에 있어서는 파라핀 · 경유 · 등유 등의 보호액으로 채워 밀봉하거나 불활성 기체를 봉입하여 밀봉하는 등 수분과 접하지 아니하도록 할 것
㉢ 자연발화성 물질 중 알킬알루미늄 등은 운반용기의 내용적의 90% 이하의 수납률로 수납하되, 50℃의 온도에서 5% 이상의 공간용적을 유지하도록 할 것</td></tr>
<tr><td>운반용기 재질</td><td>금속판, 강판, 삼, 합성섬유, 고무류, 양철판, 짚, 알루미늄판, 종이, 유리, 나무, 플라스틱, 섬유판</td></tr>
<tr><td>운반용기</td><td>① 고체위험물 : 유리 또는 플라스틱 용기 10L, 금속제 용기 30L
② 액체위험물 : 유리용기 5L 또는 10L, 플라스틱 10L, 금속제 용기 30L</td></tr>
<tr><td>적재하는 위험물에 따른 조치사항</td><td><table><tr><th>차광성이 있는 것으로 피복해야 하는 경우</th><th>방수성이 있는 것으로 피복해야 하는 경우</th></tr><tr><td>• 제1류 위험물
• 제3류 위험물 중 자연발화성 물질
• 제4류 위험물 중 특수인화물
• 제5류 위험물
• 제6류 위험물</td><td>• 제1류 위험물 중 알칼리 금속의 과산화물
• 제2류 위험물 중 철분, 금속분, 마그네슘
• 제3류 위험물 중 금수성 물질</td></tr></table></td></tr>
<tr><td>위험물의 운송</td><td>① 알킬알루미늄, 알킬리튬은 운송책임자의 감독 · 지원을 받아 운송하여야 한다.
② 위험물운송자는 장거리(고속국도에 있어서는 340km 이상, 그 밖의 도로에 있어서는 200km 이상을 말한다)에 걸치는 운송을 하는 때에는 2명 이상의 운전자로 할 것. 다만, 다음의 어느 하나에 해당하는 경우에는 그러하지 아니하다.
㉠ 운송책임자를 동승시킨 경우
㉡ 운송하는 위험물이 제2류 위험물 · 제3류 위험물(칼슘 또는 알루미늄의 탄화물과 이것만을 함유한 것에 한한다) 또는 제4류 위험물(특수인화물을 제외한다)인 경우
㉢ 운송 도중에 2시간 이내마다 20분 이상씩 휴식하는 경우
③ 위험물(제4류 위험물에 있어서는 특수인화물 및 제1석유류에 한한다)을 운송하게 하는 자는 위험물안전카드를 위험물운송자로 하여금 휴대하게 할 것</td></tr>
<tr><td>혼재기준</td><td><table><tr><th>위험물의 구분</th><th>제1류</th><th>제2류</th><th>제3류</th><th>제4류</th><th>제5류</th><th>제6류</th></tr><tr><td>제1류</td><td></td><td>×</td><td>×</td><td>×</td><td>×</td><td>○</td></tr><tr><td>제2류</td><td>×</td><td></td><td>×</td><td>○</td><td>○</td><td>×</td></tr><tr><td>제3류</td><td>×</td><td>×</td><td></td><td>○</td><td>×</td><td>×</td></tr><tr><td>제4류</td><td>×</td><td>○</td><td>○</td><td></td><td>○</td><td>×</td></tr><tr><td>제5류</td><td>×</td><td>○</td><td>×</td><td>○</td><td></td><td>×</td></tr><tr><td>제6류</td><td>○</td><td>×</td><td>×</td><td>×</td><td>×</td><td></td></tr></table></td></tr>
</table>

소화설비의 적응성

소화설비의 구분 \ 대상물의 구분			건축물·그 밖의 공작물	전기설비	제1류 위험물		제2류 위험물			제3류 위험물		제4류 위험물	제5류 위험물	제6류 위험물
					알칼리금속 과산화물 등	그 밖의 것	철분·금속분·마그네슘 등	인화성 고체	그 밖의 것	금수성 물품	그 밖의 것			
옥내소화전 또는 옥외소화전설비			○			○		○	○		○		○	○
스프링클러설비			○			○		○	○		○	△	○	○
물분무 등 소화설비	물분무소화설비		○	○		○		○	○		○	○	○	○
물분무 등 소화설비	포소화설비		○			○		○	○		○	○	○	○
물분무 등 소화설비	불활성가스소화설비			○				○				○		
물분무 등 소화설비	할로젠화합물소화설비			○				○				○		
물분무 등 소화설비	분말소화설비	인산염류 등	○	○		○		○	○			○		○
물분무 등 소화설비	분말소화설비	탄산수소염류 등		○	○		○	○		○		○		
물분무 등 소화설비	분말소화설비	그 밖의 것			○		○			○				
대형·소형 수동식 소화기	봉상수(棒狀水)소화기		○			○		○	○		○		○	○
대형·소형 수동식 소화기	무상수(霧狀水)소화기		○	○		○		○	○		○		○	○
대형·소형 수동식 소화기	봉상강화액소화기		○			○		○	○		○		○	○
대형·소형 수동식 소화기	무상강화액소화기		○	○		○		○	○		○	○	○	○
대형·소형 수동식 소화기	포소화기		○			○		○	○		○	○	○	○
대형·소형 수동식 소화기	이산화탄소소화기			○				○				○		△
대형·소형 수동식 소화기	할로젠화합물소화기			○				○				○		
대형·소형 수동식 소화기	분말소화기	인산염류소화기	○	○		○		○	○			○		○
대형·소형 수동식 소화기	분말소화기	탄산수소염류소화기		○	○		○	○		○		○		
대형·소형 수동식 소화기	분말소화기	그 밖의 것			○		○			○				
기타	물통 또는 수조		○			○		○	○		○		○	○
기타	건조사				○	○	○	○	○	○	○	○	○	○
기타	팽창질석 또는 팽창진주암				○	○	○	○	○	○	○	○	○	○

※ 소화설비는 크게 물주체(옥내·옥외, 스프링클러, 물분무, 포)와 가스주체(불활성가스소화설비, 할로젠화합물소화설비)로 구분하여 대상물별로 물을 사용하면 되는 곳과 안 되는 곳을 구분해서 정리하면 쉽게 분류할 수 있다. 다만, 제6류 위험물의 경우 소규모 누출 시를 가정하여 다량의 물로 희석소화한다는 관점으로 정리하는 것이 좋다.

위험물제조소의 시설기준

◀ 무료강의

안전거리

구분	안전거리
사용전압 7,000V 초과 35,000V 이하	3m 이상
사용전압 35,000V 초과	5m 이상
주거용	10m 이상
고압가스, 액화석유가스, 도시가스	20m 이상
학교 · 병원 · 극장	30m 이상
유형문화재, 지정문화재	50m 이상

단축기준 적용 방화격벽 높이

방화상 유효한 담의 높이

① $H \leq pD^2 + a$인 경우 $h = 2$

② $H > pD^2 + a$인 경우 $h = H - p(D^2 - d^2)$ (p : 목조=0.04, 방화구조=0.15)

여기서, H : 건축물의 높이

D : 제조소와 건축물과의 거리

a : 제조소의 높이

d : 제조소와 방화격벽과의 거리

h : 방화격벽의 높이

p : 상수

보유공지

① 지정수량 10배 이하 : 3m 이상

② 지정수량 10배 초과 : 5m 이상

표지 및 게시판

① 백색 바탕 흑색 문자

② 유별, **품**명, **수**량, 지정수량 **배**수, 안전관리**자** 성명 또는 직명

③ 규격 : 한 변의 길이 0.3m 이상, 다른 한 변의 길이 0.6m 이상

방화상 유효한 담을 설치한 경우의 안전거리

구분	취급하는 위험물의 최대수량 (지정수량의 배수)	안전거리(이상)		
		주거용 건축물	학교 · 유치원 등	문화재
제조소 · 일반취급소	10배 미만	6.5m	20m	35m
	10배 이상	7.0m	22m	38m

건축물 구조기준

① **지하층**이 없도록 한다.

② 벽, 기둥, 바닥, 보, 서까래 및 계단은 **불연재료**로 하고, 연소의 우려가 있는 외벽은 개구부가 없는 **내화구조**의 벽으로 하여야 한다.

③ 지붕은 폭발력이 위로 방출될 정도의 가벼운 **불연재료**로 덮어야 한다.

④ 출입구와 비상구는 **60분+방화문 · 60분방화문** 또는 **30분방화문**을 설치하며, 연소의 우려가 있는 외벽에 설치하는 출입구에는 수시로 열 수 있는 자동폐쇄식의 **60분+방화문 · 60분방화문**을 설치한다.

⑤ 위험물을 취급하는 건축물의 창 및 출입구에 유리를 이용하는 경우에는 **망입유리**로 한다.

⑥ 액체의 위험물을 취급하는 건축물의 바닥은 **위험물이 스며들지 못하는 재료**를 사용하고, 적당한 경사를 두어 그 최저부에 **집유설비**를 한다.

<table>
<tr><td>환기설비</td><td>① 자연배기방식
② 급기구는 낮은 곳에 설치하며, 바닥면적 150m²마다 1개 이상으로 하되, 급기구의 크기는 800cm² 이상으로 한다. 다만, 바닥면적이 150m² 미만인 경우에는 다음의 크기로 하여야 한다.
<table>
<tr><th>바닥면적</th><th>급기구의 면적</th></tr>
<tr><td>60m² 미만</td><td>150cm² 이상</td></tr>
<tr><td>60m² 이상 90m² 미만</td><td>300cm² 이상</td></tr>
<tr><td>90m² 이상 120m² 미만</td><td>450cm² 이상</td></tr>
<tr><td>120m² 이상 150m² 미만</td><td>600cm² 이상</td></tr>
</table>
③ 인화방지망 설치
④ 환기구는 지상 2m 이상의 회전식 고정 벤틸레이터 또는 루프팬 방식 설치</td></tr>
<tr><td>배출설비</td><td>① 국소방식
② 강제배출, 배출능력 : 1시간당 배출장소 용적의 20배 이상
③ 전역방식의 바닥면적 1m²당 18m³ 이상
④ 급기구는 높은 곳에 설치
⑤ 인화방지망 설치</td></tr>
<tr><td>피뢰설비</td><td>지정수량의 10배 이상의 위험물을 취급하는 제조소(제6류 위험물을 취급하는 위험물제조소를 제외한다)에는 피뢰침을 설치하여야 한다.</td></tr>
<tr><td>정전기제거설비</td><td>① 접지
② 공기 중의 상대습도를 70% 이상
③ 공기를 이온화</td></tr>
<tr><td>방유제 설치</td><td>① 옥내 ┌ 탱크 1기 : 탱크 용량 이상
　　　　└ 탱크 2기 이상 : 최대 탱크 용량 이상
② 옥외 ┌ 탱크 1기 : 해당 탱크 용량의 50% 이상
　　　　└ 탱크 2기 이상 : 최대용량의 50%+나머지 탱크 용량의 10%를 가산한 양 이상</td></tr>
<tr><td>자동화재탐지설비 대상 제조소</td><td>① 연면적 500m² 이상인 것
② 옥내에서 지정수량의 100배 이상을 취급하는 것(고인화점 위험물만을 100℃ 미만의 온도에서 취급하는 것을 제외한다)
③ 일반취급소로 사용되는 부분 외의 부분이 있는 건축물에 설치된 일반취급소</td></tr>
<tr><td>하이드록실아민 등을 취급하는 제조소 안전거리 (D)</td><td>$D=51.1\times\sqrt[3]{N}$
여기서, N : 해당 제조소에서 취급하는 하이드록실아민 등의 지정수량의 배수</td></tr>
</table>

옥내저장소의 시설기준

◀ 무료강의

안전거리 제외대상

① **제4석유류 또는 동식물유류의 위험물**을 저장 또는 취급하는 옥내저장소로서 그 최대수량이 **지정수량의 20배 미만인 것**
② 제6류 위험물을 저장 또는 취급하는 옥내저장소

보유공지

저장 또는 취급하는 위험물의 최대수량	공지의 너비	
	벽·기둥 및 바닥이 내화구조로 된 건축물	그 밖의 건축물
지정수량의 5배 이하	–	0.5m 이상
지정수량의 5배 초과 10배 이하	1m 이상	1.5m 이상
지정수량의 10배 초과 20배 이하	2m 이상	3m 이상
지정수량의 20배 초과 50배 이하	3m 이상	5m 이상
지정수량의 50배 초과 200배 이하	5m 이상	10m 이상
지정수량의 200배 초과	10m 이상	15m 이상

저장창고 기준

① 지면에서 처마까지의 높이(이하 "처마높이"라 한다)가 6m **미만인 단층건물**로 하고 그 바닥을 지반면보다 높게 하여야 한다. 다만, 제2류 또는 제4류 위험물만 저장하는 경우 다음의 조건에서는 20m 이하로 가능하다.
  ㉠ 벽·기둥·바닥·보는 내화구조
  ㉡ 출입구는 60분+방화문·60분방화문
  ㉢ 피뢰침 설치
② **벽·기둥·보 및 바닥 : 내화구조, 보와 서까래 : 불연재료**
③ **지붕**은 폭발력이 위로 방출될 정도의 가벼운 **불연재료**
④ **출입구에는 60분+방화문·60분방화문** 또는 **30분방화문**을 설치할 것
⑤ 저장창고의 창 또는 출입구에 유리를 이용하는 경우에는 **망입유리**를 설치할 것
⑥ 액상위험물의 저장창고의 **바닥은 위험물이 스며들지 아니하는 구조**로 하고, 적당하게 경사지게 하여 그 최저부에 **집유설비**를 할 것
⑦ **지정수량의 10배 이상의 저장창고**(제6류 위험물의 저장창고를 제외한다)에는 **피뢰침을 설치할 것**

하나의 저장창고의 바닥면적

위험물을 저장하는 창고	바닥면적
가. ㉠ 제1류 위험물 중 아염소산염류, 염소산염류, 과염소산염류, 무기과산화물, 그 밖에 지정수량이 50kg인 위험물 ㉡ 제3류 위험물 중 칼륨, 나트륨, 알킬알루미늄, 알킬리튬, 그 밖에 지정수량이 10kg인 위험물 및 황린 ㉢ 제4류 위험물 중 특수인화물, 제1석유류 및 알코올류 ㉣ 제5류 위험물 중 유기과산화물, 질산에스터류, 그 밖에 지정수량이 10kg인 위험물 ㉤ 제6류 위험물	1,000m^2 이하
나. ㉠~㉤ 외의 위험물을 저장하는 창고	2,000m^2 이하
다. 내화구조의 격벽으로 완전히 구획된 실에 각각 저장하는 창고 (가목의 위험물을 저장하는 실의 면적은 500m^2를 초과할 수 없다.)	1,500m^2 이하

담/토제 설치기준

① 담 또는 토제는 저장창고의 외벽으로부터 2m 이상 떨어진 장소에 설치
② 담 또는 토제의 높이는 저장창고의 처마높이 이상
③ 담은 두께 15cm 이상의 철근콘크리트조나 철골철근콘크리트조 또는 두께 20cm 이상의 보강콘크리트블록조로 할 것
④ 토제의 경사면의 경사도는 60° 미만으로 할 것

다층 건물 옥내저장소 기준

① 저장창고는 각층의 바닥을 지면보다 높게 하고, 바닥면으로부터 상층의 바닥(상층이 없는 경우에는 처마)까지의 높이(이하 "층고"라 한다)를 6m 미만으로 하여야 한다.
② 하나의 저장창고의 바닥면적 합계는 1,000m^2 이하로 하여야 한다.
③ 저장창고의 벽·기둥·바닥 및 보를 내화구조로 하고, 계단을 불연재료로 하며, 연소의 우려가 있는 외벽은 출입구 외의 개구부를 갖지 아니하는 벽으로 하여야 한다.
④ 2층 이상의 층의 바닥에는 개구부를 두지 아니하여야 한다. 다만, 내화구조의 벽과 60분+방화문·60분방화문 또는 30분방화문으로 구획된 계단실에 있어서는 그러하지 아니하다.

옥외저장소의 시설기준

◀ 무료강의

설치기준

① 안전거리를 둘 것
② 습기가 없고 배수가 잘 되는 장소에 설치할 것
③ 위험물을 저장 또는 취급하는 장소의 주위에는 경계 표시

보유공지

저장 또는 취급하는 위험물의 최대수량	공지의 너비
지정수량의 10배 이하	3m 이상
지정수량의 10배 초과 20배 이하	5m 이상
지정수량의 20배 초과 50배 이하	9m 이상
지정수량의 50배 초과 200배 이하	12m 이상
지정수량의 200배 초과	15m 이상

제4류 위험물 중 제4석유류와 제6류 위험물을 저장 또는 취급하는 보유공지는 공지너비의 $\frac{1}{3}$ 이상으로 할 수 있다.

선반 설치기준

① 선반은 불연재료로 만들고 견고한 지반면에 고정할 것
② 선반은 해당 선반 및 그 부속설비의 자중 · 저장하는 위험물의 중량 · 풍하중 · 지진의 영향 등에 의하여 생기는 응력에 대하여 안전할 것
③ **선반의 높이는 6m를 초과하지 아니할 것**
④ 선반에는 위험물을 수납한 용기가 쉽게 낙하하지 아니하는 조치

옥외저장소에 저장할 수 있는 위험물

① **제2류 위험물 중 황, 인화성 고체**(인화점이 0℃ 이상인 것에 한함)
② **제4류 위험물 중 제1석유류**(인화점이 0℃ 이상인 것에 한함), **제2석유류, 제3석유류, 제4석유류, 알코올류, 동식물유류**
③ 제6류 위험물

덩어리상태의 황 저장기준

① **하나의 경계표시의 내부의 면적은 $100m^2$ 이하일 것**
② 2 이상의 경계표시를 설치하는 경우에 있어서는 각각의 경계표시 내부의 면적을 합산한 면적은 $1,000m^2$ 이하로 하고, 인접하는 경계표시와 경계표시와의 간격은 공지의 너비의 2분의 1 이상으로 할 것
③ 경계표시는 불연재료로 만드는 동시에 황이 새지 아니하는 구조
④ **경계표시의 높이는 1.5m 이하로 할 것**
⑤ 경계표시에는 황이 넘치거나 비산하는 것을 방지하기 위한 천막 등을 고정하는 장치를 설치하되, 천막 등을 고정하는 장치는 경계표시의 길이 2m마다 한 개 이상 설치할 것
⑥ 황을 저장 또는 취급하는 장소의 주위에는 배수구와 분리장치를 설치

기타 기준

① 과산화수소 또는 과염소산을 저장하는 옥외저장소에는 불연성 또는 난연성의 천막 등을 설치하여 햇빛을 가릴 것
② 눈 · 비 등을 피하거나 차광 등을 위하여 옥외저장소에 캐노피 또는 지붕을 설치하는 경우에는 환기 및 소화활동에 지장을 주지 아니하는 구조로 할 것. 이 경우 기둥은 내화구조로 하고, 캐노피 또는 지붕을 불연재료로 하며, 벽을 설치하지 아니하여야 한다.

옥내탱크저장소의 시설기준	◀ 무료강의
옥내탱크저장소의 구조	① 단층 건축물에 설치된 탱크전용실에 설치할 것 ② 옥내저장탱크와 탱크전용실의 벽과의 사이 및 옥내저장탱크의 **상호간에는 0.5m 이상의 간격**을 유지할 것 ③ 옥내저장탱크의 용량(동일한 탱크전용실에 옥내저장탱크를 2 이상 설치하는 경우에는 각 탱크의 용량의 합계를 말한다)은 **지정수량의** 40**배**(제4석유류 및 동식물유류 외의 제4류 위험물에 있어서 해당 수량이 20,000L**를 초과할 때에는** 20,000L) **이하**일 것 ④ 압력탱크(최대상용압력이 부압 또는 정압 5kPa을 초과하는 탱크를 말한다) 외의 탱크에 있어서는 밸브 없는 통기관을 설치하고, 압력탱크에 있어서는 안전장치를 설치할 것
탱크전용실의 구조	① 탱크전용실은 **벽 · 기둥 및 바닥을 내화구조**로 하고, **보를 불연재료**로 하며, 연소의 우려가 있는 외벽은 출입구 외에는 개구부가 없도록 할 것 ② 탱크전용실은 **지붕을 불연재료**로 하고, 천장을 설치하지 아니할 것 ③ 탱크전용실의 창 및 출입구에는 60분+방화문 · 60분방화문 또는 30분방화문을 설치할 것 ④ 탱크전용실의 창 또는 출입구에 유리를 이용하는 경우에는 **망입유리**로 할 것 ⑤ 액상의 위험물의 옥내저장탱크를 설치하는 탱크전용실의 **바닥은 위험물이 침투하지 아니하는 구조**로 하고, 적당한 경사를 두는 한편, **집유설비**를 설치할 것 ⑥ 탱크전용실의 출입구의 턱의 높이를 해당 탱크전용실 내의 옥내저장탱크(옥내저장탱크가 2 이상인 경우에는 최대용량의 탱크)의 용량을 수용할 수 있는 높이 이상으로 하거나 옥내저장탱크로부터 누설된 위험물이 탱크전용실 외의 부분으로 유출하지 아니하는 구조로 할 것
단층 건물 외의 건축물	① 옥내저장탱크는 탱크전용실에 설치할 것. 이 경우 제2류 위험물 중 황화인, 적린 및 덩어리유황, 제3류 위험물 중 황린, 제6류 위험물 중 질산의 탱크전용실은 건축물의 1층 또는 지하층에 설치해야 한다. ② 주입구 부근에는 해당탱크의 위험물의 양을 표시하는 장치를 설치할 것 ③ 탱크전용실이 있는 건축물에 설치하는 옥내저장탱크의 펌프설비 ㉮ 탱크전용실 외의 장소에 설치하는 경우 ㉠ 펌프실은 **벽 · 기둥 · 바닥 및 보를 내화구조**로 할 것 ㉡ 펌프실은 상층이 있는 경우에 있어서는 상층의 바닥을 내화구조로 하고, 상층이 없는 경우에 있어서는 **지붕을 불연재료**로 하며, 천장을 설치하지 아니할 것 ㉢ 펌프실에는 창을 설치하지 아니할 것 ㉣ 펌프실의 출입구에는 60**분+방화문 · **60**분방화문을 설치**할 것 ㉤ 펌프실의 환기 및 배출의 설비에는 **방화상 유효한 댐퍼 등을 설치**할 것 ㉯ 탱크전용실에 펌프설비를 설치하는 경우에는 견고한 기초 위에 고정한 다음 그 주위에는 불연재료로 된 **턱을 0.2m 이상의 높이**로 설치하는 등 누설된 위험물이 유출되거나 유입되지 아니하도록 하는 조치를 할 것
기타	① 안전거리와 보유공지에 대한 기준이 없으며, 규제 내용 역시 없다. ② 원칙적으로 옥내탱크저장소의 탱크는 단층 건물의 탱크전용실에 설치할 것

옥외탱크저장소의 시설기준

◀ 무료강의

보유공지

저장 또는 취급하는 위험물의 최대 수량	공지의 너비
지정수량의 500배 이하	3m 이상
지정수량의 500배 초과 1,000배 이하	5m 이상
지정수량의 1,000배 초과 2,000배 이하	9m 이상
지정수량의 2,000배 초과 3,000배 이하	12m 이상
지정수량의 3,000배 초과 4,000배 이하	15m 이상

▣ 특례 : **제6류 위험물**을 저장, 취급하는 옥외탱크저장소의 경우

- **해당 보유공지의 $\frac{1}{3}$ 이상의 너비로** 할 수 있다(단, 1.5m 이상일 것).
- 동일 대지 내에 2기 이상의 탱크를 인접하여 설치하는 경우에는 해당 보유공지 너비의 $\frac{1}{3}$ 이상에 다시 $\frac{1}{3}$ 이상의 너비로 할 수 있다(단, 1.5m 이상일 것).

탱크 통기장치의 기준

구분	기준
밸브 없는 통기관	① **통기관의 직경 : 30mm 이상** ② **통기관의 선단은 45° 이상** 구부려 빗물 등의 침투를 막는 구조 ③ 인화점이 38℃ 미만인 위험물만을 저장·취급하는 탱크의 통기관에는 화염방지장치를 설치하고, 인화점이 38℃ 이상 70℃ 미만인 위험물을 저장·취급하는 탱크의 통기관에는 40mesh 이상의 구리망으로 된 인화방지장치를 설치할 것
대기밸브부착 통기관	① 5kPa 이하의 압력 차이로 작동할 수 있을 것 ② 가는 눈의 구리망 등으로 **인화방지장치**를 설치

방유제 설치기준

① 용량 : 방유제 안에 설치된 탱크가 하나인 때에는 그 **탱크 용량의 110% 이상**, 2기 이상인 때에는 그 탱크 용량 중 용량이 **최대인 것의 용량의 110% 이상**으로 한다. 다만, 인화성이 없는 액체위험물의 옥외저장탱크의 주위에 설치하는 방유제는 "110%"를 "100%"로 본다.

② **높이 및 면적 : 0.5m 이상 3.0m 이하, 두께 0.2m 이상, 지하매설 깊이 1m 이상으로 할 것. 면적 80,000m^2 이하**

③ 방유제와 탱크 측면과의 이격거리

㉠ 탱크 지름이 15m 미만인 경우 : 탱크 높이의 $\frac{1}{3}$ 이상

㉡ 탱크 지름이 15m 이상인 경우 : 탱크 높이의 $\frac{1}{2}$ 이상

방유제의 구조

① 방유제는 철근콘크리트로 하고, 방유제와 옥외저장탱크 사이의 지표면은 불연성과 불침윤성이 있는 구조(철근콘크리트 등)로 할 것

② 내부에 고인 물을 외부로 배출하기 위한 **배수구**를 설치하고 이를 **개폐하는 밸브** 등을 방유제의 외부에 설치

③ 용량이 **100만L** 이상인 위험물을 저장하는 옥외저장탱크에 있어서는 밸브 등에 그 개폐상황을 쉽게 확인할 수 있는 장치를 설치

④ **높이가 1m를 넘는 방유제** 및 칸막이 둑의 안팎에는 방유제 내에 출입하기 위한 계단 또는 경사로를 **약 50m마다** 설치

⑤ 이황화탄소의 옥외탱크저장소 설치기준 : 탱크전용실(수조)의 구조

㉠ 재질 : 철근콘크리트조(바닥에 물이 새지 않는 구조)

㉡ 벽, 바닥의 두께 : 0.2m **이상**

지하탱크저장소와
간이탱크저장소의 시설기준

◀ 무료강의

지하탱크저장소의 시설기준	
저장소 구조	① 지하저장탱크의 윗부분은 **지면으로부터 0.6m 이상 아래**에 있어야 한다. ② 지하저장탱크를 2 이상 인접해 설치하는 경우에는 그 **상호간에 1m 이상의 간격**을 유지하여야 한다. ③ 액체위험물의 지하저장탱크에는 위험물의 양을 자동적으로 표시하는 장치 또는 계량구를 설치하여야 한다. ④ 지하저장탱크는 용량에 따라 압력탱크(최대상용압력이 46.7kPa 이상인 탱크를 말한다) 외의 탱크에 있어서는 70kPa의 압력으로, 압력탱크에 있어서는 최대상용압력의 1.5배의 압력으로 각각 10분간 수압시험을 실시하여 새거나 변형되지 아니하여야 한다.
과충전 방지장치	① 탱크용량을 초과하는 위험물이 주입될 때 자동으로 그 주입구를 폐쇄하거나 위험물의 공급을 자동으로 차단하는 방법 ② 탱크용량의 90%**가 찰 때 경보음**을 울리는 방법
탱크전용실 구조	① 탱크전용실은 지하의 가장 가까운 벽·피트·가스관 등의 시설물 및 대지경계선으로부터 0.1m 이상 떨어진 곳에 설치하고, 지하저장탱크와 탱크전용실의 안쪽과의 사이는 0.1m 이상의 간격을 유지하도록 하며, 해당 탱크의 주위에 마른모래 또는 습기 등에 의하여 응고되지 아니하는 **입자지름 5mm 이하의 마른 자갈분**을 채워야 한다. ② 탱크전용실은 벽·바닥 및 뚜껑을 다음 각 목에 정한 기준에 적합한 철근콘크리트구조 또는 이와 동등 이상의 강도가 있는 구조로 설치하여야 한다. ㉠ 벽·바닥 및 뚜껑의 두께는 0.3m 이상일 것 ㉡ 벽·바닥 및 뚜껑의 내부에는 직경 9mm부터 13mm까지의 철근을 가로 및 세로로 5cm부터 20cm까지의 간격으로 배치할 것 ㉢ 벽·바닥 및 뚜껑의 재료에 수밀콘크리트를 혼입하거나 벽·바닥 및 뚜껑의 중간에 아스팔트층을 만드는 방법으로 적정한 방수조치를 할 것

간이탱크저장소의 시설기준	
설비기준	① 옥외에 설치한다. ② 전용실 안에 설치하는 경우 채광, 조명, 환기 및 배출의 설비를 한다. ③ 탱크의 구조기준 ㉠ **두께 3.2mm 이상의 강판**으로 흠이 없도록 제작 ㉡ 시험방법 : 70kPa **압력으로 10분간 수압시험을 실시**하여 새거나 변형되지 아니할 것 ㉢ 하나의 탱크 용량은 600L **이하로** 할 것
탱크 설치방법	① 하나의 간이탱크저장소에 설치하는 **탱크의 수는 3기 이하**로 할 것 ② 옥외에 설치하는 경우에는 그 탱크 주위에 **너비 1m 이상의 공지를 보유**할 것 ③ 탱크를 전용실 안에 설치하는 경우에는 **탱크와 전용실 벽과의 사이에 0.5m 이상의 간격**을 유지할 것
통기관 설치	① 밸브 없는 통기관 ㉠ 지름 : 25mm 이상 ㉡ 옥외 설치, 선단 높이는 1.5m 이상 ㉢ 선단은 수평면에 대하여 45° 이상 구부려 빗물 침투 방지 ② 대기밸브부착 통기관은 옥외탱크저장소에 준함

<table>
<tr><th colspan="2">이동탱크저장소의 시설기준
◀ 무료강의</th></tr>
<tr><td>탱크
구조기준</td><td>① 본체 : 3.2mm 이상
② 측면틀 : 3.2mm 이상
③ 안전칸막이 : 3.2mm 이상
④ 방호틀 : 2.3mm 이상
⑤ 방파판 : 1.6mm 이상</td></tr>
<tr><td>안전장치
작동압력</td><td>① 상용압력이 20kPa 이하 : 20kPa 이상 24kPa 이하의 압력
② 상용압력이 20kPa 초과 : 상용압력의 1.1배 이하의 압력</td></tr>
<tr><td>설치기준</td><td>
<table>
<tr><td>측면틀</td><td>① 탱크 상부 네모퉁이에 전단 또는 후단으로부터 1m 이내의 위치
② 최외측선의 수평면에 대하여 내각이 75° 이상</td></tr>
<tr><td>안전칸막이</td><td>① 재질은 두께 3.2mm 이상의 강철판
② 4,000L 이하마다 구분하여 설치</td></tr>
<tr><td>방호틀</td><td>① 재질은 두께 2.3mm 이상의 강철판으로 제작
② 정상부분은 부속장치보다 50mm 이상 높게 설치</td></tr>
<tr><td>방파판</td><td>① 재질은 두께 1.6mm 이상의 강철판
② 하나의 구획부분에 2개 이상의 방파판을 진행방향과 평형으로 설치</td></tr>
</table>
</td></tr>
<tr><td>표지판 기준</td><td>① 차량의 전·후방에 설치할 것
② 규격 : 한 변의 길이가 0.3m 이상 다른 한 변의 길이가 0.6m 이상
③ 색깔 : 흑색 바탕에 황색 반사도료 '위험물'이라고 표시</td></tr>
<tr><td>게시판 기준</td><td>탱크의 뒷면 보기 쉬운 곳에 위험물의 유별, 품명, 최대수량 및 적재중량 표시</td></tr>
<tr><td>외부도장</td><td>
<table>
<tr><th>유별</th><th>도장의 색상</th><th>비고</th></tr>
<tr><td>제1류</td><td>회색</td><td rowspan="5">① 탱크의 앞면과 뒷면을 제외한 면적의 40% 이내의 면적은 다른 유별의 색상 외의 색상으로 도장하는 것이 가능하다.
② 제4류에 대해서는 도장의 색상 제한이 없으나 적색을 권장한다.</td></tr>
<tr><td>제2류</td><td>적색</td></tr>
<tr><td>제3류</td><td>청색</td></tr>
<tr><td>제5류</td><td>황색</td></tr>
<tr><td>제6류</td><td>청색</td></tr>
</table>
</td></tr>
<tr><td>기타</td><td>① 아세트알데하이드 등을 저장 또는 취급하는 이동탱크저장소는 해당 위험물의 성질에 따라 강화되는 기준은 다음에 의하여야 한다.
㉠ 이동저장탱크는 불활성의 기체를 봉입할 수 있는 구조로 할 것
㉡ 이동저장탱크 및 그 설비는 은·수은·동·마그네슘 또는 이들을 성분으로 하는 합금으로 만들지 아니할 것
② 이동저장탱크의 상부로부터 위험물을 주입할 때에는 위험물의 액표면이 주입관의 선단을 넘는 높이가 될 때까지 그 주입관 내의 유속을 초당 1m 이하로 할 것</td></tr>
</table>

주유취급소와
판매취급소의 시설기준  ◀ 무료강의

주유취급소의 시설기준		
주유 및 급유공지	① 자동차 등에 직접 주유하기 위한 설비로서(현수식 포함) **너비 15m 이상, 길이 6m 이상**의 콘크리트 등으로 포장한 공지를 보유한다. ② 공지의 기준 ㉠ 바닥은 주위 지면보다 높게 한다. ㉡ 그 표면을 적당하게 경사지게 하여 새어나온 기름, 그 밖의 액체가 공지의 외부로 유출되지 아니하도록 배수구 · 집유설비 및 유분리장치를 한다.	
게시판	화기엄금	**적색바탕 백색문자**
	주유 중 엔진정지	**황색바탕 흑색문자**
탱크 용량기준	① 자동차 등에 주유하기 위한 고정주유설비에 직접 접속하는 전용탱크는 50,000L 이하이다. ② 고정급유설비에 직접 접속하는 전용탱크는 50,000L 이하이다. ③ 보일러 등에 직접 접속하는 전용탱크는 10,000L 이하이다. ④ 자동차 등을 점검·정비하는 작업장 등에서 사용하는 폐유·윤활유 등의 위험물을 저장하는 탱크는 2,000L 이하이다. ⑤ 고속국도 도로변에 설치된 주유취급소의 탱크용량은 60,000L이다.	
고정주유설비	고정주유설비 또는 고정급유설비의 중심선을 기점으로 ① 도로경계면으로 : 4m 이상 ② 부지경계선·담 및 건축물의 벽까지 : 2m 이상 ③ 개구부가 없는 벽으로부터 : 1m 이상 ④ 고정주유설비와 고정급유설비 사이 : 4m 이상	
설치가능 건축물	작업장, 사무소, 정비를 위한 작업장, 세정작업장, 점포, 휴게음식점 또는 전시장, 관계자 주거시설 등	
셀프용 고정주유설비	1회의 연속주유량 및 주유시간의 상한을 미리 설정할 수 있는 구조일 것. 이 경우 연속주유량 및 주유시간의 상한은 다음과 같다. ① 휘발유는 100L 이하, 4분 이하로 할 것 ② 경유는 600L 이하, 12분 이하로 할 것	
셀프용 고정급유설비	1회의 연속급유량 및 급유시간의 상한을 미리 설정할 수 있는 구조일 것. 이 경우 급유량의 상한은 100L 이하, 급유시간의 상한은 6분 이하로 한다.	

판매취급소의 시설기준	
종류별	① 제1종 : 저장 또는 취급하는 위험물의 수량이 지정수량의 20**배 이하인 취급소** ② 제2종 : 저장 또는 취급하는 위험물의 수량이 지정수량의 40**배 이하인 취급소**
배합실 기준	① **바닥면적은** $6m^2$ **이상** $15m^2$ **이하**이며, 내화구조 또는 불연재료로 된 벽으로 구획 ② 바닥은 위험물이 침투하지 아니하는 구조로 하여 적당한 경사를 두고 집유설비를 하며, 출입구에는 60분+방화문 · 60분방화문 설치 ③ **출입구 문턱의 높이는 바닥면으로** 0.1m **이상**으로 하며, 내부에 체류한 가연성 증기 또는 가연성의 미분을 지붕 위로 방출하는 설치
제2종 판매취급소에서 배합할 수 있는 위험물의 종류	① 황 ② 도료류 ③ 제1류 위험물 중 염소산염류 및 염소산염류만을 함유한 것

PART

2 실기 과년도 출제문제

위험물기능사 실기

최근의 실기 기출문제 수록

2015. 3. 14. 시행

2015년

제1회 과년도 출제문제

제1회 일반검정문제

01 과염소산나트륨을 400℃ 이상으로 가열할 때의 열분해반응식과 이때 발생하는 기체의 명칭을 쓰시오. (5점)

① 열분해반응식 ② 발생기체

해답

① $NaClO_4 \rightarrow NaCl + 2O_2$, ② 산소가스

02 위험물안전관리법령에 따른 다음 각 품명의 지정수량을 각각 쓰시오. (4점)

① 염소산염류 ② 아이오딘산염류

해설

위험물			지정수량
유별	성질	품명	
제1류	산화성 고체	1. 아염소산염류	50킬로그램
		2. 염소산염류	50킬로그램
		3. 과염소산염류	50킬로그램
		4. 무기과산화물	50킬로그램
		5. 브로민산염류	300킬로그램
		6. 질산염류	300킬로그램
		7. 아이오딘산염류	300킬로그램
		8. 과망가니즈산염류	1,000킬로그램
		9. 다이크로뮴산염류	1,000킬로그램
		10. 그 밖에 행정안전부령으로 정하는 것 11. 제1호 내지 제10호의 1에 해당하는 어느 하나 이상을 함유한 것	50킬로그램, 300킬로그램 또는 1,000킬로그램

해답

① 50킬로그램, ② 300킬로그램

03

다음 각 물질의 화학식을 쓰시오. (4점)
① 염소산칼슘 ② 질산마그네슘 ③ 과망가니즈산나트륨 ④ 다이크로뮴산칼륨

해답

① $Ca(ClO_3)_2$, ② $Mg(NO_3)_2$, ③ $NaMnO_4$, ④ $K_2Cr_2O_7$

04

이산화탄소소화기로 이산화탄소를 20℃의 1기압 대기 중에 1kg을 방출할 때 부피는 몇 L가 되는지 구하시오. (5점)

해설

$PV=nRT$에서 몰수$(n)=\dfrac{질량(w)}{분자량(M)}$이므로, $PV=\dfrac{w}{M}RT$

$\therefore\ V=\dfrac{w}{PM}RT=V=\dfrac{1,000}{1\times44}\times0.082\times(20+273.15)=546.325\text{L}\fallingdotseq546.33\text{L}$

해답

546.33L

05

다음 [보기]에서 설명하는 제3류 위험물의 ① 명칭을 쓰고, ② 이 물질과 물과의 화학반응식을 쓰시오. (6점)

[보기]
- 적갈색의 고체이다.
- 물 및 산과 반응한다.
- 지정수량은 300kg이다.
- 물과 반응할 때 인화수소를 발생한다.
- 비중은 약 2.5이다.

해설

① • 인화칼슘(인화석회, Ca_3P_2) 분자량 : $40\times3+31\times2=182$(원자량 Ca : 40, P : 31)
• 물(H_2O)과의 반응식

$Ca_3P_2 + 6H_2O \rightarrow 3Ca(OH)_2 + 2PH_3$
인화칼슘 물 수산화칼슘 (포스핀, 인화수소)

② 인화칼슘(인화석회, Ca_3P_2)
- 제3류 위험물(자연발화성 및 금수성 물질), 금속의 인화물, 지정수량 300kg
- 물, 산과 격렬하게 반응하여 포스핀(인화수소)을 발생한다.

염산(HCl)과의 반응식

$Ca_3P_2 + 6HCl \rightarrow 3CaCl_2 + 2PH_3$
인화칼슘 염산 염화칼슘 (포스핀, 인화수소)

해답

① 인화칼슘

② $Ca_3P_2+6H_2O \rightarrow 3Ca(OH)_2+2PH_3$

06

위험물안전관리법령상 제1종 판매취급소는 저장 또는 취급하는 위험물의 수량이 지정수량의 몇 배 이하인 것을 말하는지 쓰시오. (3점)

해설

제1종 판매취급소는 저장 또는 취급하는 위험물의 수량이 지정수량의 20배 이하인 취급소를 말하며, 제2종 판매취급소는 저장 또는 취급하는 위험물의 수량이 40배 이하인 취급소를 말한다.

해답

20배

07

다음 분말소화약제의 열분해반응식을 완성하시오. (6점)

① 탄산수소칼륨

( ) → K_2CO_3+( )+( )

② 제1인산암모늄

( ) → HPO_3+( )+( )

해설

① 탄산수소칼륨의 열분해반응식은 다음과 같다.

$2KHCO_3 \rightarrow K_2CO_3 + H_2O + CO_2$ 흡열반응

탄산수소칼륨 탄산칼륨 수증기 탄산가스

② 제1인산암모늄의 열분해반응식은 다음과 같다.

$NH_4H_2PO_4 \rightarrow NH_3+H_2O+HPO_3$

해답

① $2KHCO_3$, H_2O, CO_2, ② $NH_4H_2PO_4$, NH_3, H_2O

08

에틸알코올과 나트륨이 반응하여 가연성 가스를 발생시키는 화학반응식을 쓰시오. (4점)

해설

알코올과 반응하여 나트륨에틸레이트와 수소가스를 발생한다.

$2Na + 2C_2H_5OH \rightarrow 2C_2H_5ONa + H_2$

나트륨 에틸알코올 나트륨에틸레이트 수소가스

해답

$2Na+2C_2H_5OH \rightarrow 2C_2H_5ONa+H_2$

09

제6류 위험물과 혼재할 수 없는 위험물은 제 몇 류 위험물인지 모두 쓰시오. (단, 위험물은 지정수량의 1/10을 초과한다.) (4점)

해설

유별을 달리하는 위험물의 혼재기준

위험물의 구분	제1류	제2류	제3류	제4류	제5류	제6류
제1류		×	×	×	×	○
제2류	×		×	○	○	×
제3류	×	×		○	×	×
제4류	×	○	○		○	×
제5류	×	○	×	○		×
제6류	○	×	×	×	×	

해답

제2류, 제3류, 제4류, 제5류

10

[보기]에서 물보다 무겁고 비수용성인 물질을 모두 선택하여 쓰시오. (단, 해당하는 물질이 없으면 "없음"이라고 쓰시오.) (4점)

[보기]
아세트산, 나이트로벤젠, 글리세린, 에틸렌글리콜, 이황화탄소

해설

아세트산－수용성, 나이트로벤젠－비수용성, 글리세린－수용성, 에틸렌글리콜－수용성, 이황화탄소－비수용성

해답

나이트로벤젠, 이황화탄소

11

TNT(trinitrotoluene)의 분자량을 구하시오. (4점)

해설

트라이나이트로톨루엔(TNT, $C_6H_2CH_3(NO_2)_3$)

CH_3, O_2N, NO_2, NO_2

분자량＝12×6＋1×2＋12×1＋1×3＋(14＋16×2)×3＝227

해답

227g/mol

12 트라이에틸알루미늄 화재 시 주수를 하면 연소 및 폭발의 위험성이 더 증대된다. 다음 각 물음에 답하시오. (6점)
① 물과의 화학반응식을 쓰시오.
② 물음 "①"의 반응을 통해 발생한 가연성 기체의 완전연소반응식을 쓰시오.

해답

① $(C_2H_5)_3Al + 3H_2O \rightarrow Al(OH)_3 + 3C_2H_6$
② $2C_2H_6 + 14O_2 \rightarrow 4CO_2 + 6H_2O$

제1회 동영상문제

01 동영상에서는 윤활유를 저장하는 옥외저장소를 보여준다. 윤활유를 844,800L 저장할 경우 ① 윤활유의 지정수량 배수를 구하고, ② 보유공지는 얼마로 해야 하는지 구하시오. (6점)

해설

① 윤활유는 제4류 위험물 중 제4석유류에 해당하므로 지정수량은 6,000L이다.

지정수량 배수 $= \dfrac{844{,}800L}{6{,}000L} = 140.8$배

② 옥외저장소 보유공지

저장 또는 취급하는 위험물의 최대수량	공지의 너비
지정수량의 10배 이하	3m 이상
지정수량의 10배 초과, 20배 이하	5m 이상
지정수량의 20배 초과, 50배 이하	9m 이상
지정수량의 50배 초과, 200배 이하	12m 이상
지정수량의 200배 초과	15m 이상

제4류 위험물 중 제4 석유류와 제6류 위험물을 저장 또는 취급하는 보유공지는 공지너비의 $\dfrac{1}{3}$ 이상으로 할 수 있다. 따라서 본 문제에서 윤활유는 제4석유류에 해당하므로 주어진 공지의 $\dfrac{1}{3}$로 해야 한다.

보유공지$=12$m 이상$\times \dfrac{1}{3} = 4$m

해답

① 140.8
② 4m

02

동영상에서 $(C_6H_5CO)_2O_2$(과산화벤조일) 시약병을 보여준다. 다음 각 물음에 답하시오. (6점)

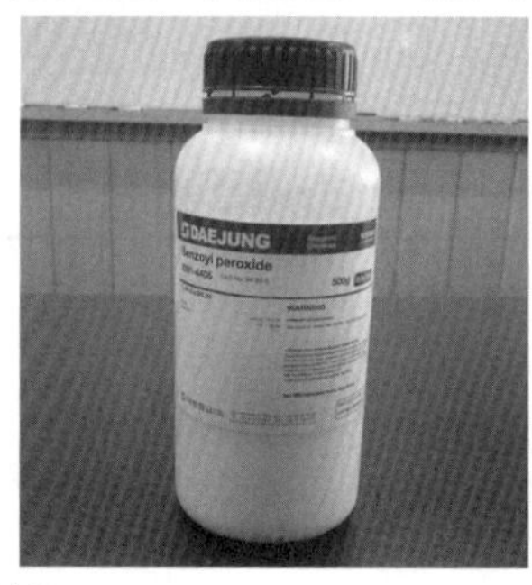

① 해당 위험물의 품명을 쓰시오.
② 지정수량을 쓰시오.
③ 물에 대해 용해 여부를 쓰시오.

해설

과산화벤조일($(C_6H_5CO)_2O_2$)은 무미, 무취의 백색분말 또는 무색의 결정성 고체로 물에는 잘 녹지 않으나 알코올 등에는 잘 녹는다. 따라서 물에 대해 불용이다.

해답

① 유기과산화물, ② 10kg, ③ 물에는 잘 녹지 않는다.

03

동영상에서는 알칼리금속의 과산화물을 저장하는 옥내저장소를 보여준다. 위험물안전관리 법령상 옥내저장소 바닥의 구조기준은 어떻게 되는지 적으시오. (4점)

해설

바닥은 물이 스며 나오거나 스며들지 아니하는 구조로 해야 하는 위험물
㉠ 제1류 위험물 중 알칼리금속의 과산화물 또는 이를 함유하는 것
㉡ 제2류 위험물 중 철분 · 금속분 · 마그네슘 또는 이 중 어느 하나 이상을 함유하는 것
㉢ 제3류 위험물 중 금수성 물질
㉣ 제4류 위험물

해답

물이 스며 나오거나 스며들지 아니하는 바닥으로 해야 한다.

04

동영상에서는 제1류 위험물인 염소산칼륨을 저장하는 옥내저장창고의 출입구를 보여준다. 다음 물음에 답하시오. (6점)

옥내저장창고의 출입구에는 (①) 또는 (②)을 설치하되, 연소의 우려가 있는 외벽에 있는 출입구에는 수시로 열 수 있는 (③)을 설치하여야 한다.

해답

① 60분+방화문 · 60분방화문, ② 30분방화문
③ 자동폐쇄식의 60분+방화문 · 60분방화문

05

동영상에서는 과산화수소 시약병을 보여준다. 동영상에서 보여주는 과산화수소는 위험물안전관리법령상 몇 중량%일 경우 위험물로 분류되는지 쓰시오. (4점)

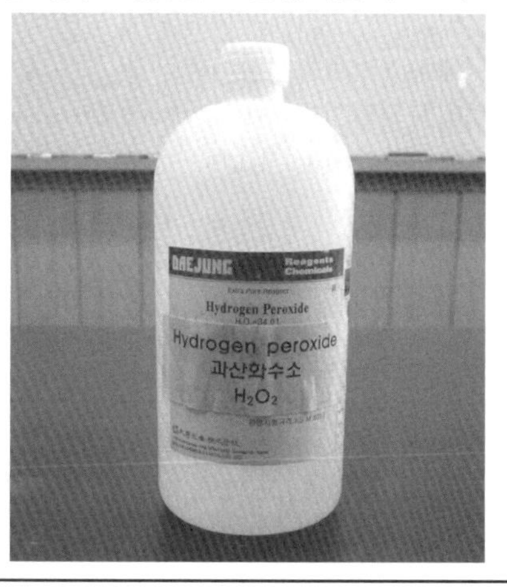

해설

- "산화성 액체"라 함은 액체로서 산화력의 잠재적인 위험성을 판단하기 위하여 고시로 정하는 시험에서 고시로 정하는 성질과 상태를 나타내는 것을 말한다.
- 과산화수소는 그 농도가 36중량퍼센트 이상인 것을 위험물로 분류한다.

해답

36중량%

06

동영상에서는 A~E 위험물을 순서대로 보여준 후 다시 A~E 위험물을 전체적으로 보여준다. 다음 각 보기에서 완전연소하기 위해 필요한 산소 몰수가 많은 것부터 차례대로 나열하시오. (5점)

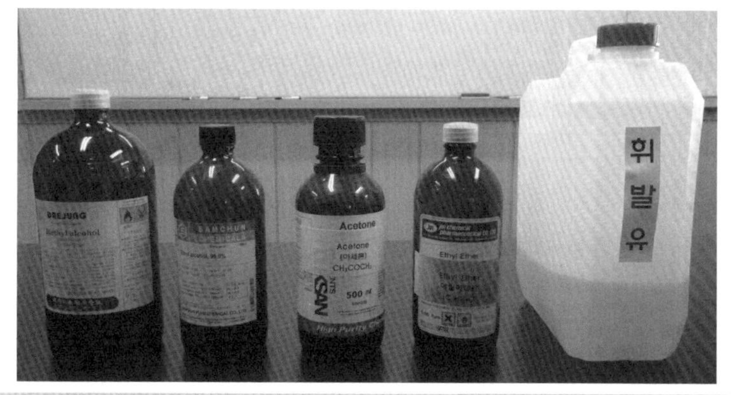

[보기]
A. 메틸알코올　　B. 에틸알코올　　C. 아세톤
D. 다이에틸에터　　E. 옥테인을 함유하는 가솔린

해설

A. 메틸알코올 : $CH_3OH+1.5O_2 \rightarrow CO_2+2H_2O$
B. 에틸알코올 : $C_2H_5OH+3O_2 \rightarrow 2CO_2+3H_2O$
C. 아세톤 : $CH_3COCH_3+4O_2 \rightarrow 3CO_2+3H_2O$
D. 다이에틸에터 : $C_2H_5OC_2H_5+6O_2 \rightarrow 4CO_2+5H_2O$
E. 옥테인을 함유하는 가솔린 : $C_8H_{18}+12.5O_2 \rightarrow 8CO_2+9H_2O$

해답

E－D－C－B－A

07

동영상에서는 옥내저장소의 움푹 파인 부분을 보여준다. 다음 물음에 답하시오. (4점)
① 화면에서 보여주는 것의 명칭을 쓰시오.
② 화면에서 보여주는 것은 고체, 액체, 기체 중 어떤 물질을 저장할 때 사용하는지 쓰시오.

해답

① 집유설비, ② 액체

08

동영상에서는 비커에 담겨 있는 과염소산을 가열하는 것을 보여준다. 이때 발생하는 유독가스의 명칭이 무엇인지 적으시오. (3점)

해설

과염소산($HClO_4$)
- 제6류 위험물(산화성 액체), 지정수량 300kg
- 불연성이지만 유독성이 있으며, 강산화제이다.
- 매우 불안정하며, 자극성 물질이다.
- 가열하면 폭발적으로 분해하여 유독성 가스인 염화수소(HCl)가스를 발생한다.

  $HClO_4 \rightarrow HCl + 2O_2$
  과염소산 염화수소 산소가스
- 물과 반응하면 심하게 발열한다.

해답

HCl(염화수소)

09 동영상에서는 프라이팬에 식용유를 넣은 상태에서 가열하는 것을 보여준다. 다음 물음에 답하시오. (4점)

① 직접적으로 불에 닿지 않고 불이 붙는 온도를 무엇이라 하는가?

② 소화하기 위해 냉장실에 싱싱한 야채를 프라이팬에 넣었더니 불이 꺼졌다. 이때의 소화방식은 무엇인가?

해설

발화점(발화온도, 착화점, 착화온도, ignition point)

가연성 물질 또는 혼합물은 공기 중에서 일정한 온도 이상으로 가열하게 되면 가연성 가스가 발생되어 계속적인 가열에 의하여 화염이 존재하지 않는 조건에서 점화한다. 즉, 점화원을 부여하지 않고 가연성 물질을 조연성 물질과 공존하는 상태에서 가열하여 발화하는 최저의 온도이다.

주방화재는 기름 자체의 온도를 낮추어 소화해야 하는 냉각소화이다.

해답

① 발화점, 착화점, ② 냉각소화

10 다음은 옥외탱크저장소의 방유제를 보여준다. 높이가 1m를 넘는 방유제 및 칸막이 둑의 안팎에는 방유제 내에 출입하기 위한 계단 또는 경사로를 약 몇 m마다 설치하여야 하는가? (3점)

해설

옥외탱크저장소의 방유제 설치기준

㉠ 방유제는 철근콘크리트 또는 흙으로 만들고, 위험물이 방유제의 외부로 유출되지 아니하는 구조로 한다.

㉡ 방유제에는 그 내부에 고인 물을 외부로 배출하기 위한 배수구를 설치하고 이를 개폐하는 밸브 등을 방유제의 외부에 설치한다.

㉢ 용량이 100만L 이상인 위험물을 저장하는 옥외저장탱크에 있어서는 밸브 등에 그 개폐상황을 쉽게 확인할 수 있는 장치를 설치한다.

㉣ 높이가 1m를 넘는 방유제 및 칸막이 둑의 안팎에는 방유제 내에 출입하기 위한 계단 또는 경사로를 약 50m마다 설치한다.

해답

50m

2015. 5. 23. 시행

2015년

제2회 과년도 출제문제

제2회 일반검정문제

01 제4류 위험물로서 분자량이 약 58이고, 일광에 의해 분해하여 과산화물을 생성하고, 피부 접촉 시 탈지작용이 일어나는 물질에 대한 다음 각 물음에 답하시오. (4점)

① 이 물질의 화학식을 쓰시오.
② 이 물질의 지정수량을 쓰시오.

해설

아세톤의 위험성

㉠ 제1류 위험물이나 제6류 위험물과 혼촉 시 발화 가능성이 매우 높고, 과염소산나이트릴, 과염소산나이트로실 등의 과염소산염류와 혼촉 시 발화 또는 폭발의 위험이 있다.
㉡ 10%의 수용액 상태에서도 인화의 위험이 있으며, 햇빛 또는 공기와 접촉하면 폭발성의 과산화물을 만든다.
㉢ 독성은 없으나 피부에 닿으면 탈지작용을 하고, 장시간 흡입 시 구토가 일어난다.

해답

① CH_3COCH_3, ② 400L

02 위험물안전관리법령상 위험물을 취급함에 있어서 정전기가 발생할 우려가 있는 설비에는 법령에서 정하는 방법으로 정전기를 유효하게 제거할 수 있는 설비를 설치하여야 한다. 이에 해당하는 방법 3가지를 쓰시오. (6점)

해답

① 접지를 한다.
② 공기 중의 상대습도를 70% 이상으로 한다.
③ 공기를 이온화시킨다.

03 제4류 위험물 중 인화점이 약 4℃인 물질로서 진한질산과 진한황산으로 나이트로화시켰을 때 TNT를 생성하는 물질은 무엇인지 쓰시오. (4점)

해설

1몰의 톨루엔과 3몰의 질산을 황산촉매하에 반응시키면 나이트로화에 의해 TNT가 만들어진다.

$$C_6H_5CH_3 + 3HNO_3 \xrightarrow[\text{나이트로화}]{c-H_2SO_4} C_6H_2CH_3(NO_2)_3 + 3H_2O$$

(TNT)

해답

톨루엔

04

질산암모늄을 가열할 때 질소, 수증기, 산소로 분해가 일어나는 열분해 반응식을 쓰시오. (4점)

해답

$2NH_4NO_3 \rightarrow 4H_2O + 2N_2 + O_2$

05

위험물안전관리법령에서 구분하고 있는 위험물취급소 4가지를 쓰시오. (4점)

해답

① 주유취급소, ② 판매취급소, ③ 이송취급소, ④ 일반취급소

06

다음 (　) 안에 위험물안전관리법령에 따른 알맞은 품명을 쓰시오. (3점)

"(　　)(이)라 함은 이황화탄소, 다이에틸에터, 그 밖에 1기압에서 발화점이 섭씨 100도 이하인 것 또는 인화점이 섭씨 영하 20도 이하이고 비점이 섭씨 40도 이하인 것을 말한다."

해답

특수인화물

07

제3종 분말소화약제의 열분해반응식을 쓰시오. (4점)

해답

$NH_4H_2PO_4 \rightarrow NH_3 + H_2O + HPO_3$

08

황린이 연소할 때의 완전연소반응식을 쓰시오. (4점)

해설

공기 중에서 격렬하게 오산화인의 백색연기를 내며 연소하고, 일부 유독성의 포스핀(PH_3)도 발생하며 환원력이 강하여 산소 농도가 낮은 분위기에서도 연소한다.

해답

$P_4 + 5O_2 \rightarrow 2P_2O_5$

09

다음 [보기]의 물질 중 제3석유류에 해당하는 것을 모두 선택하여 그 번호를 쓰시오. (4점)

[보기] ① 클로로벤젠 ② 아세트산 ③ 폼산
④ 나이트로톨루엔 ⑤ 글리세린 ⑥ 나이트로벤젠

해설

제4류 위험물(인화성 액체)의 종류와 지정수량

위험등급	품명		품목	지정수량
I	특수인화물	비수용성	다이에틸에터, 이황화탄소	50L
		수용성	아세트알데하이드, 산화프로필렌	
II	제1석유류	비수용성	가솔린, 벤젠, 톨루엔, 사이클로헥세인, 콜로디온, 메틸에틸케톤, 초산메틸, 초산에틸, 의산에틸, 헥세인, 에틸벤젠 등	200L
		수용성	아세톤, 피리딘, 아크롤레인, 의산메틸, 사이안화수소 등	400L
	알코올류		메틸알코올, 에틸알코올, 프로필알코올, 아이소프로필알코올	400L
III	제2석유류	비수용성	등유, 경유, 테레빈유, 스타이렌, 자일렌(o−, m−, p−), 클로로벤젠, 장뇌유, 뷰틸알코올, 알릴알코올 등	1,000L
		수용성	폼산, 초산, 하이드라진, 아크릴산, 아밀알코올 등	2,000L
	제3석유류	비수용성	중유, 크레오소트유, 아닐린, 나이트로벤젠, 나이트로톨루엔 등	2,000L
		수용성	에틸렌글리콜, 글리세린 등	4,000L
	제4석유류		기어유, 실린더유, 윤활유, 가소제	6,000L
	동·식물유류		• 건성유 : 아마인유, 들기름, 동유, 정어리기름, 해바라기유 등 • 반건성유 : 참기름, 옥수수기름, 청어기름, 채종유, 면실유(목화씨유), 콩기름, 쌀겨유 등 • 불건성유 : 올리브유, 피마자유, 야자유, 땅콩기름, 동백유 등	10,000L

※ 석유류 분류기준 : 인화점의 차이

해답

④, ⑤, ⑥

10

위험물안전관리법령상 옥내저장소에서 동일 품명의 위험물이라도 자연발화의 위험이 있는 위험물을 다량 저장하는 경우에는 지정수량 10배 이하마다 구분하여 몇 m 이상의 간격을 두어야 하는가? (3점)

해설

옥내저장소에서 동일 품명의 위험물이더라도 자연발화할 우려가 있는 위험물 또는 재해가 현저하게 증대할 우려가 있는 위험물을 다량 저장하는 경우에는 지정수량의 10배 이하마다 구분하여 상호간 0.3m 이상의 간격을 두어 저장하여야 한다. 다만, 위험물 또는 기계에 의하여 하역하는 구조로 된 용기에 수납한 위험물에 있어서는 그러하지 아니하다.

해답

0.3

11 위험물안전관리법령상 위험물제조소에서의 환기설비에 관한 다음 각 물음에 답하시오. (4점)
① 환기는 어떤 방식으로 하여야 하는가?
② 바닥면적이 150m^{2}인 경우 급기구의 크기는 얼마 이상으로 하여야 하는가?

해설

㉠ 환기는 자연배기방식으로 한다.
㉡ 급기구는 해당 급기구가 설치된 실의 바닥면적 150m^{2}마다 1개 이상으로 하되, 급기구의 크기는 800cm^2 이상으로 한다.

해답

① 자연배기, ② 800cm^2

12 $NaClO_3$ 2mol이 고온에서 완전히 열분해하였다. 이때 생성된 산소의 부피는 표준상태 기준으로 몇 L인지 구하시오. (4점)

해설

염소산나트륨은 300℃에서 가열분해하여 염화나트륨과 산소가 발생한다.

$2NaClO_3 \rightarrow 2NaCl + 3O_2$

$$\frac{3\cancel{mol-O_2}}{} \bigg| \frac{22.4L-O_2}{1\cancel{mol-O_2}} \bigg| = 67.2L-O_2$$

해답

67.2L

13 증기비중이 약 3.5인 유동성 액체로 가열하면 폭발할 수 있으며 강한 산성을 나타내는 제6류 위험물을 화학식으로 쓰시오. (3점)

해설

과염소산($HClO_4$)의 일반적 성질

㉠ 무색무취의 유동하기 쉬운 액체이며, 흡습성이 매우 강하고 대단히 불안정한 강산이다. 순수한 것은 분해가 용이하고 격렬한 폭발력을 가진다.
㉡ 가열하면 폭발하고 분해하여 유독성의 HCl을 발생한다.
$HClO_4 \rightarrow HCl + 2O_2$
㉢ 비중은 3.5, 융점은 −112℃이고, 비점은 130℃이다.

해답

$HClO_4$

14 위험물안전관리법령상 다음 (　　) 안에 알맞은 숫자를 쓰시오. (4점)

① 제1종 판매취급소 : 저장 또는 취급하는 위험물의 수량이 지정수량의 (　　)배 이하인 판매취급소

② 제2종 판매취급소 : 저장 또는 취급하는 위험물의 수량이 지정수량의 (　　)배 이하인 판매취급소

해답

① 20, ② 40

제2회 동영상문제

01 동영상에서는 벽, 기둥 및 바닥이 내화구조인 옥내저장소를 보여준다. 위험물안전관리법령상 저장하는 위험물의 지정수량 50~200배에 해당하는 경우 보유공지의 너비는 몇 m로 해야 하는가? (4점)

해설

옥내저장소의 보유공지

저장 또는 취급하는 위험물의 최대수량	공지의 너비	
	벽·기둥 및 바닥이 내화구조로 된 건축물	그 밖의 건축물
지정수량의 5배 이하	−	0.5m 이상
지정수량의 5배 초과, 10배 이하	1m 이상	1.5m 이상
지정수량의 10배 초과, 20배 이하	2m 이상	3m 이상
지정수량의 20배 초과, 50배 이하	3m 이상	5m 이상
지정수량의 50배 초과, 200배 이하	5m 이상	10m 이상
지정수량의 200배 초과	10m 이상	15m 이상

해답

5m

02 동영상에서는 옥내저장소 안에 드럼통이 저장되어 있는 장면을 보여준다. 이때 저장소에서 위험물의 저장 시 초과하지 않아야 하는 온도를 적으시오. (4점)

해설

옥내저장소에서는 용기에 수납하여 저장하는 위험물의 온도가 55℃를 넘지 아니하도록 필요한 조치를 강구하여야 한다(중요기준).

해답

55℃

03

동영상에서는 옥외탱크저장소의 방유제를 보여주고 있다. 다음 빈칸을 알맞게 채우시오. (6점)

① 방유제의 높이는 (㉠)m 이상, (㉡)m 이하로 할 것
② 방유제 내의 면적은 (   )m^2 이하로 할 것
③ 높이가 1m를 넘는 방유제 및 간막이 둑의 안팎에는 방유제 내에 출입하기 위한 계단 또는 경사로를 약 (   )m마다 설치할 것

해설

방유제의 기준

㉠ 방유제의 용량
- 방유제 안에 설치된 탱크가 하나인 때 : 탱크 용량의 110% 이상
- 방유제 안에 설치된 탱크가 2기 이상인 때 : 탱크 중 용량이 최대인 것의 용량 110% 이상

㉡ 방유제의 높이 : 0.5m 이상, 3m 이하
㉢ 방유제의 면적 : 8만m^2 이하

해답

① ㉠ 0.5, ㉡ 3.0
② 80,000
③ 50

04

동영상에서는 제4류 위험물로서 클로로벤젠이 저장되어 있는 옥내탱크저장소를 보여준다. 옥내탱크저장소에서는 클로로벤젠이 바닥에 누설되는 장면을 보여준다. 이때 옆에서 작업자가 흡연을 하고 동시에 폭발하는 장면을 보여준다. 클로로벤젠의 증기비중을 구하시오. (단, 염소의 원자량은 35.5이다.) (5점)

해설

클로로벤젠(C_6H_5Cl, 염화페닐) – 비수용성 액체

분자량은 12×6+1×5+35.5=112.5

증기비중은 $\frac{112.5}{28.84}=3.90$

해답

3.90

05

동영상에서는 질산이 담겨 있는 병을 보여준다. 질산을 갈색병에 보관하는 이유를 적으시오. (4점)

해설

질산(HNO_3)

㉠ 제6류 위험물(산화성 액체), 지정수량 300kg

㉡ 불연성이이지만 강한 산화력을 가지고 있는 강산화성, 부식성 물질이다.

㉢ 햇빛에 의해 분해하여 이산화질소(NO_2)를 발생하므로 갈색병에 넣어 냉암소에 저장한다.

$4HNO_3 \rightarrow 2H_2O + 4NO_2 + O_2$

㉣ 크산토프로테인 반응을 한다.(피부에 닿으면 노랗게 변한다.)

! 중요! 위험물의 한계

비중이 1.49 이상인 것만 제6류 위험물(산화성 액체)로 취급한다.

해답

햇빛에 의해 분해하여 이산화질소(NO_2)를 발생하므로

06

동영상에서는 제5류 위험물이 수납용기에 저장되어 있는 저장창고에서 화재가 발생하는 장면을 CG로 보여준다. 이 화재에 대해 소화가 가능한 소화설비를 [보기]에서 모두 고르시오. (4점)

[보기]
마른모래, 할론 1301, 분말소화기, 이산화탄소소화기

해설

제5류 위험물의 소화설비

옥내소화전, 옥외소화전설비, 스프링클러설비, 물분무소화설비, 포소화설비, 건조사, 팽창질석 또는 팽창진주암 등

해답

마른모래

07

동영상에서는 염소산염류와 목분을 섞어 전기를 통하게 하는 실험을 보여주고 염소산칼륨의 시약병을 클로즈업한다. 동영상에서 보여주는 위험물의 지정수량을 적으시오. (4점)

해설

위험물			지정수량
유별	성질	품명	
제1류	산화성 고체	1. 아염소산염류	50킬로그램
		2. 염소산염류	50킬로그램
		3. 과염소산염류	50킬로그램
		4. 무기과산화물	50킬로그램
		5. 브로민산염류	300킬로그램
		6. 질산염류	300킬로그램
		7. 아이오딘산염류	300킬로그램
		8. 과망가니즈산염류	1,000킬로그램
		9. 다이크로뮴산염류	1,000킬로그램
		10. 그 밖에 행정안전부령으로 정하는 것 11. 제1호 내지 제10호의 1에 해당하는 어느 하나 이상을 함유한 것	50킬로그램, 300킬로그램 또는 1,000킬로그램

해답

50킬로그램

08

동영상에서는 옥외저장소를 보여준다. 위험물안전관리법령상 유별을 달리하는 위험물 간의 거리는 얼마인가? (4점)

해설

유별을 달리하는 위험물은 동일한 저장소(내화구조의 격벽으로 완전히 구획된 실이 2 이상 있는 저장소에 있어서는 동일한 실)에 저장하지 아니하여야 한다. 다만, 옥내저장소 또는 옥외저장소에 있어서 다음의 규정에 의한 위험물을 저장하는 경우로서 위험물을 유별로 정리하여 저장하는 한편, 서로 1m 이상의 간격을 두는 경우에는 그러하지 아니하다.

㉠ 제1류 위험물(알칼리금속의 과산화물 또는 이를 함유한 것을 제외한다)과 제5류 위험물을 저장하는 경우
㉡ 제1류 위험물과 제6류 위험물을 저장하는 경우
㉢ 제1류 위험물과 제3류 위험물 중 자연발화성 물질(황린 또는 이를 함유한 것에 한한다)을 저장하는 경우
㉣ 제2류 위험물 중 인화성 고체와 제4류 위험물을 저장하는 경우
㉤ 제3류 위험물 중 알킬알루미늄 등과 제4류 위험물(알킬알루미늄 또는 알킬리튬을 함유한 것에 한한다)을 저장하는 경우
㉥ 제4류 위험물과 제5류 위험물 중 유기과산화물 또는 이를 함유한 것을 저장하는 경우

해답

1m

09

동영상에서 실험실의 실험대 위에 1리터짜리 메스실린더에 과산화수소가 담겨 있는 장면을 보여준다. 그리고 메스실린더 안에 흰색의 아이오딘화칼륨을 넣어주자 화학반응을 통해 흰색의 거품이 발생하고 있다. 이때 과산화수소에 대한 아이오딘화칼륨의 역할과 발생기체가 무엇인지 적으시오. (6점)

해설

과산화수소(H_2O_2)

- 제6류 위험물(산화성 액체), 지정수량 300kg
- 불연성이지만 강력한 산화제로서 가연물의 연소를 돕는다.
- 분해하여 반응성이 큰 산소가스(O_2)를 발생한다.

$2H_2O_2 \rightarrow 2H_2O + O_2$

과산화수소　　물　산소가스

- 농도가 상승할수록 불안정하며 농도 60% 이상은 충격·마찰에 의해서도 단독으로 분해·폭발의 위험이 있다.
- 강한 산화성이 있고, 물, 알코올, 에터 등에는 녹으나 석유나 벤젠 등에는 녹지 않는다.
- 과산화수소(H_2O_2)는 분자 내에 불안정한 과산화물[-O-O-]을 함유하고 있으므로 용기 내부에서 스스로 분해되어 산소가스를 발생한다. 따라서 분해를 억제하기 위하여 안정제인 인산(H_3PO_4), 요산($C_5H_4N_4O_3$)을 첨가하며 발생한 산소가스로 인한 내압의 증가를 막기 위해 구멍 뚫린 마개를 사용한다.

! 중요! 위험물의 한계

농도가 36wt% 이상인 것만 제6류 위험물(산화성 액체)로 취급한다.

해답

① 역할 : 정촉매(활성화에너지를 낮춰 반응속도를 촉진시켜 주는 역할)

② 발생기체 : 산소가스(O_2)

10

동영상에서는 질산칼륨, 질산나트륨, 질산암모늄이 담겨 있는 시약에 물분무기로 물을 뿌리는 장면을 보여준다. 보여지는 위험물 중 흡열반응을 하는 물질은 무엇인가? (4점)

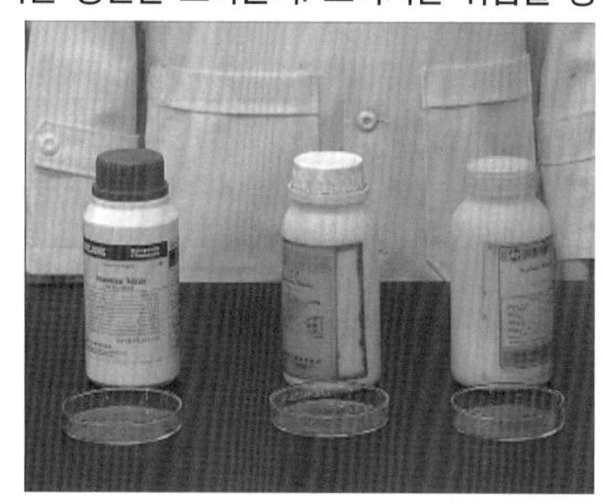

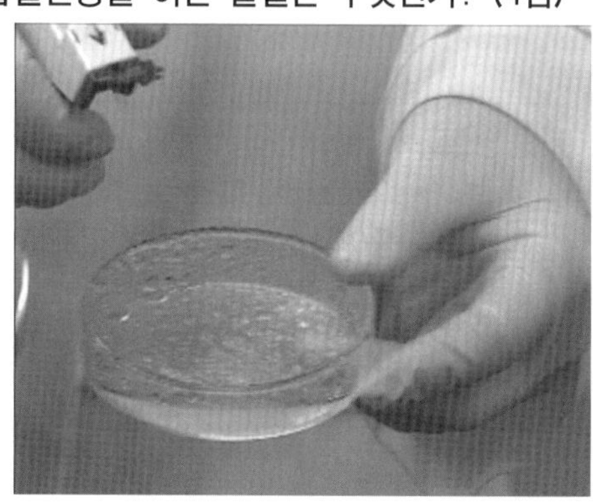

해설

NH_4NO_3(질산암모늄, 초안, 질안, 질산암몬)

- 분자량 80, 비중 1.73, 융점 165℃, 분해온도 220℃, 무색, 백색 또는 연회색의 결정
- 조해성과 흡습성이 있고, 물에 녹을 때 열을 대량 흡수하여 한제로 이용된다.(흡열반응)
- 약 220℃에서 가열할 때 분해되어 아산화질소(N_2O)와 수증기(H_2O)를 발생시키고 계속 가열하면 폭발한다.

  $NH_4NO_3 \rightarrow N_2O + 2H_2O$

해답

질산암모늄

2015년 제4회 과년도 출제문제

제4회 일반검정문제

01 다음에서 설명하는 제6류 위험물의 화학식과 지정수량을 쓰시오. (4점)

① 구리 등과 반응할 수 있고 물과 혼합하면 발열하며 분자량은 약 63이다.
   ㉠ 화학식
   ㉡ 지정수량

② 분자량은 약 34이고 이산화망가니즈 촉매하에서는 분해가 촉진되어 산소를 발생한다.
   ㉠ 화학식
   ㉡ 지정수량

해설

① 질산은 직사광선으로 일부 분해하여 과산화질소를 만들기 때문에 황색을 나타내며 Ag, Cu, Hg 등은 다른 산과는 반응하지 않으나 질산과 반응하여 질산염과 산화질소를 형성한다.
   $3Cu+8HNO_3 \rightarrow 3Cu(NO_3)_2+2NO+4H_2O$ (묽은질산)
   $Cu+4HNO_3 \rightarrow Cu(NO_3)_2+2NO_2+2H_2O$ (진한질산)

② 과산화수소는 강력한 산화제로 분해하여 발생기 산소를 발생하며 농도가 높을수록 불안정하고 온도가 높아지면 분해속도가 증가하여 비점 이하에서도 폭발한다.

해답

① ㉠ HNO_3, ㉡ 300kg
② ㉠ H_2O_2, ㉡ 300kg

02 위험물안전관리법령상 다이크로뮴산염류를 저장하는 옥내저장소의 경우 하나의 저장창고 바닥면적은 몇 m^2 이하로 하여야 하는지 쓰시오. (3점)

해설

옥내저장소 하나의 저장창고의 바닥면적

위험물을 저장하는 창고	바닥면적
가. ㉠ 제1류 위험물 중 아염소산염류, 염소산염류, 과염소산염류, 무기과산화물, 그 밖에 지정수량이 50kg인 위험물 ㉡ 제3류 위험물 중 칼륨, 나트륨, 알킬알루미늄, 알킬리튬, 그 밖에 지정수량이 10kg인 위험물 및 황린 ㉢ 제4류 위험물 중 특수인화물, 제1석유류 및 알코올류 ㉣ 제5류 위험물 중 유기과산화물, 질산에스터류, 그 밖에 지정수량이 10kg인 위험물 ㉤ 제6류 위험물	$1,000m^2$ 이하
나. ㉠~㉤ 외의 위험물을 저장하는 창고	$2,000m^2$ 이하
다. 내화구조의 격벽으로 완전히 구획된 실에 각각 저장하는 창고 (가목의 위험물을 저장하는 실의 면적은 $500m^2$를 초과할 수 없다.)	$1,500m^2$ 이하

다이크로뮴산칼륨은 제1류 위험물에 해당하며, 상기 도표에서 $2,000m^2$ 이하의 바닥면적을 유지해야 한다.

해답

$2,000m^2$ 이하

03

다음 분말소화약제의 화학식을 쓰시오. (6점)

① 제1종 ② 제2종 ③ 제3종

해설

종류	주성분	화학식	착색	적응화재
제1종	탄산수소나트륨(중탄산나트륨)	$NaHCO_3$	–	B, C급 화재
제2종	탄산수소칼륨(중탄산칼륨)	$KHCO_3$	담회색	B, C급 화재
제3종	제1인산암모늄	$NH_4H_2PO_4$	담홍색 또는 황색	A, B, C급 화재
제4종	탄산수소칼륨+요소	$KHCO_3+CO(NH_2)_2$	–	B, C급 화재

해답

① $NaHCO_3$, ② $KHCO_3$, ③ $NH_4H_2PO_4$

04

삼황화인의 완전연소반응식을 쓰시오. (4점)

해설

삼황화인은 물, 황산, 염산 등에는 녹지 않고, 질산이나 이황화탄소(CS_2), 알칼리 등에 녹는다. 연소 시 연소생성물은 유독하다.

$P_4S_3+8O_2 \rightarrow 2P_2O_5+3SO_2$

해답

$P_4S_3+8O_2 \rightarrow 2P_2O_5+3SO_2$

05

위험물안전관리법령상 제4류 위험물을 운송하는 경우 반드시 위험물안전카드를 휴대하여야 하는 위험물의 품명 2가지를 쓰시오. (4점)

해설

위험물의 운송에 관한 기준

㉠ 이동탱크저장소에 의하여 위험물을 운송하는 자(운송책임자 및 이동탱크저장소 수료증 운전자)는 해당 위험물을 취급할 수 있는 국가기술자격자 또는 안전교육을 받은 자이어야 한다.

㉡ 알킬알루미늄, 알킬리튬은 운송책임자의 감독 · 지원을 받아 운송하여야 한다.

㉢ 위험물운송자는 장거리(고속국도에 있어서는 340km 이상, 그 밖의 도로에 있어서는 200km 이상을 말한다)에 걸치는 운송을 하는 때에는 2명 이상의 운전자로 할 것. 다만, 다음에 해당하는 경우에는 그러하지 아니하다.

- 운송책임자를 동승시킨 경우
- 운송하는 위험물이 제2류 위험물 · 제3류 위험물(칼슘 또는 알루미늄의 탄화물과 이것만을 함유한 것에 한한다) 또는 제4류 위험물(특수인화물을 제외한다)인 경우
- 운송도중에 2시간 이내마다 20분 이상씩 휴식하는 경우

㉣ 위험물(제4류 위험물에 있어서는 특수인화물 및 제1석유류에 한한다)을 운송하게 하는 자는 위험물안전카드를 위험물운송자로 하여금 휴대하게 하여야 한다.

㉤ 위험물운송자는 위험물안전카드를 휴대하고 해당 카드에 기재된 내용에 따를 것. 다만, 재난, 그 밖의 불가피한 이유가 있는 경우에는 해당 기재된 내용에 따르지 아니할 수 있다.

해답

특수인화물 및 제1석유류

06

그림과 같은 위험물 저장탱크의 내용적은 몇 m^3인지 구하시오. (단, r은 1m, l_1은 0.4m, l_2는 0.5m, l은 5m이다.) (5점)

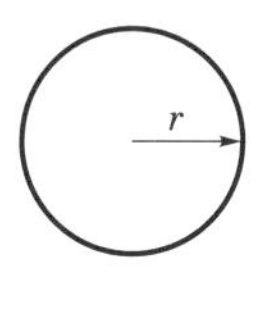

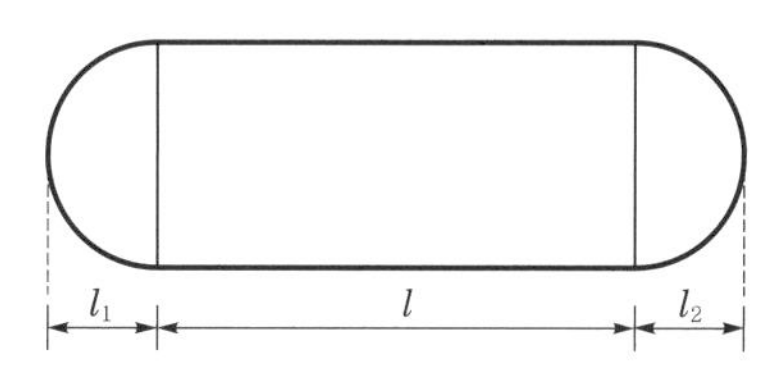

해설

가로(수평)로 설치한 것 : $V=\pi r^2\left[l+\frac{l_1+l_2}{3}\right]=\pi\times1^2\left[5+\frac{0.4+0.5}{3}\right]=16.65\text{m}^3$

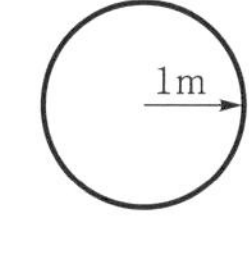

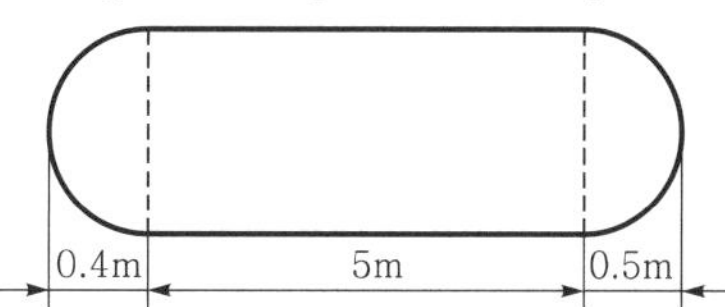

해답

16.65m^3

07

황이나 나프탈렌 같은 고체의 주된 연소형태는 무엇인지 쓰시오. (3점)

해설

고체의 연소

㉠ 표면연소(직접연소) : 열분해에 의하여 가연성 가스를 발생치 않고 그 자체가 연소하는 형태로서 연소반응이 고체의 표면에서 이루어지는 형태이다.
예 목탄, 코크스, 금속분 등

㉡ 분해연소 : '가연성 가스'가 공기 중에서 산소와 혼합되어 타는 현상이다.
예 목재, 석탄 등

㉢ 증발연소 : 가연성 고체에 열을 가하면 융해되어 여기서 생긴 액체가 기화되고 이로 인한 연소가 이루어지는 형태이다.
예 황, 나프탈렌 등

㉣ 내부연소(자기연소) : 물질 자체의 분자 안에 산소를 함유하고 있는 물질이 연소 시 외부에서의 산소 공급을 필요로 하지 않고 물질 자체가 갖고 있는 산소를 소비하면서 연소하는 형태이다.
예 질산에스터류, 나이트로화합물류 등

해답

증발연소

08

위험물안전관리법령에서 정한 유별 위험물 중 외부 산소의 공급 없이 연소를 할 수 있는 위험물은 제 몇 류인지 쓰시오. (3점)

해설

제5류 위험물(자기반응성 물질)의 공통성질

㉠ 가연성 물질이며, 내부연소, 폭발적이며, 장시간 저장 시 산화반응이 일어나 열분해되어 자연발화한다.

㉡ 자기연소를 일으키며 연소의 속도가 대단히 빠르다.

㉢ 대부분 유기질화물이므로 가열, 충격, 마찰 등으로 인한 폭발의 위험이 있다.

㉣ 시간의 경과에 따라 자연발화의 위험성을 갖는다.

해답

제5류

09

200kg의 트라이나이트로톨루엔이 완전분해할 때 몇 m^3의 질소가스가 발생하는지 구하시오. (단, 0℃, 1기압을 기준으로 구하며, 원자량은 C : 12, H : 1, O : 16, N : 14이다.) (5점)

해설

트라이나이트로톨루엔은 K, KOH, HCl, $Na_2Cr_2O_7$과 접촉 시 조건에 따라 발화하거나 충격, 마찰에 민감하고 폭발 위험성이 있으며, 분해하면 다량의 기체를 발생하고 불완전연소 시 유독성의 질소산화물과 CO를 생성한다.

$$2C_6H_2CH_3(NO_2)_3 \rightarrow 12CO + 2C + 3N_2 + 5H_2$$

$$\frac{200kg\ C_6H_2CH_3(NO_2)_3}{} \left| \frac{1kmol\ C_6H_2CH_3(NO_2)_3}{227kg\ C_6H_2CH_3(NO_2)_3} \right| \frac{3kmol\ N_2}{2kmol\ C_6H_2CH_3(NO_2)_3} \left| \frac{22.4m^3}{1kmol\ N_2} \right. = 29.60m^3$$

해답

$29.60m^3$

10

위험물안전관리법령상 제3류 위험물 중 자연발화성 물질의 운반용기 외부에 표시하여야 하는 주의사항을 모두 쓰시오. (4점)

해설

수납하는 위험물에 따른 주의사항

유별	구분	주의사항
제1류 위험물 (산화성 고체)	알칼리금속의 무기과산화물	"화기 · 충격주의" "물기엄금" "가연물접촉주의"
	그 밖의 것	"화기 · 충격주의" "가연물접촉주의"
제2류 위험물 (가연성 고체)	철분 · 금속분 · 마그네슘	"화기주의" "물기엄금"
	인화성 고체	"화기엄금"
	그 밖의 것	"화기주의"
제3류 위험물 (자연발화성 및 금수성 물질)	자연발화성 물질	"화기엄금" "공기접촉엄금"
	금수성 물질	"물기엄금"
제4류 위험물 (인화성 액체)	–	"화기엄금"
제5류 위험물 (자기반응성 물질)	–	"화기엄금" 및 "충격주의"
제6류 위험물 (산화성 액체)	–	"가연물접촉주의"

해답

화기엄금 및 공기접촉엄금

11

제4류 위험물 중 특수인화물의 위험등급을 로마 숫자로 쓰시오. (4점)

해설

제4류 위험물(인화성 액체)의 종류와 지정수량

위험등급	품명		품목	지정수량
Ⅰ	특수인화물	비수용성	다이에틸에터, 이황화탄소	50L
		수용성	아세트알데하이드, 산화프로필렌	
Ⅱ	제1석유류	비수용성	가솔린, 벤젠, 톨루엔, 사이클로헥세인, 콜로디온, 메틸에틸케톤, 초산메틸, 초산에틸, 의산에틸, 헥세인, 에틸벤젠 등	200L
		수용성	아세톤, 피리딘, 아크롤레인, 의산메틸, 사이안화수소 등	400L
	알코올류		메틸알코올, 에틸알코올, 프로필알코올, 아이소프로필알코올	400L
Ⅲ	제2석유류	비수용성	등유, 경유, 테레빈유, 스타이렌, 자일렌(o-, m-, p-), 클로로벤젠, 장뇌유, 뷰틸알코올, 알릴알코올 등	1,000L
		수용성	폼산, 초산, 하이드라진, 아크릴산, 아밀알코올 등	2,000L
	제3석유류	비수용성	중유, 크레오소트유, 아닐린, 나이트로벤젠, 나이트로톨루엔 등	2,000L
		수용성	에틸렌글리콜, 글리세린 등	4,000L
	제4석유류		기어유, 실린더유, 윤활유, 가소제	6,000L
	동·식물유류		• 건성유 : 아마인유, 들기름, 동유, 정어리기름, 해바라기유 등 • 반건성유 : 참기름, 옥수수기름, 청어기름, 채종유, 면실유(목화씨유), 콩기름, 쌀겨유 등 • 불건성유 : 올리브유, 피마자유, 야자유, 땅콩기름, 동백유 등	10,000L

※ 석유류 분류기준 : 인화점의 차이

해답

Ⅰ

12

위험물안전관리법령에서 정한 브로민산염류와 질산염류의 지정수량을 각각 합하면 얼마인지 쓰시오. (3점)

해설

제1류 위험물의 종류와 지정수량

성질	위험등급	품명	대표품목	지정수량
산화성 고체	Ⅰ	1. 아염소산염류 2. 염소산염류 3. 과염소산염류 4. 무기과산화물류	$NaClO_2$, $KClO_2$ $NaClO_3$, $KClO_3$, NH_4ClO_3 $NaClO_4$, $KClO_4$, NH_4ClO_4 K_2O_2, Na_2O_2, MgO_2	50kg
	Ⅱ	5. 브로민산염류 6. 질산염류 7. 아이오딘산염류	$KBrO_3$ KNO_3, $NaNO_3$, NH_4NO_3 KIO_3	300kg
	Ⅲ	8. 과망가니즈산염류 9. 다이크로뮴산염류	$KMnO_4$ $K_2Cr_2O_7$	1,000kg

따라서, 300kg+300kg=600kg

해답

600kg

13

제1류 위험물인 염소산암모늄에서 염소의 산화수는 얼마인지 쓰시오. (3점)

해설

㉠ 산화수 : 산화 · 환원 정도를 나타내기 위해 원자의 양성, 음성 정도를 고려하여 결정된 수

㉡ 산화수 구하는 법

- 산화수를 구할 때 기준이 되는 원소이다.
  H=+1, O=−2, 1족=+1, 2족=+2
  (예외 : H_2O_2에서는 산소가 −1, OF_2에서는 산소가 +2, NaH에서는 수소가 −1)
- 홑원소 물질에서 그 원자의 산화수는 0이다.
  예 H_2, C, Cu, P_4, S, Cl_2, …에서 H, C, Cu, P, S, Cl의 산화수는 0이다.
- 이온의 산화수는 그 이온의 가수와 같다.
  예 Cl^- : −1, Cu^{2+} : +2
  SO_4^{2-}에서 S의 산화수 : $x+(-2)\times4=-2$ ∴ $x=+6$
- 중성 화합물에서 그 화합물을 구성하는 각 원자의 산화수 합은 0이다.
  예 $KMnO_4$ → $(+1)+x+(-2)\times4=0$ ∴ $x=+7$
  MnO^{2-} → $x+(-2)\times2=-1$ ∴ $x=+3$

따라서, NH_4ClO_3에서 NH_4의 산화수는 +1, 산소의 산화수는 −2이므로
$+1+x+(-2)\times3=0$에서 $x=+5$

해답

+5

14

위험물안전관리법령상 지정수량의 몇 배 이상의 위험물을 취급하는 제조소(제6류 위험물을 취급하는 위험물제조소 제외)에 피뢰침을 설치하여야 하는지 쓰시오. (4점)

해설

제조소 등의 피뢰설비 설치기준

지정수량의 10배 이상의 위험물을 취급하는 제조소(제6류 위험물을 취급하는 위험물제조소를 제외한다.)

해답

10배

제4회 동영상문제

01

동영상에서는 옥외저장소에 제6류 위험물을 드럼통에 저장하여 적재하는 장면을 보여준다. 이때 선반의 높이는 몇 m를 초과할 수 없는지 쓰시오. (3점)

해설

옥외저장소에서 위험물을 수납한 용기를 선반에 저장하는 경우에는 6m를 초과하여 저장하지 아니하여야 한다.

해답

6m

02

동영상에서는 이황화탄소(CS_2)가 적혀 있는 옥외탱크저장소를 보여준다. 다음 물음에 답하시오. (6점)

① 이황화탄소의 증기비중

② 이황화탄소의 옥외저장탱크는 벽 및 바닥의 두께가 (　　) 이상이고 누수가 되지 아니하는 철근콘크리트의 수조에 넣어 보관하여야 한다. 이 경우 보유공지 · 통기관 및 자동계량장치는 생략할 수 있다.

해설

① 이황화탄소의 증기비중 $= \dfrac{\text{이황화탄소의 분자량}(76\text{g/mol})}{\text{공기의 분자량}(28.84\text{g/mol})}$

$$= \frac{76\text{g/mol}}{28.84\text{g/mol}}$$

$$\fallingdotseq 2.64$$

② 이황화탄소의 옥외저장탱크는 벽 및 바닥의 두께가 0.2m 이상이고 누수가 되지 아니하는 철근콘크리트의 수조에 넣어 보관하여야 한다. 이 경우 보유공지 · 통기관 및 자동계량장치는 생략할 수 있다.

해답

① 2.64

② 0.2m

03

동영상에서는 위험물 옥외탱크저장소를 보여주고 있다. 화면에서는 옥외탱크저장소에 대한 보유공지를 나타낸 표를 보여준다. 빈칸을 알맞게 채우시오. (4점)

저장 또는 취급하는 위험물의 최대수량	공지의 너비
지정수량의 500배 이하	(①)
지정수량의 500배 초과, 1,000배 이하	(②)
지정수량의 1,000배 초과, 2,000배 이하	9m 이상
지정수량의 2,000배 초과, 3,000배 이하	(③)
지정수량의 3,000배 초과, 4,000배 이하	(④)

해설

저장 또는 취급하는 위험물의 최대수량	공지의 너비
지정수량의 500배 이하	3m 이상
지정수량의 500배 초과, 1,000배 이하	5m 이상
지정수량의 1,000배 초과, 2,000배 이하	9m 이상
지정수량의 2,000배 초과, 3,000배 이하	12m 이상
지정수량의 3,000배 초과, 4,000배 이하	15m 이상

해답

① 3m 이상, ② 5m 이상, ③ 12m 이상, ④ 15m 이상

04

동영상에서는 지게차를 이용해 팔레트 위에 위험물을 수납한 드럼통이 적재되는 장면과 함께 옥내저장소 전체 장면을 보여준다. 다음 물음에 답하시오. (4점)

① 제2류 위험물과 제4류 위험물의 상호거리는 몇 m 이상으로 해야 하는가?

② 제1류 위험물과 제6류 위험물의 상호거리는 몇 m 이상으로 해야 하는가?

해설

유별을 달리하는 위험물은 동일한 저장소(내화구조의 격벽으로 완전히 구획된 실이 2 이상 있는 저장소에 있어서는 동일한 실)에 저장하지 아니하여야 한다. 다만, 옥내저장소 또는 옥외저장소에 있어서 다음의 규정에 의한 위험물을 저장하는 경우로서 위험물을 유별로 정리하여 저장하는 한편, 서로 1m 이상의 간격을 두는 경우에는 그러하지 아니하다.

㉠ 제1류 위험물(알칼리금속의 과산화물 또는 이를 함유한 것을 제외한다)과 제5류 위험물을 저장하는 경우
㉡ 제1류 위험물과 제6류 위험물을 저장하는 경우
㉢ 제1류 위험물과 제3류 위험물 중 자연발화성 물질(황린 또는 이를 함유한 것에 한한다)을 저장하는 경우
㉣ 제2류 위험물 중 인화성 고체와 제4류 위험물을 저장하는 경우
㉤ 제3류 위험물 중 알킬알루미늄 등과 제4류 위험물(알킬알루미늄 또는 알킬리튬을 함유한 것에 한한다)을 저장하는 경우
㉥ 제4류 위험물과 제5류 위험물 중 유기과산화물 또는 이를 함유한 것을 저장하는 경우

해답

① 1m, ② 1m

05

동영상에서는 시험관에 염소산칼륨과 이산화망가니즈을 함께 넣고 알코올램프로 가열하여 수상치환으로 발생하는 가스를 포집하였다. 포집된 가스에 불이 붙어 있는 쇠막대를 넣으니 불꽃이 더 커지는 장면이 연출되었다. 이때 염소산칼륨의 열분해반응식을 적으시오. (3점)

해설

약 400℃ 부근에서 열분해되기 시작하여 540~560℃에서 과염소산칼륨($KClO_4$)을 생성하고 다시 분해하여 염화칼륨(KCl)과 산소(O_2)를 방출한다.

$2KClO_3 \rightarrow 2KCl + 3O_2$

염소산칼륨 염화칼륨 산소

해답

$2KClO_3 \rightarrow 2KCl + 3O_2$

06

동영상에서는 위험물제조소를 보여준다. 다음 물음에 답하시오. (6점)

① 위험물제조소의 경우 바닥으로부터 몇 m 이상에 환기구를 설치하는가?

② 급기구는 바닥면적 $150m^2$마다 1개 이상 설치하되 크기는 몇 cm^2 이상으로 해야 하는가?

③ 액체의 위험물을 취급하는 건축물의 바닥은 적당한 경사를 두어 그 최저부에 무엇을 설치하는가?

해설

환기설비

㉠ 환기는 자연배기방식으로 한다.

㉡ 급기구는 해당 급기구가 설치된 실의 바닥면적 $150m^2$마다 1개 이상으로 하되, 급기구의 크기는 $800cm^2$ 이상으로 한다. 다만, 바닥면적이 $150m^2$ 미만인 경우에는 다음의 크기로 하여야 한다.

바닥면적	급기구의 면적
$60m^2$ 미만	$150cm^2$ 이상
$60m^2$ 이상 $90m^2$ 미만	$300cm^2$ 이상
$90m^2$ 이상 $120m^2$ 미만	$450cm^2$ 이상
$120m^2$ 이상 $150m^2$ 미만	$600cm^2$ 이상

㉢ 급기구는 낮은 곳에 설치하고, 가는 눈의 구리망 등으로 된 인화방지망을 설치한다.

㉣ 환기구는 지붕 위 또는 지상 2m 이상의 높이에 회전식 고정벤틸레이터 또는 루프팬방식으로 설치한다.

해답

① 2m

② $800cm^2$

③ 집유설비

07

동영상에서는 이동탱크저장소의 사진을 보여준다. 다음 각 물음에 알맞은 답을 쓰시오. (6점)

① 화면에서 화살표로 지시한 부분의 명칭을 쓰시오.
② 화면이 지시한 부분의 두께 (　　)mm 이상의 강철판 또는 이와 동등 이상의 기계적 성질이 있는 재료로써 산모양의 형상으로 하거나 이와 동등 이상의 강도가 있는 형상으로 할 것
③ 정상부분은 부속장치보다 (　　)mm 이상 높게 하거나 이와 동등 이상의 성능이 있는 것으로 할 것

해답

① 방호틀
② 2.3
③ 50

08

동영상에서 다이에틸에터를 적신 헝겊을 기울어져 있는 홈틀 상부에 두고 하부에서 점화원으로 촛불을 공급한다. 이후 불이 기울어져 있는 홈틀 하부에서 상부로 역화(불이 붙으며 올라감)한다. 동영상 같이 홈틀 하부에서 상부로 불이 붙는 이유를 쓰시오. (3점)

해설

$$증기비중 = \frac{기체의\ 분자량(g/mol)}{공기의\ 분자량(29g/mol)} = \frac{74g/mol}{29g/mol} = 2.5$$

※ 제4류 위험물(인화성 액체)의 증기는 공기보다 무거워 낮은 곳에 체류한다.
(예외 : 사이안화수소(HCN))

해답

다이에틸에터($C_2H_5OC_2H_5$)의 증기비중(약 2.5)이 1보다 크므로 공기 중에서 낮은 곳에 체류하게 되므로 불이 붙게 된다.

09

동영상에서 과산화수소가 담긴 비커에 하이드라진(N_2H_4)을 넣어서 분해폭발하는 모습을 보여준다. 다음 물음에 답하시오. (4점)
① 반응식을 적으시오.
② 과산화수소는 중량이 몇 %일 때 위험물로 분류되는지 적으시오.

해설

과산화수소(H_2O_2)
㉠ 제6류 위험물(산화성 액체), 지정수량 300kg
㉡ 불연성이지만 강력한 산화제로서 가연물의 연소를 돕는다.
㉢ 분해하여 반응성이 큰 산소가스(O_2)를 발생한다.

$2H_2O_2 \rightarrow 2H_2O + O_2$
과산화수소 물 산소가스

㉣ 농도가 상승할수록 불안정하며, 농도 60% 이상은 충격 · 마찰에 의해서도 단독으로 분해 · 폭발의 위험이 있다.
㉤ 강한 산화성이 있고, 물, 알코올, 에터 등에는 녹으나 석유나 벤젠 등에는 녹지 않는다.
㉥ 과산화수소(H_2O_2)는 하이드라진(N_2H_4)과 접촉하면 분해 · 폭발한다. 이를 이용하여 유도탄 발사, 로켓의 추진제, 잠수함 엔진의 작동용으로도 활용된다.

$2H_2O_2 + N_2H_4 \rightarrow 4H_2O + N_2$
과산화수소 하이드라진 물 질소가스

! 중요! 위험물의 한계

농도가 36wt% 이상인 것만 제6류 위험물(산화성 액체)로 취급한다.

해답

① $2H_2O_2 + N_2H_4 \rightarrow 4H_2O + N_2$
② 36%

10

동영상에서는 위험물제조소를 보여주고 있다. 다음 건축물과의 안전거리를 적으시오. (6점)
① 고압가스시설
② 주택
③ 특고압가공선로(7,000~35,000V)

해설

건축물	안전거리
사용전압 7,000V 초과 35,000V 이하의 특고압가공전선	3m 이상
사용전압 35,000V 초과 특고압가공전선	5m 이상
주거용으로 사용되는 것(제조소가 설치된 부지 내에 있는 것 제외)	10m 이상
고압가스, 액화석유가스 또는 도시가스를 저장 또는 취급하는 시설	20m 이상
학교, 병원(종합병원, 치과병원, 한방·요양병원), 극장(공연장, 영화상영관, 수용인원 300명 이상 시설), 아동복지시설, 노인복지시설, 장애인복지시설, 모·부자복지시설, 보육시설, 성매매자를 위한 복지시설, 정신보건시설, 가정폭력피해자 보호시설, 수용인원 20명 이상의 다수인시설	30m 이상
유형문화재, 지정문화재	50m 이상

해답

① 20m 이상
② 10m 이상
③ 3m 이상

2015. 11. 22. 시행

2015년

제5회 과년도 출제문제

제5회 일반검정문제

01

탄소가 완전연소할 때의 연소반응식을 쓰고, 12kg의 탄소가 완전연소하는 데 필요한 산소의 부피(m^3)를 750mmHg, 30℃ 기준으로 구하시오. (6점)

① 연소반응식
② 필요한 산소의 부피

해설

$C + O_2 \rightarrow CO_2$

0℃, 1기압(760mmHg)에서

$$\frac{12kg-C}{} \left| \frac{1kmol-C}{12kg-C} \right| \frac{1kmol-O_2}{1kmol-C} \left| \frac{22.4m^3-O_2}{1kmol-O_2} \right| = 22.4m^3-O_2$$

30℃, 750mmHg에서의 부피를 구하려면, 보일−샤를의 법칙에 의해

$$\frac{P_1V_1}{T_1} = \frac{P_2V_2}{T_2} \text{에서 } \frac{760 \times 22.4}{273.15} = \frac{750 \times V_2}{303.15}$$

$\therefore V_2 = 25.19m^3$

해답

① $C + O_2 \rightarrow CO_2$
② $25.19m^3$

02

보기에서 설명하는 물질에 대한 다음 각 물음에 답하시오. (4점)

[보기]
- 지정수량이 2,000L인 수용성 물질이다.
- 분자량은 약 60, 녹는점은 약 16.7℃, 증기비중은 약 2.07이다.
- 알칼리금속, 강산화제 등과의 접촉을 피하여야 한다.

① 이 물질이 완전연소할 때 생성되는 2가지 물질의 화학식을 쓰시오.
② Zn과 이 물질이 반응하여 생성되는 가연성 가스는 무엇인지 쓰시오.

해설

초산(CH_3COOH, 아세트산, 빙초산, 에탄산)의 일반적 성질

```
     H
     |
H－C－C=O
     |    ＼O－H
     H
```

㉠ 강한 자극성의 냄새와 신맛을 가진 무색투명한 액체이며, 겨울에는 고화한다.
㉡ 연소 시 파란 불꽃을 내면서 탄다.
$CH_3COOH + 2O_2 \rightarrow 2CO_2 + 2H_2O$
㉢ 알루미늄 이외의 금속과 작용하여 수용성인 염을 생성한다.
㉣ 묽은 용액은 부식성이 강하나, 진한 용액은 부식성이 없다.
㉤ 분자량 60, 비중 1.05, 증기비중 2.07, 비점 118℃, 융점 16.2℃, 인화점 40℃, 발화점 485℃, 연소범위 5.4~16%이다.
㉥ 많은 금속을 강하게 부식시키고 금속과 반응하여 수소를 발생한다.
$2CH_3COOH + Zn \rightarrow Zn(CH_3COO)_2 + H_2$

해답

① CO_2, H_2O
② 수소가스(H_2)

03

고체연소의 대표적 형태 4가지를 쓰시오. (4점)

해설

고체의 연소 형태

㉠ 표면연소(직접연소) : 열분해에 의하여 가연성 가스를 발생치 않고 그 자체가 연소하는 형태로서 연소반응이 고체의 표면에서 이루어지는 형태이다.
예 목탄, 코크스, 금속분 등
㉡ 분해연소 : '가연성 가스'가 공기 중에서 산소와 혼합되어 타는 현상이다.
예 목재, 석탄, 종이 등
㉢ 증발연소 : 가연성 고체에 열을 가하면 융해되어 여기서 생긴 액체가 기화되고 이로 인한 연소가 이루어지는 형태이다.
예 양초, 황, 나프탈렌 등
㉣ 내부연소(자기연소) : 물질 자체의 분자 안에 산소를 함유하고 있는 물질이 연소 시 외부에서의 산소 공급을 필요로 하지 않고 물질 자체가 갖고 있는 산소를 소비하면서 연소하는 형태이다.
예 질산에스터류, 나이트로화합물류 등

해답

표면연소, 분해연소, 증발연소, 내부연소

04

옥내탱크저장소의 위치 · 구조 및 설비의 기준에서 탱크전용실을 건축물의 1층 또는 지하층에 설치하여야 하는 제2류 위험물을 2가지만 쓰시오. (4점)

해설

옥내저장탱크는 탱크전용실에 설치해야 하며, 이 경우 제2류 위험물 중 황화인 · 적린 및 덩어리황, 제3류 위험물 중 황린, 제6류 위험물 중 질산의 탱크전용실은 건축물의 1층 또는 지하층에 설치하여야 한다.

해답

황화인, 적린, 덩어리황(이 중 2가지 기술)

05

옥외저장탱크의 방유제에 대하여 다음 각 물음에 답하시오. (6점)
① 방유제의 높이는 몇 m 이상 몇 m 이하로 하여야 하는가?
② 방유제 안(8만m^2)에 설치할 수 있는 휘발유 저장탱크의 수는 몇 기 이하인가? (단, 방유제 내에 다른 위험물 저장탱크는 없다.)

해설

옥외탱크저장소의 방유제 설치기준

㉠ 설치목적 : 저장 중인 액체위험물이 주위로 누설 시 그 주위에 피해 확산을 방지하기 위하여 설치한 담
㉡ 용량 : 방유제 안에 설치된 탱크가 하나인 때에는 그 탱크용량의 110% 이상, 2기 이상인 때에는 그 탱크용량 중 용량이 최대인 것의 용량의 110% 이상으로 한다. 다만, 인화성이 없는 액체위험물의 옥외저장탱크의 주위에 설치하는 방유제는 "110%"를 "100%"로 본다.
㉢ 높이는 0.5m 이상 3.0m 이하, 면적은 80,000m^2 이하, 두께는 0.2m 이상, 지하 매설깊이는 1m 이상으로 할 것. 다만, 방유제와 옥외저장탱크 사이의 지반면 아래에 불침윤성 구조물을 설치하는 경우에는 지하 매설깊이를 해당 불침윤성 구조물까지로 할 수 있다.
㉣ 방유제 외면의 2분의 1 이상은 자동차 등이 통행할 수 있는 3m 이상의 노면폭을 확보한 구내도로에 직접 접하도록 하여야 한다.
㉤ 하나의 방유제 안에 설치되는 탱크의 수 10기 이하(단, 방유제 내 전 탱크의 용량이 200kL 이하이고, 인화점이 70℃ 이상 200℃ 미만인 경우에는 20기 이하)

해답

① 0.5m 이상 3.0m 이하
② 10기

06

제3종 분말소화약제가 열분해할 때 생성되는 물질 중 가연물 표면에 부착성 막을 만들어 산소의 유입을 차단하는 역할을 하는 것은 무엇인지 쓰시오. (3점)

해설

제3종 분말소화약제

㉮ 제3종 분말소화약제의 열분해반응식은 다음과 같다.

$NH_4H_2PO_4 \rightarrow NH_3 + H_2O + HPO_3$

㉯ 소화효과

㉠ 열분해 시 흡열반응에 의한 냉각효과
㉡ 열분해 시 발생되는 불연성 가스(NH_3, H_2O 등)에 의한 질식효과
㉢ 반응과정에서 생성된 메타인산(HPO_3)의 방진효과
㉣ 열분해 시 유리된 NH_4^+와 분말 표면의 흡착에 의한 부촉매효과
㉤ 분말운무에 의한 방사의 차단효과
㉥ ortho인산에 의한 섬유소의 탈수탄화작용

해답

메타인산(HPO_3)

07

분말소화약제인 탄산수소칼륨이 약 190℃에서 열분해되었을 때의 ① 분해반응식을 쓰고, 200kg의 탄산수소칼륨이 분해하였을 때 발생하는 ② 탄산가스는 몇 m^3인지 1기압, 100℃를 기준으로 구하시오. (단, 칼륨의 원자량은 39이다.) (5점)

해설

• 열분해반응식

$2KHCO_3 \rightarrow K_2CO_3 + H_2O + CO_2$ 흡열반응 at 190℃

탄산수소칼륨 탄산칼륨 수증기 탄산가스

• 0℃, 1기압(760mmHg)에서

$$\frac{200\text{kg-KHCO}_3}{} \left| \frac{1\text{kmol-KHCO}_3}{100\text{kg-KHCO}_3} \right| \frac{1\text{kmol-CO}_2}{2\text{kmol-KHCO}_3} \left| \frac{22.4\text{m}^3\text{-CO}_2}{1\text{kmol-CO}_2} \right| = 22.4\text{m}^3\text{-CO}_2$$

1기압, 100℃에서의 부피를 구하려면, 보일-샤를의 법칙에 의해

$\frac{P_1V_1}{T_1} = \frac{P_2V_2}{T_2}$에서 $\frac{1 \times 22.4}{273.15} = \frac{1 \times V_2}{373.15}$

$\therefore V_2 = 30.60\text{m}^3$

해답

① $2KHCO_3 \rightarrow K_2CO_3 + H_2O + CO_2$
② 30.60m^3

08

인화칼슘이 물과 반응하여 생성되는 물질 2가지를 쓰시오. (4점)

해설

인화칼슘은 물 또는 약산과 반응하여 가연성이며 독성이 강한 인화수소(PH_3, 포스핀)가스를 발생한다.

$Ca_3P_2+6H_2O \rightarrow 3Ca(OH)_2+2PH_3$

해답

$Ca(OH)_2$, PH_3

09

과산화벤조일을 구조식으로 나타내고, 분자량을 구하시오. (5점)
① 구조식
② 분자량

해설

① **벤조일퍼옥사이드($(C_6H_5CO)_2O_2$, 과산화벤조일)의 일반적 성질**

$$C_6H_5-\underset{\underset{O}{\|}}{C}-O-O-\underset{\underset{O}{\|}}{C}-C_6H_5$$

㉠ 무미, 무취의 백색분말 또는 무색의 결정성 고체로 물에는 잘 녹지 않으나 알코올 등에는 잘 녹는다.
㉡ 운반 시 30% 이상의 물을 포함시켜 풀 같은 상태로 수송된다.
㉢ 상온에서는 안정하나 산화작용을 하며, 가열하면 약 100℃ 부근에서 분해한다.
㉣ 비중 1.33, 융점 103~105℃, 발화온도 125℃

② 분자량=(12×6+1×5+12+16)×2+16×2=242

해답

① $C_6H_5-\underset{\underset{O}{\|}}{C}-O-O-\underset{\underset{O}{\|}}{C}-C_6H_5$, ② 242

10

다음 제3류 위험물이 물과 접촉할 때의 화학반응식을 쓰시오. (4점)
① 금속칼륨 ② 탄화칼슘

해설

① 금속칼륨은 물과 격렬히 반응하여 발열하고 수산화칼륨과 수소를 발생한다. 이때 발생된 열은 점화원의 역할을 한다.
$2K+2H_2O \rightarrow 2KOH+H_2$

② 탄화칼슘은 물과 심하게 반응하여 수산화칼슘과 아세틸렌을 만들며 공기 중 수분과 반응하여도 아세틸렌을 발생한다.
$CaC_2+2H_2O \rightarrow Ca(OH)_2+C_2H_2$

해답

① $2K+2H_2O \rightarrow 2KOH+H_2$, ② $CaC_2+2H_2O \rightarrow Ca(OH)_2+C_2H_2$

11

위험물안전관리법령상 물분무 등 소화설비 중 제5류 위험물의 화재에 적응할 수 있는 소화설비 2가지를 쓰시오. (4점)

해설

소화설비의 적응성

소화설비의 구분 \ 대상물의 구분			건축물·그 밖의 공작물	전기설비	제1류 위험물		제2류 위험물			제3류 위험물		제4류 위험물	제5류 위험물	제6류 위험물
					알칼리금속과산화물 등	그 밖의 것	철분·금속분·마그네슘 등	인화성 고체	그 밖의 것	금수성 물품	그 밖의 것			
옥내소화전 또는 옥외소화전설비			○			○		○	○		○		○	○
스프링클러설비			○			○		○	○		○	△	○	○
물분무 등 소화설비	물분무소화설비		○	○		○		○	○		○	○	○	○
	포소화설비		○			○		○	○		○	○	○	○
	불활성가스소화설비			○				○				○		
	할로젠화합물소화설비			○				○				○		
	분말소화설비	인산염류 등	○	○		○		○	○			○		○
		탄산수소염류 등		○	○		○	○		○		○		
		그 밖의 것			○		○			○				
대형·소형 수동식 소화기	봉상수(棒狀水)소화기		○			○		○	○		○		○	○
	무상수(霧狀水)소화기		○	○		○		○	○		○		○	○
	봉상강화액소화기		○			○		○	○		○		○	○
	무상강화액소화기		○	○		○		○	○		○	○	○	○
	포소화기		○			○		○	○		○	○	○	○
	이산화탄소소화기			○				○				○		△
	할로젠화합물소화기			○				○				○		
	분말소화기	인산염류소화기	○	○		○		○	○			○		○
		탄산수소염류소화기		○	○		○	○		○		○		
		그 밖의 것			○		○			○				
기타	물통 또는 수조		○			○		○	○		○		○	○
	건조사				○	○	○	○	○	○	○	○	○	○
	팽창질석 또는 팽창진주암				○	○	○	○	○	○	○	○	○	○

해답

물분무소화설비, 포소화설비

12 다음 각 물질의 지정수량을 쓰시오. (6점)

① 다이에틸에터

② 아세톤

③ 에틸알코올

해설

제4류 위험물(인화성 액체)의 종류와 지정수량

위험등급	품명		품목	지정수량
Ⅰ	특수인화물	비수용성	다이에틸에터, 이황화탄소	50L
		수용성	아세트알데하이드, 산화프로필렌	
Ⅱ	제1석유류	비수용성	가솔린, 벤젠, 톨루엔, 사이클로헥세인, 콜로디온, 메틸에틸케톤, 초산메틸, 초산에틸, 의산에틸, 헥세인, 에틸벤젠 등	200L
		수용성	아세톤, 피리딘, 아크롤레인, 의산메틸, 사이안화수소 등	400L
	알코올류		메틸알코올, 에틸알코올, 프로필알코올, 아이소프로필알코올	400L
Ⅲ	제2석유류	비수용성	등유, 경유, 테레빈유, 스타이렌, 자일렌(o-, m-, p-), 클로로벤젠, 장뇌유, 뷰틸알코올, 알릴알코올 등	1,000L
		수용성	폼산, 초산, 하이드라진, 아크릴산, 아밀알코올 등	2,000L
	제3석유류	비수용성	중유, 크레오소트유, 아닐린, 나이트로벤젠, 나이트로톨루엔 등	2,000L
		수용성	에틸렌글리콜, 글리세린 등	4,000L
	제4석유류		기어유, 실린더유, 윤활유, 가소제	6,000L
	동·식물유류		• 건성유 : 아마인유, 들기름, 동유, 정어리기름, 해바라기유 등 • 반건성유 : 참기름, 옥수수기름, 청어기름, 채종유, 면실유(목화씨유), 콩기름, 쌀겨유 등 • 불건성유 : 올리브유, 피마자유, 야자유, 땅콩기름, 동백유 등	10,000L

※ 석유류 분류기준 : 인화점의 차이

해답

① 50L, ② 400L, ③ 400L

제5회 동영상문제

01

동영상에서는 과염소산을 보여준다. 과염소산은 상압에서 가열할 때 유독가스가 발생한다고 한다. 유독가스의 ① 명칭과, ② 화학식을 쓰시오. (4점)

해설

과염소산($HClO_4$)

㉠ 제6류 위험물(산화성 액체), 지정수량 300kg
㉡ 불연성이지만 유독성이 있으며 강산화제이다.
㉢ 매우 불안정하며 자극성 물질이다.
㉣ 가열하면 폭발적으로 분해하여 유독성 가스인 염화수소(HCl) 가스를 발생한다.

$HClO_4 \rightarrow HCl + 2O_2$

과염소산 염화수소 산소가스

㉤ 물과 반응하면 심하게 발열한다.

해답

① 염화수소, ② HCl

02

동영상에서는 과산화수소를 각각 A : 에틸알코올, B : 벤젠, C : 다이에틸에터, D : 물과 섞는 것을 보여준다. 여기서 과산화수소가 녹는 물질을 기호로 적으시오. (3점)

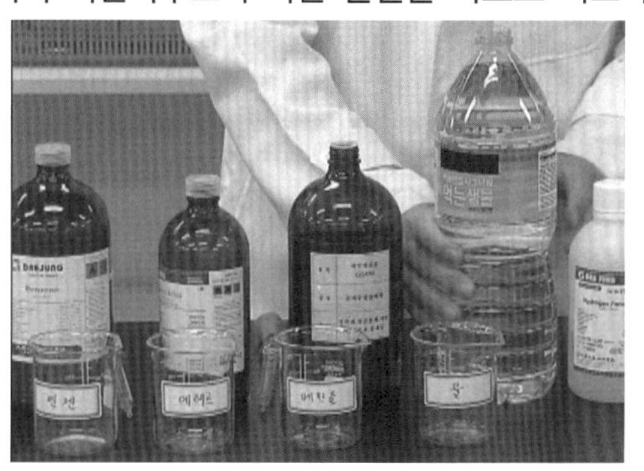

해설

과산화수소(H_2O_2)

㉠ 제6류 위험물(산화성 액체), 지정수량 300kg
㉡ 불연성이지만 강력한 산화제로서 가연물의 연소를 돕는다.
㉢ 분해하여 반응성이 큰 산소가스(O_2)를 발생한다.

$2H_2O_2 \rightarrow 2H_2O + O_2$

과산화수소 물 산소가스

㉣ 농도가 상승할수록 불안정하며 농도 60% 이상은 충격·마찰에 의해서도 단독으로 분해·폭발의 위험이 있다.

㉤ 용기 내부에서 분해되어 발생한 산소가스로 인한 내압의 증가로 폭발 위험성이 있다. 따라서 구멍이 뚫린 마개를 사용하며 분해를 억제하기 위하여 안정제로 인산(H_3PO_4), 요산($C_5H_4N_4O_3$)을 첨가하여 저장한다.
㉥ 강한 산화성이 있고, 물, 알코올, 에터 등에는 녹으나 석유나 벤젠 등에는 녹지 않는다.

! 중요! 위험물의 한계

농도가 36wt% 이상인 것만 제6류 위험물(산화성 액체)로 취급한다.

해답

A, C, D

03

동영상에서는 질산칼륨, 황, 숯을 차례로 보여주고 막자사발에 섞어 흑색화약을 제조하는 것을 보여준다. 그리고 시험관에 제조된 흑색화약 한 스푼을 넣어 가열시켜 폭발하는 것을 보여준다. 흑색화약에서 산소공급원 역할을 하는 물질은 무엇인지 쓰시오. (3점)

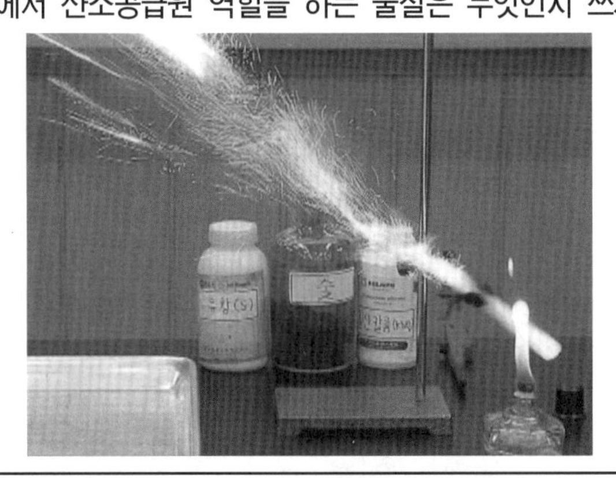

해설

흑색화약

조성 [질산칼륨(KNO_3) 75%, 숯(C) 15%, 황(S) 10%]
㉠ 질산칼륨(KNO_3) : 산화제(NO_3) − 지속적인 산소 공급 → 연소폭발 촉진
㉡ 숯(C) : 연소반응 − 탄소(C) 공급
㉢ 황(S) : 낮은 온도 발화 − 폭발 증가

KNO_3(질산칼륨, 질산카리, 초석)

㉠ 제1류 위험물(산화성 고체), 질산염류, 지정수량 300kg
㉡ 비중 2.1, 융점 339℃, 분해온도 400℃, 용해도 26
㉢ 물이나 글리세린 등에는 잘 녹고, 알코올에는 녹지 않으며, 수용액은 중성이다.
㉣ 약 400℃로 가열하면 분해하여 아질산칼륨(KNO_2)과 산소(O_2)가 발생하는 강산화제이다.
㉤ 강력한 산화제로 가연성 분말, 유기물, 환원성 물질과 혼합 시 가열, 충격으로 폭발하며 흑색화약(질산칼륨 75%+황 10%+목탄 15%)의 원료로 이용된다.
$16KNO_3 + 3S + 21C \rightarrow 13CO_2 + 3CO + 8N_2 + 5K_2CO_3 + K_2SO_4 + 2K_2S$

해답

질산칼륨

04

동영상에서는 이황화탄소를 보여주고 이황화탄소를 물이 담긴 비커에 붓는다. 둘 다 투명한데도 층이 나눠져 있는 모습을 보여준다. 다음 물음에 답하시오. (4점)

① 이 물질의 연소반응식을 적으시오.
② 이 물질을 물에 보관하는 것이 안전한 이유를 적으시오.

해설

물보다 무겁고 물에 녹지 않으나, 알코올, 에터, 벤젠 등에는 잘 녹으며, 유지, 수지 등의 용제로 사용된다. 휘발하기 쉽고 발화점이 낮아 백열등, 난방기구 등의 열에 의해 발화하며, 점화하면 청색을 내고 연소하는데 연소생성물 중 SO_2는 유독성이 강하다.

$CS_2+3O_2 \rightarrow CO_2+2SO_2$

물보다 무겁고 물에 녹기 어렵기 때문에 가연성 증기의 발생을 억제하기 위하여 물(수조) 속에 저장한다.

해답

① $CS_2+3O_2 \rightarrow CO_2+2SO_2$
② 가연성 증기의 발생을 억제하기 때문에

05

동영상에서는 강화액소화기, 할론소화기, 기계포소화기 사진을 점점 확대해서 보여준다. 동영상에서 보여주는 소화기에 대하여 트라이나이트로톨루엔과 관련하여 다음의 질문에 답하시오. (6점)

① 동영상의 소화기들 중 트라이나이트로톨루엔 화재에 적응성을 갖는 소화기가 무엇인지 쓰시오. (단, 없을 시 "없음"이라고 쓸 것)
② 위에서 적응성을 갖는 소화기가 트라이나이트로톨루엔 화재에서 주된 물리적 소화효과를 1가지 쓰시오.

해설

트라이나이트로톨루엔은 제5류 위험물로서 다량의 주수에 의한 냉각소화가 유효하다.

대상물의 구분 / 소화설비의 구분			건축물·그 밖의 공작물	전기설비	제1류 위험물		제2류 위험물			제3류 위험물		제4류 위험물	제5류 위험물	제6류 위험물
					알칼리금속과산화물 등	그 밖의 것	철분·금속분·마그네슘 등	인화성 고체	그 밖의 것	금수성 물품	그 밖의 것			
대형·소형 수동식 소화기		봉상수(棒狀水)소화기	○			○		○	○		○		○	○
		무상수(霧狀水)소화기	○	○		○		○	○		○		○	○
		봉상강화액소화기	○			○		○	○		○		○	○
		무상강화액소화기	○	○		○		○	○		○	○	○	○
		포소화기	○			○		○	○		○	○	○	○
		이산화탄소소화기		○				○				○		△
		할로젠화합물소화기		○				○				○		
	분말소화기	인산염류소화기	○	○		○		○	○			○		○
		탄산수소염류소화기		○	○		○	○		○		○		
		그 밖의 것			○		○			○				
기타		물통 또는 수조	○			○		○	○		○		○	○
		건조사			○	○	○	○	○	○	○	○	○	○
		팽창질석 또는 팽창진주암			○	○	○	○	○	○	○	○	○	○

해답

① 강화액소화기, 기계포소화기 ② 냉각효과

06

동영상에서 보여주는 것은 "A : 오산화인+물, B : 마그네슘+물, C : 과산화나트륨+물, D : 적린+물"로 각각 스포이드로 물을 물질에 뿌려주는 모습을 보여준다. 이때 다음 물음에 답하시오. (6점)

① C의 반응식을 적으시오.

② 위의 반응식에서 위험물의 지정수량을 적으시오.

해설

과산화나트륨(Na_2O_2)

㉠ 제1류 위험물(산화성 고체), 무기과산화물류, 지정수량 50kg

㉡ 순수한 것은 백색이지만 보통 황색의 분말 또는 과립상이다.

㉢ 흡습성이 강하고 조해성이 있다.(조해성 : 공기 중에 노출되어 있는 고체가 수분을 흡수하여 녹는 현상)

㉣ 상온에서 물과 접촉 시 격렬하게 반응하여 산소가스(O_2)를 발생해 다른 가연물의 연소를 돕는다.

$$2Na_2O_2 + 2H_2O \rightarrow 4NaOH + O_2$$

과산화나트륨　　물　　수산화나트륨 산소가스

해답

① $2Na_2O_2 + 2H_2O \rightarrow 4NaOH + O_2$

② 50kg

07 동영상에서는 질산암모늄을 보여준다. 기름종이에 덜어 미리 온도계를 꽂아 놓은 물에 넣고 유리막대로 섞어준 다음 물에 질산암모늄을 넣기 전의 온도는 26도였지만, 넣고 섞으니까 16도까지 떨어지는 것을 보여준다. 이때 나타나는 반응은 무엇인지 쓰시오. (3점)

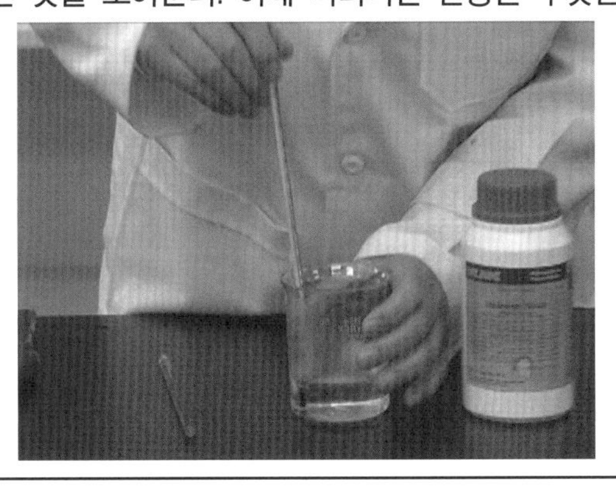

해설

- 질산암모늄은 비중 1.73, 융점 165℃, 분해온도 220℃, 무색, 백색 또는 연회색의 결정으로 조해성과 흡습성이 있고, 물에 녹을 때 열을 대량 흡수하여 한제로 이용된다. 약 220℃에서 가열할 때 분해되어 아산화질소(N_2O)와 수증기(H_2O)를 발생시키고 계속 가열하면 폭발한다.
- 발열반응 : 반응물질의 에너지가 생성물질의 에너지보다 커서 열을 주위로 방출하면서 진행되는 반응
- 흡열반응 : 반응물질이 가진 내부에너지보다 생성물질이 가진 내부에너지가 커서 주위로부터 열에너지를 흡수하면서 진행되는 반응

해답

흡열반응

08 동영상에서는 24만 9천kg의 염소산나트륨이 저장되어 있는 옥내저장창고를 입구부터 내부까지 세세하게 보여준다. 통기구, 문짝, 천장(반자 없음), 소화설비 헤드 등 구석구석 보여주며, 염소산나트륨은 하얀 마대자루에 두 단으로 쌓아 보관되어 있는 모습도 보여준다. 동영상에서 보여주는 옥내저장창고의 바닥면적(m^2)을 적으시오. (3점)

해설

하나의 저장창고의 바닥면적

위험물을 저장하는 창고	바닥면적
가. ㉠ 제1류 위험물 중 아염소산염류, 염소산염류, 과염소산염류, 무기과산화물, 그 밖에 지정수량이 50kg인 위험물 ㉡ 제3류 위험물 중 칼륨, 나트륨, 알킬알루미늄, 알킬리튬, 그 밖에 지정수량이 10kg인 위험물 및 황린 ㉢ 제4류 위험물 중 특수인화물, 제1석유류 및 알코올류 ㉣ 제5류 위험물 중 유기과산화물, 질산에스터류, 그 밖에 지정수량이 10kg인 위험물 ㉤ 제6류 위험물	$1,000m^2$ 이하
나. ㉠~㉤ 외의 위험물을 저장하는 창고	$2,000m^2$ 이하
다. 내화구조의 격벽으로 완전히 구획된 실에 각각 저장하는 창고 (가목의 위험물을 저장하는 실의 면적은 $500m^2$를 초과할 수 없다.)	$1,500m^2$ 이하

해답

$1,000m^2$

09 동영상에서는 (A) 화기엄금, (B) 물기엄금, (C) 화기주의, (D) 물기주의 네 가지의 게시판을 보여준다. ① 제4류 위험물이라면 동영상에서 보여준 게시판 중 어떤 표지를 해야 하며, ② 그 바탕색과 문자색을 적으시오. (4점)

(A)	(B)	(C)	(D)
화기엄금	물기엄금	화기주의	물기주의

해설

수납하는 위험물에 따른 주의사항

유별	구분	주의사항
제1류 위험물 (산화성 고체)	알칼리금속의 과산화물	"화기 · 충격주의" "물기엄금" "가연물접촉주의"
	그 밖의 것	"화기 · 충격주의" "가연물접촉주의"
제2류 위험물 (가연성 고체)	철분 · 금속분 · 마그네슘	"화기주의" "물기엄금"
	인화성 고체	"화기엄금"
	그 밖의 것	"화기주의"
제3류 위험물 (자연발화성 및 금수성 물질)	자연발화성 물질	"화기엄금" "공기접촉엄금"
	금수성 물질	"물기엄금"
제4류 위험물(인화성 액체)	–	"화기엄금"
제5류 위험물(자기반응성 물질)	–	"화기엄금" 및 "충격주의"
제6류 위험물(산화성 액체)	–	"가연물접촉주의"

해답

① (A), ② 적색바탕 백색문자

10 동영상에서는 위험물 관련시설의 이동저장탱크의 앞면과 뒷면을 보여준다. 다음 물음에 답하시오. (5점)

① 이동저장탱크는 그 내부에 (㉠)L 이하마다 (㉡)mm 이상의 강철판 또는 이와 동등 이상의 강도 · 내열성 및 내식성이 있는 금속성의 것으로 칸막이를 설치하여야 한다.

② 방파판은 두께 (　　)mm 이상의 강철판 또는 이와 동등 이상의 강도 · 내열성 및 내식성이 있는 금속성의 것으로 한다.

③ 방호틀은 두께 (　　)mm 이상의 강철판 또는 이와 동등 이상의 기계적 성질이 있는 재료로써 산모양의 형상으로 하거나 이와 동등 이상의 강도가 있는 형상으로 한다.

해답

① ㉠ 4,000, ㉡ 3.2, ② 1.6, ③ 2.3

11 동영상에서는 옥외저장탱크와 방유제를 번갈아가면서 보여준다. 옥외저장탱크의 옆판으로부터 방유제까지의 거리를 어느 정도 띄어야 하는지를 다음 빈칸 안에 쓰시오. (4점)

① 지름이 15미터 미만인 경우에는 높이의 (　　) 이상
② 지름이 15미터 이상인 경우에는 높이의 (　　) 이상

해설

옥외탱크저장소의 방유제 설치기준

㉠ 설치목적 : 저장 중인 액체위험물이 주위로 누설 시 그 주위에 피해 확산을 방지하기 위하여 설치한 담
㉡ 용량 : 방유제 안에 설치된 탱크가 하나인 때에는 그 탱크용량의 110% 이상, 2기 이상인 때에는 그 탱크용량 중 용량이 최대인 것의 용량의 110% 이상으로 한다. 다만, 인화성이 없는 액체위험물의 옥외저장탱크의 주위에 설치하는 방유제는 "110%"를 "100%"로 본다.
㉢ 높이는 0.5m 이상 3.0m 이하, 면적은 80,000m^2 이하, 두께는 0.2m 이상, 지하 매설깊이는 1m이상으로 할 것. 다만, 방유제와 옥외저장탱크 사이의 지반면 아래에 불침윤성 구조물을 설치하는 경우에는 지하 매설깊이를 해당 불침윤성 구조물까지로 할 수 있다.
㉣ 방유제 외면의 2분의 1 이상은 자동차 등이 통행할 수 있는 3m 이상의 노면폭을 확보한 구내도로에 직접 접하도록 하여야 한다.
㉤ 하나의 방유제 안에 설치되는 탱크의 수는 10기 이하(단, 방유제 내 전 탱크의 용량이 200kL 이하이고, 인화점이 70℃ 이상 200℃ 미만인 경우에는 20기 이하)
㉥ 방유제와 탱크 측면과의 이격거리

- 탱크 지름이 15m 미만인 경우 : 탱크 높이의 $\frac{1}{3}$ 이상
- 탱크 지름이 15m 이상인 경우 : 탱크 높이의 $\frac{1}{2}$ 이상

해답

① $\frac{1}{3}$, ② $\frac{1}{2}$

2016. 3. 12. 시행

제1회 과년도 출제문제

제1회 일반검정문제

01

Na에 대하여 다음 각 물음에 답하시오. (6점)
① 물과 반응하였을 때 발생하는 기체를 화학식으로 쓰시오.
② 완전연소반응식을 쓰시오.

해설

나트륨(Na)

㉠ 물과 격렬히 반응하여 발열하고 수소를 발생하며, 산과는 폭발적으로 반응한다. 수용액은 염기성으로 변하고, 페놀프탈레인과 반응 시 붉은색을 나타낸다. 특히 아이오딘산과 접촉 시 폭발한다.

$2Na+2H_2O \rightarrow 2NaOH+H_2$

㉡ 고온으로 공기 중에서 연소시키면 산화나트륨이 된다.

$4Na+O_2 \rightarrow 2Na_2O$(회백색)

해답

① H_2(수소가스)
② $4Na+O_2 \rightarrow 2Na_2O$

02

다음 위험물의 화학식을 쓰시오. (4점)
① 아이오딘산칼륨
② 과망가니즈산칼륨

해답

① KIO_3
② $KMnO_4$

03 건조한 상태에서 폭발의 위험성이 있는 나이트로셀룰로스의 안전한 저장 · 운반을 위해 어떤 물질을 첨가(혼합)하는지 일반적으로 사용하는 물질을 1가지만 쓰시오. (3점)

해설

나이트로셀룰로스의 저장 및 취급 방법

㉠ 폭발을 방지하기 위해 안정용제로 물(20%) 또는 알코올(30%)로 습윤시켜 저장한다.
㉡ 점화원 요소를 차단하고 냉암소에 소분하여 저장한다.

해답

물 또는 알코올

04 방향족 탄화수소인 BTX에 대하여 다음 각 물음에 답하시오. (5점)
① BTX는 무엇의 약자인지 각 물질의 명칭을 쓰시오.
㉠ B ㉡ T ㉢ X
② 위 3가지 물질 중 "T"에 해당하는 물질의 구조식을 쓰시오.

해답

① ㉠ Benzene, ㉡ Toluene, ㉢ Xylene
②
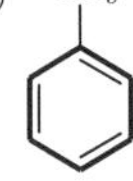

05 고체 가연물의 대표적인 연소형태 4가지를 쓰시오. (4점)

해설

고체의 연소

㉠ 표면연소(직접연소) : 열분해에 의하여 가연성 가스를 발생치 않고 그 자체가 연소하는 형태로서 연소반응이 고체의 표면에서 이루어지는 형태이다.
예 목탄, 코크스, 금속분 등
㉡ 분해연소 : '가연성 가스'가 공기 중에서 산소와 혼합되어 타는 현상이다.
예 목재, 석탄, 종이 등
㉢ 증발연소 : 가연성 고체에 열을 가하면 융해되어 여기서 생긴 액체가 기화되고 이로 인한 연소가 이루어지는 형태이다.
예 양초, 황, 나프탈렌 등
㉣ 내부연소(자기연소) : 물질 자체의 분자 안에 산소를 함유하고 있는 물질이 연소 시 외부에서의 산소 공급을 필요로 하지 않고 물질 자체가 갖고 있는 산소를 소비하면서 연소하는 형태이다.
예 질산에스터류, 나이트로화합물류 등

해답

표면연소, 분해연소, 증발연소, 내부연소

06

왕수를 만드는 방법을 원료 물질과 그 원료 물질의 배합 비율을 중심으로 설명하시오. (4점)

해답

염산과 질산을 3 : 1의 부피로 혼합한 용액

07

이황화탄소 76g이 완전연소하면 몇 L의 기체가 발생하는지 구하시오. (단, 표준상태를 기준으로 하고, 순수한 산소만을 공급하며, 공급된 산소는 모두 연소에 사용된다고 한다.) (5점)

해설

이황화탄소는 휘발하기 쉽고 발화점이 낮아 백열등, 난방기구 등의 열에 의해 발화하며, 점화하면 청색을 내고 연소하는데 연소생성물 중 SO_2는 유독성이 강하다.

$CS_2 + 3O_2 \rightarrow CO_2 + 2SO_2$

$$\frac{76g\text{-}CS_2}{} \left| \frac{1mol\text{-}CS_2}{76g\text{-}CS_2} \right| \frac{1mol\text{-}CO_2}{1mol\text{-}CS_2} \left| \frac{22.4L\text{-}CO_2}{1mol\text{-}CO_2} \right| = 22.4L\text{-}CO_2$$

$$\frac{76g\text{-}CS_2}{} \left| \frac{1mol\text{-}CS_2}{76g\text{-}CS_2} \right| \frac{2mol\text{-}SO_2}{1mol\text{-}CS_2} \left| \frac{22.4L\text{-}SO_2}{1mol\text{-}SO_2} \right| = 44.8L\text{-}SO_2$$

∴ 22.4L+44.8L=67.2L

해답

67.2L

08

위험물안전관리법령상 소화설비의 설치기준에서 위험물은 지정수량의 몇 배를 1소요단위로 하는지 쓰시오. (3점)

해설

소요단위 : 소화설비의 설치대상이 되는 건축물의 규모 또는 위험물의 양에 대한 기준단위		
1단위	제조소 또는 취급소용 건축물의 경우	내화구조 외벽을 갖춘 연면적 $100m^2$
		내화구조 외벽이 아닌 연면적 $50m^2$
	저장소 건축물의 경우	내화구조 외벽을 갖춘 연면적 $150m^2$
		내화구조 외벽이 아닌 연면적 $75m^2$
	위험물의 경우	지정수량의 10배

해답

10배

09

일반취급소 또는 제조소에서 취급하는 제4류 위험물 최대수량의 합이 지정수량의 24만배 이상 48만배 미만인 사업소의 자체소방대에 두는 화학소방자동차 및 자체소방대원의 기준 수를 각각 쓰시오. (4점)

① 화학소방자동차
② 자체소방대원

해설

자체소방대에 두는 화학소방자동차 및 인원

사업소의 구분	화학소방자동차의 수	자체소방대원의 수
제조소 또는 일반취급소에서 취급하는 제4류 위험물의 최대수량의 합이 지정수량의 3천배 이상 12만배 미만인 사업소	1대	5인
제조소 또는 일반취급소에서 취급하는 제4류 위험물의 최대수량의 합이 지정수량의 12만배 이상 24만배 미만인 사업소	2대	10인
제조소 또는 일반취급소에서 취급하는 제4류 위험물의 최대수량의 합이 지정수량의 24만배 이상 48만배 미만인 사업소	3대	15인
제조소 또는 일반취급소에서 취급하는 제4류 위험물의 최대수량의 합이 지정수량의 48만배 이상인 사업소	4대	20인
옥외탱크저장소에 저장하는 제4류 위험물의 최대수량이 지정수량의 50만배 이상인 사업소	2대	10인

해답

① 3대
② 15인

10

제6류 위험물과 혼재가 가능한 위험물은 제 몇 류 위험물인지 모두 쓰시오. (단, 지정수량 10배의 위험물을 혼재하는 경우이다.) (4점)

해설

유별을 달리하는 위험물의 혼재기준

위험물의 구분	제1류	제2류	제3류	제4류	제5류	제6류
제1류		×	×	×	×	○
제2류	×		×	○	○	×
제3류	×	×		○	×	×
제4류	×	○	○		○	×
제5류	×	○	×	○		×
제6류	○	×	×	×	×	

※ 이 표는 지정수량의 $\frac{1}{10}$ 이하의 위험물에 대하여는 적용하지 아니한다.

해답

제1류

11

지정수량 이상의 위험물을 차량으로 운반할 경우에는 해당 차량에 "위험물"이라고 표시한 표지를 설치하여야 하는데 이 표지의 바탕 및 글자의 색상을 각각 쓰시오. (4점)
① 바탕색 ② 글자색

해설

표지판

㉠ 설치위치 : 차량의 전면 또는 후면에 보기 쉬운 곳
㉡ 규격 : 한 변의 길이 0.6m 이상, 다른 한 변의 길이 0.3m 이상인 사각형
㉢ 색깔 : 흑색바탕에 황색반사도료 또는 기타 반사성이 있는 재료로 '위험물' 표시

해답

① 흑색, ② 황색

12

무색의 단맛이 있는 액체로서 3가의 알코올이며, 분자량 약 92, 비중 약 1.26이고, 위험물안전관리법령상 품명이 제3석유류에 속하는 이 물질의 명칭을 쓰고, 구조식을 나타내시오. (4점)
① 명칭 ② 구조식

해설

글리세린($C_3H_5(OH)_3$)

```
    H   H   H
    |   |   |
H - C - C - C - H
    |   |   |
   OH  OH  OH
```

㉠ 물보다 무겁고 단맛이 나는 무색액체로서, 3가의 알코올이다.
㉡ 물, 알코올, 에터에 잘 녹으며, 벤젠, 클로로폼 등에는 녹지 않는다.
㉢ 분자량 92, 비중 1.26, 융점 20℃, 인화점 160℃, 발화점 370℃

해답

① 글리세린, ②

```
    H   H   H
    |   |   |
H - C - C - C - H
    |   |   |
   OH  OH  OH
```

13

0℃, 1기압을 기준으로 질산칼륨 202g이 열분해하여 생성되는 산소(L)를 구하시오. (5점)

해설

질산칼륨

약 400℃로 가열하면 분해하여 아질산칼륨(KNO_2)과 산소(O_2)가 발생하는 강산화제

$2KNO_3 \rightarrow 2KNO_2 + O_2$

$202g-KNO_3$	$1mol-KNO_3$	$1mol-O_2$	$22.4L-O_2$	$=22.4L-O_2$
	$101g-KNO_3$	$2mol-KNO_3$	$1mol-O_2$	

해답

22.4L

제1회 동영상문제

01 동영상에서 제1류 위험물(산화성 고체) 중 알칼리금속의 과산화물인 과산화나트륨을 휴지에 마찰시켜 불을 붙이는 모습을 보여준다. 과산화나트륨을 주수소화할 수 없는 이유를 쓰시오. (3점)

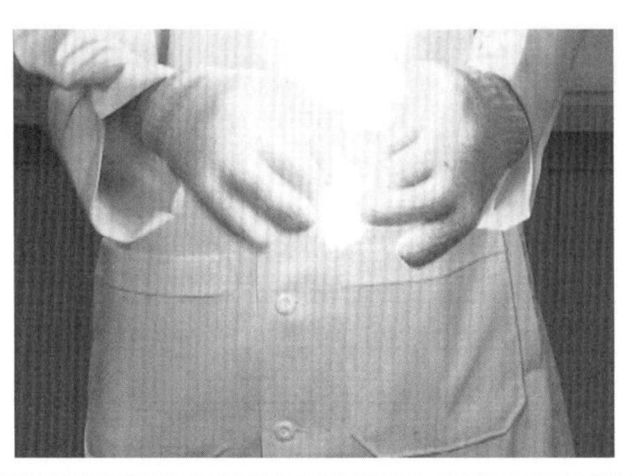

해설

제1류 위험물(산화성 고체)은 모두 물(H_2O)과 반응하지 않기 때문에 화재 시 주수에 의한 냉각소화를 실시한다. 하지만 예외적으로 무기과산화물은 분자 내에 불안정한 과산화물(-O-O-)을 가지고 있기 때문에 물과 쉽게 반응하여 산소가스(O_2)를 방출하며 발열을 동반하기 때문에 물과의 접촉을 금지해야 하며, 소화방법으로는 건조사(마른모래)에 의한 피복소화가 효과적이다.

※ 과산화물

㉠ 분자 내에 과산화물[-O-O-]을 가진 물질이다.

㉡ 불안정하기 때문에 쉽게 분해하여 산소가스(O_2)를 방출한다.

㉢ 탄소(C), 알칼리(토)금속(M), 수소(H)와의 결합유무에 따라 무기과산화물(제1류 위험물), 유기과산화물(제5류 위험물), 과산화수소(제6류 위험물)로 나뉜다.

구분	유기과산화물	무기과산화물	과산화수소
유별	제5류 위험물 (자기반응성 물질)	제1류 위험물 (산화성 고체)	제6류 위험물 (산화성 액체)
분자 구조	R-O-O-R	M-O-O-M	H-O-O-H
	탄소(C) (R : Alkyl(알킬기))	알칼리(토)금속	수소(H)

해답

물과 쉽게 반응하여 조연성인 산소가스(O_2)를 방출하며 발열을 동반하기 때문에 주수소화를 할 수 없다.

02

동영상에서는 옥내저장소에 에틸렌글리콜이 담긴 용기를 보여주고 있다. 다음 각 물음에 답하시오. (6점)

① 품명
② 지정수량
③ ( )가 알코올

해설

㉮ **제4류 위험물(인화성 액체)의 종류와 지정수량**

위험등급	품명		품목	지정수량
Ⅰ	특수인화물	비수용성	다이에틸에터, 이황화탄소	50L
		수용성	아세트알데하이드, 산화프로필렌	
Ⅱ	제1석유류	비수용성	가솔린, 벤젠, 톨루엔, 사이클로헥세인, 콜로디온, 메틸에틸케톤, 초산메틸, 초산에틸, 의산에틸, 헥세인, 에틸벤젠 등	200L
		수용성	아세톤, 피리딘, 아크롤레인, 의산메틸, 사이안화수소 등	400L
	알코올류		메틸알코올, 에틸알코올, 프로필알코올, 아이소프로필알코올	400L
Ⅲ	제2석유류	비수용성	등유, 경유, 테레빈유, 스타이렌, 자일렌(o−, m−, p−), 클로로벤젠, 장뇌유, 뷰틸알코올, 알릴알코올 등	1,000L
		수용성	폼산, 초산, 하이드라진, 아크릴산, 아밀알코올 등	2,000L
	제3석유류	비수용성	중유, 크레오소트유, 아닐린, 나이트로벤젠, 나이트로톨루엔 등	2,000L
		수용성	에틸렌글리콜, 글리세린 등	4,000L
	제4석유류		기어유, 실린더유, 윤활유, 가소제	6,000L
	동·식물유류		• 건성유 : 아마인유, 들기름, 동유, 정어리기름, 해바라기유 등 • 반건성유 : 참기름, 옥수수기름, 청어기름, 채종유, 면실유(목화씨유), 콩기름, 쌀겨유 등 • 불건성유 : 올리브유, 피마자유, 야자유, 땅콩기름, 동백유 등	10,000L

※ 석유류 분류기준 : 인화점의 차이

㉯ **에틸렌글리콜의 일반적 성질**

㉠ 무색무취의 단맛이 나고 흡습성이 있는 끈끈한 액체로서 2가 알코올
㉡ 물, 알코올, 에터, 글리세린 등에는 잘 녹고, 사염화탄소, 이황화탄소, 클로로폼에는 녹지 않는다.
㉢ 독성이 있으며, 무기산 및 유기산과 반응하여 에스터를 생성한다.
㉣ 비중 1.1, 비점 198℃, 융점 −13℃, 인화점 120℃, 착화점 398℃

해답

① 제3석유류
② 4,000L
③ 2

03

동영상에서는 지정수량의 20배(하나의 저장창고의 바닥면적이 150m^2 이하인 경우에는 50배) 이하의 위험물을 저장 또는 취급하는 옥내저장소를 보여준다. 안전거리 제외대상이 되기 위한 설치기준에 대해 다음 물음에 답하시오. (6점)
① 저장창고의 벽 · 기둥 · 바닥 · 보 및 지붕
② 저장창고의 출입구
③ 저장창고의 창

해설

옥내저장소의 안전거리 제외대상

㉠ 제4석유류 또는 동 · 식물유류의 위험물을 저장 또는 취급하는 옥내저장소로서 그 최대수량이 지정수량의 20배 미만인 것
㉡ 제6류 위험물을 저장 또는 취급하는 옥내저장소
㉢ 지정수량의 20배(하나의 저장창고의 바닥면적이 150m^2 이하인 경우에는 50배) 이하의 위험물을 저장 또는 취급하는 옥내저장소로서 다음의 기준에 적합한 것
- 저장창고의 벽 · 기둥 · 바닥 · 보 및 지붕이 내화구조인 것
- 저장창고의 출입구에 수시로 열 수 있는 자동폐쇄방식의 60분+방화문 · 60분방화문이 설치되어 있을 것
- 저장창고에 창을 설치하지 아니할 것

해답

① 내화구조
② 자동폐쇄식 60분+방화문 · 60분방화문
③ 창은 설치하지 않을 것

04

동영상에서 위험물제조소를 보여주고 있다. 위험물안전관리법에서는 가스시설과 제조소와의 안전거리를 몇 m 이상으로 규정하고 있는지 쓰시오. (3점)

해설

제조소의 안전거리 기준

구분	안전거리
사용전압 7,000V 초과 35,000V 이하	3m 이상
사용전압 35,000V 초과	5m 이상
주거용	10m 이상
고압가스, 액화석유가스, 도시가스	20m 이상
학교 · 병원 · 극장	30m 이상
유형문화재, 지정문화재	50m 이상

※ 안전거리 : 위험물시설과 다른 공작물 또는 방호대상물과의 안전 · 공해 · 환경 등의 안전상 확보해야 할 물리적인 수평거리

해답

20m 이상

05

동영상에서는 실험실에서 염소산칼륨과 이산화망가니즈를 넣은 시험관을 가열하여 발생하는 기체를 수상치환으로 포집하는 장면을 보여준다. 이산화망가니즈의 반응 중 역할은 무엇인지 쓰시오. (4점)

해설

촉매인 이산화망가니즈(MnO_2) 등이 존재 시 분해가 촉진되어 200℃에서 완전분해하여 산소를 방출하고 다른 가연물의 연소를 촉진한다.

열분해반응식 : $2KClO_3 \rightarrow 2KCl+3O_2$

해답

정촉매

06

다음 주어진 문제를 읽고 알맞게 답하시오. (4점)

① 분자량 78, 인화점 −11℃, 발화점 498℃, 연소범위 1.4~7.1%로 증기는 마취성이고 독성이 강한 제4류 위험물

② 벤젠핵에 메틸기($-CH_3$) 2개가 결합한 물질로 오르소, 메타, 파라의 3가지 이성질체를 가지고 있으며, 무색투명하고, 단맛이 있으며, 방향성이 있는 제4류 위험물

해설

㉮ **벤젠(C_6H_6)의 일반적 성질**

㉠ 무색투명하고, 독특한 냄새를 가진 휘발성이 강한 액체로 위험성이 강하며, 인화가 쉽고 다량의 흑연을 발생하며, 뜨거운 열을 내며 연소하고, 연소 시 이산화탄소와 물이 생성된다.
$2C_6H_6+15O_2 \rightarrow 12CO_2+6H_2O$

㉡ 물에는 녹지 않으나 알코올, 에터 등 유기용제에는 잘 녹으며 유지, 수지, 고무 등을 용해시킨다.

㉢ 분자량 78, 비중 0.9, 비점 79℃, 인화점 −11℃, 발화점 498℃, 연소범위 1.4~8%로 80.1℃에서 끓고 5.5℃에서 응고된다. 겨울철에는 응고된 상태에서도 연소가 가능하다.

㉯ **자일렌($C_6H_4(CH_3)_2$)의 일반적 성질**

㉠ 무색투명하고, 단맛이 있으며, 방향성이 있다.

㉡ 3가지 이성질체가 있다.

명칭	ortho－자일렌	meta－자일렌	para－자일렌
비중	0.88	0.86	0.86
융점	－25℃	－48℃	13℃
비점	144.4℃	139.1℃	138.4℃
인화점	32℃	25℃	25℃
발화점	463.9℃	527.8℃	528.9℃
연소범위	1.0~6.0％	1.0~6.0％	1.1~7.0％
구조식	CH_3, CH_3	CH_3, CH_3	CH_3, CH_3

㉢ 혼합 자일렌은 단순 증류방법으로는 비점이 비슷하기 때문에 분리해 낼 수 없다.

해답

① 벤젠

② 자일렌

07

위험물안전관리법령상 적린을 저장하는 옥내저장소의 경우 하나의 저장창고 바닥면적은 몇 m^2 이하로 하여야 하는지 쓰시오. (3점)

해설

옥내저장소 하나의 저장창고의 바닥면적

위험물을 저장하는 창고	바닥면적
가. ㉠ 제1류 위험물 중 아염소산염류, 염소산염류, 과염소산염류, 무기과산화물, 그 밖에 지정수량이 50kg인 위험물 ㉡ 제3류 위험물 중 칼륨, 나트륨, 알킬알루미늄, 알킬리튬, 그 밖에 지정수량이 10kg인 위험물 및 황린 ㉢ 제4류 위험물 중 특수인화물, 제1석유류 및 알코올류 ㉣ 제5류 위험물 중 유기과산화물, 질산에스터류, 그 밖에 지정수량이 10kg인 위험물 ㉤ 제6류 위험물	1,000m^2 이하
나. ㉠~㉤ 외의 위험물을 저장하는 창고	2,000m^2 이하
다. 내화구조의 격벽으로 완전히 구획된 실에 각각 저장하는 창고 (가목의 위험물을 저장하는 실의 면적은 500m^2를 초과할 수 없다.)	1,500m^2 이하

적린은 제2류 위험물에 해당하며, 위의 도표에서 2,000m^2 이하의 바닥면적을 유지해야 한다.

해답

2,000m^2 이하

08

동영상에서는 옥외탱크저장소를 보여준다. 다음 물음에 답하시오. (6점)
① 지정수량의 500배 초과 1,000배 이하의 위험물을 저장하는 경우의 보유공지
② 보유공지를 12m 이상으로 해야 하는 경우 위험물의 최대수량

해설

옥외탱크저장소의 보유공지

저장 또는 취급하는 위험물의 최대수량	공지의 너비
지정수량의 500배 이하	3m 이상
지정수량의 500배 초과 1,000배 이하	5m 이상
지정수량의 1,000배 초과 2,000배 이하	9m 이상
지정수량의 2,000배 초과 3,000배 이하	12m 이상
지정수량의 3,000배 초과 4,000배 이하	15m 이상
지정수량의 4,000배 초과	해당 탱크의 수평단면의 최대지름(횡형인 경우에는 긴 변)과 높이 중 큰 것과 같은 거리 이상. 다만, 30m 초과의 경우에는 30m 이상으로 할 수 있고, 15m 미만의 경우에는 15m 이상으로 하여야 한다.

해답

① 5m 이상
② 2,000배 초과 3,000배 이하

09

동영상에서는 여러 가지 동 · 식물유류를 보여주고 있다. 다음 물음에 알맞게 답하시오. (6점)

① 아이오딘값의 정의
② 아이오딘값에 따라 3가지로 분류

해설

아이오딘값

아이오딘값은 100g의 유지가 흡수하는 아이오딘의 g수. 아이오딘값이 높을수록 이중결합이 많은 것을 의미하며, 산화되기 쉽고 자연발화할 확률이 높다.

㉠ 건성유 : 아이오딘값이 130 이상인 것
들기름(192~208), 아마인유(168~190), 정어리기름(154~196), 동유(145~176), 해바라기유(113~146)

㉡ 반건성유 : 아이오딘값이 100~130인 것
청어기름(123~147), 콩기름(114~138), 옥수수기름(88~147), 참기름(103~118), 면실유(88~121), 채종유(97~107)
㉢ 불건성유 : 아이오딘값이 100 이하인 것
낙화생기름(땅콩기름)(82~109), 올리브유(75~90), 피마자유(81~91), 야자유(7~16)

해답

① 유지 100g에 부가되는 아이오딘의 g수
② ㉠ 건성유 : 아이오딘값이 130 이상인 것
㉡ 반건성유 : 아이오딘값이 100~130인 것
㉢ 불건성유 : 아이오딘값이 100 이하인 것

10

제1류 위험물 중 과산화물을 운반할 때 외부에 표시하여야 하는 주의사항을 쓰시오. (4점)

해설

유별	구분	주의사항
제1류 위험물 (산화성 고체)	알칼리금속의 과산화물	"화기 · 충격주의" "물기엄금" "가연물접촉주의"
	그 밖의 것	"화기 · 충격주의" "가연물접촉주의"
제2류 위험물 (가연성 고체)	철분 · 금속분 · 마그네슘	"화기주의" "물기엄금"
	인화성 고체	"화기엄금"
	그 밖의 것	"화기주의"
제3류 위험물 (자연발화성 및 금수성 물질)	자연발화성 물질	"화기엄금" "공기접촉엄금"
	금수성 물질	"물기엄금"
제4류 위험물 (인화성 액체)	–	"화기엄금"
제5류 위험물 (자기반응성 물질)	–	"화기엄금" 및 "충격주의"
제6류 위험물 (산화성 액체)	–	"가연물접촉주의"

해답

"화기 · 충격주의", "물기엄금", "가연물접촉주의"

2016. 5. 22. 시행

2016년

제2회 과년도 출제문제

제2회 일반검정문제

01 화재의 종류를 다음 [표]와 같이 구분할 때 빈칸을 채우시오. (4점)

급수	화재의 종류	표시색상
B급		
	일반화재	
		청색

해설

화재 분류	명칭	비고	소화
A급 화재	일반화재	연소 후 재를 남기는 화재	냉각소화
B급 화재	유류화재	연소 후 재를 남기지 않는 화재	질식소화
C급 화재	전기화재	전기에 의한 발열체가 발화원이 되는 화재	질식소화
D급 화재	금속화재	금속 및 금속의 분, 박, 리본 등에 의해서 발생되는 화재	피복소화
F급 화재 (또는 K급 화재)	주방화재	가연성 튀김기름을 포함한 조리로 인한 화재	냉각·질식소화

해답

급수	화재의 종류	표시색상
B급	유류화재	황색
A급	일반화재	백색
C급	전기화재	청색

02 제1류 위험물 중 흑색화약의 원료로 사용되며 고온에서 열분해하여 산소를 방출하는 물질의 열분해반응식을 쓰시오. (4점)

해설

질산칼륨은 강력한 산화제로 가연성 분말, 유기물, 환원성 물질과 혼합 시 가열, 충격으로 폭발하며, 흑색화약(질산칼륨 75%+황 10%+목탄 15%)의 원료로 이용된다. 질산칼륨은 약 400℃로 가열하면 분해하여 아질산칼륨(KNO_2)과 산소(O_2)가 발생하는 강산화제이다.

$2KNO_3 \rightarrow 2KNO_2 + O_2$

질산칼륨 아질산칼륨 산소

해답

$2KNO_3 \rightarrow 2KNO_2 + O_2$

03

위험물안전관리법령상 다음 각 품명에 해당하는 지정수량을 쓰시오. (6점)

① 아염소산염류
② 다이크로뮴산염류
③ 아이오딘산염류

해답

① 50kg, ② 1,000kg, ③ 300kg

04

방향족 탄화수소인 B.T.X.를 구성하는 물질 중 'T'로 표시되는 물질의 분자량은 얼마인지 쓰시오. (3점)

해설

BTX란 Benzene, Toluene, Xylene의 약자로서 이 중 Toluene의 화학식은 $C_6H_5CH_3$이며, 분자량은 $12\times6+1\times5+12+1\times3=92$이다.

해답

92g/mol

05

톨루엔 400L, 아세톤 1,200L, 등유 2,000L를 같은 장소에 저장하려 한다. 지정수량 배수의 총합을 구하시오. (단, 계산과정도 쓰시오.) (4점)

해설

$$\text{지정수량 배수의 합} = \frac{\text{A품목 저장수량}}{\text{A품목 지정수량}} + \frac{\text{B품목 저장수량}}{\text{B품목 지정수량}} + \frac{\text{C품목 저장수량}}{\text{C품목 지정수량}} + \cdots$$

$$= \frac{400L}{200L} + \frac{1,200L}{400L} + \frac{2,000L}{1,000L} = 7$$

해답

7

06

다음 [보기]에서 비중이 물보다 큰 것을 모두 선택하여 쓰시오. (4점)

[보기]
톨루엔, 에틸렌글리콜, 글리세린, 아세톤, 나이트로벤젠

해설

품목	톨루엔	에틸렌글리콜	글리세린	아세톤	나이트로벤젠
비중	0.871	1.1	1.26	0.79	1.2

해답

에틸렌글리콜, 글리세린, 나이트로벤젠

07

위험물안전관리법령상 다음의 경우 주유취급소의 고정주유설비 또는 고정급유설비의 펌프기기 주유관 선단에서의 최대토출량은 각각 분당 몇 리터 이하이어야 하는지 쓰시오. (단, 이동저장탱크에 주입하는 경우는 제외한다.) (4점)
① 휘발유
② 등유

해설

펌프기기의 주유관 선단에서 최대토출량
㉠ 제1 석유류 : 50L/min 이하
㉡ 경유 : 180L/min 이하
㉢ 등유 : 80L/min 이하
㉣ 이동저장탱크에 주입하기 위한 등유용 고정급유설비 : 300L/min 이하
㉤ 분당 토출량이 200L 이상인 것의 경우에는 주유설비에 관계된 모든 배관의 안지름을 40mm 이상으로 한다.

해답

① 50L/min 이하
② 80L/min 이하

08

위험물저장탱크의 용량이 540L이고 내용적이 600L일 때 탱크의 공간용적은 얼마인지 구하시오. (단, 계산과정도 쓰시오.) (5점)

해설

위험물을 저장 또는 취급하는 탱크의 용량은 해당 탱크의 내용적에서 공간 용적을 뺀 용적으로 한다.

해답

600L－공간용적＝540L, 공간용적＝600L－540L＝60L　　∴ 60L

09

다음의 각 물질은 몇 가 알코올인지 쓰시오. (3점)
① 에틸렌글리콜
② 글리세린
③ 에틸알코올

해설

OH의 개수에 따라 몇 가 알코올인지 정한다.

품목	에틸렌글리콜	글리세린	에틸알코올
구조식	H H | | H—C—C—H | | OH OH	H H H | | | H—C—C—C—H | | | OH OH OH	H H | | H—C—C—OH | | H H

해답

① 2가 알코올
② 3가 알코올
③ 1가 알코올

10

고체의 연소 형태 4가지를 쓰시오. (4점)

해설

고체의 연소

㉠ 표면연소(직접연소) : 열분해에 의하여 가연성 가스를 발생하지 않고 그 자체가 연소하는 형태로서 연소반응이 고체의 표면에서 이루어지는 형태이다.
예 목탄, 코크스, 금속분 등

㉡ 분해연소 : '가연성 가스'가 공기 중에서 산소와 혼합되어 타는 현상이다.
예 목재, 석탄, 종이 등

㉢ 증발연소 : 가연성 고체에 열을 가하면 융해되어 여기서 생긴 액체가 기화되고 이로 인한 연소가 이루어지는 형태이다.
예 양초, 황, 나프탈렌 등

㉣ 내부연소(자기연소) : 물질 자체의 분자 안에 산소를 함유하고 있는 물질이 연소 시 외부에서의 산소 공급을 필요로 하지 않고 물질 자체가 갖고 있는 산소를 소비하면서 연소하는 형태이다.
예 질산에스터류, 나이트로화합물류 등

해답

표면연소, 분해연소, 증발연소, 내부연소

11 위험물안전관리법령상 위험물의 운반에 관한 기준에서 사이안화수소(HCN)의 운반용기 외부에 표시하여야 하는 주의사항은 무엇인지 쓰시오. (3점)

해설

유별	구분	주의사항
제1류 위험물 (산화성 고체)	알칼리금속의 과산화물	"화기 · 충격주의" "물기엄금" "가연물접촉주의"
	그 밖의 것	"화기 · 충격주의" "가연물접촉주의"
제2류 위험물 (가연성 고체)	철분 · 금속분 · 마그네슘	"화기주의" "물기엄금"
	인화성 고체	"화기엄금"
	그 밖의 것	"화기주의"
제3류 위험물 (자연발화성 및 금수성 물질)	자연발화성 물질	"화기엄금" "공기접촉엄금"
	금수성 물질	"물기엄금"
제4류 위험물 (인화성 액체)	–	"화기엄금"
제5류 위험물 (자기반응성 물질)	–	"화기엄금" 및 "충격주의"
제6류 위험물 (산화성 액체)	–	"가연물접촉주의"

사이안화수소는 제4류 위험물에 해당하므로 "화기엄금"을 표시하여야 한다.

해답

화기엄금

12 제2종 분말소화약제의 주성분을 화학식으로 쓰시오. (3점)

해설

종류	주성분	화학식	착색	적응화재
제1종	탄산수소나트륨 (중탄산나트륨)	$NaHCO_3$	–	B, C급 화재
제2종	탄산수소칼륨 (중탄산칼륨)	$KHCO_3$	담회색	B, C급 화재
제3종	제1인산암모늄	$NH_4H_2PO_4$	담홍색 또는 황색	A, B, C급 화재
제4종	탄산수소칼륨+요소	$KHCO_3+CO(NH_2)_2$	–	B, C급 화재

해답

$KHCO_3$

13 표준상태에서 탄소 100kg을 완전연소시키려면 몇 m^3의 산소가 필요한지 구하시오. (단, 계산과정도 쓰시오.) (4점)

해답

$C + O_2 \rightarrow CO_2$

$$\frac{100kg-C}{} \left| \frac{1kmol-C}{12kg-C} \right| \frac{1kmol-O_2}{1kmol-C} \left| \frac{22.4m^3-O_2}{1kmol-O_2} \right| = 186.67m^3-O_2$$

∴ $186.67m^3$

14 금속나트륨이 물과 반응하여 생성되는 물질을 모두 쓰시오. (4점)

해설

금속나트륨은 물과 격렬히 반응하여 발열하고 수소를 발생하며, 산과는 폭발적으로 반응한다.

$2Na + 2H_2O \rightarrow 2NaOH + H_2$

금속나트륨　물　수산화나트륨 수소가스

해답

수산화나트륨, 수소가스

제2회 동영상문제

01 동영상에서는 벽 · 기둥 및 바닥이 내화구조로 된 건축물로 옥내저장소에 제3류 위험물인 황린 149,600kg이 보관되어 있는 것을 보여준다. ① 지정수량의 배수와 ② 보유공지는 몇 m 이상인지 쓰시오. (4점)

해설

옥내저장소의 보유공지

저장 또는 취급하는 위험물의 최대수량	공지의 너비	
	벽·기둥 및 바닥이 내화구조로 된 건축물	그 밖의 건축물
지정수량의 5배 이하	–	0.5m 이상
지정수량의 5배 초과, 10배 이하	1m 이상	1.5m 이상
지정수량의 10배 초과, 20배 이하	2m 이상	3m 이상
지정수량의 20배 초과, 50배 이하	3m 이상	5m 이상
지정수량의 50배 초과, 200배 이하	5m 이상	10m 이상
지정수량의 200배 초과	10m 이상	15m 이상

① 황린의 지정수량은 20kg

$$\text{지정수량의 배수} = \frac{\text{저장수량}}{\text{지정수량}} = \frac{149,600}{20} = 7,480\text{배}$$

② 보유공지 : 10m 이상(지정수량의 200배 초과)

해답

① 7,480배

② 10m 이상

02

제2류 위험물 중 공기 중에서 연소하여 오산화인(P_2O_5)이 생성되는 물질을 한 가지만 쓰시오. (4점)

해설

황화인 중 삼황화인과 오황화인은 연소하면 다음과 같이 오황화인을 생성시킨다.

$P_4S_3 + 8O_2 \rightarrow 2P_2O_5 + 3SO_2$

$2P_2S_5 + 15O_2 \rightarrow 2P_2O_5 + 10SO_2$

적린도 연소하면 황린이나 황화인과 같이 유독성이 심한 백색의 오산화인을 발생하며, 일부 포스핀도 발생한다.

$4P + 5O_2 \rightarrow 2P_2O_5$

해답

삼황화인(P_4S_3), 오황화인(P_2S_5), 적린(P) (이 중 한 가지 기술)

03

제6류 위험물 중 과산화수소를 ① 기계에 의하여 하역하는 구조로 된 용기로 겹쳐 쌓는 경우의 적재 선반높이와 ② 그 밖의 경우에 있어서의 선반높이를 쓰시오. (4점)

해설

옥내저장소에서 위험물을 저장하는 경우에는 다음의 규정에 의한 높이를 초과하여 용기를 겹쳐 쌓지 아니하여야 한다(옥외저장소에서 위험물을 저장하는 경우에 있어서도 본 규정에 의한 높이를 초과하여 용기를 겹쳐 쌓지 아니하여야 한다).

㉠ 기계에 의하여 하역하는 구조로 된 용기만을 겹쳐 쌓는 경우에 있어서는 6m

㉡ 제4류 위험물 중 제3석유류, 제4석유류 및 동식물유류를 수납하는 용기만을 겹쳐 쌓는 경우에 있어서는 4m

㉢ 그 밖의 경우에 있어서는 3m

해답

① 6m

② 3m

04 유기과산화물을 옥내저장소에 저장하기 위하여 창고를 신축하려 한다. 이때 하나의 저장창고의 바닥면적은 얼마 이하이어야 하는지 쓰시오. (4점)

해설

옥내저장소 하나의 저장창고의 바닥면적

위험물을 저장하는 창고	바닥면적
가. ㉠ 제1류 위험물 중 아염소산염류, 염소산염류, 과염소산염류, 무기과산화물, 그 밖에 지정수량이 50kg인 위험물 ㉡ 제3류 위험물 중 칼륨, 나트륨, 알킬알루미늄, 알킬리튬, 그 밖에 지정수량이 10kg인 위험물 및 황린 ㉢ 제4류 위험물 중 특수인화물, 제1석유류 및 알코올류 ㉣ 제5류 위험물 중 유기과산화물, 질산에스터류, 그 밖에 지정수량이 10kg인 위험물 ㉤ 제6류 위험물	1,000m^2 이하
나. ㉠~㉤ 외의 위험물을 저장하는 창고	2,000m^2 이하
다. 내화구조의 격벽으로 완전히 구획된 실에 각각 저장하는 창고 (가목의 위험물을 저장하는 실의 면적은 500m^2를 초과할 수 없다.)	1,500m^2 이하

해답

1,000m^2 이하

05 동영상에서는 위험물제조소에서 취급하고 있는 질산을 보여준다. 다음 물음에 답하시오. (6점)

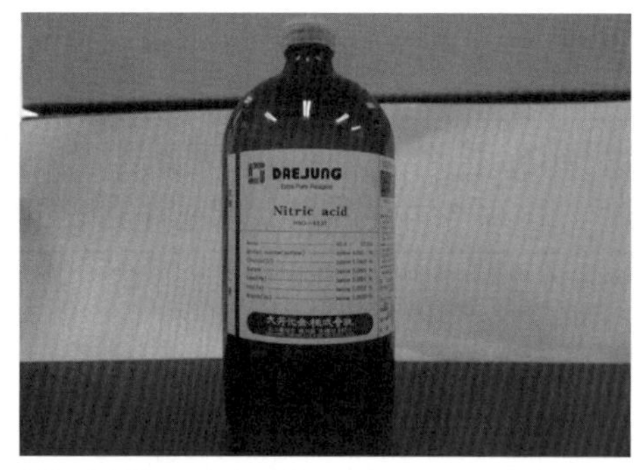

① 비중이 몇 이상인 것을 위험물이라 하는가?
② 질산의 지정수량은?

해설

질산(HNO_3)

㉠ 제6류 위험물(산화성 액체), 지정수량 300kg
㉡ 불연성이지만 강산 산화력을 가지고 있는 강산화성, 부식성 물질이다.
㉢ 햇빛에 의해 분해하여 이산화질소(NO_2)를 발생하므로 갈색병에 넣어 냉암소에 저장한다.
$4HNO_3 \rightarrow 2H_2O + 4NO_2 + O_2$

해답

① 1.49 이상, ② 300kg

06

동영상에서 벤젠과 이황화탄소가 연소하는 것을 보여준다. 다음 물음에 답하시오. (5점)

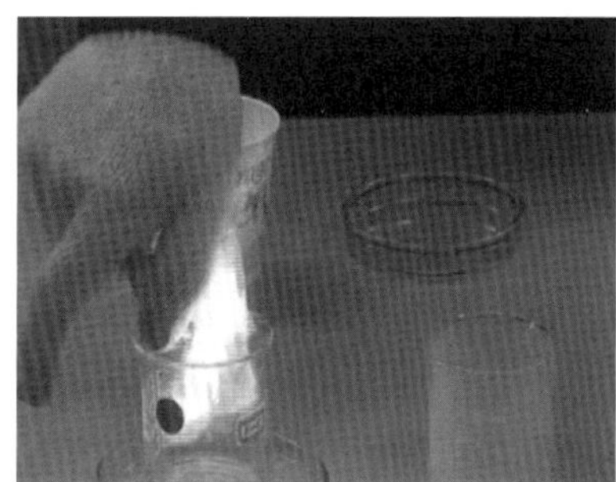

① 물소화가 가능한 물질은 무엇인가?
② 소화원리는 무엇인가?

해답

① 이황화탄소
② 이황화탄소는 비극성이므로 물과 섞이지 않고 물보다 비중이 크기 때문에 물이 이황화탄소 액 표면을 덮어 질식소화가 가능하다.

07

다음 보기 중 제5류 위험물에 적응성이 있는 소화기가 아닌 것을 모두 골라 쓰시오. (4점)

[보기] 기계포소화기, 이산화탄소소화기, 분말소화기

해설

소화설비의 적응성

소화설비의 구분 \ 대상물의 구분		건축물·그 밖의 공작물	전기설비	제1류 위험물		제2류 위험물			제3류 위험물		제4류 위험물	제5류 위험물	제6류 위험물
				알칼리금속과산화물 등	그 밖의 것	철분·금속분·마그네슘 등	인화성 고체	그 밖의 것	금수성 물품	그 밖의 것			
대형·소형 수동식 소화기	봉상수(棒狀水)소화기	○			○		○	○		○		○	○
	무상수(霧狀水)소화기	○	○		○		○	○		○		○	○
	봉상강화액소화기	○			○		○	○		○		○	○
	무상강화액소화기	○	○		○		○	○		○	○	○	○
	포소화기	○			○		○	○		○	○	○	○
	이산화탄소소화기		○				○				○		△
	할로젠화합물소화기		○				○				○		
	분말소화기 - 인산염류소화기	○	○		○		○	○			○		○
	분말소화기 - 탄산수소염류소화기		○	○		○	○		○		○		
	분말소화기 - 그 밖의 것			○		○			○				

해답

이산화탄소소화기, 분말소화기

08

동영상에서는 지하저장탱크를 보여준다. 탱크용량의 몇 %가 찰 때 경보음을 울리는 방법으로 과충전을 방지하는 장치를 설치하여야 하는지 쓰시오. (4점)

해설

과충전 방지장치

㉠ 탱크용량을 초과하는 위험물이 주입될 때 자동으로 그 주입구를 폐쇄하거나 위험물의 공급을 자동으로 차단하는 방법

㉡ 탱크용량의 90%가 찰 때 경보음을 울리는 방법

해답

90%

09

동영상에서 시험관에 염소산칼륨과 이산화망가니즈를 넣고 가열한 후 수상치환으로 발생한 기체를 집기병에 모은다. 이 기체를 모은 비커에 꺼져가는 성냥불을 대었더니 불꽃이 크게 확대된 후 꺼진다. 다음 물음에 답하시오. (4점)

① 이때 발생한 기체를 화학식으로 쓰시오.

② 이산화망가니즈의 역할은?

해설

KClO$_3$(염소산칼륨)

㉠ 제1류 위험물(산화성 고체), 염소산염류, 지정수량 50kg

㉡ 물리적 성질

비중	분해온도	융점
2.32	400℃	368.4℃

㉢ 무색의 결정 또는 백색분말

㉣ 찬물, 알코올에는 잘 녹지 않고, 온수, 글리세린 등에는 잘 녹는다.

㉤ 약 400℃ 부근에서 열분해되기 시작하여 540~560℃에서 과염소산칼륨(KClO$_4$)을 생성하고 다시 분해하여 염화칼륨(KCl)과 산소가스(O$_2$)를 방출한다.
$2KClO_3 \rightarrow KCl + KClO_4 + O_2$, $KClO_4 \rightarrow KCl + 2O_2$

㉥ 정촉매인 이산화망가니즈(MnO$_2$) 등이 존재 시 분해가 촉진되어 200℃에서 완전분해하여 산소를 방출하고 다른 가연물의 연소를 촉진한다.

해답

① O$_2$(산소가스)

② 정촉매(활성화에너지를 낮춰 반응속도를 촉진시켜 주는 역할)

10

이동저장탱크의 경우 ① 접지는 왜 하는지, ② 그리고 제4류 위험물 중 이동탱크 이송 시 접지를 하여야 하는 위험물을 모두 쓰시오. (6점)

해설

제4류 위험물 중 특수인화물, 제1석유류 또는 제2석유류의 이동탱크저장소에는 다음의 기준에 의하여 접지도선을 설치하여야 한다.

㉠ 양도체(良導體)의 도선에 비닐 등의 절연재료로 피복하여 선단에 접지전극 등을 결착시킬 수 있는 클립(clip) 등을 부착할 것

㉡ 도선이 손상되지 아니하도록 도선을 수납할 수 있는 장치를 부착할 것

해답

① 이동저장탱크의 접지는 정전기 발생을 방지하기 위함이다.

② 특수인화물, 제1석유류, 제2석유류

2016. 8. 27. 시행

2016년

제4회 과년도 출제문제

제4회 일반검정문제

01 위험물안전관리법령상 압력탱크 외의 이동저장탱크에 실시하는 수압시험은 몇 kPa의 압력으로 10분간 실시하여야 하는지 쓰시오. (3점)

해설

탱크의 구조기준

압력탱크(최대상용압력이 46.7kPa 이상인 탱크) 외의 탱크는 70kPa의 압력으로, 압력탱크는 최대상용압력의 1.5배의 압력으로 각각 10분간 수압시험을 실시하여 새거나 변형되지 아니할 것

해답

70kPa

02 다음 [보기]에서 각 물음에 해당하는 위험물을 선택하여 그 번호를 쓰시오. (6점)

[보기]
㉮ 벤젠, ㉯ 이황화탄소, ㉰ 아세톤, ㉱ 아세트알데하이드, ㉲ 아세트산

① 비수용성 물질을 모두 쓰시오.
② 인화점이 가장 낮은 물질을 쓰시오.
③ 비점이 가장 높은 물질을 쓰시오.

해설

구분	㉮ 벤젠	㉯ 이황화탄소	㉰ 아세톤	㉱ 아세트알데하이드	㉲ 아세트산
수용성	비수용성	비수용성	수용성	수용성	수용성
인화점	−11℃	−30℃	−18.5℃	−40℃	40℃
비점	79℃	46℃	56℃	21℃	118℃

해답

① ㉮, ㉯
② ㉱
③ ㉲

03

227g의 나이트로글리세린이 완전히 폭발 · 분해되었을 때 몇 L의 기체가 발생하는지 구하시오. (단, 기체의 부피는 표준상태를 기준으로 구한다.) (5점)

해설

나이트로글리세린은 40℃에서 분해하기 시작하고 145℃에서 격렬히 분해하며 200℃ 정도에서 스스로 폭발한다.

$4C_3H_5(ONO_2)_3 \rightarrow 12CO_2 + 10H_2O + 6N_2 + O_2$

$$\frac{227g - C_3H_5(ONO_2)_3}{} \left| \frac{1mol - C_3H_5(ONO_2)_3}{227g - C_3H_5(ONO_2)_3} \right| \frac{12mol - CO_2}{4mol - C_3H_5(ONO_2)_3} \left| \frac{22.4L - CO_2}{1mol - CO_2} \right| = 67.2L - CO_2$$

$$\frac{227g - C_3H_5(ONO_2)_3}{} \left| \frac{1mol - C_3H_5(ONO_2)_3}{227g - C_3H_5(ONO_2)_3} \right| \frac{10mol - H_2O}{4mol - C_3H_5(ONO_2)_3} \left| \frac{22.4L - H_2O}{1mol - H_2O} \right| = 56L - H_2O$$

$$\frac{227g - C_3H_5(ONO_2)_3}{} \left| \frac{1mol - C_3H_5(ONO_2)_3}{227g - C_3H_5(ONO_2)_3} \right| \frac{6mol - N_2}{4mol - C_3H_5(ONO_2)_3} \left| \frac{22.4L - N_2}{1mol - N_2} \right| = 33.6L - N_2$$

$$\frac{227g - C_3H_5(ONO_2)_3}{} \left| \frac{1mol - C_3H_5(ONO_2)_3}{227g - C_3H_5(ONO_2)_3} \right| \frac{1mol - O_2}{4mol - C_3H_5(ONO_2)_3} \left| \frac{22.4L - O_2}{1mol - O_2} \right| = 5.6L - O_2$$

그러므로, 발생된 기체의 합은 67.2+56+33.6+5.6=162.4L

해답

162.4L

04

오황화인이 물과 반응하여 발생할 수 있는 유독가스를 쓰시오. (3점)

해설

오황화인은 알코올이나 이황화탄소(CS_2)에 녹으며, 물이나 알칼리와 반응하면 분해하여 황화수소(H_2S)와 인산(H_3PO_4)으로 된다.

$P_2S_5 + 8H_2O \rightarrow 5H_2S + 2H_3PO_4$

해답

황화수소

05

다음 표의 위험물에 대하여 빈칸을 채우시오. (6점)

물질명	시성식	위험물안전관리법령상 품명
에탄올	①	④
에틸렌글리콜	②	⑤
글리세린	③	⑥

해답

① C_2H_5OH, ② $C_2H_4(OH)_2$, ③ $C_3H_5(OH)_3$

④ 알코올류, ⑤ 제3석유류, ⑥ 제3석유류

06

수소화리튬을 약 400℃로 가열하여 분해하면 생성되는 물질 2가지를 화학식으로 쓰시오. (4점)

해설

물과 실온에서 격렬하게 반응하여 수소를 발생하고, 공기 또는 습기, 물과 접촉하여 자연발화의 위험이 있으며, 400℃에서 리튬과 수소로 분해한다.

$LiH + H_2O \rightarrow LiOH + H_2$, $2LiH \xrightarrow{\triangle} 2Li + H_2\uparrow$

해답

Li, H_2

07

위험물안전관리법령에서 정하는 할로젠간화합물 위험물의 지정수량은 얼마인지 쓰시오. (3점)

해설

제6류 위험물의 종류와 지정수량

성질	위험등급	품명	지정수량
산화성 액체	I	1. 과염소산($HClO_4$)	300kg
		2. 과산화수소(H_2O_2)	
		3. 질산(HNO_3)	
		4. 그 밖의 행정안전부령이 정하는 것 – 할로젠간화합물(BrF_3, IF_5 등)	

해답

300kg

08

다음 [보기]의 물질 중 연소의 3요소가 될 수 없는 물질을 모두 선택하여 쓰시오. (4점)

[보기]
벤젠, 공기, 질소, 이산화탄소, 황, 산소, 헬륨, 성냥불

해설

가연물	벤젠, 황
산소공급원	공기, 산소
점화원	성냥불
그 외	질소, 이산화탄소, 헬륨

해답

질소, 이산화탄소, 헬륨

09 TNT의 구조식을 나타내시오. (3점)

해설

1몰의 톨루엔과 3몰의 질산을 황산촉매하에 반응시키면 나이트로화에 의해 TNT가 만들어진다.

$C_5H_5CH_3 + 3HNO_3 \xrightarrow[\text{나이트로화}]{c-H_2SO_4}$ 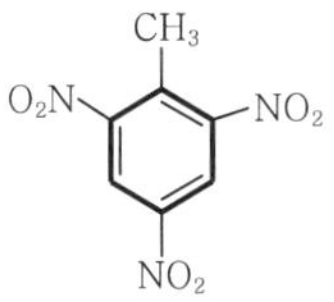 $+3H_2O$

해답

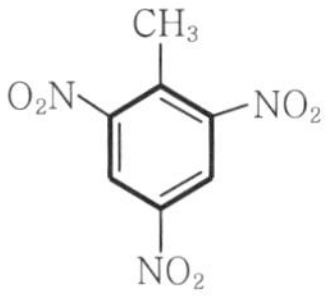

10 과산화수소를 옥외저장소에 보관하려고 한다. 저장하는 최대수량이 3,000kg인 경우 보유공지의 너비는 몇 m 이상이어야 하는지 쓰시오. (3점)

해설

옥외저장소의 보유공지

저장 또는 취급하는 위험물의 최대수량	공지의 너비
지정수량의 10배 이하	3m 이상
지정수량의 10배 초과 20배 이하	5m 이상
지정수량의 20배 초과 50배 이하	9m 이상
지정수량의 50배 초과 200배 이하	12m 이상
지정수량의 200배 초과	15m 이상

제4류 위험물 중 제4석유류와 제6류 위험물을 저장 또는 취급하는 보유공지는 공지너비의 $\frac{1}{3}$ 이상으로 할 수 있다. 과산화수소는 제6류 위험물에 해당한다.

지정수량 배수 $= \frac{3{,}000\text{kg}}{300\text{kg}} = 10$, 공지의 너비는 $3\text{m} \times \frac{1}{3} = 1\text{m}$이다.

해답

1m 이상

11 무수크로뮴산이 열분해될 때의 화학반응식을 쓰시오. (4점)

해설

융점 이상으로 가열하면 200~250℃에서 분해하여 산소를 방출하고 녹색의 삼산화이크로뮴으로 변한다. $4CrO_3 \rightarrow 2Cr_2O_3 + 3O_2$

(무수크로뮴산 → 삼산화이크로뮴 + 산소)

해답

$4CrO_3 \rightarrow 2Cr_2O_3 + 3O_2$

12

위험물안전관리법령상의 판매취급소 정의에 대해 다음 (   ) 안에 알맞은 수치를 쓰시오. (4점)

① 제1종 판매취급소 : 저장 또는 취급하는 위험물의 수량이 지정수량의 (   )배 이하인 판매취급소

② 제2종 판매취급소 : 저장 또는 취급하는 위험물의 수량이 지정수량의 (   )배 이하인 판매취급소

해답

20, 40

13

다음은 위험물안전관리법령에서 정한 탱크 용적의 산정기준에 관한 내용이다. (   ) 안에 알맞은 수치를 쓰시오. (4점)

위험물을 저장 또는 취급하는 탱크의 용량은 해당 탱크 내용적에서 공간용적을 뺀 용적으로 한다. 탱크의 공간용적은 탱크 내용적의 100분의 (   ) 이상 100분의 (   ) 이하의 용적으로 한다. 다만, 소화설비(소화약제 방출구를 탱크 안의 윗부분에 설치하는 것에 한한다)를 설치하는 탱크의 공간용적은 해당 소화설비의 소화약제 방출구 아래의 (   )미터 이상 (   )미터 미만 사이의 면으로부터 윗부분의 용적으로 한다.

해설

탱크의 공간용적은 탱크 용적의 100분의 5 이상 100분의 10 이하로 한다. 다만, 소화설비(소화약제 방출구를 탱크 안의 윗부분에 설치하는 것에 한한다)를 설치하는 탱크의 공간용적은 해당 소화설비의 소화약제 방출구 아래의 0.3미터 이상 1미터 미만 사이의 면으로부터 윗부분의 용적으로 한다. 암반탱크에 있어서는 해당 탱크 내에 용출하는 7일간의 지하수의 양에 상당하는 용적과 해당 탱크의 내용적의 100분의 1의 용적 중에서 보다 큰 용적을 공간용적으로 한다.

해답

5, 10, 0.3, 1

14

위험물안전관리법령상 제4류 위험물의 품명 중 일부인 제1석유류, 제2석유류, 제3석유류, 제4석유류를 분류하는 기준은 무엇인지 쓰시오. (3점)

해답

인화점

제4회 동영상문제

01

동영상에서는 숯가루, 황, 질산칼륨을 차례로 보여준다. 여기서 보여주는 물질을 원료로 하여 만들 수 있는 화약의 명칭을 적으시오. (3점)

해설

흑색화약

조성[질산칼륨(KNO_3) 75%, 숯(C) 15%, 황(S) 10%]

㉠ 질산칼륨(KNO_3) : 산화제(NO_3)−지속적인 산소 공급 → 연소폭발 촉진

㉡ 숯(C) : 연소반응−탄소(C) 공급

㉢ 황(S) : 낮은 온도 발화−폭발 증가

해답

흑색화약

02

동영상에서는 15톤의 인화성 고체를 저장하는 옥외저장소를 보여준다. 다음 물음에 답하시오. (4점)

① 지정수량 배수

② 보유공지

해설

① 지정수량 배수의 합 $= \dfrac{\text{A품목 저장수량}}{\text{A품목 지정수량}} = \dfrac{15{,}000\text{kg}}{1{,}000\text{kg}} = 15$

② 지정수량의 15배에 해당하므로 보유공지는 5m 이상이다.

옥외저장소의 보유공지 기준

저장 또는 취급하는 위험물의 최대수량	공지의 너비
지정수량의 10배 이하	3m 이상
지정수량의 10배 초과 20배 이하	5m 이상
지정수량의 20배 초과 50배 이하	9m 이상
지정수량의 50배 초과 200배 이하	12m 이상
지정수량의 200배 초과	15m 이상

해답

① 15, ② 5m

03

동영상에서 제6류 위험물인 질산을 저장한 3개의 탱크와 그 주위의 시설을 보여준다. 다음 괄호 안을 적절히 채우시오. (4점)

방유제의 용량은 방유제 안에 설치된 탱크가 하나인 때에는 그 탱크 용량의 (①)% 이상, 2기 이상인 때에는 그 탱크 중 용량이 최대인 것의 용량의 (②)% 이상으로 할 것

해설

제6류 위험물인 질산은 불연성 물질로 인화성이 없는 액체위험물에 해당한다.

옥외탱크저장소의 방유제 설치기준

㉠ 설치목적 : 저장 중인 액체위험물이 주위로 누설 시 그 주위로의 피해확산을 방지하기 위하여 설치한 담

㉡ 용량 : 방유제 안에 설치된 탱크가 하나인 때에는 그 탱크 용량의 110% 이상, 2기 이상인 때에는 그 탱크 용량 중 용량이 최대인 것의 용량의 110% 이상으로 한다. 다만, 인화성이 없는 액체위험물의 옥외저장탱크의 주위에 설치하는 방유제는 "110%"를 "100%"로 본다.

㉢ 높이 : 0.5m 이상 3.0m 이하

㉣ 면적 : 80,000m^2 이하

해답

① 100, ② 100

04

동영상에서는 금, 아연, 마그네슘을 차례로 보여주고 있다. 다음 물음에 답하시오. (6점)
① 이온화 경향이 큰 것과 염산의 화학반응식을 적으시오.
② 이온화 경향이 큰 것과 물과의 화학반응식을 적으시오.

해설

이온화 경향

K>Ca>Na>Mg>Al>Zn>Fe>Ni>Sn>Pb>(H)>Cu>Hg>Ag>Pt>Au

마그네슘은 산 및 온수와 반응하여 많은 양의 열과 수소(H_2)를 발생한다.

$Mg + 2HCl \rightarrow MgCl_2 + H_2$
마그네슘 염산

$Mg + 2H_2O \rightarrow Mg(OH)_2 + H_2$
마그네슘 물

해답

① Mg과 염산의 화학반응식
$Mg + 2HCl \rightarrow MgCl_2 + H_2$
② Mg과 물의 화학반응식
$Mg + 2H_2O \rightarrow Mg(OH)_2 + H_2$

05

동영상에서 과산화수소가 담긴 비커에 하이드라진(N_2H_4)을 넣어서 분해 · 폭발하는 모습을 보여준다. 폭발하는 경우의 반응식을 적으시오. (4점)

해설

과산화수소(H_2O_2)는 하이드라진(N_2H_4)과 접촉하면 분해 · 폭발한다. 이를 이용하여 유도탄 발사, 로켓의 추진제, 잠수함 엔진의 작동용으로도 활용된다.

$2H_2O_2 + N_2H_4 \rightarrow 4H_2O + N_2$
과산화수소 하이드라진 물 질소가스

! 중요! 위험물의 한계

농도가 36wt% 이상인 것만 제6류 위험물(산화성 액체)로 취급한다.

해답

$2H_2O_2 + N_2H_4 \rightarrow 4H_2O + N_2$

06

동영상에서는 주유취급소의 지하탱크저장소에 대한 그림을 보여준다. ① 지하의 벽의 두께, ② 탱크와 지하의 벽 사이의 거리, ③ 지면과 탱크 상단부까지의 거리를 적으시오. (6점)

해답

① 0.3m 이상, ② 0.1m 이상, ③ 0.6m 이상

07

동영상에서는 제3류 위험물로서 칼륨화재 시 이산화탄소를 방사하자 폭발하는 모습을 보여주고 있다. 이때의 화학반응식을 적으시오. (3점)

해설

칼륨(K)

㉠ 제3류 위험물(자연발화성 물질 및 금수성 물질), 지정수량 10kg
㉡ 은백색의 광택이 있는 경금속으로 칼로 잘리는 무른 경금속이다.
㉢ 물과 격렬히 반응하여 발열하고 가연성인 수소가스(H_2)를 발생한다.

$2K + 2H_2O \rightarrow 2KOH + H_2$
칼륨　물　수산화칼륨　수소가스

㉣ 석유류(등유, 경유, 유동파라핀) 등의 보호액 속에 누출되지 않도록 저장한다.

해답

$4K + 3CO_2 \rightarrow 2K_2CO_3 + C$

08

동영상에서는 질산, 황산, 글리세린 3가지 물질을 섞는 장면을 보여준다. 최종적으로 제조된 물질에 대해 다음 물음에 답하시오. (6점)
① 물질명
② 시성식
③ 지정수량

해답

① 나이트로글리세린
② $C_3H_5(ONO_2)_3$
③ 10kg

09

제4류 위험물 중 특수인화물 운반 시 조치사항에 대해 적으시오. (5점)

해설

운반 시 적재하는 위험물에 따른 조치사항

차광성이 있는 것으로 피복해야 하는 경우	방수성이 있는 것으로 피복해야 하는 경우
제1류 위험물 제3류 위험물 중 자연발화성 물질 제4류 위험물 중 특수인화물 제5류 위험물 제6류 위험물	제1류 위험물 중 알칼리금속의 과산화물 제2류 위험물 중 철분, 금속분, 마그네슘 제3류 위험물 중 금수성 물질

해답

차광성이 있는 것으로 피복

10 동영상에서는 제4류 위험물인 아세톤을 보여준다. 다음 물음에 답하시오. (4점)

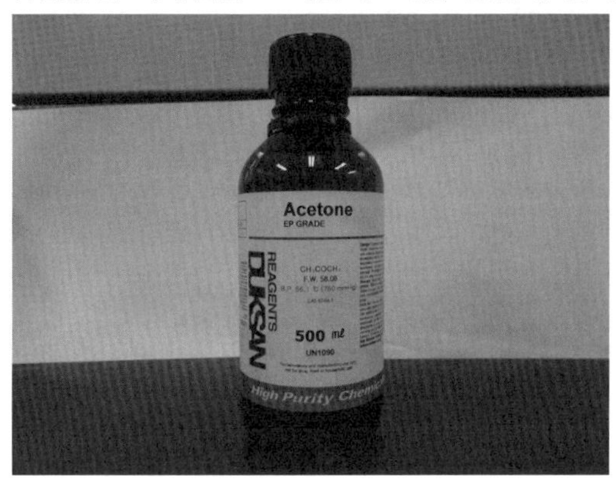

① 비점
② 증기비중

해설

$$증기비중 = \frac{아세톤의\ 분자량}{공기의\ 평균분자량} = \frac{58}{28.84} = 2.01$$

해답

① 56℃
② 2.01

2016. 11. 27. 시행

2016년 제5회 과년도 출제문제

제5회 일반검정문제

01 위험물제조소는 「고등교육법」에서 정하는 학교와 몇 m 이상의 안전거리를 이격하여야 하는지 쓰시오. (3점)

해설

제조소의 안전거리 기준

구분	안전거리
사용전압 7,000V 초과 35,000V 이하	3m 이상
사용전압 35,000V 초과	5m 이상
주거용	10m 이상
고압가스, 액화석유가스, 도시가스	20m 이상
학교 · 병원 · 극장	30m 이상
유형문화재, 지정문화재	50m 이상

※ 안전거리 : 위험물시설과 다른 공작물 또는 방호대상물과의 안전 · 공해 · 환경 등의 안전상 확보해야 할 물리적인 수평거리

해답

30m

02 탄산수소나트륨 소화약제가 1차적으로 열분해되는 화학반응식을 쓰시오. (5점)

해답

$2NaHCO_3 \rightarrow Na_2CO_3 + CO_2 + H_2O$

03 피크르산의 구조식을 나타내시오. (4점)

해답

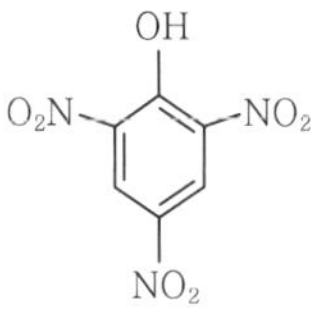

OH

O_2N — (벤젠고리) — NO_2

NO_2

04 할로젠화합물의 소화약제 중 할론 번호 1211의 화학식을 쓰시오. (4점)

해설

Halon No.	분자식	명명법	비고
할론 104	CCl_4	Carbon Tetrachloride (사염화탄소)	법적 사용 금지 (∵ 유독가스 $COCl_2$ 방출)
할론 1011	$CBrClH_2$	Bromo Chloro Methane (브로모클로로메테인)	–
할론 1211	CF_2ClBr	Bromo Chloro Difluoro Methane (브로모클로로다이플루오로메테인)	상온에서 기체, 증기비중 5.7 소화기용
할론 2402	$C_2F_4Br_2$	Dibromo Tetrafluoro Ethane (다이브로모테트라플루오로에테인)	상온에서 액체 법적 고시 (단, 독성으로 인해 국내외 생산되는 곳이 없으므로 사용 불가)
할론 1301	CF_3Br	Bromo Trifluoro Methane (브로모트라이플루오로메테인)	상온에서 기체, 증기비중 5.1 소화설비용 인체에 가장 무해함

해답

CF_2ClBr

05

질산과 황산의 혼산으로 톨루엔을 나이트로화하여 제조하는 제5류 위험물은 무엇인지 쓰시오. (3점)

해설

트라이나이트로톨루엔(TNT, $C_6H_2CH_3(NO_2)_3$)

㉠ 순수한 것은 무색결정이나 담황색의 결정, 직사광선에 의해 다갈색으로 변하고, 중성으로 금속과는 반응이 없으며, 장기저장해도 자연발화의 위험 없이 안정하다.

㉡ 비중 1.66, 융점 81℃, 비점 280℃, 분자량 227, 발화온도 약 300℃

㉢ 제법 : 1몰의 톨루엔과 3몰의 질산을 황산촉매하에 반응시키면 나이트로화에 의해 TNT가 만들어진다.

$$C_6H_5CH_3 + 3HNO_3 \xrightarrow[\text{나이트로화}]{c\text{-}H_2SO_4} \text{(TNT)} + 3H_2O$$

CH3, O2N, NO2, NO2

(TNT)

㉣ 운반 시 10%의 물을 넣어 운반하면 안전하다.

해답

트라이나이트로톨루엔

06

위험물안전관리법령상 다음에서 설명하는 분말소화약제는 제 몇 종 분말인지 쓰시오. (3점)

① 인산염류 등을 주성분으로 한 것
② 탄산수소칼륨과 요소의 반응생성물
③ 탄산수소나트륨을 주성분으로 한 것

해설

분말소화약제의 분류 및 적응화재

종류	주성분	분자식	착색	적응화재
제1종	탄산수소나트륨(중탄산나트륨)	$NaHCO_3$	–	B, C급
제2종	탄산수소칼륨(중탄산칼륨)	$KHCO_3$	담회색	B, C급
제3종	제1인산암모늄	$NH_4H_2PO_4$	담홍색 또는 황색	A, B, C급
제4종	탄산수소칼륨+요소	$KHCO_3+CO(NH_2)_2$	–	B, C급

※ 제3종 분말소화약제를 제외한 모든 분말소화약제는 B급, C급 화재에만 적응성이 있다. (제3종 분말소화약제의 적응화재 : A급, B급, C급)

해답

① 제3종
② 제4종
③ 제1종

07

제4류 위험물을 저장하는 이동탱크저장소에서 이동저장탱크는 그 내부에 몇 L 이하마다 3.2mm 이상의 강철판으로 된 칸막이를 설치하여야 하는지 쓰시오. (3점)

해설

이동저장탱크의 구조

㉠ 탱크의 재질 : 두께 3.2mm 이상의 강철판 또는 이와 동등 이상의 강도·내식성 및 내열성이 있다고 인정하는 재료 및 구조로 제작한다.

㉡ 칸막이 설치 : 이동저장탱크는 그 내부에 4,000L 이하마다 3.2mm 이상의 강철판 또는 이와 동등 이상의 강도·내열성 및 내식성이 있는 금속성의 것으로 칸막이를 설치한다(단, 고체인 위험물을 저장하거나 고체인 위험물을 가열하여 액체상태로 저장하는 경우에는 그러하지 아니함).

※ 탱크 내부 칸막이 설치목적

- 위험물의 이송 중 출렁임현상을 최소화시켜 운전자가 안전운전을 할 수 있도록 하여 발생할 수 있는 교통사고를 방지한다.
- 교통사고 및 전복사고에 대비하여 일정규모로 저장하고 있는 위험물을 구획하여 탱크의 일부가 파손되더라도 전량의 위험물이 누출되는 것을 방지한다.

해답

4,000L

08

금속칼륨이 다음 각 물질과 반응할 때의 화학반응식을 쓰시오. (6점)

① 물

② 에탄올

해설

① 물과 격렬히 반응하여 발열하고 수산화칼륨과 수소를 발생한다. 이때 발생된 열은 점화원의 역할을 한다.

$2K+2H_2O \rightarrow 2KOH+H_2$

② 알코올과 반응하여 칼륨에틸레이트를 만들며 수소를 발생한다.

$2K+2C_2H_5OH \rightarrow 2C_2H_5OK+H_2$

해답

① $2K+2H_2O \rightarrow 2KOH+H_2$

② $2K+2C_2H_5OH \rightarrow 2C_2H_5OK+H_2$

09

제6류 위험물 중 다음 [보기]의 성질을 가지는 물질의 화학식을 쓰시오. (3점)

> [보기]
> 분자량 : 100.5, 비중 : 1.76, 증기비중 : 3.5

해설

과염소산의 일반적 성질

㉠ 무색무취의 유동하기 쉬운 액체이며, 흡습성이 매우 강하고 대단히 불안정한 강산이다. 순수한 것은 분해가 용이하고 격렬한 폭발력을 가진다.

㉡ 가열하면 폭발하고 분해하여 유독성의 HCl을 발생한다.
$HClO_4 \rightarrow HCl + 2O_2$

㉢ 비중은 3.5, 융점은 −112℃이고, 비점은 130℃이다.

해답

$HClO_4$

10

2몰의 염소산칼륨이 완전열분해될 때 생성되는 산소는 몇 g인지 구하시오. (4점)

해설

약 400℃ 부근에서 열분해되기 시작하여 540~560℃에서 과염소산칼륨($KClO_4$)을 생성하고 다시 분해하여 염화칼륨(KCl)과 산소(O_2)를 방출한다.

$2KClO_3 \rightarrow 2KCl + 3O_2$

$2mol-KClO_3$	$3mol-O_2$	$32g-O_2$	$=96g$
	$2mol-KClO_3$	$1mol-O_2$	

해답

96g

11

[보기]의 소화설비 중 위험물안전관리법령상 제6류 위험물에 적응성이 있는 소화설비를 모두 선택하여 번호를 쓰시오. (단, 적응성이 있는 소화설비가 없을 경우는 "없음"이라고 쓰시오.) (4점)

> [보기]
> ① 옥내소화전설비
> ② 불활성가스소화설비
> ③ 할로젠화합물소화설비
> ④ 탄산수소염류의 분말소화설비
> ⑤ 포소화설비

해설

소화설비의 구분 \ 대상물의 구분			건축물·그 밖의 공작물	전기설비	제1류 위험물		제2류 위험물			제3류 위험물		제4류 위험물	제5류 위험물	제6류 위험물
					알칼리금속과산화물 등	그 밖의 것	철분·금속분·마그네슘 등	인화성 고체	그 밖의 것	금수성 물품	그 밖의 것			
옥내소화전 또는 옥외소화전설비			○			○		○	○		○		○	○
스프링클러설비			○			○		○	○		○	△	○	○
물분무 등 소화설비	물분무소화설비		○	○		○		○	○		○	○	○	○
	포소화설비		○			○		○	○		○	○	○	○
	불활성가스소화설비			○				○				○		
	할로젠화합물소화설비			○				○				○		
	분말소화설비	인산염류 등	○	○		○		○	○			○		○
		탄산수소염류 등		○	○		○	○		○		○		
		그 밖의 것			○		○			○				
대형·소형 수동식 소화기	봉상수(棒狀水)소화기		○			○		○	○		○		○	○
	무상수(霧狀水)소화기		○	○		○		○	○		○		○	○
	봉상강화액소화기		○			○		○	○		○		○	○
	무상강화액소화기		○	○		○		○	○		○	○	○	○
	포소화기		○			○		○	○		○	○	○	○
	이산화탄소소화기			○				○				○		△
	할로젠화합물소화기			○				○				○		
	분말소화기	인산염류소화기	○	○		○		○	○			○		○
		탄산수소염류소화기		○	○		○	○		○		○		
		그 밖의 것			○		○			○				
기타	물통 또는 수조		○			○		○	○		○		○	○
	건조사				○	○	○	○	○	○	○	○	○	○
	팽창질석 또는 팽창진주암				○	○	○	○	○	○	○	○	○	○

해답

① 옥내소화전설비

⑤ 포소화설비

12

위험물안전관리법령상 제1류 위험물 중 알칼리금속 과산화물의 운반용기 외부에 표시해야 하는 주의사항을 모두 쓰시오. (4점)

해설

수납하는 위험물에 따른 주의사항

유별	구분	주의사항
제1류 위험물 (산화성 고체)	알칼리금속의 과산화물	"화기 · 충격주의" "물기엄금" "가연물접촉주의"
	그 밖의 것	"화기 · 충격주의" "가연물접촉주의"
제2류 위험물 (가연성 고체)	철분 · 금속분 · 마그네슘	"화기주의" "물기엄금"
	인화성 고체	"화기엄금"
	그 밖의 것	"화기주의"
제3류 위험물 (자연발화성 및 금수성 물질)	자연발화성 물질	"화기엄금" "공기접촉엄금"
	금수성 물질	"물기엄금"
제4류 위험물 (인화성 액체)	–	"화기엄금"
제5류 위험물 (자기반응성 물질)	–	"화기엄금" 및 "충격주의"
제6류 위험물 (산화성 액체)	–	"가연물접촉주의"

해답

"화기 · 충격주의", "물기엄금", "가연물접촉주의"

13

위험물안전관리법령상 간이저장탱크의 용량은 몇 L 이하이어야 하는지 쓰시오. (3점)

해설

간이탱크저장소의 위치 · 구조 및 설비의 기준

㉠ 하나의 간이탱크저장소에 설치하는 간이저장탱크는 그 수를 3 이하로 하고, 동일한 품질의 위험물의 간이저장탱크를 2 이상 설치하지 아니하여야 한다.

㉡ 간이저장탱크는 움직이거나 넘어지지 아니하도록 지면 또는 가설대에 고정시키되, 옥외에 설치하는 경우에는 그 탱크의 주위에 너비 1m 이상의 공지를 두고, 전용실 안에 설치하는 경우에는 탱크와 전용실의 벽과의 사이에 0.5m 이상의 간격을 유지하여야 한다.

㉢ 간이저장탱크의 용량은 600L 이하이어야 한다.

㉣ 간이저장탱크는 두께 3.2mm 이상의 강판으로 흠이 없도록 제작하여야 하며, 70kPa의 압력으로 10분간의 수압시험을 실시하여 새거나 변형되지 아니하여야 한다.

해답

600L 이하

14 위험물안전관리법령상 다음 각 위험물의 지정수량을 쓰시오. (6점)

① K_2O_2

② $KClO_3$

③ CrO_3

해설

모두 제1류 위험물(산화성 고체)이다.

제1류 위험물(산화성 고체)

위험 등급	품명	대표품목	지정수량
I	1. 아염소산염류	$NaClO_2$, $KClO_2$	50kg
	2. 염소산염류	$NaClO_3$, $KClO_3$, NH_4ClO_3	
	3. 과염소산염류	$NaClO_4$, $KClO_4$, NH_4ClO_4	
	4. 무기과산화물류	K_2O_2, Na_2O_2, MgO_2	
II	5. 브로민산염류	$KBrO_3$	300kg
	6. 질산염류	KNO_3, $NaNO_3$, NH_4NO_3	
	7. 아이오딘산염류	KIO_3	
III	8. 과망가니즈산염류	$KMnO_4$	1,000kg
	9. 다이크로뮴산염류	$K_2Cr_2O_7$	
I ~ III	10. 그 밖에 행정안전부령이 정하는 것		300kg
	① 과아이오딘산염류	KIO_4	
	② 과아이오딘산	HIO_4	
	③ 크로뮴, 납 또는 아이오딘의 산화물	CrO_3	
	④ 아질산염류	$NaNO_2$	
	⑤ 차아염소산염류	LiClO	50kg
	⑥ 염소화아이소사이아누르산	OCNClONClCONCl	300kg
	⑦ 퍼옥소이황산염류	$K_2S_2O_8$	
	⑧ 퍼옥소붕산염류	$NaBO_3$	
	11. 1~10호의 하나 이상을 함유한 것		

해답

① 과산화칼륨 : 50kg

② 염소산칼륨 : 50kg

③ 삼산화크로뮴 : 300kg

제5회 동영상문제

01

동영상은 아래와 같은 저장탱크를 보여준다. 탱크의 내용적(m^3)을 구하시오. (단, 직경=2m, 높이=6m이다.) (3점)

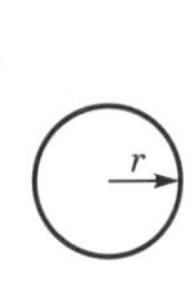

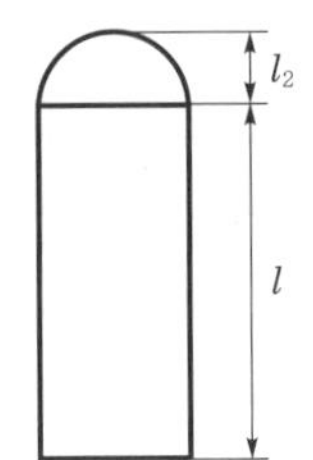

해설

$r = \frac{2}{2} = 1\text{m}$ $\quad\quad$ $\therefore$ 내용적 $= \pi r^2 l = \pi \times 1^2 \times 6 = 18.849\text{m}^3 ≒ 18.85\text{m}^3$

해답

18.85m^3

02

다음의 위험물이 공기 중에서 연소하는 경우 발생하는 기체는 무엇인지 적으시오. (4점)

① 황 ② 적린

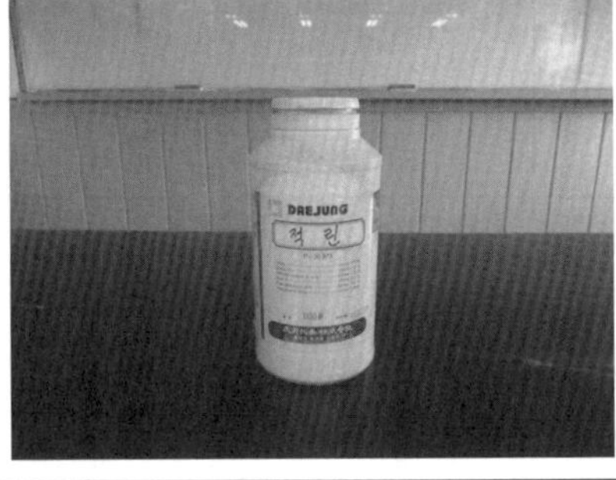

해설

① 제2류 위험물(가연성 고체) 황(S)의 연소반응식

$S + O_2 \rightarrow SO_2$
황 산소가스 이산화황

② 적린은 연소하면 황린과 같이 유독성인 흰연기의 오산화인(P_2O_5)을 발생한다.

$4P + 5O_2 \rightarrow 2P_2O_5$
적린 산소가스 오산화인

해답

① 이산화황(SO_2, 아황산가스), ② 오산화인(P_2O_5)

03

동영상에서는 휘발유(가솔린)가 연소하고 있는 모습을 보여준다. 휘발유에 대하여 다음 물음에 답을 쓰시오. (4점)

① 연소범위 ② 위험도 ③ 옥테인가 구하는 공식

해설

휘발유(가솔린, C_5~C_9)

㉠ 제4류 위험물(인화성 액체), 제1석유류, 비수용성, 지정수량 200L

㉡ 무색투명한 액상유분으로 주성분은 C_5~C_9의 알케인 및 알켄이다.

㉢ 비전도성으로 정전기를 발생 및 축적이 용이하므로 정전기 발생에 주의한다.

㉣ 물리적 성질

액비중	증기비중	인화점	발화점	연소범위
0.65~0.8	3~4	-43℃	300℃	1.2~7.6%

$$위험도=\frac{U-L}{L}=\frac{7.6-1.2}{1.2}\fallingdotseq 5.33$$

㉤ 옥테인가(Octane Number) : 노킹(Knocking)현상을 발생하지 않는 수치

$$옥테인값=\frac{아이소옥테인}{아이소옥테인+노말헵테인}\times 100$$

- 옥테인값이 0인 물질 : 노말헵테인(n-heptane) (C_7H_{16})
- 옥테인값이 100인 물질 : 아이소옥테인(iso octane) (C_8H_{18})

해답

① 1.2~7.6%

② 4.43

③ $옥테인가=\frac{아이소옥테인}{아이소옥테인+노말헵테인}\times 100$

04

동영상에서는 톨루엔 시약병을 보여준다. 그리고 화면이 바뀌면서 보기에서 4가지의 위험물질을 알파벳으로 보여준다. 앞서 보여줬던 톨루엔과 혼합가능한 위험물을 알파벳으로 쓰시오. (4점)

[보기]
A : 과산화나트륨, B : 과산화수소, C : 질산, D : 황

해설

톨루엔은 제4류 위험물이다.

A : 과산화나트륨 – 제1류, B : 과산화수소 – 제6류, C : 질산 – 제6류, D : 황 – 제2류

위험물의 구분	제1류	제2류	제3류	제4류	제5류	제6류
제1류		×	×	×	×	○
제2류	×		×	○	○	×
제3류	×	×		○	×	×
제4류	×	○	○		○	×
제5류	×	○	×	○		×
제6류	○	×	×	×	×	

해답

D

05

동영상에서는 염소산칼륨이 담긴 비커에 황산을 적가하면서 발생하는 기체를 보여준다. 이때 발생되는 ① 기체의 명칭과 ② 화학식을 적으시오. (6점)

해설

$KClO_3$(염소산칼륨)

㉠ 제1류 위험물(산화성 고체), 염소산염류, 지정수량 50kg

㉡ 비중 2.32, 분해온도 400℃, 융점 368.4℃, 용해도(20℃) 7.3

㉢ 무색의 결정 또는 백색분말

㉣ 찬물, 알코올에는 잘 녹지 않고, 온수, 글리세린 등에는 잘 녹는다.

㉤ 약 400℃ 부근에서 열분해되기 시작하여 540~560℃에서 과염소산칼륨($KClO_4$)을 생성하고 다시 분해하여 염화칼륨(KCl)과 산소(O_2)를 방출한다.

$2KClO_3 \rightarrow 2KCl + 3O_2$, $KClO_4 \rightarrow KCl + 2O_2$

㉥ 황산 등의 강산과 접촉으로 격렬하게 반응하여 폭발성의 이산화염소를 발생하고 발열폭발한다.

$4KClO_3 + 4H_2SO_4 \rightarrow 4KHSO_4 + 4ClO_2 + O_2 + 2H_2O$

㉦ 정촉매인 이산화망가니즈(MnO_2) 등이 존재 시 분해가 촉진되어 200℃에서 완전분해하여 산소를 방출하고 다른 가연물의 연소를 촉진한다.

㉧ 상온에서 단독으로는 안정하나 강산화성 물질(황, 적린, 목탄, 알루미늄의 분말, 유기물질, 염화철 및 차아인산염 등), 강산, 중금속염 등 분해촉매와 혼합 시 약한 자극에도 폭발할 수 있다.

해답

① 이산화염소
② ClO_2

06

동영상에서는 (A) 화기엄금, (B) 물기엄금, (C) 화기주의, (D) 물기주의 네 가지의 게시판을 보여준다. ① 철분, ② 나이트로글리세린, ③ 과산화칼륨, ④ 인화성 고체의 경우 각각 해당하는 주의사항을 기호로 적으시오. (4점)

(A)	(B)	(C)	(D)
화기엄금	물기엄금	화기주의	물기주의

해설

수납하는 위험물에 따른 주의사항

유별	구분	주의사항
제1류 위험물 (산화성 고체)	알칼리금속의 과산화물	"화기 · 충격주의" "물기엄금" "가연물접촉주의"
	그 밖의 것	"화기 · 충격주의" "가연물접촉주의"
제2류 위험물 (가연성 고체)	철분 · 금속분 · 마그네슘	"화기주의" "물기엄금"
	인화성 고체	"화기엄금"
	그 밖의 것	"화기주의"
제3류 위험물 (자연발화성 및 금수성 물질)	자연발화성 물질	"화기엄금" "공기접촉엄금"
	금수성 물질	"물기엄금"
제4류 위험물 (인화성 액체)	–	"화기엄금"
제5류 위험물 (자기반응성 물질)	–	"화기엄금" 및 "충격주의"
제6류 위험물 (산화성 액체)	–	"가연물접촉주의"

※ 철분의 경우 제2류 위험물, 나이트로글리세린은 제5류 위험물, 과산화칼륨은 제1류 위험물 중 과산화물에 해당하며, 인화성 고체의 경우 제2류 위험물에 해당한다.

해답

① (B), (C), ② (A), ③ (B), (C), ④ (A)

07 동영상은 HNO_3 1,000배를 저장하는 옥외탱크저장소를 보여준다. 다음 각 물음에 답을 쓰시오. (6점)

① 저장탱크에서 탱크와 탱크 사이에 확보해야 하는 보유공지의 너비(m)를 계산하시오.
② HNO_3의 비중과 지정수량을 쓰시오.
③ 옥외탱크저장소 경고표지판의 크기 기준을 적으시오.

해설

옥외탱크저장소 보유공지

저장 또는 취급하는 위험물의 최대수량	공지의 너비
지정수량의 500배 이하	3m 이상
지정수량의 500배 초과 1,000배 이하	5m 이상
지정수량의 1,000배 초과 2,000배 이하	9m 이상
지정수량의 2,000배 초과 3,000배 이하	12m 이상
지정수량의 3,000배 초과 4,000배 이하	15m 이상
지정수량의 4,000배 초과	해당 탱크의 수평단면의 최대지름(횡형인 경우에는 긴 변)과 높이 중 큰 것과 같은 거리 이상. 다만, 30m 초과의 경우에는 30m 이상으로 할 수 있고, 15m 미만의 경우에는 15m 이상으로 하여야 한다.

▣ 특례 : 제6류 위험물을 저장, 취급하는 옥외탱크저장소의 경우

- 해당 보유공지의 $\frac{1}{3}$ 이상의 너비로 할 수 있다(단, 1.5m 이상일 것).
- 동일대지 내에 2기 이상의 탱크를 인접하여 설치하는 경우에는 해당 보유공지 너비의 $\frac{1}{3}$ 이상에 다시 $\frac{1}{3}$ 이상의 너비로 할 수 있다(단, 1.5m 이상일 것).

해답

① 지정수량 1,000배로 보유공지 너비=5m, 제6류 위험물이므로 $5\times\frac{1}{3}=1.67\text{m}$

동일대지 내에 2기 이상의 탱크를 인접하여 설치하는 경우에는 해당 보유공지 너비의 $\frac{1}{3}$ 이상에 다시 $\frac{1}{3}$ 이상의 너비로 할 수 있다(단, 1.5m 이상일 것). 따라서, 정답은 1.5m 이상임.

② 비중 : 1.49 이상, 지정수량 300kg
③ 한 변의 길이 0.6m 이상, 다른 한 변의 길이 0.3m 이상

08 동영상에서는 과망가니즈산칼륨이 든 중탕냄비에 글리세린을 넣고 일정시간 지난 후 저절로 불이 붙는 장면을 보여주고 있다. 본 영상에서 보여주는 위험물의 유별과 품명을 적으시오. (4점)

① 과망가니즈산칼륨 ② 글리세린

해설

제1류인 과망가니즈산칼륨과 제4류인 글리세린은 혼재하는 경우 혼촉발화하는 물질이다.

해답

① 제1류, 과망가니즈산염류, ② 제4류, 제3석유류

09 동영상에서는 2층 건물로 표지판에 적린이 표시되어 있는 옥내저장소를 보여준다. 다음 물음에 답하시오. (4점)

① 저장창고는 각 층의 바닥을 지면보다 높게 하고, 바닥면으로부터 상층의 바닥까지의 높이를 몇 m 미만으로 하여야 하는지 쓰시오.

② 하나의 저장창고의 바닥면적 합계는 몇 m^2 이하로 하여야 하는지 쓰시오.

해설

다층건물의 옥내저장소의 기준(제2류 또는 제4류의 위험물(인화성 고체 및 인화점이 70℃ 미만인 제4류 위험물은 제외))

㉠ 저장창고는 각층의 바닥을 지면보다 높게 하고, 바닥면으로부터 상층의 바닥(상층이 없는 경우에는 처마)까지의 높이(이하 "층고"라 한다)를 6m 미만으로 하여야 한다.

㉡ 하나의 저장창고의 바닥면적 합계는 1,000m^2 이하로 하여야 한다.

㉢ 저장창고의 벽 · 기둥 · 바닥 및 보를 내화구조로 하고, 계단을 불연재료로 하며, 연소의 우려가 있는 외벽은 출입구 외의 개구부를 갖지 않는 벽으로 하여야 한다.

㉣ 2층 이상의 층의 바닥에는 개구부를 두지 아니하여야 한다. 다만, 내화구조의 벽과 60분+방화문 · 60분방화문 또는 30분방화문으로 구획된 계단실에 있어서는 그러하지 아니하다.

해답

① 6m 미만

② 1,000m^2 이하

10

동영상에서는 일정량의 물이 담긴 상태에서 비커 내의 온도계를 보여주고, 그 다음에는 동일하게 물이 담긴 비커에 일정량의 질산암모늄을 녹인 다음 온도계를 보여준다. 다음 물음에 답하시오. (6점)

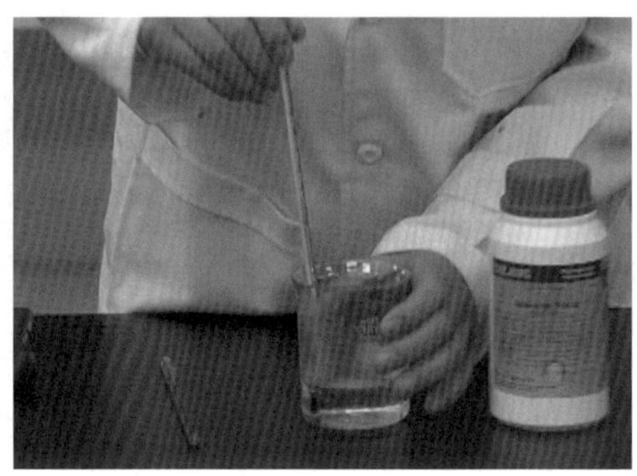

① 동영상에서 보여지는 위험물의 지정수량은?
② 상기 위험물의 위험등급은?
③ 이때 일어난 반응을 무엇이라 하는가?

해설

㉮ **질산암모늄**

㉠ 제1류 위험물 중 질산염류에 해당하며, 지정수량은 300kg, 위험등급은 Ⅱ등급에 해당한다.
㉡ 비중 1.73, 융점 165℃, 분해온도 220℃, 무색, 백색 또는 연회색의 결정으로 조해성과 흡습성이 있다.
㉢ 물에 녹을 때 열을 대량 흡수하여 한제로 이용된다.
㉣ 약 220℃에서 가열할 때 분해되어 아산화질소(N_2O)와 수증기(H_2O)를 발생시키고 계속 가열하면 폭발한다.

㉯ **발열반응과 흡열반응**

㉠ 발열반응 : 반응물질의 에너지가 생성물질의 에너지보다 커 열을 주위로 방출하면서 진행되는 반응
㉡ 흡열반응 : 반응물질이 가진 내부에너지보다 생성물질이 가진 내부에너지가 커 주위로부터 열에너지를 흡수하면서 진행되는 반응

해답

① 300kg
② Ⅱ등급
③ 흡열반응

2017. 3. 11. 시행

2017년

제1회 과년도 출제문제

제1회 일반검정문제

01 아연분에 대해 다음 각 물음에 답하시오. (5점)
① 공기 중 수분에 의한 화학반응식을 쓰시오.
② 염산과 반응할 경우 발생기체는 무엇인지 쓰시오.

해설

아연이 산과 반응하면 수소가스를 발생한다.

$Zn+2HCl \rightarrow ZnCl_2+H_2$

$Zn+H_2SO_4 \rightarrow ZnSO_4+H_2$

해답

① $Zn+2H_2O \rightarrow Zn(OH)_2+H_2$

② 수소가스(H_2)

02 과산화나트륨과 이산화탄소가 반응하였을 때와 과산화나트륨과 물이 반응하였을 때 공통적으로 생성되는 물질을 화학식으로 쓰시오. (3점)

해설

- 흡습성이 있으므로 물과 접촉하면 발열 및 수산화나트륨(NaOH)과 산소(O_2) 발생
  $2Na_2O_2+2H_2O \rightarrow 4NaOH+O_2$
- 공기 중의 탄산가스(CO_2)를 흡수하여 탄산염 생성
  $2Na_2O_2+2CO_2 \rightarrow 2Na_2CO_3+O_2$

해답

산소가스(O_2)

03

다음 물질의 화학식을 쓰시오. (5점)
① 에틸렌글리콜
② 초산메틸(Methyl Acetate)
③ 피리딘

해답

① $C_2H_4(OH)_2$
② CH_3COOCH_3
③ C_5H_5N

04

위험물안전관리법령상 제5류 위험물의 운반용기 외부에 표시해야 하는 주의사항을 모두 쓰시오. (4점)

해답

"화기엄금" 및 "충격주의"

05

위험물제조소에는 "위험물제조소"라는 표시를 한 표지를 설치하여야 한다. 이때의 기준에 대해 다음 각 물음에 답하시오. (6점)
① 표지의 크기 기준에 대해 쓰시오.
② 표지의 바탕과 문자의 색상을 쓰시오.
㉠ 바탕색
㉡ 문자색

해답

① 한 변의 길이 0.3m 이상, 다른 한 변의 길이 0.6m 이상
② ㉠ 백색, ㉡ 흑색

06

이황화탄소가 완전연소할 때의 연소반응식을 쓰시오. (4점)

해설

휘발하기 쉽고 발화점이 낮아 백열등, 난방기구 등의 열에 의해 발화하며, 점화하면 청색을 내고 연소하는데 연소생성물 중 SO_2는 유독성이 강하다.
$CS_2+3O_2 \rightarrow CO_2+2SO_2$

해답

$CS_2+3O_2 \rightarrow CO_2+2SO_2$

07

위험물안전관리법령상 이동탱크저장소의 탱크는 강철판의 두께가 몇 mm 이상이어야 하는지 쓰시오. (3점)

해답

3.2mm

08

탄소 100kg을 완전연소시키려면 표준상태에서 몇 m^3의 공기가 필요한지 구하시오. (단, 공기는 질소 79vol%, 산소 21vol%로 되어 있다.) (5점)

해설

$C + O_2 \rightarrow CO_2$

100kg-C	1kmol-C	1kmol-O_2	100kmol-Air	22.4m^3-Air	=888.89m^3-Air
	12kg-C	1kmol-C	21kmol-O_2	1kmol-Air	

해답

888.89m^3

09

제4류 위험물 중 위험등급 Ⅰ과 위험등급 Ⅱ에 해당하는 위험물안전관리법령상 품명을 구분하여 모두 쓰시오. (4점)

① 위험등급 Ⅰ　　② 위험등급 Ⅱ

해설

제4류 위험물(인화성 액체)의 종류와 지정수량

위험등급	품명		품목	지정수량
Ⅰ	특수인화물	비수용성	다이에틸에터, 이황화탄소	50L
		수용성	아세트알데하이드, 산화프로필렌	
Ⅱ	제1석유류	비수용성	가솔린, 벤젠, 톨루엔, 사이클로헥세인, 콜로디온, 메틸에틸케톤, 초산메틸, 초산에틸, 의산에틸, 헥세인, 에틸벤젠 등	200L
		수용성	아세톤, 피리딘, 아크롤레인, 의산메틸, 사이안화수소 등	400L
	알코올류		메틸알코올, 에틸알코올, 프로필알코올, 아이소프로필알코올	400L
Ⅲ	제2석유류	비수용성	등유, 경유, 테레빈유, 스타이렌, 자일렌(o-, m-, p-), 클로로벤젠, 장뇌유, 뷰틸알코올, 알릴알코올 등	1,000L
		수용성	폼산, 초산, 하이드라진, 아크릴산, 아밀알코올 등	2,000L
	제3석유류	비수용성	중유, 크레오소트유, 아닐린, 나이트로벤젠, 나이트로톨루엔 등	2,000L
		수용성	에틸렌글리콜, 글리세린 등	4,000L
	제4석유류		기어유, 실린더유, 윤활유, 가소제	6,000L
	동·식물유류		• 건성유 : 아마인유, 들기름, 동유, 정어리기름, 해바라기유 등 • 반건성유 : 참기름, 옥수수기름, 청어기름, 채종유, 면실유(목화씨유), 콩기름, 쌀겨유 등 • 불건성유 : 올리브유, 피마자유, 야자유, 땅콩기름, 동백유 등	10,000L

해답

① 특수인화물류, ② 제1석유류, 알코올류

10

다음 분말소화약제의 주성분을 분자식으로 쓰시오. (3점)
① 제1종 분말소화약제
② 제2종 분말소화약제
③ 제3종 분말소화약제

해설

분말소화약제의 종류

종류	주성분	화학식	착색	적응화재
제1종	탄산수소나트륨 (중탄산나트륨)	$NaHCO_3$	–	B, C급 화재
제2종	탄산수소칼륨 (중탄산칼륨)	$KHCO_3$	담회색	B, C급 화재
제3종	제1인산암모늄	$NH_4H_2PO_4$	담홍색 또는 황색	A, B, C급 화재
제4종	탄산수소칼륨+요소	$KHCO_3+CO(NH_2)_2$	–	B, C급 화재

해답

① $NaHCO_3$, ② $KHCO_3$, ③ $NH_4H_2PO_4$

11

금속나트륨과 에틸알코올이 반응하여 수소를 발생하는 화학반응식을 쓰시오. (4점)

해설

금속나트륨은 알코올과 반응하여 나트륨에틸레이트와 수소가스를 발생한다.

$2Na + 2C_2H_5OH \rightarrow 2C_2H_5ONa + H_2$

금속나트륨 알코올 나트륨에틸레이트 수소가스

해답

$2Na+2C_2H_5OH \rightarrow 2C_2H_5ONa+H_2$

12

탄화칼슘 1mol과 물 2mol이 반응할 때 생성되는 기체를 쓰고, 그 기체는 표준상태를 기준으로 몇 L가 생성되는지 구하시오. (5점)
① 생성기체　② 생성량(L)

해설

탄화칼슘은 물과 심하게 반응하여 수산화칼슘과 아세틸렌을 만들며 공기 중 수분과 반응하여도 아세틸렌을 발생한다.

$CaC_2+2H_2O \rightarrow Ca(OH)_2+C_2H_2$

$$\frac{1\,mol\text{-}CaC_2}{} \cdot \frac{1\,mol\text{-}C_2H_2}{1\,mol\text{-}CaC_2} \cdot \frac{22.4L\text{-}C_2H_2}{1\,mol\text{-}C_2H_2} = 22.4L\text{-}C_2H_2$$

해답

① 아세틸렌(C_2H_2), ② 22.4L

13

위험물안전관리법령상 위험물은 지정수량의 몇 배를 1소요단위로 하는지 쓰시오. (4점)

해설

소요단위 : 소화설비의 설치대상이 되는 건축물의 규모 또는 위험물 양에 대한 기준단위		
1단위	제조소 또는 취급소용 건축물의 경우	내화구조의 외벽을 갖춘 연면적 $100m^2$
		내화구조의 외벽이 아닌 연면적 $50m^2$
	저장소 건축물의 경우	내화구조의 외벽을 갖춘 연면적 $150m^2$
		내화구조의 외벽이 아닌 연면적 $75m^2$
	위험물의 경우	지정수량의 10배

해답

10배

제1회 동영상문제

01

동영상에서는 하이드록실아민을 저장하는 위험물제조소를 보여준다. 900kg의 하이드록실아민을 저장하는 경우 보유공지의 너비는 몇 m 이상으로 해야 하는지 쓰시오. (5점)

해설

지정수량의 배수$=\frac{900\text{kg}}{100\text{kg}}=9$

취급하는 위험물의 최대수량	공지의 너비
지정수량 10배 이하	3m 이상
지정수량 10배 초과	5m 이상

해답

3m

02

다음은 제2종 판매취급소의 시설기준에 관한 내용이다. 괄호 안을 알맞게 채우시오. (4점)

제2종 판매취급소의 용도로 사용하는 부분은 벽 · 기둥 · 바닥 및 보를 (①)로 하고, 천장이 있는 경우에는 이를 (②)로 하며, 판매취급소로 사용되는 부분과 다른 부분과의 격벽은 내화구조로 할 것

해답

① 내화구조, ② 불연재료

03

옥외저장소에서 위험물과 위험물이 아닌 물품은 각각 모아서 저장하고 상호간에는 몇 m 이상의 간격을 두어야 하는지 쓰시오. (3점)

해답

1m

04

동영상에서는 주유취급소를 보여준다. 이와 같은 주유취급소의 시설기준에 대해 다음 물음에 답하시오. (4점)

① 주유공지 규격
② "주유 중 엔진정지" 게시판의 바탕색과 문자색

해답

① 너비 15m 이상, 길이 6m 이상, ② 황색바탕에 흑색문자

05

동영상에서는 옥외탱크저장소의 방유제를 보여주고 있다. 다음 빈칸을 알맞게 채우시오. (6점)

① 방유제의 두께는 (㉠)m 이상, 높이는 (㉡)m 이상, (㉢)m 이하로 할 것
② 방유제 내의 면적은 ( )m^2 이하로 할 것
③ 높이가 1m를 넘는 방유제 및 간막이 둑의 안팎에는 방유제 내에 출입하기 위한 계단 또는 경사로를 약 ( )m마다 설치할 것

해설

방유제의 기준

㉠ 방유제의 높이는 0.5m 이상 3.0m 이하, 면적은 80,000m^2 이하, 두께 0.2m 이상, 지하매설깊이 1m 이상으로 할 것. 다만, 방유제와 옥외저장탱크 사이의 지반면 아래에 불침윤성 구조물을 설치하는 경우에는 지하매설깊이를 해당 불침윤성 구조물까지로 할 수 있다.
㉡ 높이가 1m를 넘는 방유제 및 간막이 둑의 안팎에는 방유제 내에 출입하기 위한 계단 또는 경사로를 약 50m마다 설치한다.

해답

① ㉠ 0.2, ㉡ 0.5, ㉢ 3.0
② 80,000
③ 50

06

동영상에서 비커를 이용하여 과산화수소(H_2O_2)와 물, 알코올, 다이에틸에터, 벤젠을 각각 섞는 장면이 나온다. 이때 과산화수소(H_2O_2)에 용해되는 물질과 용해되지 않는 물질을 구분하여 쓰시오. (6점)

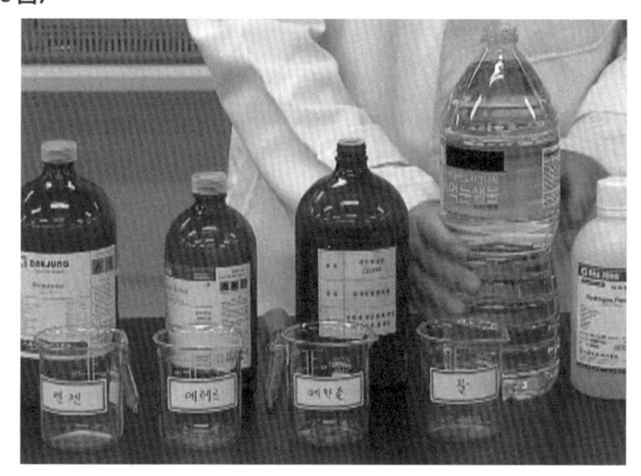

① 용해되는 물질
② 용해되지 않는 물질

해설

과산화수소(H_2O_2)

㉠ 제6류 위험물(산화성 액체)로 지정수량 300kg이다.
㉡ 불연성이지만 강력한 산화제로서 가연물의 연소를 돕는다.
㉢ 분해하여 반응성이 큰 산소가스(O_2)를 발생한다.

$$2H_2O_2 \rightarrow 2H_2O + O_2$$

과산화수소　　물　　산소가스

㉣ 농도가 상승할수록 불안정하며, 농도 60% 이상은 충격 · 마찰에 의해서도 단독으로 분해 · 폭발의 위험이 있다.
㉤ 용기 내부에서 분해되어 발생한 산소가스로 인한 내압의 증가로 폭발 위험성이 있다. 따라서 구멍이 뚫린 마개를 사용하며 분해를 억제하기 위하여 안정제로 인산(H_3PO_4), 요산($C_5H_4N_4O_3$)을 첨가하여 저장한다.
㉥ 강한 산화성이 있고, 물, 알코올, 에터 등에는 녹으나 석유나 벤젠 등에는 녹지 않는다.
※ 위험물의 한계 : 농도가 36wt% 이상인 것만 제6류 위험물(산화성 액체)로 취급한다.

해답

① 물, 알코올, 다이에틸에터
② 벤젠

07

동영상에서 다음과 같은 위험물을 보여줄 때, 아래 물음에 답하시오. (6점)

㉠ 가솔린 ㉡ 다이에틸에터 ㉢ 초산메틸 ㉣ 초산에틸

① 보여지는 위험물 중 인화점이 가장 낮은 위험물의 번호를 적으시오.
② 상기 ①번 위험물의 연소범위를 적으시오.
③ 상기 ①번 위험물의 위험도를 구하시오.

해설

구분	가솔린	다이에틸에터	초산메틸	초산에틸
품명	제1석유류(비)	특수인화물	제1석유류(비)	제1석유류(비)
인화점	−43℃	−40℃	−10℃	−3℃
연소범위	1.2~7.6%	1.9~48%	3.1~16%	2.2~11.5%

해답

① ㉡, ② 1.9~48%, ③ $H=\frac{(48-1.9)}{1.9}=24.26$

08

동영상에서는 이황화탄소를 보여준다. 다음 물음에 답하시오. (4점)

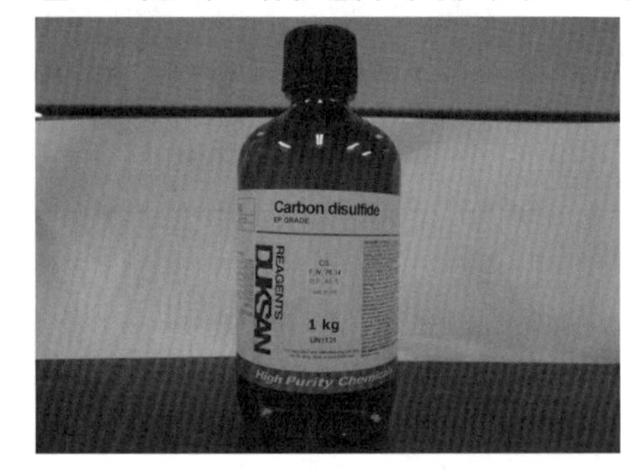

① 품명을 적으시오.
② 76g의 이황화탄소가 완전연소하기 위해 필요한 이론공기량(L)을 구하시오. (단, 공기 중의 산소의 부피비는 21%이다.)

해설

이황화탄소

㉠ 제4류 위험물 중 특수인화물로서 지정수량은 50L이다.
㉡ 이황화탄소는 휘발하기 쉽고 발화점이 낮아 백열등, 난방기구 등의 열에 의해 발화하며, 점화하면 청색을 내고 연소하는데 연소생성물 중 SO_2는 유독성이 강하다.

$CS_2+3O_2 \rightarrow CO_2+2SO_2$

76g−CS_2	1mol−CS_2	3mol−O_2	100mol−Air	22.4L−Air	=320L−Air
	76g−CS_2	1mol−CS_2	21mol−O_2	1mol−Air	

해답

① 특수인화물, ② 320L

09

동영상에서는 할론소화기, 기계포소화기, 강화액소화기를 각각 보여준다. 제6류 위험물에 적응성이 없는 소화기를 모두 고르시오. (단, 3가지 모두 적응성이 없으면 없음이라고 쓴다.) (3점)

해설

소화설비의 구분 \ 대상물의 구분		건축물 · 그 밖의 공작물	전기설비	제1류 위험물		제2류 위험물			제3류 위험물		제4류 위험물	제5류 위험물	제6류 위험물
				알칼리금속과산화물 등	그 밖의 것	철분 · 금속분 · 마그네슘 등	인화성 고체	그 밖의 것	금수성 물품	그 밖의 것			
대형 · 소형 수동식 소화기	봉상수(棒狀水)소화기	○			○		○	○		○		○	○
	무상수(霧狀水)소화기	○	○		○		○	○		○		○	○
	봉상강화액소화기	○			○		○	○		○		○	○
	무상강화액소화기	○	○		○		○	○		○	○	○	○
	포소화기	○			○		○	○		○	○	○	○
	이산화탄소소화기		○				○				○		△
	할로젠화합물소화기		○				○				○		
	분말소화기 – 인산염류소화기	○	○		○		○	○			○		○
	분말소화기 – 탄산수소염류소화기		○	○		○	○		○		○		
	분말소화기 – 그 밖의 것			○		○			○				

해답

할론소화기

10

동영상에서 보여주는 위험물 중 제2류 위험물에 속하는 물질을 고르시오. (4점)

① 황　　② 적린
③ 과염소산나트륨　　④ 질산에틸

해설

과염소산나트륨 – 제1류
질산에틸 – 제5류

해답

① 황, ② 적린

2017. 5. 20. 시행

2017년

제2회 과년도 출제문제

제2회 일반검정문제

01 제5류 위험물제조소의 주의사항 게시판에 대한 다음 각 물음에 답하시오. (6점)

① 게시판 바탕색

② 게시판 문자색

③ 표시해야 하는 주의사항

해답

① 적색, ② 백색, ③ "화기엄금"

02 다음 위험물의 지정수량을 쓰시오. (6점)

① $C_2H_5OC_2H_5$

② $(CH_3)_2CHOH$

③ 동식물유류

해설

- $C_2H_5OC_2H_5$(다이에틸에터)
- $(CH_3)_2CHOH$(아이소프로필알코올)

해답

① 50, ② 400L, ③ 10,000L

03 과산화나트륨이 물과 반응하여 산소를 발생하는 화학반응식을 쓰시오. (4점)

해설

흡습성이 있으므로 물과 접촉하면 발열 및 수산화나트륨(NaOH)과 산소(O_2)를 발생한다.

$$2Na_2O_2 + 2H_2O \rightarrow 4NaOH + O_2$$

과산화나트륨 물 수산화나트륨 산소

해답

$2Na_2O_2 + 2H_2O \rightarrow 4NaOH + O_2$

04

제3류 위험물 중 위험등급 Ⅲ에 해당하는 위험물 품명은 지정수량이 얼마인지 쓰시오. (4점)

해설

제3류 위험물의 종류와 지정수량

성질	위험등급	품명	대표품목	지정수량
자연발화성 물질 및 금수성 물질	Ⅰ	1. 칼륨(K)		10kg
		2. 나트륨(Na)		
		3. 알킬알루미늄	$(C_2H_5)_3Al$	
		4. 알킬리튬	C_4H_9Li	
		5. 황린(P_4)		20kg
	Ⅱ	6. 알칼리금속(칼륨 및 나트륨 제외) 및 알칼리토금속	Li, Ca	50kg
		7. 유기금속화합물(알킬알루미늄 및 알킬리튬 제외)	$Te(C_2H_5)_2$ $Zn(CH_3)_2$	
	Ⅲ	8. 금속의 수소화물	LiH, NaH	300kg
		9. 금속의 인화물	Ca_3P_2, AlP	
		10. 칼슘 또는 알루미늄의 탄화물	CaC_2, Al_4C_3	
		11. 그 밖에 행정안전부령이 정하는 것 염소화규소 화합물	$SiHCl_3$	300kg

해답

300kg

05

위험물안전관리법령상 지하저장탱크를 2개 이상 인접하여 설치하면 그 상호간의 간격은 얼마 이상으로 하여야 하는지 쓰시오. (단, 전체 수량이 지정수량의 200배이다.) (3점)

해설

지하탱크저장소의 구조

㉠ 지하저장탱크의 윗부분은 지면으로부터 0.6m 이상 아래에 있어야 한다.

㉡ 지하저장탱크를 2 이상 인접해 설치하는 경우에는 그 상호간에 1m(해당 2 이상의 지하저장탱크의 용량의 합계가 지정수량의 100배 이하인 때에는 0.5m) 이상의 간격을 유지하여야 한다. 다만, 그 사이에 탱크전용실의 벽이나 두께 20cm 이상의 콘크리트 구조물이 있는 경우에는 그러하지 아니하다.

해답

1m 이상

06

[보기]에서 질산에스터류에 해당되는 물질을 모두 쓰시오. (4점)

[보기]
트라이나이트로톨루엔, 나이트로셀룰로스, 나이트로글리세린, 테트릴, 질산메틸, 피크르산

해설

물질명	트라이나이트로톨루엔	나이트로셀룰로스	나이트로글리세린	테트릴	질산메틸	피크르산
품명	나이트로화합물	질산에스터류	질산에스터류	나이트로화합물	질산에스터류	나이트로화합물

해답

나이트로셀룰로스, 나이트로글리세린, 질산메틸

07

다음 위험물의 위험물안전관리법령상 품명을 쓰시오. (6점)
① 아세트알데하이드
② 아닐린
③ 톨루엔

해설

제4류 위험물(인화성 액체)의 종류와 지정수량

위험등급	품명		품목	지정수량
I	특수인화물	비수용성	다이에틸에터, 이황화탄소	50L
		수용성	아세트알데하이드, 산화프로필렌	
II	제1석유류	비수용성	가솔린, 벤젠, 톨루엔, 사이클로헥세인, 콜로디온, 메틸에틸케톤, 초산메틸, 초산에틸, 의산에틸, 헥세인, 에틸벤젠 등	200L
		수용성	아세톤, 피리딘, 아크롤레인, 의산메틸, 사이안화수소 등	400L
	알코올류		메틸알코올, 에틸알코올, 프로필알코올, 아이소프로필알코올	400L
III	제2석유류	비수용성	등유, 경유, 테레빈유, 스타이렌, 자일렌(o-, m-, p-), 클로로벤젠, 장뇌유, 뷰틸알코올, 알릴알코올 등	1,000L
		수용성	폼산, 초산, 하이드라진, 아크릴산, 아밀알코올 등	2,000L
	제3석유류	비수용성	중유, 크레오소트유, 아닐린, 나이트로벤젠, 나이트로톨루엔 등	2,000L
		수용성	에틸렌글리콜, 글리세린 등	4,000L
	제4석유류		기어유, 실린더유, 윤활유, 가소제	6,000L
	동·식물유류		• 건성유 : 아마인유, 들기름, 동유, 정어리기름, 해바라기유 등 • 반건성유 : 참기름, 옥수수기름, 청어기름, 채종유, 면실유(목화씨유), 콩기름, 쌀겨유 등 • 불건성유 : 올리브유, 피마자유, 야자유, 땅콩기름, 동백유 등	10,000L

해답

① 특수인화물류
② 제3석유류
③ 제1석유류

08

분말소화기에서 ABC 분말소화약제의 열분해반응식을 쓰시오. (4점)

해답

$NH_4H_2PO_4 \rightarrow NH_3 + H_2O + HPO_3$

09

적린의 연소 시 생성되는 물질의 화학식을 쓰시오. (3점)

해설

연소하면 황린이나 황화인과 같이 유독성이 심한 백색의 오산화인을 발생하며, 일부 포스핀도 발생한다.

$4P + 5O_2 \rightarrow 2P_2O_5$

해답

P_2O_5

10

다음 [보기]의 설명 중 과염소산에 대한 내용으로 옳은 것을 모두 선택하여 그 번호를 쓰시오. (4점)

[보기]
① 분자량은 약 78이다.
② 분자량은 약 63이다.
③ 무색의 액체이다.
④ 짙은 푸른색을 나타내는 액체이다.
⑤ 농도가 36wt% 미만인 것은 위험물에 해당하지 않는다.
⑥ 가열분해 시 유독한 HCl가스를 발생한다.

해설

과염소산의 일반적 성질

㉠ 무색무취의 유동하기 쉬운 액체이며 흡습성이 매우 강하고 대단히 불안정한 강산이다. 순수한 것은 분해가 용이하고 격렬한 폭발력을 가진다.
㉡ $HClO_4$는 염소산 중에서 가장 강한 산이다.
$HClO < HClO_2 < HClO_3 < HClO_4$
㉢ Fe, Cu, Zn과 격렬하게 반응하고 산화물이 된다.
㉣ 가열하면 폭발하고 분해하여 유독성의 HCl을 발생한다.
$HClO_4 \rightarrow HCl + 2O_2$
㉤ 분자량은 100.5, 비중은 3.5, 융점은 −112℃이고, 비점은 130℃이다.
㉥ 물과 접촉하면 발열하며 안정된 고체수화물을 만든다.

해답

③, ⑥

11

알루미늄 분말이 고온의 물과 반응하여 수소를 발생하는 화학반응식을 쓰시오. (4점)

해설

물과 반응하면 수소가스를 발생한다.

$2Al + 6H_2O \rightarrow 2Al(OH)_3 + 3H_2$

알루미늄 물 수소가스

해답

$2Al + 6H_2O \rightarrow 2Al(OH)_3 + 3H_2$

12

과산화수소 1,200kg, 질산 600kg, 과염소산 900kg을 같은 장소에 저장하려 한다. 각 위험물의 지정수량 배수의 총합을 구하시오. (4점)

해설

$$\text{지정수량 배수의 합} = \frac{\text{A품목 저장수량}}{\text{A품목 지정수량}} + \frac{\text{B품목 저장수량}}{\text{B품목 지정수량}} + \frac{\text{C품목 저장수량}}{\text{C품목 지정수량}} + \cdots$$

$$= \frac{1,200\text{kg}}{300\text{kg}} + \frac{600\text{kg}}{300\text{kg}} + \frac{900\text{kg}}{300\text{kg}}$$

$$= 9$$

해답

9

13

톨루엔을 진한질산과 진한황산으로 나이트로화시키면 탈수되면서 무엇이 생성되는지 쓰시오. (3점)

해설

1몰의 톨루엔과 3몰의 질산을 황산촉매하에 반응시키면 나이트로화에 의해 TNT가 만들어진다.

$$C_6H_5CH_3 + 3HNO_3 \xrightarrow[\text{나이트로화}]{c-H_2SO_4} C_6H_2CH_3(NO_2)_3 + 3H_2O$$

(구조식: CH_3 기와 O_2N, NO_2, NO_2 기가 붙은 벤젠고리)

해답

트라이나이트로톨루엔(TNT)

제2회 동영상문제

01

동영상에서는 비커에 물을 담아 놓고 그 안에 탄화칼슘을 조금 넣는 장면을 보여준다. 이 때 탄화칼슘을 넣자마자 흰색의 연기가 발생한다. 다음 물음에 답하시오. (4점)

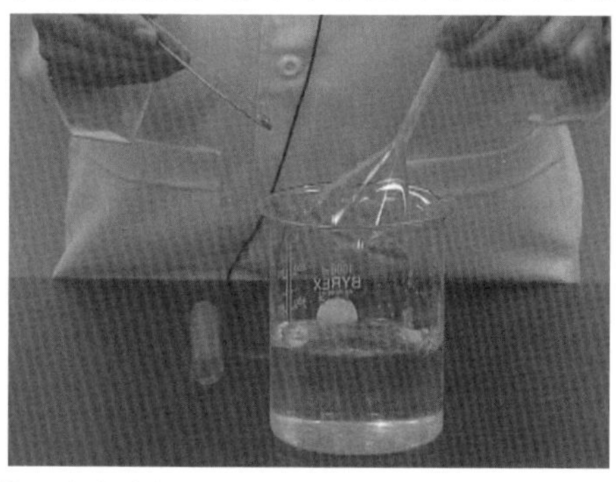

① 탄화칼슘이 물과 반응하여 발생하는 흰색의 연기는 무엇인지 화학식으로 적으시오.
② 탄화칼슘과 물의 반응식을 적으시오.

해설

탄화칼슘(=칼슘카바이트, CaC_2)
㉠ 제3류 위험물(자연발화성 및 금수성 물질)
㉡ 물(H_2O)과 반응하여 가연성 가스인 아세틸렌가스(C_2H_2)를 발생한다.

$$\underset{\text{탄화칼슘}}{CaC_2} + \underset{\text{물}}{2H_2O} \rightarrow \underset{\text{수산화칼슘}}{Ca(OH)_2} + \underset{\text{아세틸렌}}{C_2H_2}$$

해답

① C_2H_2, ② $CaC_2+2H_2O \rightarrow Ca(OH)_2+C_2H_2$

02

동영상에서는 벤젠과 아세톤이 담겨있는 비커를 보여주고 두 물질에 불을 붙인 다음 물로 소화하는 장면을 보여준다. 아세톤의 경우 소화되었지만, 벤젠의 경우 소화되지 않고 시커먼 연기가 발생하였다. 다음 물음에 답하시오. (4점)
① 아세톤은 소화되고 벤젠은 소화되지 않는 이유를 적으시오.
② 실험영상에서 물로 소화되지 않은 물질의 증기비중을 구하시오.

해설

$$\text{벤젠의 증기비중} = \frac{\text{벤젠의 분자량}(78g/mol)}{\text{공기의 분자량}(28.84g/mol)} \fallingdotseq 2.70$$

해답

① 아세톤은 수용성이며 벤젠은 비수용성이므로, 아세톤은 소화되고 벤젠은 소화되지 않는다.
② 2.70

03

동영상에서는 옥외탱크저장소에서 볼 수 있는 통기관을 2개 보여준다. 다음 물음에 답하시오. (6점)

(A)

(B)

① 통기관 (A)의 명칭은 무엇인지 적으시오.
② 통기관 (A)의 작동압력은 얼마인지 적으시오.
③ (B)의 직경은 얼마 이상으로 해야 하는지 적으시오.

해설

탱크 통기장치의 기준

㉮ 대기밸브부착 통기관
  ㉠ 5kPa 이하의 압력 차이로 작동할 수 있을 것
  ㉡ 가는 눈의 구리망 등으로 인화방지장치를 설치할 것

㉯ 밸브 없는 통기관
  ㉠ 통기관의 직경 : 30mm 이상
  ㉡ 통기관의 선단은 수평으로부터 45° 이상 구부려 빗물 등의 침투를 막는 구조일 것
  ㉢ 인화점이 38℃ 미만인 위험물만을 저장 · 취급하는 탱크의 통기관에는 화염방지장치를 설치하고, 인화점이 38℃ 이상 70℃ 미만인 위험물을 저장 · 취급하는 탱크의 통기관에는 40mesh 이상의 구리망으로 된 인화방지장치를 설치할 것
  ㉣ 가연성의 증기를 회수하기 위한 밸브를 통기관에 설치하는 경우에 있어서는 해당 통기관의 밸브는 저장탱크에 위험물을 주입하는 경우를 제외하고는 항상 개방되어 있는 구조로 하는 한편, 폐쇄하였을 경우에는 10kPa 이하의 압력에서 개방되는 구조로 할 것. 이 경우 개방된 부분의 유효단면적은 777.15mm^2 이상이어야 한다.

해답

① 대기밸브부착 통기관
② 5kPa 이하
③ 30mm

04

동영상에서는 마그네슘, 금, 아연이 적혀있는 시약병을 순서대로 보여준다. 다음 물음에 답하시오. (4점)

① 위의 품목 중 위험물안전관리법에서 분류하는 금속분에 해당하지 않으며, 물과 접촉 시 수소가스를 발생하는 물질의 명칭을 적으시오.

② 위의 해당품목이 온수와 접촉하여 수소가스가 발생하는 화학반응식을 적으시오.

해설

제2류 위험물의 종류와 지정수량

성질	위험등급	품명	대표품목	지정수량
가연성 고체	Ⅱ	1. 황화인 2. 적린(P) 3. 황(S)	P_4S_3, P_2S_5, P_4S_7	100kg
	Ⅲ	4. 철분(Fe) 5. 금속분 6. 마그네슘(Mg)	Al, Zn	500kg
		7. 인화성 고체	고형 알코올	1,000kg

마그네슘은 산 및 온수와 반응하여 많은 양의 열과 수소(H_2)를 발생한다.

$Mg+2HCl \rightarrow MgCl_2+H_2$, $Mg+2H_2O \rightarrow Mg(OH)_2+H_2$
(산) (온수)

해답

① 마그네슘, ② $Mg+2H_2O \rightarrow Mg(OH)_2+H_2$

05

동영상에서는 선반 위에 적재된 위험물이 저장되어 있는 옥외저장소를 보여준다. 위험물안전관리법상 옥외저장소의 선반의 높이는 몇 m를 초과하면 안되는지 쓰시오. (3점)

해설

- 선반은 불연재료로 만들고 견고한 지반면에 고정할 것
- 선반은 해당 선반 및 그 부속설비의 자중 · 저장하는 위험물의 중량 · 풍하중 · 지진의 영향 등에 의하여 생기는 응력에 대하여 안전할 것
- 선반의 높이는 6m를 초과하지 아니할 것
- 선반에는 위험물을 수납한 용기가 쉽게 낙하하지 아니하는 조치를 강구할 것

해답

6m

06

동영상에서는 이동탱크저장소를 보여준다. 다음 물음에 답하시오. (6점)

① 이동저장탱크는 그 내부에 (㉠) 이하마다 (㉡) 이상의 강철판 또는 이와 동등 이상의 강도 · 내열성 및 내식성이 있는 금속성의 것으로 칸막이를 설치할 것
② 방파판은 두께 ( ) 이상의 강철판 또는 이와 동등 이상의 강도 · 내열성 및 내식성이 있는 금속성의 것으로 할 것
③ 방호틀은 두께 ( ) 이상의 강철판 또는 이와 동등 이상의 기계적 성질이 있는 재료로써 산모양의 형상으로 하거나 이와 동등 이상의 강도가 있는 형상으로 할 것

해답

① ㉠ 4,000L, ㉡ 3.2mm
② 1.6mm
③ 2.3mm

07

동영상에서는 인화성 고체를 취급하는 위험물제조소를 보여준다. 다음 물음에 답하시오. (6점)

① 이 제조소에 설치해야 하는 게시판의 주의사항을 적으시오.
② 게시판의 바탕색을 적으시오.
③ 게시판의 문자색을 적으시오.

해설

유별	구분	주의사항
제2류 위험물 (가연성 고체)	철분 · 금속분 · 마그네슘	"화기주의" "물기엄금"
	인화성 고체	"화기엄금"
	그 밖의 것	"화기주의"

해답

① 화기엄금, ② 적색, ③ 백색

08

동영상에서는 주유취급소의 지하탱크저장소를 보여주면서 탱크와 벽 사이의 공간을 화살표로 보여준다. 이 공간을 채우기 위한 재료로 무엇을 사용하여야 하는지 적으시오. (4점)

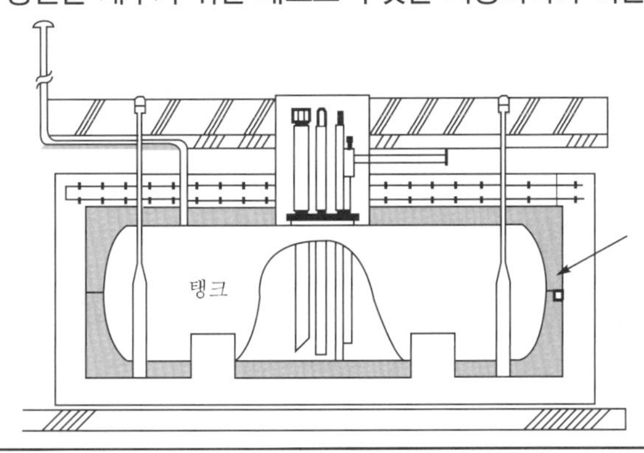

해설

지하탱크저장소의 탱크 전용실은 지하의 가장 가까운 벽 · 피트 · 가스관 등의 시설물 및 대지 경계선으로부터 0.1m 이상 떨어진 곳에 설치하고, 지하저장탱크와 탱크 전용실의 안쪽과의 사이는 0.1m 이상의 간격을 유지하도록 하며, 해당 탱크의 주위에 마른모래 또는 습기 등에 의하여 응고되지 아니하는 입자지름 5mm 이하의 마른자갈분을 채워야 한다.

해답

마른모래 또는 습기 등에 의하여 응고되지 아니하는 입자지름 5mm 이하의 마른자갈분

09

동영상에서는 과망가니즈산칼륨과 글리세린을 각각 보여주고, 중탕냄비에 과망가니즈산칼륨을 준비한 후 그 위에 글리세린을 떨어뜨려 잠시 후 흰색의 연기가 발생하며 연소하는 모습을 보여준다. 다음 물음에 답하시오. (4점)

① 동영상에서 보여주는 위험물 중 인화성 액체에 해당하는 물질은 몇 가 알코올인가?
② 위의 알코올의 품명과 지정수량을 적으시오.

해설

글리세린($C_3H_5(OH)_3$)

㉠ 제4류 위험물 제3석유류, 수용성에 해당하며 물보다 무겁고 단맛이 나는 무색 액체로서 3가의 알코올이다.

㉡ 물, 알코올, 에터에 잘 녹으며 벤젠, 클로로폼 등에는 녹지 않는다.

㉢ 분자량 92, 비중 1.26, 융점 17℃, 인화점 160℃, 발화점 370℃

해답

① 3가 알코올

② 제3석유류, 4,000L

10 동영상에서는 2층 구조의 옥내저장소를 보여준다. 이곳에 적린을 저장할 경우 저장소의 각 층의 높이를 쓰시오. (4점)

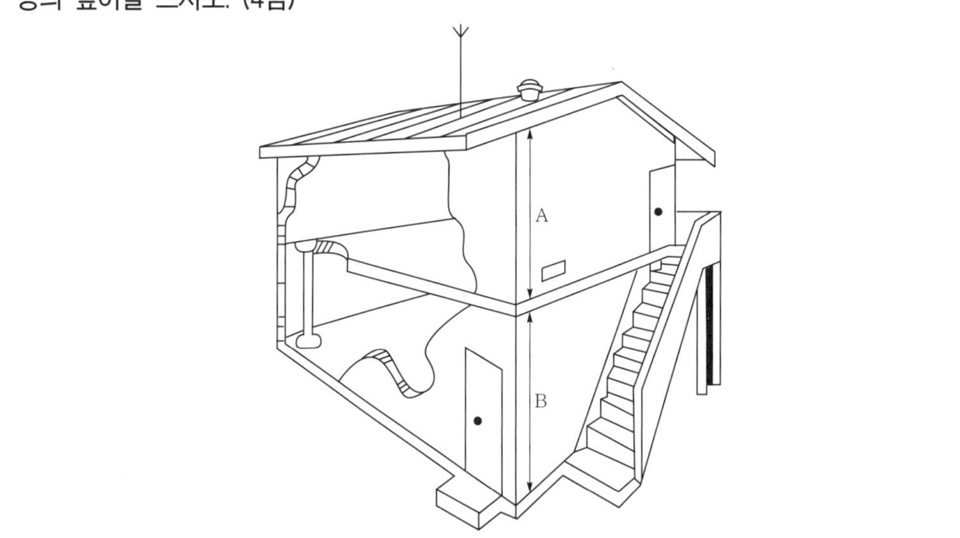

해설

다층건물의 옥내저장소의 기준(제2류 또는 제4류의 위험물(인화성 고체 및 인화점이 70℃ 미만인 제4류 위험물을 제외한다))

㉠ 저장창고는 각층의 바닥을 지면보다 높게 하고, 바닥면으로부터 상층의 바닥(상층이 없는 경우에는 처마)까지의 높이(이하 "층고"라 한다)를 6m 미만으로 하여야 한다.

㉡ 하나의 저장창고의 바닥면적 합계는 1,000m^2 이하로 하여야 한다.

㉢ 저장창고의 벽·기둥·바닥 및 보를 내화구조로 하고, 계단을 불연재료로 하며, 연소의 우려가 있는 외벽은 출입구 외의 개구부를 갖지 아니하는 벽으로 하여야 한다.

㉣ 2층 이상의 층의 바닥에는 개구부를 두지 아니하여야 한다. 다만, 내화구조의 벽과 60분+방화문·60분방화문 또는 30분방화문으로 구획된 계단실에 있어서는 그러하지 아니하다.

해답

A의 높이 : 6m 미만

B의 높이 : 6m 미만

2017. 9. 9. 시행

2017년 제3회 과년도 출제문제

제3회 일반검정문제

01 위험물안전관리법령상 제4류 위험물 중 일부 품명에 속하는 위험물의 이동탱크저장소에는 기준에 의하여 접지도선을 설치하여야 한다. 그에 해당하는 위험물안전관리법령상 품명을 모두 쓰시오. (3점)

해설

이동탱크저장소의 접지도선 설치기준

제4류 위험물 중 특수인화물, 제1석유류 또는 제2석유류의 이동탱크저장소에는 다음 기준에 의하여 접지도선을 설치하여야 한다.

㉠ 양도체(良導體)의 도선에 비닐 등의 절연재료로 피복하여 선단에 접지전극 등을 결착시킬 수 있는 클립(clip) 등을 부착할 것

㉡ 도선이 손상되지 아니하도록 도선을 수납할 수 있는 장치를 부착할 것

해답

특수인화물, 제1석유류 또는 제2석유류

02 옥내소화전설비의 설치기준에 대해 다음 (　　) 안에 알맞은 수치를 쓰시오. (4점)
옥내소화전은 제조소 등의 건축물의 층마다 해당 층의 각 부분에서 하나의 호스접속구까지의 수평거리가 (①)m 이하가 되도록 설치할 것. 이 경우 옥내소화전은 각층의 출입구 부근에 (②)개 이상 설치하여야 한다.

해설

옥내소화전은 제조소 등의 건축물의 층마다 해당 층의 각 부분에서 하나의 호스접속구까지의 수평거리가 25m 이하가 되도록 설치할 것. 이 경우 옥내소화전은 각층의 출입구 부근에 1개 이상 설치하여야 한다.

해답

① 25

② 1

03

아세트알데하이드 등의 저장기준에 대해 다음 ( ) 안에 알맞은 용어 또는 수치를 쓰시오. (4점)

① 보냉장치가 있는 이동저장탱크에 저장하는 아세트알데하이드 등의 온도는 해당 위험물의 ( ) 이하로 유지할 것

② 보냉장치가 없는 이동저장탱크에 저장하는 아세트알데하이드 등의 온도는 ( )℃ 이하로 유지할 것

해설

① 보냉장치가 있는 이동저장탱크에 저장하는 아세트알데하이드 등 또는 다이에틸에터 등의 온도는 해당 위험물의 비점 이하로 유지할 것

② 보냉장치가 없는 이동저장탱크에 저장하는 아세트알데하이드 등 또는 다이에틸에터 등의 온도는 40℃ 이하로 유지할 것

해답

① 비점, ② 40

04

수소화나트륨이 습한 공기 중에서 물과 반응하여 수소기체를 발생하는 반응식을 쓰시오. (4점)

해설

수소화나트륨의 비중은 0.93이고, 분해온도는 약 800℃로 회백색의 결정 또는 분말이며, 불안정한 가연성 고체로 물과 격렬하게 반응하여 수소를 발생하고 발열하며, 이때 발생한 반응열에 의해 자연발화한다.

$NaH + H_2O \rightarrow NaOH + H_2$

해답

$NaH + H_2O \rightarrow NaOH + H_2$

05

제6류 위험물의 옥내탱크저장소의 기준에 대하여 다음 각 물음에 답하시오. (4점)

① 옥내저장탱크와 탱크전용실의 벽과의 사이 및 옥내저장탱크의 상호간에는 몇 m 이상의 간격을 유지하여야 하는지 쓰시오. (단, 탱크의 점검 및 보수에 지장이 없는 경우는 제외한다.)

② 옥내저장탱크의 용량은 지정수량의 몇 배 이하이어야 하는지 쓰시오.

해설

① 옥내저장탱크와 탱크전용실의 벽과의 사이 및 옥내저장탱크의 상호간에는 0.5m 이상의 간격을 유지할 것

② 옥내저장탱크의 용량(동일한 탱크전용실에 옥내저장탱크를 2 이상 설치하는 경우에는 각 탱크의 용량의 합계를 말한다)은 지정수량의 40배(제4석유류 및 동식물유류 외의 제4류 위험물에 있어서 해당 수량이 20,000L를 초과할 때에는 20,000L) 이하일 것

해답

① 0.5m, ② 40배

06

[보기]의 물질 중 위험물안전관리법령상 제1석유류에 속하는 물질을 모두 쓰시오. (4점)

[보기]
아세트산, 폼산, 아세톤, 클로로벤젠, 에틸벤젠, 경유

해설

제4류 위험물(인화성 액체)의 종류와 지정수량

위험등급	품명		품목	지정수량
Ⅰ	특수인화물	비수용성	다이에틸에터, 이황화탄소	50L
		수용성	아세트알데하이드, 산화프로필렌	
Ⅱ	제1석유류	비수용성	가솔린, 벤젠, 톨루엔, 사이클로헥세인, 콜로디온, 메틸에틸케톤, 초산메틸, 초산에틸, 의산에틸, 헥세인, 에틸벤젠 등	200L
		수용성	아세톤, 피리딘, 아크롤레인, 의산메틸, 사이안화수소 등	400L
	알코올류		메틸알코올, 에틸알코올, 프로필알코올, 아이소프로필알코올	400L
Ⅲ	제2석유류	비수용성	등유, 경유, 테레빈유, 스타이렌, 자일렌(o−, m−, p−), 클로로벤젠, 장뇌유, 뷰틸알코올, 알릴알코올 등	1,000L
		수용성	폼산, 초산, 하이드라진, 아크릴산, 아밀알코올 등	2,000L
	제3석유류	비수용성	중유, 크레오소트유, 아닐린, 나이트로벤젠, 나이트로톨루엔 등	2,000L
		수용성	에틸렌글리콜, 글리세린 등	4,000L
	제4석유류		기어유, 실린더유, 윤활유, 가소제	6,000L
	동·식물유류		• 건성유 : 아마인유, 들기름, 동유, 정어리기름, 해바라기유 등 • 반건성유 : 참기름, 옥수수기름, 청어기름, 채종유, 면실유(목화씨유), 콩기름, 쌀겨유 등 • 불건성유 : 올리브유, 피마자유, 야자유, 땅콩기름, 동백유 등	10,000L

해답

아세톤, 에틸벤젠

07

황 32g을 완전연소시킬 때 27℃에서 몇 L의 SO_2가 생성되는지 구하시오. (단, 압력은 1atm이고, 황의 원자량은 32이다.) (4점)

해설

$S+O_2 \rightarrow SO_2$

$$\frac{32g-S}{} \left| \frac{1mol-S}{32g-S} \right| \frac{1mol-SO_2}{1mol-S} \left| \frac{64g-SO_2}{1mol-SO_2} \right| = 64g-SO_2$$

SO_2의 부피

$PV=nRT$에서 몰수$(n)=\dfrac{질량(w)}{분자량(M)}$이므로 $PV=\dfrac{w}{M}RT$

$$\therefore\ V=\frac{w}{PM}RT = V=\frac{64}{1\times 64}\times 0.082\times(27+273.15)=24.61L$$

해답

24.61L

08

다음의 Halon 번호에 해당하는 화학식을 각각 쓰시오. (4점)

① Halon 2402

② Halon 1211

해설

할론 명명법

할론 XABCD

- D → I원자의 개수
- C → Br원자의 개수
- B → Cl원자의 개수
- A → F원자의 개수
- X → C원자의 개수

해답

① $C_2F_4Br_2$, ② CF_2ClBr

09

다음 각 종별에 따른 분말소화약제의 주성분을 쓰시오. (6점)

① 제1종

② 제2종

③ 제3종

해설

종류	주성분(화학식)	착색	적응화재	기타
제1종	탄산수소나트륨($NaHCO_3$)	–	B, C급	비누화효과
제2종	탄산수소칼륨($KHCO_3$)	담회색	B, C급	제1종 개량형
제3종	인산암모늄($NH_4H_2PO_4$)	담홍색 또는 황색	A, B, C급	방습제 : 실리콘오일
제4종	탄산수소칼륨 + 요소 ($KHCO_3+CO(NH_2)_2$)	–	B, C급	국내 생산 무

해답

① 탄산수소나트륨($NaHCO_3$), ② 탄산수소칼륨($KHCO_3$), ③ 인산암모늄($NH_4H_2PO_4$)

10

다음 각 물질의 시성식을 쓰시오. (6점)

① 폼산메틸(Methyl formate)

② 메틸에틸케톤

③ 톨루엔

해답

① $HCOOCH_3$, ② $CH_3COC_2H_5$, ③ $C_6H_5CH_3$

11 제6류 위험물의 운반용기의 외부에 표시하는 주의사항을 쓰시오. (3점)

해설

수납하는 위험물에 따른 주의사항

유별	구분	주의사항
제1류 위험물 (산화성 고체)	알칼리금속의 무기과산화물	"화기 · 충격주의", "물기엄금", "가연물접촉주의"
	그 밖의 것	"화기 · 충격주의", "가연물접촉주의"
제2류 위험물 (가연성 고체)	철분 · 금속분 · 마그네슘	"화기주의", "물기엄금"
	인화성 고체	"화기엄금"
	그 밖의 것	"화기주의"
제3류 위험물 (자연발화성 및 금수성 물질)	자연발화성 물질	"화기엄금", "공기접촉엄금"
	금수성 물질	"물기엄금"
제4류 위험물 (인화성 액체)	–	"화기엄금"
제5류 위험물 (자기반응성 물질)	–	"화기엄금" 및 "충격주의"
제6류 위험물 (산화성 액체)	–	"가연물접촉주의"

해답

가연물접촉주의

12 위험물안전관리법령상 제4류 위험물과 같이 적재하여 운반하여도 되는 위험물은 제 몇 류 위험물인지 모두 쓰시오. (단, 지정수량의 10배인 경우이다.) (3점)

해설

유별을 달리하는 위험물의 혼재기준

위험물의 구분	제1류	제2류	제3류	제4류	제5류	제6류
제1류		×	×	×	×	○
제2류	×		×	○	○	×
제3류	×	×		○	×	×
제4류	×	○	○		○	×
제5류	×	○	×	○		×
제6류	○	×	×	×	×	

해답

제2류 위험물, 제3류 위험물, 제5류 위험물

13 벤젠에 대한 다음 각 물음에 답하시오. (6점)

① 증기비중을 구하시오.
② 완전연소반응식을 쓰시오.
③ 위험물안전관리법령상 지정수량은 얼마인지 쓰시오.

해설

① 벤젠의 증기비중 $= \dfrac{\text{벤젠의 분자량}}{\text{공기의 분자량}} = \dfrac{78\text{g/mol}}{28.84\text{g/mol}} \fallingdotseq 2.70$

② $2C_6H_6 + 15O_2 \rightarrow 12CO_2 + 6H_2O$

③ 6번 해설 참조

해답

① 2.7
② $2C_6H_6 + 15O_2 \rightarrow 12CO_2 + 6H_2O$
③ 200L

제3회 동영상문제

01

동영상에서는 탄화칼슘과 물과의 반응을 보여준다. ① 탄화칼슘과 물과의 반응식을 쓰고, ② 탄화칼슘이 물과 반응할 때 생성되는 가스의 연소범위를 적으시오. (5점)

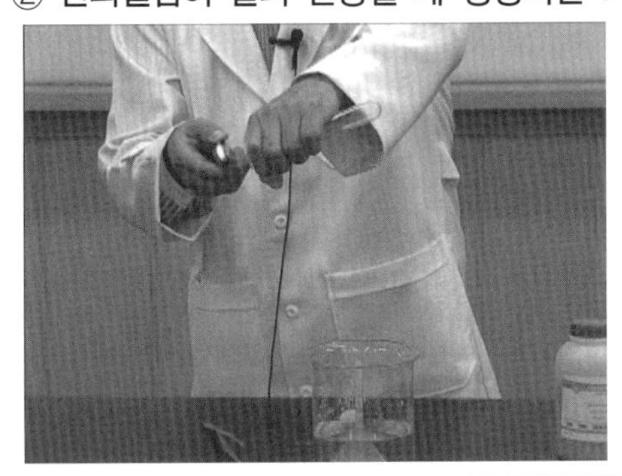
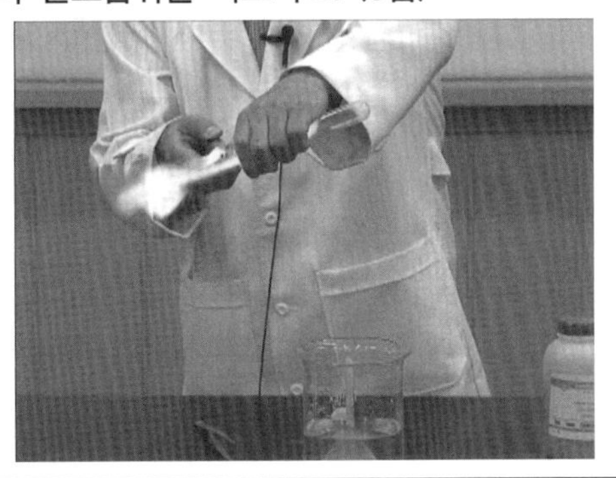

해설

탄화칼슘(=칼슘카바이트, CaC_2)

㉠ 제3류 위험물(자연발화성 및 금수성 물질)

㉡ 물(H_2O)과 반응하여 가연성 가스인 아세틸렌가스(C_2H_2)를 발생한다.

$CaC_2 + 2H_2O \rightarrow Ca(OH)_2 + C_2H_2$

탄화칼슘 물 수산화칼슘 아세틸렌

㉢ 아세틸렌의 연소범위(폭발범위)는 2.5~81%로 대단히 넓어서 폭발의 위험성이 크다.

㉣ 질소와는 700℃에서 질화되어 석회질소($CaCN_2$)가 생성된다.

$CaC_2 + N_2 \rightarrow CaCN_2 + C$

㉤ 장기간 보관할 경우 불활성 가스인 질소(N_2) 등을 봉입하여 저장한다.

해답

① $CaC_2 + 2H_2O \rightarrow Ca(OH)_2 + C_2H_2$

② 2.5~81%

02

동영상은 지정과산화물 옥내저장소를 보여준다. 저장창고의 창은 바닥면으로부터 몇 m 이상 높이인지 쓰시오. (3점)

해설

저장창고의 창은 바닥면으로부터 2m 이상의 높이에 두되, 하나의 벽면에 두는 창의 면적의 합계를 해당 벽면의 면적의 80분의 1 이내로 하고, 하나의 창의 면적을 $0.4m^2$ 이내로 할 것

해답

2m

03 동영상에서는 3D로 주유소를 보여주고 이어서 지하탱크저장소를 보여주고 있다. 누유검사관을 설치해야 하는 기준을 2가지 이상 적으시오. (6점)

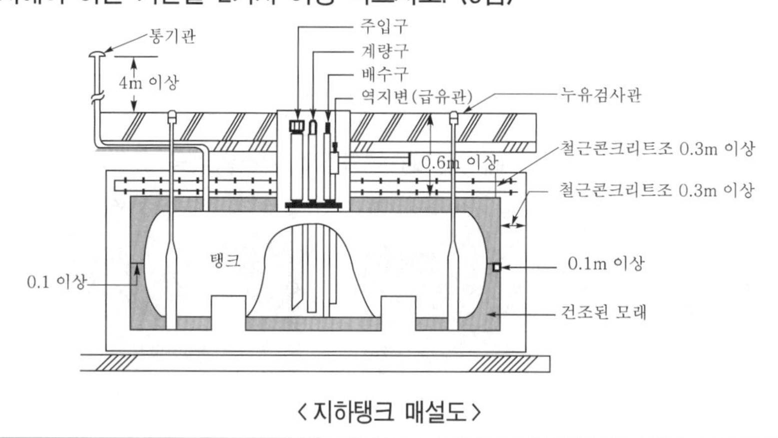

〈지하탱크 매설도〉

해설

지하탱크저장소의 설치기준

액체위험물의 누설을 검사하기 위한 관을 다음의 기준에 따라 4개소 이상 적당한 위치에 설치하여야 한다.

㉠ 이중관으로 할 것. 다만, 소공이 없는 상부는 단관으로 할 수 있다.
㉡ 재료는 금속관 또는 경질합성수지관으로 할 것
㉢ 관은 탱크전용실의 바닥 또는 탱크의 기초까지 닿게 할 것
㉣ 관의 밑부분으로부터 탱크의 중심높이까지의 부분에는 소공이 뚫려 있을 것. 다만, 지하수위가 높은 장소에 있어서는 지하수위 높이까지의 부분에 소공이 뚫려 있어야 한다.
㉤ 상부는 물이 침투하지 아니하는 구조로 하고, 뚜껑은 검사 시에 쉽게 열 수 있도록 할 것

해답

상기 5가지 중 2가지 이상 적으면 됨.

04 동영상에서 금속나트륨이 물과 반응하는 모습을 보여준다. ① 금속나트륨의 물과의 반응식을 적고, ② 금속나트륨을 저장하는 옥내저장소의 경우 게시해야 하는 게시판의 내용과, ③ 바탕색 및 문자색을 적으시오. (6점)

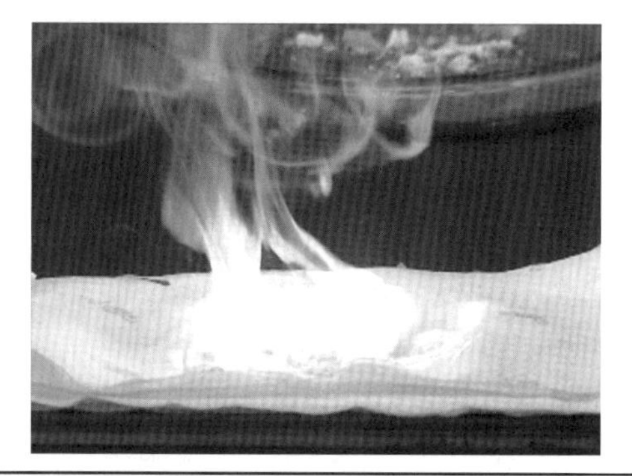

해설

물과 격렬히 반응하여 발열하고 수소를 발생하며, 산과는 폭발적으로 반응한다. 수용액은 염기성으로 변하고, 페놀프탈레인과 반응 시 붉은색을 나타내며, 특히 아이오딘산과 접촉 시 폭발한다.

해답

① $2Na+2H_2O \rightarrow 2NaOH+H_2$, ② 물기엄금, ③ 청색바탕, 백색문자

05

동영상에서 컨테이너식 이동탱크저장소(탱크로리 차량)의 맨홀과 주변틀 보양까지 보여준다. 다음 물음에 알맞은 답을 쓰시오. (4점)

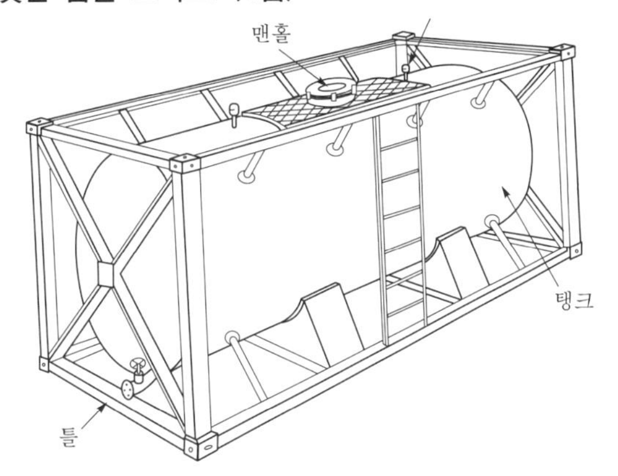

① 동영상에서 화살표로 보여주는 것은 무엇인가?

② 이동저장탱크 · 맨홀 및 주입구의 뚜껑은 두께 몇 mm(해당 탱크의 직경 또는 장경이 1.8m 이하인 것은 5mm) 이상의 강판 또는 이와 동등 이상의 기계적 성질이 있는 재료로 해야 하는가?

해설

컨테이너식 이동저장탱크의 구조

㉠ 이동저장탱크 및 부속장치(맨홀 · 주입구 및 안전장치 등을 말한다)는 강재로 된 상자형태의 틀(이하 "상자틀"이라 한다)에 수납할 것

㉡ 상자틀의 구조물 중 이동저장탱크의 이동방향과 평행한 것과 수직인 것은 해당 이동저장탱크 · 부속장치 및 상자틀의 자중과 저장하는 위험물의 무게를 합한 하중(이하 "이동저장탱크 하중"이라 한다)의 2배 이상의 하중에, 그 외 이동저장탱크의 이동방향과 직각인 것은 이동저장탱크 하중 이상의 하중에 각각 견딜 수 있는 강도가 있는 구조로 할 것

㉢ 이동저장탱크 · 맨홀 및 주입구의 뚜껑은 두께 6mm(해당 탱크의 직경 또는 장경이 1.8m 이하인 것은 5mm) 이상의 강판 또는 이와 동등 이상의 기계적 성질이 있는 재료로 할 것

㉣ 이동저장탱크에 칸막이를 설치하는 경우에는 해당 탱크의 내부를 완전히 구획하는 구조로 하고, 두께 3.2mm 이상의 강판 또는 이와 동등 이상의 기계적 성질이 있는 재료로 할 것

㉤ 이동저장탱크에는 맨홀 및 안전장치를 할 것

㉥ 부속장치는 상자틀의 최외측과 50mm 이상의 간격을 유지할 것

해답

① 안전장치, ② 6mm

06 동영상에서는 물이 담긴 샬레에 과산화나트륨을 넣는 모습과 이때 기포가 발생하고 있는 장면을 보여준다. ① 과산화나트륨과 물과의 반응식과, ② 과산화나트륨의 지정수량은 얼마인지 쓰시오. (4점)

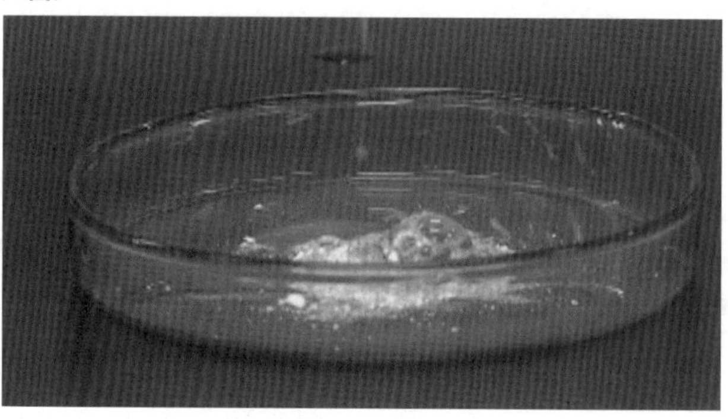

해설

(1) 제1류 위험물(산화성 고체)은 모두 물(H_2O)과 반응하지 않기 때문에 화재 시 주수에 의한 냉각소화를 실시한다. 하지만 예외적으로 무기과산화물은 분자 내에 불안정한 과산화물(-O-O-)을 가지고 있기 때문에 물과 쉽게 반응하여 산소가스(O_2)를 방출하고 발열을 동반하기 때문에 물과의 접촉을 금지해야 하며 소화방법으로는 건조사(마른모래)에 의한 피복소화가 효과적이다.

(2) 과산화나트륨(Na_2O_2)

㉠ 제1류 위험물(산화성 고체) 무기과산화물류, 지정수량 50kg

㉡ 순수한 것은 백색이지만 보통 황색의 분말 또는 과립상이다.

㉢ 흡습성이 강하고, 조해성이 있다.(조해성 : 공기 중에 노출되어 있는 고체가 수분을 흡수하여 녹는 현상)

㉣ 상온에서 물과 접촉 시 격렬하게 반응하여 산소가스(O_2)를 발생하며 다른 가연물의 연소를 돕는다.

$$2Na_2O_2 + 2H_2O \rightarrow 4NaOH + O_2$$

과산화나트륨 물 수산화나트륨 산소가스

㉤ 염산(HCl)에 녹아 과산화수소(H_2O_2)를 발생한다.

$$Na_2O_2 + 2HCl \rightarrow 2NaCl + H_2O_2$$

과산화나트륨 염산 염화나트륨 과산화수소

해답

① $2Na_2O_2 + 2H_2O \rightarrow 4NaOH + O_2$

② 50kg

07

동영상에서는 이동탱크저장소를 보여준다. 이동탱크저장소의 경우 다음의 소화설비 조건에 해당하는 것을 적으시오. (4점)

① 자동차용 소화기 설치개수
② 마른모래의 설치용량

해설

<table>
<tr><th>제조소 등의 구분</th><th>소화설비</th><th colspan="2">설치기준</th></tr>
<tr><td>지하탱크저장소</td><td>소형수동식 소화기 등</td><td>능력단위의 수치가 3 이상</td><td>2개 이상</td></tr>
<tr><td rowspan="2">이동탱크저장소</td><td>자동차용 소화기</td><td>• 무상의 강화액 8L 이상
• 이산화탄소 3.2kg 이상
• 브로모클로로다이플루오로메테인(CF_2ClBr) 2L 이상
• 브로모트라이플루오로메테인(CF_3Br) 2L 이상
• 다이브로모테트라플루오로에테인($C_2F_4Br_2$) 1L 이상
• 소화분말 3.3kg 이상</td><td rowspan="2">2개 이상</td></tr>
<tr><td>마른모래 및 팽창질석 또는 팽창진주암</td><td>• 마른모래 150L 이상
• 팽창질석 또는 팽창진주암 640L 이상</td></tr>
<tr><td>그 밖의 제조소 등</td><td>소형수동식 소화기 등</td><td colspan="2">능력단위의 수치가 건축물, 그 밖의 공작물 및 위험물의 소요단위의 수치에 이르도록 설치할 것. 다만, 옥내소화전설비, 옥외소화전설비, 스프링클러설비, 물분무 등 소화설비 또는 대형수동식 소화기를 설치한 경우에는 해당 소화설비의 방사능력범위 내의 부분에 대하여는 수동식 소화기 등을 그 능력단위의 수치가 해당 소요단위의 수치의 1/5 이상이 되도록 하는 것으로 족하다.</td></tr>
</table>

해답

① 2m
② 150L 이상

08

알루미늄에 대해 다음 물음에 답하시오. (6점)

① 물과의 접촉 시 화학반응식
② 물과의 접촉으로 발생하는 가연성 가스의 명칭
③ 알루미늄은 위험물안전관리법상 150마이크로미터의 체를 통과하는 것이 ( )중량퍼센트 미만인 것은 제외한다.

해답

① $2Al+6H_2O \rightarrow 2Al(OH)_3+3H_2$
② H_2
③ 50

09

동영상에서는 샬레에 목분을 준비하고 목분을 에틸알코올로 적신다음 삼산화크로뮴을 접촉시켜 서로 혼촉하는 반응을 보여준다. 다음 물음에 답하시오. (4점)

① 몇 류와 몇 류 간의 혼촉발화를 보여주는가?
② 동영상에서 보여주는 제4류 위험물의 연소반응식을 쓰고, 필요한 산소 몰수를 구하면?

해설

$C_2H_5OH+3O_2 \rightarrow 2CO_2+3H_2O$

해답

① 제1류와 제4류
② $C_2H_5OH+3O_2 \rightarrow 2CO_2+3H_2O$, 3몰

10

동영상에서는 알킬알루미늄 등의 제조소 또는 일반취급소에서 3D 원통형 탱크 2개를 보여주며, 한쪽 통에 가스를 주입하는 모습이 나온다. 이때 주입하는 물질은 질소라는 것을 보여주는데, 이렇게 질소가스를 봉입하는 이유는 무엇인지 쓰시오. (3점)

해답

공기와의 접촉을 방지하기 위해

2017년 제4회 과년도 출제문제

제4회 일반검정문제

01 위험물제조소의 옥외에 용량이 500L와 200L인 액체위험물(이황화탄소 제외) 취급탱크 2기가 있다. 2기의 탱크 주위에 하나의 방유제를 설치하는 경우 방유제의 용량은 얼마 이상이 되게 하여야 하는지 구하시오. (단, 지정수량 이상을 취급하는 경우이다.) (4점)

① 계산과정 ② 답

해설

방유제 설치

옥외에 있는 위험물취급탱크로서 액체위험물(이황화탄소를 제외한다)을 취급하는 것의 주위에는 방유제를 설치할 것. 하나의 취급탱크 주위에 설치하는 방유제의 용량은 해당 탱크용량의 50% 이상으로 하고, 2 이상의 취급탱크 주위에 하나의 방유제를 설치하는 경우 그 방유제의 용량은 해당 탱크 중 용량이 최대인 것의 50%에 나머지 탱크용량 합계의 10%를 가산한 양 이상이 되게 할 것. 이 경우 방유제의 용량은 해당 방유제의 내용적에서 용량이 최대인 탱크 외의 탱크의 방유제 높이 이하 부분의 용적, 해당 방유제 내에 있는 모든 탱크의 지반면 이상 부분의 기초의 체적, 간막이 둑의 체적 및 해당 방유제 내에 있는 배관 등의 체적을 뺀 것으로 한다.

$500 \times 0.5 + 200 \times 0.1 = 270L$

해답

① $500 \times 0.5 + 200 \times 0.1$

② 270L

02 경유 600리터, 중유 200리터, 등유 300리터, 톨루엔 400리터를 보관하고 있다. 위험물안전관리법령상 각 위험물의 지정수량 배수의 총합은 얼마인지 구하시오. (4점)

① 계산과정

② 답

해설

$$지정수량\ 배수의\ 합 = \frac{A품목\ 저장수량}{A품목\ 지정수량} + \frac{B품목\ 저장수량}{B품목\ 지정수량} + \frac{C품목\ 저장수량}{C품목\ 지정수량} + \cdots$$

$$= \frac{600L}{1,000L} + \frac{200L}{2,000L} + \frac{300L}{1,000L} + \frac{400L}{200L} = 3$$

해답

① $\frac{600L}{1,000L} + \frac{200L}{2,000L} + \frac{300L}{1,000L} + \frac{400L}{200}$

② 3배

03

다음에서 설명하는 위험물의 완전연소반응식을 쓰시오. (4점)

- 은백색의 광택이 있는 경금속이다.
- 칼로 잘리는 무른 금속이다.
- 원자량은 39, 비중은 약 0.86이다.

해설

금속칼륨의 일반적 성질

㉠ 은백색의 광택이 있는 경금속으로 흡습성, 조해성이 있고, 석유 등 보호액에 장기보존 시 표면에 K_2O, KOH, K_2CO_3가 피복되어 가라앉는다.

㉡ 녹는점 이상으로 가열하면 보라색 불꽃을 내면서 연소한다.
$4K + O_2 \rightarrow 2K_2O$

㉢ 물 또는 알코올과 반응하지만, 에터와는 반응하지 않는다.

㉣ 비중 0.86, 융점 63.7℃, 비점 774℃

해답

$4K + O_2 \rightarrow 2K_2O$

04

다음 각 물질의 주된 연소형태 한 가지를 보기에서 선택하여 쓰시오. (6점)

[보기]
표면연소, 분해연소, 증발연소, 자기연소, 예혼합연소, 확산연소

① 나프탈렌
② 석탄
③ 금속분

해설

고체의 연소형태

㉠ 표면연소(직접연소) : 열분해에 의하여 가연성 가스를 발생치 않고 그 자체가 연소하는 형태로서 연소반응이 고체의 표면에서 이루어지는 형태이다.
예 목탄, 코크스, 금속분 등

㉡ 분해연소 : 가연성 가스가 공기 중에서 산소와 혼합되어 타는 현상이다.
예 목재, 석탄, 종이 등

㉢ 증발연소 : 가연성 고체에 열을 가하면 융해되어 여기서 생긴 액체가 기화되고 이로 인한 연소가 이루어지는 형태이다.
예 양초, 황, 나프탈렌 등

㉣ 내부연소(자기연소) : 물질 자체의 분자 안에 산소를 함유하고 있는 물질이 연소 시 외부에서의 산소 공급을 필요로 하지 않고 물질 자체가 갖고 있는 산소를 소비하면서 연소하는 형태이다.
예 질산에스터류, 나이트로화합물류 등

해답

① 증발연소
② 분해연소
③ 표면연소

05 불활성가스소화약제 IG-541의 구성성분 3가지를 쓰시오. (3점)

해설

불활성가스소화약제의 종류

소화약제	화학식
불연성 · 불활성 기체혼합가스(이하 "IG-01"이라 한다.)	Ar
불연성 · 불활성 기체혼합가스(이하 "IG-100"이라 한다.)	N_2
불연성 · 불활성 기체혼합가스(이하 "IG-541"이라 한다.)	N_2 : 52%, Ar : 40%, CO_2 : 8%
불연성 · 불활성 기체혼합가스(이하 "IG-55"라 한다.)	N_2 : 50%, Ar : 50%

※ IG-A B C 명명법(첫째 자리 반올림)
- C → CO_2의 농도
- B → Ar의 농도
- A → N_2의 농도

해답

질소(N_2), 아르곤(Ar), 이산화탄소(CO_2)

06

트라이에틸알루미늄이 물과 접촉하면 발생하는 가연성 가스의 화학식을 쓰시오. (3점)

해설

트라이에틸알루미늄은 제3류 위험물로서 물, 산, 알코올과 접촉하면 폭발적으로 반응하여 에테인을 형성하고 이때 발열, 폭발에 이른다.

$(C_2H_5)_3Al + 3H_2O \rightarrow Al(OH)_3 + 3C_2H_6$

$(C_2H_5)_3Al + HCl \rightarrow (C_2H_5)_2AlCl + C_2H_6$

$(C_2H_5)_3Al + 3CH_3OH \rightarrow Al(CH_5O)_3 + 3C_2H_6$

해답

C_2H_6

07

[보기]의 위험물 중에서 비수용성인 것을 모두 선택하여 쓰시오. (단, 해당하는 물질이 없을 경우는 "없음"이라고 쓰시오.) (4점)

[보기]
에틸알코올, 이황화탄소, 아세트알데하이드, 벤젠, 아세트산

해설

제4류 위험물(인화성 액체)의 종류와 지정수량

위험등급	품명		품목	지정수량
I	특수인화물	비수용성	다이에틸에터, 이황화탄소	50L
		수용성	아세트알데하이드, 산화프로필렌	
II	제1석유류	비수용성	가솔린, 벤젠, 톨루엔, 사이클로헥세인, 콜로디온, 메틸에틸케톤, 초산메틸, 초산에틸, 의산에틸, 헥세인, 에틸벤젠 등	200L
		수용성	아세톤, 피리딘, 아크롤레인, 의산메틸, 사이안화수소 등	400L
	알코올류		메틸알코올, 에틸알코올, 프로필알코올, 아이소프로필알코올	400L
III	제2석유류	비수용성	등유, 경유, 테레빈유, 스타이렌, 자일렌(o−, m−, p−), 클로로벤젠, 장뇌유, 뷰틸알코올, 알릴알코올 등	1,000L
		수용성	폼산, 초산, 하이드라진, 아크릴산, 아밀알코올 등	2,000L
	제3석유류	비수용성	중유, 크레오소트유, 아닐린, 나이트로벤젠, 나이트로톨루엔 등	2,000L
		수용성	에틸렌글리콜, 글리세린 등	4,000L
	제4석유류		기어유, 실린더유, 윤활유, 가소제	6,000L
	동·식물유류		• 건성유 : 아마인유, 들기름, 동유, 정어리기름, 해바라기유 등 • 반건성유 : 참기름, 옥수수기름, 청어기름, 채종유, 면실유(목화씨유), 콩기름, 쌀겨유 등 • 불건성유 : 올리브유, 피마자유, 야자유, 땅콩기름, 동백유 등	10,000L

해답

이황화탄소, 벤젠

08

분말소화약제 $NH_4H_2PO_4$ 115g이 열분해할 경우 몇 g의 HPO_3가 생기는지 화학반응식을 쓰고 구하시오. (단, P의 원자량은 31이다.) (4점)
① 화학반응식
② 계산과정
③ 답

해설

제1인산암모늄의 열분해반응식은 다음과 같다.

$NH_4H_2PO_4 \rightarrow NH_3 + H_2O + HPO_3$

115g $-NH_4H_2PO_4$	1mol $-NH_4H_2PO_4$	1mol $-HPO_3$	80g $-HPO_3$	$=80g-HPO_3$
	115g $-NH_4H_2PO_4$	1mol $-NH_4H_2PO_4$	1mol $-HPO_3$	

해답

① $NH_4H_2PO_4 \rightarrow NH_3 + H_2O + HPO_3$

②

115g $-NH_4H_2PO_4$	1mol $-NH_4H_2PO_4$	1mol $-HPO_3$	80g $-HPO_3$	$=80g-HPO_3$
	115g $-NH_4H_2PO_4$	1mol $-NH_4H_2PO_4$	1mol $-HPO_3$	

③ 80g

09

물분무소화설비의 설치기준에 대해 다음 (　) 안에 알맞은 수치를 쓰시오. (3점)
① 방호대상물의 표면적이 $150m^2$인 경우 물분무소화설비의 방사구역은 (　)m^2 이상으로 할 것
② 수원의 수량은 분무헤드가 가장 많이 설치된 방사구역의 모든 분무헤드를 동시에 사용할 경우에 해당 방사구역의 표면적 $1m^2$당 1분당 (　)L의 비율로 계산한 양으로 (　)분간 방사할 수 있는 양 이상이 되도록 설치할 것

해설

물분무소화설비의 설치기준

㉠ 물분무소화설비에 2 이상의 방사구역을 두는 경우에는 화재를 유효하게 소화할 수 있도록 인접하는 방사구역이 상호 중복되도록 할 것
㉡ 물분무소화설비의 방사구역은 $150m^2$ 이상(방호대상물의 표면적이 $150m^2$ 미만인 경우에는 해당 표면적)으로 할 것
㉢ 수원의 수량은 분무헤드가 가장 많이 설치된 방사구역의 모든 분무헤드를 동시에 사용할 경우에 해당 방사구역의 표면적 $1m^2$당 1분당 20L의 비율로 계산한 양으로 30분간 방사할 수 있는 양 이상이 되도록 설치할 것

해답

① 150
② 20, 30

10

지정수량의 5배 이상의 위험물을 운송할 경우 제6류 위험물과 혼재할 수 없는 위험물은 제 몇 류 위험물인지 모두 쓰시오. (4점)

해설

유별을 달리하는 위험물의 혼재기준

위험물의 구분	제1류	제2류	제3류	제4류	제5류	제6류
제1류		×	×	×	×	○
제2류	×		×	○	○	×
제3류	×	×		○	×	×
제4류	×	○	○		○	×
제5류	×	○	×	○		×
제6류	○	×	×	×	×	

해답

제2류, 제3류, 제4류, 제5류

11

동식물유를 아이오딘값에 따라 분류할 때 야자유와 같이 아이오딘값이 100 이하인 것을 무엇이라고 하는지 쓰시오. (2점)

해설

아이오딘값

유지 100g에 부가되는 아이오딘의 g수. 불포화도가 증가할수록 아이오딘값이 증가하며, 자연발화의 위험이 있다.

㉠ 건성유 : 아이오딘값이 130 이상인 것
이중결합이 많아 불포화도가 높기 때문에 공기 중에서 산화되어 액 표면에 피막을 만드는 기름
예 아마인유, 들기름, 동유, 정어리기름, 해바라기유 등

㉡ 반건성유 : 아이오딘값이 100~130인 것
공기 중에서 건성유보다 얇은 피막을 만드는 기름
예 참기름, 옥수수기름, 청어기름, 채종유, 면실유(목화씨유), 콩기름, 쌀겨유 등

㉢ 불건성유 : 아이오딘값이 100 이하인 것
공기 중에서 피막을 만들지 않는 안정된 기름
예 올리브유, 피마자유, 야자유, 땅콩기름, 동백기름 등

해답

불건성유

12

제4류 위험물 중 특수인화물인 $C_2H_5OC_2H_5$의 위험도(H)를 구하시오. (4점)
① 계산과정　　② 답

해설

위험도(H)

가연성 혼합가스의 연소범위에 의해 결정되는 값이다.

$$H=\frac{U-L}{L}$$

여기서, H : 위험도, U : 연소상한치(UEL), L : 연소하한치(LEL)

다이에틸에터의 연소범위는 1.9~48%에 해당하므로 $H=\frac{48-1.9}{1.9}=24.26$

해답

① $\frac{48-1.9}{1.9}$, ② 24.26

13

벤젠의 수소원자 1개를 메틸기로 치환하면 생성되는 물질의 명칭과 지정수량을 쓰시오. (4점)
① 물질명　　② 지정수량

해설

톨루엔($C_6H_5CH_3$)

㉠ 무색 투명하며 벤젠향과 같은 독특한 냄새를 가진 액체로 진한질산과 진한황산을 반응시키면 나이트로화하여 TNT의 제조에 이용된다.

㉡ 분자량 92, 액비중 0.871(증기비중 3.14), 비점 111℃, 인화점 4℃, 발화점 490℃, 연소범위 1.4~6.7%로 벤젠보다 독성이 약하며 휘발성이 강하여 인화가 용이하며 연소할 때 자극성, 유독성 가스를 발생한다.

㉢ 1몰의 톨루엔과 3몰의 질산을 황산촉매하에 반응시키면 나이트로화에 의해 TNT가 만들어진다.

$$C_6H_5CH_3+3HNO_3 \xrightarrow[\text{나이트로화}]{c-H_2SO_4} C_6H_2CH_3(NO_2)_3 + 3H_2O$$

(구조식: CH_3, NO_2, NO_2, NO_2)

TNT

해답

① 톨루엔, ② 200L

14

다음 위험물의 시성식을 쓰시오. (6점)
① 에틸렌글리콜　　② 나이트로벤젠　　③ 아닐린

해답

① $C_2H_4(OH)_2$, ② $C_6H_5NO_2$, ③ $C_6H_5NH_2$

제4회 동영상문제

01

동영상에서 물에 적셔진 여과지에 보기의 위험물을 각각 올려놓는 장면이 나온다. 다음 물음에 답하시오. (4점)

[보기]
A(과산화바륨), B(탄화칼슘), C(나트륨), D(칼륨)

① 위험물의 유별이 다른 것을 쓰시오.
② B와 물이 접촉하는 경우 화학반응식을 쓰시오.

해설

①

물질명	유별
과산화바륨(Ba_2O_2)	제1류 위험물 (산화성 고체)
탄화칼슘(CaC_2)	제3류 위험물 (자연발화성 물질 및 금수성 물질)
나트륨(Na)	
칼륨(K)	

② 탄화칼슘(=칼슘카바이트, CaC_2)

- 제3류 위험물(자연발화성 및 금수성 물질)
- 물(H_2O)과 반응하여 가연성 가스인 아세틸렌가스(C_2H_2)를 발생한다.

  $CaC_2 + 2H_2O \rightarrow Ca(OH)_2 + C_2H_2$

  탄화칼슘 물 산화칼슘 아세틸렌
- 아세틸렌의 연소범위(폭발범위)는 2.5~81%로 매우 넓어서 폭발의 위험성이 크다.
- 700℃에서 질화되어 석회질소($CaCN_2$)가 생성된다.

  $CaC_2+N_2 \rightarrow CaCN_2+C$
- 장기간 보관할 경우 불활성 가스인 질소(N_2) 등을 봉입하여 저장한다.

해답

① A(과산화바륨)
② $CaC_2+2H_2O \rightarrow Ca(OH)_2+C_2H_2$

02

동영상에서는 4개의 비커에 제1석유류, 제2석유류, 제3석유류, 제4석유류가 각각 들어 있는 것을 보여준다. 다음 표의 빈칸을 알맞게 채우시오. (6점)

지정수량	품명	수용성/비수용성
400L	①	②
1,000L	③	④
4,000L	⑤	⑥

해설

제4류 위험물의 종류와 지정수량

성질	위험등급	품명		지정수량
인화성 액체	I	특수인화물류		50L
	II	제1석유류	비수용성	200L
			수용성	400L
		알코올류		400L
	III	제2석유류	비수용성	1,000L
			수용성	2,000L
		제3석유류	비수용성	2,000L
			수용성	4,000L
		제4석유류		6,000L
		동 · 식물유류		10,000L

해답

① 제1석유류, ② 수용성, ③ 제2석유류, ④ 비수용성, ⑤ 제3석유류, ⑥ 수용성

03

동영상에서 일정량의 물이 담긴 상태에서 비커 내의 온도계를 보여주고, 그 다음에는 동일하게 물이 담긴 비커에 일정량의 질산암모늄을 녹인 다음 온도계를 보여준다. 이때 일어난 반응을 무엇이라 하는지 쓰시오. (4점)

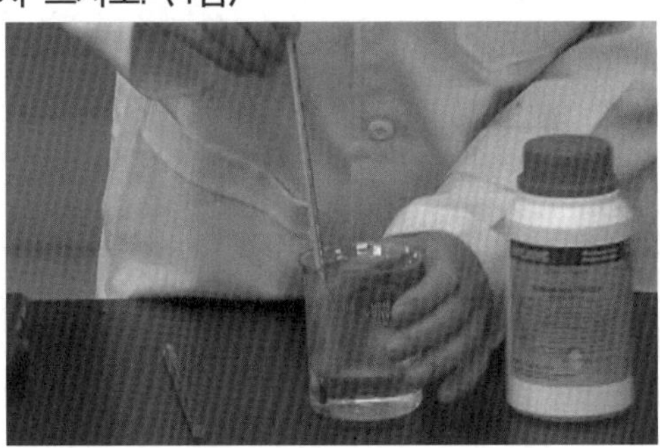

해설

질산암모늄

비중 1.73, 융점 165℃, 분해온도 220℃, 무색, 백색 또는 연회색의 결정으로 조해성과 흡습성이 있고, 물에 녹을 때 열을 대량 흡수하여 한제로 이용된다. 또한 약 220℃에서 가열할 때 분해되어 아산화질소(N_2O)와 수증기(H_2O)를 발생시키고 계속 가열하면 폭발한다.

발열반응과 흡열반응

㉠ 발열반응 : 반응물질의 에너지가 생성물질의 에너지보다 커 열을 주위로 방출하면서 진행되는 반응
㉡ 흡열반응 : 반응물질이 가진 내부에너지보다 생성물질이 가진 내부에너지가 커 주위로부터 열에너지를 흡수하면서 진행되는 반응

해답

흡열반응

04

다음 빈칸에 알맞은 수치를 쓰시오. (4점)
동영상에서는 제1종 판매취급소를 보여준다. 이와 같은 판매취급소에서 위험물을 배합하는 실은 바닥면적 (①)m^2 이상 (②)m^2 이하로 한다.

해설

제1종 판매취급소

저장 또는 취급하는 위험물의 수량이 지정수량의 20배 이하인 취급소
㉮ 건축물의 1층에 설치한다.
㉯ 배합실은 다음과 같다.
 ㉠ 바닥면적은 $6m^2$ 이상 $15m^2$ 이하이다.
 ㉡ 내화구조 또는 불연재료로 된 벽으로 구획한다.
 ㉢ 바닥은 위험물이 침투하지 아니하는 구조로 하여 적당한 경사를 두고 집유설비를 한다.
 ㉣ 출입구에는 수시로 열 수 있는 자동폐쇄식의 60분+방화문 · 60분방화문을 설치한다.
 ㉤ 출입구 문턱의 높이는 바닥면으로 0.1m 이상으로 한다.
 ㉥ 내부에 체류한 가연성 증기 또는 가연성의 미분을 지붕 위로 방출하는 설치를 한다.

해답

① 6, ② 15

05

동영상에서는 위험물제조소에서 취급하고 있는 질산을 보여준다. 다음 물음에 답하시오. (4점)

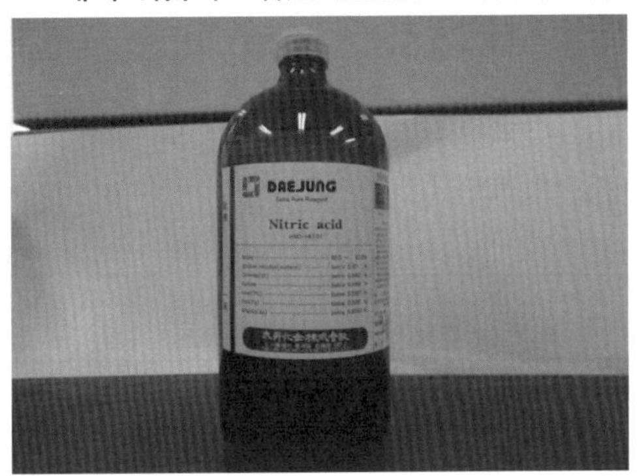

① 비중이 몇 이상인 것을 위험물이라 하는가?
② 질산의 지정수량은?

해설

질산(HNO_3)

- 제6류 위험물(산화성 액체), 지정수량 300kg
- 불연성이이지만 강산 산화력을 가지고 있는 강산화성, 부식성 물질이다.
- 햇빛에 의해 분해하여 이산화질소(NO_2)를 발생하므로 갈색병에 넣어 냉암소에 저장한다.

  $4HNO_3 \rightarrow 2H_2O + 4NO_2 + O_2$

해답

① 1.49 이상
② 300kg

06

동영상에서는 에틸알코올 40,000리터를 제조하는 위험물제조소를 보여준다. 액화석유가스를 저장하는 시설과는 몇 m 이상의 안전거리를 확보해야 하는지 쓰시오. (3점)

해설

건축물	안전거리
사용전압 7,000V 초과 35,000V 이하의 특고압가공전선	3m 이상
사용전압 35,000V 초과 특고압가공전선	5m 이상
주거용으로 사용되는 것(제조소가 설치된 부지 내에 있는 것 제외)	10m 이상
고압가스, 액화석유가스 또는 도시가스를 저장 또는 취급하는 시설	20m 이상
학교, 병원(종합병원, 치과병원, 한방·요양병원), 극장(공연장, 영화상영관, 수용인원 300명 이상 시설), 아동복지시설, 노인복지시설, 장애인복지시설, 모·부자복지시설, 보육시설, 성매매자를 위한 복지시설, 정신보건시설, 가정폭력피해자 보호시설, 수용인원 20명 이상의 다수인시설	30m 이상
유형문화재, 지정문화재	50m 이상

해답

20m

07

동영상에서는 먼저 과염소산나트륨, 과염소산칼륨, 다이크로뮴산암모늄의 시약병을 보여준다. 준비된 3개의 샬레에 각각 (A) 적색가루, (B) 투명한 가루, (C) 백색가루를 보여준다. 다음 물음에 답하시오. (6점)

① (A)의 물질명
② (A)의 품명
③ (A)의 화학식

해설

물질명	과염소산나트륨	과염소산칼륨	다이크로뮴산암모늄
색상	무색결정 또는 백색분말	무색결정 또는 백색분말	적색 또는 등적색
품명	과염소산염류	과염소산염류	다이크로뮴산염류
지정수량	50kg	50kg	1,000kg
화학식	$NaClO_4$	$KClO_4$	$(NH_4)_2Cr_2O_7$

해답

① 다이크로뮴산암모늄
② 다이크로뮴산염류
③ $(NH_4)_2Cr_2O_7$

08

동영상에서 금속나트륨이 물과 반응하는 모습을 보여준다. 다음 물음에 답하시오. (4점)

① 금속나트륨의 지정수량
② 금속나트륨의 물과의 반응식

해설

금속나트륨은 제3류 위험물 중 위험등급 Ⅰ에 해당하며, 지정수량은 10kg이다. 물과 격렬히 반응하여 발열하고 수소를 발생하며, 산과는 폭발적으로 반응한다. 또한 수용액은 염기성으로 변하고, 페놀프탈레인과 반응 시 붉은색을 나타내며, 특히 아이오딘산과 접촉 시 폭발한다.

해답

① 10kg
② $2Na + 2H_2O \rightarrow 2NaOH + H_2$

09

동영상에서는 위험물제조소를 보여준다. 다음 물음에 답하시오. (4점)
① 휘발유 5,000L와 경유 10,000L의 지정수량의 배수의 합은 얼마인가?
② 학교, 병원과 위험물제조소와의 안전거리는 얼마로 해야 하는가?

해설

① 제4류 위험물(인화성 액체)의 종류와 지정수량

위험등급	품명		품목	지정수량
I	특수인화물	비수용성	다이에틸에터, 이황화탄소	50L
		수용성	아세트알데하이드, 산화프로필렌	
II	제1석유류	비수용성	가솔린, 벤젠, 톨루엔, 사이클로헥세인, 콜로디온, 메틸에틸케톤, 초산메틸, 초산에틸, 의산에틸, 헥세인, 에틸벤젠 등	200L
		수용성	아세톤, 피리딘, 아크롤레인, 의산메틸, 사이안화수소 등	400L
	알코올류		메틸알코올, 에틸알코올, 프로필알코올, 아이소프로필알코올	400L
III	제2석유류	비수용성	등유, 경유, 테레빈유, 스타이렌, 자일렌(o-, m-, p-), 클로로벤젠, 장뇌유, 뷰틸알코올, 알릴알코올 등	1,000L
		수용성	폼산, 초산, 하이드라진, 아크릴산, 아밀알코올 등	2,000L
	제3석유류	비수용성	중유, 크레오소트유, 아닐린, 나이트로벤젠, 나이트로톨루엔 등	2,000L
		수용성	에틸렌글리콜, 글리세린 등	4,000L
	제4석유류		기어유, 실린더유, 윤활유, 가소제	6,000L
	동·식물유류		• 건성유 : 아마인유, 들기름, 동유, 정어리기름, 해바라기유 등 • 반건성유 : 참기름, 옥수수기름, 청어기름, 채종유, 면실유(목화씨유), 콩기름, 쌀겨유 등 • 불건성유 : 올리브유, 피마자유, 야자유, 땅콩기름, 동백유 등	10,000L

$$\text{지정수량 배수의 합} = \frac{\text{A품목 저장수량}}{\text{A품목 지정수량}} + \frac{\text{B품목 저장수량}}{\text{B품목 지정수량}} + \frac{\text{C품목 저장수량}}{\text{C품목 지정수량}} + \cdots$$

$$= \frac{5{,}000\text{L}}{200\text{L}} + \frac{10{,}000\text{L}}{1{,}000\text{L}}$$

$$= 35$$

② 6번 문제 해설 참고

해답

① 35배
② 30m 이상

10

동영상에서는 주유취급소의 지하탱크저장소의 탱크와 지하의 벽 사이를 화살표로 표시한 그림을 보여준다. 다음 물음에 답하시오. (6점)

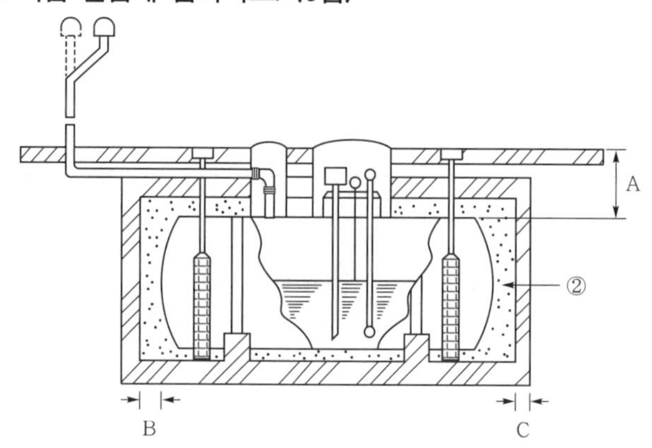

① 벽과 탱크 사이의 거리

② 해당 탱크의 주위에 마른모래 또는 습기 등에 의하여 응고되지 아니하는 입자지름 (　　)mm 이하의 마른(　　　)을 채워야 한다.

해설

지하탱크저장소

㉮ 지하저장탱크의 윗부분은 지면으로부터 0.6m 이상 아래에 있어야 한다.

㉯ 탱크전용실은 지하의 가장 가까운 벽·피트·가스관 등의 시설물 및 대지경계선으로부터 0.1m 이상 떨어진 곳에 설치하고, 지하저장탱크와 탱크전용실의 안쪽과의 사이는 0.1m 이상의 간격을 유지하도록 하며, 해당 탱크의 주위에 마른모래 또는 습기 등에 의하여 응고되지 아니하는 입자지름 5mm 이하의 마른자갈분을 채워야 한다.

㉰ 탱크전용실은 벽·바닥 및 뚜껑을 다음에 정한 기준에 적합한 철근콘크리트구조 또는 이와 동등 이상의 강도가 있는 구조로 설치하여야 한다.

㉠ 벽·바닥 및 뚜껑의 두께는 0.3m 이상일 것

㉡ 벽·바닥 및 뚜껑의 내부에는 직경 9mm부터 13mm까지의 철근을 가로 및 세로로 5cm부터 20cm까지의 간격으로 배치할 것

㉢ 벽·바닥 및 뚜껑의 재료에 수밀콘크리트를 혼입하거나 벽·바닥 및 뚜껑의 중간에 아스팔트층을 만드는 방법으로 적정한 방수조치를 할 것

해답

① 0.1m

② 5, 자갈분

2018. 3. 11. 시행

2018년

제1회 과년도 출제문제

제1회 일반검정문제

01 동영상에서는 나트륨과 칼륨의 시약병을 보여준다. 아래 보기 중 두 위험물의 공통점을 모두 고르시오. (4점)

[보기]
① 무른 금속이다.
② 알코올과 반응 시 수소를 발생한다.
③ 물과 반응 시 불연성 기체를 발생한다.
④ 흑색 고체이다.
⑤ 보호액에 저장한다.

해설

나트륨과 칼륨의 경우 은백색 고체로서 알코올 또는 물과 접촉 시 수소가스를 발생한다. 또한, 습기나 물에 접촉하지 않도록 보호액(석유, 벤젠, 파라핀 등) 속에 보관한다.

$2K+2C_2H_5OH \rightarrow 2C_2H_5OK+H_2$

$2K+2H_2O \rightarrow 2KOH+H_2$

$2Na+2C_2H_5OH \rightarrow 2C_2H_5ONa+H_2$

$2Na+2H_2O \rightarrow 2NaOH+H_2$

해답

①, ②, ⑤

02 아닐린에 대한 다음 각 물음에 답하시오. (4점)
① 위험물안전관리법령상 해당하는 품명을 쓰시오.
② 지정수량을 쓰시오.

해답

① 제3석유류
② 비수용성으로 2,000L

03

이동저장탱크의 경우 방파판의 두께는 얼마 이상으로 해야 하는지 쓰시오. (3점)

해설

이동저장탱크 중 방파판 및 방호틀의 기준

㉠ 두께 1.6mm 이상의 강철판 또는 이와 동등 이상의 강도·내열성 및 내식성이 있는 금속성의 것으로 할 것

㉡ 하나의 구획부분에 2개 이상의 방파판을 이동저장탱크의 진행방향과 평행으로 설치하되, 각 방파판은 그 높이 및 칸막이로부터의 거리를 다르게 할 것

㉢ 하나의 구획부분에 설치하는 각 방파판의 면적의 합계는 해당 구획부분의 최대 수직단면적의 50% 이상으로 할 것. 다만, 수직단면이 원형이거나 짧은 지름이 1m 이하의 타원형일 경우에는 40% 이상으로 할 수 있다.

해답

1.6mm 이상

04

다음 위험물에 대해 물질명 및 지정수량을 알맞게 적으시오. (6점)

화학식	물질명	지정수량
NH_4ClO_4	①	②
$KMnO_4$	③	④
$K_2Cr_2O_7$	⑤	⑥

해답

① 과염소산암모늄
② 50kg
③ 과망가니즈산칼륨
④ 1,000kg
⑤ 다이크로뮴산칼륨
⑥ 1,000kg

05

제1류 위험물 질산칼륨 1mol 중의 질소함량은 약 몇 wt%인지 구하시오. (단, K의 원자량은 39이다.) (4점)

해설

질산칼륨의 화학식 : KNO_3

$$질소함량 = \frac{14}{(39+14+16\times3)}\times100 = 13.86\%$$

해답

13.86%

06

다음의 Halon 번호에 해당하는 화학식을 각각 쓰시오. (4점)
① Halon 1011　　② Halon 1211

해설

할론 소화약제 명명법

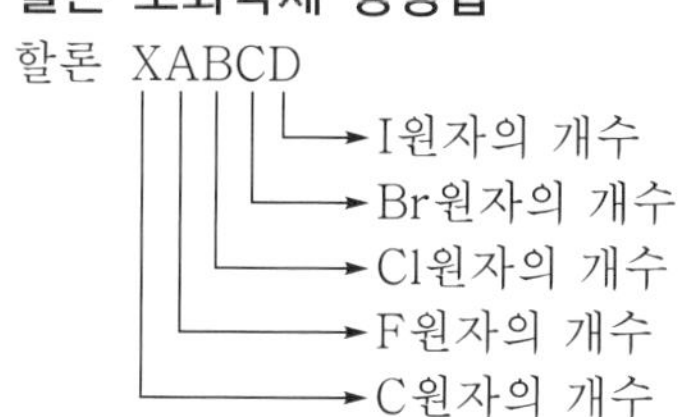

해답

① $CBrClH_2$, ② CF_2ClBr

07

위험물 제조소의 방유제 안에 위험물 취급탱크 $200m^3$ 1개와 $100m^3$ 1개가 있다. 방유제의 용량은 몇 m^3 이상으로 하여야 하는지 쓰시오. (4점)

해설

하나의 취급탱크 주위에 설치하는 방유제의 용량은 해당 탱크용량의 50% 이상으로 하고, 2 이상의 취급탱크 주위에 하나의 방유제를 설치하는 경우 그 방유제의 용량은 해당 탱크 중 용량이 최대인 것의 50%에 나머지 탱크용량 합계의 10%를 가산한 양 이상이 되게 할 것

$200m^3 \times 0.5 = 100m^3$, $100m^3 \times 0.1 = 10m^3$

$\therefore 100m^3 + 10m^3 = 110m^3$

해답

$110m^3$

08

위험물 운반 시 제6류 위험물과 혼재 가능한 위험물을 모두 쓰시오. (3점)

해설

위험물의 구분	제1류	제2류	제3류	제4류	제5류	제6류
제1류		×	×	×	×	○
제2류	×		×	○	○	×
제3류	×	×		○	×	×
제4류	×	○	○		○	×
제5류	×	○	×	○		×
제6류	○	×	×	×	×	

해답

제1류

09

> 다음 물음에 답하시오. (4점)
> ① 피부에 닿으면 노란색으로 변색되는 크산토프로테인 반응을 일으키는 제6류 위험물의 물질명과 화학식은?
> ② 증기비중이 3.49이고 물과 접촉 시 발열반응을 일으키는 제6류 위험물의 물질명과 화학식은?

해설

질산의 일반적인 성질

㉠ 3대 강산 중 하나로 흡습성, 자극성, 부식성이 강하며, 휘발성 · 발연성이다. 또한 직사광선에 의해 분해되어 이산화질소(NO_2)를 생성시킨다.

$4HNO_3 \rightarrow 2H_2O + 4NO_2 + O_2$

㉡ 피부에 닿으면 노란색으로 변색되는 크산토프로테인 반응(단백질 검출)을 한다.

㉢ 염산과 질산을 3부피와 1부피로 혼합한 용액을 왕수라 하며, 이 용액은 금과 백금을 녹이는 유일한 물질로 매우 강한 혼합산이다.

과염소산의 일반적인 성질

㉠ 무색무취의 유동하기 쉬운 액체이며, 흡습성이 강하고, 매우 불안정한 강산이다.

㉡ 비중은 3.5, 융점은 −112℃, 비점은 130℃이다.

㉢ 물과 접촉하면 발열하며, 안정된 고체 수화물을 만든다.

해답

① 질산, HNO_3

② 과염소산, $HClO_4$

10

> 위험물안전관리법상 제4류 위험물 제2석유류에 해당하며, 지정수량은 1,000L, 분자량은 104이고, 에틸벤젠을 탈수소화하면 나오는 물질을 쓰시오. (3점)

해설

스타이렌($C_6H_5CH=CH_2$, 바이닐벤젠, 페닐에틸렌)

㉠ 독특한 냄새가 나는 무색투명한 액체로서 물에는 녹지 않으나 유기용제 등에 잘 녹는다.

㉡ 빛, 가열 또는 과산화물에 의해 중합되어 중합체인 폴리스타이렌수지를 만든다.

㉢ 비중 0.91(증기비중 3.6), 비점 146℃, 인화점 32℃, 발화점 490℃, 연소범위 1.1~6.1%이다.

㉣ 에틸벤젠을 탈수소반응으로 만든다.

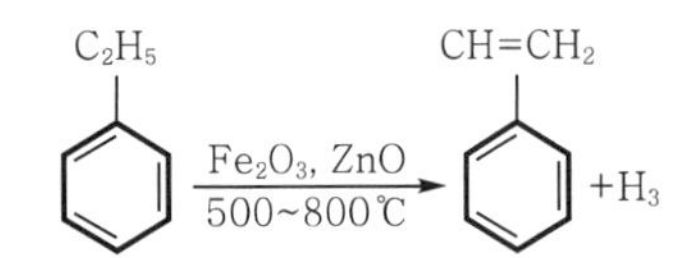

해답

스타이렌

11

제6류 위험물의 외부용기에 표시해야 하는 주의사항을 적으시오. (3점)

해설

유별	구분	주의사항
제1류 위험물 (산화성 고체)	알칼리금속의 과산화물	"화기·충격주의" "물기엄금" "가연물접촉주의"
	그 밖의 것	"화기·충격주의" "가연물접촉주의"
제2류 위험물 (가연성 고체)	철분·금속분·마그네슘	"화기주의" "물기엄금"
	인화성 고체	"화기엄금"
	그 밖의 것	"화기주의"
제3류 위험물 (자연발화성 및 금수성 물질)	자연발화성 물질	"화기엄금" "공기접촉엄금"
	금수성 물질	"물기엄금"
제4류 위험물 (인화성 액체)	–	"화기엄금"
제5류 위험물 (자기반응성 물질)	–	"화기엄금" 및 "충격주의"
제6류 위험물 (산화성 액체)	–	"가연물접촉주의"

해답

가연물접촉주의

12

ABC분말소화기 중 오르토인산이 생성되는 열분해반응식을 쓰시오. (4점)

해설

ABC분말은 인산암모늄이 주성분인 제3종 분말소화약제를 의미한다.
인산암모늄의 열분해반응식은 다음과 같다.

$$NH_4H_2PO_4 \rightarrow NH_3 + H_2O + HPO_3$$

$NH_4H_2PO_4 \rightarrow NH_3 + H_3PO_4$(인산, 오르토인산) at 190℃
$2H_3PO_4 \rightarrow H_2O + H_4P_2O_7$(피로인산) at 215℃
$H_4P_2O_7 \rightarrow H_2O + 2HPO_3$(메타인산) at 300℃
$2HPO_3 \rightarrow H_2O + P_2O_5$(오산화인) at 1,000℃

해답

$NH_4H_2PO_4 \rightarrow NH_3 + H_3PO_4$

13

위험물의 저장 및 운송에 관한 기준에서 다음과 같은 위험물을 운반용기에 수납하는 경우 수납률은 얼마로 해야 하는지 쓰시오. (3점)

① 고체 위험물
② 액체 위험물

해설

운반용기의 수납률

위험물	수납률
고체 위험물	95% 이하
액체 위험물	98% 이하(55℃에서 누설되지 않도록 할 것)

해답

① 95% 이하
② 98% 이하

14

위험물탱크 시험자가 갖추어야 할 장비를 각각 2가지 이상 적으시오. (6점)

① 필수장비
② 필요한 경우에 두는 장비

해설

위험물탱크 시험자가 갖추어야 할 장비

① 필수장비 : 방사선투과시험기, 초음파탐상시험기, 자기탐상시험기, 초음파두께측정기
② 필요한 경우에 두는 장비
  ㉮ 충·수압시험, 진공시험, 기밀시험 또는 내압시험의 경우
    ㉠ 진공능력 53kPa 이상의 진공누설시험기
    ㉡ 기밀시험장치(안전장치가 부착된 것으로서 가압능력 200kPa 이상, 감압의 경우에는 감압능력 10kPa 이상·감도 10Pa 이하의 것으로서 각각의 압력변화를 스스로 기록할 수 있는 것)
  ㉯ 수직·수평도시험의 경우 : 수직·수평도측정기

해답

① 방사선투과시험기, 초음파탐상시험기, 자기탐상시험기, 초음파두께측정기 중 2가지
② 진공누설시험기, 기밀시험장치, 수직·수평도측정기 중 2가지

제1회 동영상문제

01 동영상에서 위험물 제조소를 보여주고 있다. 위험물안전관리법에서는 사용전압 35,000V를 초과하는 특고압전선과 제조소와의 안전거리를 몇 m 이상으로 규정하고 있는지 쓰시오. (3점)

해설

제조소의 안전거리 기준

구분	안전거리
사용전압 7,000V 초과 35,000V 이하	3m 이상
사용전압 35,000V 초과	5m 이상
주거용	10m 이상
고압가스, 액화석유가스, 도시가스	20m 이상
학교 · 병원 · 극장	30m 이상
유형문화재, 지정문화재	50m 이상

※ 안전거리 : 위험물시설과 다른 공작물 또는 방호대상물과의 안전 · 공해 · 환경 등의 안전상 확보해야 할 물리적인 수평거리

해답

5m 이상

02 동영상에서는 위험물 제조소를 보여주고 있다. 위험물 제조소에서 제조하는 위험물이 휘발유 4,000L인 경우 다음 물음에 답하시오. (6점)

① 지정수량 배수
② 보유공지

해설

① 지정수량의 배수 $= \frac{\text{A품목 저장수량}}{\text{A품목 지정수량}} = \frac{4{,}000\text{L}}{200\text{L}} = 20$배

② 보유공지 기준

취급하는 위험물의 최대수량	공지의 너비
지정수량의 10배 이하	3m 이상
지정수량의 10배 초과	5m 이상

해답

① 20배
② 5m 이상

03

동영상에서는 이황화탄소, 에틸알코올을 보여준다. 이들 중 물과 혼합되지 않는 하층의 물질에 대해 다음 물음에 답하시오. (5점)

① 화학식

② 연소반응식

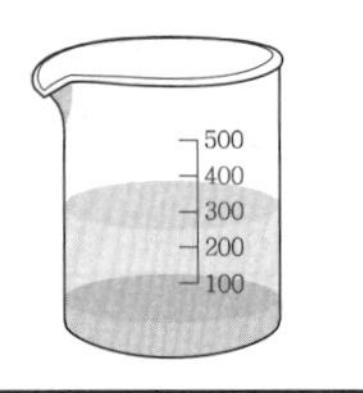

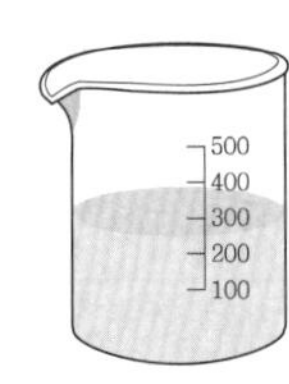

해설

이황화탄소의 경우 물보다 무겁고 물에 녹지 않으나, 알코올, 에터, 벤젠 등에는 잘 녹으며, 유지, 수지 등의 용제로 사용된다. 또한, 휘발하기 쉽고 발화점이 낮아 백열등, 난방기구 등의 열에 의해 발화되며, 점화하면 청색을 내고 연소하는데 연소생성물 중 SO_2는 유독성이 강하다.

$CS_2+3O_2 \rightarrow CO_2+2SO_2$

물보다 무겁고 물에 녹기 어렵기 때문에 가연성 증기의 발생을 억제하기 위하여 물(수조) 속에 저장한다.

해답

① CS_2

② $CS_2+3O_2 \rightarrow CO_2+2SO_2$

04

동영상에서는 철분, 과산화나트륨이 각각 물과 반응하는 모습을 보여준다. 다음 물음에 답하시오. (4점)

① 이때 과산화나트륨이 물과 반응하는 경우 발생하는 가스

② 동영상에서 보여주는 물질 중 위험물에 해당하는 물질의 지정수량

해설

- 철분(지정수량 500kg)의 경우 가열되거나 금속의 온도가 높은 경우 더운물 또는 수증기와 반응하면 수소를 발생하고 경우에 따라 폭발한다.

  $2Fe+3H_2O \rightarrow Fe_2O_3+3H_2$

- 과산화나트륨(지정수량 50kg)은 흡습성이 있으므로 물과 접촉하면 발열 및 수산화나트륨(NaOH)과 산소(O_2)를 발생한다.

  $2Na_2O_2+2H_2O \rightarrow 4NaOH+O_2$

해답

① 산소가스(O_2)

② 철분 500kg, 과산화나트륨 50kg

05

동영상에서 A~D 위험물을 보여준다. 다음 물음에 알맞은 답을 쓰시오. (6점)

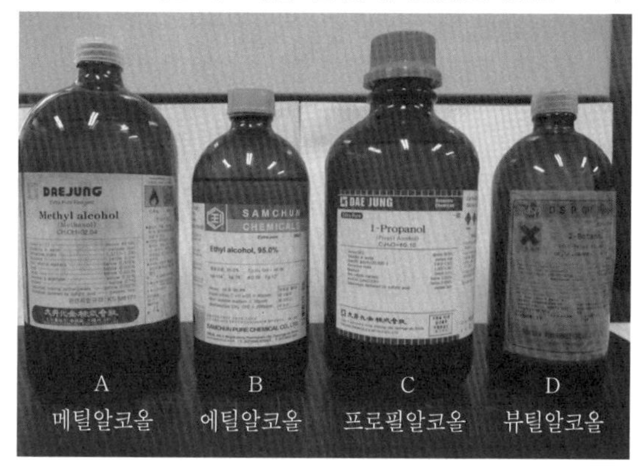

① 탄소 수가 제일 많은 것의 물질명은?
② 위험물안전관리법상 알코올류에 해당하지 않는 것은?

해설

구분	메틸알코올	에틸알코올	프로필알코올	뷰틸알코올
화학식(시성식)	CH_3OH	C_2H_5OH	C_3H_7OH	C_4H_9OH
끓는점(b.p.)	64℃	80℃	97℃	83℃
분자량(M.W.)	32g/mol	46g/mol	60g/mol	74g/mol

※ 알코올[R−OH, $C_nH_{2n+1}-OH$] : 알킬기(R)에 하이드록실기(OH)가 결합한 물질. 알코올은 탄소수(C)가 늘어날수록(=분자량이 커질수록) 끓는점(비점)이 높아진다.

해답

① 뷰틸알코올
② D

06

동영상에서는 비커에 담겨 있는 물을 보여주고 비커에 리튬을 넣어 반응하는 모습과 온도계의 모습을 보여준다. 또한, 붉은 리트머스 종이를 비커에 담는 것을 보여준다. 다음 물음에 답하시오. (4점)
① 온도가 올라가는 이유는?
② 붉은 리트머스 종이는 무슨 색으로 변하는가?

해설

리튬은 은백색의 금속으로 무르고 연하며 금속 중 가장 가볍다. 또한 물과 상온에서 서서히 반응하여 발열 및 수소를 발생한다.
$2Li+H_2O \rightarrow 2LiOH+H_2$

해답

① 발열
② 청색

07

금속칼륨에 대해 다음 물음에 답하시오. (6점)
① 이산화탄소와의 반응식
② 보호액

해설

① CO_2와 격렬히 반응하여 연소, 폭발의 위험이 있다.
$4K+3CO_2 \rightarrow 2K_2CO_3+C$ (연소 · 폭발)
② 습기나 물에 접촉하지 않도록 보호액(석유, 벤젠, 파라핀 등) 속에 저장한다.

해답

① $4K+3CO_2 \rightarrow 2K_2CO_3+C$ (연소 · 폭발)
② 석유, 벤젠, 파라핀 중 하나

08

동영상에서 지하탱크저장소를 보여준다. 다음 각 물음에 답을 쓰시오. (4점)

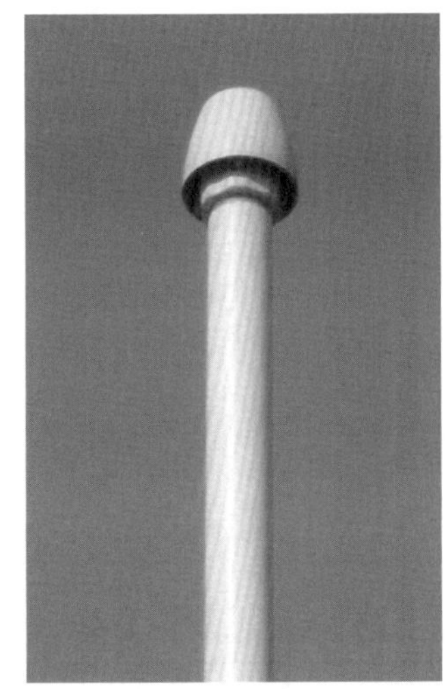

① 동영상에서 보여주는 설비의 명칭은?
② 위의 설비의 선단은 지반면으로부터 몇 m 이상의 높이에 설치하여야 하는가?

해설

밸브 없는 통기관 설치기준

㉠ 통기관의 선단은 건축물의 창 · 출입구 등의 개구부로부터 1m 이상 떨어진 옥외의 장소에 지면으로부터 4m 이상의 높이로 설치하되, 인화점이 40℃ 미만인 위험물의 탱크에 설치하는 통기관에 있어서는 부지경계선으로부터 1.5m 이상 이격할 것
㉡ 통기관은 가스 등이 체류할 우려가 있는 굴곡이 없도록 할 것

해답

① 밸브 없는 통기관
② 4m 이상

09

동영상에서는 제1종 판매취급소임을 보여준다. 다음 물음에 답하시오. (4점)
① 출입문의 설치기준　　② 문턱높이

해설

제1종 판매취급소

저장 또는 취급하는 위험물의 수량이 지정수량의 20배 이하인 취급소
㉮ 건축물의 1층에 설치한다.
㉯ 배합실은 다음과 같다.
- ㉠ 바닥면적은 $6m^2$ 이상 $15m^2$ 이하이다.
- ㉡ 내화구조로 된 벽으로 구획한다.
- ㉢ 바닥은 위험물이 침투하지 아니하는 구조로 하여 적당한 경사를 두고 집유설비를 한다.
- ㉣ 출입구에는 수시로 열 수 있는 자동폐쇄식의 60분+방화문 · 60분방화문을 설치한다.
- ㉤ 출입구 문턱의 높이는 바닥면으로부터 0.1m 이상으로 한다.
- ㉥ 내부에 체류한 가연성 증기 또는 가연성의 미분을 지붕 위로 방출하는 설비를 설치한다.

해답

① 수시로 열 수 있는 자동폐쇄식 60분+방화문 · 60분방화문, ② 0.1m

10

동영상에서는 이동저장탱크를 보여주면서 측면틀을 보여준다. 측면틀의 수평면의 각도는 얼마로 해야 하는지 쓰시오. (3점)

해설

이동저장탱크 측면틀 부착기준

㉠ 최외측선(측면틀의 최외측과 탱크의 최외측을 연결하는 직선)의 수평면에 대하여 내각이 75° 이상일 것
㉡ 최대수량의 위험물을 저장한 상태에 있을 때의 해당 탱크 중량의 중심선과 측면틀의 최외측을 연결하는 직선과 그 중심선을 지나는 직선 중 최외측선과 직각을 이루는 직선과의 내각이 35° 이상이 되도록 할 것

해답

75도

2018. 5. 26. 시행

2018년

제2회 과년도 출제문제

제2회 일반검정문제

01

다음 제1류 위험물의 화학식을 쓰시오. (4점)
① 과염소산칼륨
② 과산화칼륨
③ 아염소산나트륨
④ 브로민산칼륨

해답

① $KClO_4$, ② K_2O_2, ③ $NaClO_2$, ④ $KBrO_3$

02

탄화칼슘이 고온에서 질소와 반응하여 석회질소를 생성하는 화학반응식을 쓰시오. (3점)

해설

탄화칼슘은 질소와는 약 700℃ 이상에서 질화되어 칼슘사이안아마이드($CaCN_2$, 석회질소)가 생성된다.
$CaC_2 + N_2 \rightarrow CaCN_2 + C + 74.6kcal$

해답

$CaC_2 + N_2 \rightarrow CaCN_2 + C$

03

햇빛에 의해 4몰의 질산이 완전 분해하여 산소 1몰을 발생하였다. 이 때 같이 발생하는 유독성 기체는 무엇인지와 분해할 때의 화학반응식을 쓰시오. (5점)
① 유독성 기체
② 화학반응식

해설

질산은 3대 강산 중 하나로 흡습성, 자극성, 부식성이 강하며, 휘발성, 발연성이다. 또한 직사광선에 의해 분해되어 이산화질소(NO_2)를 생성시킨다.
$4HNO_3 \rightarrow 4NO_2 + 2H_2O + O_2$

해답

① 이산화질소, ② $4HNO_3 \rightarrow 4NO_2 + 2H_2O + O_2$

04 위험물안전관리법령에서는 정전기를 유효하게 제거하기 위해 공기 중 상대습도를 몇 % 이상으로 하도록 규정하고 있는지 쓰시오. (3점)

해설

정전기 예방대책

㉠ 접지를 한다.
㉡ 공기 중의 상대습도를 70% 이상으로 한다.
㉢ 유속을 1m/s 이하로 유지한다.
㉣ 공기를 이온화시킨다.
㉤ 제진기를 설치한다.

해답

70%

05 분말소화약제인 탄산수소칼륨이 약 190℃에서 열분해되었을 때의 분해반응식을 쓰고, 200kg의 탄산수소칼륨이 분해하였을 때 발생하는 탄산가스는 몇 m^3인지 1기압, 200℃를 기준으로 구하시오. (단, 칼륨의 원자량은 39이다.) (5점)
① 열분해반응식
② 탄산가스의 양(m^3)

해설

① 열분해반응식

$2KHCO_3 \rightarrow K_2CO_3 + H_2O + CO_2$ − 흡열반응
(탄산수소칼륨) (탄산칼륨) (수증기) (탄산가스)

② 탄산수소칼륨 200kg이 1기압, 200℃에서 분해하여 발생하는 가스의 양(m^3)

$PV=nRT$

$$PV=\frac{wRT}{M}$$

$$V=\frac{wRT}{PM}=\frac{200\text{kg}\times 0.082\text{atm}\cdot\text{m}^3/\text{K}\cdot\text{kmol}\times(200+273.15)\text{K}}{1\text{atm}\times 100\text{kg/kmol}}\fallingdotseq 77.59\text{m}^3$$

이때, 생성되는 탄산가스의 양은('① 열분해반응식'에서 2mol의 탄산수소칼륨이 분해될 때, 1mol의 탄산가스가 생성되므로)

$$77.59\text{m}^3\times\frac{1}{2}=38.79\text{m}^3$$

해답

① $2KHCO_3 \rightarrow K_2CO_3 + H_2O + CO_2$
② $38.79m^3$ (계산과정은 해설 참조)

06

다음 (   ) 안에 위험물안전관리법령에 따른 알맞은 품명을 쓰시오. (3점)
(   )(이)라 함은 이황화탄소, 다이에틸에터, 그 밖에 1기압에서 발화점이 섭씨 100도 이하인 것 또는 인화점이 섭씨 영하 20도 이하이고 비점이 섭씨 40도 이하인 것을 말한다.

해답

특수인화물

07

분자량이 약 58, 인화점이 약 −37℃, 비점이 약 34℃인 무색의 휘발성 액체로서 저장 시 불활성 기체를 봉입해야 하는 제4류 위험물의 명칭과 화학식을 쓰시오. (4점)
① 명칭
② 화학식

해설

산화프로필렌(CH_3CHOCH_2, 프로필렌옥사이드)

```
   H  H  H
   |  |  |
H—C—C—C—H
   \ /   |
    O    H
```

㉠ 에터 냄새를 가진 무색의 휘발성이 강한 액체이다.
㉡ 반응성이 풍부하며 물 또는 유기용제(벤젠, 에터, 알코올 등)에 잘 녹는다.
㉢ 반응성이 풍부하여 구리, 마그네슘, 수은, 은 및 그 합금 또는 산, 염기, 염화제이철 등과 접촉에 의해 폭발성 혼합물인 아세틸라이트를 생성한다.
㉣ 분자량 58, 비중 0.82, 증기비중 2.0, 비점 35℃, 인화점 −37℃, 발화점 449℃, 연소범위 2.8~37%이며, 수용성 액체이다.
㉤ 증기압이 매우 높으므로(20℃에서 45.5mmHg) 상온에서 쉽게 위험농도에 도달된다.

해답

① 산화프로필렌
② CH_3CHOCH_2

08

제3종 분말소화약제가 열분해하여 메타인산, 암모니아, H_2O를 생성하는 열분해반응식을 쓰시오. (4점)

해답

$NH_4H_2PO_4 \rightarrow NH_3 + H_2O + HPO_3$

09

알루미늄분에 대해 다음 각 물음에 답하시오. (6점)
① 흰 연기를 내면서 연소하는 완전연소반응식을 쓰시오.
② 염산과 반응하여 수소가스를 발생하는 화학반응식을 쓰시오.
③ 위험물안전관리법령상의 품명을 쓰시오.

해설

알루미늄분(Al)

㉠ 녹는점 660℃, 비중 2.7, 연성(퍼짐성), 전성(뽑힘성)이 좋으며, 열전도율, 전기전도도가 큰 은백색의 무른 금속으로 진한 질산에서는 부동태가 되며, 묽은 질산에는 잘 녹는다.

㉡ 알루미늄 분말이 발화하면 다량의 열을 발생하며, 불꽃 및 흰 연기를 내면서 연소하므로 소화가 곤란하다.
$4Al+3O_2 \rightarrow 2Al_2O_3$

㉢ 대부분의 산과 반응하여 수소를 발생한다(단, 진한 질산 제외).
$2Al+6HCl \rightarrow 2AlCl_3+3H_2$

해답

① $4Al+3O_2 \rightarrow 2Al_2O_3$
② $2Al+6HCl \rightarrow 2AlCl_3+3H_2$
③ 금속분류

10

주유취급소에 설치한 "주유중엔진정지" 표시를 한 게시판의 바탕색과 문자색을 각각 쓰시오. (4점)
① 바탕색
② 문자색

해설

주유취급소의 게시판 기준

㉮ "화기엄금" 게시판 기준
  ㉠ 규격 : 한 변의 길이가 0.3m 이상 다른 한 변의 길이가 0.6m 이상
  ㉡ 색깔 : 적색바탕에 백색문자

㉯ "주유중엔진정지" 게시판 기준
  ㉠ 규격 : 한 변의 길이가 0.3m 이상 다른 한 변의 길이가 0.6m 이상
  ㉡ 색깔 : 황색바탕에 흑색문자

해답

① 황색
② 흑색

11 위험물안전관리법령상 지정과산화물 옥내저장소의 저장창고 기준에 대해 다음 각 물음에 답하시오. (6점)

① 창은 바닥면으로부터 몇 m 이상 높이에 두어야 하는지 쓰시오.
② 하나의 창의 면적은 몇 m^2 이내로 하여야 하는지 쓰시오.
③ 하나의 벽면에 설치하는 창의 면적의 합계를 그 벽면의 면적의 몇 분의 몇 이내가 되도록 하여야 하는지 쓰시오.

해설

옥내저장소의 저장창고 기준

㉮ 저장창고는 150m^2 이내마다 격벽으로 완전하게 구획할 것. 이 경우 해당 격벽은 두께 30cm 이상의 철근콘크리트조 또는 철골철근콘크리트조로 하거나 두께 40cm 이상의 보강콘크리트블록조로 하고, 해당 저장창고의 양측의 외벽으로부터 1m 이상, 상부의 지붕으로부터 50cm 이상 돌출하게 하여야 한다.
㉯ 저장창고의 외벽은 두께 20cm 이상의 철근콘크리트조나 철골철근콘크리트조 또는 두께 30cm 이상의 보강콘크리트블록조로 할 것
㉰ 저장창고의 지붕
  ㉠ 중도리 또는 서까래의 간격은 30cm 이하로 할 것
  ㉡ 지붕의 아래쪽 면에는 한 변의 길이가 45cm 이하의 환강(丸鋼)·경량형강(輕量形鋼) 등으로 된 강제(鋼製)의 격자를 설치할 것
  ㉢ 지붕의 아래쪽 면에 철망을 쳐서 불연재료의 도리·보 또는 서까래에 단단히 결합할 것
  ㉣ 두께 5cm 이상, 너비 30cm 이상의 목재로 만든 받침대를 설치할 것
㉱ 저장창고의 출입구에는 60분+방화문·60분방화문을 설치할 것
㉲ 저장창고의 창은 바닥면으로부터 2m 이상의 높이에 두되, 하나의 벽면에 두는 창의 면적의 합계를 해당 벽면의 면적의 80분의 1 이내로 하고, 하나의 창의 면적은 0.4m^2 이내로 할 것

해답

① 2
② 0.4
③ 80분의 1

12 위험물안전관리법령상 이동탱크저장소에 의해 제4류 위험물을 운송하는 경우 반드시 위험물안전카드를 휴대하여야 하는 위험물의 품명 2가지를 쓰시오. (4점)

해설

위험물(제4류 위험물에 있어서는 특수인화물 및 제1석유류에 한한다)을 운송하게 하는 자는 위험물안전카드를 위험물운송자로 하여금 휴대하게 할 것

해답

특수인화물, 제1석유류

13 피크르산(또는 트라이나이트로페놀)과 트라이나이트로톨루엔의 구조식을 각각 나타내시오. (4점)
① 피크르산(또는 트라이나이트로페놀)
② 트라이나이트로톨루엔

해답

① OH
O_2N NO_2
NO_2

② CH_3
O_2N NO_2
NO_2

제2회 동영상문제

01 동영상에서 주유취급소 전경을 보여주고 주유소 내 건축물 중 창 쪽을 확대하여 보여준다. 다음 물음에 답하시오. (4점)

① 동영상에서 보여주는 창문을 사용하는 경우 어떤 것으로 하여야 하는지 쓰시오.
② 동영상에서 보여주는 창은 밀폐형, 개방형 어떤 형식으로 설치하여야 하는지 쓰시오.
(단, 밀폐형, 개방형 모두 가능하면 혼합형으로 쓰시오.)

해설

주유취급소 건축물 등의 구조

㉮ 벽 · 기둥 · 바닥 · 보 및 지붕을 내화구조 또는 불연재료로 하고, 창 및 출입구에는 방화문 또는 불연재료로 된 문을 설치할 것

㉯ 사무실 등의 창 및 출입구에 유리를 사용하는 경우에는 망입유리 또는 강화유리로 할 것

㉰ 건축물 중 사무실, 그 밖의 화기를 사용하는 곳의 구조

㉠ 출입구는 건축물의 안에서 밖으로 수시로 개방할 수 있는 자동폐쇄식의 것으로 할 것

㉡ 출입구 또는 사이통로의 문턱의 높이는 15cm 이상으로 할 것

㉢ 높이 1m 이하의 부분에 있는 창 등은 밀폐시킬 것

해답

① 망입유리

② 밀폐형

02

동영상에서는 컴퓨터 그래픽으로 이동탱크저장소 안의 구조를 확대하여 보여준다. 다음 물음에 답하시오. (4점)

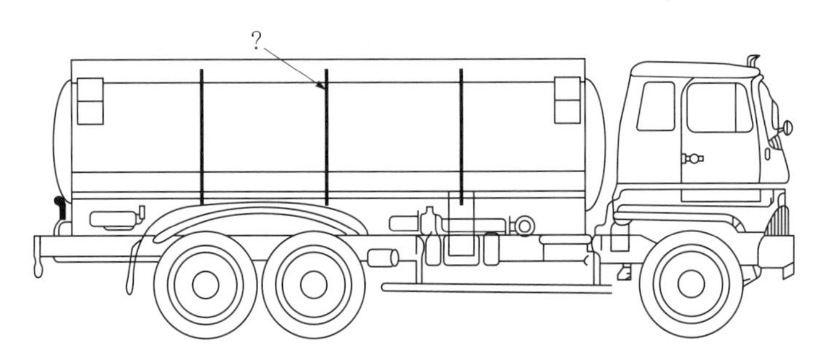

① 동영상에서 화살표가 가리키는 것의 명칭을 쓰시오.

② 탱크의 용량이 20,000L일 경우 ①의 장치를 몇 개 설치하여야 하는지 쓰시오.

해답

① 칸막이

② 4개

03

동영상에서는 인화점 측정장치를 보여주고 실린더에 미지의 액체물질을 붓고 뚜껑을 닫는 모습을 보여준다. 측정장치에는 온도계가 연결되어 있다. 동영상에서 보여주는 측정장치의 명칭이 무엇인지 쓰시오. (3점)

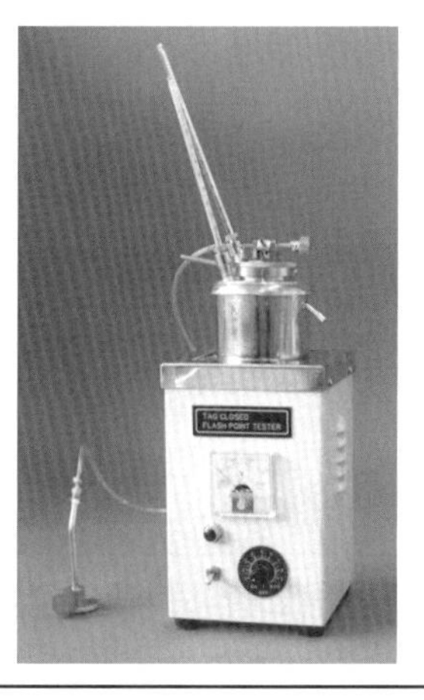

해답

태그밀폐식 인화점측정기

04

동영상에서는 위험물 제조소의 겉모습을 보여 준다. 각 제조소에서 유기과산화물 300kg, 하이드록실아민 900kg, 질산에스터 100kg을 취급할 경우 해당 제조소에서 보유하여야 할 보유공지를 적으시오. (6점)

해설

보유공지란 위험물을 취급하는 건축물 및 기타 시설의 주위에서 화재 등이 발생하는 경우 화재 시에 상호연소 방지는 물론 초기소화 등 소화활동공간과 피난상 확보해야 할 절대공지를 말한다.

취급하는 위험물의 최대수량	공지의 너비
지정수량 10배 이하	3m 이상
지정수량 10배 초과	5m 이상

① 유기과산화물 지정수량 배수의 합 $= \frac{\text{A품목 저장수량}}{\text{A품목 지정수량}} = \frac{300\text{kg}}{10\text{kg}} = 30$

② 하이드록실아민 지정수량 배수의 합 $= \frac{\text{A품목 저장수량}}{\text{A품목 지정수량}} = \frac{900\text{kg}}{100\text{kg}} = 9$

③ 질산에스터 지정수량 배수의 합 $= \frac{\text{A품목 저장수량}}{\text{A품목 지정수량}} = \frac{100\text{kg}}{10\text{kg}} = 10$

해답

① 유기과산화물 : 5m 이상
② 하이드록실아민 : 3m 이상
③ 질산에스터 : 3m 이상

05

동영상에서는 아래와 같은 저장탱크를 보여준다. 탱크의 내용적(m^3)을 구하시오. (4점)

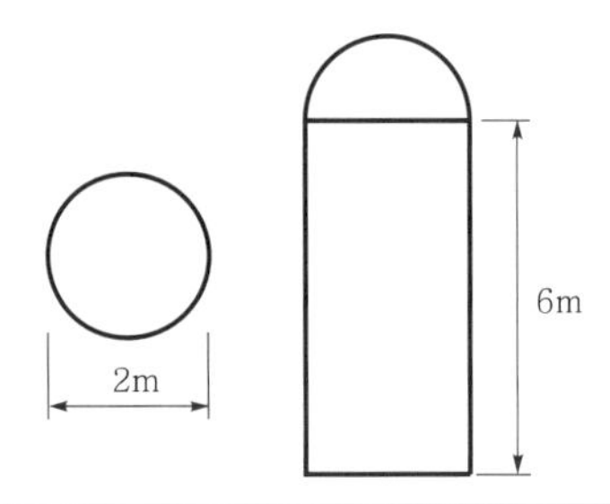

해설

$V = \pi r^2 l = \pi \times 1^2 \times 6 \fallingdotseq 18.85\text{m}^3$

해답

18.85m^3

06

동영상에서는 마그네슘을 소량 덜어 가열한다. 몇 초 후 마그네슘에 불이 붙고, 이산화탄소 소화기로 분사하는 순간 불이 더 커지는 장면을 보여준다. 다음 물음에 답하시오. (5점)

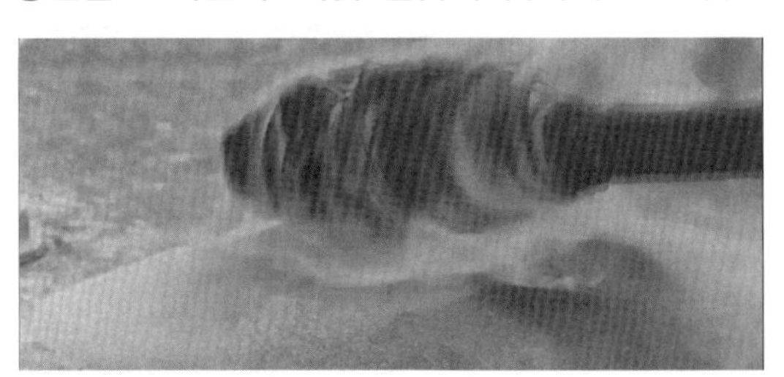

① 마그네슘의 완전연소반응식을 쓰시오.
② 이산화탄소소화기로 소화하면 안 되는 이유를 쓰시오.

해설

마그네슘

㉠ 가열하면 연소가 쉽고 양이 많은 경우 맹렬히 연소하며 강한 빛을 낸다. 특히 연소열이 매우 높기 때문에 온도가 높아지고 화세가 격렬하여 소화가 곤란하다.
$2Mg+O_2 \rightarrow 2MgO$

㉡ CO_2 등 질식성 가스와 접촉 시에는 가연성 물질인 C와 유독성인 CO 가스를 발생한다.
$2Mg+CO_2 \rightarrow 2MgO+2C$
$Mg+CO_2 \rightarrow MgO+CO$

㉢ 사염화탄소(CCl_4)나 C_2H_4ClBr 등과 고온에서 작용 시에는 맹독성인 포스겐($COCl_2$)가스가 발생한다.

해답

① $2Mg+O_2 \rightarrow 2MgO$
② 마그네슘이 이산화탄소와 반응하여 가연성 물질인 탄소와 일산화탄소를 생성하여 폭발의 위험이 있기 때문이다.

07

동영상에서는 밸브 없는 통기관을 보여준다. 동영상에서 보여주는 밸브 없는 통기관의 A(지름)과 B(각도)를 각각 쓰시오. (4점)

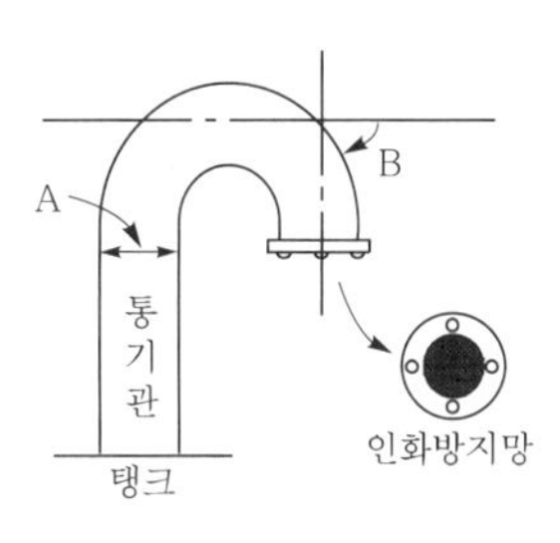

해설

밸브 없는 통기관

㉠ 통기관의 직경 : 30mm 이상
㉡ 통기관의 선단은 수평으로부터 45° 이상 구부려 빗물 등의 침투를 막는 구조일 것
㉢ 인화점이 38℃ 미만인 위험물만을 저장 · 취급하는 탱크의 통기관에는 화염방지장치를 설치하고, 인화점이 38℃ 이상 70℃ 미만인 위험물을 저장 · 취급하는 탱크의 통기관에는 40mesh 이상의 구리망으로 된 인화방지장치를 설치할 것

해답

A : 30mm, B : 45도

08 동영상은 물이 있는 비커에 리튬조각을 넣어 반응하는 장면이다. 호스가 연결된 장치로 비커를 밀봉하고 그 호스에서 나오는 기체에 불을 붙여 점화하는 장면을 보여준다. 동영상에서 일어나는 반응은 어떤 현상에 의하여 연소가 일어나는지 설명하시오. (4점)

해설

리튬은 물과 상온에서 천천히, 고온에서 격렬하게 반응하여 수소를 발생한다. 알칼리 금속 중에서는 반응성이 가장 적은 편으로 적은 양은 반응열로 연소를 못하지만 다량의 경우 발화한다.

$Li + H_2O \rightarrow LiOH + 0.5H_2 + 52.7kcal$

해답

리튬이 물과 반응하여 가연성 가스인 수소를 발생하기 때문에 연소가 일어난다.

09 동영상에서 차례로 아래 위험물을 보여주면서 각 물질들의 불꽃반응을 보여준다. 다음 각 물음에 알맞은 답을 쓰시오. (6점)

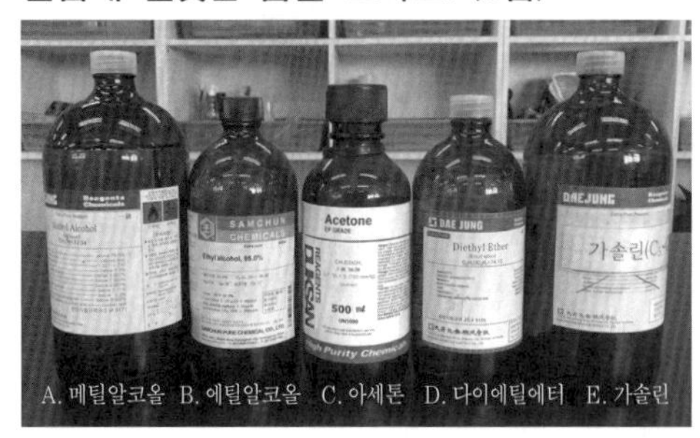

A. 메틸알코올 B. 에틸알코올 C. 아세톤 D. 다이에틸에터 E. 가솔린

① A(메틸알코올), C(아세톤)의 완전연소반응식을 쓰시오.

② 동영상에서 보여주는 물질 중 지정수량이 같은 물질을 모두 고르시오.

해설

제1종 판매취급소

구분	물질명	품명	지정수량
A	메틸알코올	알코올류	400L
B	에틸알코올	알코올류	400L
C	아세톤	제1석유류(수용성)	400L
D	다이에틸에터	특수인화물	50L
E	가솔린	제1석유류(비수용성)	200L

해답

① 메틸알코올 : $2CH_3OH+3O_2 \rightarrow 2CO_2+4H_2O$
아세톤 : $CH_3COCH_3+4O_2 \rightarrow 3CO_2+3H_2O$
② A(메틸알코올), B(에틸알코올), C(아세톤)

10

동영상에서는 물이 들어있는 비커에 과염소산을 넣어 반응하는 장면을 보여준다. 다음 물음에 답하시오. (5점)
① 과염소산이 물과 반응 시 어떤 반응을 하는지 쓰시오.
② $HClO$, $HClO_2$, $HClO_3$, $HClO_4$ 중 산성의 세기가 큰 것부터 차례대로 쓰시오.

해설

과염소산($HClO_4$)의 일반적 성질

㉠ 무색무취의 유동하기 쉬운 액체이며 흡습성이 매우 강하고 대단히 불안정한 강산이다. 순수한 것은 분해가 용이하고 격렬한 폭발력을 가진다.
㉡ $HClO_4$는 염소산 중에서 가장 강한 산이다.
$HClO < HClO_2 < HClO_3 < HClO_4$
㉢ Fe, Cu, Zn과 격렬하게 반응하고 산화물이 된다.
㉣ 가열하면 폭발하고 분해하여 유독성의 HCl을 발생한다.
$HClO_4 \rightarrow HCl+2O_2$
㉤ 비중은 3.5, 융점은 −112℃이고, 비점은 130℃이다.
㉥ 물과 접촉하면 발열하며 안정된 고체 수화물을 만든다.

해답

① 발열반응
② $HClO_4$, $HClO_3$, $HClO_2$, $HClO$

2018. 8. 25. 시행

제3회 과년도 출제문제

제3회 일반검정문제

01 고체 물질의 대표적인 연소형태 4가지를 쓰시오. (4점)

해설

고체의 연소형태

㉠ 표면연소(직접연소) : 열분해에 의하여 가연성 가스를 발생치 않고 그 자체가 연소하는 형태로서 연소반응이 고체의 표면에서 이루어지는 형태이다.
　예 목탄, 코크스, 금속분 등

㉡ 분해연소 : 가연성 가스가 공기 중에서 산소와 혼합되어 타는 현상이다.
　예 목재, 석탄, 종이 등

㉢ 증발연소 : 가연성 고체에 열을 가하면 융해되어 여기서 생긴 액체가 기화되고 이로 인한 연소가 이루어지는 형태이다.
　예 양초, 황, 나프탈렌 등

㉣ 자기연소 : 물질 자체의 분자 안에 산소를 함유하고 있는 물질이 연소 시 외부에서의 산소 공급을 필요로 하지 않고 물질 자체가 갖고 있는 산소를 소비하면서 연소하는 형태이다.
　예 질산에스터류, 나이트로화합물류 등

해답

표면연소, 분해연소, 증발연소, 자기연소

02 삼산화크로뮴을 가열분해하면 산소가 방출된다. 이때의 분해반응식을 쓰시오. (4점)

해설

융점 이상으로 가열하면 200~250℃에서 분해하여 산소를 방출하고 녹색의 삼산화이크로뮴으로 변한다.

해답

$4CrO_3 \rightarrow 2Cr_2O_3 + 3O_2$

03

1몰의 탄화알루미늄이 물과 반응하는 반응식을 쓰시오. (4점)

해설

물과 반응하여 가연성, 폭발성의 메테인가스를 만들며, 밀폐된 실내에서 메테인이 축적되는 경우 인화성 혼합기를 형성하여 2차 폭발의 위험이 있다.

해답

$Al_4C_3 + 12H_2O \rightarrow 4Al(OH)_3 + 3CH_4$

04

지정수량이 200kg인 제5류 위험물의 위험물안전관리법령상 품명을 4가지만 쓰시오. (4점)

해설

성질	위험등급	품명	지정수량
자기반응성 물질	I	1. 유기과산화물	10kg
		2. 질산에스터류	10kg
	II	3. 나이트로화합물	200kg
		4. 나이트로소화합물	200kg
		5. 아조화합물	200kg
		6. 다이아조화합물	200kg
		7. 하이드라진유도체	200kg
		8. 하이드록실아민(NH_2OH)	100kg
		9. 하이드록실아민염류	100kg
		10. 그 밖의 행정안전부령이 정하는 것 ① 금속의 아지드화합물 ② 질산구아니딘	200kg

해답

나이트로화합물, 나이트로소화합물, 아조화합물, 다이아조화합물, 하이드라진유도체 중 4가지

05

다음 [보기]의 제2류 위험물을 착화온도가 낮은 것부터 높은 순서로 차례대로 쓰시오. (5점)

[보기] 삼황화인, 적린, 마그네슘, 황

해설

구분	삼황화인	적린	마그네슘	황
화학식	P_4S_3	P	Mg	S
착화점	100℃	260℃	473℃	232℃

해답

삼황화인, 황, 적린, 마그네슘

06

위험물안전관리법령상 질산이 위험물로 취급되기 위해 비중이 일정 값 이상이어야 한다. 그 비중의 최소값을 기준으로 질산의 지정수량을 L단위로 환산하면 얼마가 되는지 구하시오. (4점)

해설

$$\frac{300\cancel{kg}}{1.49\cancel{kg}/L}=201.34L$$

해답

201.34L

07

다음 [보기]의 위험물 중 위험물안전관리법령상 포소화설비가 적응성이 없는 것을 모두 선택하여 쓰시오. (단, 모두 적응성이 있을 경우는 "해당 없음"이라고 쓰시오.) (3점)

[보기] 철분, 인화성 고체, 황린, 알킬알루미늄, TNT

해설

TNT는 트라이나이트로톨루엔으로서 제5류 위험물에 해당하며, 알킬알루미늄은 제3류 위험물 중 금수성 물질, 황린은 제3류 위험물로서 자연발화성 물질에 해당한다. 철분과 알킬알루미늄은 금수성 물질로서 포소화설비는 소화 적응성이 없으며, 오히려 화재를 확대할 수 있다.

소화설비의 구분 \ 대상물의 구분			건축물·그 밖의 공작물	전기설비	제1류 위험물 알칼리금속과산화물 등	제1류 위험물 그 밖의 것	제2류 위험물 철분·금속분·마그네슘 등	제2류 위험물 인화성 고체	제2류 위험물 그 밖의 것	제3류 위험물 금수성 물품	제3류 위험물 그 밖의 것	제4류 위험물	제5류 위험물	제6류 위험물
옥내소화전 또는 옥외소화전설비			○			○		○	○		○		○	○
스프링클러설비			○			○		○	○		○	△	○	○
물분무 등 소화설비	물분무소화설비		○	○		○		○	○		○	○	○	○
	포소화설비		○			○		○	○		○	○	○	○
	불활성가스소화설비			○				○				○		
	할로젠화합물소화설비			○				○				○		
	분말소화설비	인산염류 등	○	○		○		○	○			○		○
		탄산수소염류 등		○	○		○	○		○		○		
		그 밖의 것			○		○			○				

해답

철분, 알킬알루미늄

08

표준상태에서 1몰의 아세톤이 완전연소하기 위해 필요한 산소의 부피는 몇 L인지 구하시오. (4점)

해설

$CH_3COCH_3 + 4O_2 \rightarrow 3CO_2 + 3H_2O$

$1mol-CH_3COCH_3$	$4mol-O_2$	$22.4L-O_2$	$=89.6L-O_2$
	$1mol-CH_3COCH_3$	$1mol-O_2$	

해답

89.6L

09

다음 각 위험물을 시성식으로 쓰시오. (4점)

① 아닐린 ② 스타이렌(Styrene)
③ 아세톤 ④ 아세트알데하이드

해답

① $C_6H_5NH_2$, ② $C_6H_5CH_2CH$, ③ CH_3COCH_3, ④ CH_3CHO

10

다음 설명에 해당하는 분말소화약제의 주성분을 각각 화학식으로 쓰시오. (4점)

① 열분해 시 발생하는 메타인산이 소화작용을 한다.
② 기름화재에 사용하면 비누화현상이 일어난다.

해설

① 제1종 분말소화약제(탄산수소나트륨, $NaHCO_3$) : 일반 요리용 기름화재 시 기름과 중탄산나트륨이 반응하면 금속비누가 만들어져 거품을 생성하여 기름의 표면을 덮어서 질식소화효과 및 재발화억제방지효과를 나타내는 비누화현상이 나타난다.
② 제3종 분말소화약제(인산암모늄, $NH_4H_2PO_4$) : 열분해 시 발생되는 불연성 가스(NH_3, H_2O 등)에 의한 질식효과 및 반응과정에서 생성된 메타인산(HPO_3)의 방진효과가 나타난다.
$NH_4H_2PO_4 \rightarrow NH_3 + H_2O + HPO_3$

해답

① $NH_4H_2PO_4$, ② $NaHCO_3$

11

다이에틸에터의 완전연소반응식을 쓰시오. (4점)

해답

$C_2H_5OC_2H_5 + 6O_2 \rightarrow 4CO_2 + 5H_2O$

12

위험물안전관리법령에서 구분하고 있는 위험등급 Ⅰ, Ⅱ, Ⅲ 중 위험등급 Ⅱ에 해당하는 제4류 위험물의 위험물안전관리법령상 품명 2가지를 쓰시오. (4점)

해설

성질	위험등급	품명		지정수량
인화성 액체	Ⅰ	특수인화물		50L
	Ⅱ	제1석유류	비수용성	200L
			수용성	400L
		알코올류		400L
	Ⅲ	제2석유류	비수용성	1,000L
			수용성	2,000L
		제3석유류	비수용성	2,000L
			수용성	4,000L
		제4석유류		6,000L
		동·식물유류		10,000L

해답

제1석유류, 알코올류

13

위험물안전관리법령상 위험물의 운반에 관한 기준에 따르면 적재하는 위험물의 성질에 따라 일광의 직사 또는 빗물의 침투를 방지하기 위하여 유효하게 피복하는 등 기준에 따른 조치를 하여야 한다. 다음의 위험물에는 어떠한 조치를 하여야 하는지 물음에 답하시오. (4점)

① 제5류 위험물은 어떤 피복으로 가려야 하는지 쓰시오.
② 제6류 위험물은 어떤 피복으로 가려야 하는지 쓰시오.
③ 제2류 위험물 중 철분은 어떤 피복으로 덮어야 하는지 쓰시오.

해설

적재하는 위험물에 따른 조치사항

차광성이 있는 것으로 피복해야 하는 경우	방수성이 있는 것으로 피복해야 하는 경우
제1류 위험물 제3류 위험물 중 자연발화성 물질 제4류 위험물 중 특수인화물 제5류 위험물 제6류 위험물	제1류 위험물 중 알칼리금속의 과산화물 제2류 위험물 중 철분, 금속분, 마그네슘 제3류 위험물 중 금수성 물질

해답

① 차광성
② 차광성
③ 방수성

14 위험물안전관리법령상 지정수량 몇 배 이상의 제4류 위험물을 취급하는 제조소 사업소에는 자체소방대를 설치하여야 하는지 쓰시오. (3점)

해설

제4류 위험물을 지정수량의 3천배 이상 취급하는 제조소 또는 일반취급소와 50만배 이상 저장하는 옥외탱크저장소에 자체소방대를 설치한다.

해답

3,000배

제3회 동영상문제

01 동영상에서는 다이에틸에터와 아이오딘화칼륨 10% 용액을 보여준다. 잠시 후 아이오딘화칼륨 용액을 다이에틸에터가 담긴 시험관에 몇 방울 떨어뜨려 흔들어준다. 이때 다음 물음에 답하시오. (4점)

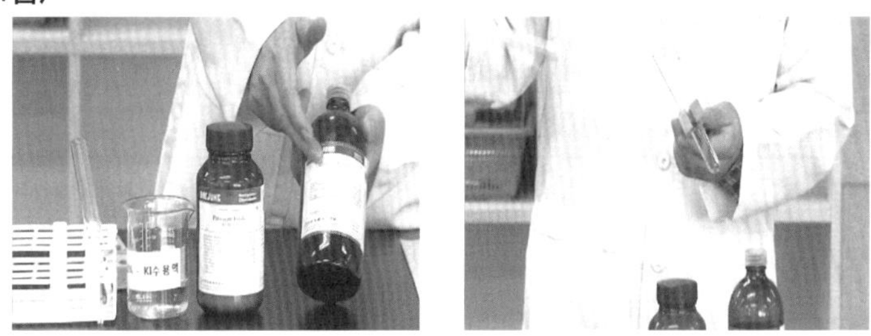

① 동영상에서 보여주는 실험은 무엇을 알아내기 위한 실험인지 쓰시오.
② 동영상에서 보여주는 위험물의 품명을 적으시오.

해답

① 과산화물 생성여부 확인, ② 특수인화물

02 동영상에서는 마그네슘을 소량 덜어 가열한다. 몇 초 후 마그네슘에 불이 붙고, 이산화탄소 소화기로 분사하는 순간 불이 더 커지는 장면을 보여준다. 다음 물음에 답하시오. (6점)

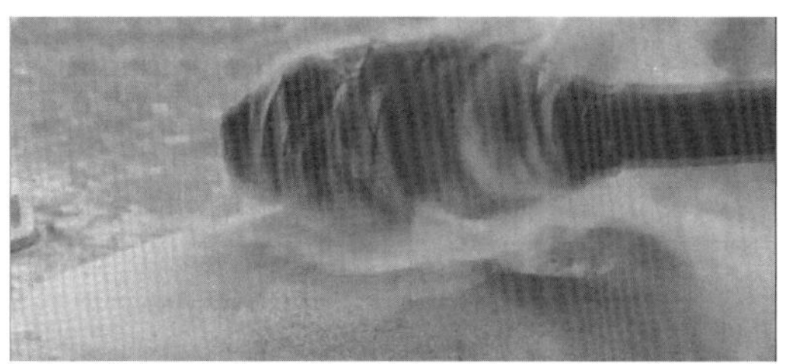

① 동영상에서 보여주는 소화기로 소화가 가능한지 여부를 적으시오.
② ①에서 답한 이유를 반응식과 연계하여 설명하시오.

해답

① 소화 불가능

② CO_2 등 질식성 가스와 접촉 시에는 가연성 물질인 탄소를 발생시켜 폭발의 위험이 있기 때문이다.

$2Mg + CO_2 \rightarrow 2MgO + C$

$Mg + CO_2 \rightarrow MgO + CO$

03

동영상에서는 위험물 출하장에서 이동저장탱크차량에 위험물을 충전하는 모습을 보여준다. 다음 영상에서 보여주는 취급소는 어떤 취급소인지 적으시오. (3점)

해답

충전하는 일반취급소

04

동영상에서는 과염소산나트륨($NaClO_4$)을 A : 물, B : 아세톤, C : 알코올, D : 에터에 용해시킨다. 다음 각 물음에 답을 쓰시오. (6점)

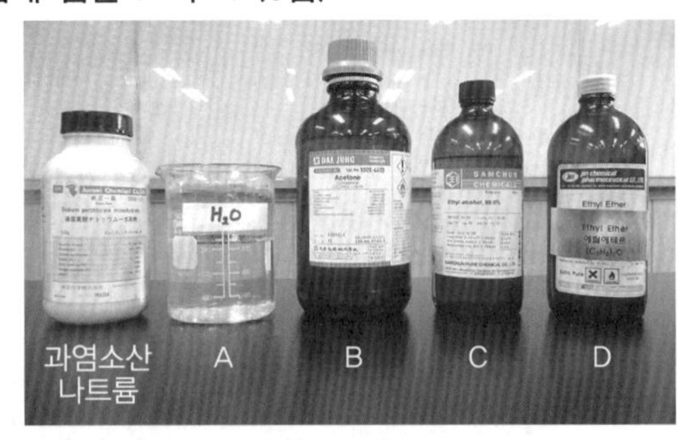

① A~D 물질 중 용해되지 않는 물질의 기호를 쓰시오.

② A~D 물질 중 위험물 2가지를 골라서 각각의 지정수량을 적으시오.

해설

$NaClO_4$(과염소산나트륨)의 일반적 성질

㉠ 비중 2.50, 분해온도 400℃, 융점 482℃

㉡ 무색무취의 결정 또는 백색분말로 조해성이 있는 불연성인 산화제

㉢ 물, 아세톤, 알코올에는 잘 녹으나, 에터에는 녹지 않음

㉣ 반응식 : $NaClO_4 \rightarrow NaCl+2O_2$

$2NaClO_4 \rightarrow 2NaCl+4O_2$ (양변에 2몰을 곱해 준다.)

과염소산나트륨 염화나트륨 산소

해답

① D

② 아세톤, 알코올 : 400L, 에터 : 50L

05

동영상에서는 실험실에서 과산화수소가 담겨져 있는 비커에 이산화망가니즈를 넣어주자 급격한 반응으로 과산화수소가 분해하면서 백색의 기체가 발생하는 모습을 보여준다. 다음 물음에 답하시오. (6점)

① 두 물질이 반응하여 생성되는 가스의 명칭을 적으시오.

② 두 물질이 반응하는 화학반응식을 적으시오.

해설

$$2H_2O_2 \xrightarrow[\text{이산화망가니즈 (정촉매)}]{MnO_2} 2H_2O + O_2$$

과산화수소 → 물 산소가스

과산화수소(H_2O_2)는 강한 산화성이 있고, 물, 알코올, 에터 등에는 녹으나 석유나 벤젠 등에는 녹지 않는다. 또한, 분자 내에 불안정한 과산화물[－O－O－]을 함유하고 있으므로 용기 내부에서 스스로 분해되어 산소가스를 발생한다. 따라서 분해를 억제하기 위하여 안정제인 인산(H_3PO_4), 요산($C_5H_4N_4O_3$)을 첨가하며 발생한 산소가스로 인한 내압의 증가를 막기 위해 구멍 뚫린 마개를 사용한다.

※ 위험물의 한계 : 농도가 36wt% 이상인 것만 제6류 위험물(산화성 액체)로 취급한다.

해답

① 산소

② $2H_2O_2 \rightarrow 2H_2O+O_2$

06

동영상에서는 임의의 측정기기를 보여주고 그 측정기기 실린더에 액체 물질을 붓고 뚜껑을 닫는 영상을 보여준다. 측정기기에는 온도계가 길게 연결되어 있고 실린더에 넣은 시료의 양이 대략 50mL(cm^3) 정도로 보여진다. 동영상에서 보여주는 측정기기는 물질의 어떤 물성을 측정하는 것인지 쓰시오. (3점)

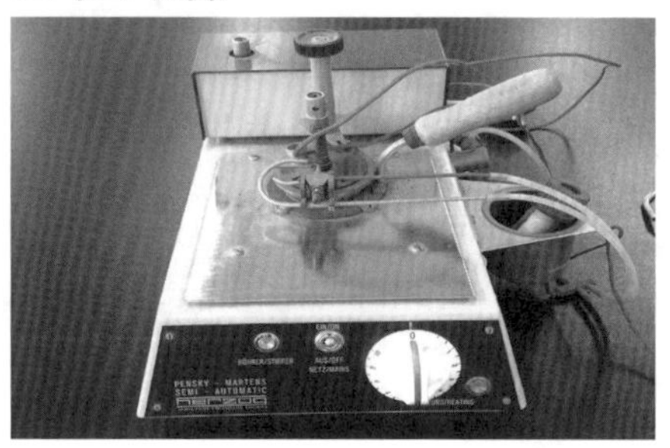

해답

인화점

07

동영상에서는 질산칼륨, 질산나트륨, 질산암모늄이 담겨 있는 시약에 물분무기로 물을 뿌리는 장면을 보여준다. 보여지는 위험물 중 흡열반응을 하는 물질은 무엇인지 쓰시오. (3점)

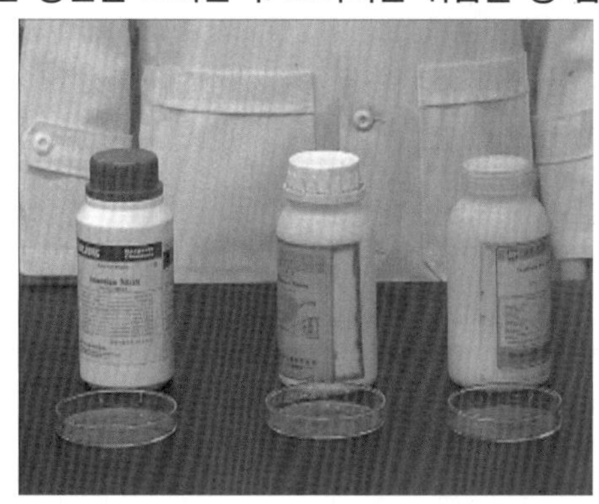

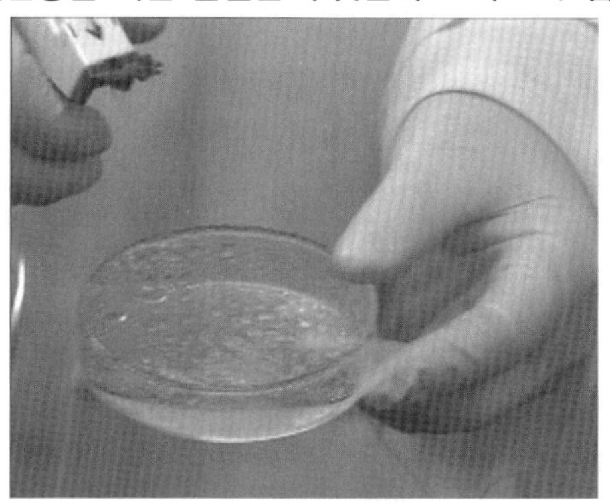

해설

NH_4NO_3(질산암모늄, 초안, 질안, 질산암몬)

㉠ 분자량 80, 비중 1.73, 융점 165℃, 분해온도 220℃, 무색, 백색 또는 연회색의 결정

㉡ 조해성과 흡습성이 있고, 물에 녹을 때 열을 대량 흡수하여 한제로 이용된다.(흡열반응)

㉢ 약 220℃에서 가열할 때 분해되어 아산화질소(N_2O)와 수증기(H_2O)를 발생시키고 계속 가열하면 폭발한다.

$NH_4NO_3 \rightarrow N_2O + 2H_2O$

해답

질산암모늄

08 동영상에서는 주유취급소의 ⓐ 경유, ⓑ 휘발유의 셀프용 고정주유설비를 보여준다. 다음 물음에 답하시오. (6점)

① ⓐ의 고정주유설비 1회 연속주유량은 몇 L 이하로 하여야 하는지 쓰시오.
② ⓑ의 고정주유설비 주유시간의 상한을 쓰시오.

해설

1회의 연속주유량 및 주유시간의 상한을 미리 설정할 수 있는 구조일 것. 이 경우 연속주유량 및 주유시간의 상한은 다음과 같다.
㉠ 휘발유는 100L 이하, 4분 이하로 할 것
㉡ 경유는 600L 이하, 12분 이하로 할 것

해답

① 600L, ② 4분 이하

09 위험물 제조소에 설치되어 있는 국소방식의 배출설비를 보여준다. 물음에 답하시오. (4점)

① 배출설비의 배출구는 지상에서 몇 m 이상으로 설치하여야 하는지 쓰시오.
② 국소방식의 배출설비 배출능력은 1시간당 배출장소용적의 몇 배 이상인 것으로 하여야 하는지 쓰시오.

해설

배출설비 기준

㉮ 배출능력은 1시간당 배출장소용적의 20배 이상인 것으로 하여야 한다. 다만, 전역방식의 경우에는 바닥면적 $1m^2$당 $18m^3$ 이상으로 할 수 있다.

㉯ 배출설비의 급기구 및 배출구는 다음의 기준에 의하여야 한다.

㉠ 급기구는 높은 곳에 설치하고, 가는 눈의 구리망 등으로 인화방지망을 설치할 것

㉡ 배출구는 지상 2m 이상으로서 연소의 우려가 없는 장소에 설치하고, 배출덕트가 관통하는 벽부분의 바로 가까이에 화재 시 자동으로 폐쇄되는 방화댐퍼를 설치할 것

해답

① 2m

② 20배

10 동영상에서는 옥외저장소 안에 드럼통이 저장되어 있는 장면을 보여준다. 다음 괄호 안에 알맞은 답을 쓰시오. (6점)

① 인화성 고체, 제1석유류 또는 알코올류를 저장 또는 취급하는 장소에는 해당 위험물을 적당한 온도로 유지하기 위한 (　　) 등을 설치하여야 한다.

② 제1석유류(온도 20℃의 물 100g에 용해되는 양이 1g 미만인 것에 한한다)를 저장 또는 취급하는 장소에 있어서는 집유설비에 (　　)를 설치하여야 한다.

해답

① 살수설비

② 유분리장치

2018. 11. 24. 시행

2018년

제4회 과년도 출제문제

제4회 일반검정문제

01

> 톨루엔 9.2g을 완전연소시키는 데 필요한 공기는 몇 L인지 구하시오. (단, 0℃, 1기압을 기준으로 하며, 공기 중 산소는 21vol%이다.) (4점)

해설

$C_6H_5CH_3 + 9O_2 \rightarrow 7CO_2 + 4H_2O$

$9.2g - C_6H_5CH_3$	$1mol - C_6H_5CH_3$	$9mol - O_2$	$100mol - Air$	$22.4L - Air$	$= 96L - Air$
	$92g - C_6H_5CH_3$	$1mol - C_6H_5CH_3$	$21mol - O_2$	$1mol - Air$	

해답

96L

02

> 위험물제조소 건축물의 외벽 구조에 따라 연면적 몇 m^2가 1소요단위에 해당하는지 각각 쓰시오. (4점)
> ① 외벽이 내화구조인 것
> ② 외벽이 내화구조가 아닌 것

해설

소요단위 : 소화설비의 설치대상이 되는 건축물의 규모 또는 위험물 양에 대한 기준단위		
1단위	제조소 또는 취급소용 건축물의 경우	내화구조의 외벽을 갖춘 연면적 $100m^2$
		내화구조의 외벽이 아닌 연면적 $50m^2$
	저장소 건축물의 경우	내화구조의 외벽을 갖춘 연면적 $150m^2$
		내화구조의 외벽이 아닌 연면적 $75m^2$
	위험물의 경우	지정수량의 10배

해답

① $100m^2$
② $50m^2$

03

다음 위험물을 수납한 운반용기의 외부에 표시하는 주의사항을 모두 쓰시오. (단, 원칙적인 경우에 한한다.) (6점)
① 제4류 위험물 ② 제5류 위험물 ③ 제6류 위험물

해설

수납하는 위험물에 따른 주의사항

유별	구분	주의사항
제1류 위험물 (산화성 고체)	알칼리금속의 과산화물	"화기·충격주의" "물기엄금" "가연물접촉주의"
	그 밖의 것	"화기·충격주의" "가연물접촉주의"
제2류 위험물 (가연성 고체)	철분·금속분·마그네슘	"화기주의" "물기엄금"
	인화성 고체	"화기엄금"
	그 밖의 것	"화기주의"
제3류 위험물 (자연발화성 및 금수성 물질)	자연발화성 물질	"화기엄금" "공기접촉엄금"
	금수성 물질	"물기엄금"
제4류 위험물 (인화성 액체)	–	"화기엄금"
제5류 위험물 (자기반응성 물질)	–	"화기엄금" 및 "충격주의"
제6류 위험물 (산화성 액체)	–	"가연물접촉주의"

해답

① 화기엄금
② 화기엄금 및 충격주의
③ 가연물접촉주의

04

취급하는 위험물의 최대수량이 지정수량의 20배인 경우 위험물 제조소의 보유공지 너비는 몇 m 이상이어야 하는지 쓰시오. (3점)

해설

보유공지란 위험물을 취급하는 건축물 및 기타 시설의 주위에서 화재 등이 발생하는 경우 화재 시에 상호연소방지는 물론 초기소화 등 소화활동공간과 피난상 확보해야 할 절대공지를 말한다.

취급하는 위험물의 최대수량	공지의 너비
지정수량 10배 이하	3m 이상
지정수량 10배 초과	5m 이상

해답

5m 이상

05 페놀을 진한황산에 녹이고 이것을 질산에 작용시켜 만드는 제5류 위험물의 명칭과 화학식을 쓰시오. (6점)

해설

트라이나이트로페놀(TNP, $C_6H_2OH(NO_2)_3$, 피크르산)

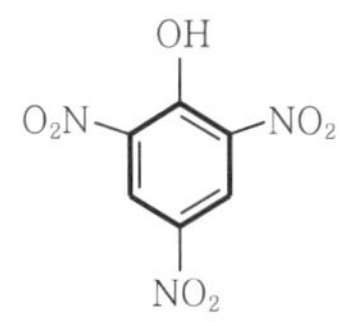

㉠ 비중 1.8, 융점 122.5℃, 인화점 150℃, 비점 255℃, 발화온도 약 300℃, 폭발온도 3,320℃, 폭발속도 약 7,000m/s

㉡ 순수한 것은 무색이나 보통 공업용은 휘황색의 침전결정이며 충격, 마찰에 둔감하고 자연분해하지 않으므로 장기저장해도 자연발화의 위험 없이 안정하다.

㉢ 페놀을 진한황산에 녹여 질산으로 작용시켜 만든다.

$$C_6H_5OH + 3HNO_3 \xrightarrow{H_2SO_4} C_6H_2OH(NO_2)_3 + 3H_2O$$

㉣ 산화되기 쉬운 유기물과 혼합된 것은 충격, 마찰에 의해 폭발한다. 300℃ 이상으로 급격히 가열하면 폭발한다.

$$2C_6H_2(NO_2)_3OH \rightarrow 4CO_2 + 6CO + 3N_2 + 2C + 3H_2$$

해답

트라이나이트로페놀, $C_6H_2OH(NO_2)_3$

06 위험물안전관리법령에서는 유별 위험물의 성질을 정의하고 있다. 다음 [보기]의 물질 중 산화성 고체 위험물에 해당하는 것을 모두 선택하여 쓰시오. (단, 해당사항이 없을 경우는 "없음"이라고 쓰시오.) (3점)

[보기] 산화칼슘, 리튬, 질산암모늄, 과산화나트륨, 과산화벤조일

해설

- 산화칼슘(CaO) – 위험물안전관리법상 위험물에 해당하지 않음.
- 리튬(Li) – 제3류 위험물 중 알칼리금속
- 질산암모늄(NH_4NO_3) – 제1류 위험물 중 질산염류
- 과산화나트륨(Na_2O_2) – 제1류 위험물 중 무기과산화물류
- 과산화벤조일($(C_6H_5CO)_2O_2$) – 제5류 위험물 중 유기과산화물

해답

질산암모늄, 과산화나트륨

07

다음 그림과 같은 원형 위험물 저장탱크의 내용적은 몇 m^3인지 구하시오. (4점)

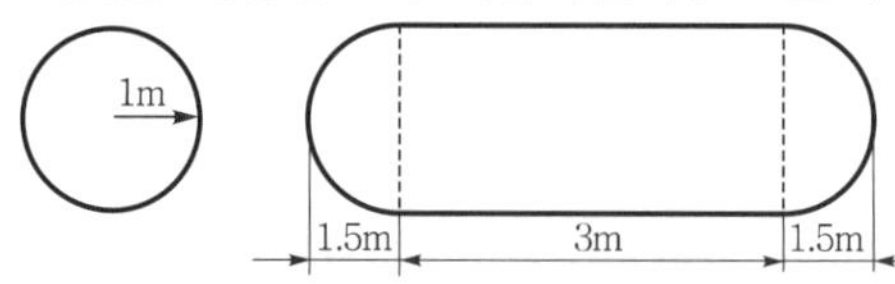

해설

$$V=\pi r^2\left[l+\frac{l_1+l_2}{3}\right]=\pi\times 1^2\left[3+\frac{1.5+1.5}{3}\right]=12.57m^3$$

해답

$12.57m^3$

08

다음은 위험물안전관리법령에서 정한 제3석유류의 정의이다. (　) 안에 알맞은 용어 또는 수치를 쓰시오. (5점)

> "제3석유류"라 함은 (①), (②), 그 밖에 1기압에서의 인화점이 섭씨 (③)도 이상 섭씨 (④)도 미만인 것을 말한다. 다만, 도료류, 그 밖의 물품은 가연성 액체량이 (⑤)중량퍼센트 이하인 것은 제외한다.

해설

"제3석유류"라 함은 중유, 크레오소트유, 그 밖에 1기압에서 인화점이 섭씨 70도 이상 섭씨 200도 미만인 것을 말한다. 다만, 도료류, 그 밖의 물품은 가연성 액체량이 40중량퍼센트 이하인 것은 제외한다.

해답

① 중유, ② 크레오소트유, ③ 70, ④ 200, ⑤ 40

09

제3종 분말소화약제의 주성분을 쓰고, 적응 가능한 화재를 A급~C급에서 선택하여 모두 쓰시오. (6점)

① 주성분　　　② 적응화재

해설

종류	주성분	분자식	착색	적응화재
제1종	탄산수소나트륨(중탄산나트륨)	$NaHCO_3$	–	B, C급
제2종	탄산수소칼륨(중탄산칼륨)	$KHCO_3$	담회색	B, C급
제3종	제1인산암모늄	$NH_4H_2PO_4$	담홍색 또는 황색	A, B, C급
제4종	탄산수소칼륨+요소	$KHCO_3+CO(NH_2)_2$	–	B, C급

해답

① 주성분 : 제1인산암모늄, ② A, B, C급 화재

10 경유 500L, 중유 1,000L, 에틸알코올 400L, 다이에틸에터 150L를 저장하고 있다. 각 물질의 지정수량 배수의 총합은 얼마인지 구하시오. (4점)

해설

$$\text{지정수량 배수의 합} = \frac{\text{A품목 저장수량}}{\text{A품목 지정수량}} + \frac{\text{B품목 저장수량}}{\text{B품목 지정수량}} + \frac{\text{C품목 저장수량}}{\text{C품목 지정수량}} + \cdots$$

$$= \frac{500\text{L}}{1{,}000\text{L}} + \frac{1{,}000\text{L}}{2{,}000\text{L}} + \frac{400\text{L}}{400\text{L}} + \frac{150\text{L}}{50\text{L}} = 5$$

해답

5

11 질산이 피부에 닿으면 노란색으로 변하는데 이것을 화학적으로 무슨 반응이라 하는지 쓰시오. (4점)

해설

질산이 피부에 닿으면 노란색의 변색이 되는 크산토프로테인 반응(단백질 검출)을 한다.

해답

크산토프로테인 반응

12 동식물유류는 아이오딘값을 기준으로 하여 건성유, 반건성유, 불건성유로 나눈다. 다음 동식물유류를 구분하는 아이오딘값의 일반적인 범위를 쓰시오. (6점)

해설

아이오딘값

유지 100g에 부가되는 아이오딘의 g수, 불포화도가 증가할수록 아이오딘값이 증가하며, 자연발화의 위험이 있다.

㉠ 건성유 : 아이오딘값이 130 이상인 것
이중결합이 많아 불포화도가 높기 때문에 공기 중에서 산화되어 액 표면에 피막을 만드는 기름
예 아마인유, 들기름, 동유, 정어리기름, 해바라기유 등

㉡ 반건성유 : 아이오딘값이 100~130인 것
공기 중에서 건성유보다 얇은 피막을 만드는 기름
예 참기름, 옥수수기름, 청어기름, 채종유, 면실유(목화씨유), 콩기름, 쌀겨유 등

㉢ 불건성유 : 아이오딘값이 100 이하인 것
공기 중에서 피막을 만들지 않는 안정된 기름
예 올리브유, 피마자유, 야자유, 땅콩기름, 동백기름 등

해답

① 건성유 : 아이오딘값이 130 이상인 것
② 반건성유 : 아이오딘값이 100~130인 것
③ 불건성유 : 아이오딘값이 100 이하인 것

제4회 동영상문제

01

동영상에서는 비커에 담겨있는 과염소산($HClO_4$)을 가열하는 것을 보여준다. 과염소산이 분해하는 경우 발생하는 유독가스의 명칭을 쓰시오. (4점)

해설

과염소산의 분해식 : $HClO_4 \rightarrow HCl + 2O_2$

(과염소산 → 염화수소 + 산소)

해답

염화수소

02

동영상에서는 위험물제조소에 설치하는 게시판을 다음과 같이 보여준다. 다음 물음에 답하시오. (6점)

(A)	(B)	(C)	(D)
화기엄금	물기엄금	화기주의	물기주의

① 물기엄금에 해당하는 바탕색과 문자색을 쓰시오.

② 제2류 위험물 중 운반용기의 외부에 표시하는 주의사항이 화기엄금인 품명을 적으시오.

해설

화기엄금	물기엄금	화기주의	물기주의
(적색바탕 백색문자)	(청색바탕 백색문자)	(적색바탕 백색문자)	(청색바탕 백색문자)

해답

① 청색바탕 백색문자

② 인화성 고체

03

동영상에서는 옥외저장탱크와 방유제를 번갈아가면서 보여준다. 옥외저장탱크의 옆판으로부터 방유제까지의 거리를 어느 정도 띄어야 하는지를 다음 물음에 알맞게 답을 쓰시오. (6점)

① 탱크의 지름 10m, 높이 15m인 경우
② 탱크의 지름 15m, 높이 8m

해설

옥외탱크저장소의 방유제 설치기준 중 방유제와 탱크 측면과의 이격거리

㉠ 탱크 지름이 15m 미만인 경우 : 탱크 높이의 $\frac{1}{3}$ 이상

㉡ 탱크 지름이 15m 이상인 경우 : 탱크 높이의 $\frac{1}{2}$ 이상

해답

① 5m, ② 4m

04

동영상에서는 알킬알루미늄을 질소가스로 충전하여 보관하고 있는 것을 보여준다. 이와 같이 질소를 봉입하여 보관해야 하는 물질을 보기에서 모두 고르시오. (4점)

[보기] 탄화알루미늄, 칼륨, 탄화칼슘, 황린, 알킬리튬

해설

옥외저장탱크 또는 옥내저장탱크 중 압력탱크(최대상용압력이 대기압을 초과하는 탱크를 말한다)에 있어서는 알킬알루미늄, 알킬리튬 등의 취출에 의하여 해당 탱크 내의 압력이 상용압력 이하로 저하하지 아니하도록 압력탱크 외의 탱크에 있어서는 알킬알루미늄, 알킬리튬 등의 취출이나 온도의 저하에 의한 공기의 혼입을 방지할 수 있도록 불활성의 기체를 봉입해야 한다.

해답

알킬리튬

05

동영상에서는 물이 담긴 비커에 칼슘을 넣고 기포가 발생하는 장면을 보여준다. 이때 칼슘과 물의 반응 시 발생하는 가연성 가스의 연소반응식을 적으시오. (3점)

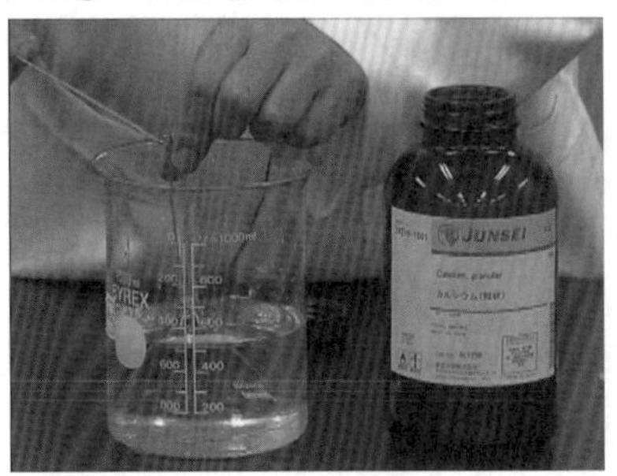

해설

$Ca+2H_2O \rightarrow Ca(OH)_2+H_2$

해답

$H_2+\frac{1}{2}O_2 \rightarrow H_2O$

06

동영상에서는 트라이나이트로톨루엔 시약병을 보여준다. 이 물질을 만들 때 질산과 황산의 혼산으로 함께 첨가하는 위험물에 대하여 다음 물음에 답하시오. (6점)

① 물질명
② 화학식
③ 연소반응식

해설

트라이나이트로톨루엔(TNT, $C_6H_2CH_3(NO_2)_3$)

㉠ 순수한 것은 무색결정이나 담황색의 결정, 직사광선에 의해 다갈색으로 변하고, 중성으로 금속과는 반응이 없으며, 장기저장해도 자연발화의 위험 없이 안정하다.
㉡ 비중 1.66, 융점 81℃, 비점 280℃, 분자량 227, 발화온도 약 300℃
㉢ 제법 : 1몰의 톨루엔과 3몰의 질산을 황산촉매하에 반응시키면 나이트로화에 의해 TNT가 만들어진다.

$$C_6H_5CH_3+3HNO_3 \xrightarrow[\text{나이트로화}]{c-H_2SO_4} C_6H_2CH_3(NO_2)_3\ (\text{2,4,6-}: CH_3,\ O_2N,\ NO_2,\ NO_2) +3H_2O$$

(TNT)

㉣ 운반 시 10%의 물을 넣어 운반하면 안전하다.

해답

① 톨루엔
② $C_6H_5CH_3$
③ $C_6H_5CH_3+9O_2 \rightarrow 7CO_2+4H_2O$

07

동영상에서는 염소산나트륨과 목분을 섞어 전기를 통하게 하는 실험을 보여주고 염소산나트륨의 시약병을 클로즈업한다. 동영상에서 보여주는 위험물에 대해 다음 물음에 답하시오. (4점)

① 위험물의 품명과 지정수량
② 위험물에 해당하는 물질은 연소의 3요소 중 어떤 역할을 하는지 쓰시오.

해설

제1류 위험물은 산화성 고체로서 산소공급원에 해당한다.

위험물			지정수량
유별	성질	품명	
제1류	산화성 고체	1. 아염소산염류	50킬로그램
		2. 염소산염류	50킬로그램
		3. 과염소산염류	50킬로그램
		4. 무기과산화물	50킬로그램
		5. 브로민산염류	300킬로그램
		6. 질산염류	300킬로그램
		7. 아이오딘산염류	300킬로그램
		8. 과망가니즈산염류	1,000킬로그램
		9. 다이크로뮴산염류	1,000킬로그램
		10. 그 밖에 행정안전부령으로 정하는 것 11. 제1호 내지 제10호의 1에 해당하는 어느 하나 이상을 함유한 것	50킬로그램, 300킬로그램 또는 1,000킬로그램

해답

① 염소산염류, 50kg
② 산소공급원

08

동영상에서는 셀프용 고정주유설비를 이용해 휘발유를 주유하는 장면을 보여준다. 동영상에서 보여주는 위험물에 대하여 다음 물음에 답하시오. (4점)

① 위험물의 품명
② 연속주유량의 상한

해설

1회의 연속주유량 및 주유시간의 상한을 미리 설정할 수 있는 구조일 것. 이 경우 연속주유량 및 주유시간의 상한은 다음과 같다.

㉠ 휘발유는 100L 이하, 4분 이하로 할 것
㉡ 경유는 600L 이하, 12분 이하로 할 것

해답

① 제1석유류
② 100L

09 동영상에서는 밸브 없는 통기관을 보여준다. 다음 물음에 답하시오. (4점)

① 선단은 수평면으로부터 몇 도 이상 구부리는가?
② 선단을 구부리는 이유는 무엇인가?

해설

밸브 없는 통기관의 설치기준

㉠ 통기관의 직경 : 30mm 이상
㉡ 통기관의 선단은 수평으로부터 45° 이상 구부려 빗물 등의 침투를 막는 구조일 것
㉢ 인화점이 38℃ 미만인 위험물만을 저장·취급하는 탱크의 통기관에는 화염방지장치를 설치하고, 인화점이 38℃ 이상 70℃ 미만인 위험물을 저장·취급하는 탱크의 통기관에는 40mesh 이상의 구리망으로 된 인화방지장치를 설치할 것
㉣ 가연성의 증기를 회수하기 위한 밸브를 통기관에 설치하는 경우에 있어서는 해당 통기관의 밸브는 저장탱크에 위험물을 주입하는 경우를 제외하고는 항상 개방되어 있는 구조로 하는 한편, 폐쇄하였을 경우에 있어서는 10kPa 이하의 압력에서 개방되는 구조로 할 것. 이 경우 개방된 부분의 유효단면적은 777.15mm^2 이상이어야 한다.

해답

① 45도, ② 빗물 등의 침투를 방지하기 위해

10 동영상에서는 위험물제조소의 옥외에 설치한 집유설비를 A라고 표시하고, 뚜껑이 덮힌 설비를 B라고 표시한다. 다음 물음에 답하시오. (4점)

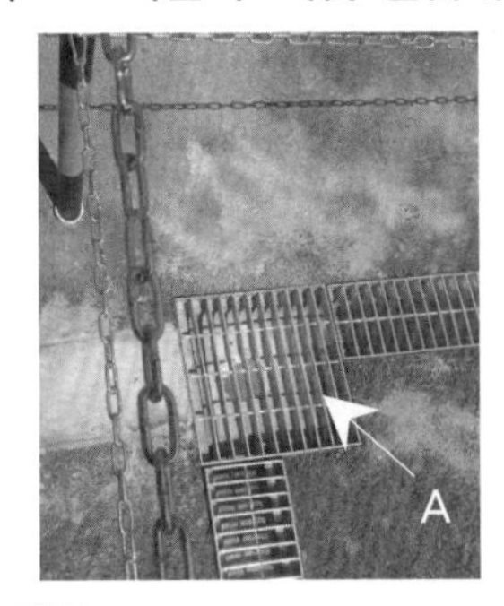

① A의 명칭
② 물과 기름을 비중 차이로 분리하는 설비 B의 명칭

해답

① 집유설비, ② 유분리장치

2019. 3. 24. 시행

2019년

제1회 과년도 출제문제

제1회 일반검정문제

01 금속칼륨과 탄산가스가 반응할 때의 화학반응식을 쓰시오. (4점)

해설

K의 경우 CO_2와 격렬히 반응하여 연소, 폭발의 위험이 있으며, 연소 중에 모래를 뿌리면 규소(Si) 성분과 격렬히 반응한다.

해답

$4K+3CO_2 \rightarrow 2K_2CO_3+C$

02 옥내탱크저장소에서 다음의 각 경우에 상호간의 간격은 몇 m 이상을 유지하여야 하는지 각각 쓰시오. (단, 탱크의 점검 및 보수에 지장이 없는 경우는 제외한다.) (4점)

① 옥내저장탱크와 탱크전용실의 벽과의 사이

② 옥내저장탱크의 상호간의 간격

해설

옥내탱크저장소의 구조

㉠ 단층 건축물에 설치된 탱크전용실에 설치할 것

㉡ 옥내저장탱크와 탱크전용실의 벽과의 사이 및 옥내저장탱크의 상호간에는 0.5m 이상의 간격을 유지할 것

㉢ 옥내탱크저장소에는 기준에 따라 보기 쉬운 곳에 "위험물옥내탱크저장소"라는 표시를 한 표지와 방화에 관하여 필요한 사항을 게시한 게시판을 설치할 것

㉣ 옥내저장탱크의 용량(동일한 탱크전용실에 옥내저장탱크를 2 이상 설치하는 경우에는 각 탱크의 용량의 합계를 말한다)은 지정수량의 40배(제4석유류 및 동·식물유류 외의 제4류 위험물에 있어서 해당 수량이 20,000L를 초과할 때에는 20,000L) 이하일 것

해답

① 0.5m

② 0.5m

03

제조소에서 위험물을 취급함에 있어서 정전기가 발생할 우려가 있는 설비에는 규정된 방법으로 정전기를 유효하게 제거할 수 있는 설비를 설치하여야 한다. 이에 해당하는 방법 3가지를 각각 쓰시오. (6점)

해답

① 접지에 의한 방법(접지방식)
② 공기 중의 상대습도를 70% 이상으로 하는 방법(수증기분사방식)
③ 공기를 이온화하는 방법(공기이온화방식)

04

제2류 위험물과 혼재가 가능하고 또한 제5류 위험물과도 혼재가 가능한 위험물은 제 몇 류 위험물인지 쓰시오. (단, 지정수량의 10배 이상인 경우이다.) (3점)

해설

유별을 달리하는 위험물의 혼재기준

위험물의 구분	제1류	제2류	제3류	제4류	제5류	제6류
제1류		×	×	×	×	○
제2류	×		×	○	○	×
제3류	×	×		○	×	×
제4류	×	○	○		○	×
제5류	×	○	×	○		×
제6류	○	×	×	×	×	

해답

제4류 위험물

05

제4류 위험물 중 벤젠핵의 수소 1개가 아민기 1개와 치환된 것의 화학식을 쓰시오. (3점)

해설

아닐린($C_6H_5NH_2$, 페닐아민, 아미노벤젠, 아닐린오일)

비중	비점	융점	인화점	발화점
1.02	184℃	−6℃	70℃	615℃

㉠ 무색 또는 담황색의 기름상 액체로 공기 중에서 적갈색으로 변색한다.
㉡ 알칼리금속 또는 알칼리토금속과 반응하여 수소와 아닐라이드를 생성한다.
㉢ 인화점(70℃)이 높아 상온에서는 안정하나 가열 시 위험성이 증가하며 증기는 공기와 혼합할 때 인화, 폭발의 위험이 있다.

해답

$C_6H_5NH_2$

06

위험물안전관리법령에서 규정하는 인화성 고체의 정의를 쓰시오. (4점)

해답

고형알코올, 그 밖에 1기압에서 인화점이 섭씨 40도 미만인 고체

07

다음 [보기]에서 불건성유를 모두 선택하여 쓰시오. (단, 해당사항이 없을 경우는 "없음"이라고 쓰시오.) (4점)

[보기] 야자유, 아마인유, 해바라기유, 피마자유, 올리브유

해설

아이오딘값

유지 100g에 부가되는 아이오딘의 g수, 불포화도가 증가할수록 아이오딘값이 증가하며, 자연발화의 위험이 있다.

㉠ 건성유 : 아이오딘값이 130 이상인 것
이중결합이 많아 불포화도가 높기 때문에 공기 중에서 산화되어 액 표면에 피막을 만드는 기름
예 아마인유, 들기름, 동유, 정어리기름, 해바라기유 등

㉡ 반건성유 : 아이오딘값이 100~130인 것
공기 중에서 건성유보다 얇은 피막을 만드는 기름
예 참기름, 옥수수기름, 청어기름, 채종유, 면실유(목화씨유), 콩기름, 쌀겨유 등

㉢ 불건성유 : 아이오딘값이 100 이하인 것
공기 중에서 피막을 만들지 않는 안정된 기름
예 올리브유, 피마자유, 야자유, 땅콩기름, 동백기름 등

해답

야자유, 피마자유, 올리브유

08

위험물안전관리법령에 따라 주유취급소의 위험물 취급기준에 대해 다음 (　) 안에 알맞은 온도를 쓰시오. (3점)

자동차 등에 인화점 (　)℃ 미만의 위험물을 주유할 때에는 자동차 등의 원동기를 정지시킬 것. 다만, 연료탱크에 위험물을 주유하는 동안 방출되는 가연성 증기를 회수하는 설비가 부착된 고정주유설비에 의하여 주유하는 경우에는 그러하지 아니하다.

해설

이동탱크저장소의 원동기를 정지시켜야 하는 경우는 인화점 40℃ 미만의 위험물 주입 시이다.

해답

40

09

제5류 위험물인 나이트로글리세린을 화학식으로 쓰시오. (3점)

해설

나이트로글리세린[$C_3H_5(ONO_2)_3$]

㉠ 분자량 227, 비중 1.6, 융점 2.8℃, 비점 160℃

㉡ 다이너마이트, 로켓, 무연화약의 원료로 순수한 것은 무색투명한 기름상의 액체(공업용 시판품은 담황색)이며 점화하면 즉시 연소하고 폭발력이 강하다.

해답

$C_3H_5(ONO_2)_3$

10

이황화탄소 12kg이 모두 증기가 된다면 1기압 100℃에서 몇 L가 되는지 구하시오. (4점)

해설

기체의 부피 구하는 식 $PV=nRT$에서

몰수$(n)=\dfrac{\text{질량}(w)}{\text{분자량}(M)}$이므로 $PV=\dfrac{w}{M}RT$

$$\therefore\ V=\frac{wRT}{PM}=\frac{12{,}000\text{g}\times 0.082\text{L}\cdot\text{atm/K}\cdot\text{mol}\times(100+273.15)\text{K}}{1\text{atm}\times 76\text{g/mol}}=4831.31\text{L}$$

해답

4831.31L

11

과산화수소가 분해되어 산소(O_2)를 발생하는 화학반응식을 쓰시오. (3점)

해설

가열에 의해 산소가 발생한다.

해답

$2H_2O_2 \rightarrow 2H_2O+O_2$

12

다음의 소화방법은 연소 3요소 중에서 어떠한 것을 제거 또는 통제하여 소화하는 것인지 연소의 3요소 중 해당하는 것을 각각 한 가지씩 쓰시오. (4점)

① 제거소화

② 질식소화

해답

① 가연물

② 산소공급원

13

다음 제1류 위험물의 지정수량을 각각 쓰시오. (4점)
① 브로민산염류 ② 다이크로뮴산염류 ③ 무기과산화물 ④ 아염소산염류

해설

제1류 위험물의 품명 및 지정수량

성질	위험등급	품명	지정수량
산화성 고체	I	1. 아염소산염류 2. 염소산염류 3. 과염소산염류 4. 무기과산화물	50kg
	II	5. 브로민산염류 6. 질산염류 7. 아이오딘산염류	300kg
	III	8. 과망가니즈산염류 9. 다이크로뮴산염류	1,000kg
		10. 그 밖에 행정안전부령이 정하는 것 ① 과아이오딘산염류 ② 과아이오딘산 ③ 크로뮴, 납 또는 아이오딘의 산화물 ④ 아질산염류	300kg
		⑤ 차아염소산염류	50kg
	I ~ III	⑥ 염소화아이소사이아누르산 ⑦ 퍼옥소이황산염류 ⑧ 퍼옥소붕산염류	300kg
		11. 1~10호의 하나 이상을 함유한 것	50kg, 300kg 또는 1,000kg

해답

① 300kg, ② 1,000kg, ③ 50kg, ④ 50kg

14

$KClO_3$ 1kg이 고온에서 완전히 열분해할 때의 화학반응식을 쓰고, 이때 발생하는 산소는 몇 g인지 구하시오. (단, K의 원자량은 39이고, Cl의 원자량은 35.3이다.) (6점)
① 화학반응식
② 발생산소량

해설

약 400℃ 부근에서 열분해되기 시작하여 540~560℃에서 과염소산칼륨($KClO_4$)을 생성하고 다시 분해하여 염화칼륨(KCl)과 산소(O_2)를 방출한다.

열분해반응식 : $2KClO_3 \rightarrow 2KCl + 3O_2$

$$\frac{1{,}000\text{g}-KClO_3}{} \left| \frac{1\text{mol}-KClO_3}{122.5\text{g}-KClO_3} \right| \frac{3\text{mol}-O_2}{2\text{mol}-KClO_3} \left| \frac{32\text{g}-O_2}{1\text{mol}-O_2} \right| \fallingdotseq 391.84\text{g}-O_2$$

해답

① $2KClO_3 \rightarrow 2KCl + 3O_2$, ② 391.84g

제1회 동영상문제

01

동영상에서는 실험대 위에 이황화탄소 시약병이 준비되어 있으며, 빛을 받아 폭발하는 화면을 보여준다. ① 이황화탄소의 저장방법과 ② 완전연소반응식을 적으시오. (5점)

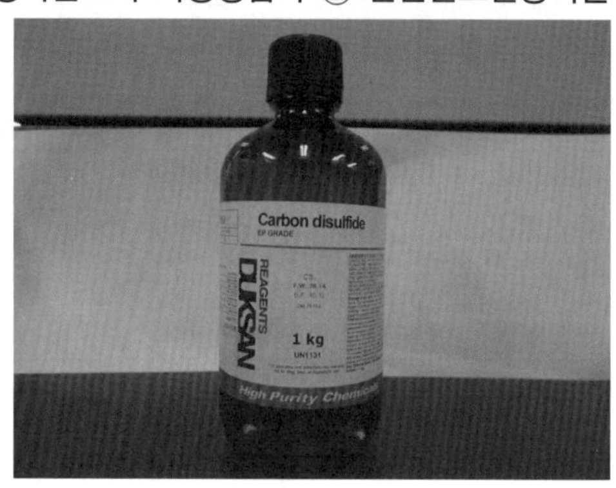

해설

① 물보다 무겁고 물에 녹기 어렵기 때문에 가연성 증기의 발생을 억제하기 위하여 물(수조) 속에 저장한다.

② 휘발하기 쉽고 발화점이 낮아 백열등, 난방기구 등의 열에 의해 발화하며, 점화하면 청색을 내고 연소하는데 연소생성물 중 SO_2는 유독성이 강하다.

해답

① 물속에 저장

② $CS_2 + 3O_2 \rightarrow CO_2 + 2SO_2$

02

동영상에서는 실험대 위에 4개의 비커가 준비되어 있으며, 이들 4개의 비커에는 각각 A : 오산화인(P_2O_5), B : 마그네슘(Mg), C : 과산화나트륨(Na_2O_2), D : 적린(P)을 약간량씩 준비하고 그 위에 물을 붓는 장면을 보여준다. ① C에 물이 접촉하는 경우 화학반응식과 ② C의 위험물안전관리법상 지정수량은 얼마인지 적으시오. (6점)

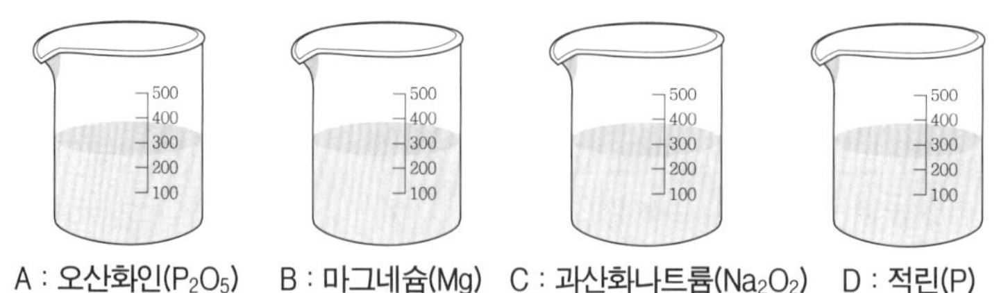

A : 오산화인(P_2O_5) B : 마그네슘(Mg) C : 과산화나트륨(Na_2O_2) D : 적린(P)

해답

① $2Na_2O_2 + 2H_2O \rightarrow 4NaOH + O_2$

② 50kg

03 동영상에서는 2층 구조의 옥내저장소를 보여준다. 이곳에 적린을 저장할 경우 저장소의 각 층의 높이를 쓰시오. (3점)

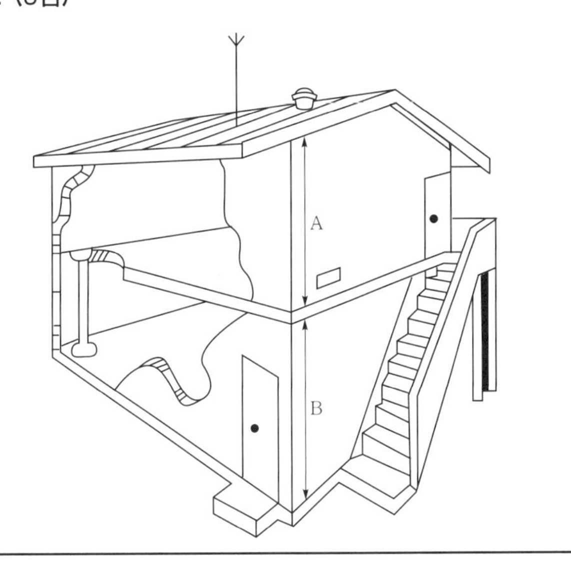

해설

다층건물의 옥내저장소의 기준(제2류 또는 제4류의 위험물(인화성 고체 및 인화점이 70℃ 미만인 제4류 위험물을 제외한다))

㉠ 저장창고는 각층의 바닥을 지면보다 높게 하고, 바닥면으로부터 상층의 바닥(상층이 없는 경우에는 처마)까지의 높이(이하 "층고"라 한다)를 6m 미만으로 하여야 한다.

㉡ 하나의 저장창고의 바닥면적 합계는 1,000m^2 이하로 하여야 한다.

㉢ 저장창고의 벽 · 기둥 · 바닥 및 보를 내화구조로 하고, 계단을 불연재료로 하며, 연소의 우려가 있는 외벽은 출입구 외의 개구부를 갖지 아니하는 벽으로 하여야 한다.

㉣ 2층 이상의 층의 바닥에는 개구부를 두지 아니하여야 한다. 다만, 내화구조의 벽과 60분+방화문 · 60분방화문 또는 30분방화문으로 구획된 계단실에 있어서는 그러하지 아니하다.

해답

A의 높이 : 6m 미만
B의 높이 : 6m 미만

04 동영상에서는 A : 나이트로아민, B : 나이트로글리세린, C : 트라이나이트로톨루엔, D : 트라이나이트로페놀을 차례대로 보여준다. D의 위험물안전관리법상 품명을 적으시오. (4점)

해답

나이트로화합물

05

동영상에서는 소화기 4종류를 보여준다. [보기] 중 ① 겨울철 한랭지에서도 사용가능한 소화기와 ② 이 소화기에 첨가하는 금속염류 물질 중 한 가지를 적으시오. (4점)

[보기] • 강화액소화기 • 이산화탄소소화기 • 할로젠소화기 • 분말소화기

해설

강화액소화약제는 물소화약제의 성능을 강화시킨 소화약제로서 물에 탄산칼륨(K_2CO_3)을 용해시킨 소화약제이다. 강화액은 −30℃에서도 동결되지 않으므로 한랭지에서도 보온의 필요가 없을 뿐만 아니라, 탈수·탄화 작용으로 목재, 종이 등을 불연화하고 재연방지의 효과도 있어서 A급 화재에 대한 소화능력이 증가된다.

해답

① 강화액소화기, ② 탄산칼륨

06

동영상에서는 리튬(Li)조각을 물이 준비되어 있는 비커에 넣고 잠시 후 온도계의 온도가 약 10℃에서 20℃ 이상 상승하는 장면을 보여준다. 이때 ① 비커 내에서 발생하는 가스의 명칭을 화학식으로 적고, ② 이 반응에서 보여주는 반응은 어떤 반응인지 적으시오. (4점)

해설

물과는 상온에서 천천히, 고온에서 격렬하게 반응하여 수소를 발생한다. 알칼리금속 중에서는 반응성이 가장 적은 편으로 적은 양은 반응열로 연소를 못하지만 다량의 경우 발화한다.

$2Li + 2H_2O \rightarrow 2LiOH + H_2$

해답

① H_2(수소), ② 발열반응

07

동영상에서는 제6류 위험물인 과염소산을 3,000kg 취급하는 위험물제조소를 보여준다. 이 위험물제조소의 보유공지를 적으시오. (3점)

해설

보유공지란 위험물을 취급하는 건축물 및 기타 시설의 주위에서 화재 등이 발생하는 경우 화재 시에 상호연소방지는 물론 초기소화 등 소화활동공간과 피난상 확보해야 할 절대공지를 말한다.

취급하는 위험물의 최대수량	공지의 너비
지정수량 10배 이하	3m 이상
지정수량 10배 초과	5m 이상

과염소산의 경우 지정수량은 300kg이므로 문제에서 주어진 3,000kg은 지정수량의 10배에 해당한다. 따라서 보유공지는 3m 이상 확보해야 한다.

해답

3m 이상

08

동영상에서는 주유취급소 전경을 보여주고 주유소에 설치되어 있는 벽 위에 유리가 부착되어 있는 모습을 보여준다. 다음 물음에 답하시오. (4점)

① 벽에 부착하는 유리와 고정주유설비 간의 이격거리를 적으시오.
② 유리는 주유취급소 내의 지반면으로부터 몇 cm를 초과하는 부분에 한하여 설치해야 하는지 쓰시오.

해설

담 또는 벽의 설치기준

㉮ 주유취급소의 주위에는 자동차 등이 출입하는 쪽 외의 부분에 높이 2m 이상의 내화구조 또는 불연재료의 담 또는 벽을 설치하되, 주유취급소의 인근에 연소의 우려가 있는 건축물이 있는 경우에는 소방청장이 정하여 고시하는 바에 따라 방화상 유효한 높이로 하여야 한다.

㉯ 상기 내용에도 불구하고 다음 기준에 모두 적합한 경우에는 담 또는 벽의 일부분에 방화상 유효한 구조의 유리를 부착할 수 있다.

㉠ 유리를 부착하는 위치는 주입구, 고정주유설비 및 고정급유설비로부터 4m 이상 이격될 것

㉡ 유리를 부착하는 방법은 다음의 기준에 모두 적합할 것

- 주유취급소 내의 지반면으로부터 70cm를 초과하는 부분에 한하여 유리를 부착할 것
- 하나의 유리판의 가로의 길이는 2m 이내일 것
- 유리판의 테두리를 금속제의 구조물에 견고하게 고정하고 해당 구조물을 담 또는 벽에 견고하게 부착할 것
- 유리의 구조는 접합유리(두 장의 유리를 두께 0.76mm 이상의 폴리바이닐뷰티랄 필름으로 접합한 구조를 말한다)로 하되, 「유리구획부분의 내화시험방법(KS F 2845)」에 따라 시험하여 비차열 30분 이상의 방화성능이 인정될 것

㉢ 유리를 부착하는 범위는 전체의 담 또는 벽의 길이의 10분의 2를 초과하지 아니할 것

해답

① 4m 이상
② 70cm

09 동영상에서는 이동탱크저장소가 전복된 사진을 보여준다. ① 동영상에서 보여주는 A의 명칭을 쓰고, ② 최대수량의 위험물을 저장한 상태에 있을 때의 해당 탱크 중량의 중심점과 측면틀의 최외측을 연결하는 직선과 그 중심점을 지나는 직선 중 최외측선과 직각을 이루는 직선과의 내각이 얼마 이상이 되도록 하여야 하는지 쓰시오. (6점)

해설

측면틀 설치기준

㉮ 설치목적 : 탱크가 전도될 때 탱크 측면이 지면과 접촉하여 파손되는 것을 방지하기 위해 설치한다. (단, 피견인차에 고정된 탱크에는 측면틀을 설치하지 않을 수 있다.)

㉯ 외부로부터 하중에 견딜 수 있는 구조로 할 것

㉰ 측면틀의 설치위치

㉠ 탱크 상부 네 모퉁이에 설치

㉡ 탱크의 전단 또는 후단으로부터 1m 이내의 위치에 설치

㉱ 측면틀 부착기준

㉠ 최외측선(측면틀의 최외측과 탱크의 최외측을 연결하는 직선)의 수평면에 대하여 내각이 75° 이상일 것

㉡ 최대수량의 위험물을 저장한 상태에 있을 때의 해당 탱크 중량의 중심선과 측면틀의 최외측을 연결하는 직선과 그 중심선을 지나는 직선 중 최외측선과 직각을 이루는 직선과의 내각이 35° 이상이 되도록 할 것

해답

① 측면틀

② 35°

10 동영상에서는 주유취급소의 옥외에 설치한 설비를 A라고 표시하고, 뚜껑이 덮힌 설비를 B라고 표시한다. 다음 물음에 답하시오. (6점)

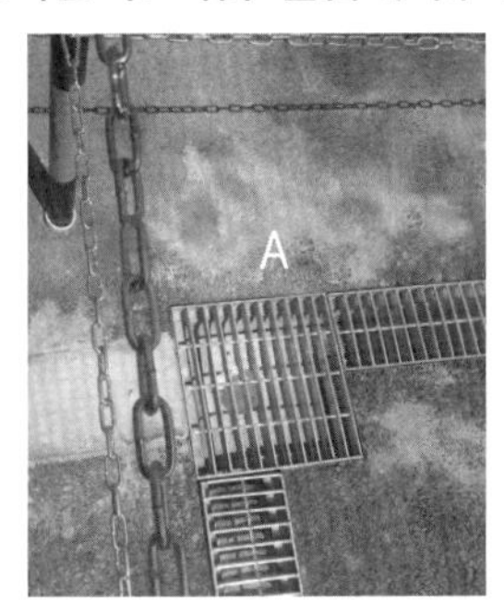

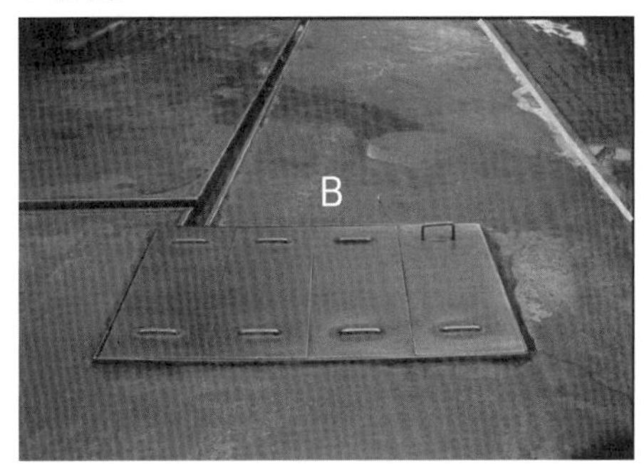

① A의 명칭
② B의 명칭

해설

주유취급소 공지의 바닥은 주위 지면보다 높게 하고, 그 표면을 적당하게 경사지게 하여 새어 나온 기름, 그 밖의 액체가 공지의 외부로 유출되지 아니하도록 배수구 · 집유설비 및 유분리장치를 하여야 한다.

해답

① 집유설비
② 유분리장치

제2회 과년도 출제문제

제2회 일반검정문제

01 과산화수소 수용액의 저장 및 취급 시 분해를 막기 위해 넣어 주는 안정제의 종류를 2가지만 쓰시오. (4점)

해설

일반 시판품은 30~40%의 수용액으로 분해하기 쉬워 인산(H_3PO_4), 요산($C_5H_4N_4O_3$) 등 안정제를 가하거나 약산성으로 만든다.

해답

인산(H_3PO_4), 요산($C_5H_4N_4O_3$)

02 위험물안전관리법령상 위험물취급소의 종류 4가지를 쓰시오. (4점)

해답

주유취급소, 판매취급소, 일반취급소, 이송취급소

03 옥외저장탱크를 강철판으로 제작할 경우 두께를 얼마 이상으로 하여야 하는지 쓰시오. (단, 특정옥외저장탱크 및 준특정옥외저장탱크는 제외한다.) (3점)

해설

옥외탱크의 구조기준

㉮ 재질 및 두께 : 두께 3.2mm 이상의 강철판

㉯ 시험기준

  ㉠ 압력탱크의 경우 : 최대상용압력의 1.5배의 압력으로 10분간 실시하는 수압시험에 각각 새거나 변형되지 아니하여야 한다.

  ㉡ 압력탱크 외의 탱크일 경우 : 충수시험

해답

3.2mm

04

제4류 위험물을 저장하는 옥내저장소의 연면적이 450m²이고 외벽은 내화구조가 아닐 경우, 이 옥내저장소에 대한 소화설비의 소요단위는 얼마인지 구하시오. (4점)

해설

저장소로서 내화구조가 아닌 경우라 75m²가 1소요단위에 해당하므로 450m²를 75m²로 나누면 6소요단위에 해당한다.

소요단위 : 소화설비의 설치대상이 되는 건축물의 규모 또는 위험물 양에 대한 기준단위		
1단위	제조소 또는 취급소용 건축물의 경우	내화구조의 외벽을 갖춘 연면적 100m²
		내화구조의 외벽이 아닌 연면적 50m²
	저장소 건축물의 경우	내화구조의 외벽을 갖춘 연면적 150m²
		내화구조의 외벽이 아닌 연면적 75m²
	위험물의 경우	지정수량의 10배

해답

6

05

위험물은 그 운반용기의 외부에 위험물안전관리법령에서 정하는 사항을 표시하여 적재하여야 한다. 위험물 운반용기의 외부에 표시하여야 할 사항 중 3가지만 쓰시오. (5점)

해답

① 위험물의 품명 · 위험 등급 · 화학명 및 수용성
('수용성' 표시는 제4류 위험물로서 수용성인 것에 한한다.)
② 위험물의 수량
③ 수납하는 위험물에 따른 주의사항

06

다음 할로젠화합물의 Halon 번호를 쓰시오. (6점)

① CF_3Br ② CF_2BrCl ③ $C_2F_4Br_2$

해설

할론 소화약제의 명명법

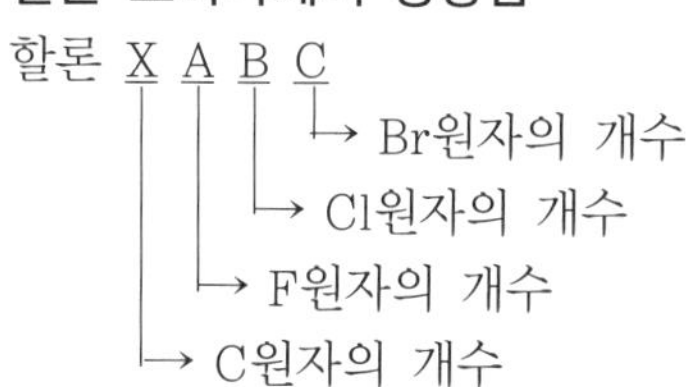

해답

① 할론 1301, ② 할론 1211, ③ 할론 2402

07

제2류 위험물의 위험물안전관리법령상 품명 중 지정수량이 100kg인 것을 2가지만 쓰시오. (4점)

해설

성질	위험등급	품명	지정수량
가연성 고체	Ⅱ	1. 황화인 2. 적린(P) 3. 황(S)	100kg
	Ⅲ	4. 철분(Fe) 5. 금속분 6. 마그네슘(Mg)	500kg
		7. 인화성 고체	1,000kg

해답

황화인, 적린, 황 중 2가지

08

벤젠의 증기비중을 구하시오. (단, 공기의 분자량은 29이다.) (4점)

해설

벤젠의 화학식은 C_6H_6이므로 분자량은 $12\times6+1\times6=78$g/mol에 해당한다.

따라서 증기비중은 $\frac{78}{29}=2.69$

해답

2.69

09

제3류 위험물인 황린에 대해 다음 각 물음에 답하시오. (6점)
① 안전한 저장을 위해 사용하는 보호액을 쓰시오.
② 수산화칼륨 수용액과 반응하였을 때 발생하는 맹독성의 가스는 무엇인지 쓰시오.
③ 위험물안전관리법령에서 정한 지정수량을 쓰시오.

해설

황린

㉠ 황린은 위험물안전관리법상 제3류 위험물에 해당하며, 지정수량은 20kg이다.
㉡ 자연발화성이 있어 물속에 저장하며, 온도상승 시 물의 산성화가 빨라져서 용기를 부식시키므로 직사광선을 피하여 저장한다.
㉢ 인화수소(PH_3)의 생성을 방지하기 위해 보호액은 약알칼리성 pH 9로 유지하기 위하여 알칼리제(석회 또는 소다회 등)로 pH를 조절한다.

해답

① pH=9의 알칼리성 물, ② 포스핀, ③ 20kg

10

아이오딘값의 정의를 쓰시오. (3점)

해설

아이오딘값 : 유지 100g에 부가되는 아이오딘의 g수, 불포화도가 증가할수록 아이오딘값이 증가하며, 자연발화의 위험이 있다.

해답

유지 100g에 부가되는 아이오딘의 g수

11

다음 제5류 위험물의 구조식을 나타내시오. (4점)
① 트라이나이트로톨루엔(TNT)
② 트라이나이트로페놀(피크르산)

해답

① CH_3 O_2N NO_2 NO_2 ② OH O_2N NO_2 NO_2

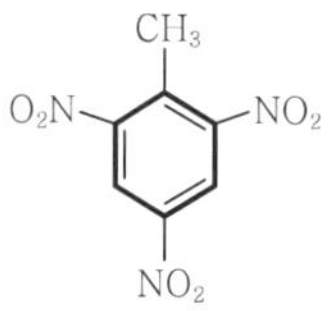

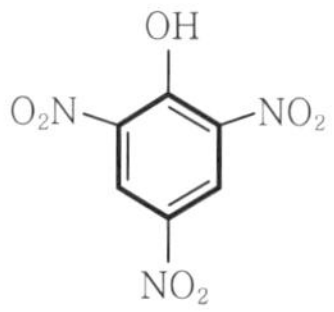

12

금속칼륨과 이산화탄소가 반응하여 탄소를 발생하는 화학반응식을 쓰시오. (4점)

해설

금속칼륨의 경우 CO_2와 격렬히 반응하여 연소, 폭발의 위험이 있으며, 연소 중에 모래를 뿌리면 규소(Si) 성분과 격렬히 반응한다.

해답

$4K + 3CO_2 \rightarrow 2K_2CO_3 + C$

13

나이트로글리세린의 제조방법을 사용되는 원료를 중심으로 설명하시오. (4점)

해답

질산과 황산의 혼산 중에 글리세린을 반응시켜 제조한다.

$$C_3H_5(OH)_3 + 3HNO_3 \xrightarrow{H_2SO_4} C_3H_5(ONO_2)_3 + 3H_2O$$

제2회 동영상문제

01

동영상에서는 비커에 담긴 물의 온도를 측정했을 때 15℃인 것을 보여준 후 칼슘(Ca)을 넣은 후 기포가 발생하면서 물의 온도가 25℃로 상승한 것을 보여준다. ① 동영상에서 보여준 물질의 물과의 반응식을 적고, ② 물의 온도가 왜 상승했는지 그 이유를 기술하시오. (4점)

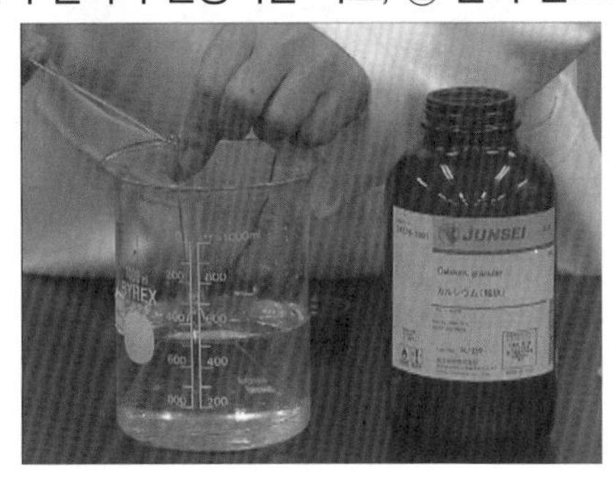

해설

금속칼슘은 물과 반응하여 상온에서는 서서히, 고온에서는 격렬히 수소를 발생하며 Mg에 비해 더 무르며 물과의 반응성은 빠르다.

해답

① $Ca + 2H_2O \rightarrow Ca(OH)_2 + H_2$

② 발열반응

02

동영상에서는 이동저장탱크가 1층과 2층 건물 사이에서 주차하고 있는 모습을 보여준다. 다음 괄호 안을 알맞게 채우시오. (4점)

> 위험물안전관리법상 옥외에 있는 이동탱크저장소의 상치장소는 화기를 취급하는 장소 또는 인근의 건축물로부터 (①)m 이상(인근의 건축물이 1층인 경우에는 (②) 이상)의 거리를 확보하여야 한다.

해설

이동탱크저장소의 상치장소

① 옥외에 있는 상치장소는 화기를 취급하는 장소 또는 인근의 건축물로부터 5m 이상(인근의 건축물이 1층인 경우에는 3m 이상)의 거리를 확보하여야 한다.

② 옥내에 있는 상치장소는 벽 · 바닥 · 보 · 서까래 및 지붕의 내화구조 또는 불연재료로 된 건축물의 1층에 설치하여야 한다.

해답

① 5, ② 3

03

동영상은 HNO_3 500배를 저장하는 옥외탱크저장소를 보여준다. 다음 각 물음에 답을 쓰시오. (6점)

① 저장탱크에서 탱크 사이 확보해야 하는 보유공지의 너비(m)를 계산하시오.
② HNO_3의 비중을 적으시오.
③ HNO_3의 지정수량을 적으시오.

해설

옥외탱크저장소의 보유공지

저장 또는 취급하는 위험물의 최대수량	공지의 너비
지정수량의 500배 이하	3m 이상
지정수량의 500배 초과 1,000배 이하	5m 이상
지정수량의 1,000배 초과 2,000배 이하	9m 이상
지정수량의 2,000배 초과 3,000배 이하	12m 이상
지정수량의 3,000배 초과 4,000배 이하	15m 이상
지정수량의 4,000배 초과	해당 탱크의 수평단면의 최대지름(횡형인 경우에는 긴 변)과 높이 중 큰 것과 같은 거리 이상. 다만, 30m 초과의 경우에는 30m 이상으로 할 수 있고, 15m 미만의 경우에는 15m 이상으로 하여야 한다.

▣ 특례 : 제6류 위험물을 저장, 취급하는 옥외탱크저장소의 경우

- 해당 보유공지의 $\frac{1}{3}$ 이상의 너비로 할 수 있다(단, 1.5m 이상일 것).
- 동일대지 내에 2기 이상의 탱크를 인접하여 설치하는 경우에는 해당 보유공지 너비의 $\frac{1}{3}$ 이상에 다시 $\frac{1}{3}$ 이상의 너비로 할 수 있다(단, 1.5m 이상일 것).

① 지정수량 500배로 보유공지 너비=3m, 제6류 위험물이므로 $3\times\frac{1}{3}=1\text{m}$

∴ 1.5m 이상

② 질산은 제6류 위험물로서 비중 : 1.49 이상, 지정수량 : 300kg

해답

① 1.5m 이상, ② 1.49, ③ 300kg

04

동영상에서는 연소 숟가락을 이용하여 각각 (A) 황, (B) 적린을 일부 준비해서 연소시키는 장면을 보여준다. 다음 물음에 답하시오. (4점)

① (A)에서 발생하는 기체의 명칭

② (B)에서 발생하는 백색기체의 화학식

해설

① 공기 중에서 연소하면 푸른빛을 내고 아황산가스를 발생하며, 아황산가스는 독성이 있다.

$S+O_2 \rightarrow SO_2$

② 연소하면 황린이나 황화인과 같이 유독성이 심한 백색의 오산화인을 발생하며, 일부 포스핀도 발생한다.

$4P+5O_2 \rightarrow 2P_2O_5$

해답

① 이산화황

② P_2O_5

05

동영상에서는 옥외저장소의 전경을 보여주고 저장소 내에 윤활유가 드럼통으로 겹쳐 쌓여 있는 모습을 보여준다. 다음 물음에 답하시오. (6점)

① 옥외저장소에 저장한 윤활유의 경우 드럼통 2개를 겹쳐 쌓을 수 있는 높이는 몇 m 이하로 해야 하는가?

② 옥외저장소에서 상기 위험물과 함께 저장할 수 있는 위험물의 유별을 적으시오.

③ ②와 같이 저장하는 경우 필요한 조치사항을 적으시오.

해설

① 옥내저장소에서 위험물을 저장하는 경우에는 다음의 규정에 의한 높이를 초과하여 용기를 겹쳐 쌓지 아니하여야 한다(옥외저장소에서 위험물을 저장하는 경우에 있어서도 본 규정에 의한 높이를 초과하여 용기를 겹쳐 쌓지 아니하여야 한다).

㉠ 기계에 의하여 하역하는 구조로 된 용기만을 겹쳐 쌓는 경우에 있어서는 6m

㉡ 제4류 위험물 중 제3석유류, 제4석유류 및 동·식물유류를 수납하는 용기만을 겹쳐 쌓는 경우에 있어서는 4m

㉢ 그 밖의 경우에 있어서는 3m

② 옥외저장소에 저장할 수 있는 위험물

㉠ 제2류 위험물 중 황, 인화성 고체(인화점이 0℃ 이상인 것에 한함)

㉡ 제4류 위험물 중 제1석유류(인화점이 0℃ 이상인 것에 한함), 제2석유류, 제3석유류, 제4석유류, 알코올류, 동·식물유류

㉢ 제6류 위험물

③ 옥외저장소에 있어서 제2류 위험물 중 인화성 고체와 제4류 위험물을 저장하는 경우 서로 1m 이상의 간격을 두는 경우에는 함께 저장할 수 있다.

해답

① 4m, ② 제2류, 제6류, ③ 서로 1m 이상의 간격을 두고 저장한다.

06

동영상에서는 실험대 위에 에틸알코올과 이황화탄소 시약병을 보여준다. 각각의 시약병으로부터 일부씩 (A)비커와 (B)비커에 분취하여 보여준 후 각각 점화시켜 연소하는 장면을 보여준다. 그리고 나서 물을 부어 (A)비커에서는 바로 소화되고, (B)비커에서는 물과의 층이 분리되면서 잠시 후 소화되는 장면을 보여준다. 다음 물음에 답하시오. (6점)

① (A)비커와 (B)비커 속에 담긴 위험물의 명칭을 적으시오.
② 각 비커에서 소화되는 원리를 비교 설명하시오.

해설

에틸알코올은 수용성이며, 이황화탄소는 비수용성이다. 따라서 연소시킨 후 물을 부어 바로 꺼지는 경우는 수용성인 에틸알코올로 이는 물이 섞이면서 희석소화 효과를 보여주는 것이며, 이황화탄소의 경우 물보다 액비중이 무거워 물이 표면을 덮어 질식소화하는 경우이다.

해답

① (A)비커 : 에틸알코올
(B)비커 : 이황화탄소
② (A)비커는 수용성으로 희석소화에 해당하며, (B)비커는 비수용성으로 물보다 무거워 질식소화된 경우이다.

07

동영상에서는 실험대 위에 (A) 톨루엔, (B) 벤젠, (C) 아세톤을 시약병에서 일부 분취하여 보여준다. 다음 물음에 답하시오. (5점)

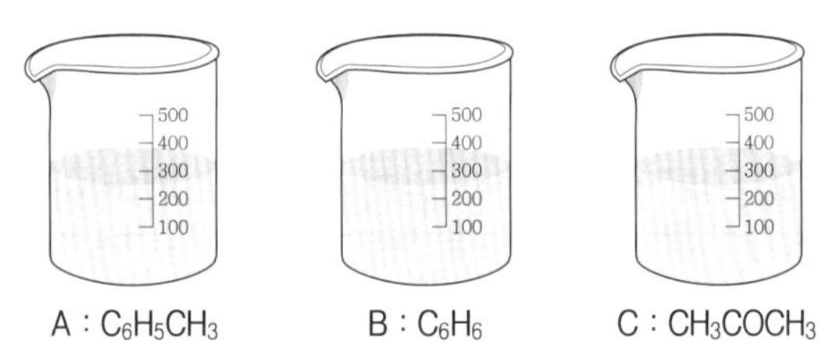

A : $C_6H_5CH_3$　　B : C_6H_6　　C : CH_3COCH_3

① 화면에서 보여준 물질 중 물에 녹는 위험물의 명칭을 쓰시오.
② 상기 ①의 위험물에 대해 다음 물음에 답하시오.
㉠ 시성식
㉡ 지정수량
㉢ 품명

해설

톨루엔과 벤젠은 비수용성이며, 아세톤은 수용성에 해당한다.

해답

① 아세톤
② ㉠ 시성식 : CH_3COCH_3
㉡ 지정수량 : 400L
㉢ 품명 : 제1석유류

08

동영상에서는 위험물제조소의 전경을 보여주고 그 중 아랫부분의 설비를 확대해서 보여준다. 다음 물음에 답하시오. (4점)
① 동영상에서 확대해서 보여주는 설비의 명칭은?
② 동영상에서 보여주는 위험물제조소의 바닥면적이 100m^{2}라면 상기 ①의 설비를 하는 경우 면적은 얼마로 해야 하는가?

해설

환기설비

㉠ 환기는 자연배기방식으로 한다.
㉡ 급기구는 해당 급기구가 설치된 실의 바닥면적 150m^{2}마다 1개 이상으로 하되, 급기구의 크기는 800cm^2 이상으로 한다. 다만, 바닥면적이 150m^2 미만인 경우에는 다음의 크기로 하여야 한다.

바닥면적	급기구의 면적
60m^2 미만	150cm^2 이상
60m^2 이상 90m^2 미만	300cm^2 이상
90m^2 이상 120m^2 미만	450cm^2 이상
120m^2 이상 150m^2 미만	600cm^2 이상

해답

① 환기설비, ② 450cm^2 이상

09

동영상에서는 제1종 판매취급소를 보여준다. 이와 같은 판매취급소에서 위험물을 배합하는 실의 문턱 높이는 바닥면으로부터 얼마 이상으로 해야 하는지 쓰시오. (3점)

해설

제1종 판매취급소

저장 또는 취급하는 위험물의 수량이 지정수량의 20배 이하인 취급소
㉮ 건축물의 1층에 설치한다.
㉯ 배합실은 다음과 같다.
　㉠ 바닥면적은 6m^2 이상 15m^2 이하이다.
　㉡ 내화구조 또는 불연재료로 된 벽으로 구획한다.
　㉢ 바닥은 위험물이 침투하지 아니하는 구조로 하여 적당한 경사를 두고 집유설비를 한다.
　㉣ 출입구에는 수시로 열 수 있는 자동폐쇄식의 60분+방화문 · 60분방화문을 설치한다.
　㉤ 출입구 문턱의 높이는 바닥면으로 0.1m 이상으로 한다.
　㉥ 내부에 체류한 가연성 증기 또는 가연성의 미분을 지붕 위로 방출하는 설치를 한다.

해답

0.1m

10 동영상에서는 과산화수소를 보여주고, 과산화수소와 [보기]의 물질을 섞는 장면을 보여준다. [보기]의 액체 중 과산화수소에 용해하는 물질을 모두 쓰시오. (3점)

[보기] 다이에틸에테르, 벤젠, 알코올, 물

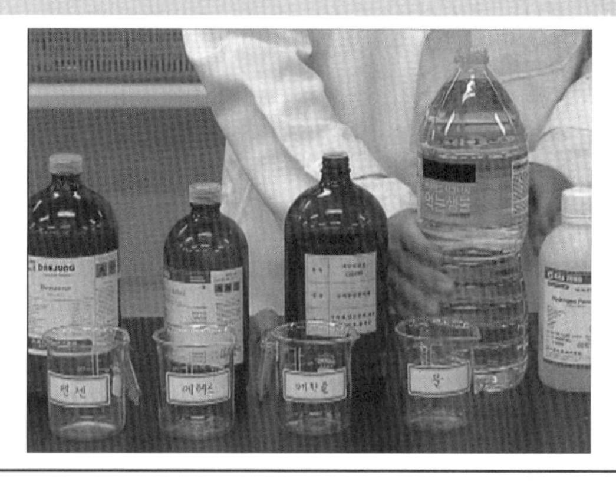

해설

과산화수소(H_2O_2)

㉠ 제6류 위험물(산화성 액체)로서 지정수량은 300kg이다.

㉡ 불연성이지만 강력한 산화제로서 가연물의 연소를 돕는다.

㉢ 분해하여 반응성이 큰 산소가스(O_2)를 발생한다.

$$2H_2O_2 \rightarrow 2H_2O + O_2$$

과산화수소 물 산소가스

㉣ 농도가 상승할수록 불안정하며 농도 60% 이상은 충격 · 마찰에 의해서도 단독으로 분해 · 폭발의 위험이 있다.

㉤ 용기 내부에서 분해되어 발생한 산소가스로 인한 내압의 증가로 폭발 위험성이 있다. 따라서 구멍이 뚫린 마개를 사용하며 분해를 억제하기 위하여 안정제로 인산(H_3PO_4), 요산($C_5H_4N_4O_3$)을 첨가하여 저장한다.

㉥ 강한 산화성이 있고, 물, 알코올, 에터 등에는 녹으나 석유나 벤젠 등에는 녹지 않는다.

! 중요! 위험물의 한계

농도가 36wt% 이상인 것만 제6류 위험물(산화성 액체)로 취급한다.

해답

다이에틸에테르, 알코올, 물

2019. 8. 24. 시행

2019년

제3회 과년도 출제문제

제3회 일반검정문제

01 산화프로필렌 200L, 벤즈알데하이드 1,000L, 아크릴산 4,000L를 저장하고 있을 경우, 각각의 지정수량 배수의 합계는 얼마인지 구하시오. (4점)

해설

구분	산화프로필렌	벤즈알데하이드	아크릴산
품명	특수인화물	제2석유류(비수용성)	제3석유류(비수용성)
지정수량	50L	1,000L	2,000L

해답

$$\text{지정수량 배수의 합} = \frac{200\text{L}}{50\text{L}} + \frac{1{,}000\text{L}}{1{,}000\text{L}} + \frac{4{,}000\text{L}}{2{,}000\text{L}} = 7$$

02 분말소화약제인 탄산수소칼륨의 1차 열분해반응식을 쓰시오. (4점)

해답

$2KHCO_3 \rightarrow K_2CO_3 + H_2O + CO_2$

03 위험물의 운송 시 운송책임자의 감독 · 지원을 받아야 하는 위험물 2가지를 쓰시오. (4점)

해설

알킬알루미늄, 알킬리튬은 운송책임자의 감독 · 지원을 받아 운송하여야 하며, 운송책임자의 자격은 다음으로 정한다.

㉠ 해당 위험물의 취급에 관한 국가기술자격을 취득하고 관련 업무에 1년 이상 종사한 경력이 있는 자

㉡ 위험물의 운송에 관한 안전교육을 수료하고 관련 업무에 2년 이상 종사한 경력이 있는 자

해답

알킬알루미늄, 알킬리튬

04

아세트알데하이드의 완전연소반응식을 쓰시오. (4점)

해답

$2CH_3CHO + 5O_2 \rightarrow 4CO_2 + 4H_2O$

05

위험물안전관리법령상 다음 각 위험물의 운반용기 외부에 표시해야 하는 주의사항을 모두 쓰시오. (6점)

① 제1류 위험물 중 알칼리금속의 과산화물
② 제2류 위험물 중 금속분
③ 제5류 위험물

해설

수납하는 위험물에 따른 주의사항

유별	구분	주의사항
제1류 위험물 (산화성 고체)	알칼리금속의 과산화물	"화기·충격주의" "물기엄금" "가연물접촉주의"
	그 밖의 것	"화기·충격주의" "가연물접촉주의"
제2류 위험물 (가연성 고체)	철분·금속분·마그네슘	"화기주의" "물기엄금"
	인화성 고체	"화기엄금"
	그 밖의 것	"화기주의"
제3류 위험물 (자연발화성 및 금수성 물질)	자연발화성 물질	"화기엄금" "공기접촉엄금"
	금수성 물질	"물기엄금"
제4류 위험물 (인화성 액체)	–	"화기엄금"
제5류 위험물 (자기반응성 물질)	–	"화기엄금" 및 "충격주의"
제6류 위험물 (산화성 액체)	–	"가연물접촉주의"

해답

① 제1류 위험물 중 알칼리금속의 과산화물 : "화기 · 충격주의", "물기엄금", "가연물접촉주의"
② 제2류 위험물 중 금속분 : "화기주의", "물기엄금"
③ 제5류 위험물 : "화기엄금" 및 "충격주의"

06

일반적으로 동식물유를 건성유, 반건성유, 불건성유로 분류할 때 기준이 되는 아이오딘가의 범위를 각각 쓰시오. (5점)
① 건성유
② 반건성유
③ 불건성유

해설

아이오딘값

유지 100g에 부가되는 아이오딘의 g수. 불포화도가 증가할수록 아이오딘값이 증가하며, 자연발화의 위험이 있다.

㉠ 건성유 : 아이오딘값이 130 이상(예 아마인유, 들기름, 동유, 정어리기름, 해바라기유 등)
이중결합이 많아 불포화도가 높기 때문에 공기 중에서 산화되어 액 표면에 피막을 만드는 기름
㉡ 반건성유 : 아이오딘값이 100~130인 것(예 참기름, 옥수수기름, 청어기름, 채종유, 면실유(목화씨유), 콩기름, 쌀겨유 등)
공기 중에서 건성유보다 얇은 피막을 만드는 기름
㉢ 불건성유 : 아이오딘값이 100 이하인 것(예 올리브유, 피마자유, 야자유, 땅콩기름, 동백기름 등)
공기 중에서 피막을 만들지 않는 안정된 기름

해답

① 건성유 : 아이오딘값이 130 이상
② 반건성유 : 아이오딘값이 100~130인 것
③ 불건성유 : 아이오딘값이 100 이하인 것

07

위험물안전관리법령상 위험물제조소의 환기설비 기준에서 바닥면적이 130m^2인 곳에 설치된 급기구 면적은 얼마 이상으로 하여야 하는지 쓰시오. (3점)

해설

급기구는 바닥면적 150m^2마다 1개 이상으로 하되, 급기구의 크기는 800cm^2 이상으로 한다. 다만, 바닥면적이 150m^2 미만인 경우에는 다음의 크기로 하여야 한다.

바닥면적	급기구의 면적
60m^2 미만	150cm^2 이상
60m^2 이상 90m^2 미만	300cm^2 이상
90m^2 이상 120m^2 미만	450cm^2 이상
120m^2 이상 150m^2 미만	600cm^2 이상

해답

600cm^2 이상

08

인화칼슘을 물과 반응시켰을 때 생성되는 물질 2가지를 화학식으로 쓰시오. (4점)

해설

인화칼슘의 경우 물과 접촉하는 경우 수산화칼슘과 포스핀가스가 생성된다.

$Ca_3P_2 + 6H_2O \rightarrow 3Ca(OH)_2 + 2PH_3$

해답

$Ca(OH)_2$, PH_3

09

다음은 위험물안전관리법령에서 정한 이동탱크저장소의 상치장소에 관한 내용이다. (　) 안에 알맞은 수치를 쓰시오. (4점)

> 옥외에 있는 상치장소는 화기를 취급하는 장소 또는 인근의 건축물로부터 (㉮)m 이상(인근의 건축물이 1층인 경우에는 (㉯)m 이상)의 거리를 확보하여야 한다. 다만, 하천의 공지나 수면, 내화구조 또는 불연재료의 담 또는 벽, 그 밖에 이와 유사한 것에 접하는 경우를 제외한다.

해설

이동탱크저장소의 상치장소

㉠ 옥외에 있는 상치장소는 화기를 취급하는 장소 또는 인근의 건축물로부터 5m 이상(인근의 건축물이 1층인 경우에는 3m 이상)의 거리를 확보하여야 한다.

㉡ 옥내에 있는 상치장소는 벽·바닥·보·서까래 및 지붕의 내화구조 또는 불연재료로 된 건축물의 1층에 설치하여야 한다.

해답

㉮ 5

㉯ 3

10

부착성이 뛰어난 메타인산을 만들어 화재 시 소화능력이 좋은 소화약제로, ABC 소화약제라고도 하는 이 약제의 주성분을 화학식으로 쓰시오. (3점)

해설

제3종 분말소화약제

㉠ 열분해 시 흡열반응에 의한 냉각효과, 불연성 가스(NH_3, H_2O 등)에 의한 질식효과, 반응과정에서 생성된 메타인산(HPO_3)의 방진효과, 열분해 시 유리된 NH_4^+와 분말 표면의 흡착에 의한 부촉매효과 등이 있다.

㉡ 열분해반응식 : $NH_4H_2PO_4 \rightarrow NH_3 + H_2O + HPO_3$

해답

$NH_4H_2PO_4$

11

위험물안전관리법령에서 정의하는 자기반응성 물질에 대해 다음 ( ) 안에 알맞은 용어를 쓰시오. (4점)

"자기반응성 물질"이라 함은 고체 또는 액체로서 (㉮)의 위험성 또는 (㉯)의 격렬함을 판단하기 위하여 고시로 정하는 시험에서 고시로 정하는 성질과 상태를 나타내는 것을 말한다.

해설

"자기반응성 물질"이라 함은 고체 또는 액체로서 폭발의 위험성 또는 가열분해의 격렬함을 판단하기 위하여 고시로 정하는 시험에서 고시로 정하는 성질과 상태를 나타내는 것을 말한다.

해답

㉮ 폭발
㉯ 가열분해

12

자일렌의 이성질체 중 m－자일렌의 구조식을 나타내시오. (3점)

해설

자일렌($C_6H_4(CH_3)_2$)

㉠ 벤젠핵에 메틸기($-CH_3$) 2개가 결합한 물질로 3가지의 이성질체가 있다.
㉡ 무색투명하고, 단맛이 있으며, 방향성이 있다.

명칭	ortho－자일렌	meta－자일렌	para－자일렌
비중	0.88	0.86	0.86
융점	－25℃	－48℃	13℃
비점	144.4℃	139.1℃	138.4℃
인화점	32℃	25℃	25℃
발화점	106.2℃	－	－
연소범위	1.0~6.0%	1.0~6.0%	1.1~7.0%
구조식	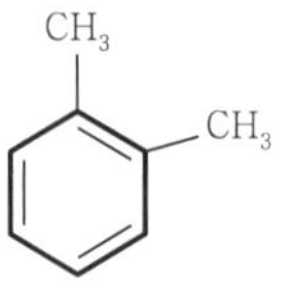 CH_3, CH_3	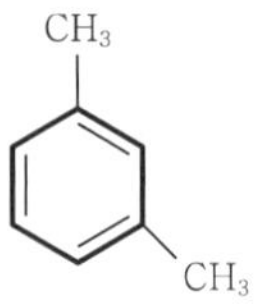 CH_3, CH_3	 CH_3, CH_3

해답

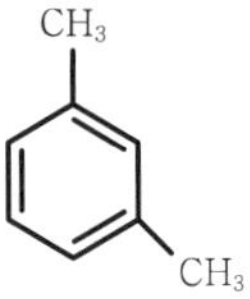

CH_3
CH_3

13

하나의 옥내저장탱크 전용실에 2개의 옥내저장탱크를 설치할 경우 탱크 상호간은 얼마 이상의 간격을 유지하여야 하는지 쓰시오. (3점)

해설

옥내저장탱크와 탱크전용실의 벽과의 사이 및 옥내저장탱크의 상호간에는 0.5m 이상의 간격을 유지할 것

해답

0.5m

14

제2류 위험물 중 Al, Fe, Zn을 이온화 경향이 가장 큰 것부터 작은 순서대로 쓰시오. (4점)

해설

이온화 경향

K > Ca > Na > Mg > Al > Zn > Fe > Ni > Sn > Pb > (H) > Cu > Hg > Ag > Pt > Au

해답

Al > Zn > Fe

제3회 동영상문제

01

동영상에서는 질산칼륨, 황, 숯을 차례로 보여주고, 막자사발에 섞어 흑색화약을 제조하는 것을 보여준 후, 시험관에 제조된 흑색화약 한 스푼을 넣어 가열시켜 폭발하는 것을 보여준다. 흑색화약에서 산소공급원 역할을 하는 물질은 무엇인지 쓰시오. (4점)

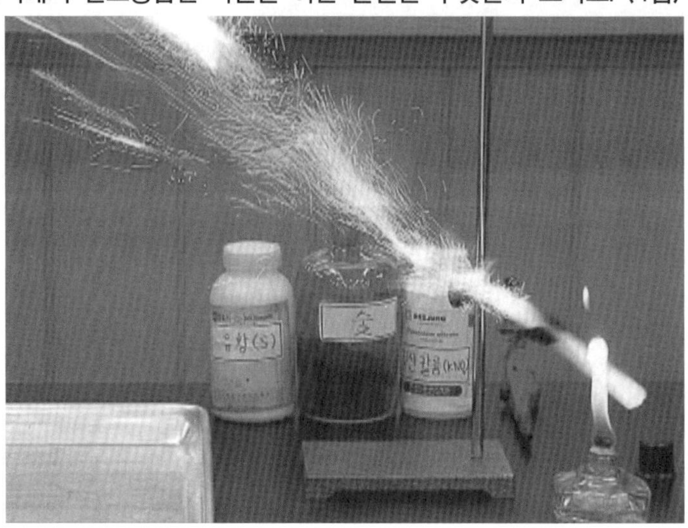

해설

흑색화약

조성[질산칼륨(KNO_3) 75%, 숯(C) 15%, 황(S) 10%]

㉠ 질산칼륨(KNO_3) : 산화제(NO_3) – 지속적인 산소 공급 → 연소폭발 촉진

㉡ 숯(C) : 연소반응 – 탄소(C) 공급

㉢ 황(S) : 낮은 온도 발화 – 폭발 증가

KNO_3(질산칼륨, 질산카리, 초석)

㉠ 제1류 위험물(산화성 고체), 질산염류, 지정수량 300kg

㉡ 비중 2.1, 융점 339℃, 분해온도 400℃, 용해도 26

㉢ 물이나 글리세린 등에는 잘 녹고 알코올에는 녹지 않으며, 수용액은 중성이다.

㉣ 약 400℃로 가열하면 분해하여 아질산칼륨(KNO_2)과 산소(O_2)가 발생하는 강산화제이다.

㉤ 강력한 산화제로 가연성 분말, 유기물, 환원성 물질과 혼합 시 가열, 충격으로 폭발하며, 흑색화약(질산칼륨 75%+황 10%+목탄 15%)의 원료로 이용된다.

$16KNO_3 + 3S + 21C \rightarrow 13CO_2 + 3CO + 8N_2 + 5K_2CO_3 + K_2SO_4 + 2K_2S$

해답

질산칼륨

02

동영상에서 A~D 위험물을 보여준다. 다음 물음에 알맞은 답을 쓰시오. (4점)

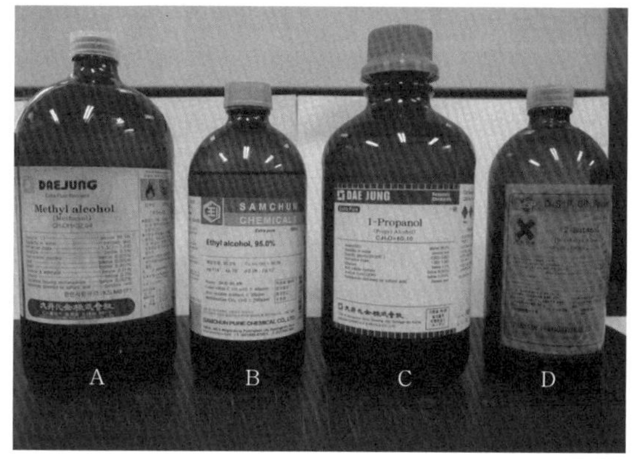

① 탄소 수가 제일 많은 것의 물질명은?
② 위험물안전관리법상 알코올류에 해당하지 않는 것의 기호는?

해설

구분	A. 메틸알코올	B. 에틸알코올	C. 프로필알코올	D. 뷰틸알코올
화학식(시성식)	CH_3OH	C_2H_5OH	C_3H_7OH	C_4H_9OH
끓는점(b.p.)	65℃	80℃	83℃	117.5℃
분자량(M.W.)	32g/mol	46g/mol	60g/mol	74g/mol

※ 알코올[R−OH, $C_nH_{2n+1}-OH$] : 알킬기(R)에 하이드록시기(OH)가 결합한 물질. 알코올은 탄소(C) 수가 늘어날수록(=분자량이 커질수록) 끓는점(비점)이 높아진다.

해답

① 뷰틸알코올
② D

03

동영상에서는 제2종 판매취급소를 보여준다. 배합실에서 작업할 수 있는 위험물의 종류에 대해 다음 괄호 안을 알맞게 채우시오. (4점)
① 제1류 위험물 중 ( ) 및 ( )만을 함유한 것
② 제2류 위험물 중 ( )

해설

제2종 판매취급소 작업실에서 배합할 수 있는 위험물의 종류
㉠ 황
㉡ 도료류
㉢ 제1류 위험물 중 염소산염류 및 염소산염류만을 함유한 것

해답

① 염소산염류
② 황

04

동영상에서는 물이 담긴 비커에 칼슘을 넣고 기포가 발생하는 장면을 보여준다. 다음 물음에 답하시오. (6점)

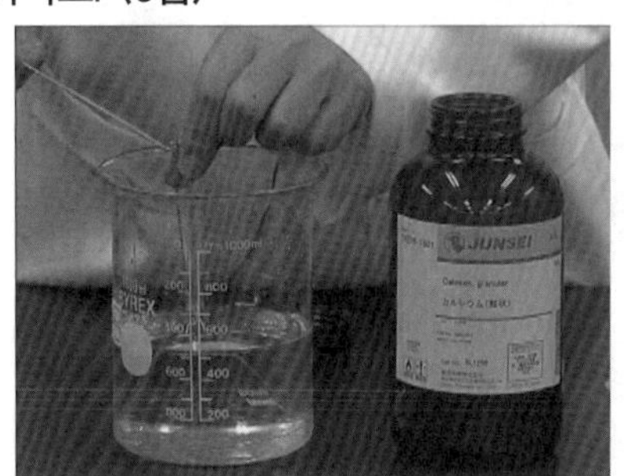

① 이때 발생하는 가스의 명칭
② 상기 ① 가스의 연소반응식
③ 실험에서 보여주는 위험물의 지정수량

해설

칼슘은 제3류 위험물로서 지정수량은 50kg이다. 또한, 물과 접촉 시 수산화칼슘과 수소가스가 생성된다.

$Ca + 2H_2O \rightarrow Ca(OH)_2 + H_2$

해답

① 수소
② $2H_2 + O_2 \rightarrow 2H_2O$
③ 50kg

05

동영상에서는 위험물제조소를 보여주고 있다. 위험물제조소와 액화석유가스 저장시설과의 안전거리는 몇 m 이상으로 하여야 하는지 쓰시오. (3점)

해설

제조소의 안전거리 기준

구분	안전거리
사용전압 7,000V 초과 35,000V 이하	3m 이상
사용전압 35,000V 초과	5m 이상
주거용	10m 이상
고압가스, 액화석유가스, 도시가스	20m 이상
학교 · 병원 · 극장	30m 이상
유형문화재, 지정문화재	50m 이상

※ 안전거리 : 위험물시설과 다른 공작물 또는 방호대상물과의 안전 · 공해 · 환경 등의 안전상 확보해야 할 물리적인 수평거리

해답

20m

06

동영상에서 이동식 저장탱크의 사진을 보여준다. 다음 각 물음에 답하시오. (6점)

① 화면에서 지시하는 A의 명칭을 쓰시오.

② 상기에서 설명하는 부분은 두께 (　　)mm 이상의 강철판 또는 이와 동등 이상의 기계적 성질이 있는 재료로써 산모양의 형상으로 하거나 이와 동등 이상의 강도가 있는 형상으로 할 것

③ B의 정상부분은 부속장치보다 (　　)mm 이상 높게 하거나 이와 동등 이상의 성능이 있는 것으로 할 것

해답

① 방호틀, ② 2.3, ③ 50

07

동영상에서는 질산, 황산, 글리세린 3가지 물질을 섞는 장면을 보여준다. 최종적으로 제조된 물질의 품명과 시성식을 쓰시오. (6점)

해설

나이트로글리세린[$C_3H_5(ONO_2)_3$]

$$
\begin{array}{ccccccc}
 & H & & H & & H & \\
 & | & & | & & | & \\
H- & C & - & C & - & C & -H \\
 & | & & | & & | & \\
 & O & & O & & O & \\
 & | & & | & & | & \\
 & NO_2 & & NO_2 & & NO_2 &
\end{array}
$$

㉠ 다이너마이트, 로켓, 무연화약의 원료로 순수한 것은 무색투명한 기름상의 액체(공업용 시판품은 담황색)이며 점화하면 즉시 연소하고 폭발력이 강하다.

㉡ 다공질 물질 규조토에 흡수시켜 다이너마이트를 제조한다.

㉢ 공기 중 수분과 작용하여 가수분해하여 질산을 생성하여 질산과 나이트로글리세린의 혼합물은 특이한 위험성을 가진다. 따라서 장기간 저장할 경우 자연발화의 위험이 있다.

해답

나이트로글리세린, $C_3H_5(ONO_2)_3$

08 다음의 위험물이 공기 중에서 연소하는 경우 ① 연소반응식을 쓰고, ② 이 물질과 동소체인 위험물이 무엇인지 명칭을 쓰시오. (4점)

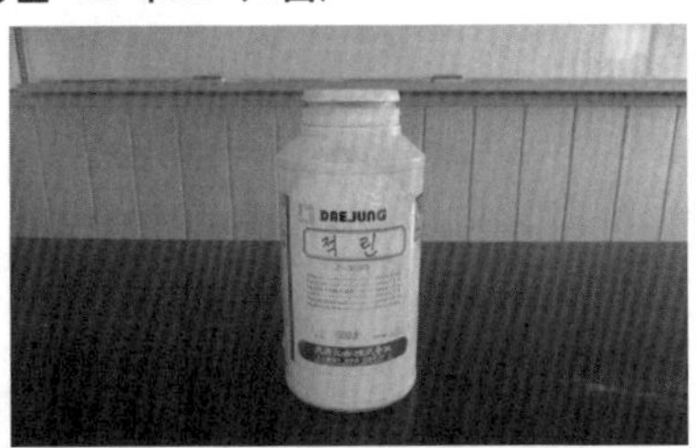

해설

㉠ 적린은 연소하면 황린과 같이 유독성인 흰연기의 오산화인(P_2O_5)을 발생한다.

$4P + 5O_2 \rightarrow 2P_2O_5$

적린 산소가스 오산화인

㉡ 제3류 위험물로서 황린(P_4)의 경우 적린의 동소체에 해당한다.

해답

① $4P + 5O_2 \rightarrow 2P_2O_5$, ② 황린

09 동영상에서는 주유취급소의 ⓐ 경유, ⓑ 휘발유의 셀프용 고정주유설비를 보여준다. 다음 물음에 답하시오. (4점)

① 동영상에서 보여주는 ⓐ의 고정주유설비의 1회 연속주유량은 몇 L 이하로 하여야 하는지 쓰시오.

② 동영상에서 보여주는 ⓑ의 고정주유설비의 주유시간 상한을 쓰시오.

해설

셀프용 고정주유설비의 기준

1회의 연속주유량 및 주유시간의 상한을 미리 설정할 수 있는 구조일 것. 이 경우 연속주유량 및 주유시간의 상한은 다음과 같다.

㉠ 휘발유는 100L 이하, 4분 이하로 할 것

㉡ 경유는 600L 이하, 12분 이하로 할 것

해답

① 600L, ② 4분 이하

10 동영상에서는 주유취급소에서 주유소 직원이 현수식 주유관을 당겨 아래쪽으로 내리는 장면을 보여준다. 위험물안전관리법상 다음 괄호 안을 알맞게 채우시오. (4점)

> 고정주유설비 또는 고정급유설비의 주유관의 길이(선단의 개폐밸브를 포함한다)는 5m(현수식의 경우에는 지면 위 (①)의 수평면에 수직으로 내려 만나는 점을 중심으로 반경 (②)) 이내로 하고 그 선단에는 축적된 정전기를 유효하게 제거할 수 있는 장치를 설치하여야 한다.

해답

① 0.5m

② 3m

2019년

제4회 과년도 출제문제

제4회 일반검정문제

01 물과 반응하여 아세틸렌 가스를 발생시키며 고온으로 가열하면 질소와 반응하여 칼슘사이안아마이드(석회질소)를 발생하는 물질의 명칭과 화학식을 쓰시오. (4점)

해설

탄화칼슘의 경우 질소와는 약 700℃ 이상에서 질화되어 칼슘사이안아마이드($CaCN_2$, 석회질소)가 생성된다.

$CaC_2 + N_2 \rightarrow CaCN_2 + C$

해답

① 명칭 : 탄화칼슘, ② 화학식 : CaC_2

02 질산이 햇빛에 의해 분해되어 이산화질소를 발생하는 분해반응식을 쓰시오. (4점)

해설

질산은 3대 강산 중 하나로 흡습성이 강하고 자극성, 부식성이 강하며 휘발성, 발연성 물질이다. 직사광선에 의해 분해되어 이산화질소(NO_2)를 생성시킨다.

해답

$4HNO_3 \rightarrow 4NO_2 + 2H_2O + O_2$

03 아세트알데하이드가 산화되어 아세트산이 되는 과정과 환원되어 에탄올이 되는 과정을 각각 화학반응식으로 나타내시오. (6점)

① 산화반응　　　② 환원반응

해설

아세트알데하이드는 제4류 위험물 중 특수인화물에 해당하며, 지정수량은 50L이다. 산화 시 초산, 환원 시 에탄올이 생성된다.

해답

① 산화반응 : $2CH_3CHO + O_2 \rightarrow 2CH_3COOH$, ② 환원반응 : $CH_3CHO + H_2 \rightarrow C_2H_5OH$

04

위험물안전관리법령상 제6류 위험물 운반용기의 외부에 표시하는 주의사항을 쓰시오. (3점)

해답

가연물접촉주의

05

[보기]의 위험물을 인화점이 낮은 것부터 높은 순서대로 쓰시오. (4점)

[보기] 나이트로벤젠, 아세트알데하이드, 에탄올, 아세트산

해설

물질명	나이트로벤젠	아세트알데하이드	에탄올	아세트산
화학식	$C_6H_5NO_2$	CH_3CHO	C_2H_5OH	CH_3COOH
품명	제3석유류	특수인화물	알코올류	제2석유류
인화점	88℃	−40℃	13℃	40℃

해답

아세트알데하이드 – 에탄올 – 아세트산 – 나이트로벤젠

06

위험물안전관리법령상 간이탱크저장소에 대하여 다음 각 물음에 답하시오. (6점)

① 1개의 간이탱크저장소에 설치하는 간이저장탱크는 몇 개 이하로 하여야 하는지 쓰시오.
② 간이저장탱크의 용량은 몇 L 이하이어야 하는지 쓰시오.
③ 간이저장탱크는 두께를 몇 mm 이상의 강판으로 하여야 하는지 쓰시오.

해설

① 하나의 간이탱크저장소에 설치하는 탱크의 수는 3기 이하로 할 것(단, 동일한 품질의 위험물의 탱크를 2기 이상 설치하지 말 것)
② 하나의 탱크 용량은 600L 이하로 할 것
③ 두께 3.2mm 이상의 강판으로 흠이 없도록 제작할 것

해답

① 3개
② 600L
③ 3.2mm

07

위험물안전관리법령상 동식물유류에 대한 정의에 대해 다음 (　　) 안에 알맞은 수치를 쓰시오. (3점)

> 동물의 지육 등 또는 식물의 종자나 과육으로부터 추출한 것으로서 1기압하에서 인화점이 (　　)℃ 미만인 것을 동식물유류라 한다.

해설

"동식물유류"라 함은 동물의 지육 등 또는 식물의 종자나 과육으로부터 추출한 것으로서 1기압에서 인화점이 섭씨 250도 미만인 것을 말한다.

해답

250

08

이산화탄소소화기로 이산화탄소를 20℃의 1기압 대기 중에 1kg을 방출할 때 부피는 몇 L가 되는지 구하시오. (4점)

해설

$PV=nRT$에서 몰수$(n)=\frac{\text{질량}(w)}{\text{분자량}(M)}$이므로 $PV=\frac{w}{M}RT$, $V=\frac{w}{PM}RT$

$\therefore\ V=\frac{10^3\text{g}\times 0.082\text{L}\cdot\text{atm/kmol}\times(20+273.15)\text{K}}{1\text{atm}\times 44\text{g/mol}} \fallingdotseq 546.33\text{L}$

해답

546.33L

09

지정수량 10배 이상의 위험물을 운반하고자 할 때 제3류 위험물과 혼재할 수 있는 위험물은 제 몇 류 위험물인지 모두 쓰시오. (3점)

해설

유별을 달리하는 위험물의 혼재기준

위험물의 구분	제1류	제2류	제3류	제4류	제5류	제6류
제1류		×	×	×	×	○
제2류	×		×	○	○	×
제3류	×	×		○	×	×
제4류	×	○	○		○	×
제5류	×	○	×	○		×
제6류	○	×	×	×	×	

해답

제4류

10 제5류 위험물의 품명을 4가지만 적으시오. (4점)

해설

제5류 위험물의 품명 및 지정수량

성질	품명
자기반응성 물질	1. 유기과산화물
	2. 질산에스터류
	3. 나이트로화합물
	4. 나이트로소화합물
	5. 아조화합물
	6. 다이아조화합물
	7. 하이드라진유도체
	8. 하이드록실아민(NH_2OH)
	9. 하이드록실아민염류
	10. 그 밖의 행정안전부령이 정하는 것 ① 금속의 아지드화합물 ② 질산구아니딘

해답

유기과산화물, 질산에스터류, 나이트로화합물, 나이트로소화합물, 아조화합물, 다이아조화합물, 하이드라진유도체, 하이드록실아민(NH_2OH), 하이드록실아민염류, 금속의 아지드화합물,질산구아니딘 중 4가지 작성

11 벤젠 1몰이 완전연소하는 데 필요한 공기는 몇 몰인지 구하시오. (4점)

해설

벤젠은 무색투명하며 독특한 냄새를 가진 휘발성이 강한 액체로, 위험성이 강하며 인화가 쉽고 다량의 흑연이 발생하며 뜨거운 열을 내면서 연소한다. 연소 시 이산화탄소와 물이 생성된다.

$2C_6H_6+15O_2 \rightarrow 12CO_2+6H_2O$

$$\frac{1mol-C_6H_6}{} \left| \frac{15mol-O_2}{2mol-C_6H_6} \right| \frac{100mol-Air}{21mol-O_2} = 35.71mol-Air$$

해답

35.71mol

12

다음 각 물질의 구조식을 나타내시오. (6점)

① 초산에틸(아세트산에틸)

② 에틸렌글리콜

③ 개미산(폼산)

해답

①

```
       H
       |      O   H   H
   H - C - C//    |   |
       |      \O- C - C - H
       H          |   |
                  H   H
```

②

```
      H   H
      |   |
  H - C - C - H
      |   |
     OH  OH
```

③

```
        //O
  H - C
        \O-H
```

13

다음 할론소화약제를 화학식으로 나타내시오. (4점)

① Halon 1211

② Halon 1301

해설

할론소화약제 명명법

```
할론 XABC
     ||||
     |||└──→ Br원자의 개수
     ||└───→ Cl원자의 개수
     |└────→ F원자의 개수
     └─────→ C원자의 개수
```

해답

① CF_2ClBr

② CF_3Br

제4회 동영상문제

01 동영상에서는 임의의 측정기기를 보여주고 그 측정기기 실린더에 액체 물질을 붓고 뚜껑을 닫는 영상을 보여준다. 측정기기에는 온도계가 길게 연결되어 있고 실린더에 넣은 시료의 양이 대략 50mL(cm^3) 정도로 보여진다. 동영상에서 보여주는 측정기기는 물질의 어떤 물성을 측정하는 것인지 쓰시오. (3점)

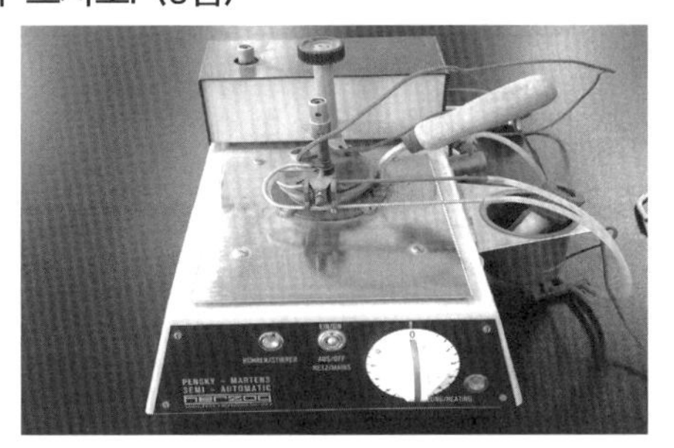

해답

인화점

02 동영상에서 과산화수소가 담긴 비커에 하이드라진(N_2H_4)을 넣어서 분해 · 폭발하는 모습을 보여준다. 폭발하는 경우의 반응식을 쓰시오. (4점)

해설

과산화수소(H_2O_2)는 하이드라진(N_2H_4)과 접촉하면 분해 · 폭발한다. 이를 이용하여 유도탄 발사, 로켓의 추진제, 잠수함 엔진의 작동용으로도 활용된다.

$2H_2O_2 + N_2H_4 \rightarrow 4H_2O + N_2$

과산화수소 하이드라진 물 질소가스

! 중요! 위험물의 한계

농도가 36wt% 이상인 것만 제6류 위험물(산화성 액체)로 취급한다.

해답

$2H_2O_2 + N_2H_4 \rightarrow 4H_2O + N_2$

03

동영상에서는 위험물 제조소를 보여주고 있다. 위험물 제조소에서 제조하는 위험물이 휘발유 4,000L인 경우 다음 물음에 답하시오. (6점)

① 지정수량 배수

② 보유공지

해설

① 지정수량의 배수$=\frac{\text{A품목 저장수량}}{\text{A품목 지정수량}}=\frac{4{,}000\text{L}}{200\text{L}}=20$배

② 보유공지 기준

취급하는 위험물의 최대수량	공지의 너비
지정수량의 10배 이하	3m 이상
지정수량의 10배 초과	5m 이상

해답

① 20배, ② 5m 이상

04

동영상에서는 마그네슘을 소량 덜어 가열한다. 몇 초 후 마그네슘에 불이 붙고, 이산화탄소 소화기로 분사하는 순간 불이 더 커지는 장면을 보여준다. 다음 물음에 답하시오. (5점)

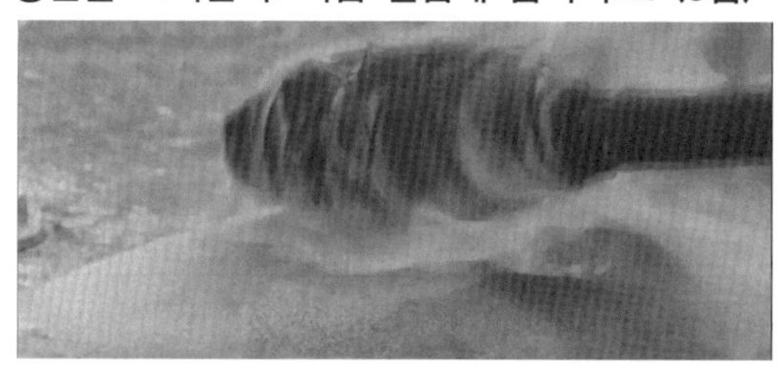

① 동영상에서 보여주는 물질의 완전연소반응식을 쓰시오.

② 동영상에서 보여주는 물질의 위험물안전관리법상 지정수량은 얼마인지 쓰시오.

해설

마그네슘

㉠ 가열하면 연소가 쉽고 양이 많은 경우 맹렬히 연소하며 강한 빛을 낸다. 특히 연소열이 매우 높기 때문에 온도가 높아지고 화세가 격렬하여 소화가 곤란하다.

$2Mg+O_2 \rightarrow 2MgO$

㉡ CO_2 등 질식성 가스와 접촉 시에는 가연성 물질인 C와 유독성인 CO 가스를 발생한다.

$2Mg+CO_2 \rightarrow 2MgO+2C$

$Mg+CO_2 \rightarrow MgO+CO$

㉢ 사염화탄소(CCl_4)나 C_2H_4ClBr 등과 고온에서 작용 시에는 맹독성인 포스겐($COCl_2$)가스가 발생한다.

해답

① $2Mg+O_2 \rightarrow 2MgO$, ② 500kg

05

동영상에서는 2층 건물로 표지판에 아염소산나트륨이 표시되어 있는 옥내저장소를 보여준다. 다음 물음에 답하시오. (6점)

① 저장창고는 각층의 바닥을 지면보다 높게 하고, 바닥면으로부터 상층의 바닥까지의 높이를 몇 m 미만으로 하여야 하는지 쓰시오.

② 하나의 저장창고의 바닥면적 합계는 몇 m^2 이하로 하여야 하는지 쓰시오.

③ 2층 이상의 층의 바닥에는 개구부를 두지 아니하여야 한다. 다만, (㉠)의 벽과 (㉡) 또는 (㉢)으로 구획된 계단실에 있어서는 그러하지 아니하다.

해설

다층건물의 옥내저장소 기준(제2류 또는 제4류의 위험물(인화성 고체 및 인화점이 70℃ 미만인 제4류 위험물은 제외한다))

㉠ 저장창고는 각층의 바닥을 지면보다 높게 하고, 바닥면으로부터 상층의 바닥(상층이 없는 경우에는 처마)까지의 높이(이하 "층고"라 한다)를 6m 미만으로 하여야 한다.

㉡ 하나의 저장창고의 바닥면적 합계는 1,000m^2 이하로 하여야 한다.

㉢ 저장창고의 벽 · 기둥 · 바닥 및 보를 내화구조로 하고, 계단을 불연재료로 하며, 연소의 우려가 있는 외벽은 출입구 외의 개구부를 갖지 아니하는 벽으로 하여야 한다.

㉣ 2층 이상의 층의 바닥에는 개구부를 두지 아니하여야 한다. 다만, 내화구조의 벽과 60분+방화문 · 60분방화문 또는 30분방화문으로 구획된 계단실에 있어서는 그러하지 아니하다.

해답

① 6m 미만

② 1,000m^2 이하

③ ㉠ 내화구조, ㉡ 60분+방화문 · 60분방화문, ㉢ 30분방화문

06

동영상에서 ABC분말소화기, 할론 1211소화기, 이산화탄소소화기를 보여준다. 이 가운데 분말소화기의 주성분을 화학식으로 쓰시오. (3점)

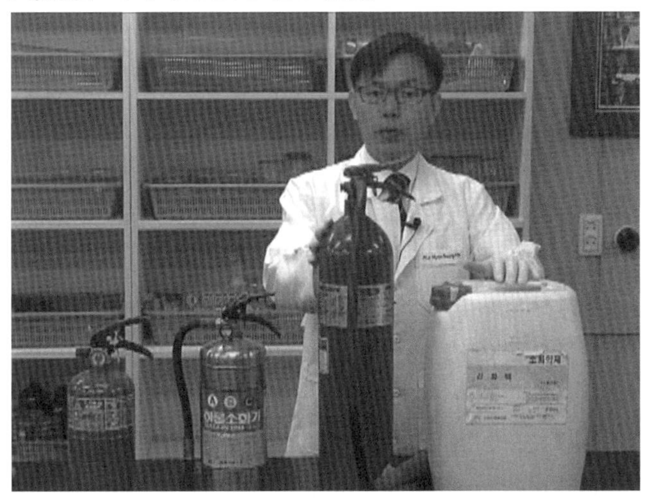

해설

종류	주성분	화학식	착색	적응화재
제1종	탄산수소나트륨(중탄산나트륨)	$NaHCO_3$	–	B, C급 화재
제2종	탄산수소칼륨(중탄산칼륨)	$KHCO_3$	담회색	B, C급 화재
제3종	제1인산암모늄	$NH_4H_2PO_4$	담홍색 또는 황색	A, B, C급 화재
제4종	탄산수소칼륨+요소	$KHCO_3+CO(NH_2)_2$	–	B, C급 화재

해답

$NH_4H_2PO_4$

07 동영상에서는 옥외탱크저장소에서 볼 수 있는 통기관을 2개 보여준다. 다음 물음에 답하시오. (6점)

(A)

(B)

① 통기관 (A)의 명칭은 무엇인지 쓰시오.
② 통기관 (A)의 작동압력은 얼마인지 쓰시오.

해설

탱크 통기장치의 기준

㉮ 대기밸브부착 통기관
　㉠ 5kPa 이하의 압력 차이로 작동할 수 있을 것
　㉡ 가는 눈의 구리망 등으로 인화방지장치를 설치할 것
㉯ 밸브 없는 통기관
　㉠ 통기관의 직경 : 30mm 이상
　㉡ 통기관의 선단은 수평으로부터 45° 이상 구부려 빗물 등의 침투를 막는 구조일 것
　㉢ 인화점이 38℃ 미만인 위험물만을 저장 · 취급하는 탱크의 통기관에는 화염방지장치를 설치하고, 인화점이 38℃ 이상 70℃ 미만인 위험물을 저장 · 취급하는 탱크의 통기관에는 40mesh 이상의 구리망으로 된 인화방지장치를 설치할 것

㉣ 가연성의 증기를 회수하기 위한 밸브를 통기관에 설치하는 경우에 있어서는 해당 통기관의 밸브는 저장탱크에 위험물을 주입하는 경우를 제외하고는 항상 개방되어 있는 구조로 하는 한편, 폐쇄하였을 경우에는 10kPa 이하의 압력에서 개방되는 구조로 할 것. 이 경우 개방된 부분의 유효단면적은 777.15mm^2 이상이어야 한다.

해답

① 대기밸브부착 통기관
② 5kPa 이하

08

동영상에서는 제1종 판매취급소의 전경을 보여준다. 잠시 후 그 내부의 배합실을 보여준다. 다음 물음에 알맞은 답을 쓰시오. (4점)
① 위험물을 배합하는 실의 바닥면적은 (㉠) 이상 (㉡) 이하로 하여야 한다.
② 판매취급소의 경우 (㉠) 또는 (㉡)로 된 벽으로 구획한다.

해설

제1종 판매취급소
저장 또는 취급하는 위험물의 수량이 지정수량의 20배 이하인 취급소
㉮ 건축물의 1층에 설치한다.
㉯ 배합실은 다음과 같다.
㉠ 바닥면적은 6m^2 이상 15m^2 이하이다.
㉡ 내화구조 또는 불연재료로 된 벽으로 구획한다.
㉢ 바닥은 위험물이 침투하지 아니하는 구조로 하여 적당한 경사를 두고 집유설비를 한다.
㉣ 출입구에는 수시로 열 수 있는 자동폐쇄식의 60분+방화문 · 60분방화문을 설치한다.
㉤ 출입구 문턱의 높이는 바닥면으로부터 0.1m 이상으로 한다.
㉥ 내부에 체류한 가연성 증기 또는 가연성의 미분을 지붕 위로 방출하는 설치를 한다.

해답

① ㉠ 6m^2, ㉡ 15m^2
② ㉠ 내화구조, ㉡ 불연재료

09

동영상에서 물에 적신 여과지에 [보기]의 위험물을 각각 올려놓는 장면이 나온다. 다음 물음에 답하시오. (4점)

[보기] A(과산화바륨), B(탄화칼슘), C(나트륨), D(칼륨)

① C 물질이 물과 반응하는 화학반응식을 쓰시오.
② 위의 반응식에서 발생하는 기체의 명칭을 쓰시오.

해설

물과 격렬히 반응하여 발열하고 수소를 발생하며, 수용액은 염기성으로 변하고, 페놀프탈레인과 반응 시 붉은색을 나타낸다. 특히 아이오딘산과 접촉 시 폭발한다.

$2Na+2H_2O \rightarrow 2NaOH+H_2$

해답

① $2Na+2H_2O \rightarrow 2NaOH+H_2$

② 수소가스

10

동영상에서는 이황화탄소를 보여주고 이황화탄소와 무색의 액체를 하나의 비커에 혼합시켜준다. 둘 다 투명한데도 층이 나눠져 상층과 하층으로 분리되어 있는 모습을 보여준다. 다음 [보기] 중에서 동영상에서 보여주는 무색의 액체에 해당하는 물질 한 가지를 쓰시오. (4점)

[보기] 물, 에터, 에탄올, 벤젠

해설

물보다 무겁고 물에 녹지 않으나, 알코올, 에터, 벤젠 등에는 잘 녹으며, 유지, 수지 등의 용제로 사용된다. 휘발하기 쉽고 발화점이 낮아 백열등, 난방기구 등의 열에 의해 발화하며, 점화하면 청색을 내고 연소하는데 연소생성물 중 SO_2는 유독성이 강하다.

$CS_2+3O_2 \rightarrow CO_2+2SO_2$

물보다 무겁고 물에 녹기 어렵기 때문에 가연성 증기의 발생을 억제하기 위하여 물(수조)속에 저장한다.

해답

물

2020년

제1회 과년도 출제문제

01

적린에 대해 다음 물음에 답하시오.
① 연소반응식
② 연소 시 발생하는 기체의 색상

해설

적린(P, 붉은인)

㉠ 제2류 위험물(가연성 고체)로, 지정수량은 100kg이다.
㉡ 무취의 암적색 분말로 황린(P_4)과 동소체이며, 조해성이 있다.
㉢ 공기를 차단한 상태에서 황린을 약 260℃로 가열하면 생성된다.
㉣ 연소하면 황린과 같이 유독성인 흰 연기의 오산화인(P_2O_5)을 발생한다.

$4P + 5O_2 \rightarrow 2P_2O_5$
적린 산소가스 오산화인

해답

① $4P+5O_2 \rightarrow 2P_2O_5$
② 흰색

02

TNT의 분자량을 구하시오.
① 계산과정
② 답

해설

트라이나이트로톨루엔[$C_6H_2CH_3(NO_2)_3$, TNT]

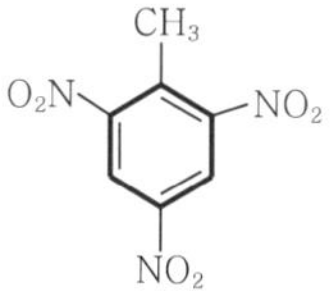

분자량$=12\times6+1\times2+12\times1+1\times3+(14+16\times2)\times3=227$

해답

① $12\times6+1\times2+12\times1+1\times3+(14+16\times2)\times3=227$
② 227g/mol

03

제5류 위험물로서 품명은 나이트로화합물이고, 찬물에 녹지 않고 알코올에는 잘 녹으며, 독성을 갖는 물질에 대해 다음 물음에 답하시오.
① 명칭
② 구조식

해설

트라이나이트로페놀[$C_6H_2(NO_2)_3OH$, 피크르산, TNP]

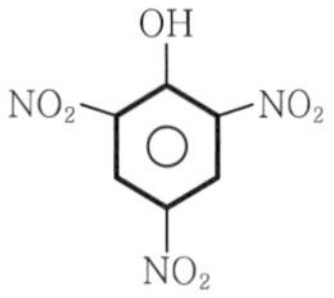

OH
NO_2 NO_2
NO_2

㉠ 제5류 위험물(자기반응성 물질)의 나이트로화합물류이다.
㉡ 순수한 것은 무색이나 보통 공업용은 휘황색의 침전 결정이며, 충격·마찰에 둔감하고 자연분해하지 않으므로 장기 저장해도 자연발화의 위험 없이 안정하다.
㉢ 찬물에는 거의 녹지 않으나, 온수, 알코올, 에터, 벤젠 등에는 잘 녹는다.
㉣ 화기, 충격, 마찰, 직사광선을 피하고 황, 알코올 및 인화점이 낮은 석유류와의 접촉을 멀리한다.
㉤ 운반 시 10~20%의 물로 습윤하면 안전하다.

제5류 위험물(자기반응성 물질)의 위험등급, 품명 및 지정수량

성질	품명
자기반응성 물질	1. 유기과산화물
	2. 질산에스터류
	3. 나이트로화합물
	4. 나이트로소화합물
	5. 아조화합물
	6. 다이아조화합물
	7. 하이드라진유도체
	8. 하이드록실아민(NH_2OH)
	9. 하이드록실아민염류
	10. 그 밖의 행정안전부령이 정하는 것 ① 금속의 아지드화합물 ② 질산구아니딘

해답

① 트라이나이트로페놀(또는 피크르산), ②

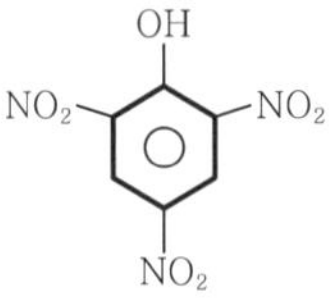

OH
NO_2 NO_2
NO_2

04

그림과 같은 위험물 저장탱크의 내용적은 몇 m^3인지 구하시오. (단, r은 1m, l_1은 0.4m, l_2는 0.5m, l은 5m이다.)

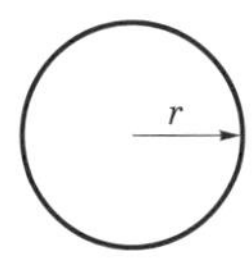

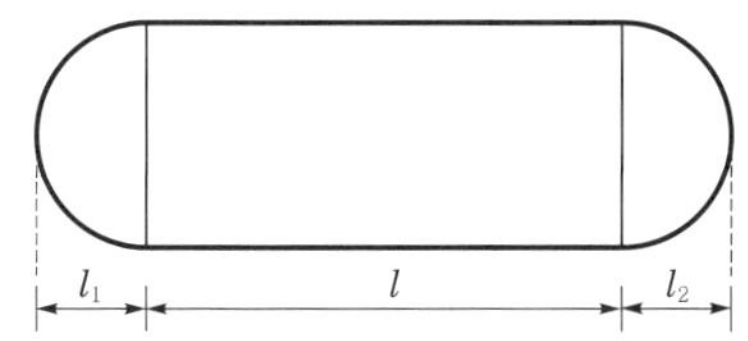

해설

가로(수평)로 설치한 위험물 저장탱크의 내용적 : $V=\pi r^2\left(l+\frac{l_1+l_2}{3}\right)$

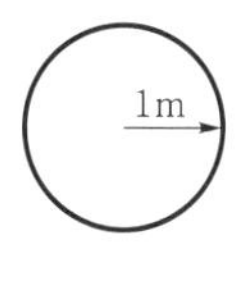

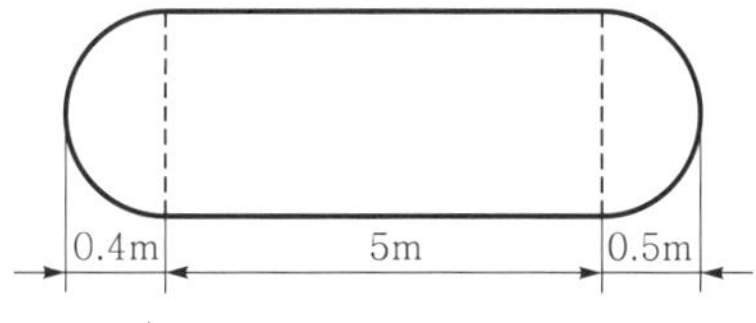

$\therefore\ \pi \times 1^2\left(5+\frac{0.4+0.5}{3}\right)=16.65\text{m}^3$

해답

16.65m^3

05

다음은 위험물안전관리법령상 알코올류에 관한 정의이다. 괄호 안에 알맞은 수치를 쓰시오.

> "알코올류"라 함은 1분자를 구성하는 탄소원자의 수가 (①)개부터 (②)개까지인 포화 1가 알코올(변성알코올을 포함한다)을 말한다. 다만, 다음의 어느 하나에 해당하는 것은 제외한다.
> ㉠ 1분자를 구성하는 탄소원자의 수가 1개 내지 3개의 포화 1가 알코올의 함유량이 (③)중량퍼센트 미만인 수용액
> ㉡ 가연성 액체량이 (④)중량퍼센트 미만이고 인화점 및 연소점(태그개방식 인화점측정기에 의한 연소점을 말한다. 이하 같다)이 에틸알코올 (⑤)중량퍼센트 수용액의 인화점 및 연소점을 초과하는 것

해설

"알코올류"라 함은 1분자를 구성하는 탄소원자의 수가 1개부터 3개까지인 포화 1가 알코올(변성알코올을 포함한다)을 말한다. 다만, 다음의 어느 하나에 해당하는 것은 제외한다.

㉠ 1분자를 구성하는 탄소원자의 수가 1개 내지 3개의 포화 1가 알코올의 함유량이 60중량퍼센트 미만인 수용액

㉡ 가연성 액체량이 60중량퍼센트 미만이고 인화점 및 연소점(태그개방식 인화점측정기에 의한 연소점을 말한다. 이하 같다)이 에틸알코올 60중량퍼센트 수용액의 인화점 및 연소점을 초과하는 것

해답

① 1, ② 3, ③ 60, ④ 60, ⑤ 60

06

다음 위험물의 지정수량을 쓰시오.
① 아염소산염류
② 질산염류
③ 다이크로뮴산염류

해설

제1류 위험물(산화성 고체)의 종류와 지정수량

위험등급	품명	지정수량
Ⅰ	1. 아염소산염류 2. 염소산염류 3. 과염소산염류 4. 무기과산화물	50kg
Ⅱ	5. 브로민산염류 6. 질산염류 7. 아이오딘산염류	300kg
Ⅲ	8. 과망가니즈산염류 9. 다이크로뮴산염류	1,000kg

해답

① 50kg
② 300kg
③ 1,000kg

07

메탄올에 대해 다음 물음에 답하시오.
① 분자량
② 증기비중(계산과정과 답)

해설

① 메탄올(CH_3OH, 메틸알코올)의 분자량은 12(C)+1(H)×3+16(O)+1(H)=32이다.

② 증기비중은 $\frac{분자량}{28.84}=\frac{32}{28.84}=1.10$이다.

해답

① 32

② $\frac{32}{28.84}=1.10$

08

과망가니즈산칼륨에 대해 다음 물음에 답하시오.
① 분해반응식
② 1몰 분해 시 발생하는 산소의 g수

해설

과망가니즈산칼륨($KMnO_4$)

㉠ 분자량 158, 비중 2.7, 분해온도 약 200~250℃의 흑자색 또는 적자색 결정이다.
㉡ 수용액은 산화력과 살균력(3%−피부 살균, 0.25%−점막 살균)을 나타낸다.
㉢ 240℃에서 가열하면 망가니즈산칼륨, 이산화망가니즈, 산소를 발생한다.
$2KMnO_4 \rightarrow K_2MnO_4 + MnO_2 + O_2$
㉣ 과망가니즈산칼륨 1몰 분해 시 발생하는 산소는 다음과 같이 구한다.

$$\frac{1mol-KMnO_4}{} \left| \frac{1mol-O_2}{2mol-KMnO_4} \right| \frac{32g-O_2}{1mol-O_2} = 16g-O_2$$

해답

① $2KMnO_4 \rightarrow K_2MnO_4 + MnO_2 + O_2$
② 16g

09

다음은 간이소화설비의 용량을 나타낸 것이다. 각 소화설비에 해당하는 능력단위를 적으시오.
① 소화전용 물통 8L
② 마른모래(삽 1개 포함) 50L
③ 팽창질석 또는 팽창진주암(삽 1개 포함) 160L

해설

간이소화설비의 능력단위

소화설비	용량	능력단위
소화전용 물통	8L	0.3
수조(소화전용 물통 3개 포함)	80L	1.5
수조(소화전용 물통 6개 포함)	190L	2.5
마른모래(삽 1개 포함)	50L	0.5
팽창질석 또는 팽창진주암(삽 1개 포함)	160L	1.0

해답

① 0.3
② 0.5
③ 1.0

10

탄화칼슘에 대해 다음 물음에 답하시오.
① 지정수량
② 물과의 반응식
③ 고온에서 질소와 반응하여 석회질소를 발생하는 반응식

해설

탄화칼슘(CaC_2, 칼슘카바이드)

㉠ 제3류 위험물(자연발화성 및 금수성 물질)이다.
㉡ 물(H_2O)과 반응하여 가연성 가스인 아세틸렌가스(C_2H_2)를 발생한다.

$CaC_2 + 2H_2O \rightarrow Ca(OH)_2 + C_2H_2$
탄화칼슘 물 수산화칼슘 아세틸렌

㉢ 아세틸렌의 연소범위(폭발범위)는 2.5~81%로 대단히 넓어서 폭발의 위험성이 크다.
㉣ 질소(N_2)와는 700℃에서 질화되어 석회질소($CaCN_2$)가 생성된다.
$CaC_2+N_2 \rightarrow CaCN_2+C$
㉤ 장기간 보관할 경우 불활성 가스인 질소 등을 봉입하여 저장한다.

해답

① 300kg
② $CaC_2+2H_2O \rightarrow Ca(OH)_2+C_2H_2$
③ $CaC_2+N_2 \rightarrow CaCN_2+C$

11

1kg의 탄산가스를 표준상태에서 소화기로 방출할 경우 부피는 약 몇 L인지 구하시오.

해설

기체의 체적(부피) 결정

표준상태란 0℃, 1atm 상태를 의미한다.

$PV=nRT$에서 몰수$(n)=\dfrac{\text{질량}(w)}{\text{분자량}(M)}$이므로,

$$PV=\frac{w}{M}RT$$

$$V=\frac{w}{PM}RT$$

$$\therefore\ V=\frac{10^3\text{g}\times 0.082\text{L}\cdot\text{atm/kmol}\times(0+273.15)\text{K}}{1\text{atm}\times 44\text{g/mol}} \fallingdotseq 509.05\text{L}$$

해답

509.05L

12

일반적으로 동식물유를 건성유, 반건성유, 불건성유로 분류할 때, 기준이 되는 아이오딘값의 범위를 각각 쓰시오.
① 건성유
② 반건성유
③ 불건성유

해설

아이오딘값
유지 100g에 부가되는 아이오딘의 g수로, 불포화도가 증가할수록 아이오딘값이 증가하며 자연발화의 위험이 있다.

㉠ 건성유 : 아이오딘값이 130 이상인 것
이중결합이 많아 불포화도가 높기 때문에 공기 중에서 산화되어 액 표면에 피막을 만드는 기름
예 아마인유, 들기름, 동유, 정어리기름, 해바라기유 등

㉡ 반건성유 : 아이오딘값이 100~130인 것
공기 중에서 건성유보다 얇은 피막을 만드는 기름
예 참기름, 옥수수기름, 청어기름, 채종유, 면실유(목화씨유), 콩기름, 쌀겨유 등

㉢ 불건성유 : 아이오딘값이 100 이하인 것
공기 중에서 피막을 만들지 않는 안정된 기름
예 올리브유, 피마자유, 야자유, 땅콩기름, 동백기름 등

해답

① 건성유 : 아이오딘값 130 이상
② 반건성유 : 아이오딘값 100~130
③ 불건성유 : 아이오딘값 100 이하

13

다음 주어진 물질이 물과 접촉하면 발생하는 가스의 명칭을 적으시오. (단, 없으면 "없음"이라 쓰시오.)
① 수소화칼륨
② 리튬
③ 인화알루미늄
④ 탄화리튬
⑤ 탄화알루미늄

해설

① $KH + H_2O \rightarrow KOH + H_2 \uparrow$
② $2Li + 2H_2O \rightarrow 2LiOH + H_2 \uparrow$
③ $AlP + 3H_2O \rightarrow Al(OH)_3 + PH_3 \uparrow$
④ $Li_2C_2 + 2H_2O \rightarrow 2LiOH + C_2H_2 \uparrow$
⑤ $Al_4C_3 + 12H_2O \rightarrow 4Al(OH)_3 + 3CH_4 \uparrow$

해답

① 수소, ② 수소, ③ 포스핀, ④ 아세틸렌, ⑤ 메테인

14

아연분에 대해 다음 각 물음에 답하시오.
① 공기 중 수분에 의한 화학반응식을 쓰시오.
② 염산과 반응할 경우 발생기체는 무엇인지 쓰시오.

해설

아연이 산과 반응하면 수소기체를 발생한다.
$Zn+2HCl \rightarrow ZnCl_2+H_2$, $Zn+H_2SO_4 \rightarrow ZnSO_4+H_2$

해답

① $Zn+2H_2O \rightarrow Zn(OH)_2+H_2$, ② 수소기체($H_2$)

15

다음 (　　) 안에 알맞은 수치 또는 용어를 적으시오.

액체 위험물은 운반용기 내용적의 (①)% 이하의 수납률로 수납하되, (②)℃에서 누설되지 아니하도록 충분한 (③)을 유지하도록 해야 한다.

해설

위험물의 내용적 구분
㉠ 고체 위험물 : 운반용기 내용적의 95% 이하
㉡ 액체 위험물 : 운반용기 내용적의 98% 이하(55℃에서 누설되지 않도록 공간용적을 유지)
㉢ 알킬알루미늄 등 : 운반용기 내용적의 90% 이하(50℃에서 5% 이상의 공간용적을 유지)

해답

① 98, ② 55, ③ 공간용적

16

다음 [보기] 중 물보다 무겁고 수용성인 것을 모두 골라 쓰시오.

[보기] 아세톤, 글리세린, 이황화탄소, 클로로벤젠, 아크릴산

해설

[보기]에서 나열된 위험물의 성질은 다음과 같다.

물질명	품명	비중	수용성 여부
아세톤	제1석유류	0.79	수용성
글리세린	제3석유류	1.26	수용성
이황화탄소	특수인화물	1.26	비수용성
클로로벤젠	제2석유류	1.11	비수용성
아크릴산	제2석유류	1.1	수용성

해답

글리세린, 아크릴산

17

다음의 Halon 번호에 해당하는 화학식을 각각 쓰시오.

① Halon 2402
② Halon 1211
③ Halon 104

해설

할론 소화약제의 명명법

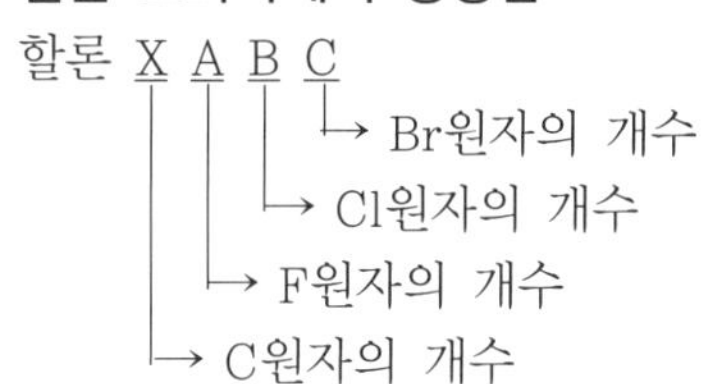

해답

① $C_2F_4Br_2$, ② CF_2ClBr, ③ CCl_4

18

이동탱크저장소에 설치된 다음 장치들의 두께는 각각 몇 mm 이상으로 해야 하는지 적으시오.

① 칸막이
② 방파판
③ 방호틀

해설

탱크 강철판의 두께는 다음과 같다.

㉠ 본체 : 3.2mm 이상
㉡ 측면틀 : 3.2mm 이상
㉢ 안전칸막이 : 3.2mm 이상
㉣ 방호틀 : 2.3mm 이상
㉤ 방파판 : 1.6mm 이상

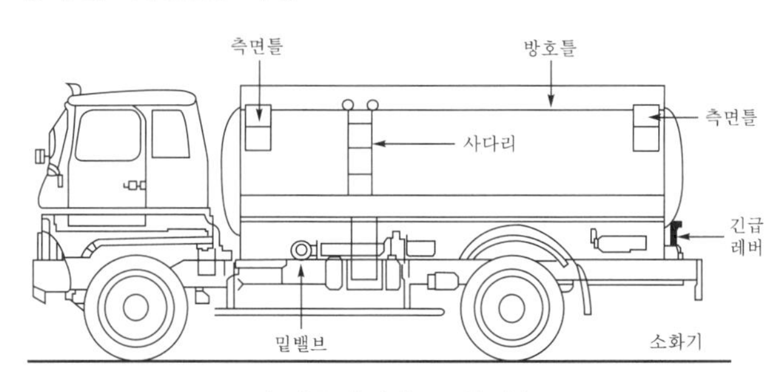

〈 이동저장탱크 측면 〉

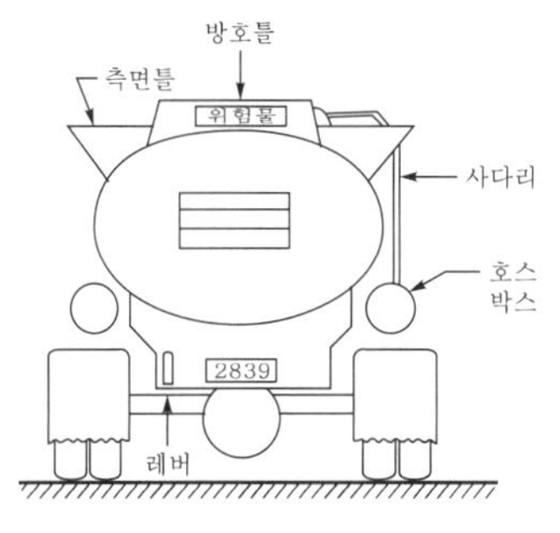

〈 이동저장탱크 후면 〉

해답

① 3.2mm 이상, ② 1.6mm 이상, ③ 2.3mm 이상

19 하이드라진과 제6류 위험물을 반응시키면 질소와 물이 생성된다. 이때 다음 물음에 답하시오.
① 두 물질의 반응식
② 두 물질 중 제6류 위험물에 해당하는 물질이 위험물로 규정될 수 있는 위험물안전관리법령상의 기준

해설

① 과산화수소(H_2O_2)는 하이드라진(N_2H_4)과 접촉하면 분해·폭발한다. 이를 이용하여 유도탄 발사, 로켓의 추진제, 잠수함의 엔진 작동용 등으로 활용된다.

$2H_2O_2 + N_2H_4 \rightarrow 4H_2O + N_2$

과산화수소 하이드라진 물 질소가스

② 과산화수소는 농도가 36wt% 이상인 것만 제6류 위험물(산화성 액체)로 취급한다.

해답

① $N_2H_4 + 2H_2O_2 \rightarrow N_2 + 4H_2O$
② 농도 36중량% 이상

20 위험물안전관리법령상 소요단위에 대해 다음 괄호 안에 알맞은 수치를 적으시오.

제조소 또는 취급소용 건축물의 경우	내화구조 외벽을 갖춘 연면적 (①)m^2
	내화구조 외벽이 아닌 연면적 (②)m^2
저장소 건축물의 경우	내화구조 외벽을 갖춘 연면적 (③)m^2
	내화구조 외벽이 아닌 연면적 (④)m^2
위험물의 경우	지정수량의 (⑤)배

해설

소요단위

소요단위란 소화설비의 설치대상이 되는 건축물의 규모 또는 위험물 양에 대한 기준단위로, 다음과 같이 구분할 수 있다.

소요단위	구분	내용
1단위	제조소 또는 취급소용 건축물의 경우	내화구조 외벽을 갖춘 연면적 100m^2
		내화구조 외벽이 아닌 연면적 50m^2
	저장소 건축물의 경우	내화구조 외벽을 갖춘 연면적 150m^2
		내화구조 외벽이 아닌 연면적 75m^2
	위험물의 경우	지정수량의 10배

해답

① 100, ② 50, ③ 150, ④ 75, ⑤ 10

2020년

제2회 과년도 출제문제

01

다음 종별 분말소화약제의 주성분으로 사용되는 물질을 화학식으로 쓰시오.
① 제1종 분말소화약제
② 제2종 분말소화약제
③ 제3종 분말소화약제

해설

분말소화약제의 종류

종류	주성분	화학식	착색	적응화재
제1종	탄산수소나트륨 (중탄산나트륨)	$NaHCO_3$	–	B · C급 화재
제2종	탄산수소칼륨 (중탄산칼륨)	$KHCO_3$	담회색	B · C급 화재
제3종	제1인산암모늄	$NH_4H_2PO_4$	담홍색 또는 황색	A · B · C급 화재
제4종	탄산수소칼륨 + 요소	$KHCO_3+CO(NH_2)_2$	–	B · C급 화재

해답

① $NaHCO_3$
② $KHCO_3$
③ $NH_4H_2PO_4$

02

위험물안전관리법령에 따라 다음 (　　) 안에 알맞은 수치를 순서대로 쓰시오.

"특수인화물이라 함은 이황화탄소, 다이에틸에터, 그 밖에 1기압에서 발화점이 섭씨 (　　)도 이하인 것 또는 인화점이 섭씨 영하 (　　)도 이하이고 비점이 섭씨 (　　)도 이하인 것을 말한다."

해답

100, 20, 40

03

위험물안전관리법령상 BrF_5 6,000kg의 소요단위는 얼마인가?

해설

BrF_5은 제6류 위험물로, 지정수량은 300kg에 해당한다.

$$\therefore \text{소요단위} = \frac{6,000}{300 \times 10} = 2$$

소요단위

소요단위란 소화설비의 설치대상이 되는 건축물의 규모 또는 위험물 양에 대한 기준단위로, 다음과 같이 구분할 수 있다.

소요단위	구분	내용
1단위	제조소 또는 취급소용 건축물의 경우	내화구조 외벽을 갖춘 연면적 $100m^2$
		내화구조 외벽이 아닌 연면적 $50m^2$
	저장소 건축물의 경우	내화구조 외벽을 갖춘 연면적 $150m^2$
		내화구조 외벽이 아닌 연면적 $75m^2$
	위험물의 경우	지정수량의 10배

해답

2

04

다음 [보기]에서 설명하는 제3류 위험물의 명칭을 쓰고, 이 물질과 물과의 화학반응식을 쓰시오.

[보기]
- 적갈색의 고체이다.
- 물 및 산과 반응한다.
- 지정수량은 300kg이다.
- 물과 반응할 때 인화수소를 발생한다.
- 비중은 약 2.5이다.

① 명칭
② 물과의 화학반응식

해설

인화칼슘(Ca_3P_2, 인화석회)

㉮ 제3류 위험물(자연발화성 및 금수성 물질)로, 금속의 인화물이며, 지정수량은 300kg이다.
㉯ 분자량 : 40×3+31×2=182(원자량 : Ca 40, P 31)
㉰ 물, 산과 격렬하게 반응하여 포스핀(인화수소)을 발생한다.

㉠ 물(H_2O)과의 반응식 : $Ca_3P_2 + 6H_2O \rightarrow 3Ca(OH)_2 + 2PH_3$
(인화칼슘, 물, 수산화칼슘, 포스핀(인화수소))

㉡ 염산(HCl)과의 반응식 : $Ca_3P_2 + 6HCl \rightarrow 3CaCl_2 + 2PH_3$
(인화칼슘, 염산, 염화칼슘, 포스핀(인화수소))

해답

① 인화칼슘
② $Ca_3P_2 + 6H_2O \rightarrow 3Ca(OH)_2 + 2PH_3$

05

다음 표의 빈칸을 알맞게 채우시오.

물질명	과망가니즈산나트륨	과염소산나트륨	질산칼륨
화학식	①	②	③
지정수량	1,000kg	④	⑤

해답

① $NaMnO_4$, ② $NaClO_4$, ③ KNO_3
④ 50kg, ⑤ 300kg

06

다음 [보기]에서 주어진 물질에 대한 산의 세기를 작은 것부터 큰 것의 순서대로 번호를 나열하여 적으시오.

[보기]
① $HClO$
② $HClO_2$
③ $HClO_3$
④ $HClO_4$

해설

과염소산($HClO_4$)은 염소산 중에서 가장 강한 산이다.
$HClO < HClO_2 < HClO_3 < HClO_4$

해답

① – ② – ③ – ④

07

다음 각 물질의 화학식을 쓰시오.
① 사이안화수소
② 피리딘
③ 에틸렌글리콜
④ 다이에틸에터
⑤ 에탄올

해답

① HCN
② C_5H_5N
③ $C_2H_4(OH)_2$
④ $C_2H_5OC_2H_5$
⑤ C_2H_5OH

08

위험물안전관리법상 제2류 위험물로 은백색의 광택이 나는 가벼운 금속에 해당하며, 원자량이 약 24인 물질에 대해 다음 물음에 답하시오.

① 명칭
② 염산과의 화학반응식

해설

제2류 위험물(가연성 고체)의 종류와 지정수량

위험등급	품명	대표품목	지정수량
Ⅱ	1. 황화인 2. 적린(P) 3. 황(S)	P_4S_3, P_2S_5, P_4S_7	100kg
Ⅲ	4. 철분(Fe) 5. 금속분 6. 마그네슘(Mg)	Al, Zn	500kg
Ⅲ	7. 인화성 고체	고형 알코올	1,000kg

마그네슘은 산 및 온수와 반응하여 많은 양의 열과 수소(H_2)를 발생한다.

$Mg+2HCl \rightarrow MgCl_2+H_2$, $Mg+2H_2O \rightarrow Mg(OH)_2+H_2$
산　　　　　　　　　　온수

해답

① 마그네슘
② $Mg+2HCl \rightarrow MgCl_2+H_2$

09

다음 각 물질의 연소반응식을 적으시오.

① 삼황화인
② 알루미늄
③ 황

해설

① 삼황화인(P_4S_3)은 물, 황산, 염산 등에는 녹지 않고, 질산이나 이황화탄소(CS_2), 알칼리 등에 녹는다.
$P_4S_3+8O_2 \rightarrow 2P_2O_5+3SO_2$
② 알루미늄(Al) 분말이 발화하면 다량의 열을 발생하며, 광택 및 흰 연기를 내면서 연소하므로 소화가 곤란하다.
$4Al+3O_2 \rightarrow 2Al_2O_3$
③ 황(S)은 공기 중에서 연소하면 푸른 빛을 내며, 독성의 아황산가스를 발생한다.
$S+O_2 \rightarrow SO_2$

해답

① $P_4S_3+8O_2 \rightarrow 2P_2O_5+3SO_2$
② $4Al+3O_2 \rightarrow 2Al_2O_3$
③ $S+O_2 \rightarrow SO_2$

10

[보기]의 물질 중 위험물안전관리법령상 제1등급에 속하는 물질을 모두 쓰시오.

[보기]
이황화탄소, 에틸알코올, 다이에틸에터, 아세트알데하이드, 휘발유, 메틸에틸케톤

해설

제4류 위험물(인화성 액체)의 종류와 지정수량

위험등급	품명		품목	지정수량
Ⅰ	특수인화물	비수용성	다이에틸에터, 이황화탄소	50L
		수용성	아세트알데하이드, 산화프로필렌	
Ⅱ	제1석유류	비수용성	가솔린, 벤젠, 톨루엔, 사이클로헥세인, 콜로디온, 메틸에틸케톤, 초산메틸, 초산에틸, 의산에틸, 헥세인, 에틸벤젠 등	200L
		수용성	아세톤, 피리딘, 아크롤레인, 의산메틸, 사이안화수소 등	400L
	알코올류		메틸알코올, 에틸알코올, 프로필알코올, 아이소프로필알코올	400L
Ⅲ	제2석유류	비수용성	등유, 경유, 테레빈유, 스타이렌, 자일렌(o-, m-, p-), 클로로벤젠, 장뇌유, 뷰틸알코올, 알릴알코올 등	1,000L
		수용성	폼산, 초산, 하이드라진, 아크릴산, 아밀알코올 등	2,000L
	제3석유류	비수용성	중유, 크레오소트유, 아닐린, 나이트로벤젠, 나이트로톨루엔 등	2,000L
		수용성	에틸렌글리콜, 글리세린 등	4,000L
	제4석유류		기어유, 실린더유, 윤활유, 가소제	6,000L
	동·식물유류		• 건성유 : 아마인유, 들기름, 동유, 정어리기름, 해바라기유 등 • 반건성유 : 참기름, 옥수수기름, 청어기름, 채종유, 면실유(목화씨유), 콩기름, 쌀겨유 등 • 불건성유 : 올리브유, 피마자유, 야자유, 땅콩기름, 동백유 등	10,000L

해답

이황화탄소, 다이에틸에터, 아세트알데하이드

11

금속칼륨에 대해 다음 물음에 답하시오.
① 물과의 반응식을 쓰시오.
② 위 ①의 반응에서 발생하는 기체의 명칭을 적으시오.

해설

물과 격렬히 반응하여 발열하고 수산화칼륨과 수소를 발생한다. 이때 발생된 열은 점화원의 역할을 한다.

$2K + 2H_2O \rightarrow 2KOH + H_2$

해답

① $2K + 2H_2O \rightarrow 2KOH + H_2$
② 수소가스

12

다음의 위험물을 운반할 때 운반용기 외부에 표시하여야 하는 주의사항을 쓰시오.
① 과산화벤조일
② 과산화수소
③ 아세톤
④ 마그네슘
⑤ 황린

해설

수납하는 위험물에 따른 주의사항

유별	구분	주의사항
제1류 위험물 (산화성 고체)	알칼리금속의 무기과산화물	"화기 · 충격주의" "물기엄금" "가연물접촉주의"
	그 밖의 것	"화기 · 충격주의" "가연물접촉주의"
제2류 위험물 (가연성 고체)	철분 · 금속분 · 마그네슘	"화기주의" "물기엄금"
	인화성 고체	"화기엄금"
	그 밖의 것	"화기주의"
제3류 위험물 (자연발화성 및 금수성 물질)	자연발화성 물질	"화기엄금" "공기접촉엄금"
	금수성 물질	"물기엄금"
제4류 위험물 (인화성 액체)	–	"화기엄금"
제5류 위험물 (자기반응성 물질)	–	"화기엄금" 및 "충격주의"
제6류 위험물 (산화성 액체)	–	"가연물접촉주의"

문제에서 주어진 위험물의 유별과 화학식은 다음과 같다.

물질명	① 과산화벤조일	② 과산화수소	③ 아세톤	④ 마그네슘	⑤ 황린
유별	제5류	제6류	제4류	제2류	제3류
화학식	$(C_6H_5CO)_2O_2$	H_2O_2	CH_3COCH_3	Mg	P_4

해답

① 화기엄금, 충격주의
② 가연물접촉주의
③ 화기엄금
④ 화기주의, 물기엄금
⑤ 화기엄금, 공기접촉엄금

13

다음 각 물질의 연소반응식을 적으시오.
① 아세트알데하이드
② 메틸에틸케톤
③ 이황화탄소

해설

① 아세트알데하이드(CH_3CHO)는 무색이며, 고농도는 자극성 냄새가 나고 저농도의 것은 과일향이 나는 휘발성이 강한 액체로서, 연소반응 시 이산화탄소와 물이 생성된다.
$2CH_3CHO+5O_2 \rightarrow 4CO_2+4H_2O$
② 메틸에틸케톤($CH_3COC_2H_5$)은 아세톤과 유사한 냄새를 가지는 무색의 휘발성 액체로, 유기용제로 이용되며, 공기 중에서 연소 시 물과 이산화탄소가 생성된다.
$2CH_3COC_2H_5+11O_2 \rightarrow 8CO_2+8H_2O$
③ 이황화탄소(CS_2)는 휘발하기 쉽고 발화점이 낮아 백열등, 난방기구 등의 열에 의해 발화하며 점화하면 청색을 내고 연소하는데, 연소생성물 중 SO_2는 유독성이 강하다.
$CS_2+3O_2 \rightarrow CO_2+2SO_2$

해답

① $2CH_3CHO+5O_2 \rightarrow 4CO_2+4H_2O$
② $2CH_3COC_2H_5+11O_2 \rightarrow 8CO_2+8H_2O$
③ $CS_2+3O_2 \rightarrow CO_2+2SO_2$

14

위험물안전관리법령상 제5류 위험물에 해당하는 나이트로글리세린에 대해서 다음 물음에 답하시오.
① 분해반응식을 쓰시오.
② 1kmol 분해 시 발생하는 기체의 총 부피는 표준상태에서 몇 m^3인지 구하시오.

해설

나이트로글리세린은 40℃에서 분해하기 시작하고 145℃에서 격렬히 분해하며, 200℃ 정도에서 스스로 폭발한다.

$4C_3H_5(ONO_2)_3 \rightarrow 12CO_2+10H_2O+6N_2+O_2$

$$\frac{1\text{kmol}-C_3H_5(ONO_2)_3}{} \times \frac{12\text{kmol}-CO_2}{4\text{kmol}-C_3H_5(ONO_2)_3} \times \frac{22.4\text{m}^3-CO_2}{1\text{kmol}-CO_2} = 67.2\text{m}^3-CO_2$$

$$\frac{1\text{kmol}-C_3H_5(ONO_2)_3}{} \times \frac{10\text{mol}-H_2O}{4\text{kmol}-C_3H_5(ONO_2)_3} \times \frac{22.4\text{m}^3-H_2O}{1\text{mol}-H_2O} = 56\text{m}^3-H_2O$$

$$\frac{1\text{kmol}-C_3H_5(ONO_2)_3}{} \times \frac{6\text{mol}-N_2}{4\text{kmol}-C_3H_5(ONO_2)_3} \times \frac{22.4\text{m}^3-N_2}{1\text{mol}-N_2} = 33.6\text{m}^3-N_2$$

$$\frac{1\text{kmol}-C_3H_5(ONO_2)_3}{} \times \frac{1\text{mol}-O_2}{4\text{kmol}-C_3H_5(ONO_2)_3} \times \frac{22.4\text{m}^3-O_2}{1\text{mol}-O_2} = 5.6\text{m}^3-O_2$$

그러므로, 발생된 기체의 합은 $67.2+56+33.6+5.6=162.4\text{m}^3$

해답

162.4m^3

15

아세트산 2몰을 연소시키면 이산화탄소는 몇 몰이 발생하는지 계산과정과 답을 쓰시오.

해설

아세트산(CH_3COOH)

분자량	비중	증기비중	비점	융점	인화점	발화점	연소범위
60	1.05	2.07	118℃	16.7℃	40℃	463℃	5.4~16%

```
    H
    |     //O
H - C - C
    |     \
    H      O-H
```

㉮ 강한 자극성의 냄새와 신맛을 가진 무색투명한 액체이며, 겨울에는 고화한다.

㉯ 연소 시 파란 불꽃을 내면서 탄다.

$CH_3COOH + 2O_2 \rightarrow 2CO_2 + 2H_2O$

해답

$$\frac{2\text{mol}-CH_3COOH}{} \left| \frac{2\text{mol}-CO_2}{1\text{mol}-CH_3COOH} \right. = 4\text{mol}-CO_2$$

4몰

16

1kg의 염소산칼륨이 완전열분해될 때 생성되는 산소에 대해 다음 물음에 답하시오.

① 생성되는 산소의 양(g)

② 표준상태에서 생성되는 산소의 부피(L)

해설

염소산칼륨($KClO_3$)은 약 400℃ 부근에서 열분해되기 시작하여 540~560℃에서 과염소산칼륨($KClO_4$)을 생성하고, 다시 분해하여 염화칼륨(KCl)과 산소(O_2)를 방출한다.

$2KClO_3 \rightarrow 2KCl + 3O_2$

① 생성되는 산소의 양(g)

$$\frac{1{,}000\text{g}-KClO_3}{} \left| \frac{1\text{mol}-KClO_3}{122.5\text{g}-KClO_3} \right| \frac{3\text{mol}-O_2}{2\text{mol}-KClO_3} \left| \frac{32\text{g}-O_2}{1\text{mol}-O_2} \right. = 391.83\text{g}-O_2$$

② 표준상태에서 생성되는 산소의 부피(L)

$$\frac{1{,}000\text{g}-KClO_3}{} \left| \frac{1\text{mol}-KClO_3}{122.5\text{g}-KClO_3} \right| \frac{3\text{mol}-O_2}{2\text{mol}-KClO_3} \left| \frac{22.4\text{L}-O_2}{1\text{mol}-O_2} \right. \fallingdotseq 274.29\text{L}-O_2$$

해답

① 130.61g

② 91.43L

17 피크르산 100kg, 질산에틸 5kg, 셀룰로이드 150kg을 하나의 저장소에 저장하고 있다. 이 물질들의 지정수량 배수의 합을 구하시오. (단, 이 물질들에 대한 시험 결과 질산에틸과 셀룰로이드는 제1종으로, 피크르산은 제2종으로 판명되었다.)

해설

제5류 위험물(자기반응성 물질)의 품명 및 지정수량

성질	품명
자기반응성 물질	1. 유기과산화물
	2. 질산에스터류
	3. 나이트로화합물
	4. 나이트로소화합물
	5. 아조화합물
	6. 다이아조화합물
	7. 하이드라진유도체
	8. 하이드록실아민(NH_2OH)
	9. 하이드록실아민염류
	10. 그 밖의 행정안전부령이 정하는 것 ① 금속의 아지드화합물 ② 질산구아니딘

$$\text{지정수량 배수의 합} = \frac{\text{A품목 저장수량}}{\text{A품목 지정수량}} + \frac{\text{B품목 저장수량}}{\text{B품목 지정수량}} + \cdots = \frac{100\text{kg}}{100\text{kg}} + \frac{5\text{kg}}{10\text{kg}} + \frac{150\text{kg}}{10\text{kg}} = 16.5\text{배}$$

해답

16.5배

18 다음 각 위험물의 운반 시 혼재 가능한 유별을 쓰시오.

① 제1류

② 제2류

③ 제3류

해설

유별을 달리하는 위험물의 혼재기준

위험물의 구분	제1류	제2류	제3류	제4류	제5류	제6류
제1류		×	×	×	×	○
제2류	×		×	○	○	×
제3류	×	×		○	×	×
제4류	×	○	○		○	×
제5류	×	○	×	○		×
제6류	○	×	×	×	×	

해답

① 제6류, ② 제4류, 제5류, ③ 제4류

19

옥내탱크저장소에 대해 다음 물음에 답하시오.
① 옥내탱크저장소의 옥내저장탱크 상호간은 최소 몇 m 이상의 간격을 유지하여야 하는가?
② 옥내저장탱크와 탱크 전용실의 벽과의 사이에는 몇 m 이상의 간격을 유지하여야 하는가?
③ 메탄올을 저장하는 옥내저장탱크의 용량은 몇 L로 해야 하는지 계산과정과 답을 쓰시오.

해설

옥내탱크저장소의 위험물 저장기준

㉮ 탱크와 탱크 전용실과의 이격거리
　㉠ 탱크와 탱크 전용실 외벽(기둥 등 돌출한 부분은 제외) : 0.5m 이상
　㉡ 탱크와 탱크 상호간 : 0.5m 이상(단, 탱크의 점검 및 보수에 지장이 없는 경우는 거리 제한 없음)

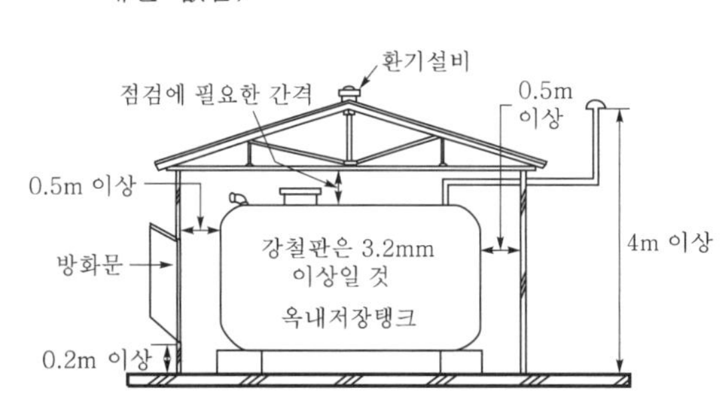

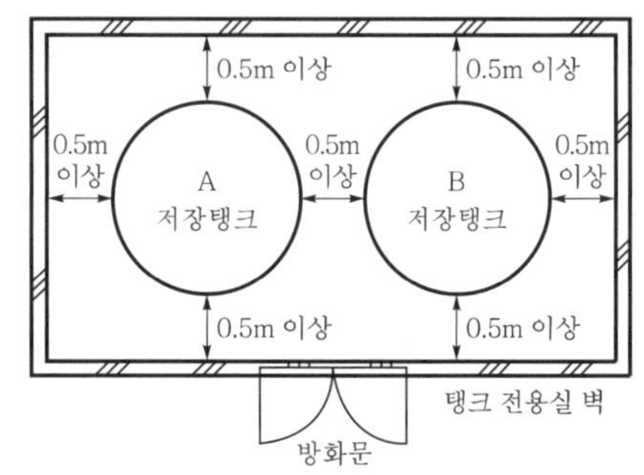

㉯ 옥내저장탱크의 용량(동일한 탱크 전용실에 옥내저장탱크를 2 이상 설치하는 경우에는 각 탱크의 용량의 합계를 말한다)은 지정수량의 40배(제4석유류 및 동·식물유류 외의 제4류 위험물에 있어서 해당 수량이 20,000L를 초과할 때에는 20,000L) 이하일 것

③ 메탄올은 알코올류(지정수량 400L)로서, 저장용량은 지정수량의 40배 이하여야 한다.

해답

① 0.5m 이상
② 0.5m 이상
③ 400×40=16,000L 이하

20

1kg의 탄소를 완전연소시키기 위해 필요한 산소의 부피는 750mmHg, 25℃에서 몇 L인지 구하시오.

해설

$$V=\frac{wRT}{PM}=\frac{1{,}000\text{g}\cdot(0.082\text{L}\cdot\text{atm/K}\cdot\text{mol})\cdot(25+273.15)\text{K}}{\left(\frac{750}{760}\right)\text{atm}\cdot 44\text{g/mol}}=563.05\text{L}$$

해답

563.05L

2020. 8. 29. 시행

2020년

제3회 과년도 출제문제

01

다음 주어진 물질의 증기비중을 구하시오.
① 이황화탄소
② 글리세린
③ 아세트산

해설

$$증기비중 = \frac{기체의\ 분자량(g/mol)}{공기의\ 분자량(29g/mol)}$$

※ 제4류 위험물(인화성 액체)의 증기는 공기보다 무거워 낮은 곳에 체류한다.
[예외 : 사이안화수소(HCN)]

① 이황화탄소(CS_2) : 분자량 = 76g/mol

$$증기비중 = \frac{76g/mol}{29g/mol} = 2.62$$

② 글리세린[$C_3H_5(OH)_3$] : 분자량 = 92g/mol

$$증기비중 = \frac{92g/mol}{29g/mol} = 3.17$$

③ 아세트산(CH_3COOH) : 분자량 = 60g/mol

$$증기비중 = \frac{60g/mol}{29g/mol} \fallingdotseq 2.07$$

해답

① 2.62, ② 3.17, ③ 2.07

02

다음 각 물질이 물과 반응하여 발생하는 물질을 모두 적으시오.
① 탄화칼슘
② 탄화알루미늄

해설

① $CaC_2 + 2H_2O \rightarrow Ca(OH)_2 + C_2H_2$
② $Al_4C_3 + 12H_2O \rightarrow 4Al(OH)_3 + 3CH_4$

해답

① 수산화칼슘, 아세틸렌
② 수산화알루미늄, 메테인

03

> 이황화탄소 76g이 완전연소하면 몇 L의 기체가 발생하는지 구하시오. (단, 표준상태를 기준으로 하고, 순수한 산소만을 공급하며, 공급된 산소는 모두 연소에 사용된다고 한다.)

해설

이황화탄소(CS_2)는 휘발하기 쉽고 발화점이 낮아 백열등, 난방기구 등의 열에 의해 발화하며, 점화하면 청색을 내고 연소하는데, 연소생성물 중 SO_2는 유독성이 강하다.

$CS_2 + 3O_2 \rightarrow CO_2 + 2SO_2$

$$\frac{76g-CS_2}{} \Big| \frac{1mol-CS_2}{76g-CS_2} \Big| \frac{1mol-CO_2}{1mol-CS_2} \Big| \frac{22.4L-CO_2}{1mol-CO_2} = 22.4L-CO_2$$

$$\frac{76g-CS_2}{} \Big| \frac{1mol-CS_2}{76g-CS_2} \Big| \frac{2mol-SO_2}{1mol-CS_2} \Big| \frac{22.4L-SO_2}{1mol-SO_2} = 44.8L-SO_2$$

$\therefore 22.4L + 44.8L = 67.2L$

해답

67.2L

04

> 옥외저장탱크에 대해 다음 물음에 답하시오.
> ① 옥외저장탱크를 강철판으로 제작할 경우 두께를 얼마 이상으로 해야 하는가? (단, 특정 옥외저장탱크 및 준특정 옥외저장탱크는 제외한다.)
> ② 제4류 위험물을 저장하는 옥외저장탱크에 설치하는 밸브 없는 통기관의 직경은 몇 mm 이상으로 해야 하는가?

해설

① 옥외저장탱크의 재질 및 두께 : 두께 3.2mm 이상의 강철판
② 밸브 없는 통기관의 설치기준
- ㉠ 통기관의 직경 : 30mm 이상
- ㉡ 통기관의 선단은 수평으로부터 45° 이상 구부려 빗물 등의 침투를 막는 구조일 것
- ㉢ 인화점이 38℃ 미만인 위험물만을 저장 · 취급하는 탱크의 통기관에는 화염방지장치를 설치하고, 인화점이 38℃ 이상 70℃ 미만인 위험물을 저장 · 취급하는 탱크의 통기관에는 40mesh 이상의 구리망으로 된 인화방지장치를 설치할 것
- ㉣ 가연성의 증기를 회수하기 위한 밸브를 통기관에 설치하는 경우에 있어서 해당 통기관의 밸브는 저장탱크에 위험물을 주입하는 경우를 제외하고는 항상 개방되어 있는 구조로 하는 한편, 폐쇄하였을 경우에 있어서는 10kPa 이하의 압력에서 개방되는 구조로 할 것. 이 경우 개방된 부분의 유효단면적은 777.15mm^2 이상이어야 함.

해답

① 3.2mm
② 30mm

05

다음은 하이드록실아민 등의 위험물제조소 등에 대한 특례 기준이다. 괄호 안에 알맞은 내용을 순서대로 쓰시오.

① 하이드록실아민 등의 (　　) 및 (　　)의 상승에 따른 위험한 반응을 방지하기 위한 조치를 강구한다.

② (　　) 등의 혼입에 따른 위험한 반응을 방지하기 위한 조치를 강구한다.

해설

① 하이드록실아민 등을 취급하는 설비에는 하이드록실아민 등의 온도 및 농도의 상승에 의한 위험한 반응을 방지하기 위한 조치를 강구할 것

② 하이드록실아민 등을 취급하는 설비에는 철이온 등의 혼입에 의한 위험한 반응을 방지하기 위한 조치를 강구할 것

해답

① 온도, 농도

② 철이온

06

위험물안전관리법령에 따른 다음 각 품명의 지정수량을 각각 쓰시오.

① 철분

② 알루미늄분

③ 인화성 고체

④ 황

⑤ 마그네슘

해설

제2류 위험물(가연성 고체)의 종류와 지정수량

위험등급	품명	대표품목	지정수량
Ⅱ	1. 황화인 2. 적린(P) 3. 황(S)	P_4S_3, P_2S_5, P_4S_7	100kg
Ⅲ	4. 철분(Fe) 5. 금속분 6. 마그네슘(Mg)	Al, Zn	500kg
Ⅲ	7. 인화성 고체	고형 알코올	1,000kg

해답

① 500kg

② 500kg

③ 1,000kg

④ 100kg

⑤ 500kg

07

위험물안전관리법령상 제5류 위험물에 해당하는 나이트로글리세린에 대해 다음 물음에 답하시오.

① 이 물질은 상온에서 액체, 기체, 고체 중 어떤 상태로 존재하는지 쓰시오.
② 이 물질을 제조하기 위해 글리세린에 혼합하는 산은 무엇인지 쓰시오.
③ 이 물질을 규조토에 흡수시켰을 때 발생하는 폭발물의 명칭을 쓰시오.

해설

나이트로글리세린[$C_3H_5(ONO_2)_3$]

```
    H   H   H
    |   |   |
H — C — C — C — H
    |   |   |
    O   O   O
    |   |   |
   NO2 NO2 NO2
```

㉠ 분자량 227, 비중 1.6, 융점 2.8℃, 비점 160℃
㉡ 다이너마이트, 로켓, 무연화약의 원료로, 다공질 물질인 규조토에 흡수시켜 다이너마이트를 제조한다.
㉢ 순수한 것은 무색투명한 기름상의 액체(공업용 시판품은 담황색)이며, 점화하면 즉시 연소하고 폭발력이 강하다.
㉣ 물에는 거의 녹지 않으나 메탄올, 벤젠, 클로로폼, 아세톤 등에는 녹는다.
㉤ 40℃에서 분해하기 시작하고 145℃에서 격렬히 분해하며 200℃ 정도에서 스스로 폭발한다.
$4C_3H_5(ONO_2)_3 \rightarrow 12CO_2 + 10H_2O + 6N_2 + O_2$
㉥ 공기 중 수분과 작용하여 가수분해하여 질산을 생성하는데, 질산과 나이트로글리세린의 혼합물은 특이한 위험성을 가진다. 따라서 장기간 저장할 경우 자연발화의 위험이 있다.

해답

① 액체, ② 질산, ③ 다이너마이트

08

다음의 위험물(산화성 고체)이 물과 반응할 경우의 반응식을 적으시오.

① 과산화나트륨
② 과산화마그네슘

해설

① 과산화나트륨(Na_2O_2)은 상온에서 물과 접촉 시 격렬하게 반응하여 산소가스(O_2)를 발생하고, 다른 가연물의 연소를 돕는다.
$2Na_2O_2 + 2H_2O \rightarrow 4NaOH + O_2$
② 과산화마그네슘(MgO_2)은 습기 또는 물과 반응하여 발열하며, 수산화마그네슘[$Mg(OH)_2$]과 산소(O)를 발생한다.
$2MgO_2 + 2H_2O \rightarrow 2Mg(OH)_2 + O_2$

해답

① $2Na_2O_2 + 2H_2O \rightarrow 4NaOH + O_2$
② $2MgO_2 + 2H_2O \rightarrow 2Mg(OH)_2 + O_2$

09 A 50vol%, B 30vol%, C 20vol%의 농도로 혼합된 가스의 폭발범위를 구하시오. (단, 각 가스의 폭발범위는 A 5~15%, B 3~12%, C 2~10%이다.)

해설

혼합가스의 폭발범위(르 샤틀리에의 공식)

$$\frac{100}{L}=\frac{V_1}{L_1}+\frac{V_2}{L_2}+\frac{V_3}{L_3}+\cdots \text{ (단, } V_1+V_2+V_3+\cdots+V_n=100)$$

여기서, L : 혼합가스의 폭발하한계(%)

L_1, L_2, L_3, … : 각 성분의 폭발하한계(%)

V_1, V_2, V_3, … : 각 성분의 체적(%)

$$\frac{100}{L}=\frac{50}{5}+\frac{30}{3}+\frac{20}{2}=30$$

$$\therefore\ L=\frac{100}{30}\fallingdotseq 3.33$$

$$\frac{100}{U}=\frac{50}{15}+\frac{30}{12}+\frac{20}{10}\fallingdotseq 7.83$$

$$\therefore\ U=\frac{100}{7.83}\fallingdotseq 12.77$$

해답

3.33~12.77

10 다음 각 위험물이 공기 중에서 연소하였을 때 생성되는 물질을 화학식으로 쓰시오.

① 삼황화인
② 적린
③ 황린

해설

① 삼황화인(P_4S_3)은 물, 황산, 염산 등에는 녹지 않고, 질산이나 이황화탄소, 알칼리 등에 녹는다.
$P_4S_3+8O_2 \rightarrow 2P_2O_5+3SO_2$

② 적린(P)은 연소하면 황린이나 황화인과 같이 유독성이 심한 백색의 오산화인을 발생하며, 일부 포스핀(PH_3)도 발생한다.
$4P+5O_2 \rightarrow 2P_2O_5$

③ 황린(P_4)은 공기 중에서 연소하여 격렬하게 오산화인의 백색 연기를 내며 연소하고 일부 유독성의 포스핀도 발생하며, 환원력이 강하여 산소 농도가 낮은 분위기에서도 연소한다.
$P_4+5O_2 \rightarrow 2P_2O_5$

해답

① P_2O_5, SO_2
② P_2O_5
③ P_2O_5

11

주어진 다음 제4류 위험물의 화학식에 대한 알맞은 명칭을 적으시오.
① $CH_3COC_2H_5$
② C_6H_5Cl
③ $CH_3COOC_2H_5$

해답

① 메틸에틸케톤
② 클로로벤젠
③ 초산에틸

12

다음 위험물의 운반용기 외부에 표시하여야 하는 주의사항을 모두 쓰시오.
① 제5류 위험물
② 인화성 고체
③ 제6류 위험물

해설

수납하는 위험물에 따른 주의사항

유별	구분	주의사항
제1류 위험물 (산화성 고체)	알칼리금속의 무기과산화물	"화기 · 충격주의" "물기엄금" "가연물접촉주의"
	그 밖의 것	"화기 · 충격주의" "가연물접촉주의"
제2류 위험물 (가연성 고체)	철분 · 금속분 · 마그네슘	"화기주의" "물기엄금"
	인화성 고체	"화기엄금"
	그 밖의 것	"화기주의"
제3류 위험물 (자연발화성 및 금수성 물질)	자연발화성 물질	"화기엄금" "공기접촉엄금"
	금수성 물질	"물기엄금"
제4류 위험물 (인화성 액체)	–	"화기엄금"
제5류 위험물 (자기반응성 물질)	–	"화기엄금" 및 "충격주의"
제6류 위험물 (산화성 액체)	–	"가연물접촉주의"

해답

① 화기엄금
② 화기엄금
③ 가연물접촉주의

13

다음 [보기]에 주어진 물질 중 질산에스터류에 해당되는 물질을 모두 쓰시오.

[보기]
트라이나이트로톨루엔, 나이트로셀룰로스, 나이트로글리세린, 테트릴, 질산메틸, 피크르산

해설

물질명	트라이나이트로톨루엔	나이트로셀룰로스	나이트로글리세린	테트릴	질산메틸	피크르산
품명	나이트로화합물	질산에스터류	질산에스터류	나이트로화합물	질산에스터류	나이트로화합물

해답

나이트로셀룰로스, 나이트로글리세린, 질산메틸

14

다음 [보기]에서 주어진 위험물은 위험물안전관리법령상 제4류 위험물에 해당한다. 각 질문에 해당하는 물질을 모두 골라 기호로 쓰시오.

[보기]
㉮ 벤젠
㉯ 이황화탄소
㉰ 아세톤
㉱ 아세트알데하이드
㉲ 아세트산

① 비수용성 물질
② 인화점이 가장 낮은 물질
③ 비점이 가장 높은 물질

해설

구분	㉮ 벤젠	㉯ 이황화탄소	㉰ 아세톤	㉱ 아세트알데하이드	㉲ 아세트산
품명	제1석유류	특수인화물	제1석유류	특수인화물	제2석유류
수용성 여부	비수용성	비수용성	수용성	수용성	수용성
인화점	−11℃	−30℃	−18.5℃	−40℃	40℃
비점	79℃	34.6℃	56℃	21℃	118℃

해답

① ㉮, ㉯
② ㉱
③ ㉲

15 다음은 위험물안전관리법령상 소화난이도 등급 I 에 해당하는 제조소 등에 대한 내용이다. 괄호 안을 알맞게 채우시오.

① 연면적 ( )m^2 이상인 것을 말한다.

② 지정수량의 ( )배 이상인 것(고인화점 위험물만을 100℃ 미만의 온도에서 취급하는 것 및 화약류 위험물을 취급하는 것은 제외)을 말한다.

③ 지반면으로부터 ( )m 이상의 높이에 위험물 취급설비가 있는 것(고인화점 위험물만을 100℃ 미만의 온도에서 취급하는 것은 제외)을 말한다.

해답

① 1,000

② 100

③ 6

16 위험물안전관리법령상 제1종 판매취급소에 대해 다음 물음에 답하시오.

① 저장 또는 취급하는 위험물의 수량

② 배합실의 바닥면적

③ 배합실의 출입구 문턱의 높이

해설

제1종 판매취급소

저장 또는 취급하는 위험물의 수량이 지정수량의 20배 이하인 취급소

㉮ 건축물의 1층에 설치한다.

㉯ 배합실은 다음과 같다.

㉠ 바닥면적은 6m^2 이상 15m^2 이하이다.

㉡ 내화구조로 된 벽으로 구획한다.

㉢ 바닥은 위험물이 침투하지 아니하는 구조로 하여 적당한 경사를 두고 집유설비를 한다.

㉣ 출입구에는 수시로 열 수 있는 자동폐쇄식의 60분+방화문 · 60분방화문을 설치한다.

㉤ 출입구 문턱의 높이는 바닥면으로부터 0.1m 이상으로 한다.

㉥ 내부에 체류한 가연성 증기 또는 가연성의 미분을 지붕 위로 방출하는 설치를 한다.

해답

① 지정수량의 20배 이하

② 6m^2 이상 15m^2 이하

③ 0.1m 이상

17 비중이 0.79인 에틸알코올 200mL와 비중이 1.0인 물 150mL를 혼합한 수용액에 대하여 다음 물음에 답하시오.

① 에틸알코올의 함유량은 몇 중량%인지 구하시오.
② 이 용액은 제4류 위험물 중 알코올류의 품명에 속하는지 판단하고, 그에 근거한 이유를 쓰시오.

해설

① $0.79 \times 200\text{mL} = 158\text{mL}$

$$\text{중량\%} = \frac{\text{용질}}{\text{용질} + \text{용매}} \times 100 = \frac{158}{158 + 150} \times 100 = 51.3\text{wt\%}$$

② "알코올류"라 함은 1분자를 구성하는 탄소원자의 수가 1개부터 3개까지인 포화 1가 알코올(변성알코올을 포함한다)을 말한다. 다만, 다음의 1에 해당하는 것은 제외한다.
㉠ 1분자를 구성하는 탄소원자의 수가 1개 내지 3개인 포화 1가 알코올의 함유량이 60wt% 미만인 수용액
㉡ 가연성 액체량이 60wt% 미만이고 인화점 및 연소점(태그개방식 인화점측정기에 의한 연소점을 말한다)이 에틸알코올 60wt% 수용액의 인화점 및 연소점을 초과하는 것

해답

① 51.30wt%
② 위험물에 해당하지 않는다. 알코올류의 경우 60wt% 미만인 경우 위험물에 해당하지 않기 때문이다.

18 위험물제조소의 경우 다음 시설물까지의 안전거리를 얼마 이상으로 해야 하는지 쓰시오.

① 노인복지시설
② 고압가스시설
③ 사용전압 35,000V를 초과하는 특고압가공전선

해설

제조소의 안전거리 기준

구분	안전거리
사용전압 7,000V 초과 35,000V 이하	3m 이상
사용전압 35,000V 초과	5m 이상
주거용	10m 이상
고압가스, 액화석유가스, 도시가스	20m 이상
학교 · 병원 · 극장, 아동복지시설, 노인복지시설 등	30m 이상
유형문화재, 지정문화재	50m 이상

※ 안전거리 : 위험물시설과 다른 공작물 또는 방호대상물과의 안전 · 공해 · 환경 등의 안전상 확보해야 할 물리적인 수평거리

해답

① 30m 이상, ② 20m 이상, ③ 5m 이상

19 다음 주어진 위험물질에 대해 빈칸을 알맞게 채우시오. (단, Cl의 원자량은 35.5)

물질명	화학식	분자량
과염소산	①	③
질산	②	④

해답

① $HClO_4$
② HNO_3
③ 100.5g/mol
④ 63g/mol

20 다음 빈칸에 알맞은 내용을 쓰시오.

명칭	화학식	지정수량
①	$KMnO_4$	②
③	$K_2Cr_2O_7$	④
과염소산암모늄	⑤	⑥

해답

① 과망가니즈산칼륨
② 1,000kg
③ 다이크로뮴산칼륨
④ 1,000kg
⑤ NH_4ClO_4
⑥ 50kg

2020년

제4회 과년도 출제문제

01

다음 그림과 같이 가로로 설치된 원통형 탱크의 내용적을 구하시오.

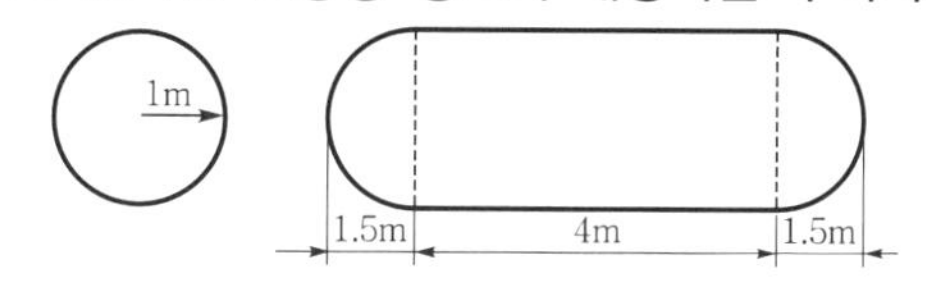

해설

가로(수평)로 설치한 위험물 저장탱크의 내용적 : $V=\pi r^2\left(l+\frac{l_1+l_2}{3}\right)$

$\therefore\ \pi\times 1^2\left(4+\frac{1.5+1.5}{3}\right) \fallingdotseq 15.71\text{m}^3$

해답

15.71m^3

02

과산화벤조일을 구조식으로 나타내고, 분자량을 구하시오.

① 구조식

② 분자량

해설

① 과산화벤조일[$(C_6H_5CO)_2O_2$, 벤조일퍼옥사이드]의 일반적 성질

```
⌬—C—O—O—C—⌬
   ‖       ‖
   O       O
```

㉠ 무미, 무취의 백색 분말 또는 무색의 결정성 고체로 물에는 잘 녹지 않으나 알코올 등에는 잘 녹는다.

㉡ 운반 시 30% 이상의 물을 포함시켜 풀 같은 상태로 수송된다.

㉢ 상온에서는 안정하나 산화작용을 하며, 가열하면 약 100℃ 부근에서 분해한다.

㉣ 비중 1.33, 융점 103~105℃, 발화온도 125℃

② 분자량=(12×6+1×5+12+16)×2+16×2=242

해답

①

```
⌬—C—O—O—C—⌬
   ‖       ‖
   O       O
```

② 242

03

로켓의 추진제로 사용되는 하이드라진과 과산화수소가 접촉하는 반응식을 적으시오.

해설

과산화수소(H_2O_2)는 하이드라진(N_2H_4)과 접촉하면 분해 · 폭발한다. 이를 이용하여 유도탄 발사, 로켓의 추진제, 잠수함 엔진의 작동용으로도 활용된다.

$2H_2O_2 + N_2H_4 \rightarrow 4H_2O + N_2$

과산화수소 하이드라진 물 질소가스

※ 과산화수소는 농도가 36wt% 이상인 것만 제6류 위험물(산화성 액체)로 취급한다.

해답

$2H_2O_2 + N_2H_4 \rightarrow 4H_2O + N_2$

04

위험물안전관리법령상 제2류 위험물과 같이 적재하여 운반하면 안 되는 위험물의 유별을 모두 적으시오.

해설

유별을 달리하는 위험물의 혼재기준

위험물의 구분	제1류	제2류	제3류	제4류	제5류	제6류
제1류		×	×	×	×	○
제2류	×		×	○	○	×
제3류	×	×		○	×	×
제4류	×	○	○		○	×
제5류	×	○	×	○		×
제6류	○	×	×	×	×	

해답

제1류, 제3류, 제6류

05

다음 위험물의 연소반응식을 적으시오.

① 톨루엔
② 벤젠
③ 이황화탄소

해답

① $C_6H_5CH_3 + 9O_2 \rightarrow 7CO_2 + 4H_2O$
② $2C_6H_6 + 15O_2 \rightarrow 12CO_2 + 6H_2O$
③ $CS_2 + 3O_2 \rightarrow CO_2 + 2SO_2$

06

> 다음 물음에 답하시오.
> ① 고체의 연소형태 4가지를 쓰시오.
> ② 황의 연소형태를 쓰시오.

해설

고체의 연소형태

㉠ 표면연소(직접연소) : 열분해에 의하여 가연성 가스를 발생하지 않고 그 자체가 연소하는 형태로서 연소반응이 고체의 표면에서 이루어지는 형태이다.
  예 목탄, 코크스, 금속분 등

㉡ 분해연소 : 가연성 가스가 공기 중에서 산소와 혼합되어 타는 형태이다.
  예 목재, 석탄, 종이 등

㉢ 증발연소 : 가연성 고체에 열을 가하면 융해되어 여기서 생긴 액체가 기화되고, 이로 인한 연소가 이루어지는 형태이다.
  예 양초, 황, 나프탈렌 등

㉣ 내부연소(자기연소) : 물질 자체의 분자 안에 산소를 함유하고 있는 물질이 연소 시 외부에서의 산소 공급을 필요로 하지 않고, 물질 자체가 갖고 있는 산소를 소비하면서 연소하는 형태이다.
  예 질산에스터류, 나이트로화합물류 등

해답

① 표면연소, 분해연소, 내부연소, 증발연소
② 증발연소

07

> 알루미늄분말에 대해 다음 물음에 답하시오.
> ① 연소반응식
> ② 수소를 발생하는 염산과의 반응식
> ③ 품명

해설

① 알루미늄분말은 공기 중에서 표면에 산화피막(산화알루미늄)을 형성하여 내부를 부식으로부터 보호한다. 또한 알루미늄분말이 발화하면 다량의 열을 발생하며, 불꽃 및 흰 연기를 내면서 연소하므로 소화가 곤란하다.
  $4Al + 3O_2 \rightarrow 2Al_2O_3$

② 대부분의 산과 반응하여 수소를 발생한다(단, 진한 질산 제외).
  $2Al + 6HCl \rightarrow 2AlCl_3 + 3H_2$

해답

① $4Al + 3O_2 \rightarrow 2Al_2O_3$
② $2Al + 6HCl \rightarrow 2AlCl_3 + 3H_2$
③ 금속분

08

다음 위험물의 지정수량을 쓰시오.
① 염소산염류
② 아이오딘산염류
③ 무기과산화물
④ 다이크로뮴산염류
⑤ 질산염류

해설

제1류 위험물(산화성 고체)의 종류와 지정수량

위험등급	품명	지정수량
Ⅰ	1. 아염소산염류 2. 염소산염류 3. 과염소산염류 4. 무기과산화물	50kg
Ⅱ	5. 브로민산염류 6. 질산염류 7. 아이오딘산염류	300kg
Ⅲ	8. 과망가니즈산염류 9. 다이크로뮴산염류	1,000kg

해답

① 50kg, ② 300kg, ③ 50kg, ④ 1,000kg, ⑤ 300kg

09

다이에틸에터 37g을 온도 100℃, 2L의 밀폐공간에서 기화시키는 경우, 압력은 몇 기압인지 구하시오.

해설

$PV=nRT$에서 몰수$(n)=\frac{\text{질량}(w)}{\text{분자량}(M)}$이므로,

$PV=\frac{w}{M}RT$, $P=\frac{w}{VM}RT$

$$\therefore\ P=\frac{37\text{g}\times 0.082\text{L}\cdot\text{atm/kmol}\times(100+273.15)\text{K}}{2\text{L}\times 74\text{g/mol}}\fallingdotseq 7.65\text{atm}$$

해답

7.65기압

10

다음 분말소화약제의 1차 분해반응식을 각각 쓰시오.
① 탄산수소칼륨
② 제1인산암모늄

해설

① $2KHCO_3 \rightarrow K_2CO_3 + H_2O + CO_2$ (at 190℃)
탄산수소칼륨 탄산칼륨 수증기 탄산가스

$2KHCO_3 \rightarrow K_2O + 2CO_2 + H_2O$ (at 590℃)

② $NH_4H_2PO_4 \rightarrow NH_3 + H_3PO_4$ (at 190℃)
인산(오르토인산)

$2H_3PO_4 \rightarrow H_2O + H_4P_2O_7$ (at 215℃)
피로인산

$H_4P_2O_7 \rightarrow H_2O + 2HPO_3$ (at 300℃)
메타인산

해답

① $2KHCO_3 \rightarrow K_2CO_3 + H_2O + CO_2$
② $NH_4H_2PO_4 \rightarrow NH_3 + H_3PO_4$

11 TNT의 제조과정을 원료물질 중심으로 적으시오.

해설

$$C_6H_5CH_3 + 3HNO_3 \xrightarrow[\text{나이트로화}]{c-H_2SO_4} \text{(TNT)} + 3H_2O$$

(TNT: 벤젠고리에 CH_3, O_2N, NO_2, NO_2 치환)

(TNT)

해답

1몰의 톨루엔과 3몰의 질산을 황산 촉매하에 반응시키면 나이트로화에 의해 TNT가 만들어진다.

12 이산화탄소 소화기의 대표적인 소화작용 2가지를 적으시오.

해설

이산화탄소 소화기의 소화원리는 공기 중의 산소를 15% 이하로 저하시켜 소화하는 질식작용과 CO_2가스 방출 시 Joule-Thomson 효과[기체 또는 액체가 가는 관을 통과하여 방출될 때 온도가 급강하(약 −78℃)하여 고체로 되는 현상]에 의해 기화열의 흡수로 인하여 소화하는 냉각작용이다.

해답

질식소화, 냉각소화

13

다음 괄호 안에 들어갈 알맞은 말을 순서대로 쓰시오.

① 위험물이란 (　) 또는 (　) 등의 성질을 가지는 것으로서 대통령령이 정하는 물품이다.

② (　)이라 함은 제조소 등의 설치허가 등에 있어서 최저의 기준이 되는 수량을 말한다.

해답

① 인화성, 발화성, ② 지정수량

14

다음 괄호 안에 들어갈 알맞은 내용을 쓰시오.

지하저장탱크는 용량에 따라 압력탱크 외의 탱크는 (①)kPa의 압력, 압력탱크는 최대상용압력의 (②)배의 압력으로 (③)분간 실시하는 수압시험을 실시한다. 그 외 (④), (⑤)의 시험으로 대체할 수 있다.

해설

지하저장탱크는 용량에 따라 압력탱크(최대상용압력이 46.7kPa 이상인 탱크를 말한다) 외의 탱크에 있어서는 70kPa의 압력으로, 압력탱크에 있어서는 최대상용압력의 1.5배의 압력으로 각각 10분간 수압시험을 실시하여 새거나 변형되지 아니하여야 한다. 이 경우 수압시험은 소방청장이 정하여 고시하는 기밀시험과 비파괴시험을 동시에 실시하는 방법으로 대신할 수 있다.

해답

① 70, ② 1.5, ③ 10, ④ 기밀시험, ⑤ 비파괴시험

15

트라이에틸알루미늄과 물의 반응에 대해 다음 물음에 답하시오.

① 발생하는 기체의 명칭

② 발생하는 기체의 연소반응식

해설

트라이에틸알루미늄은 물, 산, 알코올과 접촉하면 폭발적으로 반응하여 에테인을 형성하고, 이때 발열·폭발에 이른다.

$(C_2H_5)_3Al + 3H_2O \rightarrow Al(OH)_3 + 3C_2H_6$

해답

① 에테인

② $2C_2H_6 + 7O_2 \rightarrow 4CO_2 + 6H_2O$

16

분자량 58, 비중 0.79, 비점 56.5℃이며, 아이오딘폼 반응을 하는 물질에 대해 다음 물음에 답하시오.

① 명칭

② 시성식

③ 위험등급

해설

아세톤(CH_3COCH_3, 다이메틸케톤, 2-프로파논)

분자량	비중	비점	인화점	발화점	연소범위
58	0.79	56℃	−18℃	468℃	2.5~12.8%

```
   H     H
   |     |
H—C—C—C—H
   |  ‖  |
   H  O  H
```

㉮ 무색이며, 자극성의 휘발성 · 유동성 · 가연성 액체로, 보관 중 황색으로 변질되고 백광을 쪼이면 분해한다.

㉯ 물과 유기용제에 잘 녹고, 아이오딘폼 반응을 한다. 아이오딘(I_2)와 수산화나트륨(NaOH)을 넣고 60~80℃로 가열하면, 황색의 아이오딘폼(CH_3I) 침전이 생긴다.

$CH_3COCH_3 + 3I_2 + 4NaOH \rightarrow CH_3COONa + 3NaI + CH_3I + 3H_2O$

해답

① 아세톤, ② CH_3COCH_3, ③ Ⅱ등급

17

다음 [보기] 중 품명과 지정수량이 바르게 연결된 것을 찾아 쓰시오.

[보기] ㉮ 산화프로필렌 – 200L ㉯ 피리딘 – 400L
㉰ 실린더유 – 6,000L ㉱ 아닐린 – 2,000L
㉲ 아마인유 – 6,000L

해설

제4류 위험물(인화성 액체)의 종류와 지정수량

위험등급	품명		품목	지정수량
Ⅰ	특수인화물	비수용성	다이에틸에터, 이황화탄소	50L
		수용성	아세트알데하이드, 산화프로필렌	
Ⅱ	제1석유류	비수용성	가솔린, 벤젠, 톨루엔, 사이클로헥세인, 콜로디온, 메틸에틸케톤, 초산메틸, 초산에틸, 의산에틸, 헥세인, 에틸벤젠 등	200L
		수용성	아세톤, 피리딘, 아크롤레인, 의산메틸, 사이안화수소 등	400L
	알코올류		메틸알코올, 에틸알코올, 프로필알코올, 아이소프로필알코올	400L
Ⅲ	제2석유류	비수용성	등유, 경유, 테레빈유, 스타이렌, 자일렌(o−, m−, p−), 클로로벤젠, 장뇌유, 뷰틸알코올, 알릴알코올 등	1,000L
		수용성	폼산, 초산, 하이드라진, 아크릴산, 아밀알코올 등	2,000L
	제3석유류	비수용성	중유, 크레오소트유, 아닐린, 나이트로벤젠, 나이트로톨루엔 등	2,000L
		수용성	에틸렌글리콜, 글리세린 등	4,000L
	제4석유류		기어유, 실린더유, 윤활유, 가소제	6,000L
	동 · 식물유류		• 건성유 : 아마인유, 들기름, 동유, 정어리기름, 해바라기유 등 • 반건성유 : 참기름, 옥수수기름, 청어기름, 채종유, 면실유(목화씨유), 콩기름, 쌀겨유 등 • 불건성유 : 올리브유, 피마자유, 야자유, 땅콩기름, 동백유 등	10,000L

※ 석유류 분류기준 : 인화점의 차이

해답

㉯, ㉰, ㉱

18 다음 [보기] 위험물 중 1기압에서 인화점이 21℃ 이상 70℃ 미만이며, 수용성인 물질을 쓰시오.

[보기] 나이트로벤젠, 아세트산, 폼산, 테레빈유

해설

제4류 위험물 중 제2석유류는 인화점 21℃ 이상 70℃ 미만에 해당한다.

※ 17번 해설 참고

해답

아세트산, 폼산

19 다음 각 물질이 물과 반응하였을 때 발생하는 기체의 명칭을 적으시오. (단, 없으면 "없음"이라 쓰시오.)

① 과산화마그네슘
② 칼슘
③ 질산나트륨
④ 수소화칼륨
⑤ 과염소산나트륨

해설

① $2MgO_2+2H_2O \rightarrow 2Mg(OH)_2+O_2$
② $Ca+2H_2O \rightarrow Ca(OH)_2+H_2$
④ $KH+H_2O \rightarrow KOH+H_2$

해답

① 산소, ② 수소, ③ 없음, ④ 수소, ⑤ 없음

20 표준상태에서 과산화칼륨 1몰이 충분한 이산화탄소와 반응하여 발생하는 산소의 부피는 몇 L인지 구하시오.

① 계산과정
② 정답

해설

과산화칼륨은 공기 중의 탄산가스를 흡수하여 탄산염을 생성한다.

$2K_2O_2+2CO_2 \rightarrow 2K_2CO_3+O_2$

해답

① $\frac{1mol-K_2O_2}{} \bigg| \frac{1mol-O_2}{2mol-K_2O_2} \bigg| \frac{22.4L-O_2}{1mol-O_2} = 11.2L-O_2$

② 11.2L

2021. 4. 3. 시행

2021년

제1회 과년도 출제문제

01

표준상태에서 92g의 에틸알코올과 78g의 칼륨을 반응시키는 경우, 다음 물음에 답하시오.
① 반응식을 적으시오.
② 발생하는 수소기체의 부피는 몇 L인지 적으시오.

해설

금속칼륨은 에틸알코올과 반응하여 칼륨에틸레이트를 만들며 수소를 발생한다.

$2K + 2C_2H_5OH \rightarrow 2C_2H_5OK + H_2$

$$\frac{92g-C_2H_5OH}{} \left| \frac{1mol-C_2H_5OH}{46g-C_2H_5OH} \right| \frac{1mol-H_2}{2mol-C_2H_5OH} \left| \frac{22.4L-H_2}{1mol-H_2} \right. = 22.4L-H_2$$

해답

① $2K + 2C_2H_5OH \rightarrow 2C_2H_5OK + H_2$
② 22.4L

02

1몰의 마그네슘이 연소하는 경우 발생하는 열량은 134.7kcal이다. 다음 물음에 답하시오.
① 4몰의 마그네슘에 대한 연소반응식을 적으시오.
② 4몰의 마그네슘이 연소 시 발생하는 열량을 구하시오.

해설

마그네슘은 가열하면 연소가 쉽고, 양이 많은 경우 맹렬히 연소하며 강한 빛을 낸다. 특히 연소열이 매우 높기 때문에 온도가 높아지고 화세가 격렬하여 소화가 곤란하다.

$2Mg + O_2 \rightarrow 2MgO$

① 위의 반응식에 2를 곱하면 다음과 같다.
$4Mg + 2O_2 \rightarrow 4MgO$
② 1몰일 때 134.7kcal이므로, 4몰일 때는 4×134.7kcal=538.8kcal가 발생한다.

해답

① $4Mg + 2O_2 \rightarrow 4MgO$
② 538.8kcal

03

다음 주어진 물질의 구조식을 그리시오.
① TNP
② TNT

해답

①
```
          OH
          |
O2N-[벤젠고리(방향족)]-NO2
          |
         NO2
```

②
```
          CH3
          |
O2N-[벤젠고리]-NO2
          |
         NO2
```

04

분자량 58, 비중 0.79, 비점 56℃이며, 탈지작용과 과산화하는 성질의 물질에 대해 다음 물음에 답하시오.
① 시성식을 적으시오.
② 지정수량을 적으시오.

해설

아세톤(CH_3COCH_3, 다이메틸케톤, 2-프로파논)

분자량	비중	녹는점	비점	인화점	발화점	연소범위
58	0.79	-94℃	56℃	-18.5℃	465℃	2.5~12.8%

```
   H     H
   |     |
H—C—C—C—H
   |  ‖  |
   H  O  H
```

㉠ 무색이며 자극성의 휘발성 · 유동성 · 가연성 액체로, 보관 중 황색으로 변질되고 백광을 쪼이면 분해한다.

㉡ 물과 유기용제에 잘 녹고, 아이오딘폼 반응을 한다. 아이오딘(I_2)와 수산화나트륨(NaOH)을 넣고 60~80℃로 가열하면 황색의 아이오딘폼(CHI_3) 침전이 생긴다.

$CH_3COCH_3 + 3I_2 + 4NaOH \rightarrow CH_3COONa + 3NaI + CHI_3 + 3H_2O$

해답

① CH_3COCH_3
② 400L

05

다음 [보기]의 위험물을 인화점이 낮은 것부터 높은 순서대로 적으시오.

[보기] 아세트산, 아세톤, 에틸알코올, 나이트로벤젠

해설

품목	아세트산	아세톤	에틸알코올	나이트로벤젠
품명	제2석유류	제1석유류	알코올류	제3석유류
인화점	40℃	−18.5℃	13℃	88℃

※ 각각의 인화점을 정확하게 모른다고 하더라도, 품명만 알면 분류할 수 있다.

해답

아세톤 < 에틸알코올 < 아세트산 < 나이트로벤젠

06

[보기]에 주어진 품목에 대해 다음 물음에 답하시오.

[보기] 삼황화인, 오황화인, 적린, 마그네슘, 알루미늄분, 황린, 나트륨, 황

① 물과 반응 시 수소가 발생하는 물질을 모두 고르시오.
② 제2류 위험물을 모두 고르시오.
③ 원소의 주기율표상 제1족 원소를 고르시오.

해설

① ㉠ $Mg+2H_2O \rightarrow Mg(OH)_2+H_2$
　㉡ $2Al+6H_2O \rightarrow 2Al(OH)_3+3H_2$
　㉢ $2Na+2H_2O \rightarrow 2NaOH+H_2$

② 제2류 위험물(가연성 고체)의 품명 및 지정수량

위험등급	품명	지정수량
Ⅱ	1. 황화인 2. 적린(P) 3. 황(S)	100kg
Ⅲ	4. 철분(Fe) 5. 금속분 6. 마그네슘(Mg)	500kg
	7. 인화성 고체	1,000kg

③ 제1족 금속원소 : 리튬, 나트륨, 칼륨, 루비듐, 세슘, 프랑슘

해답

① 마그네슘, 알루미늄분, 나트륨
② 삼황화인, 오황화인, 적린, 마그네슘, 알루미늄분, 황
③ 나트륨

07

다음 화학식에 해당하는 물질의 품명을 쓰시오.
① $(C_6H_5CO)_2O_2$
② $C_6H_2CH_3(NO_2)_3$

해설

명칭(화학식)	품명
과산화벤조일[$(C_6H_5CO)_2O_2$]	유기과산화물
트라이나이트로톨루엔[$C_6H_2CH_3(NO_2)_3$]	나이트로화합물

해답

① 유기과산화물
② 나이트로화합물

08

다음 주어진 각 물질의 소요단위를 구하시오.
① 질산 90,000kg
② 아세트산 20,000L

해설

소요단위	구분	내용
1단위	제조소 또는 취급소용 건축물의 경우	내화구조 외벽을 갖춘 연면적 $100m^2$
		내화구조 외벽이 아닌 연면적 $50m^2$
	저장소 건축물의 경우	내화구조 외벽을 갖춘 연면적 $150m^2$
		내화구조 외벽이 아닌 연면적 $75m^2$
	위험물의 경우	지정수량의 10배

① 질산은 제6류 위험물로, 지정수량은 300kg에 해당한다.

$$\therefore \text{소요단위} = \frac{90,000}{300 \times 10} = 30$$

② 아세트산은 제4류 위험물로, 지정수량은 2,000L에 해당한다.

$$\therefore \text{소요단위} = \frac{20,000}{2000 \times 10} = 1$$

해답

① 30단위
② 1단위

09

적린에 대해 다음 물음에 답하시오.
① 지정수량을 적으시오.
② 연소 시 발생기체의 명칭을 적으시오.
③ 제3류 위험물 중 동소체의 명칭을 적으시오.

해설

㉠ 적린(P)은 연소하면 황린이나 황화인과 같이 유독성이 심한 백색의 오산화인을 발생하며, 일부 포스핀(PH_3)도 발생한다.
$4P+5O_2 \rightarrow 2P_2O_5$

㉡ 황린(P_4)은 공기 중에서 연소하여 격렬하게 오산화인의 백색 연기를 발생하며, 일부 유독성의 포스핀도 발생하고, 환원력이 강하여 산소 농도가 낮은 분위기에서도 연소한다.
$P_4+5O_2 \rightarrow 2P_2O_5$

해답

① 100kg, ② 오산화인, ③ 황린

10

다음 ①~⑤의 물질에 대한 시성식이 틀린 것을 찾아 바르게 고치시오. (단, 틀린 게 없으면 "없음"이라고 적으시오.)

구분	①	②	③	④	⑤
물질명	벤젠	톨루엔	아세트알데하이드	트라이나이트로톨루엔	아닐린
시성식	C_6H_6	$C_6H_2CH_3$	CH_3CHO	$C_6H_2CH_3(NO_2)_3$	$C_6H_2N_2H_2$

해답

② 톨루엔 : $C_6H_5CH_3$
⑤ 아닐린 : $C_6H_5NH_2$

11

다음 [보기]에서 주어진 위험물에 대하여 묻는 말에 알맞게 답하시오.

[보기] 탄화알루미늄, 탄화칼슘, 인화칼슘, 인화아연

① 물과 반응 시 메테인을 발생하는 물질의 명칭을 적으시오.
② ①의 물질의 물과의 반응식을 적으시오.

해설

탄화알루미늄은 물과 반응하여 가연성·폭발성의 메테인가스를 만들며, 밀폐된 실내에서 메테인이 축적되는 경우 인화성 혼합기를 형성하여 2차 폭발의 위험이 있다.
$Al_4C_3+12H_2O \rightarrow 4Al(OH)_3+3CH_4$

해답

① 탄화알루미늄
② $Al_4C_3+12H_2O \rightarrow 4Al(OH)_3+3CH_4$

12

위험물안전관리법령상 다음의 위험물과 같이 적재하여 운반하여도 되는 위험물의 유별을 모두 적으시오. (단, 지정수량의 10배인 경우이다.)

① 제4류
② 제5류
③ 제6류

해설

유별을 달리하는 위험물의 혼재기준

위험물의 구분	제1류	제2류	제3류	제4류	제5류	제6류
제1류		×	×	×	×	
제2류	×		×	○	○	×
제3류	×	×		○	×	×
제4류	×	○	○		○	×
제5류	×	○	×	○		×
제6류	○	×	×	×	×	

※ 이 표는 지정수량의 $\frac{1}{10}$ 이하의 위험물에 대하여는 적용하지 아니한다.

해답

① 제2류, 제3류, 제5류
② 제2류, 제4류
③ 제1류

13

다음은 위험물의 유별 저장 · 취급 공통기준이다. 괄호 안에 알맞은 내용을 적으시오.

① 제(　　)류 위험물 중 자연발화성 물질에 있어서는 불티 · 불꽃 또는 고온체와의 접근 · 과열 또는 공기와의 접촉을 피하고, 금수성 물질에 있어서는 물과의 접촉을 피하여야 한다.
② 제(　　)류 위험물은 불티 · 불꽃 · 고온체와의 접근 또는 과열을 피하고, 함부로 증기를 발생시키지 아니하여야 한다.
③ 제(　　)류 위험물은 산화제와의 접촉 · 혼합이나 불티 · 불꽃 · 고온체와의 접근 또는 과열을 피하는 한편, 철분 · 금속분 · 마그네슘 및 이를 함유한 것에 있어서는 물이나 산과의 접촉을 피하고 인화성 고체에 있어서는 함부로 증기를 발생시키지 아니하여야 한다.
④ 제(　　)류 위험물은 가연물과의 접촉 · 혼합이나 분해를 촉진하는 물품과의 접근 또는 과열 · 충격 · 마찰 등을 피하는 한편, 알칼리금속의 과산화물 및 이를 함유한 것에 있어서는 물과의 접촉을 피하여야 한다.
⑤ 제(　　)류 위험물은 가연물과의 접촉 · 혼합이나 분해를 촉진하는 물품과의 접근 또는 과열을 피하여야 한다.

해답

① 3, ② 4, ③ 2, ④ 1, ⑤ 6

14

다음 제1류 위험물의 지정수량을 적으시오.

① $K_2Cr_2O_7$
② KNO_3
③ $KMnO_4$
④ Na_2O_2
⑤ $KClO_3$

해설

구분	$K_2Cr_2O_7$	KNO_3	$KMnO_4$	Na_2O_2	$KClO_3$
물질명	다이크로뮴산칼륨	질산칼륨	과망가니즈산칼륨	과산화나트륨	염소산칼륨
품명	다이크로뮴산염류	질산염류	과망가니즈산염류	무기과산화물류	염소산염류
지정수량	1,000kg	300kg	1,000kg	50kg	50kg

해답

① 1,000kg
② 300kg
③ 1,000kg
④ 50kg
⑤ 50kg

15

다음 그림에서 보여주는 원통형 탱크의 내용적 구하는 공식을 적으시오.

①

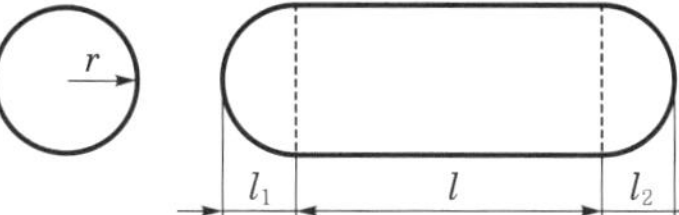

②

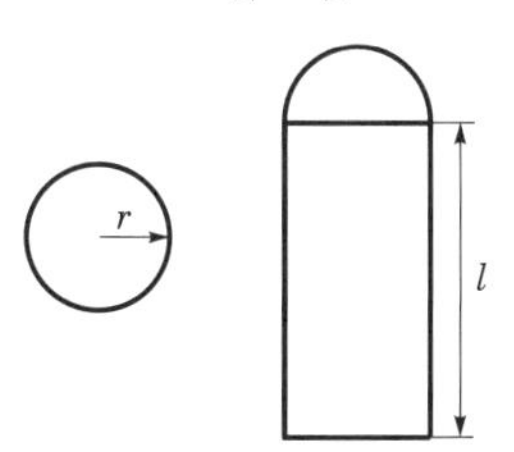

해답

① $V=\pi r^2\left(l+\frac{l_1+l_2}{3}\right)$

② $V=\pi r^2 l$

16

벤젠의 위험도를 구하시오. (단, 연소범위는 1.4~7.1%이다.)
① 계산과정
② 답

해설

$$위험도(H) = \frac{연소범위\ 상한값(U) - 연소범위\ 하한값(L)}{연소범위\ 하한값(L)}$$

해답

① 벤젠의 위험도 $= \frac{7.1-1.4}{1.4} = 4.07$

② 4.07

17

주유취급소에 설치하는 다음 게시판 및 표지의 바탕색과 문자색을 적으시오.
① 위험물 주유취급소
② 주유중 엔진정지

해설

① 위험물 주유취급소는 장소를 의미하는 게시판이므로, 백색 바탕에 흑색 문자이다.
② 주유중 엔진정지 표지판 기준
  ㉠ 규격 : 한 변의 길이가 0.3m 이상, 다른 한 변의 길이가 0.6m 이상
  ㉡ 색깔 : 황색 바탕에 흑색 문자

해답

① 백색 바탕, 흑색 문자
② 황색 바탕, 흑색 문자

18

다음 주어진 물질의 연소반응식을 적으시오.
① 삼황화인
② 오황화인

해답

① $P_4S_3 + 8O_2 \rightarrow 2P_2O_5 + 3SO_2$
② $2P_2S_5 + 15O_2 \rightarrow 2P_2O_5 + 10SO_2$

19

옥내소화전 4개가 설치된 제조소의 수원량을 구하시오.
① 계산과정
② 답

해설

수원의 수량은 옥내소화전이 가장 많이 설치된 층의 옥내소화전 설치개수(설치개수가 5개 이상인 경우는 5개)에 $7.8m^3$를 곱한 양 이상이 되도록 설치한다.
수원의 양 $Q(m^3) = N \times 7.8m^3$(N이 5개 이상인 경우는 5개)

해답

① $4 \times 7.8m = 31.2m^3$
② $31.2m^3$

20

다음 주어진 위험물의 운반용기에 표시해야 하는 주의사항을 적으시오.
① 인화성 고체
② 제4류 위험물
③ 제6류 위험물

해설

수납하는 위험물에 따른 주의사항

유별	구분	주의사항
제1류 위험물 (산화성 고체)	알칼리금속의 과산화물	"화기 · 충격주의" "물기엄금" "가연물접촉주의"
	그 밖의 것	"화기 · 충격주의" "가연물접촉주의"
제2류 위험물 (가연성 고체)	철분 · 금속분 · 마그네슘	"화기주의" "물기엄금"
	인화성 고체	"화기엄금"
	그 밖의 것	"화기주의"
제3류 위험물 (자연발화성 및 금수성 물질)	자연발화성 물질	"화기엄금" "공기접촉엄금"
	금수성 물질	"물기엄금"
제4류 위험물 (인화성 액체)	–	"화기엄금"
제5류 위험물 (자기반응성 물질)	–	"화기엄금" 및 "충격주의"
제6류 위험물 (산화성 액체)	–	"가연물접촉주의"

해답

① 화기엄금
② 화기엄금
③ 가연물접촉주의

제2회 과년도 출제문제

01 다음 [보기] 중 위험물안전관리법상 제1석유류를 모두 고르시오.

[보기] 에틸벤젠, 아세톤, 클로로벤젠, 아세트산, 폼산

해설

제4류 위험물 중 제1석유류 · 제2석유류의 종류와 지정수량

품명		품목	지정수량
제1석유류	비수용성	가솔린, 벤젠, 톨루엔, 사이클로헥세인, 콜로디온, 메틸에틸케톤, 초산메틸, 초산에틸, 의산에틸, 헥세인, 에틸벤젠 등	200L
	수용성	아세톤, 피리딘, 아크롤레인, 의산메틸, 사이안화수소 등	400L
제2석유류	비수용성	등유, 경유, 테레빈유, 스타이렌, 자일렌(o−, m−, p−), 클로로벤젠, 장뇌유, 뷰틸알코올, 알릴알코올 등	1,000L
	수용성	폼산, 초산(아세트산), 하이드라진, 아크릴산, 아밀알코올 등	2,000L

해답

에틸벤젠, 아세톤

02 다음과 같은 Fe의 산화반응을 이용하여 1kg의 Fe를 산화시키는 데 필요한 산소의 부피는 몇 L인지 구하시오. (단, 표준상태이고, Fe의 원자량은 55.85이다.)

$$4Fe + 3O_2 \rightarrow 2Fe_2O_3$$

① 계산과정
② 답

해답

① $\dfrac{1{,}000g\text{-}Fe}{} \times \dfrac{1mol\text{-}Fe}{55.85g\text{-}Fe} \times \dfrac{3mol\text{-}O_2}{4mol\text{-}Fe} \times \dfrac{22.4L\text{-}O_2}{1mol\text{-}O_2} \fallingdotseq 300.81L\text{-}O_2$

② 300.81L

03

다음 주어진 물질의 시성식을 적으시오.
① 질산메틸
② TNT
③ 나이트로글리세린

해답

① CH_3ONO_2 또는 CH_3NO_3
② $C_6H_2CH_3(NO_2)_3$ 또는 $C_6H_2(NO_2)_3CH_3$
③ $C_3H_5(ONO_2)_3$

04

다음은 위험물안전관리법상 동식물유에 대한 설명이다. 다음 물음에 답하시오.
① 유지에 포함된 불포화지방산의 이중결합수를 나타내는 수치로, 이 수치가 높을수록 이중결합이 많은 것을 의미한다. 여기서 이 수치는 무엇인지 적으시오.
② 다음 물질은 건성유, 반건성유, 불건성유 중 어디에 해당하는지 적으시오.
㉠ 야자유
㉡ 아마인유

해설

아이오딘값

아이오딘값이란 유지 100g에 부가되는 아이오딘의 g수를 의미한다.
불포화도가 증가할수록 아이오딘값이 증가하며, 자연발화의 위험이 있다.

㉠ 건성유 : 아이오딘값이 130 이상인 것
이중결합이 많아 불포화도가 높기 때문에 공기 중에서 산화되어 액 표면에 피막을 만드는 기름
예 아마인유, 들기름, 동유, 정어리기름, 해바라기유 등

㉡ 반건성유 : 아이오딘값이 100~130인 것
공기 중에서 건성유보다 얇은 피막을 만드는 기름
예 참기름, 옥수수기름, 청어기름, 채종유, 면실유(목화씨유), 콩기름, 쌀겨유 등

㉢ 불건성유 : 아이오딘값이 100 이하인 것
공기 중에서 피막을 만들지 않는 안정된 기름
예 올리브유, 피마자유, 야자유, 땅콩기름, 동백기름 등

해답

① 아이오딘값
② ㉠ 불건성유
㉡ 건성유

05

C₆H₆ 30kg을 연소 시 필요한 공기의 부피는 표준상태에서 몇 m^3인지 구하시오.

① 계산과정

② 답

해설

벤젠(C_6H_6)은 무색투명하며 독특한 냄새를 가진 휘발성이 강한 액체로, 위험성이 강하다. 또한 인화가 쉽고, 연소 시 다량의 흑연(검은 연기)이 발생하며 뜨거운 열을 내고, 이산화탄소와 물이 생성된다.

$2C_6H_6 + 15O_2 \rightarrow 12CO_2 + 6H_2O$

해답

① $\frac{30\text{kg}-C_6H_6 \mid 1\text{kmol}-C_6H_6 \mid 15\text{kmol}-O_2 \mid 100\text{kmol}-\text{Air} \mid 22.4\text{m}^3-\text{Air}}{\mid 78\text{kg}-C_6H_6 \mid 2\text{kmol}-C_6H_6 \mid 21\text{kmol}-O_2 \mid 1\text{kmol}-\text{Air}} = 307.69\text{m}^3$

② 307.69m^3

06

사이안화수소에 대해 다음 물음에 답하시오.

① 품명

② 증기비중

③ 화학식

④ 지정수량

해설

사이안화수소(HCN, 청산) – 제1석유류(수용성), 지정수량 400L

분자량	비중	증기비중	비점	인화점	발화점	연소범위
27	0.69	0.94	26℃	−17℃	538℃	5.6~40%

㉠ 독특한 자극성의 냄새가 나는 무색의 액체(상온에서)이다.

㉡ 물, 알코올에 잘 녹으며, 수용액은 약산성이다.

㉢ 맹독성 물질이며, 휘발성이 높아 인화 위험도 매우 높다.

㉣ 증기는 공기보다 약간 가벼우며, 연소하면 푸른 불꽃을 내면서 탄다.

해답

① 제1석유류

② 0.94

③ HCN

④ 400L

07

분자량이 104이고 위험물안전관리법상 제2석유류에 속하는 물질에 대해, 다음 물음에 답하시오.
① 화학식
② 명칭
③ 위험등급

해설

스타이렌($C_6H_5CH=CH_2$, 바이닐벤젠, 페닐에틸렌) – 제2석유류(비수용성)

분자량	비중	증기비중	비점	인화점	발화점	연소범위
104	0.91	3.6	146℃	31℃	490℃	1.1~6.1%

㉠ 독특한 냄새가 나는 무색투명한 액체로서, 물에는 녹지 않으나 유기용제 등에 잘 녹는다.
㉡ 빛, 가열 또는 과산화물에 의해 중합되어 중합체인 폴리스타이렌수지를 만든다.

해답

① $C_6H_5CH_2CH$ 또는 $C_6H_5CHCH_2$
② 스타이렌
③ Ⅲ

08

탄산수소나트륨에 대해 다음 물음에 답하시오.
① 1차 분해반응식을 적으시오.
② 표준상태에서 이산화탄소 200m³가 발생하였다면, 탄산수소나트륨은 몇 kg이 분해한 것인지 구하시오.
㉠ 계산과정
㉡ 답

해설

탄산수소나트륨은 약 60℃ 부근에서 분해되기 시작하여 270℃와 850℃ 이상에서 다음과 같이 열분해한다.

$2NaHCO_3 \rightarrow Na_2CO_3 + H_2O + CO_2$　　흡열반응(at 270℃)
(중탄산나트륨) (탄산나트륨) (수증기) (탄산가스)

해답

① $2NaHCO_3 \rightarrow Na_2CO_3 + H_2O + CO_2$

② ㉠ $\dfrac{200m^3\text{-}CO_2}{} \times \dfrac{1kmol\text{-}CO_2}{22.4m^3\text{-}CO_2} \times \dfrac{2kmol\text{-}NaHCO_3}{1kmol\text{-}CO_2} \times \dfrac{84kg\text{-}NaHCO_3}{1kmol\text{-}NaHCO_3} = 1{,}500kg\text{-}NaHCO_3$

㉡ 1,500kg

09 다음 물음에 답하시오.
① 황린의 동소체인 제2류 위험물의 명칭을 적으시오.
② 황린을 이용해서 ①의 물질을 만드는 방법을 적으시오.
③ ①의 물질의 연소반응식을 적으시오.

해설

㉮ 적린(P, 붉은인) – 지정수량 100kg
㉠ 원자량 31, 비중 2.2, 녹는점 600℃, 발화온도 260℃, 승화온도 400℃
㉡ 암적색의 분말로 황린의 동소체이지만 자연발화의 위험이 없어 안전하며, 독성도 황린에 비하여 약하다.
㉢ 연소하면 황린이나 황화인과 같이 유독성이 심한 백색의 오산화인을 발생하며, 일부 포스핀도 발생한다.
$4P+5O_2 \rightarrow 2P_2O_5$

㉯ 황린(P_4, 백린) – 지정수량 20kg
㉠ 비중 1.82, 녹는점 44℃, 비점 280℃, 발화점 34℃
㉡ 백색 또는 담황색의 왁스상 가연성·자연발화성 고체이다. 증기는 공기보다 무거우며, 매우 자극적이고 맹독성 물질이다.
㉢ 공기를 차단하고 약 260℃로 가열하면 적린이 된다.
㉣ 공기 중에서 연소하여 격렬하게 오산화인의 백색 연기를 내며 연소하고 일부 유독성의 포스핀(PH_3)도 발생하며 환원력이 강하여 산소 농도가 낮은 분위기에서도 연소한다.
$P_4+5O_2 \rightarrow 2P_2O_5$

해답

① 적린
② 공기를 차단하고, 약 260℃로 가열한다.
③ $4P+5O_2 \rightarrow 2P_2O_5$

10 위험물안전관리법상 제2류 위험물에 대해 다음 괄호 안에 알맞은 말을 순서대로 적으시오.
① "인화성 고체"라 함은 (   ), 그 밖에 1기압에서 인화점이 섭씨 (   )도 미만인 고체를 말한다.
② "가연성 고체"라 함은 고체로서 화염에 의한 (   )의 위험성 또는 (   )의 위험성을 판단하기 위하여 고시로 정하는 시험에서 고시로 정하는 성질과 상태를 나타내는 것을 말한다.
③ 황은 순도가 (   )중량퍼센트 이상인 것을 말한다. 이 경우 순도 측정에 있어서 불순물은 활석 등 불연성 물질과 수분에 한한다.

해답

① 고형 알코올, 40
② 발화, 인화
③ 60

11

위험물안전관리법상 제6류 위험물에 대해, 다음 물음에 답하시오.
① 증기비중 3.5이고 물과 발열반응하는 물질의 명칭과 화학식을 적으시오.
② 단백질과 크산토프로테인 반응을 하는 물질의 명칭과 화학식을 적으시오.

해설

㉮ 과염소산($HClO_4$) – 지정수량 300kg
  ㉠ 비중 3.5, 녹는점 −112℃, 비점 130℃
  ㉡ 가열하면 폭발하고, 분해하여 유독성의 HCl을 발생한다.
    $HClO_4 \rightarrow HCl + 2O_2$
  ㉢ 물과 접촉하면 심하게 반응하여 발열한다.
㉯ 질산(HNO_3) – 지정수량 300kg : 비중이 1.49 이상의 것
  ㉠ 비중 1.49, 녹는점 −50℃, 비점 86℃
  ㉡ 3대 강산 중 하나로, 흡습성과 자극성 · 부식성이 강하며, 휘발성 · 발연성이다.
  ㉢ 직사광선에 의해 분해되어 이산화질소(NO_2)를 생성시킨다.
    $4HNO_3 \rightarrow 4NO_2 + 2H_2O + O_2$
  ㉣ 피부에 닿으면 노란색으로 변색이 되는 크산토프로테인 반응(단백질 검출)을 한다.
  ㉤ 반응성이 큰 금속과 산화물 피막을 형성하여 내부를 보호한다. → 부동태(Fe, Ni, Al)

해답

① 과염소산, $HClO_4$, ② 질산, HNO_3

12

위험물안전관리법상 운반 시 다음의 유별 위험물과 혼재할 수 없는 위험물의 유별을 적으시오.
① 제2류
② 제5류
③ 제6류

해설

유별을 달리하는 위험물의 혼재기준

위험물의 구분	제1류	제2류	제3류	제4류	제5류	제6류
제1류		×	×	×	×	○
제2류	×		×	○	○	×
제3류	×	×		○	×	×
제4류	×	○	○		○	×
제5류	×	○	×	○		×
제6류	○	×	×	×	×	

해답

① 제1류, 제3류, 제6류
② 제1류, 제3류, 제6류
③ 제2류, 제3류, 제4류, 제5류

13

다음 물질의 연소형태를 적으시오.
① 마그네슘분
② 제5류 위험물
③ 황

해설

고체의 연소형태

㉠ 표면연소(직접연소) : 열분해에 의하여 가연성 가스를 발생하지 않고 그 자체가 연소하는 형태로서, 연소반응이 고체의 표면에서 이루어지는 형태이다.
예 목탄, 코크스, 금속분 등

㉡ 분해연소 : 가연성 가스가 공기 중에서 산소와 혼합되어 타는 현상이다.
예 목재, 석탄, 종이 등

㉢ 증발연소 : 가연성 고체에 열을 가하면 융해되어, 여기서 생긴 액체가 기화되고 이로 인한 연소가 이루어지는 형태이다.
예 황, 나프탈렌, 양초, 장뇌 등

㉣ 내부연소(자기연소) : 물질 자체의 분자 안에 산소를 함유하고 있는 물질이 연소 시 외부에서의 산소 공급을 필요로 하지 않고, 물질 자체가 갖고 있는 산소를 소비하면서 연소하는 형태이다.
예 질산에스터류, 나이트로화합물류 등

해답

① 표면연소
② 자기연소
③ 증발연소

14

그림과 같이 가로로 설치한 원통형 탱크의 내용적을 구하는 공식을 적으시오.

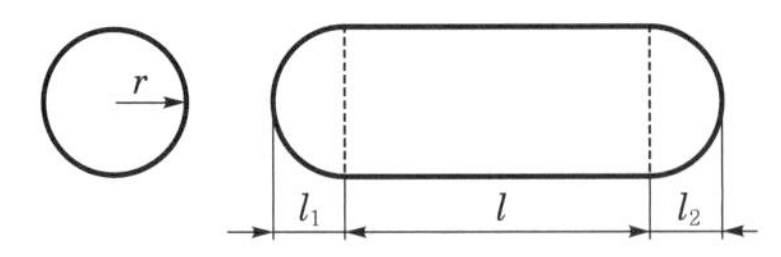

해답

$$V = \pi r^2 \left(l + \frac{l_1 + l_2}{3} \right)$$

15 위험물안전관리법상 휘발유를 저장하는 옥외탱크저장소에 대해 다음 물음에 답하시오.
① 하나의 방유제 안에 설치할 수 있는 탱크의 개수를 적으시오.
② 방유제의 높이를 적으시오.
③ 하나의 방유제의 면적은 몇 m^2 이하로 하는지 적으시오.

해설

옥외탱크저장소의 방유제 설치기준

㉠ 설치목적 : 저장 중인 액체 위험물이 주위로 누설 시, 그 주위에 피해 확산을 방지하기 위하여 설치한 담
㉡ 용량 : 방유제 안에 설치된 탱크가 하나인 때에는 그 탱크 용량의 110% 이상, 2기 이상인 때에는 그 탱크 중 용량이 최대인 것의 용량의 110% 이상으로 할 것. 다만, 인화성이 없는 액체 위험물의 옥외저장탱크 주위에 설치하는 방유제는 110%를 100%로 본다.
㉢ 높이 0.5m 이상 3.0m 이하, 면적 80,000m^2 이하, 두께 0.2m 이상, 지하매설깊이 1m 이상으로 할 것. 다만, 방유제와 옥외저장탱크 사이의 지반면 아래에 불침윤성 구조물을 설치하는 경우에는 지하매설깊이를 해당 불침윤성 구조물까지로 할 수 있다.
㉣ 하나의 방유제 안에 설치되는 탱크의 수는 10기 이하로 할 것

해답

① 10개
② 0.5m 이상 3m 이하
③ 8만m^2

16 위험물안전관리법상 단층 건물에 설치하는 옥내탱크저장소에 대해 다음 물음에 답하시오.
① 옥내저장탱크와 탱크 전용실의 벽과의 거리는 몇 m 이상의 간격을 유지해야 하는가?
② 옥내저장탱크의 상호간 거리는 몇 m 이상의 간격을 유지해야 하는가?
③ 경유를 저장하는 옥내저장탱크의 용량은 몇 L 이하로 해야 하는가?

해설

옥내탱크저장소의 구조

㉠ 단층 건축물에 설치된 탱크 전용실에 설치할 것
㉡ 옥내저장탱크와 탱크 전용실 벽과의 사이 및 옥내저장탱크의 상호간에는 0.5m 이상의 간격을 유지할 것
㉢ 옥내탱크저장소에는 기준에 따라 보기 쉬운 곳에 "위험물 옥내탱크저장소"라는 표시를 한 표지와 방화에 관하여 필요한 사항을 게시한 게시판을 설치하여야 한다.
㉣ 옥내저장탱크의 용량(동일한 탱크 전용실에 옥내저장탱크를 2 이상 설치하는 경우에는 각 탱크의 용량의 합계를 말한다)은 지정수량의 40배(제4석유류 및 동·식물유류 외의 제4류 위험물에 있어서 해당 수량이 20,000L를 초과할 때에는 20,000L) 이하일 것

해답

① 0.5m, ② 0.5m, ③ 2만L

17

분자량이 158인 제1류 위험물로서 흑자색을 띠며 분해 시 산소를 발생하는 물질에 대해 다음 물음에 답하시오.
① 품명
② 화학식
③ 분해반응식

해설

과망가니즈산칼륨($KMnO_4$) – 제1류 위험물, 과망가니즈산염류, 지정수량 1,000kg
㉠ 분자량 158, 비중 2.7, 분해온도 약 200~250℃의 흑자색 또는 적자색 결정이다.
㉡ 수용액은 산화력과 살균력(3% – 피부 살균, 0.25% – 점막 살균)을 나타낸다.
㉢ 240℃에서 가열하면 망가니즈산칼륨, 이산화망가니즈, 산소를 발생한다.
$2KMnO_4 \rightarrow K_2MnO_4 + MnO_2 + O_2$

해답

① 과망가니즈산염류, ② $KMnO_4$
③ $2KMnO_4 \rightarrow K_2MnO_4 + MnO_2 + O_2$

18

다음 물질이 물과 반응하여 발생하는 가연성 기체의 화학식을 적으시오. (단, 없으면 “없음”이라 적으시오.)
① 트라이에틸알루미늄
② 과산화칼슘
③ 메틸리튬

해설

① 물과 접촉하면 폭발적으로 반응하여 에테인을 형성하고, 이때 발열 · 폭발에 이른다.
$(C_2H_5)_3Al + 3H_2O \rightarrow Al(OH)_3 + 3C_2H_6$
② 물과 반응하여 수산화칼슘과 산소가스를 발생한다.
$2CaO_2 + 2H_2O \rightarrow 2Ca(OH)_2 + O_2$
③ 알킬리튬으로 제3류 위험물에 해당하며, 물과 만나 수산화리튬과 메테인가스를 발생한다.
$CH_3Li + H_2O \rightarrow LiOH + CH_4$

해답

① C_2H_6, ② 없음, ③ CH_4

19

위험물안전관리법상 다음 각 물질의 지정수량을 적으시오.
① 염소산나트륨
② 과산화칼륨
③ 무수크로뮴산

해설

제1류 위험물의 종류와 지정수량

성질	위험등급	품명	지정수량
산화성 고체	I	1. 아염소산염류 2. 염소산염류 3. 과염소산염류 4. 무기과산화물	50kg
	II	5. 브로민산염류 6. 질산염류 7. 아이오딘산염류	300kg
	III	8. 과망가니즈산염류 9. 다이크로뮴산염류	1,000kg
		10. 그 밖에 행정안전부령이 정하는 것 ① 과아이오딘산염류 ② 과아이오딘산 ③ 크로뮴, 납 또는 아이오딘의 산화물 ④ 아질산염류	300kg
		⑤ 차아염소산염류	50kg
	I ~ III	⑥ 염소화아이소사이아누르산 ⑦ 퍼옥소이황산염류 ⑧ 퍼옥소붕산염류	300kg
		11. 1~10호의 하나 이상을 함유한 것	50kg, 300kg 또는 1,000kg

해답

① 50kg, ② 50kg, ③ 300kg

20

다음 할론번호의 화학식을 적으시오.

① 할론 1011

② 할론 2402

③ 할론 1301

해설

할론 소화약제의 명명법

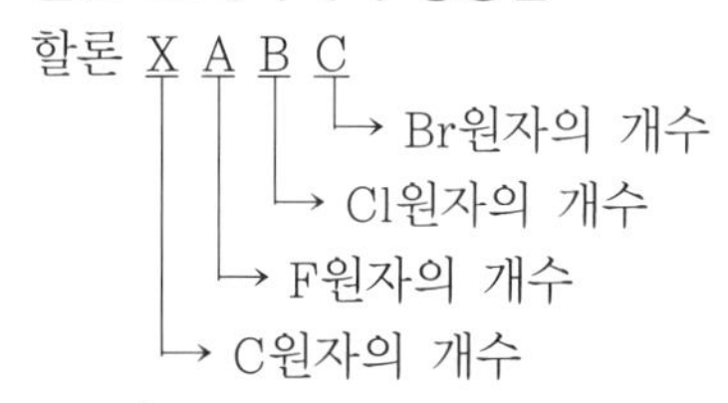

해답

① CH_2ClBr, ② $C_2F_4Br_2$, ③ CF_3Br

2021년 제3회 과년도 출제문제

01

불활성가스 소화약제 IG-541의 구성성분 3가지를 쓰시오

해설

불활성가스 소화약제의 종류

소화약제	구성성분
IG-01	Ar
IG-100	N_2
IG-541	N_2 : 52%, Ar : 40%, CO_2 : 8%
IG-55	N_2 : 50%, Ar : 50%

해답

질소(N_2), 아르곤(Ar), 이산화탄소(CO_2)

02

위험물안전관리법상 제2류 위험물의 품명 중 지정수량이 500kg인 것을 2가지만 적으시오.

해설

제2류 위험물(가연성 고체)의 위험등급, 품명 및 지정수량

위험등급	품명	지정수량
Ⅱ	1. 황화인 2. 적린(P) 3. 황(S)	100kg
Ⅲ	4. 철분(Fe) 5. 금속분 6. 마그네슘(Mg)	500kg
	7. 인화성 고체	1,000kg

해답

철분, 금속분, 마그네슘
(이 중 2가지 작성)

03

위험물안전관리법상 다음 그림과 같이 가로로 설치된 원형 위험물탱크의 내용적을 구하는 식을 쓰시오.

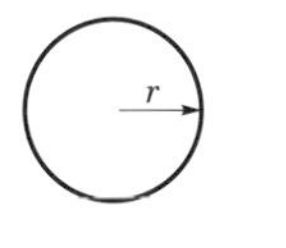

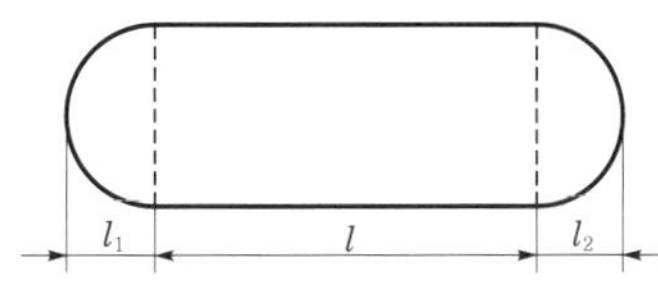

해답

$$V=\pi r^2\left(l+\frac{l_1+l_2}{3}\right)$$

04

벤젠의 수소원자 1개를 메틸기로 치환하면 생성되는 물질에 대해 다음 물음에 알맞은 답을 적으시오.

① 화학식
② 품명
③ 증기비중

해설

톨루엔($C_6H_5CH_3$)의 일반적 성질

㉠ 무색투명하며 벤젠 향과 같은 독특한 냄새를 가진 액체로, 진한 질산과 진한 황산을 반응시키면 나이트로화하여 T.N.T.의 제조에 이용된다.

㉡ 분자량 92, 액비중 0.871$\left(\text{증기비중}=\frac{92}{28.84}=3.19\right)$, 비점 111℃, 인화점 4℃, 발화점 490℃, 연소범위 1.4~6.7%로, 벤젠보다 독성이 약하고 휘발성이 강하여 인화가 용이하며, 연소할 때 자극성 · 유독성 가스를 발생한다.

㉢ 1몰의 톨루엔과 3몰의 질산을 황산 촉매하에 반응시키면 나이트로화에 의해 T.N.T.가 만들어진다.

$$C_6H_5CH_3+3HNO_3 \xrightarrow[\text{나이트로화}]{c-H_2SO_4} C_6H_2CH_3(NO_2)_3 + 3H_2O$$

(T.N.T.)

해답

① $C_6H_5CH_3$
② 제1석유류
③ 3.19

05

제3류 위험물 중 위험등급 Ⅰ에 해당하는 품명 중 3가지를 적으시오.

해설

제3류 위험물(자연발화성 물질 및 금수성 물질)의 위험등급, 품명 및 지정수량

위험등급	품명	대표품목	지정수량
Ⅰ	1. 칼륨(K)		10kg
	2. 나트륨(Na)		
	3. 알킬알루미늄	$(C_2H_5)_3Al$	
	4. 알킬리튬	C_4H_9Li	
	5. 황린(P_4)		20kg
Ⅱ	6. 알칼리금속(칼륨 및 나트륨 제외) 및 알칼리토금속	Li, Ca	50kg
	7. 유기금속화합물(알킬알루미늄 및 알킬리튬 제외)	$Te(C_2H_5)_2$, $Zn(CH_3)_2$	
Ⅲ	8. 금속의 수소화물	LiH, NaH	300kg
	9. 금속의 인화물	Ca_3P_2, AlP	
	10. 칼슘 또는 알루미늄의 탄화물	CaC_2, Al_4C_3	
	11. 그 밖에 행정안전부령이 정하는 것 염소화규소 화합물	$SiHCl_3$	300kg

해답

칼륨, 나트륨, 알킬알루미늄, 알킬리튬, 황린(이 중 3가지 작성)

06

위험물안전관리법상 제4류 위험물에 해당하며 2가 알코올로서 단맛이 나고 자동차용 부동액으로 사용되는 물질에 대해 다음 물음에 알맞은 답을 적으시오.

① 명칭

② 시성식

③ 구조식

해설

에틸렌글리콜의 일반적 성질

㉠ 무색무취의 단맛이 나고 흡습성이 있는 끈끈한 액체로서 2가 알코올이다.

㉡ 물, 알코올, 에터, 글리세린 등에는 잘 녹고, 사염화탄소, 이황화탄소, 클로로폼에는 녹지 않는다.

㉢ 독성이 있으며, 무기산 및 유기산과 반응하여 에스터를 생성한다.

㉣ 비중 1.1, 비점 197℃, 융점 −12.6℃, 인화점 111℃, 착화점 398℃

해답

① 에틸렌글리콜

② $C_2H_4(OH)_2$

③
```
    H   H
    |   |
H — C — C — H
    |   |
    OH  OH
```

07

위험물안전관리법상 다음 각 시설과 위험물제조소와의 안전거리를 적으시오.
① 학교
② 병원
③ 주택
④ 지정문화재
⑤ 30,000V를 초과하는 특고압 가공전선

해설

제조소의 안전거리 기준

구분	안전거리
사용전압 7,000V 초과 35,000V 이하	3m 이상
사용전압 35,000V 초과	5m 이상
주거용	10m 이상
고압가스, 액화석유가스, 도시가스	20m 이상
학교, 병원, 극장	30m 이상
유형문화재, 지정문화재	50m 이상

※ 안전거리 : 위험물시설과 다른 공작물 또는 방호대상물과의 안전 · 공해 · 환경 등의 안전상 확보해야 할 물리적인 수평거리

해답

① 30m 이상
② 30m 이상
③ 10m 이상
④ 50m 이상
⑤ 3m 이상

08

46g의 에틸알코올이 나트륨과 반응하여 생성되는 기체의 부피(L)를 구하시오.

해설

금속나트륨은 알코올과 반응하여 나트륨에틸레이트와 수소가스를 발생한다.

$2Na + 2C_2H_5OH \rightarrow 2C_2H_5ONa + H_2$

금속나트륨 알코올 나트륨에틸레이트 수소가스

$$\frac{46g\text{-}C_2H_5OH}{} \left| \frac{1mol\text{-}C_2H_5OH}{46g\text{-}C_2H_5OH} \right| \frac{1mol\text{-}H_2}{2mol\text{-}C_2H_5OH} \left| \frac{22.4L\text{-}H_2}{1mol\text{-}H_2} \right. = 11.2L\text{-}H_2$$

해답

11.2L

09

다음 [보기]의 위험물 중 열분해할 경우 산소가스를 발생하는 물질을 모두 적으시오. (단, 없으면 "없음"이라고 적으시오.)

[보기] 과망가니즈산칼륨, 과산화칼륨, 다이크로뮴산칼륨, 질산암모늄

해설

㉠ 과망가니즈산칼륨은 240℃에서 가열하면 망가니즈산칼륨, 이산화망가니즈, 산소를 발생한다.

$2KMnO_4 \rightarrow K_2MnO_4 + MnO_2 + O_2$

㉡ 과산화칼륨은 가열하면 열분해하여 산화칼륨과 산소를 발생한다.

$2K_2O_2 \rightarrow 2K_2O + O_2$

㉢ 다이크로뮴산칼륨은 강산화제이며, 500℃에서 분해하여 산소를 발생하고, 가연물과 혼합된 것은 발열 · 발화하거나 가열 · 충격 등에 의해 폭발할 위험이 있다.

$4K_2Cr_2O_7 \rightarrow 4K_2CrO_4 + 2Cr_2O_3 + 3O_2$

㉣ 질산암모늄은 급격한 가열이나 충격을 주면 단독으로 폭발한다.

$2NH_4NO_3 \rightarrow 4H_2O + 2N_2 + O_2$

해답

과망가니즈산칼륨, 과산화칼륨, 다이크로뮴산칼륨, 질산암모늄

10

비중이 0.8인 메탄올 50L가 공기 중에서 완전연소하는 경우, ① 연소반응식을 쓰고, ② 이론산소량(g)을 구하시오.

해설

① 완전연소반응식

$2CH_3OH + 3O_2 \rightarrow 2CO_2 + 4H_2O$

② 액체의 비중 $= \dfrac{\text{액체의 밀도(kg/L)}}{\text{4℃ 물의 밀도(kg/L)}}$

∴ 액체의 비중=액체의 밀도

㉠ 메탄올의 비중=메탄올의 밀도

0.8=0.8kg/L

㉡ 비중이 0.8인 메탄올 50L의 질량(g)

$$= \frac{50L-CH_3OH}{} \cdot \frac{0.8kg-CH_3OH}{1L-CH_3OH} \cdot \frac{10^3g-CH_3OH}{1kg-CH_3OH} = 40{,}000g-CH_3OH$$

∴ 40,000g의 메탄올(CH_3OH)이 연소할 때 필요한 이론산소량(g)

$$= \frac{40{,}000g-CH_3OH}{} \cdot \frac{1mol-CH_3OH}{32g-CH_3OH} \cdot \frac{3mol-O_2}{2mol-CH_3OH} \cdot \frac{32g-O_2}{1mol-O_2} = 60{,}000g-O_2$$

해답

① $2CH_3OH + 3O_2 \rightarrow 2CO_2 + 4H_2O$

② 60,000g

11

제5류 위험물 중 질산에틸, 트라이나이트로페놀에 대하여 다음 각 물음에 답하시오.
① 질산에틸의 화학식을 적으시오.
② 질산에틸의 20℃에서의 형태를 적으시오. (단, 기체, 액체, 고체로 표시하시오.)
③ 트라이나이트로페놀의 화학식을 적으시오.
④ 트라이나이트로페놀의 20℃에서의 형태를 적으시오. (단, 기체, 액체, 고체로 표시하시오.)

해설

㉮ 질산에틸($C_2H_5ONO_2$)
㉠ 비중 1.11, 융점 −112℃, 비점 88℃, 인화점 −10℃
㉡ 무색투명한 액체로, 냄새가 나며 단맛이 난다.
㉢ 물에는 녹지 않으나, 알코올, 에터 등에 녹는다.

㉯ 트라이나이트로페놀[TNP, $C_6H_2(NO_2)_3OH$, 피크르산]

OH
O_2N NO_2
NO_2

㉠ 비중 1.8, 융점 122.5℃, 인화점 150℃, 비점 255℃, 발화온도 약 300℃, 폭발온도 3,320℃, 폭발속도 약 7,000m/s
㉡ 순수한 것은 무색이나, 보통 공업용은 휘황색의 침전 결정이며, 충격·마찰에 둔감하고 자연분해하지 않으므로 장기 저장해도 자연발화의 위험 없이 안정하다.
㉢ 찬물에는 거의 녹지 않으나, 온수, 알코올, 에터, 벤젠 등에는 잘 녹는다.

해답

① $C_2H_5ONO_2$
② 액체
③ $C_6H_2OH(NO_2)_3$
④ 고체

12

위험물저장소에 [보기]와 같이 위험물이 저장되어 있다. 전체적으로 지정수량의 몇 배가 저장되어 있는지 구하시오.

[보기] 메틸에틸케톤 400L, 아세톤 1,200L, 등유 2,000L

해설

$$\text{지정수량 배수의 합} = \frac{\text{A 품목 저장수량}}{\text{A 품목 지정수량}} + \frac{\text{B 품목 저장수량}}{\text{B 품목 지정수량}} + \frac{\text{C 품목 저장수량}}{\text{C 품목 지정수량}} + \cdots$$

$$= \frac{400\text{L}}{200\text{L}} + \frac{1,200\text{L}}{400\text{L}} + \frac{2,000\text{L}}{1,000\text{L}} = 7$$

해답

7

13

다음 [보기]의 위험물을 인화점이 높은 것부터 순서대로 적으시오.

[보기] 아닐린, 아세트산, 에틸알코올, 사이안화수소, 아세트알데하이드

해설

구분	아닐린	아세트산	에틸알코올	사이안화수소	아세트알데하이드
품명	제3석유류	제2석유류	알코올류	제1석유류	특수인화물
인화점	70℃	40℃	13℃	−17℃	−40℃

해답

아닐린 – 아세트산 – 에틸알코올 – 사이안화수소 – 아세트알데하이드

14

다음의 제6류 위험물이 위험물안전관리법상 위험물이 될 수 있는 조건을 각각 적으시오. (단, 없으면 "없음"이라고 적으시오.)

① 과염소산
② 과산화수소
③ 질산

해답

① 없음
② 36wt% 이상
③ 비중 1.49 이상

15

위험물안전관리법상 제2류 위험물인 황화인에 대해 다음 빈칸을 알맞게 채우시오.

구분	화학식	조해성	지정수량
삼황화인	②	불용성	⑤
①	P_2S_5	조해성	
칠황화인	③	④	

해답

① 오황화인
② P_4S_3
③ P_4S_7
④ 조해성
⑤ 100kg

16

제5류 위험물과 제6류 위험물에 대하여 제조소 및 운반용기 외부에 표시하여야 하는 주의사항을 적으시오.
① 제5류 위험물 운반용기 외부에 표시해야 하는 주의사항
② 제5류 위험물 제조소 게시판의 주의사항
③ 제6류 위험물 운반용기 외부에 표시해야 하는 주의사항
④ 제6류 위험물 제조소 게시판의 주의사항

해설

수납하는 위험물에 따른 주의사항

유별	구분	운반용기 외부 주의사항	제조소 게시판 주의사항
제1류 위험물	알칼리금속의 과산화물	"화기·충격주의" "물기엄금" "가연물접촉주의"	물기엄금
	그 밖의 것	"화기·충격주의" "가연물접촉주의"	-
제2류 위험물	철분·금속분·마그네슘	"화기주의" "물기엄금"	화기주의
	인화성 고체	"화기엄금"	화기엄금
	그 밖의 것	"화기주의"	-
제3류 위험물	자연발화성 물질	"화기엄금" "공기접촉엄금"	화기엄금
	금수성 물질	"물기엄금"	물기엄금
제4류 위험물	-	"화기엄금"	화기엄금
제5류 위험물	-	"화기엄금" 및 "충격주의"	화기엄금
제6류 위험물	-	"가연물접촉주의"	필요 없음.

해답

① 화기엄금 및 충격주의
② 화기엄금
③ 가연물접촉주의
④ 없음

17

다음 [보기]의 물질 중 제3석유류에 해당하는 것의 번호를 모두 적으시오.

[보기] ① 클로로벤젠 ② 아세트산 ③ 폼산
④ 나이트로톨루엔 ⑤ 글리세린 ⑥ 나이트로벤젠

해설

구분	클로로벤젠	아세트산	폼산	나이트로톨루엔	글리세린	나이트로벤젠
품명	제2석유류	제2석유류	제2석유류	제3석유류	제3석유류	제3석유류
수용성 여부	비수용성	수용성	수용성	비수용성	수용성	비수용성
지정수량	1,000L	2,000L	2,000L	2,000L	4,000L	2,000L

해답

④, ⑤, ⑥

18 제3류 위험물인 황린에 대해 다음 물음에 답하시오.
① 저장방법
② 제2류 위험물인 동소체
③ 연소 시 생성되는 물질의 화학식
④ 수산화칼륨 수용액과 반응했을 때 발생하는 맹독성 가스의 화학식

해설

① 인화수소(PH_3)의 생성을 방지하기 위한 보호액으로 알칼리제(석회 또는 소다회 등)를 사용하여 약알칼리성(pH 9)으로 유지한다.
② 공기를 차단하고 약 260℃로 가열하면 적린이 된다.
③ 공기 중에서 연소하여 격렬하게 오산화인의 백색 연기를 내며 연소하고, 일부 유독성의 포스핀(PH_3)도 발생하며, 환원력이 강하여 산소 농도가 낮은 분위기에서도 연소한다.
$P_4+5O_2 \rightarrow 2P_2O_5$
④ NaOH 등 강알칼리용액과 반응하여 맹독성의 포스핀가스를 발생한다.
$P_4+3KOH+3H_2O \rightarrow 3KH_2PO_2+PH_3$

해답

① pH 9인 알칼리성 물에 저장
② 적린
③ P_2O_5
④ PH_3

19 과망가니즈산칼륨에 대해 다음 물음에 답하시오.
① 화학식
② 품명
③ 물과의 반응 여부
④ 물과 반응 시 생성되는 기체의 명칭(단, 없으면 "없음"이라고 적으시오.)
⑤ 아세톤에 용해 여부(단, 용해되면 "용해", 용해되지 않으면 "불용"이라고 적으시오.)

해설

$KMnO_4$(과망가니즈산칼륨)

㉠ 분자량 158, 비중 2.7, 분해온도 약 200~250℃, 흑자색 또는 적자색의 결정으로 물, 알코올, 초산, 아세톤에 녹는다.
㉡ 수용액은 산화력과 살균력(3% – 피부 살균, 0.25% – 점막 살균)을 나타낸다.
㉢ 240℃에서 가열하면 망가니즈산칼륨, 이산화망가니즈, 산소를 발생한다.
$2KMnO_4 \rightarrow K_2MnO_4+MnO_2+O_2$

해답

① $KMnO_4$
② 과망가니즈산염류
③ 반응하지 않음
④ 없음
⑤ 용해

20

다음 그림을 보고 물음에 알맞은 답을 적으시오.

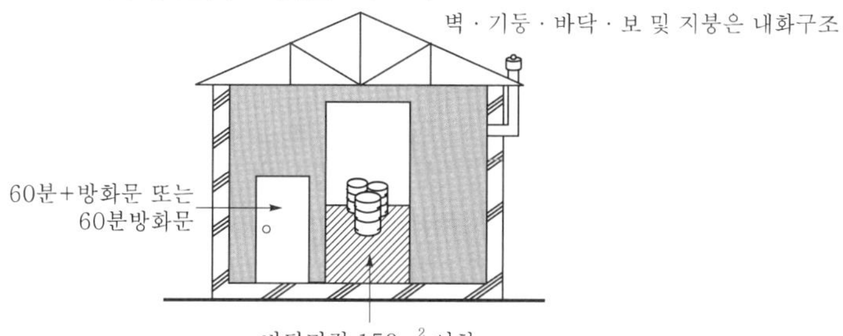

① 그림에서 보여주는 시설물의 명칭
② 해당 시설에 저장할 수 있는 위험물의 최대 지정수량 배수
③ 저장창고 지면에서 처마까지의 높이

해설

소규모 옥내저장소의 특례

지정수량의 50배 이하인 소규모 옥내저장소 중 저장창고의 처마 높이가 6m 미만인 것으로서, 저장창고가 다음 기준에 적합한 것에 대하여는 적용하지 아니한다.

㉠ 저장창고의 주위에는 다음 표에 정하는 너비의 공지를 보유할 것

저장 또는 취급하는 위험물의 최대수량	공지의 너비
지정수량의 5배 이하	–
지정수량의 5배 초과 20배 이하	1m 이상
지정수량의 20배 초과 50배 이하	2m 이상

㉡ 하나의 저장창고 바닥면적은 $150m^2$ 이하로 할 것
㉢ 저장창고는 벽 · 기둥 · 바닥 · 보 및 지붕을 내화구조로 할 것
㉣ 저장창고의 출입구에는 수시로 개방할 수 있는 자동폐쇄방식의 60분+방화문 · 60분방화문을 설치할 것
㉤ 저장창고에는 창을 설치하지 아니할 것

해답

① 소규모 옥내저장소
② 50배
③ 6m 미만

2021. 11. 27. 시행

2021년

제4회 과년도 출제문제

01

다음 각 물질의 연소반응식을 적으시오.
① 삼황화인
② 오황화인

해설

황화인 중 삼황화인과 오황화인은 연소하면 다음과 같이 오황화인을 생성한다.

$P_4S_3 + 8O_2 \rightarrow 2P_2O_5 + 3SO_2$

$2P_2S_5 + 15O_2 \rightarrow 2P_2O_5 + 10SO_2$

해답

① $P_4S_3 + 8O_2 \rightarrow 2P_2O_5 + 3SO_2$

② $2P_2S_5 + 15O_2 \rightarrow 2P_2O_5 + 10SO_2$

02

위험물안전관리법상 제4류 위험물에 해당하는 피리딘에 대하여 다음 물음에 답하시오.
① 구조식
② 분자량

해설

피리딘(C_5H_5N)의 일반적 성질

분자량	액비중	증기비중	비점	인화점	발화점	연소범위
79	0.98	2.7	115.4℃	16℃	482℃	1.8~12.4%

㉠ 순수한 것은 무색이나, 불순물을 포함하면 황색 또는 갈색을 띠는 알칼리성 액체이다.
㉡ 증기는 공기와 혼합하여 인화 폭발의 위험이 있으며, 수용액 상태에서도 인화성이 있다.

해답

① 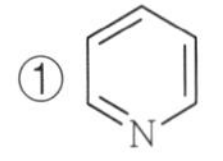

② 79

03

다음 주어진 물질의 시성식을 각각 적으시오.
① 과산화칼슘
② 과망가니즈산칼륨
③ 질산암모늄

해답

① CaO_2, ② $KMnO_4$, ③ NH_4NO_3

04

Na에 대하여 다음 각 물음에 답하시오.
① 물과 반응하는 화학반응식을 적으시오.
② 위 ①의 반응에서 생성되는 기체의 연소반응식을 적으시오.

해설

나트륨(Na)의 일반적 성질

㉠ 물과 격렬히 반응하여 발열하고 수소를 발생하며, 산과는 폭발적으로 반응한다. 수용액은 염기성으로 변하고, 페놀프탈레인과 반응 시 붉은색을 나타낸다. 특히 아이오딘산과 접촉 시 폭발한다.
$2Na+2H_2O \rightarrow 2NaOH+H_2$

㉡ 고온으로 공기 중에서 연소시키면 산화나트륨이 된다.
$4Na+O_2 \rightarrow 2Na_2O$(회백색)

해답

① $2Na+2H_2O \rightarrow 2NaOH+H_2$
② $2H_2+O_2 \rightarrow 2H_2O$

05

다음은 위험물안전관리법령상 소요단위에 대한 기준이다. 괄호 안을 알맞게 채우시오.

소요단위	구분	규모
1단위	제조소 또는 취급소용 건축물의 경우	내화구조 외벽을 갖춘 연면적 (①)m^2
		내화구조 외벽이 아닌 연면적 (②)m^2
	저장소 건축물의 경우	내화구조 외벽을 갖춘 연면적 (③)m^2
		내화구조 외벽이 아닌 연면적 (④)m^2
	위험물의 경우	지정수량의 (⑤)배

해설

소요단위란 소화설비의 설치대상이 되는 건축물의 규모 또는 위험물 양에 대한 기준단위이다.

해답

① 100, ② 50, ③ 150, ④ 75, ⑤ 10

06 위험물안전관리법상 제2류 위험물에 해당하는 황에 대하여 다음 물음에 알맞게 답하시오.
① 연소반응식을 쓰시오.
② 위험물의 조건을 쓰시오.
③ 다음 빈칸에 들어갈 알맞은 내용을 순서대로 쓰시오.
황의 순도 측정에 있어서 불순물은 활석 등 (　　)과 (　　)에 한한다.

해설

황(S)의 일반적 성질

㉠ 제2류 위험물(가연성 고체)로 지정수량은 100kg이다.
㉡ 황은 순도가 60중량퍼센트 이상인 것을 말한다. 이 경우 순도 측정에 있어서 불순물은 활석 등 불연성 물질과 수분에 한한다.
㉢ 공기 중에서 연소하기 쉬우며 푸른 불꽃을 내며 다량의 유독가스인 이산화황(아황산가스, SO_2)을 발생한다.
$S + O_2 \rightarrow SO_2$
황　산소　이산화황

해답

① $S + O_2 \rightarrow SO_2$
② 순도가 60중량퍼센트 이상인 것
③ 불연성 물질, 수분

07 다음 주어진 반응식을 보고, 괄호 안에 들어갈 물질에 대해 각 물음에 알맞게 답하시오.

$$(\quad) + 2H_2O \rightarrow Ca(OH)_2 + 2H_2$$

① 품명
② 지정수량
③ 위험등급

해설

수소화칼슘(CaH_2)의 일반적 성질

㉠ 비중은 1.7, 융점은 841℃, 분해온도는 675℃로, 물에는 용해되지만 에터에는 녹지 않는다.
㉡ 백색 또는 회백색의 결정 또는 분말이며, 건조공기 중에 안정하며 환원성이 강하다. 물과 격렬하게 반응하여 수소를 발생하고 발열한다.
$CaH_2 + 2H_2O \rightarrow Ca(OH)_2 + 2H_2$
㉢ 습기 중에 노출되어도 자연발화의 위험이 있으며, 600℃ 이상 가열하면 수소를 분해한다.

해답

① 금속의 수소화물
② 300kg
③ Ⅲ등급

08

표준상태에서 탄소 100kg을 완전연소시키려면 몇 m^3의 공기가 필요한지 구하시오. (단, 질소 79%, 산소 21%이다.)

해설

$C + O_2 \rightarrow CO_2$

해답

$$\frac{100kg-C}{} \left| \frac{1kmol-C}{12kg-C} \right| \frac{1kmol-O_2}{1kmol-C} \left| \frac{100kmol-Air}{21kmol-O_2} \right| \frac{22.4m^3-Air}{1kmol-Air} = 888.89m^3-Air$$

$\therefore 888.89m^3$

09

아세트알데하이드 등의 저장기준에 대해 다음 (　　) 안에 알맞은 용어 또는 수치를 쓰시오.

① 보냉장치가 있는 이동저장탱크에 저장하는 아세트알데하이드 등의 온도는 해당 위험물의 (　　) 이하로 유지할 것

② 보냉장치가 없는 이동저장탱크에 저장하는 아세트알데하이드 등의 온도는 (　　)℃ 이하로 유지할 것

해답

① 비점

② 40

10

다음 [보기]에서 설명하는 위험물에 대하여 물음에 알맞게 답하시오.

[보기] • 강산화제이다.
• 가열하면 400℃에서 아질산칼륨과 산소를 발생한다.
• 흑색화약의 제조나 금속 열처리제 등의 용도로 사용된다.

① 품명

② 지정수량

③ 화학식을

해설

질산칼륨은 강력한 산화제로 가연성 분말, 유기물, 환원성 물질과 혼합 시 가열·충격으로 폭발하며, 흑색화약(질산칼륨 75%+황 10%+목탄 15%)의 원료로 이용된다. 질산칼륨은 약 400℃로 가열하면 분해하여 아질산칼륨(KNO_2)과 산소(O_2)가 발생하는 강산화제이다.

$2KNO_3 \rightarrow 2KNO_2 + O_2$

질산칼륨　아질산칼륨　산소

해답

① 질산염류

② 300kg

③ KNO_3

11

위험물안전관리법상 간이탱크저장소의 밸브 없는 통기관 기준 3가지를 적으시오.

해답

① 통기관의 지름은 25mm 이상으로 할 것
② 통기관은 옥외에 설치하되, 그 끝부분의 높이는 지상 1.5m 이상으로 할 것
③ 통기관의 끝부분은 수평면에 대하여 아래로 45° 이상 구부려 빗물 등이 침투하지 아니하도록 할 것
④ 가는 눈의 구리망 등으로 인화방지장치를 할 것. 다만, 인화점 70℃ 이상의 위험물만을 해당 위험물의 인화점 미만의 온도로 저장 또는 취급하는 탱크에 설치하는 통기관에 있어서는 그러하지 아니하다.
(위 4가지 중 3가지 작성)

12

과산화수소 1,200kg, 질산 600kg, 과염소산 900kg을 같은 장소에 저장하려 한다. 각 위험물의 지정수량 배수의 총합을 구하시오. (4점)

해설

$$\text{지정수량 배수의 합} = \frac{\text{A품목 저장수량}}{\text{A품목 지정수량}} + \frac{\text{B품목 저장수량}}{\text{B품목 지정수량}} + \frac{\text{C품목 저장수량}}{\text{C품목 지정수량}} + \cdots$$

$$= \frac{1{,}200\text{kg}}{300\text{kg}} + \frac{600\text{kg}}{300\text{kg}} + \frac{900\text{kg}}{300\text{kg}}$$

$$= 9$$

해답

9
10배

13

위험물안전관리법령상 휘발유, 등유, 경유의 경우 주유취급소의 고정주유설비 또는 고정급유설비의 펌프기기 주유관 선단에서의 최대토출량은 각각 분당 몇 리터 이하이어야 하는지 쓰시오. (단, 이동저장탱크에 주입하는 경우는 제외한다.)

① 휘발유
② 등유
③ 경유

해설

펌프기기의 주유관 선단에서 최대토출량

㉠ 제1석유류 : 50L/min 이하
㉡ 경유 : 180L/min 이하
㉢ 등유 : 80L/min 이하
㉣ 이동저장탱크에 주입하기 위한 등유용 고정급유설비 : 300L/min 이하
※ 분당 토출량이 200L 이상인 것의 경우에는 주유설비에 관계된 모든 배관의 안지름을 40mm 이상으로 한다.

해답

① 50L/min 이하
② 80L/min 이하
③ 180L/min 이하

14

90wt% 과산화수소 1kg에 물 몇 kg을 첨가해야 10wt%로 만들 수 있는지 계산하시오.

해설

$$\frac{0.9}{0.9+(0.1+x)}\times 100 = 10$$

$\therefore\ x = 8\text{kg}$

해답

8kg

15

표준상태에서 아세톤의 증기밀도(g/L)를 구하시오.

해설

아세톤(CH_3COCH_3) $= \dfrac{58\text{g}}{22.4\text{L}} \fallingdotseq 2.33\text{g/L}$

해답

2.33g/L

16

아세트산에 대하여 다음 물음에 답하시오.
① 시성식
② 증기비중

해설

$$증기비중 = \frac{기체의\ 분자량(g/mol)}{공기의\ 분자량(29g/mol)}$$

아세트산(CH_3COOH)의 분자량=60g/mol

$$\therefore\ 증기비중 = \frac{60g/mol}{29g/mol} ≒ 2.07$$

해답

① CH_3COOH
② 2.07

17

위험물안전관리법상 제5류 위험물에 해당하는 T.N.T.(트라이나이트로톨루엔)에 대하여 다음 물음에 답하시오
① 물과 벤젠에 대한 용해성 여부를 각각 쓰시오. (단, 용해되면 "용해", 용해되지 않으면 "불용"이라고 적으시오.)
② T.N.T. 제조 원료물질 2가지를 쓰시오.

해설

트라이나이트로톨루엔[$C_6H_2CH_3(NO_2)_3$, T.N.T.]의 일반적 성질

㉠ 순수한 것은 무색 또는 담황색의 결정이며, 직사광선에 의해 다갈색으로 변하고, 중성으로 금속과는 반응이 없으며, 장기 저장해도 자연발화의 위험 없이 안정하다.
㉡ 물에는 불용이며, 에터, 벤젠 등에는 잘 녹고, 알코올에는 가열하면 약간 녹는다.
㉢ 1몰의 톨루엔과 3몰의 질산을 황산 촉매하에 반응시키면 나이트로화에 의해 T.N.T.가 만들어진다.

$$C_6H_5CH_3 + 3HNO_3 \xrightarrow[나이트로화]{c-H_2SO_4} C_6H_2CH_3(NO_2)_3 + 3H_2O$$

(T.N.T.)

㉣ 운반 시 10%의 물을 넣어 운반하면 안전하다.

해답

① 물에는 불용, 벤젠에는 용해
② 톨루엔, 진한 질산

18

다음 설명에 해당하는 제6류 위험물에 대하여 물음에 답하시오.
① 피부에 닿으면 노란색으로 변색되는 반응의 이름은 무엇인가?
② 위 ①항의 물질이 햇빛에 의해 분해되는 화학반응식을 적으시오.

해설

질산(HNO_3)의 일반적 성질

㉠ 3대 강산 중 하나로, 흡습성과 자극성 · 부식성이 강하며, 휘발성 · 발연성이다. 또한 직사광선에 의해 분해되어 이산화질소(NO_2)를 생성시킨다.
$4HNO_3 \rightarrow 2H_2O + 4NO_2 + O_2$
㉡ 피부에 닿으면 노란색으로 변색되는 크산토프로테인 반응(단백질 검출)을 한다.

해답

① 크산토프로테인 반응
② $4HNO_3 \rightarrow 2H_2O + 4NO_2 + O_2$

19

다음은 위험물안전관리법상 위험물제조소 환기설비의 급기구에 대한 내용이다. 빈칸을 알맞게 채우시오.

바닥면적	급기구의 면적
(①)m^2 미만	150cm^2 이상
(①)m^2 이상 (②)m^2 미만	300cm^2 이상
(②)m^2 이상 120m^2 미만	450cm^2 이상
120m^2 이상 150m^2 미만	(③)cm^2 이상

해설

위험물제조소의 환기설비

㉠ 환기는 자연배기방식으로 한다.
㉡ 급기구는 해당 급기구가 설치된 실의 바닥면적 150m^2마다 1개 이상으로 하되, 급기구의 크기는 800cm^2 이상으로 한다. 다만, 바닥면적이 150m^2 미만인 경우에는 다음의 크기로 하여야 한다.

바닥면적	급기구의 면적
60m^2 미만	150cm^2 이상
60m^2 이상 90m^2 미만	300cm^2 이상
90m^2 이상 120m^2 미만	450cm^2 이상
120m^2 이상 150m^2 미만	600cm^2 이상

해답

① 60
② 90
③ 600

20 다음 동식물유를 분류할 때 기준이 되는 아이오딘값의 범위를 각각 쓰시오.
① 건성유
② 불건성유

해설

아이오딘값

유지 100g에 부가되는 아이오딘의 g수로, 불포화도가 증가할수록 아이오딘값이 증가하며, 자연발화의 위험이 있다.

㉠ 건성유 : 아이오딘값이 130 이상
이중결합이 많아 불포화도가 높기 때문에 공기 중에서 산화되어 액 표면에 피막을 만드는 기름
예 아마인유, 들기름, 동유, 정어리기름, 해바라기유 등

㉡ 반건성유 : 아이오딘값이 100~130인 것
공기 중에서 건성유보다 얇은 피막을 만드는 기름
예 참기름, 옥수수기름, 청어기름, 채종유, 면실유(목화씨유), 콩기름, 쌀겨유 등

㉢ 불건성유 : 아이오딘값이 100 이하인 것
공기 중에서 피막을 만들지 않는 안정된 기름
예 올리브유, 피마자유, 야자유, 땅콩기름, 동백기름 등

해답

① 아이오딘값 130 이상
② 아이오딘값 100 이하

제1회 과년도 출제문제

01

아닐린에 대해 다음 각 물음에 답하시오.
① 위험물안전관리법령상 해당하는 품명을 쓰시오.
② 지정수량을 쓰시오.
③ 분자량을 구하시오.

해설

㉠ 아닐린($C_6H_5NH_2$)은 비수용성으로, 지정수량이 2,000L이다.
㉡ 분자량= $M \cdot W = (12\times6)+(1\times5)+14+(1\times2) = 93$g/mol

해답

① 제3석유류
② 2,000L
③ 93g/mol

02

경유 600리터, 중유 200리터, 등유 300리터, 톨루엔 400리터를 보관하고 있다. 위험물안전관리법령상 각 위험물의 지정수량 배수의 총합은 얼마인지 구하시오.
① 계산과정
② 답

해설

$$\text{지정수량 배수의 합} = \frac{\text{A품목 저장수량}}{\text{A품목 지정수량}} + \frac{\text{B품목 저장수량}}{\text{B품목 지정수량}} + \frac{\text{C품목 저장수량}}{\text{C품목 지정수량}} + \cdots$$

$$= \frac{600\text{L}}{1,000\text{L}} + \frac{200\text{L}}{2,000\text{L}} + \frac{300\text{L}}{1,000\text{L}} + \frac{400\text{L}}{200\text{L}} = 3$$

해답

① $\frac{600\text{L}}{1,000\text{L}} + \frac{200\text{L}}{2,000\text{L}} + \frac{300\text{L}}{1,000\text{L}} + \frac{400\text{L}}{200\text{L}} = 3$
② 3배

03

[보기]에서 설명하는 위험물에 대해, 다음 각 물음에 알맞게 답하시오.

[보기]
- 공기 속에서 산화되면 폼알데하이드가 되며, 최종적으로 폼산이 된다.
- 독성이 강하여 먹으면 실명하거나 사망에 이른다.
- 비점 64℃, 비중 0.79, 인화점 11℃

① 연소반응식
② 위험등급
③ 구조식

해설

메틸알코올(CH_3OH, 메탄올, 메틸알코올)의 일반적 성질

분자량	비중	증기비중	비점	인화점	발화점	연소범위
32	0.79	1.1	64℃	11℃	464℃	6~36%

㉠ 무색투명하며 인화가 쉽고, 연소는 완전연소를 하므로 불꽃이 잘 보이지 않는다.
$2CH_3OH + 3O_2 \rightarrow 2CO_2 + 4H_2O$
㉡ 백금(Pt), 산화구리(CuO) 존재하의 공기 속에서 산화되면 폼알데하이드(HCHO)가 되며, 최종적으로 폼산(HCOOH)이 된다.
㉢ 나트륨(Na), 칼륨(K) 등 알칼리금속과 반응하여 인화성이 강한 수소를 발생한다.
$2Na + 2CH_3OH \rightarrow 2CH_3ONa + H_2$
㉣ 독성이 강하여 먹으면 실명하거나 사망에 이른다(30mL의 양으로도 치명적임).

해답

① $2CH_3OH + 3O_2 \rightarrow 2CO_2 + 4H_2O$
② Ⅱ등급
③
```
    H
    |
H - C - OH
    |
    H
```

04

질산이 햇빛에 의해 분해하는 경우, 다음 각 물음에 답하시오.
① 분해반응식
② 생성되는 유독성 기체의 명칭

해설

질산(HNO_3)은 3대 강산 중 하나로, 흡습성이 강하고 자극성 · 부식성이 강하고, 휘발성 · 발연성이며, 직사광선에 의해 분해되어 이산화질소(NO_2)를 생성시킨다.
$4HNO_3 \rightarrow 2H_2O + 4NO_2 + O_2$

해답

① $4HNO_3 \rightarrow 2H_2O + 4NO_2 + O_2$
② 이산화질소

05

위험물안전관리상 위험물제조소에 취급하는 위험물의 최대수량이 다음과 같을 경우, 보유공지의 너비는 얼마 이상으로 해야 하는지 각각 적으시오.
① 지정수량 5배 이하
② 지정수량 10배 이하
③ 지정수량 100배 이하

해설

보유공지 기준

취급하는 위험물의 최대수량	보유공지의 너비
지정수량의 10배 이하	3m 이상
지정수량의 10배 초과	5m 이상

해답

① 3m 이상
② 3m 이상
③ 5m 이상

06

위험물안전관리법상 제1류 위험물에 해당하는 과산화칼륨에 대해 다음 각 물음에 답하시오.
① 물과의 반응식
② 이산화탄소와의 반응식

해설

① 흡습성이 있으므로 물과 접촉하면 발열하며, 수산화칼륨(KOH)과 산소(O_2)를 발생한다.
$2K_2O_2+2H_2O \rightarrow 4KOH+O_2$
② 공기 중의 탄산가스를 흡수하여 탄산염이 생성된다.
$2K_2O_2+2CO_2 \rightarrow 2K_2CO_3+O_2$

해답

① $2K_2O_2+2H_2O \rightarrow 4KOH+O_2$
② $2K_2O_2+2CO_2 \rightarrow 2K_2CO_3+O_2$

07

이황화탄소 20kg이 모두 증기가 된다면, 3기압 120℃에서 몇 L가 되는지 구하시오.

해설

기체의 부피 구하는 식 $PV=nRT$에서

몰수$(n)=\dfrac{질량(w)}{분자량(M)}$이므로, $PV=\dfrac{w}{M}RT$

$$\therefore\ V=\frac{wRT}{PM}=\frac{20{,}000\text{g}\times 0.082\text{L}\cdot\text{atm/K}\cdot\text{mol}\times(120+273.15)\text{K}}{3\text{atm}\times 76\text{g/mol}}=2827.92\text{L}$$

해답

2827.92L

08

다음 [보기]의 물질 중 비중이 물보다 큰 것을 고르시오.

[보기] 산화프로필렌, 글리세린, 이황화탄소, 클로로벤젠, 피리딘

해설

[보기]에 나열된 위험물의 성질은 다음과 같다.

물질명	품명	비중	수용성 여부
산화프로필렌	특수인화물	0.83	수용성
글리세린	제3석유류	1.26	수용성
이황화탄소	특수인화물	1.26	비수용성
클로로벤젠	제2석유류	1.11	비수용성
피리딘	제1석유류	0.98	수용성

물의 비중은 1이므로, [보기]의 위험물 중 물보다 비중이 큰 것은 글리세린, 이황화탄소, 클로로벤젠이다.

해답

글리세린, 이황화탄소, 클로로벤젠

09

다음 할로젠화합물 소화약제의 할론번호를 각각 적으시오.

① CF_3Br

② CF_2BrCl

③ $C_2F_4Br_2$

해설

할론 소화약제 명명법

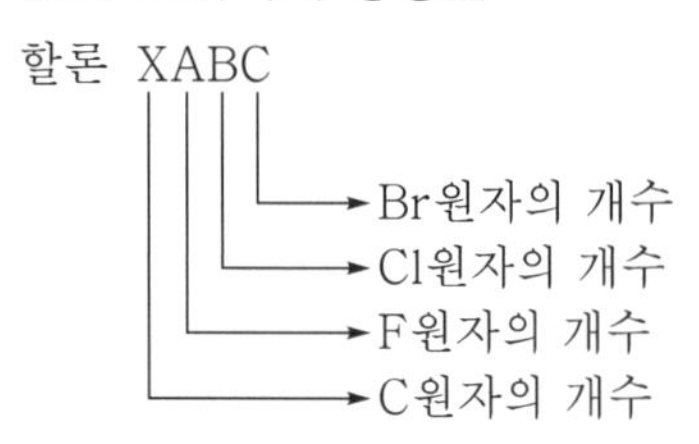

해답

① 1301

② 1211

③ 2402

10

제2류 위험물인 적린에 대해 다음 각 물음에 답하시오.
① 연소반응식
② 연소 시 생성되는 기체의 명칭

해설

적린은 연소하면 황린과 같이 유독성인 흰 연기의 오산화인(P_2O_5)을 발생한다.

$4P + 5O_2 \rightarrow 2P_2O_5$
적린 산소가스 오산화인

해답

① $4P + 5O_2 \rightarrow 2P_2O_5$
② 오산화인(P_2O_5)

11

금속나트륨에 대하여 다음 각 물음에 답하시오.
① 물과의 반응식
② 표준상태에서 1kg의 나트륨이 물과 반응할 경우 생성되는 가스의 부피(m^3)

해설

① 물과 격렬히 반응하여 발열하고 수소를 발생하며, 산과는 폭발적으로 반응한다. 수용액은 염기성으로 변하고, 페놀프탈레인과 반응 시 붉은색을 나타낸다.

$2Na + 2H_2O \rightarrow 2NaOH + H_2$

② $\frac{1{,}000\text{g-Na}}{} \Big| \frac{1\text{mol-Na}}{23\text{g-Na}} \Big| \frac{1\text{mol-}H_2}{2\text{mol-Na}} \Big| \frac{22.4\text{L-}H_2}{1\text{mol-}H_2} \Big| \frac{1m^3}{1{,}000\text{L}} \fallingdotseq 0.49m^3\text{-}H_2$

해답

① $2Na + 2H_2O \rightarrow 2NaOH + H_2$
② $0.49m^3$

12

제2류 위험물인 마그네슘에 대해 다음 각 물음에 답하시오.
① 연소반응식
② 표준상태에서 1몰의 마그네슘이 연소하는 데 필요한 이론적 산소의 부피(L)

해설

① 가열하면 연소가 쉽고, 양이 많은 경우 맹렬히 연소하며 강한 빛을 낸다. 특히 연소열이 매우 높기 때문에 온도가 높아지고 화세가 격렬하여 소화가 곤란하다.

$2Mg + O_2 \rightarrow 2MgO$

② $\frac{1\text{mol-Mg}}{} \Big| \frac{1\text{mol-}O_2}{2\text{mol-Mg}} \Big| \frac{22.4\text{L-}O_2}{1\text{mol-}O_2} = 11.2\text{L-}O_2$

해답

① $2Mg + O_2 \rightarrow 2MgO$, ② $11.2\text{L-}O_2$

13

위험물안전관리법상 제4류 위험물에 해당하는 에틸알코올에 대해 다음 각 물음에 답하시오.

① 1차 산화하였을 때 생성되는 물질의 명칭
② ①에서 생성된 물질이 다시 공기 중에서 산화할 경우 생성되는 물질의 명칭
③ 에틸알코올의 위험도

해설

에틸알코올(C_2H_5OH, 에탄올, 에틸알코올)의 일반적 성질

분자량	비중	증기비중	비점	인화점	발화점	연소범위
46	0.789	1.6	78℃	13℃	363℃	4.3~19%

```
   H  H
   |  |
H—C—C—OH
   |  |
   H  H
```

㉠ 무색투명하고 인화가 쉬우며, 공기 중에서 쉽게 산화한다. 또한 연소는 완전연소를 하므로 불꽃이 잘 보이지 않으며, 그을음이 거의 없다.

$C_2H_5OH + 3O_2 \rightarrow 2CO_2 + 3H_2O$

㉡ 산화하면 아세트알데하이드(CH_3CHO)가 되며, 최종적으로 초산(CH_3COOH)이 된다.

㉢ 위험도$=\frac{U-L}{L}=\frac{19-4.3}{4.3}=3.42$

해답

① 아세트알데하이드(CH_3CHO)
② 초산(CH_3COOH)
③ 3.42

14

다이에틸에터에 대한 다음 각 물음에 답하시오.

① 증기비중
② 과산화물의 생성 여부를 확인하는 방법
③ 지정수량

해설

① 증기비중$=\frac{\text{기체의 분자량(g/mol)}}{\text{공기의 분자량(29g/mol)}}=\frac{74\text{g/mol}}{29\text{g/mol}}=2.55$

② 과산화물의 검출은 10% 아이오딘화칼륨(KI) 용액과의 황색 반응으로 확인한다.

③ 50L

해답

① 2.55
② 10% 아이오딘화칼륨(KI) 용액과의 황색 반응으로 확인
③ 50L

15 위험물안전관리법령상 다음 각 위험물의 운반용기 외부에 표시해야 하는 주의사항을 모두 쓰시오.

① 제1류 위험물 중 알칼리금속의 과산화물
② 제2류 위험물 중 철분, 금속분, 마그네슘
③ 제3류 위험물 중 자연발화성 물질
④ 제4류 위험물
⑤ 제6류 위험물

해설

수납하는 위험물에 따른 주의사항

유별	구분	주의사항
제1류 위험물 (산화성 고체)	알칼리금속의 과산화물	"화기 · 충격주의" "물기엄금" "가연물접촉주의"
	그 밖의 것	"화기 · 충격주의" "가연물접촉주의"
제2류 위험물 (가연성 고체)	철분 · 금속분 · 마그네슘	"화기주의" "물기엄금"
	인화성 고체	"화기엄금"
	그 밖의 것	"화기주의"
제3류 위험물 (자연발화성 및 금수성 물질)	자연발화성 물질	"화기엄금" "공기접촉엄금"
	금수성 물질	"물기엄금"
제4류 위험물 (인화성 액체)	-	"화기엄금"
제5류 위험물 (자기반응성 물질)	-	"화기엄금" 및 "충격주의"
제6류 위험물 (산화성 액체)	-	"가연물접촉주의"

해답

① "화기 · 충격주의", "물기엄금", "가연물접촉주의"
② "화기주의", "물기엄금"
③ "화기엄금", "공기접촉엄금"
④ "화기엄금"
⑤ "가연물접촉주의"

16

그림과 같은 위험물 저장탱크의 내용적은 몇 m^3인지 구하시오. (단, r은 1m, l_1은 0.4m, l_2는 0.5m, l은 5m이다.)

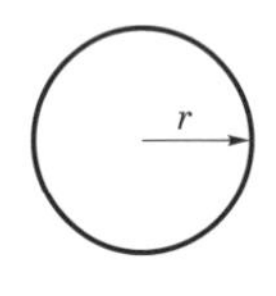

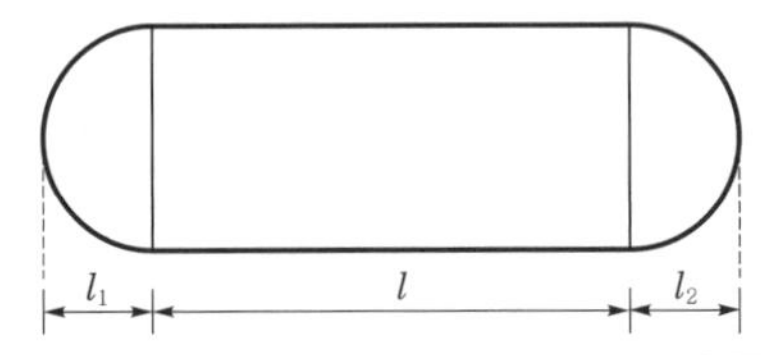

해설

가로(수평)로 설치한 원통형 탱크의 내용적

$$V = \pi r^2\left(l + \frac{l_1 + l_2}{3}\right) = \pi \times 1^2\left(5 + \frac{0.4 + 0.5}{3}\right) = 16.65\text{m}^3$$

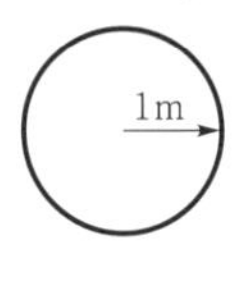

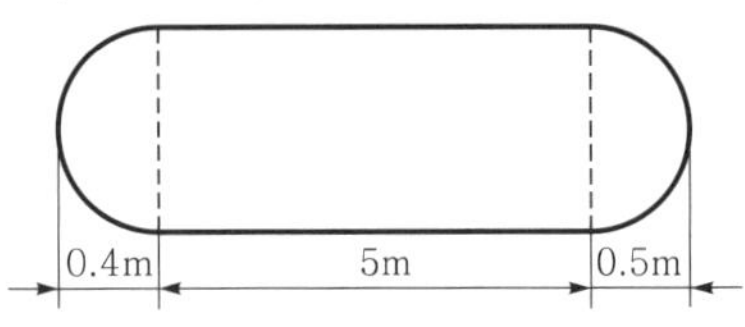

해답

16.65m^3

17

위험물안전관리법상 이동탱크저장소의 위치, 구조 및 설비의 기준에 대한 내용이다. 다음 괄호 안을 알맞게 채우시오.

① 이동저장탱크는 그 내부에 (㉠)L 이하마다 (㉡)mm 이상의 강철판 또는 이와 동등 이상의 강도 · 내열성 및 내식성이 있는 금속성의 것으로 칸막이를 설치하여야 한다.

② 상기 규정에 의한 칸막이로 구획된 각 부분마다 맨홀과 안전장치 및 방파판을 설치하여야 한다. 다만, 칸막이로 구획된 부분의 용량이 (㉢)L 미만인 부분에는 방파판을 설치하지 아니할 수 있다.

③ 안전장치의 경우 상용압력이 20kPa 이하인 탱크에 있어서는 20kPa 이상 (㉣)kPa 이하의 압력에서, 상용압력이 20kPa를 초과하는 탱크에 있어서는 상용압력의 (㉤)배 이하의 압력에서 작동하는 것으로 할 것

해답

① ㉠ 4,000, ㉡ 3.2
② ㉢ 2,000
③ ㉣ 24, ㉤ 1.1

18 다음은 위험물안전관리법령에 따른 소화설비 적응성에 관한 도표이다. 물분무등소화설비에 적응성이 있는 경우 빈칸에 알맞게 ○ 표시를 하시오.

소화설비의 구분 \ 대상물의 구분		건축물·그 밖의 공작물	전기설비	제1류 위험물: 알칼리금속과산화물 등	제1류 위험물: 그 밖의 것	제2류 위험물: 철분·금속분·마그네슘 등	제2류 위험물: 인화성 고체	제2류 위험물: 그 밖의 것	제3류 위험물: 금수성 물품	제3류 위험물: 그 밖의 것	제4류 위험물	제5류 위험물	제6류 위험물
물분무등소화설비	물분무소화설비												
	포소화설비												
	불활성가스소화설비												
	할로젠화합물소화설비												
	분말소화설비: 인산염류 등												
	분말소화설비: 탄산수소염류 등												
	분말소화설비: 그 밖의 것												

해답

소화설비의 구분 \ 대상물의 구분		건축물·그 밖의 공작물	전기설비	제1류 위험물: 알칼리금속과산화물 등	제1류 위험물: 그 밖의 것	제2류 위험물: 철분·금속분·마그네슘 등	제2류 위험물: 인화성 고체	제2류 위험물: 그 밖의 것	제3류 위험물: 금수성 물품	제3류 위험물: 그 밖의 것	제4류 위험물	제5류 위험물	제6류 위험물
물분무등소화설비	물분무소화설비	○	○		○		○	○		○	○	○	○
	포소화설비	○			○		○	○		○	○	○	○
	불활성가스소화설비		○				○				○		
	할로젠화합물소화설비		○				○				○		
	분말소화설비: 인산염류 등	○	○		○		○	○			○		○
	분말소화설비: 탄산수소염류 등		○	○		○	○		○		○		
	분말소화설비: 그 밖의 것			○		○			○				

19 위험물안전관리법령상 제3류 위험물에 해당하는 탄화알루미늄에 대하여 다음 각 물음에 알맞은 답을 쓰시오.

① 물과의 반응식

② ①에서 생성되는 기체의 연소반응식

해설

물과 반응하여 가연성 · 폭발성의 메테인가스를 만들며, 밀폐된 실내에 메테인이 축적되는 경우 인화성 혼합기를 형성하여 2차 폭발의 위험이 있다.

$Al_4C_3 + 12H_2O \rightarrow 4Al(OH)_3 + 3CH_4$

해답

① $Al_4C_3 + 12H_2O \rightarrow 4Al(OH)_3 + 3CH_4$

② $CH_4 + 2O_2 \rightarrow CO_2 + 2H_2O$

20 위험물안전관리법령상 이동탱크저장소에 의한 위험물의 운송 시 주의사항으로 괄호 안을 알맞게 채우시오.

위험물운송자는 장거리(고속국도에 있어서는 (㉠)km 이상, 그 밖의 도로에 있어서는 (㉡)km 이상을 말한다)에 걸치는 운송을 하는 때에는 2명 이상의 운전자로 할 것. 다만, 다음의 1에 해당하는 경우에는 그러하지 아니하다.

① 운송책임자를 동승시킨 경우

② 운송하는 위험물이 제2류 위험물 · 제3류 위험물(칼슘 또는 알루미늄의 탄화물과 이것만을 함유한 것에 한한다) 또는 제(㉢)류 위험물(특수인화물을 제외한다)인 경우

③ 운송 도중에 (㉣)시간 이내마다 (㉤)분 이상씩 휴식하는 경우

해답

㉠ 340

㉡ 200

㉢ 4

㉣ 2

㉤ 20

2022. 5. 29. 시행

2022년 제2회 과년도 출제문제

01

자일렌의 이성질체 3가지에 대한 명칭과 구조식을 각각 쓰시오.

해답

명칭	ortho−자일렌	meta−자일렌	para−자일렌
구조식	CH_3 CH_3	CH_3 CH_3	CH_3 CH_3

02

다음 할로젠화합물 소화약제에 알맞은 할론번호를 각각 적으시오.

① $C_2F_4Br_2$
② CF_2Br_2
③ CH_3I

해설

할론 소화약제의 명명법

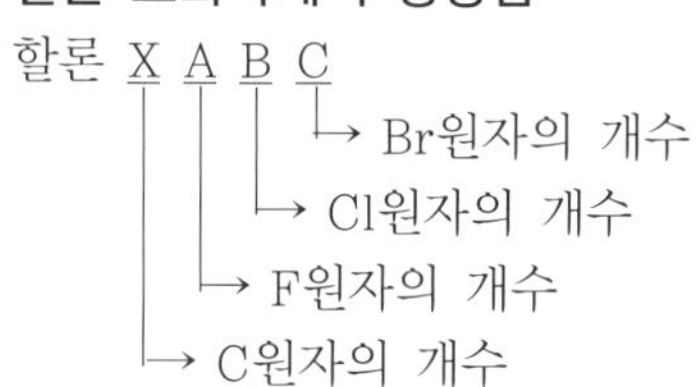

해답

① 2402
② 1211
③ 10001

03

1kg의 탄산가스를 표준상태에서 소화기로 방출할 경우 부피는 약 몇 L인지 구하시오.

해설

기체의 체적(부피) 결정

표준상태란 0℃, 1atm의 상태를 의미한다.

$PV=nRT$에서, 몰수$(n)=\frac{질량(w)}{분자량(M)}$이므로

$PV=\frac{w}{M}RT$, $V=\frac{w}{PM}RT$

$\therefore\ V=\frac{10^3\text{g}\times 0.082\text{L}\cdot\text{atm/kmol}\times(0+273.15)\text{K}}{1\text{atm}\times 44\text{g/mol}}\fallingdotseq 509.05\text{L}$

해답

509.05L

04

다음 [보기]의 물질 중 수용성 물질을 모두 고르시오.

[보기]
아이소프로필알코올, 이황화탄소, 사이클로헥세인, 벤젠, 아세톤, 아세트산

해설

제4류 위험물(인화성 액체)의 종류와 지정수량

위험등급	품명		품목	지정수량
I	특수인화물	비수용성	다이에틸에터, 이황화탄소	50L
		수용성	아세트알데하이드, 산화프로필렌	
II	제1석유류	비수용성	가솔린, 벤젠, 톨루엔, 사이클로헥세인, 콜로디온, 메틸에틸케톤, 초산메틸, 초산에틸, 의산에틸, 헥세인, 에틸벤젠 등	200L
		수용성	아세톤, 피리딘, 아크롤레인, 의산메틸, 사이안화수소 등	400L
	알코올류		메틸알코올, 에틸알코올, 프로필알코올, 아이소프로필알코올	400L
III	제2석유류	비수용성	등유, 경유, 테레빈유, 스타이렌, 자일렌(o−, m−, p−), 클로로벤젠, 장뇌유, 뷰틸알코올, 알릴알코올 등	1,000L
		수용성	폼산, 초산, 하이드라진, 아크릴산, 아밀알코올 등	2,000L
	제3석유류	비수용성	중유, 크레오소트유, 아닐린, 나이트로벤젠, 나이트로톨루엔 등	2,000L
		수용성	에틸렌글리콜, 글리세린 등	4,000L
	제4석유류		기어유, 실린더유, 윤활유, 가소제	6,000L
	동식물유류		• 건성유 : 아마인유, 들기름, 동유, 정어리기름, 해바라기유 등 • 반건성유 : 참기름, 옥수수기름, 청어기름, 채종유, 면실유(목화씨유), 콩기름, 쌀겨유 등 • 불건성유 : 올리브유, 피마자유, 야자유, 땅콩기름, 동백유 등	10,000L

해답

아이소프로필알코올, 아세톤, 아세트산

05

위험물안전관리법령상 알코올류에 해당하지 않는 조건에 대해 다음 빈칸을 알맞게 채우시오.

① 1분자를 구성하는 탄소원자의 수가 1개 내지 3개의 포화 1가 알코올의 함유량이 (　　)중량퍼센트 미만인 수용액
② 가연성 액체량이 60중량퍼센트 미만이고 인화점 및 (　　)(태그개방식 인화점측정기에 의한 연소점을 말한다)이 에틸알코올 60중량퍼센트 수용액의 인화점 및 (　　)을 초과하는 것

해설

"알코올류"라 함은 1분자를 구성하는 탄소원자의 수가 1개부터 3개까지인 포화 1가 알코올(변성 알코올을 포함한다)을 말한다. 다만, 다음의 어느 하나에 해당하는 것은 제외한다.
① 1분자를 구성하는 탄소원자의 수가 1개 내지 3개의 포화 1가 알코올의 함유량이 60중량퍼센트 미만인 수용액
② 가연성 액체량이 60중량퍼센트 미만이고 인화점 및 연소점(태그개방식 인화점측정기에 의한 연소점을 말한다)이 에틸알코올 60중량퍼센트 수용액의 인화점 및 연소점을 초과하는 것

해답

① 60
② 연소점

06

다음 위험물의 연소반응식을 각각 적으시오.
① 삼황화인
② 오황화인

해답

① $P_4S_3 + 8O_2 \rightarrow 2P_2O_5 + 3SO_2$
② $2P_2S_5 + 15O_2 \rightarrow 2P_2O_5 + 10SO_2$

07

다음에 주어진 제5류 위험물의 화학식을 각각 적으시오.
① 과산화벤조일
② 질산메틸
③ 나이트로글리콜

해답

① $(C_6H_5CO)_2O_2$
② CH_3ONO_2
③ $C_2H_4(ONO_2)_2$

08 다음 [보기] 중 위험물안전관리법상 제6류 위험물의 공통적인 특성에 대한 설명으로 틀린 내용을 찾아 번호를 쓰고, 올바르게 고쳐 쓰시오. (단, 없으면 "없음"이라 적으시오.)

[보기]
① 산화성 액체이다.
② 유기화합물이다.
③ 물에 잘 녹는다.
④ 물보다 가볍다.
⑤ 불연성이다.
⑥ 고체이다.

해설

제6류 위험물(산화성 액체)의 일반적 성질

㉠ 상온에서 액체이고, 산화성이 강하다.
㉡ 대부분 무기화합물로 유독성 증기를 발생하기 쉽다.
㉢ 불연성이나, 다른 가연성 물질을 착화시키기 쉽다.
㉣ 물보다 무겁고, 증기는 부식성이 강하다.

해답

② 무기화합물이다.
④ 물보다 무겁다.

09 다음은 위험물안전관리법령상 이동탱크저장소에 대한 기준이다. 괄호 안에 들어갈 올바른 내용을 채우시오.

① 압력탱크(최대상용압력이 46.7kPa 이상인 탱크) 외의 탱크는 (㉠)kPa의 압력으로, 압력탱크는 최대상용압력의 (㉡)배의 압력으로 각각 10분간 수압시험을 실시하여 새거나 변형되지 아니할 것
② 이동저장탱크는 그 내부에 (㉠)L 이하마다 (㉡)mm 이상의 강철판 또는 이와 동등 이상의 강도 · 내열성 및 내식성이 있는 금속성의 것으로 칸막이를 설치할 것(단, 고체인 위험물을 저장하거나 고체인 위험물을 가열하여 액체 상태로 저장하는 경우에는 그러하지 아니하다)
③ 탱크(맨홀 및 주입관의 뚜껑을 포함한다)는 두께 ( )mm 이상의 강철판 또는 이와 동등 이상의 강도 · 내식성 및 내열성이 있다고 인정하여 소방청장이 정하여 고시하는 재료 및 구조로 위험물이 새지 아니하게 제작할 것

해답

① ㉠ 70, ㉡ 1.5
② ㉠ 4,000, ㉡ 3.2
③ 3.2

10

다음 분말소화약제의 1차 열분해반응식을 적으시오.
① 제1종 분말소화약제
② 제3종 분말소화약제

해답

① $2NaHCO_3 \rightarrow Na_2CO_3 + H_2O + CO_2$
② $NH_4H_2PO_4 \rightarrow NH_3 + H_2O + HPO_3$

11

다음 [보기]의 물질을 발화점이 낮은 것부터 순서대로 쓰시오.

[보기] 다이에틸에터, 이황화탄소, 휘발유, 아세톤

해설

[보기] 물질의 발화점은 각각 다이에틸에터 180℃, 이황화탄소 90℃, 휘발유 300℃, 아세톤 465℃이다.

해답

이황화탄소 – 다이에틸에터 – 휘발유 – 아세톤

12

어느 위험물저장소에 [보기]와 같이 위험물이 저장되어 있다. 이 저장소에는 전체적으로 지정수량의 몇 배가 저장되어 있는지 구하시오.

[보기] 다이에틸에터 100L, 이황화탄소 150L, 아세톤 200L, 휘발유 400L

해설

$$\text{지정수량 배수의 합} = \frac{\text{A품목 저장수량}}{\text{A품목 지정수량}} + \frac{\text{B품목 저장수량}}{\text{B품목 지정수량}} + \frac{\text{C품목 저장수량}}{\text{C품목 지정수량}} + \cdots$$

$$= \frac{100L}{50L} + \frac{150L}{50L} + \frac{200L}{400L} + \frac{400L}{200L} = 7.5$$

해답

7.5

13

다음 주어진 물질에 대한 시성식과 지정수량을 각각 적으시오.
① 클로로벤젠
② 톨루엔
③ 메틸알코올

해답

① C_6H_5Cl, 1,000L
② $C_6H_5CH_3$, 200L
③ CH_3OH, 400L

14

위험물안전관리법상 다음 위험물제조소에 설치하는 주의사항 게시판은 무엇인지 쓰고, 그 바탕색과 글자색을 알맞게 적으시오.
① 인화성 고체
② 금수성 물질

해설

㉮ 제2류 · 제3류 위험물의 주의사항

유별	구분	주의사항
제2류 위험물 (가연성 고체)	철분 · 금속분 · 마그네슘	"화기주의" "물기엄금"
	인화성 고체	"화기엄금"
	그 밖의 것	"화기주의"
제3류 위험물 (자연발화성 및 금수성 물질)	자연발화성 물질	"화기엄금" "공기접촉엄금"
	금수성 물질	"물기엄금"

㉯ 주의사항 게시판의 기준
㉠ 화기엄금 : 적색 바탕, 백색 문자
㉡ 물기엄금 : 청색 바탕, 백색 문자
㉢ 화기주의 : 적색 바탕, 백색 문자
㉣ 물기주의 : 청색 바탕, 백색 문자

해답

① 화기엄금, 적색 바탕에 백색 문자
② 물기엄금, 청색 바탕에 백색 문자

15

아세톤이 공기 중에서 완전연소하는 경우, 다음 물음에 답하시오.
① 아세톤의 연소반응식을 적으시오.
② 1kg의 아세톤이 연소하는 데 필요한 이론공기량(m^3)을 구하시오. (단, 공기 중 산소의 부피비는 21%이다.)

해설

① $CH_3COCH_3 + 4O_2 \rightarrow 3CO_2 + 3H_2O$

② $\frac{1\text{kg}-CH_3COCH_3}{} \left| \frac{1\text{kmol}-CH_3COCH_3}{58\text{kg}-CH_3COCH_3} \right| \frac{4\text{kmol}-O_2}{1\text{kmol}-CH_3COCH_3} \left| \frac{100\text{kmol}-\text{Air}}{21\text{kmol}-O_2} \right| \frac{22.4\text{m}^3-\text{Air}}{1\text{kmol}-\text{Air}} \fallingdotseq 7.36\text{m}^3-\text{Air}$

해답

① $CH_3COCH_3 + 4O_2 \rightarrow 3CO_2 + 3H_2O$
② $7.36m^3$

16

다음 [보기]에서 주어진 동식물유를 건성유, 반건성유, 불건성유로 구분하여 적으시오.

[보기] 아마인유, 들기름, 참기름, 야자유, 동유

해설

아이오딘값

유지 100g에 부가되는 아이오딘의 g수이다. 불포화도가 증가할수록 아이오딘값이 증가하며, 자연발화의 위험이 있다.

㉠ 건성유 : 아이오딘값이 130 이상인 것
이중결합이 많아 불포화도가 높기 때문에 공기 중에서 산화되어 액 표면에 피막을 만드는 기름
예 아마인유, 들기름, 동유, 정어리기름, 해바라기유 등

㉡ 반건성유 : 아이오딘값이 100~130인 것
공기 중에서 건성유보다 얇은 피막을 만드는 기름
예 참기름, 옥수수기름, 청어기름, 채종유, 면실유(목화씨유), 콩기름, 쌀겨유 등

㉢ 불건성유 : 아이오딘값이 100 이하인 것
공기 중에서 피막을 만들지 않는 안정된 기름
예 올리브유, 피마자유, 야자유, 땅콩기름, 동백기름 등

해답

- 건성유 : 아마인유, 들기름, 동유
- 반건성유 : 참기름
- 불건성유 : 야자유

17

제4류 위험물 중 위험등급 Ⅱ에 해당하는 위험물안전관리법상 품명을 적으시오.

해설

제4류 위험물의 지정수량 구분

위험등급	품명		지정수량
Ⅰ	특수인화물		50L
Ⅱ	제1석유류	비수용성	200L
		수용성	400L
	알코올류		400L
Ⅲ	제2석유류	비수용성	1,000L
		수용성	2,000L
	제3석유류	비수용성	2,000L
		수용성	4,000L
	제4석유류		6,000L
	동식물유류		10,000L

해답

제1석유류, 알코올류

18 다음 [보기]에서 설명하는 제2류 위험물에 대해, 다음 물음에 답하시오.

[보기]
- 원소의 주기율표상 제2족 원소로 분류된다.
- 은백색의 무른 경금속이다.
- 비중은 1.74, 녹는점은 650℃이다.

① 연소반응식을 쓰시오.
② 물과 접촉하는 경우 수소가 생성되는 화학반응식을 쓰시오.

해답

① $2Mg + O_2 \rightarrow 2MgO$
② $Mg + 2H_2O \rightarrow Mg(OH)_2 + H_2$

19 다음은 위험물안전관리법령에서 정한 탱크 용적의 산정기준에 관한 내용이다. (　　) 안에 알맞은 수치를 순서대로 쓰시오.

위험물을 저장 또는 취급하는 탱크의 용량은 해당 탱크 내용적에서 공간용적을 뺀 용적으로 한다. 탱크의 공간용적은 탱크 내용적의 100분의 (　　) 이상 100분의 (　　) 이하의 용적으로 한다. 다만, 소화설비(소화약제 방출구를 탱크 안의 윗부분에 설치하는 것에 한한다)를 설치하는 탱크의 공간용적은 해당 소화설비의 소화약제 방출구 아래의 (　　)미터 이상 (　　)미터 미만 사이의 면으로부터 윗부분의 용적으로 한다.

해설

탱크의 공간용적은 탱크 용적의 100분의 5 이상 100분의 10 이하로 한다. 다만, 소화설비(소화약제 방출구를 탱크 안의 윗부분에 설치하는 것에 한한다)를 설치하는 탱크의 공간용적은 해당 소화설비의 소화약제 방출구 아래의 0.3m 이상 1m 미만 사이의 면으로부터 윗부분의 용적으로 한다. 암반탱크에 있어서는 해당 탱크 내에 용출하는 7일간의 지하수의 양에 상당하는 용적과 해당 탱크의 내용적의 100분의 1의 용적 중에서 보다 큰 용적을 공간용적으로 한다.

해답

5, 10, 0.3, 1

20 위험물안전관리법에 따라 다음 각 물음에 답하시오.

① 제조소 등의 관계인은 정기점검을 연간 몇 회 이상 실시해야 하는가?

② 다음 [보기] 중 제조소 등의 설치자에 대한 지위승계 대한 내용으로 옳은 것을 모두 고르시오.

[보기]
㉠ 제조소 등의 설치자가 사망한 경우
㉡ 제조소 등을 양도한 경우
㉢ 법인인 제조소 등의 설치자의 합병이 있을 경우

③ 다음 [보기] 중 제조소 등의 폐지에 대하여 옳지 않은 내용을 모두 고르시오.

[보기]
㉠ 폐지는 장래에 대하여 위험물시설로서의 기능을 완전히 상실시키는 것을 말한다.
㉡ 용도폐지는 제조소 등의 관계인이 한다.
㉢ 시 · 도지사 신고 후 14일 이내 폐지한다.
㉣ 제조소 등의 폐지에 필요한 서류는 용도폐지신청서, 완공검사합격확인증이다.

해설

① 제조소 등의 관계인은 해당 제조소 등에 대하여 연 1회 이상 정기점검을 실시하여야 한다.

② 제조소 등의 설치자(규정에 따라 허가를 받아 제조소 등을 설치한 자)가 사망하거나 그 제조소 등을 양도 · 인도한 때 또는 법인인 제조소 등의 설치자의 합병이 있는 때에는 그 상속인, 제조소 등을 양수 · 인수한 자 또는 합병 후 존속하는 법인이나 합병에 의하여 설립되는 법인은 그 설치자의 지위를 승계한다.

③ 제조소 등의 관계인(소유자 · 점유자 또는 관리자)은 해당 제조소 등의 용도를 폐지(장래에 대하여 위험물시설로서의 기능을 완전히 상실시키는 것을 말한다)한 때에는 행정안전부령이 정하는 바에 따라 제조소 등의 용도를 폐지한 날부터 14일 이내에 시 · 도지사에게 신고하여야 한다.

해답

① 1회
② ㉠, ㉡, ㉢
③ ㉢

2022. 8. 14. 시행

2022년

제3회 과년도 출제문제

01 다음 제5류 위험물의 구조식을 각각 나타내시오.

① 트라이나이트로톨루엔(T.N.T.)
② 트라이나이트로페놀(피크르산)

해답

① CH_3 / O_2N / NO_2 / NO_2 ② OH / O_2N / NO_2 / NO_2

02 위험물안전관리법상 제4류 위험물에 해당하는 아세톤에 대해 다음 물음에 답하시오.

① 화학식
② 품명
③ 증기비중(계산식 포함)

해설

아세톤(CH_3COCH_3, 다이메틸케톤, 제1석유류)의 일반적 성질

분자량	비중	비점	인화점	발화점	연소범위
58	0.79	56℃	−18℃	468℃	2.5~12.8%

```
   H     H
   |     |
H—C—C—C—H
   |  ‖  |
   H  O  H
```

㉠ 무색이며, 자극성의 휘발성·유동성·가연성 액체로, 보관 중 황색으로 변질되고 백광을 쪼이면 분해한다.

㉡ 물과 유기용제에 잘 녹고, 아이오딘폼 반응을 한다. 아이오딘(I_2)과 수산화나트륨(NaOH)을 넣고 60~80℃로 가열하면, 황색의 아이오딘폼(CH_3I) 침전이 생긴다.

㉢ 증기비중$=\dfrac{58}{29}=2.0$

해답

① CH_3COCH_3
② 제1석유류
③ 2

03

다음 각 물질의 화학식을 쓰시오.
① 염소산칼슘
② 과망가니즈산나트륨
③ 다이크로뮴산칼륨

해답

① $Ca(ClO_3)_2$, ② $NaMnO_4$, ③ $K_2Cr_2O_7$

04

산화프로필렌 200L, 벤즈알데하이드 1,000L, 아크릴산 4,000L를 저장하고 있을 경우, 각각의 지정수량 배수의 합계는 얼마인지 구하시오.

해설

구분	산화프로필렌	벤즈알데하이드	아크릴산
품명	특수인화물	제2석유류(비수용성)	제3석유류(비수용성)
지정수량	50L	1,000L	2,000L

해답

지정수량 배수의 합 $= \frac{200\text{L}}{50\text{L}} + \frac{1{,}000\text{L}}{1{,}000\text{L}} + \frac{4{,}000\text{L}}{2{,}000\text{L}} = 7$

05

이산화탄소 소화기로 이산화탄소 6kg을 25℃, 1기압의 대기 중에 방출할 때, 부피는 몇 L가 되는지 구하시오.

해설

$PV = nRT$에서 몰수$(n) = \frac{\text{질량}(w)}{\text{분자량}(M)}$이므로

$PV = \frac{w}{M}RT$, $V = \frac{w}{PM}RT$

$\therefore\ V = \frac{6 \times 10^3\text{g} \times 0.082\text{L} \cdot \text{atm/kmol} \times (25 + 273.15)\text{K}}{1\text{atm} \times 44\text{g/mol}} \fallingdotseq 3333.86\text{L}$

해답

3333.86L

06

위험물안전관리법령에 근거하여 위험물제조소 등에 설치해야 하는 경보설비의 종류를 3가지만 쓰시오.

해답

자동화재탐지설비, 비상경보설비, 비상방송설비 또는 확성장치

07

위험물안전관리법령상 다음 각 위험물의 운반용기 외부에 표시해야 하는 주의사항을 모두 쓰시오.

① 제1류 위험물 중 염소산염류
② 제5류 위험물 중 나이트로화합물
③ 제6류 위험물 중 과산화수소

해설

수납하는 위험물에 따른 주의사항

유별	구분	주의사항
제1류 위험물 (산화성 고체)	알칼리금속의 과산화물	"화기・충격주의" "물기엄금" "가연물접촉주의"
	그 밖의 것	"화기・충격주의" "가연물접촉주의"
제5류 위험물 (자기반응성 물질)	-	"화기엄금" 및 "충격주의"
제6류 위험물 (산화성 액체)	-	"가연물접촉주의"

해답

① "화기・충격주의", "물기엄금", "가연물접촉주의"
② "화기엄금" 및 "충격주의"
③ "가연물접촉주의"

08

다음 각 물질이 물과 반응하였을 때 발생하는 기체의 명칭을 적으시오. (단, 없으면 "없음"이라 쓰시오.)

① 트라이메틸알루미늄
② 트라이에틸알루미늄
③ 황린
④ 리튬
⑤ 수소화칼슘

해설

① $(CH_3)_3Al + 3H_2O \rightarrow Al(OH)_3 + 3CH_4$
② $(C_2H_5)_3Al + 3H_2O \rightarrow Al(OH)_3 + 3C_2H_6$
④ $2Li + H_2O \rightarrow 2LiOH + H_2$
⑤ $CaH_2 + 2H_2O \rightarrow Ca(OH)_2 + 2H_2$

해답

① 메테인(CH_4) ② 에테인(C_2H_6) ③ 없음
④ 수소(H_2) ⑤ 수소(H_2)

09

위험물안전관리법상 다음 품명에 따른 인화점 기준에 대해 알맞게 답하시오. (단, 이상, 이하, 초과, 미만에 대하여 정확하게 기술하시오.)
① 제1석유류
② 제3석유류
③ 제4석유류

해설

제4류 위험물(인화성 액체)의 인화점 기준

위험등급	품명	인화점 기준
Ⅰ	특수인화물	1기압에서 인화점이 −20℃ 이하이고 끓는점이 40℃ 이하인 것
Ⅱ	제1석유류	1기압에서 인화점이 21℃ 미만인 것
	알코올류	-
Ⅲ	제2석유류	1기압에서 인화점이 21℃ 이상 70℃ 미만인 것
	제3석유류	1기압에서 인화점이 70℃ 이상 200℃ 미만인 것
	제4석유류	1기압에서 인화점이 200℃ 이상 250℃ 미만인 것
	동식물유류	동물의 지육 등 또는 식물의 종자나 과육으로부터 추출한 것으로서 1기압에서 인화점이 250℃ 미만인 것

※ 제4류 위험물(인화성 액체) 석유류 구분 : 인화점

해답

① 1기압에서 인화점이 21℃ 미만인 것
② 1기압에서 인화점이 70℃ 이상 200℃ 미만인 것
③ 1기압에서 인화점이 200℃ 이상 250℃ 미만인 것

10

햇빛에 의해 4몰의 질산이 완전분해하여 1몰의 산소를 발생하였다. 다음 물음에 답하시오.
① 발생하는 유독성 기체의 명칭
② 분해반응식

해설

질산(HNO_3)의 일반적 성질

㉠ 제6류 위험물(산화성 액체)이며, 지정수량은 300kg이다.
㉡ 불연성이지만 강한 산화력을 가지고 있는 강산화성 · 부식성 물질이다.
㉢ 햇빛에 의해 분해하여 이산화질소(NO_2)를 발생하므로 갈색병에 넣어 냉암소에 저장한다.
$4HNO_3 \rightarrow 2H_2O + 4NO_2 + O_2$
㉣ 크산토프로테인 반응을 한다(피부에 닿으면 노랗게 변한다).
㉤ 부동태화 : 질산은 반응성이 큰 금속(Fe, Ni, Al) 등과 반응하여 산화물 피막을 형성하여 내부를 보호한다.

해답

① 이산화질소(NO_2)
② $4HNO_3 \rightarrow 2H_2O + 4NO_2 + O_2$

11 황에 대하여 다음 물음에 답하시오.
① 연소반응식
② 고온에서 수소와의 화학반응식

해설

① 황은 공기 중에서 연소하기 쉬우며, 푸른 불꽃을 내며 다량의 유독가스인 이산화황(아황산가스, SO_2)을 발생한다.
$S+O_2 \rightarrow SO_2$
② 고온에서 용융된 황은 수소가스(H_2)와 반응하여 발열하고, 유독한 가연성 가스인 황화수소(H_2S)를 발생한다.
$H_2+S \rightarrow H_2S$

해답

① $S+O_2 \rightarrow SO_2$
② $H_2+S \rightarrow H_2S$

12 금속칼륨이 다음 각 물질과 반응할 때의 화학반응식을 쓰시오.
① 물
② 에탄올

해설

① 물과 격렬히 반응하여 발열하고 수산화칼륨과 수소를 발생한다. 이때 발생된 열은 점화원의 역할을 한다.
$2K+2H_2O \rightarrow 2KOH+H_2$
② 알코올과 반응하여 칼륨에틸레이트를 만들며 수소를 발생한다.
$2K+2C_2H_5OH \rightarrow 2C_2H_5OK+H_2$

해답

① $2K+2H_2O \rightarrow 2KOH+H_2$
② $2K+2C_2H_5OH \rightarrow 2C_2H_5OK+H_2$

13 위험물안전관리법상 제4류 위험물에 해당하는 에틸알코올에 대하여 다음 물음에 답하시오.
① 1차 산화할 때 생성되는 특수인화물의 명칭을 화학식으로 적으시오.
② 위 ①에서 생성되는 물질의 연소반응식을 적으시오.
③ 위 ①에서 생성되는 물질이 산화할 경우 생성되는 제2석유류의 명칭을 적으시오.

해설

에틸알코올은 1차 산화하면 아세트알데하이드(CH_3CHO)가 되며, 최종적으로 초산(CH_3COOH)이 된다.

해답

① CH_3CHO
② $2CH_3CHO+5O_2 \rightarrow 4CO_2+4H_2O$
③ 초산(CH_3COOH)

14

제2종 분말소화약제의 주성분을 쓰고, 1차 열분해반응식을 쓰시오.
① 주성분
② 열분해반응식

해설

① 분말소화약제의 종류

종류	주성분	화학식	착색	적응화재
제1종	탄산수소나트륨(중탄산나트륨)	$NaHCO_3$	–	B·C급 화재
제2종	탄산수소칼륨(중탄산칼륨)	$KHCO_3$	담회색	B·C급 화재
제3종	제1인산암모늄	$NH_4H_2PO_4$	담홍색 또는 황색	A·B·C급 화재
제4종	탄산수소칼륨+요소	$KHCO_3+CO(NH_2)_2$	–	B·C급 화재

② 탄산수소칼륨의 열분해반응식

$2KHCO_3 \rightarrow K_2CO_3 + H_2O + CO_2$ (흡열반응)
탄산수소칼륨 탄산칼륨 수증기 탄산가스

해답

① $KHCO_3$(탄산수소칼륨)
② $2KHCO_3 \rightarrow K_2CO_3+H_2O+CO_2$

15

제1류 위험물 중 열분해온도는 약 400℃이고 분자량이 약 101이며, 흑색화약 제조나 금속 열처리제 등의 용도로 쓰이는 물질에 대해 다음 물음에 답하시오.
① 시성식
② 위험등급
③ 분해반응식

해설

KNO_3(질산칼륨, 질산칼리, 초석)의 일반적 성질

㉠ 분자량 101, 비중 2.1, 융점 339℃, 분해온도 400℃, 용해도 26이다.
㉡ 약 400℃로 가열하면 분해하여 아질산칼륨(KNO_2)과 산소(O_2)가 발생하는 강산화제이다.
$2KNO_3 \rightarrow 2KNO_2+O_2$
㉢ 강력한 산화제로 가연성 분말, 유기물, 환원성 물질과 혼합 시 가열·충격으로 폭발하며 흑색화약(질산칼륨 75%+황 10%+목탄 15%)의 원료로 이용된다.
$16KNO_3+3S+21C \rightarrow 13CO_2+3CO+8N_2+5K_2CO_3+K_2SO_4+K_2S$

해답

① KNO_3
② Ⅱ등급
③ $2KNO_3 \rightarrow 2KNO_2+O_2$

16

제4류 위험물을 저장하는 옥내저장소의 연면적이 $450m^2$이고 외벽은 내화구조가 아닐 경우, 이 옥내저장소에 대한 소화설비의 소요단위는 얼마인지 구하시오.

해설

소요단위

소화설비의 설치대상이 되는 건축물의 규모 또는 위험물 양에 대한 기준단위

1단위	
제조소 또는 취급소용 건축물의 경우	내화구조의 외벽을 갖춘 연면적 $100m^2$
	내화구조의 외벽이 아닌 연면적 $50m^2$
저장소 건축물의 경우	내화구조의 외벽을 갖춘 연면적 $150m^2$
	내화구조의 외벽이 아닌 연면적 $75m^2$
위험물의 경우	지정수량의 10배

문제는 저장소로서 내화구조가 아닌 경우로, $75m^2$가 1소요단위에 해당하므로 $450m^2$를 $75m^2$로 나누면 6소요단위에 해당한다.

해답

6

17

위험물안전관리법령에 따른 다음 각 품명의 지정수량을 각각 쓰시오.

① 황화인
② 적린
③ 철분

해설

제2류 위험물의 종류와 지정수량

성질	위험등급	품명	대표품목	지정수량
가연성 고체	Ⅱ	1. 황화인 2. 적린(P) 3. 황(S)	P_4S_3, P_2S_5, P_4S_7	100kg
	Ⅲ	4. 철분(Fe) 5. 금속분 6. 마그네슘(Mg)	Al, Zn	500kg
		7. 인화성 고체	고형 알코올	1,000kg

해답

① 100kg
② 100kg
③ 500kg

18

[보기]의 위험물 중에서 에테르에 녹고 비수용성인 것을 모두 선택하여 쓰시오. (단, 해당하는 물질이 없을 경우는 "없음"이라고 쓰시오.)

[보기]
아세톤, 이황화탄소, 아세트알데하이드, 스타이렌, 클로로벤젠

해설

제4류 위험물의 종류와 지정수량

위험등급	품명		품목	지정수량
I	특수인화물	비수용성	다이에틸에터, 이황화탄소	50L
		수용성	아세트알데하이드, 산화프로필렌	
II	제1석유류	비수용성	가솔린, 벤젠, 톨루엔, 사이클로헥세인, 콜로디온, 메틸에틸케톤, 초산메틸, 초산에틸, 의산에틸, 헥세인, 에틸벤젠 등	200L
		수용성	아세톤, 피리딘, 아크롤레인, 의산메틸, 사이안화수소 등	400L
	알코올류		메틸알코올, 에틸알코올, 프로필알코올, 아이소프로필알코올	400L
III	제2석유류	비수용성	등유, 경유, 테레빈유, 스타이렌, 자일렌(o−, m−, p−), 클로로벤젠, 장뇌유, 뷰틸알코올, 알릴알코올 등	1,000L
		수용성	폼산, 초산, 하이드라진, 아크릴산, 아밀알코올 등	2,000L
	제3석유류	비수용성	중유, 크레오소트유, 아닐린, 나이트로벤젠, 나이트로톨루엔 등	2,000L
		수용성	에틸렌글리콜, 글리세린 등	4,000L
	제4석유류		기어유, 실린더유, 윤활유, 가소제	6,000L
	동식물유류		• 건성유 : 아마인유, 들기름, 동유, 정어리기름, 해바라기유 등 • 반건성유 : 참기름, 옥수수기름, 청어기름, 채종유, 면실유(목화씨유), 콩기름, 쌀겨유 등 • 불건성유 : 올리브유, 피마자유, 야자유, 땅콩기름, 동백유 등	10,000L

해답

이황화탄소, 스타이렌, 클로로벤젠

19

위험물안전관리법상 제4류 위험물 중 위험등급이 Ⅲ 등급인 품명을 모두 적으시오.

해설

18번 해설 참조

해답

제2석유류, 제3석유류, 제4석유류, 동식물유류

20 그림과 같은 위험물 저장탱크의 내용적은 몇 m^3인지 구하시오. (단, r은 1m, l_1은 0.6m, l_2는 0.6m, l은 4m이다.)

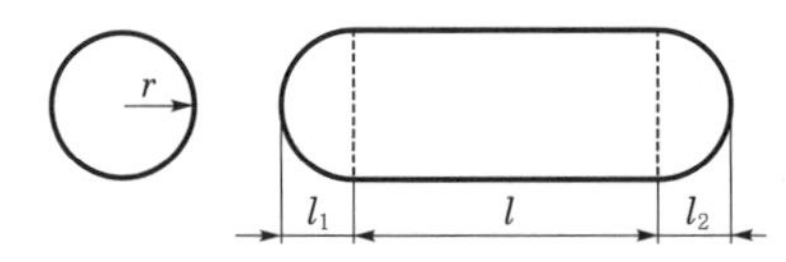

해설

가로(수평)로 설치한 것 : $V=\pi r^2\left(l+\frac{l_1+l_2}{3}\right)=\pi\times 1^2\left(4+\frac{0.6+0.6}{3}\right)=13.82\text{m}^3$

해답

13.82m^3

2022년 제4회 과년도 출제문제

01

위험물안전관리법령에서 정한 방법으로 그림과 같은 저장탱크의 내용적을 구하시오. (단, 그림에 표기된 수의 단위는 모두 m이며, $r=1$, $l=5$, $l_1=0.4$, $l_2=0.5$이다.)

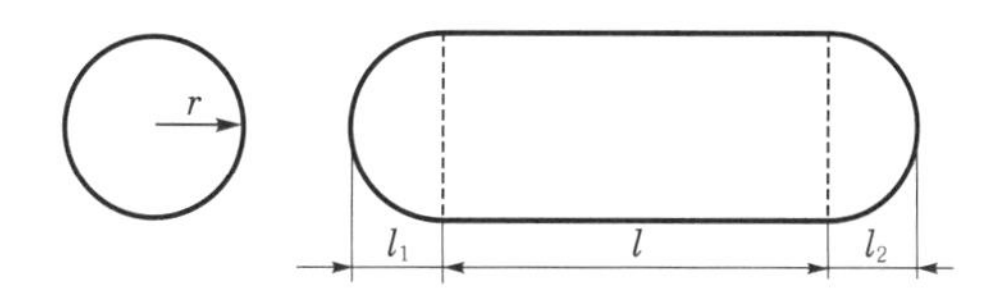

해설

가로(수평)로 설치한 것 : $V=\pi r^2\left(l+\frac{l_1+l_2}{3}\right)=\pi\times 1^2\times\left(5+\frac{0.4+0.5}{3}\right)=16.65\text{m}^3$

해답

16.65m^3

02

다음 주어진 물질이 위험물안전관리법상 위험물이 될 수 없는 기준을 적으시오.
① 철분
② 마그네슘
③ 과산화수소

해설

위험물안전관리법령에 따른 위험물의 한계범위는 다음과 같다.
① 철분이라 함은 철의 분말로서 53마이크로미터의 표준체를 통과하는 것이 50중량퍼센트 미만인 것은 제외한다.
② 마그네슘 및 마그네슘을 함유한 것에 있어서는 다음의 어느 하나에 해당하는 것은 제외한다.
  ㉠ 2밀리미터의 체를 통과하지 아니하는 덩어리 상태의 것
  ㉡ 직경 2밀리미터 이상의 막대 모양의 것
③ 과산화수소는 그 농도가 36중량퍼센트 이상인 것에 한한다.

해답

① 철의 분말로서 53마이크로미터의 표준체를 통과하는 것이 50중량퍼센트 미만인 것
② 2밀리미터의 체를 통과하지 아니하는 덩어리 상태의 것, 직경 2밀리미터 이상의 막대 모양의 것
③ 농도가 36중량퍼센트 미만인 것

03

위험물안전관리법상 제3류 위험물에 해당하는 인화칼슘이 다음 물질과 반응할 경우의 반응식을 각각 적으시오. (단, 반응을 하지 않을 경우 "해당 없음"이라고 적으시오.)

① 물
② 염산

해답

① $Ca_3P_2 + 6H_2O \rightarrow 3Ca(OH)_2 + 2PH_3$
인화칼슘 물 수산화칼슘 (포스핀, 인화수소)

② $Ca_3P_2 + 6HCl \rightarrow 3CaCl_2 + 2PH_3$
인화칼슘 염산 염화칼슘 (포스핀, 인화수소)

04

금속칼륨과 금속나트륨의 공통적 성질에 해당하는 것을 다음 [보기]에서 모두 선택하여 번호를 적으시오.

[보기]
① 무른 경금속이다.
② 알코올과 반응하여 수소가스를 발생한다.
③ 물과 반응하는 경우 불연성 기체를 발생한다.
④ 흑색의 고체에 해당한다.
⑤ 보호액 속에 보관해야 한다.

해설

㉮ 칼륨(K)의 일반적 성질
㉠ 은백색의 광택이 있는 경금속으로, 칼로 잘리는 무른 경금속이다.
㉡ 알코올과 반응하여 칼륨에틸레이트를 만들며 수소를 발생한다.
$2K + 2C_2H_5OH \rightarrow 2C_2H_5OK + H_2$
㉢ 물과 격렬히 반응하여 발열하고, 가연성인 수소가스(H_2)를 발생한다.
$2K + 2H_2O \rightarrow 2KOH + H_2$
칼륨 물 수산화칼륨 수소가스
㉣ 석유류(등유, 경유, 유동파라핀) 등의 보호액 속에 누출되지 않도록 저장한다.

㉯ 나트륨(Na)의 일반적 성질
㉠ 은백색의 무른 금속으로 물보다 가볍고, 노란색 불꽃을 내면서 연소한다.
㉡ 알코올과 반응하여 나트륨알코올레이트와 수소가스를 발생한다.
$2Na + 2C_2H_5OH \rightarrow 2C2H_5ONa + H_2$
㉢ 습기나 물에 접촉하지 않도록 보호액(석유, 벤젠, 파라핀 등) 속에 저장한다.

해답

①, ②, ⑤

05

다음 각 물음에 답하시오.
① 탄산수소나트륨 소화약제가 1차적으로 열분해되는 화학반응식을 쓰시오.
② 1기압, 100℃에서 100kg의 탄산수소나트륨이 완전분해할 경우 생성되는 이산화탄소의 부피(m^3)를 구하시오.

해설

$$\frac{100\text{kg}-\text{NaHCO}_3}{} \left| \frac{1\text{kmol}-\text{NaHCO}_3}{84\text{kg}-\text{NaHCO}_3} \right| \frac{1\text{kmol}-\text{CO}_2}{2\text{kmol}-\text{NaHCO}_3} \left| \frac{22.4\text{m}^3-\text{CO}_2}{1\text{kmol}-\text{CO}_2} \right. = 13.33\text{m}^3-\text{CO}_2$$

$$\frac{P_1V_1}{T_1} = \frac{P_2V_2}{T_2}$$

$$\frac{13.33}{(0+273.15)} = \frac{V_2}{(100+273.15)}$$

$\therefore V_2 = 18.21\text{m}^3$

해답

① $2\text{NaHCO}_3 \rightarrow \text{Na}_2\text{CO}_3 + \text{CO}_2 + \text{H}_2\text{O}$
② 18.21m^3

06

위험물안전관리법상 제4류 위험물에 해당하는 에틸렌글리콜에 대해 다음 물음에 답하시오.
① 위험등급
② 증기비중
③ 구조식

해설

에틸렌글리콜[$C_2H_4(OH)_2$, 위험등급 Ⅲ] – 수용성, 4,000L

㉠ 무색무취의 단맛이 나고 흡습성이 있는 끈끈한 액체로서 2가 알코올이다.
㉡ 물, 알코올, 에터, 글리세린 등에는 잘 녹고, 사염화탄소, 이황화탄소, 클로로폼에는 녹지 않는다.
㉢ 독성이 있으며, 무기산 및 유기산과 반응하여 에스터를 생성한다.
㉣ 액비중 1.1, 비점 197℃, 융점 −12.6℃, 인화점 111℃, 착화점 398℃
㉤ 증기비중$=\dfrac{62\text{g/mol}}{29\text{g/mol}} \fallingdotseq 2.13$

해답

① Ⅲ
② 2.13
③
```
   H   H
   |   |
H— C — C —H
   |   |
  OH  OH
```

07

1kg의 탄산가스를 표준상태에서 소화기로 방출할 경우 부피는 약 몇 L인지 구하시오.

해설

기체의 체적(부피) 결정

표준상태란 0℃, 1atm 상태를 의미한다.

$PV=nRT$에서 몰수$(n)=\dfrac{\text{질량}(w)}{\text{분자량}(M)}$이므로

$$PV=\frac{w}{M}RT,\ V=\frac{w}{PM}RT$$

$$\therefore\ V=\frac{10^3\text{g}\times0.082\text{L}\cdot\text{atm/kmol}\times(0+273.15)\text{K}}{1\text{atm}\times44\text{g/mol}}\fallingdotseq509.05\text{L}$$

해답

509.05L

08

제5류 위험물로서 나이트로화합물에 해당하고, 햇빛에 의하여 다갈색으로 변화하며, 분자량이 227인 물질에 대하여 다음 물음에 알맞은 답을 적으시오.

① 명칭
② 화학식
③ 지정과산화물 포함 여부
④ 운반용기 외부에 표시하여야 할 주의사항(단, 해당 없으면 "해당 없음"으로 표기하시오.)

해설

트라이나이트로톨루엔[T.N.T., $C_6H_2CH_3(NO_2)_3$]

㉠ 순수한 것은 무색 또는 담황색의 결정이고, 직사광선에 의해 다갈색으로 변하며, 중성으로 금속과는 반응이 없으며 장기 저장해도 자연발화의 위험 없이 안정하다.

㉡ 비중 1.66, 융점 81℃, 비점 280℃, 분자량 227, 발화온도 약 300℃

㉢ 제법 : 1몰의 톨루엔과 3몰의 질산을 황산 촉매하에 반응시키면 나이트로화에 의해 T.N.T.가 만들어진다.

$$C_6H_5CH_3+3HNO_3\xrightarrow[\text{나이트로화}]{c-H_2SO_4}C_6H_2CH_3(NO_2)_3\ (CH_3,\ O_2N,\ NO_2,\ NO_2)+3H_2O$$

(T.N.T.)

㉣ 운반 시 10%의 물을 넣어 운반하면 안전하다.

㉤ 운반용기 외부표시 주의사항 : 제5류 위험물의 경우 "화기엄금" 및 "충격주의"

해답

① 트라이나이트로톨루엔
② $C_6H_2CH_3(NO_2)_3$
③ 미포함
④ "화기엄금" 및 "충격주의"

09

위험물안전관리법령에서 정한 위험물의 운반에 관한 기준에서 다음 위험물이 지정수량의 10배 이상일 때 같이 적재하여 운반하면 안 되는 위험물의 유별을 모두 적으시오.

① 제2류

② 제3류

③ 제6류

해설

유별을 달리하는 위험물의 혼재기준

위험물의 구분	제1류	제2류	제3류	제4류	제5류	제6류
제1류		×	×	×	×	○
제2류	×		×	○	○	×
제3류	×	×		○	×	×
제4류	×	○	○		○	×
제5류	×	○	×	○		×
제6류	○	×	×	×	×	

해답

① 제1류, 제3류, 제6류

② 제1류, 제2류, 제5류, 제6류

③ 제2류, 제3류, 제4류, 제5류

10

다음 할론 소화약제에 대한 할론번호를 적으시오.

① CF_3Br

② CH_2ClBr

③ CH_3Br

해설

할론 소화약제의 명명법

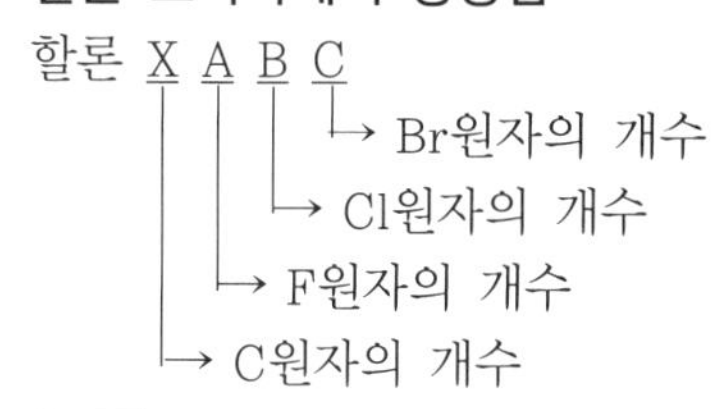

해답

① 1301

② 1011

③ 1001

11

위험물 탱크 시험자가 갖추어야 할 장비를 각각 2가지 이상 적으시오.
① 필수장비
② 필요한 경우에 두는 장비

해설

위험물탱크 시험자가 갖추어야 할 장비

① 필수장비
방사선투과시험기, 초음파탐상시험기, 자기탐상시험기, 초음파두께측정기
② 필요한 경우에 두는 장비
㉮ 충·수압시험, 진공시험, 기밀시험 또는 내압시험의 경우
㉠ 진공능력 53kPa 이상의 진공누설시험기
㉡ 기밀시험장치(안전장치가 부착된 것으로서 가압능력 200kPa 이상, 감압의 경우에는 감압능력 10kPa 이상·감도 10Pa 이하의 것으로서 각각의 압력변화를 스스로 기록할 수 있는 것)
㉯ 수직·수평도시험의 경우 : 수직·수평도측정기

해답

① 방사선투과시험기, 초음파탐상시험기, 자기탐상시험기, 초음파두께측정기 중 2가지
② 진공누설시험기, 기밀시험장치, 수직·수평도측정기 중 2가지

12

다음 주어진 위험물질이 열분해할 경우 산소가 발생하는 분해반응식을 적으시오. (단, 산소가 발생하지 않으면 "해당 없음"으로 표기하시오.)
① 삼산화크로뮴
② 질산칼륨

해설

① 삼산화크로뮴은 융점 이상으로 가열하면 200~250℃에서 분해하여 산소를 방출하고 녹색의 삼산화이크로뮴으로 변한다.
$4CrO_3 \rightarrow 2Cr_2O_3 + 3O_2$
② 질산칼륨은 약 400℃로 가열하면 분해하여 아질산칼륨(KNO_2)과 산소(O_2)가 발생하는 강산화제이다.
$2KNO_3 \rightarrow 2KNO_2 + O_2$

해답

① $4CrO_3 \rightarrow 2Cr_2O_3 + 3O_2$
② $2KNO_3 \rightarrow 2KNO_2 + O_2$

13 위험물안전관리법령에 따른 옥내탱크저장소의 옥내저장탱크에 대한 내용이다. 괄호 안을 알맞게 채우시오.

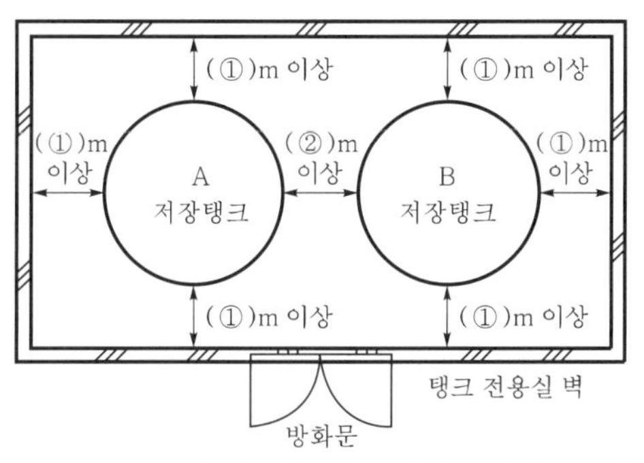

해설

옥내탱크저장소의 탱크와 탱크 전용실과의 이격거리

① 탱크와 탱크 전용실 외벽(기둥 등 돌출한 부분은 제외) : 0.5m 이상

② 탱크와 탱크 상호간 : 0.5m 이상(단, 탱크의 점검 및 보수에 지장이 없는 경우는 거리 제한 없음)

해답

① 0.5

② 0.5

14 다음 [보기]에 주어진 위험물이 연소하는 경우, 오산화인이 생성되는 것을 모두 고르시오.

[보기]
삼황화인, 오황화인, 칠황화인, 적린

해설

황화인 중 삼황화인과 오황화인은 연소하면 다음과 같이 오산화인을 생성시킨다.

$P_4S_3 + 8O_2 \rightarrow 2P_2O_5 + 3SO_2$

$2P_2S_5 + 15O_2 \rightarrow 2P_2O_5 + 10SO_2$

$P_4S_7 + 12O_2 \rightarrow 2P_2O_5 + 7SO_2$

$4P + 5O_2 \rightarrow 2P_2O_5$

해답

삼황화인, 오황화인, 칠황화인, 적린

15 위험물안전관리법상 벽, 기둥 및 바닥이 내화구조로 된 건축물의 옥내저장소에 다음 물질을 저장하는 경우, 각각의 보유공지(m)를 적으시오.

① 인화성 고체 12,000kg
② 질산 12,000kg
③ 황 12,000kg

해설

옥내저장소의 보유공지

저장 또는 취급하는 위험물의 최대수량	공지의 너비	
	벽 · 기둥 및 바닥이 내화구조로 된 건축물	그 밖의 건축물
지정수량의 5배 이하	–	0.5m 이상
지정수량의 5배 초과 10배 이하	1m 이상	1.5m 이상
지정수량의 10배 초과 20배 이하	2m 이상	3m 이상
지정수량의 20배 초과 50배 이하	3m 이상	5m 이상
지정수량의 50배 초과 200배 이하	5m 이상	10m 이상
지정수량의 200배 초과	10m 이상	15m 이상

① 인화성 고체 12,000kg : 지정수량 배수 $= \frac{12{,}000\text{kg}}{1{,}000\text{kg}} = 12$배

② 질산 12,000kg : 지정수량 배수 $= \frac{12{,}000\text{kg}}{300\text{kg}} = 40$배

③ 황 12,000kg : 지정수량 배수 $= \frac{12{,}000\text{kg}}{100\text{kg}} = 120$배

해답

① 2m 이상, ② 3m 이상, ③ 5m 이상

16 다음 [보기]에 주어진 물질 중 가연물인 동시에 산소 없이 내부연소가 가능한 물질을 모두 고르시오.

[보기]
과산화수소, 과산화나트륨, 과산화벤조일, 나이트로글리세린, 다이에틸아연

해설

㉠ 가연물인 동시에 산소 없이 내부연소가 가능한 물질은 제5류 위험물에 해당한다.
㉡ 과산화수소, 과산화나트륨은 산소를 함유하고 있지만, 불연성인 제1류 위험물에 해당한다.
㉢ 다이에틸아연은 제3류 위험물로 자연발화성 및 금수성 물질에 해당한다.

해답

과산화벤조일, 나이트로글리세린

17

다음 [보기]에 주어진 주유취급소에 설치하는 주의사항 표지에 대해 각 물음에 답하시오.

[보기]
(A) 화기엄금
(B) 주유중 엔진정지

① (A)와 (B) 게시판의 크기를 각각 적으시오.
② '주유중 엔진정지' 게시판의 바탕색과 문자색을 적으시오.
③ '화기엄금' 게시판의 바탕색과 문자색을 적으시오.

해설

㉮ 위험물 주유취급소는 장소를 의미하는 게시판이므로, 백색 바탕에 흑색 문자이다.
㉯ 주유중 엔진정지 표지판 기준
　㉠ 규격 : 한 변의 길이가 0.3m 이상, 다른 한 변의 길이가 0.6m 이상
　㉡ 색깔 : 황색 바탕에 흑색 문자

해답

① (A) 0.3m 이상, (B) 0.6m 이상
② 황색 바탕, 흑색 문자
③ 백색 바탕, 흑색 문자

18

메탄올과 벤젠을 비교한 ①~⑤까지의 설명에서, 괄호 안에 들어갈 적절한 내용을 [보기]에서 찾아 A, B로 선택하여 적으시오. (예를 들어, 괄호 안에 들어갈 내용이 "높다"이면 A를, "낮다"이면 B를 적으시오.)

[보기]
(A) 높다, 크다, 많다, 넓다
(B) 낮다, 작다, 적다, 좁다

① 메탄올의 분자량이 벤젠의 분자량보다 ( ).
② 메탄올의 증기비중이 벤젠의 증기비중보다 ( ).
③ 메탄올의 인화점이 벤젠의 인화점보다 ( ).
④ 메탄올의 연소범위가 벤젠의 연소범위보다 ( ).
⑤ 메탄올 1몰이 완전연소 시 발생하는 이산화탄소 양이 벤젠 1몰이 완전연소 시 발생하는 이산화탄소 양보다 ( ).

해설

①~④

구분	화학식	분자량	증기비중	인화점	연소범위
메탄올	CH_3OH	32	1.1	11℃	6~36%
벤젠	C_6H_6	78	2.8	−11℃	1.4~8.0%

⑤ $CH_3OH + 1.5O_2 \rightarrow CO_2 + 2H_2O$, $C_6H_6 + 7.5O_2 \rightarrow 6CO_2 + 3H_2O$

해답

① B, ② B, ③ A, ④ A, ⑤ B

19

아세트알데하이드 300L, 크레오소트유 2,000L, 등유 2,000L를 같은 장소에 저장하려 한다. 지정수량 배수의 총합을 구하시오. (단, 계산과정도 쓰시오.)

해설

$$\text{지정수량 배수의 합} = \frac{\text{A품목 저장수량}}{\text{A품목 지정수량}} + \frac{\text{B품목 저장수량}}{\text{B품목 지정수량}} + \frac{\text{C품목 저장수량}}{\text{C품목 지정수량}} + \cdots$$

$$= \frac{300\text{L}}{50\text{L}} + \frac{2{,}000\text{L}}{2{,}000\text{L}} + \frac{2{,}000\text{L}}{1{,}000\text{L}} = 9$$

해답

9

20

위험물안전관리법상 다음 도표의 빈칸에 들어갈 적당한 명칭을 적으시오.

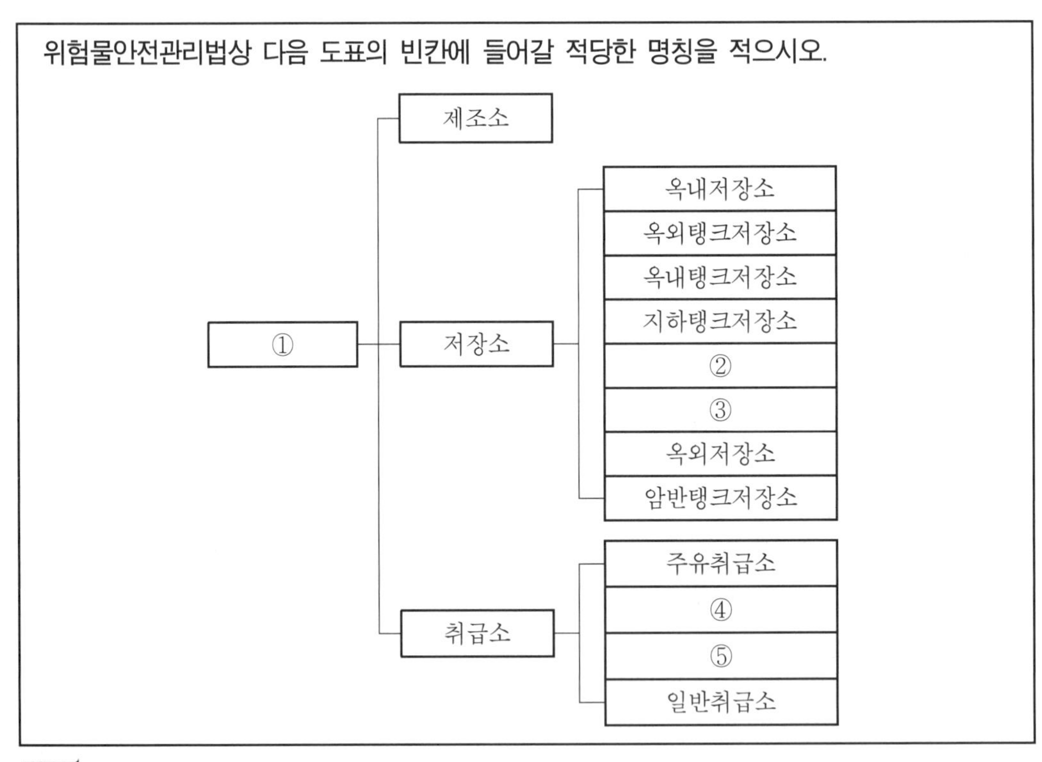

해답

① 제조소등
② 간이탱크저장소
③ 이동탱크저장소
④ 판매취급소
⑤ 이송취급소

2023. 3. 25. 시행

2023년 제1회 과년도 출제문제

01 다음 그림에서 보여주는 원통형 탱크의 내용적(L)을 구하시오. (단, $r=0.5$m, $l=1$m)

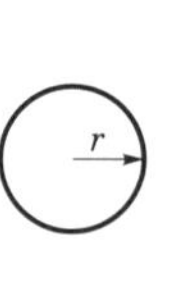
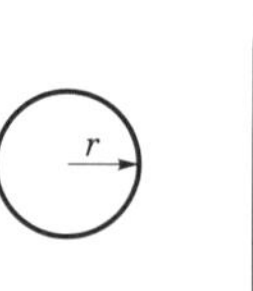

해설

$V=\pi r^2 l=\pi\times0.5^2\times1=0.7854\text{m}^3=785.4\text{L}$

해답

785.4L

02 위험물안전관리법상 다음에 주어진 물질의 지정수량을 각각 적으시오.

① 황화인
② 황
③ 적린
④ 마그네슘
⑤ 철분

해설

제2류 위험물(가연성 고체)의 위험등급, 품명 및 지정수량

위험등급	품명	지정수량
Ⅱ	1. 황화인 2. 적린(P) 3. 황(S)	100kg
Ⅲ	4. 철분(Fe) 5. 금속분 6. 마그네슘(Mg)	500kg
	7. 인화성 고체	1,000kg

해답

① 100kg, ② 100kg, ③ 100kg, ④ 500kg, ⑤ 500kg

03

다음 게시판 및 표지의 바탕색과 문자색을 각각 적으시오.
① 화기엄금
② 주유 중 엔진정지

해설

주유취급소의 표지판과 게시판 기준
㉮ 규격 : 한 변의 길이가 0.3m 이상, 다른 한 변의 길이가 0.6m 이상
㉯ 색상
　㉠ 화기엄금 : 적색 바탕에 백색 문자
　㉡ 주유 중 엔진정지 : 황색 바탕에 흑색 문자

해답

① 적색 바탕, 백색 문자
② 황색 바탕, 흑색 문자

04

다음에 주어진 위험물의 구조식을 각각 그리시오.
① 질산메틸
② 트라이나이트로톨루엔
③ 피크르산

해답

① H_3C, O, N, O, O

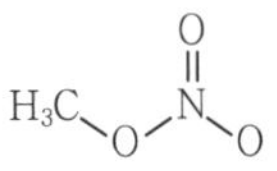

② CH_3, O_2N, NO_2, NO_2

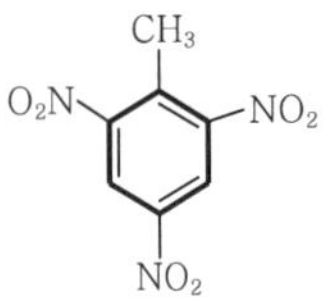

③ OH, O_2N, NO_2, NO_2

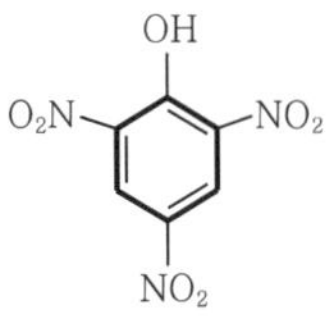

05

[보기]의 위험물을 인화점이 낮은 것부터 높은 순서대로 쓰시오.

[보기] 나이트로벤젠, 메틸알코올, 클로로벤젠, 산화프로필렌

해설

물질명	나이트로벤젠	메틸알코올	클로로벤젠	산화프로필렌
화학식	$C_6H_5NO_2$	CH_3OH	C_6H_5Cl	CH_3CHOCH_2
품명	제3석유류	알코올류	제2석유류	특수인화물
인화점	88℃	11℃	127℃	−37℃

해답

산화프로필렌 – 메틸알코올 – 클로로벤젠 – 나이트로벤젠

06

다음은 위험물안전관리법상 제2석유류에 대한 정의이다. 괄호 안을 알맞게 채우시오.

"제2석유류"라 함은 등유, 경유, 그 밖에 1기압에서 인화점이 (①)℃ 이상 (②)℃ 미만인 것을 말한다. 다만, 도료류, 그 밖의 물품에 있어서 가연성 액체량이 (③)중량퍼센트 이하이면서 인화점이 (④)℃ 이상인 동시에 연소점이 (⑤)℃ 이상인 것은 제외한다.

해답

① 21, ② 70, ③ 40, ④ 40, ⑤ 60

07

위험물안전관리법상 제6류 위험물에 해당하는 과산화수소에 대하여 다음 물음에 답하시오.
① 열분해반응식을 쓰시오.
② 36wt% 과산화수소 100g이 열분해할 경우 생성되는 산소의 질량(g)을 구하시오.

해답

① $2H_2O_2 \rightarrow 2H_2O + O_2$

② $\dfrac{100g\text{-}H_2O_2}{} \left| \dfrac{1mol\text{-}H_2O_2}{34g\text{-}H_2O_2} \right| \dfrac{1mol\text{-}O_2}{2mol\text{-}H_2O_2} \left| \dfrac{32g\text{-}O_2}{1mol\text{-}O_2} \right. \fallingdotseq 47.06g$

08

일반적으로 동식물유를 건성유, 반건성유, 불건성유로 분류할 때, 기준이 되는 아이오딘값의 범위를 각각 쓰시오.
① 건성유
② 반건성유
③ 불건성유

해설

아이오딘값

유지 100g에 부가되는 아이오딘의 g수로, 불포화도가 증가할수록 아이오딘값이 증가하며 자연발화의 위험이 있다.

㉠ 건성유 : 아이오딘값이 130 이상인 것
이중결합이 많아 불포화도가 높기 때문에 공기 중에서 산화되어 액 표면에 피막을 만드는 기름
예 아마인유, 들기름, 동유, 정어리기름, 해바라기유 등

㉡ 반건성유 : 아이오딘값이 100~130인 것
공기 중에서 건성유보다 얇은 피막을 만드는 기름
예 참기름, 옥수수기름, 청어기름, 채종유, 면실유(목화씨유), 콩기름, 쌀겨유 등

㉢ 불건성유 : 아이오딘값이 100 이하인 것
공기 중에서 피막을 만들지 않는 안정된 기름
예 올리브유, 피마자유, 야자유, 땅콩기름, 동백기름 등

해답

① 건성유 : 아이오딘값 130 이상
② 반건성유 : 아이오딘값 100~130
③ 불건성유 : 아이오딘값 100 이하

09

다음은 위험물안전관리법령에 따른 위험물제조소에 대한 내용이다. 괄호 안을 알맞게 채우시오.

- 환기는 (①) 방식으로 한다.
- 급기구는 해당 급기구가 설치된 실의 바닥면적 (②)m^2마다 1개 이상으로 하되, 급기구의 크기는 (③)cm^2 이상으로 한다.
- 환기구는 지붕 위 또는 지상 (④)m 이상의 높이에 회전식 고정 벤틸레이터 또는 (⑤) 방식으로 설치한다.

해설

환기설비

㉠ 환기는 자연배기 방식으로 한다.

㉡ 급기구는 해당 급기구가 설치된 실의 바닥면적 150m^2마다 1개 이상으로 하되, 급기구의 크기는 800cm^2 이상으로 한다. 다만, 바닥면적이 150m^2 미만인 경우에는 다음의 크기로 하여야 한다.

바닥면적	급기구의 면적
60m^2 미만	150cm^2 이상
60m^2 이상 90m^2 미만	300cm^2 이상
90m^2 이상 120m^2 미만	450cm^2 이상
120m^2 이상 150m^2 미만	600cm^2 이상

㉢ 급기구는 낮은 곳에 설치하고, 가는 눈의 구리망 등으로 된 인화방지망을 설치한다.

㉣ 환기구는 지붕 위 또는 지상 2m 이상의 높이에 회전식 고정 벤틸레이터 또는 루프팬 방식으로 설치한다.

해답

① 자연배기, ② 150, ③ 800, ④ 2, ⑤ 루프팬

10

옥외저장소에 저장할 수 있는 제4류 위험물의 품명을 적으시오.

해설

옥외저장소에 저장할 수 있는 위험물

㉠ 제2류 위험물 중 황, 인화성 고체(인화점이 0℃ 이상인 것에 한함)

㉡ 제4류 위험물 중 제1석유류(인화점이 0℃ 이상인 것에 한함), 제2석유류, 제3석유류, 제4석유류, 알코올류, 동식물유류

㉢ 제6류 위험물

해답

제1석유류(인화점이 0℃ 이상인 것에 한함), 제2석유류, 제3석유류, 제4석유류, 알코올류, 동식물유류

11

위험물안전관리법상 제1류 위험물에 해당하는 과산화마그네슘에 대해 다음 물음에 알맞게 답하시오. (단, 없으면 "없음"이라 적으시오.)
① 물과의 반응식을 쓰시오.
② 염산과의 반응식을 쓰시오.
③ 열분해반응식을 쓰시오.

해설

① 과산화마그네슘(MgO_2)은 습기 또는 물과 반응하여 발열하며, 수산화마그네슘[$Mg(OH)_2$]과 산소(O)를 발생한다.
$2MgO_2+2H_2O \rightarrow 2Mg(OH)_2+O_2$
② 과산화마그네슘(MgO_2)은 산에 녹아 과산화수소를 발생한다.
$MgO_2+2HCl \rightarrow 2MgCl_2+H_2O_2$
③ 과산화마그네슘(MgO_2)은 열분해하면 산화마그네슘과 산소가스를 발생한다.
$2MgO_2 \rightarrow 2MgO+O_2$

해답

① $2MgO_2+2H_2O \rightarrow 2Mg(OH)_2+O_2$
② $MgO_2+2HCl \rightarrow 2MgCl_2+H_2O_2$
③ $2MgO_2 \rightarrow 2MgO+O_2$

12

나이트로글리세린에 대해 다음 물음에 답하시오
① 분해반응식을 적으시오.
② 2몰의 나이트로글리세린이 분해할 경우 생성되는 이산화탄소의 질량(g)을 구하시오.
③ 90.8g의 나이트로글리세린이 분해할 경우 생성되는 산소의 질량(g)을 구하시오.

해설

① 나이트로글리세린은 40℃에서 분해하기 시작하고, 145℃에서 격렬히 분해하며, 200℃ 정도에서 스스로 폭발한다.
$4C_3H_5(ONO_2)_3 \rightarrow 12CO_2+10H_2O+6N_2+O_2$

② $\frac{2mol-C_3H_5(ONO_2)_3}{} \times \frac{12mol-CO_2}{4mol-C_3H_5(ONO_2)_3} \times \frac{44g-CO_2}{1mol-CO_2} = 264g-CO_2$

③ $\frac{90.8g-C_3H_5(ONO_2)_3}{} \times \frac{1mol-C_3H_5(ONO_2)_3}{227g-C_3H_5(ONO_2)_3} \times \frac{1mol-O_2}{4mol-C_3H_5(ONO_2)_3} \times \frac{32g-O_2}{1mol-O_2} = 3.2g-O_2$

해답

① $4C_3H_5(ONO_2)_3 \rightarrow 12CO_2+10H_2O+6N_2+O_2$
② 264g
③ 3.2g

13

비중이 0.79인 에틸알코올 200mL와 비중이 1.0인 물 150mL를 혼합한 수용액에 대하여 다음 물음에 답하시오.
① 에틸알코올의 함유량은 몇 중량%인지 구하시오.
② 이 용액이 제4류 위험물 중 알코올류의 품명에 속하는지 판단하고, 그 이유를 쓰시오.

해설

① $0.79 \times 200mL = 158mL$

$$중량\% = \frac{용질}{용질+용매} \times 100 = \frac{158}{158+150} \times 100 = 51.3wt\%$$

② "알코올류"라 함은 1분자를 구성하는 탄소원자의 수가 1개부터 3개까지인 포화 1가 알코올(변성알코올을 포함한다)을 말한다. 다만, 다음의 1에 해당하는 것은 제외한다.
㉠ 1분자를 구성하는 탄소원자의 수가 1개 내지 3개인 포화 1가 알코올의 함유량이 60wt% 미만인 수용액
㉡ 가연성 액체량이 60wt% 미만이고 인화점 및 연소점(태그개방식 인화점측정기에 의한 연소점을 말한다)이 에틸알코올 60wt% 수용액의 인화점 및 연소점을 초과하는 것

해답

① 51.30wt%
② 위험물에 해당하지 않는다. 알코올류의 경우 60wt% 미만인 경우 위험물에 해당하지 않기 때문이다.

14

아세트알데하이드에 대해 다음 물음에 답하시오.
① 품명과 지정수량을 적으시오.
② 다음 괄호 안에 알맞은 내용을 쓰시오.

보냉장치가 없는 이동저장탱크에 저장하는 경우 온도는 (　　)℃ 이하로 유지할 것

③ 아래 [보기]의 내용 중 옳은 것을 모두 골라 기호를 쓰시오.

[보기] ㉠ 에틸알코올의 직접 산화반응을 통해 생성된다.
㉡ 무색이고, 고농도는 자극성 냄새가 나며, 저농도의 것은 과일향이 난다.
㉢ 구리, 수은, 마그네슘, 은 용기에 저장한다.
㉣ 물, 에터, 에틸알코올에 잘 녹고, 고무를 녹인다.

해설

① 아세트알데하이드는 제4류 위험물로, 특수인화물에 해당하며 위험등급 Ⅰ등급으로 지정수량은 50L이다.
② 보냉장치가 없는 이동저장탱크에 저장하는 아세트알데하이드 등 또는 다이에틸에터 등의 온도는 40℃ 이하로 유지할 것
③ 구리, 수은, 마그네슘, 은 및 그 합금으로 된 취급설비는 아세트알데하이드와 반응에 의해 이들 간에 중합반응을 일으켜 구조불명의 폭발성 물질을 생성한다.

해답

① 특수인화물, 50L
② 40
③ ㉠, ㉡, ㉣

15 다음 [보기]의 설명 중 위험물안전관리법상 제6류에 해당하는 과염소산에 대한 설명으로 옳은 것을 모두 고르시오.

[보기]
① 분자량은 약 78g/mol이다.
② 분자량은 약 63g/mol이다.
③ 무색의 액체에 해당한다.
④ 짙은 푸른색의 유동하기 쉬운 액체이다.
⑤ 농도가 36wt% 이상인 경우 위험물에 해당한다.
⑥ 가열 분해하는 경우 유독성의 HCl을 발생한다.

해설

①, ② 분자량은 약 100.5g/mol이다.
④ 무색무취의 유동하기 쉬운 액체이다.
⑤ 농도가 36wt% 이상인 경우 위험물에 해당하는 물질은 과산화수소이다.
⑥ 가열하면 폭발하고 분해하여 유독성의 HCl 가스를 발생한다.
$HClO_4 \rightarrow HCl + 2O_2$

해답

③, ⑥

16 다음 각 질문에 해당하는 물질을 [보기]에서 골라 화학식으로 적으시오. (단, 없으면 "없음"이라 적으시오.)

[보기] 질산암모늄, 질산칼륨, 과산화나트륨, 삼산화크로뮴, 염소산칼륨

① 산소 또는 이산화탄소와 반응하는 물질 한 가지를 적으시오.
② 흡습성이 있고 분해 시 흡열반응하는 물질 한 가지를 적으시오.
③ 비중이 2.32이며, 이산화망가니즈를 촉매로 하여 가열 시 산소가 발생하는 물질을 쓰시오.

해설

① 과산화나트륨은 공기 중의 탄산가스(CO_2)를 흡수하여 탄산염이 생성된다.
$2Na_2O_2 + 2CO_2 \rightarrow 2Na_2CO_3 + O_2$
② 질산암모늄은 조해성과 흡습성이 있고, 물에 녹을 때 열을 대량 흡수하여 한제로 이용된다(흡열반응).
③ 염소산칼륨은 약 400℃ 부근에서 열분해되기 시작하여 540~560℃에서 과염소산칼륨($KClO_4$)을 생성하고 다시 분해하여 염화칼륨(KCl)과 산소(O_2)를 방출한다.
열분해반응식 : $2KClO_3 \rightarrow 2KCl + 3O_2$

해답

① Na_2O_2
② NH_4NO_3
③ $KClO_3$

17

표준상태에서 80kg의 메탄올이 완전연소하는 경우 필요한 공기의 양(m^3)은 얼마인지 구하시오. (단, 공기 중 산소 : 질소 = 21 : 79)

해설

㉠ 메탄올의 완전연소반응식 : $2CH_3OH+3O_2 \rightarrow 2CO_2+4H_2O$

㉡ 80kg의 메탄올(CH_3OH)이 연소할 때 필요한 이론공기량(m^3)

$$\frac{80kg-CH_3OH}{} \left| \frac{1kmol-CH_3OH}{32kg-CH_3OH} \right| \frac{3kmol-O_2}{2kmol-CH_3OH} \left| \frac{100mol-Air}{21kmol-O_2} \right| \frac{22.4m^3-Air}{1mol-Air} = 400m^3-Air$$

해답

$400m^3$

18

다음 주어진 위험물의 완전연소반응식을 적으시오. (단, 해당사항이 없으면 "해당 없음"이라 적으시오.)

① 황린
② 삼황화인
③ 나트륨
④ 과산화마그네슘
⑤ 질산

해설

① 황린 : 공기 중에서 격렬하게 오산화인의 백색 연기를 내며 연소하고, 일부 유독성의 포스핀(PH_3)도 발생하며, 환원력이 강하여 산소 농도가 낮은 분위기에서도 연소한다.
$P_4+5O_2 \rightarrow 2P_2O_5$

② 삼황화인 : 물, 황산, 염산 등에는 녹지 않고, 질산이나 이황화탄소(CS_2), 알칼리 등에 녹는다. 연소 시 연소생성물은 유독하다.
$P_4S_3+8O_2 \rightarrow 2P_2O_5+3SO_2$

③ 나트륨 : 고온으로 공기 중에서 연소시키면 산화나트륨이 된다.
$4Na+O_2 \rightarrow 2Na_2O$(회백색)

④ 과산화마그네슘 : 제1류 위험물로 산화성 고체에 해당하며 불연성이다.

⑤ 질산 : 제6류 위험물로 산화성 액체에 해당하며 불연성이다.

해답

① $P_4+5O_2 \rightarrow 2P_2O_5$
② $P_4S_3+8O_2 \rightarrow 2P_2O_5+3SO_2$
③ $4Na+O_2 \rightarrow 2Na_2O$
④ 해당 없음.
⑤ 해당 없음.

19

다음 [보기]에 주어진 위험물을 보고, 아래 질문에 답하시오.

[보기] 염소산나트륨, 질산암모늄, 과산화나트륨, 칼륨, 과망가니즈산칼륨, 아세톤

① [보기]에서 이산화탄소와 반응하는 물질을 모두 골라 적으시오.

② 위 ①에 해당하는 물질 중 한 가지 물질을 선택하여 이산화탄소와 반응하는 반응식을 적으시오.

해설

㉠ 과산화나트륨은 공기 중의 탄산가스(CO_2)를 흡수하여 탄산염을 생성한다.

$2Na_2O_2 + 2CO_2 \rightarrow 2Na_2CO_3 + O_2$

㉡ 칼륨은 CO_2와 격렬히 반응하여 연소 · 폭발의 위험이 있으며, 연소 중에 모래를 뿌리면 규소(Si) 성분과 격렬히 반응한다.

$4K + 3CO_2 \rightarrow 2K_2CO_3 + C$ (연소 · 폭발)

해답

① 과산화나트륨, 칼륨

② 해설의 반응식 중 하나만 작성

20

아래 이동탱크저장소 그림을 보고, 다음 각 물음에 답하시오.

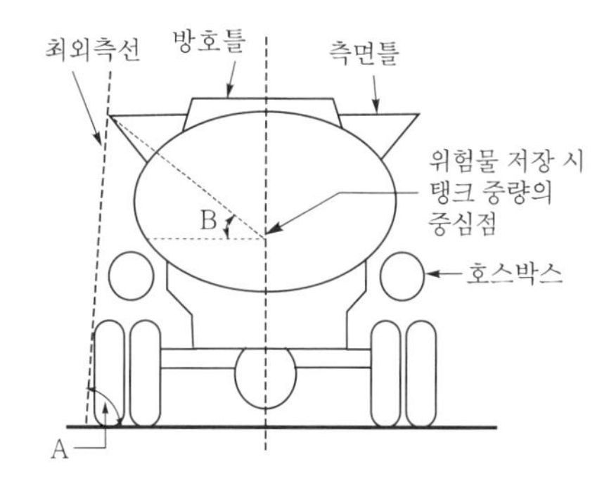

① 위험물안전관리법상 A의 각도는 얼마 이상으로 해야 하는가?

② 위험물안전관리법상 B의 각도는 얼마 이상으로 해야 하는가?

해설

이동탱크저장소 측면틀 부착기준

㉠ 최외측선(측면틀의 최외측과 탱크의 최외측을 연결하는 직선)의 수평면에 대하여 내각이 75° 이상일 것

㉡ 최대수량의 위험물을 저장한 상태에 있을 때 해당 탱크 중량의 중심선과 측면틀의 최외측을 연결하는 직선과 그 중심선을 지나는 직선 중 최외측선과 직각을 이루는 직선과의 내각이 35° 이상이 되도록 할 것

해답

① 35° 이상, ② 75° 이상

2023. 6. 10. 시행

2023년 제2회 과년도 출제문제

01 [보기]에 주어진 위험물을 인화점이 낮은 것부터 나열하시오.

[보기] 초산, 에틸알코올, 나이트로벤젠, 아세트알데하이드

해설

구 분	초산	에틸알코올	나이트로벤젠	아세트알데하이드
화학식	CH_3COOH	C_2H_5OH	$C_6H_5NO_2$	CH_3CHO
인화점	40℃	13℃	88℃	−40℃

해답

아세트알데하이드 – 에틸알코올 – 초산 – 나이트로벤젠

02 다음 [보기]에서 불건성유를 모두 골라 적으시오. (단, 해당사항이 없을 경우 “없음”이라 적으시오.)

[보기] 야자유, 아마인유, 해바라기유, 피마자유, 올리브유

해설

아이오딘값

유지 100g에 부가되는 아이오딘의 g수로, 불포화도가 증가할수록 아이오딘값이 증가하며 자연발화의 위험이 있다.

㉠ 건성유 : 아이오딘값이 130 이상인 것
이중결합이 많아 불포화도가 높기 때문에 공기 중에서 산화되어 액 표면에 피막을 만드는 기름
예 아마인유, 들기름, 동유, 정어리기름, 해바라기유 등

㉡ 반건성유 : 아이오딘값이 100~130인 것
공기 중에서 건성유보다 얇은 피막을 만드는 기름
예 참기름, 옥수수기름, 청어기름, 채종유, 면실유(목화씨유), 콩기름, 쌀겨유 등

㉢ 불건성유 : 아이오딘값이 100 이하인 것
공기 중에서 피막을 만들지 않는 안정된 기름
예 올리브유, 피마자유, 야자유, 땅콩기름, 동백기름 등

해답

야자유, 피마자유, 올리브유

03

주어진 물질에 대한 시성식을 각각 적으시오.
① 질산에틸
② 트라이나이트로벤젠
③ 다이나이트로아닐린

해답

① $C_2H_5ONO_2$
② $C_6H_3(NO_2)_3$
③ $C_6H_3NH_2(NO_2)_2$

04

제2류 위험물에 해당하는 아연에 대해 다음 물음에 답하시오.
① 고온의 물과의 반응식을 쓰시오.
② 황산과의 반응식을 쓰시오.
③ 산소와의 반응식을 쓰시오.

해설

아연(Zn)의 일반적인 성질

㉠ 아연은 제2류 위험물 금속분에 속한다.
㉡ 아연이 산과 반응하면 수소가스를 발생한다.
㉢ 아연은 공기 중에서 융점 이상 가열 시 연소가 잘 된다.

해답

① $Zn + 2H_2O \rightarrow Zn(OH)_2 + H_2$
② $Zn + H_2SO_4 \rightarrow ZnSO_4 + H_2$
③ $2Zn + O_2 \rightarrow 2ZnO$

05

9.2g의 톨루엔을 완전연소시키는 데 필요한 이론공기량(L)을 구하시오.
① 계산과정
② 답

해설

톨루엔은 무색투명하며 벤젠 향과 같은 독특한 냄새를 가진 액체로, 진한 질산과 진한 황산을 반응시키면 나이트로화하여 T.N.T의 제조에 이용된다.

$C_6H_5CH_3 + 9O_2 \rightarrow 7CO_2 + 4H_2O$

해답

① $\dfrac{9.2g-C_6H_5CH_3}{} \times \dfrac{1mol-C_6H_5CH_3}{92g-C_6H_5CH_3} \times \dfrac{9mol-O_2}{1mol-C_6H_5CH_3} \times \dfrac{100mol-Air}{21mol-O_2} \times \dfrac{22.4L-Air}{1mol-Air} = 96L-C_6H_5CH_3$

② 96L

06

위험물안전관리법에 따라 옥내저장소에 황린을 저장하려고 한다. 다음 물음에 알맞게 답하시오.
① 옥내저장소의 바닥면적은 몇 m^2 이하인지 적으시오.
② 위험등급은 몇 등급인지 적으시오.
③ 황린과 함께 저장할 수 있는 위험물의 유별을 적으시오.

해설

① 하나의 저장창고의 바닥면적

위험물을 저장하는 창고	바닥면적
가. ㉠ 제1류 위험물 중 아염소산염류, 염소산염류, 과염소산염류, 무기과산화물, 그 밖에 지정수량이 50kg인 위험물 ㉡ 제3류 위험물 중 칼륨, 나트륨, 알킬알루미늄, 알킬리튬, 그 밖에 지정수량이 10kg인 위험물 및 황린 ㉢ 제4류 위험물 중 특수인화물, 제1석유류 및 알코올류 ㉣ 제5류 위험물 중 유기과산화물, 질산에스터류, 그 밖에 지정수량이 10kg인 위험물 ㉤ 제6류 위험물	1,000m^2 이하
나. ㉠~㉤ 외의 위험물을 저장하는 창고	2,000m^2 이하
다. 내화구조의 격벽으로 완전히 구획된 실에 각각 저장하는 창고 (가목의 위험물을 저장하는 실의 면적은 500m^2를 초과할 수 없다.)	1,500m^2 이하

② 황린은 제3류 위험물 중 위험등급 I 에 해당하며, 지정수량은 20kg이다.
③ 제1류 위험물과 제3류 위험물 중 자연발화성 물질(황린 또는 이를 함유한 것에 한한다)을 저장하는 경우

해답

① 1,000m^2 이하
② I등급
③ 제1류 위험물

07

위험물안전관리법상 이동저장탱크에 대해 괄호 안을 알맞게 채우시오.
• 이동저장탱크는 그 내부에 (①)L 이하마다 (②)mm 이상의 강철판 또는 이와 동등 이상의 강도 · 내열성 및 내식성이 있는 금속성의 것으로 칸막이를 설치하여야 한다.
• 방파판은 두께 (③)mm 이상의 강철판 또는 이와 동등 이상의 강도 · 내열성 및 내식성이 있는 금속성의 것으로 한다.

해답

① 4,000
② 3.2
③ 1.6

08

위험물안전관리법상 제4류 위험물로, 분자량 76, 비점 46℃, 비중 1.26, 증기비중 약 2.62이며, 콘크리트 수조 속에 저장하는 물질에 대해 다음 물음에 답하시오.
① 명칭
② 시성식
③ 품명
④ 지정수량
⑤ 위험등급

해설

이황화탄소(CS_2) – 비수용성 액체

분자량	비중	비점	녹는점	인화점	발화점	연소범위
76	1.26	46℃	−111℃	−30℃	90℃	1.0~50%

㉠ 휘발하기 쉽고 발화점이 낮아 백열등, 난방기구 등의 열에 의해 발화하며, 점화하면 청색을 내며 연소하는데, 연소생성물 중 SO_2는 유독성이 강하다.
$CS_2 + 3O_2 \rightarrow CO_2 + 2SO_2$
㉡ 물보다 무겁고 물에 녹기 어렵기 때문에 가연성 증기의 발생을 억제하기 위하여 물(수조) 속에 저장한다.

해답

① 이황화탄소, ② CS_2, ③ 특수인화물, ④ 50L, ⑤ I 등급

09

분말소화약제인 탄산수소칼륨이 약 190℃에서 열분해되었을 때 다음 물음에 답하시오.
① 분해반응식을 쓰시오.
② 200kg의 탄산수소칼륨이 분해하였을 때 발생하는 탄산가스는 몇 m³인지, 1기압, 200℃를 기준으로 구하시오. (단, 칼륨의 원자량은 39이다.)

해설

① 열분해반응식 : $2KHCO_3 \rightarrow K_2CO_3 + H_2O + CO_2$ (흡열반응 at 190℃)
탄산수소칼륨 → 탄산칼륨 + 수증기 + 탄산가스
② 0℃, 1기압(760mmHg)에서

$$\frac{200\text{kg}-KHCO_3}{} \left| \frac{1\text{kmol}-KHCO_3}{100\text{kg}-KHCO_3} \right| \frac{1\text{kmol}-CO_2}{2\text{kmol}-KHCO_3} \left| \frac{22.4\text{m}^3-CO_2}{1\text{kmol}-CO_2} \right. = 22.4\text{m}^3-CO_2$$

1기압, 200℃에서의 부피를 구하려면, 보일-샤를의 법칙에 의해

$\frac{P_1V_1}{T_1} = \frac{P_2V_2}{T_2}$에서, $\frac{1\times 22.4}{273.15} = \frac{1\times V_2}{473.15}$

$\therefore V_2 = 38.80\text{m}^3$

해답

① $2KHCO_3 \rightarrow K_2CO_3 + H_2O + CO_2$
② 38.80m^3

10

위험물안전관리법령에서 정한 위험물의 운반에 관한 기준에서, 다음 각 위험물이 지정수량 이상일 때 혼재가 가능한 위험물은 무엇인지 모두 적으시오.

① 제1류　② 제2류　③ 제3류
④ 제4류　⑤ 제5류

해설

유별을 달리하는 위험물의 혼재기준

위험물의 구분	제1류	제2류	제3류	제4류	제5류	제6류
제1류		×	×	×	×	○
제2류	×		×	○	○	×
제3류	×	×		○	×	×
제4류	×	○	○		○	×
제5류	×	○	×	○		×
제6류	○	×	×	×	×	

해답

① 제6류
② 제4류, 제5류
③ 제4류
④ 제2류, 제3류, 제4류
⑤ 제2류, 제4류

11

위험물안전관리법상 운반기준에 따라 차광성 또는 방수성 피복으로 모두 덮어야 하는 위험물의 품명을 다음 [보기]에서 모두 고르시오. (단, 2가지 모두 포함되는 경우 모두 적으시오.)

[보기] 염소산칼륨, 적린, 과산화칼슘, 아세톤, 과산화수소, 철분

① 차광성 덮개로 덮어야 하는 위험물을 모두 적으시오.
② 방수성 덮개로 덮어야 하는 위험물을 모두 적으시오.

해설

적재하는 위험물에 따른 피복

차광성이 있는 것으로 피복해야 하는 경우	방수성이 있는 것으로 피복해야 하는 경우
• 제1류 위험물 • 제3류 위험물 중 자연발화성 물질 • 제4류 위험물 중 특수인화물 • 제5류 위험물 • 제6류 위험물	• 제1류 위험물 중 알칼리금속의 과산화물 • 제2류 위험물 중 철분, 금속분, 마그네슘 • 제3류 위험물 중 금수성 물질

해답

① 염소산칼륨, 과산화칼슘, 과산화수소
② 철분

12

위험물안전관리법상 제3류 위험물에 해당하는 탄화칼슘에 대하여 다음 물음에 알맞게 답하시오.

① 탄화칼슘과 물이 접촉했을 때 발생되는 기체의 완전연소반응식을 쓰시오.
② 탄화칼슘을 취급하는 제조소에 설치하는 게시판의 바탕색과 문자색을 적으시오.

해설

① 탄화칼슘(카바이드)은 물과 심하게 반응하여 수산화칼슘[$Ca(OH)_2$]과 아세틸렌(C_2H_2)을 만들며, 공기 중 수분과 반응하여도 아세틸렌을 발생한다.
$CaC_2 + 2H_2O \rightarrow Ca(OH)_2 + C_2H_2$
② 제조소의 표지 및 게시판
㉮ 규격 : 한 변의 길이 0.3m 이상, 다른 한 변의 길이 0.6m 이상
㉯ 색깔 : 백색 바탕에 흑색 문자
㉰ 표지판 기재사항 : 제조소 등의 명칭
㉱ 게시판 기재사항
㉠ 취급하는 위험물의 유별 및 품명
㉡ 저장 최대수량 및 취급 최대수량, 지정수량의 배수
㉢ 안전관리자 성명 또는 직명

해답

① $2C_2H_2 + 5O_2 \rightarrow 4CO_2 + 2H_2O$
② 백색 바탕, 흑색 문자

13

다음 각 물질의 연소반응식을 적으시오.

① 아세트알데하이드
② 벤젠
③ 메탄올

해설

① 아세트알데하이드(CH_3CHO)는 무색이며, 고농도는 자극성 냄새가 나고 저농도의 것은 과일향이 나는 휘발성이 강한 액체로서, 연소반응 시 이산화탄소와 물이 생성된다.
② 벤젠(C_6H_6)은 무색투명하며 독특한 냄새를 가진 휘발성이 강한 액체로, 위험성이 강하며 인화가 쉽고 다량의 흑연을 발생하고 뜨거운 열을 내며 연소한다. 연소 시 이산화탄소와 물이 생성된다.
③ 메탄올(CH_3OH)은 무색투명하며 인화가 쉽고, 연소는 완전연소를 하므로 불꽃이 잘 보이지 않는다.

해답

① $2CH_3CHO + 5O_2 \rightarrow 4CO_2 + 4H_2O$
② $2C_6H_6 + 15O_2 \rightarrow 12CO_2 + 6H_2O$
③ $2CH_3OH + 3O_2 \rightarrow 2CO_2 + 4H_2O$

14

다음 제1류 위험물의 지정수량을 각각 쓰시오.

① 염소산염류
② 질산염류
③ 다이크로뮴산염류

해설

제1류 위험물의 품명 및 지정수량

성질	위험등급	품명	지정수량
산화성 고체	I	1. 아염소산염류 2. 염소산염류 3. 과염소산염류 4. 무기과산화물	50kg
	II	5. 브로민산염류 6. 질산염류 7. 아이오딘산염류	300kg
	III	8. 과망가니즈산염류 9. 다이크로뮴산염류	1,000kg
	I ~ III	10. 그 밖에 행정안전부령이 정하는 것 ① 과아이오딘산염류 ② 과아이오딘산 ③ 크로뮴, 납 또는 아이오딘의 산화물 ④ 아질산염류	300kg
		⑤ 차아염소산염류	50kg
		⑥ 염소화아이소사이아누르산 ⑦ 퍼옥소이황산염류 ⑧ 퍼옥소붕산염류	300kg
		11. 1~10호의 하나 이상을 함유한 것	50kg, 300kg 또는 1,000kg

해답

① 50kg, ② 300kg, ③ 1,000kg

15

다음 표의 빈칸에 들어갈 적절한 내용을 채우시오.

물질명	화학식	품명
에탄올	①	알코올류
에틸렌글리콜	②	③
④	$C_3H_5(OH)_3$	⑤

해답

① C_2H_5OH
② $C_2H_4(OH)_2$, ③ 제3석유류
④ 글리세린, ⑤ 제3석유류

16 그림과 같은 위험물 저장탱크의 내용적은 몇 m^3인지 구하시오. (단, r은 1m, l_1은 0.4m, l_2는 0.5m, l은 5m이다.)

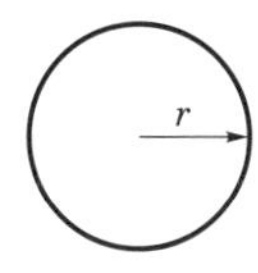

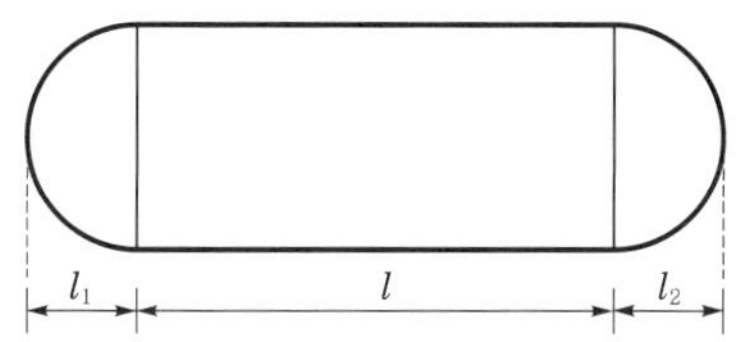

해설

가로(수평)로 설치한 위험물 저장탱크의 내용적 : $V=\pi r^2\left(l+\frac{l_1+l_2}{3}\right)$

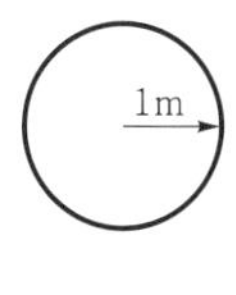

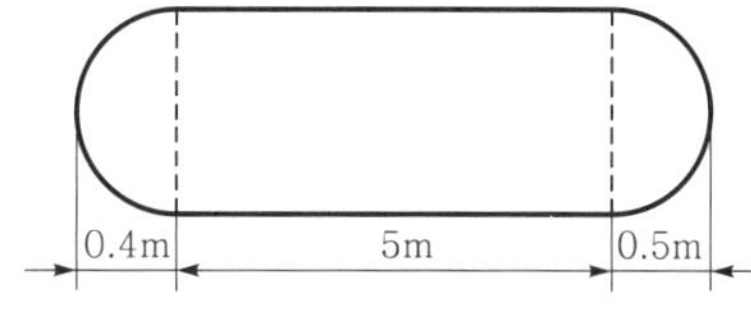

$\therefore\ \pi\times 1^2\left(5+\frac{0.4+0.5}{3}\right)=16.65\text{m}^3$

해답

16.65m^3

17 비중이 1.45이고 농도가 80wt%인 질산용액 1,000L에 대하여 다음 물음에 답하시오.
① HNO_3의 질량(g)을 구하시오.
② 이 물질을 10wt%로 만들려면 물 몇 g을 첨가하여야 하는지 구하시오.

해설

① 80% 질산용액 1,000L의 부피를 질량으로 환산하면,
$1{,}000\text{L}\times 1.45\text{g/L}=1{,}450\text{g}$
80% 질산용액 1,450g에 들어 있는 용질(HNO_3)의 질량을 계산하면,
$1{,}450\text{g}\times\frac{80}{100}=1{,}160\text{g}$

② 80% 질산용액 1,450g을 10% 질산용액으로 만드는 데 필요한 물의 질량(x)을 계산하면,
$\%\text{농도}=\frac{\text{용질 질량}}{\text{용액 질량}}\times 100$
$10\%=\frac{1{,}160}{1{,}450+x}\times 100$
$x=10{,}150\text{g}$

해답

① 1,160g
② 10,150g

18

[보기]에서 설명하는 물질에 대하여 다음 각 물음에 답하시오.

[보기]
- 지정수량이 2,000L인 수용성 물질이다.
- 분자량은 약 60, 녹는점은 약 16.7℃, 증기비중은 약 2.07이다.
- 알칼리금속, 강산화제 등과의 접촉을 피하여야 한다.

① 이 물질이 완전연소할 때 생성되는 2가지 물질의 화학식을 쓰시오.
② Zn과 이 물질이 반응하여 생성되는 가연성 가스는 무엇인지 쓰시오.
③ 해당 물질의 수용성, 비수용성 여부를 적으시오.

해설

초산(CH_3COOH, 아세트산, 빙초산, 에탄산)의 일반적 성질

```
     H
     |    ／O
H－C－C
     |    ＼O－H
     H
```

㉠ 강한 자극성의 냄새와 신맛을 가진 무색투명한 액체이며, 겨울에는 고화한다.

㉡ 연소 시 파란 불꽃을 내면서 탄다.

$CH_3COOH + 2O_2 \rightarrow 2CO_2 + 2H_2O$

㉢ 알루미늄 이외의 금속과 작용하여 수용성인 염을 생성한다.

㉣ 묽은 용액은 부식성이 강하나, 진한 용액은 부식성이 없다.

㉤ 분자량 60, 비중 1.05, 증기비중 2.07, 비점 118℃, 융점 16.7℃, 인화점 40℃, 발화점 463℃, 연소범위 5.4~16%이다.

㉥ 많은 금속을 강하게 부식시키고 금속과 반응하여 수소를 발생한다.

$2CH_3COOH + Zn \rightarrow Zn(CH_3COO)_2 + H_2$

해답

① CO_2, H_2O
② 수소가스(H_2)
③ 수용성

19

다음은 위험물안전관리법상 소화설비 적응성에 대한 도표이다. 소화설비 적응성이 있는 것에 ○ 표시를 하시오.

대상물의 구분 / 소화설비의 구분		건축물 · 그 밖의 공작물	전기설비	제1류 위험물		제2류 위험물			제3류 위험물		제4류 위험물	제5류 위험물	제6류 위험물
				알칼리금속과산화물 등	그 밖의 것	철분 · 금속분 · 마그네슘 등	인화성 고체	그 밖의 것	금수성 물품	그 밖의 것			
옥내소화전													
물분무등 소화설비	물분무소화설비												
	포소화설비												
	불활성가스소화설비												
	할로젠화합물소화설비												

해답

대상물의 구분 / 소화설비의 구분		건축물 · 그 밖의 공작물	전기설비	제1류 위험물		제2류 위험물			제3류 위험물		제4류 위험물	제5류 위험물	제6류 위험물
				알칼리금속과산화물 등	그 밖의 것	철분 · 금속분 · 마그네슘 등	인화성 고체	그 밖의 것	금수성 물품	그 밖의 것			
옥내소화전		○			○		○	○		○		○	○
물분무등 소화설비	물분무소화설비	○	○		○		○	○		○	○	○	○
	포소화설비	○			○		○	○		○	○	○	○
	불활성가스소화설비		○				○				○		
	할로젠화합물소화설비		○				○				○		

20 위험물안전관리법상 지하탱크저장소에 대한 그림이다. 다음 물음에 답하시오.

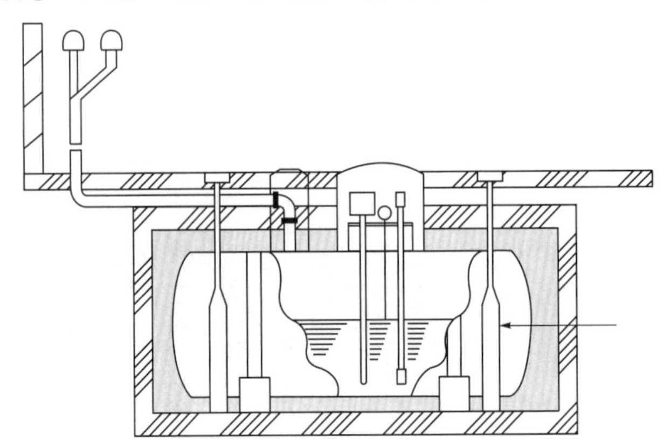

① 지면에서부터 통기관의 높이는 몇 m 이상으로 하여야 하는지 쓰시오.
② 지하저장탱크 윗부분과 지면까지의 거리는 몇 m 이상으로 하여야 하는지 쓰시오.
③ 화살표가 지목하는 부분의 명칭을 쓰시오.
④ 벽과 탱크 사이의 거리(m)를 쓰시오.
⑤ 탱크의 주위에 채워야 하는 물질은 무엇인지 쓰시오.

해설

지하탱크저장소

㉮ 지하저장탱크의 윗부분은 지면으로부터 0.6m 이상 아래에 있어야 한다.
㉯ 탱크 전용실은 지하의 가장 가까운 벽 · 피트 · 가스관 등의 시설물 및 대지경계선으로부터 0.1m 이상 떨어진 곳에 설치하고, 지하저장탱크와 탱크 전용실의 안쪽과의 사이는 0.1m 이상의 간격을 유지하도록 하며, 해당 탱크의 주위에 마른 모래 또는 습기 등에 의하여 응고되지 아니하는 입자 지름 5mm 이하의 마른 자갈분을 채워야 한다.
㉰ 탱크 전용실은 벽 · 바닥 및 뚜껑을 다음에 정한 기준에 적합한 철근콘크리트구조 또는 이와 동등 이상의 강도가 있는 구조로 설치하여야 한다.
  ㉠ 벽 · 바닥 및 뚜껑의 두께는 0.3m 이상일 것
  ㉡ 벽 · 바닥 및 뚜껑의 내부에는 직경 9mm부터 13mm까지의 철근을 가로 및 세로로 5cm부터 20cm까지의 간격으로 배치할 것
  ㉢ 벽 · 바닥 및 뚜껑의 재료에 수밀콘크리트를 혼입하거나 벽 · 바닥 및 뚜껑의 중간에 아스팔트층을 만드는 방법으로 적정한 방수조치를 할 것

해답

① 4m 이상
② 0.6m 이상
③ 누유검사관
④ 0.1m 이상
⑤ 마른 모래 또는 습기 등에 의하여 응고되지 아니하는 입자 지름 5mm 이하의 마른 자갈분

2023. 8. 12. 시행

2023년

제3회 과년도 출제문제

01

방향족 탄화수소인 BTX에 대하여 다음 각 물음에 답하시오.
① BTX는 무엇의 약자인지 각 물질의 명칭을 쓰시오.
② 위 3가지 물질 중 "T"에 해당하는 물질의 구조식을 쓰시오.

해답

① 벤젠(Benzene), 톨루엔(Toluene), 자일렌(Xylene)

②

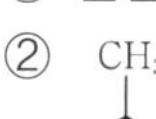

02

그림과 같은 위험물 저장탱크의 내용적은 몇 m^3인지 구하시오. (단, r은 1m, l_1은 0.4m, l_2는 0.5m, l은 5m이다.)

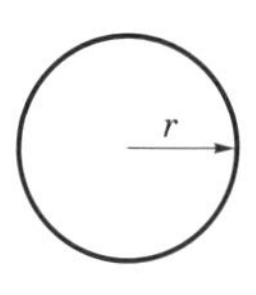

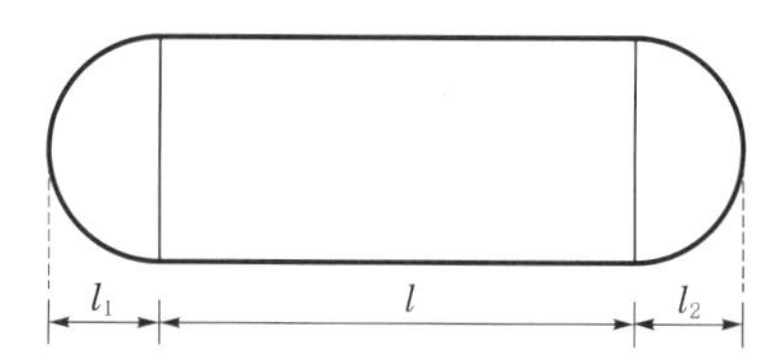

해설

가로(수평)로 설치한 위험물 저장탱크의 내용적 : $V=\pi r^2\left(l+\dfrac{l_1+l_2}{3}\right)$

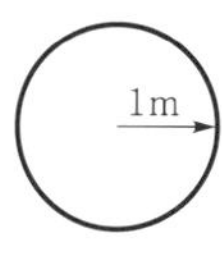

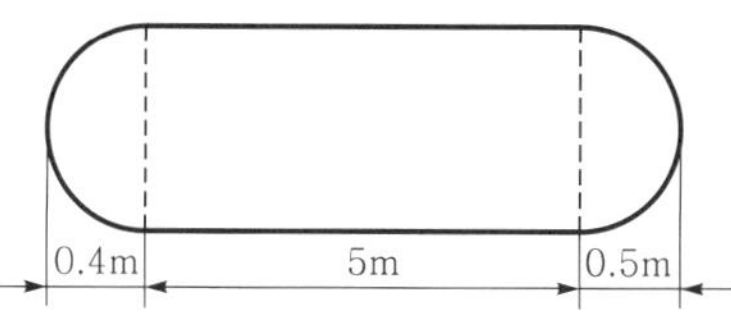

$\therefore\ \pi\times 1^2\left(5+\dfrac{0.4+0.5}{3}\right)=16.65\text{m}^3$

해답

16.65m^3

03

다음 [보기]의 위험물을 인화점이 낮은 것부터 높은 순서대로 적으시오.

[보기] 휘발유, 톨루엔, 벤젠

해설

품목	휘발유	톨루엔	벤젠
인화점	-43℃	4℃	-11℃

해답

휘발유 - 벤젠 - 톨루엔

04

위험물안전관리법령상 제3류 위험물에 해당하는 탄화알루미늄에 대하여 다음 각 물음에 알맞은 답을 쓰시오.
① 물과의 반응식을 쓰시오.
② ①에서 생성되는 기체의 연소반응식을 쓰시오.

해설

탄화알루미늄(Al_4C_3)은 물과 반응하여 가연성·폭발성의 메테인가스를 만들며, 밀폐된 실내에 메테인이 축적되는 경우 인화성 혼합기를 형성하여 2차 폭발의 위험이 있다.

해답

① $Al_4C_3 + 12H_2O \rightarrow 4Al(OH)_3 + 3CH_4$
② $CH_4 + 2O_2 \rightarrow CO_2 + 2H_2O$

05

제2류 위험물에 해당하는 아연에 대해 다음 물음에 답하시오.
① 고온의 물과의 반응식을 쓰시오.
② 염산과의 반응에서 생성되는 기체의 명칭을 쓰시오.

해설

아연(Zn)의 일반적인 성질

㉠ 아연은 제2류 위험물 금속분에 속한다.
㉡ 아연이 산과 반응하면 수소가스를 발생한다.
$Zn + 2HCl \rightarrow ZnCl_2 + H_2$
$Zn + H_2SO_4 \rightarrow ZnSO_4 + H_2$
㉢ 아연은 공기 중에서 융점 이상 가열 시 연소가 잘 된다.
$2Zn + O_2 \rightarrow 2ZnO$

해답

① $Zn + 2H_2O \rightarrow Zn(OH)_2 + H_2$
② 수소가스

06

다음 [보기]에 주어진 물질을 산의 세기가 작은 것부터 큰 것의 순서대로 번호를 나열하여 적으시오.

[보기]
① $HClO$
② $HClO_2$
③ $HClO_3$
④ $HClO_4$

해설

과염소산($HClO_4$)은 염소산 중에서 가장 강한 산이다.

해답

① - ② - ③ - ④

07

다음 종별 분말소화약제의 주성분으로 사용되는 물질을 각각 화학식으로 쓰시오.
① 제1종 분말소화약제
② 제2종 분말소화약제
③ 제3종 분말소화약제

해설

품목	주성분	화학식	착색	적응화재
제1종	탄산수소나트륨 (중탄산나트륨)	$NaHCO_3$	–	B・C급 화재
제2종	탄산수소칼륨 (중탄산칼륨)	$KHCO_3$	담회색	B・C급 화재
제3종	제1인산암모늄	$NH_4H_2PO_4$	담홍색 또는 황색	A・B・C급 화재
제4종	탄산수소칼륨+요소	$KHCO_3+CO(NH_2)_2$	–	B・C급 화재

해답

① $NaHCO_3$, ② $KHCO_3$, ③ $NH_4H_2PO_4$

08

다음 위험물의 연소반응식을 각각 적으시오.
① 삼황화인
② 오황화인

해답

① $P_4S_3+8O_2 \rightarrow 2P_2O_5+3SO_2$
② $2P_2S_5+15O_2 \rightarrow 2P_2O_5+10SO_2$

09

다음 [보기]에서 설명하는 제4류 위험물에 대해 물음에 답하시오.

[보기]
- 분자량 58g/mol, 인화점 −37℃, 비점 35℃
- 저장용기로 구리, 마그네슘, 수은으로 된 용기는 사용할 수 없다.
- 흡입할 경우 폐수종의 위험이 있다.

① 명칭을 쓰시오.
② 지정수량은 얼마인지 쓰시오.
③ 보냉장치가 없는 이동저장탱크에 해당 물질을 저장할 경우 위험물의 온도는 몇 ℃ 이하로 유지해야 하는지 쓰시오.

해설

산화프로필렌(프로필렌옥사이드, CH_3CHOCH_2)
㉠ 에터 냄새를 가진 무색의 휘발성이 강한 액체이다.
㉡ 반응성이 풍부하며, 물 또는 유기용제(벤젠, 에터, 알코올 등)에 잘 녹는다.
㉢ 물리적 성질

비점	인화점	발화점	연소범위
35℃	−37℃	449℃	2.8~37%

㉣ 증기는 눈, 점막 등을 자극하며 흡입 시 폐부종 등을 일으키고, 액체가 피부와 접촉할 때는 동상과 같은 증상이 나타난다.
㉤ 증기는 공기와 혼합하여 작은 점화원에 의해 인화 폭발의 위험이 있으며, 연소속도가 빠르다.
㉥ 반응성이 풍부하여 구리, 철, 알루미늄, 마그네슘, 수은, 은 및 그 합금 또는 산, 염기, 염화제이철 등 활성이 강한 촉매류, 강산류, 염기와 중합반응을 일으켜 발열하고, 용기 내에서 폭발한다. 진한 황산과 접촉에 의해 격렬히 중합반응을 일으켜 발열한다.
㉦ 탱크 저장 시는 불활성 가스 또는 수증기를 봉입하고 냉각장치를 설치한다.
㉧ 보냉장치가 없는 이동저장탱크에 저장하는 아세트알데하이드 등 또는 다이에틸에터 등의 온도는 40℃ 이하로 유지할 것

해답

① 산화프로필렌, ② 50L, ③ 40℃

10

불연성 기체 10wt%와 탄소 90wt%로 이루어진 물질 1kg이 완전연소하는 경우 필요한 산소의 부피를 구하시오.

해설

$C+O_2 \rightarrow CO_2$

$$\frac{0.9\times1{,}000\text{g}-\cancel{C}}{} \left| \frac{1\cancel{\text{mol}-C}}{12\text{g}-\cancel{C}} \right| \frac{1\cancel{\text{mol}-O_2}}{1\cancel{\text{mol}-C}} \left| \frac{22.4\text{L}-O_2}{1\cancel{\text{mol}-O_2}} \right. = 1{,}680\text{L}-O_2$$

해답

1,680L

11

비중이 0.8인 메탄올 200L가 공기 중에서 완전연소하는 경우 다음 각 물음에 답하시오.
① 이론산소량(kg)을 구하시오.
② 생성되는 이산화탄소의 부피(L)를 구하시오.

해설

완전연소반응식 : $2CH_3OH + 3O_2 \rightarrow 2CO_2 + 4H_2O$

액체의 비중 $= \dfrac{\text{액체의 밀도(kg/L)}}{\text{4℃ 물의 밀도(kg/L)}}$

∴ 액체의 비중=액체의 밀도
메탄올의 비중=메탄올의 밀도
0.8=0.8kg/L

비중이 0.8인 메탄올 200L의 질량(g) $= \dfrac{200L - CH_3OH \;|\; 0.8kg - CH_3OH}{\;|\; 1L - CH_3OH} = 160kg - CH_3OH$

① 160kg의 메탄올(CH_3OH)이 연소할 때 필요한 이론산소량(kg)

$\dfrac{160kg - CH_3OH \;|\; 1kmol - CH_3OH \;|\; 3kmol - O_2 \;|\; 32kg - O_2}{\;|\; 32kg - CH_3OH \;|\; 2kmol - CH_3OH \;|\; 1kmol - O_2} = 240kg - O_2$

② 생성되는 이산화탄소의 부피(L)

$\dfrac{160kg - CH_3OH \;|\; 1kmol - CH_3OH \;|\; 2kmol - CO_2 \;|\; 22.4kL - CO_2}{\;|\; 32kg - CH_3OH \;|\; 2kmol - CH_3OH \;|\; 1kmol - CO_2} = 112kL - O_2$

해답

① 240kg
② 112,000L

12

다음 [보기]에서 주어지는 위험물을 지정수량이 작은 것부터 순서대로 나열하시오.

[보기]
칼륨, 과망가니즈산염류, 알칼리토금속류, 나이트로화합물류, 금속의 인화물, 철분

해설

구분	칼륨	과망가니즈산염류	알칼리토금속류	나이트로화합물류	금속의 인화물	철분
유별	제3류	제1류	제3류	제5류	제3류	제2류
지정수량	10kg	1,000kg	50kg	200kg	300kg	500kg

해답

칼륨 – 알칼리토금속 – 나이트로화합물 – 금속의 인화물 – 철분 – 과망가니즈산염류

13

위험물안전관리법령에서 정한 위험물의 운반에 관한 기준에서 다음 위험물이 지정수량 이상일 때 혼재해서는 안 되는 위험물을 모두 적으시오.

① 제1류
② 제2류
③ 제3류
④ 제4류
⑤ 제5류

해설

유별을 달리하는 위험물의 혼재기준

위험물의 구분	제1류	제2류	제3류	제4류	제5류	제6류
제1류		×	×	×	×	○
제2류	×		×	○	○	×
제3류	×	×		○	×	×
제4류	×	○	○		○	×
제5류	×	○	×	○		×
제6류	○	×	×	×	×	

해답

① 제2류, 제3류, 제4류, 제5류
② 제1류, 제3류, 제6류
③ 제1류, 제2류, 제5류, 제6류
④ 제1류, 제6류
⑤ 제1류, 제3류, 제6류

14

위험물안전관리법상 위험물을 운송하는 경우 위험물안전카드를 휴대해야 한다. 위험물안전카드를 휴대해야 하는 위험물의 유별 3가지를 적으시오. (단, 위험물의 유별에 품명이 구분되는 경우 품명까지 적으시오.)

해설

㉠ 위험물(제4류 위험물에 있어서는 특수인화물 및 제1석유류에 한한다)을 운송하게 하는 자는 위험물안전카드를 위험물운송자로 하여금 휴대하게 할 것
㉡ 위험물운송자는 위험물안전카드를 휴대하고 해당 카드에 기재된 내용에 따를 것. 다만, 재난, 그 밖의 불가피한 이유가 있는 경우에는 해당 기재된 내용에 따르지 아니할 수 있다.

해답

제1류, 제2류, 제3류, 제4류(특수인화물, 제1석유류), 제5류, 제6류(이 중 3가지만 기술)

15 다음의 위험물(산화성 고체)이 물과 반응할 경우 생성되는 기체의 명칭을 적으시오. (단, 없으면 "해당 없음"으로 적으시오)

① 과산화나트륨
② 과염소산나트륨
③ 질산암모늄
④ 과망가니즈산칼륨
⑤ 브로민산칼륨

해설

① 과산화나트륨(Na_2O_2)은 상온에서 물과 접촉 시 격렬하게 반응하여 산소가스(O_2)를 발생하고, 다른 가연물의 연소를 돕는다.

$2Na_2O_2+2H_2O \rightarrow 4NaOH+O_2$

②~⑤의 물질은 제1류 위험물(산화성 고체)로, 가연물로 인해 화재 발생 시 다량의 주수에 의해 냉각소화하는 물질이다.

해답

① 산소
② 해당 없음.
③ 해당 없음.
④ 해당 없음.
⑤ 해당 없음.

16 위험물안전관리법령상 알코올류에 해당하지 않는 조건에 대해, 빈칸을 알맞게 채우시오.

- 1분자를 구성하는 탄소원자의 수가 1개 내지 (①)개의 포화 (②)가 알코올의 함유량이 (③)중량퍼센트 미만인 수용액
- 가연성 액체량이 (④)중량퍼센트 미만이고 인화점 및 연소점(태그개방식 인화점 측정기에 의한 연소점을 말한다)이 에틸알코올 (⑤)중량퍼센트 수용액의 인화점 및 연소점을 초과하는 것

해설

"알코올류"라 함은 1분자를 구성하는 탄소원자의 수가 1개부터 3개까지인 포화 1가 알코올(변성 알코올을 포함한다)을 말한다. 다만, 다음의 어느 하나에 해당하는 것은 제외한다.

㉠ 1분자를 구성하는 탄소원자의 수가 1개 내지 3개의 포화 1가 알코올의 함유량이 60중량퍼센트 미만인 수용액

㉡ 가연성 액체량이 60중량퍼센트 미만이고 인화점 및 연소점(태그개방식 인화점 측정기에 의한 연소점을 말한다)이 에틸알코올 60중량퍼센트 수용액의 인화점 및 연소점을 초과하는 것

해답

① 3, ② 1, ③ 60
④ 60, ⑤ 60

17 휘발유를 저장하는 옥외탱크저장소의 방유제에 대하여 다음 물음에 답하시오.

① 높이는 몇 m 이상, 몇 m 이하로 하여야 하는가?
② 두께는 몇 m 이상으로 하여야 하는가?
③ 지하 매설깊이는 몇 m 이상으로 하여야 하는가?
④ 방유제 내 면적은 몇 m^2 이하로 하여야 하는가?
⑤ 방유제 내에 설치하는 탱크의 수는 몇 기 이하로 하여야 하는가?

해설

옥외탱크저장소의 방유제 설치기준

㉠ 설치목적 : 저장 중인 액체 위험물이 주위로 누설 시 그 주위에 피해 확산을 방지하기 위하여 설치한 담
㉡ 용량 : 방유제 안에 설치된 탱크가 하나인 때에는 그 탱크 용량의 110% 이상, 2기 이상인 때에는 그 탱크 용량 중 용량이 최대인 것의 용량의 110% 이상으로 한다. 다만, 인화성이 없는 액체 위험물의 옥외저장탱크의 주위에 설치하는 방유제는 “110%”를 “100%”로 본다.
㉢ 높이는 0.5m 이상 3.0m 이하, 면적은 80,000m^2 이하, 두께는 0.2m 이상, 지하 매설깊이는 1m 이상으로 할 것. 다만, 방유제와 옥외저장탱크 사이의 지반면 아래에 불침윤성 구조물을 설치하는 경우에는 지하 매설깊이를 해당 불침윤성 구조물까지로 할 수 있다.
㉣ 방유제 외면의 2분의 1 이상은 자동차 등이 통행할 수 있는 3m 이상의 노면 폭을 확보한 구내도로에 직접 접하도록 하여야 한다.
㉤ 하나의 방유제 안에 설치되는 탱크의 수 10기 이하(단, 방유제 내 전 탱크의 용량이 200kL 이하이고, 인화점이 70℃ 이상 200℃ 미만인 경우에는 20기 이하)

해답

① 0.5m 이상 3.0m 이하
② 0.2m 이상
③ 1m 이상
④ 80,000m^2 이하
⑤ 10기 이하

18 다음 [보기]에서 주어지는 위험물을 위험등급에 따라 각각 구분하시오. (단, 해당 없으면 “해당 없음”이라고 적으시오.)

[보기] 아염소산염류, 염소산염류, 과염소산염류, 황화인, 적린, 황, 질산에스터류

① 위험등급 Ⅰ
② 위험등급 Ⅱ
③ 위험등급 Ⅲ

해답

① 아염소산염류, 염소산염류, 과염소산염류, 질산에스터류
② 황화인, 적린, 황
③ 해당 없음.

19

위험물안전관리법상 다음 각 위험물의 운반용기 외부에 표시해야 하는 주의사항을 모두 쓰시오.
① 제2류 위험물 중 인화성 고체
② 제4류 위험물
③ 제6류 위험물

해설

수납하는 위험물에 따른 주의사항

유별	구분	주의사항
제1류 위험물 (산화성 고체)	알칼리금속의 과산화물	"화기 · 충격주의" "물기엄금" "가연물접촉주의"
	그 밖의 것	"화기 · 충격주의" "가연물접촉주의"
제2류 위험물 (가연성 고체)	철분 · 금속분 · 마그네슘	"화기주의" "물기엄금"
	인화성 고체	"화기엄금"
	그 밖의 것	"화기주의"
제3류 위험물 (자연발화성 및 금수성 물질)	자연발화성 물질	"화기엄금" "공기접촉엄금"
	금수성 물질	"물기엄금"
제4류 위험물 (인화성 액체)	–	"화기엄금"
제5류 위험물 (자기반응성 물질)	–	"화기엄금" 및 "충격주의"
제6류 위험물 (산화성 액체)	–	"가연물접촉주의"

해답

① 화기엄금, ② 화기엄금, ③ 가연물접촉주의

20

제1류 위험물인 과염소산칼륨 50kg이 완전분해하는 경우 다음 물음에 답하시오.
① 생성되는 산소의 부피(m^3)를 구하시오.
② 생성되는 산소의 질량(kg)을 구하시오.

해설

약 400℃에서 열분해하기 시작하여 약 610℃에서 완전분해되어 염화칼륨과 산소를 방출하며 이산화망가니즈 존재 시 분해온도가 낮아진다.

$KClO_4 \rightarrow KCl + 2O_2$

① 생성되는 산소의 부피(m^3)

$$\frac{50\cancel{kg-KClO_4}}{} \times \frac{1\cancel{kmol-KClO_4}}{138.5\cancel{kg-KClO_3}} \times \frac{2\cancel{kmol-O_2}}{1\cancel{kmol-KClO_4}} \times \frac{22.4m^3-O_2}{1\cancel{kmol-O_2}} = 16.17m^3-O_2$$

② 생성되는 산소의 질량(kg)

$$\frac{50\cancel{kg-KClO_4}}{} \times \frac{1\cancel{kmol-KClO_4}}{138.5\cancel{kg-KClO_3}} \times \frac{2\cancel{kmol-O_2}}{1\cancel{kmol-KClO_4}} \times \frac{32kg-O_2}{1\cancel{kmol-O_2}} = 23.1kg-O_2$$

해답

① $16.17m^3$, ② 23.1kg

제4회 과년도 출제문제

01

탄산수소나트륨에 대해 다음 물음에 답하시오.

① 1차 분해반응식을 적으시오.

② 표준상태에서 이산화탄소 $100m^3$가 발생하였다면, 탄산수소나트륨은 몇 kg이 분해한 것인지 구하시오.

㉠ 계산과정

㉡ 답

해설

탄산수소나트륨은 약 60℃ 부근에서 분해되기 시작하여 270℃와 850℃ 이상에서 다음과 같이 열분해한다.

$2NaHCO_3 \rightarrow Na_2CO_3 + H_2O + CO_2$ 흡열반응(at 270℃)

중탄산나트륨 탄산나트륨 수증기 탄산가스

$2NaHCO_3 \rightarrow Na_2O + H_2O + 2CO_2$ 흡열반응(at 850℃)

중탄산나트륨 산화나트륨 수증기 탄산가스

해답

① $2NaHCO_3 \rightarrow Na_2CO_3 + H_2O + CO_2$

② ㉠ $\dfrac{100m^3\text{-}CO_2}{} \left| \dfrac{1kmol\text{-}CO_2}{22.4m^3\text{-}CO_2} \right| \dfrac{2kmol\text{-}NaHCO_3}{1kmol\text{-}CO_2} \left| \dfrac{84kg\text{-}NaHCO_3}{1kmol\text{-}NaHCO_3} \right. = 750kg\text{-}NaHCO_3$

㉡ 750kg

02

탄화칼슘에 대해 다음 물음에 답하시오.

① 물과의 반응식

② 물과의 반응식에서 생성되는 가연성 가스의 연소반응식

해설

탄화칼슘(칼슘카바이드, CaC_2)은 제3류 위험물(자연발화성 및 금수성 물질)로, 물(H_2O)과 반응하여 가연성 가스인 아세틸렌가스(C_2H_2)를 발생한다.

$CaC_2 + 2H_2O \rightarrow Ca(OH)_2 + C_2H_2$

탄화칼슘 물 수산화칼슘 아세틸렌

해답

① $CaC_2 + 2H_2O \rightarrow Ca(OH)_2 + C_2H_2$

② $2C_2H_2 + 5O_2 \rightarrow 4CO_2 + 2H_2O$

03

다음 물질의 시성식을 각각 적으시오.
① 나이트로글리세린
② 트라이나이트로페놀
③ 트라이나이트로톨루엔

해답

① $C_3H_5(OMO_2)_3$
② $C_6H_2OH(NO_2)_3$
③ $C_6H_2CH_3(NO_2)_3$

04

트라이나이트로톨루엔이 완전분해할 때의 분해반응식을 적으시오.

해설

트라이나이트로톨루엔은 K, KOH, HCl, $Na_2Cr_2O_7$과 접촉 시 조건에 따라 발화하거나 충격·마찰에 민감하고 폭발 위험성이 있으며, 분해하면 다량의 기체를 발생하고 불완전연소 시 유독성의 질소산화물과 CO를 생성한다.

해답

$2C_6H_2CH_3(NO_2)_3 \rightarrow 12CO + 2C + 3N_2 + 5H_2$

05

분자량 78, 인화점 −11℃, 발화점 498℃, 연소범위 1.4~7.1%로, 증기는 마취성이고 독성이 강한 제4류 위험물에 대해 다음 물음에 답하시오.
① 명칭
② 화학식
③ 분자량
④ 연소반응식

해설

벤젠(C_6H_6)의 일반적 성질

㉠ 무색투명하고 독특한 냄새를 가진 휘발성이 강한 액체로, 위험성이 강하며 인화가 쉽고 다량의 흑연을 발생하며, 뜨거운 열을 내며 연소하고 연소 시 이산화탄소와 물이 생성된다.
㉡ 물에는 녹지 않으나 알코올, 에터 등의 유기용제에는 잘 녹으며, 유지, 수지, 고무 등을 용해시킨다.
㉢ 분자량 78, 비중 0.9, 비점 80℃, 인화점 −11℃, 발화점 498℃, 연소범위 1.4~7.1%로, 80.1℃에서 끓고 5.5℃에서 응고된다. 겨울철에는 응고된 상태에서도 연소가 가능하다.

해답

① 벤젠
② C_6H_6
③ 78g/mol
④ $2C_6H_6 + 15O_2 \rightarrow 12CO_2 + 6H_2O$

06

위험물 운반 시 다음에 주어진 위험물과 혼재 가능한 위험물의 유별을 모두 적으시오.
① 제1류 위험물
② 제2류 위험물
③ 제3류 위험물

해설

유별을 달리하는 위험물의 혼재기준

위험물의 구분	제1류	제2류	제3류	제4류	제5류	제6류
제1류		×	×	×	×	○
제2류	×		×	○	○	×
제3류	×	×		○	×	×
제4류	×	○	○		○	×
제5류	×	○	×	○		×
제6류	○	×	×	×	×	

해답

① 제6류 위험물
② 제4류 위험물, 제5류 위험물
③ 제4류 위험물

07

탄소가 완전연소할 때의 연소반응식을 쓰고, 12kg의 탄소가 완전연소하는 데 필요한 산소의 부피(m^3)를 750mmHg, 30℃ 기준으로 구하시오.
① 연소반응식
② 필요한 산소의 부피

해설

0℃, 1기압(760mmHg)에서

$$\frac{12kg-C}{} \left| \frac{1kmol-C}{12kg-C} \right| \frac{1kmol-O_2}{1kmol-C} \left| \frac{22.4m^3-O_2}{1kmol-O_2} \right. = 22.4m^3-O_2$$

30℃, 750mmHg에서의 부피를 구하려면, 보일-샤를의 법칙에 의해

$\frac{P_1V_1}{T_1} = \frac{P_2V_2}{T_2}$ 에서, $\frac{760 \times 22.4}{273.15} = \frac{750 \times V_2}{303.15}$

$\therefore V_2 = 25.19m^3$

해답

① $C + O_2 \rightarrow CO_2$
② $25.19m^3$

08

위험물안전관리법상 제2류 위험물로 은백색의 광택이 나는 가벼운 금속에 해당하며, 원자량이 약 24인 물질에 대해 다음 물음에 답하시오. (단, 해당사항이 없는 경우 "해당 없음"이라 적으시오.)

① 명칭
② 물과의 반응식
③ 이산화탄소 소화설비 적응 여부

해설

마그네슘은 물과 반응하여 많은 양의 열과 수소(H_2)를 발생하고, CO_2 등 질식성 가스와 접촉 시에는 가연성 물질인 C와 유독성인 CO가스를 발생한다.

$2Mg + CO_2 \rightarrow 2MgO + C$

$Mg + CO_2 \rightarrow MgO + CO$

해답

① 마그네슘
② $Mg + 2H_2O \rightarrow Mg(OH)_2 + H_2$
③ 해당 없음.

09

위험물저장소에 [보기]와 같이 위험물이 저장되어 있다. 전체적으로 지정수량의 몇 배가 저장되어 있는 것인지 구하시오.

[보기] 다이에틸에터 100L, 이황화탄소 50L, 아세톤 400L, 휘발유 200L

해설

$$\text{지정수량 배수의 합} = \frac{\text{A품목 저장수량}}{\text{A품목 지정수량}} + \frac{\text{B품목 저장수량}}{\text{B품목 지정수량}} + \frac{\text{C품목 저장수량}}{\text{C품목 지정수량}} + \cdots$$

$$= \frac{100L}{50L} + \frac{50L}{50L} + \frac{400L}{400L} + \frac{200L}{200L} = 5$$

해답

5

10

아닐린에 대하여 다음 각 물음에 답하시오.

① 위험물안전관리법령상 해당하는 품명을 쓰시오.
② 지정수량을 쓰시오.

해설

아닐린은 비수용성이다.

해답

① 제3석유류, ② 2,000L

11

다음 [보기]의 위험물을 인화점이 낮은 것부터 높은 순서대로 적으시오.

[보기] 아세트산, 아세톤, 에틸알코올, 나이트로벤젠

해설

품목	아세트산	아세톤	에틸알코올	나이트로벤젠
품명	제2석유류	제1석유류	알코올류	제3석유류
인화점	40℃	−18.5℃	13℃	88℃

※ 각각의 인화점을 정확하게 모른다고 하더라도, 품명만 알면 분류할 수 있다.

해답

아세톤 − 에틸알코올 − 아세트산 − 나이트로벤젠

12

위험물안전관리법령상 다음 각 위험물의 운반용기 외부에 표시해야 하는 주의사항을 모두 쓰시오.

① 제1류 위험물 중 알칼리금속의 과산화물
② 제2류 위험물 중 금속분
③ 제5류 위험물

해설

수납하는 위험물에 따른 주의사항

유별	구분	주의사항
제1류 위험물 (산화성 고체)	알칼리금속의 과산화물	"화기 · 충격주의" "물기엄금" "가연물접촉주의"
	그 밖의 것	"화기 · 충격주의" "가연물접촉주의"
제2류 위험물 (가연성 고체)	철분 · 금속분 · 마그네슘	"화기주의" "물기엄금"
	인화성 고체	"화기엄금"
	그 밖의 것	"화기주의"
제3류 위험물 (자연발화성 및 금수성 물질)	자연발화성 물질	"화기엄금" "공기접촉엄금"
	금수성 물질	"물기엄금"
제4류 위험물(인화성 액체)	−	"화기엄금"
제5류 위험물(자기반응성 물질)	−	"화기엄금" 및 "충격주의"
제6류 위험물(산화성 액체)	−	"가연물접촉주의"

해답

① 화기 · 충격주의, 물기엄금, 가연물접촉주의
② 화기주의, 물기엄금
③ 화기엄금 및 충격주의

13

다음 [보기]에 주어진 위험물 중 위험물안전관리법령상 지정수량이 500kg 이하인 것을 모두 찾아, 품명과 지정수량을 적으시오.

[보기] 아염소산염류, 무기과산화물류, 브로민산염류, 과망가니즈산염류, 차아염소산염류

해설

제1류 위험물의 품명 및 지정수량

<table>
<tr><th>성질</th><th>위험등급</th><th>품명</th><th>지정수량</th></tr>
<tr><td rowspan="7">산화성 고체</td><td>Ⅰ</td><td>1. 아염소산염류
2. 염소산염류
3. 과염소산염류
4. 무기과산화물</td><td>50kg</td></tr>
<tr><td>Ⅱ</td><td>5. 브로민산염류
6. 질산염류
7. 아이오딘산염류</td><td>300kg</td></tr>
<tr><td>Ⅲ</td><td>8. 과망가니즈산염류
9. 다이크로뮴산염류</td><td>1,000kg</td></tr>
<tr><td rowspan="4">Ⅰ~Ⅲ</td><td>10. 그 밖에 행정안전부령이 정하는 것
① 과아이오딘산염류
② 과아이오딘산
③ 크로뮴, 납 또는 아이오딘의 산화물
④ 아질산염류</td><td>300kg</td></tr>
<tr><td>⑤ 차아염소산염류</td><td>50kg</td></tr>
<tr><td>⑥ 염소화아이소사이아누르산
⑦ 퍼옥소이황산염류
⑧ 퍼옥소붕산염류</td><td>300kg</td></tr>
<tr><td>11. 1~10호의 하나 이상을 함유한 것</td><td>50kg, 300kg
또는 1,000kg</td></tr>
</table>

해답

아염소산염류 – 50kg
무기과산화물류 – 50kg
브로민산염류 – 300kg
차아염소산염류 – 50kg

14

옥외저장탱크 · 옥내저장탱크 또는 지하저장탱크 중 압력탱크 외의 탱크에 저장할 경우에 유지하여야 하는 온도를 쓰시오.

① 다이에틸에터
② 아세트알데하이드
③ 산화프로필렌

해답

① 30℃ 이하, ② 15℃ 이하, ③ 30℃ 이하

15

위험물안전관리법령상 간이탱크저장소에 대하여 다음 각 물음에 답하시오.

① 1개의 간이탱크저장소에 설치하는 간이저장탱크는 몇 개 이하로 하여야 하는지 쓰시오.
② 간이저장탱크의 용량은 몇 L 이하이어야 하는지 쓰시오.
③ 간이저장탱크는 두께를 몇 mm 이상의 강판으로 하여야 하는지 쓰시오.
④ 다음 괄호 안에 들어갈 알맞은 내용을 순서대로 적으시오.

- 통기관의 지름은 (　　)mm 이상으로 할 것
- 통기관은 옥외에 설치하되, 그 끝부분의 높이는 지상 (　　)m 이상으로 할 것
- 통기관의 끝부분은 수평면에 대하여 아래로 (　　)도 이상 구부려 빗물 등이 침투하지 아니하도록 할 것

해설

㉮ 간이탱크저장소의 설치기준
㉠ 하나의 간이탱크저장소에 설치하는 탱크의 수는 3기 이하로 할 것(단, 동일한 품질의 위험물 탱크를 2기 이상 설치하지 말 것)
㉡ 하나의 탱크 용량은 600L 이하로 할 것
㉢ 두께 3.2mm 이상의 강판으로 흠이 없도록 제작할 것

㉯ 간이탱크저장소 통기관 설치기준
㉠ 통기관의 지름은 25mm 이상으로 할 것
㉡ 통기관은 옥외에 설치하되, 그 끝부분의 높이는 지상 1.5m 이상으로 할 것
㉢ 통기관의 끝부분은 수평면에 대하여 아래로 45° 이상 구부려 빗물 등이 침투하지 아니하도록 할 것
㉣ 가는 눈의 구리망 등으로 인화방지장치를 할 것. 다만, 인화점 70℃ 이상의 위험물만을 해당 위험물의 인화점 미만의 온도로 저장 또는 취급하는 탱크에 설치하는 통기관에 있어서는 그러하지 아니하다.

해답

① 3개, ② 600, ③ 3.2
④ 25, 1.5, 45

16

제2류 위험물 중 비중이 2.03, 발화점이 100℃인 황색의 결정성 덩어리로 공기 중에서 연소 시 유독가스를 발생하는 물질의 명칭을 쓰시오.

해설

황화인 – 제2류 위험물(가연성 고체)

구분	화학식	비중	발화점(℃)	색상	용해성
삼황화인	P_4S_3	2.03	100	황색 결정	불용성
오황화인	P_2S_5	2.09	260~290	담황색 결정	조해성
칠황화인	P_4S_7	2.19	250 이상	담황색 결정	조해성

해답

삼황화인

17

다음 [보기]에 주어진 위험물 중 포소화설비 적응성이 없는 물질은 무엇인지 모두 고르시오.

[보기] 철분, 알킬알루미늄, 등유, 하이드록실아민, 과산화수소, 유기과산화물

해설

소화설비의 적응성

대상물의 구분 / 소화설비의 구분			건축물·그 밖의 공작물	전기설비	제1류 위험물		제2류 위험물			제3류 위험물		제4류 위험물	제5류 위험물	제6류 위험물
					알칼리금속과산화물 등	그 밖의 것	철분·금속분·마그네슘 등	인화성 고체	그 밖의 것	금수성 물품	그 밖의 것			
옥내소화전 또는 옥외소화전설비			○			○		○	○		○		○	○
스프링클러설비			○			○		○	○		○	△	○	○
물분무등소화설비	물분무소화설비		○	○		○		○	○		○	○	○	○
	포소화설비		○			○		○	○		○	○	○	○
	불활성가스소화설비			○				○				○		
	할로젠화합물소화설비			○				○				○		
	분말소화설비	인산염류 등	○	○		○		○	○			○		○
		탄산수소염류 등		○	○		○	○		○		○		
		그 밖의 것			○		○			○				

해답

철분, 알킬알루미늄

18

다이에틸에터에 대해 다음 물음에 답하시오.

① 품명
② 연소범위
③ 인화점

해설

다이에틸에터($C_2H_5OC_2H_5$, 산화에틸, 에터, 에틸에터) – 비수용성 액체

분자량	비중	증기비중	비점	인화점	발화점	연소범위
74.12	0.72	2.6	34℃	−40℃	180℃	1.9~48%

해답

① 특수인화물, ② 1.9~48%, ③ −40℃

19 다음 [보기]에서 설명하는 제3류 위험물에 대해 다음 각 물음에 답하시오.

[보기]
- 적갈색의 고체이며, 지정수량은 300kg이고, 비중은 약 2.5이다.
- 물 및 산과 반응한다.
- 물과 반응할 때 인화수소를 발생한다.

① 이 위험물의 명칭을 쓰시오.
② 물과의 화학반응식을 쓰시오.

해설

인화칼슘(인화석회, Ca_3P_2)의 일반적인 성질

㉮ 제3류 위험물(자연발화성 및 금수성 물질), 금속의 인화물, 지정수량 300kg
㉯ 물, 산과 격렬하게 반응하여 포스핀(인화수소)을 발생한다.
　㉠ 염산(HCl)과의 반응식 : $Ca_3P_2 + 6HCl \rightarrow 3CaCl_2 + 2PH_3$
　　인화칼슘　염산　염화칼슘　(포스핀, 인화수소)
　㉡ 물(H_2O)과의 반응식 : $Ca_3P_2 + 6H_2O \rightarrow 3Ca(OH)_2 + 2PH_3$
　　인화칼슘　물　수산화칼슘　(포스핀, 인화수소)
㉰ Ca_3P_2의 분자량 : 40×3+31×2=182(원자량 Ca : 40, P : 31)

해답

① 인화칼슘
② $Ca_3P_2+6H_2O \rightarrow 3Ca(OH)_2+2PH_3$

20 다음 주어진 위험물을 옥내저장소에 저장하는 경우 저장창고의 바닥면적은 몇 m^2 이하로 해야 하는지 각각 적으시오.

① 칼륨　② 아세트알데하이드　③ 적린

해설

옥내저장소 하나의 저장창고의 바닥면적

위험물을 저장하는 창고	바닥면적
가. ㉠ 제1류 위험물 중 아염소산염류, 염소산염류, 과염소산염류, 무기과산화물, 그 밖에 지정수량이 50kg인 위험물 ㉡ 제3류 위험물 중 칼륨, 나트륨, 알킬알루미늄, 알킬리튬, 그 밖에 지정수량이 10kg인 위험물 및 황린 ㉢ 제4류 위험물 중 특수인화물, 제1석유류 및 알코올류 ㉣ 제5류 위험물 중 유기과산화물, 질산에스터류, 그 밖에 지정수량이 10kg인 위험물 ㉤ 제6류 위험물	1,000m^2 이하
나. ㉠~㉤ 외의 위험물을 저장하는 창고	2,000m^2 이하
다. 내화구조의 격벽으로 완전히 구획된 실에 각각 저장하는 창고 (가목의 위험물을 저장하는 실의 면적은 500m^2를 초과할 수 없다.)	1,500m^2 이하

해답

① 1,000m^2 이하, ② 1,000m^2 이하, ③ 2,000m^2 이하

2024년

2024. 3. 16. 시행

제1회 과년도 출제문제

01 다음 위험물안전관리법에 따른 자체소방대 설치에 관한 기준에서 빈칸을 알맞게 채우시오.

사업소의 구분	화학소방자동차	자체소방대원의 수
제조소 또는 일반취급소에서 취급하는 제4류 위험물의 최대수량의 합이 지정수량의 3천배 이상 12만배 미만인 사업소	1대	(①)
제조소 또는 일반취급소에서 취급하는 제4류 위험물의 최대수량의 합이 지정수량의 12만배 이상 24만 배 미만인 사업소	2대	10인
제조소 또는 일반취급소에서 취급하는 제4류 위험물의 최대수량의 합이 지정수량의 24만배 이상 48만배 미만인 사업소	3대	(②)
제조소 또는 일반취급소에서 취급하는 제4류 위험물의 최대수량의 합이 지정수량의 48만배 이상인 사업소	4대	(③)
옥외탱크저장소에 저장하는 제4류 위험물의 최대수량이 지정수량의 50만배 이상인 사업소	(④)	(⑤)

해답

① 5인
② 15인
③ 20인
④ 2대
⑤ 10인

02 표준상태에서 다음 물질의 증기밀도(g/L)를 각각 구하시오.
① 에탄올
② 톨루엔

해설

① 에탄올(C_2H_5OH) $= \dfrac{46g}{22.4L} ≒ 2.05g/L$

② 톨루엔($C_6H_5CH_3$) $= \dfrac{92g}{22.4L} ≒ 4.11g/L$

해답

① 2.05g/L
② 4.11g/L

03

위험물안전관리법상 운반기준에 따라 차광성 또는 방수성 피복으로 덮어야 하는 위험물의 품명을 [보기]에서 골라 각각 쓰시오. (단, 2가지 모두 포함되는 경우 모두 적으시오.)

[보기] 황화인, 마그네슘, 황린, 질산암모늄, 질산, 과산화나트륨, 휘발유, 다이에틸에터

① 차광성 덮개로 덮어야 하는 위험물을 모두 적으시오.
② 방수성 덮개로 덮어야 하는 위험물을 모두 적으시오.

해설

적재하는 위험물에 따른 피복

차광성이 있는 것으로 피복해야 하는 경우	방수성이 있는 것으로 피복해야 하는 경우
• 제1류 위험물 • 제3류 위험물 중 자연발화성 물질 • 제4류 위험물 중 특수인화물 • 제5류 위험물 • 제6류 위험물	• 제1류 위험물 중 알칼리금속의 과산화물 • 제2류 위험물 중 철분, 금속분, 마그네슘 • 제3류 위험물 중 금수성 물질

해답

① 질산암모늄, 과산화나트륨, 황린, 다이에틸에터, 질산
② 마그네슘, 과산화나트륨

04

무색투명한 기름상의 액체로 열분해 시 이산화탄소, 질소, 수증기, 산소로 분해되며, 규조토에 흡수시켜 다이너마이트를 제조하는 물질에 대해 다음 물음에 답하시오.

① 구조식을 쓰시오.
② 품명을 쓰시오.
③ 분해반응식을 쓰시오.

해설

나이트로글리세린[$C_3H_5(ONO_2)_3$]은 40℃에서 분해하기 시작하고, 145℃에서 격렬히 분해하며, 200℃ 정도에서 스스로 폭발한다.

해답

①
```
     H    H    H
     |    |    |
  H— C  — C  — C —H
     |    |    |
     O    O    O
     |    |    |
    NO2  NO2  NO2
```

② 질산에스터류

③ $4C_3H_5(ONO_2)_3 \rightarrow 12CO_2 + 10H_2O + 6N_2 + O_2$

05

철(Fe)과 묽은 염산의 반응에 대해 다음 물음에 알맞게 답하시오.
① 화학반응식을 쓰시오.
② 생성되는 기체의 명칭을 쓰시오.

해설

묽은 산과 반응하여 수소를 발생한다.

$Fe + 2HCl \rightarrow FeCl_2 + H_2$
철 염산 염화제일철 수소

해답

① $Fe + 2HCl \rightarrow FeCl_2 + H_2$
② 수소가스(H_2)

06

다음 물질이 물과 반응하여 발생하는 가연성 기체의 화학식을 적으시오. (단, 없으면 "없음"이라 적으시오.)
① 트라이에틸알루미늄
② 인화알루미늄
③ 염소산칼륨
④ 과염소산나트륨
⑤ 사이안화수소

해설

① 트라이에틸알루미늄은 물과 접촉하면 폭발적으로 반응하여 에테인을 형성하고, 이때 발열 · 폭발에 이른다.
$(C_2H_5)_3Al + 3H_2O \rightarrow Al(OH)_3 + 3C_2H_6$
② 인화알루미늄은 물과 접촉 시 가연성 · 유독성의 포스핀가스가 발생한다.
$AlP + 3H_2O \rightarrow Al(OH)_3 + PH_3$

해답

① C_2H_6, ② PH_3
③ 없음, ④ 없음, ⑤ 없음

07

위험물안전관리법상 제2류 위험물에 해당하는 알루미늄 분말을 주수소화하면 안 되는 이유에 대해 화학반응식을 이용하여 설명하시오.

해답

$2Al + 6H_2O \rightarrow 2Al(OH)_3 + 3H_2$
알루미늄 분말은 물과 반응하면 가연성의 수소가스를 발생하기 때문에 주수소화하면 안 된다.

08 위험물안전관리법령에 따른 제1종 판매취급소의 시설기준에 대한 내용이다. 다음 물음에 알맞게 답하시오.

- 제1종 판매취급소란 저장 또는 취급하는 위험물의 수량이 지정수량의 (①) 이하인 취급소를 의미한다.
- 위험물을 배합하는 실의 바닥면적은 (②) 이상 (③) 이하로 하여야 한다.
- 판매취급소의 경우 (④) 또는 (⑤)로 된 벽으로 구획한다.
- 출입구 문턱의 높이는 바닥면으로부터 (⑥)m 이상으로 한다.

해설

제1종 판매취급소

저장 또는 취급하는 위험물의 수량이 지정수량의 20배 이하인 취급소

㉮ 건축물의 1층에 설치한다.

㉯ 배합실은 다음과 같다.

　㉠ 바닥면적은 $6m^2$ 이상 $15m^2$ 이하이다.

　㉡ 내화구조 또는 불연재료로 된 벽으로 구획한다.

　㉢ 바닥은 위험물이 침투하지 아니하는 구조로 하여 적당한 경사를 두고 집유설비를 한다.

　㉣ 출입구에는 수시로 열 수 있는 자동폐쇄식의 60분+방화문 · 60분방화문을 설치한다.

　㉤ 출입구 문턱의 높이는 바닥면으로부터 0.1m 이상으로 한다.

　㉥ 내부에 체류한 가연성 증기 또는 가연성의 미분을 지붕 위로 방출하는 설치를 한다.

해답

① 20배, ② $6m^2$, ③ $15m^2$

④ 내화구조, ⑤ 불연재료, ⑥ 0.1

09 위험물안전관리법상 제1류 위험물에 해당하는 과산화칼륨에 대해 다음 각 물음에 답하시오.

① 물과의 반응식을 쓰시오.

② 초산과의 반응식을 쓰시오.

③ 열분해반응식을 쓰시오.

해설

① 흡습성이 있으므로 물과 접촉하면 발열하며, 수산화칼륨(KOH)과 산소(O_2)를 발생한다.

② 묽은 산과 반응하여 과산화수소를 생성한다.

③ 가열하면 열분해하여 산화칼륨과 산소를 방출한다.

해답

① $2K_2O_2 + 2H_2O \rightarrow 4KOH + O_2$

② $K_2O_2 + 2CH_3COOH \rightarrow 2CH_3COOK + H_2O_2$

③ $2K_2O_2 \rightarrow 2K_2O + O_2$

10

다음 그림과 같은 원형 위험물 저장탱크의 내용적은 몇 m^3인지 구하시오.

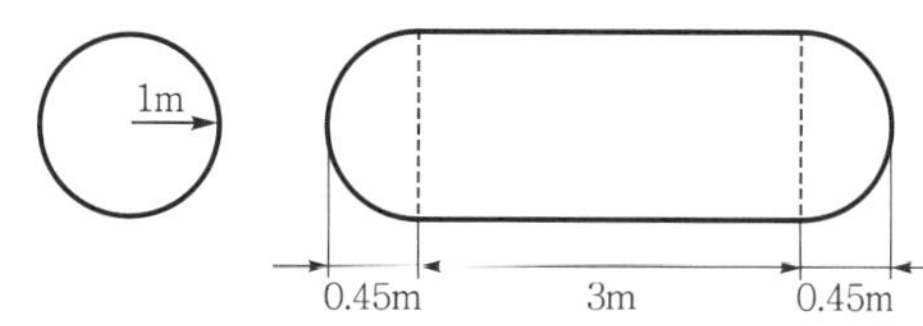

해설

$$V = \pi r^2\left(l + \frac{l_1 + l_2}{3}\right) = \pi \times 1^2\left(3 + \frac{0.45 + 0.45}{3}\right) = 10.37\text{m}^3$$

해답

10.37m^3

11

표준상태에서 황 2kg을 완전연소시키려면 몇 L의 공기가 필요한지 구하시오. (단, 황의 분자량은 32이고, 공기 중에 산소는 21% 존재한다.)

해설

$S + O_2 \rightarrow SO_2$

$$\frac{2{,}000\text{g S}}{} \left| \frac{1\text{mol S}}{32\text{g S}} \right| \frac{1\text{mol } O_2}{1\text{mol S}} \left| \frac{100\text{mol Air}}{21\text{mol } O_2} \right| \frac{22.4\text{L Air}}{1\text{mol Air}} = 6666.67\text{L}$$

해답

6666.67L

12

다음의 Halon 번호에 해당하는 화학식을 각각 쓰시오.

① Halon 2402
② Halon 1211
③ Halon 1301

해설

할론 소화약제의 명명법

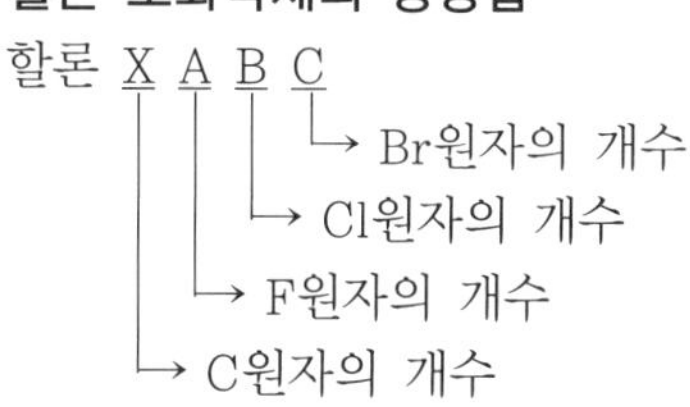

해답

① $C_2F_4Br_2$
② CF_2ClBr
③ CF_3Br

13

다음에서 설명하는 인화성 액체의 화학식을 각각 적으시오.
① 제2석유류 수용성으로 16℃에서 결빙하며, 신맛이 나고, 분자량 60인 물질
② 벤젠에 수소원자 한 개를 나이트로기로 치환한 물질
③ 3가 알코올이며, 지정수량 4,000L로 단맛이 나는 물질

해설

① 아세트산(CH_3COOH)

분자량	비중	증기비중	비점	융점	인화점	발화점	연소범위
60	1.05	2.07	118℃	16.7℃	40℃	463℃	5.4~16%

```
    H
    |      O
H - C - C ⸗
    |      \
    H       O - H
```

강한 자극성의 냄새와 신맛을 가진 무색투명한 액체이며, 겨울에는 고화하고, 연소 시 파란 불꽃을 내면서 탄다.

$CH_3COOH + 2O_2 \rightarrow 2CO_2 + 2H_2O$

② 나이트로벤젠($C_6H_5NO_2$, 나이트로벤졸)

비중	비점	융점	인화점	발화점
1.2	211℃	5℃	88℃	482℃

물에 녹지 않으며 유기용제에 잘 녹는 특유한 냄새를 지닌 담황색 또는 갈색의 액체로, 벤젠을 진한 황산과 진한 질산을 사용하여 나이트로화시켜 제조한다. 산이나 알칼리에는 안정하나, 금속 촉매에 의해 염산과 반응하면 환원되어 아닐린이 생성된다.

③ 글리세린[$C_3H_5(OH)_3$]

분자량	비중	융점	인화점	발화점
92	1.26	17℃	160℃	370℃

```
    H   H   H
    |   |   |
H - C - C - C - H
    |   |   |
   OH  OH  OH
```

물보다 무겁고 단맛이 나는 무색 액체로서, 3가 알코올이다. 물, 알코올, 에터에 잘 녹으며 벤젠, 클로로폼 등에는 녹지 않는다.

해답

① CH_3COOH
② $C_6H_5NO_2$
③ $C_3H_5(OH)_3$

14

다음 각 물음에 답하시오.
① 금속나트륨이 에틸알코올과 반응하는 화학반응식을 적으시오.
② 25℃, 1atm에서 에틸알코올 46g이 금속나트륨과 반응하여 생성되는 기체의 부피는 몇 L인지 구하시오.

해설

① 금속나트륨(Na)은 알코올과 반응하여 나트륨알코올레이트와 수소가스를 발생한다.
② 표준상태(0℃, 1atm)에서 생성되는 수소기체는 11.2L이다.

$$\frac{46g-C_2H_5OH}{} \left| \frac{1mol-C_2H_5OH}{46g-C_2H_5OH} \right| \frac{2mol-Na}{2mol-C_2H_5OH} \left| \frac{1mol-H_2}{2mol-Na} \right| \frac{22.4L-H_2}{1mol-H_2} = 11.2L-H_2$$

25℃, 1atm에서의 부피를 구하려면, 샤를의 법칙에 의해

$\frac{V_1}{T_1} = \frac{V_2}{T_2}$에서, $\frac{11.2}{273.15} = \frac{V_2}{303.15}$

$\therefore V_2 = 12.43L$

해답

① $2Na + 2C_2H_5OH \rightarrow 2C_2H_5ONa + H_2$
② 12.43L

15

다음 주어진 제3류 위험물에 대한 지정수량을 각각 쓰시오.
① 칼륨
② 나트륨
③ 황린
④ 알킬리튬
⑤ 칼슘의 탄화물

해설

제3류 위험물(자연발화성 물질 및 금수성 물질)의 위험등급, 품명 및 지정수량

위험등급	품명	지정수량
Ⅰ	1. 칼륨(K) 2. 나트륨(Na) 3. 알킬알루미늄 4. 알킬리튬	10kg
	5. 황린(P_4)	20kg
Ⅱ	6. 알칼리금속(칼륨 및 나트륨 제외) 및 알칼리토금속 7. 유기금속화합물(알킬알루미늄 및 알킬리튬 제외)	50kg
Ⅲ	8. 금속의 수소화물 9. 금속의 인화물 10. 칼슘 또는 알루미늄의 탄화물	300kg
	11. 그 밖에 행정안전부령이 정하는 것 염소화규소화합물	300kg

해답

① 10kg, ② 10kg, ③ 20kg, ④ 10kg, ⑤ 300kg

16

다음은 위험물안전관리법에서 정하는 위험물 취급 자격자의 자격에 관한 기준이다. 다음 빈칸을 알맞게 채우시오.

위험물 취급 자격자의 구분	취급할 수 있는 위험물
(①)	모든 위험물
(②)	제4류 위험물
소방공무원 경력자	(③)

해답

① 위험물기능장, 위험물산업기사, 위험물기능사
② 안전관리교육 이수자
③ 제4류 위험물

17

다음 [보기]는 제6류 위험물을 저장하고 있는 옥내저장소에 대한 내용이다. [보기]의 내용 중 틀린 부분을 바르게 고치시오. (단, 없으면 "없음"이라 적으시오.)

[보기]
① 안전거리를 두지 않아도 된다.
② 저장창고의 바닥면적은 2,000m^2 이하로 한다.
③ 지붕은 내화구조로 할 수 있다.
④ 지정수량 10배 이상은 피뢰침을 설치하지 않아도 된다.

해설

② 하나의 옥내저장소 저장창고의 바닥면적

위험물을 저장하는 창고	바닥면적
가. ㉠ 제1류 위험물 중 아염소산염류, 염소산류, 과염소산염류, 무기과산화물, 그 밖에 지정수량이 50kg인 위험물 ㉡ 제3류 위험물 중 칼륨, 나트륨, 알킬알루미늄, 알킬리튬, 그 밖에 지정수량이 10kg인 위험물 및 황린 ㉢ 제4류 위험물 중 특수인화물, 제1석유류 및 알코올류 ㉣ 제5류 위험물 중 유기과산화물, 질산에스터류, 그 밖에 지정수량이 10kg인 위험물 ㉤ 제6류 위험물	1,000m^2 이하
나. ㉠~㉤ 외의 위험물을 저장하는 창고	2,000m^2 이하
다. 내화구조의 격벽으로 완전히 구획된 실에 각각 저장하는 창고 (가목의 위험물을 저장하는 실의 면적은 500m^{2}를 초과할 수 없다.)	1,500m^2 이하

④ 제6류 위험물은 산화성 액체로 불연성 물질이므로 안전거리 및 피뢰침을 설치대상에서 제외된다.

해답

① 없음., ② 2,000m^2 → 1,000m^2, ③ 없음., ④ 없음.

18

다음 [보기]의 위험물을 위험물안전관리법령상 위험등급별로 구분하여 적으시오.

[보기] 질산염류, 다이크로뮴산염류, 아염소산염류, 브로민산염류, 무기과산화물류, 과망가니즈산염류

① Ⅰ 등급
② Ⅱ 등급
③ Ⅲ 등급

해설

제1류 위험물의 종류와 지정수량

성질	위험등급	품명	대표품목	지정수량
산화성 고체	Ⅰ	1. 아염소산염류 2. 염소산염류 3. 과염소산염류 4. 무기과산화물류	$NaClO_2$, $KClO_2$ $NaClO_3$, $KClO_3$, NH_4ClO_3 $NaClO_4$, $KClO_4$, NH_4ClO_4 K_2O_2, Na_2O_2, MgO_2	50kg
	Ⅱ	5. 브로민산염류 6. 질산염류 7. 아이오딘산염류	$KBrO_3$ KNO_3, $NaNO_3$, NH_4NO_3 KIO_3	300kg
	Ⅲ	8. 과망가니즈산염류 9. 다이크로뮴산염류	$KMnO_4$ $K_2Cr_2O_7$	1,000kg
	Ⅰ~Ⅲ	10. 그 밖에 행정안전부령이 정하는 것 ① 과아이오딘산염류 ② 과아이오딘산 ③ 크로뮴, 납 또는 아이오딘의 산화물 ④ 아질산염류	 KIO_4 HIO_4 CrO_3 $NaNO_2$	300kg
		⑤ 차아염소산염류	LiClO	50kg
		⑥ 염소화아이소사이아누르산 ⑦ 퍼옥소이황산염류 ⑧ 퍼옥소붕산염류	OCNClONClCONCl $K_2S_2O_8$ $NaBO_3$	300kg
		11. 1~10호의 하나 이상을 함유한 것		50kg, 300kg 또는 1,000kg

해답

① Ⅰ등급 : 아염소산염류, 무기과산화물류
② Ⅱ등급 : 질산염류, 브로민산염류
③ Ⅲ등급 : 다이크로뮴산염류, 과망가니즈산염류

19

다음은 알코올류가 산화되는 과정이다. 주어진 질문에 알맞게 답하시오.

- 메틸알코올은 공기 속에서 산화되면 (㉮)가 되며, 최종적으로 (㉯)이 된다.
- 에틸알코올은 산화되면 (㉰)가 되며, 최종적으로 초산이 된다.

① ㉮의 명칭과 화학식을 적으시오.
② ㉯의 화학식과 지정수량을 적으시오.
③ ㉰의 화학식과 위험물안전관리법령상 품명을 적으시오.

해설

① 메틸알코올은 공기 속에서 산화되면 폼알데하이드(HCHO)가 되며, 최종적으로 폼산(HCOOH)이 된다.
② 폼산은 제2석유류(수용성)로 지정수량은 2,000L이다.
③ 에틸알코올은 산화되면 아세트알데하이드(CH_3CHO)가 되며, 최종적으로 초산(CH_3COOH)이 된다. 아세트알데하이드는 특수인화물로 지정수량은 50L이다.

해답

① 폼알데하이드, HCHO
② HCOOH, 2,000L
③ CH_3CHO, 특수인화물

20

위험물안전관리법령에서 정하는 정의에 맞게 다음 빈칸에 들어갈 내용을 순서대로 쓰시오.

① 특수인화물이라 함은 이황화탄소, 다이에틸에터, 그 밖에 1기압에서 발화점이 섭씨 (　　)도 이하인 것 또는 인화점이 섭씨 영하 (　　)도 이하이고 비점이 섭씨 (　　)도 이하인 것을 말한다.
② 제1석유류라 함은 아세톤, 휘발유, 그 밖에 인화점이 섭씨 (　　)도 미만인 것
③ 제3석유류라 함은 중유, 크레오소트유, 그 밖에 1기압에서 인화점이 섭씨 (　　)도 이상 섭씨 (　　)도 미만인 것을 말한다. 다만, 도료류, 그 밖의 물품은 가연성 액체량이 (　　)중량퍼센트 이하인 것은 제외한다.

해답

① 100, 20, 40
② 21
③ 70, 200, 40

제2회 과년도 출제문제

01 위험물안전관리법상 다음 도표의 빈칸에 들어갈 적당한 명칭을 적으시오.

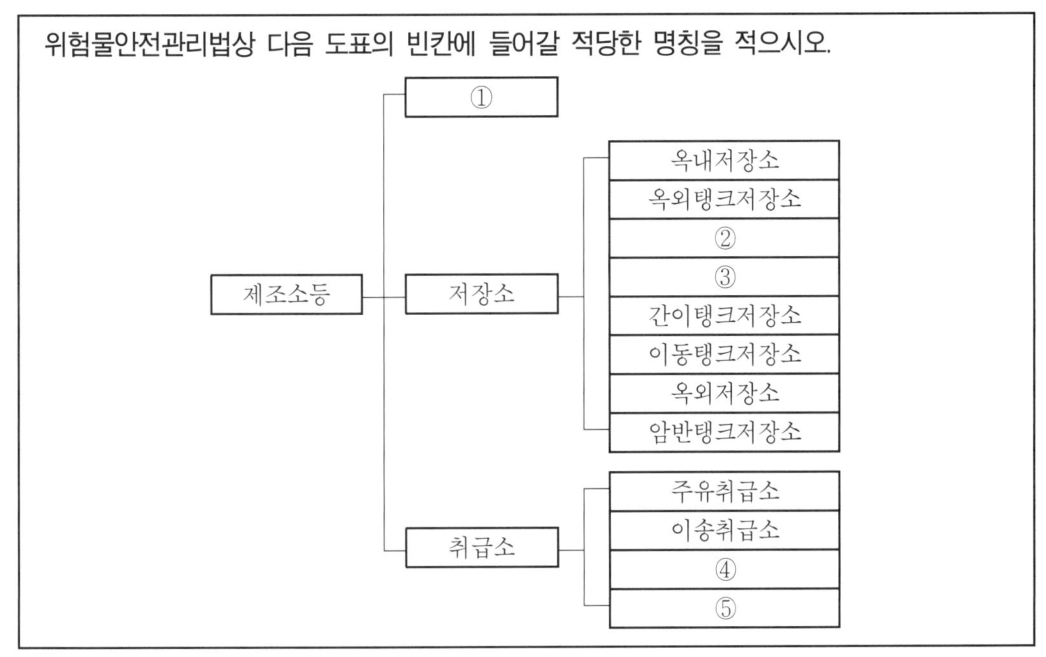

해답

① 제조소
② 옥내탱크저장소, ③ 지하탱크저장소
④ 판매취급소, ⑤ 일반취급소

02 주어진 물질에 대한 시성식을 각각 적으시오.

① 트라이나이트로페놀
② 트라이나이트로톨루엔
③ 다이나이트로벤젠

해답

① $C_6H_2OH(NO_2)_3$
② $C_6H_2CH_3(NO_2)_3$
③ $C_6H_4(NO_2)_2$

03

다음 [보기]에서 설명하는 물질에 대해 물음에 답하시오.

[보기]
무색의 휘발성 액체로, 증기비중은 약 2.44이고, 위험물안전관리법상 지정수량은 200L에 해당하는 물질이며, 뷰틸알코올을 탈수 처리하여 얻을 수 있다.

① 명칭을 적으시오.
② 화학식을 적으시오.
③ 제1류 위험물과의 혼재 가능 여부를 적으시오.

해답

① 메틸에틸케톤
② $CH_3COC_2H_5$
③ 혼재 불가능

04

다음 주어진 물질이 물과 접촉하면 발생하는 가스의 명칭을 적으시오. (단, 없으면 "없음"이라 쓰시오.)

① 수소화칼륨
② 리튬
③ 인화알루미늄
④ 탄화리튬
⑤ 탄화알루미늄

해설

① $KH + H_2O \rightarrow KOH + H_2\uparrow$
② $2Li + 2H_2O \rightarrow 2LiOH + H_2\uparrow$
③ $AlP + 3H_2O \rightarrow Al(OH)_3 + PH_3\uparrow$
④ $Li_2C_2 + 2H_2O \rightarrow 2LiOH + C_2H_2\uparrow$
⑤ $Al_4C_3 + 12H_2O \rightarrow 4Al(OH)_3 + 3CH_4\uparrow$

해답

① 수소
② 수소
③ 포스핀
④ 아세틸렌
⑤ 메테인

05

다음의 위험물을 운반할 때 운반용기 외부에 표시하여야 하는 주의사항을 쓰시오.
① 과산화벤조일
② 과산화수소
③ 아세톤
④ 마그네슘
⑤ 황린

해설

문제에서 주어진 위험물의 유별과 화학식은 다음과 같다.

물질명	① 과산화벤조일	② 과산화수소	③ 아세톤	④ 마그네슘	⑤ 황린
유별	제5류	제6류	제4류	제2류	제3류
화학식	$(C_6H_5CO)_2O_2$	H_2O_2	CH_3COCH_3	Mg	P_4

수납하는 위험물에 따른 주의사항

유별	구분	주의사항
제1류 위험물 (산화성 고체)	알칼리금속의 무기과산화물	"화기 · 충격주의" "물기엄금" "가연물접촉주의"
	그 밖의 것	"화기 · 충격주의" "가연물접촉주의"
제2류 위험물 (가연성 고체)	철분 · 금속분 · 마그네슘	"화기주의" "물기엄금"
	인화성 고체	"화기엄금"
	그 밖의 것	"화기주의"
제3류 위험물 (자연발화성 및 금수성 물질)	자연발화성 물질	"화기엄금" "공기접촉엄금"
	금수성 물질	"물기엄금"
제4류 위험물 (인화성 액체)	–	"화기엄금"
제5류 위험물 (자기반응성 물질)	–	"화기엄금" 및 "충격주의"
제6류 위험물 (산화성 액체)	–	"가연물접촉주의"

해답

① 화기엄금, 충격주의
② 가연물접촉주의
③ 화기엄금
④ 화기주의, 물기엄금
⑤ 화기엄금, 공기접촉엄금

06

다음 그림에서 보여주는 원통형 탱크의 내용적을 구하는 공식을 각각 적으시오.

①

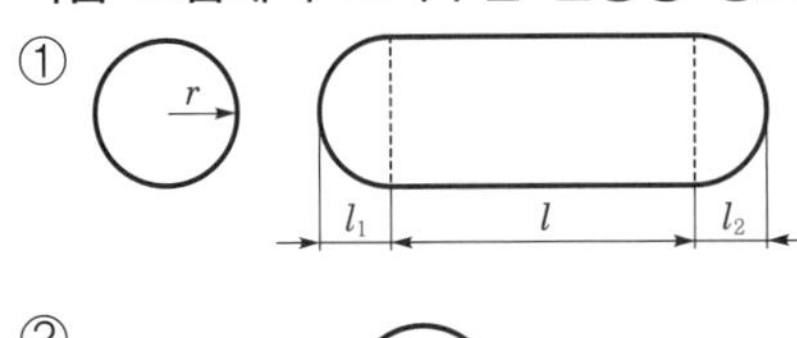

②

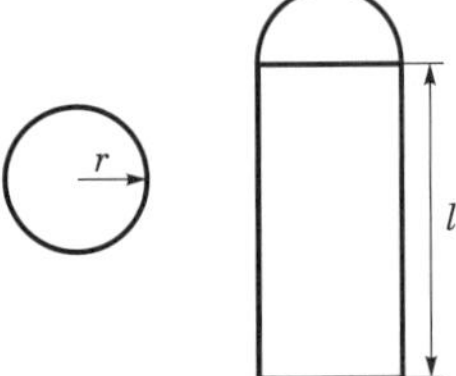

해답

① $V = \pi r^2 \left(l + \dfrac{l_1 + l_2}{3} \right)$

② $V = \pi r^2 l$

07

다음 [보기]에 주어진 주유취급소에 설치하는 주의사항 표지에 대해 각 물음에 답하시오.

[보기]
(A) 화기엄금
(B) 주유 중 엔진정지

① (A)와 (B) 게시판의 크기를 적으시오.
② (A) 게시판의 바탕색과 문자색을 적으시오.
③ (B) 게시판의 바탕색과 문자색을 적으시오.

해설

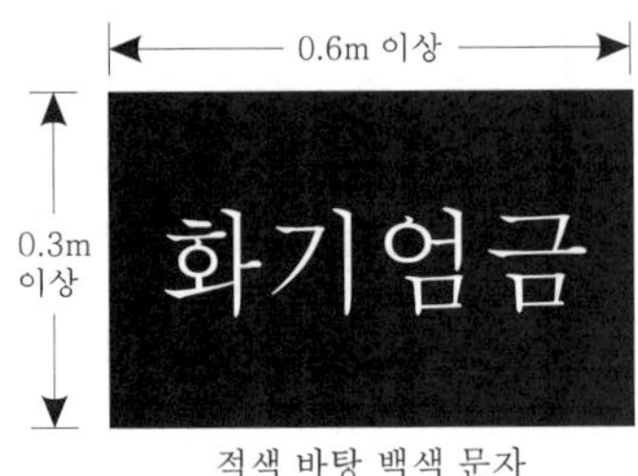

적색 바탕 백색 문자

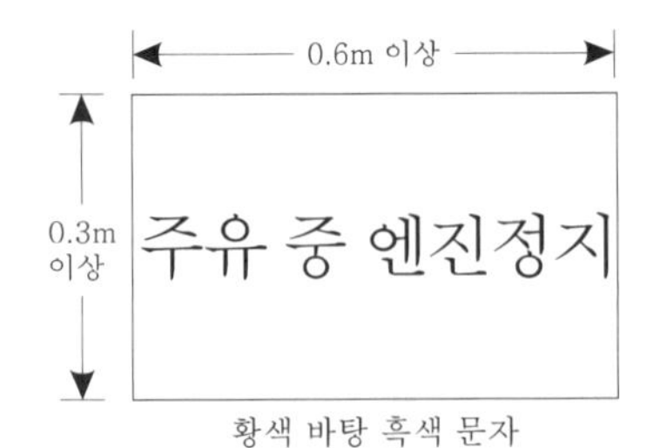

황색 바탕 흑색 문자

해답

① 한 변의 길이가 0.3m 이상, 다른 한 변의 길이가 0.6m 이상
② 적색 바탕, 백색 문자
③ 황색 바탕, 흑색 문자

08

다음 각 위험물이 공기 중에서 연소하였을 때 생성되는 물질을 화학식으로 쓰시오.
① 오황화인
② 칠황화인
③ 적린
④ 황린
⑤ 황

해설

① $2P_2S_5+15O_2 \rightarrow 2P_2O_5+10SO_2$
② $P_4S_7+12O_2 \rightarrow 2P_2O_5+7SO_2$
③ 적린(P)은 연소하면 황린이나 황화인과 같이 유독성이 심한 백색의 오산화인을 발생하며, 일부 포스핀(PH_3)도 발생한다.
$4P+5O_2 \rightarrow 2P_2O_5$
④ 황린(P_4)은 공기 중에서 오산화인의 백색 연기를 내며 격렬하게 연소하고 일부 유독성의 포스핀도 발생하며, 환원력이 강하여 산소 농도가 낮은 분위기에서도 연소한다.
$P_4+5O_2 \rightarrow 2P_2O_5$
⑤ 황(S)은 공기 중에서 연소하기 쉬우며 푸른 불꽃을 내며 다량의 유독가스인 이산화황(아황산가스, SO_2)을 발생한다.
$S+O_2 \rightarrow SO_2$

해답

① P_2O_5, SO_2, ② P_2O_5, SO_2
③ P_2O_5, ④ P_2O_5, ⑤ SO_2

09

다음 각 위험물의 운반 시 혼재 가능한 유별을 쓰시오.
① 제3류 위험물
② 제5류 위험물
③ 제6류 위험물

해설

유별을 달리하는 위험물의 혼재기준

위험물의 구분	제1류	제2류	제3류	제4류	제5류	제6류
제1류		×	×	×	×	○
제2류	×		×	○	○	×
제3류	×	×		○	×	×
제4류	×	○	○		○	×
제5류	×	○	×	○		×
제6류	○	×	×	×	×	

해답

① 제4류
② 제2류, 제4류
③ 제1류

10

금속칼륨에 대하여 다음 물음에 답하시오.
① 자연발화할 경우 반응식을 쓰시오.
② 물과의 반응식을 쓰시오.
③ 저장할 경우 사용하는 보호액을 1가지 쓰시오.

해설

① 녹는점 이상으로 가열하면 보라색 불꽃을 내면서 연소한다.
② 물과 격렬히 반응하여 발열하고 수산화칼륨과 수소를 발생한다. 이때 발생된 열은 점화원의 역할을 한다.

해답

① $4K+O_2 \rightarrow 2K_2O$
② $2K+2H_2O \rightarrow 2KOH+H_2$
③ 석유, 벤젠, 파라핀(이 중 1가지 작성)

11

위험물안전관리법상 제4류 위험물로, 분자량 76, 비점 46℃, 비중 1.26, 증기비중 2.62이며, 콘크리트 수조 속에 저장하는 물질에 대해 다음 물음에 답하시오.
① 화학식을 쓰시오.
② 벽 및 바닥의 두께는 몇 m 이상으로 하여야 하는지 적으시오.
③ 연소반응식을 적으시오.

해설

이황화탄소(CS_2)의 일반적 성질

분자량	비중	비점	녹는점	인화점	발화점	연소범위
76	1.26	46℃	−111℃	−30℃	90℃	1.0~50%

㉠ 휘발하기 쉽고 발화점이 낮아 백열등, 난방기구 등의 열에 의해 발화하며, 점화하면 청색을 내며 연소하는데, 연소생성물 중 SO_2는 유독성이 강하다.
㉡ 비수용성 액체로, 물보다 무겁고 물에 녹기 어렵기 때문에 가연성 증기의 발생을 억제하기 위하여 물(수조) 속에 저장한다.
㉢ 이황화탄소의 옥외저장탱크는 벽 및 바닥의 두께가 0.2m 이상이고 누수가 되지 아니하는 철근콘크리트의 수조에 넣어 보관하여야 한다. 이 경우 보유공지 · 통기관 및 자동계량장치는 생략할 수 있다.

해답

① CS_2
② 0.2m
③ $CS_2+3O_2 \rightarrow CO_2+2SO_2$

12

다음 주어진 각 물질의 소요단위의 합을 구하시오.
① 아염소산나트륨 250kg
② 과산화칼륨 500kg
③ 질산칼륨 1,500kg
④ 다이크로뮴산칼륨 5,000kg

해설

소요단위	구분	내용
1단위	제조소 또는 취급소용 건축물의 경우	내화구조 외벽을 갖춘 연면적 $100m^2$
		내화구조 외벽이 아닌 연면적 $50m^2$
	저장소 건축물의 경우	내화구조 외벽을 갖춘 연면적 $150m^2$
		내화구조 외벽이 아닌 연면적 $75m^2$
	위험물의 경우	지정수량의 10배

① 아염소산나트륨은 제1류 위험물로, 지정수량은 50kg에 해당한다.

따라서, 소요단위$=\dfrac{250}{50\times10}=0.5$

② 과산화칼륨은 제1류 위험물로, 지정수량은 50kg에 해당한다.

따라서, 소요단위$=\dfrac{500}{50\times10}=1$

③ 질산칼륨은 제1류 위험물로, 지정수량은 300kg에 해당한다.

따라서, 소요단위$=\dfrac{1,500}{300\times10}=0.5$

④ 다이크로뮴산칼륨은 제1류 위험물로, 지정수량은 1,000kg에 해당한다.

따라서, 소요단위$=\dfrac{5,000}{1,000\times10}=0.5$

$\therefore\ 0.5+1+0.5+0.5=2.5$

해답

2.5(소요단위)

13

100g의 에틸알코올이 금속나트륨과 반응하여 생성되는 수소의 질량(g)을 구하시오.

해설

금속나트륨은 알코올과 반응하여 나트륨에틸레이트와 수소가스를 발생한다.

$2Na+2C_2H_5OH \rightarrow 2C_2H_5ONa+H_2$

$$\frac{100g-C_2H_5OH}{} \left| \frac{1mol-C_2H_5OH}{46g-C_2H_5OH} \right| \frac{1mol-H_2}{2mol-C_2H_5OH} \left| \frac{2g-H_2}{1mol-H_2} \right. = 2.17g-H_2$$

해답

2.17g

14

다음 [보기]에서 설명하는 위험물에 대해 물음에 답하시오.

> [보기]
> 무색투명하며 벤젠 향과 같은 독특한 냄새를 가진 액체로, 인화점이 4℃이고, 진한 질산과 진한 황산을 반응시키면 나이트로화하여 T.N.T.의 제조에 이용된다.

① 구조식을 쓰시오.
② 품명을 쓰시오.
③ 위험등급을 쓰시오.

해설

톨루엔($C_6H_5CH_3$)의 일반적 성질

㉠ 무색투명하며 벤젠 향과 같은 독특한 냄새를 가진 액체로, 진한 질산과 진한 황산을 반응시키면 나이트로화하여 T.N.T.의 제조에 이용된다.

㉡ 분자량 92, 액비중 0.871$\left(\text{증기비중}=\frac{92}{28.84}=3.19\right)$, 비점 111℃, 인화점 4℃, 발화점 490℃, 연소범위 1.4~6.7%로, 벤젠보다 독성이 약하고 휘발성이 강하여 인화가 용이하며, 연소할 때 자극성 · 유독성 가스를 발생한다.

㉢ 1몰의 톨루엔과 3몰의 질산을 황산 촉매하에 반응시키면 나이트로화에 의해 T.N.T.가 만들어진다.

$$C_6H_5CH_3+3HNO_3 \xrightarrow[\text{나이트로화}]{c-H_2SO_4} C_6H_2CH_3(NO_2)_3 + 3H_2O$$

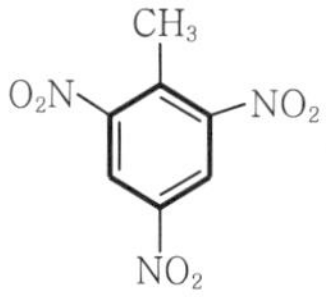

CH₃, O₂N, NO₂, NO₂
(T.N.T.)

해답

① $C_6H_5CH_3$ (CH₃가 결합된 벤젠고리 구조식)

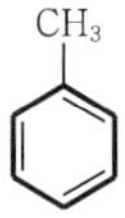

② 제1석유류

③ Ⅱ등급

15

1몰의 삼황화인이 표준상태에서 완전연소하는 경우 필요한 공기의 양(L)을 구하시오. (단, 공기 중에서 산소는 21% 존재한다.)

해설

$P_4S_3+8O_2 \rightarrow 2P_2O_5+3SO_2$

$$\frac{1\text{mol}-P_4S_3}{} \left| \frac{8\text{mol}-O_2}{1\text{mol}-P_4S_3} \right| \frac{100\text{mol}-\text{Air}}{21\text{mol}-O_2} \left| \frac{22.4\text{L}-\text{Air}}{1\text{mol}-\text{Air}} \right. = 853.33\text{L}$$

해답

853.33L

16

다음 [보기]에서 설명하는 위험물에 대하여 물음에 답하시오.

[보기]
- 저장 및 취급 시 분해를 막기 위해 분해안정제인 인산과 요산 등을 사용한다.
- 산화제 및 환원제가 될 수 있다.

① 화학식을 쓰시오.
② 위험물안전관리법상 농도는 (   )wt% 이상인 것에 한한다.
③ 완전분해반응식을 쓰시오.

해설

과산화수소(H_2O_2)의 일반적 성질

㉮ 분해하여 반응성이 큰 산소가스(O_2)를 발생한다.
㉯ 용기 내부에서 분해되어 발생한 산소가스로 인한 내압의 증가로 폭발 위험성이 있다. 따라서 구멍이 뚫린 마개를 사용하며, 분해를 억제하기 위하여 안정제로 인산(H_3PO_4), 요산($C_5H_4N_4O_3$)을 첨가하여 저장한다.
㉰ 산화제뿐 아니라 환원제로도 사용된다.
　㉠ 산화제 : $2KI + H_2O_2 \rightarrow 2KOH + I_2$
　㉡ 환원제 : $2KMnO_4 + 3H_2SO_4 + 5H_2O_2 \rightarrow K_2SO_4 + 2MnSO_4 + 8H_2O + 5O_2$

해답

① H_2O_2
② 36
③ $2H_2O_2 \rightarrow 2H_2O + O_2$

17

다음 종별 분말소화약제의 주성분으로 사용되는 물질을 각각 화학식으로 쓰시오.
① 제1종 분말소화약제
② 제2종 분말소화약제
③ 제3종 분말소화약제

해설

분말소화약제의 종류

품목	주성분	화학식	착색	적응화재
제1종	탄산수소나트륨(중탄산나트륨)	$NaHCO_3$	–	B·C급 화재
제2종	탄산수소칼륨(중탄산칼륨)	$KHCO_3$	담회색	B·C급 화재
제3종	제1인산암모늄	$NH_4H_2PO_4$	담홍색 또는 황색	A·B·C급 화재
제4종	탄산수소칼륨+요소	$KHCO_3 + CO(NH_2)_2$	–	B·C급 화재

해답

① $NaHCO_3$
② $KHCO_3$
③ $NH_4H_2PO_4$

18

다음 표의 빈칸을 알맞게 채우시오.

화학식	명칭	지정수량
(①)	과망가니즈산칼륨	(②)
NH_4ClO_4	(③)	50kg
(④)	다이크로뮴산칼륨	(⑤)

해답

① $KMnO_4$, ② 1,000kg, ③ 과염소산암모늄
④ $K_2Cr_2O_7$, ⑤ 1,000kg

19

다음은 위험물안전관리법에서 정하는 제4류 위험물의 석유류에 대한 정의이다. 빈칸을 알맞게 채우시오.

- "제1석유류"라 함은 아세톤, 휘발유, 그 밖에 1기압에서 인화점이 섭씨 (①)℃ 미만인 것을 말한다.
- "제2석유류"라 함은 등유, 경유, 그 밖에 1기압에서 인화점이 섭씨 (②)℃ 이상 (③)℃ 미만인 것을 말한다. 다만, 도료류, 그 밖의 물품에 있어서 가연성 액체량이 40중량퍼센트 이하이면서 인화점이 40℃ 이상인 동시에 연소점이 60℃ 이상인 것은 제외한다.
- "제3석유류"라 함은 중유, 크레오소트유, 그 밖에 1기압에서 인화점이 섭씨 (④)℃ 이상 (⑤)℃ 미만인 것을 말한다. 다만, 도료류, 그 밖의 물품은 가연성 액체량이 40중량퍼센트 이하인 것은 제외한다.

해답

① 21
② 21, ③ 70
④ 70, ⑤ 200

20

표준상태에서 과산화칼륨 1몰이 충분한 이산화탄소와 반응하여 발생하는 산소의 부피는 몇 L인지 구하시오.
① 계산과정
② 정답

해설

과산화칼륨은 공기 중의 탄산가스를 흡수하여 탄산염을 생성한다.
$2K_2O_2 + 2CO_2 \rightarrow 2K_2CO_3 + O_2$

해답

① $\frac{1mol-K_2O_2}{} \left| \frac{1mol-O_2}{2mol-K_2O_2} \right| \frac{22.4L-O_2}{1mol-O_2} = 11.2L-O_2$

② 11.2L

2024. 8. 17. 시행

2024년 제3회 과년도 출제문제

01

위험물안전관리법상 다음 도표의 빈칸에 들어갈 적당한 명칭을 적으시오.

물질명	벤젠	나이트로벤젠	아닐린
품명	(①)	(②)	(③)
구조식	(④)	(⑤)	(⑥)

해답

① 제1석유류, ② 제3석유류, ③ 제3석유류

④ 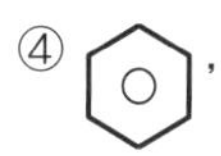, ⑤ 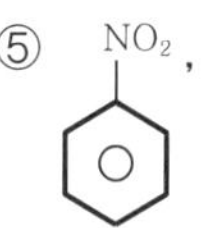

, ⑥ 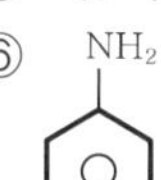

02

다음은 위험물안전관리법상 자체소방대 설치기준에 대한 내용이다. 빈칸에 들어갈 적절한 내용을 쓰시오.

사업소의 구분	화학소방자동차	자체소방대원의 수
제조소 또는 일반취급소에서 취급하는 제4류 위험물의 최대수량의 합이 지정수량의 3천배 이상 (①)만배 미만인 사업소	1대	5인
제조소 또는 일반취급소에서 취급하는 제4류 위험물의 최대수량의 합이 지정수량의 12만배 이상 24만배 미만인 사업소	2대	(②)
제조소 또는 일반취급소에서 취급하는 제4류 위험물의 최대수량의 합이 지정수량의 24만배 이상 48만배 미만인 사업소	3대	(③)
제조소 또는 일반취급소에서 취급하는 제4류 위험물의 최대수량의 합이 지정수량의 48만배 이상인 사업소	4대	(④)
옥외탱크저장소에 저장하는 제4류 위험물의 최대수량이 지정수량의 50만배 이상인 사업소	(⑤)	10인

해답

① 12, ② 10인, ③ 15인, ④ 20인, ⑤ 2대

03

다음 그림을 보고 물음에 알맞은 답을 적으시오.

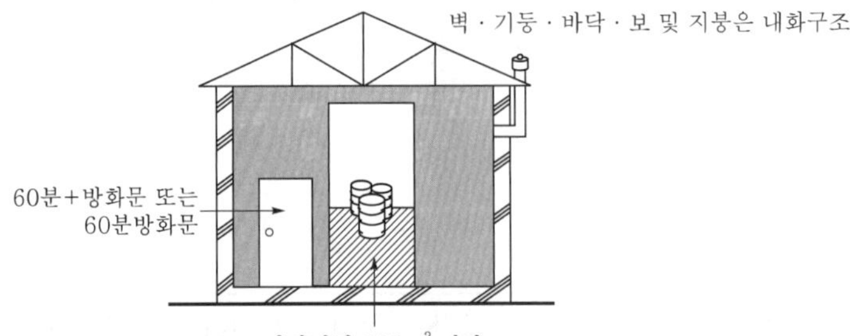

① 그림에서 보여주는 시설물의 명칭을 쓰시오.
② 해당 시설에 저장할 수 있는 위험물의 최대 지정수량 배수는 얼마인지 쓰시오.
③ 저장창고 지면에서 처마까지의 높이는 얼마 미만으로 해야 하는지 쓰시오.

해설

소규모 옥내저장소의 특례

지정수량의 50배 이하인 소규모 옥내저장소 중 저장창고의 처마 높이가 6m 미만인 것으로서, 저장창고가 다음 기준에 적합한 것에 대하여는 적용하지 아니한다.

㉠ 저장창고의 주위에는 다음 표에 정하는 너비의 공지를 보유할 것

저장 또는 취급하는 위험물의 최대수량	공지의 너비
지정수량의 5배 이하	–
지정수량의 5배 초과 20배 이하	1m 이상
지정수량의 20배 초과 50배 이하	2m 이상

㉡ 하나의 저장창고 바닥면적은 $150m^2$ 이하로 할 것
㉢ 저장창고는 벽 · 기둥 · 바닥 · 보 및 지붕을 내화구조로 할 것
㉣ 저장창고의 출입구에는 수시로 개방할 수 있는 자동폐쇄방식의 60분+방화문 또는 60분방화문을 설치할 것
㉤ 저장창고에는 창을 설치하지 아니할 것

해답

① 소규모 옥내저장소
② 50배
③ 6m 미만

04

위험물안전관리법령에 따라 제조소에서 위험물을 취급함에 있어 정전기가 발생할 우려가 있는 설비에는 정전기를 유효하게 제거하기 위한 설비를 설치하여야 한다. 이에 해당하는 방법 3가지를 적으시오.

해답

① 접지에 의한 방법(접지 방식)
② 공기 중의 상대 습도를 70% 이상으로 하는 방법(수증기 분사 방식)
③ 공기를 이온화하는 방식(공기의 이온화 방식)

05

위험물안전관리법상 제6류 위험물에 해당하는 과산화수소에 대해 다음 물음에 답하시오.
① 분해반응식
② 하이드라진과의 반응식

해설

① 과산화수소(H_2O_2)는 열분해하여 수증기와 산소를 생성한다.
② 과산화수소는 하이드라진(N_2H_4)과 접촉하면 분해 · 폭발한다. 이를 이용하여 유도탄 발사, 로켓의 추진제, 잠수함의 엔진 작동 등에 활용된다.

해답

① $2H_2O_2 \rightarrow 2H_2O + O_2$
② $2H_2O_2 + N_2H_4 \rightarrow 4H_2O + N_2$

06

다음 [보기]에 주어진 위험물을 위험등급에 따라 각각 구분하시오. (단, 해당 없으면 "해당 없음"이라고 적으시오.)

[보기]
황화인, 적린, 황린, 제1석유류, 아이오딘산염류, 질산염류, 브로민산염류, 알코올류

① 위험등급 Ⅰ
② 위험등급 Ⅱ
③ 위험등급 Ⅲ

해답

① 황린
② 황화인, 적린, 제1석유류, 아이오딘산염류, 질산염류, 브로민산염류, 알코올류
③ 해당 없음.

07

다음은 위험물안전관리에 관한 세부 기준에서 정의하는 이동탱크저장소의 외부 도장 색상에 대한 기준이다. 빈칸을 알맞게 채우시오.

유별	도장의 색상	비고
제1류	(①)	1. 탱크의 앞면과 뒷면을 제외한 면적의 40% 이내의 면적은 다른 유별의 색상 외의 색상으로 도장하는 것이 가능하다. 2. 제4류에 대해서는 도장의 색상 제한이 없으나 적색을 권장한다.
제2류	(②)	
제3류	(③)	
제5류	(④)	
제6류	(⑤)	

해답

① 회색, ② 적색, ③ 청색, ④ 황색, ⑤ 청색

08

다음 주어진 물질의 연소반응식을 각각 적으시오.

① 삼황화인

② 오황화인

해답

① $P_4S_3 + 8O_2 \rightarrow 2P_2O_5 + 3SO_2$

② $2P_2S_5 + 15O_2 \rightarrow 2P_2O_5 + 10SO_2$

09

위험물안전관리법에서 정하는 제4류 위험물의 정의에 대하여 다음 빈칸을 알맞게 채우시오.

- "제1석유류"라 함은 아세톤, 휘발유, 그 밖에 (①)기압에서 인화점이 섭씨 (②)도 미만인 것을 말한다.
- "제3석유류"라 함은 중유, 크레오소트유, 그 밖에 1기압에서 인화점이 섭씨 (③)도 이상 섭씨 (④)도 미만인 것을 말한다. 다만, 도료류, 그 밖의 물품은 가연성 액체량이 (⑤) 중량퍼센트 이하인 것은 제외한다.

해답

① 1

② 21

③ 70

④ 200

⑤ 40

10

57.5g의 금속나트륨이 완전연소하는 경우, 다음 물음에 알맞은 답을 구하시오. (단, 표준상태이고, 금속나트륨의 원자량은 23, 공기 중 산소는 21% 존재한다.)

① 산소의 부피(L)

② 공기의 부피(L)

해설

금속나트륨을 고온으로 공기 중에서 연소시키면 산화나트륨이 된다.

$4Na + O_2 \rightarrow 2Na_2O$(회백색)

① $\dfrac{57.5\text{g-Na}}{} \times \dfrac{1\text{mol-Na}}{23\text{g-Na}} \times \dfrac{1\text{mol-}O_2}{4\text{mol-Na}} \times \dfrac{22.4\text{L-}O_2}{1\text{mol-}O_2} = 14\text{L-}O_2$

② $\dfrac{57.5\text{g-Na}}{} \times \dfrac{1\text{mol-Na}}{23\text{g-Na}} \times \dfrac{1\text{mol-}O_2}{4\text{mol-Na}} \times \dfrac{100\text{mol-Air}}{21\text{mol-}O_2} \times \dfrac{22.4\text{L-Air}}{1\text{mol-Air}} = 66.67\text{L}$

해답

① 14L

② 66.67L

11

위험물안전관리법에 따라 제조소와 다음 각 시설과의 거리를 적으시오.
① 30,000V의 특고압가공전선
② 학교
③ 병원
④ 주택
⑤ 문화재

해설

제조소의 안전거리 기준

건축물	안전거리
사용전압 7,000V 초과 35,000V 이하의 특고압가공전선	3m 이상
사용전압 35,000V 초과 특고압가공전선	5m 이상
주거용으로 사용되는 것(제조소가 설치된 부지 내에 있는 것 제외)	10m 이상
고압가스, 액화석유가스 또는 도시가스를 저장 또는 취급하는 시설	20m 이상
학교, 병원(종합병원, 치과병원, 한방 · 요양병원), 극장(공연장, 영화상영관, 수용인원 300명 이상 시설), 아동복지시설, 노인복지시설, 장애인복지시설, 모 · 부자복지시설, 보육시설, 성매매자를 위한 복지시설, 정신보건시설, 가정폭력피해자 보호시설, 수용인원 20명 이상의 다수인시설	30m 이상
유형문화재, 지정문화재	50m 이상

해답

① 3m 이상, ② 30m 이상, ③ 30m 이상, ④ 10m 이상, ⑤ 50m 이상

12

다음 위험물의 보호액에 해당하는 것을 [보기]에서 골라 모두 적으시오. (단, 없으면 "없음"이라 적으시오.)

[보기] 경유, 염산, 물, 유동파라핀, 에탄올

① 황린
② 트라이에틸알루미늄
③ 칼륨

해설

① 황린은 상온에서 서서히 산화하여 어두운 곳에서 청백색의 인광을 내며, 물속에 저장한다.
② 트라이에틸알루미늄은 물, 산, 알코올과 접촉하면 폭발적으로 반응하여 에테인을 형성하고, 이때 발열 · 폭발에 이른다.
③ 칼륨은 습기나 물에 접촉하지 않도록 보호액(석유, 벤젠, 파라핀 등) 속에 저장한다.

해답

① 물
② 없음.
③ 경유, 유동파라핀

13

다음 위험물의 명칭을 적으시오.

① $CH_3COC_2H_5$
② C_6H_5Cl
③ $CH_3COOC_2H_5$

해답

① 메틸에틸케톤
② 클로로벤젠
③ 초산(아세트산)에틸

14

다음 각 물질의 지정수량을 쓰시오.

① 알칼리금속
② 유기금속화합물
③ 금속의 인화물
④ 금속의 수소화물
⑤ 알루미늄의 탄화물

해설

제3류 위험물의 종류와 지정수량

성질	위험등급	품명	지정수량
자연발화성 물질 및 금수성 물질	I	1. 칼륨(K) 2. 나트륨(Na) 3. 알킬알루미늄(R · Al 또는 R · Al · X) 4. 알킬리튬(R · Li)	10kg
		5. 황린(P_4)	20kg
	II	6. 알칼리금속(칼륨 및 나트륨 제외) 및 알칼리토금속 7. 유기금속화합물(알킬알루미늄 및 알킬리튬 제외)	50kg
	III	8. 금속의 수소화물 9. 금속의 인화물 10. 칼슘 또는 알루미늄의 탄화물	300kg
		11. 그 밖에 행정안전부령이 정하는 것 염소화규소화합물	300kg

해답

① 50kg
② 50kg
③ 300kg
④ 300kg
⑤ 300kg

15 다음 각 물질이 물과 반응하여 생성되는 기체의 명칭을 적으시오. (단, 없으면 "해당 없음"이라 적으시오.)

① 과산화나트륨
② 질산나트륨
③ 칼슘
④ 과염소산나트륨
⑤ 수소화나트륨

해설

① $2Na_2O_2+2H_2O \rightarrow 4NaOH+O_2$
③ $Ca+2H_2O \rightarrow Ca(OH)_2+H_2$
⑤ $NaH+H_2O \rightarrow NaOH+H_2$

해답

① 산소
② 해당 없음.
③ 수소
④ 해당 없음.
⑤ 수소

16 다음 각 물음에 답하시오.

① 탄산수소칼륨 소화약제가 1차적으로 열분해되는 화학반응식을 쓰시오.
② 1기압, 100℃에서 100kg의 탄산수소칼륨이 완전분해할 경우 생성되는 이산화탄소의 부피(m^3)를 구하시오.

해설

$$\frac{100kg-KHCO_3}{} \bigg| \frac{1kmol-KHCO_3}{100kg-KHCO_3} \bigg| \frac{1kmol-CO_2}{2kmol-KHCO_3} \bigg| \frac{22.4m^3-CO_2}{1kmol-CO_2} = 11.2m^3-CO_2$$

$$\frac{V_1}{T_1}=\frac{V_2}{T_2}$$

$$\frac{11.2}{(0+273.15)}=\frac{V_2}{(100+273.15)}$$

$\therefore\ V_2=15.3m^3$

해답

① $2KHCO_3 \rightarrow K_2CO_3+CO_2+H_2O$
② $15.3m^3$

17 다음의 위험물을 옥외탱크저장소에 저장하는 경우 확보해야 할 보유공지를 적으시오.

① 지정수량 3,500배의 제4류 위험물
② 지정수량 3,500배의 제5류 위험물
③ 지정수량 3,500배의 제6류 위험물

해설

옥외탱크저장소 보유공지

저장 또는 취급하는 위험물의 최대수량	공지의 너비
지정수량의 500배 이하	3m 이상
지정수량의 500배 초과 1,000배 이하	5m 이상
지정수량의 1,000배 초과 2,000배 이하	9m 이상
지정수량의 2,000배 초과 3,000배 이하	12m 이상
지정수량의 3,000배 초과 4,000배 이하	15m 이상
지정수량의 4,000배 초과	해당 탱크의 수평단면의 최대지름(횡형인 경우에는 긴 변)과 높이 중 큰 것과 같은 거리 이상. 다만, 30m 초과의 경우에는 30m 이상으로 할 수 있고, 15m 미만의 경우에는 15m 이상으로 하여야 한다.

※ 특례 : 제6류 위험물을 저장 · 취급하는 옥외탱크저장소의 경우

- 해당 보유공지의 $\frac{1}{3}$ 이상의 너비로 할 수 있다(단, 1.5m 이상일 것).
- 동일 대지 내에 2기 이상의 탱크를 인접하여 설치하는 경우에는 해당 보유공지 너비의 $\frac{1}{3}$ 이상에 다시 $\frac{1}{3}$ 이상의 너비로 할 수 있다(단, 1.5m 이상일 것).

해답

① 15m 이상, ② 15m 이상, ③ 5m 이상

18 그림과 같은 타원형 위험물 탱크의 용량은 몇 m^3인지 구하시오. (단, 탱크의 공간용적은 내용적의 100분의 5로 한다.)

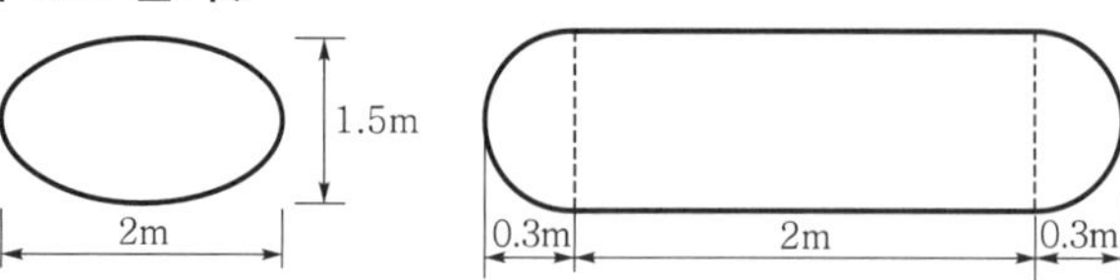

해설

양쪽이 볼록한 타원형 탱크의 내용적

$$V=\frac{\pi ab}{4}\left(l+\frac{l_1+l_2}{3}\right)=\frac{\pi\times2\times1.5}{4}\left(2+\frac{0.3+0.3}{3}\right)=5.18$$

$5.18\times0.95=4.92m^3$

해답

$4.92m^3$

19

다음은 위험물안전관리법상 제2류 위험물의 품명 및 지정수량이다. 틀린 부분을 모두 찾아 고치시오.

성질	품명	지정수량
가연성 고체	1. 황화인	100kg
	2. 황린	100kg
	3. 황	100kg
	4. 철분	500kg
	5. 금속분	500kg
	6. 마그네슘	500kg
	7. 그 밖에 행정안전부령으로 정하는 것. 8. 제1호부터 제7호까지의 어느 하나에 해당하는 위험물을 하나 이상 함유한 것	100kg 또는 500kg
	9. 인화성 고체	500kg

해답

2. 황린 → 적린
9. 인화성 고체의 지정수량 : 500kg → 1,000kg

20

염소산칼륨에 대해 다음 물음에 답하시오. (단, 없으면 "해당 없음"으로 적으시오.)

① 열분해반응식을 쓰시오.
② 물과의 반응식을 쓰시오.
③ 연소반응식을 쓰시오.

해설

염소산칼륨은 제1류 위험물로서 불연성이며, 물과 반응하지 않는다.
약 400℃ 부근에서 열분해되기 시작하여 540~560℃에서 과염소산칼륨($KClO_4$)을 생성하고 다시 분해하여 염화칼륨(KCl)과 산소(O_2)를 방출한다.

$2KClO_3 \rightarrow KCl + KClO_4 + O_2$

$2KClO_3 \rightarrow 2KCl + 3O_2$

해답

① $2KClO_3 \rightarrow 2KCl + 3O_2$
② 해당 없음.
③ 해당 없음.

2024. 11. 9. 시행

2024년

제4회 과년도 출제문제

01

메탄올 10kg이 완전히 연소할 때 소요되는 이론공기량(m^3)은 얼마인지 구하시오.

해설

연소반응식 : $2CH_3OH+3O_2 \rightarrow 2CO_2+4H_2O$

$$\frac{10kg-CH_3OH}{} \left| \frac{1kmol-CH_3OH}{32kg-CH_3OH} \right| \frac{3kmol-O_2}{2kmol-CH_3OH} \left| \frac{100kmol-Air}{21kmol-O_2} \right| \frac{22.4m^3-Air}{1kmol-Air} = 50m^3-Air$$

해답

$50m^3$

02

위험물안전관리법상 제2류 위험물로 은백색의 광택이 나는 가벼운 금속에 해당하며, 원자량이 약 24인 물질에 대해 다음 물음에 답하시오.

① 명칭을 쓰시오.

② 염산과의 화학반응식을 쓰시오.

해설

제2류 위험물(가연성 고체)의 종류와 지정수량

위험등급	품명	대표품목	지정수량
Ⅱ	1. 황화인 2. 적린(P) 3. 황(S)	P_4S_3, P_2S_5, P_4S_7	100kg
Ⅲ	4. 철분(Fe) 5. 금속분 6. 마그네슘(Mg)	Al, Zn	500kg
Ⅲ	7. 인화성 고체	고형 알코올	1,000kg

마그네슘은 산 및 온수와 반응하여 많은 양의 열과 수소(H_2)를 발생한다.

$Mg+2HCl \rightarrow MgCl_2+H_2$, $Mg+2H_2O \rightarrow Mg(OH)_2+H_2$

산 온수

해답

① 마그네슘

② $Mg+2HCl \rightarrow MgCl_2+H_2$

03

다음은 이동탱크저장소에 대한 내용이다. 괄호 안을 알맞게 채우시오.
- 이동저장탱크는 그 내부에 (①) 이하마다 (②) 이상의 강철판 또는 이와 동등 이상의 강도 · 내열성 및 내식성이 있는 금속성의 것으로 칸막이를 설치할 것
- 방파판은 두께 (③) 이상의 강철판 또는 이와 동등 이상의 강도 · 내열성 및 내식성이 있는 금속성의 것으로 할 것
- 방호틀은 두께 (④) 이상의 강철판 또는 이와 동등 이상의 기계적 성질이 있는 재료로써 산 모양의 형상으로 하거나 이와 동등 이상의 강도가 있는 형상으로 할 것

해답

① 4,000L, ② 3.2mm

③ 1.6mm

④ 2.3mm

04

아세트알데하이드에 대해 다음 물음에 답하시오.

① 품명과 지정수량을 적으시오.

② 다음 괄호 안에 알맞은 내용을 쓰시오.

> 보냉장치가 없는 이동저장탱크에 저장하는 경우 온도는 ( )℃ 이하로 유지할 것

③ 아래 [보기]의 내용 중 옳은 것을 모두 골라 기호를 쓰시오.

> [보기]
> ㉠ 에틸알코올의 직접 산화반응을 통해 생성된다.
> ㉡ 무색이고, 고농도는 자극성 냄새가 나며, 저농도의 것은 과일향이 난다.
> ㉢ 구리, 수은, 마그네슘, 은 용기에 저장한다.
> ㉣ 물, 에터, 에틸알코올에 잘 녹고, 고무를 녹인다.

해설

① 아세트알데하이드는 제4류 위험물로 특수인화물에 해당하며, 위험등급 I등급으로 지정수량은 50L이다.

② 보냉장치가 없는 이동저장탱크에 저장하는 아세트알데하이드 등 또는 다이에틸에터 등의 온도는 40℃ 이하로 유지해야 한다.

③ 구리, 수은, 마그네슘, 은 및 그 합금으로 된 취급설비는 아세트알데하이드와 반응에 의해 이들 간에 중합반응을 일으켜 구조불명의 폭발성 물질을 생성한다.

해답

① 품명 : 특수인화물, 지정수량 : 50L

② 40

③ ㉠, ㉡, ㉣

05

다음 보기에서 주어진 위험물의 위험등급을 분류하시오. (단, 해당 없으면 "해당 없음"이라 적으시오.)

[보기] 질산염류, 황린, 과염소산, 제2석유류, 특수인화물, 알코올류

① 위험등급 I
② 위험등급 II

해설

품명	유별	위험등급
질산염류	제1류	II
황린	제3류	I
과염소산	제6류	I
제2석유류	제4류	II
특수인화물	제4류	I
알코올류	제4류	II

해답

① 황린, 과염소산, 특수인화물
② 질산염류, 제2석유류, 알코올류

06

물분무소화설비의 설치기준에 대해, 다음 ( ) 안에 알맞은 수치를 쓰시오.

- 방호대상물의 표면적이 150m^{2}인 경우 물분무소화설비의 방사구역은 (①)m^2 이상으로 할 것
- 수원의 수량은 분무헤드가 가장 많이 설치된 방사구역의 모든 분무헤드를 동시에 사용할 경우에 해당 방사구역의 표면적 1m^{2}당 1분당 (②)L의 비율로 계산한 양으로 (③)분간 방사할 수 있는 양 이상이 되도록 설치할 것

해설

물분무소화설비의 설치기준

㉠ 물분무소화설비에 2 이상의 방사구역을 두는 경우에는 화재를 유효하게 소화할 수 있도록 인접하는 방사구역이 상호 중복되도록 할 것
㉡ 물분무소화설비의 방사구역은 150m^2 이상(방호대상물의 표면적이 150m^2 미만인 경우에는 해당 표면적)으로 할 것
㉢ 수원의 수량은 분무헤드가 가장 많이 설치된 방사구역의 모든 분무헤드를 동시에 사용할 경우에 해당 방사구역의 표면적 1m^{2}당 1분당 20L의 비율로 계산한 양으로 30분간 방사할 수 있는 양 이상이 되도록 설치할 것

해답

① 150
② 20, ③ 30

07

탄화칼슘 1mol과 물 2mol이 반응하는 경우에 대해 다음 물음에 답하시오.
① 반응 시 생성되는 기체를 쓰시오.
② 생성된 기체는 표준상태를 기준으로 몇 L인지 구하시오.

해설

탄화칼슘은 물과 심하게 반응하여 수산화칼슘과 아세틸렌을 만들며 공기 중 수분과 반응하여도 아세틸렌을 발생한다.

$CaC_2+2H_2O \rightarrow Ca(OH)_2+C_2H_2$

$$\frac{1\text{mol}-CaC_2}{} \left| \frac{1\text{mol}-C_2H_2}{1\text{mol}-CaC_2} \right| \frac{22.4\text{L}-C_2H_2}{1\text{mol}-C_2H_2} = 22.4\text{L}-C_2H_2$$

해답

① 아세틸렌(C_2H_2)
② 22.4L

08

금속나트륨에 대하여 다음 각 물음에 답하시오.
① 물과의 반응식을 쓰시오.
② 물과 반응할 경우 생성되는 가스의 위험성을 쓰시오.

해설

금속나트륨은 물과 격렬히 반응하여 발열하고 수소를 발생하며, 산과는 폭발적으로 반응한다. 수용액은 염기성으로 변하고, 페놀프탈레인과 반응 시 붉은색을 나타낸다.

해답

① $2Na+2H_2O \rightarrow 2NaOH+H_2$
② 수소가스의 경우 연소범위가 4~75vol%로 넓다.

09

다음 각 물질의 화학식을 쓰시오.
① 염소산칼슘
② 질산마그네슘
③ 과망가니즈산나트륨
④ 다이크로뮴산칼륨
⑤ 브로민산나트륨

해답

① $Ca(ClO_3)_2$, ② $Mg(NO_3)_2$, ③ $NaMnO_4$
④ $K_2Cr_2O_7$, ⑤ $NaBrO_3$

10

다음 [보기]의 위험물에 대하여 물음에 답하시오.

[보기] 에틸렌글리콜, 글리세린, 에틸알코올

① 위험물안전관리법령상 품명을 각각 적으시오.
② 몇 가 알코올인지 각각 적으시오.

해설

품목	에틸렌글리콜	글리세린	에틸알코올
구조식	H　H │　│ H−C−C−H │　│ OH OH	H　H　H │　│　│ H−C−C−C−H │　│　│ OH OH OH	H　H │　│ H−C−C−OH │　│ H　H

OH의 개수에 따라 몇 가 알코올인지 정한다.

해답

① 에틸렌글리콜 : 제3석유류, 글리세린 : 제3석유류, 에틸알코올 : 알코올류
④ 에틸렌글리콜 : 2가 알코올, 글리세린 : 3가 알코올, 에틸알코올 : 1가 알코올

11

다음 주어진 물질의 연소반응식을 적으시오.
① 삼황화인
② 오황화인
③ 칠황화인

해답

① $P_4S_3 + 8O_2 \rightarrow 2P_2O_5 + 3SO_2$
② $2P_2S_5 + 15O_2 \rightarrow 2P_2O_5 + 10SO_2$
③ $P_4S_7 + 12O_2 \rightarrow 7SO_2 + 2P_2O_5$

12

170g의 과산화수소가 분해하는 경우 발생하는 산소의 질량(g)을 구하시오.

해설

과산화수소(H_2O_2)는 제6류 위험물(산화성 액체)로, 지정수량은 300kg이다. 불연성이지만 강력한 산화제로서 가연물의 연소를 돕고, 분해하여 반응성이 큰 산소가스(O_2)를 발생한다.

$$2H_2O_2 \rightarrow 2H_2O + O_2$$

과산화수소　　물　산소가스

$$\frac{170g-\cancel{H_2O_2}}{} \times \frac{1\cancel{mol-H_2O_2}}{34g-\cancel{H_2O_2}} \times \frac{1\cancel{mol-O_2}}{2\cancel{mol-H_2O_2}} \times \frac{32g-O_2}{1\cancel{mol-O_2}} = 80g-O_2$$

해답

80g

13

다음의 물질이 열분해하는 경우 발생하는 기체의 명칭을 적으시오.
① 염소산칼륨
② 과산화칼륨
③ 삼산화크로뮴

해설

① 염소산칼륨은 약 400℃ 부근에서 열분해되기 시작하여 540~560℃에서 과염소산칼륨($KClO_4$)을 생성하고 다시 분해하여 염화칼륨(KCl)과 산소(O_2)를 방출한다.
$2KClO_3 \rightarrow 2KCl + 3O_2$
② 과산화칼륨은 가열하면 열분해하여 산화칼륨(K_2O)과 산소(O_2)를 발생한다.
$2K_2O_2 \rightarrow 2K_2O + O_2$
③ 삼산화크로뮴은 융점 이상으로 가열하면 200~250℃에서 분해하여 산소를 방출하고 녹색의 삼산화이크로뮴으로 변한다.
$4CrO_3 \rightarrow 2Cr_2O_3 + 3O_2$

해답

① 산소, ② 산소, ③ 산소

14

다음 물질의 화학식과 분자량을 쓰시오. (단, 원자량은 H=1, Cl=35.5, O=16, N=14이다.)
① 과염소산
② 질산

해설

① 과염소산의 분자량 : $1+35.5+16\times4=100.5$
② 질산의 분자량 : $1+14+16\times3=63$

해답

① 화학식 : $HClO_4$, 분자량 : 100.5g/mol
② 화학식 : HNO_3, 분자량 : 63g/mol

15

트라이나이트로톨루엔에 대해 다음 물음에 답하시오.
① 시성식을 쓰시오.
② 구조식을 쓰시오.

해답

① $C_6H_2CH_3(NO_2)_3$
②
CH_3
O_2N NO_2
NO_2

16

다음 [보기]에 주어진 물질 중 질산에스터류에 해당되는 물질을 모두 쓰시오.

[보기]
트라이나이트로톨루엔, 나이트로셀룰로스, 나이트로글리세린, 테트릴, 질산메틸, 피크르산

해설

물질명	트라이나이트로 톨루엔	나이트로 셀룰로스	나이트로 글리세린	테트릴	질산메틸	피크르산
품명	나이트로화합물	질산에스터류	질산에스터류	나이트로화합물	질산에스터류	나이트로화합물

해답

나이트로셀룰로스, 나이트로글리세린, 질산메틸

17

위험물은 그 운반용기의 외부에 위험물안전관리법령에서 정하는 사항을 표시하여 적재하여야 한다. 위험물 운반용기의 외부에 표시하여야 할 사항 중 3가지만 쓰시오.

해답

① 위험물의 품명 · 위험등급 · 화학명 및 수용성("수용성" 표시는 제4류 위험물로서 수용성인 것에 한함)
② 위험물의 수량
③ 수납하는 위험물에 따른 주의사항

18

클로로벤젠의 화학식과 위험물안전관리법령에서 정한 지정수량 및 품명을 쓰시오.
① 화학식
② 지정수량
③ 품명

해설

클로로벤젠(C_6H_5Cl, 염화페닐)의 일반적 성질

㉠ 제4류 위험물 중 제2석유류의 비수용성 액체로, 지정수량은 1,000L이다.
㉡ 석유와 비슷한 냄새를 가진 무색의 액체이다.
㉢ 물에는 녹지 않으나 유기용제 등에는 잘 녹고, 천연수지, 고무, 유지 등을 잘 녹인다.
㉣ 비중 1.11, 비점 132℃, 인화점 32℃, 발화점 638℃, 연소범위 1.3~7.1% 정도이다.
㉤ 마취성이 있고, 독성이 있으나 벤젠보다 약하다.
㉥ 용제, 염료, 향료, DDT의 원료, 유기 합성의 원료 등으로 쓰인다.

해답

① C_6H_5Cl
② 1,000L
③ 제2석유류

19 다음은 위험물안전관리법령에 따른 소화설비 적응성에 관한 도표이다. 빈칸에 알맞게 ○ 표시를 하시오.

소화설비의 구분 \ 대상물의 구분	건축물 · 그 밖의 공작물	전기설비	제1류 위험물		제2류 위험물			제3류 위험물		제4류 위험물	제5류 위험물	제6류 위험물
			알칼리금속과산화물 등	그 밖의 것	철분 · 금속분 · 마그네슘 등	인화성 고체	그 밖의 것	금수성 물품	그 밖의 것			
물통 또는 수조												
건조사												
팽창질석 또는 팽창진주암												

해답

소화설비의 구분 \ 대상물의 구분	건축물 · 그 밖의 공작물	전기설비	제1류 위험물		제2류 위험물			제3류 위험물		제4류 위험물	제5류 위험물	제6류 위험물
			알칼리금속과산화물 등	그 밖의 것	철분 · 금속분 · 마그네슘 등	인화성 고체	그 밖의 것	금수성 물품	그 밖의 것			
물통 또는 수조	○			○		○	○		○		○	○
건조사			○	○	○	○	○	○	○	○	○	○
팽창질석 또는 팽창진주암			○	○	○	○	○	○	○	○	○	○

20 위험물제조소의 옥외에 용량이 500L와 200L인 액체 위험물(이황화탄소 제외) 취급 탱크 2기가 있다. 2기의 탱크 주위에 하나의 방유제를 설치하는 경우 방유제의 용량은 얼마 이상이 되게 하여야 하는지 구하시오. (단, 지정수량 이상을 취급하는 경우이다.)
① 계산과정
② 답

해설

옥외에 있는 위험물 취급 탱크로서 액체 위험물(이황화탄소를 제외)을 취급하는 것의 주위에는 방유제를 설치할 것. 하나의 취급 탱크 주위에 설치하는 방유제의 용량은 해당 탱크 용량의 50% 이상으로 하고, 2 이상의 취급탱크 주위에 하나의 방유제를 설치하는 경우 그 방유제의 용량은 해당 탱크 중 용량이 최대인 것의 50%에 나머지 탱크 용량 합계의 10%를 가산한 양 이상이 되게 할 것. 이 경우 방유제의 용량은 해당 방유제의 내용적에서 용량이 최대인 탱크 외의 탱크의 방유제 높이 이하 부분의 용적, 해당 방유제 내에 있는 모든 탱크의 지반면 이상 부분의 기초의 체적, 간막이둑의 체적 및 해당 방유제 내에 있는 배관 등의 체적을 뺀 것으로 한다.

해답

① $500 \times 0.5 + 200 \times 0.1$
② 270L

인생에서 가장 멋진 일은
사람들이 당신이 해내지 못할 것이라 장담한 일을
해내는 것이다.

-월터 배젓(Walter Bagehot)-

☆

항상 긍정적인 생각으로 도전하고 노력한다면,
언젠가는 멋진 성공을 이끌어 낼 수 있다는 것을 잊지 마세요.^^

위험물기능사 필기+실기

2014. 3. 17. 초 판 1쇄 발행
2025. 1. 8. 개정 15판 1쇄(통산 19쇄) 발행

지은이 | 현성호
펴낸이 | 이종춘
펴낸곳 | BM (주)도서출판 성안당
주소 | 04032 서울시 마포구 양화로 127 첨단빌딩 3층(출판기획 R&D 센터)
10881 경기도 파주시 문발로 112 파주 출판 문화도시(제작 및 물류)
전화 | 02) 3142-0036
031) 950-6300
팩스 | 031) 955-0510
등록 | 1973. 2. 1. 제406-2005-000046호
출판사 홈페이지 | **www.cyber.co.kr**
ISBN | 978-89-315-8438-7 (13570)
정가 | 41,000원

이 책을 만든 사람들
책임 | 최옥현
진행 | 이용화, 곽민선
교정 | 곽민선
전산편집 | 이다혜, 오정은
표지 디자인 | 박현정
홍보 | 김계향, 임진성, 김주승, 최정민
국제부 | 이선민, 조혜란
마케팅 | 구본철, 차정욱, 오영일, 나진호, 강호묵
마케팅 지원 | 장상범
제작 | 김유석